塑料注塑模具经典结构 180 例

李 勇 编著

机械工业出版社

本书汇集了180例国内外先进而实用的经典模具，采用2D和3D相结合的形式，以结构为主理论为辅，再加以简明的文字叙述，详细介绍了各例模具的工作原理和设计方法。全书共分10章，主要按照模具的结构类型进行分类，包括后模滑块与斜顶机构、前模滑块机构、后模内滑块机构、滑块二次抽芯机构、滑块中做顶出机构、二次顶出机构、前模顶出与斜顶机构、热流道机构、脱螺纹机构和圆弧抽芯机构，涵盖了塑料注塑模具的多种类型。书中的每一副模具都体现了各自的特点和难点，并通过了大批量的实际生产验证，结构合理，技术先进，安全可靠。

本书在编写过程中，为了突出重点，使图面更加清晰简洁，特意对一些比较复杂和大型的模具图形进行了适当简化，望读者理解。

本书内容通俗，易学易懂，适用于模具设计与制造的工程技术人员、技术工人和大专院校模具专业的师生阅读。

图书在版编目（CIP）数据

塑料注塑模具经典结构180例/李勇编著. —北京：机械工业出版社，2009.11（2023.10重印）
ISBN 978-7-111-28612-7

Ⅰ. 塑… Ⅱ. 李… Ⅲ. 注塑-塑料模具-结构设计 Ⅳ. TQ320.66

中国版本图书馆CIP数据核字（2009）第194978号

机械工业出版社（北京市百万庄大街22号　邮政编码100037）
策划编辑：孔　劲　责任编辑：孔　劲　版式设计：霍永明
封面设计：陈　沛　责任校对：刘志文　责任印制：刘　媛
涿州市般润文化传播有限公司印刷
2023年10月第1版·第10次印刷
184mm×260mm·31.25印张·1插页·794千字
标准书号：ISBN 978-7-111-28612-7
定价：89.00元

电话服务　　　　　　　网络服务
客服电话：010-88361066　机 工 官 网：www.cmpbook.com
　　　　　010-88379833　机 工 官 博：weibo.com/cmp1952
　　　　　010-68326294　金　书　网：www.golden-book.com
封底无防伪标均为盗版　机工教育服务网：www.cmpedu.com

前　言

改革开放三十年余年来，模具工业在我国得到了迅速发展。随着塑料制品结构和形状的复杂化，模具结构也日趋复杂。与传统模具设计相比，现代模具设计已经发生了翻天覆地的变化，特别是模具结构的设计，传统的手工绘图和计算机2D绘图已经不能完全满足当前复杂产品的需要。在很多情况下，仅靠2D结构很难表达出模具的细节，这时有必要借助3D软件进行辅助设计和表达。本书正是在这种背景下编著的，它通过3D视图和2D视图的结合，使读者可以直观、快速地掌握各种复杂模具的结构设计。

本书汇集了180种国内外先进而实用的经典模具，采用2D和3D互相结合的形式。以结构为主，理论为辅，再加以简明的文字叙述，详细介绍了各种模具的工作原理和设计方法。全书主要按照模具结构的类型对模具进行分类，包括后模滑块与斜顶机构、前模滑块机构、后模内滑块机构、滑块二次抽芯机构、滑块内做顶出机构、二次顶出机构、前模顶出与斜顶机构、热流道机构、脱螺纹机构和圆弧抽芯机构，涵盖了塑料注塑模具的多种类型。书中的模具结构合理，技术先进，各具特色。

本书在编写过程中，对同一幅模具不同视图中的零部件编号，采取了序号顺排的方式。另外，为了突出重点，使图面更加清晰简洁，特别对一些比较复杂和大型的模具进行了图形简化，比如，有些图形对读者理解重点结构帮助不大，而且线条太多，本书就进行了删除，如螺纹孔，支撑柱、冷却水路、简单的镶件等，特别是一些前模平面图，很多没有用图形表达出来。因此，读者看到的相关内容和实际的生产图纸会有一定出入，望读者理解。

本书内容易学易懂，没有一些复杂的计算公式，所涉及到的理论知识都是经验之谈，有利于快速提高个人的模具设计水平。本书可供模具行业的技术人员使用，也可供大专院校相关专业师生参考。

因个人水平有限，在编写过程中难免会有疏忽和错误之处，望读者多多提出宝贵的意见。

作　者

目 录

前言
第1章 塑料注塑模具结构的基本分类和概述 1
1.1 概述 1
1.2 塑料注塑模具结构的基本分类 1
1.3 塑料模具热流道系统介绍 3
第2章 后模滑块与斜顶机构20例 8
2.1 滑块机构与斜顶机构介绍 8
2.2 实用范例 9
范例1 无绳电话主机面壳三面滑块机构 9
范例2 电子插件弹簧斜顶机构 11
范例3 电池后盖弹簧斜顶机构 12
范例4 轿车仪表框隧道式滑块机构 14
范例5 反光镜装饰圈推块式滑块机构 17
范例6 汽车接插件滑块中进胶机构 19
范例7 显示器框架斜顶中做顶出块机构 20
范例8 咖啡壶手柄盖斜顶中做顶出块机构 23
范例9 餐用搅拌机杯子哈夫式滑块机构 26
范例10 汽车仪表框四面滑块机构 28
范例11 汽车仪表框针阀式热流道机构 32
范例12 圆筒无顶板滑块机构 35
范例13 电热杯外壳液压缸滑块机构 37
范例14 咖啡壶手柄液压缸抽芯机构 40
范例15 相机外壳液压缸抽芯机构 42
范例16 汽车内饰条活动抽芯机构 43
范例17 分水器壳体液压缸斜抽芯机构 45
范例18 浮动式滑块液压缸抽芯机构 48
范例19 轿车后视镜外壳液压缸滑块机构 51
范例20 吸尘器喷水枪外壳滑块脱螺纹机构 54

第3章 前模滑块机构20例 57
3.1 前模滑块机构简介 57
3.2 实用范例 58
范例1 轿车仪表盒前模滑块机构 58
范例2 相机配件前模滑块机构 60
范例3 健身器控制器底盖前模滑块机构 61
范例4 遥控器底壳前模滑块机构 63
范例5 电动剃须刀前模滑块机构 65
范例6 轿车遮阳板挂钩前模滑块机构 68
范例7 汽车内顶灯面壳前模内滑块机构 69
范例8 电子词典底壳前模滑块机构 71
范例9 三头连接器前模滑块机构 74
范例10 充电器底壳前模滑块机构 76
范例11 前模内滑块锁紧块中进胶机构 78
范例12 旋钮前模八面滑块机构 79
范例13 咖啡机外壳大型哈夫块机构 81
范例14 电动车电瓶外壳前模哈夫块机构 85
范例15 螺纹接头前模滑块机构 88
范例16 汽车雾灯灯体前模液压缸抽芯机构 91
范例17 冰箱柜前模滑块双液压缸机构 93
范例18 手机电池盖前模内滑块机构 95
范例19 翻盖手机主机面盖前模内滑块机构 97
范例20 电动机排气罩前模滑块机构 100

第4章 后模内滑块机构20例 102
范例1 基本内滑块小结构两例 102
范例2 电话机底壳后模滑块机构 103
范例3 手机座充内滑块机构 106
范例4 饮料瓶瓶盖内滑块机构 108
范例5 汽车开关面板复合式抽芯机构 110
范例6 反视镜后盖液压缸抽内滑块机构之一 112
范例7 反视镜后盖液压缸抽内滑块机构之二 114

范例8	旋钮帽内滑块机构 ……………	116
范例9	按钮帽内滑块机构 ……………	118
范例10	球杆接头内滑块机构 …………	120
范例11	汽车转向灯灯体内滑块机构 …	122
范例12	保护底座内滑块机构 …………	125
范例13	汽车前顶灯灯体内滑块机构 …	128
范例14	螺母内滑块机构 ………………	131
范例15	插座内滑块机构 ………………	133
范例16	礼品盒上盖内滑块机构 ………	135
范例17	手机电池盒内滑块机构 ………	136
范例18	粉碎机杯盖后模滑块机构 ……	138
范例19	打浆机杯盖后模滑块机构 ……	140
范例20	对讲机上盖后模滑块机构 ……	143

第5章　二次抽芯与滑块顶出机构30例 …………… 147

范例1	VCD配件盖二次抽芯机构 ………	147
范例2	摩托车手柄二次抽芯机构 ……	148
范例3	电热杯二次抽芯机构 …………	150
范例4	纽扣下盖二次抽芯机构 ………	151
范例5	手机翻盖二次抽芯机构 ………	153
范例6	电子词典下盖二次抽芯机构 …	155
范例7	装饰盖二次抽芯机构 …………	157
范例8	水壶手柄二次抽芯机构 ………	160
范例9	车灯清洗器支架二次抽芯机构 ……………………	164
范例10	手表壳二次抽芯机构 …………	166
范例11	车灯转向控制杆二次抽芯机构 ……………………	168
范例12	轿车遮阳板挂钩二次抽芯机构 ……………………	171
范例13	轿车电气插座二次抽芯机构 …	174
范例14	汽车固定支架二次抽芯机构 …	176
范例15	轿车变速器二次抽芯机构 ……	181
范例16	反光镜后盖二次抽芯机构 ……	183
范例17	后视镜外壳二次抽芯机构 ……	186
范例18	梭子手柄二次抽芯机构 ………	192
范例19	脚踏盖二次抽芯机构 …………	196
范例20	电熨斗外壳二次抽芯机构 ……	199
范例21	冰箱抽屉二次抽芯机构 ………	199
范例22	数码相机后壳二次抽芯机构 …	206
范例23	电子按钮滑块中做顶出机构 …	209
范例24	开关框架滑块中做顶出机构 …	209
范例25	喷嘴固定盖滑块中做顶出机构 ……………………	213
范例26	汽车前灯导向块滑块中做顶出机构 ……………………	214
范例27	手机面壳滑块中做顶出机构（一） ……………………	215
范例28	手机面壳滑块中做顶出机构（二） ……………………	219
范例29	防护罩滑块中做顶出机构 ……	221
范例30	计时器外壳滑块中做顶出机构 ……………………	223

第6章　前模顶出与斜顶机构20例 …… 227

范例1	游戏机外壳前模顶出机构 ……	227
范例2	汽车连接器前模顶出机构 ……	229
范例3	汽车连接支架前模顶出机构 …	232
范例4	桶盖倒装模液压缸顶出机构 …	234
范例5	冰箱顶盘倒装模机构 …………	235
范例6	保护盖倒装模机构 ……………	237
范例7	复印机盖倒装模机构 …………	238
范例8	化妆盒盖倒装模机构 …………	239
范例9	报话机下盖前模斜顶机构 ……	242
范例10	对讲机充电座前模斜顶机构 …	243
范例11	翻盖手机主机身前模斜顶机构 ……………………	244
范例12	充电器内壳前模斜顶机构 ……	248
范例13	手机前盖前模斜顶机构 ………	250
范例14	传输机驱动器前模斜顶机构 …	251
范例15	电子监控器前模斜顶机构 ……	254
范例16	电子集控器前模斜顶机构 ……	256
范例17	手机面壳前模斜顶机构 ………	257
范例18	汽车灯箱底座前模斜顶机构 …	258
范例19	手机后盖前模斜顶机构 ………	262
范例20	汽车遮阳板前模斜顶机构 ……	264

第7章　二次顶出机构20例 …… 268

范例1	开关按钮二次顶出机构 ………	268
范例2	水果盘盖二次顶出机构 ………	270
范例3	散热器底座二次顶出机构 ……	270
范例4	水壶盖子二次顶出机构 ………	275
范例5	计算器按钮超速二次顶出机构 ……………………	277
范例6	离合器调整盖二次顶出机构 …	279
范例7	电话机底盖二次顶出机构 ……	283
范例8	变极适配器二次顶出机构 ……	285
范例9	无绳电话主机内支架二次顶出机构 ……………………	285
范例10	开关旋钮二次顶出机构 ………	288
范例11	轿车前顶灯灯体二次顶出机构 ……………………	292

范例12 轿车后顶灯灯体二次顶出
机构 ………………………… 293
范例13 微波炉门框二次顶出机构 … 296
范例14 电热水煲上盖二次顶出机构 … 299
范例15 微控开关二次顶出机构 …… 302
范例16 汽车仪表盖二次顶出机构 … 307
范例17 汽车遮阳板装饰盖二次顶出
机构 ………………………… 309
范例18 汽车覆盖板二次顶出机构 … 310
范例19 遮阳板反视镜翻盖二次顶出
机构 ………………………… 315
范例20 微波炉支撑脚二次顶出机构 … 315

第8章 特殊机构综合类20例 …… 320

范例1 化妆品瓶盖强制脱模机构 …… 320
范例2 手电筒外壳抽型腔机构 …… 323
范例3 汽车接插件二次顶出机构 … 325
范例4 微波炉控制面板倾斜式顶出
机构 ………………………… 327
范例5 汽车仪表框倾斜式顶出机构 …… 327
范例6 电器装饰盖液压缸倾斜式顶出
机构 ………………………… 331
范例7 水壶把手特殊抽芯机构 …… 332
范例8 咖啡壶手柄盖液压缸抽芯
机构 ………………………… 336
范例9 轿车天线盖倾斜式抽型腔
机构 ………………………… 338
范例10 轿车天线盖倾斜式顶出机构 … 341
范例11 斜齿轮旋钮旋转顶出机构 … 343
范例12 注射器针管前模推板机构 … 345
范例13 温度计上盖斜内滑块机构 … 348
范例14 光纤杯杯胆前模滑块机构 … 349
范例15 相机前壳特殊抽芯机构 …… 354
范例16 探头固定座特殊斜顶机构 … 357
范例17 咖啡壶外壳特殊内滑块机构 … 361
范例18 汽车座椅扶手倒装模机构 … 365
范例19 电热杯外壳特殊二次顶出
机构 ………………………… 368
范例20 斜齿轮旋转顶出机构 ……… 372

第9章 自动脱螺纹机构20例 …… 374

9.1 自动脱螺纹机构简介 ………… 374
9.2 实用范例 ……………………… 375
范例1 香水瓶盖外壳液压马达脱螺纹
机构 ………………………… 375
范例2 淋浴器挂墙座液压马达脱螺纹
机构 ………………………… 382

范例3 淋浴器花洒喷头液压马达脱螺纹
机构 ………………………… 384
范例4 化妆品瓶盖装饰圈液压马达脱
螺纹机构 …………………… 386
范例5 茶杯盖液压马达脱螺纹机构 … 389
范例6 淋浴器转接头液压马达脱螺纹
机构 ………………………… 392
范例7 化妆品瓶盖液压马达脱螺纹
机构 ………………………… 395
范例8 油隔底盖螺旋杆脱螺纹机构 … 398
范例9 淋浴器挂墙盖螺旋杆脱螺纹
机构 ………………………… 403
范例10 电器按钮螺旋杆脱螺纹机构 … 406
范例11 螺纹垫圈螺旋杆脱螺纹机构 … 409
范例12 离合器定位盖螺旋杆脱螺纹
机构 ………………………… 410
范例13 口红螺旋盖螺旋杆脱螺纹
机构 ………………………… 412
范例14 水壶盖液压缸齿条脱螺纹
机构 ………………………… 415
范例15 六角螺母液压缸齿条脱螺纹
机构 ………………………… 419
范例16 化妆品瓶内盖液压缸齿条脱
螺纹机构 …………………… 422
范例17 钢笔内套液压缸齿条脱螺纹
机构 ………………………… 427
范例18 电器转接头滑块脱螺纹机构 … 430
范例19 油箱转接器滑块脱螺纹机构 … 434
范例20 排气阀主体滑块脱螺纹机构 … 438

第10章 圆弧抽芯机构10例 …… 442

范例1 淋浴器花洒圆弧抽芯机构 …… 442
范例2 轿车电子线路转接管圆弧抽芯
机构 ………………………… 448
范例3 弯管接头连杆式圆弧抽芯
机构 ………………………… 453
范例4 淋浴露升降瓶盖圆弧抽芯
机构 ………………………… 457
范例5 塑料水龙头圆弧抽芯机构 …… 464
范例6 水枪喷管圆弧抽芯机构 …… 471
范例7 电器缓冲器圆弧抽芯机构 …… 474
范例8 花洒过滤芯子连杆圆弧抽芯
机构 ………………………… 477
范例9 花洒过滤芯子摆动式液压缸圆弧
抽芯机构 …………………… 481
范例10 90°弯管接头圆弧抽芯机构 … 484

第1章　塑料注塑模具结构的基本分类和概述

1.1　概述

　　塑料注塑模具是生产有一定形状和尺寸要求的塑料产品的一种工具。随着3D软件的快速发展，塑料产品的形状也越来越复杂，对模具的要求也越来越高，特别是模具结构的合理性和加工精度等对塑料产品的质量和生产效率都有着直接影响。因此，世界各国对模具的设计与制造技术都极为关注，都在积极探索新技术、研制先进的设备，以满足现代模具发展的需要。

　　合理的模具设计主要体现在：

　　1）塑料产品的外表美观，能够满足并超越塑料产品的设计要求。

　　2）产品尺寸稳定，准确，变形量小。

　　3）模具在使用过程中安全可靠，动作稳定，使用寿命长，便于维修。

　　4）模具在注塑成型的过程中，成型周期短，生产效率高，废品率低。

　　5）模具结构简单，加工方便，生产周期短。

　　综上所述，一副高品质的模具，与模具设计有着密切的关系，因此提高模具设计人员的综合水平至关重要。

1.2　塑料注塑模具结构的基本分类

　　一副完整的模具，通常有两大部分，一是成型部分，是关系着塑料产品形状和尺寸的零件。二是模架部分，也称模胚，是用来安装和固定成型部分的。在传统模具制造中，模架都是模具制造厂自己加工制作，这样不仅废时，而且加工精度也无法保证。在现代模具制造中，多数模架已经不需自己制作，都是到专业的模架加工厂去订做。如今，各国的模架制造商已经制定了各自的标准，最著名的有德国的HASCO、美国的DME、日本的FUTABA和中国的LKM，它们也是世界上四家最大的模架制造商，它们的各种模架都可供用户选用。在进行模具设计时，直接调用模架即可。

　　塑料注塑模具有两大类型：

　　1）两板式模具。两板式模具不适用于带有前模滑块的模具和点浇口的模具，除了这两种结构外，其他所有结构和进胶方式都可使用。

　　2）三板式模具。三板式模具又称为细水口模具，按照模架的类型来分，又可分为细水口、简化型细水口和假三板三种形式，如图1-1所示。

　　对于这三种模具的类型，有很多多年从事模具设计和制造的技术人员，在概念上都很难区分，因此本章将简要介绍一下。细水口和简化型细水口是专门针对点胶口的模具而设计的一种模架结构，它同时也适用于带有前模滑块机构的模具。细水口模架和简化型细水口模架的区别是：

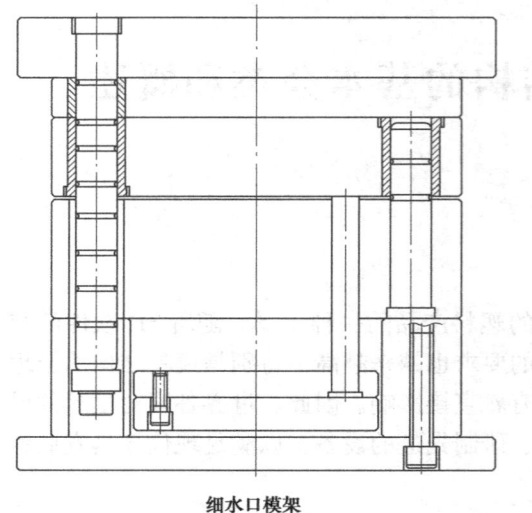
细水口模架

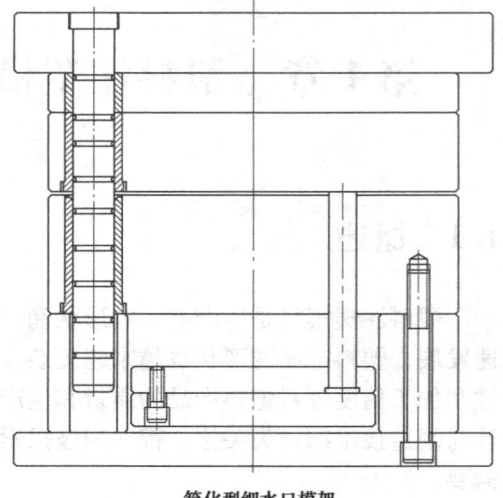
简化型细水口模架

假三板模架

图 1-1

① 细水口模架有4支导柱固定在后模侧"B"板内，而简化型细水口没有导柱。
② 细水口模架的4支拉杆上有限位垫圈，而简化型细水口没有限位垫圈。
③ 细水口模架可以实现推板模具结构，而简化型细水口不能设计推板结构。

细水口模架通常用在塑料产品批量较大、对模具要求较高的模具上。外形超过500mm的中大型模具也应考虑使用细水口模架，因为细水口模架比简化型细水口模架多出4支导柱，导向效果和强度更好，模具寿命更长。简化型细水口模架通常用在500mm以下的中小型模具上，当塑料产品批量较大时也不宜使用，因为它比细水口模架少4支导柱，长时间磨损，导向效果和强度都不太好。假三板模架是专门为前模滑块机构的模具而设计的，没有卸料板，不适用于点浇口的模具。

一副完整的塑料注塑模具，共由6大系统组成：
1）浇注系统。浇注系统共由主流道、分流道、浇口、冷料穴4部分组成。

2）成型机构。成型机构是与塑料产品直接接触的部分，包括前后模模仁、镶件、滑块、斜顶等机构。

3）顶出机构。顶出机构包括顶针、顶块、司筒、顶针固定板、顶针垫板、复位杆等机构。

4）导向机构。导向机构包括导柱、导套、顶板复位杆、顶板导柱、顶板导套等机构。对于要求较高的模具，有时还应另外增加辅助导向机构，如锥面精定位、直面精定位、圆锥精定位等。

5）冷却系统。冷却系统主要是循环水路，有油冷、水冷、空气冷等。有些模具需要加热，可利用冷却水路来进行加热。

6）排气系统。排气系统主要有排气槽、排气针、排气镶块、排气阀等部分机构。

1.3 塑料模具热流道系统介绍

热流道系统是一种用途非常广泛的塑料成型浇注系统，主要借助于加热装置和电子温控系统使浇注系统中的熔融塑料不发生凝固，从而平稳有序地将塑料填充到模具型腔中。在没有注塑压力的情况下，熔融塑料不会自动流动，也不会随着塑料制品的脱模产生拉丝、溢流等现象，所以热流道模具又称无流道或少流道模具。

长期以来，塑料模具的浇注系统一直都使用冷流道将熔融塑料注入模具型腔。随着科学的进步和生产力的不断发展，人们开始认识到传统的注塑模具存在很多弊端，其中流道废料的产生使成型周期加长，生产效率低下，直接导致成本的增加。随着3D软件的产生，塑料制品的结构越来越复杂，要求也越来越高，因此，传统模具在成型工艺上已难以满足现代产品的需要，人们不得不考虑采用其他技术工艺。19世纪50年代末，美国Incoe公司发明了热流道注塑成型模具技术，从而掀起了模具工业的一次革命。特别是近年来微电子技术的发展、电子温控箱的发明，使热流道系统已发展到非常成熟的阶段。

1. 热流道和冷流道的优势对比

（1）冷流道

1）在注塑填充过程中，由于料流前端的热量不断损耗，料流表面产生凝固，注塑压力损失较大，直接影响到注塑机的使用寿命。

2）在注塑填充过程中，由于料流前端的热量不断损耗，料流表面产生凝固，造成注入模具中的塑料温度不均匀，可能直接导致成型后的塑料制品出现料花、熔接痕、变形、翘曲、凹陷、填充不满等一系列问题，使塑料制品无法达到要求。

3）由于冷流道的产生，迫使工厂需设立专门的废料二次加工设备，造成人力、物力和材料的浪费。

4）有些模具结构存在浇口和塑料制品不能自动分离的问题，需增加修剪浇口工序，自动化程度低。

5）模具冷却时间长，填充时间长，造成生产效率低下。

（2）热流道

1）热流道加热后的温度和注塑机料筒、射嘴的温度几乎相等，避免了熔融塑料在流道内表面冷凝的现象，注塑压力损耗较小。

2）塑料成型后，质量较高。因为塑料在注入型腔后温度、压力和密度均匀，成型后塑件内应力小，变形也较小，尺寸稳定。

3）无废料，节省材料，节约资源和成本。

4）模具冷却快，填充快，成型周期短，生产效率高。

2. 热流道模的特点

1）塑料的熔融温度范围较宽。低温时，流动性好；高温时具有较好的热稳定性。

2）对压力敏感。不加压不流动，但施加压力后即刻流动。

3）导热性好。加热快，冷却快。

3. 热流道模的缺点

1）因热流道系统有加热机构和分流板机构，需占用较大空间。因此，模具的整体高度需加大，直接导致模具成本增加。

2）热量损耗严重，难以控制。

3）加热后会产生严重的热膨胀。

4）热流道系统价格昂贵，导致模具制造成本增加。

4. 设计热流道模具需要注意的几个问题

1）因加热后会产生严重的热膨胀，所以在热流道系统和模具之间，必须留有足够的空间以供膨胀。

2）热流道系统和模具之间应尽量避免大面积接触。

3）因热量损耗严重，所以在模具和注塑机之间应增加隔热垫板，以减少热量流失。隔热垫板必须为绝缘材料，常用的有电木板、各种塑料板材或玻璃纤维等。

5. 热流道系统的分类

热流道系统主要由主温控器、浇口套、分流板、热嘴四大部分组成。按进胶的形式来分，可分为单点式和多点式两种。单点式只有一个喷嘴一个进胶点，对于有些要求较高的圆形产品，有时需要一个喷嘴多个进胶点。多点式有多个喷嘴多个进胶点。单点式一般情况下不需要分流板。有些模具因受产品形状限制，胶口位置需偏离模具中心较远，有时还需要加大模具外形尺寸或注塑机吨位，这样将直接导致整体成本增加，为此，单嘴热流道需要增加分流板，模具就可不必偏心。多点式必须使用分流板。热流道的热嘴常用的有大水口式（也称开放式）、点浇口式、气动针阀式等。热流道系统的详细结构及其使用参见以下内容。

图1-2a为常用的多点开放式热流道系统，通常用在一模一穴的大型塑件或一模多穴的模具上。当产品太大，需要多个浇口，多个浇口之间的距离又太远时，必须使用此种形式。热流道的另一特点是它不仅可以直接在产品表面进胶，而且还可以转成冷流道进胶，也就是通常说的热流道转冷流道。而此种开放式热嘴多用在热流道转冷流道的模具上，当一模多穴时，为减少冷流道的长度，有时也需要使用此种形式。此种热嘴是大水口式的，热嘴的前端可进行二次加工，可根据需要加工成弧面、斜面或开设流道等。图1-2b为常用的单点开放式热流道系统，它没有分流板，仅一个热嘴，多用在一模多穴且流道不长的热流道转冷流道的模具上，有时也可直接进胶在一些要求不高的产品表面。此种开放式热嘴的缺点是，它会留下一段废料，如直接进胶在产品表面，还需要进行二次浇口的修剪，因此这种热嘴用得不多。图1-2c也是常用的单点开放式热流道，基本上均用在直接在产品表面进胶的模具上。和前面两种相比，其优点是没有废料产生，不需进行二次浇口的修剪，生产效率更高。此种热嘴不仅可单嘴使用，也可用在多点式热流道系统的模具上。对于需直接在表面进胶的大型产品，它是一种非常理想的选择。其缺点是，产品表面会留下一个圆圈和一个点，因此，不

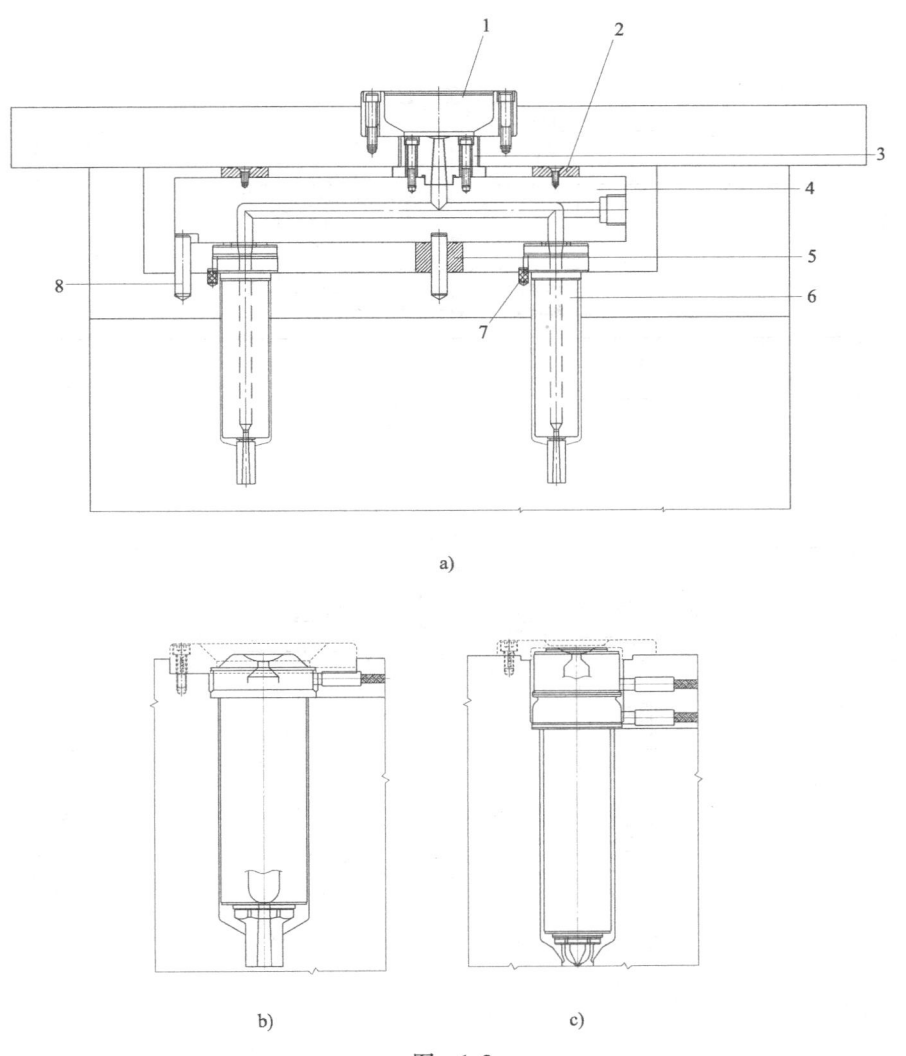

图 1-2

1—定位圈 2、5—绝热垫圈 3—浇口套 4—分流板 6—热嘴 7—止转销 8—定位销

能用在外观要求较高的产品模具上。

图1-3a为常用的多点式的针点式热流道系统，通常用在需直接在产品表面上进胶的模具。对于外表要求较高的产品，针点式热嘴是最理想的选择，因其浇口痕迹小，在产品表面只会留下很小的一个点。有些一模一穴的大型产品，需多点进胶时，必须使用此种机构的多点式热流道系统。对于一些一模多穴的小型产品，也必须使用此种多点式结构。图1-3b、c为两种不同形式的单嘴结构。单嘴的使用更加简单，它仅能使用在一模一穴一点进胶的模具上。

图1-4a为常用的多点式的针阀式热流道系统，此种形式的热流道系统多了一个气缸机构。模具在生产注塑过程中，阀针在气缸的作用下一直处于上下往复运动的状态。填充注塑时，阀针提起；填充结束时，阀针复位，封住胶口。和前面几种形式相比，它结构更复杂，安装精度也更高，价格比其他形式也贵得多。针阀式热流道不仅可用在热流道转冷流道的模具上，更适用于直接在产品表面进胶的模具上。若用在热流道转冷流道的模具上，它更加节

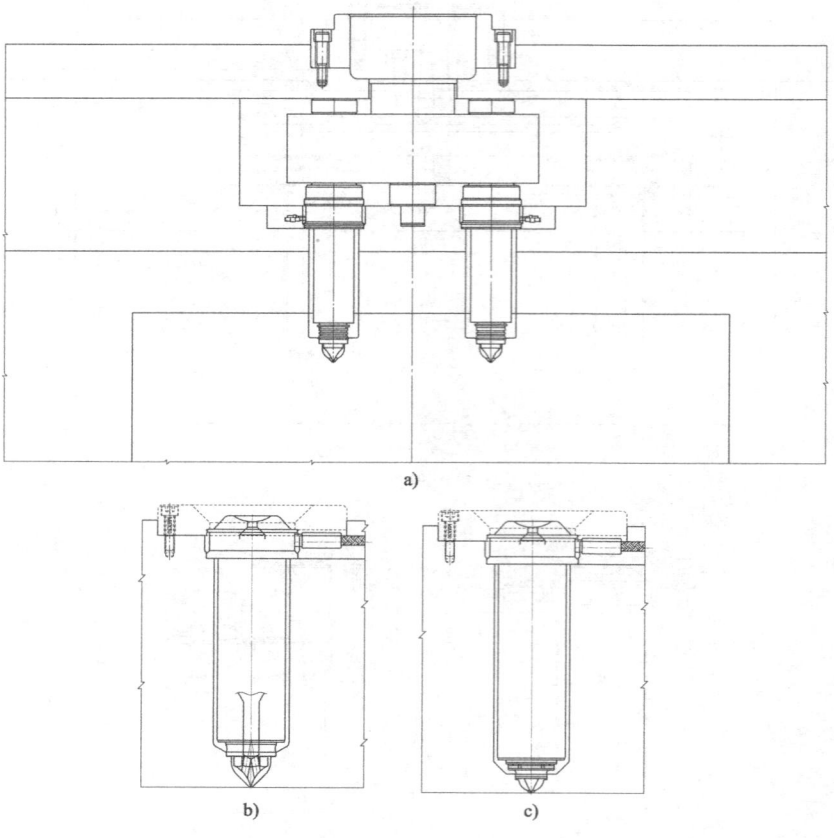

图 1-3

省材料；若用在直接在产品表面进胶的模具上，浇口痕迹仅为一个很小的圆圈，光滑美观。一模一穴或一模多穴的模具均可使用，比前面几种形式的使用范围更加广泛。图1-4b 为一种单嘴针阀式结构，它仅用在一模一穴一点进胶的模具上。

图1-5 为特殊的单嘴多头式的热流道系统。此种形式的热嘴可单嘴使用，也可多嘴同时使用。如果多嘴同时使用，必须增加一个分流板。单嘴多头式的热嘴多用在要求较高的圆形产品上，如风扇、车轮、排气扇、齿轮等，因为它能很好地避免圆形产品尺寸不稳定和重量不均衡的问题。单嘴多头式热嘴有针点式结构，也有气动针阀式结构。一模一穴或一模多穴的模具均可使用。

热流道系统除了以上几种常用结构外，还有其他多种结构类型。因为不同的热流道制造商有不同的标准。只需从根本上理解热流道的使用原理和使用方法，至于其内部结构和理论知识，没有必要花太多时间去研究。在后面的章节中，将用一些实际的范例来说明不同热流道的使用方法，在此不再一一列举。

a)

b)

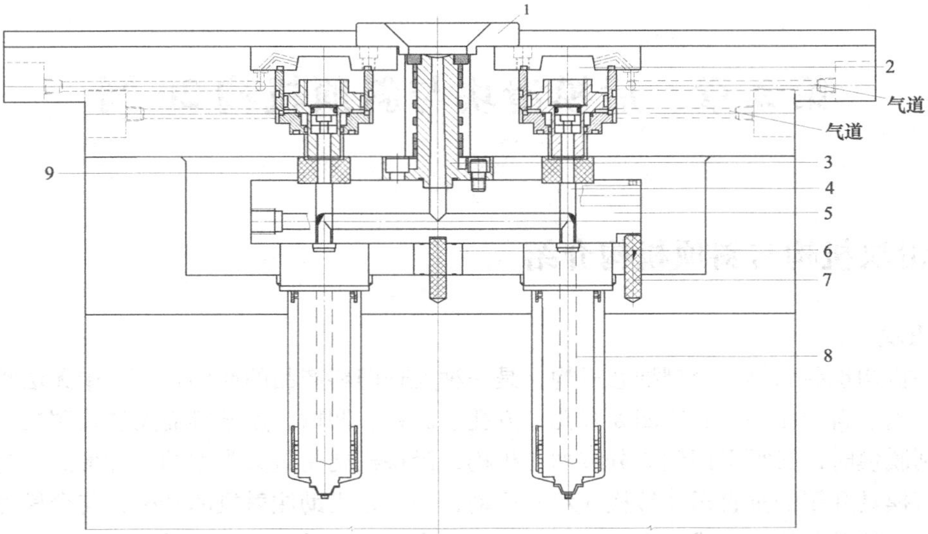

图 1-4

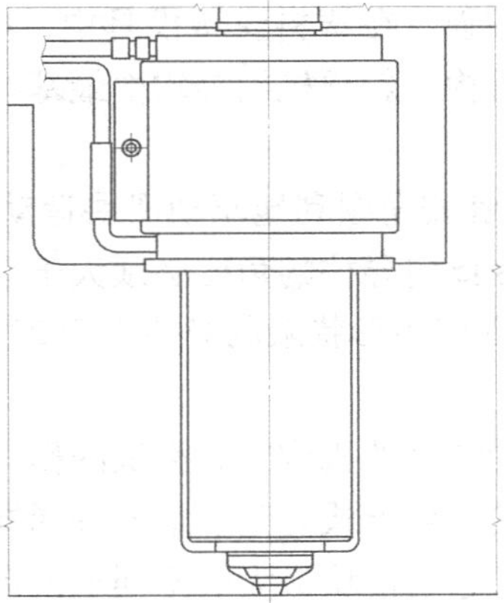

1—定位圈　2—气缸机构　3—浇口套　4—阀针　5—分流板　6、9—绝热垫圈　7—定位销　8—热嘴

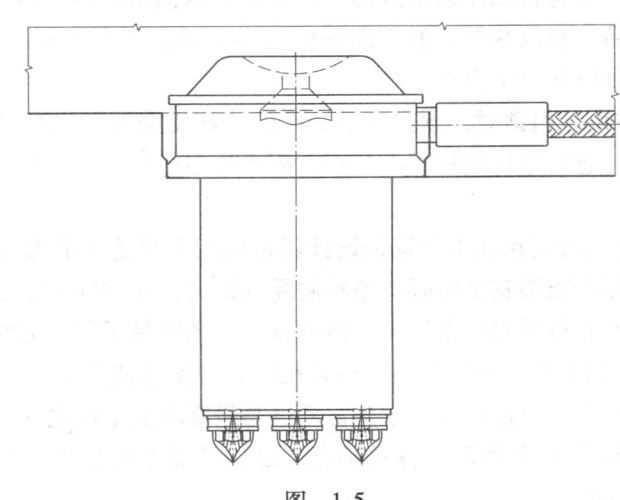

图 1-5

第 2 章　后模滑块与斜顶机构 20 例

2.1　滑块机构与斜顶机构介绍

1. 滑块

滑块机构也称为侧向分型抽芯机构，是一种处理塑料产品的倒钩在模具中无法顺利脱模的方式。当塑料产品侧面有侧凹如圆孔、方孔、凸台、凹槽、筋条等而无法按照模具的开模方向顺利脱模时，必须采用侧向分型抽芯机构，滑块机构是最为常用的一种形式。它的基本原理是将模具开闭的垂直运动转换成水平运动，一般是借助注射机的开模力与合模力进行侧向分型、抽芯及复位来完成动作，特殊情况下也有采用液压缸、液压马达等来完成动作。这种机构经济性好，动作可靠，实用性强。在塑料注塑模具中，内滑块机构、前模滑块机构、滑块中做滑块机构、滑块中做斜顶机构、斜顶机构等均由最基本的滑块机构演变而来。设计滑块时应注意以下两个重点。

1）设计滑块时，为使斜导柱能够安全顺利地驱动滑块运动，而不至于在开合模过程中斜导柱和滑块会产生自锁或咬死，因此斜导柱的角度必须大于滑块锁紧块角度 1°～3°。

2）滑块角度不宜大于 25°。当受产品形状限制必须大于 25°时，应慎重使用。

2. 斜顶

斜顶机构是塑料注塑模具中一种常见的机构，和滑块的作用基本相同，是用来处理塑料产品的倒钩在模具中无法顺利脱模的一种方式。其运动原理同样是将模具开闭的垂直运动转换成水平运动，从而完成侧向抽芯。它与滑块最大的不同点是运动的驱动力来源不同。斜顶主要靠顶针板的运动而运动，因此，斜顶的设计与顶针板的行程有着密切关系，这是设计斜顶和设计滑块最大的不同点。另外，斜顶还具有顶针的特点，它既属于侧向抽芯机构，同时也是顶出系统的延伸。因为斜顶在运动过程中，不仅可以抽出倒钩，同时更能帮助顶出机构从模具中顶出塑料制品，所以在斜顶的周围一般 10～20mm 以内都不需要再另外布置顶针。设计斜顶时通常应注意以下两个重点。

1）顶出行程。在设计斜顶时，顶出行程必须保证能安全地顶出塑料制品脱离模具。在保证安全脱模的同时，还应尽量缩短顶出行程，因为顶出行程越大，斜顶越容易疲劳，寿命越短。

2）斜顶角度。斜顶角度和顶出行程是设计斜顶的两个最重要的参数。斜顶的角度必须保证斜顶在规定的行程内能够安全地脱离塑料制品的倒钩。在保证安全脱模的同时，还应尽量缩小斜顶的角度，因为斜顶的角度越大，强度越差，越容易折断。通常，斜顶的角度不宜大于 12°，有时因为产品需要，必须做很大的角度时，应慎重使用。

后模滑块、斜顶机构是塑料模具中最为常用也是最基本的结构之一，因此，本章范例是全书最简单的，共列举了 20 个范例，各具特点，是这种类型的代表。学好本章内容，对学习以后的内容有很大帮助。

2.2 实用范例

范例 1 无绳电话主机面壳三面滑块机构

此副模具的产品是一款室内无绳电话的主机面壳,产品形状如图 2-1a、b 所示。从图中可以看出,产品形状复杂,内外有多处倒扣,特别是外表面部分,两侧都有大面积倒扣和侧孔,因此,模具必须使用滑块机构和斜顶机构。

此副模具在结构上属于最基本的三板模结构和滑块与斜顶机构。总之,结构较简单,3 个滑块使用了两种不同的结构形式。图 2-2b 中的滑块机构是一种最普通而又最常用的镶拼式结构。镶拼式滑块在塑料模具中较为常见。当滑块较大时,为节省材料和方便加工,可将滑块分为两部分来做,中间采用不同的方式进行连接;当滑块较小或者滑块头部的形状较为复杂时,为方便加工和维修,也可采用镶拼形式。图 2-2b 中滑块主体 2 和滑块镶件 3 之间采用了 T 形挂钩的方式进行连接,由螺钉紧固。滑块的开启和复位主要依靠斜导柱 1 和弹簧 6 来完成。限位螺钉 5 负责对滑块的行程限位。锁紧块 4 带有反锁功能,因滑块前端需大面积封胶,滑块将承受较大的注塑压力,因此,锁紧块必须带有反锁功能,以防滑块在注塑填充过程中被涨开或移位。详细结构如图 2-2 所示。

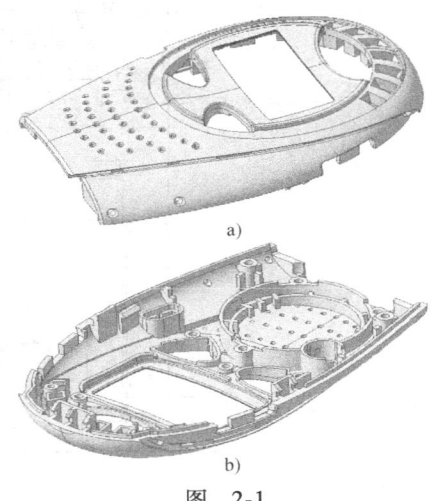

图 2-1

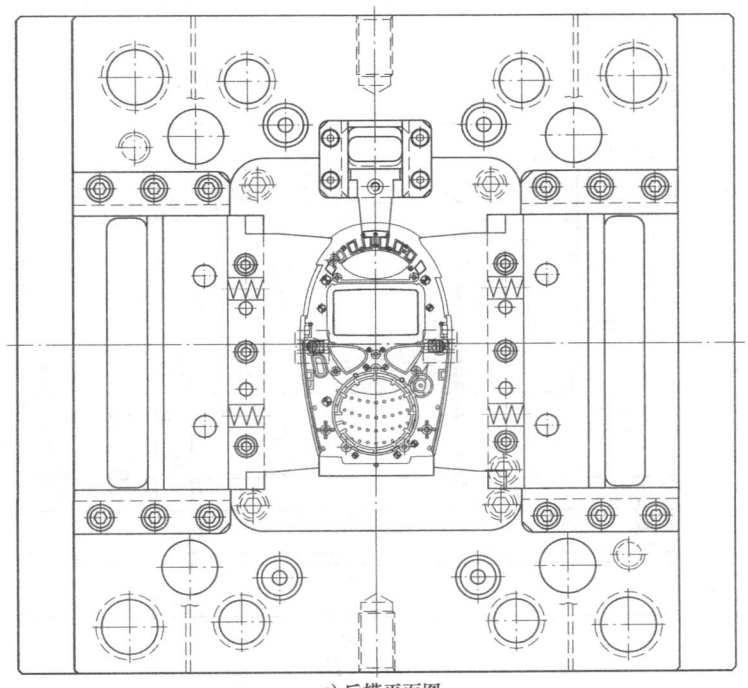

a) 后模平面图

图 2-2

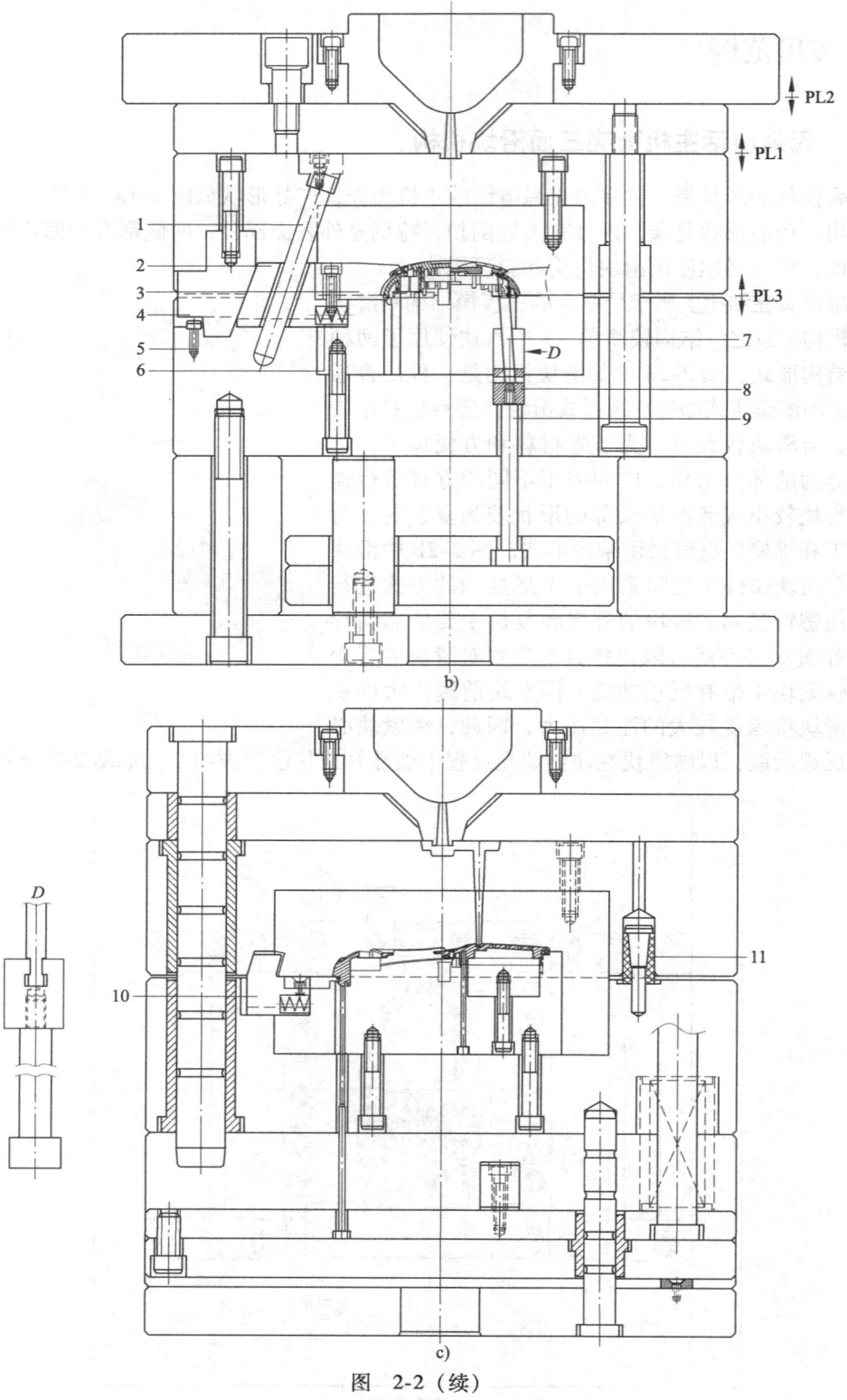

图 2-2（续）

1—斜导柱 2—滑块主体 3—滑块镶件 4—锁紧块 5—限位螺钉 6—弹簧 7—斜顶
8—斜顶座 9—带肩螺钉 10—滑块 11—尼龙开闭器

图 2-2c 中的滑块机构是一种简便式滑块，在塑料模具中这种形式使用得不是很多。其优点是可省略一个锁紧块和一个斜导柱，加工简单、方便，但强度不是很好，易折断，仅适用于宽度在 40mm 以下的小型滑块，大型滑块不宜使用。当产品批量较大时也不宜使用。

此副模具的斜顶机构是一种两段式斜顶。因斜顶较小，长度越长，强度就越差，越易折断，因此使用了两段式机构，这样可大大缩短斜顶长度，提高了强度。

图 2-3 为顶板先复位机构。顶板先复位机构在塑料模具中使用较多，通常用在滑块底部有顶针或斜顶的情况下。合模时，如果顶针不能提前复位，滑块将会和斜顶、顶针发生干涉，产生碰撞，从而导致模具严重损坏。因此，在设计模具时，滑块底部应尽量避免放置顶针和斜顶。如果受产品形状限制必须使用时，模具必须设计有顶板先复位机构，该机构形式较多，本例为最常用的一种，其他形式将在后面的范例中讲述。

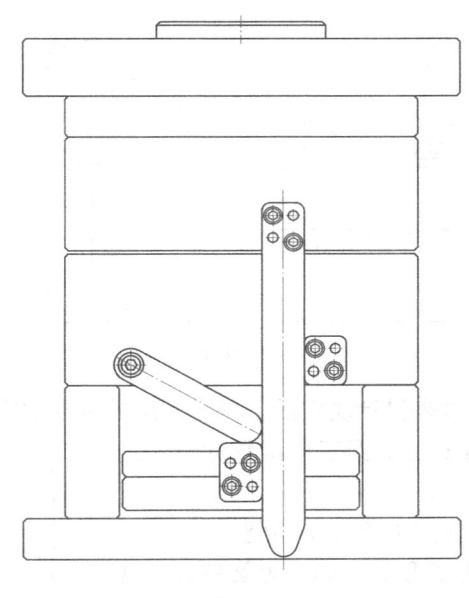

图 2-3

范例 2　电子插件弹簧斜顶机构

此副模具的产品是一个非常简单的电子插件，模具结构非常简单，但却使用了一种特殊的斜顶机构——弹簧斜顶。模具结构如图 2-4 所示。

弹簧斜顶在塑料模具中使用得不是很多，不是因为此种机构不好，而是因为较少有人掌握其使用要点和特性。再者，使用弹簧斜顶还有其他方面的局限性，因此不可轻易使用。

弹簧斜顶是利用弹簧弹性变形的原理演变而来的。因此，使用的钢材是第一关键，斜顶形状是第二关键。只要掌握了这两个关键，设计弹簧斜顶就简单了。弹簧斜顶使用的钢材必须具有优良的韧性，最常用的是弹簧钢。

图 2-5a 为斜顶加工完成后还未装配到模具中的状态。图 2-5b 为斜顶加工完成后已装配到模具中的状态。图 2-5c 为斜顶装配前后弹性变形的变化趋势对比。从图 2-5 可以看出，斜顶在装配前和装配后有一个角度的变化。当斜顶连同产品一起被顶出后，斜顶在这个角度的变化下和弹性变形的作用下恢复到原始状态，从而脱出产品的倒钩。这个角度不恒定，是

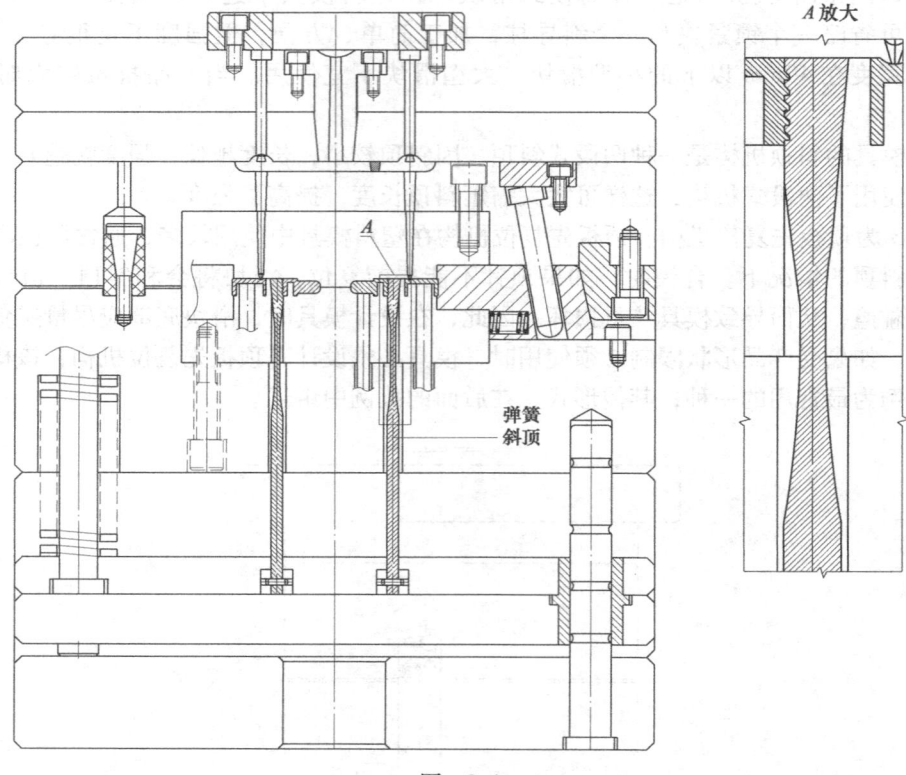

图 2-4

由设计者根据产品倒钩的深度来设计决定的。这个角度的变形空间和变形距离的最小值必须大于产品倒钩的深度。此角度是根据三角函数计算公式而得的，此处不再讲述。

设计弹簧斜顶时还需要注意如下几个问题：

1) 在斜顶周围必须要布置顶针，因为弹簧斜顶不能承受较大的顶出力。

2) 弹簧斜顶在顶针板上是不能活动的，不同于常规斜顶那样滑动。

3) 厚度 W 尺寸不能太大，根据斜顶大小的不同，一般取 2~3mm 即可。

弹簧斜顶的优点是加工简单，使用方便，通常用在空间非常小的情况下。缺点是，仅适用于产品倒钩较浅的情况，当倒钩大于 3mm 时应慎重使用。因为倒钩较深时，需要的变化角度也较大，斜顶弹性容易疲劳，动作容易失效。

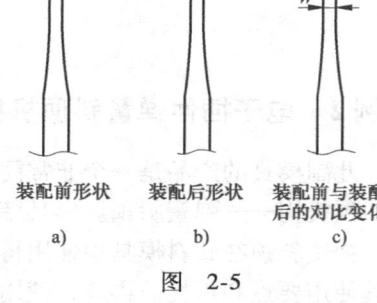

图 2-5

范例 3　电池后盖弹簧斜顶机构

此副模具的结构和本章范例 2 同属一种类型，也是弹簧斜顶机构，如图 2-6 所示，但本例的重点是弹簧斜顶在另外一种情况下的用法，对本例中的产品的倒扣方式，可能有观点认为使用图 2-7 的哈夫式推块结构也可以实现，可能还会更简单些，但是，经过实践验证，哈

第 2 章 后模滑块与斜顶机构 20 例

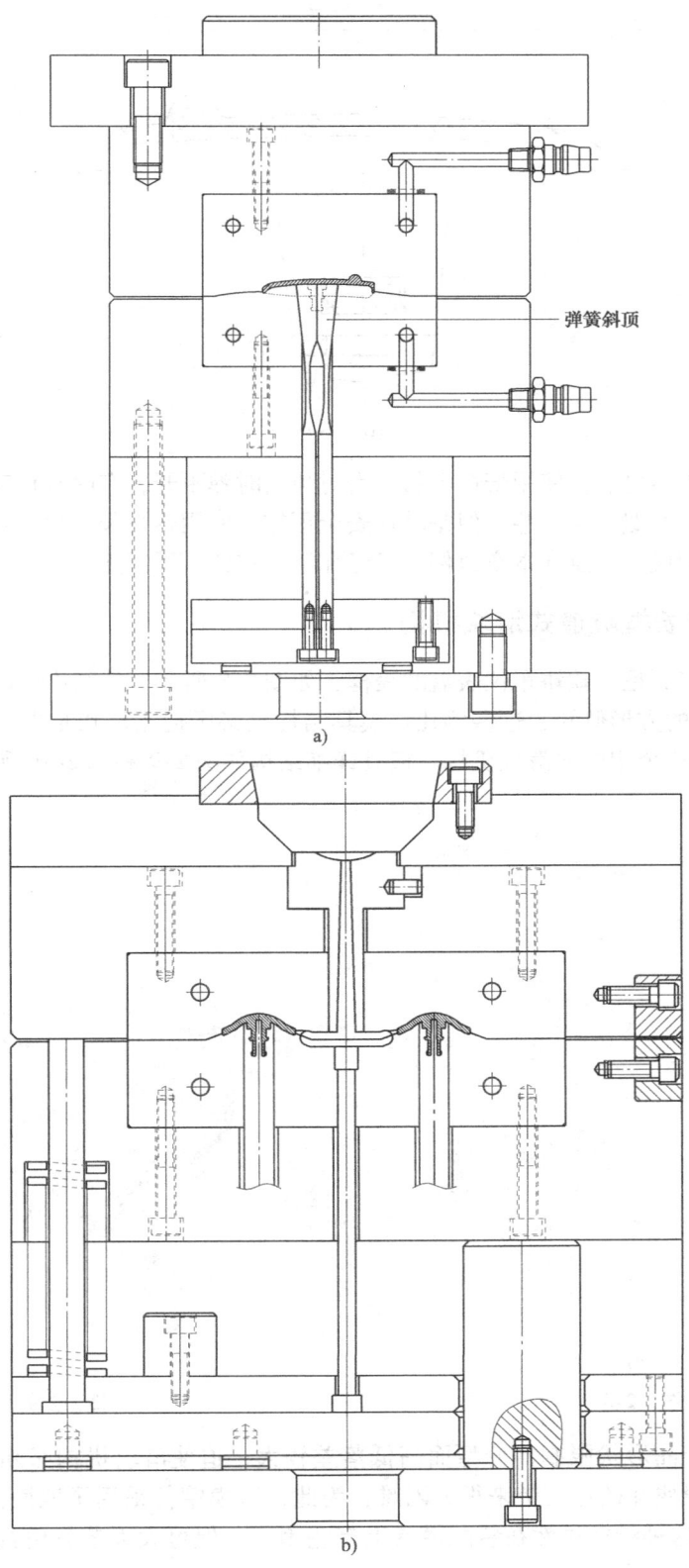

弹簧斜顶

图 2-6

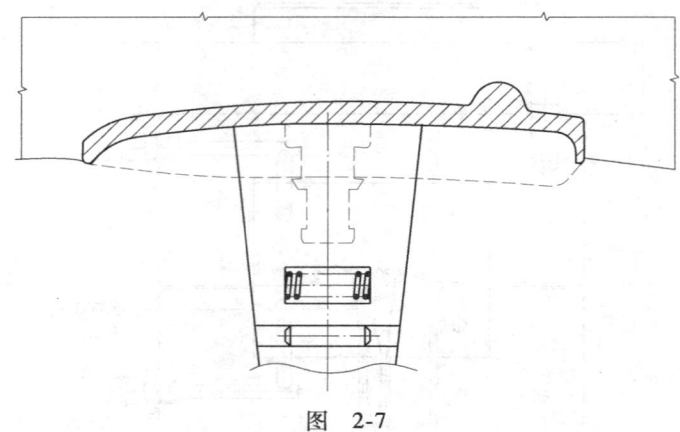

图 2-7

夫式推块机构动作不可靠，使用寿命不长，有时顶出时弹不开，有时复位时容易卡死。使用弹簧斜顶，结构上看似复杂一些，但是动作安全可靠，使用寿命长，生产效率高。有关弹簧斜顶的使用方法和设计要点在本章范例 2 已经介绍，在此不再讲述。

范例 4　轿车仪表框隧道式滑块机构

此副模具的产品是一款轿车仪表盘的表框，如图 2-8 所示。从图中可以看出，产品周边有 10 个形状相同的方形侧孔，这些侧孔在模具结构上必须使用滑块抽芯。为加工方便，此副模具也设计了 10 个相同的滑块机构。模具详细结构如图 2-9 和图 2-10 所示。

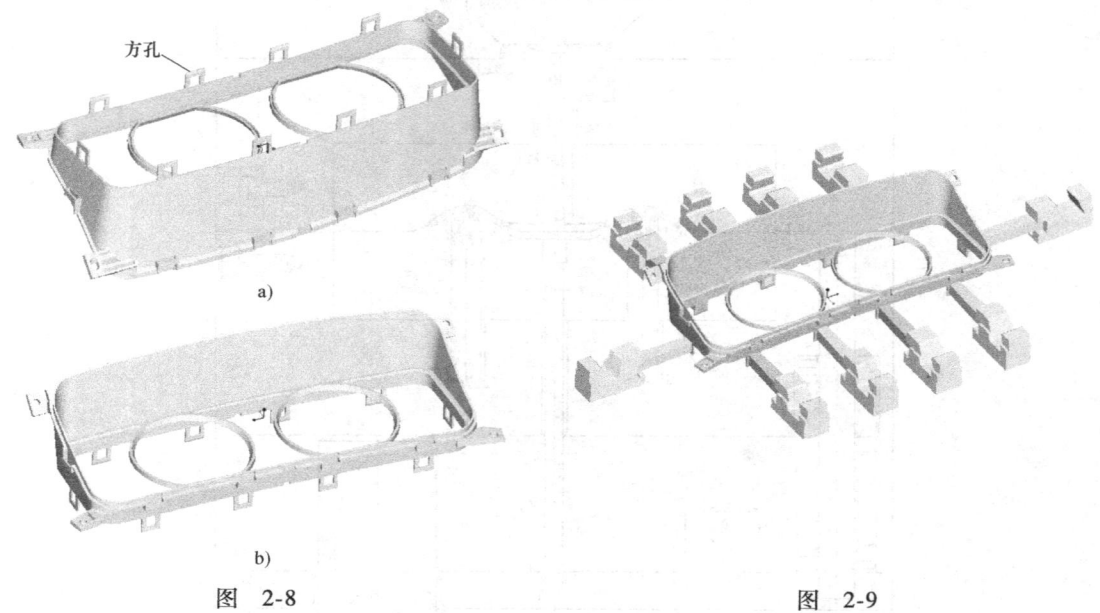

图 2-8　　　　　　　　　　图 2-9

模具由于受产品形状限制，分型面高低落差较大，迫使滑块机构必须从后模镶件中穿过，给后模镶件滑块孔的加工带来很大困难，为此，后模镶件采用了四面镶拼的结构形式，如图 2-11 所示。这种结构虽然在装配模具上有些困难，但可大大节省模具材料，为滑块槽的后续加工带来了便利。

图 2-12 为滑块镶件从后模仁镶件中间穿过的局部断面图。此种滑块机构通常称为隧道式滑块，常用于注塑模具。对于这种结构，凡是滑块穿过的地方，模仁应尽量做成镶拼形式，以利于隧道孔的加工。隧道孔可直接使用线切割加工，这是所有隧道式滑块的共同特点。还需注意的是，滑块镶件的两侧和模仁配合的部分必须有斜面配合（见图 2-13），斜面角度 α 根据斜面长短而定，通常为 3°~5°。

此副模具的滑块机构在结构上较简洁，滑块镶件采用了 T 形挂钩的连接方式，加工简单、方便。锁紧块结构也很简单，省略了一个斜导柱，滑块的开启和复位均靠锁紧块来完成。但此种机构只适用于宽度在 40mm 以下的小型滑块上，当滑块前端需承受较大注塑压力时，不宜使用。滑块的详细结构如图 2-14 所示。

此副模具在进胶方式上也有些特别，因受产品形状限制，产品中间无法进胶，但又不得不在指定的两点进胶，因此使用了细水口转侧浇口的进胶方式。此种方式在塑料模具浇注系统中经常用到，如细水口转潜水口也是较常用的一种。

此副模具在设计上存在着一个很大的缺点，就是浇注系统的设计不够合理。细水口转侧浇口的进胶方式有一定优点，但是，主流道太长，不仅对塑料材料造成了很大浪费，同时成型周期也随着延长，生产效率也随着降低。如果将浇注系统设计成热流道系统，此副模具的整体结构将显得更加合理。

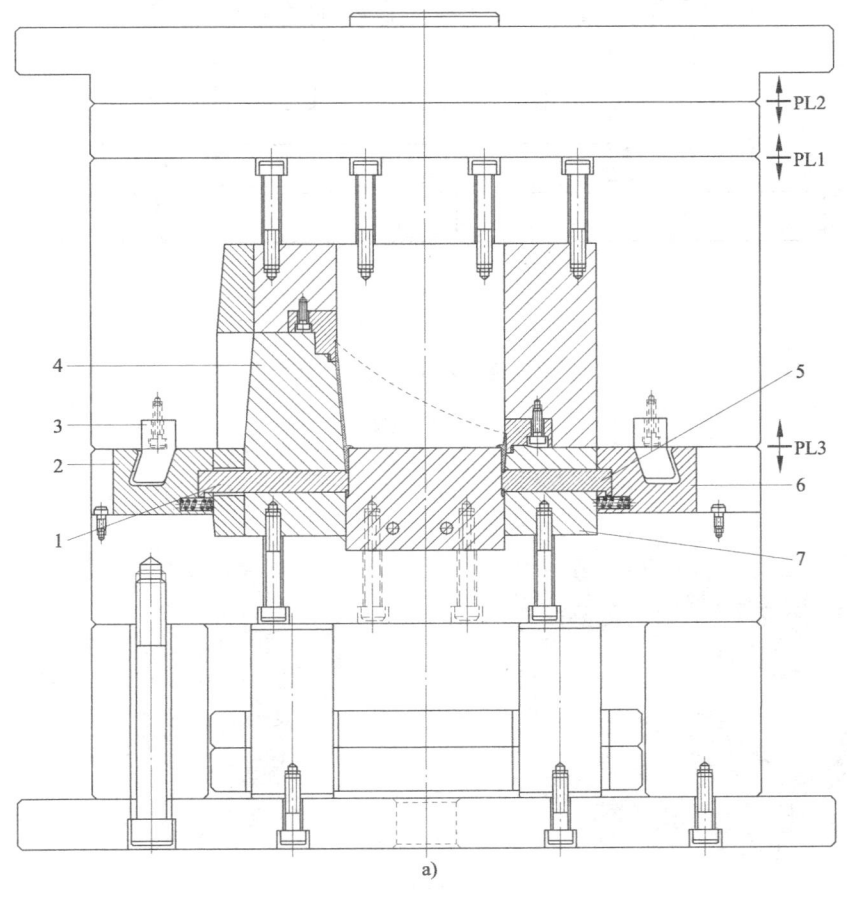

图 2-10

1、5—滑块镶件　2、6—滑块　3—锁紧块　4、7—后模镶件

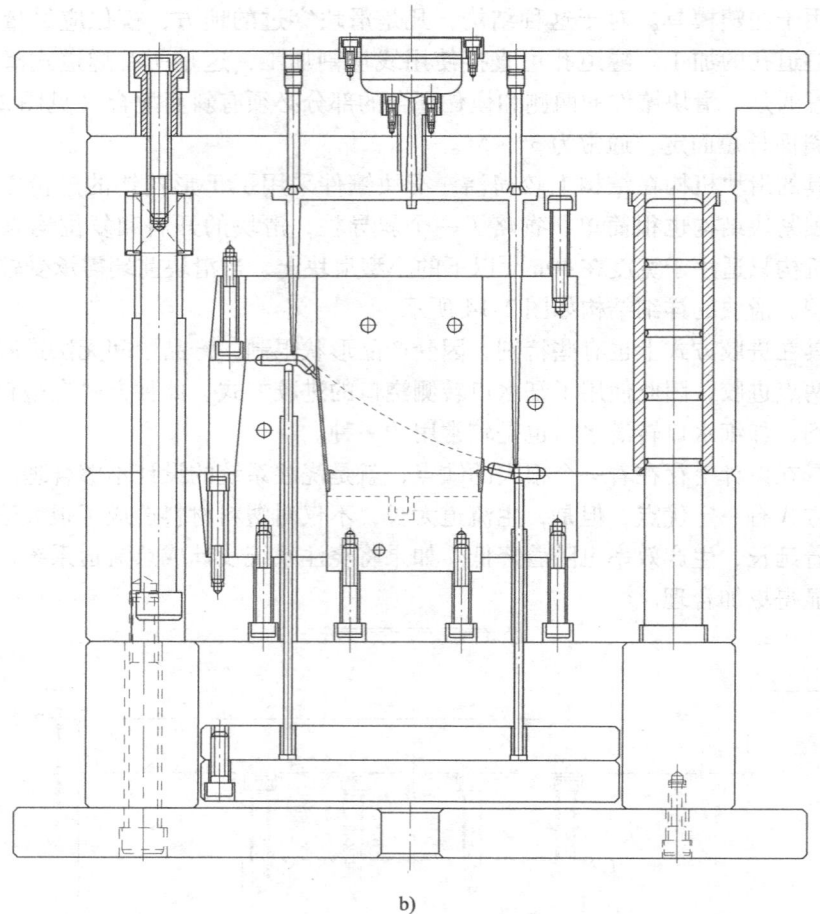

b)

图 2-10（续）

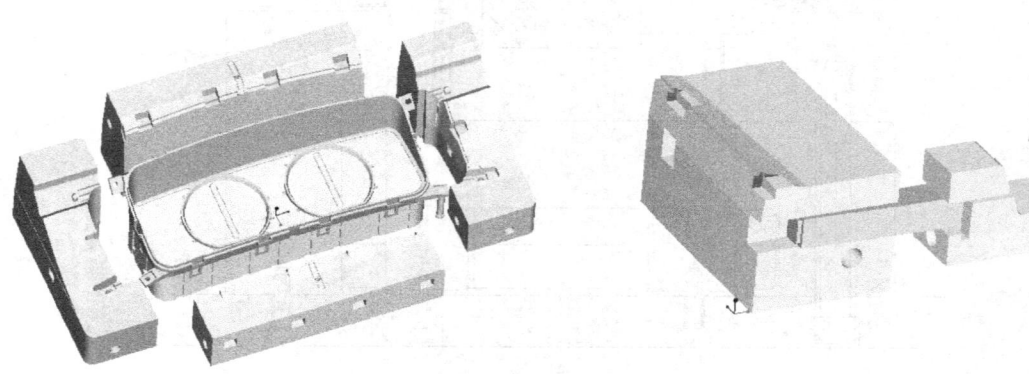

图 2-11   图 2-12

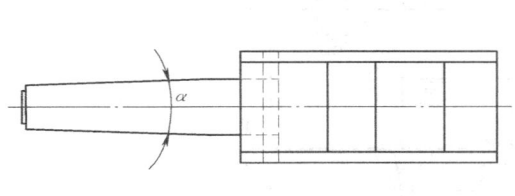
图 2-13

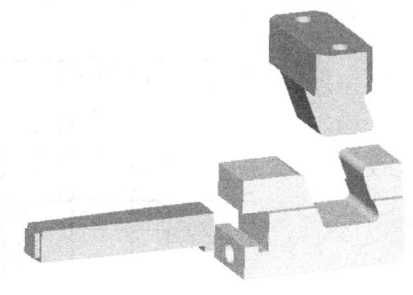
图 2-14

范例 5　反光镜装饰圈推块式滑块机构

此副模具的产品是一款轿车反光镜的装饰圈，产品形状如图 2-15 所示。从图中可以看出，在产品的靠下方有一圈凸台，形成了四面倒扣，在模具上这圈凸台必须使用侧向抽芯机构。由于产品的胶位较窄，没有足够空间布置顶针，因此，本例将侧向抽芯机构设计成了一种推块式的滑块机构。在预定的顶出行程内，滑块不仅要抽出倒扣，还必须保证能够安全地顶出产品。模具详细结构如图 2-16 所示。

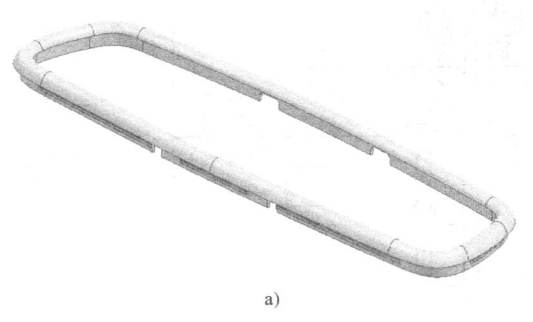

a)

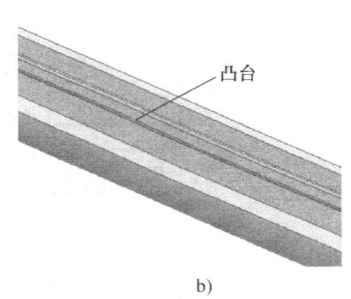

凸台

b)

图 2-15

此种滑块形式在塑料模具中通常称为哈夫式滑块，与常规的滑块相比，在结构上简化了很多。从图 2-17 可以看出，滑块机构没有斜导柱、锁紧块、压板等机构，但增加了两种不同形状的 T 形导向块 2 和 5。模具在顶出时，滑块 1、3 在顶杆 4 的作用下向上作垂直运动。由于受到 T 形导向块的限制，滑块由垂直运动转为倾斜运动。在运动过程中，滑块既脱离了倒扣，又顶出了产品，一种结构解决了两个问题，大大简化了模具结构。

图 2-18 和图 2-19 所示为滑块、顶杆、T 形导向块、耐磨块等各个部件间的装配关系及形状。此种推块式滑块机构虽有很多优点，但仅适用于滑块抽芯距较短的情况，如果抽芯距太长，则动作不是十分可靠。

设计此种机构时需注意两个重点：一是滑块的导向机构必须精确有效，力量均衡；二是滑块顶出型腔的高度不能大于滑块总高的 1/3，否则，滑块在复位时易卡死。

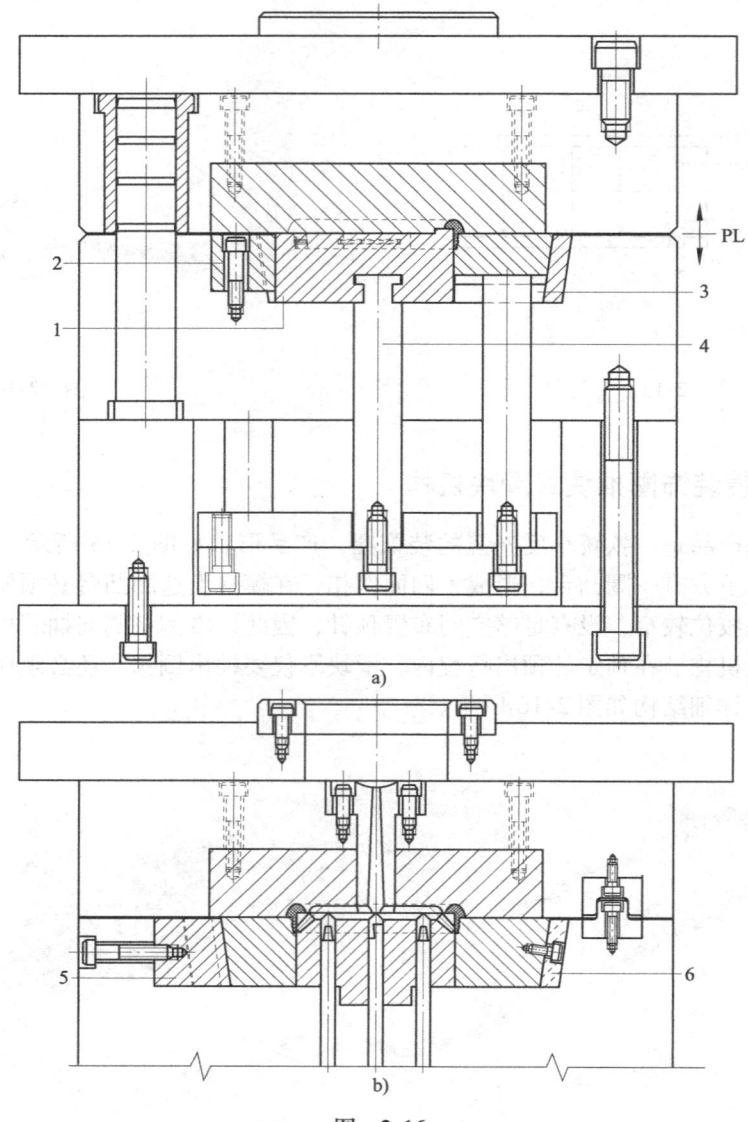

a)

b)

图 2-16

1、3—滑块 2、5—导向块 4—顶杆 6—耐磨块

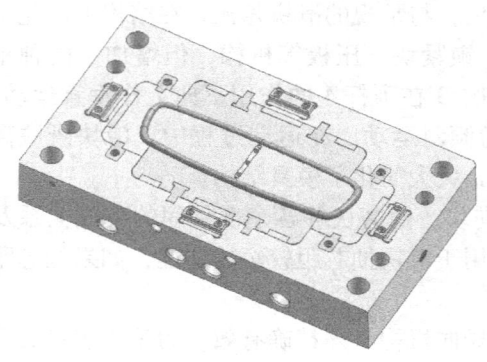

图 2-17

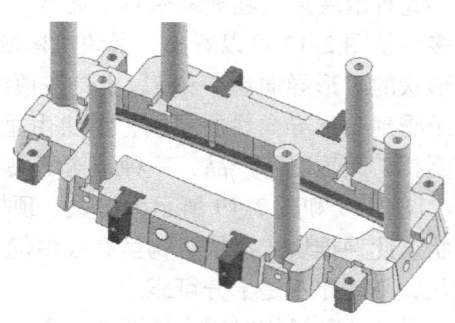

图 2-18

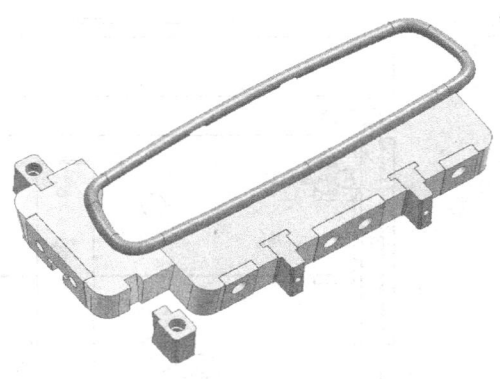

图 2-19

范例 6　汽车接插件滑块中进胶机构

此例产品是一个汽车接插件，模具结构虽不算复杂，但进胶方式却有些特别。由于受产品形状限制和功能上的要求，必须按照用户指定的位置进胶，但进胶之处又恰好必须做滑块抽芯，因此，本例用了一种非常大胆的做法，让细水口流道从滑块中穿过，在滑块中点进胶。模具详细结构如图 2-20 所示。

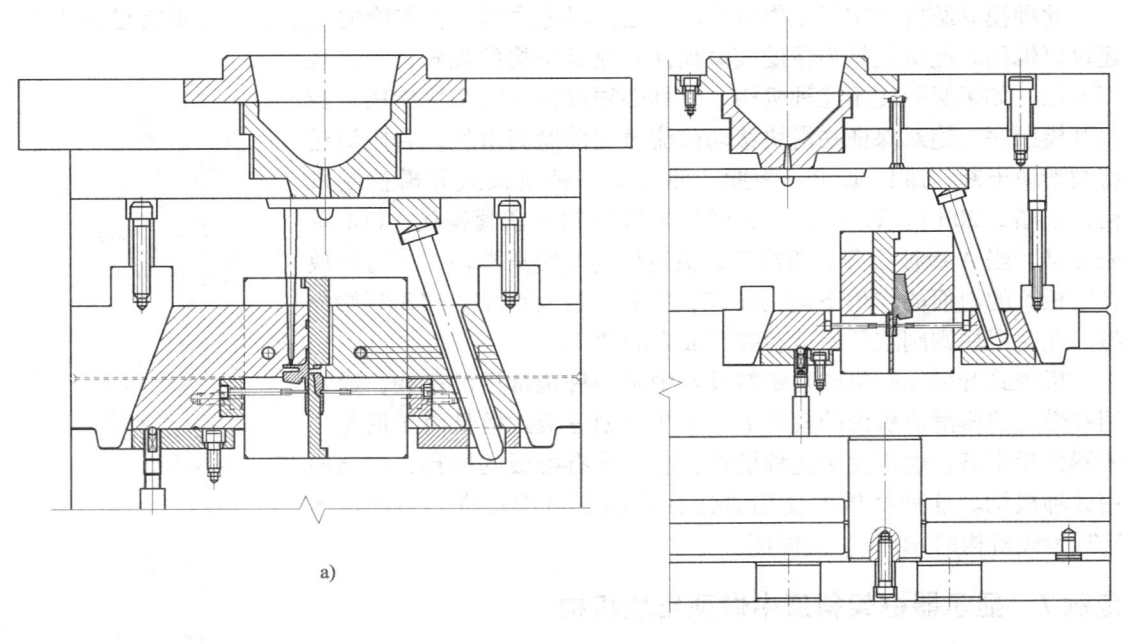

图 2-20

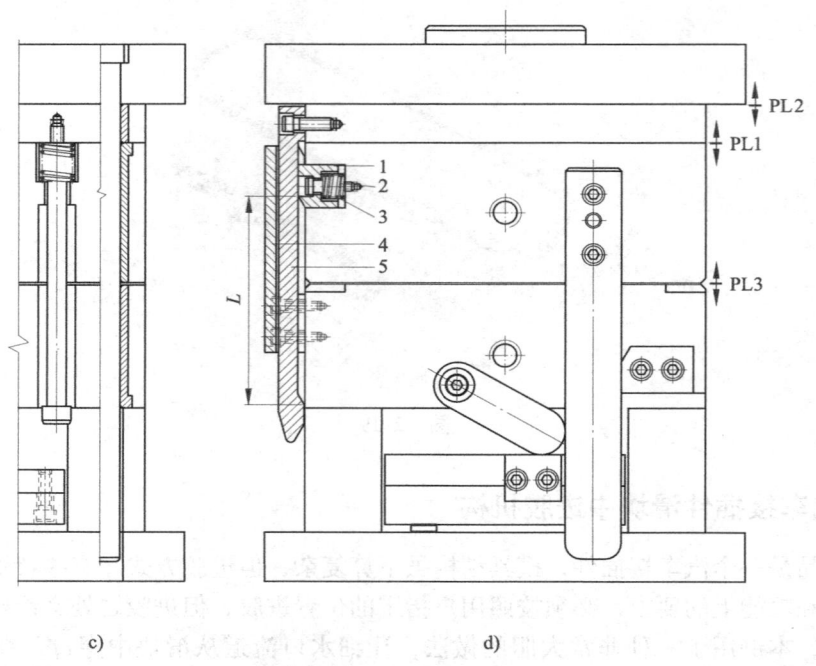

c)   d)

图 2-20（续）

1—弹块 2—限位螺钉 3—弹簧 4—拉钩 5—刮板

此种模具结构在实际工作中并不多见，因为这是一种冒险的做法，只是不得已而为之，建议要慎用。此例仅是为帮助大家加深对模具结构的理解，开阔视野而已。如果必须使用此种机构，模具必须设计有安全机构用来控制开模顺序，绝对保证在滑块移动前流道提前脱离滑块，否则流道将被滑块卡断，难以取出。为此，使用了一种机械式开模控制机构，如图2-20d所示。开模时，弹块1被拉钩4紧紧钩住，PL1首先分型，当A板被拉开L距离后，流道已完全脱离滑块，同时弹块在刮板5的斜面的作用下向内压缩，拉钩4脱离弹块，PL3开始分型，此时滑块则刚刚开始运动并完成它的动作。

机械式开模控制机构在塑料模具中是一种很常用的机构，通常用在带有前模滑块机构的模具上；一些大型三板式模具由于尼龙开闭器力量不够，也可使用此种机构；有些带有推板的模具，也会使用此种机构。这种结构的使用方法在后面章节中再进行讲述。图2-21为该机构的3D结构装配图。

范例7 显示器框架斜顶中做顶出块机构

此副模具的产品是一个显示器的外框架，形状如图2-22所示。从图中可以看出，产品内部三面都有大面积深腔，外部也不能正常脱模，因此，在模具结构上外部必须采用三面滑块，内部必须采用三面斜顶。模具详细结构如图2-23和图2-24所示。

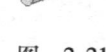

图 2-21

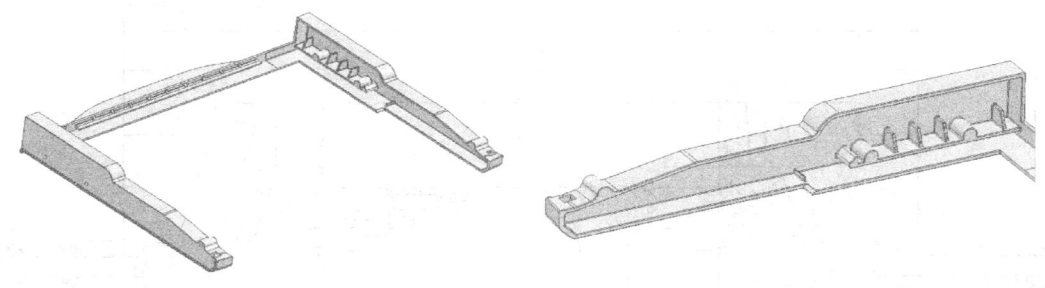

图 2-22

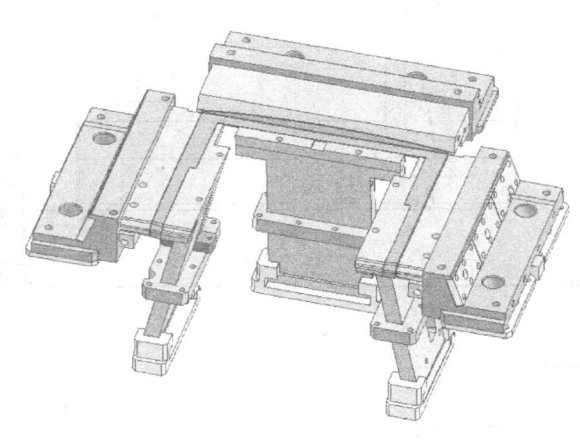

图 2-23

从图 2-22 可以看出，此产品只有三面胶位，一面悬空无胶位。由于两侧斜顶上的胶位太深，将对斜顶形成很大包紧力，当斜顶后退时，产品会被斜顶拉变形或者拉断。为此，本例在两侧斜顶内特别设计了一种顶出机构。图 2-25 为斜顶中顶出机构的爆炸视图。

斜顶中做顶出机构非常复杂，常用在产品斜顶中的胶位太深、难以脱模的情况下。但是有一个限制，就是斜顶必须有足够的空间，斜顶较小则难以使用。斜顶中做顶出机构有多种形式，本例只是其中一种。它的工作原理是（见图2-24）：压块 8 通过螺钉 7 紧紧地固定在斜顶 3 上，模具的顶出机构开始顶出时，斜顶 3 沿水平方向向后推，顶块 5 在弹簧 4 的作用下保持静止，与斜顶形成相对运动，顶住产品不被斜顶拉走；当斜顶 3 沿水平方向后退 L 距离时，斜顶已脱离产品的包紧，此时顶块 5 在斜顶带动下一起后退，从而脱离产品。

图 2-26 为斜顶中的顶出机构装配进斜顶后的静止状态。图 2-27 为斜顶机构装进后模仁后的状态。图 2-28 为斜顶 3 沿水平方向后退 L 距离后，斜顶已脱离产品的包紧，顶块 5 仍然处于顶着产品的状态。

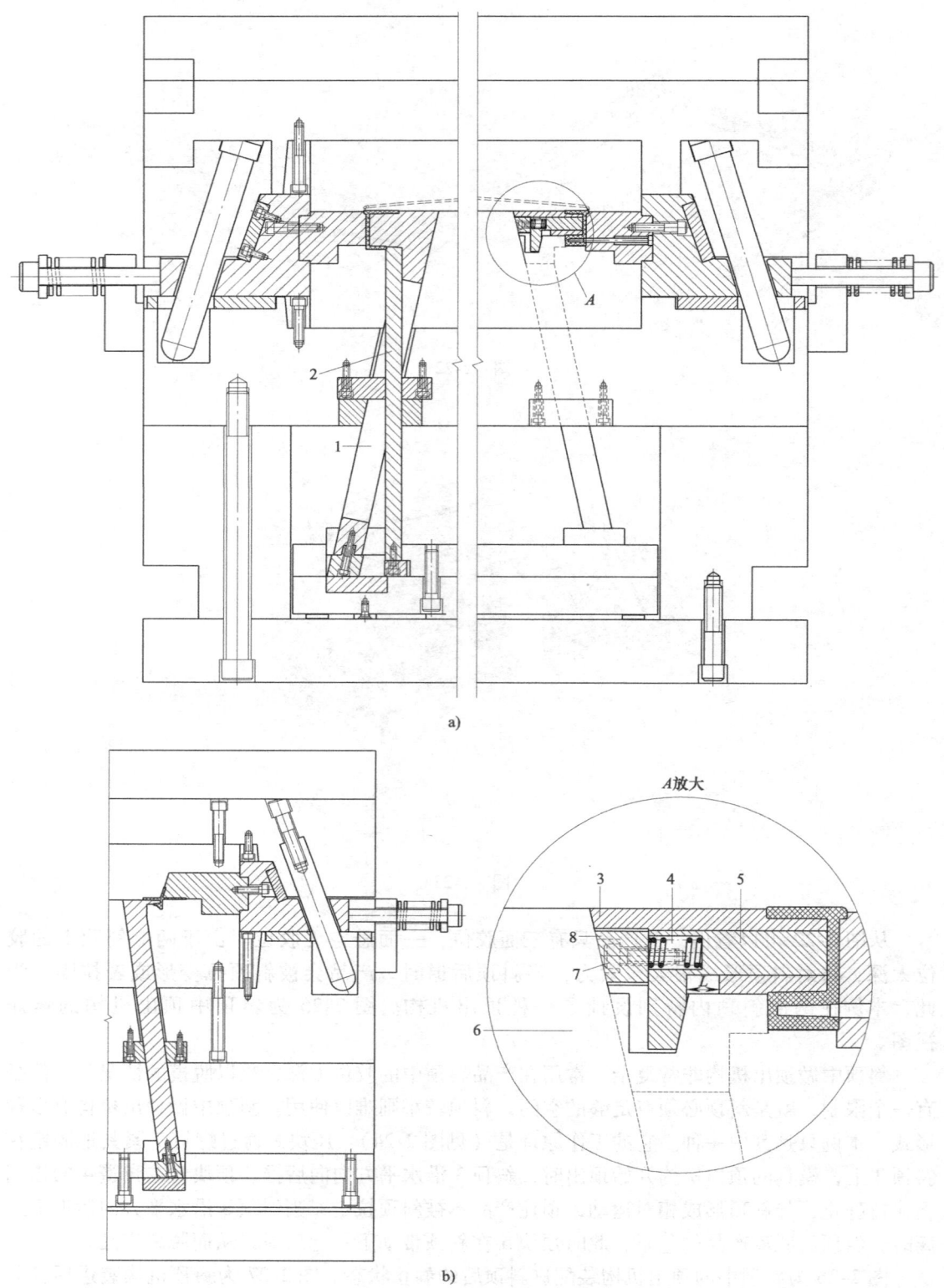

图 2-24
1、3—斜顶 2—挡块 4—弹簧 5—顶块 6—后模仁 7—压块固定螺钉 8—压块

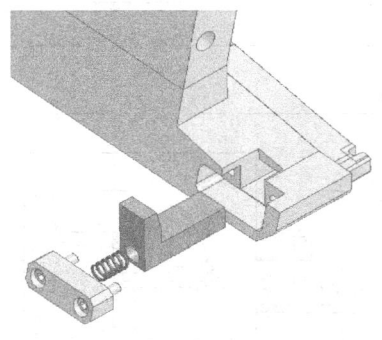

图　2-25

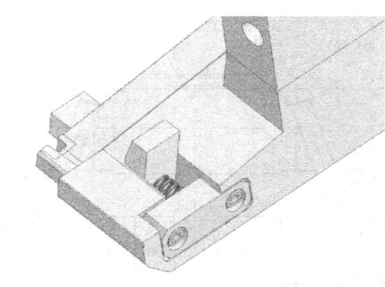

图　2-26

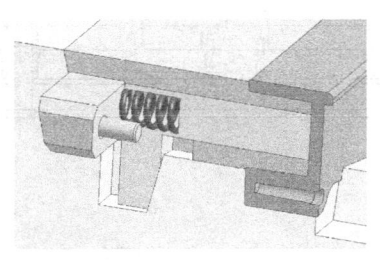

图　2-27

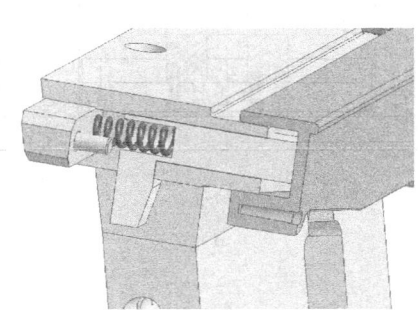

图　2-28

范例8　咖啡壶手柄盖斜顶中做顶出块机构

　　此副模具的产品是一个咖啡壶的手柄盖，产品形状如图2-29所示。从图中可以看出，此产品造型奇特，产品内侧大面积向内倒扣，不仅产品内侧不能正常脱模，产品外侧也同样无法脱模。因此，在模具结构上，外侧须使用滑块，内侧须使用斜顶。模具详细结构如图2-30和图2-31所示。

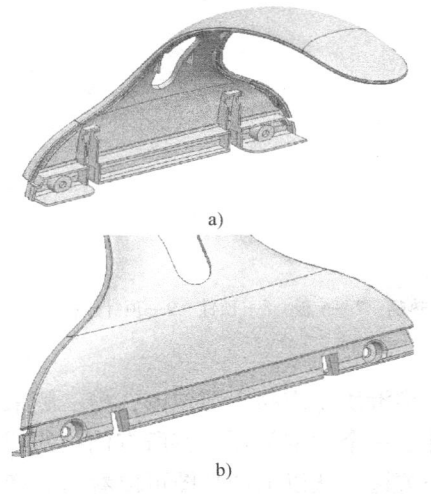

图　2-29

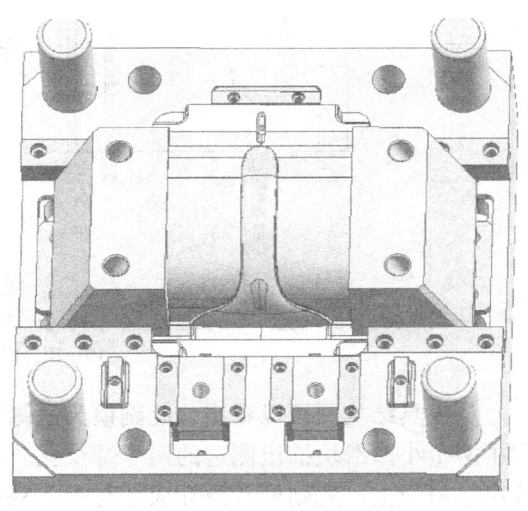

图　2-30

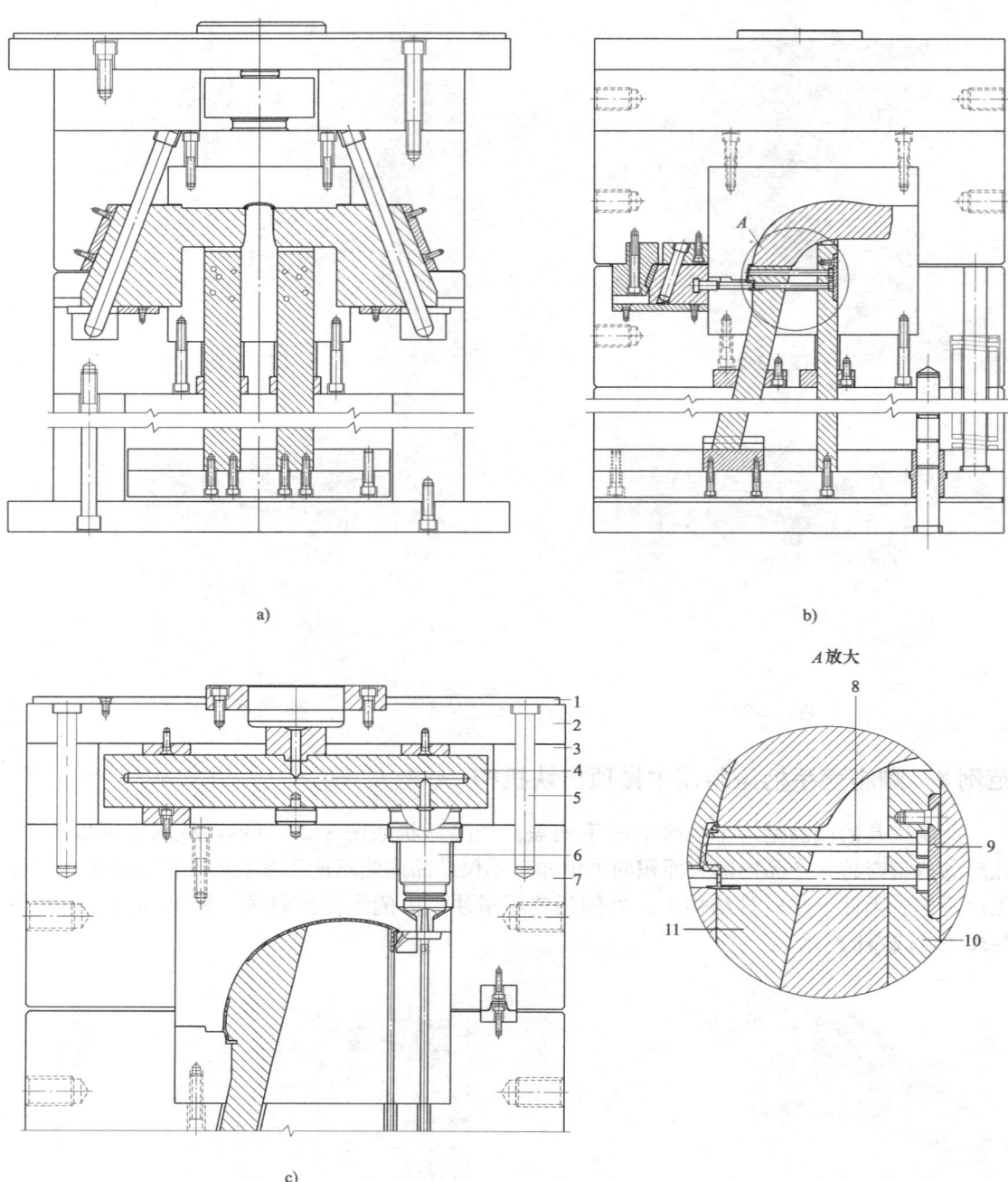

图 2-31

1—隔热板 2—码模板 3—流道板 4—分流板 5—定位导柱 6—热嘴 7—A板 8—顶针 9—顶针压板
10—顶针固定板 11—斜顶

从模具结构图可以看出，此副模具两侧采用了两个大型滑块将产品三面包围，另一侧采用了两个小型滑块抽出侧边的两个螺纹孔，产品内部设计了一个大型斜顶，将所有倒扣的胶位出在斜顶上。此副模具设计成功与否，斜顶机构是第一关键。从以上产品图可以看出，产品内部大部分胶位都包在斜顶上，将对斜顶形成巨大的包紧力，当斜顶进行顶出时，产品必将随着斜顶一起运动，并牢牢地包在斜顶上无法脱模。为此，本例在斜顶上特别设计了一种特殊的顶出机构，如图 2-32 和图 2-33 所示。

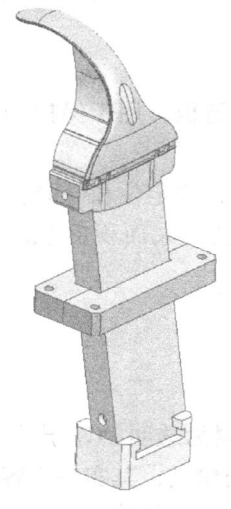
图　2-32

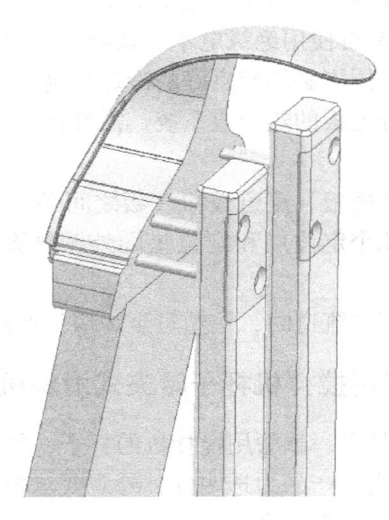
图　2-33

此种斜顶顶出机构原理是（见图 2-31）：顶针 8 固定在顶针固定块 10 上，顶针固定块固定在顶针板上，模具在顶出时，斜顶 11、顶针 8、顶针固定块 10 连同产品一起被顶出型腔。在顶出过程中，斜顶同时向后运动，此时顶针 8 始终紧紧地顶住产品使之不被斜顶带走，且作向上运动，直至斜顶完全脱离产品。

图 2-34 为斜顶机构装配在模具中的静止状态，图 2-35 为斜顶机构顶出后的状态，读者可将两幅图作比较，从中观察它们的不同。

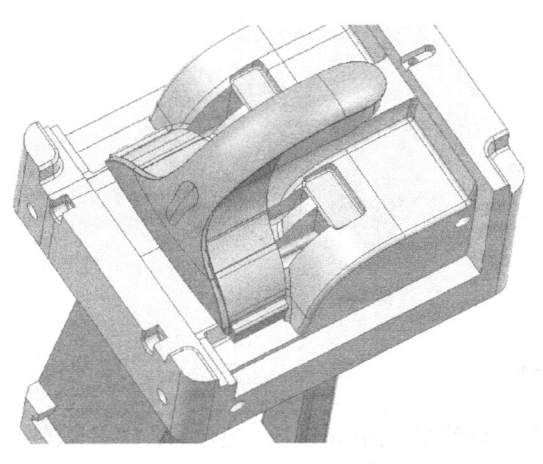
图　2-34

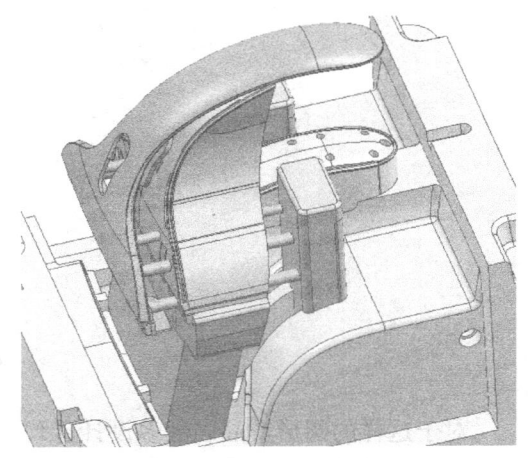
图　2-35

此例模具的浇注系统为全书首次使用热流道系统，进胶方式为热流道转冷流道、潜伏式进胶。热流道的形式为带分流板的单嘴开放式结构。在正常情况下，单热嘴很少使用分流板，由于此副模具是一模一穴，浇口位置偏离模具中心太远，为保持模具在注塑机上受压平衡，故而使用了分流板，使主浇口仍处于模具的中心。

使用热流道时需注意以下几个问题。

1）使用热流道系统的模具，必须增加隔热板，后模部分可不使用，但前模必须使用。隔热板的材料可使用绝缘电木、玻璃纤维或其他塑料板材。

2）热嘴周围必须有良好的冷却系统。

3）带分流板的热流道系统，需要在模具上另增加一件流道板，用于保护和安装热流道系统。

4）上码模板、流道板和 A 板之间必须有定位销或定位导柱来定位和导向。

5）除几个定位点和定位垫圈外，热流道系统绝不可和模具大面积接触，至少避空单边 5mm。

6）选用热流道时，注塑量至少应为产品总重量的 30%。

范例 9　餐用搅拌机杯子哈夫式滑块机构

此例产品是一款餐用搅拌机的杯子，如图 2-36 所示，材料为透明 PC。产品形状看似简单，但是，由于产品为透明件，外观要求较高，要想做好此副模具，其实并不容易。产品除要求较高外，还有一个最大的问题，就是产品的壁厚严重不均匀，特别是手柄处，壁厚最大处已达到 20mm。如果处理不当，产品将产生严重的收缩、变形、凹痕、扭曲、中空、气泡等不良后果。产品设计的先天性缺陷，给模具设计带来很大风险，如何避免不良后果的出现，是此副模具设计最关键之处。而解决问题的关键，是浇注系统的合理设计，为此，本例浇注系统使用了热流道。

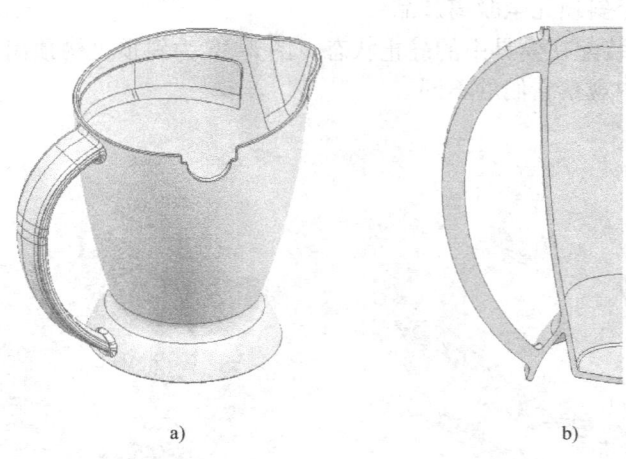

a)　　　　　　　　b)

图　2-36

对于这样的圆形产品，大多设计者均会考虑在杯底的正中间进胶。但经过 CAE 软件的分析，中间进胶无法解决上述各种缺陷。而选择在手柄正对的侧面进胶，所有缺陷均可得到解决，因此采用了在偏离中心的位置进胶的方案。事实证明，此方案非常成功。生产出的产品完全达到了各项要求。但需要注意的是，并非所有的塑料材料均可使用该方案，仅 PC、PMMA、POM、PVC 等收缩较小、硬度较高的材料才可使用。模具详细结构如图 2-37、图 2-38 和图 2-39 所示。

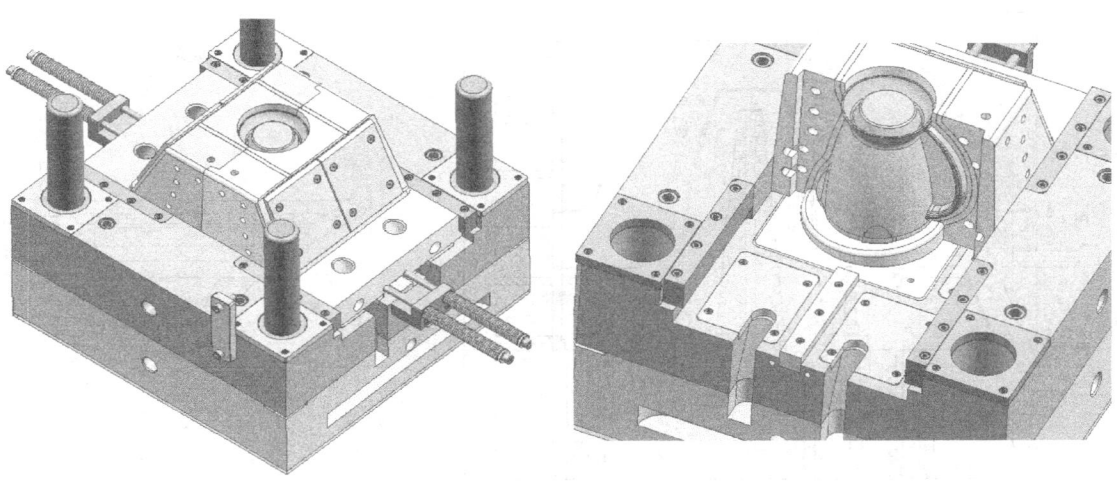

图 2-37　　　　　　　　　　　　　　　　图 2-38

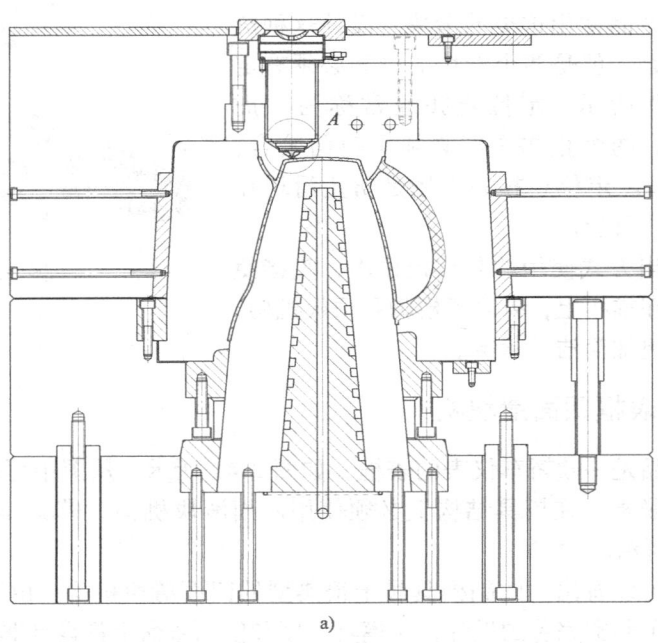

a)

图 2-39

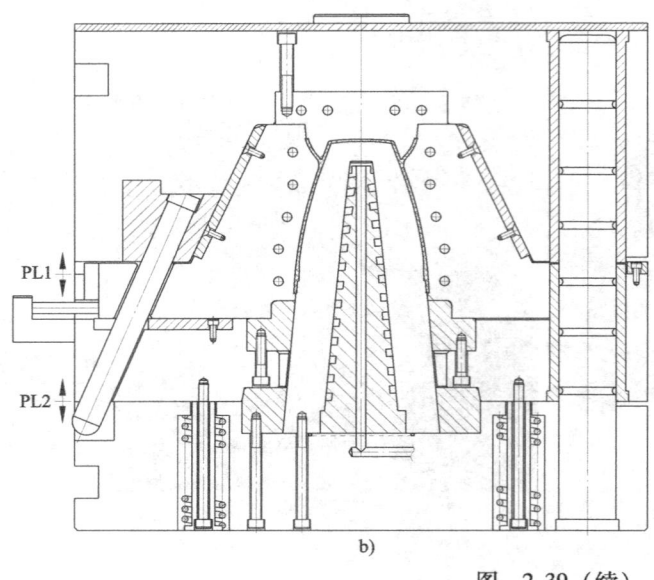
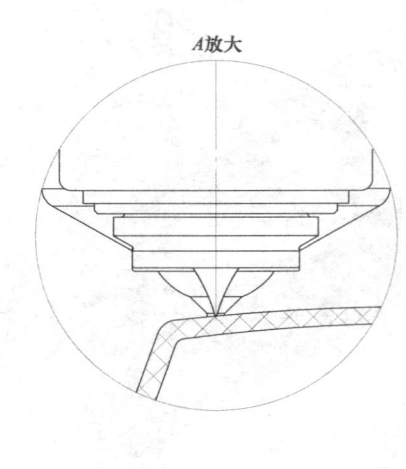

图 2-39（续）

此副模具的热流道系统是典型的单嘴针点式热嘴。这种热嘴均直接在产品表面进胶，通常用在外观要求较高的产品上，在产品表面留下的只是一个针点式的痕迹。

从模具结构图可以看出，此副模具使用了两个大型哈夫式滑块机构，两个滑块将产品完整地包起。圆形和方形的深腔类产品常用这类的滑块。设计这种滑块时需注意一个问题，就是两个滑块的中间必须有定位止扣，如图 2-40 所示。定位止扣通常称为"虎口"，也称为管位。两个止扣之间必须是斜面咬合，斜度一般为 5°~10°。定位止扣的作用是防止滑块在注塑的过程中涨开或移位。

此副模具的顶出方式使用的是推板顶出，直接使用了 4 个顶出杆顶在推板上，省略了模脚和顶板机构，使模具的整体结构更加简洁、紧凑。

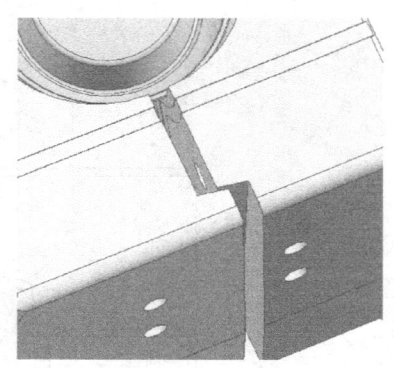

图 2-40

范例 10 汽车仪表框四面滑块机构

此副模具的产品是一款轿车仪表的表框，如图 2-41 所示。从图中可以看出，产品形状复杂，四面均无法脱模，在模具结构上必须使用四面滑块机构。模具详细结构如图 2-42、图 2-43 和图 2-44 所示。

从模具结构图可以看出，此副模具属于很典型的四面滑块机构。由于模具结构要求较高，四面滑块均做了非常完善的设计，从模具强度和使用寿命上都设计非常到位。设计这种大型四面滑块时需注意的是，在模具两侧的滑块可使用弹簧定位珠限位，也可使用挡块和弹簧限位，任何限位机构均可使用；但处在模具上方的滑块，必须使用弹簧和挡块限位，以防开模后滑块由于自身重量太重而跌落。通常，弹簧的拉力必须大于滑块重量的 1.5 倍。处在模具下方的滑块一般不使用弹簧，但应有安全的限位机构，以防滑块掉落。

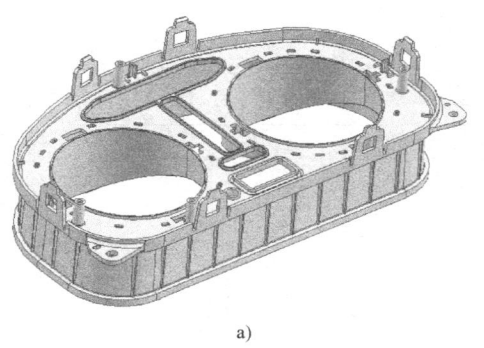 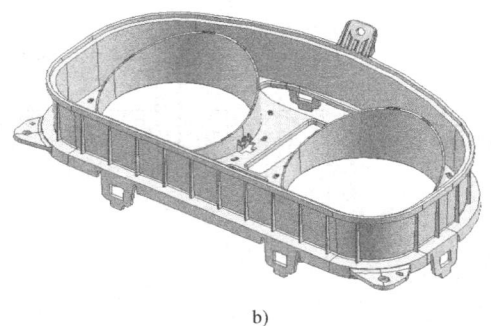

a)　　　　　　　　　　　　　　　b)

图　2-41

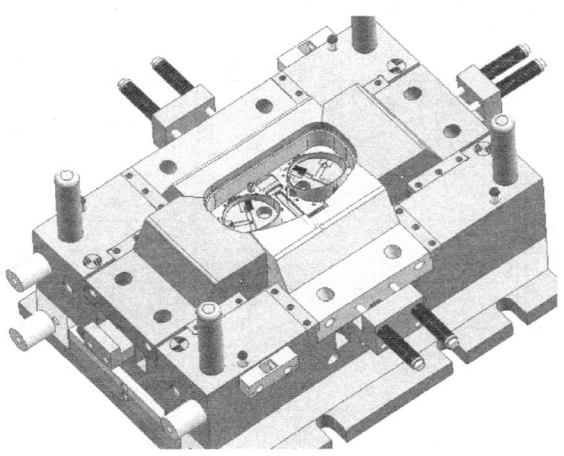

图　2-42

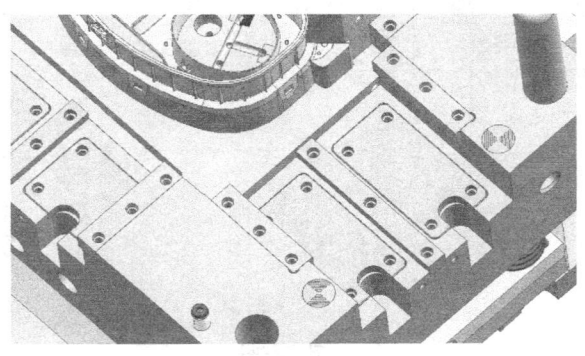

图　2-43

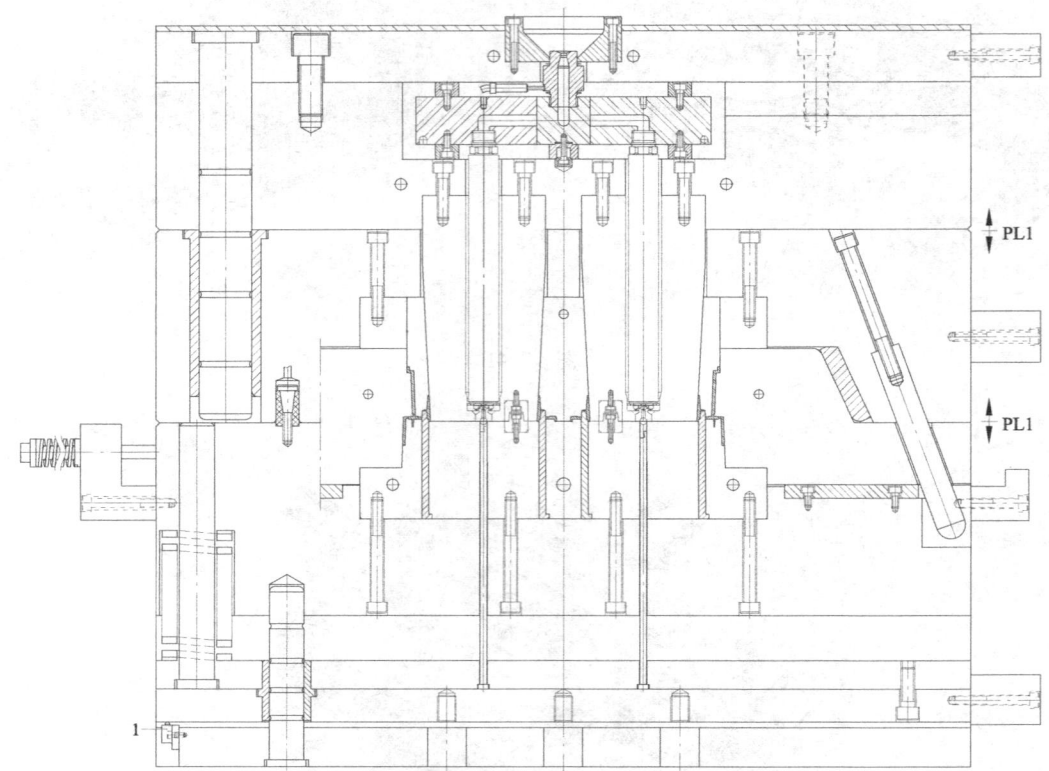

a)

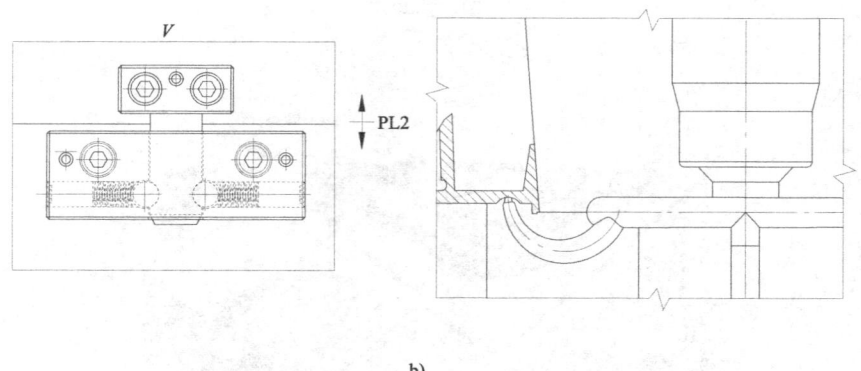

b)

图 2-44
1—行程开关

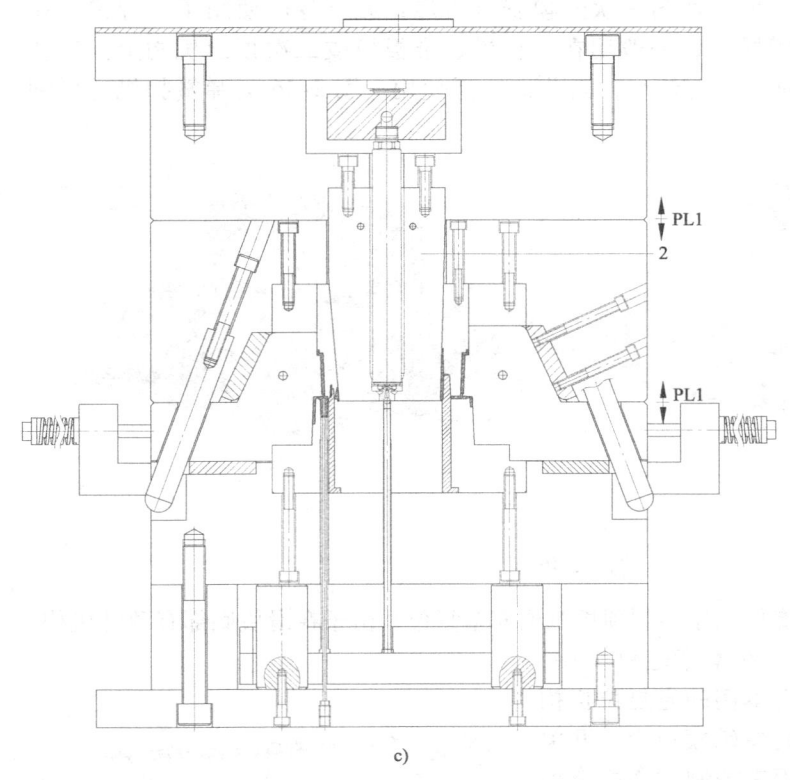
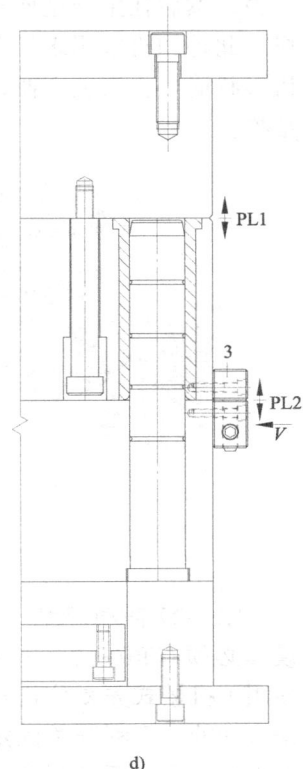

c)　　　　　　　　　　　　　　　d)

图 2-44（续）
2—前模镶件　3—弹簧扣机

此副模具的浇注系统使用的是一种多嘴开放式热流道系统，进胶方式为热流道转冷流道，浇口形式为牛角式浇口。牛角式浇口也称为香蕉式浇口，属于潜伏式浇口的一种，比其他任何形式的潜伏式胶口都好。优点是填充平衡，不需要人工修剪浇口，自动化程度高，浇口隐蔽；缺点是加工难度较大，目前，还无法直接在一块材料上加工出这种形状，因此，所有模具的牛角式胶口均采用两瓣镶拼的结构形式，如图 2-45 所示。

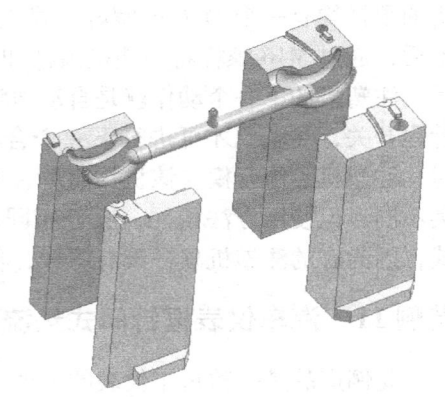

图 2-45

牛角式浇口虽然有很多优点，但并非适用于所有的塑料材料，仅适用于一些韧性较高的材料上，而像 PC、PVC、PMMA、POM 等一些较脆的透明材料就不可使用牛角式浇口。使用牛角式浇口时还需注意的一个问题，就是浇口应尽量避免直接冲击在一些要求较高的产品表面，否则，易在产品表面形成很明显的冲击纹，注塑工艺难以调整，严重影响产品外观，特别是 POM 材料，应避免使用。

此副模具在开模顺序上有一个两次分型的动作。因产品对前模中间的前模镶件 2 包紧力较大，为避免粘前模，使用了两次分型。第一次开模首先脱掉产品对前模镶件 2 的包紧力，然后在主分型面开模。为了使第一次开模安全可靠，此例专门使用了一种弹簧扣机。此种扣机常用来控制开模顺序，一般用在三板模、推板模或二次顶出机构上。该扣机形状简单，安装方便，占据的空间较小，因此被广泛使用。图2-46为弹簧扣机的详细结构。

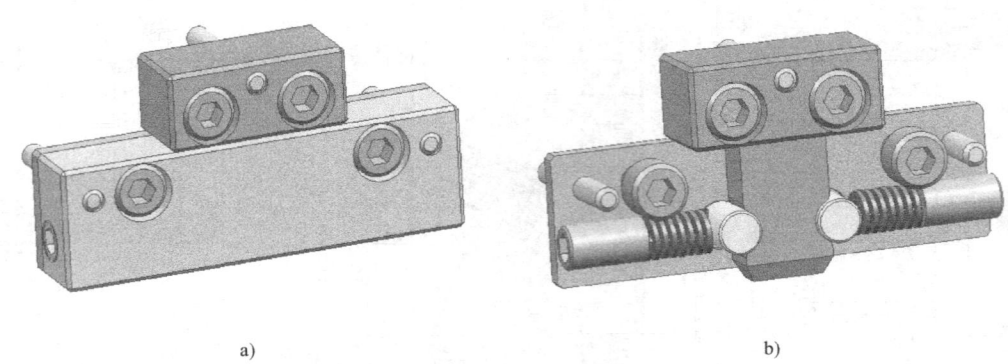

图 2-46

图2-47微动行程开关，专门用于控制顶板机构安全复位。由于在滑块底部有顶针机构，模具必须有顶针先复位机构。在本章范例1中，使用了机械式先复位机构，而本例的先复位机构是自动的。行程开关固定在后模码模板上，开关上面有一个电源控制阀，是用来控制注塑机合模制动顺序的触动开关。注塑机的合模控制系统有一个信号线连接在行程开关上。在模具的顶针底板上，也就是在注塑机顶杆相对应的各个位置上，攻上内螺纹，螺纹规格通常为M16。大部分注塑机的顶杆均有一个M16的螺杆。模具装到注塑机

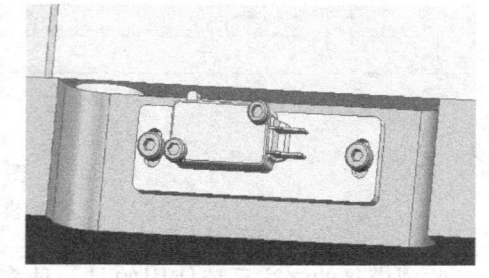

图 2-47

上后，通过M16螺杆将注塑机顶杆和模具的顶板紧紧地固定在一起。当模具完成顶出动作后，注塑机的下一个动作就是自动地将模具顶针板拉回复位。当顶针板完全复位后，会触动行程开关，注塑机才可进行下一个合模动作。反之，当顶针板完全复位且未触动行程开关时，注塑机不能合模。该机构简单、方便、安全，用途非常广泛。行程开关为标准件，虽种类不同，但使用方法相同，原理相同。但是，并非所有模具的先复位机构均可使用此种形式，因为有的注塑机顶杆没有螺杆，在设计时应视情况而定。

范例11　汽车仪表框针阀式热流道机构

此例产品是一款轿车仪表的表框，如图2-48所示。从图中可以看出，此产品造型很特别，整个周边侧面均有不同形状的结构，4个方向均不能垂直脱模，因此必须使用四面滑块机构。模具详细结构如图2-49和图2-50所示。

从模具结构图可以看出，此副模具在结构上和本章范例10有很多相似之处，均为四面滑块机构。滑块的驱动使用的是斜导柱，两侧的滑块使用的是弹簧定位珠定位，模具上方的滑块使用的是弹簧和挡块定位，模具下方的滑块使用的是两个限位销钉（图中未示出）。此副模具要求较高，整体结构的设计非常完善，是很经典的四面滑块机构。

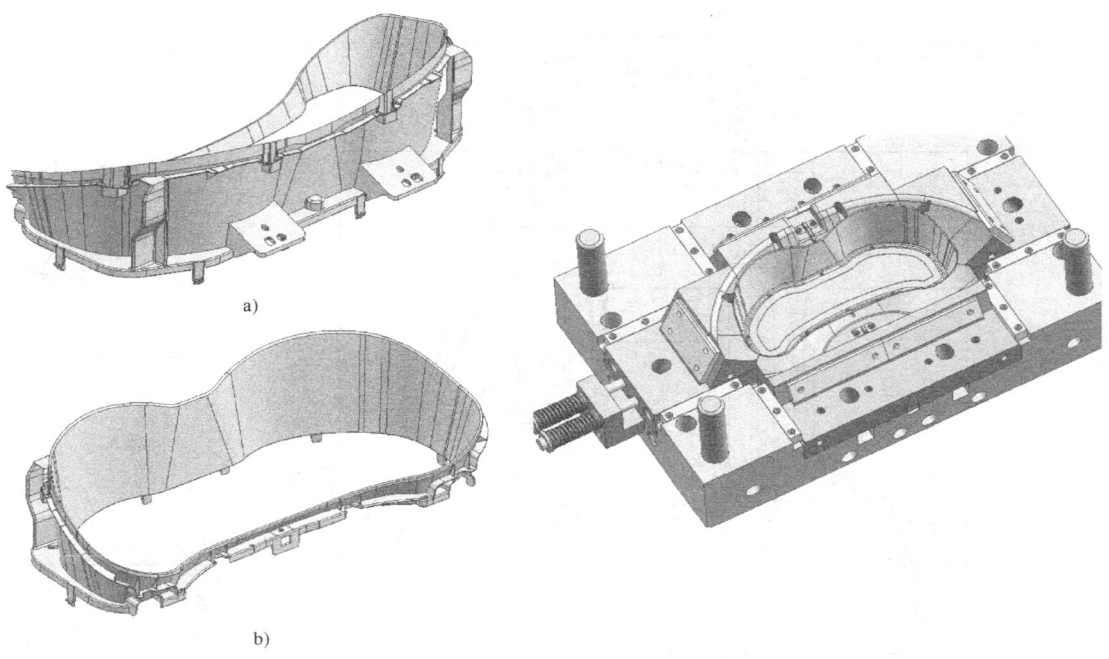

图 2-48 图 2-49

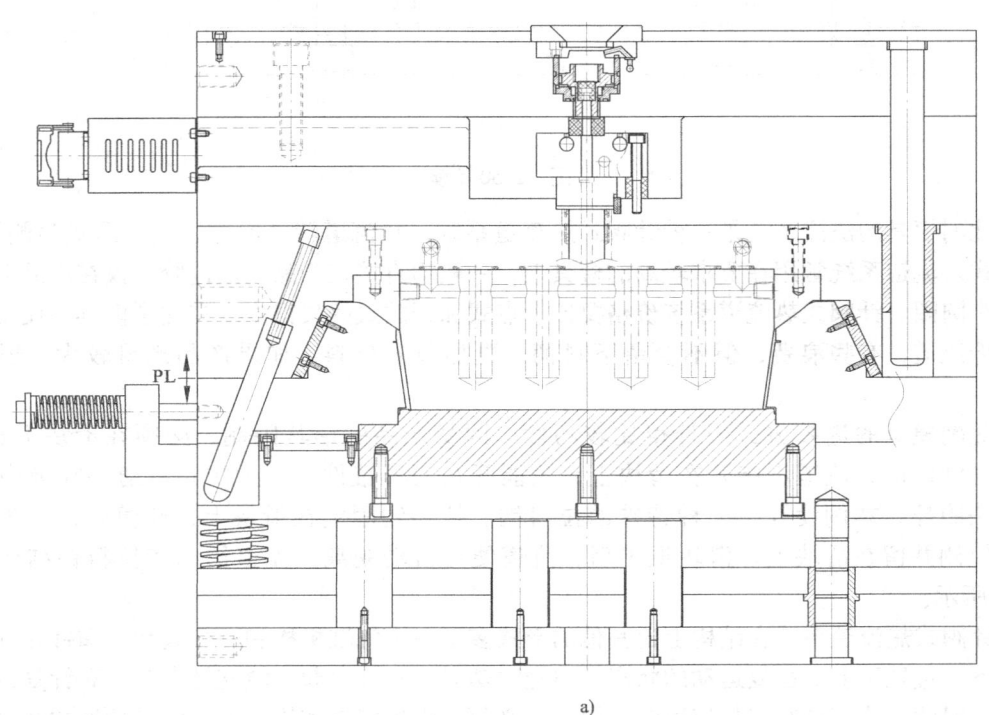

a)

图 2-50

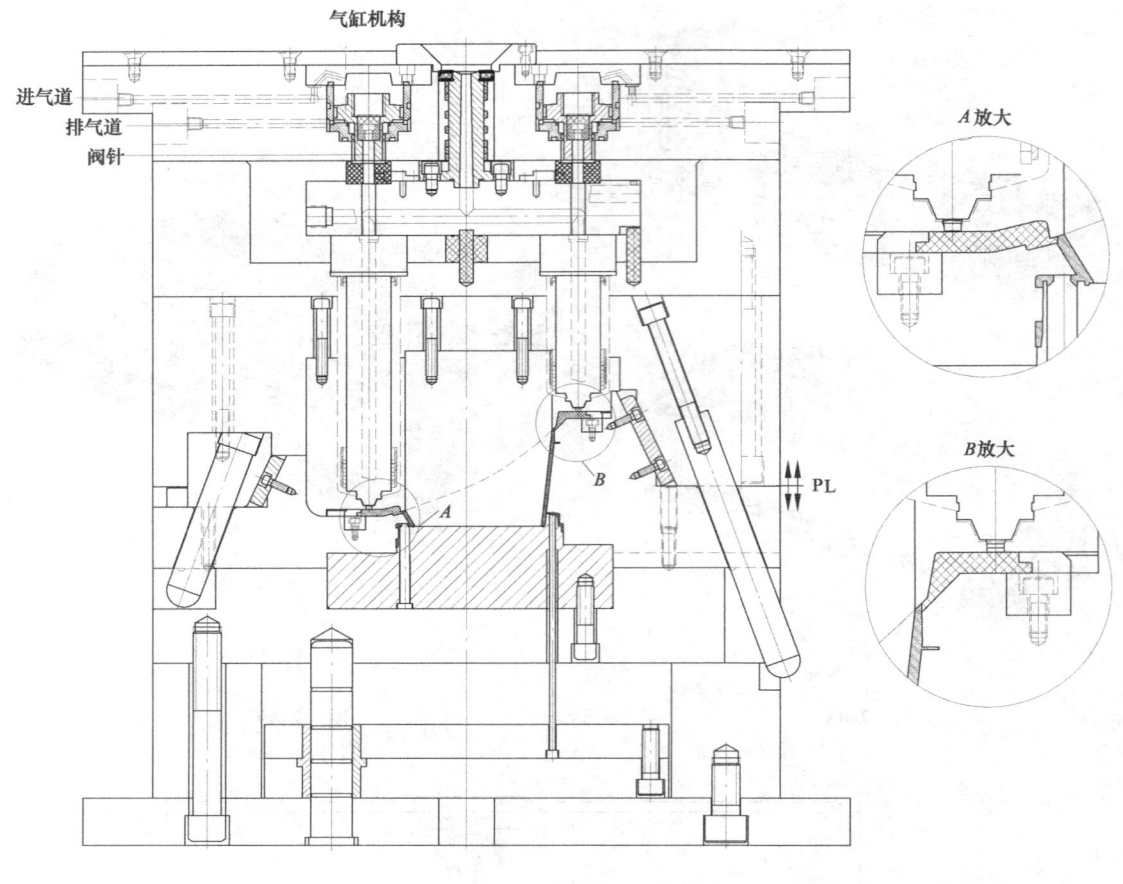

b)

图 2-50（续）

此副模具的浇注系统是一种针阀式热流道系统，热流道转冷流道，浇口形式为侧浇口。针阀式热流道系统常用在要求较高的模具上，一般均直接在产品表面进胶，仅在产品上留下一个小圆圈。针阀式热流道系统价格要比针点式和开放式的贵得多。在此副模具中使用热流道转冷流道，有些浪费，但不会留下料柄，更加节省材料，如果产品产量较大，还是值得的。

此副模具的进胶方式设计得比较巧妙。因受产品的形状限制，必须在滑块上进胶。滑块是活动的，流道不能开在滑块上，只能开在前模镶件上。为防止流道粘在前模镶件上无法脱掉，本例设计了一种特殊的拉料钩。拉料钩固定在滑块上，开模后，流道被拉向后模侧并留在滑块上。滑块退出后，流道便可自动脱离。流道结构和拉料钩结构如图 2-51 所示。

针阀式热流道系统在结构上比其他的形式多了一个气缸机构和一个阀针。阀针在气缸的作用下一直处于上下往复运动的状态，填充注塑时，阀针提起，填充结束时，阀针复位封住浇口。因此，使用针阀式热流道时，模具上必须开设进气道和排气道。气道的形式和冷却水道完全相同，气道位置的选择不固定，根据热流道商家的标准而定。购买热流道时，商家会提供完整的图样，只需按图加工即可。

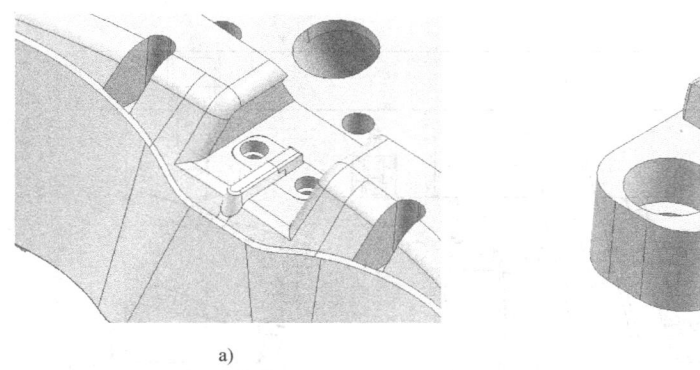

a)　　　　　　　　　　　　b)

图　2-51

范例12　圆筒无顶板滑块机构

此副模具的产品非常简单，是一个电子产品的圆形外壳。由于产品周边都有倒扣，必须使用四面滑块机构；由于产品为圆形，其中两侧使用了两个大型的哈夫块将产品完整地包起；另外两侧则需两个较小的滑块，而这两个小滑块必须包在两个大滑块中间。对于一模两穴的圆形产品，受进胶口位置的限制，四面滑块机构很难实现。由于产品中间是通心的，必须使用推板顶出，因此设计了这种特殊的滑块机构，详细结构如图2-52所示。

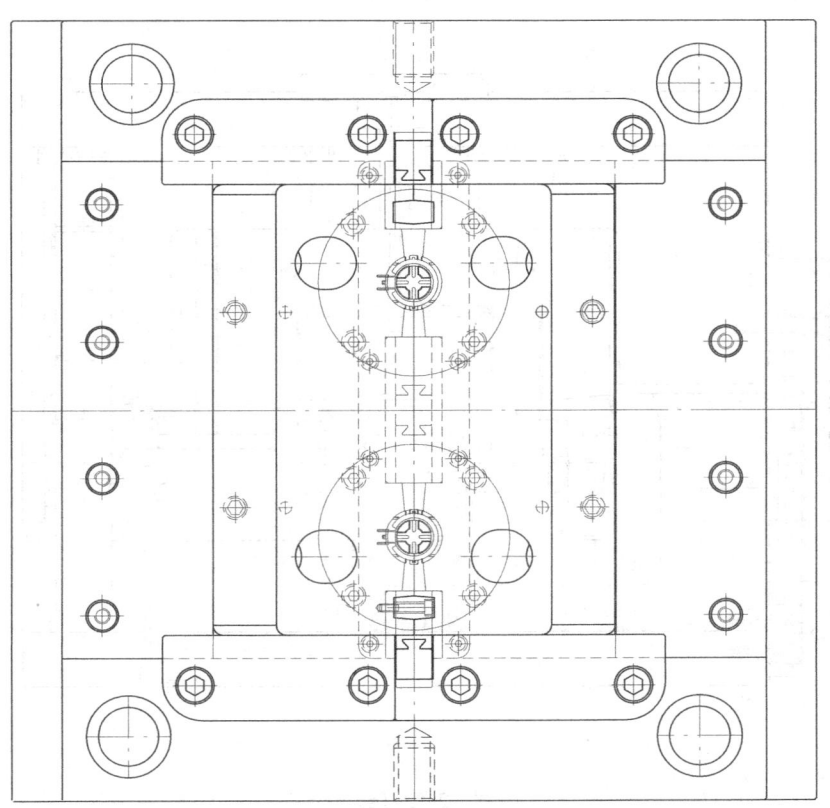

a)

图　2-52

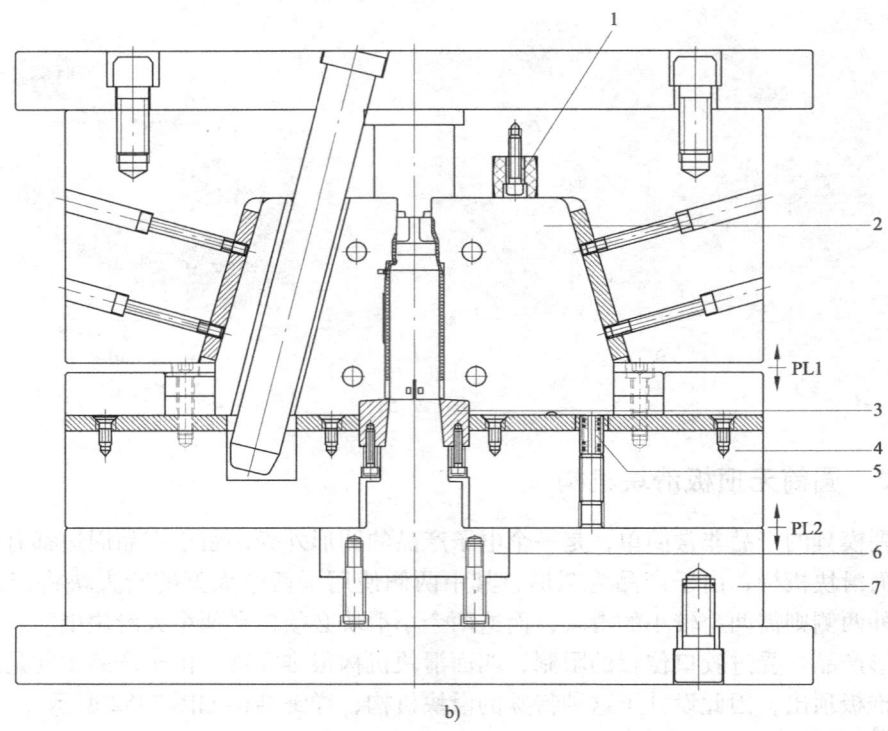

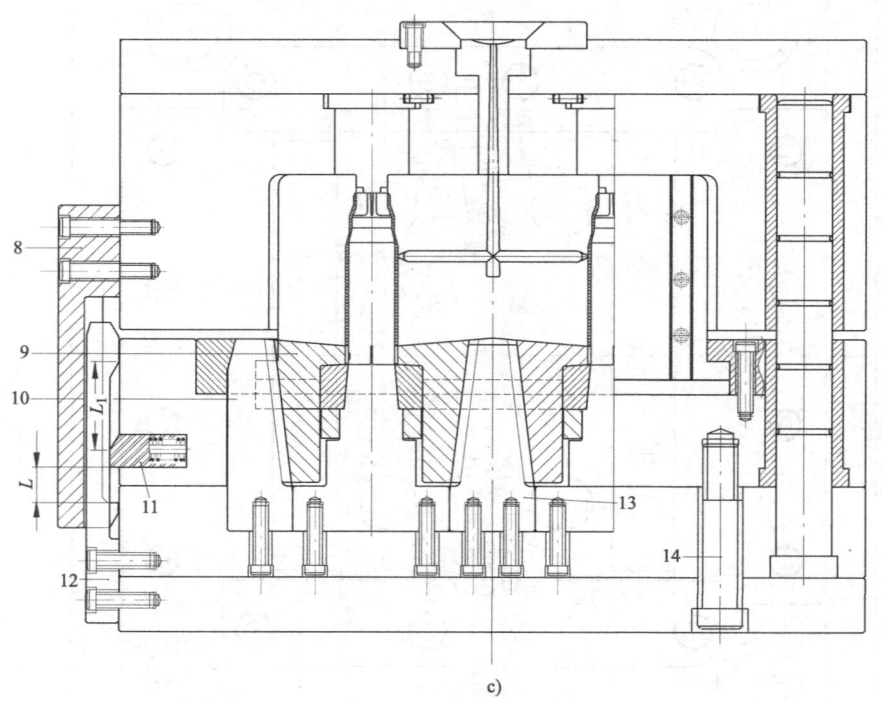

图 2-52（续）

1—橡胶弹簧 2—大滑块 3—推板镶件 4—推板 5—弹簧定位珠 6—型芯 7—型芯固定板 8—拉钩 9—小滑块 10、13—锁紧块 11—弹块 12—刮板 14—限位螺钉整副模具的运动原理如下。

开模后，PL1 首先分型，前模部分连同拉钩 8 一起运动，当行至 L 距离时，两侧大滑块已经打开并脱离了产品，此时，拉钩 8 已经将弹块 11 紧紧钩住；继续开模，推板 4 和小滑块 9 在拉钩的作用下被拉开，PL2 开始分型，同时，小滑块 9 在锁紧块 10 的燕尾槽带动下，同时作向后的运动，逐渐脱离产品的倒扣；当行至"L_1"距离时，刮板 12 的斜面将弹块 11 压缩，拉钩 8 完全脱离弹块，前后模全部离开，此时，小滑块 9 已完全脱出产品的倒扣，产品本身也在推板的作用下被推出型芯。

图 2-52b 中的 1 是一种橡胶弹簧。橡胶弹簧和普通弹簧的作用是一样的，但其弹力却比普通弹簧大几倍，常用在弹出行程较短的情况下，行程较大时不宜使用。本例中，橡胶弹簧的作用是防止在开模瞬间，滑块和斜导柱由于摩擦力太大连同推板一起被提前拉开，主要起安全的作用。

图 2-53 为小滑块 9 和锁紧块 10、13 的零件图，用来帮助读者加深对整副模具结构的理解。

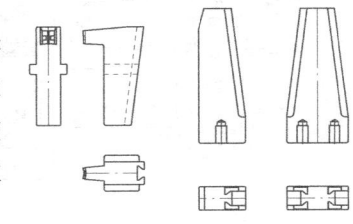

图 2-53

此副模具在结构上较紧凑，因为不需要顶针顶出，所以省略了顶板机构和模脚，使模具结构更加简洁，同时也节约了成本。对于一些圆形的四面滑块的产品，此种机构经常使用。

范例 13　电热杯外壳液压缸滑块机构

此副模具的产品是一个电热杯的外壳，产品如图 2-54 所示。从图中可以看出，产品形状较复杂，整个外表面均不能正常脱模，因此，在产品两侧必须使用两个大型滑块来成型。由于滑块行程较大，常规的斜导柱机构难以满足如此长距离的抽芯，因此，滑块使用了液压缸抽芯机构。模具详细结构如图 2-55 和图 2-56 所示。

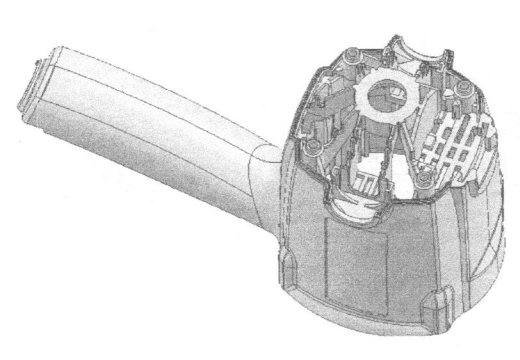

图 2-54

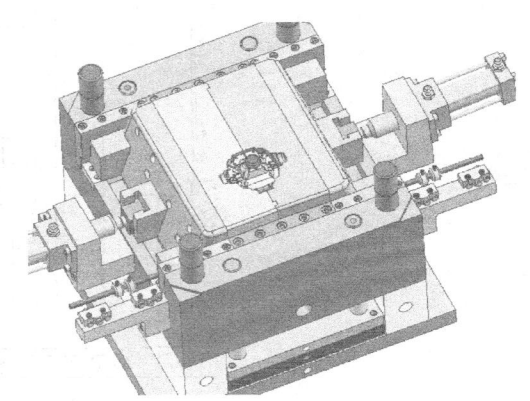

图 2-55

液压缸抽芯机构在注塑模具中用途非常广泛。如果滑块行程太大，斜导柱的长度也需要很长，斜导柱的强度会随之越来越差，经常会发生弯曲、变形、折断的现象，因此，当斜导柱的受力长度大于 150mm 时，应考虑使用液压缸机构。

滑块使用液压缸机构时需要注意一个问题，就是滑块机构必须另外增加锁紧块。因为模具在注塑填充时，注塑机强大的注塑压力会使滑块产生强大的后推力量，后推力量比液压缸的压力大得多，单靠液压缸的压力是无法将滑块锁紧的。

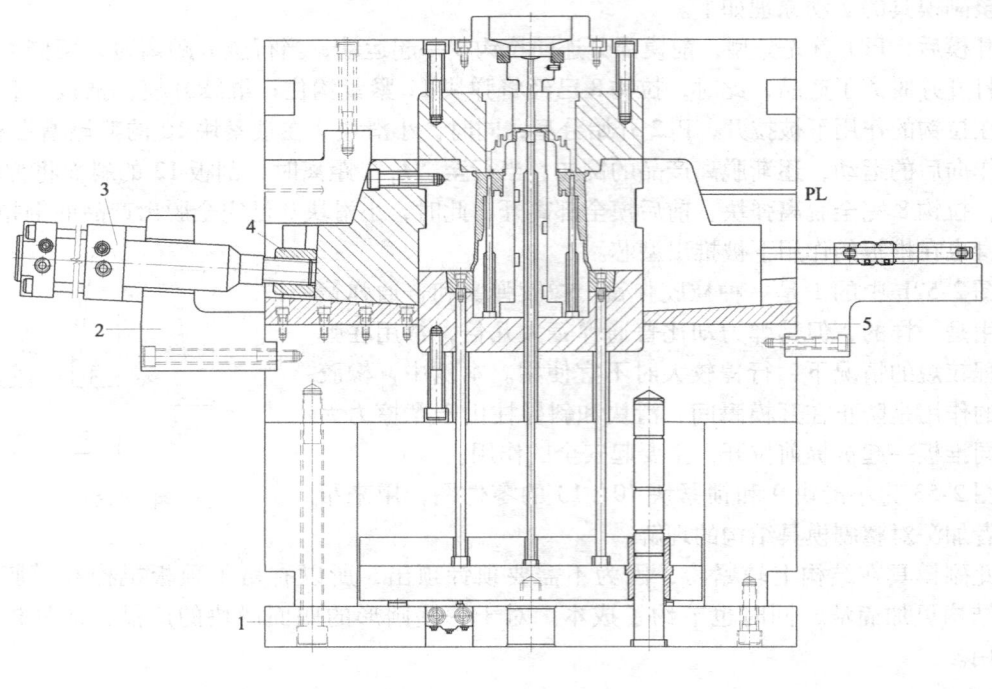

图 2-56
1、8—行程开关 2—液压缸固定架 3—液压缸 4—螺纹套 5—固定架
6—触动块 7—触动块固定杆 8—行程开关

使用液压缸机构时，液压缸的选用也需一些经验。选用液压缸时通常应注意两个参数。一是液压缸的缸径，它直接关系到液压缸力量的大小。一般情况下，液压缸的力量应大于滑块自身重量的 2 倍，每一台注塑机都有其恒定的液压压力（液压压力×液压缸缸径 = 液压缸的压力）。一般情况下，在计算需要的液压缸压力时，注塑机的液压压力不取 100%，最多取 80%。因为在生产中，注塑机不可能使用 100% 的液压压力，取 80% 会更加安全。二是液压缸的行程。液压缸行程必须大于滑块行程 15～20mm，否则，在滑块开启的瞬间，液压缸可能会因为油压不够而无法拉开。图 2-57 为滑块机构在液压缸的作用下完全打开的状态。

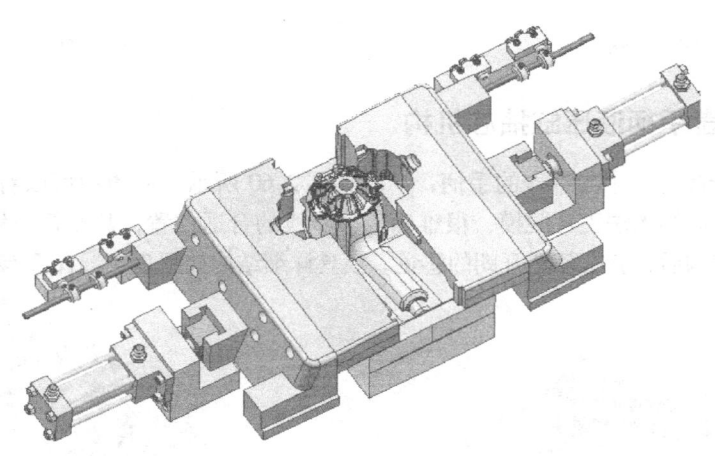

图　2-57

图 2-56b 中的 8 是一种微动行程开关。一般情况下，使用液压缸机构时均应使用行程开关，而且应同时使用两个。行程开关的作用是控制液压缸的运动和行程，开关上面有一根电源线，电源线的另一端连接在注塑机的液压控制阀上，当液压缸向前推出至预定行程后，由一个触动块触动前端的开关，液压缸在液压系统的控制下停止运动。当液压缸复位时，另一个触动块触动后面的开关，液压缸停止运动。

液压缸的运动是靠注塑机的液压系统完成的，它打开和复位的循环周期是用时间来控制的。如果注塑机的液压系统没有发生故障，液压缸一般不会失效，因此，即使没有行程开关也没有问题，直接利用滑块本身也可以对液压缸进行强制限位。

图 2-58 为行程开关和触动块之间的固定方式（结构见图 2-56）。触动块固定杆 7 固定在滑块上，随着滑块一起运动。触动块 6 固定在触动块固定杆 7 上，用螺钉连接，螺钉松开后，触动块 6 应能够自由移动，便于调节。行程开关是固定不动的。行程开关与触动块的连接方式有很多种，本例只是其中一种。

图 2-59 为液压缸机构和滑块机构的连接固定方式。液压缸和滑块的连接固定方式有多种，此副模具使用了矩形螺纹套来连接滑块和液压缸。液压缸在安装时必须从液压缸支架的孔中穿过，这种安装方式不是很方便，还需要改善。

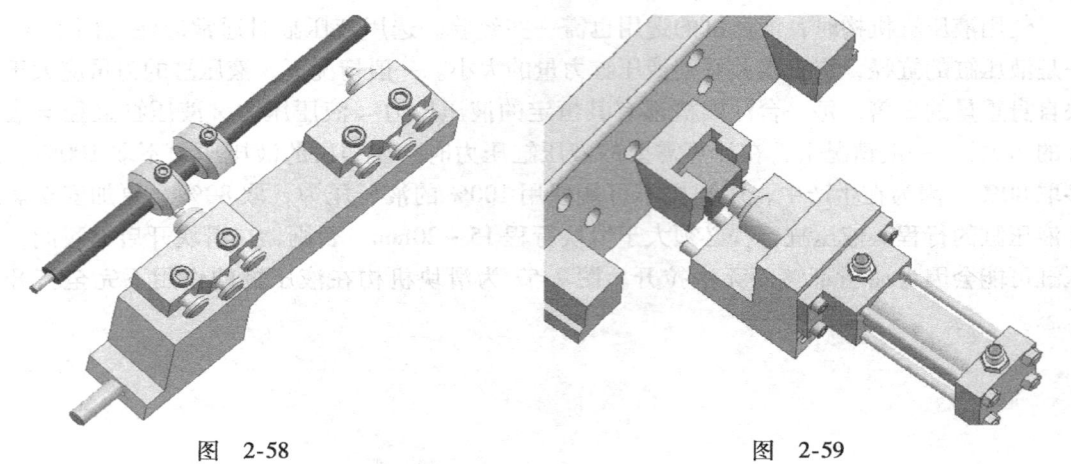

图 2-58　　　　　　　　　　　　　　　　图 2-59

范例 14　咖啡壶手柄液压缸抽芯机构

此副模具的产品是一个咖啡壶的手柄，产品如图 2-60 所示。从图中可以看出，产品形状比较古怪，整个外表面均无法正常脱模，很难确定分型线的合适位置，甚至模具结构也难以确定，但是，看完本例结构后，会有豁然开朗的感觉。模具详细结构如图 2-61、图 2-62 和图 2-63 所示。

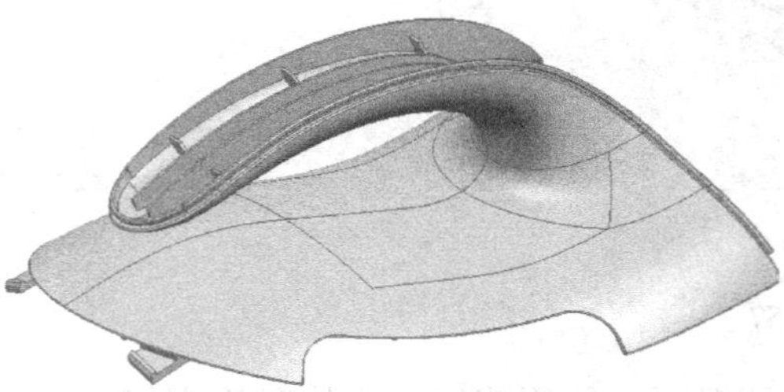

a) 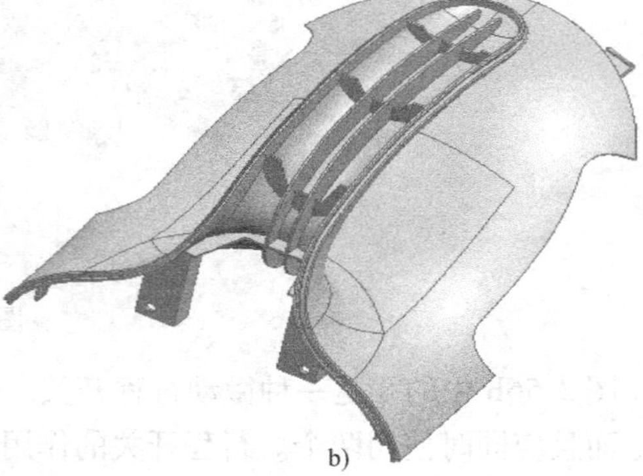　　　　　　　　　　　　　　　　　　b)

图 2-60

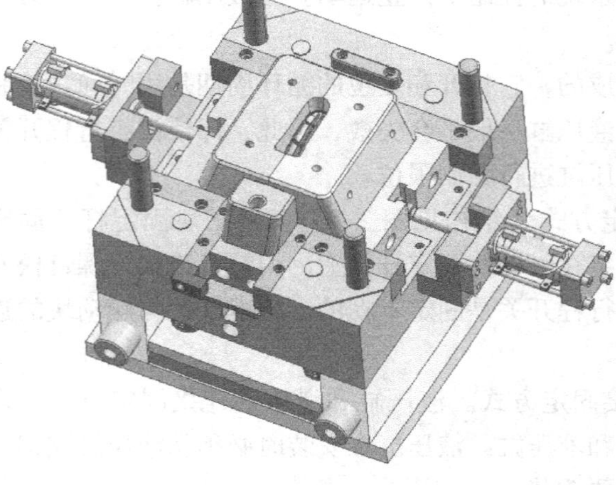

图 2-61 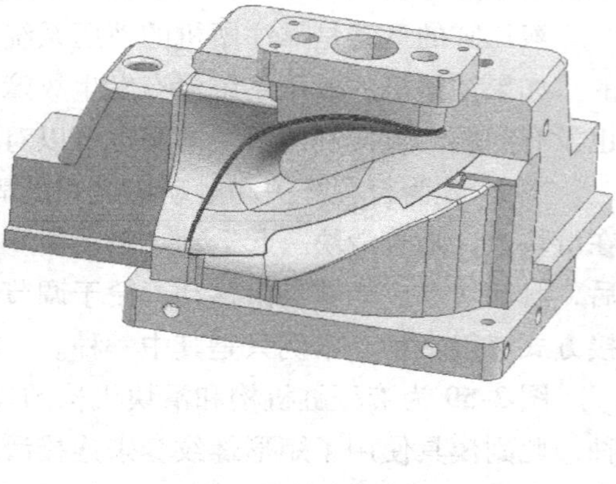　　　　　　　　　　　　　　　　图 2-62

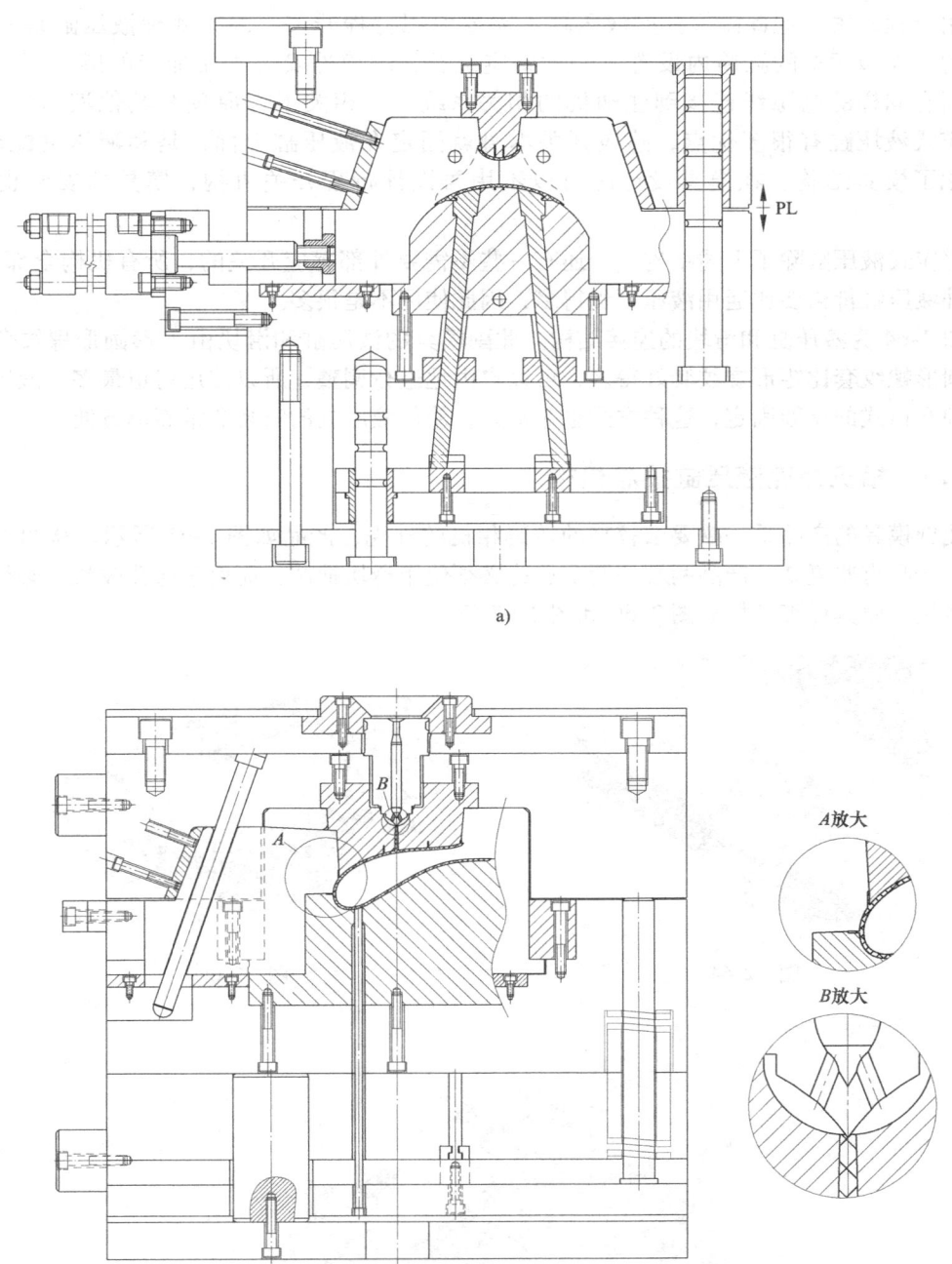

图 2-63

从模具结构图可以看出，此副模具共使用了三面3个滑块，在整体结构上和范例13有很多相似之处。由于两侧的滑块行程较大，使用斜导柱很难实现如此长距离的抽芯，因此使用了液压缸抽芯。

看过模具视图后会发现，此副模具的液压缸和范例13的有所不同。范例13的液压缸要使用行程开关,但此副模具的液压缸不需要使用行程开关。因为此种液压缸是一种感应式的,在液压缸的缸筒内设置了一种感应磁石,缸筒外安装了相配套的感应开关,开关上面有同样的电源线连接到注塑机的相关系统上,相关工作原理和其他液压缸相同。该感应式液压缸有很多优点,感应开关本身就固定在液压缸上面,是和液压缸配套的,它简化了模具结构,在模具设计时可以不用再设计行程开关机构,模具的安装也更加方便。

感应式液压缸除了上述结构外,还有一些不需要外部感应开关的,所有机构全部内置,但这种液压缸价格要比通用液压缸贵得多,因此使用不是很多。

图 2-64 为液压缸和滑块的连接结构。此副模具的液压缸和滑块由 T 形圆形螺纹套来连接。圆形螺纹套比矩形螺纹套好得多,可以自由地进行调整,所以使用得也最多。液压缸使用一种开口式的支架固定,这种方式也非常好,使得液压缸的安装非常简单方便。

范例 15　相机外壳液压缸抽芯机构

此副模具的产品是一款要求较高的数码相机的外壳,产品如图 2-65 所示。从图中可以看出,产品有些复杂,产品两端的两个通孔必须使用滑块抽芯,而由于通孔较长,必须使用两面滑块。模具详细结构如图 2-66 和图 2-67 所示。

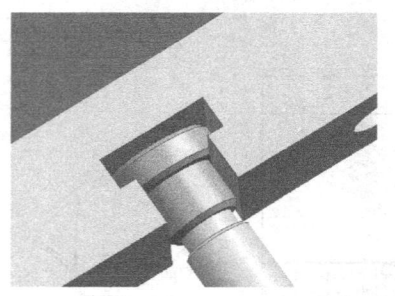
图　2-64

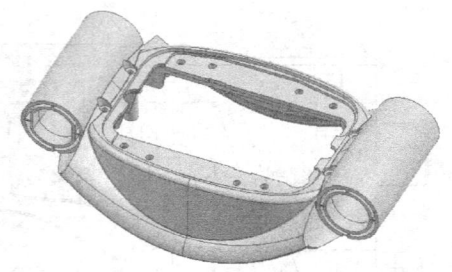
图　2-65

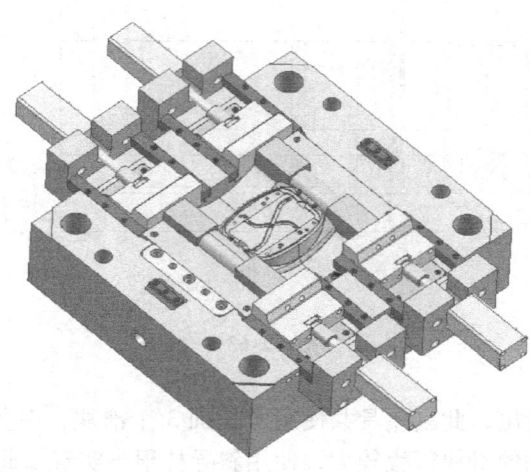
图　2-66

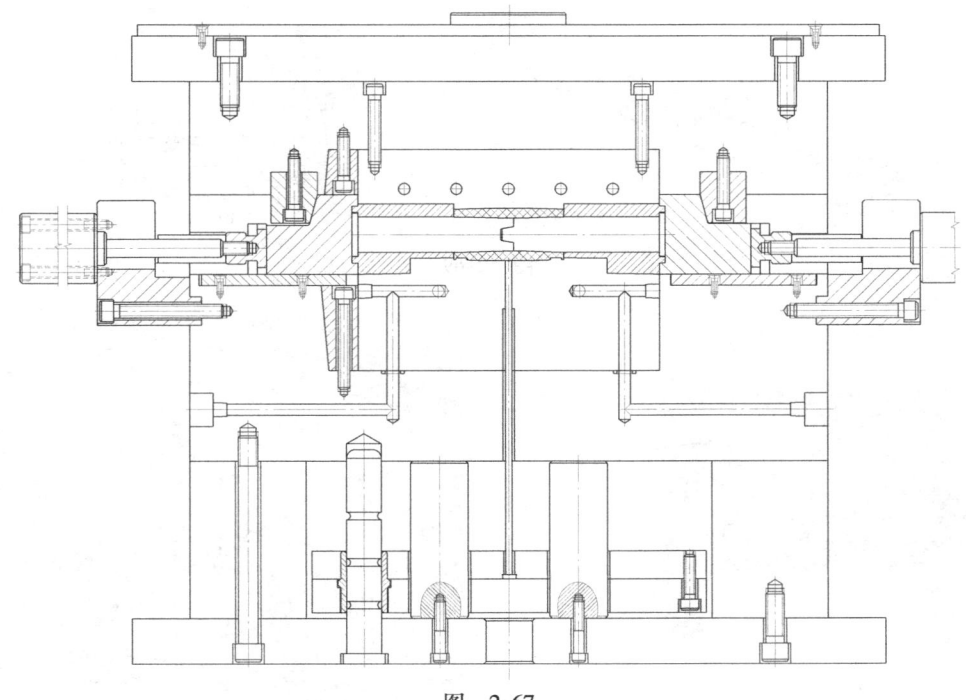

图 2-67

此例滑块机构和范例 13、14 一样,因为滑块的行程太长,使用了液压缸抽芯。此例中的液压缸是一种薄型感应液压缸,所有感应装置全部内置,因此,此种液压缸不需要行程开关,大大简化了模具结构。液压缸的种类很多,有些看起来形状不同,但工作原理和功能都一样。范例 13 和范例 14 使用的是带法兰的标准液压缸,可以实现长距离抽芯,也同样有感应式和非感应式的。而本例使用的是一种薄型液压缸,这种液压缸结构简单,占用空间较小,安装方便;但行程较小,不能实现长距离抽芯,和带法兰的标准液压缸在安装方式上稍有不同。图 2-68 为本例液压缸的安装方式。

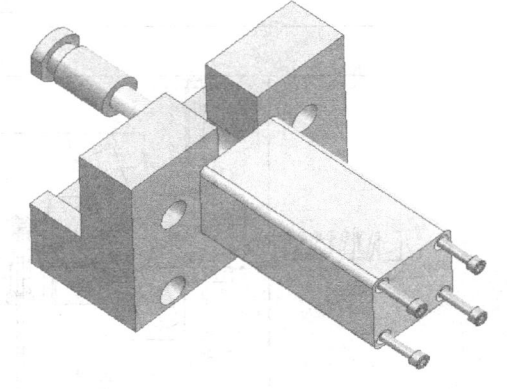

图 2-68

范例 16 汽车内饰条活动抽芯机构

图 2-69 为此副模具的产品。从图中可以看出,产品非常简单,侧面只需一个简单的滑块抽芯。但在产品中间有几个螺纹孔,螺纹孔刚好和滑块形成交叉。在模具结构上,这些螺纹孔必须做成镶针结构并从滑块中间穿过,如图 2-70 所示。此种结构看似简单,但却存在很大的危险性,是不得已而为之,因为每次开模之前必须保证镶针提前抽出滑块,然后滑块才可以运动。螺纹孔虽然简单,但模具结构将因此变得复杂,其详细结构如图 2-71 和图 2-72 所示。

此副模具的工作原理是:两个液压缸 10 紧紧固定在 B 板上。活动板 5 固定在两个液压缸上面,在顶板导柱 1 的导向下,可随着两个液压缸作上下运动。活动镶针 4 通过无头螺钉固定在活动板 5 上。注塑完成后,两个液压缸首先运动,推动活动板使活动镶针首先从滑

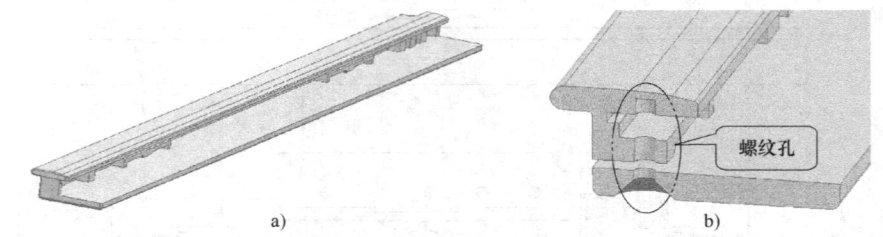

图 2-69

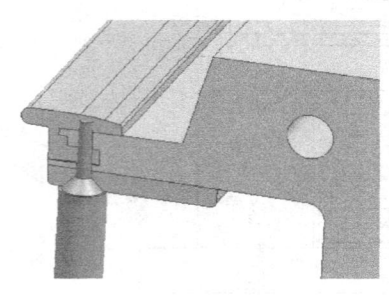

图 2-70

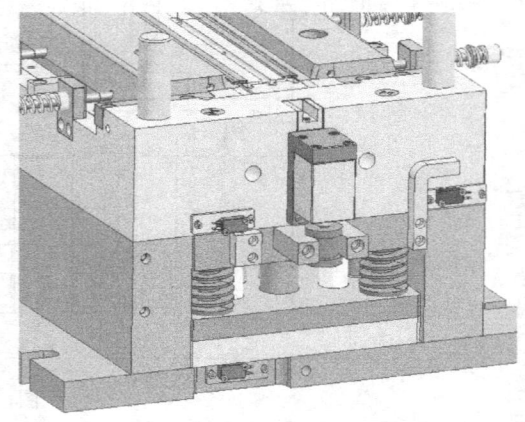

图 2-71

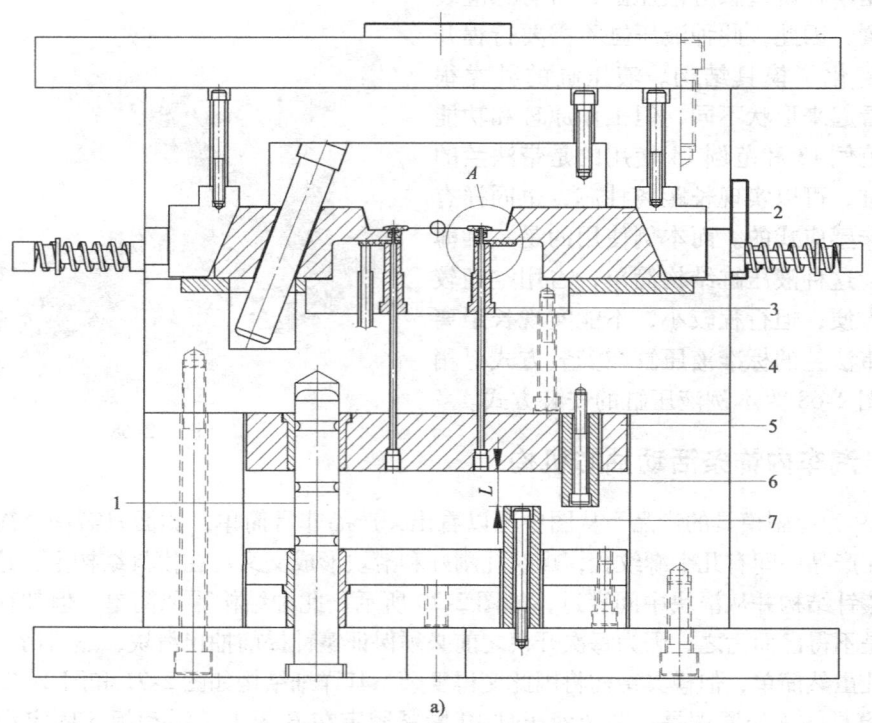

a)

图 2-72

1—顶板导柱 2—滑块 3—后模仁镶件 4—活动镶针 5—活动板 6、7—限位柱

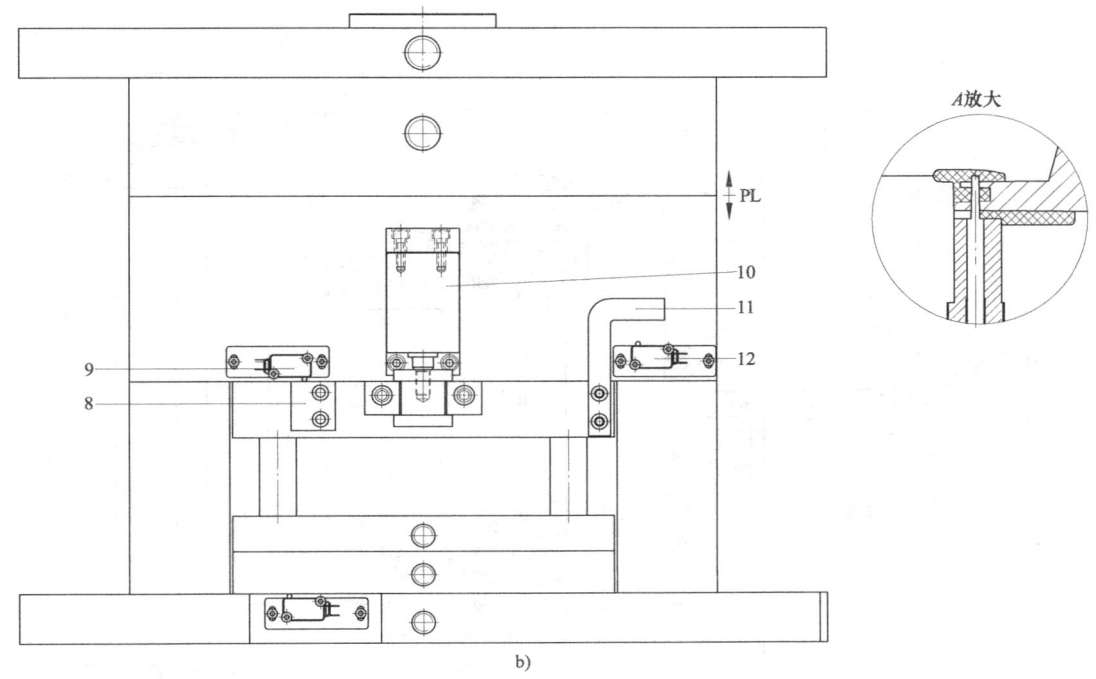

b)

图 2-72（续）

8、11—触动块　9、12—行程开关　10—液压缸

块中抽出；当活动板行至 L 距离后，活动镶针已完全脱离滑块，此时，行程开关触动块11触动行程开关12，液压缸停止运动，活动板5在限位柱7的限位下也安全停止，此时，分型面开始打开，滑块在斜导柱的作用下完成抽芯。

合模时，滑块必须首先复位，分型面必须完全闭合，而后液压缸开始复位，带动活动板使活动镶针从滑块中插入；当活动板和活动镶针完全复位时，行程开关触动块8触动行程开关9，液压缸停止运动，开始下一个动作的循环。

此种机构在设计上看似很安全，但却存在很大的隐患，因为这对注塑机的操作工要求很高。操作工必须非常熟悉此副模具的运动原理，才能安全地设定注塑机的工作步骤和制动程序。如果操作顺序错误，滑块将会和活动镶针相撞，模具将会严重受损。如果将液压缸机构设计成机械式机构，直接利用注塑机开合模的动作完成抽针，那么，在动作上将会更加安全。

图2-73为液压缸机构和活动板5的连接固定方式，与滑块和液压缸机构的连接方式基本相同，只需方便安装、拆卸即可。

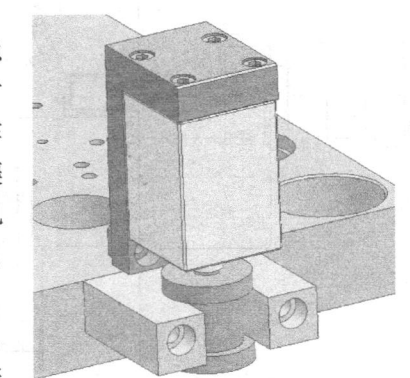

图 2-73

范例17　分水器壳体液压缸斜抽芯机构

此副模具的产品是一个分水器的壳体。模具结构为四面滑块机构，其中两侧的两个滑块由于行程太长而使用了液压缸驱动，其中一个由于受产品形状限制不得不使用倾斜式液压缸。模具详细结构如图2-74所示。

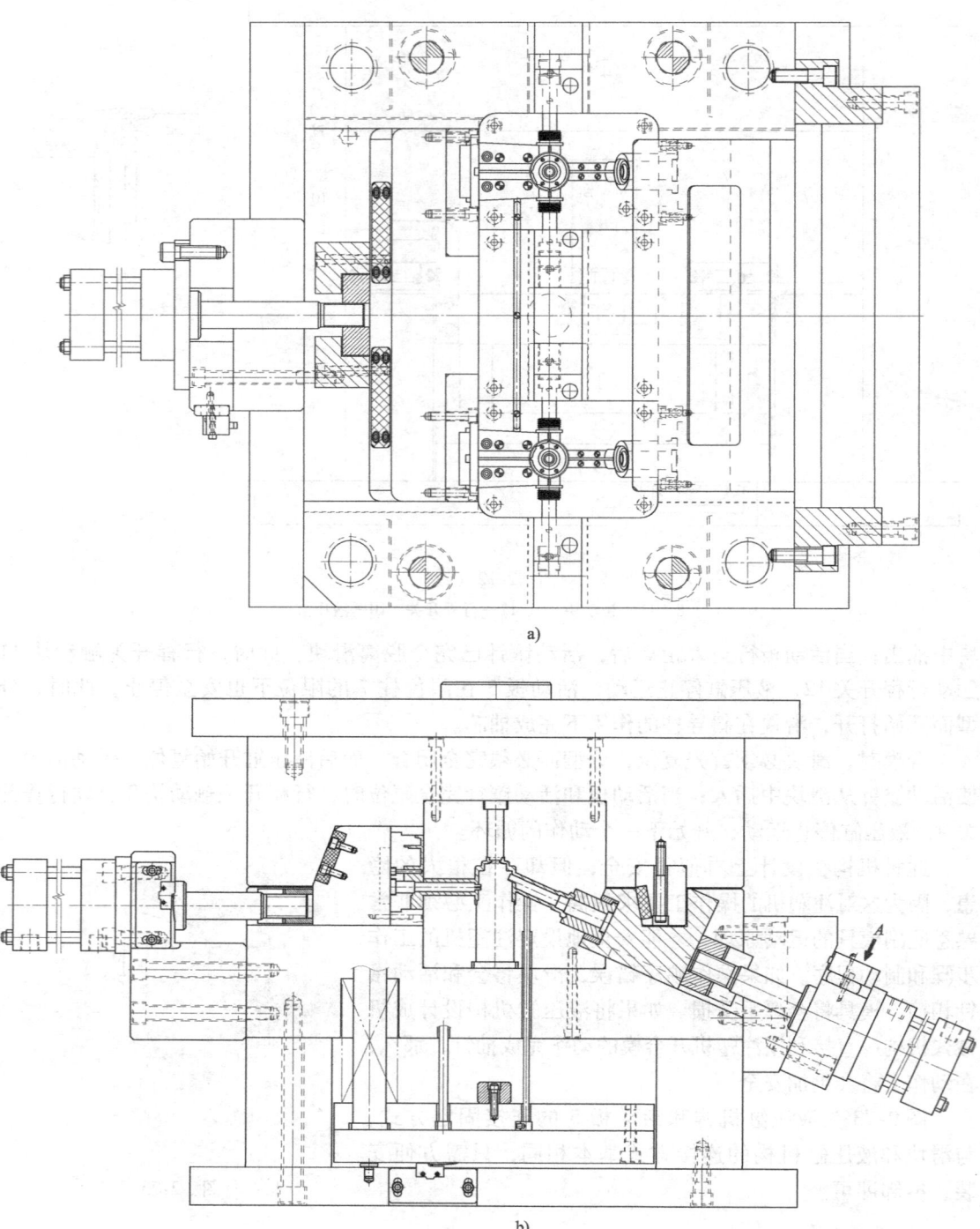

图 2-74

c)

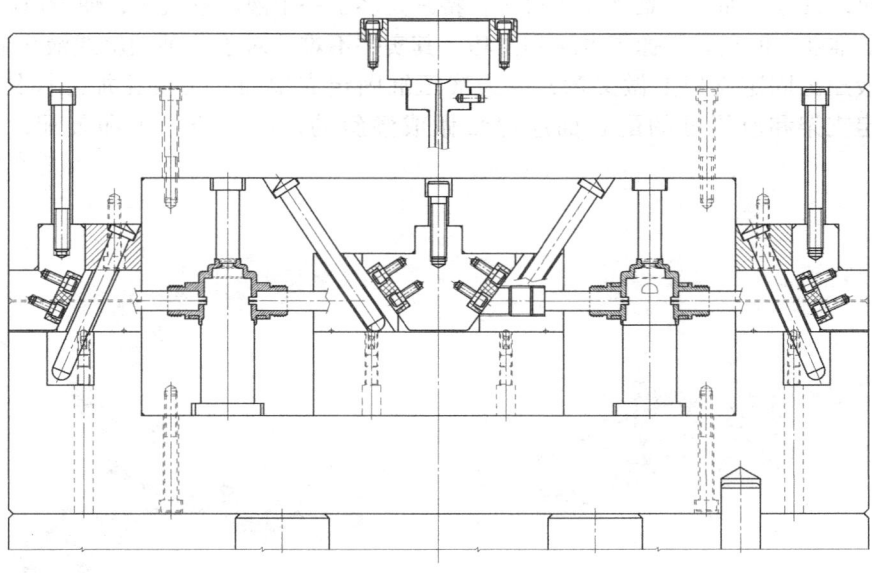

d)

图 2-74（续）

从模具的视图可以看出，由于两个液压缸机构其中一个是倾斜式的，受产品形状限制，滑块必须做成倾斜的。倾斜式滑块在塑料模具中经常碰到，和普通滑块相比，在设计和做法上几乎相同，只是在加工上难度要大得多，特别是多了一个液压缸机构，使液压缸的安装和连接增加了难度，但只要掌握了方法和技巧，其实并不难。对于此种倾斜式液压缸的安装，应尽量在液压缸固定支架上做文章，因为液压缸固定支架的加工要比加工模架简单方便得多。固定支架和液压缸的配合面应尽量做成倾斜的，以方便加工和装配，如图2-75所示。

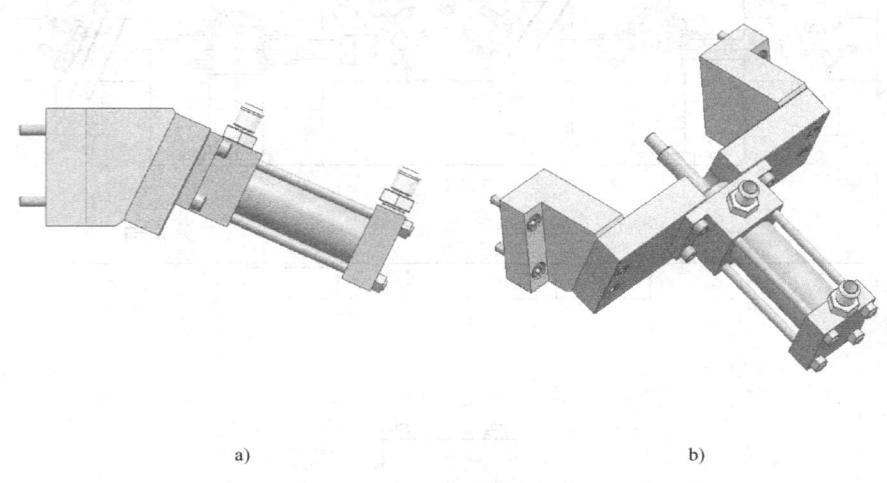

a)   b)

图 2-75

范例18 浮动式滑块液压缸抽芯机构

此副模具是一副非常典型的浮动式滑块机构。产品为圆形，外表要求非常严格，不允许有顶针痕迹；抽芯距离又太长，即使使用液压缸抽芯，也需要很长的液压缸，如果完全按照产品的抽芯行程来设计模具，模具的模架就会很庞大，成本会随之增加。为解决产品的顶出和长距离抽芯问题，本例使用了浮动式滑块机构。模具详细结构如图2-76所示。

此副模具的运动原理是：开模后，注塑机的顶出机构开始运动，滑块座、滑块机构和液压缸机构在4支滑块顶杆10的顶出下同时作向上运动；当行至L距离后，限位柱1限位，顶出机构停止运动，此时产品和滑块机构已完全脱离后型腔，产品仍然留在滑块型芯4上；然后液压缸机构开始运动，滑块型芯慢慢地从产品中抽出，产品在挡块2的推动下被慢慢脱出，待滑块型芯和产品完全松动后，产品自动脱落。

此副模具的结构在设计上非常到位，无论从使用寿命上还是机构动作上，设计者都做了非常周密而严谨的考虑。4支滑块顶杆都使用了精密导套9，并且滑块顶杆深入至滑块内部，从而保证了滑块机构在浮动过程中导向精确，动作可靠。为保证滑块型芯的使用寿命，在滑块座上镶嵌了黄铜导套3，以减少滑块型芯的磨损，从而使模具的整体结构更加合理。

第2章 后模滑块与斜顶机构20例

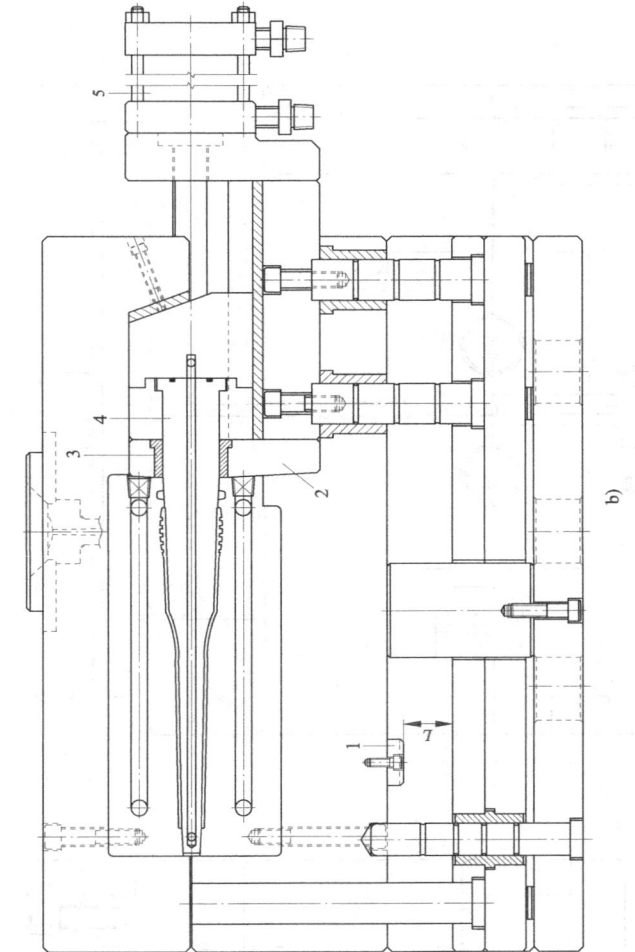

图 2-76
1—限位柱 2—挡块 3—黄铜导套 4—滑块型芯 5—液压缸

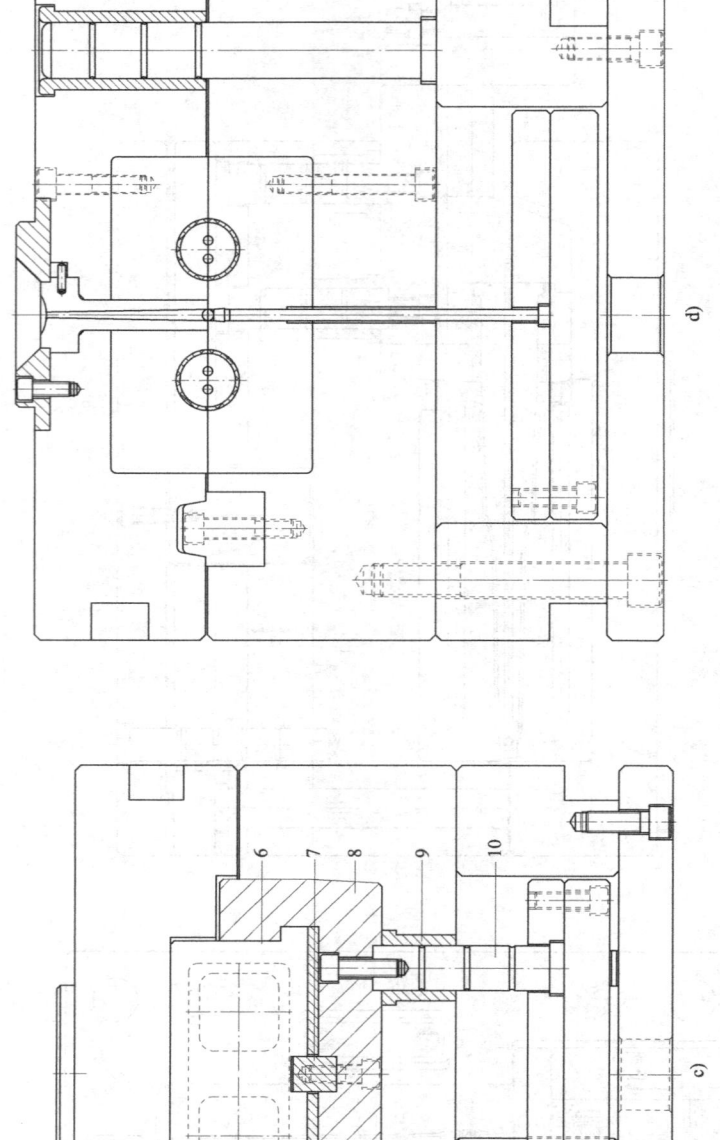

图 2-76（续）
6—滑块 7—中央导轨 8—滑块座 9—导套 10—滑块顶杆

范例 19　轿车后视镜外壳液压缸滑块机构

此副模具的产品是一款汽车后视镜的外壳,产品如图 2-77 所示。从图中可以看出,产品内部有多处大面积的倒扣和一些不同形状的卡扣,因此,在模具结构上产品内部多处都应使用斜顶,外部也应使用滑块。模具详细结构如图 2-78、图 2-79 和图 2-80 所示。

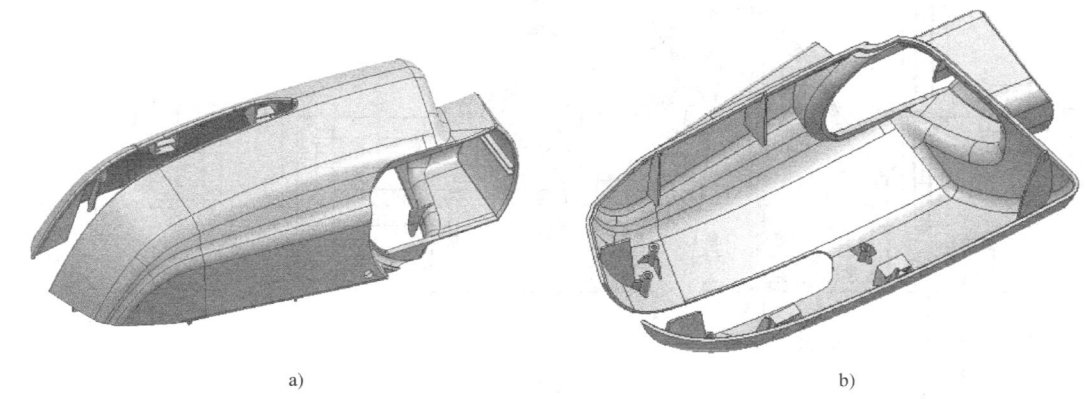

图　2-77

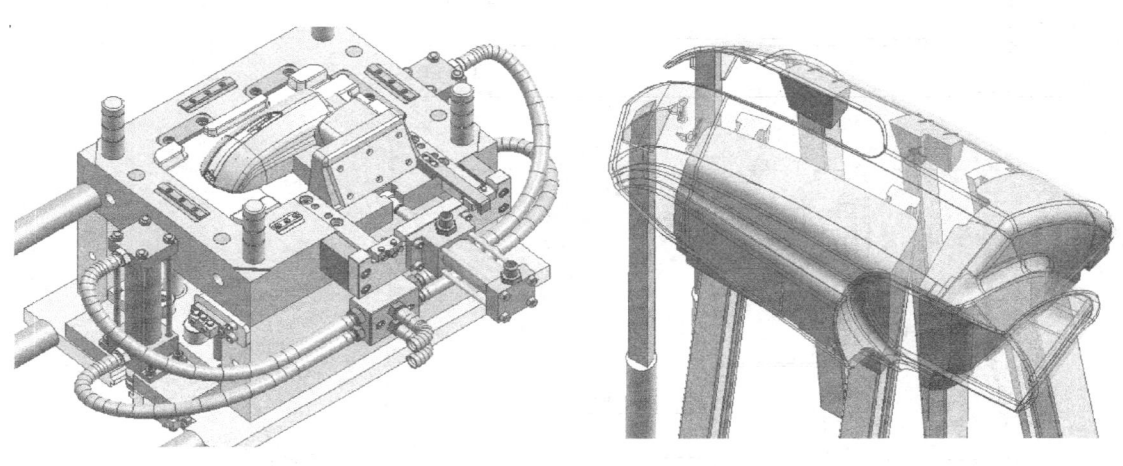

图　2-78　　　　　　　　　　　　　　图　2-79

从模具结构图可以看出,此副模具共用了 7 个斜顶,一个大滑块。由于滑块行程较大,本例使用了液压缸抽芯;由于斜顶较多,顶出行程较大,为避免模具在使用过程中顶板复位困难,顶出和复位不平衡,在顶板机构上也使用了液压缸机构。

液压缸用在顶出机构上是注塑模具中常用的结构,通常用于顶出机构的复位需较大力量的情况下。当斜顶较多、较大或顶出行程较大时,易造成因顶出力不平衡使顶板倾斜,顶出不顺畅;在顶板复位时也会造成顶板倾斜,难以复位,因此可以考虑使用液压缸机构。使用液压缸顶出和复位有许多优点,顶出时力量平稳均匀,复位时动作缓慢,避免了常规的弹簧复位冲击力较大、力量分布不均匀、顶出机构易卡死等现象;不过,液压缸顶出机构一般用于大型模具上,小型模具较少使用。

顶板使用液压缸机构时需要注意两个问题:

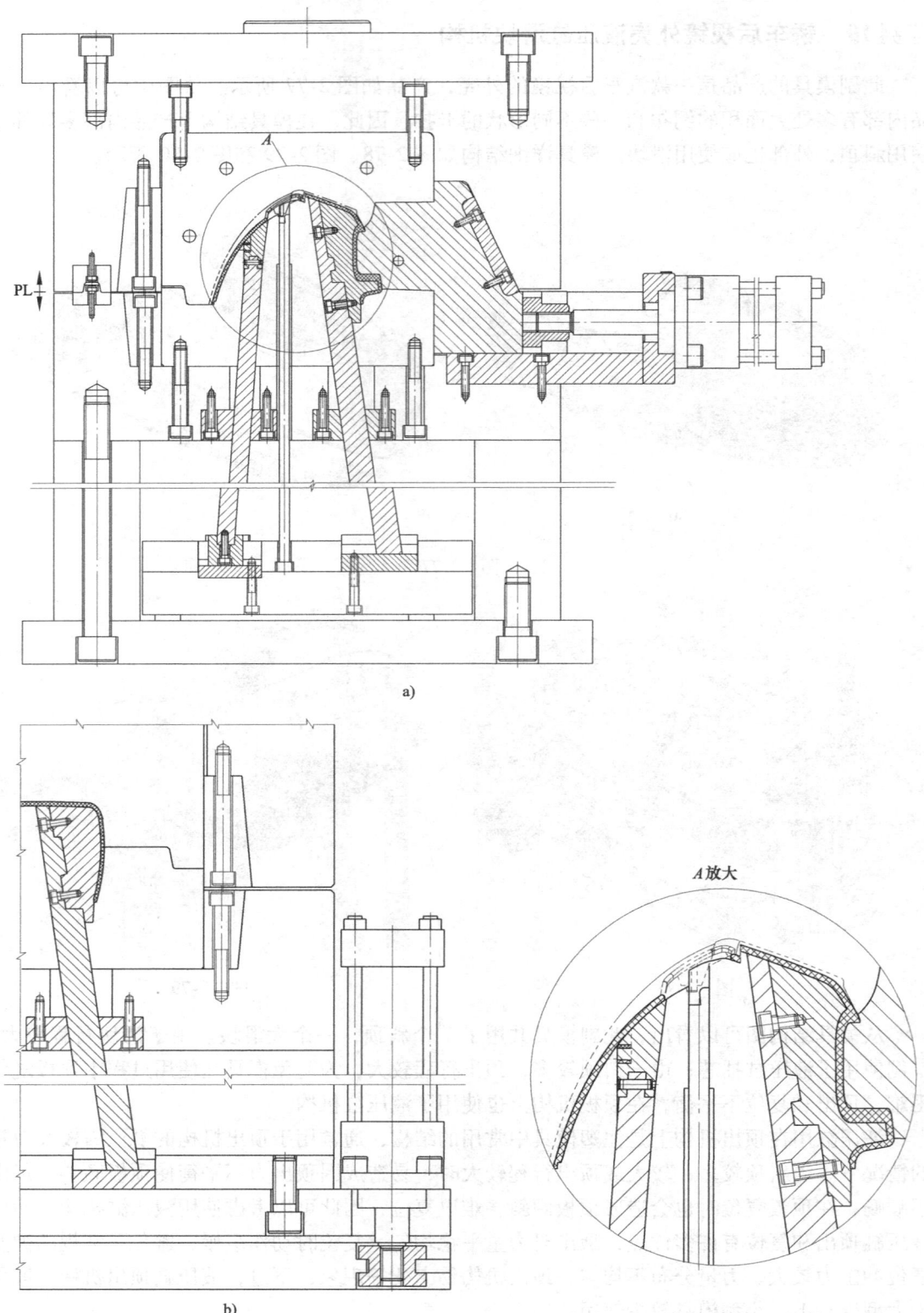

图 2-80

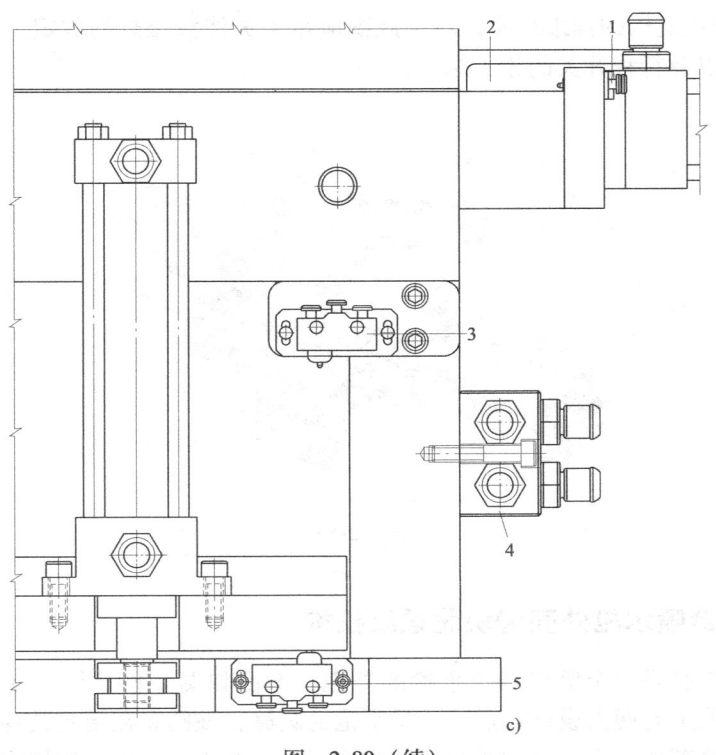

图 2-80（续）

1、3、5—行程开关　2—触动杆　4—分油器

1）必须使用两个液压缸，且液压缸规格完全相同。

2）两个液压缸的顶出和复位必须保持绝对同步，如果不同步，易造成顶出机构卡死的现象。为此，通常应在模具上增加一个分油器，两个液压缸的出油管和进油管同时由一个接口控制。图 2-81 为液压缸、油管和分油器三者之间的连接形式。

液压缸在顶出机构上的固定一般有两种方式：一种是液压缸固定在 B 板上，液压缸的活动杆固定在顶针底板上，顶出或复位时，液压缸不动；另一种就是此副模具使用的固定方式，液压缸固定在顶针底板上，液压缸的活动杆固定在码模板上，当模具顶出时液压缸作上下运动，如图 2-82 所示。

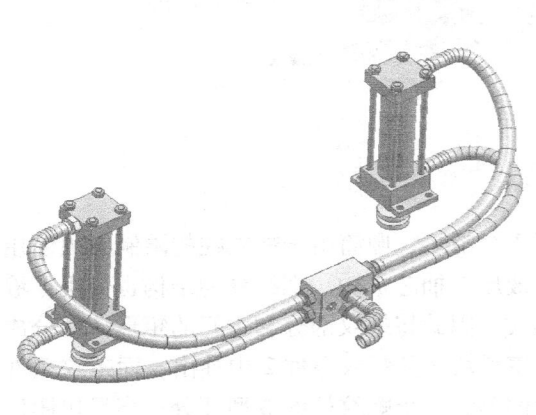

图 2-81

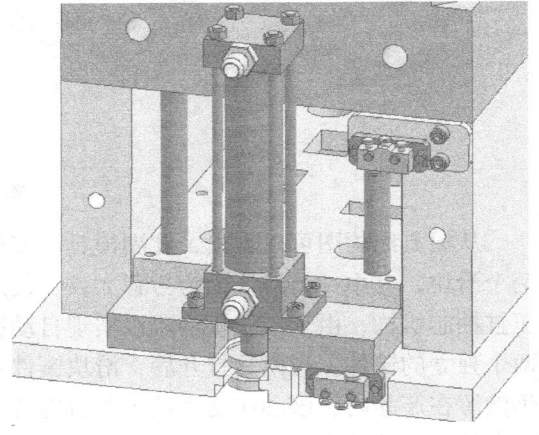

图 2-82

图 2-83 为滑块机构的详细结构，对于此图应重点关注液压缸的固定方式、液压缸和滑块的连接方式，以及行程开关的相关结构。

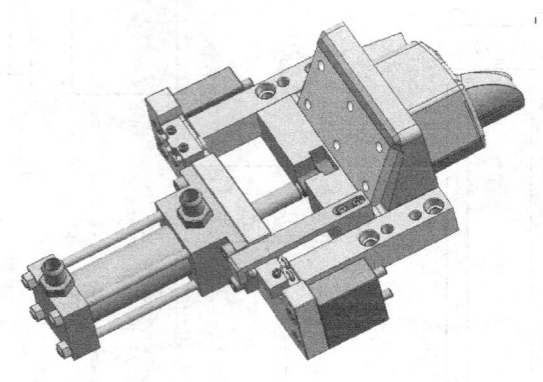

图　2-83

范例 20　吸尘器喷水枪外壳滑块脱螺纹机构

此副模具的产品是一个吸尘器喷水枪的外壳，产品如图 2-84 所示。从图中可以看出，此产品在模具结构上有两大设计难点：一是水枪的圆筒，该圆筒在模具结构上必须使用滑块抽芯；二是产品底部的一个内螺纹瓶盖，瓶盖中间有一个矩形凹槽，凹槽内有一个很深的螺纹柱，螺纹柱一直延伸至圆筒中间，对于此类形状，常规的滑块机构和自动脱螺纹机构均难以实现自动脱模，因此，本例采用了模外自动脱螺纹机构。模具详细结构如图 2-85 和图 2-86 所示。

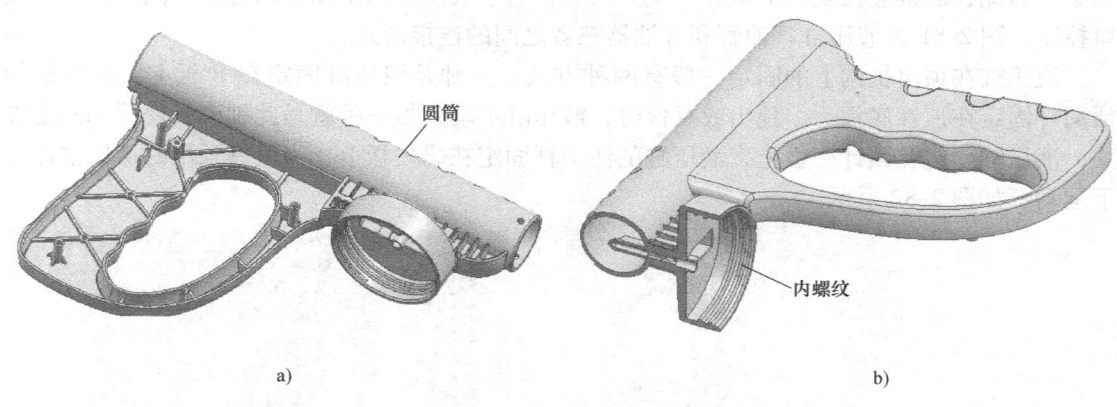

a)　　　　　　　　　　　　　　　　　　b)

图　2-84

从模具结构图可以看出，此副模具共使用了 3 个滑块，圆筒由于螺纹柱的限制必须使用两个滑块，其中一个滑块因为行程太长，使用了液压缸抽芯机构。螺纹柱的结构也使用了液压缸抽芯机构，由于滑块机构难以实现自动脱螺纹，因此将螺纹部分和中间的矩形凹槽分成两个独立的镶件。当模具打开后，滑块镶件 4 随着滑块 3 从螺纹镶件 2 中抽出，而螺纹镶件仍然留在产品内，该动作是为抽出瓶盖内的矩形凹槽和一个螺纹柱的成型部分；当滑块镶件完全从螺纹镶件中抽出后，螺纹镶件连同产品一起被底部的两支顶针从模具中顶出，然后由一个专用的电动机构脱出螺纹镶件。

图 2-87 为螺纹滑块未开模的静止状态，图 2-88 为螺纹滑块的爆炸视图，可以将这两幅图作认真比较，从中领悟其结构原理。

图 2-89 为螺纹镶件和产品一起被两支顶针顶出模具后的状态，两支顶针不仅负责顶出螺纹镶件，同时也负责螺纹镶件在型腔中的精确定位。

图 2-90 是一个专用夹具，在夹具上安装了一个电动机。螺纹镶件和产品被顶出后，一起套进电动机前端的固定镶件中，起动电源，电动机反向旋转将产品自动旋出。螺纹镶件共 4 个，一个被顶出后，另一个被及时放进模具，4 个镶件循环使用。

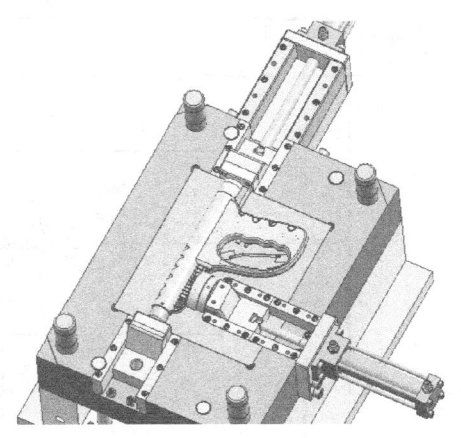

图　2-85

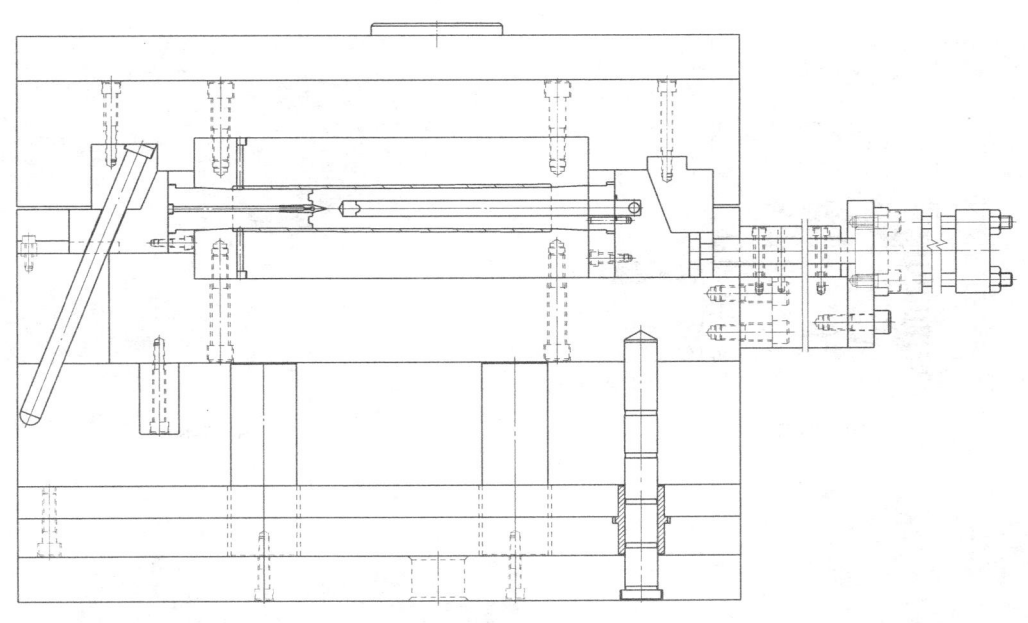

a)

图　2-86

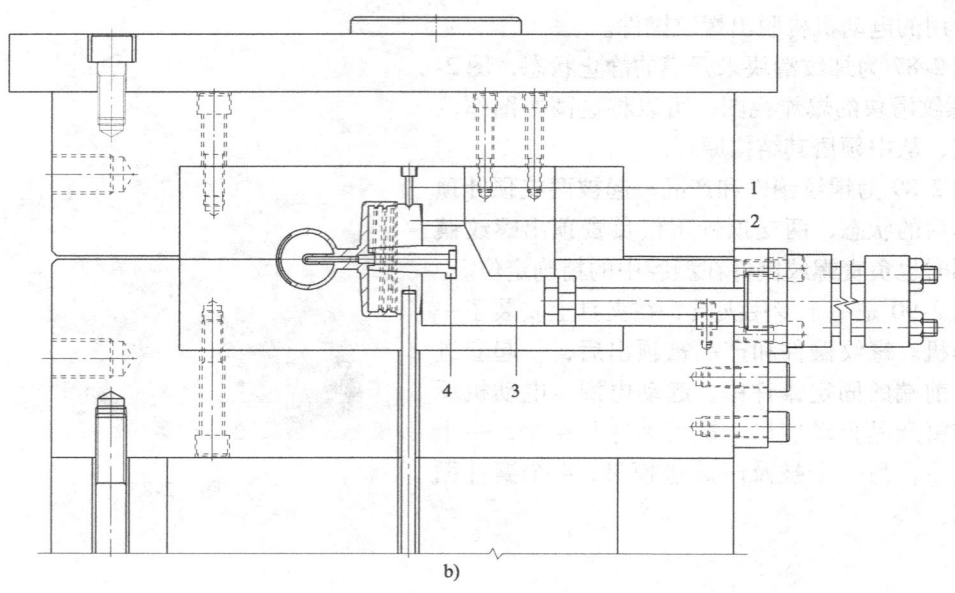

b)

图 2-86（续）

1—定位镶针 2—螺纹镶件 3—滑块 4—滑块镶件

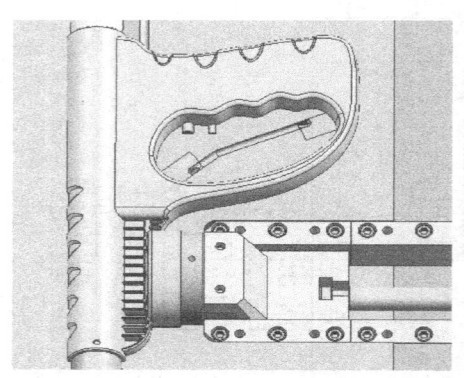

图 2-87

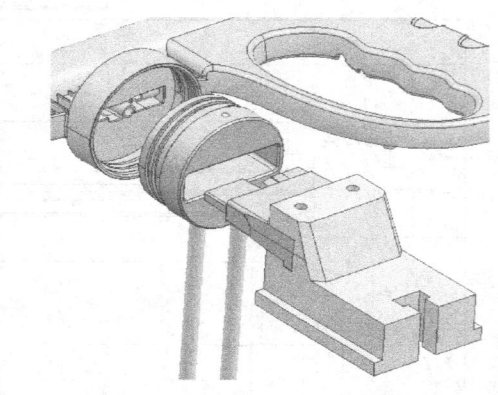

图 2-88

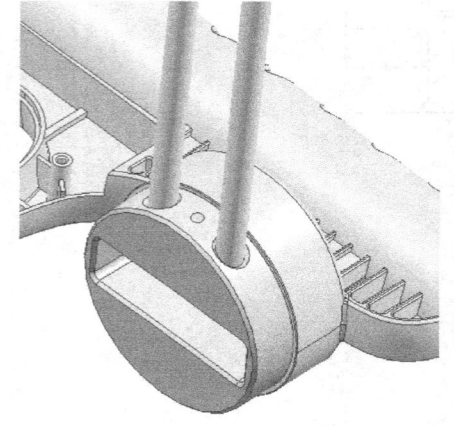

图 2-89

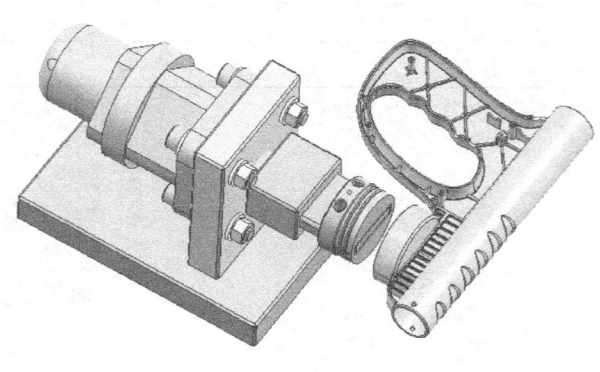

图 2-90

第3章　前模滑块机构20例

3.1　前模滑块机构简介

前模滑块机构在塑料模具中是一种很常用而又非常重要的机构，和后模滑块机构一样，同属于塑料模具中重要的系统组成。当产品有以下几种情况时需用前模滑块机构。

1) 外表要求较高的壳类产品，当侧壁有孔或凹槽时，如果使用后模滑块，会在产品外表面留下分型线，严重影响产品外观，需要使用前模滑块。

2) 高度很高的产品，倒扣位置远离后模仁时，如果做后模滑块，可能较困难，需考虑使用前模滑块。

3) 有些壳类产品，倒扣位置在前模一侧的内部，根本无法做后模滑块，此时必须使用前模滑块。

4) 有些产品，因受外观限制，产品外表的脱模斜度较小，容易粘前模，此时需使用前模滑块。

5) 对于一些圆形、近似圆形或矩形的深腔类产品，当整个外表均有倒扣时，尽量考虑使用前模哈夫式滑块。

前模滑块的种类很多，有前模外滑块、前模内滑块、前模倾斜式滑块、前模哈夫式滑块等。总之，不同的产品决定滑块不同的结构形式。同一个产品，同一副模具，在整体模具结构上，前模滑块机构比后模滑块机构复杂得多，加工成本也高得多，加工难度也大得多，因此，在模具设计中尽量不用前模滑块。

前模滑块机构与后模滑块机构相比，有以下几个特点。

1) 带有前模滑块机构的模具前模部分需多一次分型（前模斜弹式滑块除外），整副模具至少需两次或三次分型。如果为点浇口进胶的模具，需三次分型；非点浇口进胶的模具，需两次分型。

2) 无论两次分型还是三次分型，主分型面必须在最后一次打开。

3) 主分型面多了锁模机构。

4) 模架的导柱一般在前模。

5) 个别前模滑块机构的模具，无法实现后模推板的结构。

设计前模滑块机构的模具时，必须注意以下几个问题。

1) 设计前模滑块机构的模具，如果进胶方式是点浇口进胶，必须使用细水口模架或简化型细水口模架；如果进胶方式是非点浇口进胶，必须使用假三板模架，因为假三板模架是专为前模滑块机构的模具设计的。

2) 主分型面必须有非常安全可靠的锁模机构。常用的有尼龙开闭器、弹簧扣机、机械式扣机等。

3) 上码模板和"A"板间必须有非常安全的限位机构。常用的有限位螺钉，也称带肩螺钉。

4）前模滑块机构模具的浇口套与前模仁长期处于剧烈摩擦状态，因此浇口套前端必须采用斜面配合，如图3-1所示，图中标注的尺寸为常用的参考值，不作为设计的主要依据。

本章共列举了20个实用范例，各具特点，学好本章内容，将能够全面地掌握各种前模滑块机构的设计方法和设计重点。

3.2 实用范例

范例1 轿车仪表盒前模滑块机构

此副模具的产品是一款轿车仪表的仪表盒，如图3-2所示。在产品外表面即前模型腔内部有两个卡扣，后模滑块无法实现卡扣脱模，因此，必须使用前模滑块机构。详细结构如图3-3和图3-4所示。

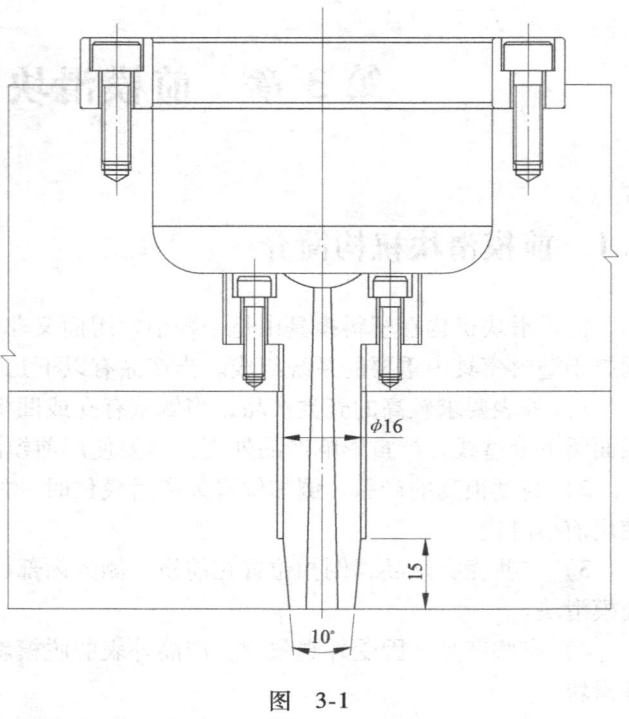

图 3-1

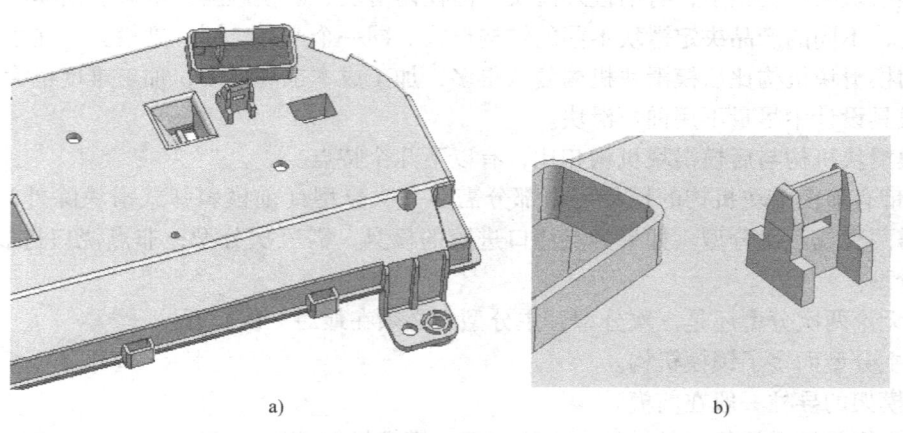

图 3-2

从模具结构图可以看出，此副模具的进胶方式为点浇口，模架使用的是标准型细水口模架，为前模滑块机构提供了条件。在整体结构上，此副模具不复杂，是普通前模滑块机构的典型代表，滑块的运动方向为垂直方向，其运动的动力来自斜导柱和弹簧。在前模滑块机构中，往往使用T形槽式锁紧块，但是，斜导柱和弹簧绝对要比T形槽式锁紧块安全可靠，加工简单，装配方便。分型面的锁紧机构使用的是尼龙开闭器2。尼龙开闭器在细水口模具和前模滑块机构中使用最多。细水口模具95%的锁紧机构均使用尼龙开闭器。带前模滑块机构的模具，一般小型滑块和滑块数量较少的均可使用尼龙开闭器，因为小型滑块不需较大

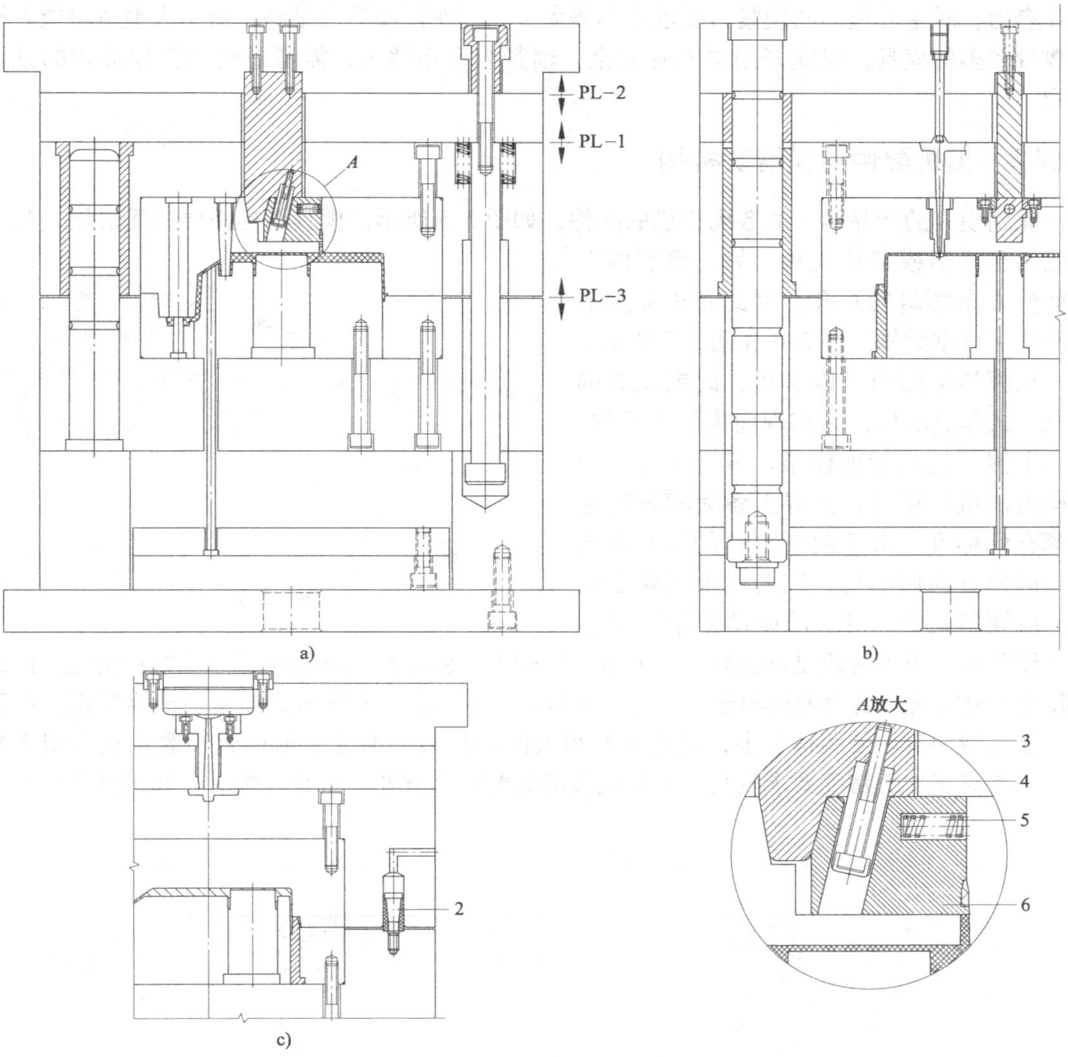

图 3-3
1—压板 2—尼龙开闭器 3—锁紧块 4—斜导柱 5—弹簧 6—滑块

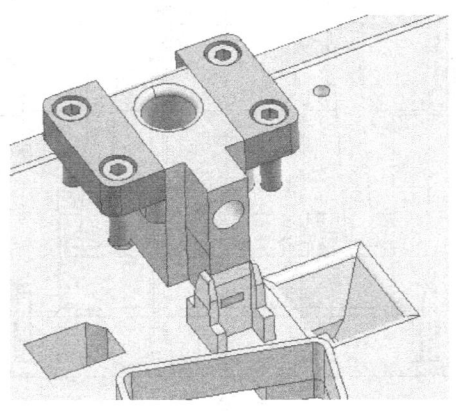

图 3-4

的开启力,对主分型面的锁紧力要求也不需太大,尼龙开闭器已足够;对于大型滑块或者滑块数量较多的模具,尼龙开闭器不够安全,锁紧力也不够大,需考虑使用其他形式的锁紧机构。

范例 2　相机配件前模滑块机构

此副模具的产品是一款数码相机的配件,如图 3-5 所示。模具结构需要三面滑块,其中两侧为普通后模滑块机构,另一侧有两个向前模方向倾斜的圆孔,因此必须使用前模滑块。详细结构如图 3-6 和图 3-7 所示。

从模具结构图可以看出,此副模具的进胶方式非点浇口,为实现前模滑块机构,使用了假三板式标准模架。该模架专门为前模滑块机构设计,世界上各大模架制造商都有此标准。由于两个圆孔的轴心方向是向前模方向倾斜的,因此前模滑块必须设计成倾斜式的。滑块的驱动使用了T形

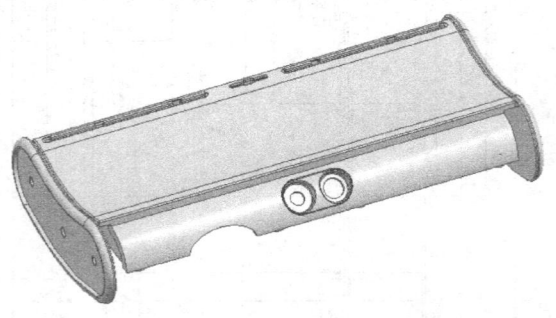

图　3-5

槽式锁紧块,因为滑块是倾斜式的,并且斜度较大,斜导柱驱动很难适用于这种情况,此时T形槽式锁紧块是最为理想的形式。对于倾斜式滑块来说,T形槽式锁紧块最为常用,特别是一些大型的滑块使用得最多,因为它有很大的抽拔力;不过T形槽式锁紧块也有很多缺点,一是对于加工精度要求较高,二是模具的装配不太方便,三是开模后,如果锁紧块的T

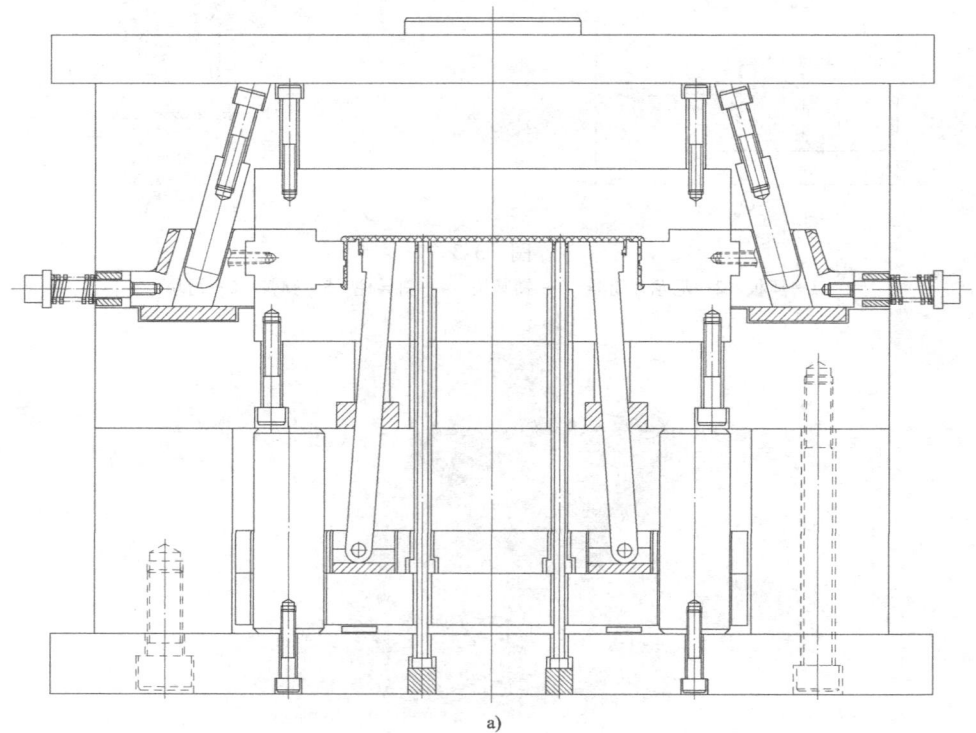

a)

图　3-6

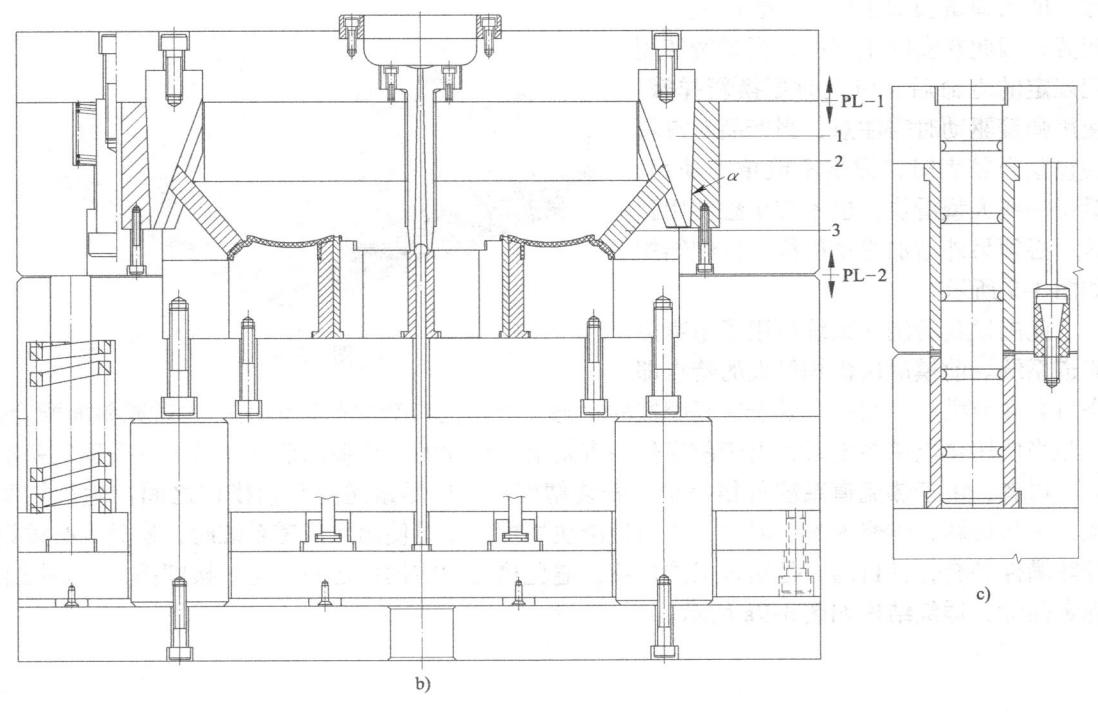

图 3-6（续）

1—锁紧块 2—反锁块 3—滑块

形槽脱离了滑块的 T 形槽情况将非常危险，因此，前模滑块机构使用 T 形槽锁紧块时需要注意，锁紧块的 T 形槽不可轻易脱离滑块的 T 形槽，如果滑块的行程太大，必须要脱离的话，就要增加安全定位机构。

图 3-6b 中的 2 是一种反锁块，是用来防止滑块因注塑压力太大而产生后退的一种安全机构。前模滑块机构的模具，经常使用反锁块，角度 α 一般取 5°左右即可。

图 3-7

范例 3　健身器控制器底盖前模滑块机构

此副模具是一个非常简单的前模滑块机构，如图 3-8 所示。产品的倒扣形式和本章范例 2 基本相同，但滑块结构却有很大差别。本例的滑块锁紧块使用的是普通后模滑块使用的锁紧块形式，和范例 2 的 T 形槽锁紧块相比，此副模具在装配时会更加方便、简单些，安全程度也会高一些。滑块的开启使用了弹簧驱动。弹簧驱动比较简单，使用方便，但有一个缺点,即当弹簧长期工作后,会产生强度疲劳,因此在实际生产中,当弹簧使用到规定的寿命后,应及时更换新弹簧。使用弹簧驱动时需注意,当产品对滑块的包紧力较大时,弹簧不能单独使用;对于一些大型滑块,也不宜单独使用弹簧,必须另外增加驱动机构。详细结构如图3-9所示。

此副模具的浇注系统使用了单嘴热流道系统。前模滑块机构最大的特点即

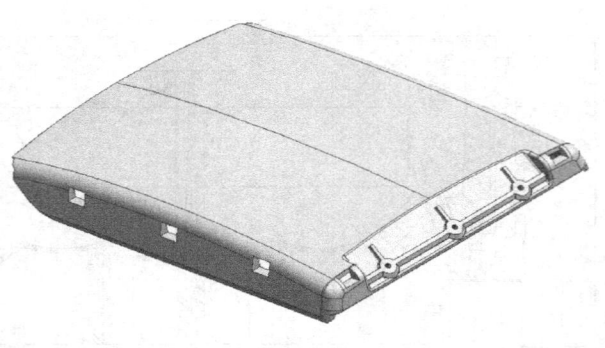

图 3-8

浇口套和前模仁之间一直处于往复摩擦的状态,所以浇口套的前端侧面必须做成斜面配合。但是当使用热流道系统时,由于前模仁一直是上下活动的,热嘴的前端就缺少一个固定基准面。再者,由于热流道系统价格昂贵,安装精度高,应尽量避免和前模仁之间产生长期摩擦,一旦损坏,维修困难。因此,当前模滑块机构的模具使用热流道系统时,模具上必须设计热嘴保护套,其目的一是用来保护热嘴,避免热嘴和前模仁之间产生直接摩擦,二是用来固定热嘴,详细结构如图3-9a所示。

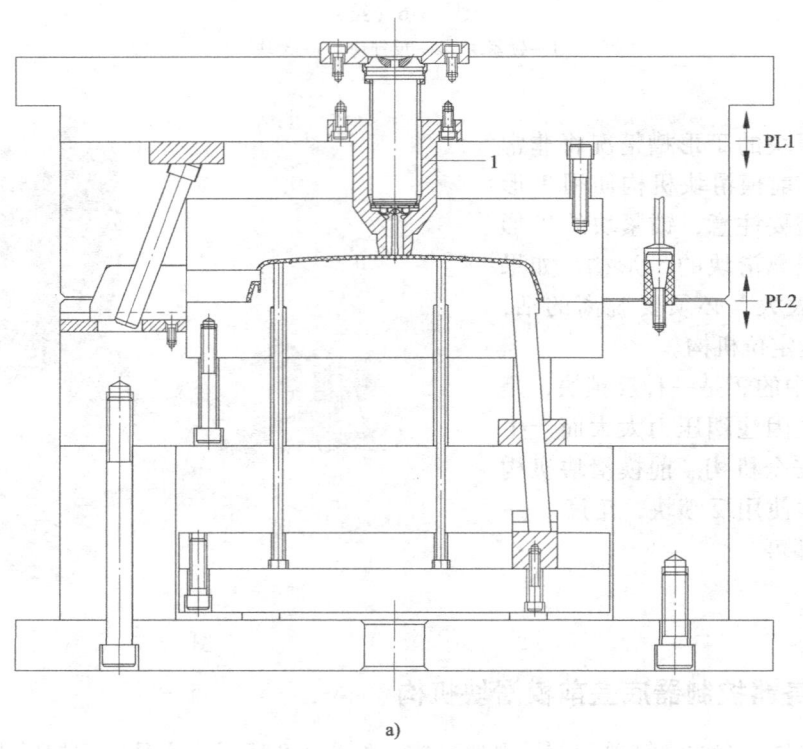

a)

图 3-9
1—热嘴保护套

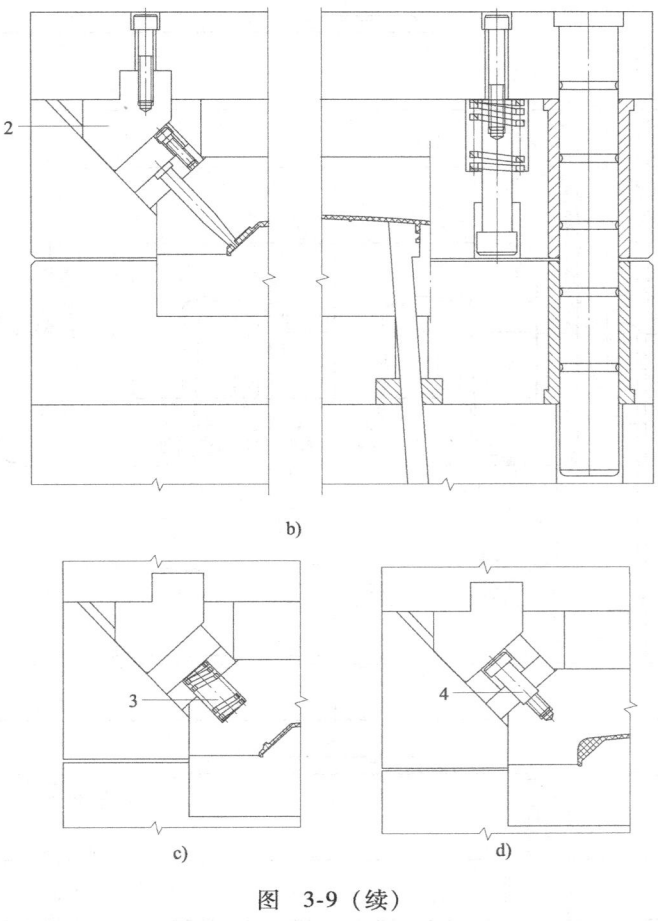

图 3-9（续）

2—锁紧块　3—弹簧　4—带肩螺钉

范例4　遥控器底壳前模滑块机构

此副模具的产品是一个遥控器的底壳，如图3-10所示。产品前端有一个矩形孔，必须使用滑块成型。一般情况下，此类方孔可使用普通的后模滑块，既简单，又安全，但会在产品表面留下滑块的分型线，对于外观要求较高的产品来说，这种方案一般不能接受，因此此例使用了前模滑块机构。详细结构如图3-11所示。

此副模具是点浇口进胶，使用标准细水口模架，刚好为前模滑块机构提供了方便。图3-11b中的1是一种锁紧块，它不仅负责滑块的锁紧，同时也负责滑块的开启驱动，通常称为拨块。拨块在前模滑块机构中使用非常广泛，它加工简单、方便，动作安全、可靠，同时集锁紧块和斜导柱功能于一体；缺点是，强度不是很好。所有前模滑块机构的模具，拨块都需要很长，如果受力太大，会产生变

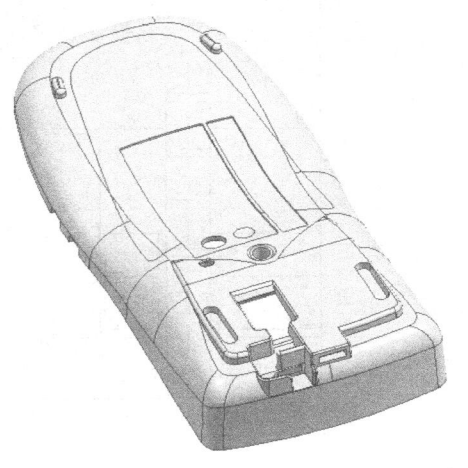

图 3-10

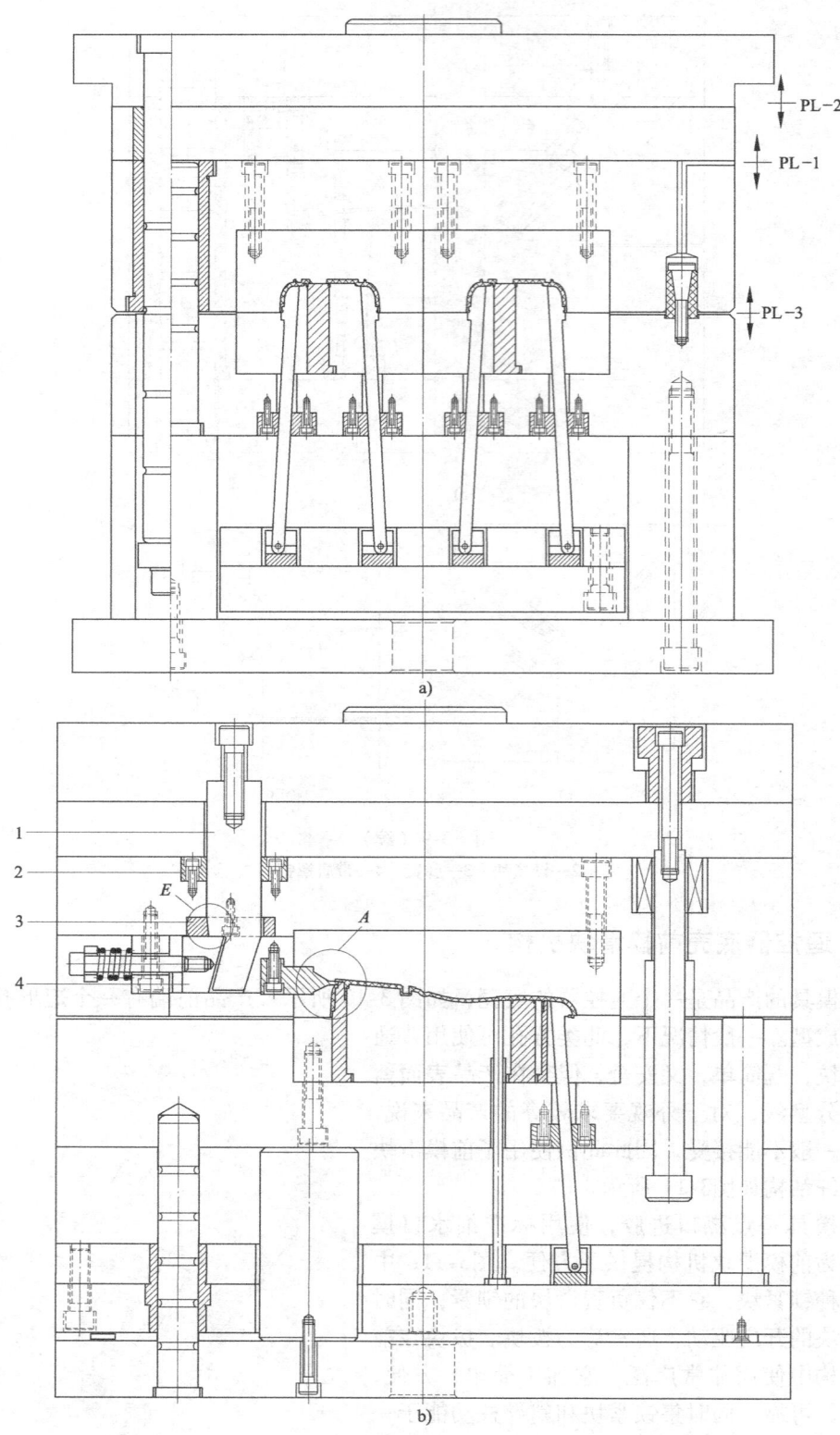

图 3-11
1—拨块 2—导向块 3—耐磨块 4—滑块

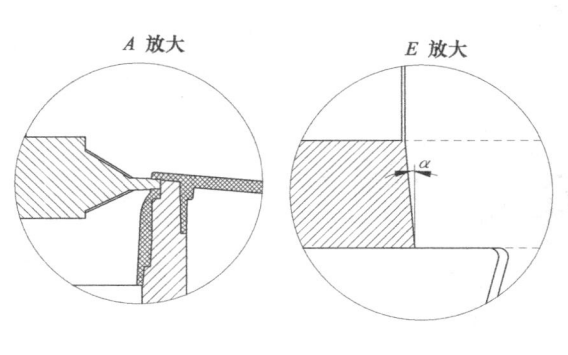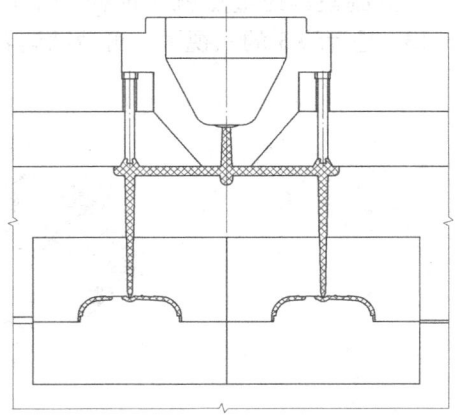

c)

图 3-11（续）

形或折断，为此一些要求较高的模具，通常在拨块两端增加导向块和耐磨块，如图 3-11b 中的 3 和 2。拨块背面和耐磨块要有斜面配合，否则，耐磨块不起作用，角度 α 一般取 $5° \sim 10°$ 即可。图 3-12 为滑块机构的爆炸视图。

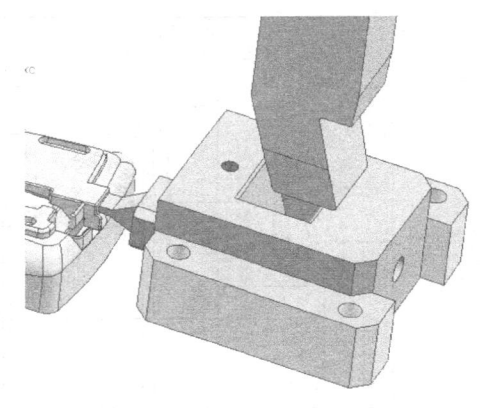

图 3-12

范例 5　电动剃须刀前模滑块机构

此副模具的产品是一款电动剃须刀的外壳，结构上算是一副比较复杂的模具，后模部分共有四面滑块将产品包围。从图 3-13a 产品图可以看出，产品形状比较奇特，在产品外表面即前模部分，有一组倾斜筋位，筋位里面又有一个倾斜圆孔，这些特征给模具结构的设计增加了很大难度，为此不仅两侧需要两个大型滑块，同时前模也需增加一个倾斜滑块，详细结构如图 3-13b、c、d 所示。

由模具结构图可以看出，此副模具的前模滑块机构是非常简洁的挂钩式滑块。由于产品需要点浇口进胶，使用了简化型细水口模架，滑块的锁紧和复位完全依靠卸料板来完成，滑块的开启依靠挂钩和弹簧来完成，限位块 2 负责滑块的行程限位，滑块镶针和滑块通过 T 形槽连接。整个机构非常简单而巧妙，动作绝对安全可靠，和本章前面几个范例相比，类型有些特殊，对于一些小型的抽圆孔或方孔的滑块，此种机构比较适用。

此副模具的重点就是前模的滑块,仅从装配图上可能很难看出整个滑块的形状,图 3-13e 是滑块 3 的三视图,可帮助读者加深理解。

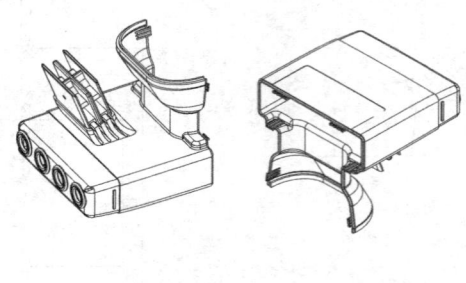

a)

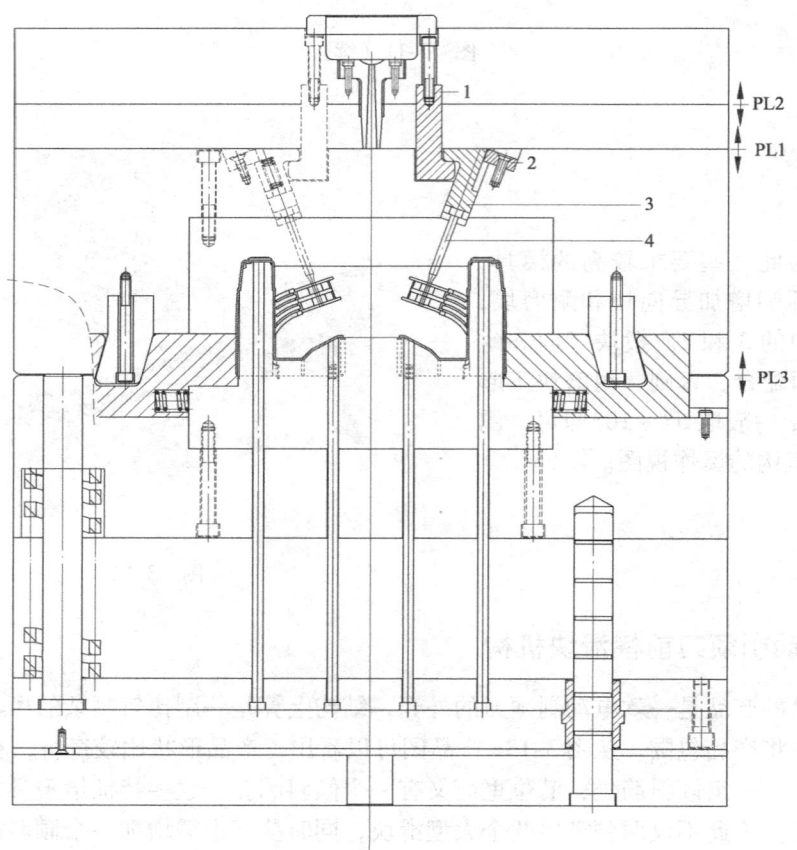

b)

图 3-13
1—挂钩　2—限位块　3—滑块　4—滑块镶针

第 3 章 前模滑块机构 20 例

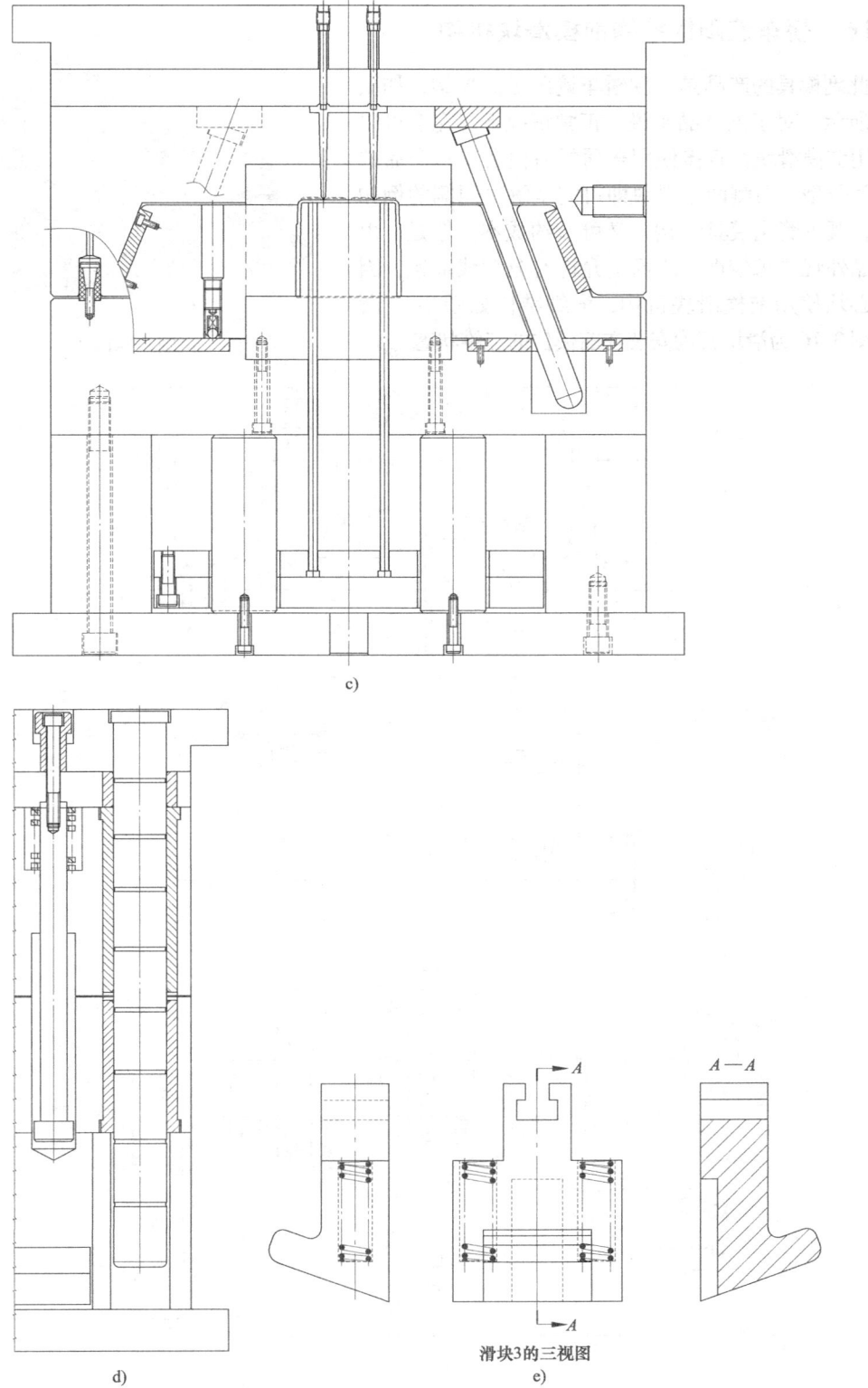

c)

d)

滑块3的三视图

e)

图 3-13（续）

范例6 轿车遮阳板挂钩前模滑块机构

此副模具的产品是一款轿车遮阳板的挂钩,如图 3-14 所示。对于该产品来说,正常情况下,完全可以不使用前模滑块,直接使用普通的后模滑块从产品的正中间分型,两侧两个滑块即可完全解决两侧的倒扣问题,既可简化模具结构,又可节约成本。但是,由于产品外观要求较严,表面不允许有分型线痕迹,因此,必须使用前模滑块机构,详细结构如图 3-15 所示。图 3-16 为滑块机构安装在前模仁的三维状态。

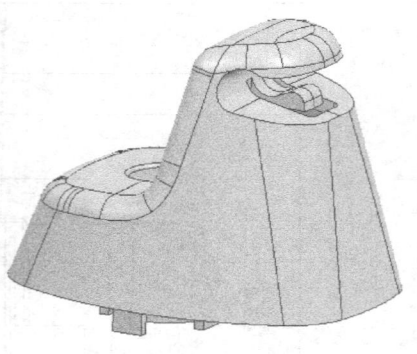

图 3-14

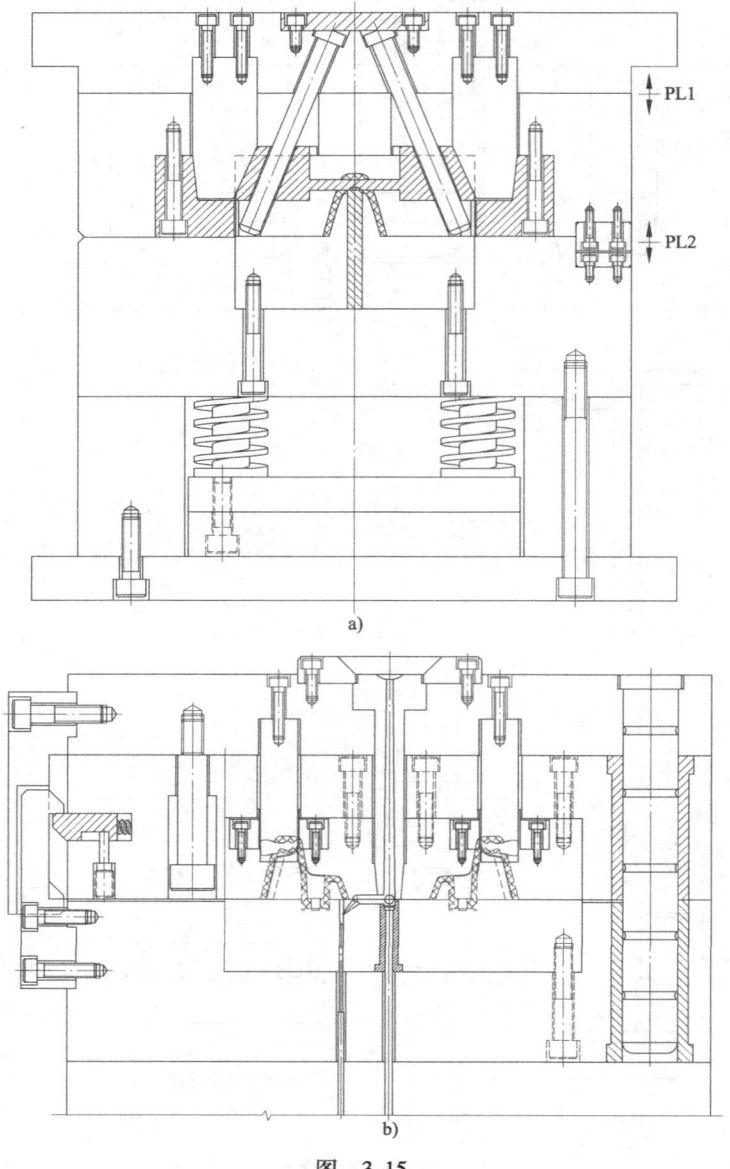

a)

b)

图 3-15

此副模具的分型面使用了一种机械式开模机构,俗称扣机。这种机构在第 2 章范例 6 和范例 12 均有使用,本例的扣机看似形状有所不同,但运动原理和作用相同,其动作顺序在第 2 章范例 6 中已讲解,本例不再讲述。在本章前几个范例中,开模机构使用的均为尼龙开闭器,而本例模具因滑块较多,上码模板和 A 板间存在很大的自锁力,使用尼龙开闭器可能不够安全,甚至根本无法拉开。机械式扣机看似比较复杂,但动作非常安全,在前模滑块机构中,无论滑块大小,均可使用,一些大型三板式模具和后模滑块机构的模具也经常使用。机械式扣机有多种形式,在后面的章节中会陆续用到,此种扣机只是其中一种,详细结构如图 3-17 所示。

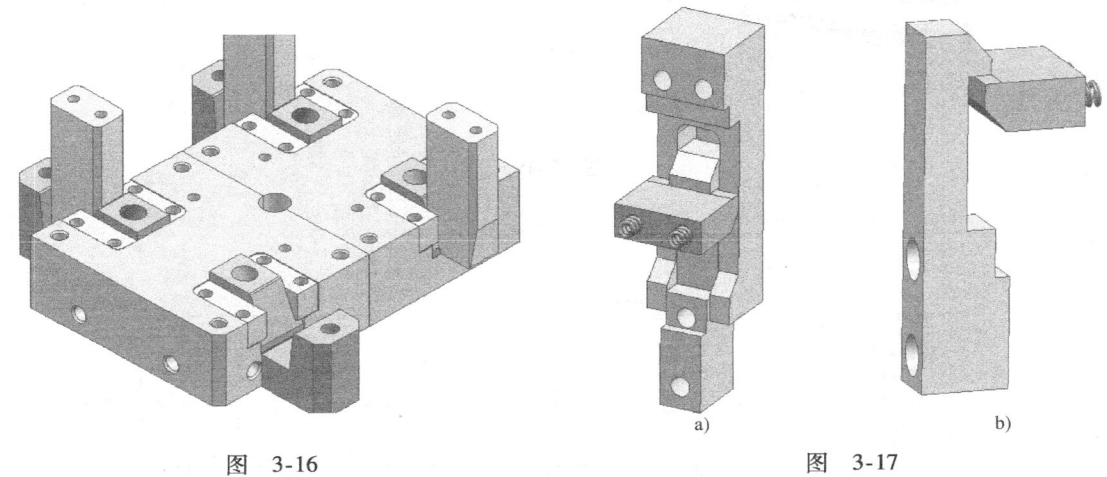

图　3-16　　　　　　　　　　　　　　　图　3-17

范例 7　汽车内顶灯面壳前模内滑块机构

此副模具的产品是一个汽车内顶灯的面壳,如图 3-18 所示。从图中可以看出,产品前模侧有一深腔,深腔两侧有多处凸出的台阶和通孔,因此,必须使用前模内滑块机构。前模内滑块机构是前模滑块最典型和基本的结构。对于产品内部一些的倒扣,必须使用内滑块。内滑块类型很多,此范例为最普通的一种,详细结构如图 3-19 和图 3-20 所示。

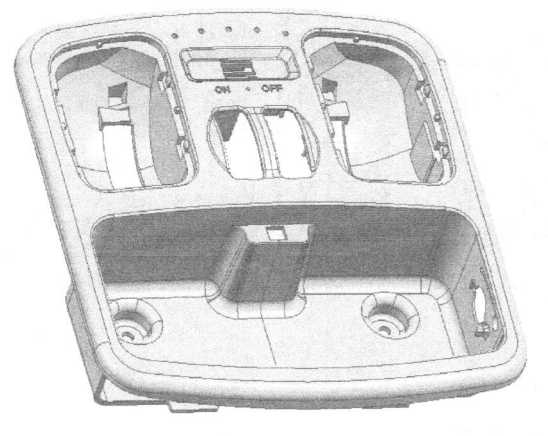
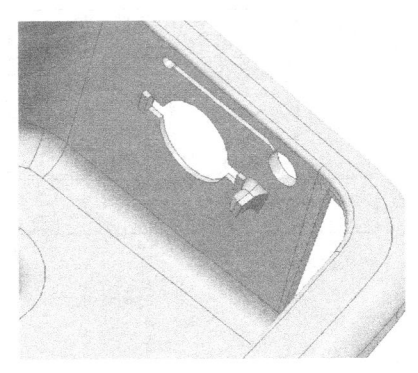

a)　　　　　　　　　　　　　　　　　b)

图　3-18

a)

b)

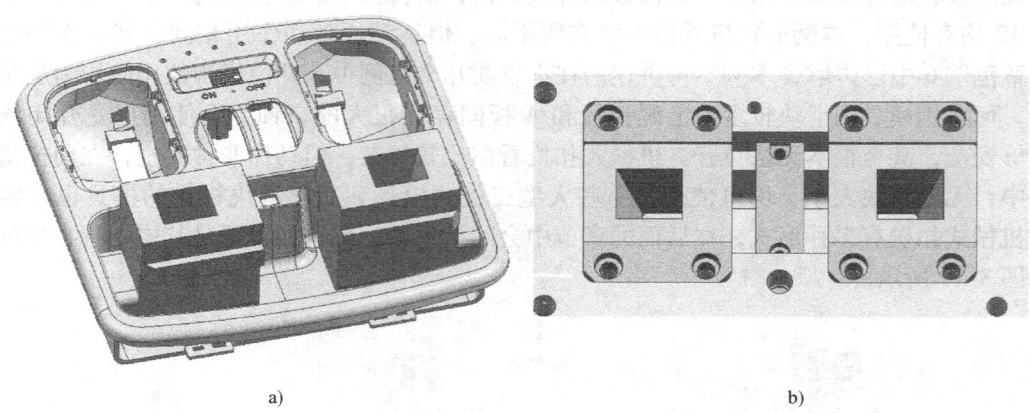

图　3-19

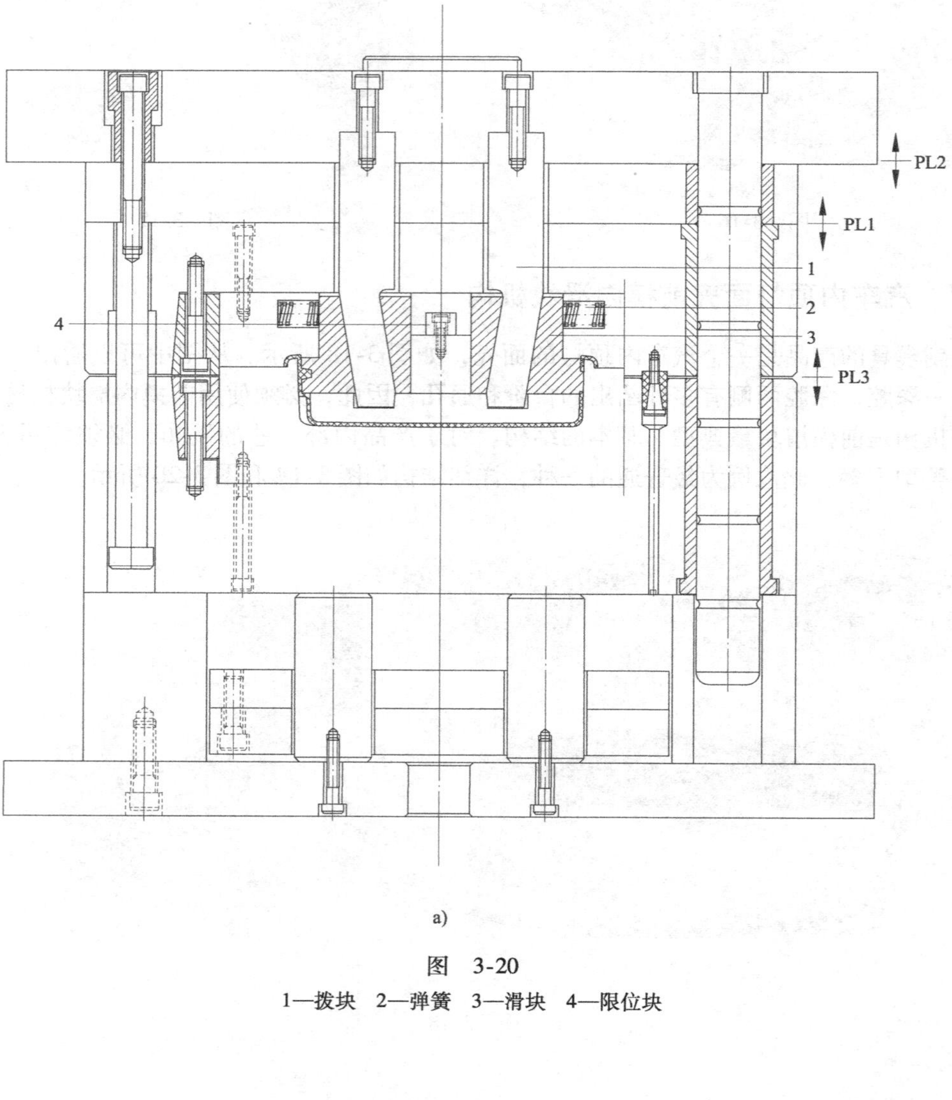

a)

图　3-20

1—拨块　2—弹簧　3—滑块　4—限位块

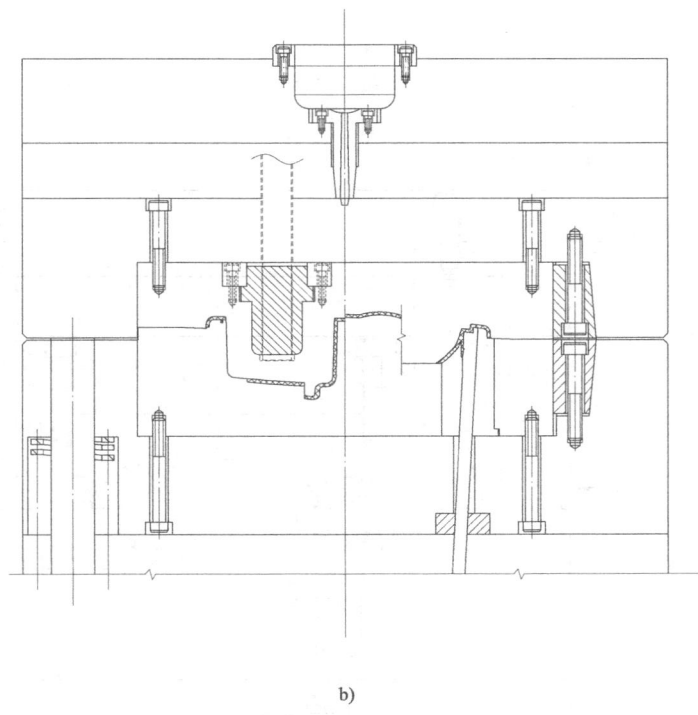

b)

图 3-20（续）

此例滑块的驱动依靠拨块和弹簧，每个滑块使用单独的拨块。对于本例产品结构，此种滑块还可做一些改善，如两个滑块共用一个锁紧块，就是通常说的公用斜楔，这样可节省一个拨块，使整体结构更加简洁和紧凑。此种机构通常用在空间较大的情况下，若空间较小，则不太适用。

范例 8　电子词典底壳前模滑块机构

此副模具的产品是一个电子词典的底壳，如图 3-21 所示。从图中可以看出，产品外表面四周均有侧孔。一般情况下，这样的侧孔用普通的后模滑块机构即可解决。但由于此产品外观要求严格，不允许有分型线痕迹，所以必须使用前模隧道式滑块机构。详细结构如图 3-22 所示。

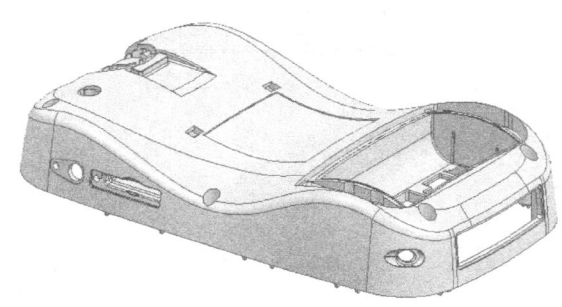

图 3-21

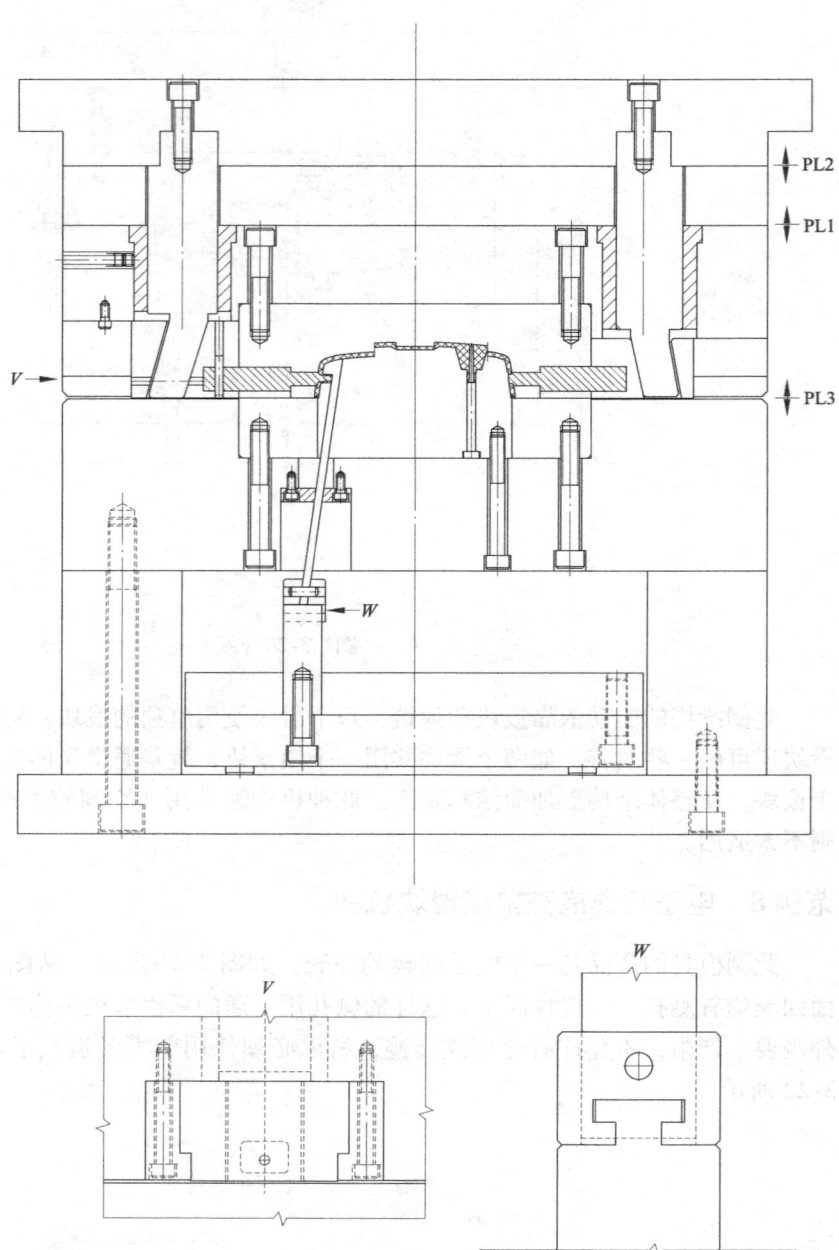

a)

第3章 前模滑块机构20例

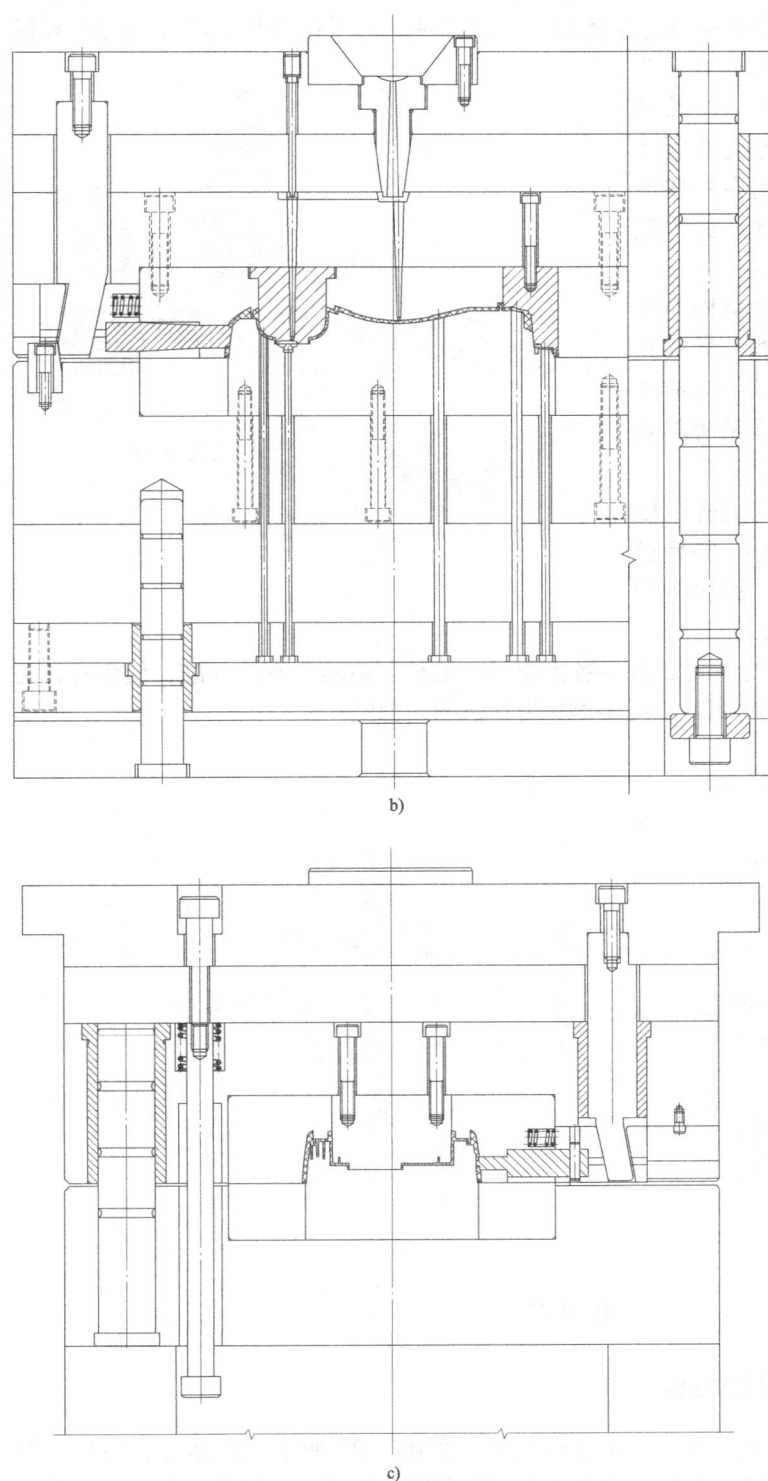

b)

c)

3-22

此副模具要求较高，产品产量较大，因此在结构设计上要求非常严格。从模具结构图和图 3-23 可以看出，滑块的设计和前面的范例都有很大区别。为了提高拨块的使用寿命和模具的精度，拨块是由标准的模具导柱改制而成的，并专为拨块增加了一个精确导向机构，即由标准的模具导套改制而成的拨块导套。该机构通常用在一些滑块不大的精密模具上，由于制造成本较高，因此应斟酌使用。

此副模具分型面开模控制机构使用的是一种用途非常广泛的标准机械式扣机，如图3-24 所示。此副模具由于前模滑块较多，普通的尼龙开闭器无法起到安全开模的作用，因此使用了这种机械式扣机。该扣机在所有的扣机机构中使用最多，动作安全可靠，对于一些后模内滑块机构或二次顶出机构，都比较常用。相信读者都熟悉该机构的动作原理，

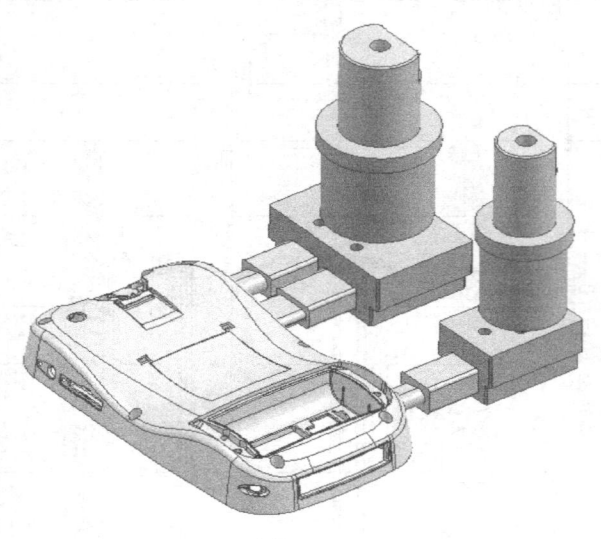

图 3-23

该机构在模具行业已属于一种标准件，世界各大模具标准件制造商均有此标准，使用时，可根据不同需要，按规格直接选购即可。图 3-24b 为扣机的内部结构。

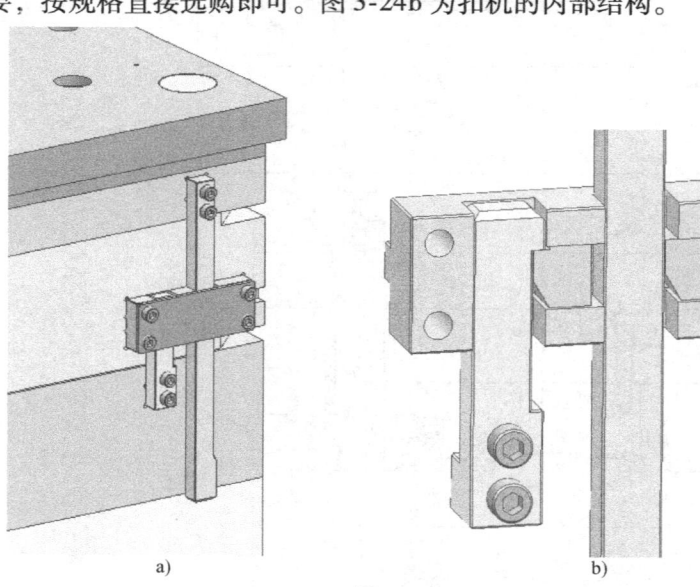

a)　　　　　　　　　　b)

图 3-24

范例 9　三头连接器前模滑块机构

此副模具的产品是一个近似于三通的电子连接器，如图 3-25 所示。产品形状简单，但模具结构较复杂，产品表面两侧均有侧孔，并且由圆筒形成的外表面呈波浪形起伏，无法正常脱模，两面必须使用滑块机构。其中一个接头孔是倾斜的，必须使用倾斜式滑块。详细结构如图 3-26 所示。

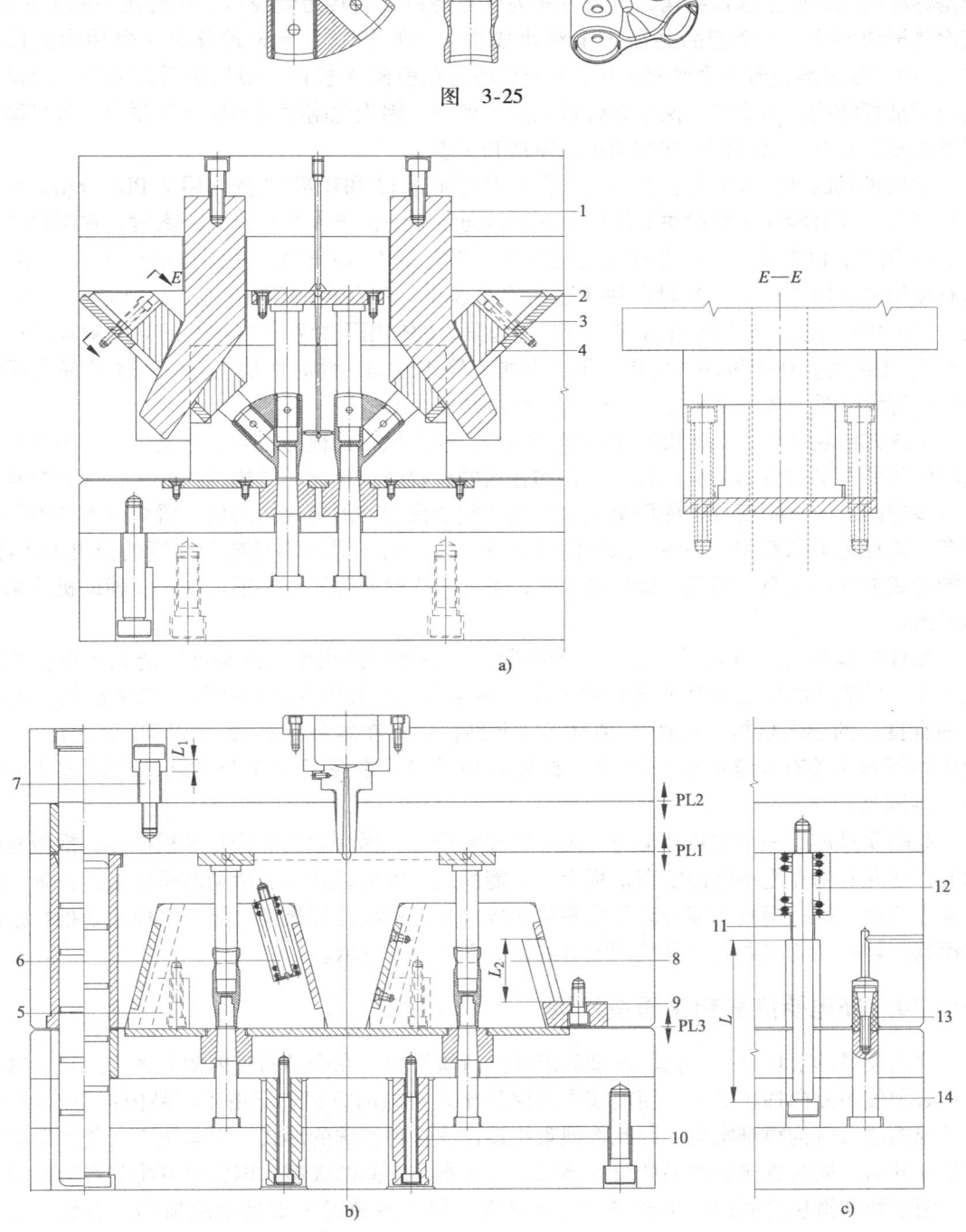

图 3-25

图 3-26

1—拨块 2—压板 3—耐磨块 4、8—滑块 5—导向块 6、12—弹簧 7、11—限位拉杆 9—限位块 10—顶出杆
13—尼龙开闭器 14—尼龙开闭器固定镶件

此副模具一模八穴，模具外形较大，为使图面清晰，在图 3-26a 中只表达了原始设计图形的一半，在看图时注意。

此副模具的结构有些复杂，但只要理顺它的几大方面，思路会变得清晰。首先，前模部分是标准的三板模细水口结构，进胶方式为先点浇口，后转为侧浇口，从滑块中间侧进胶。其次是滑块部分，一个产品共需 3 个滑块成型，两侧各一个哈夫式滑块（也称为前模斜弹），中间紧紧地包着一个倾斜滑块，3 个滑块均在前模 A 板内。最后是后模部分，后模一侧属于推板结构，但省略了两个顶针板和两个模脚，因为此副模具不需顶针顶出，既可降低模具的整体高度，又可使整体结构更加简洁和紧凑。

此副模具的动作原理是：开模后，在尼龙开闭器 13 和弹簧 12 的作用下 PL1 分型，A 板向后打开，同时滑块 4 在拨块 1 的作用下开始向后移动；当 A 板行至 L 距离时，在限位拉杆 11 的作用下，PL2 分型，流道被卸料板拖出；当行至 L_1 距离时，在限位拉杆 7 的作用下，所有板均停止向前运动，此时滑块 4 也已完全脱出了产品内的倒扣，完成了动作；继续开模，PL3 开始分型，滑块 8 在弹簧 6 和产品包紧力的作用下沿着导向块 5 的导向被弹开；当行至 L_2 距离时，在限位块 9 的作用下，滑块 8 停止运动，此时滑块完全脱出了产品表面的倒扣；继续开模，PL3 完全打开，产品最终由推板推出。

哈夫式滑块在滑块机构中属于重要的类型，通常做在前模的较多，它适用于外表面有大面积倒扣的圆形或方形的深腔类产品，和普通的后模滑块相比，结构更加简洁，可为模具节省很多空间。同一副模具，使用哈夫式滑块的整个模架外形要比使用后模滑块机构的模架小得多，缺点是可靠性差了一些。因为滑块在弹出时，由于导向不良或者弹簧的弹出力不够，可能造成卡死的现象，因此，滑块较大时，不可只靠弹簧弹出，必须增加其他辅助机构来帮助弹出。

设计前模哈夫式滑块时需注意 3 个问题。一是滑块弹出型腔的高度不能大于滑块总高的 1/3，否则滑块在复位时情况非常危险，很容易造成滑块卡死的现象；二是滑块的弹出必须有良好的导向机构，如图 3-26 中 5（此种机构将在本章范例 13 中用 3D 表达）；三是滑块的行程必须有安全的限位机构，如图 3-26 中 9。掌握了这 3 个要点，设计此种机构将不再困难。

此副模具还有一个重点即尼龙开闭器的安装位置。因为后模部分是推板推出，推板是活动的，尼龙开闭器绝不能固定在推板上，只能固定在推板以外不能活动的模板上，否则，开模顺序会被打乱，模具的部分动作将不能完成。凡是前模是三板模，同时后模又是推板推出的模具，均需注意尼龙开闭器的固定方式，如图 3-26c 所示。

范例 10　充电器底壳前模滑块机构

此副模具的滑块是一个比较典型的前模内滑块机构。在产品前模内侧有多个凸点，这些凸点必须使用侧向抽芯机构，而前模内滑块是比较理想的方案。但由于产品内部空间较小，用常规的滑块机构很难实现，因此将锁紧块设计成这种特殊的形式。锁紧块不仅负责滑块的锁紧和开启，同时直接和产品的胶位接触，直接参与产品的成型，因此也可将其视为成型零件。锁紧块和滑块之间通过 T 形槽连接和导滑，但 T 形槽并未做到滑块顶端，避免了在产品表面留下痕迹。滑块的开启不仅依靠锁紧块，同时还有弹簧辅助。这种滑块类型在前模滑块机构中比较经典，也比较常用，通常用在内部空间较狭小的情况下，简单、实用、巧妙，但对加工精度要求较高。详细结构如图 3-27 所示。

第3章 前模滑块机构20例

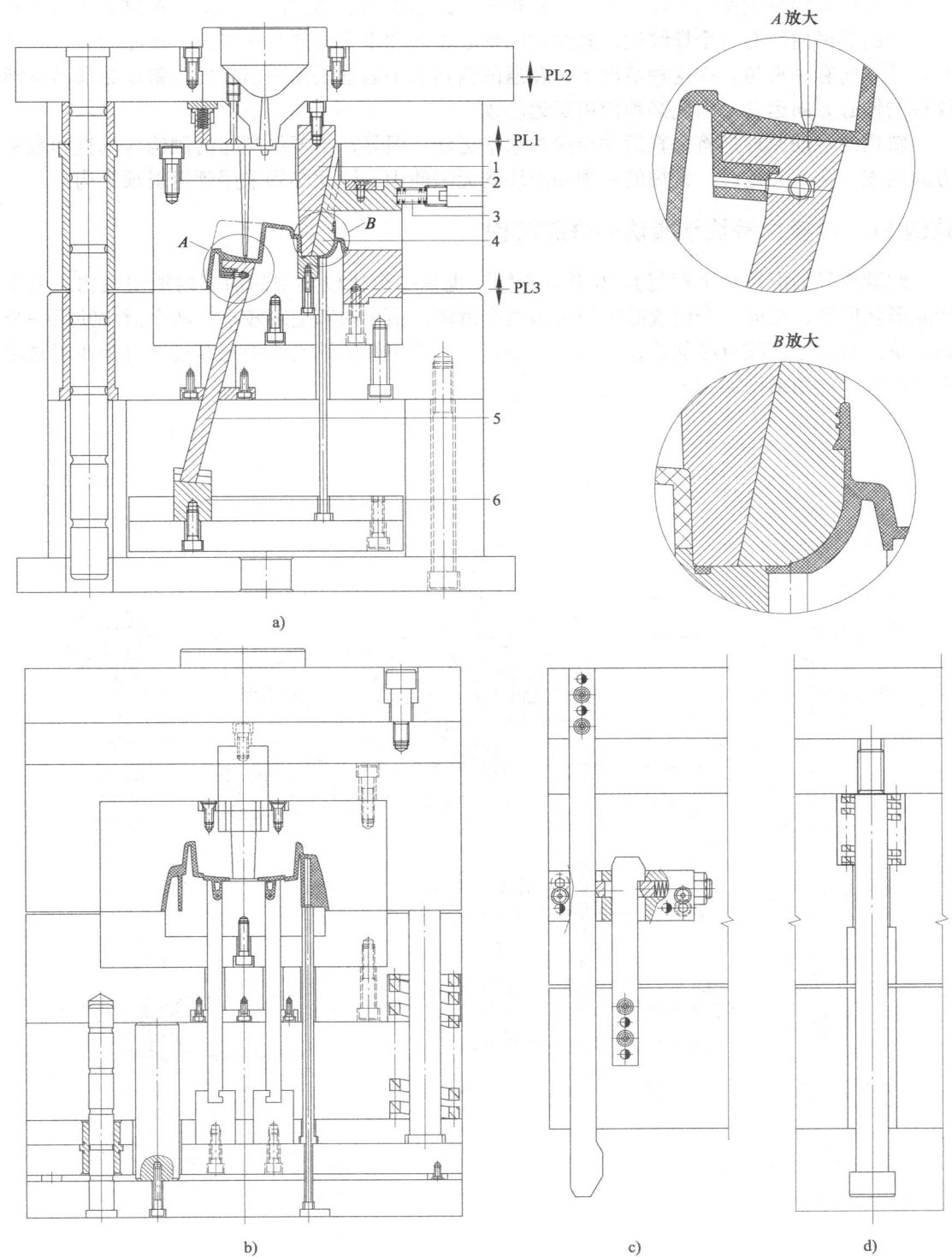

图 3-27
1—锁紧块 2—限位块 3—弹簧 4—滑块 5—斜顶 6—斜顶座

此副模具的斜顶使用了特殊的斜顶机构——延迟斜顶。通过图3-27a中A放大图可以看出,产品后模内部有一个螺纹柱,螺纹柱的轴心方向和水平方向有一夹角,产品的内表面也和水平方向有一夹角。在这种情况下,普通的斜顶水平运动是无法出模的,斜顶必须沿着螺纹柱的轴心方向运动,因此必须使用延迟斜顶。

斜顶的运动原理是将垂直运动转换为水平运动,但是,当塑料制品的倒钩与垂直和水平方向均成一定的夹角时,常规的斜顶和滑块均无法使用,因此必须采用延迟斜顶机构。

范例11　前模内滑块锁紧块中进胶机构

此副模具的滑块和本章范例10基本相同,也是一个比较典型的前模内滑块机构。由于产品形状所致,在同一个位置必须同时做两个滑块,由于内部空间较小,两个滑块共用一个锁紧块。且由于进胶点必须选在锁紧块中心,主流道刚好从锁紧块中间穿过并直接在锁紧块中间进胶。详细结构如图3-28所示。

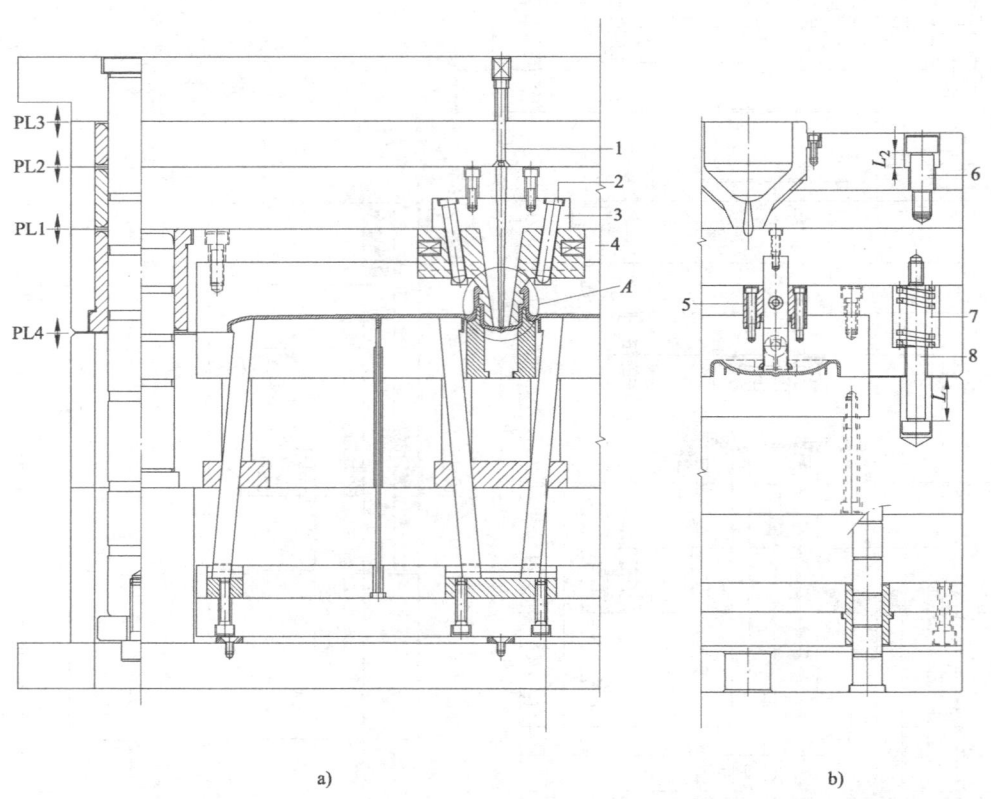

图　3-28
1—拉料钩　2—斜导柱　3—锁紧块　4—A板　5—压板　6、8—限位拉杆　7—弹簧

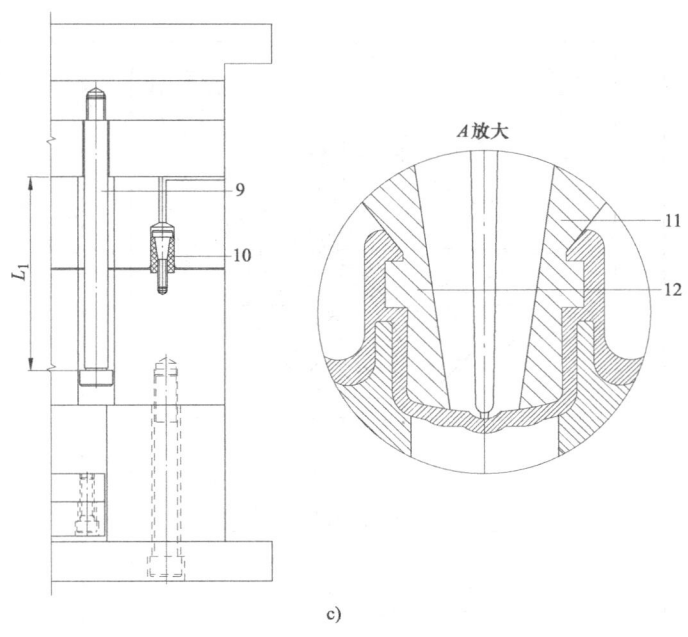

c)

图 3-28（续）
9—限位拉杆 10—尼龙开闭器 11、12—滑块

由模具视图可以看出，此副模具是点浇口进胶。通常情况下，点浇口的模具，前模是3块板，共需3次分型。而此副模具同样是点浇口进胶，但前模却有4块板，共需4次分型，原因是前模多了一个滑块机构，而点浇口却又选择了锁紧块中间进胶，为使主流道从锁紧块中脱出，必须多一次分型，多一块板。它的运动原理是：开模时，在尼龙开闭器10和弹簧7的作用下，PL1首先分型；当A板行至L距离时，锁紧块和斜导柱已完全脱离滑块，滑块也在斜导柱的作用下完全脱离产品的倒扣，此时，限位拉杆8开始限位，在它的作用下，PL2开始分型；当行L_1距离时，主流道已完全脱离了锁紧块，此时PL3开始分型；当行至L_2距离时，主流道脱离拉料钩自动跌落，此时主分型面PL4开始分型，从而完成全部分型动作。

此副模具是一副较特殊的前模滑块加点浇口进胶的模具，特殊之处即点浇口从锁紧块中间穿过，这种情况下，必须考虑使用此种机构。这种类型会经常碰到，望读者能加强理解。

范例12 旋钮前模八面滑块机构

此副模具的产品是一个非常简单的电器旋钮，但在产品周边有一圈很深的文字，文字呈放射状向8个方向排列，若使用4个方向的滑块，另外4个方向的文字将被拉伤，产品外观不符合要求，因此只能使用八面滑块机构。详细结构如图3-29所示。

此副模具的滑块机构称为前模斜弹式滑块，和前模哈夫式滑块同属一种类型。通常使用两面和4面的较多，但如果设计成八面机构，无论是设计还是加工，难度都较高，而此例的设计，滑块布局巧妙，值得借鉴和学习。通常，像这样小型的斜弹块，直接使用弹簧驱动即可，但在本例模具中，既使用了弹簧，又使用了斜导柱，使滑块的动作更加可靠。

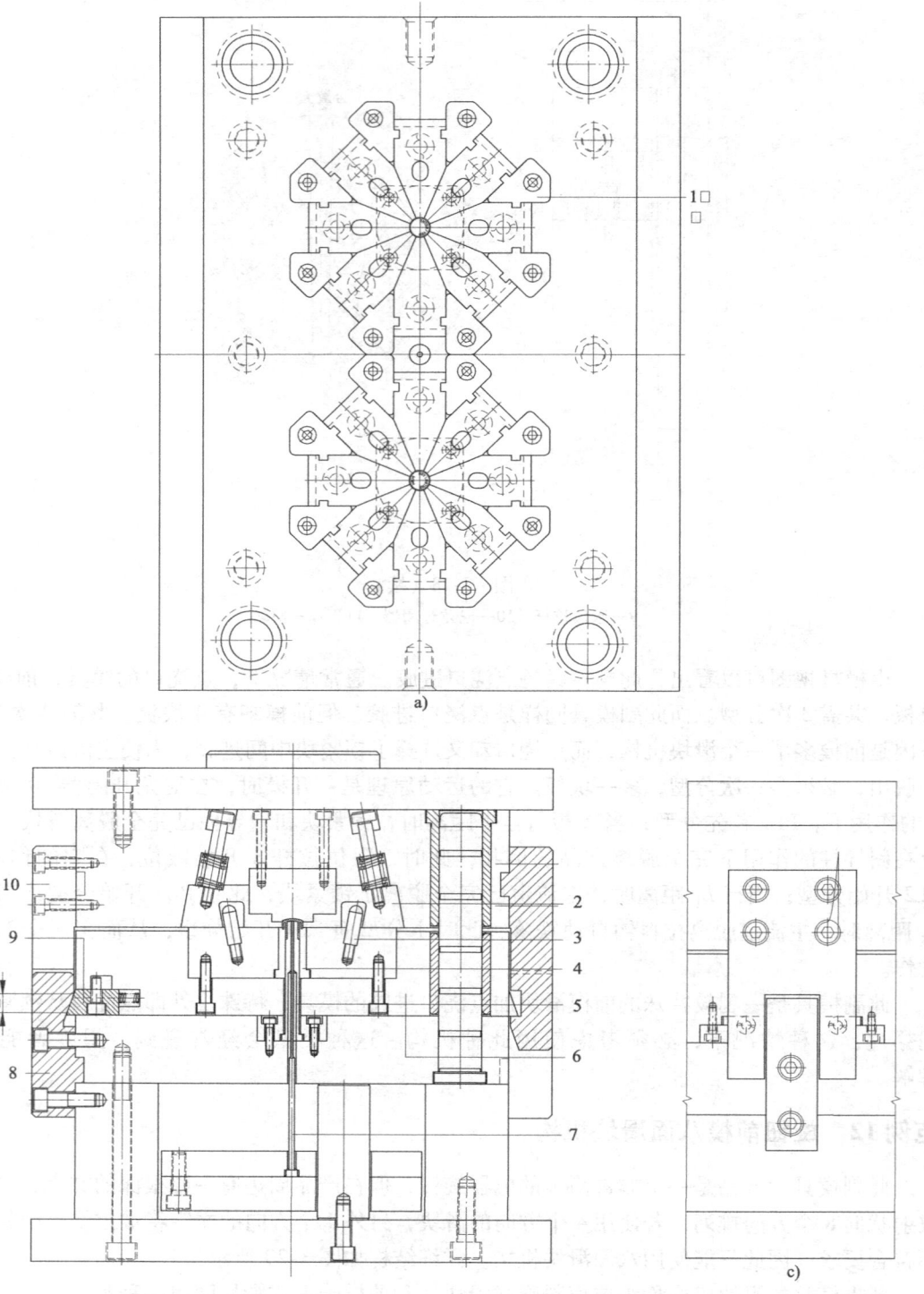

图 3-29

1—导向块 2—滑块 3—斜导柱 4、5—镶件 6—B板 7—顶针 8—斜压块 9—弹块 10—拉钩

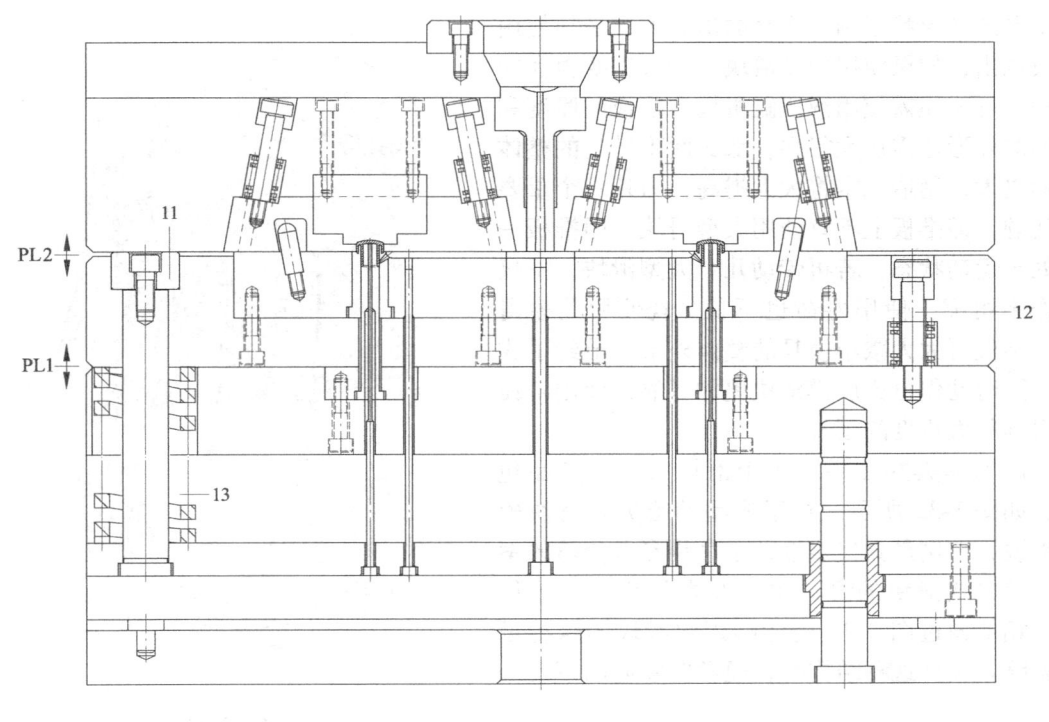

d)

图 3-29（续）

11—固定块　12—限位螺钉　13—复位弹簧

此副模具的顶出存在很大难度，因为在后模部分有两圈很深的肋位，对产品有很大的包紧力，仅靠顶针，将产品顶穿也难以顶出；产品虽为圆形，但由于圆形肋位上有一个很深的缺口，即使使用司筒也无法顶出，因此设计了这种类似于两次顶出的机构，整体结构有些复杂，但动作绝对安全可靠。其运动原理是：开模时，B 板 6、顶板机构、固定块 11、复位弹簧 13 等，在拉钩 10 和弹块 9 的作用下同时向上运动，PL1 开始分型；当行至 L 距离时，弹块 9 被斜压块 8 完全压缩，拉钩 10 脱离弹块 9，以上机构停止运动，限位螺钉 12 安全限位，此时，产品内圈的肋位已完全脱离了镶件 5，目的是消除产品对镶件 5 的包紧力；继续开模，主分型面 PL2 开始分型，滑块 2 在斜导柱和弹簧的作用下被完全打开，从而脱离了对产品的包围，此时产品仍留在镶件 4 上，最后顶针便可轻松地将其顶出。顶板复位弹簧 13 负责顶出机构的提前复位。

范例 13　咖啡机外壳大型哈夫块机构

此副模具的产品是一个咖啡机的外壳，如图 3-30 所示。产品形状非常复杂，模具结构属于经典的前模哈夫式滑块。由于产品较大，结构复杂，产品要求较严，因此，在模具结构上采用了非常严谨的设计手法。详细结构如图 3-31 所示。

从模具结构图可以看出，此副模具的滑块是一种大型的前模哈夫式滑块。本书前面的范例中，曾经讲过几种不同类型的哈夫式滑块，但都比较简单，滑块也较小，因此对结构要求也不太苛刻；但本例滑块较大，加工难度大，成本高，所以对每个细节的设计都不容疏视，稍有不周，都会造成很大的损失。本例产品，如果使用普通的后模滑块，也可实现成型，但由于受产品形状限制,产品的出模方式必须使用推板推出;如果使用后模滑块,滑块需要很大的行程,可能还需使用液压缸机构,推板的厚度和模架的外形还需加大很多,那么此副模具的整体外形更大,制造成本将大大提高;另外一个重要的问题,即推板上不宜使用大型滑块,因推板一直处于运动状态,若再带动几个大型滑块,不仅动作不可靠,使用寿命也不长。现使用前模滑块,不仅可大大减小模具的整体外形,节约了成本,同时动作也比后模滑块更加可靠,使用寿命会得到很大程度的延长。

此副模具共使用了 3 个滑块将整个产品包围,如图 3-32 所示。对于典型的哈夫式滑块模具来说,本例最具代表性,是最具参考价值的案例。哈夫式滑块的设计重点在本例均得到了体现,相信通过图 3-32 就能够理解滑块的这种设计思路。设计这种结构时,通常要掌握以下几个重点。

1) 滑块的定位机构。即对滑块前后左右的定位,要保证滑块在弹出和复位时均安全可靠、定位准确。

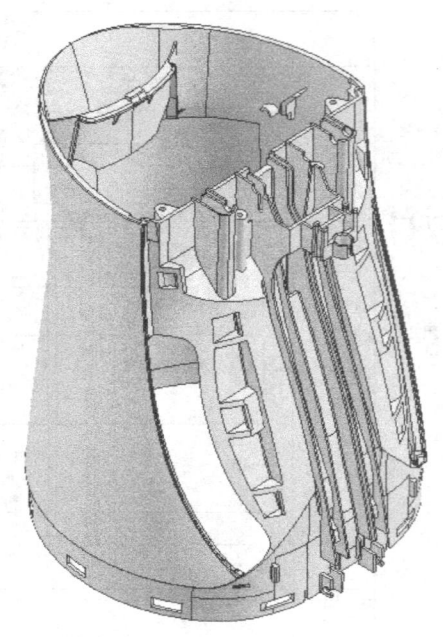

图 3-30

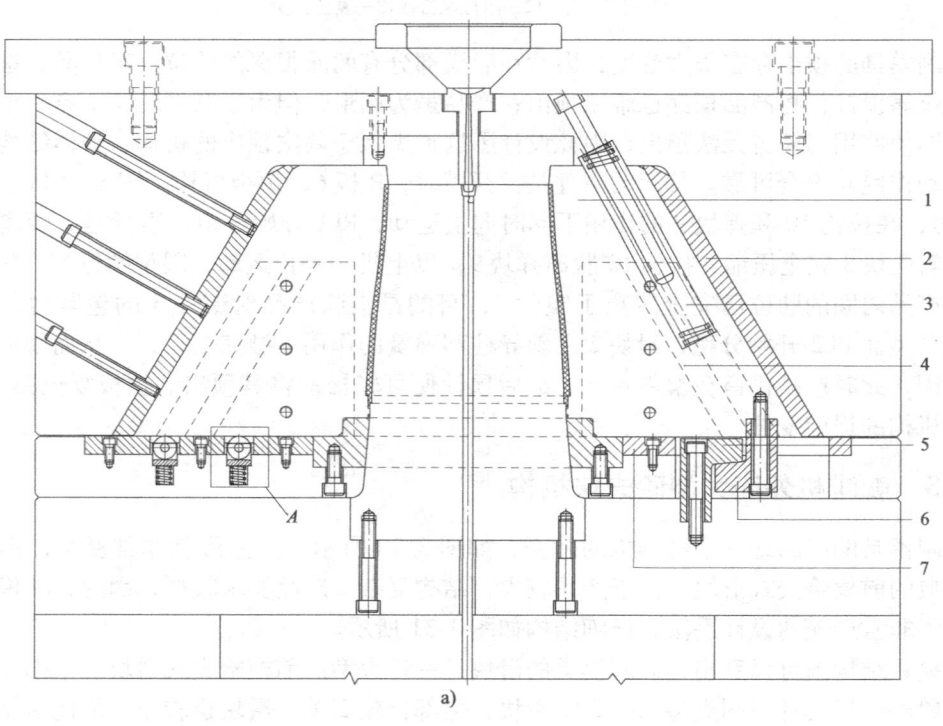

a)

图 3-31

1—滑块 2、7—耐磨块 3—弹簧 4—导向块 5、6—拉钩

第3章 前模滑块机构20例

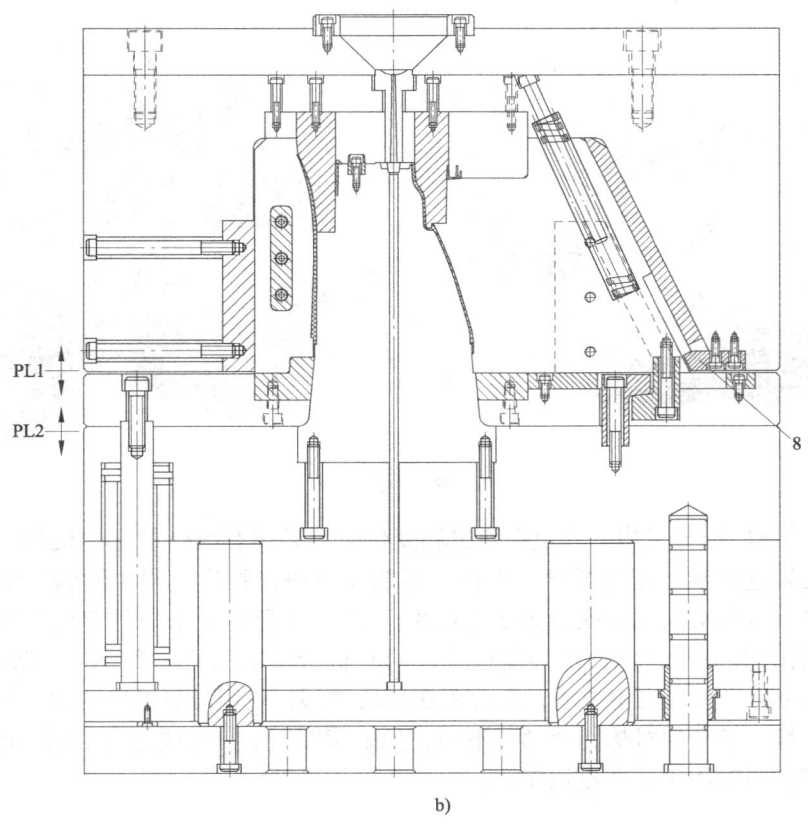

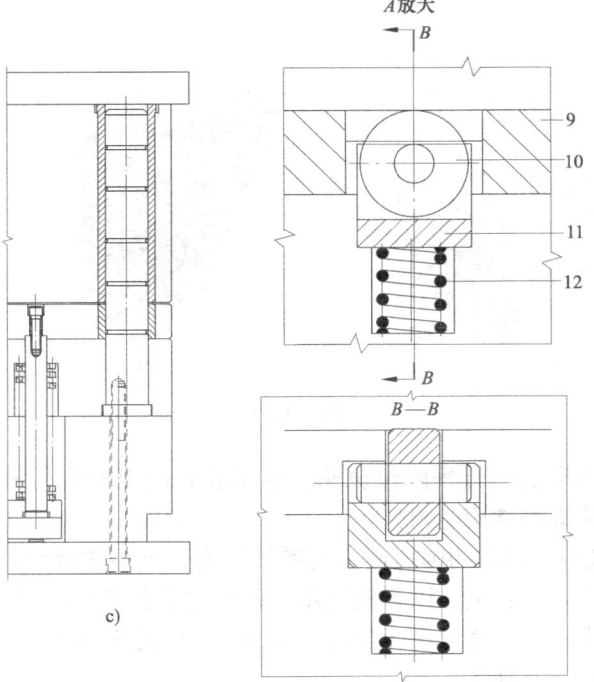

图 3-31（续）

8—限位块 9—耐磨块 10—滚轮 11—滚轮固定座 12—弹簧

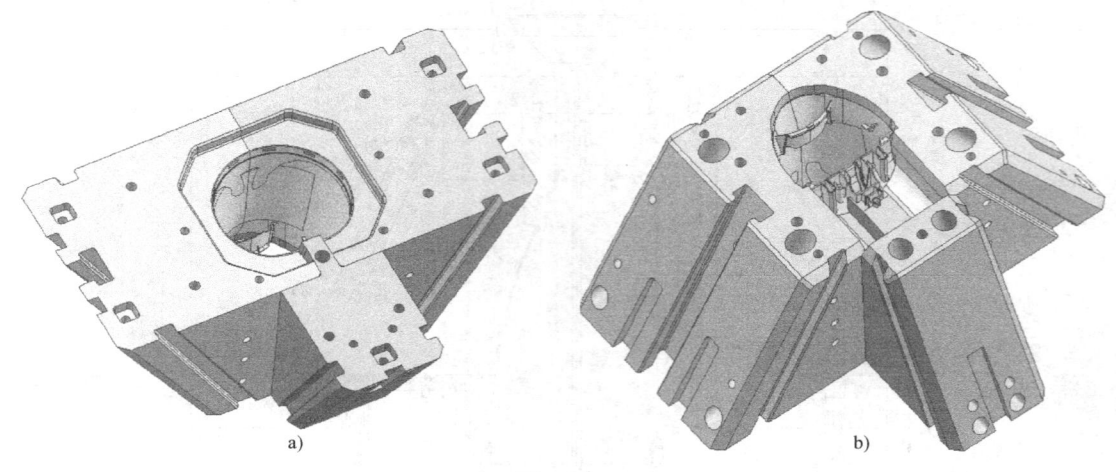

图 3-32

2）滑块的导向导滑机构。滑块在弹出和复位时，必须有精确的导向机构，绝对保证滑块按照设定的轨迹运动，而且要导向平衡，不能使滑块在弹出过程中倾斜，动作要平稳可靠，滑动顺畅，否则会造成卡死或擦伤的后果。图 3-33 所示是滑块的定位和导向机构。图 3-33b 是最常用的用在滑块侧面的导向机构，同时负责滑块的导向和定位，防止滑块摆动。图 3-33c 所示也是一种导向定位块，通常用在滑块背部，负责滑块的导向和定位。在正常情况下，滑块两侧有了导向机构，背部可不用，如果背部用了，两侧也可不用。但此例滑块较大，两侧和背部同时使用，会更加安全。

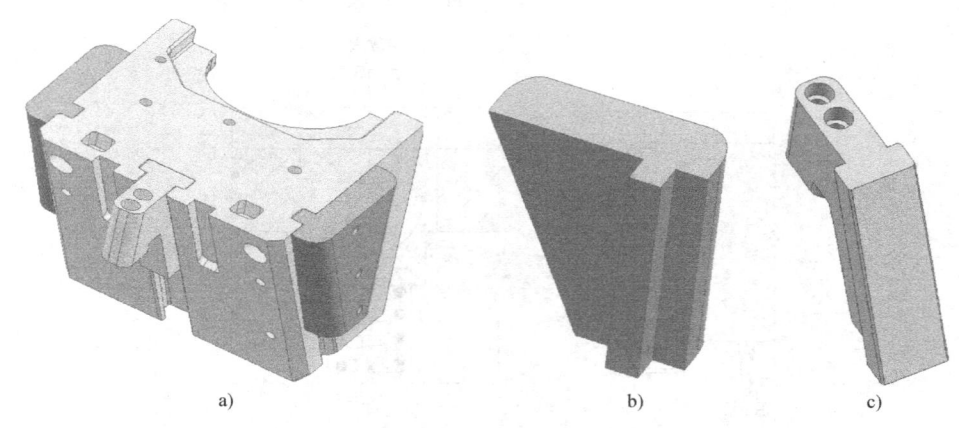

图 3-33

3）图 3-34 所示为滑块的行程限位机构。滑块在弹出至预定行程时，必须有准确的限位，图中的两个小镶块即最常用的限位块。

4）滑块的弹出机构。滑块的弹出通常用弹簧机构，较小的滑块一般只需弹簧即可；较大的滑块，仅靠弹簧非常不安全，因弹簧使用一段时间后会产生疲劳，失去弹力，因此，除弹簧外，还需增加拉出机构，通常称为拉钩。图 3-31a 中的 5 和 6 即最常用的拉钩形式，至于其动作原理，请读者认真理解。

此类滑块的复位是完全依靠后模的模板在合模过程中压缩进去的，滑块的斜度越大，滑块和后模模板的摩擦就越大，滑块的复位就越困难。在本例中，为使滑块的复位能更加顺畅，减少滑块和耐磨块 7 间的摩擦，使用了非常特殊的导滑机构——滚轮 10。图 3-35 是后模滚轮机构的装配状态，图 3-36 为滚轮机构的爆炸视图。滚轮机构安装在推板里，通过销钉和滑块耐磨片压住定位，在滚轮支架底部分别安装了多个强力弹簧，滚轮和支架在强力弹簧作用下处于上下浮动的状态。因滚轮机构和压板间留有 1mm 的活动空间，当滚轮被完全压到底后，滚轮的圆柱顶面刚好比耐磨片高出 0.02mm 左右，在很大程度上消除了滑块和耐磨片之间的强力摩擦，提高了滑块的使用寿命。此种机构的缺点是，结构复杂，加工难度大，精度很难控制，如果精度不能控制在理论状态下，滚轮有可能难以发挥作用。

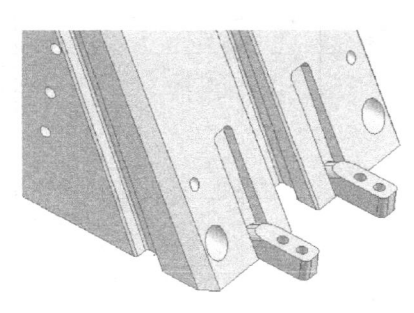

图　3-34

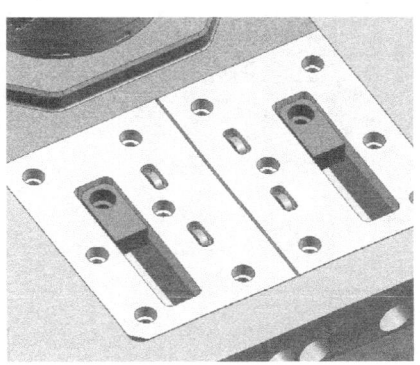

图　3-35

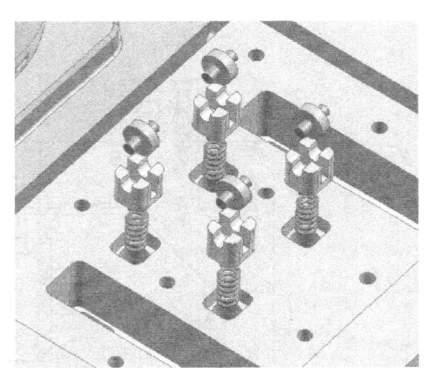

图　3-36

范例 14　电动车电瓶外壳前模哈夫块机构

此副模具的产品是一个电动车的电瓶的外壳。产品形状非常简单，外表面没有倒扣，常规来讲，不需要滑块；但是，由于产品高度太高，产品周边的脱模斜度较小，若做成整体的，一是前模型腔太深，加工困难，二是产品脱模斜度较小，脱模困难，三是不利于排气，填充困难，产品废品率高，因此采用了 4 面滑块机构。虽然在结构上复杂了很多，但从大的方面来讲，此种方案比较合理，也是必须的。详细结构如图 3-37 所示。

此副模具的特点是：进胶方式采用了多点式的热流道系统，浇口形式为点浇口。滑块的结构为前模 4 面哈夫式滑块，和本章范例 13 相比，类型上有相同之处。产品的顶出方式为推板推出，省略了模脚和顶出板等机构，使整套模具较简洁而紧凑。顶出方式虽然为推板推出，但是推板并非被注塑机推出的，图中 12 是一种气阀机构，它被两个拉杆挡块固定在 A 板和推板上，可自由滑动，它主要是借助于注塑机的开模动作来拉开推板并推出产品。作为

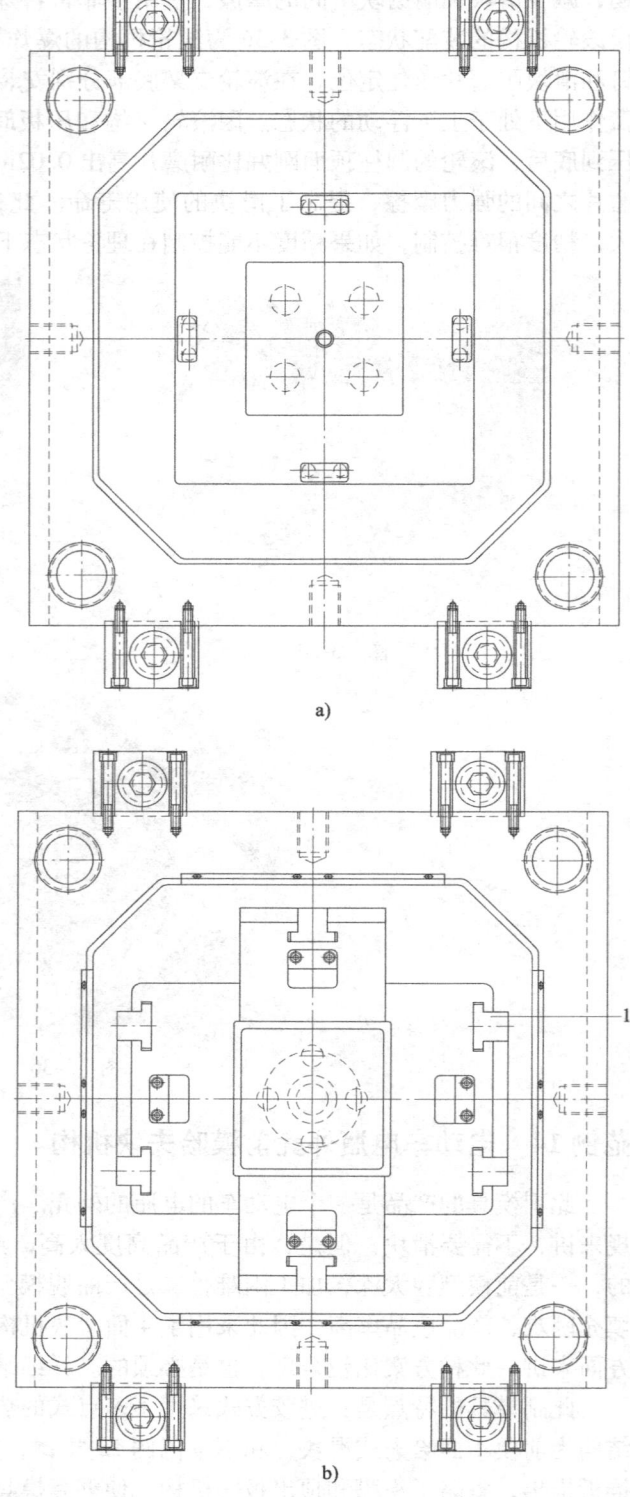

a)

b)

图
1—导向块 2—耐磨块 3—滑块 4—型芯 5—推板
10—拉杆 11—拉杆挡块

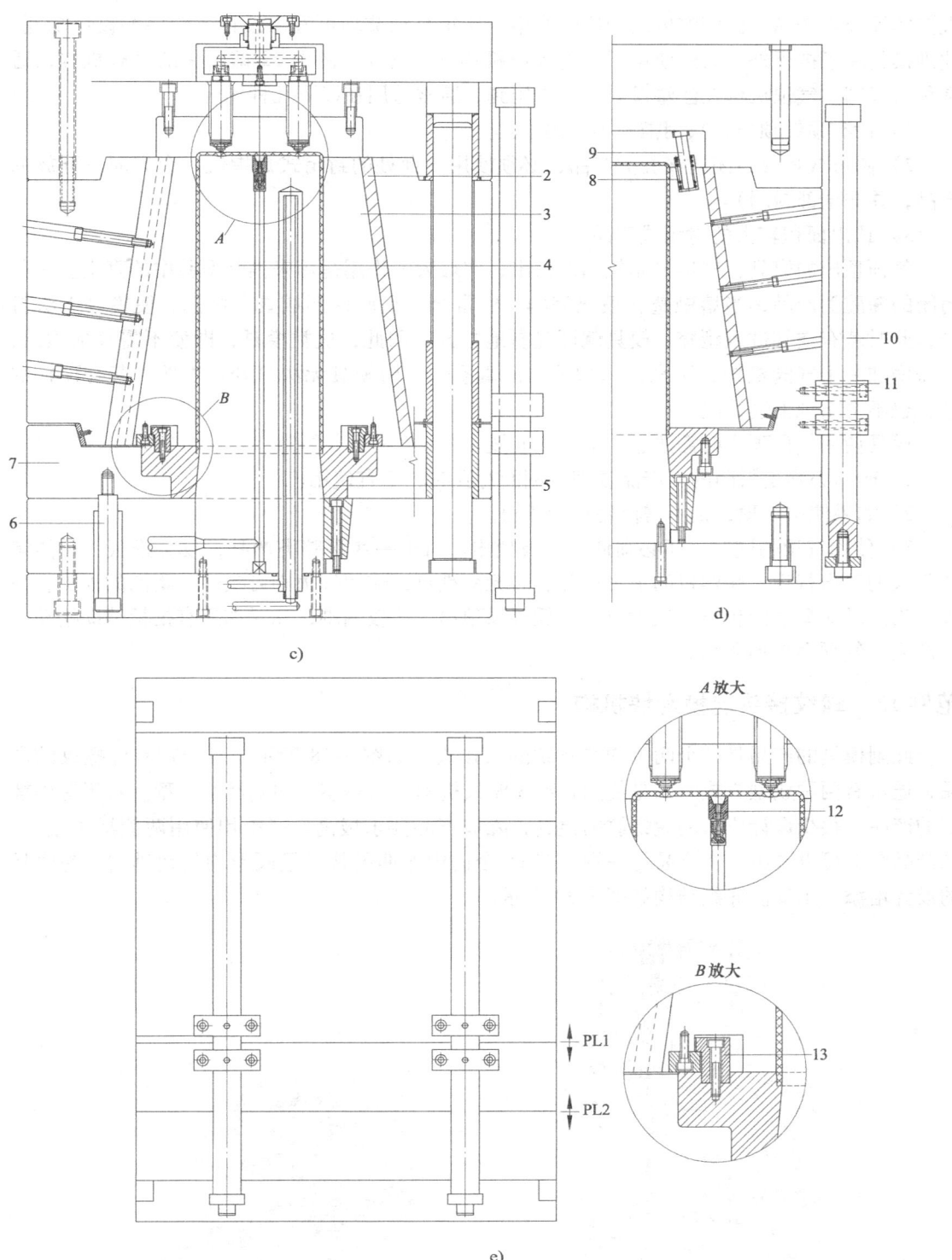

3-37

镶件 6—限位螺钉 7—推板 8—弹簧 9—弹簧导柱
12—气阀机构 13—拉钩

大型的深腔类产品，此例整体结构比较典型，从每个细节均可看出设计者深厚的设计功底。此副模具除了推板外，另外使用了辅助顶出机构——气顶，图中 12 即常用的气阀机构，通常称为气阀。气顶机构在注塑模具中经常用到，通常适用在以下几种场合。

1）没有顶针顶出，只用推板顶出的模具上。

2）圆形或矩形封闭式深腔类产品，必须使用（此处的封闭式是指仅一个方向是开放的产品，并非全部封闭）。

3）顶出面积较大的封闭式产品。

气顶顶出的模具，气顶并非仅用来顶出，它最大的作用是用来消除型腔中的真空。一些封闭的深腔类产品，当熔融塑料填充完毕，经常会在型腔内形成真空状态，使模具无法打开，此时若有空气进入型腔，模具就可轻易地打开。因此，这类模具，即使不需气顶顶出，也需增加一个气阀机构，用来消除型腔内的真空，以防模具无法打开。当然，若有顶针的话，也不会出现上述情况。

模具使用气顶顶出时需注意如下几个问题。

1）产品必须是封闭的，产品顶部或侧面有孔时，不宜使用。

2）如果使用气顶，则不需使用顶针顶出。

3）使用气顶的同时，还必须使用推板顶出。对于一些深腔类产品，仅凭推板，可能需要很大的顶出行程，注塑机的顶出行程有时无法满足，使用气顶则可实现大距离的顶出；另外，当产品对型芯的包紧力较大时，仅凭气顶顶出，比较困难，此时如果有推板辅助松动一下产品，气顶会更加顺利。

范例 15　螺纹接头前模滑块机构

此副模具的产品是一个两头均有螺纹的二接头，如图 3-38 所示。对于带有外螺纹的产品，通常有两种成型方式，一是使用自动脱螺纹机构，二是使用两侧滑块成型。对于有外螺纹的产品，很少设计成自动脱螺纹的模具，除非产品要求极高，95% 均使用两侧滑块成型。从产品图上可以看出，在产品另一端，有 14 个向内弯曲的钩子呈圆形均匀地排列，为模具的设计增添了难度。详细结构如图 3-39 所示。

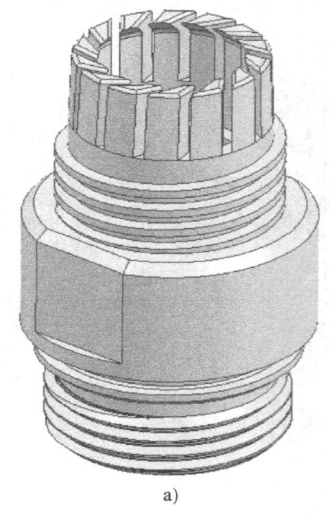
a)
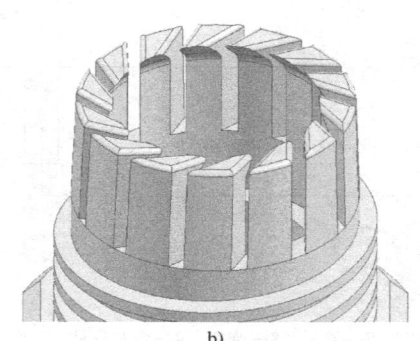
b)

图　3-38

第3章 前模滑块机构20例

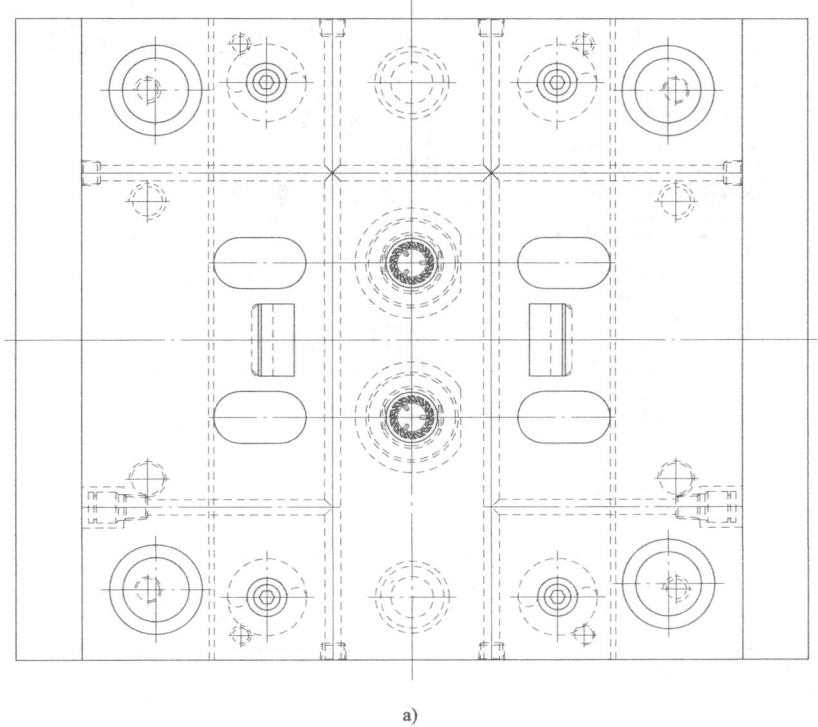

a)

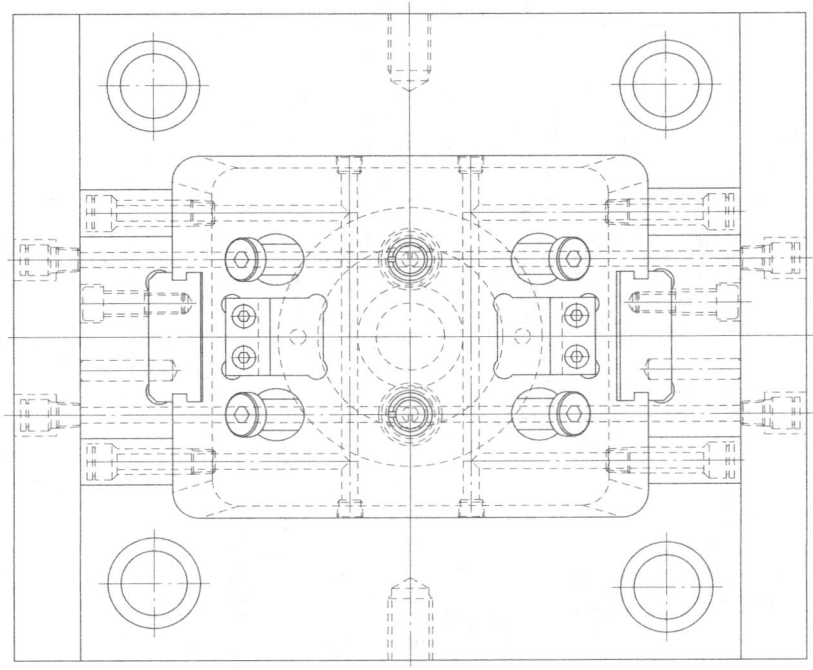

b)

图 3-39

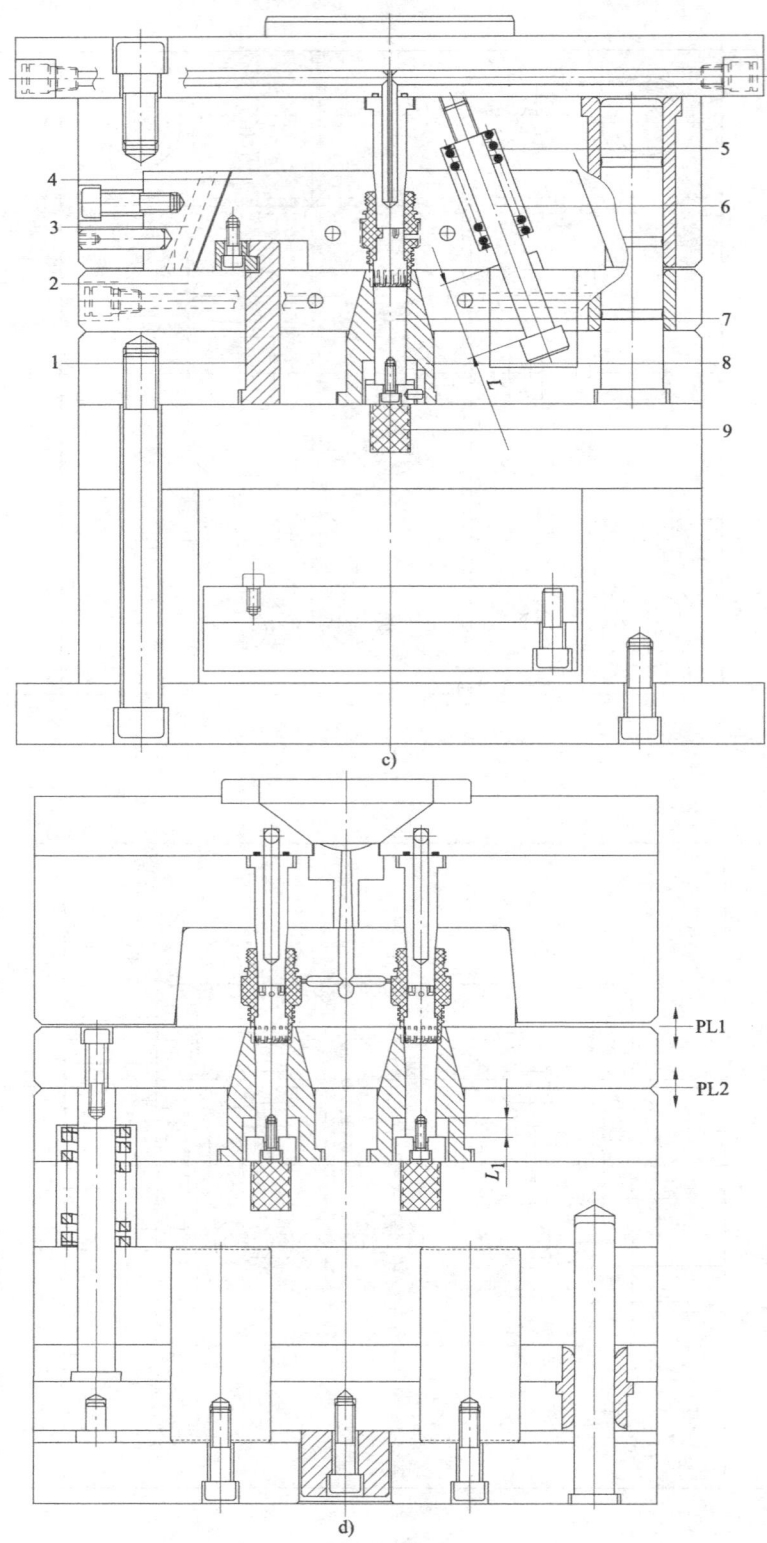

图 3-39（续）

1—拉钩 2—推板 3—导向块 4—滑块 5—弹簧 6—限位螺钉 7、8—镶件 9—橡胶弹簧

此副模具的结构属于较小巧的哈夫式滑块机构。两个滑块将产品全部包围，产品的顶出使用推板，但本例重点不在于滑块上，而是 14 个倒扣的处理方式。在正常情况下，这样的倒扣只能采用强行脱模的方式，如何强脱是这副模具的关键。采用二次顶出的结构进行强脱，这种方案绝对是正确的，但本例并未如此设计，而是使用了非常简单的浮动式型芯代替二次顶出机构。其动作原理是：开模后，PL1 开始分型，在拉钩 1 和弹簧 5 的作用下，滑块 4 沿着导向块 3 的方向被弹开；当行至 L 距离时，在限位螺钉 6 的作用下，滑块停止运动，此时滑块已完全脱离产品，同时，镶件 7 在橡胶弹簧 9 的作用下，向上弹出 L_1 距离，和产品一起被弹出镶件 8 的包围，刚好为产品下一步的强脱腾出了变形的空间；顶出时，推板推动产品圆柱的端面，将产品顺利地强行推出。

此副模具的整体结构简洁而紧凑，特别是活动镶件的设计，构思巧妙，使原本需要二次顶出的结构大大简化。

范例 16　汽车雾灯灯体前模液压缸抽芯机构

此副模具的产品是一款汽车雾灯的灯体，如图 3-40 所示。此产品形状有些复杂，产品最高点和最低点落差较大，产品边缘高低起伏，形成了非常复杂的分型面。图 3-40b、c 所示为产品内部的一个通孔，是本例的一个重点，此孔位于前模一侧。从 2D 图上看，可做成后模斜顶机构，但是，后模的这个位置还有其他形状，如图 3-40c 所示，显然做斜顶行不通，必须使用前模滑块机构。详细模具结构如图 3-41 所示。

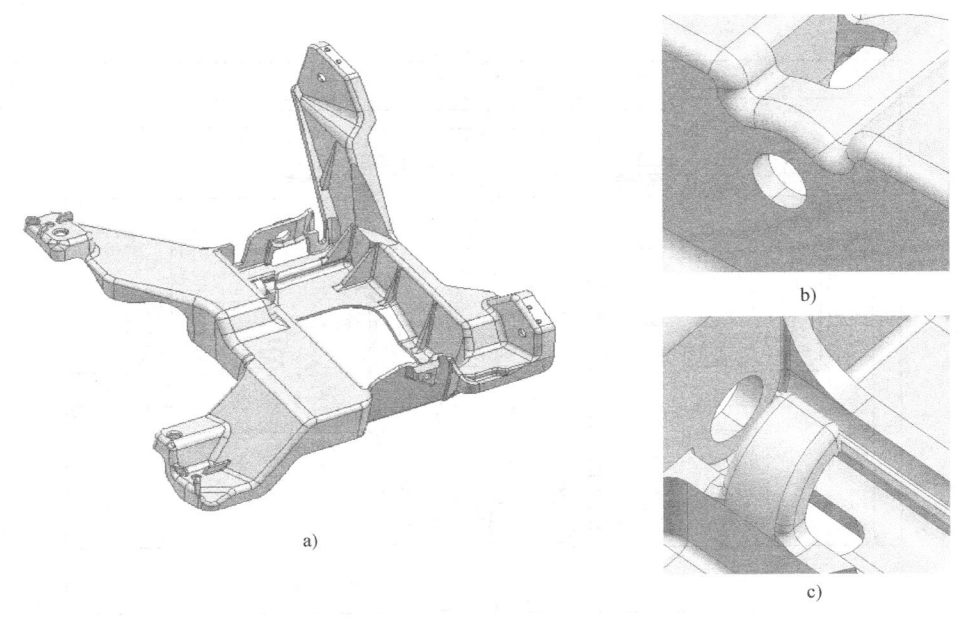

图　3-40

此副模具结构上不复杂，一模两穴，但模具外形尺寸较大，浇注系统使用的是带有分流板的热流道机构，进胶方式是热流道转冷流道，4 个滑块一个斜顶，如图 3-42 所示。4 个滑块中有一个是前模滑块，针对的就是前面提到的前模一侧的通孔，该前模滑块使用的是液压缸结构。如此简单的小孔为何要使用液压缸呢？前面说过，带有前模滑块的模具，前模必须多一次分型，也就是说 A 板是活动的。但此副模具体积较大，前模模板较厚，加上是热流

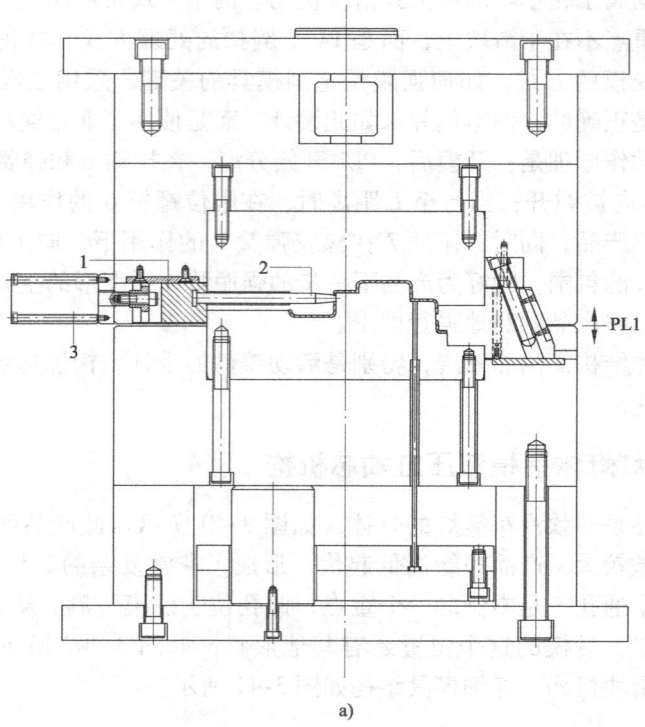

a)

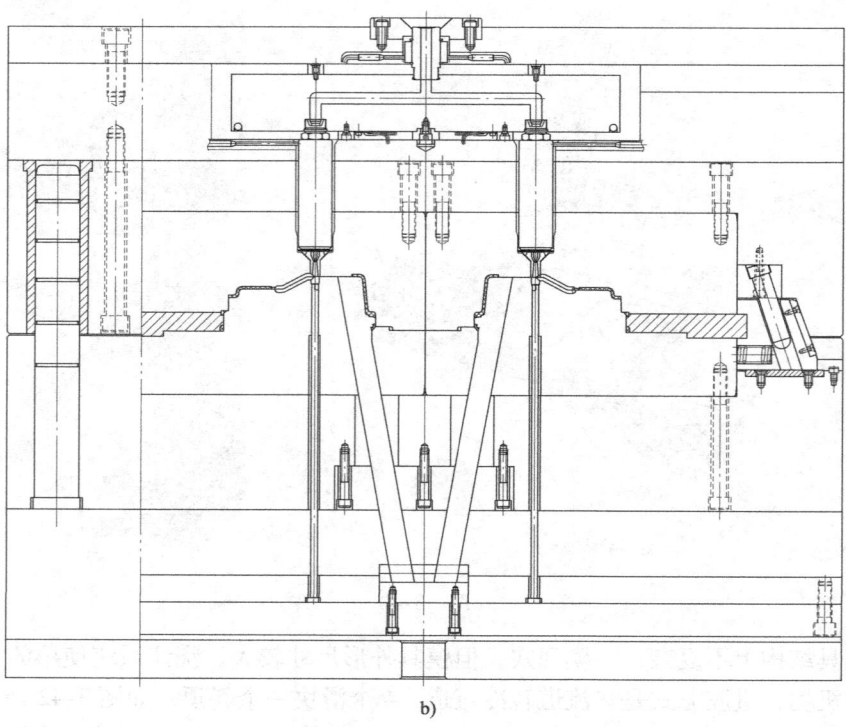

b)

图 3-41
1—滑块 2—滑块镶件 3—薄型液压缸

道结构，多了一块分流板，如果让 A 板始终处于活动状态，模具的使用寿命将会大大降低，模具的制造成本也会大大增加，模具的动作也不太可靠。使用液压缸后，前模部分比较稳固，以上弊端将全部避免。此液压缸使用的是一种小巧的薄型液压缸，它形状简洁，安装方便，对于一些小型或行程较小的滑块来说，非常适用。前模液压缸和后模液压缸的安装方式相同，二者共同的宗旨是力求结构简洁，拆装方便，如图 3-43 所示。

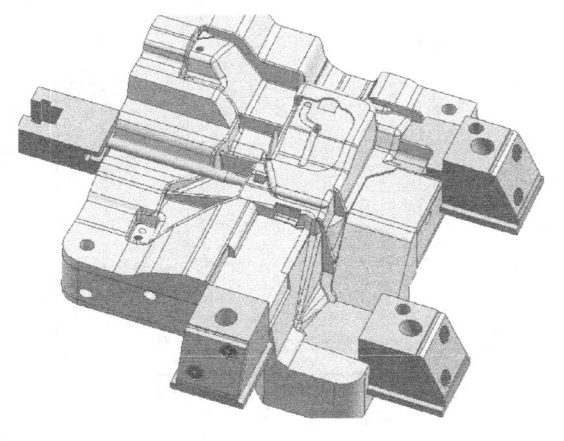

图　3-42

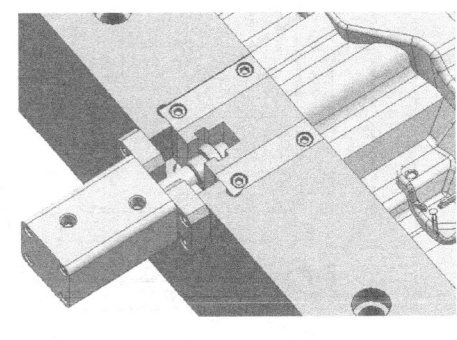

图　3-43

此副模具的前模滑块有一个缺点，就是滑块没有锁紧机构。前面讲过，使用液压缸也应另外增加锁紧机构，如果在后模，当然没有问题；如液压缸在前模，很难设计锁紧机构。一些小型滑块，可不用锁紧机构，在选用液压缸时可适当加大液压缸的缸径。但是，如果滑块前端的受力面较大，仅凭液压缸则不太安全，必须用其他办法来进行滑块的锁紧。

范例 17　冰箱柜前模滑块双液压缸机构

此副模具的产品是一款电冰箱的柜子。在产品两端有大面积的侧凹，造成产品内外两侧均不能正常脱模，内侧两端需做斜顶，且是非常大型的斜顶；外侧两端需做滑块，且是较大型的滑块。因产品深度太大，且两个滑块必须做在前模，对于具有大型滑块和大型斜顶的大型产品，若想设计好模具，确实有些难度。详细结构如图 3-44 所示。

通过以上模具视图，我们对此副模具的结构有如下大致的总结。进胶方式为直接进胶，通过浇口套直接进在产品表面。后模部分共有两个大型斜顶，由于斜顶形状较大，采用了两段镶拼式的结构，此结构易于加工，节省材料，维修方便，此方法值得借鉴。产品的顶出主要靠两个斜顶和两个直顶块。前模部分共有两个大型滑块，也是本例的重点部分，其中一个是斜弹式滑块，这种结构在前面几个范例中已有详细介绍；另一个滑块是液压缸抽芯。前模滑块的模具前模部分需多一次分型，A 板需是活动的，但是，此副模具体积较大，A 板较厚，如果把 A 板做成活动的，模具寿命将无法保障，从结构合理性和制造成本来说，使用液压缸抽芯更合理一些，但是，使用液压缸后，又将面临另外一个难题，即滑块的锁紧机构的设计。从图 3-44 可以看出，滑块前端和产品大面积接触，滑块所承受的注塑压力非常大，仅靠液压缸本身的压力，远远不能阻挡强大的注塑压力，滑块应有非常安全的锁紧机构，否则，滑块在注塑填充过程中将会后退，为此，设计者又同样使用了一个液压缸锁紧。锁紧块 6 固定在液压缸 5 上，开模前，液压缸 5 带动锁紧块 6 从滑块 2 中抽出，然后液压缸 1 才能

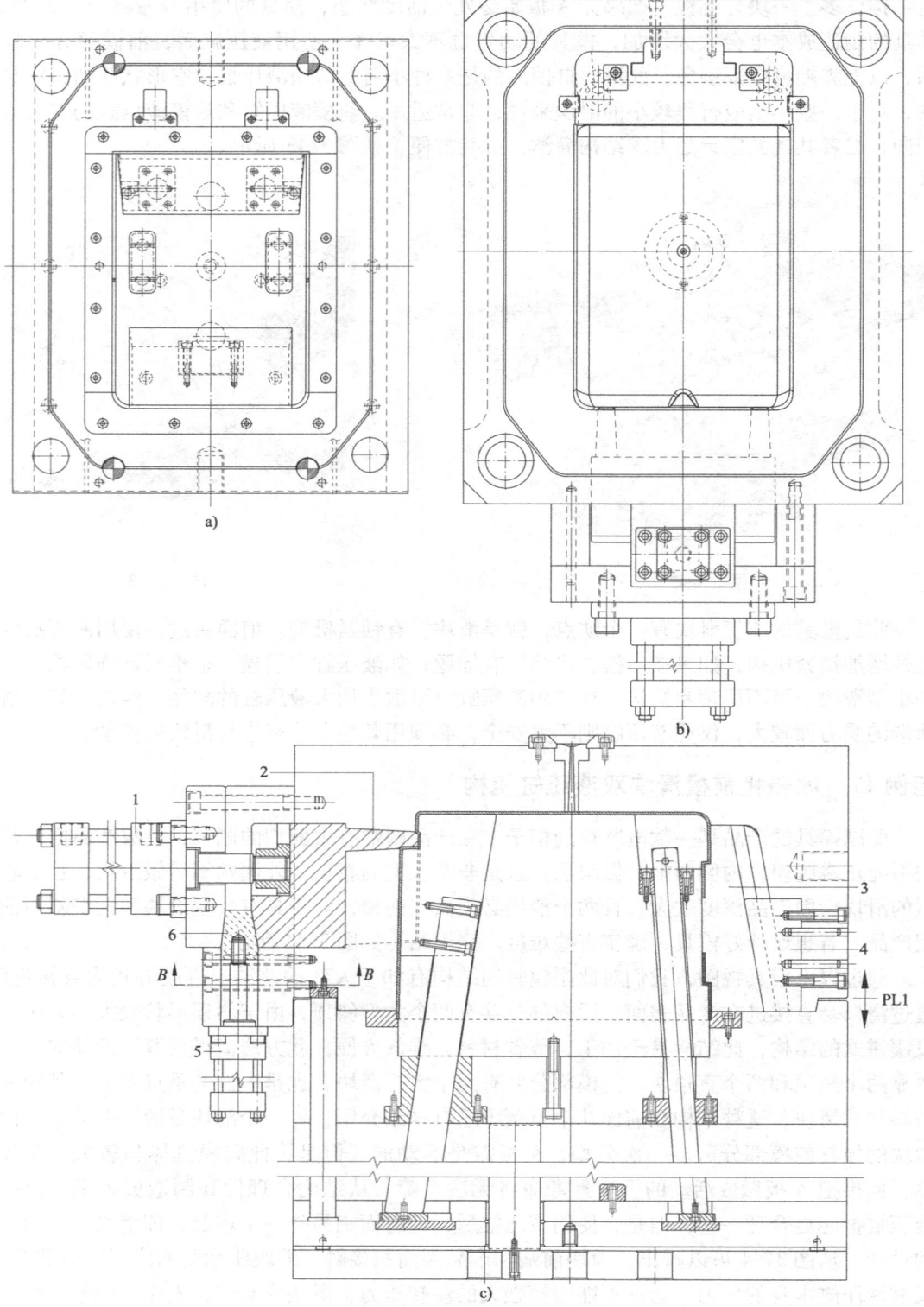

图 3-44

1、5—液压缸　2、3—滑块　4—导向块　6—锁紧块

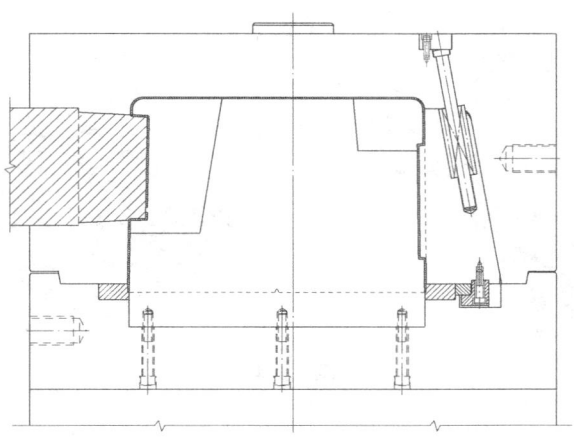

d)

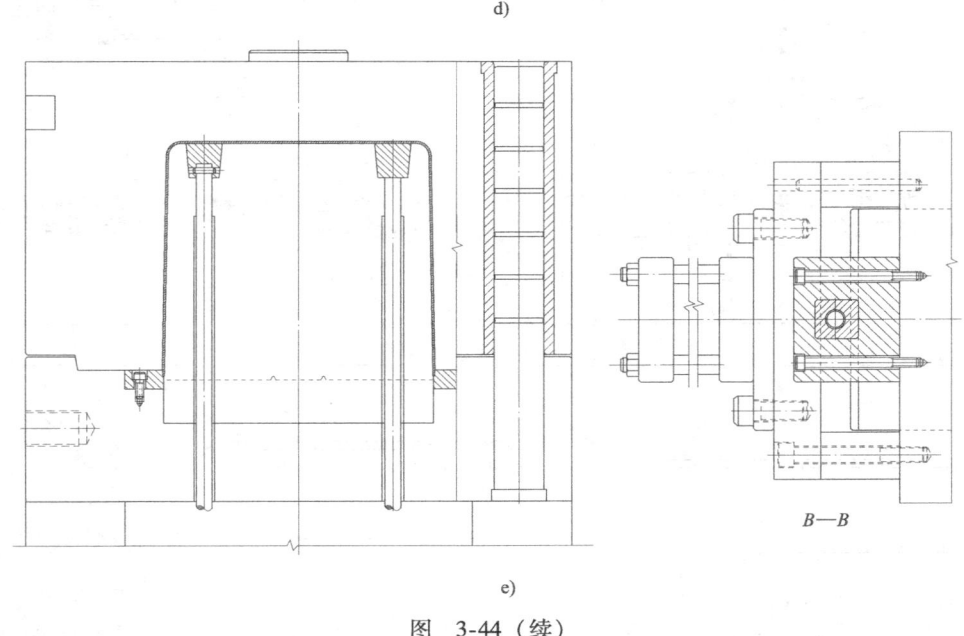

e)

图 3-44（续）

顺利地将滑块2从前模板中抽出，当两个液压缸的动作全部完成后，方可开模；反之，合模后，液压缸1首先带动滑块2完全复位，然后液压缸5带动锁紧块插入滑块中，完成对滑块的锁紧。

此种锁紧机构虽比较安全，但是结构较复杂，只能用在较大的滑块上，若有可能，还应尽量改变滑块的结构，不采用这种方式。此例意在帮助读者开阔视野。

范例18　手机电池盖前模内滑块机构

此副模具的产品是一款手机的电池后盖，如图3-45所示。从图上可以看出，产品外围四面均不能正常脱模，必须使用侧面抽芯。产品内部像U形倒扣过来，也必须抽芯。如此小的产品需要多个抽芯机构，模具结构显然较复杂。众所周知，手机产品要求非常高，对模具的结构和质量等要求更高，本例展现给大家的是一副经典的手机模具。详细结构如图3-46所示。

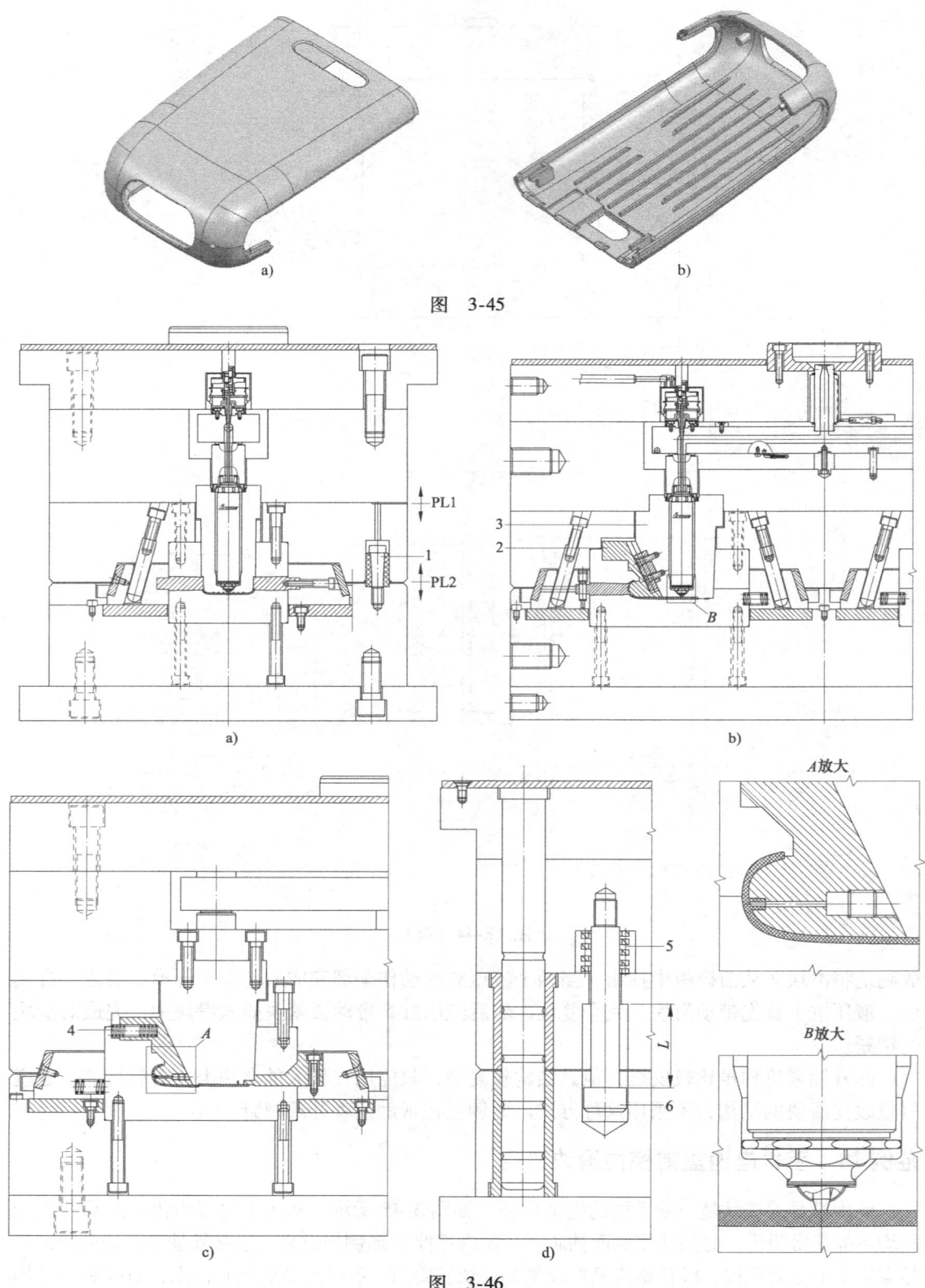

图 3-45

图 3-46

1—龙尼开闭器 2—滑块 3—前模芯 4、5—弹簧 6—拉杆此副模具的整体结构是一模两穴。后模部分四面滑块，前模部分一个内滑块。浇注系统是一套双嘴针阀式热流道系统。这种针阀式热流道系统通常用在要求较高的模具上，其压力平衡，温度控制稳定，没有废料产生，特别适用于自动化生产模具，在产品表面留下的只是一个淡淡的圆圈痕迹。此副模具没有顶出系统，因产品外观要求较高，浇口位置需十分隐蔽，只能选择在非外观面进胶，因此，将要求较高的外观面放在了后模部分，产品的内侧则放在前模部分。省去了顶出机构，此副模具在结构上显得更加简洁和紧凑。图 3-47 为后模四面滑块机构，图 3-48 为前模侧内滑块机构。此副模具的前模滑块机构在设计上比较有特点。前模芯 3 不仅负责产品的成型，同时还负责滑块 2 的锁紧和开闭，并且热流道机构的热嘴也自前模型芯中间穿过，自其内部进胶，这是此副模具设计的最巧妙之处，一个零件，同时起到几种不同的作用。模具的动作原理是：开模后，在尼龙开闭器 1 和弹簧 5 的作用下，PL1 首先分型，此时滑块 2 在前模芯 3 和弹簧 4 作用下，向后退缩；当 PL1 行至 L 距离时，拉杆 6 限位，PL1 停止分型，此时滑块 2 已完全脱离了产品的倒扣，产品留在了后模；继续开模，PL2 分型，4 个滑块在斜导柱和弹簧作用下被打开，产品留在了后模型腔内，最后由机械手自动取出。图 3-49 为前模滑块机构的详细视图，图 3-50 为滑块在前模仁内部的安装固定状态。

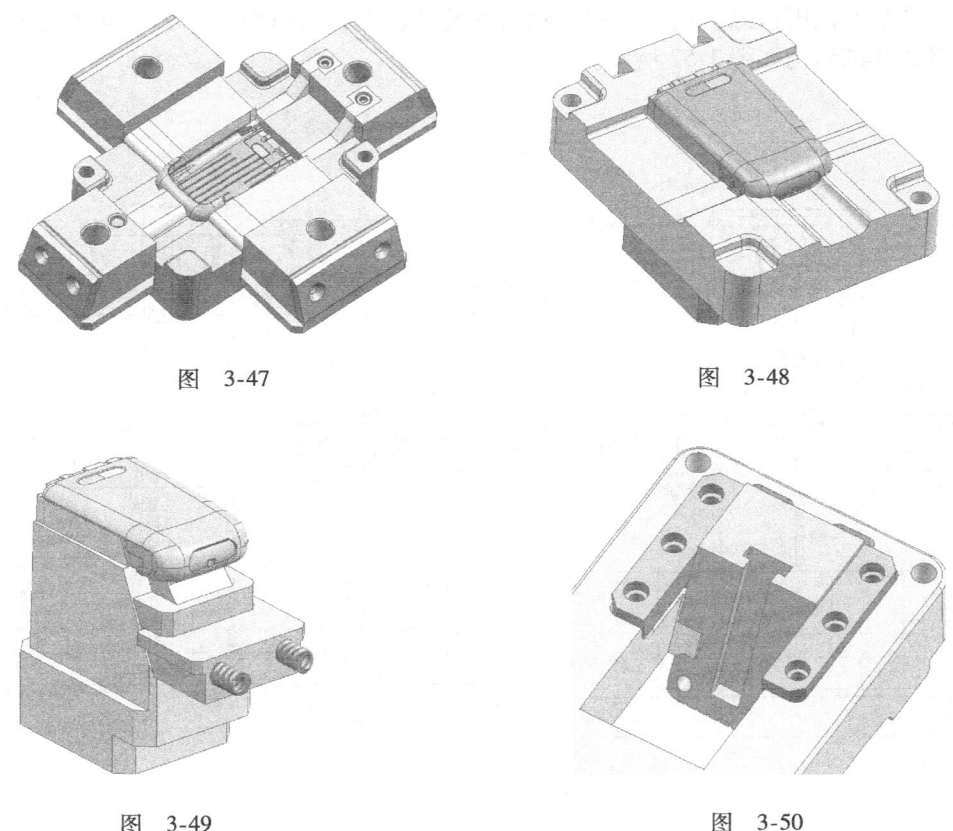

图　3-47　　　　　　　　　　　图　3-48

图　3-49　　　　　　　　　　　图　3-50

范例 19　翻盖手机主机面盖前模内滑块机构

此副模具的产品是一款翻盖手机主机的面盖，如图 3-51 所示。从图 3-51b、c 两个局部

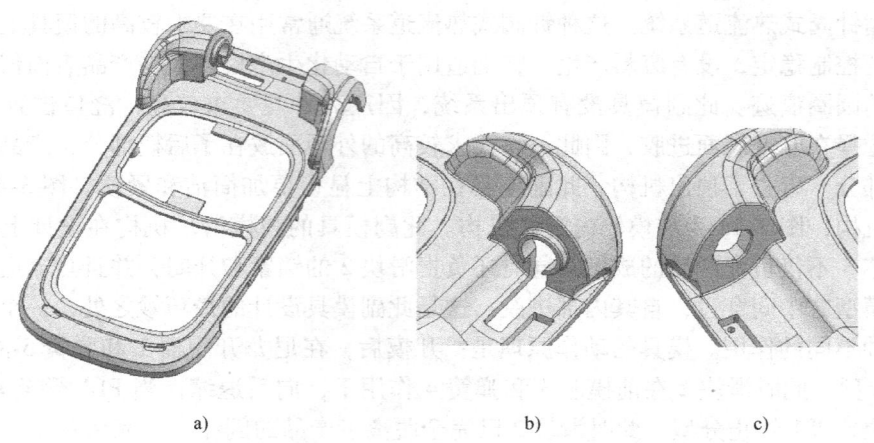

图 3-51

视图可以看出，在产品的翻盖转轴处，两侧均有凸出和凹陷的形状，因此必须使用前模抽芯机构；在产品的四周边缘，也有不同形状的侧孔和凸台，所以后模一侧也同样需要抽芯机构。模具的详细结构如图3-52所示。

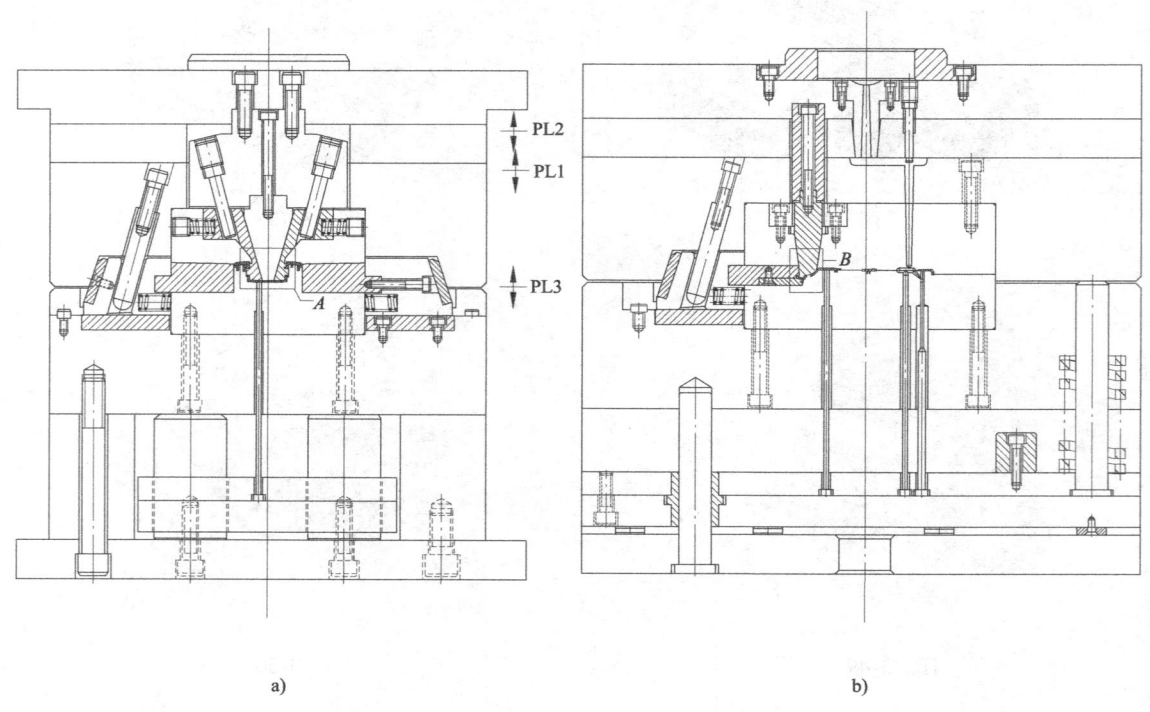

图 3-52

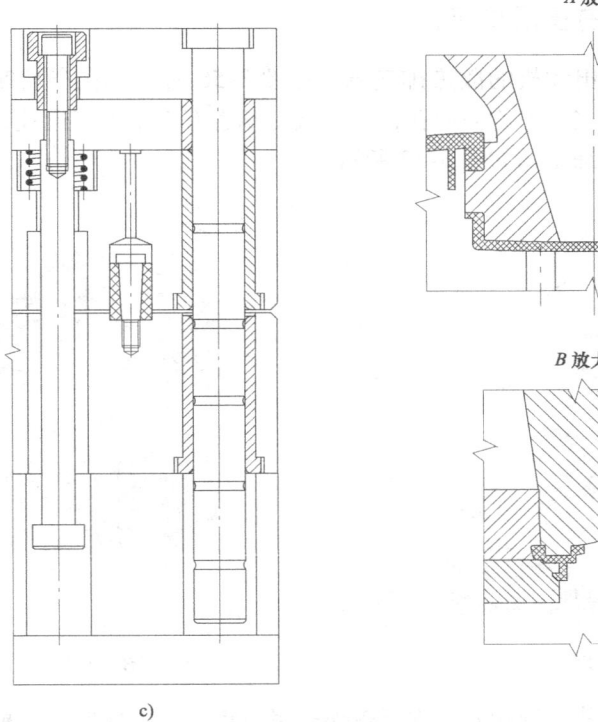

c)

图 3-52（续）

从模具结构图可以看出，此副模具后模部分有三面滑块。关于翻盖转轴处的倒扣，前模部分设计了两个内滑块。对于翻盖手机来说，类似的形状几乎每款手机都有，有的设计成前模斜顶，有的设计成前模滑块，究竟是滑块好还是斜顶好，需根据模具或产品的其他结构来决定，并不能千篇一律。前模斜顶在结构上简洁一些，但动作的可靠性和使用寿命上会差一些；前模滑块在结构上会复杂一些，但动作较可靠，使用寿命上也会好一些。两种方案，没有对错之分，只有好与更好，就看我们的取舍。对于本例来说，由于进胶方式是细水口转潜伏式浇口，直接利用三板模的结构设计成前模滑块机构是较合理的方案。滑块驱动使用的斜导柱和弹簧，在前模滑块机构中是非常安全可靠的结构，因此应多多借鉴。图3-53 为后模滑块机构的详细视图，图3-54 为前模滑块的详细视图，图3-55 所示为前模滑块在前模模仁中的安装固定方式。

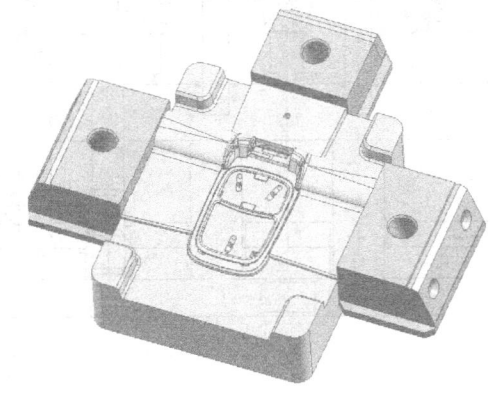

图 3-53

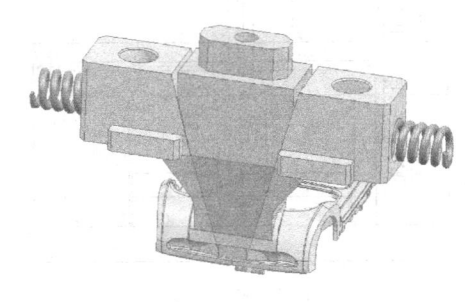

图 3-54

范例 20 电动机排气罩前模滑块机构

此副模具的产品是一种电动机的散热排气罩，如图 3-56 所示。在产品四面靠下部分均有一个形状相同的窗格，这些窗格均为通孔，产品最上端也有 6 个方形通孔，所以此副模具必须使用四面滑块机构。详细结构如图 3-57 所示。

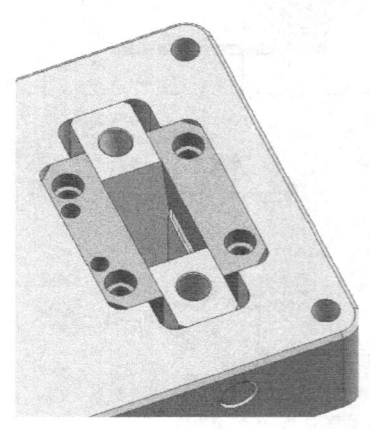

图　3-55

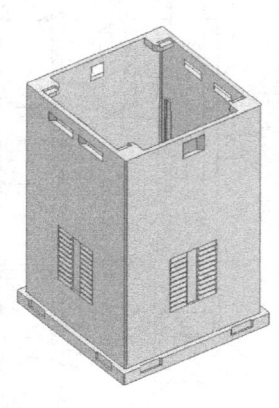

图　3-56

此副模具的结构并不复杂，进胶方式为三板模点浇口进胶，一模两穴，前模两个哈夫式滑块，产品由推板推出。和前面范例相比，此副模具结构较简单，看似并无经典之处，但是，一副模具结构是否经典，并非结构复杂就经典，要看它的设计理念。比如此副模具，仅

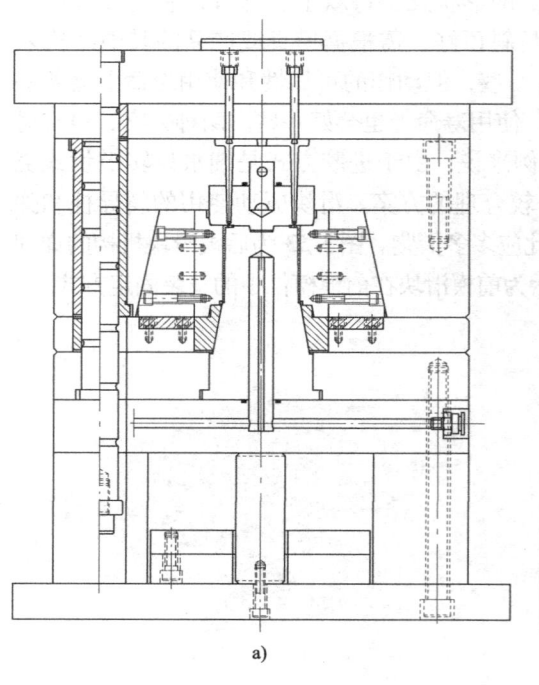

a)

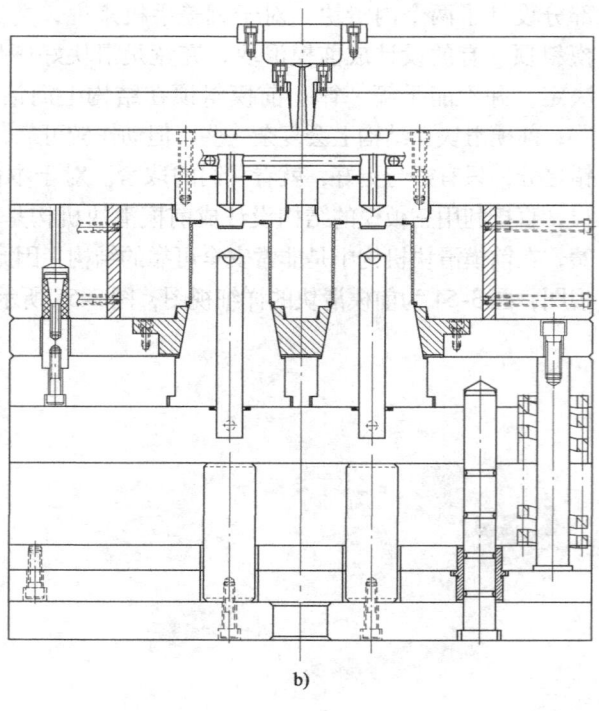

b)

图　3-57

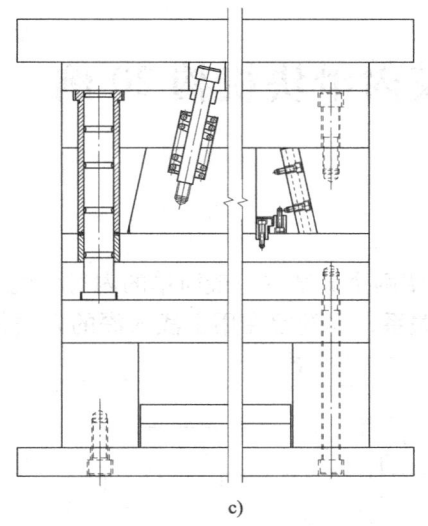
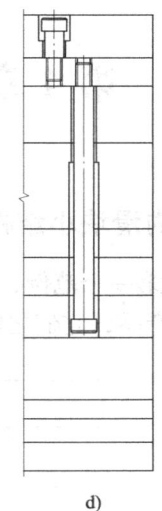

c)　　　　　　　　　　　　　　d)

图 3-57（续）

一个产品，即需四面 4 个滑块，如果一模两穴的话，按道理需要 8 个滑块，那么，此副模具会变得复杂而庞大，为此，设计者在排位时将产品巧妙地旋转了 45°，如图 3-58 所示，原来 8 个滑块现只用两个即可。由于滑块较大，为节省材料，便于模具维修，滑块采用了镶拼的形式，一个大的滑块主体内镶嵌了两个成型镶件，如图 3-59 所示。内部的成型镶件可使用较优质的钢材，外部的滑块主体使用普通钢材即可。

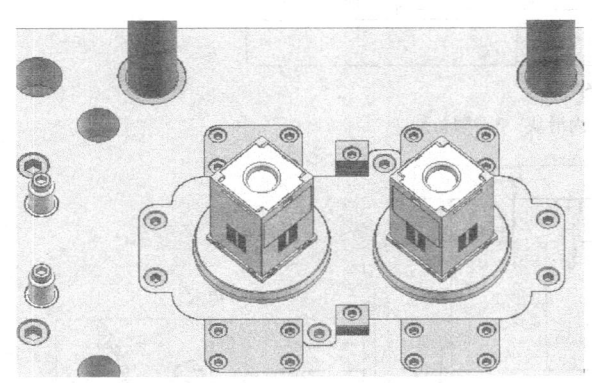
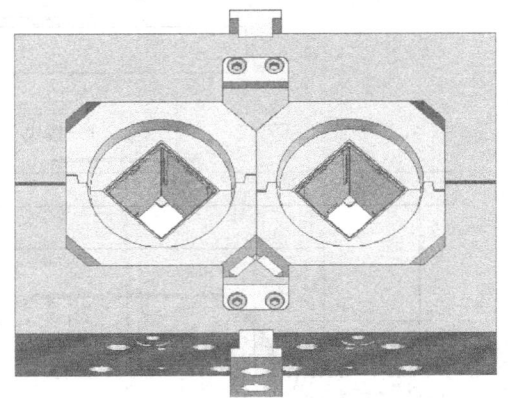

图　3-58　　　　　　　　　　　图　3-59

另外，此模具还有一个比较好的理念值得吸取。从 2D 图上可以看出，前模 A 板较厚，滑块深度较大，滑块腔的加工就有些困难，加工精度也很难控制，为此设计者将 A 板分成两件，从滑块腔底部的位置完全分开，再用导套和螺钉进行连接紧固，滑块腔部分即可使用线切割机等机器准确地加工出来。

在模具设计工作中，没有固定的方法和模式让我们套用，但一些好的理念和思路可以让我们领悟和意会，进而变成自己的经验，在工作中，就可以变通，灵活地运用。

第4章 后模内滑块机构20例

范例1 基本内滑块小结构两例

本例开头的第一个范例,先向大家介绍两个最基本、最简单的内滑块机构。图4-1和图4-2分别是两个产品,它们之间没有任何关系,本例旨在用由浅入深的方法帮助大家了解各

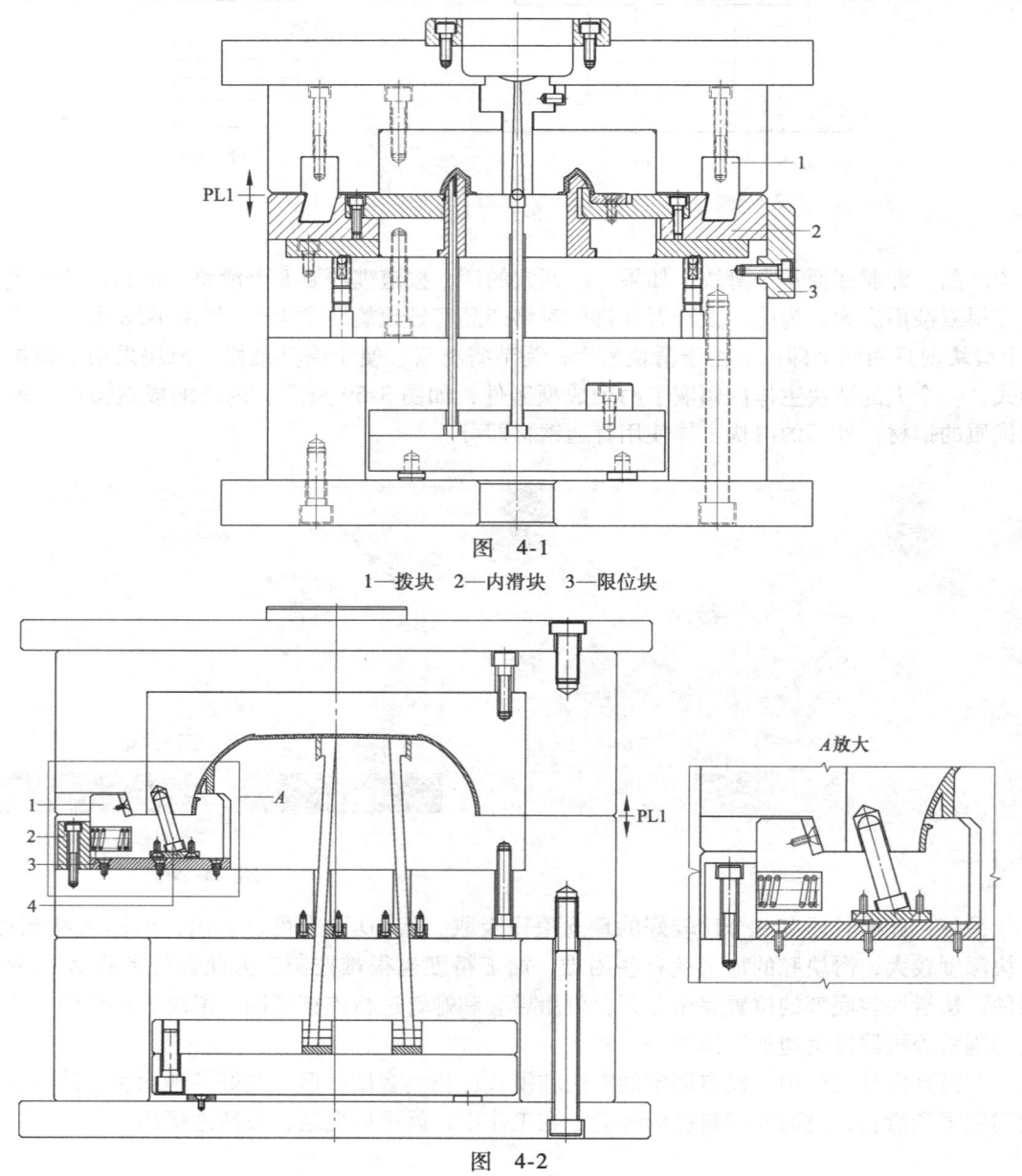

图 4-1

1—拨块 2—内滑块 3—限位块

图 4-2

1—内滑块 2—限位块 3—弹簧 4—斜导柱

种形式的内滑块。虽然结构很简单,但是,如果要讲内滑块,必须从这种结构讲起,因为它是内滑块机构中最普通、最常用、最基本的形式之一,因此,必须要了解,要熟悉。

图 4-1 中的 2 是一种内滑块,它与普通的后模滑块相比,动作完全相反。开模后,在拨块 2 作用下,内滑块向模具内部运动,从而脱出产品的倒扣。此处使用的拨块 1,简洁、可靠,既可对滑块进行锁紧,也可将滑块拨开,一个零件,两种作用,是内滑块机构中使用最为广泛的结构。

图 4-2 中的 1 也是一种内滑块,与图 4-1 中的内滑块 2 相比,形状不同,但作用完全相同。滑块的锁紧直接利用滑块尾部的斜面,滑块的开启使用的是弹簧和斜导柱,这种机构的组合,也较常用,斜导柱也可固定在前模一侧。在这种内滑块机构中,弹簧使用的非常多,其次是弹簧拨珠。

本例的内滑块机构,通常用在产品内部空间非常狭小、或因产品内部形状有干涉而不能使用斜顶的情况下。图 4-1 中,因产品内部空间较小而使用了内滑块机构,否则,使用斜顶机构会更简单一些。图 4-2 中,产品倒扣位置的上面还有一条肋条,由于它的干涉,无法使用斜顶。在正常情况下,如果有可能使用斜顶,建议使用斜顶,因为斜顶较简单,同时又可以帮助顶出。

使用此种内滑块机构时,应注意如下。

1)滑块前端应有非常安全的空间留给滑块让位,此空间即滑块的行程。

2)滑块的开启应有非常安全的拨动机构,如弹簧、斜导柱、拨块等。

3)最为重要的一条,就是合模时,滑块是向外运动的,在滑块的后面应有非常牢固的限位机构,以防滑块因有间隙而前后串动,常用的是限位块,如图 4-1 中的限位块 3 和图 4-2 中的限位块 2 等。

范例 2 电话机底壳后模滑块机构

此副模具的产品是一款电话机的底壳,如图 4-3 所示。从图中可以看出,产品四面均有不同形状的倒扣和侧孔,这些位置必须做抽芯机构。从图 4-3b 的详细视图可以看出,在产品内侧,有一个倒扣,在正常情况下,做斜顶机构最为理想,但是,在倒扣的上面还有其他的形状,这些形状将会干涉斜顶,所以只能做内滑块机构。模具详细结构如图 4-4 所示。

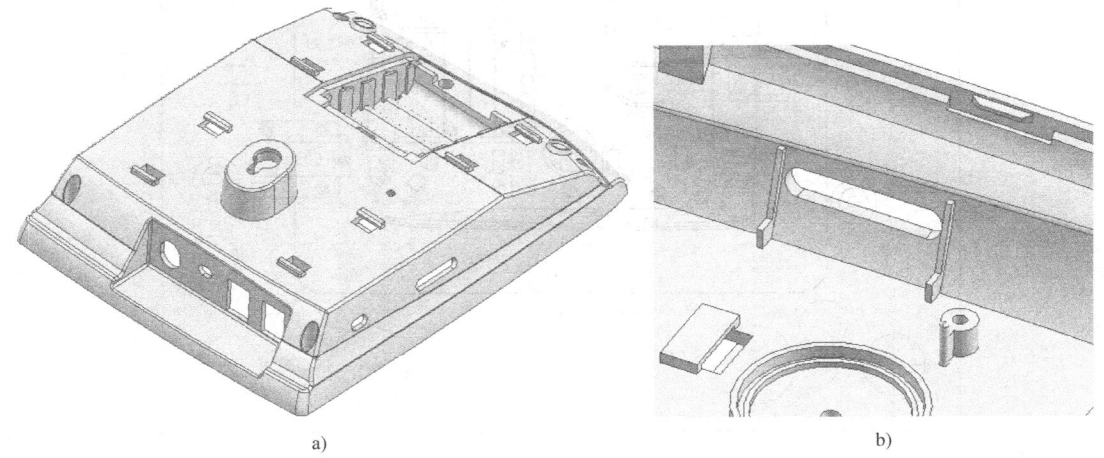

图 4-3

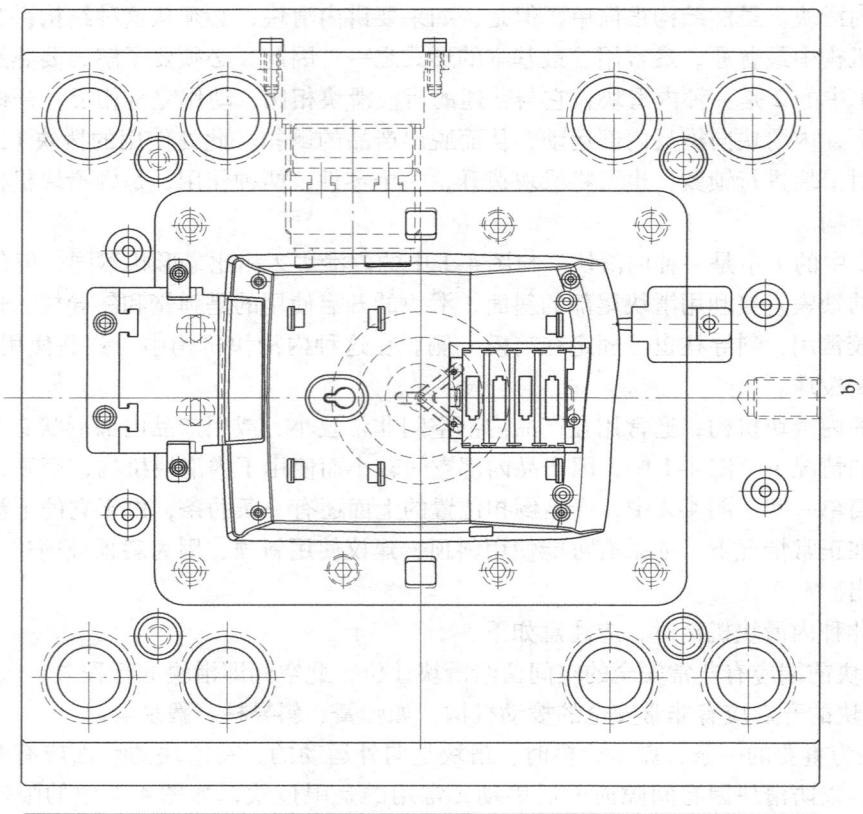

b)

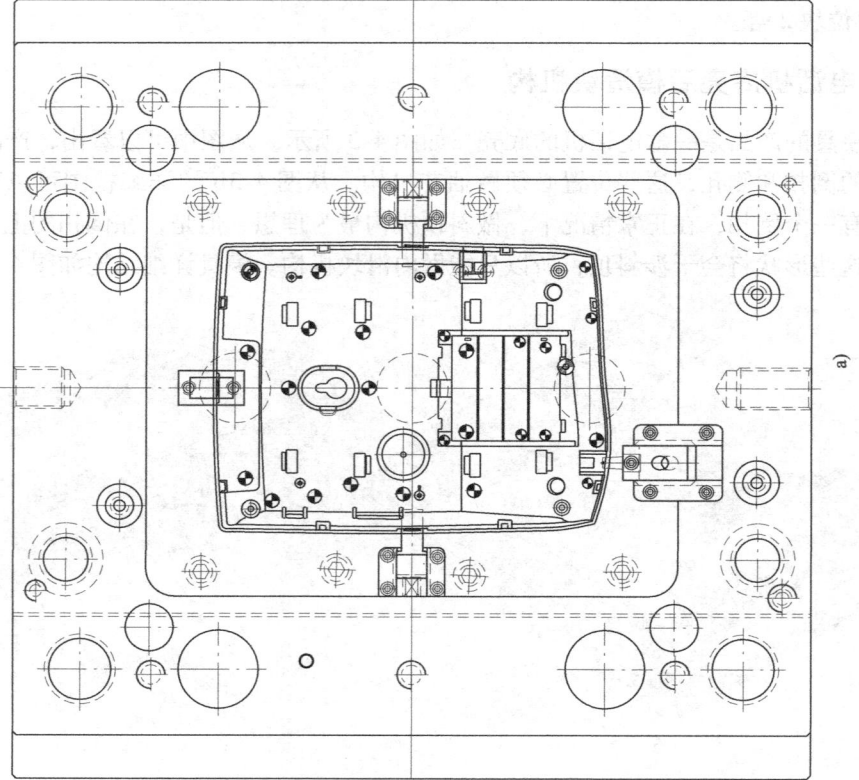

a)

第4章 后模内滑块机构20例

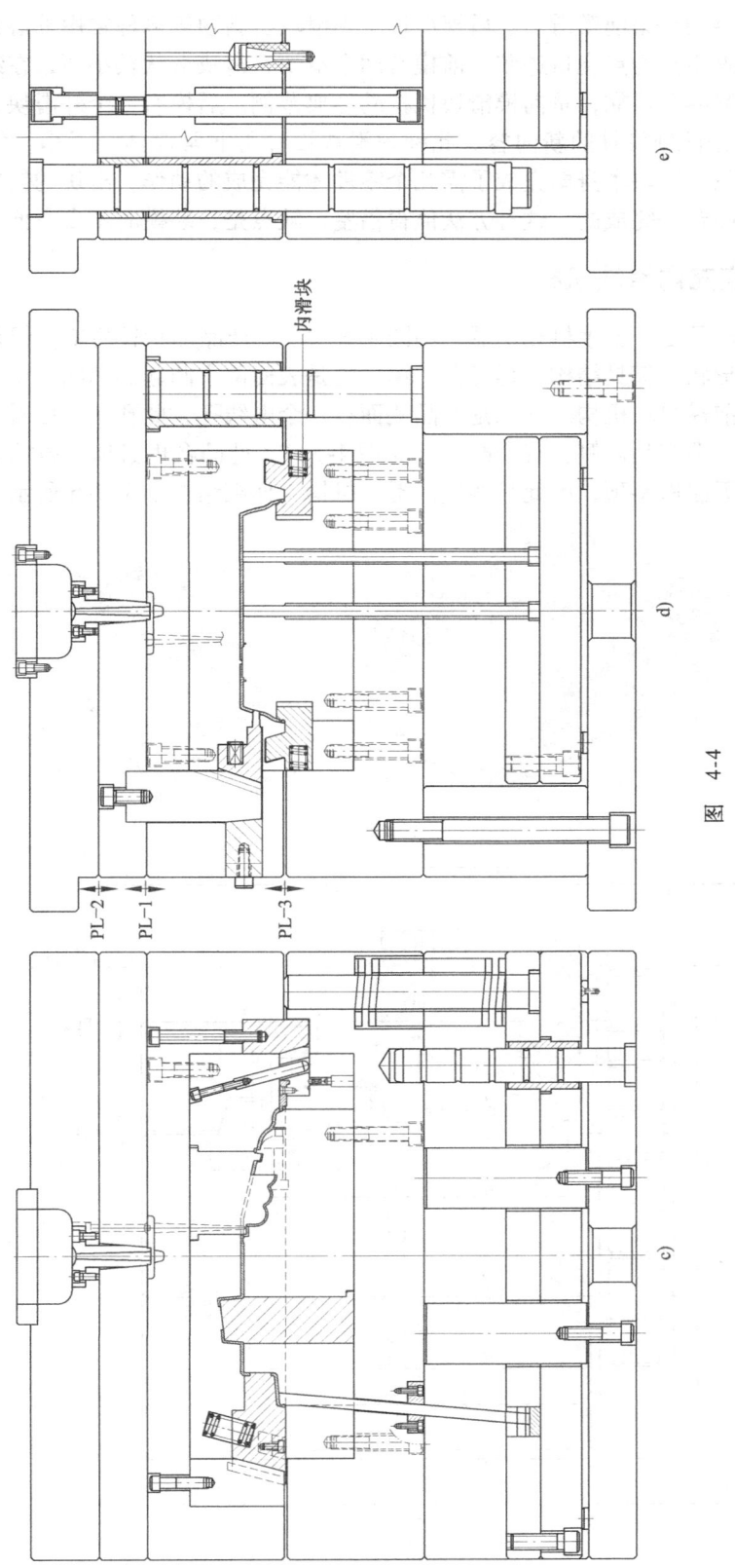

图 4-4

此副模具的结构是集前模滑块、后模滑块、内滑块、斜顶等多种常用抽芯机构于一体的综合类机构。此副模具为点浇口进胶，前模有两个滑块，滑块形状较小巧，在结构形式上设计得比较简洁、紧凑、可靠，是前模滑块机构的经典范例。后模有一个外滑块，较简单。图 4-4d 中的内滑块是此副模具的新内容。此种内滑块设计得非常简洁、干净，省略了锁紧机构和拨动机构，只用滑块本身即完成了需几个零件才能完成的动作，滑块的锁紧和拨动是靠它本身的燕尾式凸台来完成的。这种方法值得借鉴，缺点是，装模时不太方便。

范例 3　手机座充内滑块机构

此副模具的产品是一款手机充电器，如图 4-5 所示。产品形状较简单，但是，由于外表面有几处特殊的形状，模具结构变得复杂。第一处是表面两个凸起的圆圈，由于产品外观要求较严，必须做前模滑块机构。第二是产品侧面有一个电线孔，此孔从外面看必须做前模滑块，在孔的内部，即产品内侧，有个凸台（见图 4-5b），此凸台也必须做内抽芯，但由于有其他形状干涉，无法做斜顶，因此只能做内滑块机构。详细结构如图 4-6 所示。

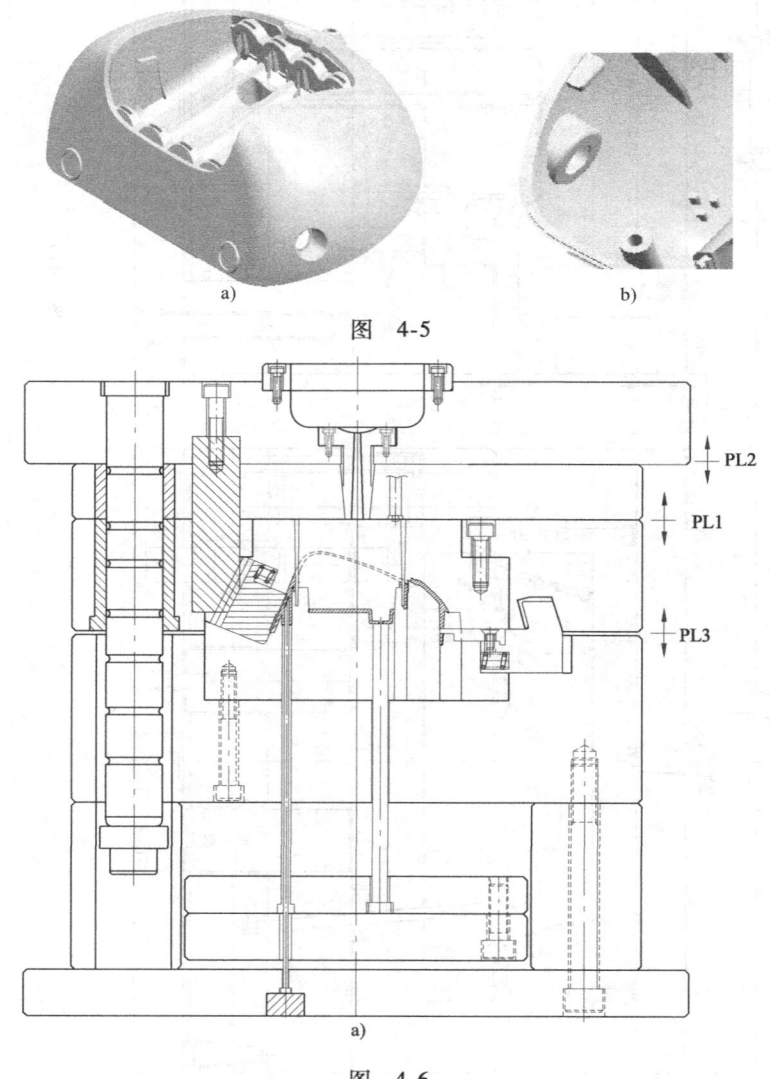

图　4-5

图　4-6

第4章 后模内滑块机构20例

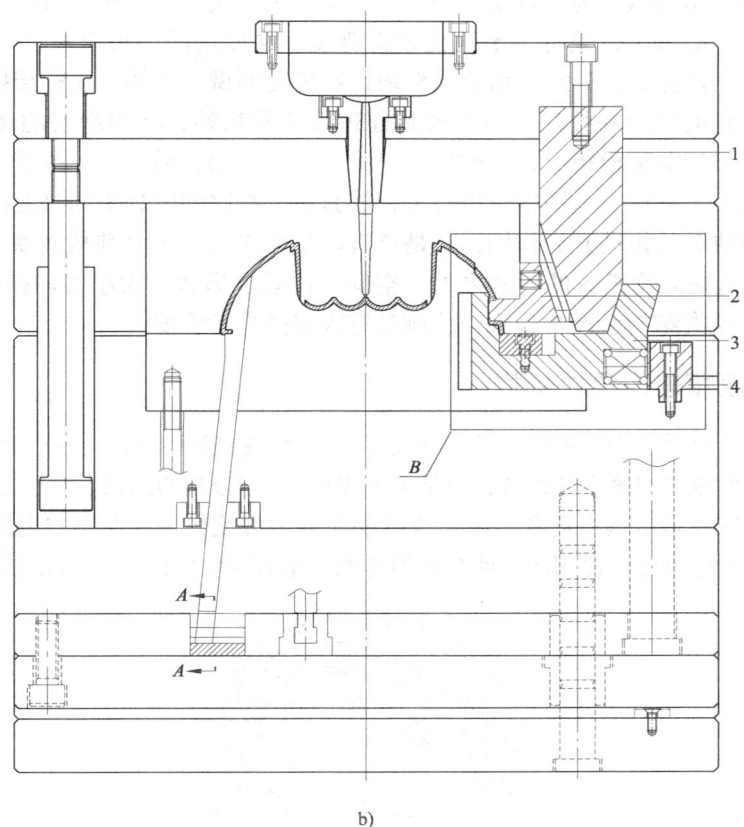

b)

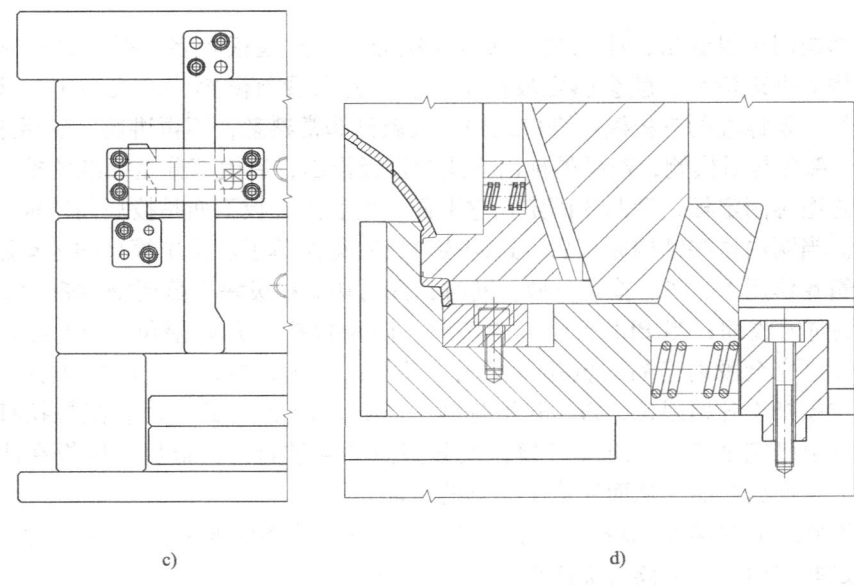

c)   d)

图 4-6（续）

1—锁紧块 2—前模滑块 3—内滑块 4—限位块

此副模具结构总的概括为三板模点浇口，前模两个滑块，后模两个滑块，其中一个是内滑块。对于这个产品来说，设计内滑块比较有难度。从以上图中可以看出，在此相同的位置，相对于同一个产品，在外需要做前模滑块，在内需要做内滑块，这种结构对每个设计者来说，都需要一定的经验和技巧。本例模具处理得非常巧妙，将内滑块的尾部做成燕尾式的。开模时，直接用前模模板上开挖的斜面对滑块进行拨动，另外加上弹簧的辅助。内滑块的锁紧靠锁紧块1来完成，从图中可以看出，锁紧块1在这副模具中同时发挥两种作用，一是负责对前模滑块2的拨动开启作用，二是负责两个滑块（一个是前模滑块2，一个是内滑块3）的锁紧。这是此副模具的巧妙之处，空间、位置、形状、大小等均搭配得非常合理。在日常工作中，这类结构会经常碰到，此例具有很好的参考价值。

范例4　饮料瓶瓶盖内滑块机构

此副模具的产品是一个圆形的瓶盖，如图4-7所示。在正常情况下，瓶盖内侧均是全螺纹或半螺纹，但此例瓶盖内侧不是螺纹，而是4个成90°均匀分布的倒扣。对于这样简单的产品，千万不要以为它的模具结构很简单。由于这样的产品大都比较小，所以它内部的空间也较狭小，普通的斜顶一般是无法使用的，此时必须考虑使用内滑块机构。详细结构如图4-8所示。

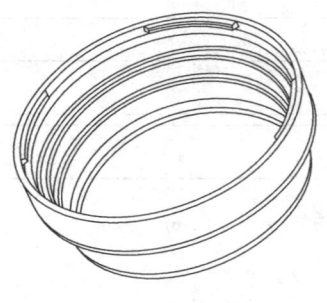

图　4-7

从模具结构图可以看出，此副模具共有5次分型，且模板较多，感觉结构很复杂，但是，当把结构原理理清后，就会感觉较简单了。首先来看前模部分，从PL4分开，上面的部分是前模侧，是标准的三板模点浇口结构，大家已非常熟悉，不再讲述。然后来看后模部分，PL4以下部分是后模侧，产品的推出方式为推板推出，后模部分是标准的推板结构，推板5的下面是型芯固定板，型芯3固定在它上面，型芯固定板下面是拨块固定板，拨块1固定在它上面。当明白这些结构原理后，这副模具已变得简单了。整副模具的运动原理是：开模后，在弹簧6作用下，PL1首先分型，同时，内滑块2在拨块1燕尾槽的带动下，在型芯3内沿着直线向内收缩；当PL1行至L距离时，限位拉杆7开始限位，PL1停止分型，此时，内滑块2已完全脱离产品的倒扣，完成了动作；继续开模，PL2开始分型，当行程L_1距离时，限位拉杆4开始限位，PL3开始分型；当PL3行至L_2距离时，限位拉杆8开始限位，此时，流道已完全脱出；继续开模，主分型面PL4被打开；最后，推板在注塑机推出系统的作用下，推出产品，从而完成了模具的全部动作。

图4-9为型芯1的详细3D视图，图4-10为拨块1的详细视图，图4-11为内滑块2的详细视图，这些图用以帮助读者加深理解。

此副模具的结构是内滑块机构中较典型的类型，由一个拨块带动多个滑块同时向内收缩，通常称为内缩式滑块。对于一些圆形产品来说，这种机构较常用，因此，望大家很好地掌握。

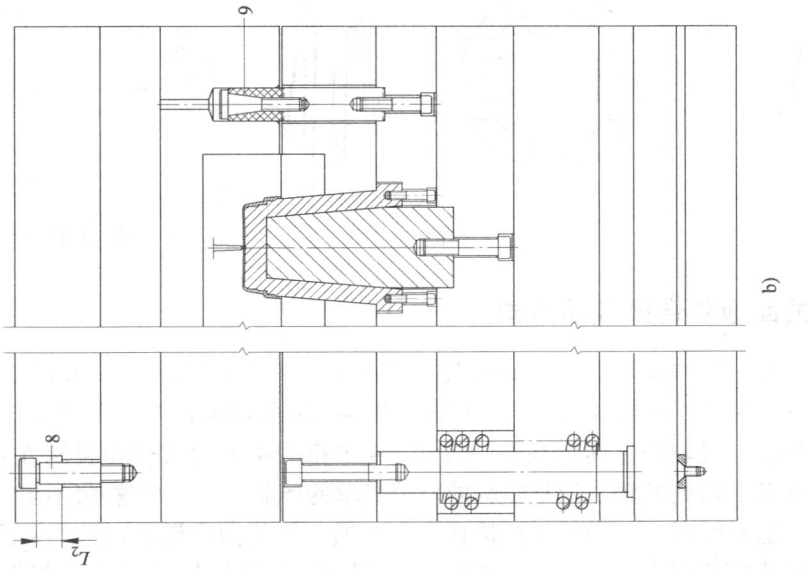

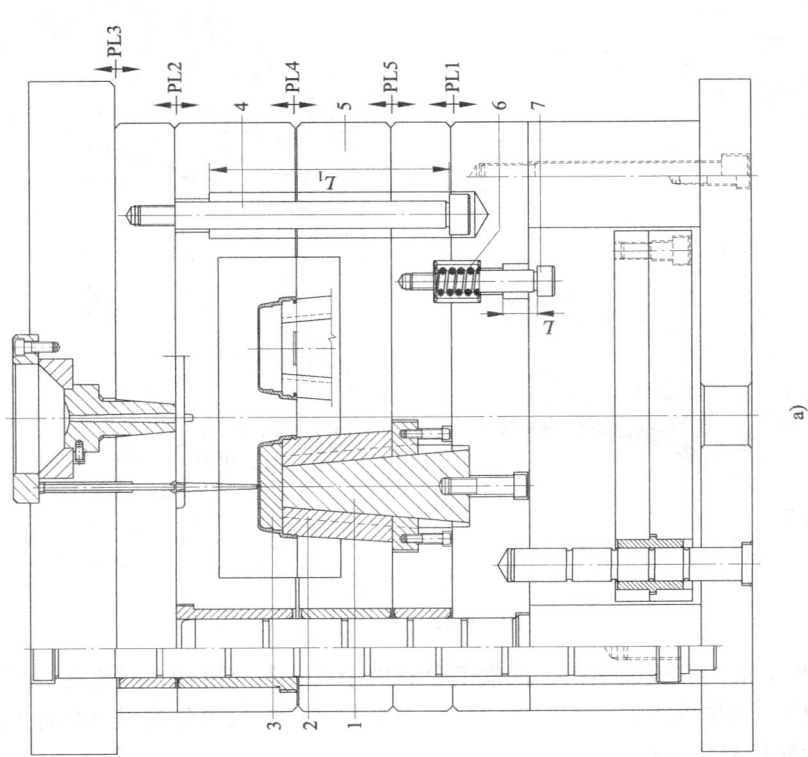

图 4-8

1—拨块 2—内滑块 3—型芯 4、7—限位拉杆 5—推板 6—弹簧 8—限位拉杆 9—尼龙开闭器

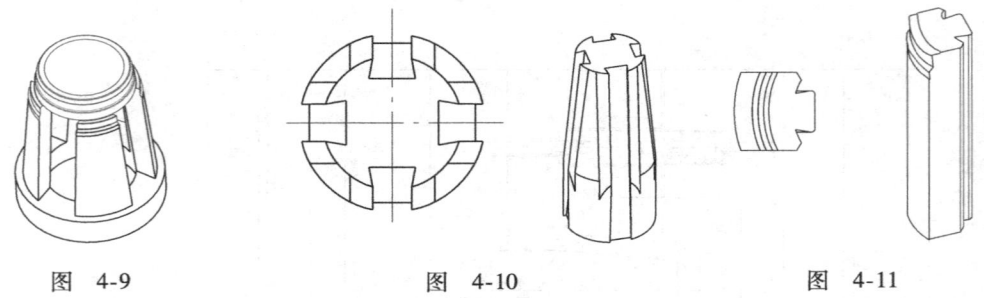

图 4-9　　　　　　　　图 4-10　　　　　　　　图 4-11

范例5　汽车开关面板复合式抽芯机构

此副模具的产品是一款汽车功能部分的开关控制面板，如图 4-12 所示。此产品形状较简单，但内部结构却较特殊，从图 4-12b 的反面图和图 4-12c 的局部切图可以看出，产品内部有很多筋条和螺纹柱，且轴心方向不在同一方向，4 个角的 4 个螺纹柱和脱模方向同向，其余的所有柱子、筋条和通孔的轴心均是倾斜的。再简单的产品，当出现这种结构时，其模具结构均会变复杂。这种情况下，做斜顶机构肯定行不通，只能做内滑块机构。从图 4-12d 可以看出，产品的外表面两端有两个半圆形挂钩，该挂钩受形状限制，必须做前模滑块。模具详细结构如图 4-13 所示。

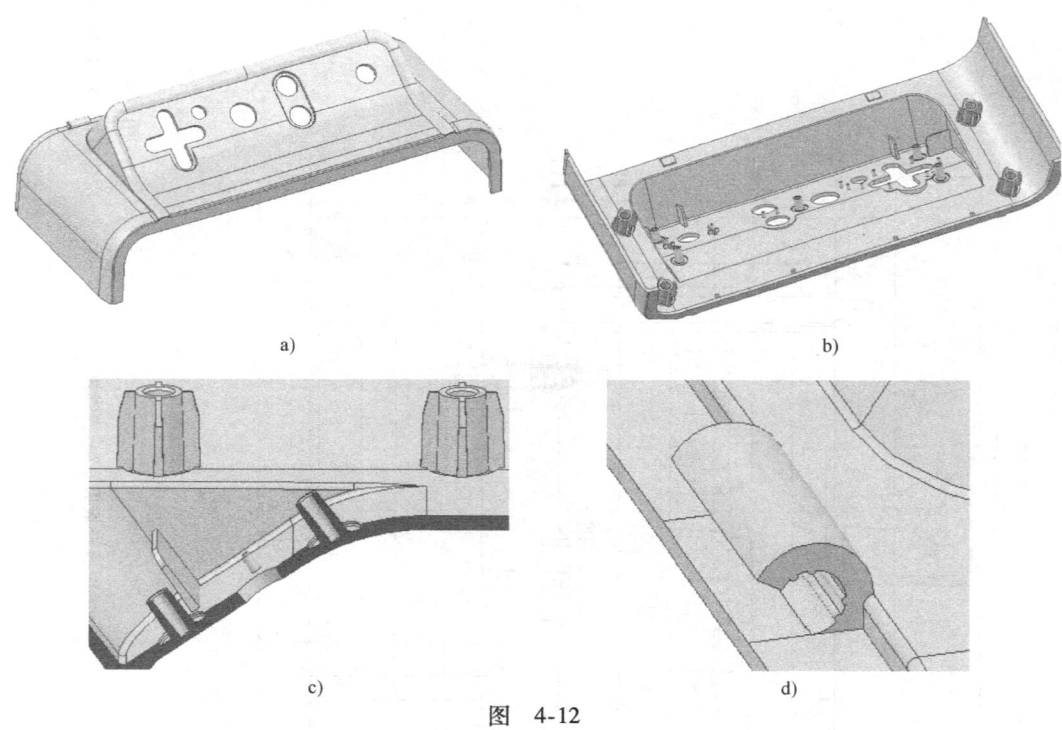

a)　　　　　　　　　　　　　　b)

c)　　　　　　　　　　　　　　d)

图 4-12

此副模具是一种标准的三板模结构，前模部分有两个前模滑块机构，后模部分使用了一种倾斜式内滑块机构。这种内滑块，在内滑块机构中很常见，大致可分为以下几种形式。

1）滑块的驱动使用液压缸机构。

2）滑块的驱动使用双锁紧块机构，就是本例的机构。

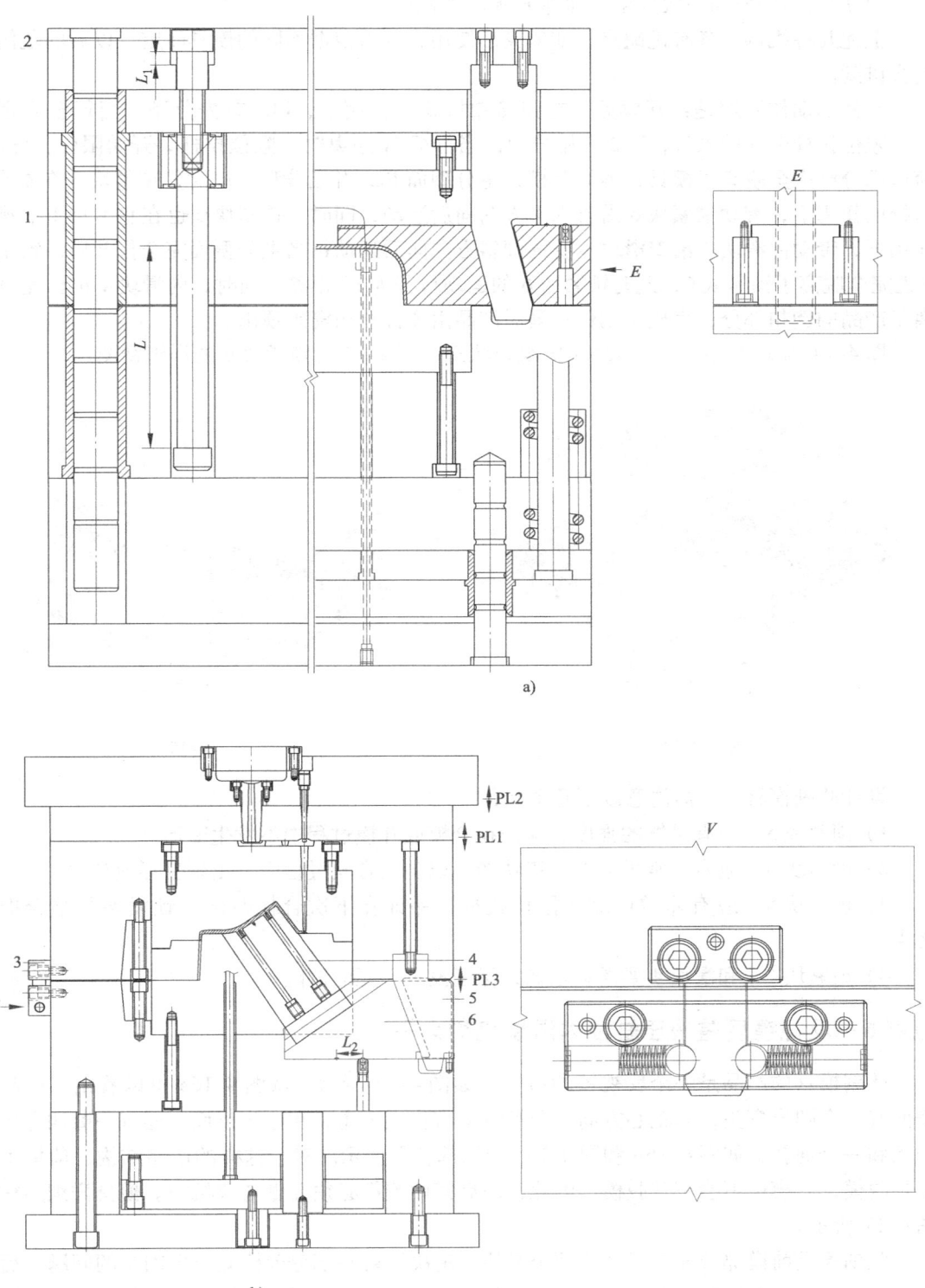

图 4-13
1、2—限位拉杆 3—弹簧扣机 4—内滑块 5、6—锁紧块

3）后模部分增加一次分型，即弹 B 板内抽机构。

上述几种机构，各有优缺点，如何灵活使用，则需根据不同的模具而定，以后的范例中均会讲到。

本例的动作原理是：开模后，在弹簧扣机 3 的作用下，PL1 首先分型，当行至 L 距离时，限位拉杆 1 开始限位，PL2 开始分型；当行至 L_1 距离时，限位拉杆 2 开始限位，此时，流道部分已完全脱离了模具；继续开模，主分型面 PL3 开始分型，同时，锁紧块 5 在本身 T 形槽的作用下，带动锁紧块 6 沿着水平方向向后运动，同时，锁紧块 6 也在它本身 T 形槽的作用下，带动内滑块 4 沿着滑块本身的倾斜方向向后运动；当主分型面完全打开后，锁紧块 5 也完全脱离了锁紧块 6，此时锁紧块 6 的运动行程为 L_2 距离，同时，内滑块 4 也已完全脱离了产品的倒扣部分，完成了动作；最后产品由顶针和司筒来顶出。

图 4-14 为锁紧块 6 和内滑块 4 的组合状态，图 4-15 为锁紧块 6 的详细视图。

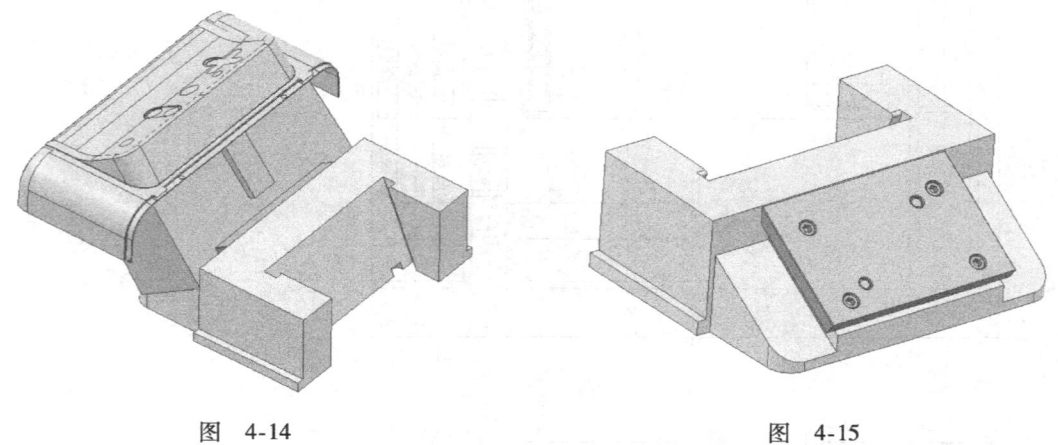

图　4-14　　　　　　　　　　　　图　4-15

设计此副模具时，需注意以下几个问题。
1）锁紧块 5　应有足够的强度，保证在合模或开模过程中不发生变形。
2）锁紧块 5　应有非常可靠的反锁功能，以防在合模过程中，出现变形或让位。
3）锁紧块 6　应有非常可靠的限位机构，保证在下次合模时两个锁紧块的啮合准确无误。
4）锁紧块 6 和滑块 4 要滑动顺畅，保证没有卡死的危险。

范例 6　反视镜后盖液压缸抽内滑块机构之一

此副模具的产品是一个反视镜的后壳，如图 4-16 所示。从图 4-16a 可以看出，产品外表面有一个圆形弯头，其轴心方向与脱模方向有很大夹角，在弯头反面，还有一圈四方形的筋条和一个通孔，如图 4-16b 和图 4-16c 的局部切图所示。对于这样的产品结构，前模不能正常脱模，后模也不能正常脱模，因此，前后模两侧都必须要做滑块机构。模具详细结构如图 4-17 所示。

此副模具前模部分使用了对称两个滑块，解决了弯头部分前模侧出模困难的问题。后模侧内部使用了一个倾斜式滑块，和本章范例 5 的类型几乎相同，不同的是范例 5 使用的是两个锁紧块，而本例使用的是液压缸机构。液压缸缸体固定在后模板上，活动杆连接在锁紧块 3 上，锁紧块和滑块 1 通过 T 形槽连接导滑，靠液压缸的往复运动来实现滑块的抽芯和复

第 4 章 后模内滑块机构 20 例 · 113 ·

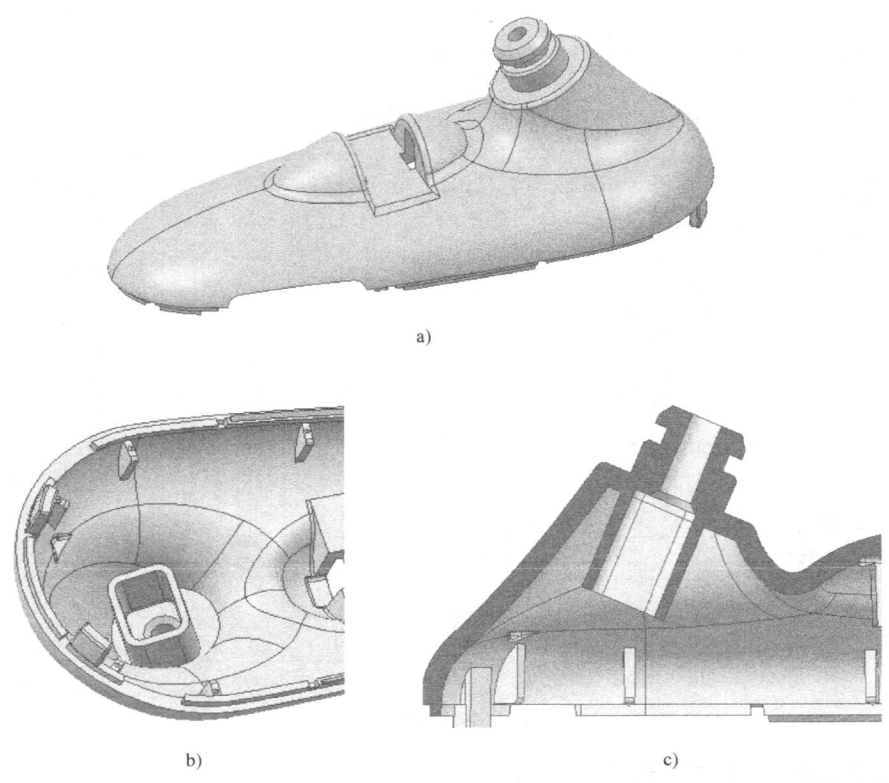

图 4-16

位。此种机构和范例 5 的结构类型相比，很难比较出它们的优缺点，毕竟这两种结构都较常用，范例 5 类型的优点是，动作较连贯，直接利用开模的动作使所有零件的动作在瞬间完成，自动化生产效率较高；而液压缸机构不论是合模或开模后，液压缸自身要有独立的向前

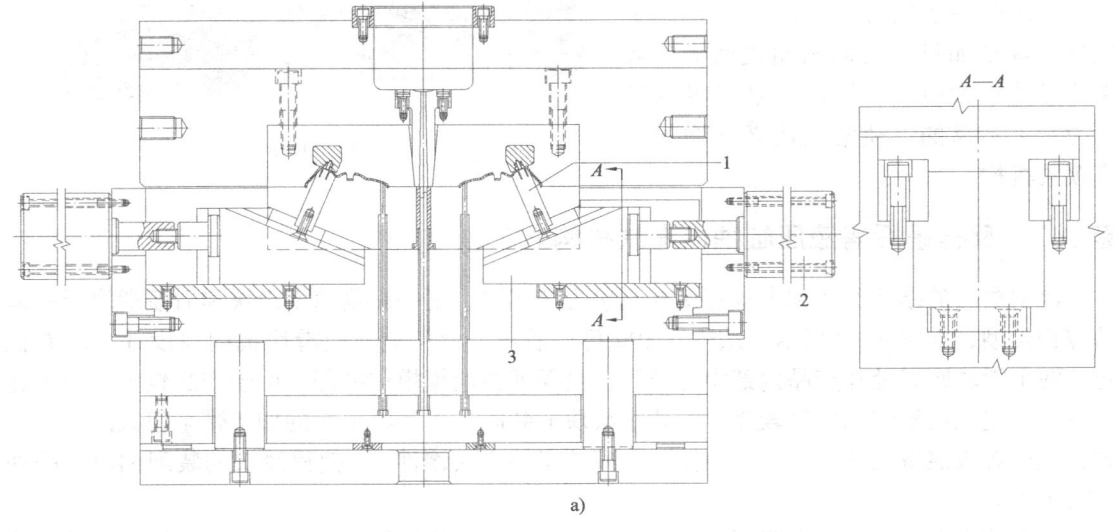

图 4-17
1—滑块 2—液压缸 3—锁紧块

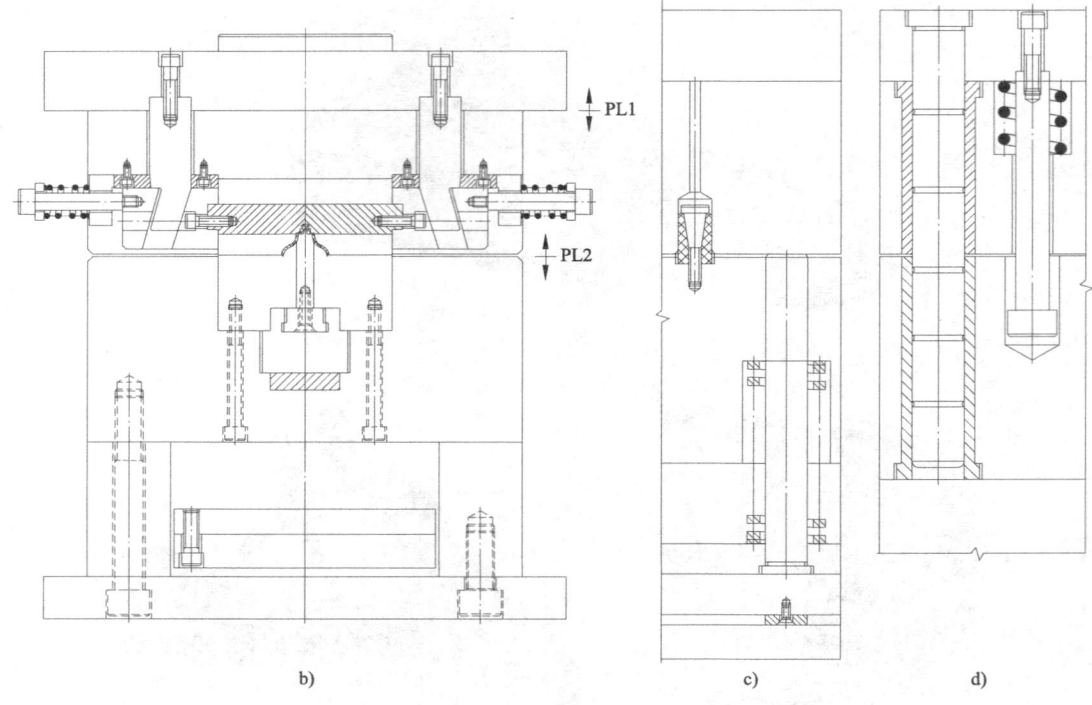

图 4-17（续）

和向后的复位动作，需要短暂的停顿过程，因此，会浪费一些时间成本，自动化生产效率差一些。在没有特殊要求的情况下，建议可优先考虑范例 5 的结构类型。

图 4-18 为内滑块机构的详细视图。

使用此种液压缸机构时需注意一个问题，就是如果滑块倾斜角度较大，或滑块形状较大时，仅靠液压缸自身的锁紧力量是不够的，锁紧块还必须增加垂直锁紧机构。

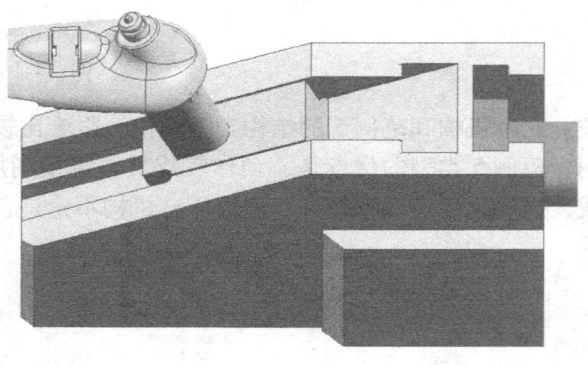

图 4-18

范例 7 反视镜后盖液压缸抽内滑块机构之二

此副模具的结构类型和本章范例 6 几乎完全相同，是一副集前模滑块和后模滑块于一体的综合类型，如图 4-19 所示。从图 4-19a 可以看出，此例的前模滑块机构在设计上较有技巧，两个滑块刚好处在产品内部中心位置，且深埋在前模模仁内部。由于产品较大，产品高度较高，造成前模仁的厚度较厚，给两个滑块的装配工作和滑块腔的加工带来很大困难，为此，设计者按照滑块的区域，在前模仁中间镶了一个大镶件 2，使得滑块的装配和模仁的加工简单了。

后模的内滑块机构，和范例 6 完全相同，也是采用液压缸抽芯。由于后模模板较厚，从强度和加工方便的角度考虑，使用液压缸更合理一些。

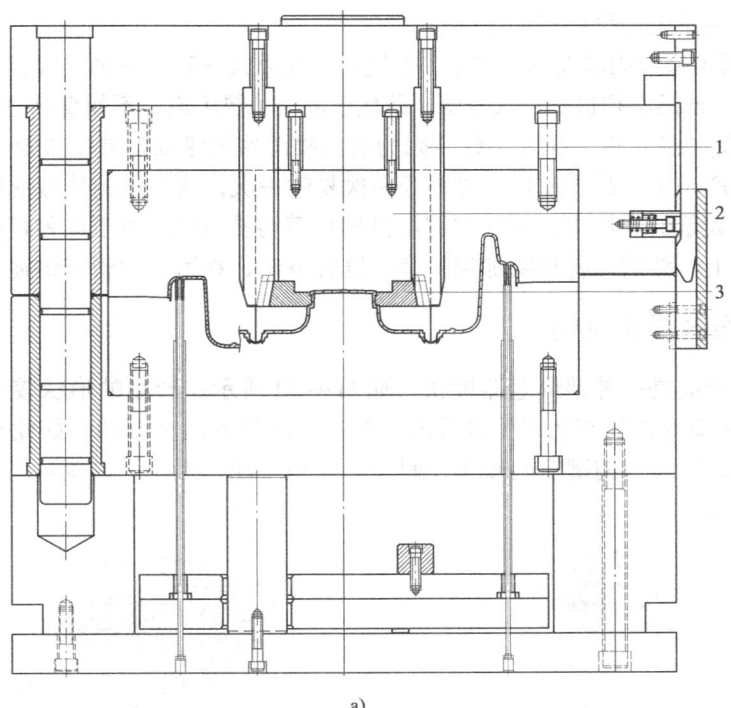

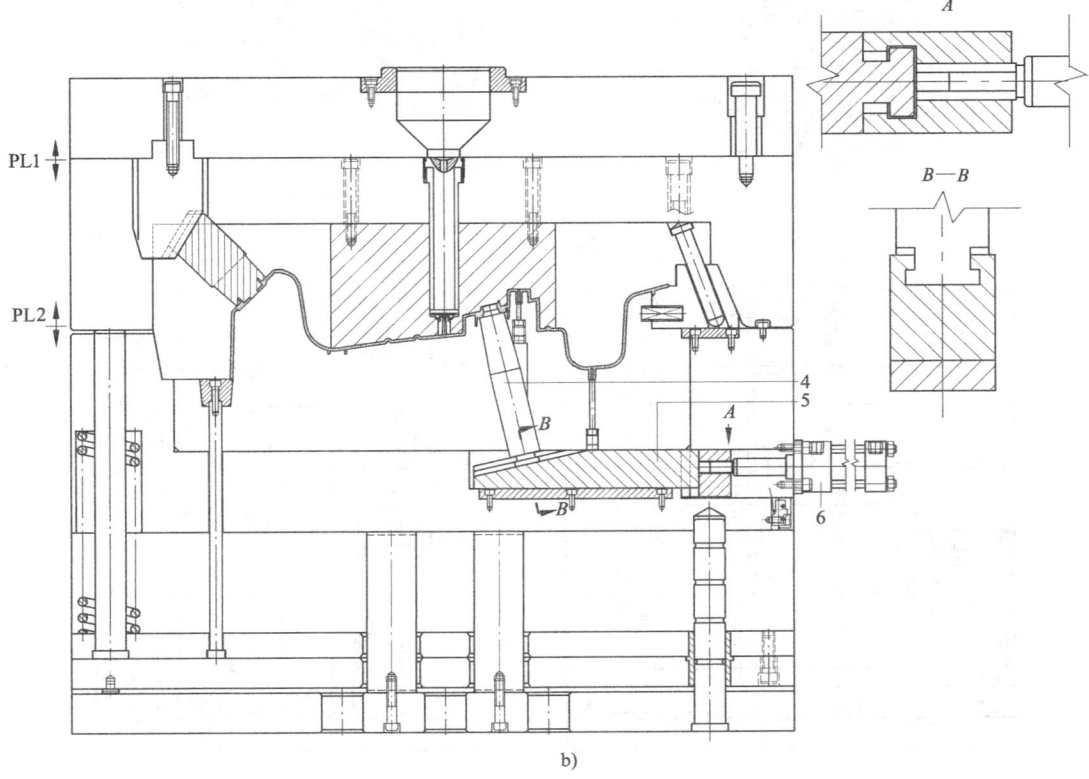

图 4-19
1—锁紧块 2—镶件 3、4—滑块 5—锁紧块 6—液压缸

此副模具浇注系统的设计有如下缺点。

1）使用热流道系统固然较好，但是，却使用了开放式热嘴。这种热嘴直接进胶在产品表面，会留下料柄，产品必须进行二次修剪。既然已使用了热流道，不如直接使用点浇口热嘴。

2）热流道固定在 A 板上非常不好。因为有前模滑块的缘故，前模 A 板是活动的，在实际生产中，每生产一个产品，A 板就要弹开一次复位一次，热流道的热嘴就要和注塑机的喷嘴撞击一次，在大量的生产中，热嘴和注塑机的喷嘴均易损坏。对于此种机构，热嘴必须固定在前模码模板上，然后再将热嘴加保护套，这种方法，在第 3 章曾有讲述。

范例 8　旋钮帽内滑块机构

此副模具的产品是一种圆形电器旋钮，如图 4-20 所示。产品的形状较小，最大直径不足 30mm，从图 4-20b 的局部切图可以看出，在产品内部有两个倒扣，如此小的产品，倒扣肯定是做不了斜顶的，因内部空间较小，斜顶会互相干涉，因此，只能做内滑块机构。详细结构如图 4-21 所示。

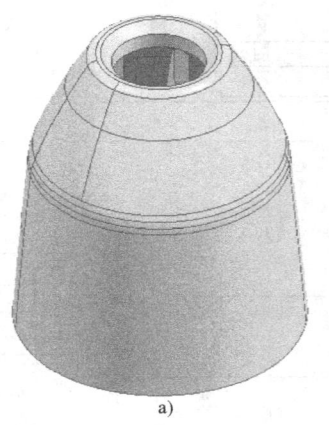
a)

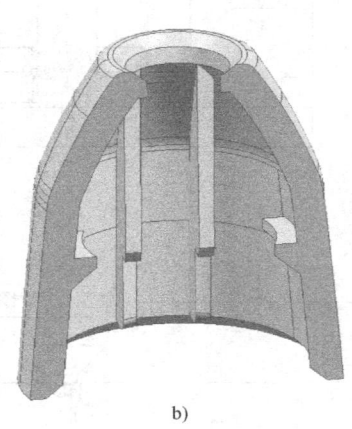
b)

图　4-20

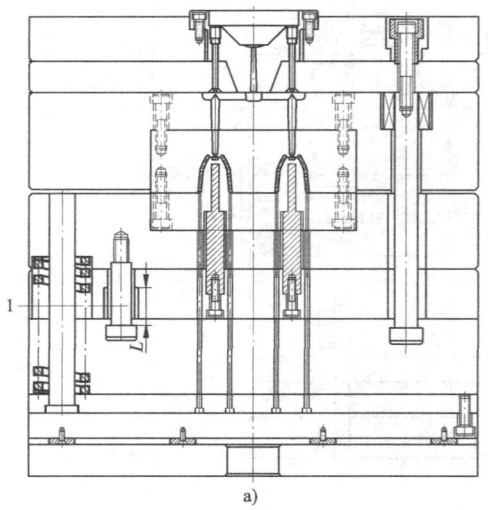
a)

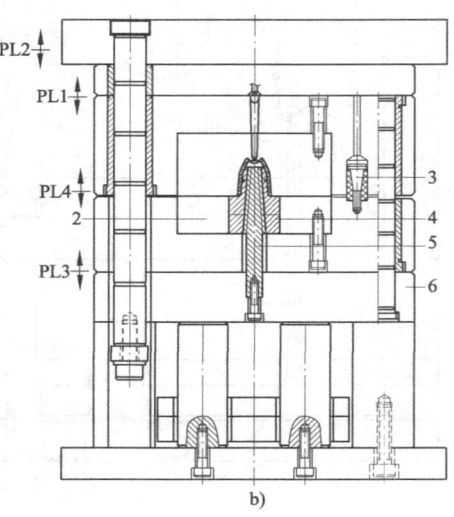
b)

图　4-21

1—限位位杆　2—后模仁　3—尼龙开闭器　4—内滑块　5—锁紧块　6—固定板

在前面的范例中曾经讲过，后模滑块机构还有一个大的类型，即弹 B 板结构，或称为内抽机构，本章范例 4 的结构即为这种类型，但因范例 4 结构复杂，没有进行详细说明。弹 B 板结构的特点是，后模侧增加一次分型，目的是抽出内滑块，然后由推板或顶针顶出产品。弹 B 板结构和前模滑块的原理完全相同，掌握了第 3 章的内容，学习本章就较容易了。

此副模具前模侧是三板模机构，后模侧是一副标准的弹 B 板机构。滑块 4 藏在后模仁 2 内，锁紧块 5 固定在固定板 6 内。开模后，在尼龙开闭器 3 的作用下，PL1 和 PL2 相继打开，然后是 PL3；当 PL3 行至 L 距离时，限位拉杆 1 开始限位，PL3 停止分型，同时，内滑块 4 在锁紧块 5 的作用下，向内收缩，从而脱出产品倒扣，完成了动作；继续开模，主分型面 PL4 分型，最后产品由顶针顶出。

此副模具一模两穴，共有 4 个内滑块。图 4-22 为内滑块装在后模仁中的状态，图 4-23 为内滑块机构的详细视图。

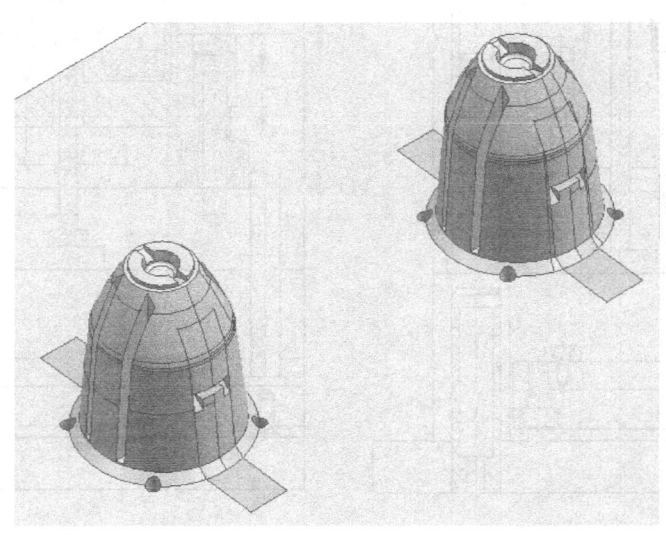

图　4-22

此副模具由于产品较小，即使做内滑块机构，位置也比较紧张，特别是锁紧块和滑块之间的连接导滑方式，较难处理，但本例却巧妙地使用了一种 U 形槽结构，解决了这个问题。图 4-24 为锁紧块的详细视图。对于这类内滑块机构，导滑方式常用的有三种，一是 T 形槽，

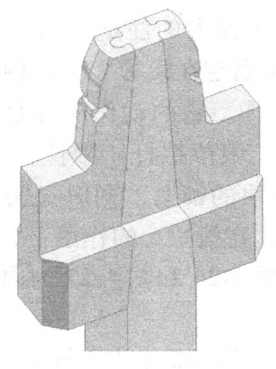

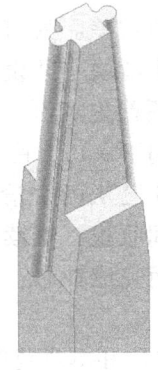

图　4-23　　　　　　　　　　　　　　　图　4-24

二是燕尾槽,三即为这种 U 形槽。T 形槽适用于空间较大的场合,燕尾槽和 U 形槽适用于空间较小的场合。对于较小的零件,使用 U 形槽时,零件的强度会好一些。

范例 9 按钮帽内滑块机构

此副模具的产品在形状上和特征上几乎和本章范例 8 相同,模具结构也是弹 B 板结构,但是,滑块的结构和滑块的开模方式却和范例 8 相差很大,详细结构如图 4-25 所示。

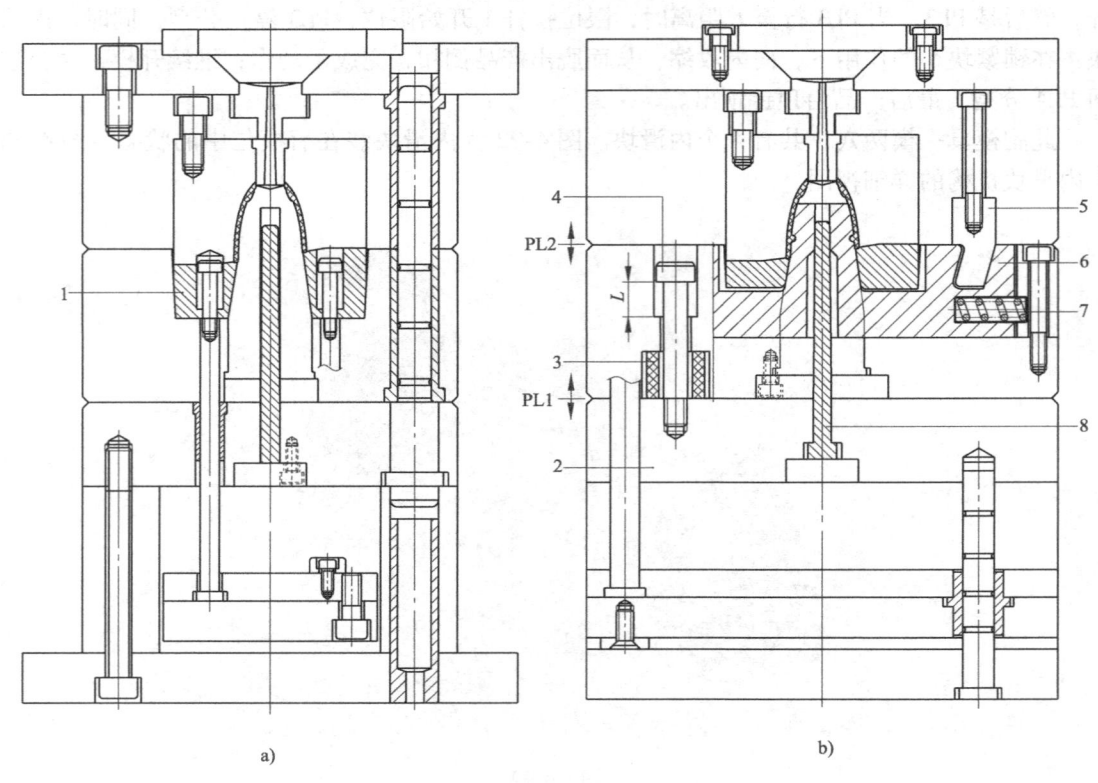

图 4-25
1—推块 2—固定板 3—橡胶弹簧 4—限位拉杆 5—拨块 6—滑块 7—弹簧 8—锁紧块

从模具结构图可以看出,本例的内滑块形状和本章范例 1 的滑块形式一样,但是,由于产品较小,内部空间有限,内滑块的形状也较小、较单薄,特别是高度部分,既薄又高,滑块的强度则非常差。为防止模具在生产过程中,由于强大的注塑压力而导致滑块变形或断裂,在两个滑块中间设计了一个锁紧块 8,锁紧块固定在模板 2 上。两个滑块若要后退,锁紧块必须首先离开,因此必须增加一次分型动作。它的动作原理是:开模后,在橡胶弹簧 3 作用下,PL1 首先分型,当行至 L 距离后,限位拉杆 4 限位,PL1 停止分型,此时,锁紧块 8 已从两个滑块中间抽出,消除了对滑块的锁紧,同时又腾出了空间,供两个滑块向中间收拢;继续开模,主分型面 PL2 分型,在拨块 5 的作用下,滑块 6 向模具内部收拢,从而完成抽芯;最后产品由推块 1 推出。图 4-26 和图 4-27 为内滑块机构的详细视图。

本例模具结构和本章范例 8 相比,有点复杂。从滑块的形状来讲不够简洁,结构有些繁琐,整副模具的动作不能一气呵成,特别是,在合模时,主分型面 PL2 必须完全合拢后,

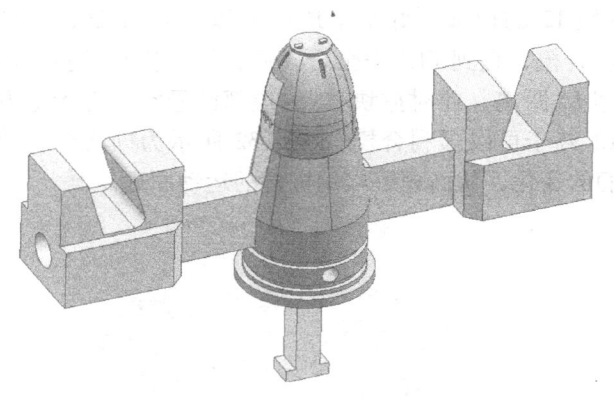 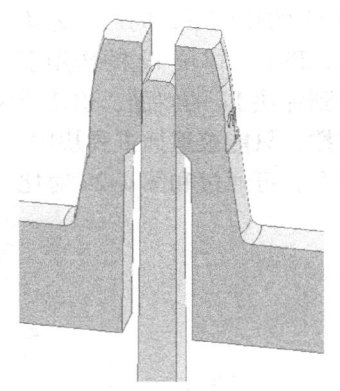

图 4-26　　　　　　　　　图 4-27

PL1 才可合模，否则，两个滑块会和拨块 5 发生碰撞，原因在前面讲过。开模前，锁紧块 8 必须安全地从两个滑块中间抽出后，滑块才可能抽动，反之，合模时，滑块必须提前安全复位后，锁紧块才可以插进去进行锁紧。滑块的复位完全是靠拨块 5 来完成的，如果 PL1 首先合拢，那么两个滑块会被锁紧块铲入提前复位，这样，当主分型面 PL2 再接着合拢时，拨块 5 将无法插入滑块，会撞在滑块上面，致使主分型面 PL2 无法合模。所以合模时，必须保证主分型面 PL2 抢先一步合模。为能够安全地控制好合模顺序，本例专门设计了一种机械式分型面先复位机构，如图 4-28 所示。此种机构共由 5 个主要零件组成：斜铲块、主体座、弹块、撑块、弹簧。图 4-29 为机构的正面视图，图 4-30 为反面视图，图 4-31 为内部结构的详细视图。

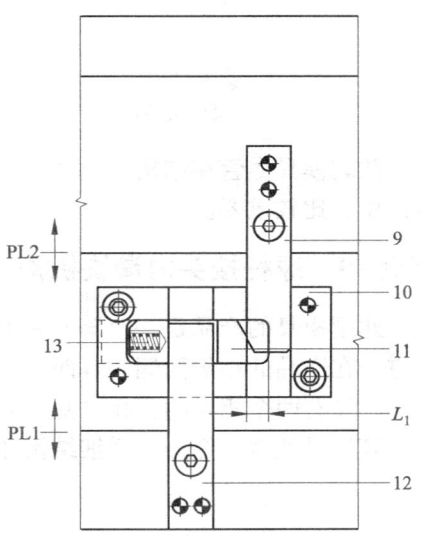

图 4-28
9—斜铲块　10—主体座　11—弹块
12—撑块　13—弹簧

此种机构的使用原理是：当模具完全打开后，PL1 行至 L 距离，意味着撑块 12 也向后退出了一个 L 行程，此时刚好完全退出了弹块 11，接着弹块 11 在弹

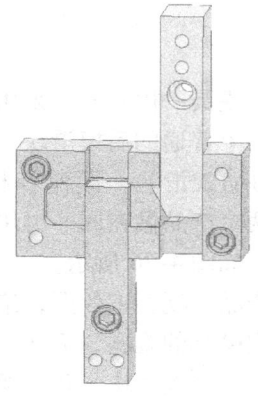 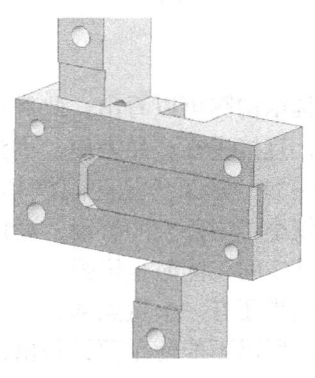

图 4-29　　　　　　　　　图 4-30

簧 13 的作用下，向后退缩 L_1 距离，撑块 12 的顶部刚好牢牢顶住了弹块 11 的底部；合模时，PL1 在撑块 12 的作用下，根本无法合模，直到 PL2 完全合模后，斜铲块 9 的斜面刚好铲到弹块 11 的斜面，迫使弹块向后退缩 L_1 距离，此时撑块 12 的顶部已悬空，已无地方可支撑，只能被迫插进弹块中，此时，PL1 终于可以顺利合模。图 4-32 所示为即将合模前的状态，可通过和图 4-29 对比，观察它们的变化，从而理解本例机构的运动原理。

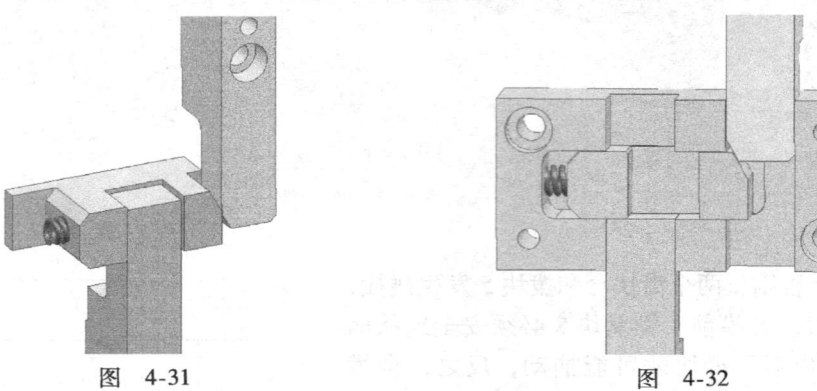

图　4-31　　　　　　　　　　　　　图　4-32

此副模具尽管在结构上设计得不甚理想，但此种分型面先复位机构必须掌握，因为它比较常用，比较重要。

范例 10　球杆接头内滑块机构

此副模具的产品是一个球杆的接头，如图 4-33 所示。从图中可以看出，产品为圆形，中空，在产品的小端两侧，有两个相对的通孔，产品另一端，有一个 U 形的叉子，在叉子中间，又有两个相对的盲孔（见图 4-33b）这个看上去比较简单的产品，由于以上特征的限制，其模具变得较复杂。详细结构如图 4-34 所示。

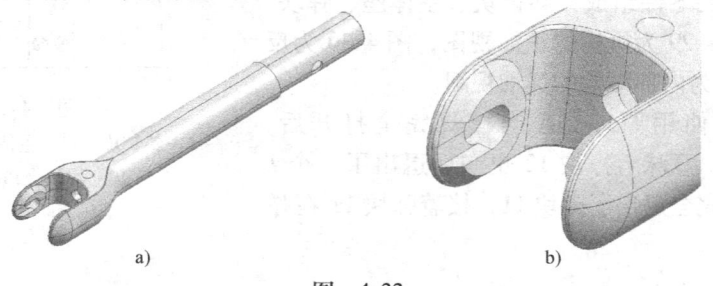

图　4-33

从模具结构图可以看出，此例是一副经典又成功的范例。模具一模八穴，采用热流道点浇口进胶，直接进在产品表面。小头一端的两个侧孔使用了两个普通的后模滑块，如图 4-35 所示，另一端 U 形叉子是此副模具的重点部分，使用的是内缩式滑块，即弹 B 板的结构。由于产品较小，内部空间有限，设计者利用巧妙的排位，将两个产品做在同一滑块上，大大节省了模具空间，同时也增强了滑块强度，使滑块更加紧凑，如图 4-36 所示。

此副模具还有一个重点部分，就是产品的顶出方式。因产品外观要求较严，绝不允许有顶针痕迹，所以不能使用顶针顶出，因此，顶出方式成了此副模具的难题，为此，设计者利用产品长度方向的滑块机构，巧妙地设计了一种浮动式滑块。两个大滑块 8 并不像普通后模滑块那样直接在 B 板中滑动，而是藏在了一套可以浮动的滑块座内，并可在滑块座中滑动。

第 4 章 后模内滑块机构 20 例

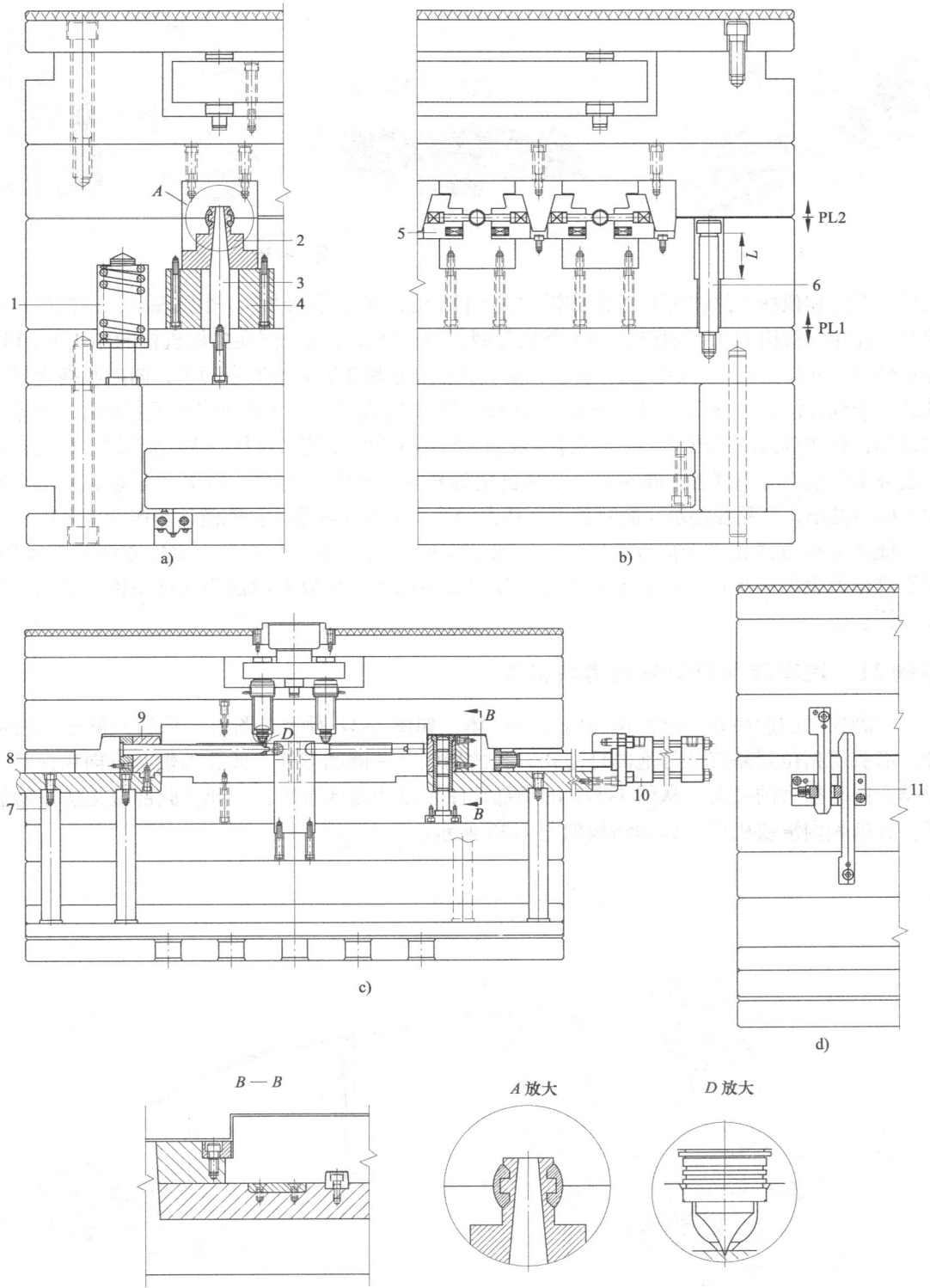

图 4-34

1—弹簧 2、5—滑块 3—锁紧块 4—滑块压板 6—限位拉杆
7—顶杆 8—大滑块 9—挡块 10—液压缸 11—扣机机构

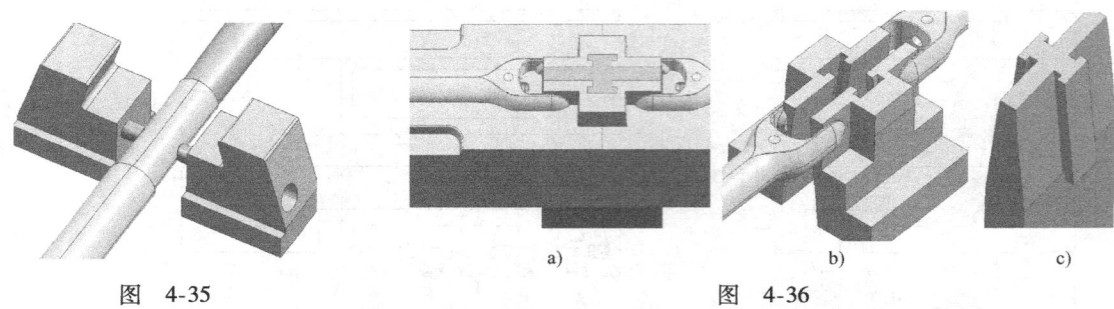

图 4-35   图 4-36

在顶出系统和顶杆 7 的作用下，滑块座可以上下浮动，但不可滑动。动作原理是：开模后，在弹簧 1 和扣机机构 11 的作用下，PL1 首先分型，当行至 L 距离，同在扣机机构的作用下，PL1 停止分型，限位拉杆 6 开始限位，同时，滑块 2 在锁紧块 3 T 形槽的带动下，向内收缩完成了抽芯；继续开模，主分型面 PL2 分型，滑块 5 等相继完成抽芯；开模动作全部完成后，开始顶出动作，在注塑机的顶出下，8 支顶杆 7 带动大滑块 8 和滑块座、液压缸 10 等部件，连同产品一起被全部顶出后模型腔，此时 8 个产品已全部悬空；此后，液压缸 10 开始运动，带动大滑块 8 向后抽出，产品在挡块 9 的阻挡下，从大滑块 8 上自动脱落，自此模具动作全部完成。

此种脱模方式相当于推板结构，不同的是将推板设计在了滑块上，此种方法非常实用，对于类似此例的圆形产品，在不允许顶针顶出的情况下，可以考虑使用此种结构。望大家仔细领悟。

范例 11　汽车转向灯灯体内滑块机构

此副模具的产品是一款汽车转向灯的灯体，如图 4-37 所示。图中所示的一侧是后模部分，箭头所指位置是安放灯泡的灯泡孔，孔的周围有一圈圆形筋，此孔的轴心方向和模具的脱模方向有很大的夹角，从图 4-37b 的局部切图可以清晰地看出，因此，此部位无法正常脱模，必须做内滑块机构。详细结构如图 4-38 所示。

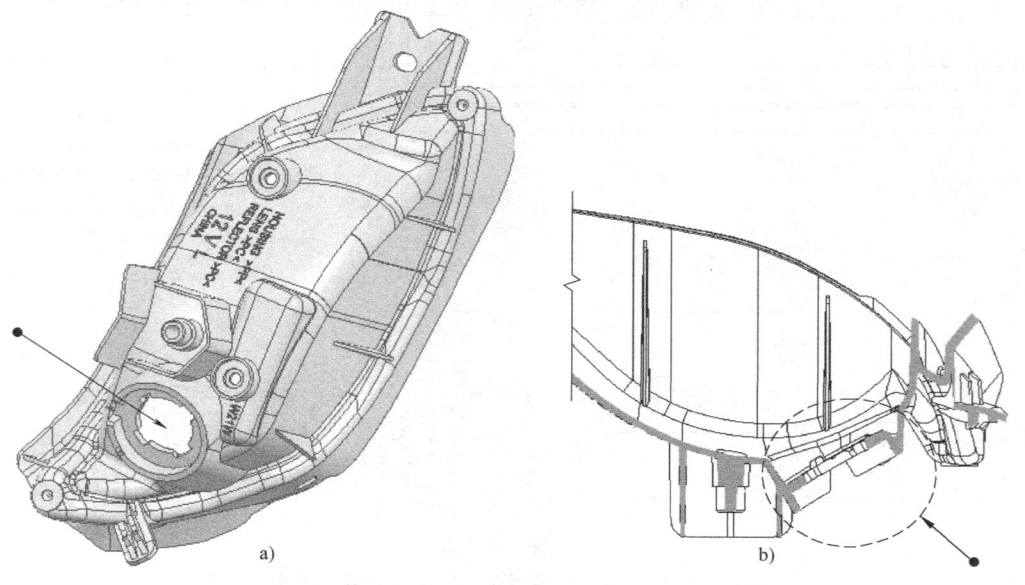

图 4-37

第4章 后模内滑块机构20例

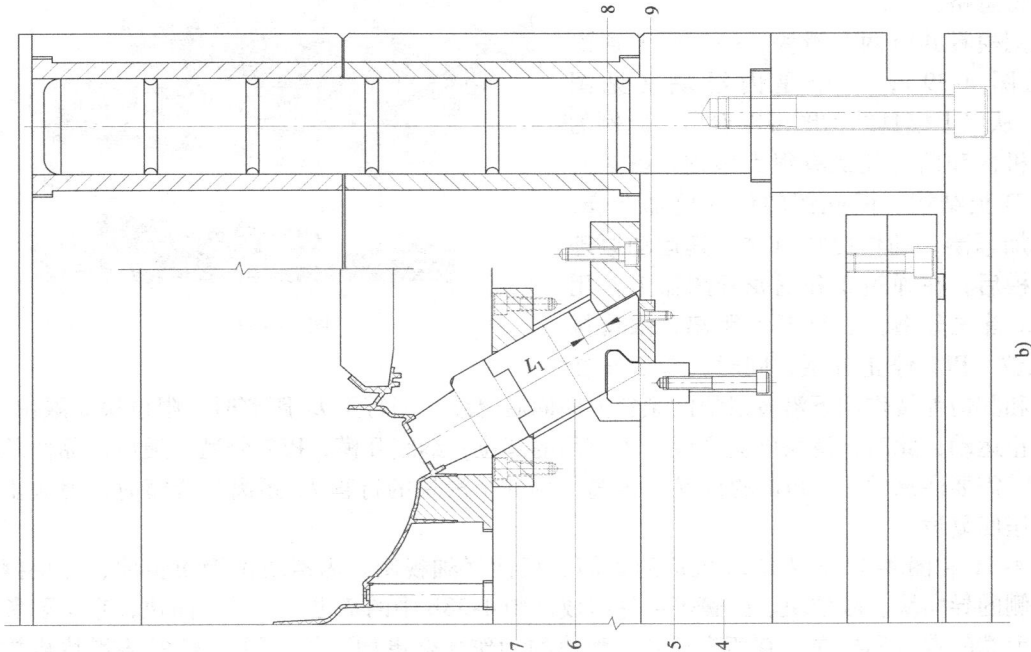

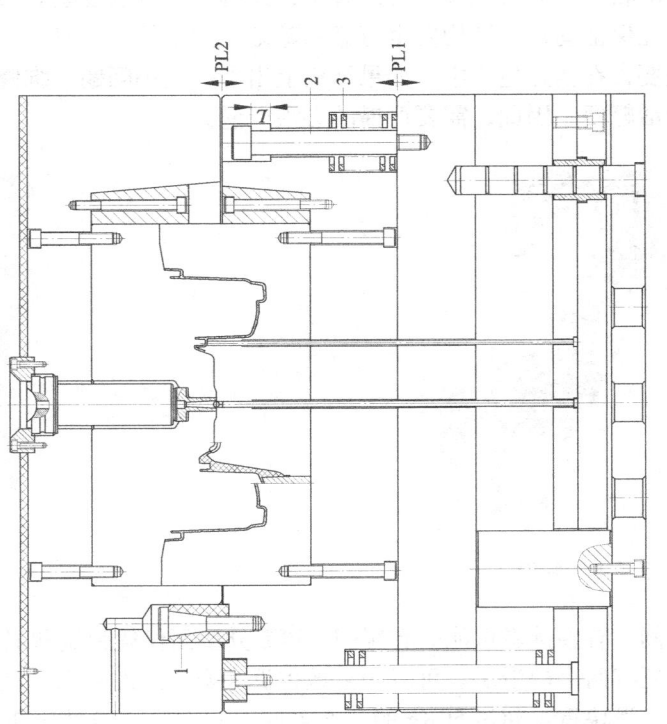

图 4-38

1—尼龙开闭器 2—限位拉杆 3—弹簧 4—托板 5—拨块 6—滑块 7—导向块 8—限位块 9—耐磨块

此副模具一模两穴，模具外形较大，为简化图面，本例只对重点进行描述，其他普通结构将忽略。

此副模具共有两个滑块，一个是普通滑块（见图 4-39），一个是内滑块（见图 4-40）。从以上模具结构图可以看出，此例的内滑块机构和前面几例有很大区别，虽然同属于弹 B 板结构，但此例的设计更加严谨，结构更加紧凑，动作更加可靠。其运动原理是：开模后，在弹簧 3 和尼龙开闭器 1 作用下，PL1 首先分型，当行至 L 距离，限位拉杆 2 限位，PL1 停止分型，同时，滑块 6 在

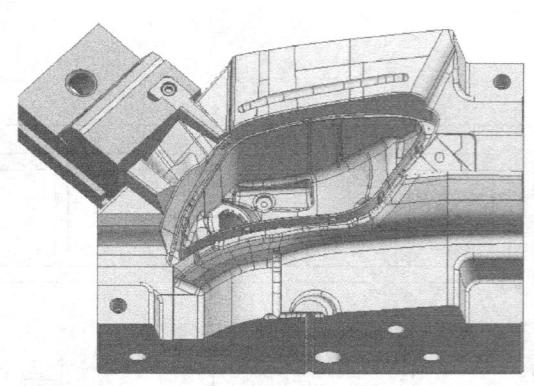

图 4-39

拨块 5 和其他弹簧作用下沿着滑块的倾斜方向向后退缩；当行至 L_1 距离时，限位块 8 限位，滑块停止运动，此时，滑块已完全脱出了产品的部位；继续开模，PL2 分型，最后产品由顶针顶出。需要注意的是，PL1 的行程 L 距离，刚好是滑块的行程 L_1 距离。合模时，滑块由模板 4 压回复位。

图 4-41 和图 4-42 为内滑块机构的正面和反面详细视图。内滑块由滑块主体、滑块镶件、两侧的导向块、限位块、弹簧等部件组成。图 4-38b 中的 7 也是一种导向块，它主要负责滑块前端的定位和导向。有两头导向，滑块的动作才会更加可靠。图 4-43 是内滑块机构装进模板中的状态，通过三视图可以看出，此例滑块有点复杂。模具设计的宗旨是力求结构简洁，但需在保证动作、结构安全可靠的基础上力求简洁。对于一些大型模具来说，动作的可靠最为重要，在实际生产中，如果结构上出了一点小问题，维修起来则非常困难，不像小模具那样灵活轻便，因此，需要严谨的必须严谨。

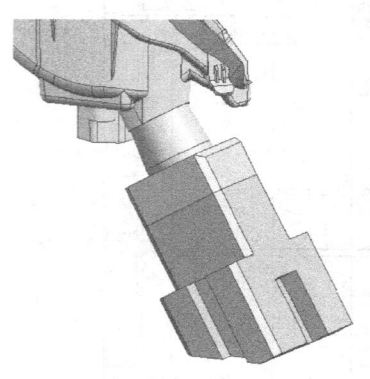

图 4-40

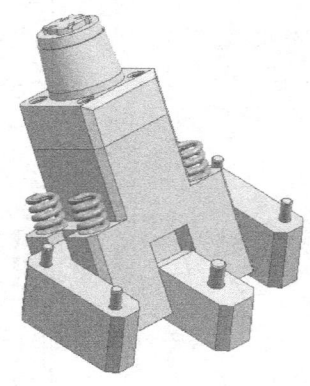

图 4-41

看完此例，有些读者可能会有疑问，PL1 分型面仅凭弹簧和尼龙开闭器的力量能否首先打开，况且还有两个内滑块。可以严肃地告诉大家，绝对可以。汽车上很多大型的模具，有的重达几吨，滑块重量超过 50Kg 的，均可使用此方法，经过长期的生产验证，非常安全可靠。对于一些大型的模具，可适当增加弹簧和尼龙开闭器的数量使之更加可靠。因此，此种方法可以放心使用。

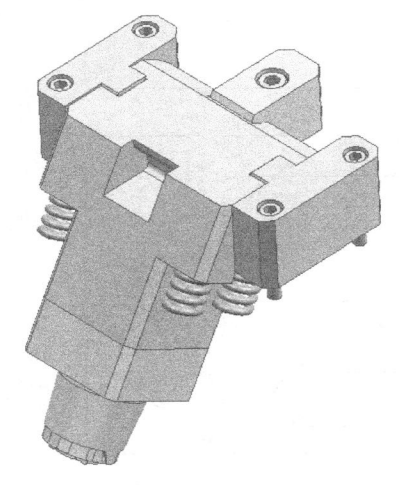
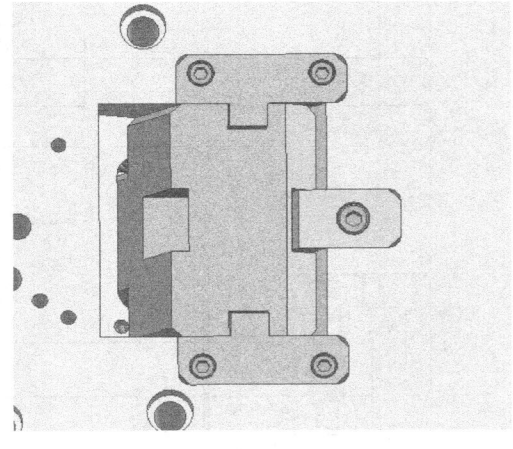

图 4-42　　　　　　　　　　　　　　　图 4-43

范例 12　保护底座内滑块机构

此副模具的产品是一个电动工具的保护底座，如图 4-44 所示。图中圆圈内所示之处，有数条很深的筋条，其中两个是半封闭的。筋条均在后模一侧，与模具的脱模方向有很大夹角，均无法正常脱模，必须使用倾斜式抽芯机构，而从图 4-44b 放大视图可以看出，斜顶机构显然无法使用，只能使用斜内滑块机构。模具详细结构如图 4-45 所示。

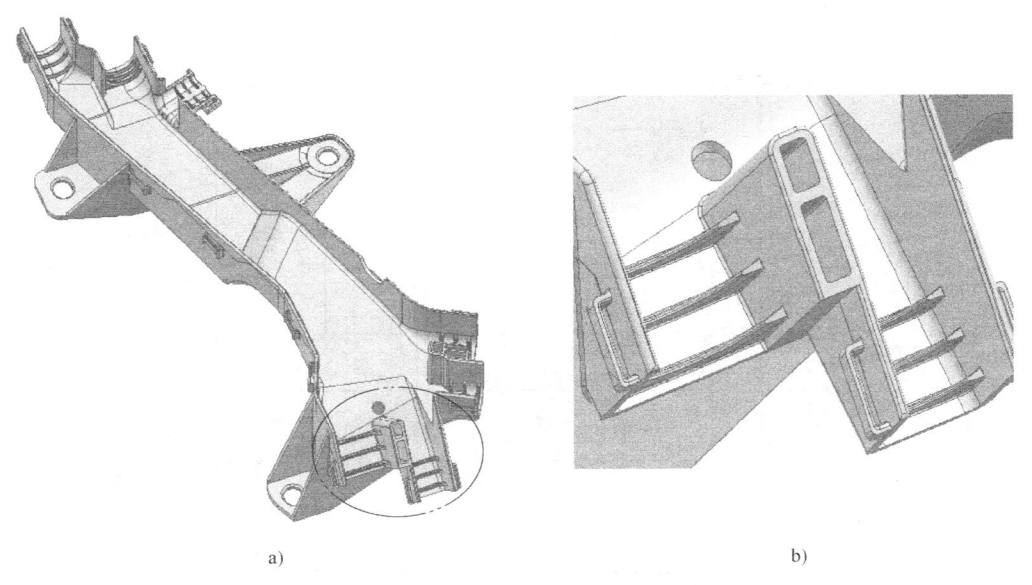

a)　　　　　　　　　　　　　　　　b)

图　4-44

从模具结构图可以看出，此例的滑块结构和本章范例 11 基本相同，本例不再多讲。但二者弹 B 板的方式有很大区别，范例 11 的开模动力主要依靠弹簧和尼龙开闭器，而本例却使用了机械式开模机构，如图 4-45c 和图 4-45d 所示。这种开模机构在弹 B 板的模具结构中经常用到，一些二次顶出的模具也经常使用。准确地说，此例的结构近似于二次顶出的结

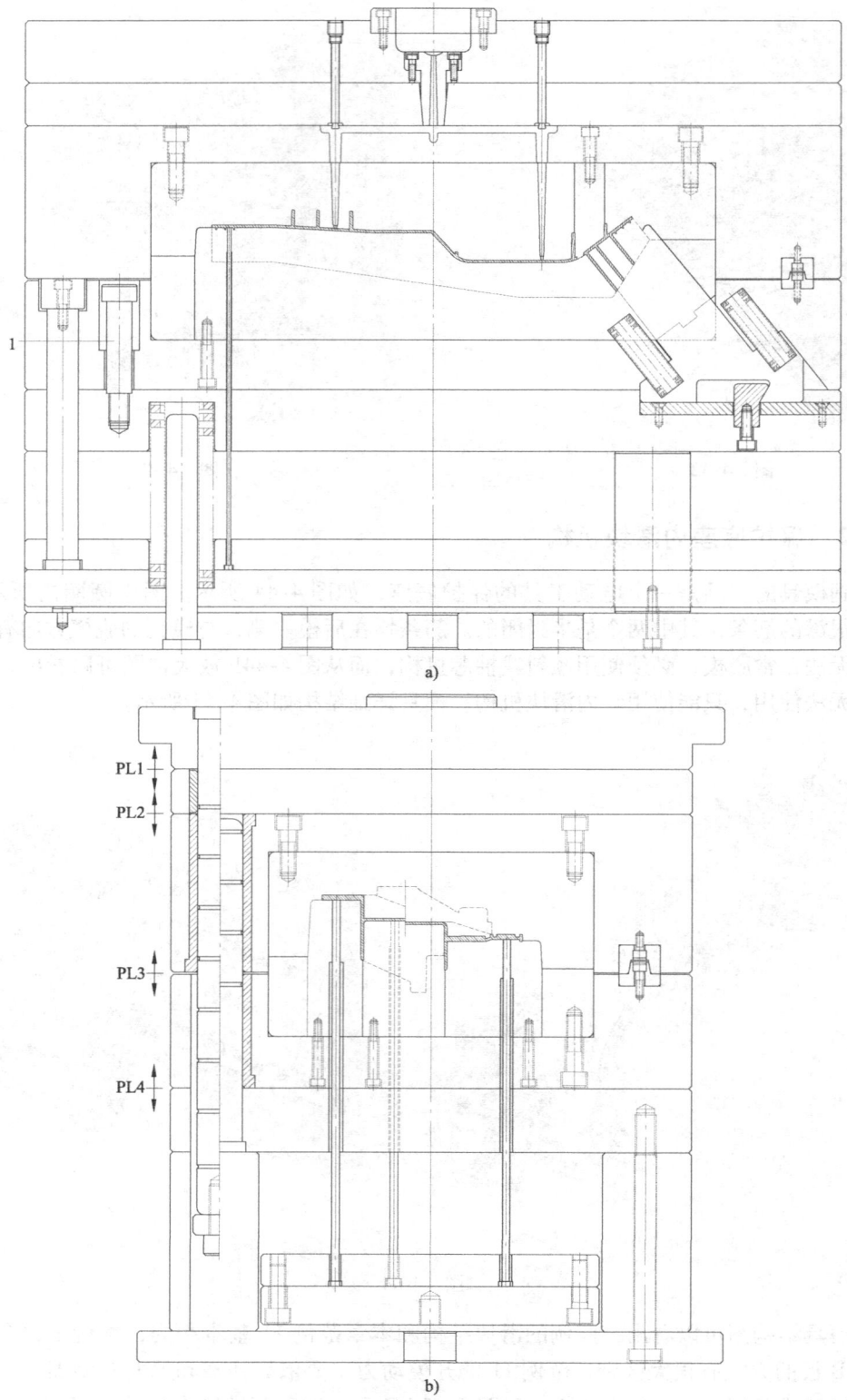

图
1—限位拉杆 2—斜压块 3—弹块

第 4 章　后模内滑块机构 20 例

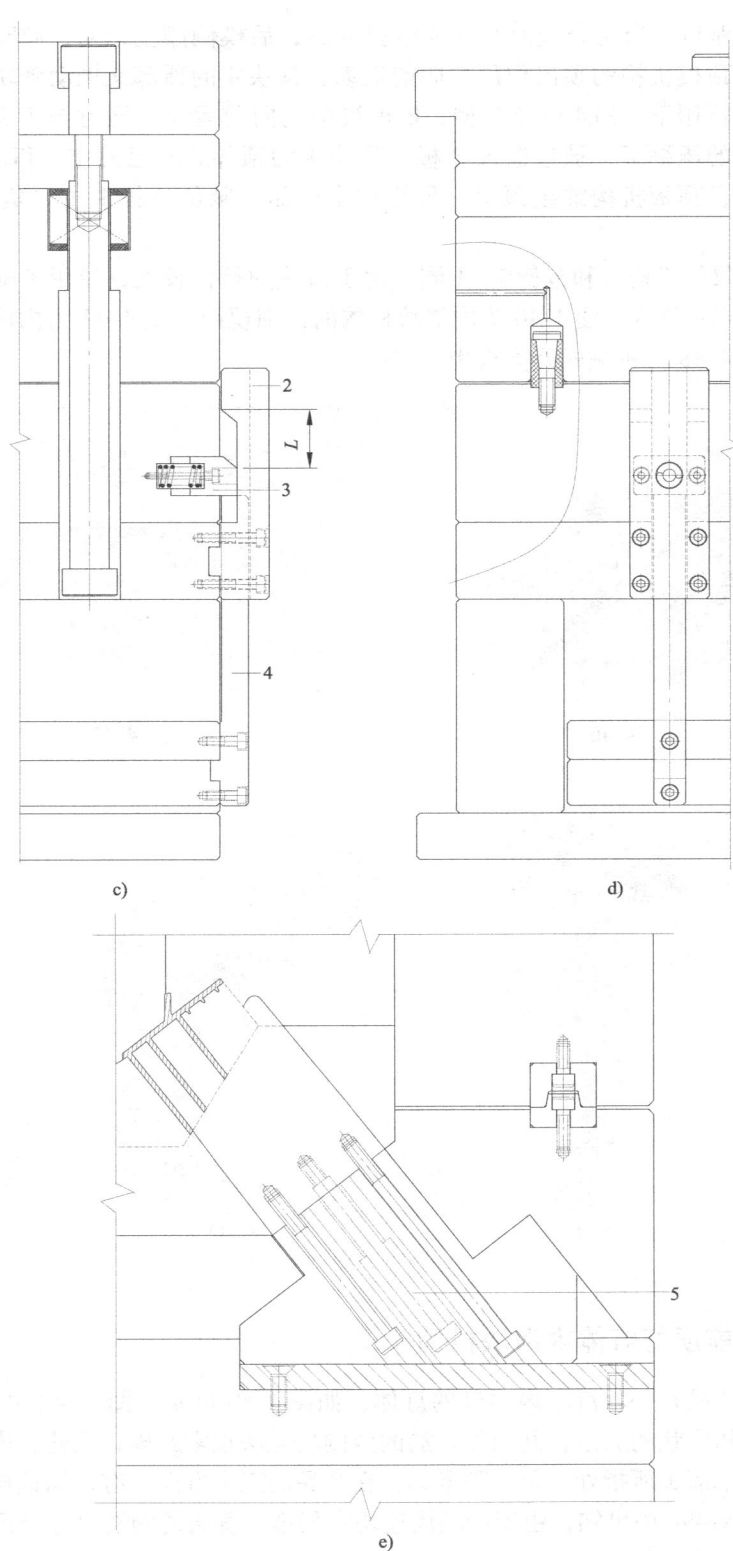

4-45

4—顶块　5—限位拉杆

构。其的动作原理是：当主分型面 PL3 完全打开后，后模侧停止运动，此时顶出系统开始工作，顶块 4 在顶板机构的顶出作用下向前运动，顶块 4 的顶部又推动弹块 3 一起向前运动，在这些力的作用下，PL4 开始分型，B 板被推动向前运动，当行至 L 距离时，弹块 3 在斜压块 2 斜面的压缩下，被迫退入 B 板，顶块 4 的顶部此时已悬空，PL4 停止分型，B 板停止向前运动，顶板机构继续顶出，最终顶出产品。限位拉杆 1 主要负责 B 板的安全限位。

此例滑块的限位机构也和范例 11 不同，由于滑块的行程较大，使用了限位拉杆 5 来进行限位，如图 4-45e 所示。图 4-46 为内滑块机构的详细视图，图 4-47 为内滑块机构装在模板中的状态，图 4-48 为机械式开模机构。

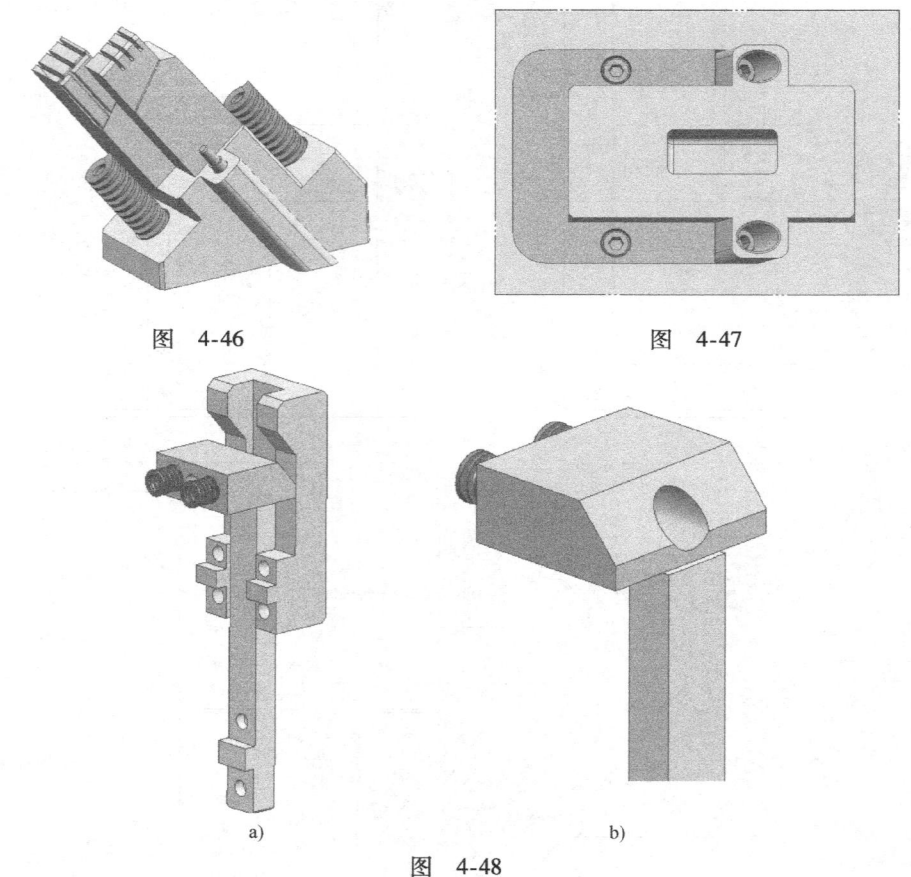

图 4-46　　　　　　　　　　图 4-47

a)　　　　　　　　　　b)

图 4-48

范例 13　汽车前顶灯灯体内滑块机构

此副模具的产品是一款汽车内顶灯的灯体，如图 4-49 所示。图 4-49b 的圆圈内所示为一处内外均有倒扣形状的筋条，共两处，筋的两侧均无法正常脱模，因此，内外两侧均需使用滑块抽芯。图中箭头所指处，是一种卡脚，在产品的三个方向均有，像这样的形状，必须做滑块。但从图 4-49c 中可知，由于产品周边均有翻边，普通的侧滑块肯定行不通，必须使用倾斜式滑块，而由于倾斜的角度较大，同样给滑块的设计带来很大难度，为此，本例利用弹 B 板的结构，巧妙地使用了内抽的方式。详细结构如图 4-50 和图 4-51 所示。

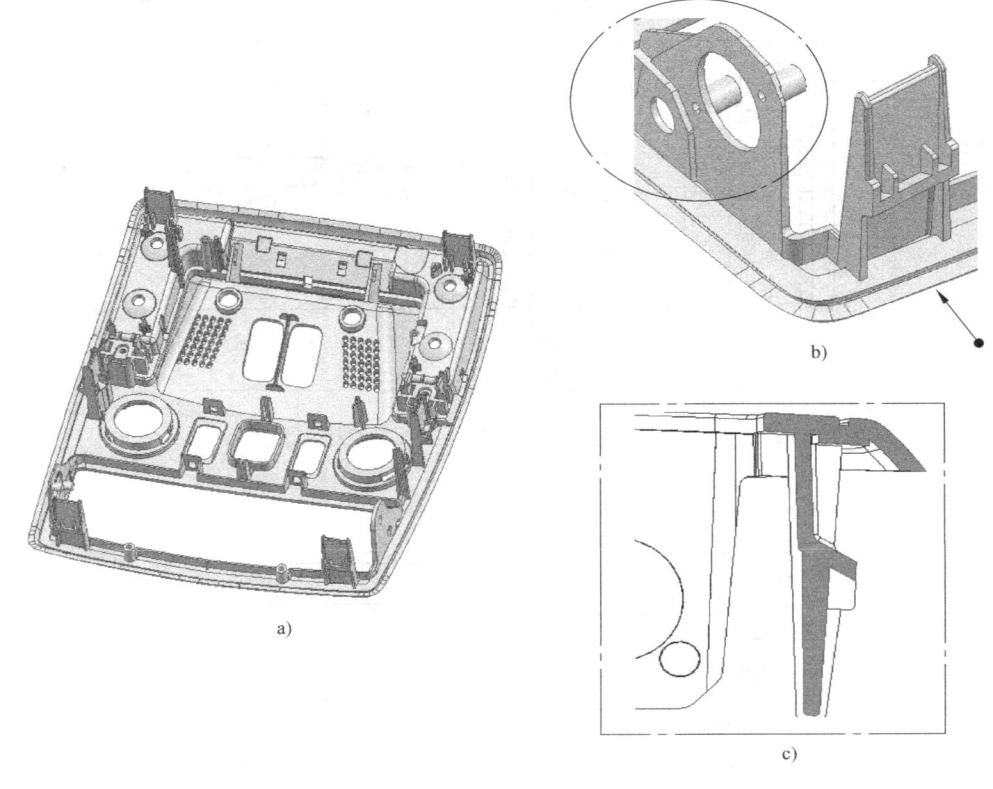

图 4-49

从图4-51可以看出，此副模具共有7个滑块，一个隧道式滑块，4个向外的斜抽滑块，产品内部还有两个内滑块。模具的运动原理是：开模后，主分型面PL1首先分型，当行至L距离时，前后模的开模距离已足够取出产品，此时，在拉板8和台肩螺钉1的作用下，PL2

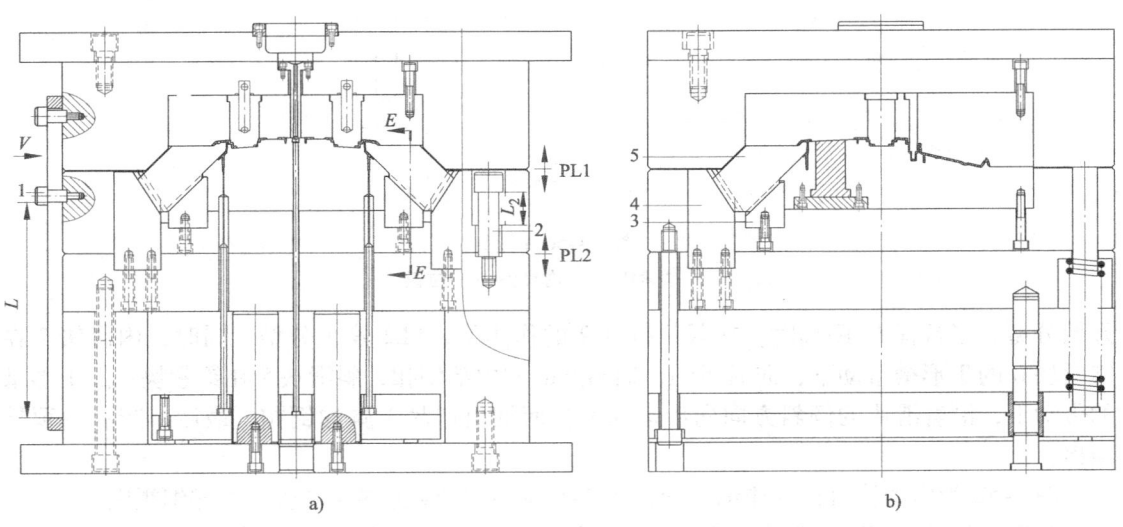

图 4-50

1—台肩螺钉 2—限位拉杆 3—固定块 4—锁紧块 5—斜滑块

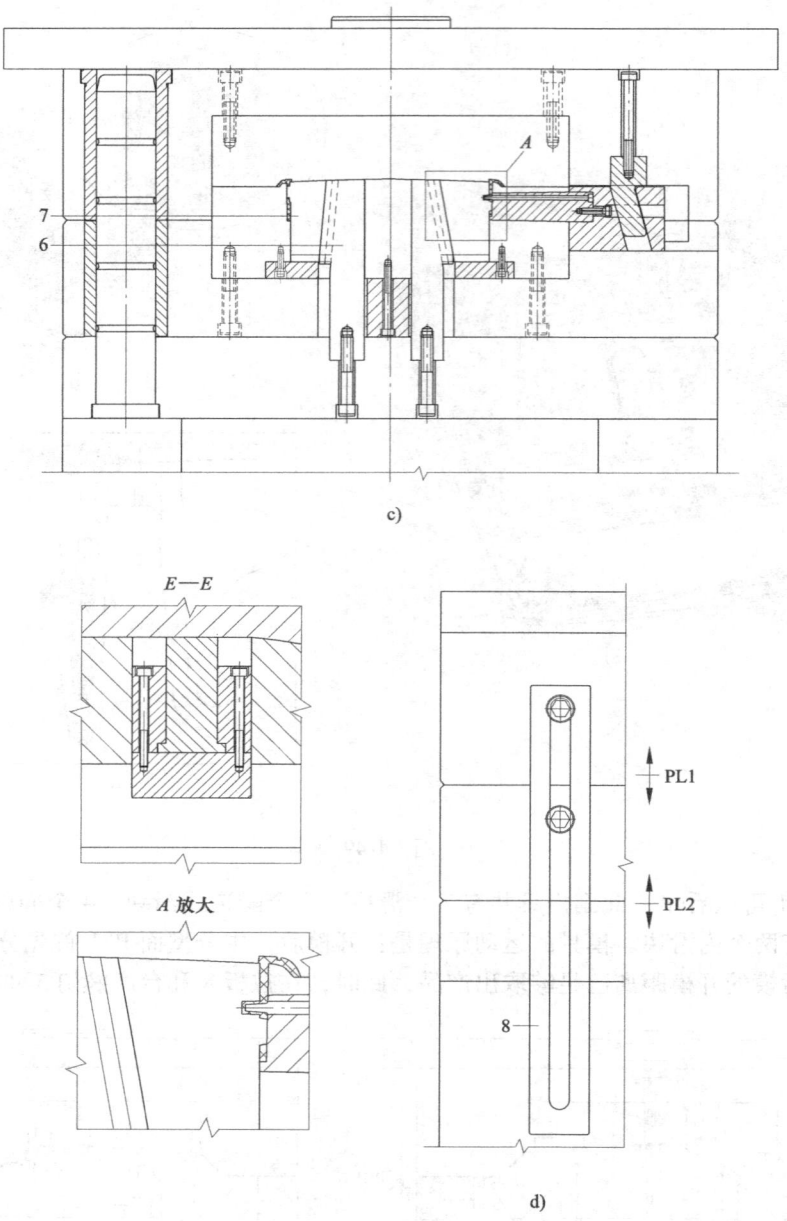

图 4-50（续）
6—锁紧块 7—内滑块 8—拉板

开始分型，当行程 L_2 距离时，在限位拉杆 2 的作用下，PL2 停止分型，同时，内滑块 7 在锁紧块 6 的 T 形槽带动下，向后滑动，抽出产品的内部倒扣，斜滑块 5 在锁紧块 4 的 T 形槽的带动下，沿着滑块的倾斜方向向后运动，从而抽出产品卡脚的倒扣，最后，产品由顶针顶出。

图 4-52 为内滑块机构的详细视图，图 4-53 和图 4-54 为斜滑块机构的详细视图。

此副模具结构紧凑，动作可靠，构思巧妙，对于倾斜角度较大的外部滑块来说，此例将是很好的参考。

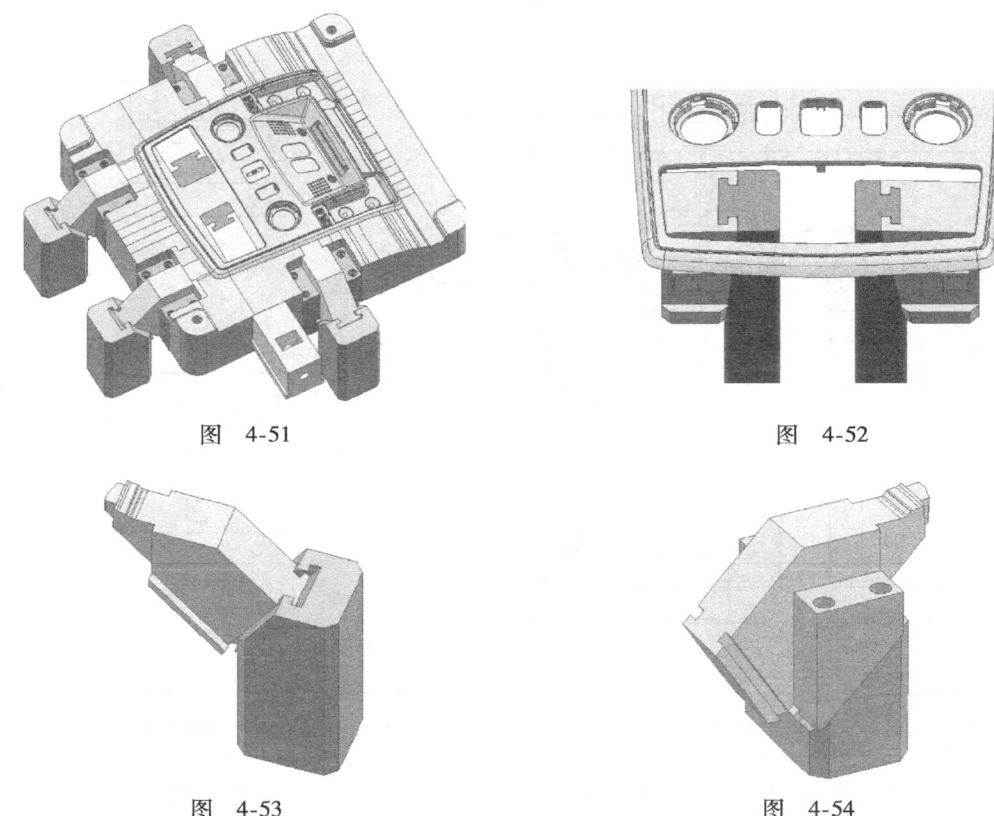

图 4-51

图 4-52

图 4-53

图 4-54

范例 14　螺母内滑块机构

此副模具的产品是螺母，如图 4-55 所示。产品的形状很像牛仔帽，底部为规则的圆形，上端两头翘起，似尖尖的小船。虽说是螺母，但并无螺纹，而是在产品内部有 4 个止扣。对于这样的产品形状，有经验的设计者一看则知，产品虽简单，但模具结构相当复杂，外面需滑块，内部需内滑块。由于两端翘起的形状，即使没有 4 个止扣，内部也同样应做内滑块。此产品的内圆直径最大仅 50mm，但是，单个内滑块的行程即需 15mm，现需两个内滑块，总行程则为 30mm，再加上两个内滑块自身的厚度，内部空间则非常紧张，此即设计此副模具的最大难点。详细结构如图 4-56 所示。

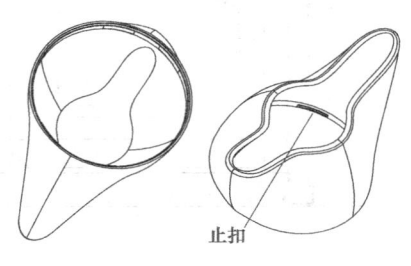

止扣

图 4-55

此副模具的设计思路是：前模部分用了两个哈夫式滑块将产品全部包住，后模部分用了两个内滑块，一个型芯，共三个成型部分。由于内滑块的行程较大，开模后，中间的型芯应首先抽出，中间留出足够的空间让滑块收缩，否则，内滑块无法实现如此大的抽芯距。其运动原理是：开模后，在扣机机构 6 的作用下，PL1 首先分型，当行至 L 距离后，又同在扣机机构作用下，PL1 停止分型，限位拉杆 4 安全限位，同时，型芯 2 已完全从内滑块 1 中抽出了 L 距离（见图 4-57），为下一步内滑块的运动提供了安全空间；继续开模，主分型面 PL2 打开，产品留在后模侧内滑块上面，当后模侧停止运动后，顶出机构开始运动，内滑块 1 在

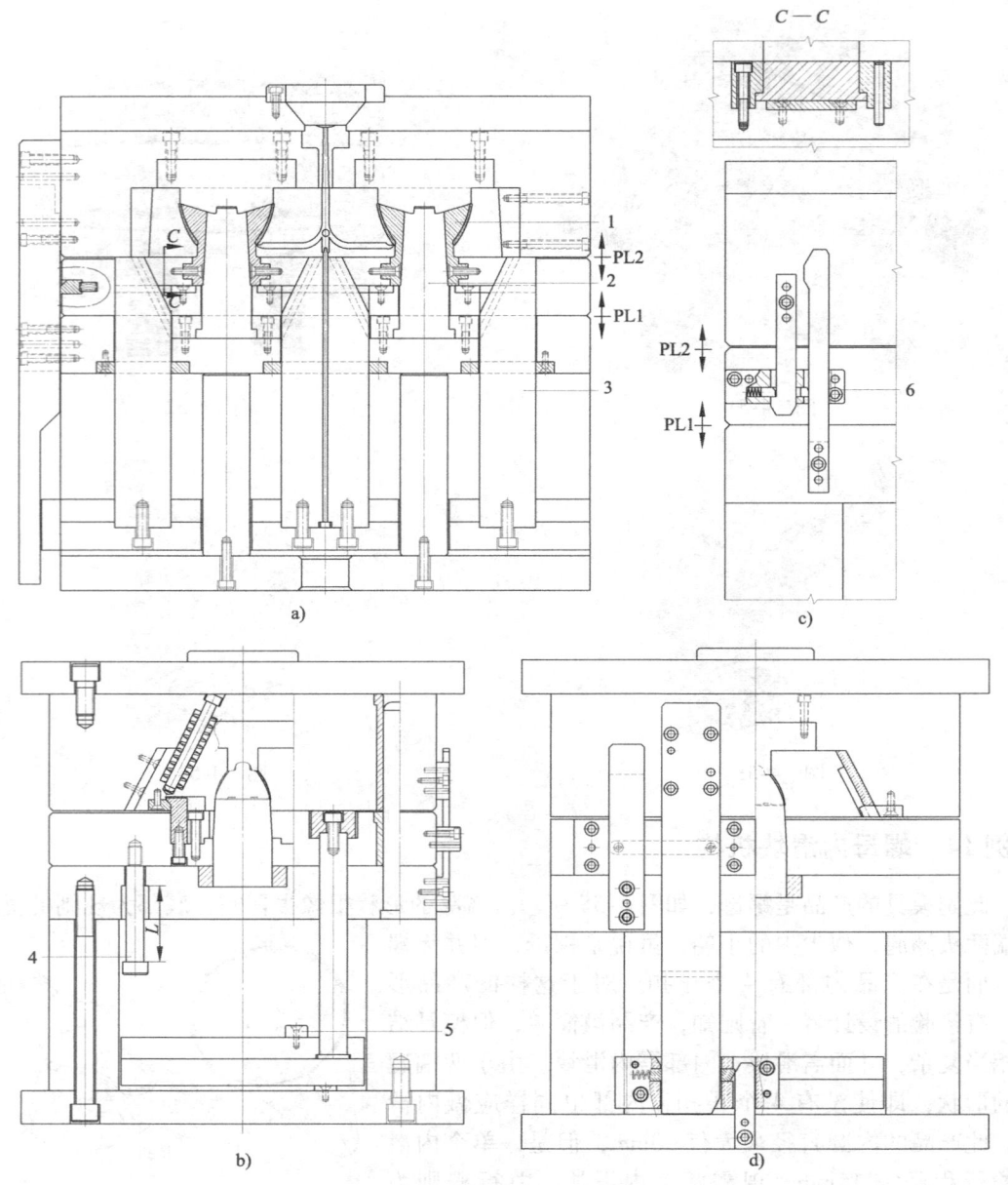

图 4-56
1—内滑块 2—型芯 3—锁紧块 4—限位拉杆 5—限位块 6—扣机机构

锁紧块3的推动下,向产品内部收缩;当限位块5开始限位时,顶出机构停止运动,此时,内滑块已完全脱离了产品,使产品自动落下,如图4-58所示。

此副模具的结构看似非常经典和巧妙,但也存在很大的安全隐患。从图4-58可以看出,内滑块在脱出产品后,其位置刚好处在型芯2上面,如果在这种状态下合模,滑块和型芯肯定会发生碰撞,根本无法合模,因此,在分型面PL1合模之前,滑块必须首先复位。滑块应首先复位即意味着顶板机构应首先复位,即顶板机构第一个复位,PL1第二个复位,主分

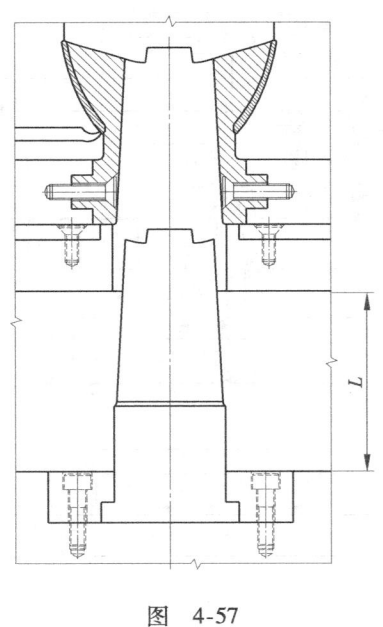
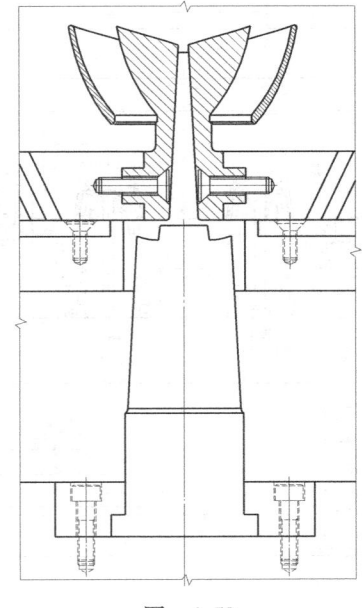

图 4-57　　　　　　　　　　　　　　　图 4-58

型面 PL2 最后复位。为安全控制合模顺序，本例在顶针板和 B 板上分别设计了两种不同结构的控制机构，其中顶针板上的结构和本章范例 9 的结构完全相同，只是倒过来使用而已，本例不再讲述。至于 B 板上的控制机构，和顶针板上的动作原理相同，只是形状不同而已。读者可对此例模具和两种机构控制进行仔细推敲和研究，只有真正领悟了，印象才会更深刻。

范例 15　插座内滑块机构

此副模具的产品是一个圆形的电器固定插座，如图 4-59 所示。此产品内部有 8 个圆孔，圆孔的特征，是孔的轴心方向与模具的出模方向均不一致，最重要的是每个孔的轴向均不同，呈放射状向 8 个方向均匀排列。从图 4-59b 的剖视图可以看出，对于这种产品，模具结构必须做内抽芯机构，但是如何抽，则需一定技巧。详细结构如图4-60所示。

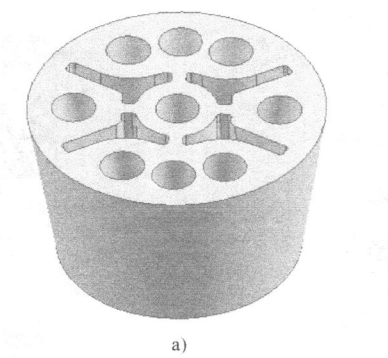
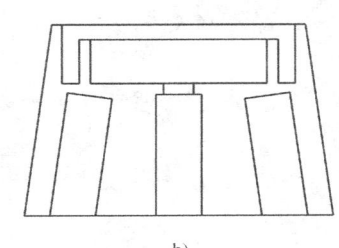

a)　　　　　　　　　　b)

图　4-59

从模具结构图可以看出，此副模具的内滑块机构依然是弹 B 板结构，设计者直接利用产品的圆孔做成 8 个可抽动的活动型芯，在型芯底部安放了两个滚轮，当 B 板弹开后，8 个

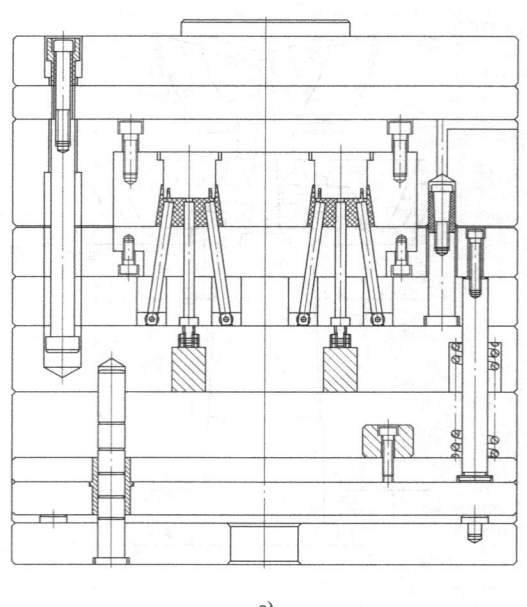
a)

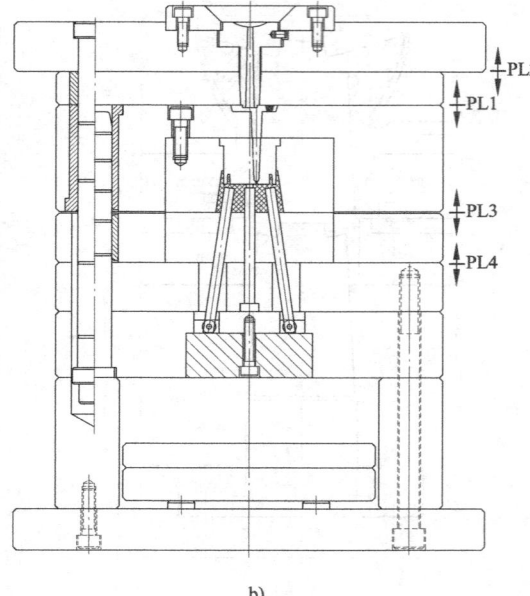
b)

图 4-60

型芯不仅可以抽动，还可左右顺畅地滑动，从而保证了动作可靠。图4-61为内滑块机构的详细视图。

　　此副模具结构简洁，构思巧妙，动作可靠，不过在设计时仍存在一个难题，就是由于产品的直径较小，8个型芯装上滚轮后，相互之间将会发生严重干涉，无法运动。为此，设计者利用巧妙的布局，将其中不会产生干涉的6个作为一组，固定在上面一块模板上，将会发生干涉的两个作为另一组，固定在下面一块模板上，使8个型芯互相错开，干涉的问题得以解决，如图4-62和图4-63所示。

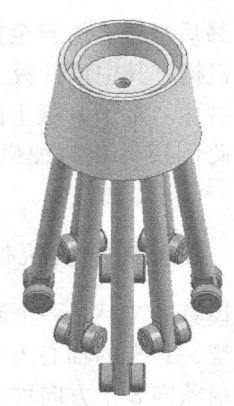

图 4-61

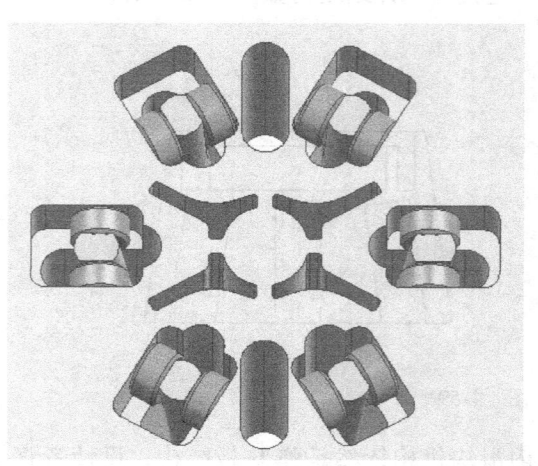

图 4-62

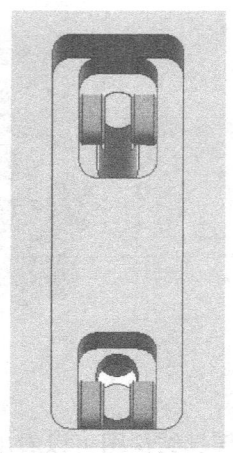

图 4-63

范例 16　礼品盒上盖内滑块机构

此副模具的产品是一个礼品盒的上盖，如图 4-64 所示。产品形状非常简单，是一个规则的四方形壳类产品，外表面无任何结构，产品内部四周却有多个凸起和凹下的止扣，如图 4-64b 所示。部分凸起的止扣向内翘起，如图 4-64c 所示。对于这样的形状，做斜顶机构显然是不行的，只能做内滑块机构。详细结构如图 4-65 所示。

此副模具的滑块类型和本章范例 1 有相同之处，倒扣的形状也基本相同，按理说，也可以使用范例 1 的结构，但此例一模两穴，每个产品有 7 个滑块（见图 4-66），且每个滑块的滑动方向均为倾斜的。如果像范例 1 那样将滑块做到模具的表面上，一是整个模具的外表不美观，二是由于滑块是斜的，且斜度较大，模具的设计难度和加工难度将会大大增加，动作也不一定可靠。使用现在的结构，首先外观较漂亮，从分型面上根本看不到有滑块机构，滑块也变得小巧紧凑，节省了很大空间。特别是锁紧块和斜导柱的组合方式，使滑块的动作变得非常可靠，和常规的 T 形槽、燕尾槽相比，斜导柱的安全系数会高出很多。因此，在内滑块机构中，应灵活使用斜导柱。图 4-67 为滑块机构的详细视图。

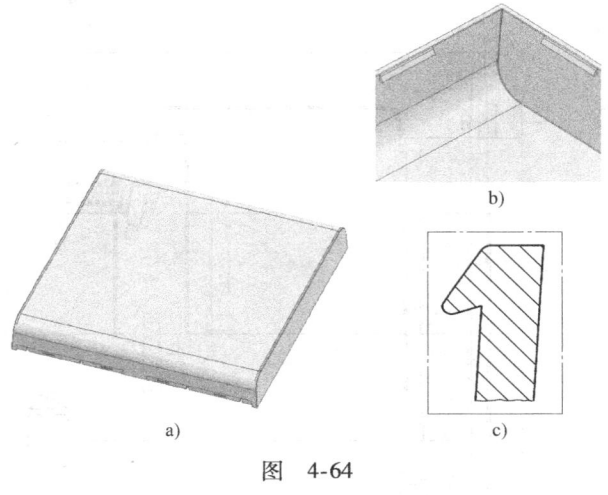

图　4-64

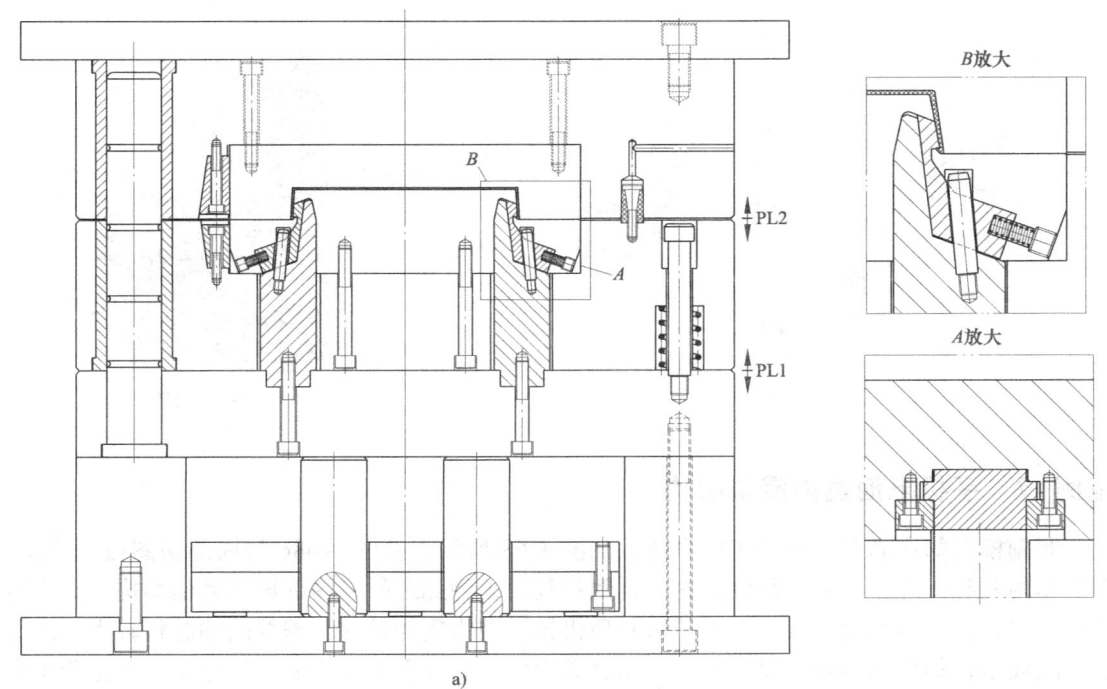

图　4-65

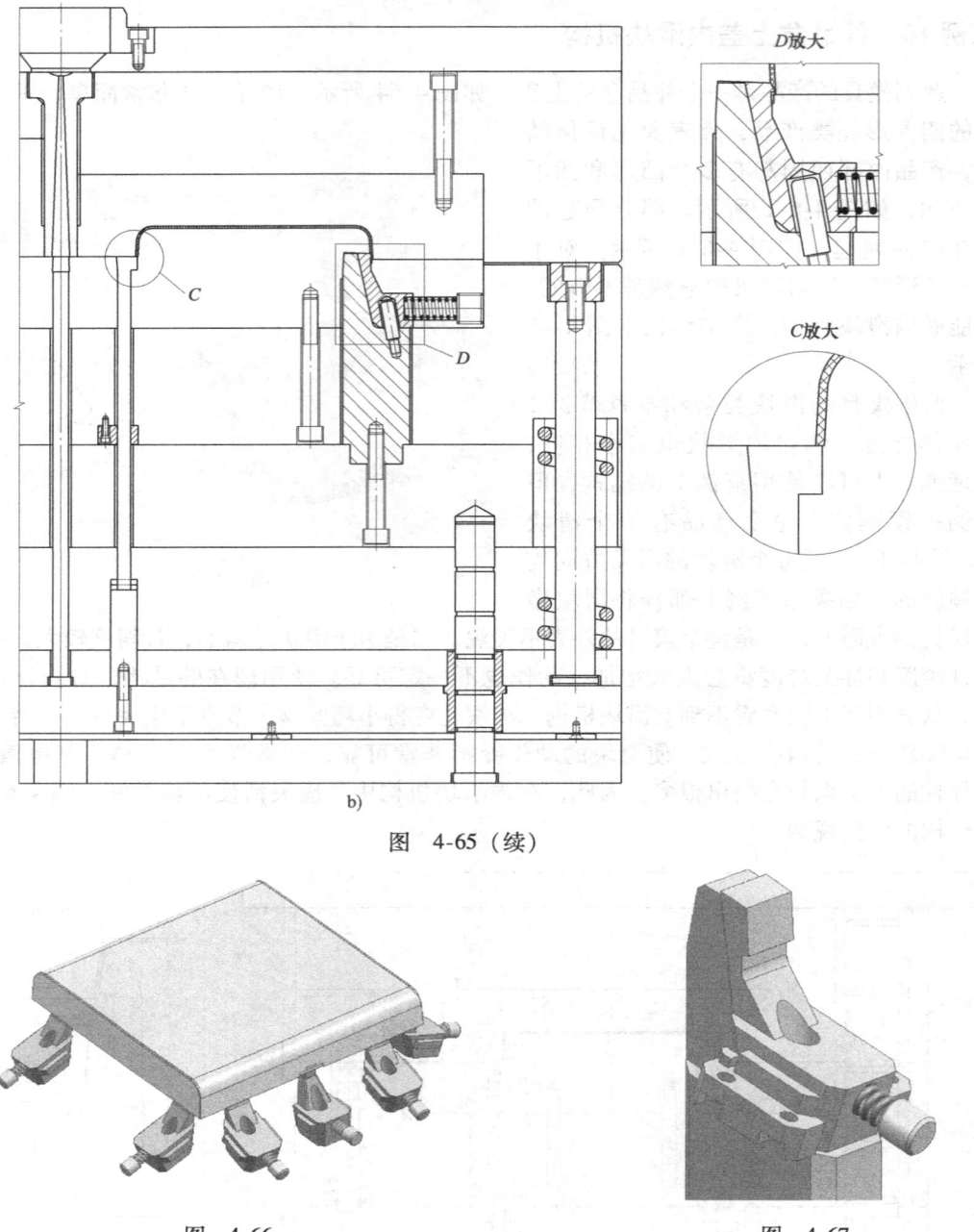

图 4-65（续）

图 4-66

图 4-67

范例17 手机电池盒内滑块机构

此副模具的产品是一款手机的电池，如图4-68所示。从图4-68c的局部切图可以看出，在产品内侧有一个方向完全是倒扣的，且倒扣较深，除此之外，内部再无其他结构。对于这样的形状，首先应明确一点，它不能做斜顶机构。因为倒扣较深，需要的抽芯距较大，产品的高度较小，如果做斜顶，顶出时，产品会紧紧包在斜顶上随着产品一起运动，无论顶出多远的距离，都脱不掉产品。因此，必须使用内滑块机构。详细结构如图4-69所示。

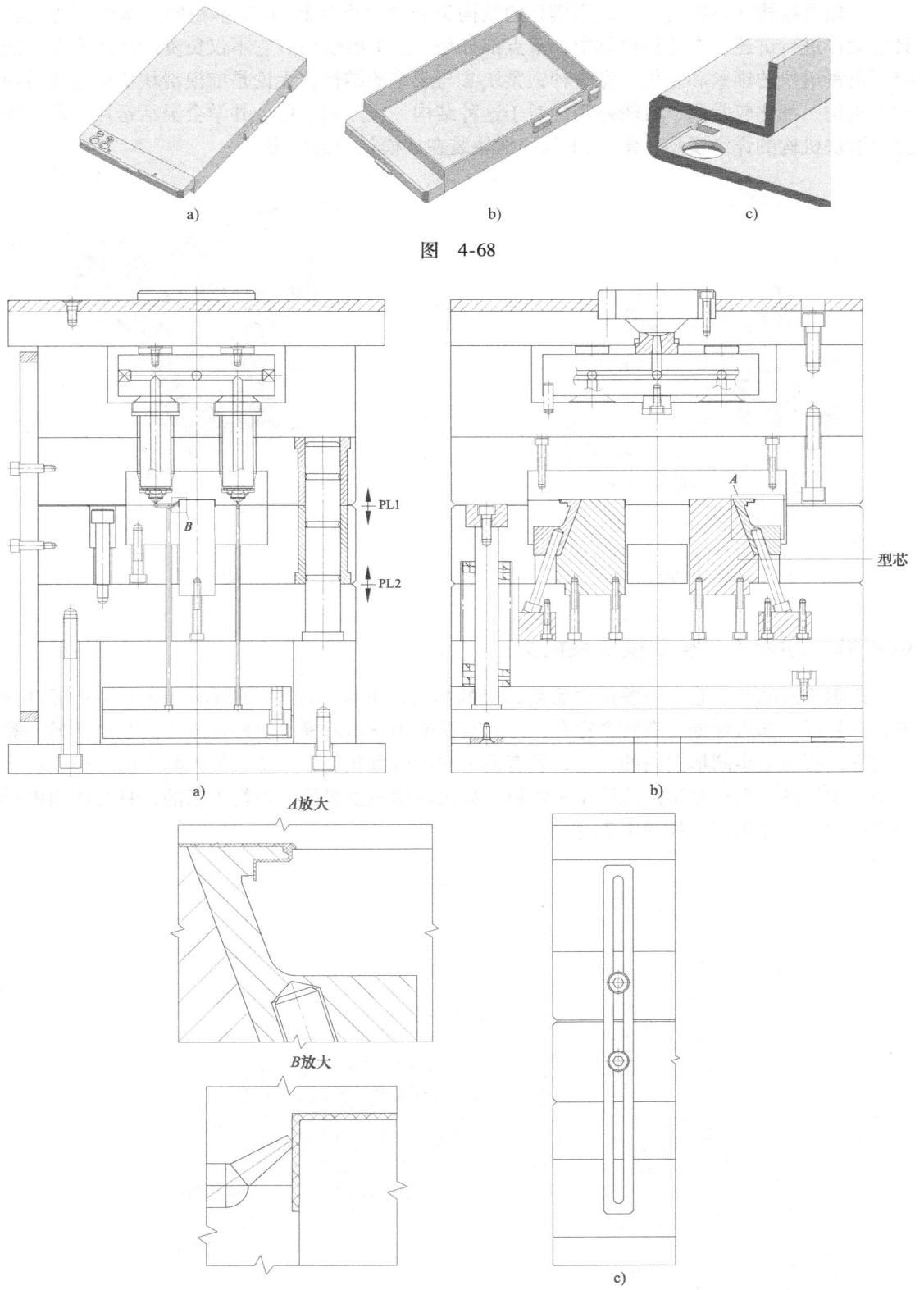

图 4-68

图 4-69

从模具结构图可以看出，此副模具的结构类型和本章范例 16 基本相同，本例不再对模具的动作进行讲述。在此例模具中，重点部分是型芯 1 的使用，它不仅负责产品的成型，同时还负责滑块的锁紧和复位。像这种锁紧块参与成型的结构，无论是前模滑块机构还是后模滑块机构，都比较常用，且较好用。对于这种结构，应熟练掌握，并学会灵活运用。图 4-70 为内滑块机构的详细视图，图 4-71 为内滑块装在后模仁中的状态。

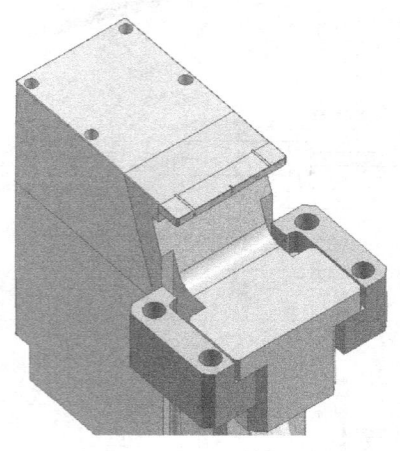
图 4-70

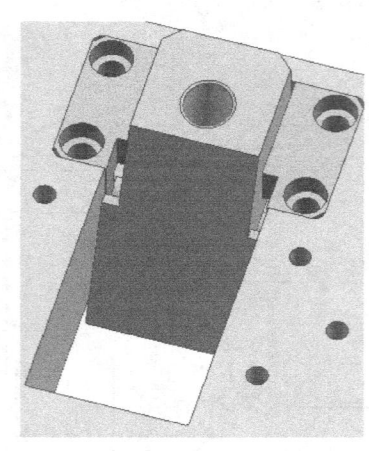
图 4-71

范例 18　粉碎机杯盖后模滑块机构

此副模具的产品是一个餐用食品粉碎机的杯盖，形状如图 4-72 所示。此产品外形较简单，在靠近底部边缘处，有两个穿孔，穿孔直接使用普通后模滑块即可成型。在产品另一侧的内部，有一个半圆形向内的翻边，且有两个向内的盲孔，导致了后模内侧无法脱模。由于产品高度较高，且产品顶部几乎是圆锥形，如果使用斜顶机构，是行不通的，只有使用内滑块机构。模具详细结构如图 4-73 所示。

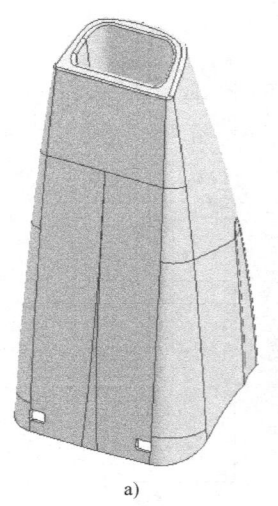
a)

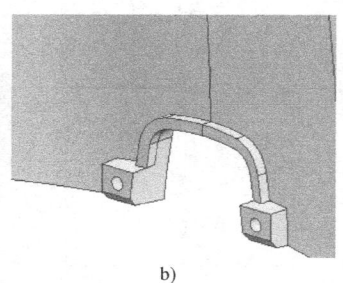
b)

图 4-72

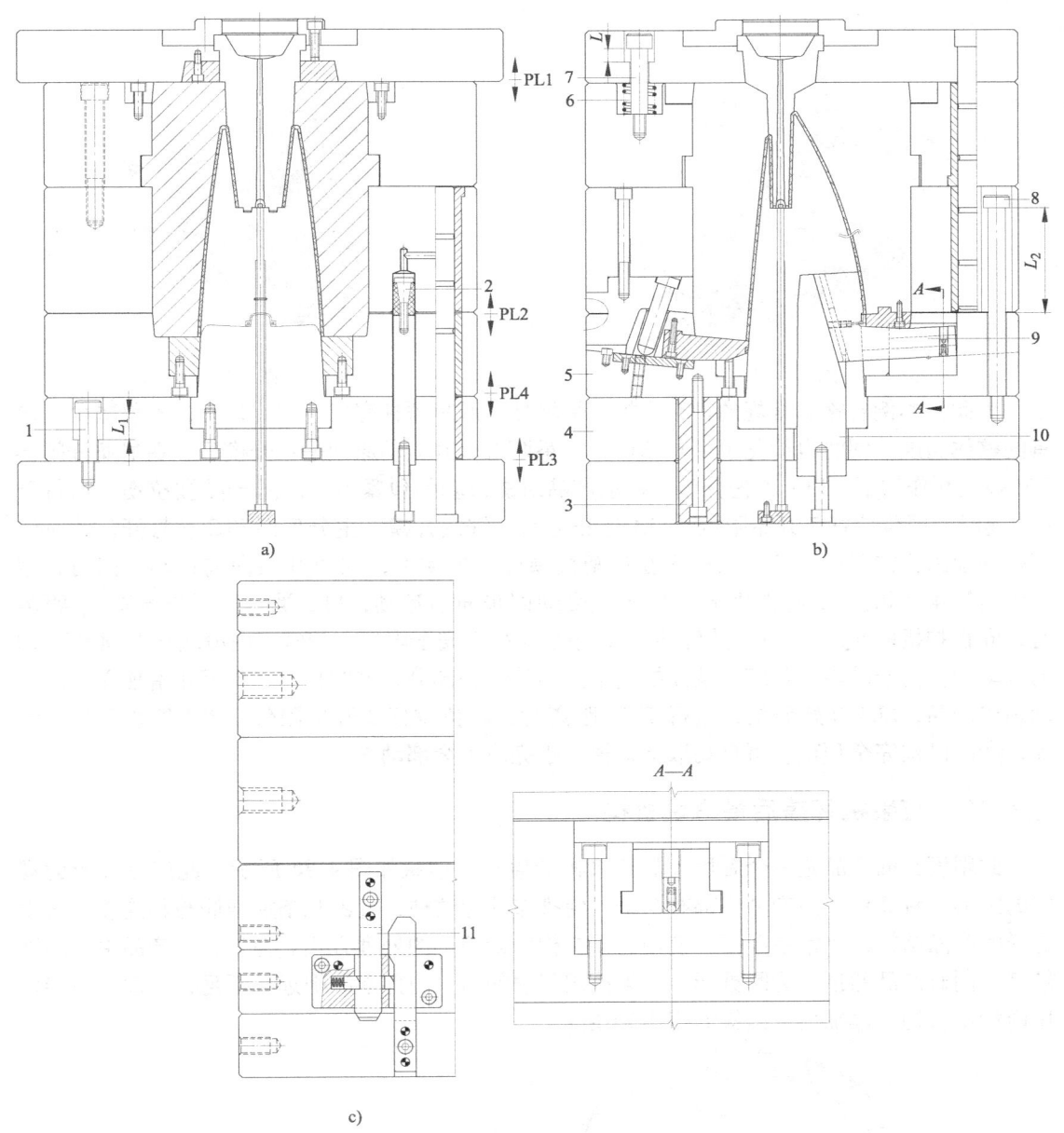

图 4-73

1、7、8—限位拉杆　2—尼龙开闭器　3—顶柱　4—型芯固定板　5—B板
6—弹簧　9—内滑块　10—锁紧块　11—扣机机构

此副模具共有两个滑块，即普通的后模滑块和内滑块，如图4-74和图4-75所示。在本例中，滑块的结构并不重要，重要的是此副模具的整体结构给我们带来了新的思路，除了滑块之外，还有很多好的理念值得借鉴和学习。如前型腔的镶拼形式，浇口套的结构形式等，特别是顶出机构的设计和内滑块机构的动作衔接等，让我们耳目一新。此产品由于高度较高，加上模具的顶出距离，如果按照常规的顶出结构去设计，那么这副模具的高度就非常高，生产时所需的注塑机吨位将加大很多，大大浪费了生产成本，同时也使模具的机构复杂

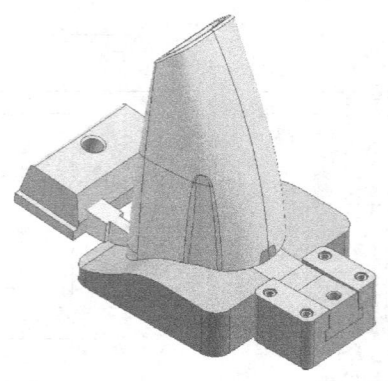
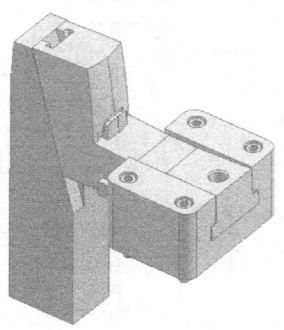

图 4-74　　　　　　　　　　　　　　　　　　图 4-75

了。为此，本例省略了常规的顶板机构，另增加了两只顶柱完成了顶出动作，不仅减少了模具的整体高度，同时也简化了模具结构，一举两得。其运动原理是：开模后，在尼龙开闭器 2 和弹簧 6 作用下，PL1 首先分型，松动产品对浇口套的包紧力，以防产品被拉伤，当行至 L 距离时，限位拉杆 7 开始限位，PL1 停止分型；继续开模，主分型面 PL2 被打开，此时注塑机的顶出机构开始运动，顶柱 3 在注塑机顶杆的推动下，推动 B 板向前运动，同时，型芯固定板 4 在扣机 11 的作用下，被 B 板带动同步向前运动，PL3 被打开，当行至 L_1 距离时，同在扣机的作用下，PL3 停止运动，限位拉杆 1 安全限位，同时，内滑块 9 在锁紧块 10 的带动下，向产品内部收缩，从而抽出了产品的倒扣部分；继续顶出，B 板开始独立向前运动顶出产品，PL4 开始分型，当行至 L_2 距离时，限位拉杆 8 开始限位，PL4 停止分型，至此，产品已被完全顶出，可自动取下，模具也完成了全部动作。

范例 19　打浆机杯盖后模滑块机构

此副模具的产品是一个餐用食品打浆机的盖子，形状如图 4-76 所示。此产品外形为规则的圆形，较简单，而产品内部有 5 个均匀排布的螺纹柱，且由几条加强筋与其连接。对于这样的产品结构，正常情况下，使用斜顶机构为最简单的处理方式。但是，此产品由于高度较高，同时产品的顶部为圆锥形，如果使用斜顶的话，内部空间则远远不足，因此，只能使用内滑块机构。详细模具结构如图 4-77 所示。

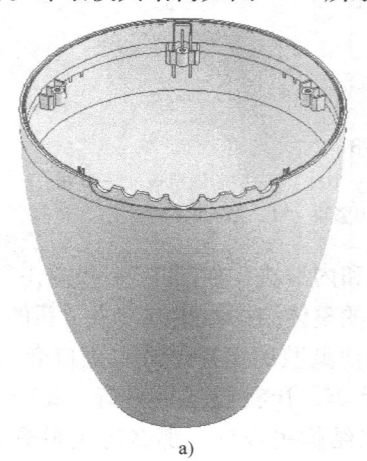

a)　　　　　　　　　　　　　　　　　　b)

图 4-76

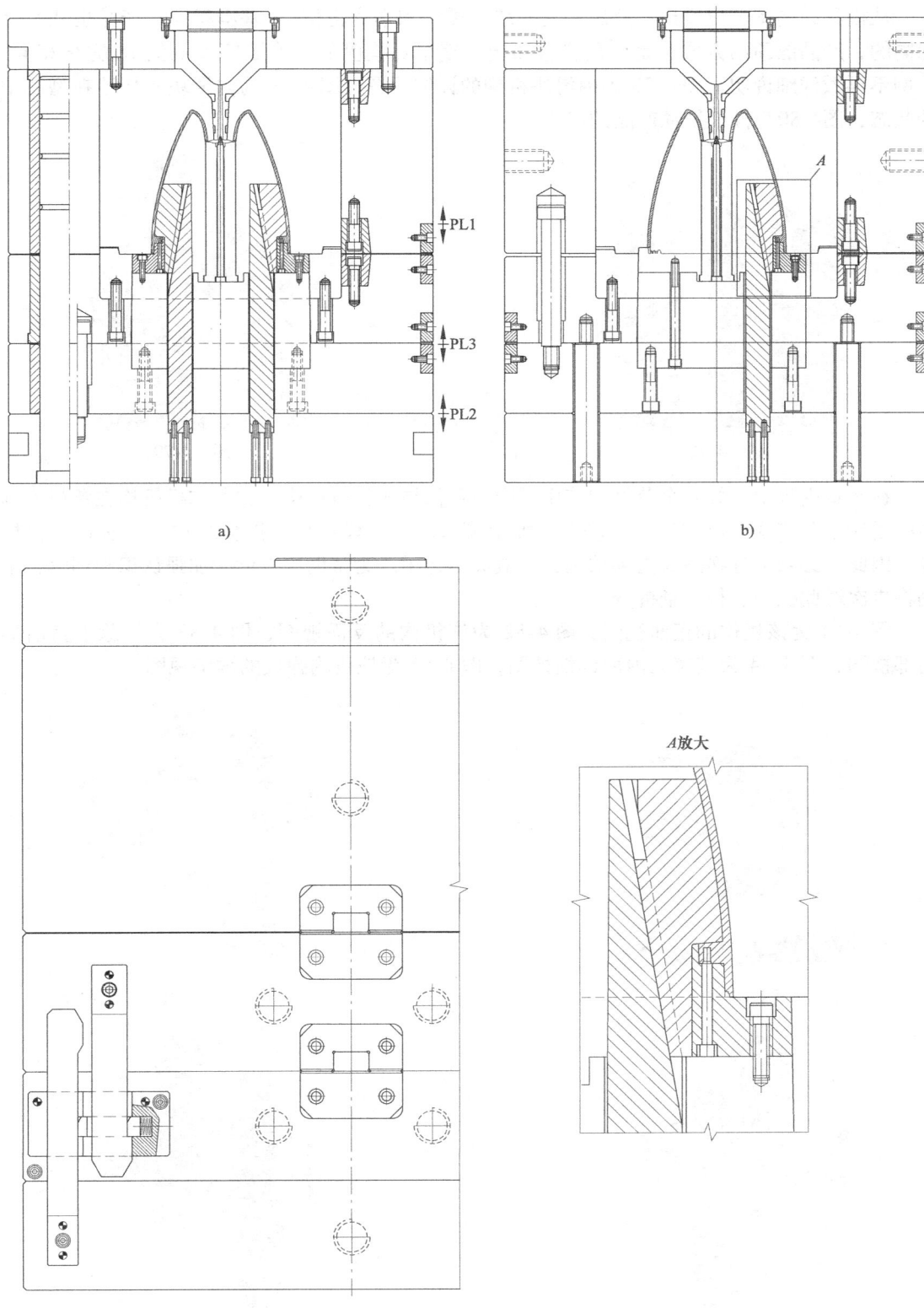

图 4-77

从模具结构图可以看出，此副模具的结构类型和本章范例18基本相同，产品也几乎是相同的，产品的顶出方式也是使用推板顶出，整个后模侧的动作顺序和范例18完全相同，本例不再做详细说明。图4-78为内滑块机构的详细视图，图4-79为内滑块机构装在型芯中的状态，图4-80为推板推动产品的状态。

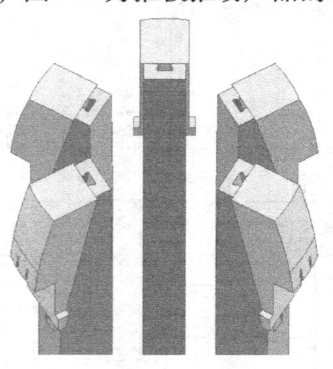
图 4-78

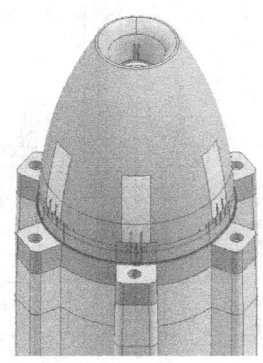
图 4-79

在本章内容中，好几个范例均使用了同一种机械式扣机机构，这种扣机机构在塑料模具中的用途十分广泛，可用于不同场合，如前模滑块、后模滑块、推板结构、二次顶出机构等，因此，必须十分熟悉其内部结构，并能灵活运用。为帮助广大读者加强认识和理解，本例将再次对此机构进行详细拆分。

图4-81为该机构的正面视图，图4-82为该机构的反面视图，图4-83为拆除上盖后的内部视图，图4-84为基座的内部详细视图，图4-85为该机构弹块的详细视图。

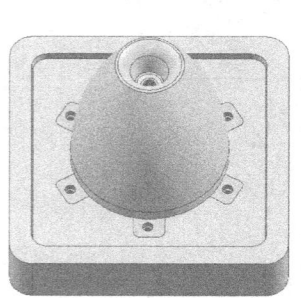
图 4-80

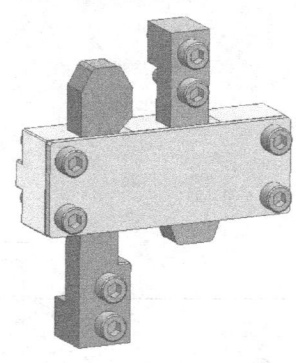
图 4-81

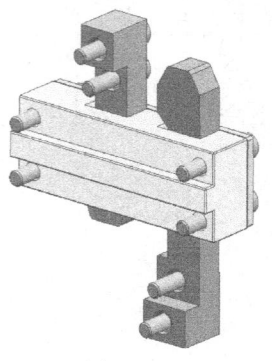
图 4-82

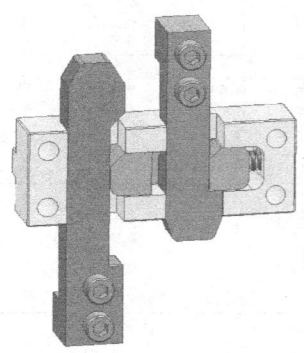
图 4-83

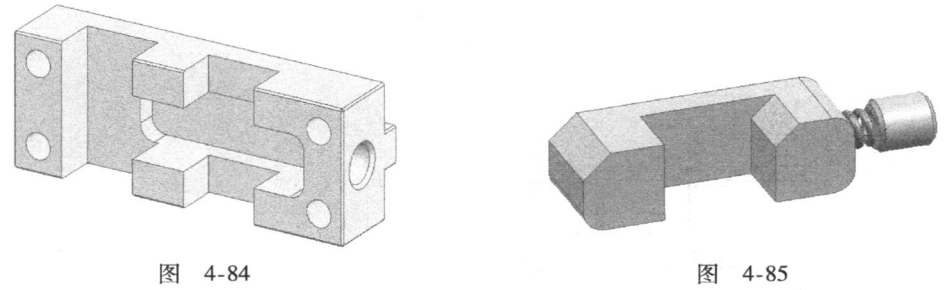

图 4-84　　　　　　　　　　　图 4-85

掌握了此种结构，其他类型的扣机机构则容易理解，虽然有些形状有所不同，但均为互相演变而来，原理上相通。

范例 20　对讲机上盖后模滑块机构

此副模具的产品是一个对讲机的上盖，如图 4-86 所示。此产品的特点是，产品两端侧壁均向产品内部倒扣，使产品的内外两侧均无法正常脱模，外面需做抽芯，内部也需做抽芯。其实，抽芯机构并不难做，但对于此例产品，内部抽芯的难度却非常大。从图中 A、B、C 三处注释可以看出，产品向内倒扣的距离非常大，A、B 两处，从倒扣的方向往上不远处，即有一条筋挡着。对于这种情况，普通的斜顶机构和内滑块机构均无法使用，如果使用斜顶，则由于行程较大，加上斜顶本身的厚度，顶出时，前面的筋会和斜顶干涉，导致无法顶出；如果使用普通内滑块，内滑块需向产品内部收缩，同样也需很大的内部空间，位置也不足。再看 C 处，C 处的倒扣距离也较大，此处的空间更小，如果使用斜顶，根本没有顶出空间，而且，产品的顶部有凹槽，斜顶也顶不动；如使用普通内滑块机构，更不可能，一是因为高度太小，二是对于这种形状，即使内滑块退缩后，倒扣也无法脱出。因此，要设计好此副模具，难度非常大，然而，难度归难度，问题最终还是会解决的。其模具详细结构如图 4-87 所示。

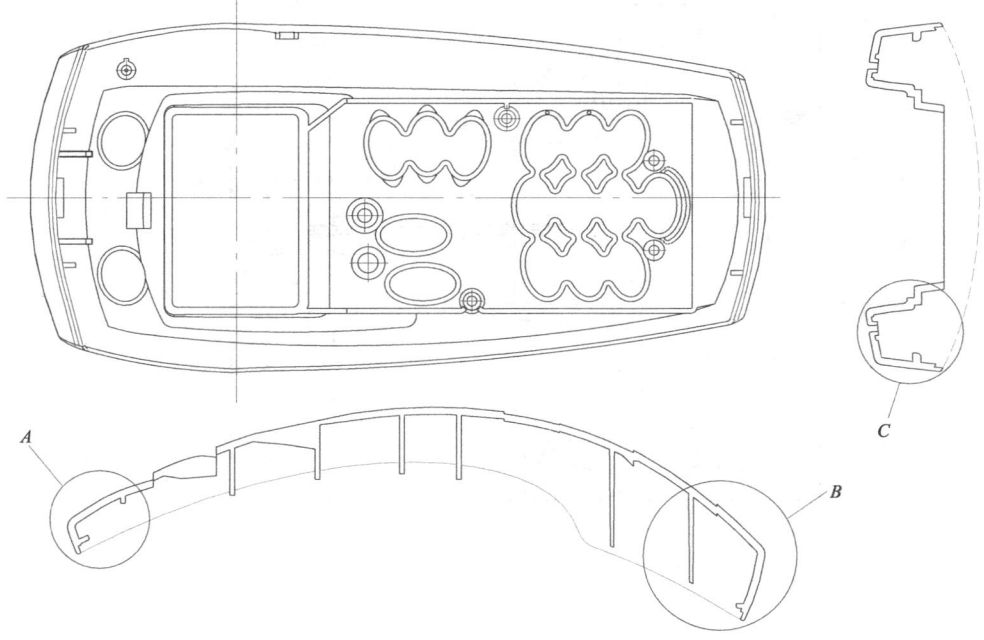

图　4-86

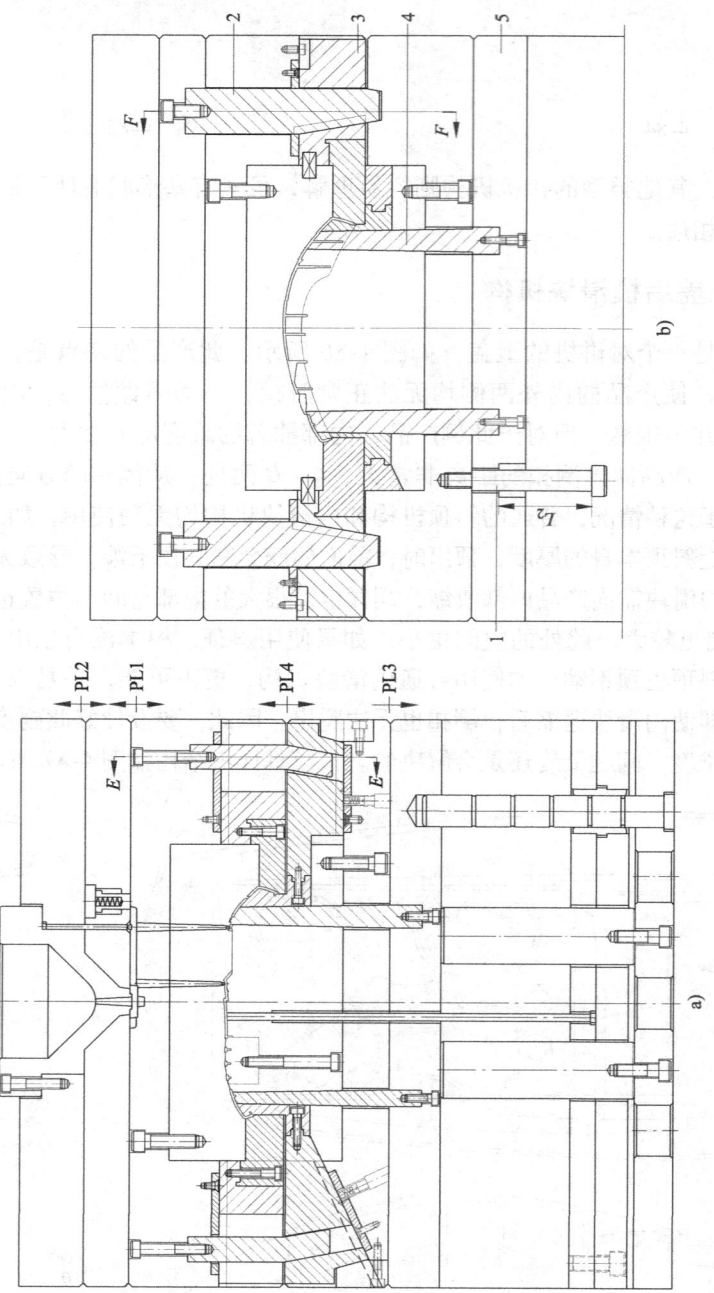

第4章 后模内滑块机构20例

· 145 ·

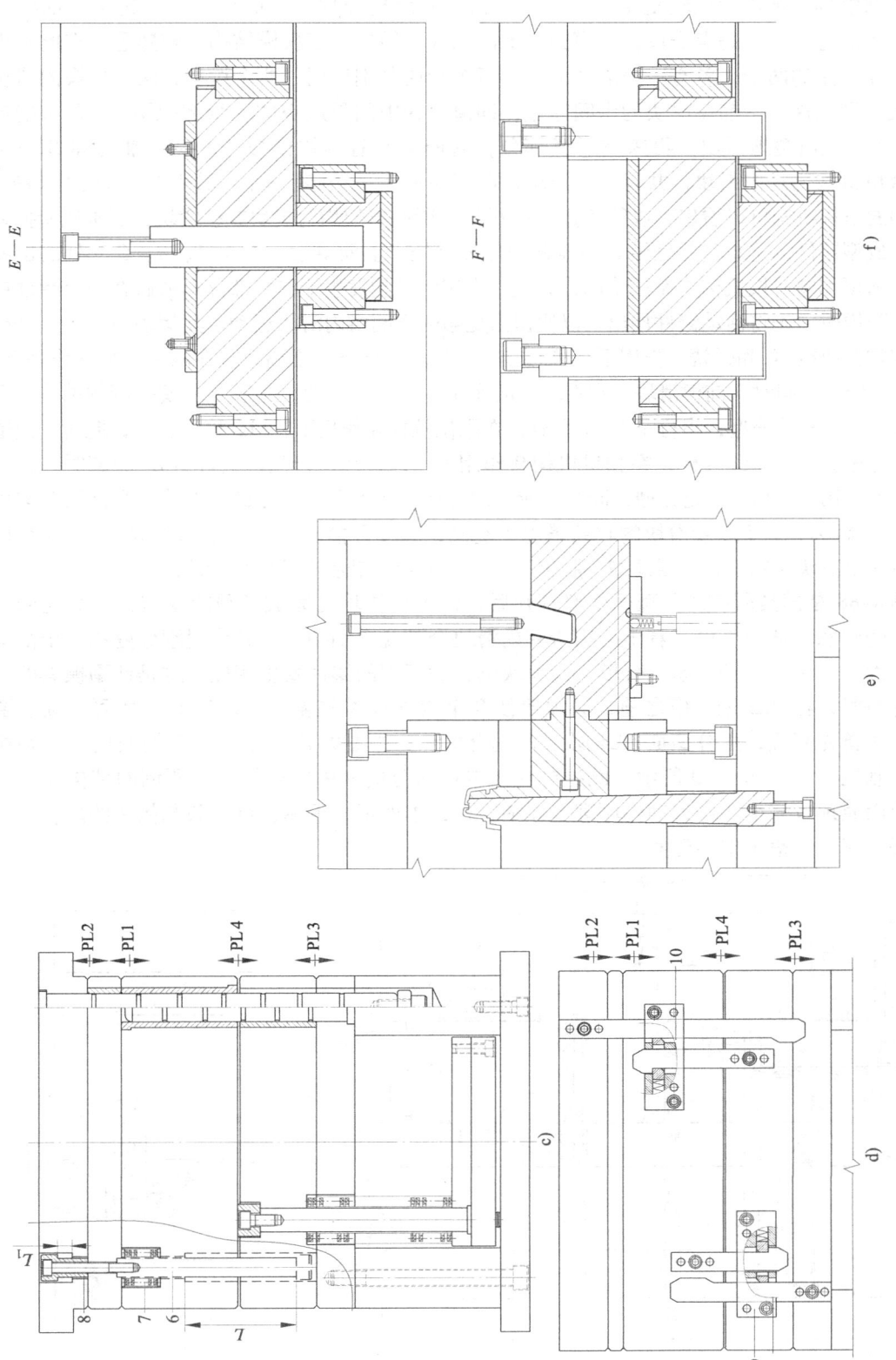

图 4-87

1、6、8—限位拉杆 2—拨块 3—前横滑块 4—型芯镶件 5—托板 7—弹簧 9、10—扣机机构

此副模具的结构看似较复杂，但只要明白了其结构原理，就简单了。首先来看前模部分，产品的进胶方式是点浇口，前模为标准的三板模结构，三板模结构已较熟悉，在此不再多讲。在产品的两端，各有一个前模滑块，每个滑块分别使用了两个拨块，两个后模内滑块的拨块分别从这两个前模滑块的中间穿过，即滑块的中间是避空的，从剖视图 $E—E$ 和剖视图 $F—F$ 便能清楚地看出。再来看后模部分，后模侧共有两块模板，也是标准的弹 B 板结构，滑块机构仍是内滑块，共有 3 个滑块，两端各一个，中间有一个，其中有一个是倾斜的。从本例的滑块机构可以看出，以往的弹 B 板机构，所抽出的均为拨块或锁紧块，而本例所抽动的却是成型镶件，这正是此例模具的经典和巧妙之处。上面讲过，对于 A、B、C 三处的倒扣普通的斜顶和内滑块机构均无法使用，为此，本例将可能发生干涉的部分单独做在一个活动镶件上，开模时，先将活动镶件抽出，以便留出足够的空间供内滑块运动。其运动原理是：开模后，在扣机机构 10 和弹簧 7 作用下，PL1 首先分型，当行至 L 距离时，在限位拉杆 6 作用下，PL1 停止分型，同时，前模滑块 3 在拨块 2 的作用下，向外运动，完成了前模一侧的抽芯；继续开模，PL2 开始分型，当行至 L_1 距离时，在限位拉杆 8 作用下，PL2 停止分型，此时，流道部分已完全脱模；继续开模，在扣机机构 9 作用下，PL3 开始分型，当行至 L_2 距离时，在限位拉杆 1 作用下，PL3 停止分型，同时，所有固定在托板 5 上的型芯镶件 4 等，全部同时向后抽出了 L_2 距离，为下一步滑块的收缩腾出了空间；继续开模，主分型面 PL4 被打开，3 个内滑块在 3 个拨块作用下，向后退缩，脱出了产品的倒扣，最后产品由顶针顶出。

图 4-88 是模具所有的分型面全部打开后，每个滑块均已完成了预定动作，产品还未开始顶出的状态。从图中可以看出，当所有内滑块全部脱出倒扣时，其位置刚好处在几个活动镶件上面，如果在这种状态下合模，内滑块则会和下面的镶件发生相撞。这是此副模具的重点，合模时，在 PL3 未合模之前，必须要使几个内滑块首先复位，之后 PL3 才可合模。要使内滑块首先复位，主分型面 PL4 必须首先合模，为控制好这个顺序，本例使用了一种机械式控制机构，如图 4-89 所示。此种机构在本章的范例 9 中已使用过，两例的结构完全相同，使用原理也完全一样，动作原理也详细讲过，本例不再重述，可参照范例 9 的内容，细细琢磨，真正领悟了定会受益匪浅。

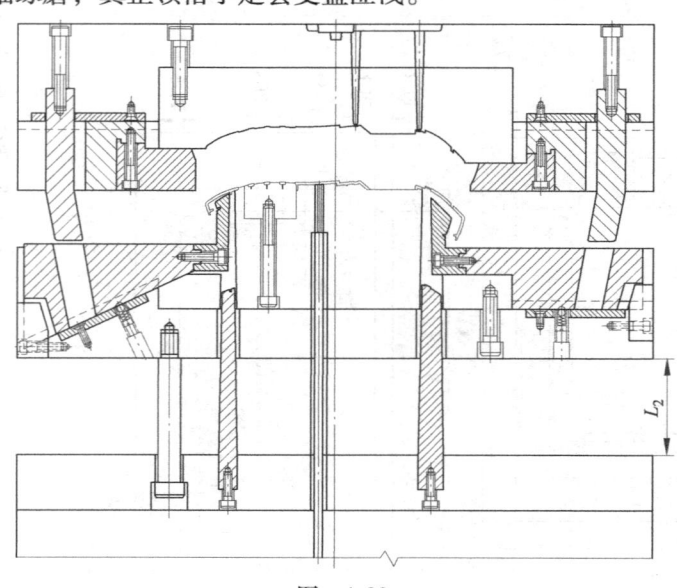

图 4-88

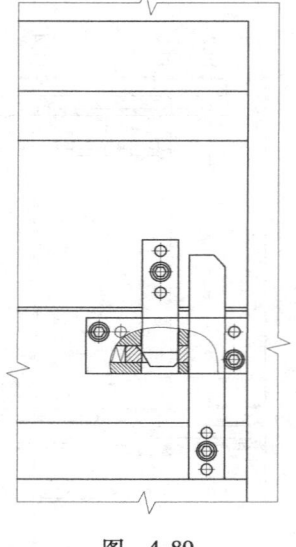

图 4-89

第 5 章　二次抽芯与滑块顶出机构 30 例

范例 1　VCD 配件盖二次抽芯机构

此副模具的产品是一个 VCD 的配件，产品形状非常简单，模具结构除一个滑块之外仅是一副最普通的前后模结构，如图 5-1 所示。从图 5-1b 中可以看出，此例产品几乎为一平

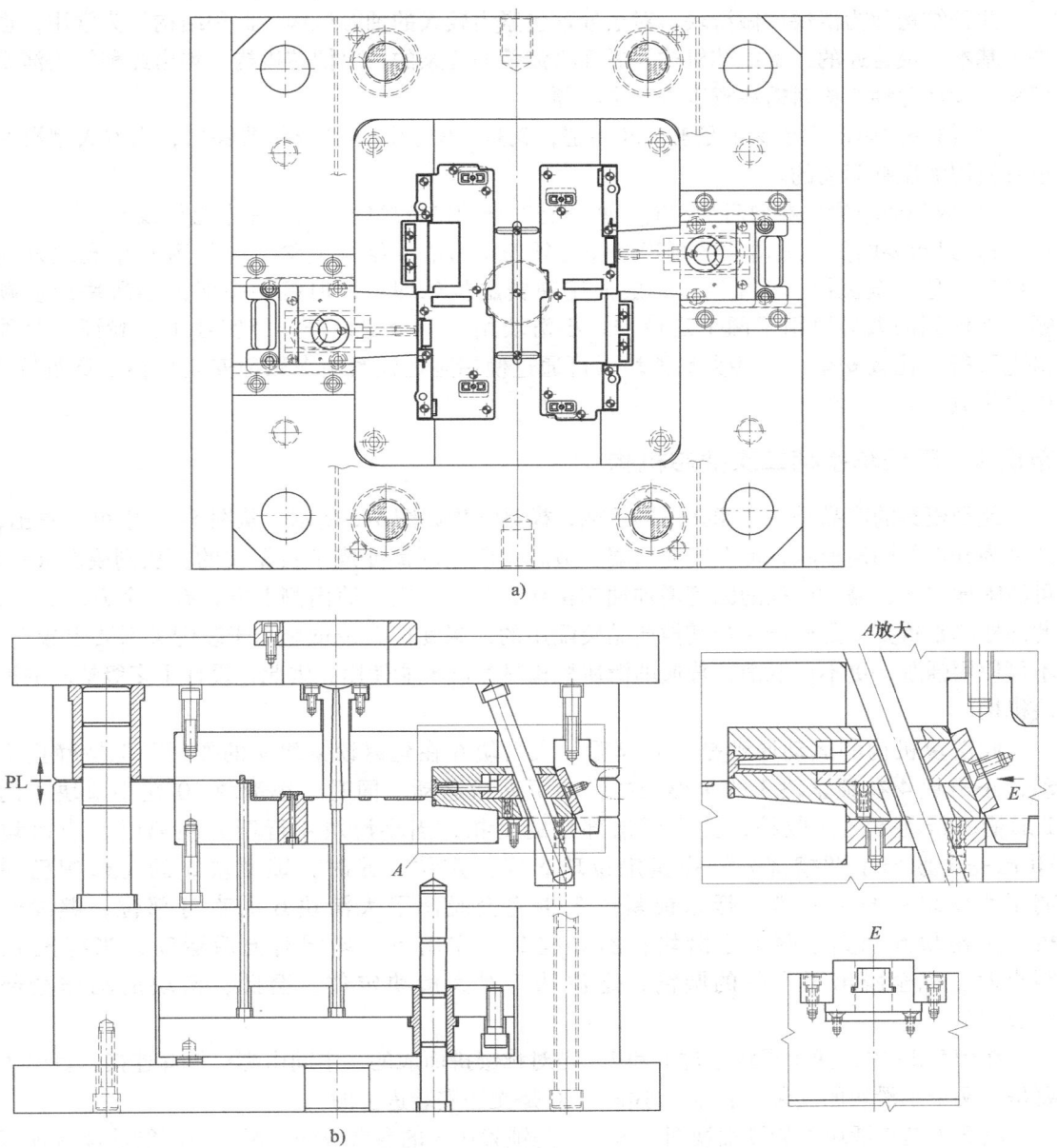

图　5-1

板，在产品右端有一条很深的筋，筋上有一个很长的通孔和一个螺柱，滑块的抽芯位置即通孔和螺柱。螺柱较长，且侧壁和通孔均须成型在滑块上，由于孔和螺柱强大的包紧力，滑块在向后抽芯时，滑块上的成型部位将很难脱模，轻则会将产品拉伤或拉变形，重则会将整个产品侧壁拉断。在实际生产中，一旦出现这种问题，产品则报废，为此，将本例在滑块中间设计了一个小滑块，将螺柱的型芯单独固定在小滑块上，再将大滑块的斜导柱孔加大或使用U形孔的方式避空，开模时，大滑块将延迟运动，中间小滑块在斜导柱的作用下先行抽出一段距离，消除螺柱对滑块的包紧力，当斜导柱同时接触到两个滑块时，两个滑块才同时运动，完成全部抽芯。当大滑块开始抽动时，产品对它的包紧力已变得非常小了，不会再有拉坏产品的危险。

此种结构称为滑块中做滑块。对于处理包紧力较大的抽芯机构，此种结构较为常用，也是最基本、最普通的二次抽芯机构。后面将涉及的复杂的二次抽芯机构，均由此种机构演变而来。设计此种机构时需注意以下几个问题。

1）滑块的驱动力要保证足够大和稳定，就是通常所说的斜导柱要够力，当然大型滑块也有使用液压缸驱动的。

2）内部的小滑块在向后抽芯时，必须有安全的定位机构（后面章节会涉及）。

3）最重要的是，大滑块的延迟动作必须安全可靠。结构上除了应使用 U 形孔之外还应增加其他安全机构。小型滑块一般使用弹簧定位珠即可，但是必须保证小滑块滑动顺畅，如此例的大滑块用了两个定位珠，小滑块用了一个定位珠，经实际生产验证，此种搭配可行，比较安全；一些大型滑块，可通过使用延迟锁紧块来保证安全，在本章范例 2 中会用到。

范例 2　摩托车手柄二次抽芯机构

此副模具的产品是一个摩托车的手柄，模具结构如图 5-2 所示。从图 5-2b 中可以看出，产品为开口的圆筒形状，但在产品右端，最后一段的圆筒变成了封闭式的。从剖视图 A—A 可清晰地看出，需对此处的圆筒增加抽芯机构，但是，在圆筒内侧上方，有一个方形凹槽，此凹槽非常重要，是此产品与其他产品装配用的，深度达 2.5mm。由于装配关系要求较严，不可使用强脱，更不可取消，普通的滑块机构显然已不能使用，因此，设计了多级抽芯的滑块机构。

此滑块机构的运动原理是：开模后，大滑块 6 在延迟锁紧块 9 的作用下保持静止不动，小滑块 4 在锁紧块 3 的 T 形槽的带动下向后运动，同时，小滑块 10 在小滑块 4 的 T 形槽的带动下向内收缩，抽出凹槽部位的倒扣，当小滑块 4 行至 L 距离时，小滑块 10 已完全脱出了凹槽部分，弹簧定位珠 5 安全定位，此时，锁紧块 3 的 T 形槽已脱离了小滑块 4 的 T 形槽，延迟锁紧块 3 也完全脱离了大滑块 6 的直身部位；继续开模，大滑块 6 和其他两个小滑块在斜导柱 8 的作用下，均同时向后运动，当行至 L_2 距离时，完全脱出了产品的圆筒，定位珠 7 对大滑块定位，至此，滑块的动作全部完成。

在图 5-2a 中，两个滑块镶件 1 和 2，是对称镶拼而成的，中间由螺钉贯穿连接，目的主要是为两个小滑块的安装，否则，小滑块 10 是无法安装进去的。

图 5-3 是小滑块 4 的详细视图，图 5-4 是锁紧块 3 的参考视图，两个视图能使读者加深对此例结构的理解。

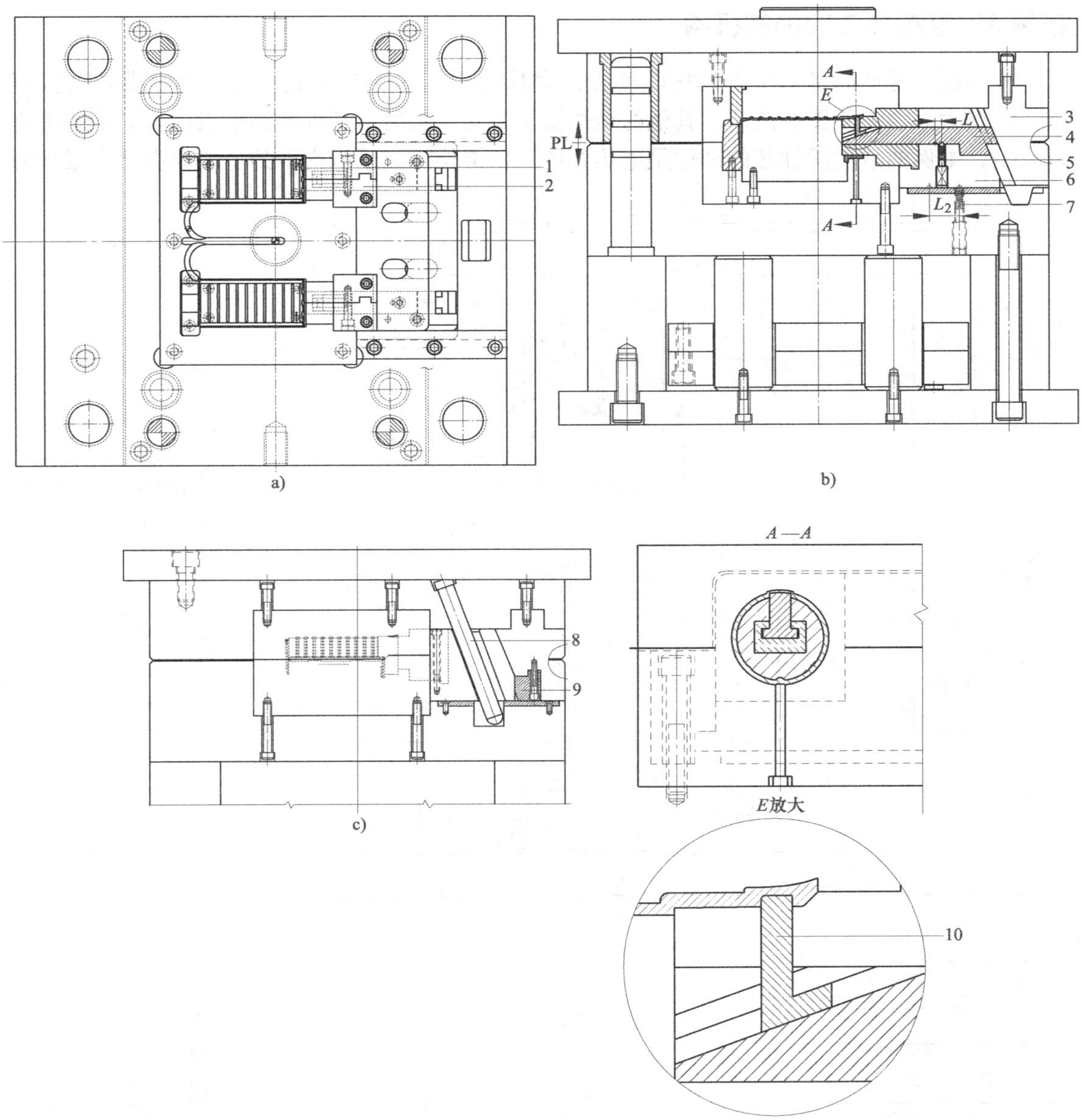

图 5-2

1、2—滑块镶件　3—锁紧块　4—小滑块　5、7—定位珠　6—大滑块
8—斜导柱　9—延迟锁紧块　10—小滑块

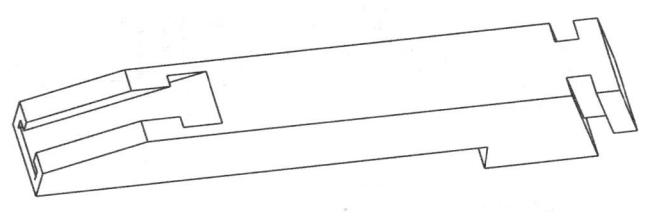

图 5-3

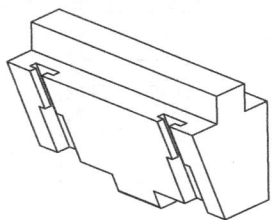

图 5-4

范例3 电热杯二次抽芯机构

此副模具的产品是一个电热杯的外壳,模具结构如图 5-5 所示。由于此副模具结构复杂,图形太大,为使图面清洁,其他的结构做了简化,只突出了本章的重点内容。从图中可以看出,本例的滑块所抽芯的部位是电热杯的手柄部位。在手柄内部的上方,有两个很长的

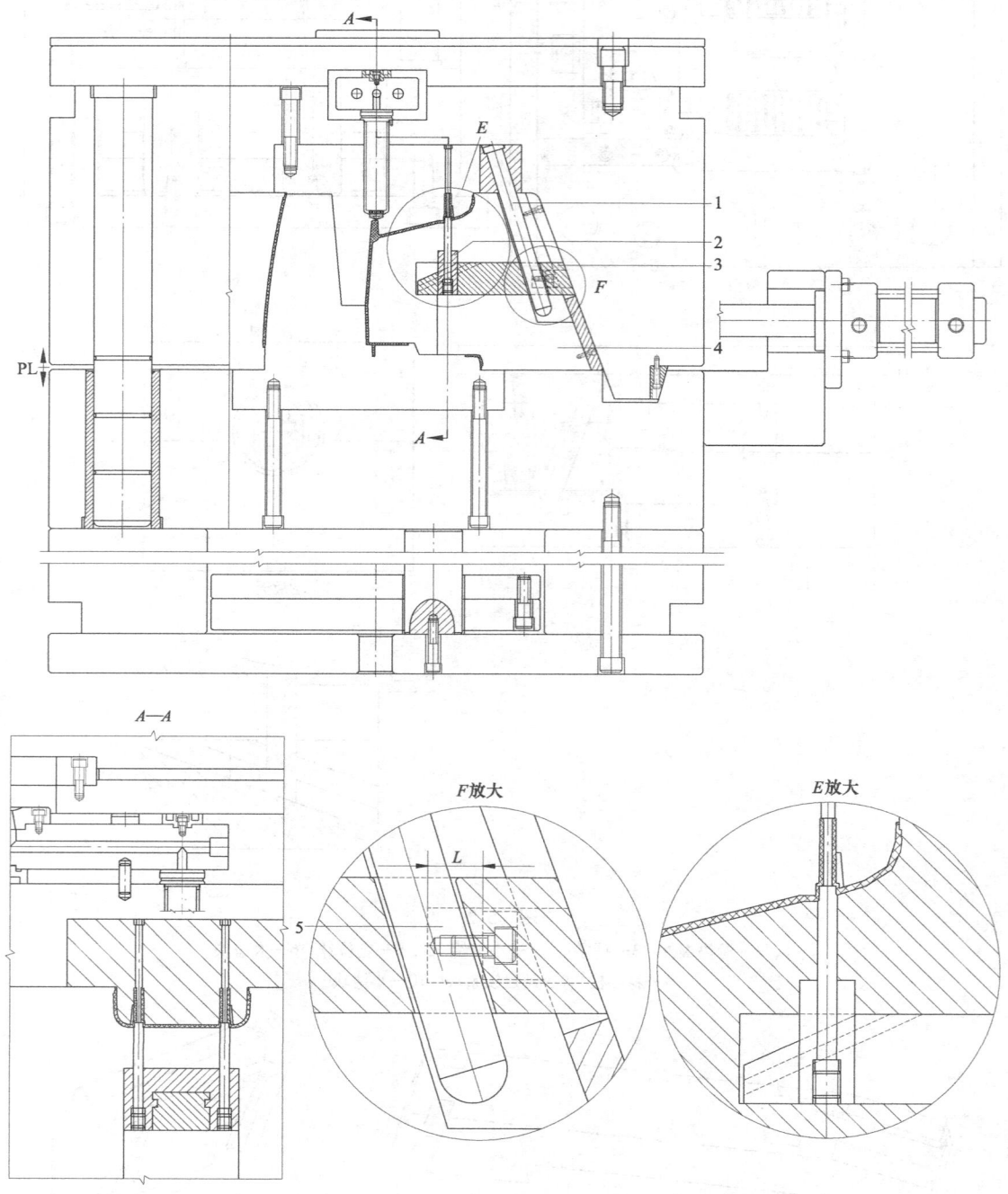

图 5-5

1—斜导柱 2、3—小滑块 4—大滑块 5—限位块

螺柱,是和上盖进行安装紧固用的,因此非常重要,有了它,滑块不能正常抽芯,要做滑块必须首先解决螺丝部位的倒扣问题,因此,设计了一连串的多级抽芯的滑块机构。

此例滑块的驱动力主要来自液压缸,因为滑块较大,行程较大,必须使用液压缸机构。正是有了液压缸,大滑块省略了延迟机构。此例的运动原理是:开模后,小滑块 3 在斜导柱 1 作用下向后运动,当行至 L 距离时,斜导柱脱离小滑块 3,限位块 5 安全限位,同时,小滑块 2 在小滑块 3 的 T 形槽的带动下,向后运动,从而脱出螺柱的倒扣部位;开模动作完成后,大滑块 4 在液压缸的带动下向后运动,从而完成整个滑块机构的抽芯动作。

范例 4　纽扣下盖二次抽芯机构

此副模具的产品是一种服装的纽扣,如图 5-6 所示。从图中可以看出,产品外表面形状似象鼻,中间是两侧相通的,模具结构必须使用两侧滑块。但是,在产品两端,有两个螺纹过孔,由于两侧要使用滑块,两个过孔会和滑块发生严重干涉,而产品结构不可轻易更改,只能在模具结构上大费周折,为此,本例采用了滑块中做活动弹针的机构。详细结构如图 5-7 所示。

此副模具的运动原理是:开模后,滑块 2 在锁紧块 1 延迟直面的作用下暂时无法运动,而弹针 4 在弹簧 3 的作用

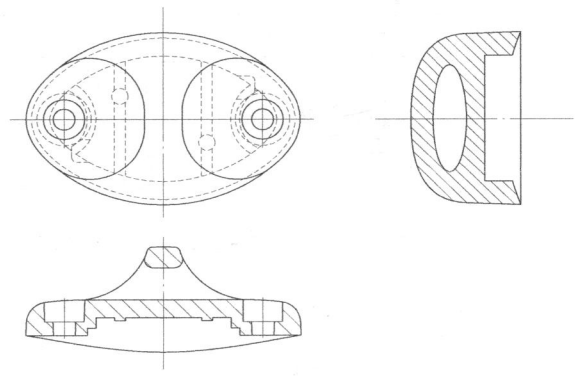

图　5-6

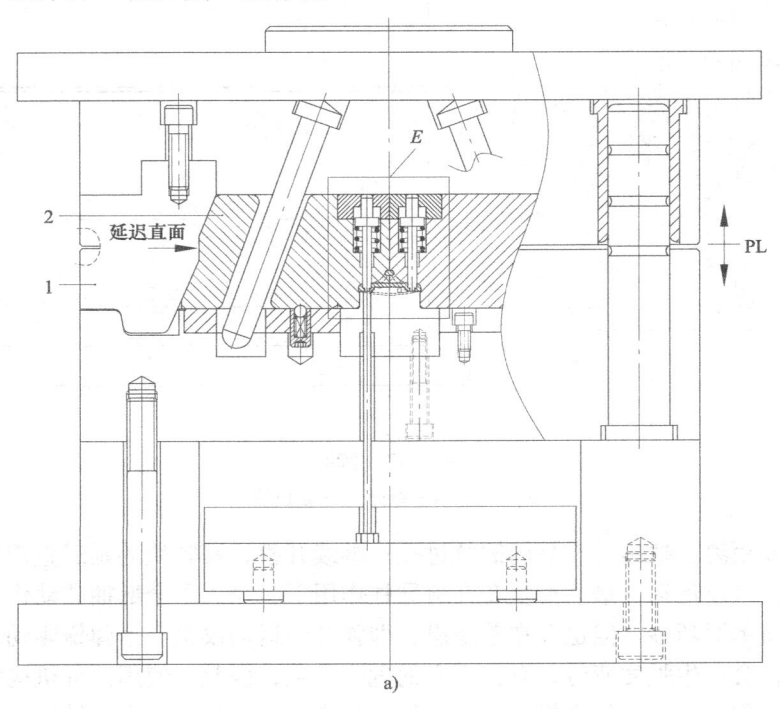

a)

图　5-7

1—锁紧块　2—滑块

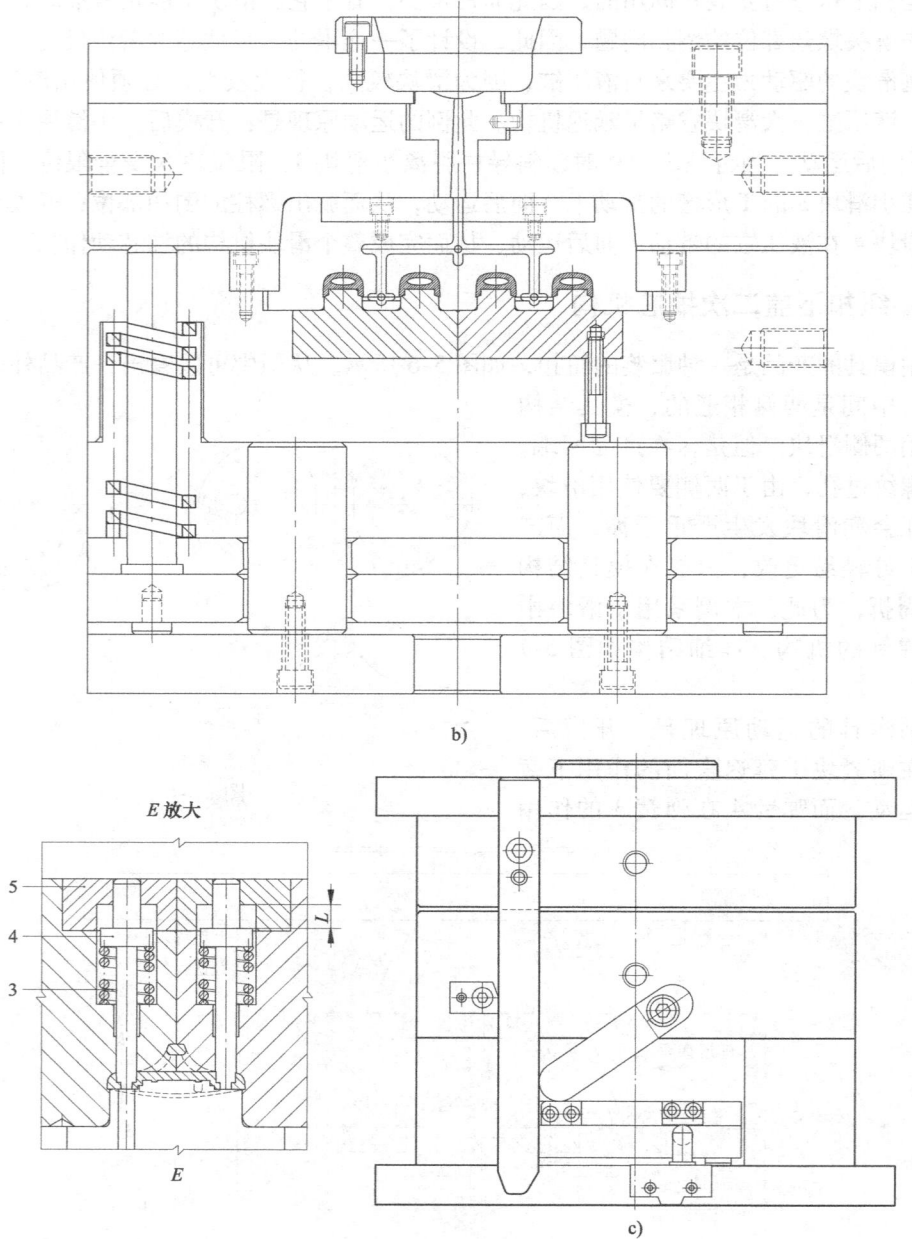

图 5-7（续）
3—弹簧 4—弹针 5—定位块

下向上弹出了 L 距离，抽出了产品的螺纹过孔；继续开模，锁紧块的延迟直面脱离滑块的直面，此时滑块已可以运动，最后滑块 2 在斜导柱作用下，完成了全部抽芯动作。

此种机构简单而巧妙，但也存在着隐患，即弹针的运动仅由一个弹簧驱动。当弹簧使用到一定寿命时，会产生强度疲劳，有弹不开的危险发生，因此，使用此种机构时，要注意经常检查弹簧的使用状况并经常更换。对于此例，其实还有其他更安全的结构方案，例如，可以使用本章范例 2 或范例 3 的方案等。此例意在帮助读者开阔视野，增长见识。

范例 5　手机翻盖二次抽芯机构

此副模具的产品是一款手机的翻盖，如图 5-8 所示。图中圆圈内所示之处，是手机两侧转轴的卡槽，对于此卡槽，本例的模具结构使用的是二次抽芯机构。在正常情况下，此类产品结构，若使用后模斜顶机构，整个模具结构会简单很多，但是，两个卡槽的深度非常深，所需抽芯距较长，那么斜顶斜度至少在 15°～20°之间。理论上，斜顶斜度通常不能大于 10°，当大于 10°时，安全系数则较低，应该考虑使用其他机构。而此例斜顶斜度，已大大超出了斜顶机构所允许的范围，再者，两个卡槽间距并不宽裕，除去抽芯的行程外，斜顶厚度就比较单薄了，因此，使用斜顶机构是不太合理的。二次抽芯机构虽复杂一些，但其可靠性要远远大于做斜顶，复杂一些也是值得的。模具详细结构如图 5-9 所示。

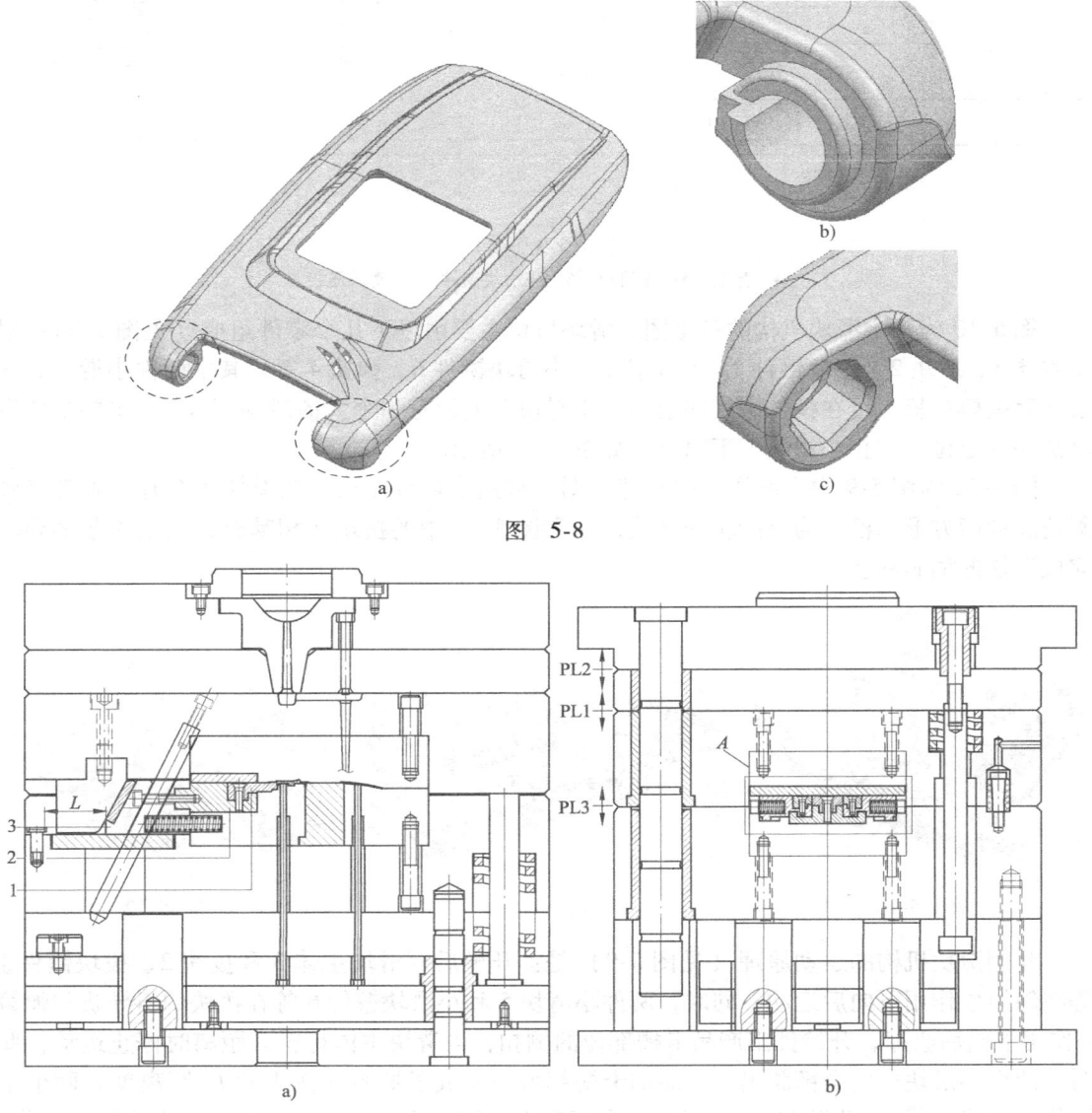

图　5-8

图　5-9

1—拨块镶件　2—拨块　3—滑块主体

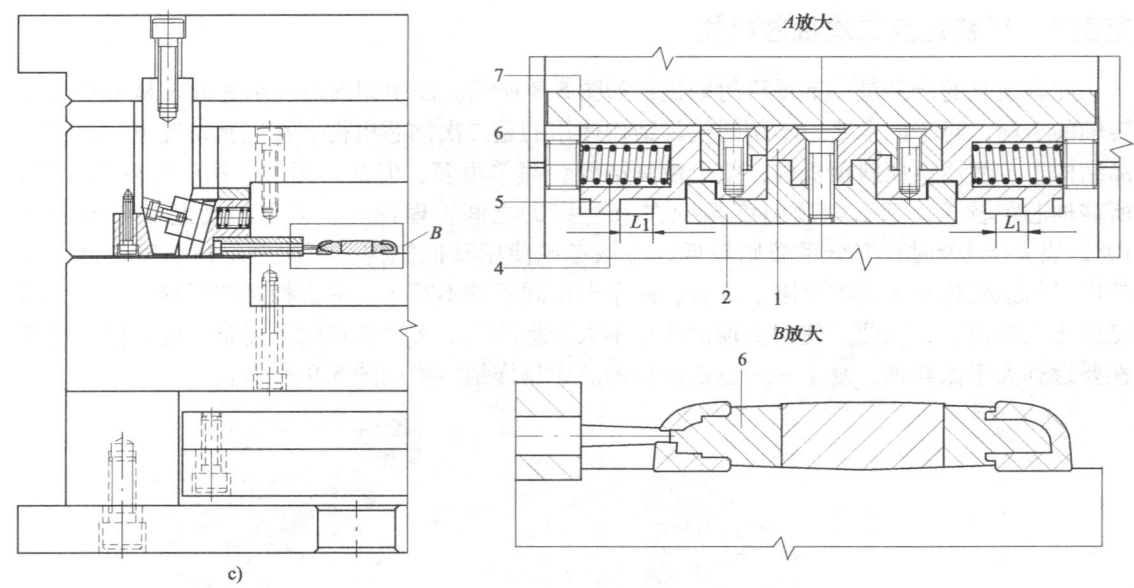

图 5-9（续）
4—弹簧　5—小滑块　6—小滑块镶件　7—滑块压板

图 5-10 为整个滑块机构的三维图。滑块机构主要由以下几个零件组成（见图 5-9）：滑块主体 3、拨块 2、拨块镶件 1、小滑块 5、小滑块镶件 6、弹簧 4 等。其中两件小滑块 5 安装在后模模仁里，可在模仁中横向滑动，小滑块 5 上面有一个大的滑块压板 7，主要是负责小滑块的定位，防止小滑块上下窜动，如图 5-11 所示。

图 5-12 为图 5-9 中小滑块 5 的底部视图。从图中可以看出，在滑块底部有一条带有倾斜角度的四方形凹槽，为小滑块的导轨，它和图 5-13 中的拨块 2 相啮合，利用这条斜导轨完成滑块的抽芯和复位。

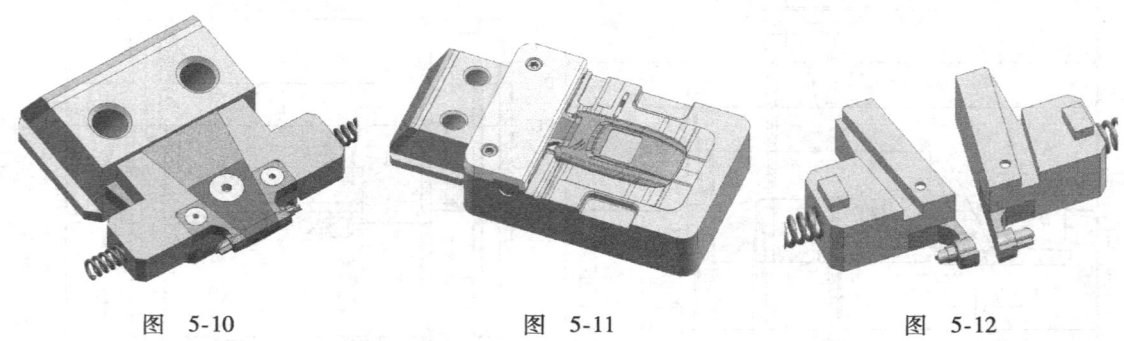

图 5-10　　　　　　　图 5-11　　　　　　　图 5-12

此例滑块机构的运动原理（见图 5-9）是：开模后，滑块主体 3 和拨块 2、拨块镶件 1 等在斜导柱作用下向后运动，同时，两件小滑块 5 和小滑块镶件 6 等在拨块的斜导轨和弹簧 4 作用下向后收缩，开始抽出产品卡槽部位的倒扣，当滑块主体行至 L 距离时停止运动，此时，两个小滑块也已全部脱出了产品的卡槽部位，完成了抽芯（图中的 L_1 距离就是两个小滑块的准确行程），此后产品可以被顺利地顶出。合模时，拨块 2 负责小滑块的复位动作。图 5-14 为滑块机构全部完成预定动作后，还未开始复位的静止状态。

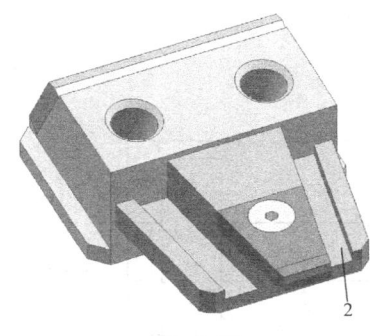
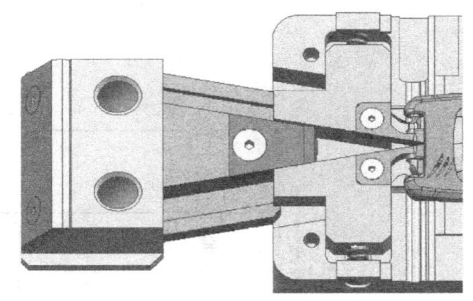

图 5-13   图 5-14

范例 6 电子词典下盖二次抽芯机构

此副模具的产品是一款电子词典的底盖，产品形状如图5-15所示。它和本章范例5的产品有相似之处，也属于翻盖类型，且也有两个转轴，本例二次抽芯之处即两个转轴。和范例5一样，本例同样可使用斜顶机构，但由于使用斜顶所需角度较大，需在12°以上，长期生产则不够安全可靠，因此，使用了二次抽芯机构。详细结构如图5-16所示。

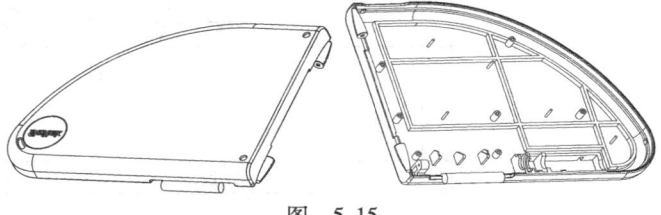

图 5-15

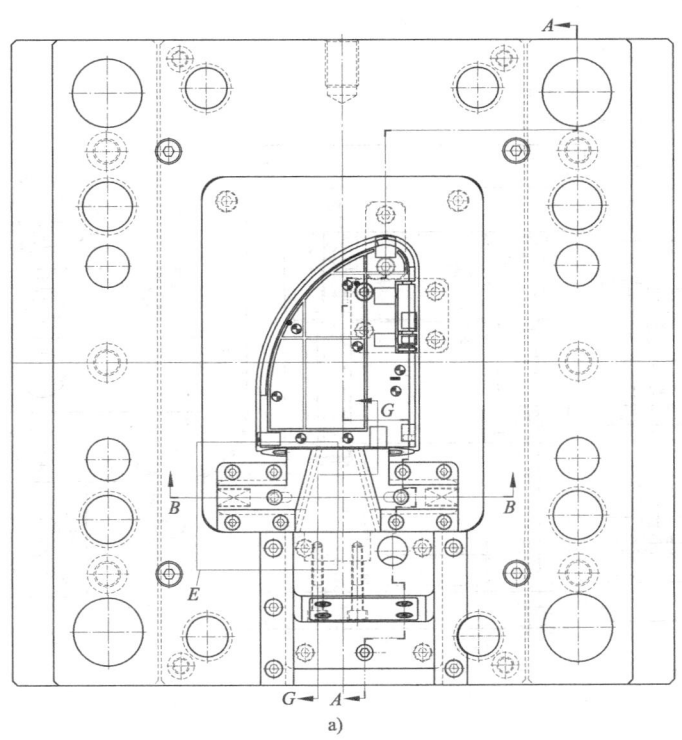

a)

图 5-16

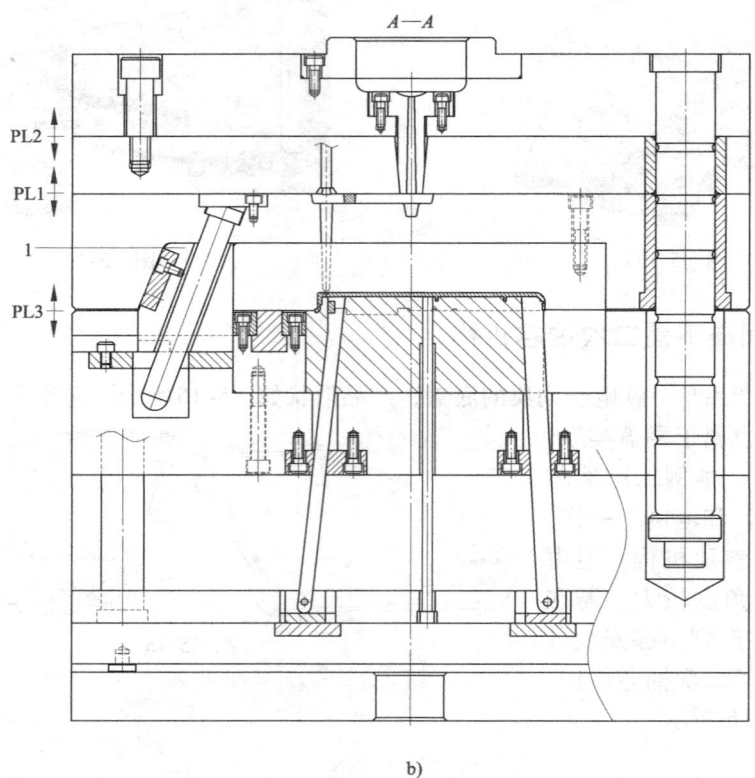

b)

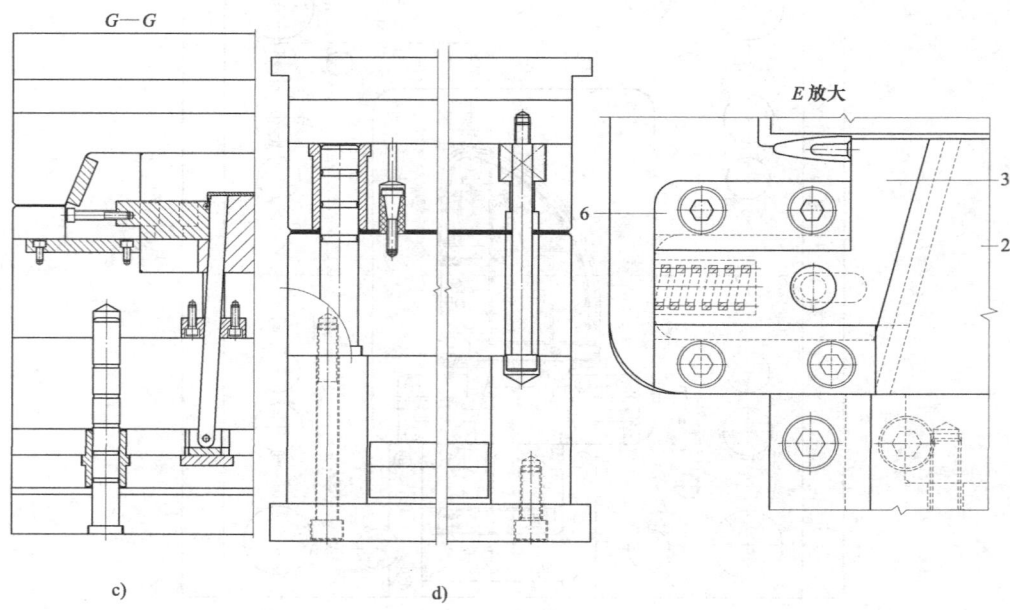

c)　　　　　d)

图 5-16（续）

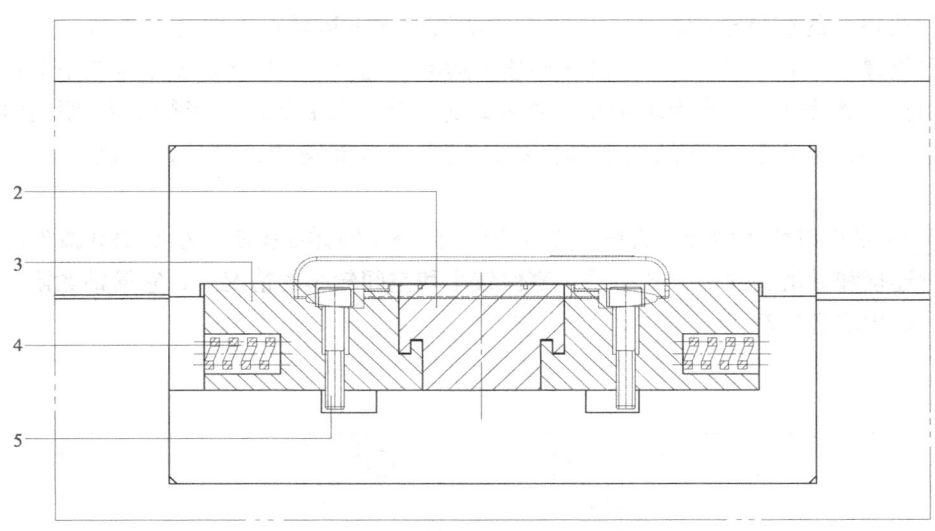

图 5-16（续）
1—滑块主体 2—拨块 3—小滑块 4—弹簧 5—限位螺钉 6—小滑块压板

此副模具整体来看，是一副标准的三板模结构，前模部分较简单，后模部分有一个二次抽芯机构和多个斜顶，产品的顶出方式是顶针和斜顶顶出。从模具结构图可以看出，本例的二次抽芯机构和范例 5 几乎相同，严格的讲，有些地方甚至比范例 5 设计得更好，比如小滑块压板 6 的设计。在范例 5 中整个小滑块部位共同使用了一个整体的大压板 7，看似简单，但非常笨重，在装拆和维修时都不够灵活，当拆掉压板时，几个小滑块会散落开来。而本例的小滑块压板 6 却像普通的滑块那样分开做，小巧轻便，节省材料，结构紧凑，在维修时，拆掉一个压板不会影响其他零件，在加工、维修或装配时灵活性和自由性均非常高。

本例滑块机构的动作和范例 5 完全相同，因此不再作详细说明，读者可以综合比较，从中找出二者的优缺点并加以总结和优化。

范例 7 装饰盖二次抽芯机构

此副模具的产品是一款小家电的装饰盖，产品外形像椭圆形铁锅，如图 5-17 所示。在产品内部 4 个方向，有 4 个不同形状的卡脚，其中 3 个刚好处在产品边缘，使用普通的斜顶机构即可成型；而圆圈内所示的卡脚却很特殊，由于它的位置远离产品边缘，刚好和产品内表面形成了近似于夹角的形状，使用普通的斜顶机构和滑块机构均无法正常脱模，如图5-17b的放大视图所示，为此，本例使用了一种特殊的二次抽芯机构。详细结构如图5-18 所示。

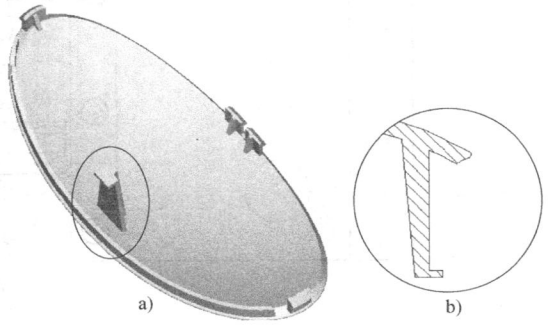

图 5-17

此副模具的二次抽芯机构是比较经典的案例,其结构简洁、巧妙、紧凑。其运动原理是:开模后,在斜导柱 5 和弹簧 1 作用下,大滑块 2 开始向后运动,同时,小滑块 4 在两个弹簧 7 和拨块 3 的燕尾槽的作用下,沿着拨块斜面向下运动;当大滑块 2 向后行至 L 距离时,在限位螺钉 8 的作用下,小滑块 4 停止了运动,此时小滑块 4 已安全地向下脱离了产品的夹角倒扣;继续开模,小滑块 4 在大滑块 2 的带动下向后运动,当行至 L_1 距离时,滑块机构停止运动,从而脱出产品的卡脚倒扣,完成了全部动作;最后,产品由斜顶和顶针顶出。

图 5-19 是小滑块 4 的详细视图,图 5-20 是拨块 3 的详细视图。小滑块和拨件之间由燕尾槽进行连接和导滑,这种方式适用于零件较小和空间较小的情况下,它简洁紧凑,占用空间较小,应用非常广泛。

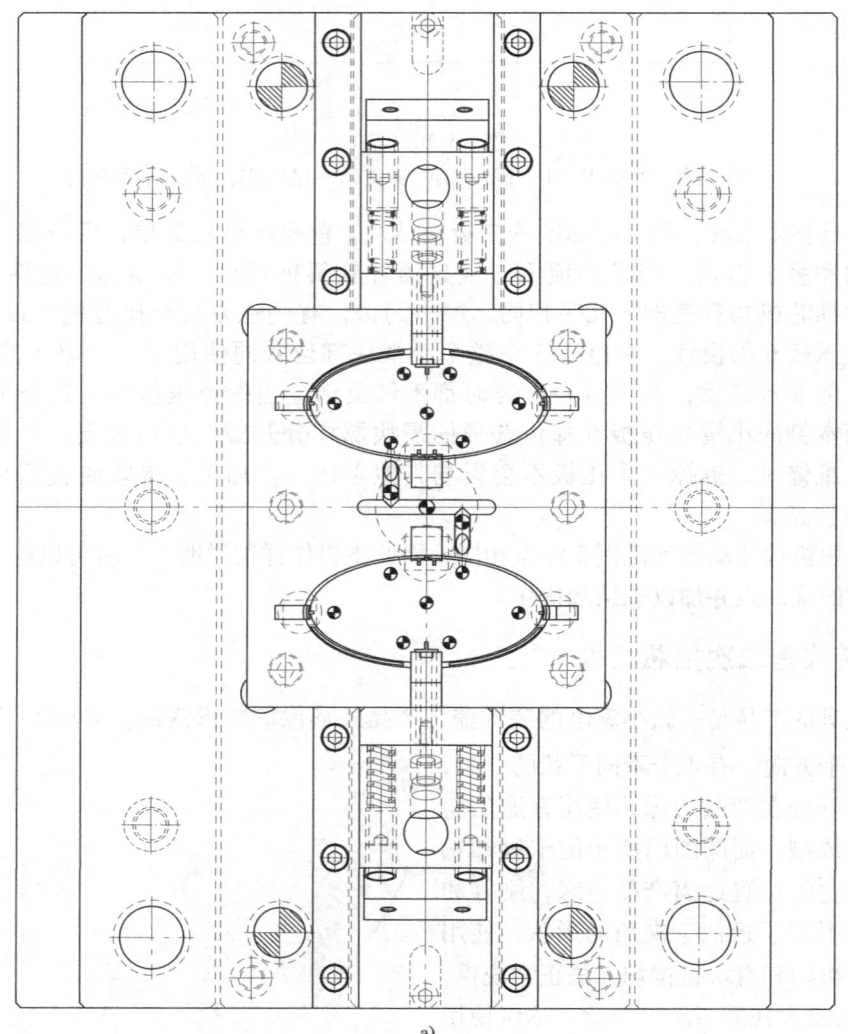

a)

图 5-18

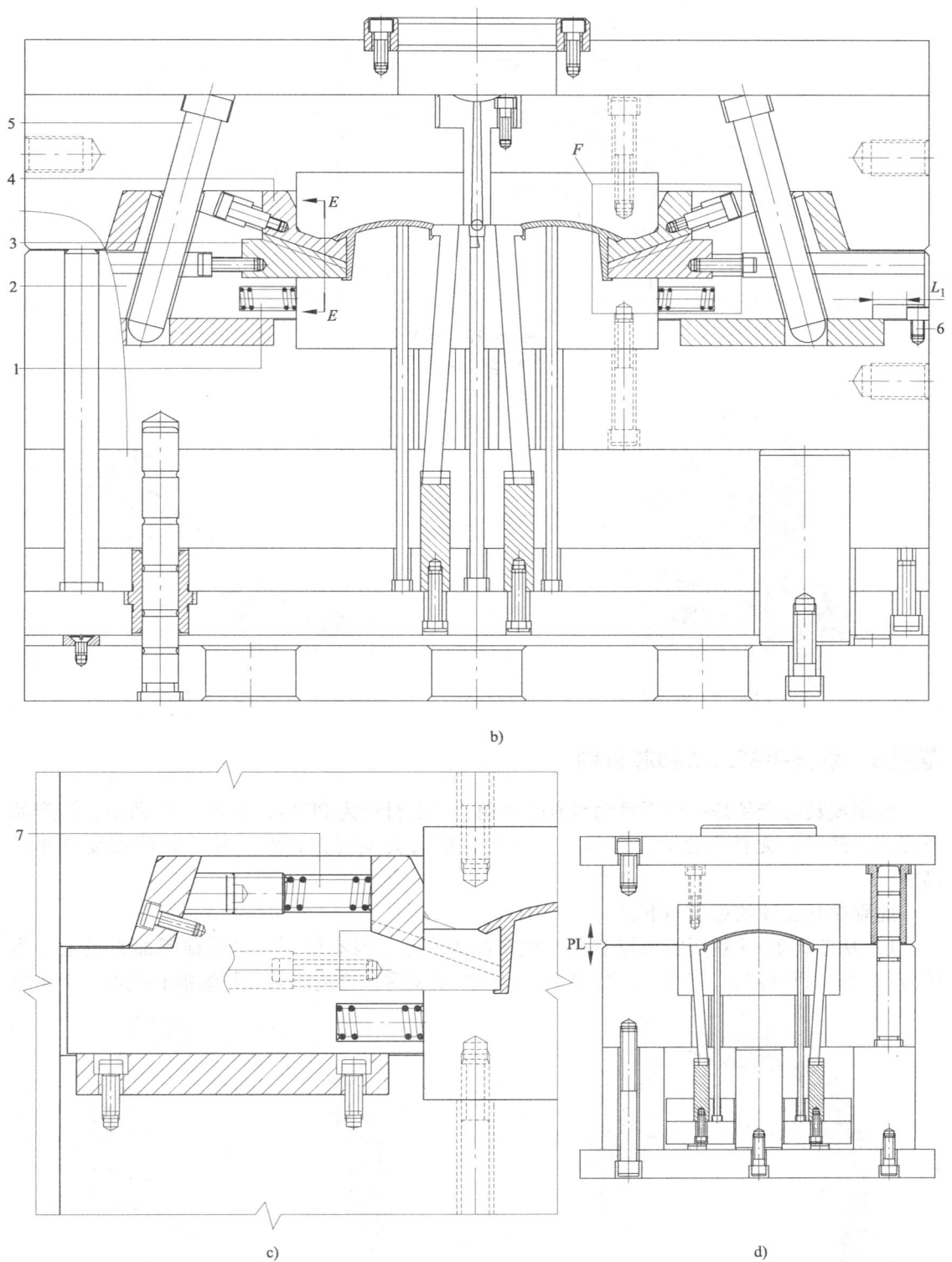

图 5-18（续）

1、7—弹簧 2—大滑块 3—拨块 4—小滑块 5—斜导柱 6—限位螺钉

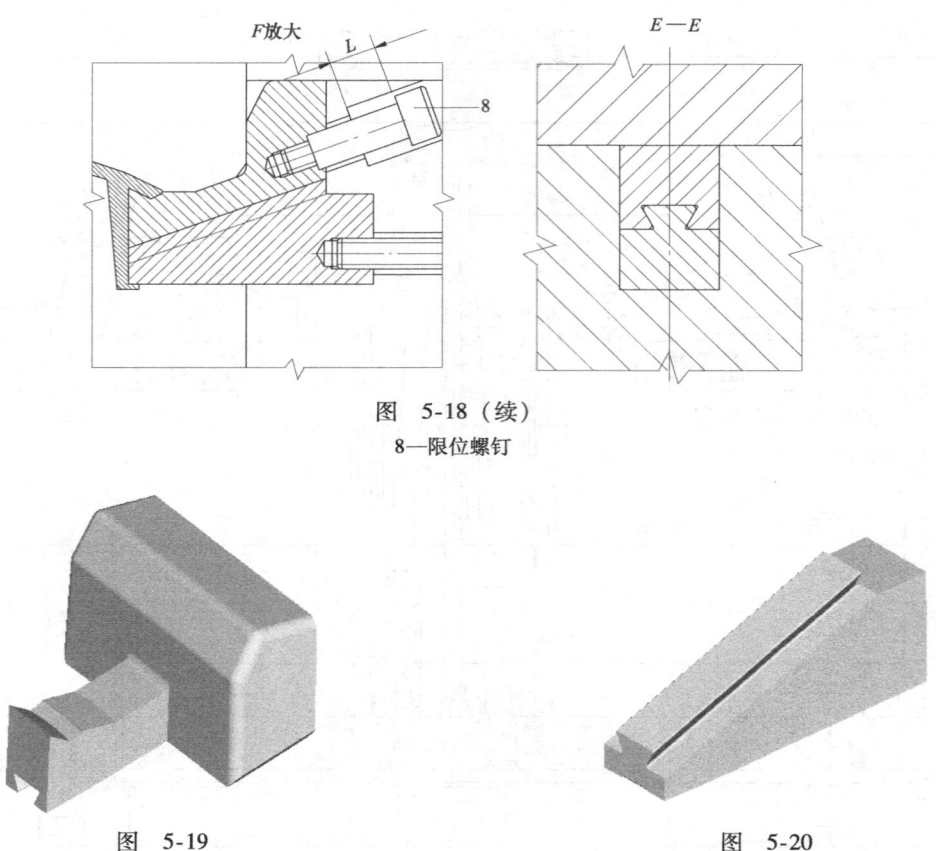

图 5-18（续）

8—限位螺钉

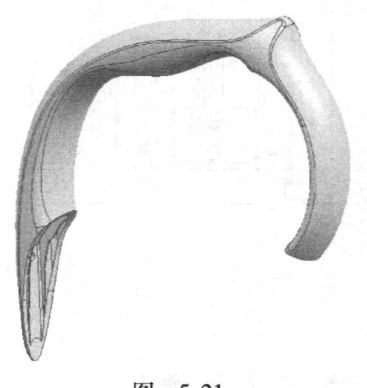

图 5-19

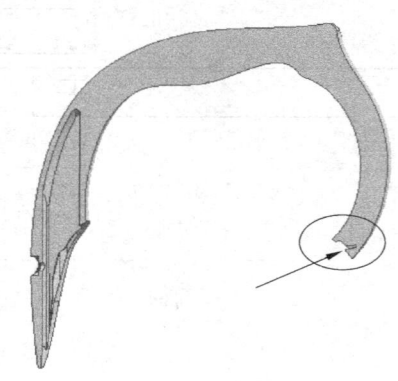

图 5-20

范例8 水壶手柄二次抽芯机构

此副模具的产品是一个不锈钢水壶的手柄，产品材料为PP料，如图5-21所示。该产品看似非常简单，无特别之处，但是，经全面分析后会发现，此副模具的设计难度是非常高的。

此副模具设计的难点如下。

1）从图5-22的断面图可以看出，此产品为实心，没有壁厚，产品横断面直径最小为30mm。由于PP料最易缩水，且缩水率大，产品成型后，会造成大面积缩痕和变形，严重影响产品外观。产品设计的最基本准则就是产品壁厚必须均匀,但此例恰恰违反了这条准则,给模具设计带来很大难度。

2)由于产品的特殊形状和较高的外观要求,无法设计顶出机构,因为产品没有放置顶针的位置,其他顶出方式也无法实现。

3)经过对产品的初步分析可以看出,此产品的模具结构必须使用两侧大滑块,从产品的中间分型,但是,在图 5-22 中箭头所指的圆圈内,即产品端部,有一个矩形倾斜凹槽,无法正常脱模,必须使用倾斜的滑块抽芯机构,这样一来,这个滑块则刚好处在两个大滑块的中间部位,对于这种结构,一般很难设计,因为中间的小滑块的拨动和复位是很难实现的。详细模具结构如图 5-23 和图 5-24 所示。

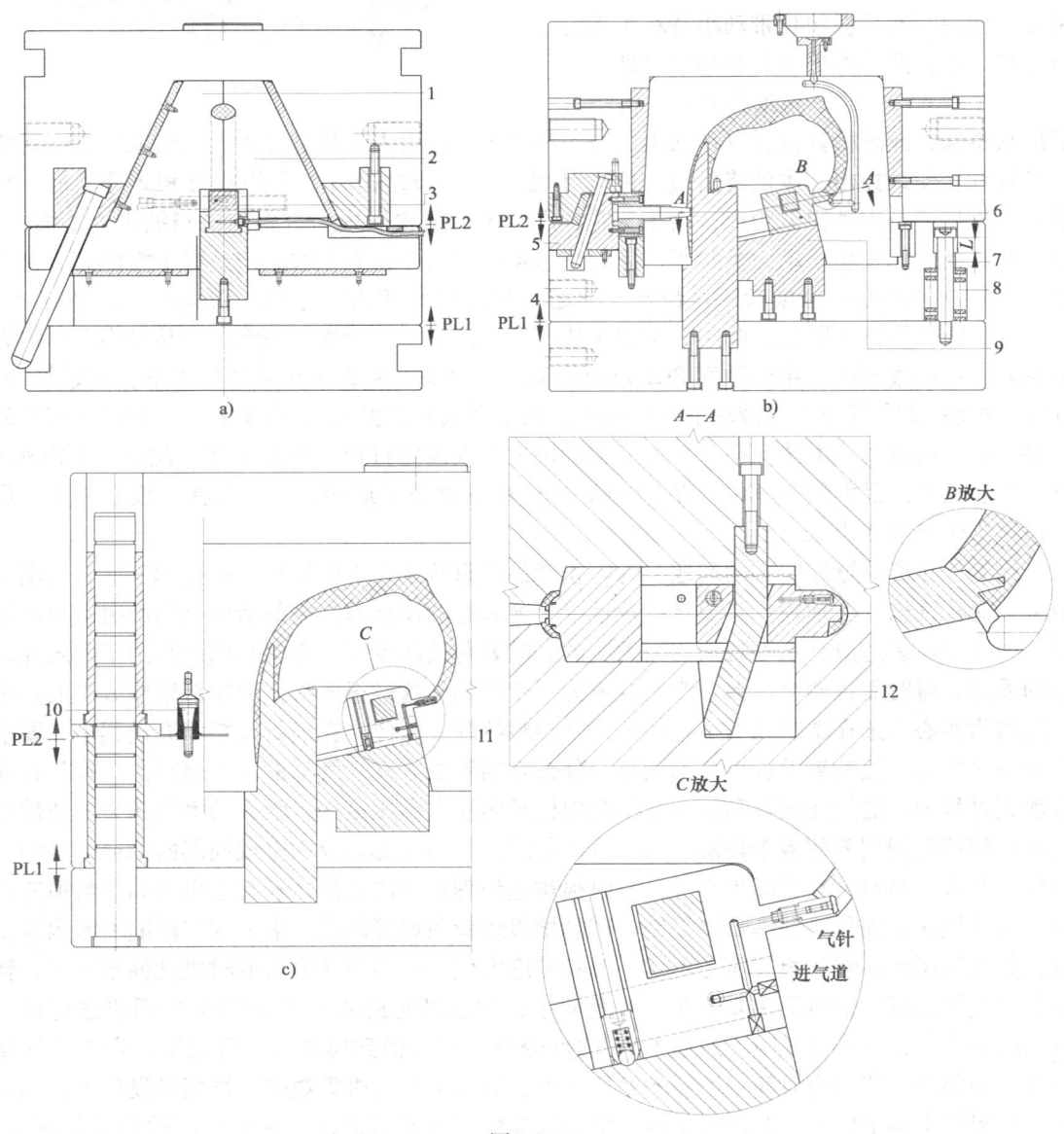

图 5-23

1、2、3—大滑块 4—型芯 5—滑块 6—小滑块 7—限位拉杆 8—弹簧
9—滑块固定座 10—尼龙开闭器 11—定位珠 12—拨块

通过模具结构图可以看出，此副模具共有4个滑块，其中3个滑块较普通，本例不多讲，唯独内部的小滑块6较特殊，是上面所讲难点3）的部分，也是本例重点之一。此滑块的滑动方向是倾斜的，它固定在滑块固定座9中，且可在滑块固定座9中自由滑动，其运动驱动力主要来源于拨块12。拨块12固定在大滑块1上，从A—A剖视图可以清楚地看出，依靠大滑块的开合来带动拨块，然后拨块再带动小滑块5来完成全部动作，此为本例经典和巧妙之处。

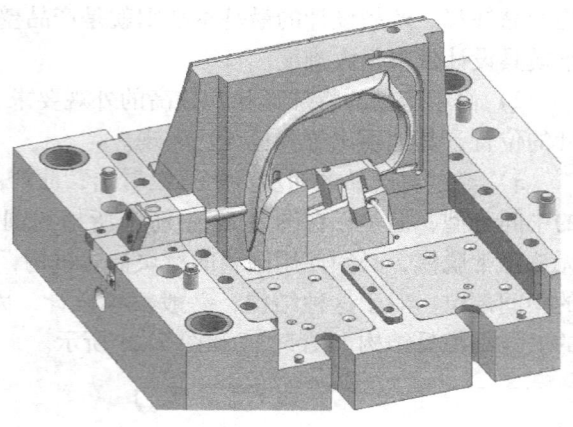

图 5-24

关于难点2）的产品顶出问题，由于产品形状特殊，此副模具没有设计顶出机构，产品最终是由人工从型芯4上拔出取下的。为使产品顺利轻便地拔出，本例将后模一侧设计成了弹B板结构。当主分型面PL2分型前，型芯4首先从产品中抽出L距离，由于型芯在产品中的位置周边均有斜度，当抽出L距离后，型芯和产品之间发生松动，消除了产品对型芯4的包紧力，人工取出产品时不需用力。整套模具的运动原理是：开模后，在弹簧8和尼龙开闭器10作用下，PL1首先分型，当行至L距离后，限位拉杆7限位，此时，型芯4从产品中抽出了L距离，消除了产品对型芯4强大的包紧力；继续开模，主分型面PL2开始分型，大滑块1和2在斜导柱作用下，开始打开，同时，拨块12在滑块1的带动下向后退缩，而小滑块6在拨块12作用下，沿着固定座9的倾斜方向向后运动；继续开模，滑块1和滑块2完成预定行程后停止运动，此时，小滑块6已完全脱离了产品的倒扣部位，在定位珠11作用下停止了运动，产品留在了型芯4上，最后由人工轻松地拔出取下。

难点一是产品壁厚实心的问题。为防止产品严重缩水，本例使用了新技术——氮气辅助成型，简称气辅。气辅模具是模具行业近十年才兴起的新技术，它的诞生是为解决塑料产品由于壁厚太厚易造成严重外观缺陷而发明的。随着科技的发展，很多高档产品由于外观和功能的需要，有时需将两个或多个产品合成为一个产品，这样很容易造成局部壁厚太厚或整个产品均为实心，这在塑料成型工艺中不符合塑料特性，因此，在模具注塑填充过程中，要求必须壁厚均匀，氮气辅助成型技术就是一种最好的解决方案。气辅的工艺原理是：模具在注塑填充过程中，通过注塑机和高压氮气瓶向模具内注入高压氮气，强大的氮气压力迫使熔融塑料均匀填充到型腔的各个角落，当模具冷却后，产品内部形成中空或局部的薄壁，从而达到设计要求。当然，在实际生产中，有时很难达到理论上的效果，经常会出现如塑料填充不满、氮气填充不到位、壁厚难以控制、产品熔接线较明显等缺陷。造成这些缺陷的原因有多种，如氮气压力不够、填充压力不够、模具温度太低、开始填充氮气的时机把握不准等，特别是氮气的充填时机最为重要。在一些企业中，均经过先进的CAE软件分析后再进行模具的制造和生产，可降低风险。通过CAE软件分析，可以得到模具的合理温度、合理的注塑压力、塑料的最佳填充时间、所需的氮气压力、氮气填充时机等数据，给模具设计工作和实际生产提供了科学依据。若没有软件分析，只能依靠注塑机的调机人员凭经验来反复调试。比如一个产品，设计师在设计时制定的理论质量为100g，试模时，当模具完全充满时，称量产品的质量，若为200g则应慢慢减重，直至100g。中间可能要多次称量，当刚好调到

100g 时，即为氮气填充的最佳时间段，停止填充塑料，开始进行氮气的填充，到生产出合格产品，可能需要多次反复调试，直至各个注塑参数完全合格后，记录下来备用。这是该工艺的简单过程，并非千篇一律，每个人均有自己的经验。

设计气辅模具时，在产品进气口位置安放一套氮气针，然后开设一条气道，就像冷却水路一样把气道引出去，再装一条高压气管连接到注塑机的高压氮气瓶上。至于氮气针的安放位置，则没有固定模式，不同产品不同对待，跟模具设计者的经验有关。通常情况下，放在进气较通畅的位置，比如产品上较宽敞的地方、氮气填充完成后内部空间较大的地方、产品塑料较多、较厚的位置等。本例的气针放在小滑块 6 上，如图 5-25 圆圈内所示，该位置为产品一端的开始，最易进气。图 5-25 中箭头所指零件为高压塑料气管，因小滑块 6 在其他滑块的中间，进气极为困难，所以必须将气道使用软管引到模具的外面。

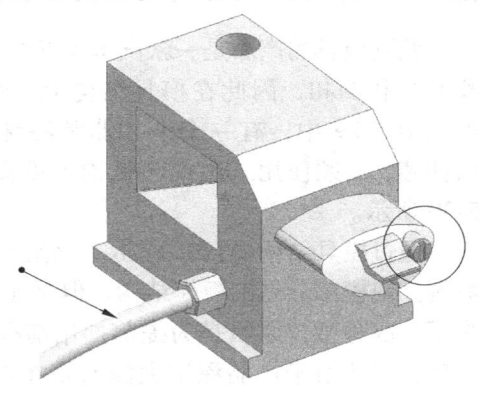

图 5-25

气辅模具的氮气针组件一般由三部分组成，即针体、针阀和金属密封圈，如图 5-26 所示。气针主要是依靠针阀上的外螺纹与模具连接固定的。气针的样式有很多种，本例只是其中常用的一种，有关气针的详细结构及很多细节方面的知识，由于篇幅有限，本例不再详细讲解。气针在模具行业已经发展成为一种标准件，在使用时，按照供应商提供的资料直接选用即可，无论哪家供应商，都有非常详细的资料供我们参阅，作为一名设计者，只要清楚它的内部结构，理解并懂得如何使用即可，并不需要自己去做。

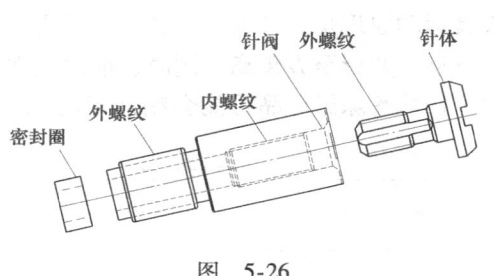

图 5-26

图 5-27 为气针组件的三维视图，图 5-28 为气针组件的爆炸视图。

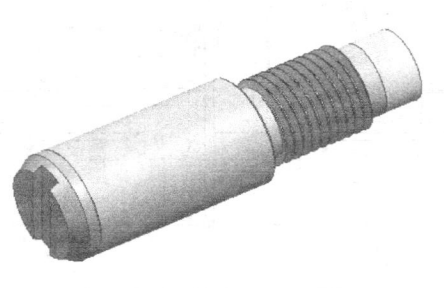

图 5-27

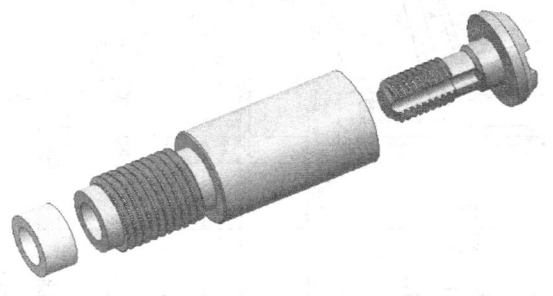

图 5-28

设计气辅模具时需注意的重要问题，就是在气流末端必须开设溢料槽，因为在进行氮气填充时，气流前端会形成一股冷料，不仅会阻碍氮气的顺利填充，同时还会阻碍塑料的填充，最终可能会导致氮气填充不均匀，产品成型后表面有缺陷等后果，溢料槽的作用就是要将这股冷料提前排出，让氮气能够顺利贯穿到最后的位置。

以上所述为有关气辅模具的浅谈，根本谈不上是经验。虽然气辅模具有很多优点，但是，到目前为止，这项技术还未得到普及，主要是因为技术和经验上均未成熟，氮气的填充不易控制，很难达到理论上的效果，以致很多厂商均不敢贸然引进此项技术和相关设备。目前，这项技术还在进一步探索和完善之中。

范例9　车灯清洗器支架二次抽芯机构

此副模具的产品是一款汽车车灯的清洗器支架，产品形状近似于四方形，四面均有大面积侧凹和倒扣，因此在模具结构上，四面均需滑块抽芯，但在图5-29中，有一个卡扣非常特殊，普通滑块肯定无法抽芯，必须使用二次抽芯机构才可实现。详细结构如图5-30所示。

通过模具结构图可以看出，此副模具是一副较复杂的案例。前模部分是三板模结构，但是比三板模多了一块板，多了一次分型，原因是为提前抽出前模镶件1在产品中的深度，以防由于产品深度太深而粘在前模，拉伤产品。后模部分共有4个滑块，其中3个为普通的后模滑块，本例不作讲解，而另一侧的滑块8却是一个非常经典的二次抽芯机构，和本章范例2有很多相似之处，同属于一种类型。

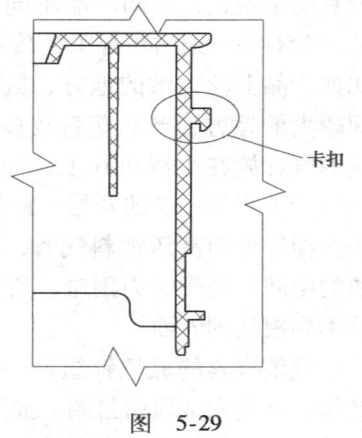

图　5-29

模具运动原理是：开模后，在尼龙开闭器6作用下，PL1首先分型，并行至 L 距离，同时，前模镶件1从产品中抽出了 L 距离，消除了产品对它的包紧力，提前解除了产品可能会粘前模的危险；继续开模，在限位拉杆4作用下，PL2开始分

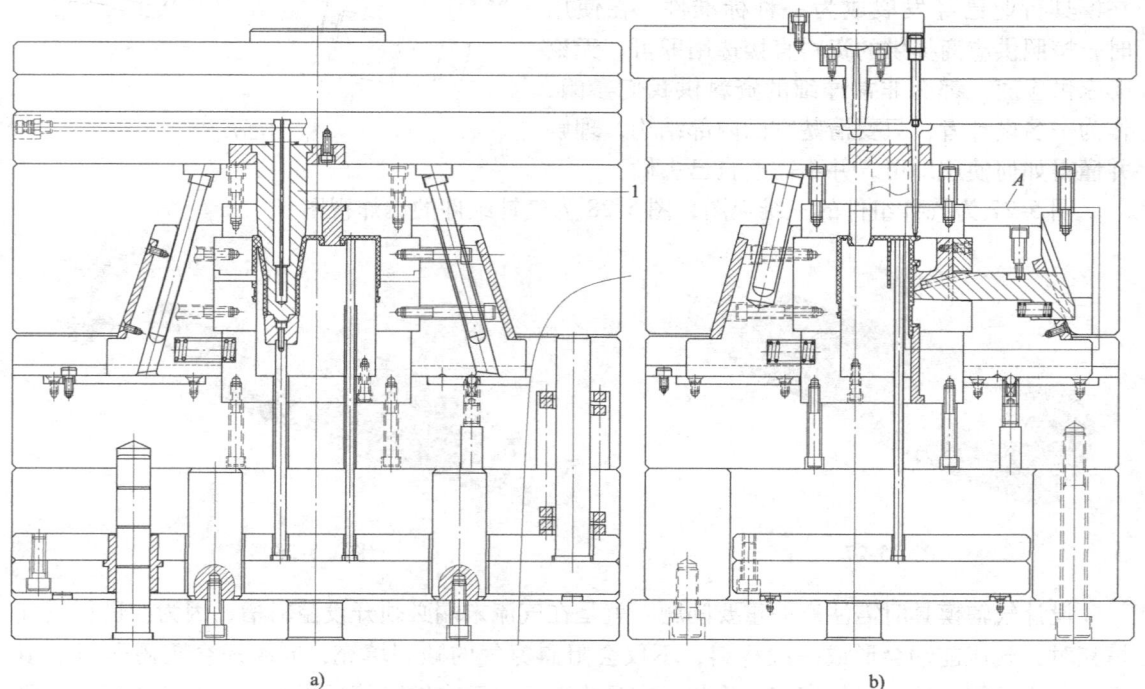

a)　　　　　　　　　　　　　　b)

图　5-30

1—前模镶件

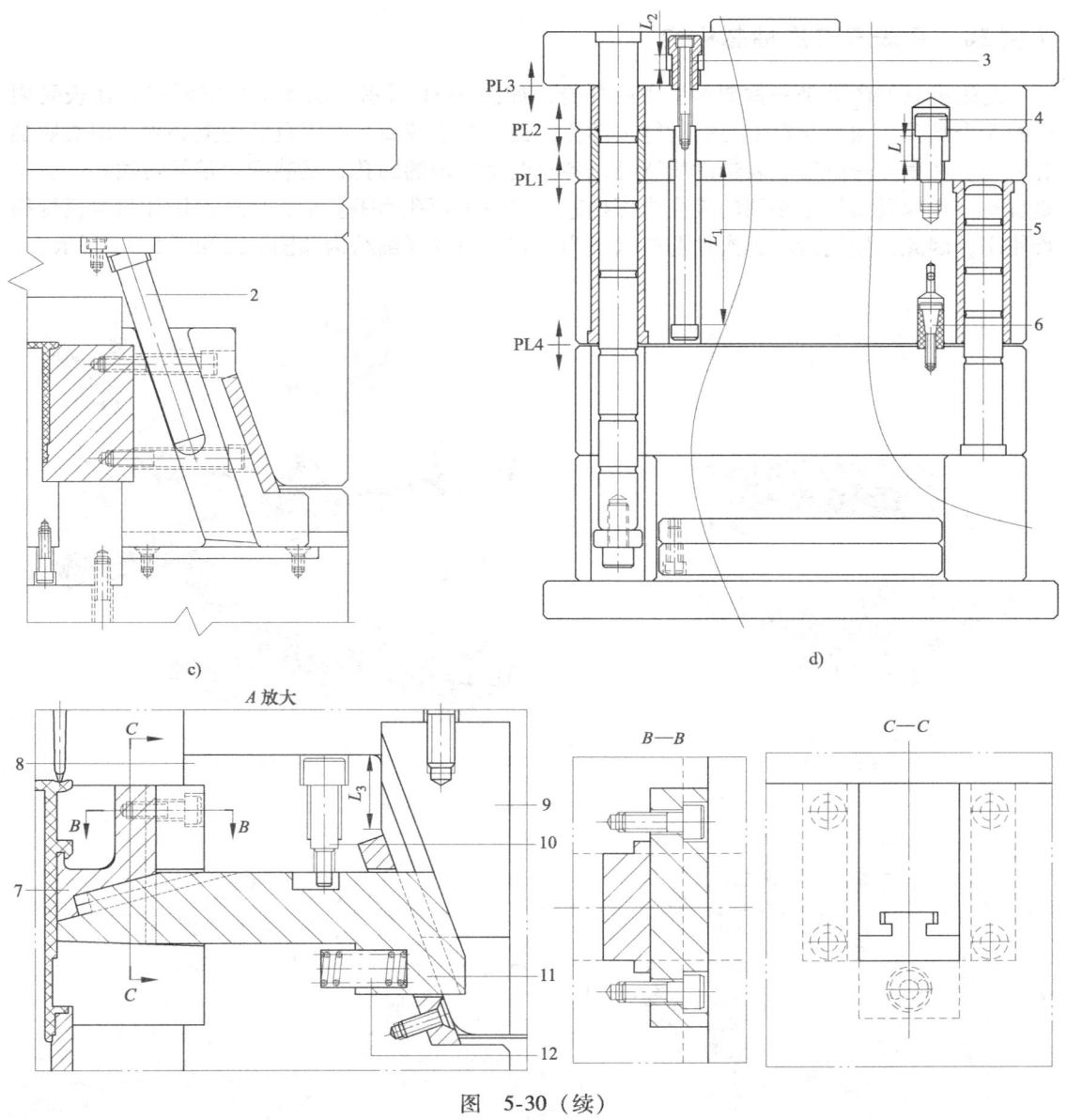

图 5-30（续）

2—斜导柱 3、4、5—限位拉杆 6—尼龙开闭器 7—小滑块 8—滑块
9—拨块 10—限位螺钉 11—锁紧块 12—弹簧

型；当行至 L_1 距离后，在限位拉杆 5 的作用下，PL3 开始分型；当行至 L_2 距离后，在限位拉杆 3 的作用下，前模所有模板都停止了运动，此时，主流道已完全脱出了模板和浇口套，可以自动脱落；继续开模，主分型面 PL4 开始分型，同时，锁紧块 11 在弹簧 12 和拨块 9 作用下，向后运动，小滑块 7 在锁紧块 11 的 T 形槽的带动下，向内收缩，开始抽出卡扣的倒扣位置；当 PL4 行至 L_3 距离时，前模板上开设的延迟直面脱离滑块 8 上的延迟直面，同时消除了对滑块 8 的锁紧作用，此时，锁紧块 11 在限位螺钉 10 的作用下停止了运动，小滑块 7 也已完全抽出了卡扣的倒扣，并停止了运动；继续开模，滑块 8 在斜导柱 2 的拨动下向后运动，直至抽出整个侧面的倒扣部分，最后产品由顶针顶出。

范例10　手表壳二次抽芯机构

此副模具的产品是一款塑料手表的外壳,如图5-31所示。从图中可以看出,在表壳周边的5个侧孔,均为非常重要的功能按键孔,因此要求较高,在模具结构上必须使用滑块抽芯机构。在表壳两侧安装表带的肩膀处,各有两个向内的圆孔,是装配表带的转轴孔,由于是盲孔,在模具结构上必须向表壳内部抽芯,但由于两孔间距较小,普通滑块和斜顶机构很难使用,因此,使用滑块二次抽芯机构最为合理。模具详细结构如图5-32和图5-33所示。

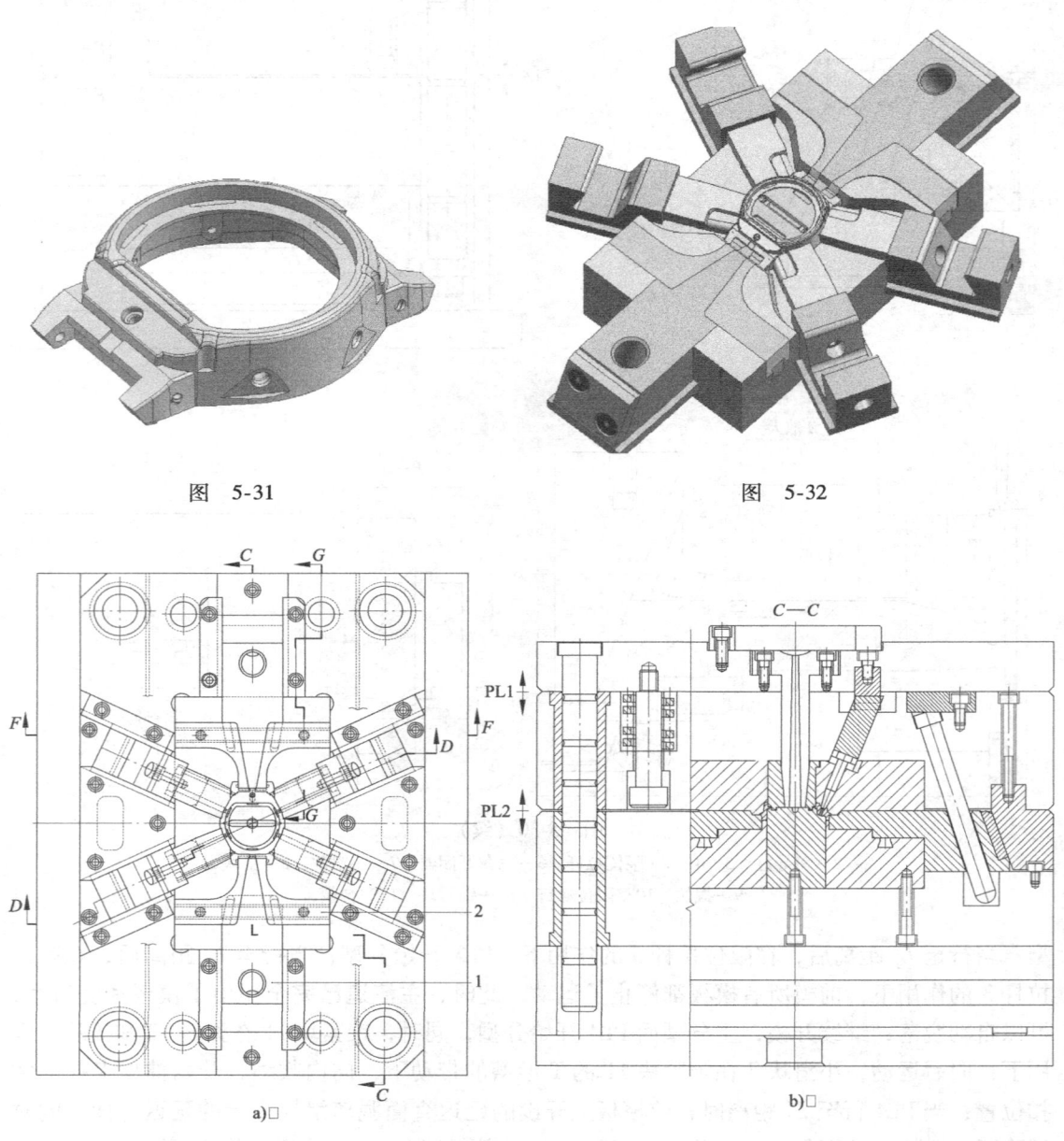

图 5-31

图 5-32

图 5-33
1—大滑块　2—小滑块

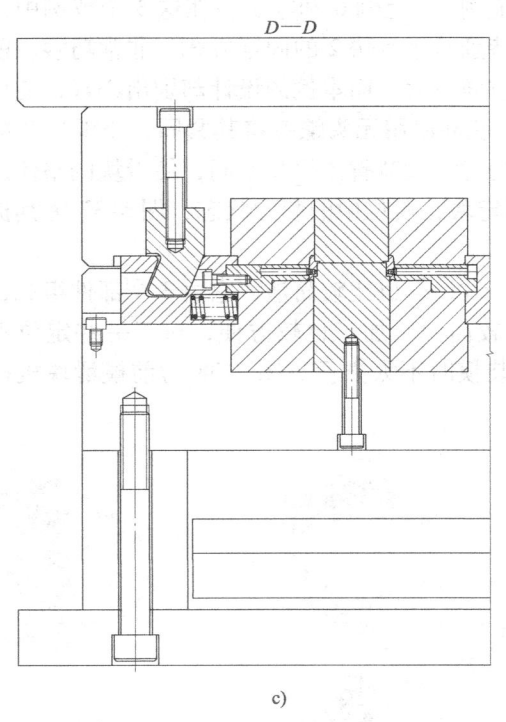
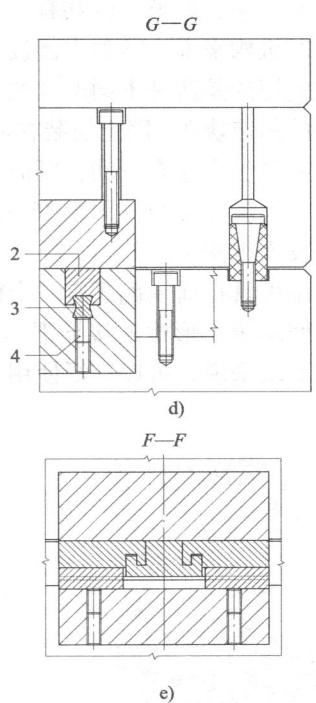

图 5-33（续）
3—固定块 4—无头螺钉

此副模具后模部分共有 6 个滑块，其中 4 个为普通后模滑块，但是，滑块的滑动方向是倾斜的，这类滑块在设计上虽没有多大难度，但也需要一定的设计经验，特别是滑块压板的布局，本例设计得就比较巧妙，由于两个滑块之间的距离较小，两个滑块共用了一个压板，并将压板的形状设计成为梯形，这不仅使滑块机构看起来比较紧凑，同时又简单、漂亮。另外两个滑块是一套二次抽芯机构，此例的二次抽芯机构和本章范例 5、范例 6 的结构基本相同，属于同一类型。大滑块 1 的前端两侧，分别开设了两个倾斜的导向槽，如图 5-34 所示。两个小滑块 2 的底部也开设了与之互相吻合的导向槽，依靠大滑块 2 的往复运动来拨动两个小滑块进行收缩和复位。图 5-35 为滑块机构从产品中抽出后还未复位的状态，有关滑块详细的运动原理，参阅本章范例 5 的内容，本例不再讲述。

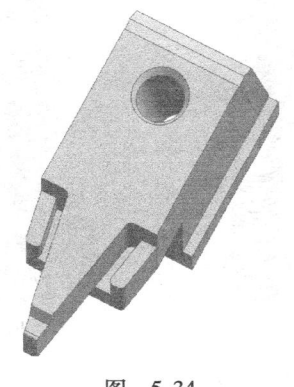

图 5-34

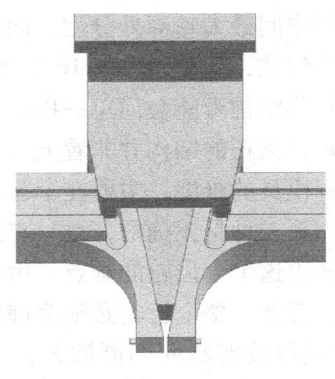

图 5-35

在本章中，此类结构共有 3 个范例，即范例 5、范例 6 和本例。在这 3 个范例中，对于二次抽芯机构来说，唯独本例设计得最好，特别是小滑块 2 的固定方式，非常巧妙。前面两个范例使用的是两种不同形式的压板，占用空间较大，而本例的设计却别出心裁，使用了双燕尾形的固定块 3。固定块装在后模模仁中，底部使用无头螺钉将其紧固，小滑块 2 即可以顺畅地在模仁中左右滑动，既简单又方便，同时大大节省了模具空间，使滑块的整体结构非常简洁、紧凑和美观。图 5-36 为小滑块和固定块在模仁中的装配状态，图 5-37 为其拆去模仁后的反面视图。

此副模具在前模侧还有一个前模斜滑块，设计得也比较简洁，它由 3 个部件组成，每个部件之间均用 T 形槽连接导滑。这种结构比较简单，加工也较方便，对于一些定位不需太精确的滑块来说，可以广泛使用；缺点是，装模时不太方便。图 5-38 为前模滑块机构的详细视图。

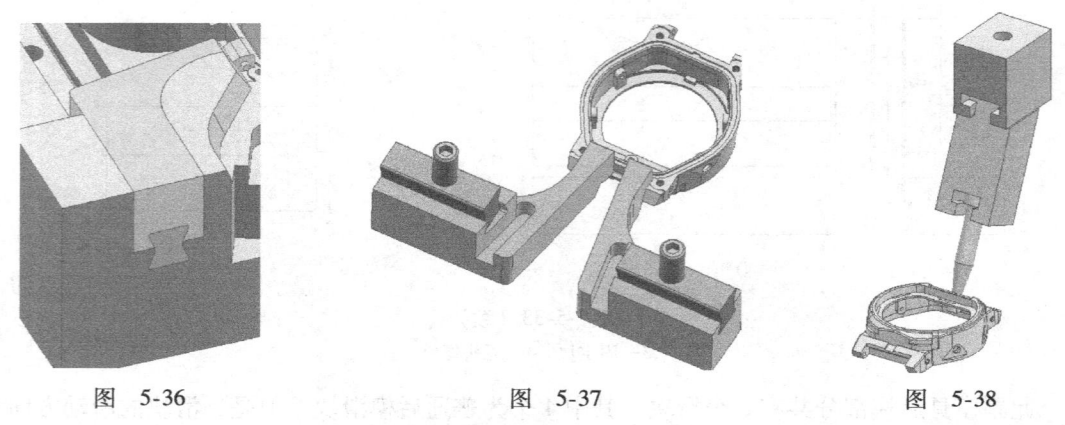

图 5-36　　　　　　　　图 5-37　　　　　　　　图 5-38

范例 11　车灯转向控制杆二次抽芯机构

此副模具的产品是一款汽车车灯的转向控制杆，如图 5-39 所示。从图中可以看出，此产品的一端是一个伞齿轮，伞齿轮共有 16 个齿，呈放射状向四周散开，而另一端是一段很长的外螺纹。对于这样的产品，在模具结构上，可能有人会认为只有两种设计方案可以选择：一是将产品水平放置，自圆杆中间最大轮廓处分型，产品两端的两个盲孔各做一个小滑块即可成型；二是将产品直立放置，同样自圆杆中间最大轮廓处分型，两侧各做一个哈夫块将产品整个包住，让伞齿轮的 16 个齿全部成型在滑块上，这样，模具结构可能会简单一些。但是，当深入地分析后会发现，真正的结构并非看上去那么简单。

此副模具的难度，主要在伞齿轮上。上述的两种假设结构，第二种是正确的，也只有用这种方案才能更进一步的解决这个伞齿轮的难点。由于齿轮是向产品内部开口的，因此，整个齿轮必须全部成型在滑块上，但由于 16 个齿呈放射状向四周散开，无论滑块向任何一个方向抽动，滑块上的齿轮均无法正常脱模，除非滑块往

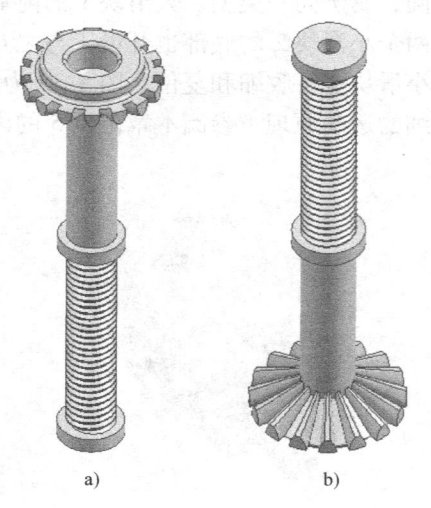

a)　　　　　b)

图 5-39

下走,或者在滑块还未打开时,产品首先从下面被顶出,但是,这两个动作均无法实现,因为产品下面还有一段外螺纹和两节台阶。若想设计好此副模具,只有一种方法,即在滑块中间再做一个可以上下活动的小滑块,让伞齿轮的形状成型在此小滑块上,此即滑块二次抽芯机构。详细结构如图5-40所示。

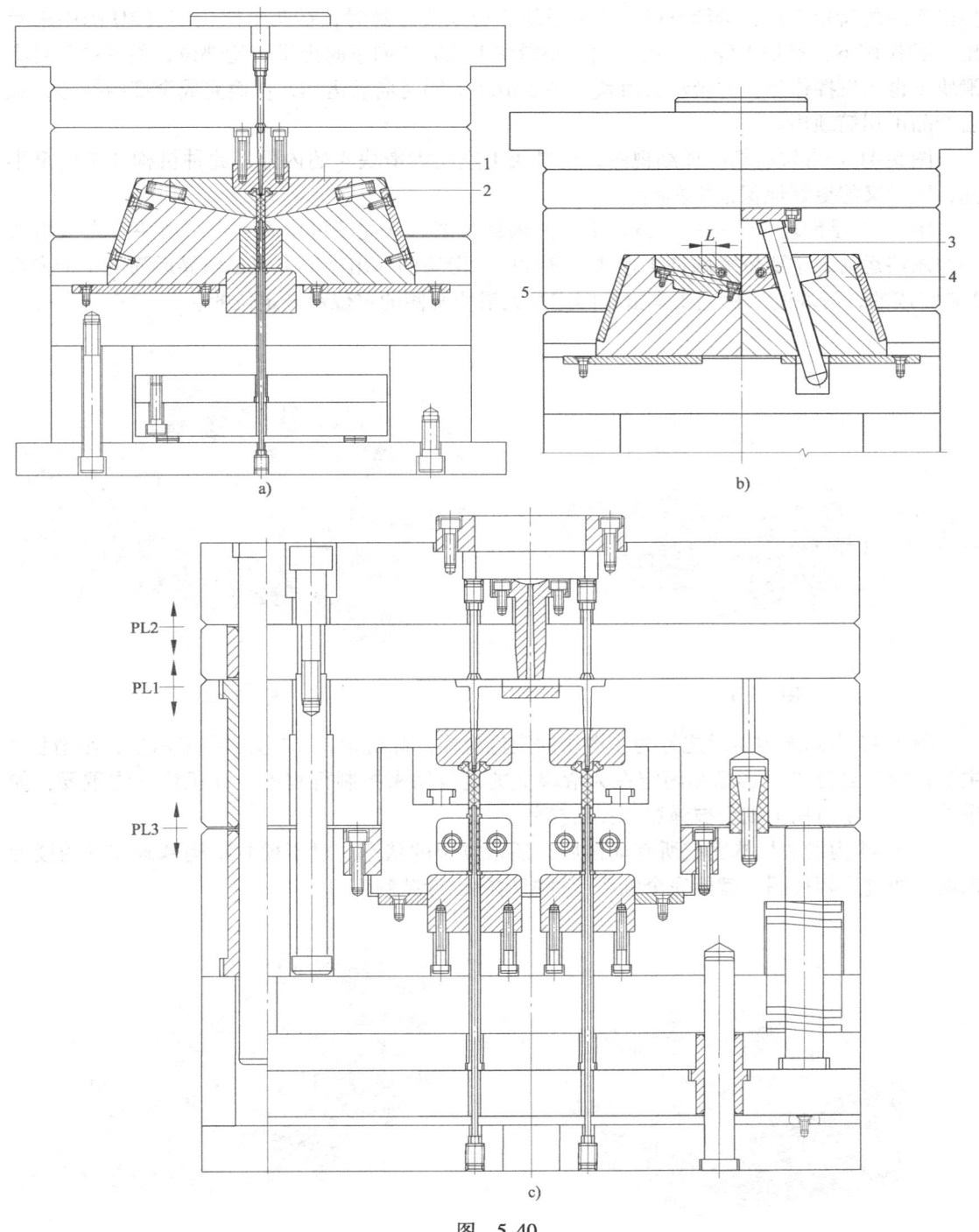

图 5-40

1—小滑块 2—弹簧 3—斜导柱 4—大滑块 5—T形块

此副模具一模两穴，前模部分是三板模结构，其动作顺序大家已非常熟悉，本例不再讲解；后模部分是两个带有二次抽芯机构的滑块。其运动原理是：当主分型面 PL3 打开后，大滑块 4 在斜导柱 3 的作用下向后运动，小滑块 1 由于本身 U 形孔的作用，无法和大滑块 4 一起向后运动，同时，小滑块在弹簧 2 和 T 形块 5 的作用下，沿着产品轴心方向向内收缩，抽出产品的齿轮部位；继续开模，当大滑块 4 行至 L 距离时，在两个定位销（2D 图中未示出）的作用下，滑块 1 停止运动，此时小滑块 1 已完全向下脱出了齿轮部位，斜导柱 3 对小滑块 1 也已发挥作用，并带动大滑块 4 和小滑块 1 同时向后运动，从而完成全部的抽芯，最后产品由司筒顶出。

图 5-41 是滑块机构的详细视图，小滑块 1 座在大滑块 4 的内部，此种机构非常安全牢固，同时又能更好地保证模具精度。

图 5-42 是滑块机构拆掉小滑块 1 后的内部视图。从此图可以看到，小滑块 1 在大滑块中的倾斜运动，主要依靠两件 T 形块 5 来导向，滑块的弹出动力主要是依靠后面的 4 个弹簧 2 来完成的，滑块的行程主要是依靠固定在大滑块两侧的定位销来定位的。

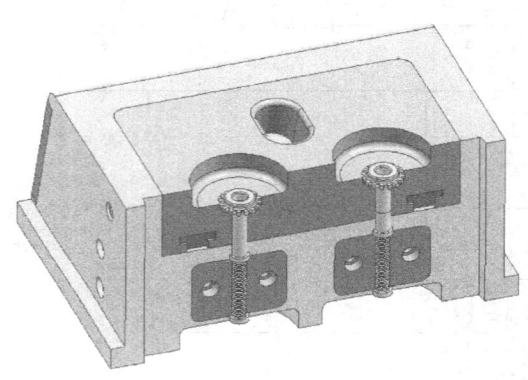

图　5-41

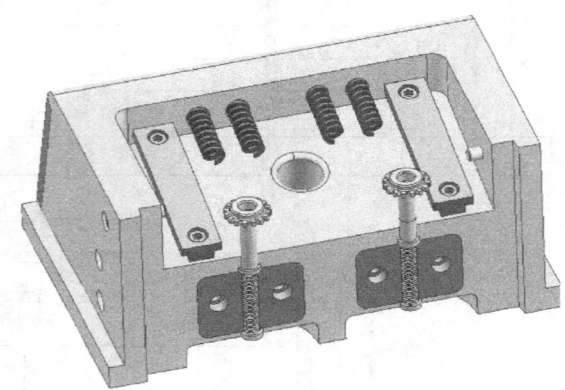

图　5-42

图 5-43 中圆圈内所示之处为小滑块的定位机构，此机构在 2D 视图中未示出，小滑块 1 主要是依靠自身的 U 形槽和固定在大滑块上的定位销来控制行程的，此机构非常重要，如果没有它，小滑块 1 则会被弹簧 2 弹出模外。

图 5-44 为滑块机构完成所有动作后，还未复位的状态。对于模具结构基础较好的读者来说，通过这幅视图，就能完全领悟此种机构的设计精髓。

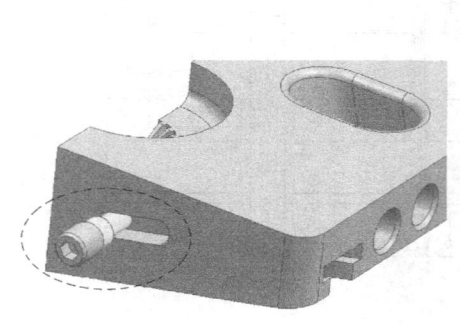

图　5-43

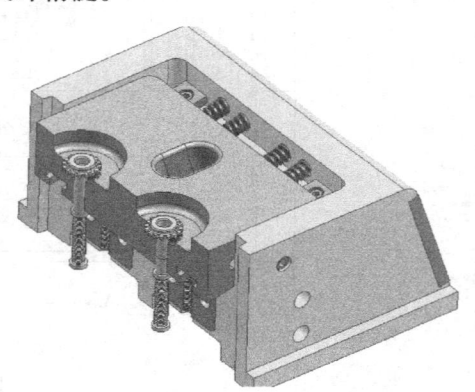

图　5-44

范例 12　轿车遮阳板挂钩二次抽芯机构

此副模具的产品是一款轿车遮阳板挂钩，如图 5-45 所示。从图中可以看到，此产品的外形很像一个钩子，因此，在模具结构上，整个外表面必须使用两侧滑块机构。图 5-45b 所示为产品的背部。从此视图可以看出，此方向更需滑块抽芯，但是，在两个圆圈内所示之处，却各有两个凸台，这两个凸台是和另一个翻盖产品装配用的，十分重要。这两个凸台的出现，给此方向的滑块机构增添了很大难度，在这种情况下，使用滑块二次抽芯机构是此例的唯一方案。模具详细结构如图 5-46 所示。

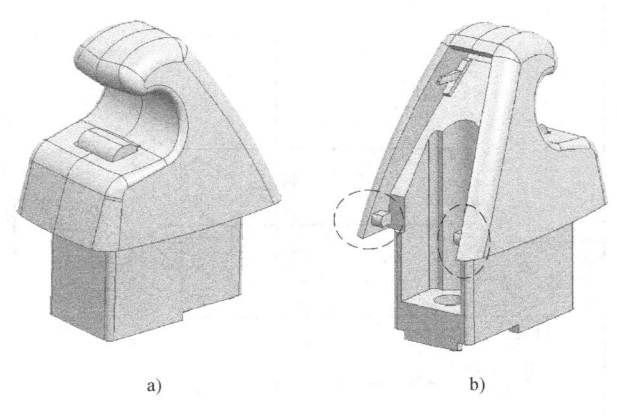

图　5-45

综上所述，此例是一副设计质量非常高的模具。图 5-47 为后模部分的三维视图，从此视图可以看出，模具的整体布局紧凑而协调，每个细节的处理都非常完美，处处都能给人非常舒服的感觉。

在模具整体结构上，此例是一模两穴，每个产品有 3 个滑块，分别从 3 个方向将产品包围，中间的滑块镶件 5 是一种非常经典的二次抽芯机构，进胶方式为潜伏式浇口，产品的顶出方式为顶针顶出。

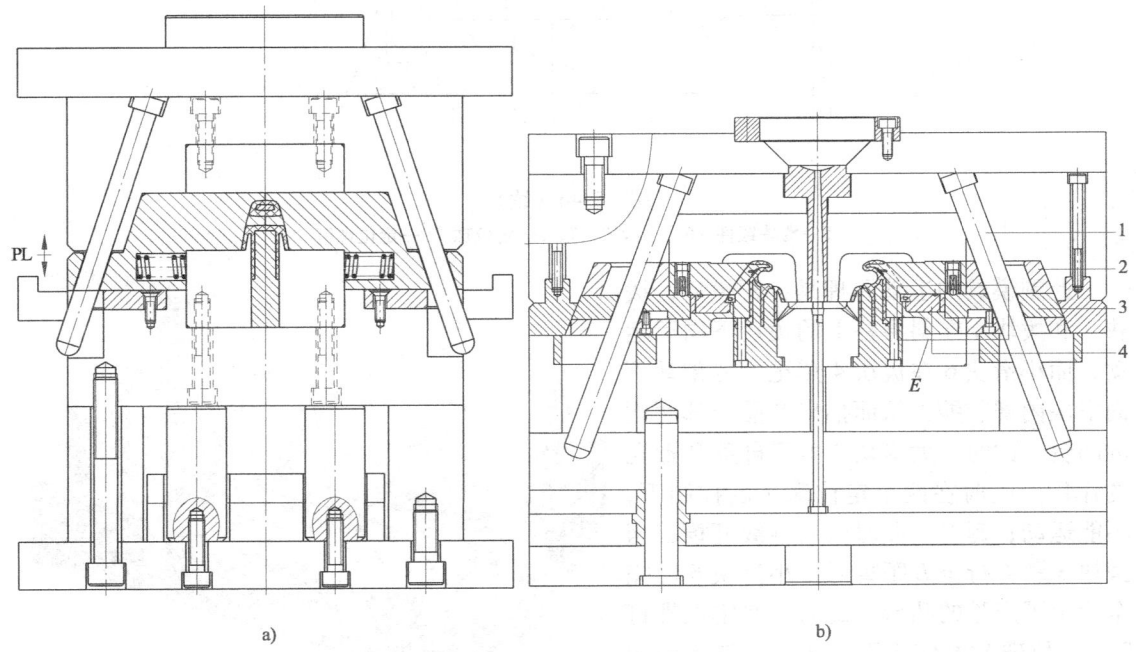

图　5-46
1—斜导柱　2—大滑块　3、4—拨块

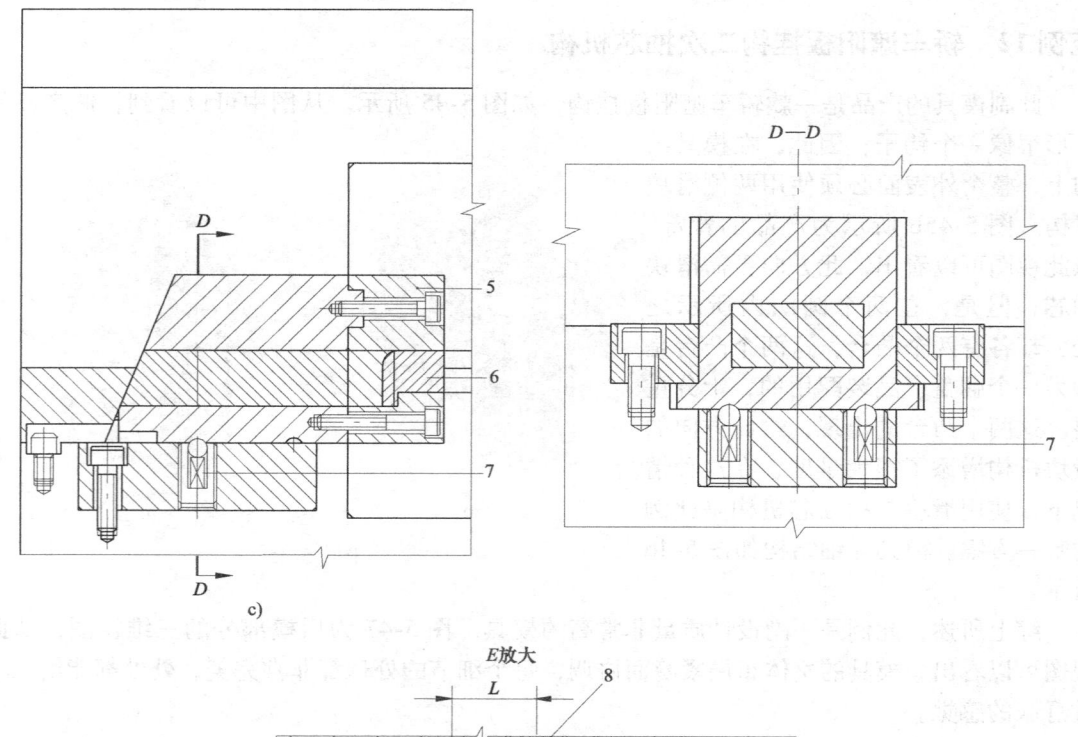

图 5-46（续）
5—滑块镶件　6—小滑块　7、8—定位珠　9—定位螺钉

此副模具的运动原理是：开模后，拨块3和拨块4在斜导柱1的拨动下向后运动，而小滑块6在拨块4燕尾槽的带动下向滑块内部收缩，从而抽出产品内部两侧的凸台，此时，大滑块2由于自身U形孔的作用，同时在两个定位珠7的控制下，不能运动；延迟一段时间后继续开模，当拨块3和4行至L距离时，小滑块6已完全脱出了产品的凸台，此时，在定位螺钉9和定位珠8的作用下，两个小滑块和两个拨块都停止了运动，而此时的斜导柱1已开始对大滑块2发挥作用，并同时带动

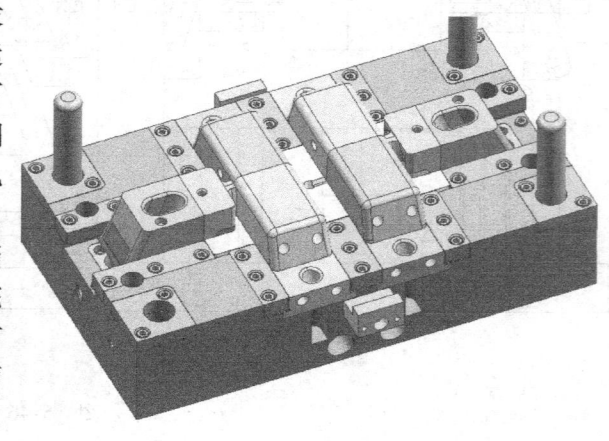

图 5-47

整个滑块机构向后运动，从而完成整个抽芯动作。

图 5-48 为大滑块 2 机构的完整视图，从此视图可以清楚地看到，大滑块 2 是分成两段设计的，然后用螺钉连接起来，这样设计的目的有两个，一是为了节省材料，二是为了方便内部机构的装配，否则小滑块和拨块等机构是无法装进去的。

图 5-49 为滑块镶件 5 的散件图。从图上可以看出滑块镶件内部的详细构造，小滑块 6 和拨块 4 等均安装在它的里面，并在导向槽的作用下，可以左右运动。

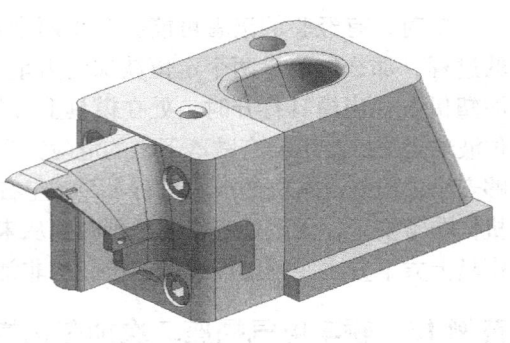

图 5-48

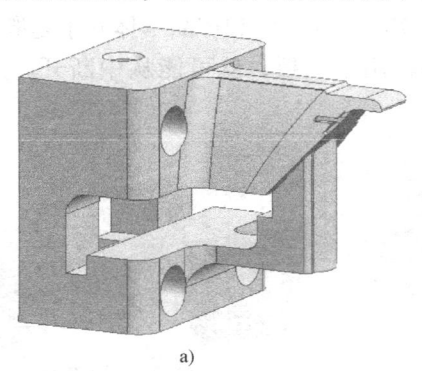
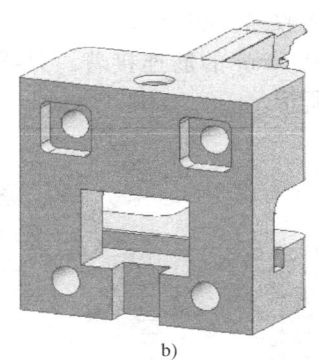

图 5-49

图 5-50 为整个滑块机构拆掉大滑块 2 和镶件 5 后的状态。从图中可以看出，拨块 3 通过燕尾槽带动拨块 4，这两个拨块分开设计的目的是为以后拨块和小滑块装配的方便，否则，由于两个小滑块间距太小，拨块根本无法安装进去。拨块 4 带动两个小滑块 6，在斜导柱的作用下，实现往复运动，完成抽芯。

图 5-51 为小滑块 6 和拨块 4 的爆炸视图。从图上可以看出，两个小滑块和拨块之间使用燕尾槽的方式连接导滑，实现动作。

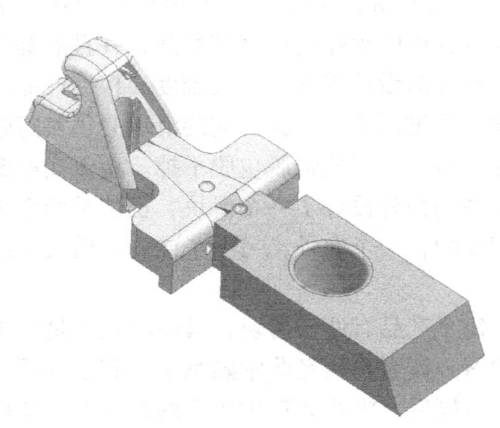

图 5-50

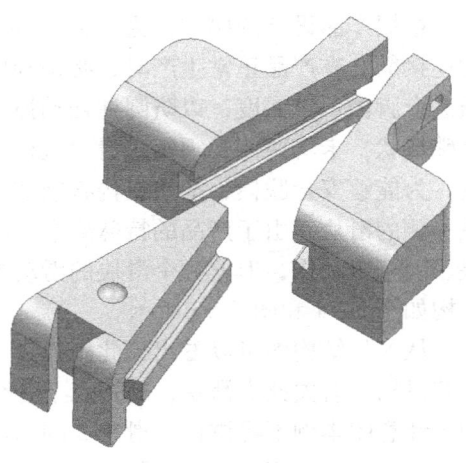

图 5-51

此时，有经验的读者可能会产生两个疑问，一是在刚开模时，大滑块2必须有一段延时的过程，那么仅依靠两个定位波珠的力量是否安全？二是模具进入生产时，必须直立安装在注塑机上，当模具打开时，处在模具上方的滑块机构在没有弹簧支撑的情况下，只靠两个定位波珠定位，会不会有跌落下来的危险？当然，对于一些大型滑块来说，这种定位机构肯定不够安全，但是，本例的滑块只有1.5kg左右，属于小型滑块，经多年的生产验证，这种定位珠机构非常安全，无论是定位还是延时，从未出过事故，因此，2kg左右的小型滑块，无论是在模具上方下方，使用定位波珠定位，均非常安全，它不仅简单而且方便，可以放心使用。

范例13 轿车电气插座二次抽芯机构

此副模具的产品是一款轿车上的电气插座，如图5-52所示。在图中圆圈内，有一个倒锥形的三瓣卡脚，该卡脚是中空的，由于是三瓣的形状，只要受到很小的外力，就能够向外张开，也能向内收缩。在卡脚后面，有一个实心圆柱，它和产品本体几乎是断开的，中间只有一条半径为0.5mm的筋连接着，只要轻轻用手一扳，就可能从中断开。产品形状如图5-53局部切图所示。

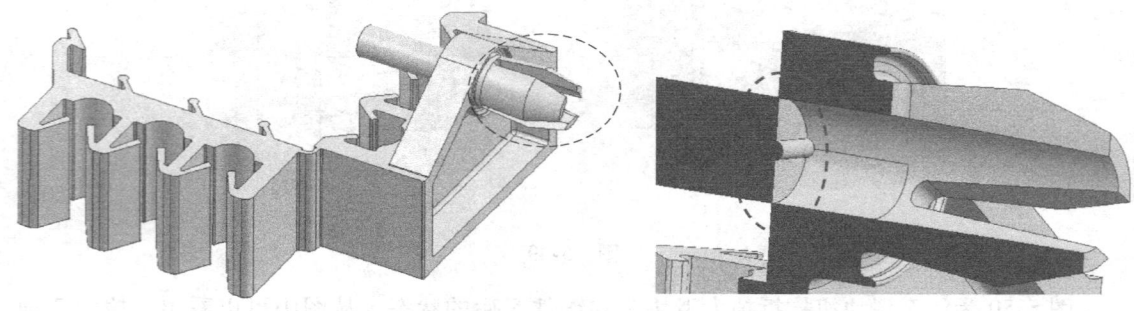

图 5-52　　　　　　　　　　　　　　图 5-53

在设计这副模具之前，首先要知道产品的设计意图。产品的倒锥形卡脚，是和汽车上另一个产品装配用的，使用时，利用卡脚本身可以张开和收缩的功能，将其强行压进其他零件中，为防止两个零件脱离，将卡脚后面的实心圆柱强行压到卡脚的空心里，这样，卡脚在实心圆柱的挤压下，向外完全撑开，和其他零件之间的配合就变得非常牢固。

根据产品设计的要求，为方便产品的装配，实心圆柱和产品本体那个半径仅为0.5mm的连接筋，在产品正常生产时，必须利用模具本身开合模的动作提前将其断开，并且需提前插进卡脚内一定深度，以防圆柱松动掉出，这样，给模具设计带来了很大难度。根据产品的特殊形状，卡脚两侧必须使用滑块机构。由于卡脚是倒锥形的，卡脚一侧的滑块必须实行强脱，为能够安全脱模，滑块机构必须使用二次抽芯，否则，即使强脱也脱不掉。至于实心圆柱一侧的滑块，由于产品的特殊要求，本例在滑块中间另外设计了一个滑块，虽然是两个滑块、同一个动作，但这两个滑块的滑动方向却是相反的，一个向外，另一个向内。模具详细结构如图5-54和图5-55所示。

从模具结构图可以看出，此副模具一模两穴，每个产品有两个滑块，其中滑块1是二次抽芯机构，有关此类滑块，通过以上各个范例的学习，读者都已经非常熟悉了，其运动原理和设计意图本例不再讲述。滑块2的动作原理是：开模后，滑块2在拨块3的拨动下，向后运动，开始抽出实心圆柱，同时，滑块8在拨块5的作用下，推动镶针6向前顶出，由于产

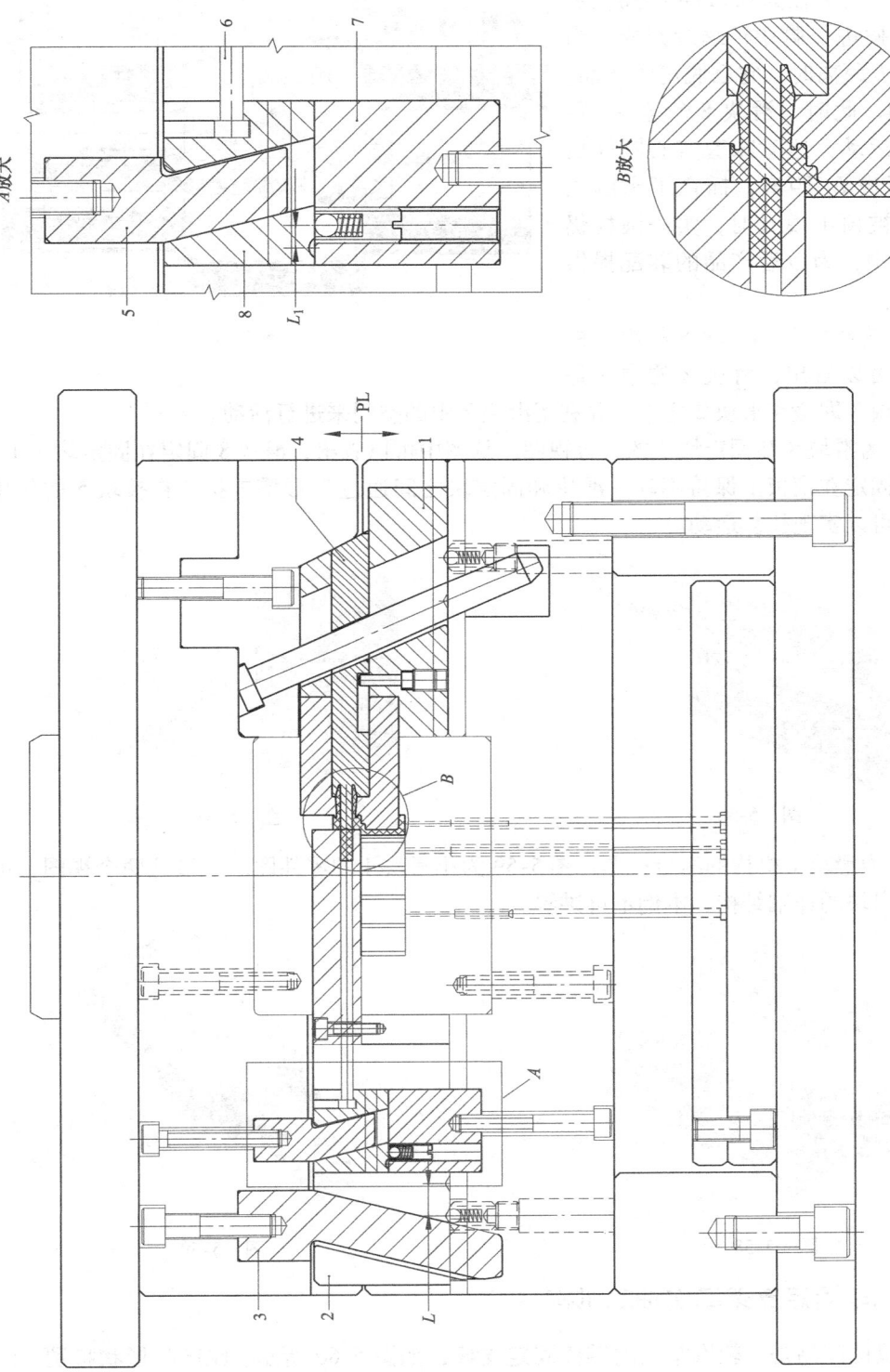

图 5-54

1、2、8—滑块　3、5—拨块　4—小滑块　6—镶针　7—固定块

品此时是不动的，实心圆柱在镶针6强大的推动下，在半径为0.5mm的筋位被强行顶断，插进卡脚中；继续开模，当滑块2行至L距离时，它已脱离了产品，停止了运动，此时，滑块8行至L_1距离，停止了运动，这意味着实心圆柱也同时向前行进L_1距离，插在了卡脚之中。当产品被顶出模具时，实心圆柱仍留在卡脚之中，为以后产品的装配提供了很大方便。

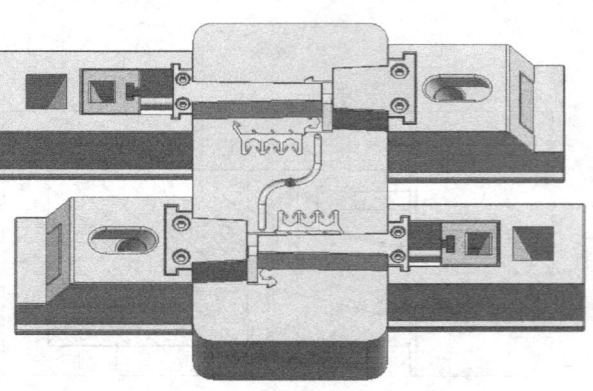

图 5-55

图5-56为滑块2和滑块8的组合视图。从图上可以看出，滑块2的中间是挖空的，滑块8即藏在滑块2之中，并利用滑块2中的空间来进行活动。

图5-57为滑块8和固定块7的组合视图。从图中可以看出，滑块8固定在固定块7上，而固定块7固定在模板上保持不动，滑块和固定块之间通过T形槽连接，在拨块5的作用下，滑块8可以实现往复运动。

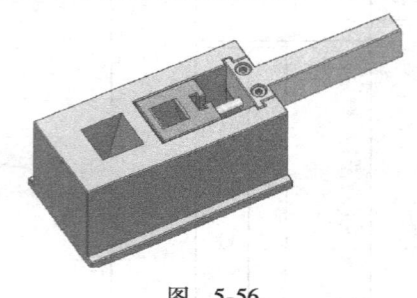

图 5-56

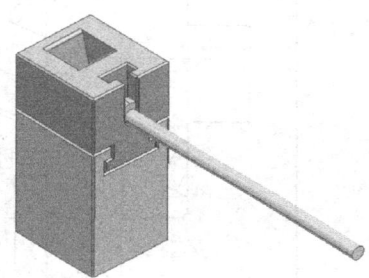

图 5-57

图5-58为滑块1机构的组合视图，图5-59为小滑块4的零件图。通过这两个视图，可以了解此例滑块的详细结构，本例不再讲解。

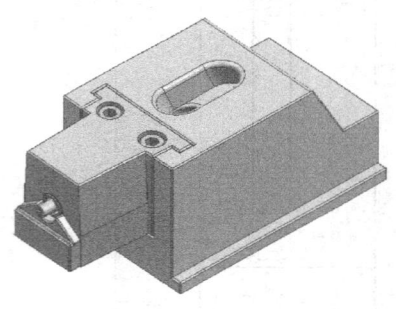

图 5-58

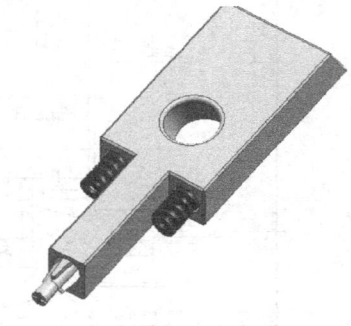

图 5-59

范例14　汽车固定支架二次抽芯机构

此副模具的产品是一款汽车上的零件固定支架，如图5-60所示。此产品形状特别，结构特殊，模具结构极为复杂，由于产品较小，模具设计难度非常大，为本章至此所有范例中设计难度最大的，有以下5个难点。

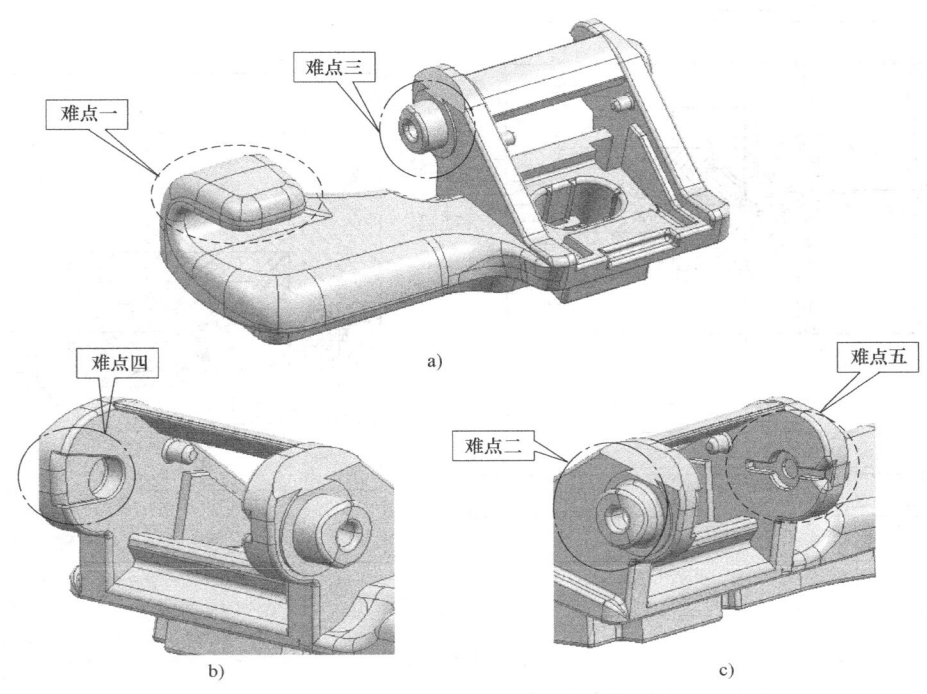

图 5-60

1）图 5-60 所示的难点一的位置是产品外表面一侧很深的钩子，钩子是倾斜的，因此，在模具结构上，此处必须使用斜滑块机构，如图 5-61 所示。

2）图 5-60 中所示的难点二的位置是一个凸台，该凸台指向产品的外面，在模具结构上，此处必须使用滑块机构，此结构从图 5-61 中可以看到，处在模具两端的两个滑块即此处的滑块。

3）难点三的形状和难点二相同，在产品中的作用也相同，只是一左一右而已。按道理讲，此处也必须使用滑块，但是，此凸台的方向是向产品内部的，和难点一中钩子的距离非常近，如果使用滑块，会和钩子发生干涉，也就是说，此处根本没有做滑块的空间，因此，此处成为此副模具的一个最大难点。

4）难点四和难点五属于同一问题，这两处都是和其他零件进行连接固定用的卡槽。两个卡槽处在产品的两个肩膀内部，如果只看一个卡槽，从模具结构上来讲，必须使用滑块机构，但是，此时为两个卡槽，且两个卡槽是面对面的，卡槽之间的距离非常小，如果均使用滑块，此处的内部空间远远不足，因此，这两处成了此副模具的又一个最大的难点。

通过以上分析，已经清楚此例产品最大的 3 个设计难点。由于产品较小，每处的位置都非常紧凑，所以，常规的滑块机构显然已难以实现，为此，将这三处的难点进行了整合，设计成了一个滑块机构，即本例的重点部分——二次抽芯机构。不过，此处的二次抽芯机构和本章前面的所有范例都有很大区别，前面的范例大多是一个拨块带动两个小滑块同时向内部收缩，而此例是一个大滑块中藏了 3 个小滑块，分别由两个拨块带动，实现不同方向的抽芯，这也是此例模具最经典之处。详细模具结构如图 5-61 和图 5-62 所示。

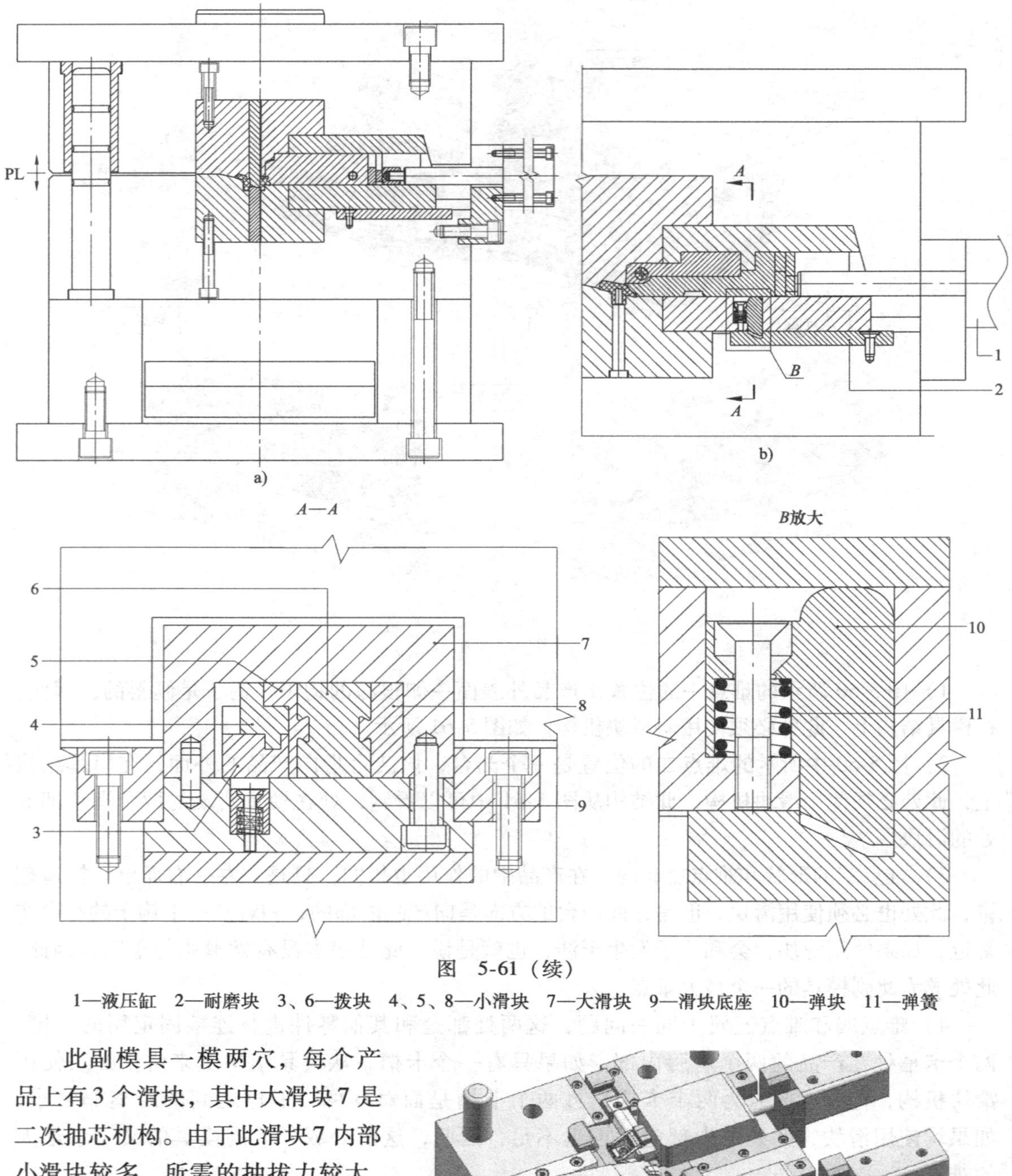

图 5-61（续）

1—液压缸 2—耐磨块 3、6—拨块 4、5、8—小滑块 7—大滑块 9—滑块底座 10—弹块 11—弹簧

此副模具一模两穴，每个产品上有3个滑块，其中大滑块7是二次抽芯机构。由于此滑块7内部小滑块较多，所需的抽拔力较大，因此，滑块的驱动使用了液压缸机构。由于滑块所需的行程不大，液压缸机构使用的是一种非常简洁的薄型液压缸，这种液压缸安装简单，使用方便，占用空间较小，特别适合中小型滑块。

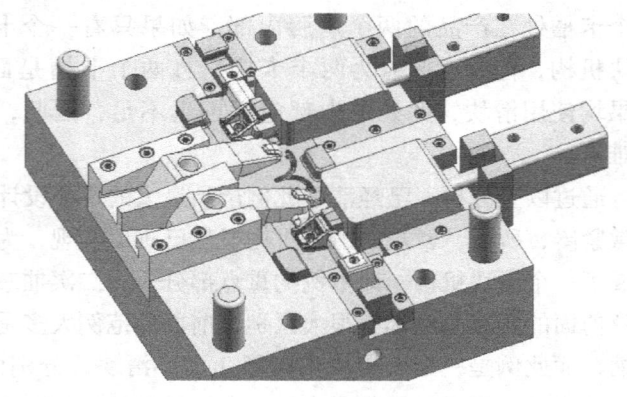

图 5-62

图 5-63 为二次抽芯机构的组立视图。从图可以看出，该机构由两部分组成，即大滑块 7 和滑块底座 9，它们之间通过定位销定位，螺钉连接紧固，所有的小滑块机构全部藏在大滑块内。分开设计的目的有两个，一是方便内部滑块机构的装配，二是内部小滑块的部分动作必须利用大滑块内某些形状来配合完成，所以，分开后便于大滑块内部形状的加工，否则无法加工。

图 5-64 为拆除滑块底座 9 和滑块 7 后的内部结构图，从此图可以看出，小滑块机构由 5 个重要零件组成，分别是小滑块 4、小滑块 5、小滑块 8、拨块 3 和拨块 6，其中小滑块 4 和小滑块 8 共用一个拨块 6，小滑块 5 单独使用拨块 3。图 5-65 为滑块机构拆除大滑块后的反视图。

图 5-66 为 3 个小滑块 8、4、5 的反视图，图 5-67 为两个拨块 3 和 6 的组合视图。两个拨块在结构上虽是分开的，但是，待加工好后，则利用本身的卡槽结合起来，然后再用螺钉进行紧固成为一体，这样，在液压缸的带动下，它们同进共退，共同带动 3 个小滑块完成抽芯。从两个视图可以看出，滑块 5 和滑块 8 与拨块 6 之间使用燕尾槽结构进行连接导向，那么，在开模后，拨块 6 则带动小滑块 4 和滑块 8 同时向内收缩，完成对难点四和难点五两处

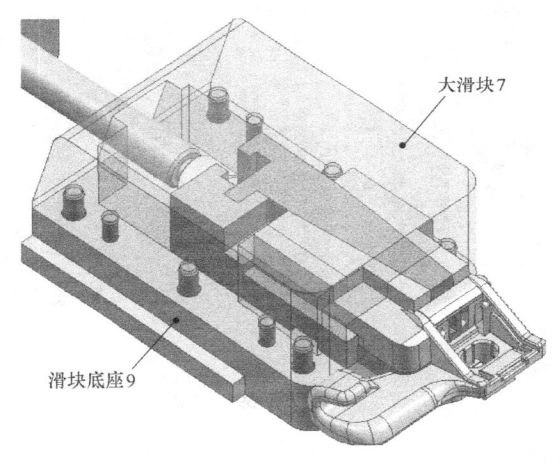

图　5-63

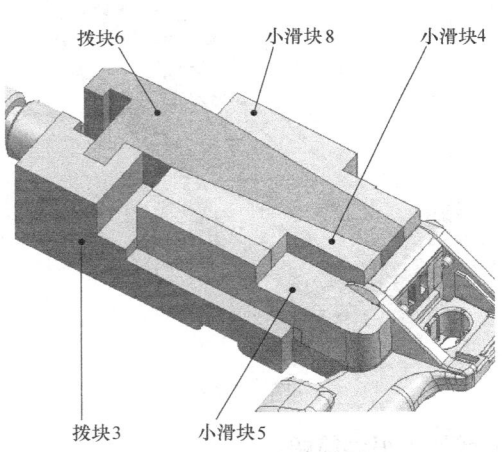

图　5-64

卡槽的抽芯；而小滑块 5 和拨块 3 利用自身的倾斜导向槽来进行导向，这两个导向槽一凸一凹，互相啮合，开模后，拨块 3 在导向槽的作用下带动小滑块 5 向难点三的凸台外部运动，从而完成对难点三凸台的抽芯动作。图 5-68 为 3 个小滑块 4、5 和 8 分别完成对 3 个难点抽芯后，大滑块 7 还未开始运动的状态，读者可将此图和图 5-64 作对比，观察它们的变化。图 5-69 为局部放大图。

通过以上 4 个视图，相信大家已领悟了此种机构的运动原理。由于滑块内部比较复

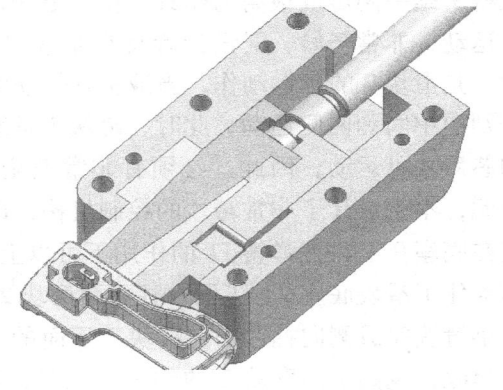

图　5-65

杂，单从 2D 结构图上很难看出内部结构，所以，此例的 2D 图忽略了很多内容，而在 3D 图

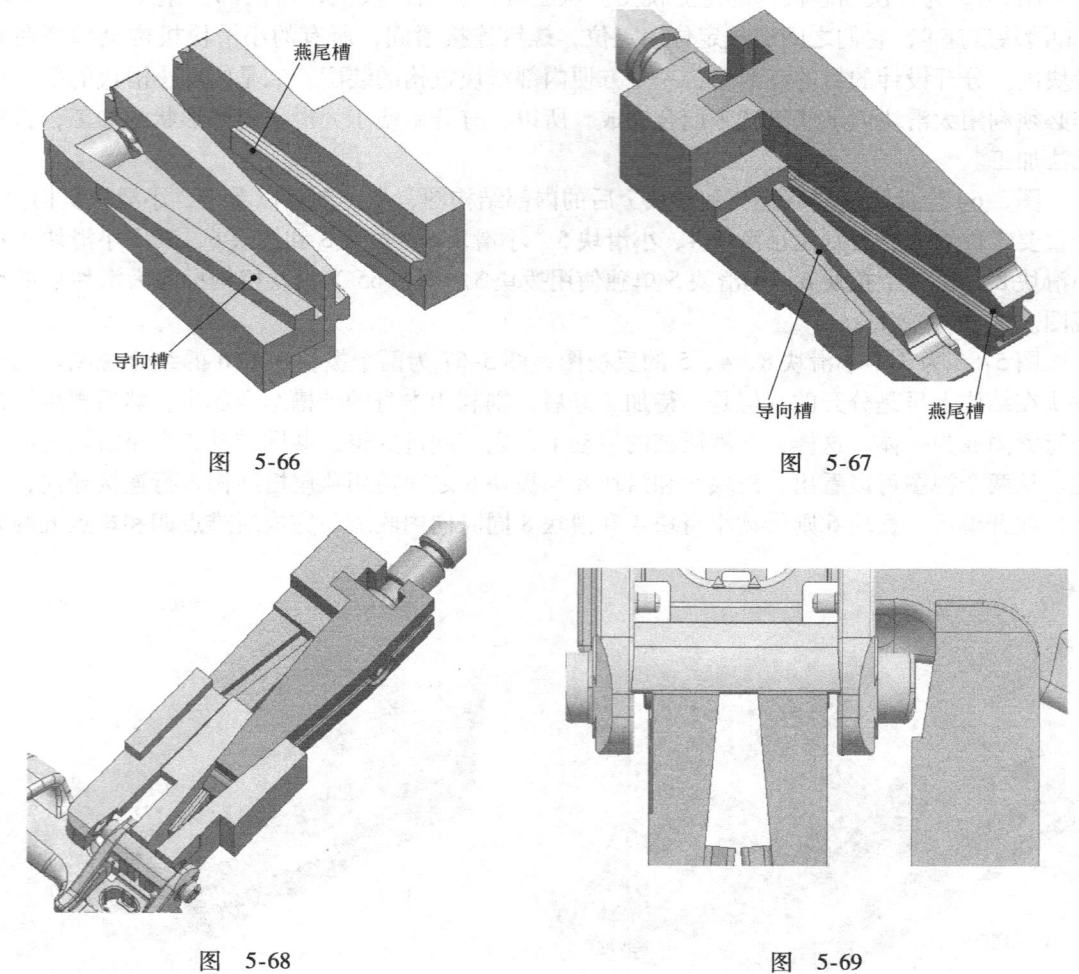

图 5-66　　　　　　　　　　　　　　图 5-67

图 5-68　　　　　　　　　　　　　　图 5-69

上增加了很多篇幅。

二次抽芯机构在整个塑料模具中属于难度很高的类型，而此例结构在整个二次抽芯机构中是一副难度很高的模具，特别是拨块机构，一个动作带动3个滑块向几个方向同时运动，非常巧妙，需设计者具有非常丰富的经验。设计此副模具时还需注意的重要问题，是滑块7的延迟动作。当液压缸带动两个拨块向后运动时，两个拨块又带动3个滑块分别向中间和两侧运动，此时，滑块7是绝对不可运动的，必须等到3个小滑块完成侧向抽芯后才可运动，因此，必须有非常安全的控制机构来控制整个滑块机构的动作顺序，为此，本例设计了非常巧妙的控制机构，即弹块10的机构，如图5-61b所示。弹块10固定在底座9上，在弹簧11的作用下可以上下浮动。合模时，弹块被拨块3紧紧压缩，上面卡住了滑块底座9，下面卡住了耐磨块2，使滑块7前后均无法运动，直到两个拨块带动小滑块完成侧向抽芯后，拨块7下面的卡槽刚好处在弹块上面，弹块在弹簧作用下向上弹起，脱离了耐磨块2的约束，此时，整个滑块机构才可同时向后运动，完成全部的抽芯动作。图5-70为弹块刚好弹起大滑块已处在可以运动时的状态。图5-71则为弹块机构的详细视图。

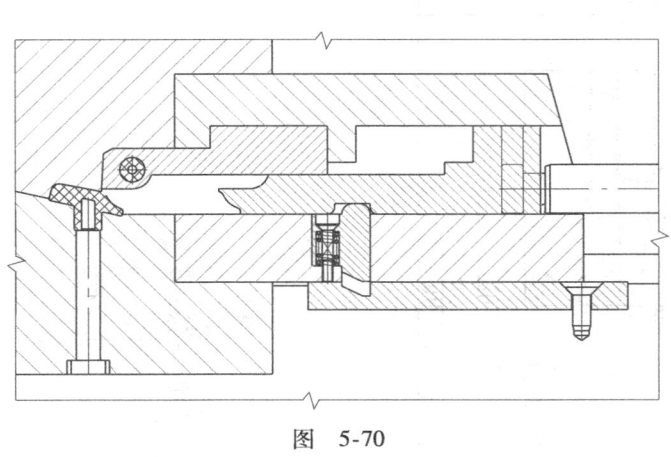
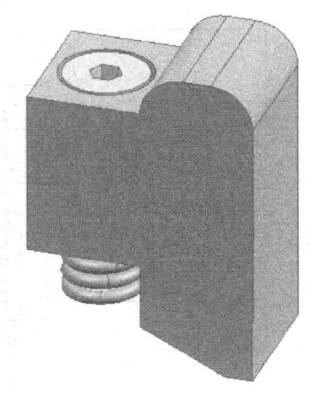

图 5-70　　　　　　　　　　　　　　　　　图 5-71

范例 15　轿车变速器二次抽芯机构

此副模具的产品是一款轿车上的变速器的部件，如图 5-72 所示。在图 5-72a 中箭头所指的圆圈内，有一个带有圆形凸台的通孔，在孔的上下两侧，各有一个小卡扣，如图 5-72b 局部放大图所示，两个卡扣是此副模具的设计难点。由于产品一侧有多处高低不平的倒扣，所以，整个侧面需要大的滑块来抽芯，而两个卡扣的深度不大，使用强脱方式即可成型，但是，如何保证顺利强脱，是此副模具的设计关键，如果处理不好，不仅不能强脱，卡扣还可能被拉断，为此，本例使用了一种二次抽芯机构，将中间的通孔单独设计了一个小滑块。在开模时，首先抽出通孔的小滑块，将中间腾出一定的位置，让两个卡扣在强脱时有足够的变形空间，再进行强脱时，两个卡扣向中间变形收缩，从而顺利脱出。详细结构如图 5-73 和图 5-74 所示。

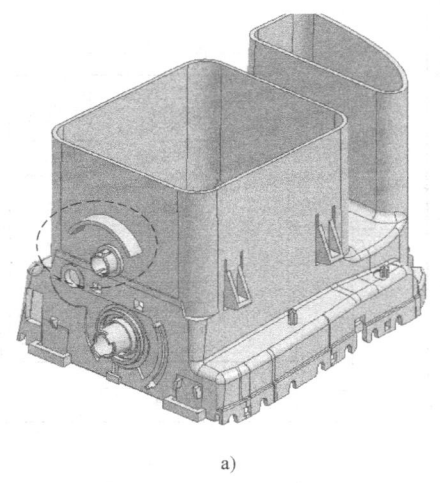
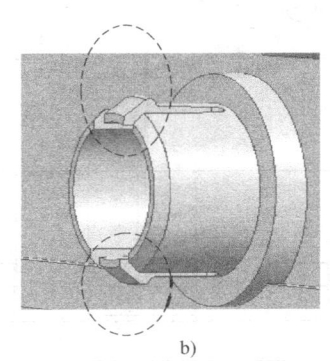

a)　　　　　　　　　　　　　　　　　b)

图　5-72

此例的二次抽芯机构和本章范例 1、范例 9 都有很多相似之处，但同时也有很多其他范例所没有的优点。一是小滑块 2 在大滑块 1 中的安装固定方式，本例并未像其他滑块那样走

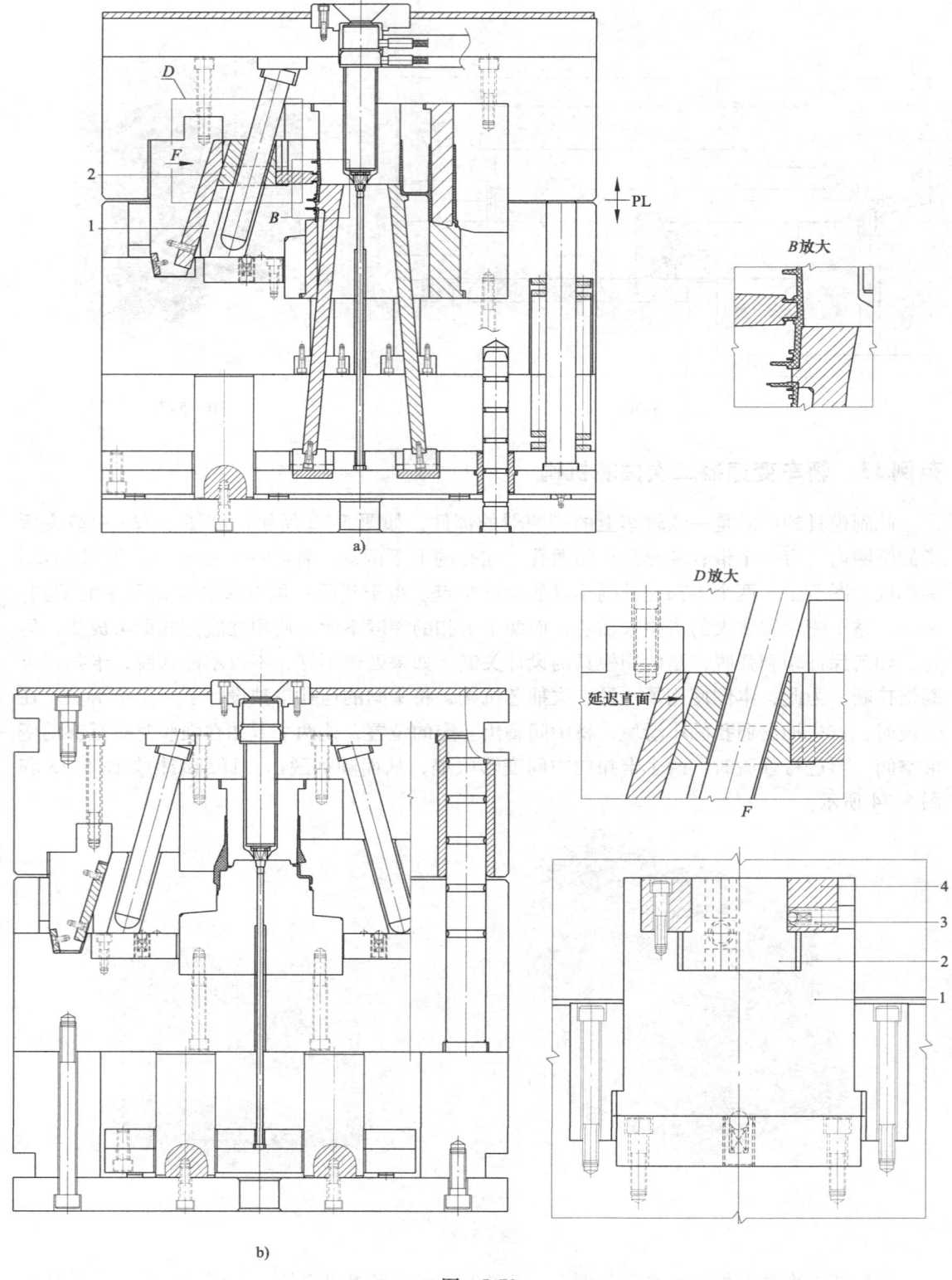

图 5-73
1—大滑块 2—小滑块 3—定位珠 4—滑块压板

第 5 章 二次抽芯与滑块顶出机构 30 例

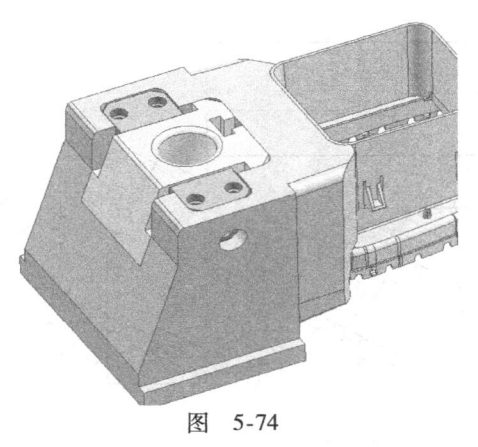

图 5-74

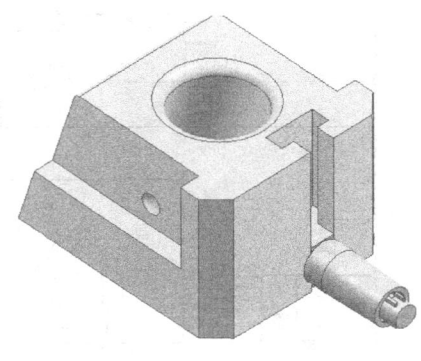

图 5-75

隧道，而是直接从大滑块的顶部开通，使用压板的方式将小滑块定位，这种结构和隧道式结构相比虽稍微繁琐些，但维修方面的灵活性提高了很多，装拆也非常方便。二是大滑块 1 和锁紧块之间的延迟方式非常安全，此例直接在大滑块和锁紧块的顶端预留了一段直面用于延迟，在二次抽芯机构中，这种方式的延迟机构最安全，因此应多使用三是在滑块压板上使用弹簧定位珠的方式对小滑块进行定位，这种方式非常灵活，也很常用，可以看出此例的设计者很有经验，不拘形式，灵活多变。此例的运动原理，不再讲述。图 5-75 为小滑块 2 的零件图。

此例除了二次抽芯机构以外，对于模具的其他结构同样也有很多的亮点，总之，此副模具在整体结构上属于比较经典的案例，有心的读者，可以对此例进行全面的总结和学习，相信一定能从中吸取很多精华。

范例 16　反光镜后盖二次抽芯机构

此副模具的产品是一个反光镜的后盖，如图 5-76 所示。在箭头所指的圆圈内，有一个倾斜的四方形凹槽，凹槽很深，在模具结构上此处必须使用滑块抽芯机构，但是，在凹槽内部的两个侧壁上，又有两个侧向的卡槽，如图 5-77 局部切图中箭头处所示，两个卡槽较深，转角处均为尖角，不能使用强脱，因此，只能采用二次抽芯机构。详细结构如图 5-78 和图 5-79 所示。

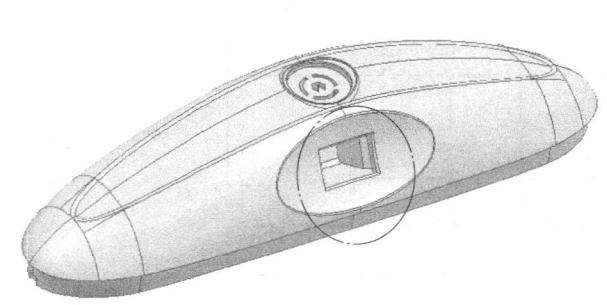

图 5-76

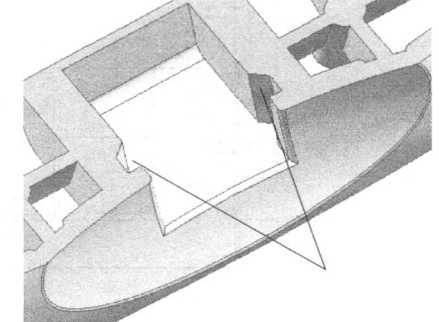

图 5-77

通过模具结构图可以看出，此例滑块使用的是液压缸抽芯。由于凹槽的开口方向是倾斜的，所以滑块的运动方向也必须是倾斜的。理论上，倾斜式滑块的最大倾斜角不应大于 25°，当大于 25° 时，斜导柱的强度将会变得很差，而此例滑块的最大倾斜角达到了 30°，如果使用斜导柱，是非常不安全的，因此，使用液压缸机构是比较合理的方案。

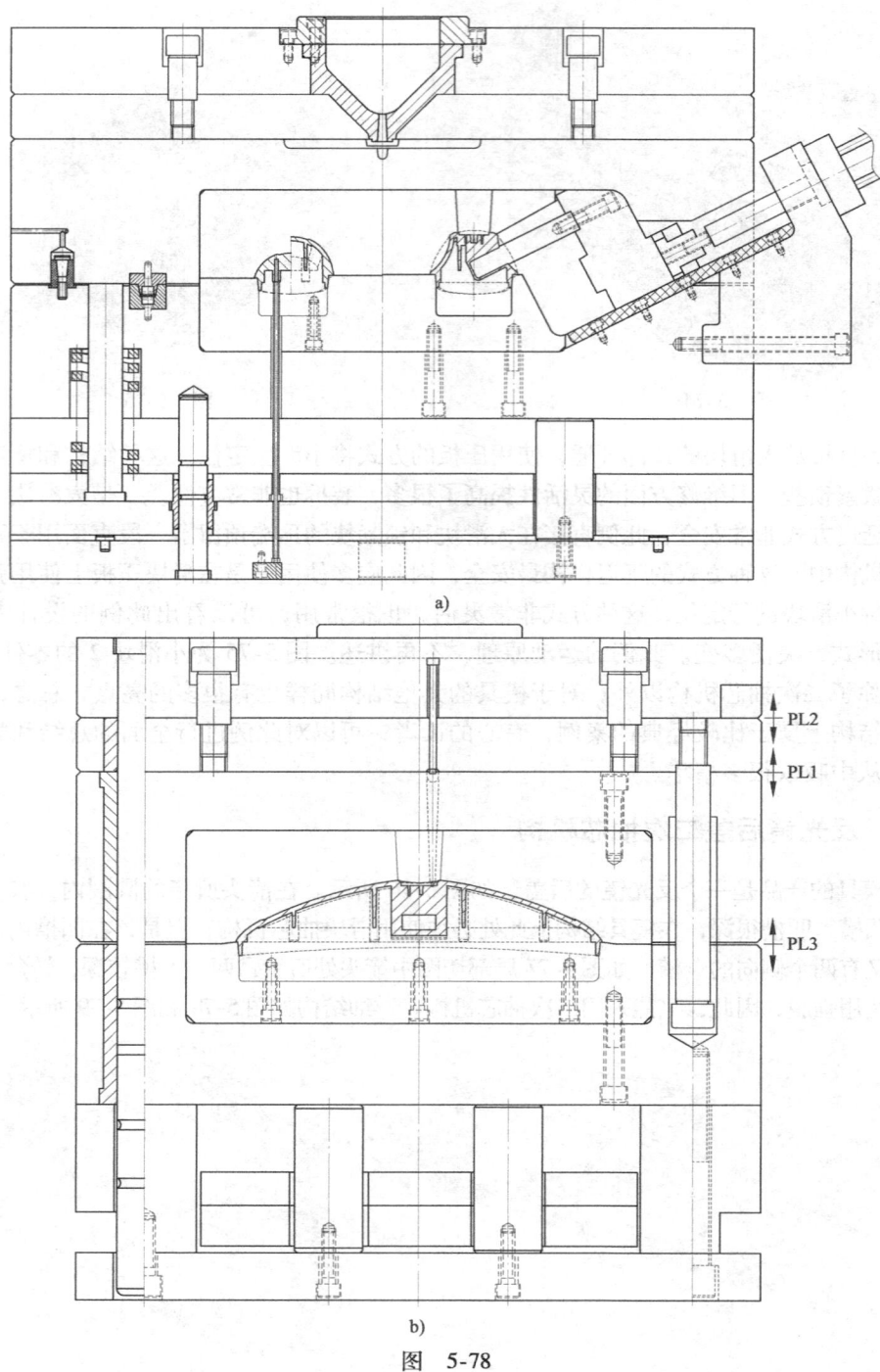

图 5-78

图5-80为滑块机构所有部件的完整装配图,图5-81为拆除大滑块1后的内部视图,从两副视图可以看出,整个滑块机构由8个零件组成:大滑块1、大滑块镶件3、小滑块6、小滑块4、拨块5、限位块2、限位块7及图5-81所示弹簧。其运动原理是:模具打开后,液压缸带动大滑块1沿着滑块的倾斜方向向后运动,此时,两个小滑块在两个弹簧作用下保持不动(其实与大滑块相比是相对运动),同时在拨块5的作用下向中间收缩,抽出两侧的卡槽,当两侧

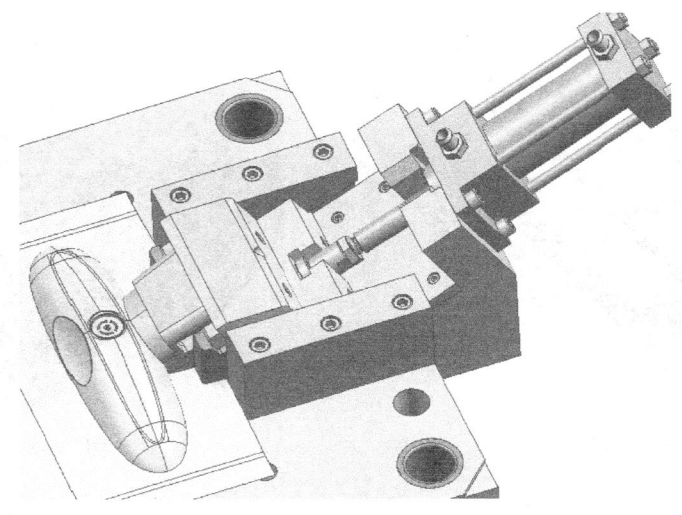

图 5-79

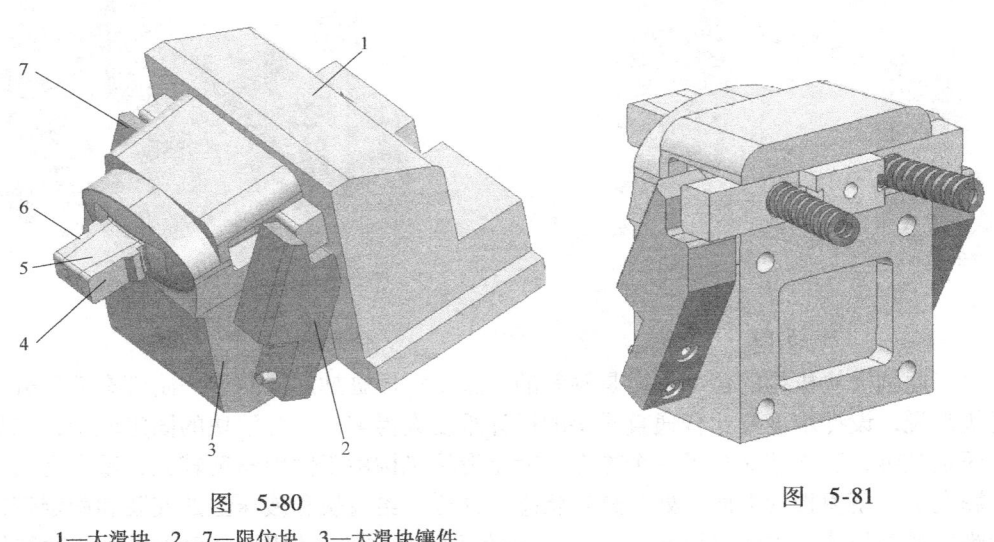

图 5-80

图 5-81

1—大滑块　2、7—限位块　3—大滑块镶件
4、6—小滑块　5—拨块

的卡槽脱出后，整个滑块机构向后运动，从而抽出整个凹槽部位，最后产品由顶针顶出。

图 5-82 为两个小滑块和拨块的爆炸视图，从图中可以看出，小滑块向中间收缩主要是依靠燕尾槽完成的。

图 5-83 为滑块机构完成抽芯后的状态，读者可以将此图和图 5-80 对比，从中观察它们的变化。从图中可以看出，两个小滑块在两个弹簧的推动下，被推到了滑块前方，一直处于收缩状态。相反，在合模时，两个小滑块必须回复到原位，那么，就必须有一种机构来控制它们的复位，限位块 2 和 7 即是用来专门控制两个小滑块进行复位的。两个限位块通过螺钉固定在后模模仁上，两侧各有一个，并始终保持静止状态，如图 5-84 所示。当整个滑块机构向后抽芯时，两个限位块不起作用，而当整个滑块机构开始复位时，两个限位块则分别挡住两个小滑块，完成对它们的复位。

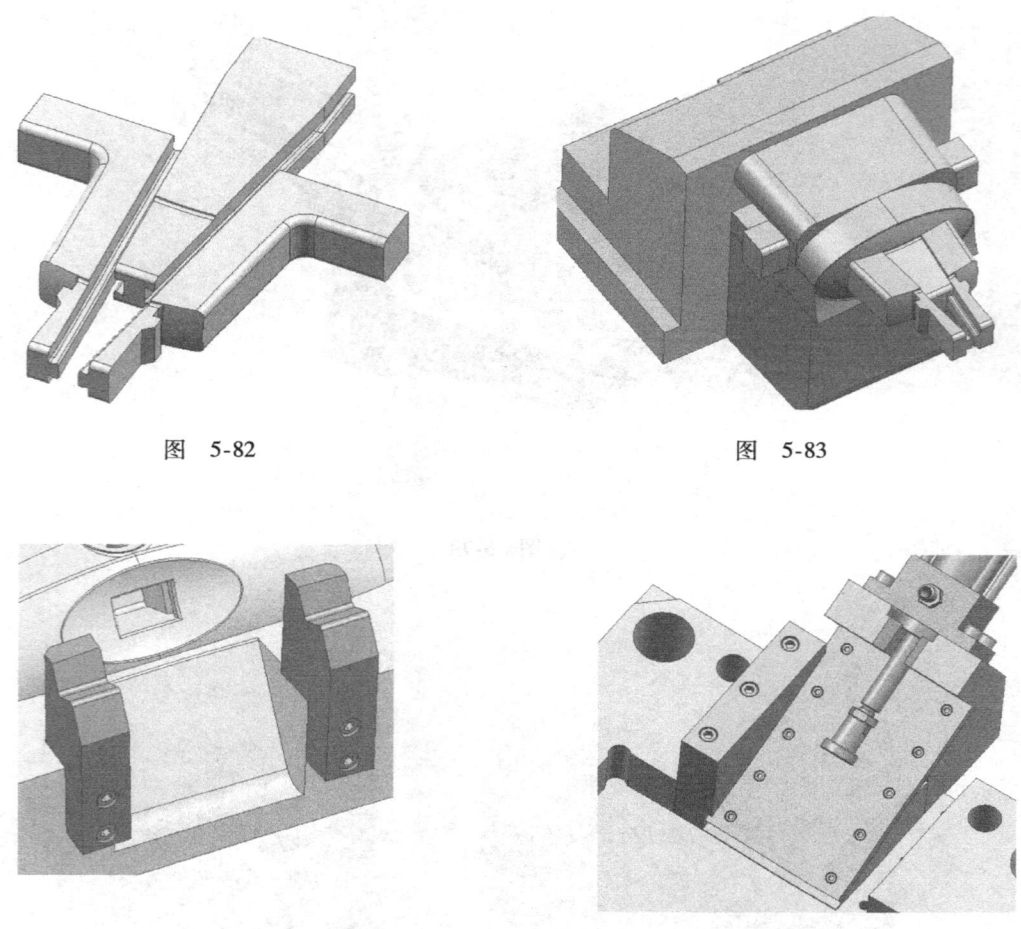

图 5-82　　　　　　　　　　　图 5-83

图 5-84　　　　　　　　　　　图 5-85

前面讲过，此例滑块机构的运动方向是倾斜的，且是液压缸抽芯。对于一副带有液压缸抽芯的斜滑块来说，设计难度要比普通直滑块的设计难度大得多，一是滑块的固定较难，二是液压缸的固定较难，而本例又多了一个难点，就是滑块机构由于倾斜角度较大，整个滑块体大部分已翘在了后模模板的上面，处于悬空状态，这样就给滑块和液压缸的安装和固定带来了很大困难。尽管如此，本例仍设计出了一个比较理想的方案，如图 5-85 所示，此种结构也是本例的亮点之一。

范例 17　后视镜外壳二次抽芯机构

此副模具的产品是一款轿车后视镜的外壳，如图 5-86 和图 5-87 所示。从外观来看，此产品表面光顺，结构简洁，并无特殊之处，但从模具设计的角度进行全面分析后，会发现，此副模具的结构难度和设计难度极高。

首先来看图 5-86 所示的两个卡扣和两个卡槽，这 4 个位置在模具结构上必须使用斜顶抽芯，当然这不是此例的难点，其难点在整个圆圈内部的区域。从图中可以看出，整个圆圈内部几乎为封闭状态，6 个方向有 4 个封闭，虽有两个方向未封闭，但只有其中一个方向能勉强出模，而此方向和模具的开模方向垂直，所以只能使用滑块抽芯；再者，在图 5-89 中，指引线 4 所指圆圈内，有一个半封闭的卡槽，此卡槽在模具结构上必须使用滑块机构，因此，此方向必须使用滑块抽芯，由于此区域结构特殊，滑块的位置受产品形状限制，最终还应进行综合考虑。

再看图 5-87 产品的正视图。图中指引线 1 所指之处，有一条很长很深的沟槽，一直延伸到产品内部深处图 5-88 中的指引线 2 所指之处。指引线 1 所指的这段沟槽，在产品外面，很容易出模，直接利用前模型腔便可成型；而指引线 2 所指的这段沟槽，则很难出模，由于沟槽开口向上，且处于产品内部深处，若要顺利脱模，此处必须有一个向上运动的滑块。

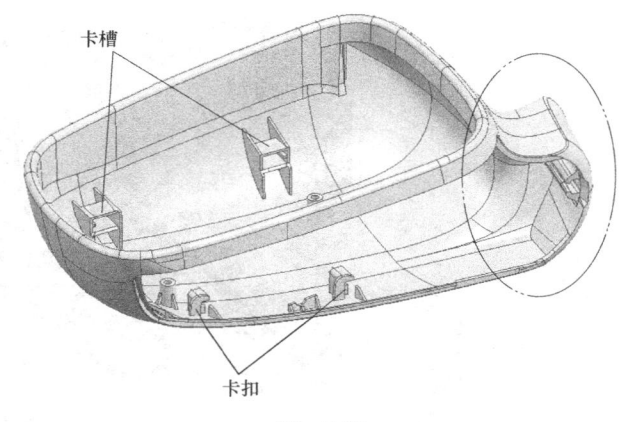

图 5-86

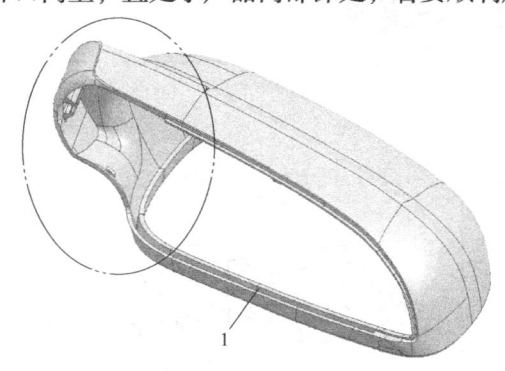

图 5-87

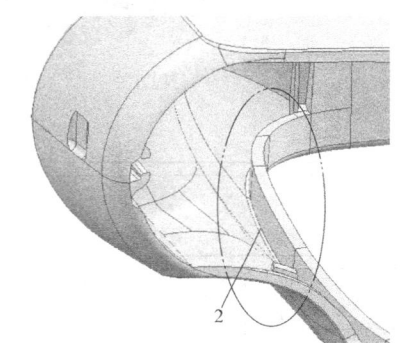

图 5-88

图 5-89 为图 5-86 圆圈处的局部切图。图中大箭头所指的方向正是滑块要抽芯的水平方向。从此视角可以看出，指引线 3 所指的区域，内壁向上拱起，由于此方向有一个滑块向外抽芯，此区域则成了倒扣，若要顺利脱模，此处必须有一个向下运动的滑块，那么，此位置则出现了 3 个滑块互相干涉，因此，必须使用二次抽芯机构。模具详细结构如图 5-90 和图 5-91 所示。

从模具结构图可以看出，此例滑块的抽芯方向是倾斜的，受产品的结构限制，只能设计成倾斜的才能顺利脱模。由于滑块的行程较

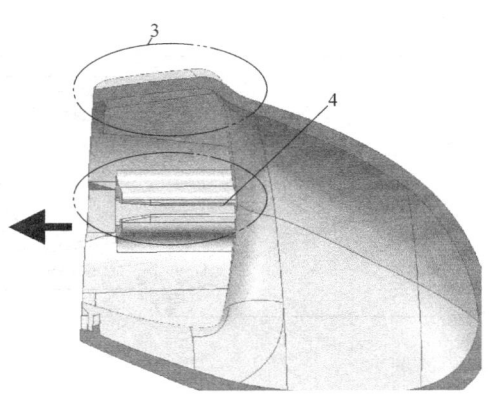

图 5-89

大，斜导柱机构无法满足需要，因此，此例使用了液压缸抽芯。在本书第 2 章内容中已讲过，使用液压缸抽芯时，一般应使用行程开关来控制液压缸的动作，特别是滑块底部有顶针或斜顶时，必须使用行程开关。而本例滑块底部刚好有一个直顶块，所以滑块的行程和动作必须安全可靠，因此，本例使用了一种感应式液压缸。感应式液压缸可简化很多滑块结构，否则，滑块上还要另外安装行程开关和固定机构，使滑块结构更加复杂。另外，本例液压缸机构的固定方式也较巧妙，值得借鉴。

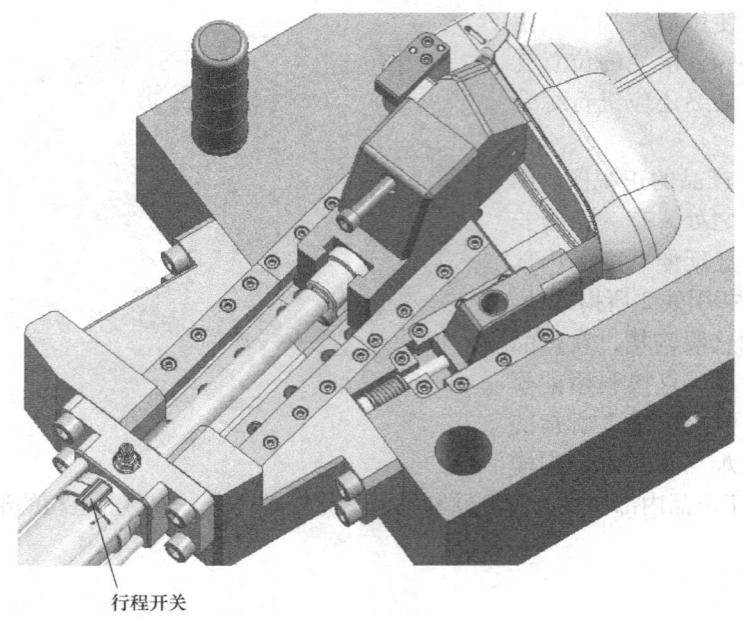

行程开关

图 5-90

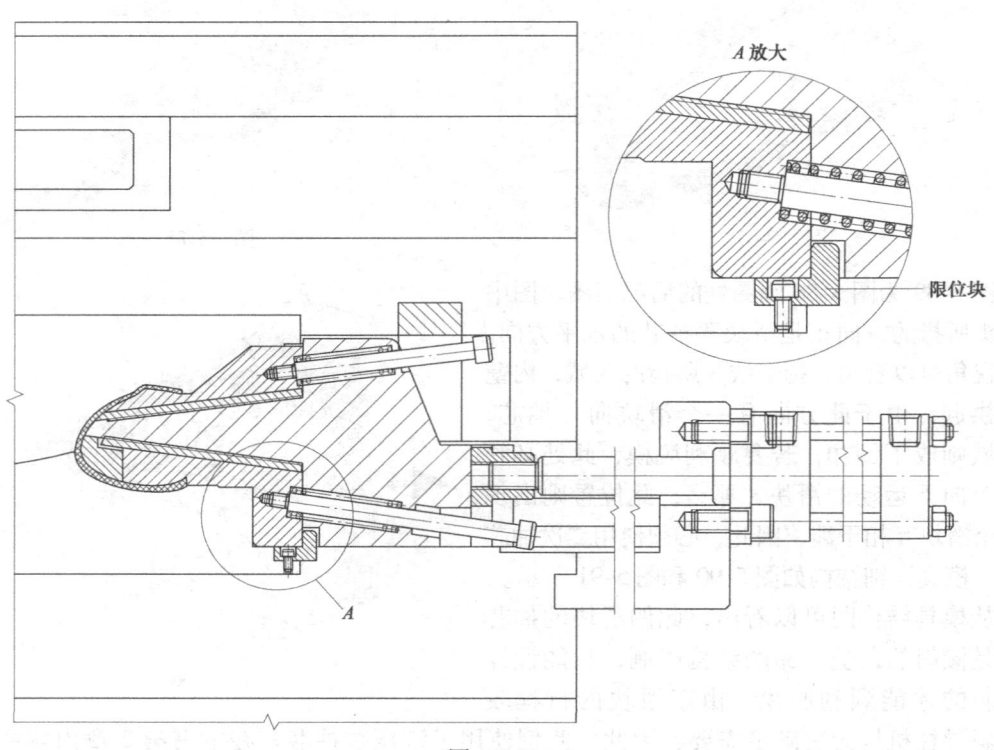

A放大

限位块

图 5-91

图 5-92 是滑块机构的完整装配图，图 5-93 是拆除上下两个小滑块后的视图，从这两个视图可以看出，滑块机构由以下 10 个零件组成：大滑块 1、小滑块 2、小滑块 3、限位拉杆 4（2 个）、限位钩 5、挡块 6、限位块 7、燕尾块 8（上下各一件）、弹簧 9、限位块 10。其运动原理是：开模后，液压缸带动大滑块 1 向后运动，两个小滑块在两个弹簧 9 的作用下保

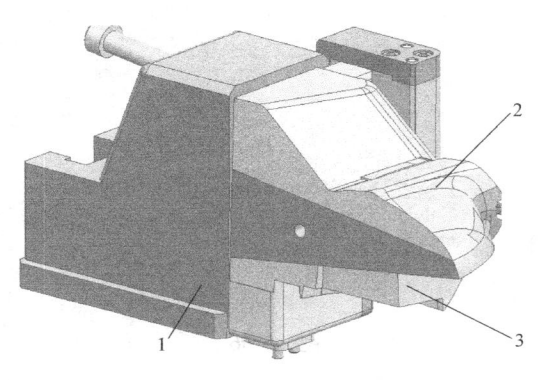
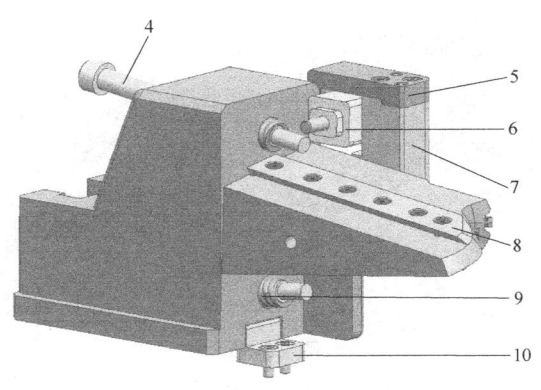

图 5-92　　　　　　　　　　　　　　　图 5-93
1—大滑块　2、3—小滑块　　　　4—限位拉杆　5—限位钩　6—挡块　7、10—限位块
　　　　　　　　　　　　　　　　　　　　8—燕尾块　9—弹簧

持不动（其实是在和大滑块作相对运动），并在两个燕尾块的带动下，向滑块内部收缩，开始抽出上下两侧的倒扣和沟槽；当大滑块行程至预定行程后，上下两侧的小滑块已完全脱出了倒扣和沟槽，此时，限位拉杆 4 开始限位，大滑块 1 开始带动两个小滑块一起向后运动，最终完成全部的抽芯动作。图 5-94 为整个滑块机构完成抽芯后还未复位的状态。

关于此例滑块的运动原理，需注意的问题就是滑块运动的安全问题。当大滑块 1 在液压缸的带动下开始向后运动时，两个小滑块保持不动并向中间收缩。从表面上看，大滑块和小滑块间的相对运动是依靠弹簧 9 的力量完成的，但是，此例的两个小滑块体积较大，两个弹簧在经过长时间工作后必然发生疲劳而失效，因此，当大滑块刚开始运动时，两个小滑块会随着大滑块运动，最终将产品拉坏，所以，小滑块的运动必须有非常安全的保险机构来控制，否则，单靠弹簧的力量会有一定风险。另外，从图 5-94 可以看出，当滑块机构完成全部抽芯后，两个小滑块一直处于收缩状态，那么，在大滑块开始合拢时，必须有一个机构来控制两个小滑块安全复位。

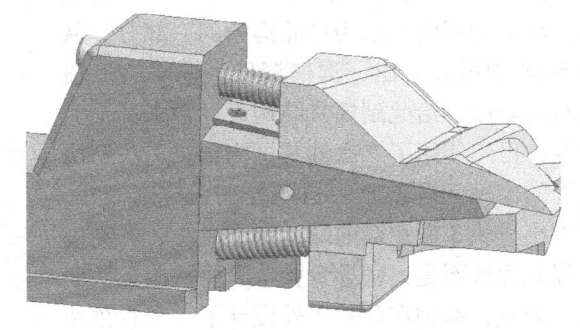

图 5-94

针对以上的两个问题，本例进行了安全设计。首先针对小滑块 3，在小滑块 3 下面设计有限位块 10，如图 5-91 所示。限位块 10 专门控制小滑块 3 的打开，起安全作用。当大滑块 1 开始向后运动时，小滑块 3 在限位块 10 的阻挡下被迫向上运动，即使没有弹簧，小滑块也必须向上运动，直至完全脱离沟槽和限位块后，才能和大滑块一起向后运动。

然后是小滑块 2。在小滑块 2 上面，紧固了一个挡块 6，如图 5-95 所示。挡块 6 和图 5-96 中的限位块 7、限位钩 5 配合使用，相辅相成，缺一不可，图 5-97 即二者的装配状态。它们的动作原理是：当大滑块 1 开始向后运动时，挡块 6 被限位钩 5 紧紧钩住，迫使小滑块 2 向下运动，直至小滑块 2 完全脱离上面的倒扣和限位钩后，才能和大滑块一起向后运动；相反，当滑块复位时，限位块 7 紧紧挡住挡块 6 直至完全复位。因此，此机构共有两种功能，对滑块的打开和复位，均起重要的作用。

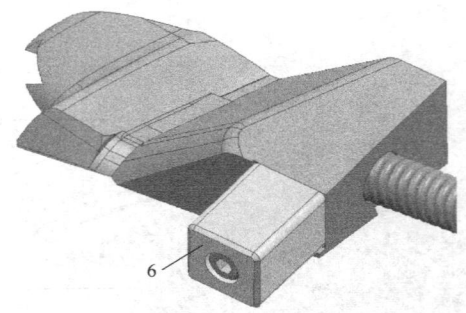

图 5-95

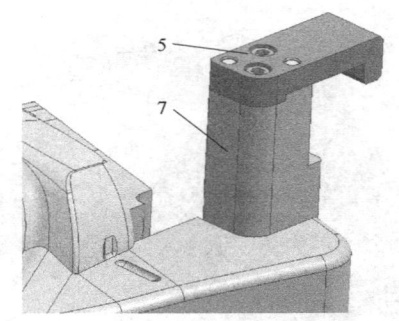

图 5-96

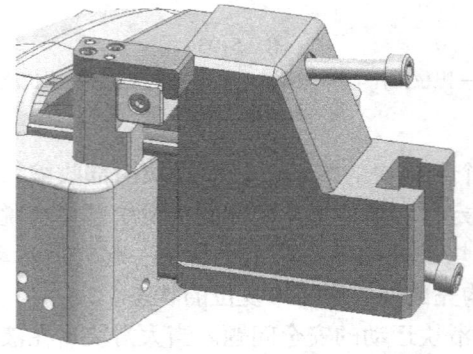

图 5-97

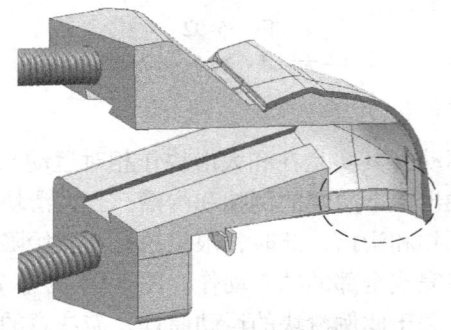

图 5-98

图 5-98 为两个小滑块在产品中静止的状态。图中圆圈内所示为产品沟槽的一部分。从图 5-88 中可以看出，沟槽深处最前端有一段向右的弯曲，给此副模具结构设计带来了很大难度，虽然使用了二次抽芯机构，仍无法解决此处的出模问题，原因是此处高度空间太小，若将小滑块 3 做在最前端，则小滑块 3 的高度行程就远远不足，则导致整个滑块机构无法脱模，为此，本例在此处另外设计了一个直顶块 11，如图 5-99 和图 5-100 所示。

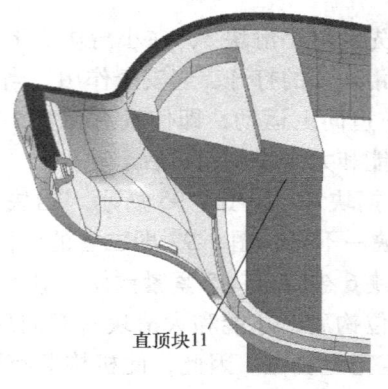

图 5-99

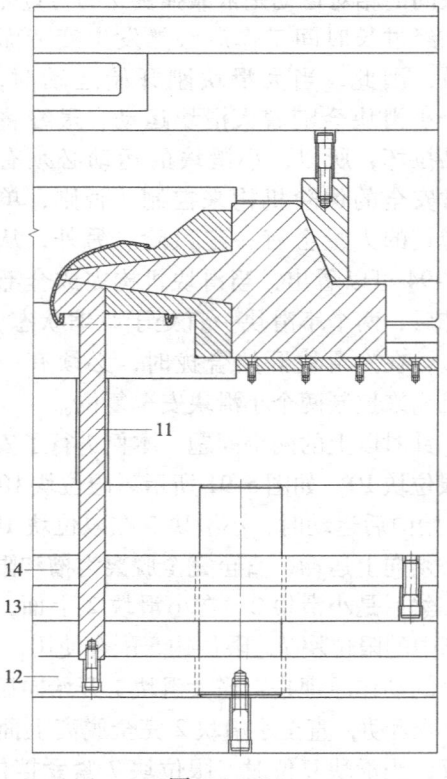

图 5-100

11—直顶块　12—顶板　13—底板　14—面板

第 5 章 二次抽芯与滑块顶出机构 30 例

　　此副模具虽然在结构上大费周折，勉强解决了出模问题，但是，最终仍无法实现自动脱模，原因是由于直顶块 11。从图 5-100 中可以看出，直顶块 11 虽然有利于沟槽的出模，但是，在直顶块侧面和上面的圆弧以及直顶块下面的沟槽，将直顶块卡住，直至产品被顶出模具后，产品仍卡在直顶块上，由于还有其他 4 个斜顶的干涉，产品无法取下，为使产品能顺利从直顶块上取下，本例使用了二次顶出机构（二次顶出的相关知识，本书第 7 章有专门介绍，本例只作简要介绍）。模具详细结构如图 5-100 和图 5-101 所示。

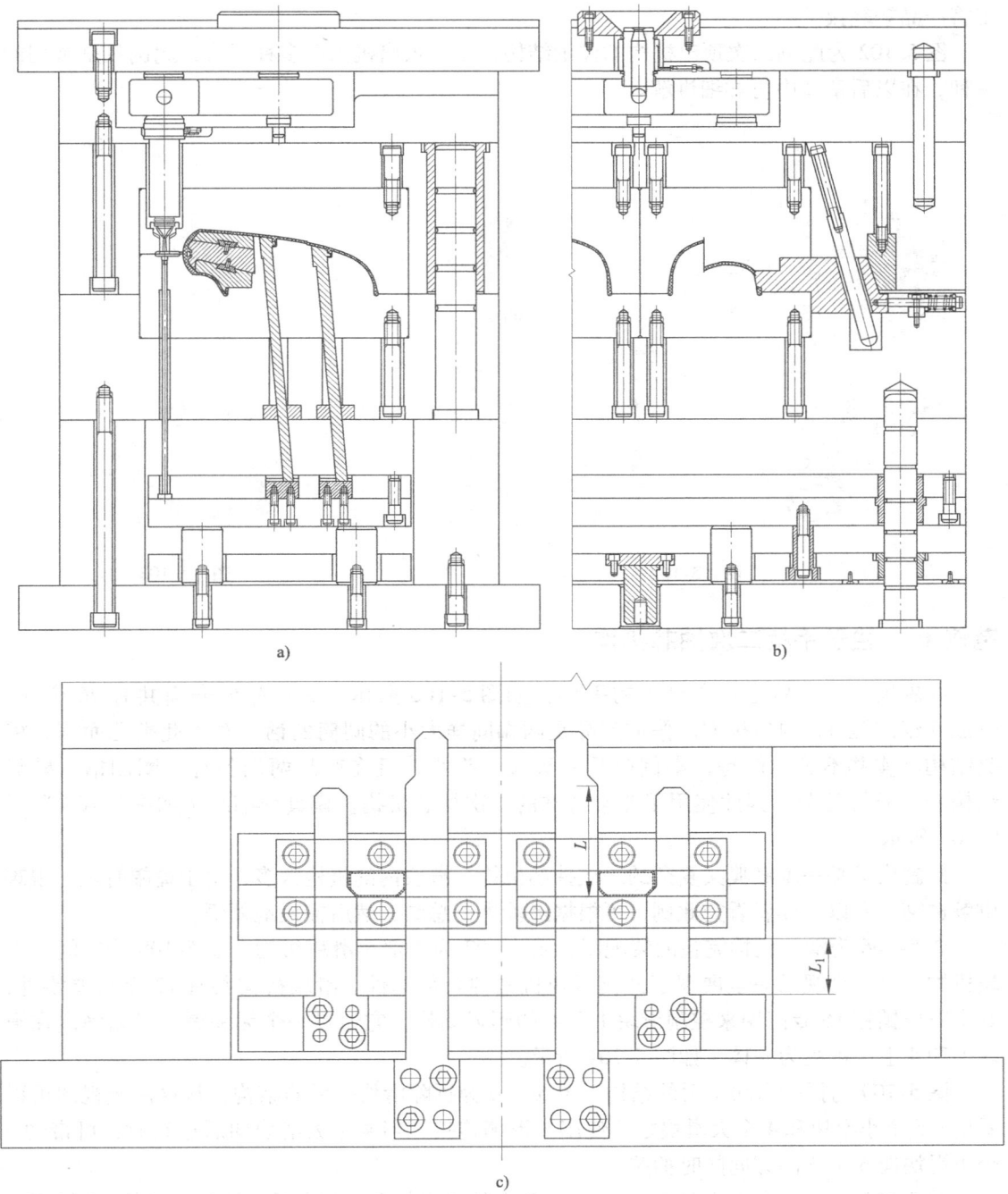

图　5-101

二次顶出机构的运动原理是：当滑块机构完成全部抽芯后，顶出机构开始运动，顶板 12 在注塑机的顶出下，推动所有顶出机构同时向前运动，当行至 L 距离时，顶针面板 14 和底板 13 在二次顶出机构的控制下停止运动，固定在面板 14 上的 4 个斜顶也完成了抽芯，停止了运动，此时，产品仍无法取出，因为有 4 个斜顶和一个直顶紧紧地支撑着，使产品无法活动；继续顶出，顶板 12 带动直顶块 11 继续向前运动，当行至 L_1 距离时，所有顶出机构停止运动，此时，产品已为完全离开了 4 个斜顶的支撑，只停留在直顶块 11 上，最后由人工将产品轻轻扒下。

图 5-102 为此例二次顶出机构的详细结构，二次顶出机构有多种形式，此例只是常用的一种，在以后章节中再详细讲解。

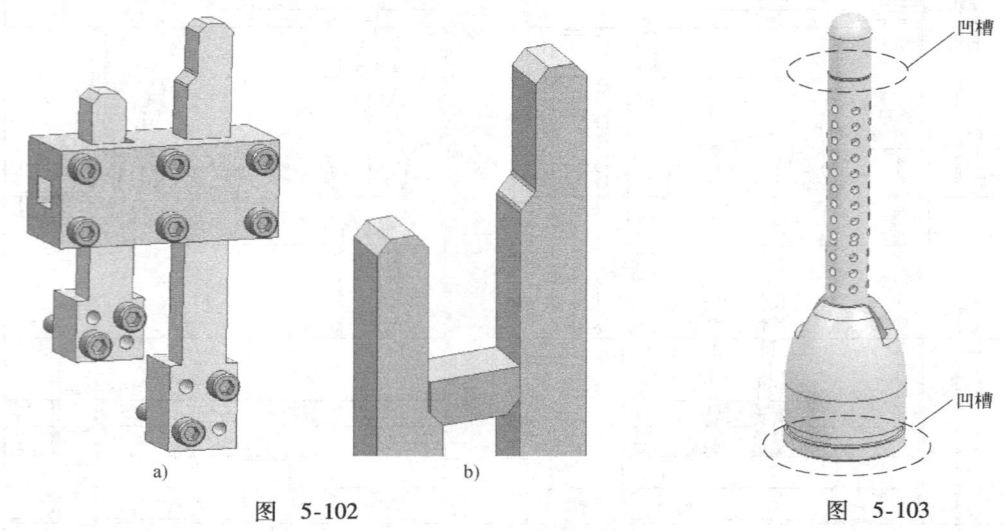

图 5-102　　　　　　　　　　　　　图 5-103

范例 18　梭子手柄二次抽芯机构

此副模具的产品是一个梭子的手柄，如图 5-103 所示。此产品外表面共有 96 个孔，分成 6 组间隔 60°均匀排列。假如产品是两端同样大小的圆筒的话，对于此类孔而言，模具结构其实并不难，但是，本例产品一头大一头小，且在产品两端各有一圈凹槽，模具结构变得异常复杂，因此使用了非常特殊的二次抽芯机构。模具详细结构如图 5-104 和图 5-105 所示。

此副模具是一副经典又复杂的二次抽芯机构，滑块内的机构太多，由于篇幅有限，很难讲解透彻，所以，读者看完此例，可根据经验进行总结，然后慢慢地领悟。

图 5-106 为滑块机构完整的装配图，图 5-107 为内部小滑块机构，图 5-108 为中间的滑块机构，这 3 个视图完全展现了此例滑块机构的全部部件。滑块机构共有 17 个重要零件，其中限位销钉 16 专门用来控制滑块 1 和 4 的延迟动作，它通过一个无头螺钉紧紧固定在滑块 1 和 4 上，可视为一体，如图 5-104 所示。

图 5-109 为拆除滑块 1 后的结构，图 5-110 为拆除滑块 4 后的结构，从这两幅视图可以看出，6 个小滑块和 4 个大滑块之间使用 T 形槽连接，当 4 个大滑块向后运动时，可带动 6 个小滑块向 6 个不同方向同时抽芯。

图 5-111 为 6 个小滑块在滑块镶件 5、7 中的装配状态。两个滑块镶件从产品中间分型，

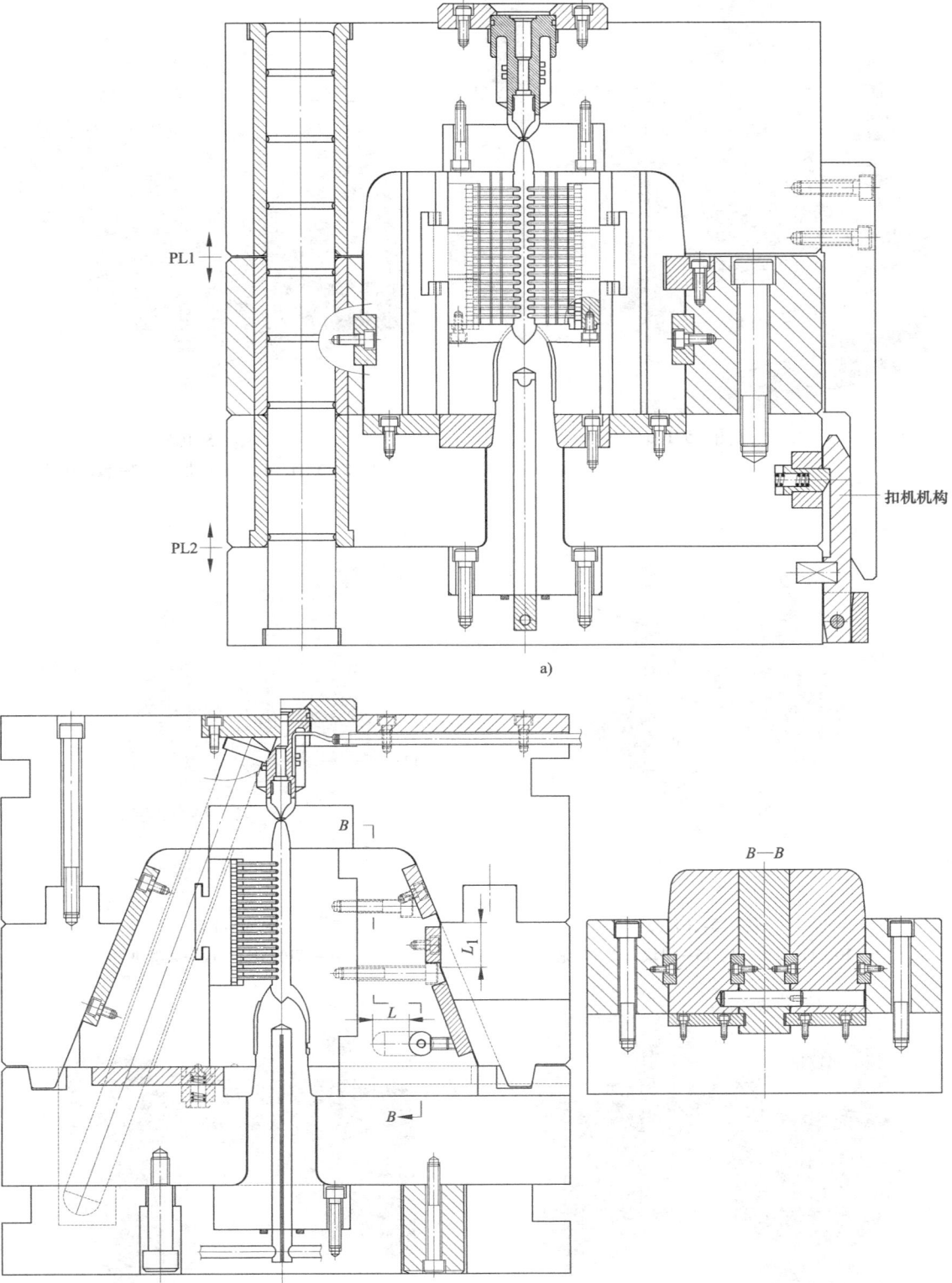

图 5-104

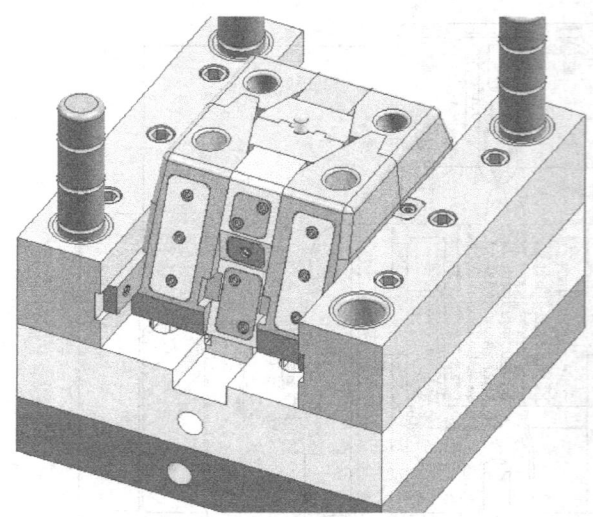

图 5-105

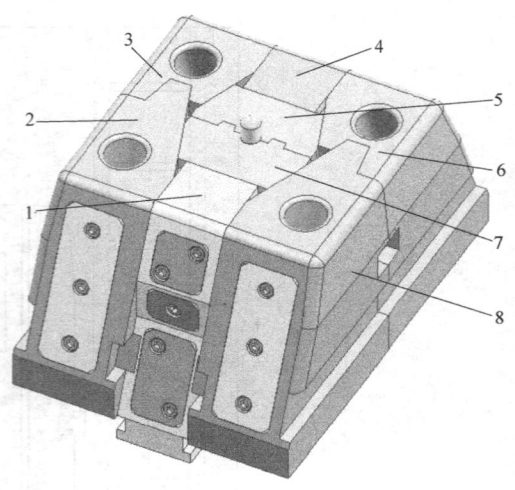

图 5-106

1、2、3、4、6、8—滑块　5、7—滑块镶件

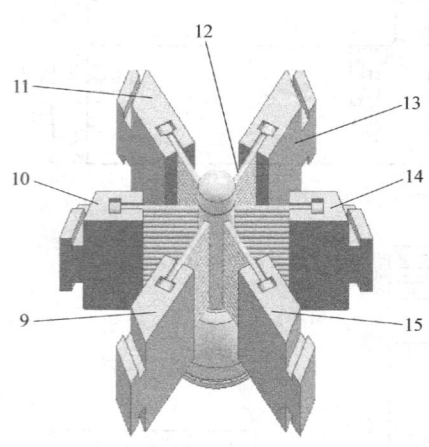

图 5-107

9、10、11、13、14、15—滑块　12—型芯

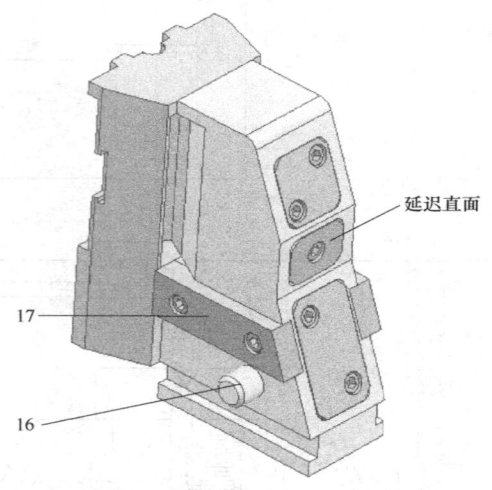

图 5-108

16—限位销钉　17—导滑块

延迟直面

图 5-109

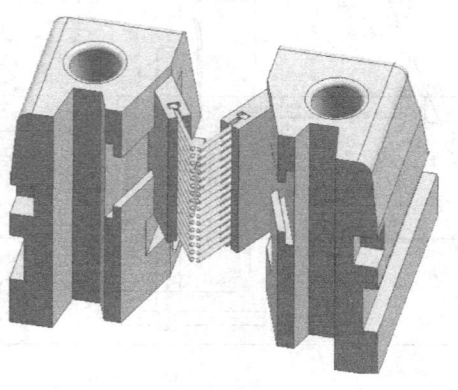

图 5-110

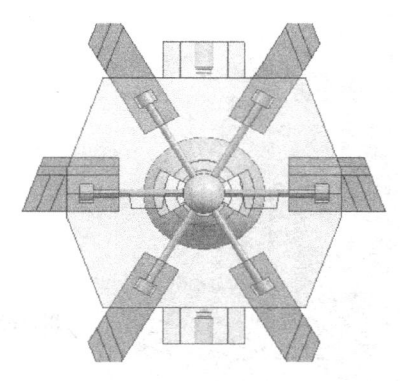 

图 5-111   图 5-112

目的是为了成型产品上下两端的两圈凹槽。如果产品上没有这两圈凹槽，根本无需滑块 1 和 4，更无需滑块镶件，那么模具的整体结构会简单很多。从图中可以看出，6 个小滑块和 96 个小型芯从两个镶件中间穿过，在 4 个大滑块的带动下实现抽芯和复位。图 5-112 为滑块机构处在装配状态的局部平面图，读者可从这两幅视图中慢慢理解滑块机构的动作原理。图 5-113 为小滑块 10 和 11 另一侧的视图，从这个视图可以看出，这两个滑块和另外 4 个滑块相比，多了一个垂直的 T 形槽。由于这两个滑块处在两个滑块镶件的分型线上，和大滑块的运动方向恰好垂直，所以，此垂直的 T 形槽是用来进行垂直运动导向的，这也是此例设计非常巧妙之处，可从图 5-112 中慢慢理解它的作用。

设计中间的小滑块 10 和 14 时还有一个难点。由于二者均处在分型线上，在作垂直运动时，左右两排的 32 个小型芯无法定位，也无法导向，这是一个很重要的问题，为此，本例使用了非常巧妙的方法，即在两侧的滑块镶件处增加了一个凸台，使 32 个小型芯从凸台中间穿过，则使小型芯既有了定位，也有了导向，如图 5-114 所示。

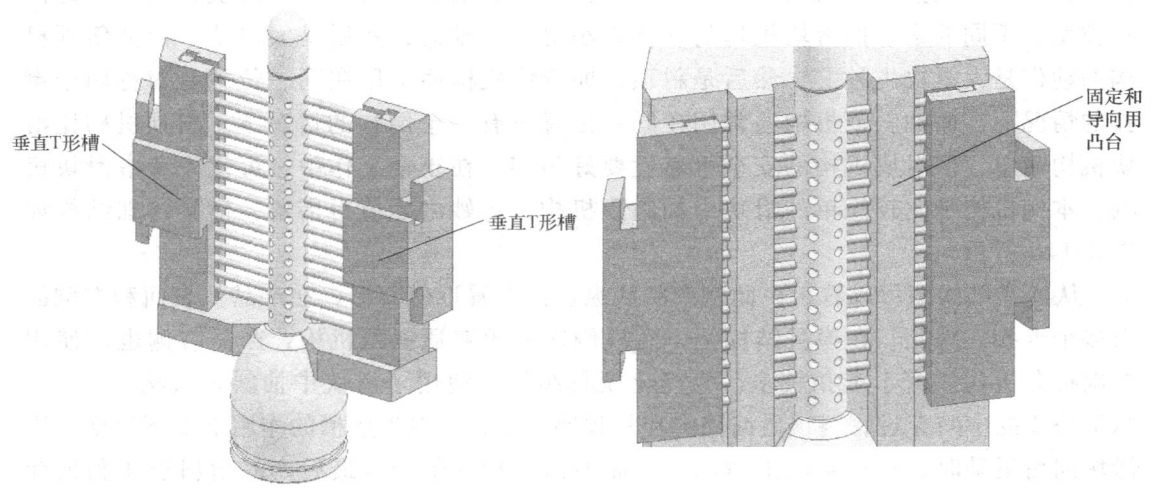

图 5-113   图 5-114

图 5-115 中圆圈所示处，有一个 U 形凹槽，该凹槽和限位销钉 16 为一组合机构，是控制整个滑块机构运动顺序的重要机构。U 形槽用于滑块 1 和 4 的延迟，限位销钉用于行程限位，二者缺一不可。

此副模具的运动原理是：开模后，PL1 首先分型，4 个滑块 2、3、6 和 8 在斜导柱作用下，首先向后运动，而两个滑块 1、4 在自身延迟直面的作用下，暂时无法运动，同时，6 个小滑块在 4 个大滑块的 T 形槽的带动下，沿着各自的倾斜方向向后运动，开

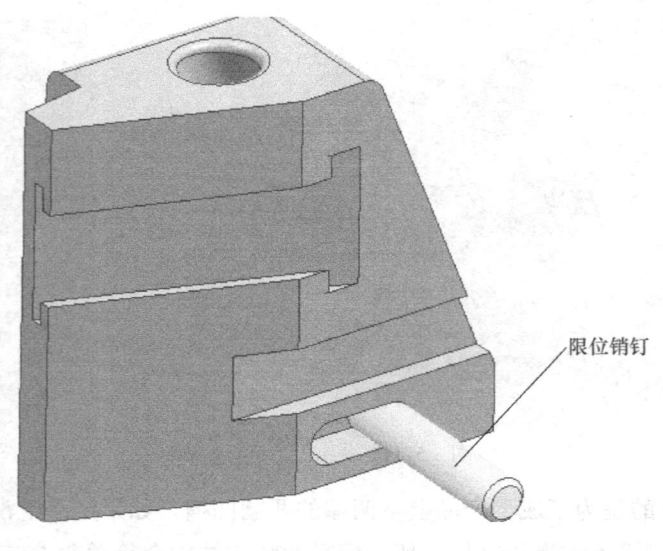

图 5-115

始抽离产品；当分型面 PL1 行至 L_1 距离时，滑块的延迟直面完全脱离，延迟失效，4 个大滑块也行进了一个 L 距离，限位销钉 16 开始限位，而此时，6 个小滑块和 96 个型芯也已完全脱离了产品，完成了抽芯；继续开模，4 个大滑块开始带动限位销钉 16，限位销钉 16 又带动滑块 1 和 4，整个滑块机构则开始同步向后运动，从而完成产品上下两端凹槽的抽芯，最后，产品由推板推出。图 5-104a 的扣机机构是开模顺序的控制机构，主要是防止 PL1 分型时，滑块机构由于自锁力而将后模板和整个滑块机构拉到前模，其动作原理简单、易懂。

范例 19 脚踏盖二次抽芯机构

本章前面所讲的 18 个范例均为滑块中抽滑块、滑块带滑块的二次抽芯机构，而本例的机构是二次抽斜顶机构，简称滑块中抽斜顶。抽斜顶机构和抽滑块机构其实是同一类型，不同的是，抽滑块机构的动作是小滑块先抽芯，然后是大滑块；而抽斜顶机构的动作是大滑块先抽芯，然后是斜顶。抽滑块机构通常用在同一位置有对称两个倒扣的情况下，而抽斜顶机构通常用在同一位置只有一个倒扣的情况下。斜顶机构比滑块机构简单，但滑块机构的安全可靠性要好很多。在正常工作中，可优先考虑滑块机构。本例机构是比较简单的滑块中抽斜顶机构，巧妙之处值得借鉴，模具详细结构如图 5-116 所示。

从模具结构图可以看出，此例产品从纵切面上看近似 L 形，在产品下表面和右侧面有多个卡扣，因此，在模具结构上，后模侧应使用普通斜顶机构，产品右侧也应使用二次抽芯机构。由于卡扣较多，为简化模具结构，使用了滑块中抽斜顶机构。斜顶 3 从滑块 2 的中间穿过，斜顶后面固定在斜顶座 3 中，可在 T 形槽的作用下上下滑动，当滑块向后运动时，斜顶可向上滑动，从而抽出卡扣的倒扣，最后产品由斜顶 3 和顶针顶出。

第 5 章 二次抽芯与滑块顶出机构 30 例

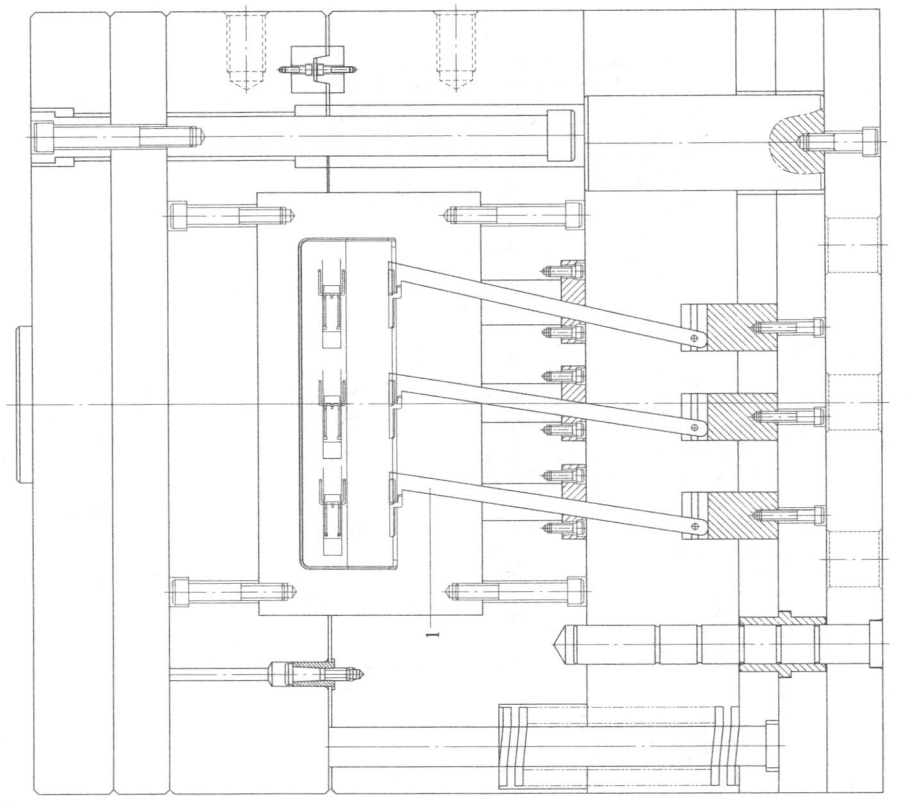

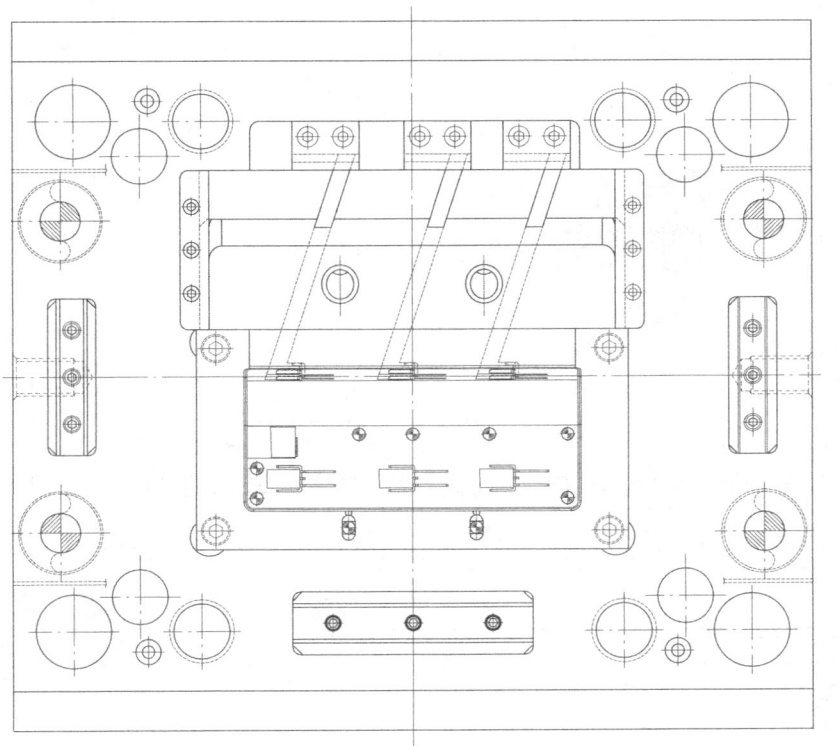

图 5-116
1—斜顶

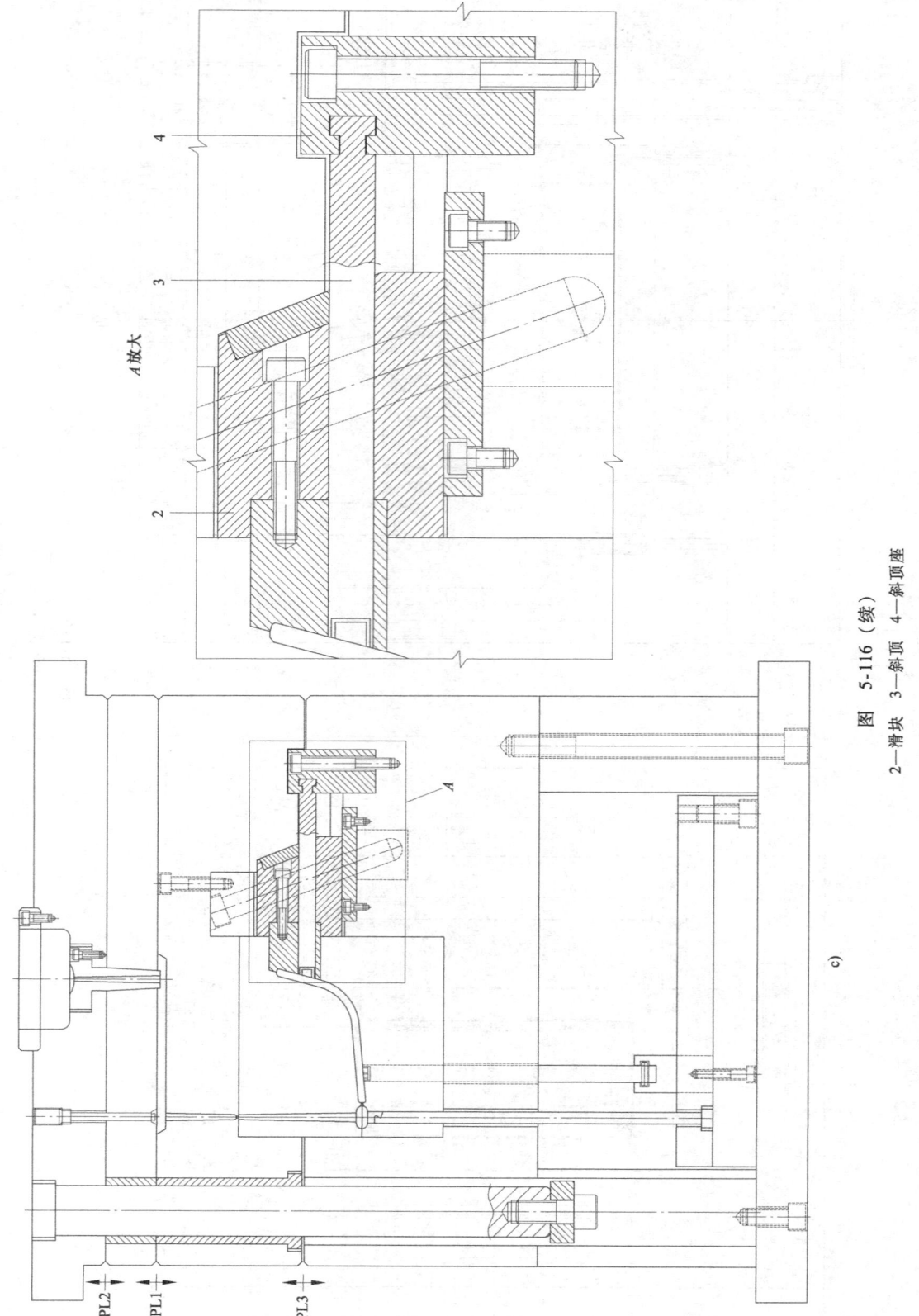

图 5-116（续）
2—滑块 3—斜顶 4—斜顶座

范例 20　电熨斗外壳二次抽芯机构

此副模具的产品是电熨斗的外壳，图 5-117 是产品纵横切面剖视图。从图中可以看到，产品必须有 3 个滑块；但是，在图 5-17 中标示①所指的圆圈内，有一圈圆形凸起的筋，由于左右两侧各有一个滑块应向两侧抽芯，所以，这圈筋的出模必须要在两个滑块上同时使用二次抽芯机构，因此，本例使用了另一种结构，即滑块中抽斜顶机构。

在图 5-117b 中标示②所指之处，是深度很深的螺柱，最大深度达 30mm。圆形形状对模具的包紧力很大，很难出模，由于螺柱刚好处在滑块上，所以，对滑块的抽芯有很大影响，轻则拉伤产品，重则将整个滑块一侧的产品全部拉断，为此，本例将此滑块设计成了二次抽滑块机构。模具详细结构如图 5-118 所示。

前面讲过，二次抽芯机构共分两大类型，滑块中抽滑块和滑块中抽斜顶。而本例的机构是真正意义上的滑块中抽斜顶机构。这种结构设计难度同样很高，最大的难点是，在

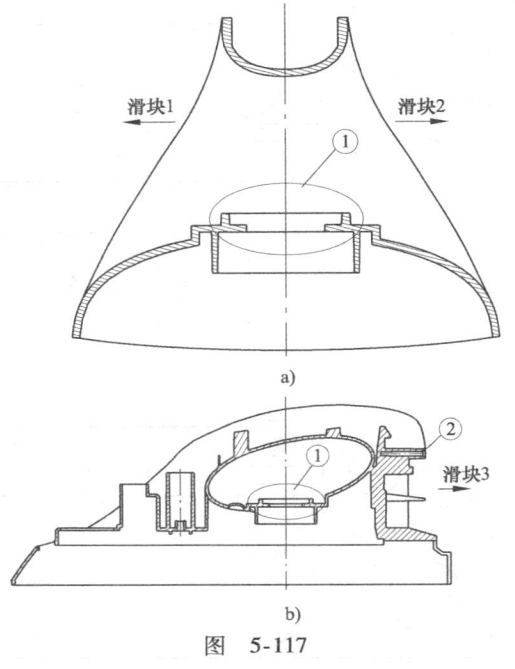

图　5-117

滑块刚开始向后运动的时间段里，如何能安全地控制斜顶的延时，且又能保证斜顶顺利抽芯。

本例滑块的斜顶机构共有 8 个重要零件，分别是：斜顶座 1、斜顶延时挡块 6、斜顶 8、斜顶镶件 7、斜顶导套 10、导套压板 9、弹簧 2 和弹簧导柱 3。其中斜顶座 1 主要用来控制斜顶机构延时运动，它是很长的长条，从滑块 5 的中间穿过，两头被两个延时挡块 6 紧紧挡住。斜顶延时挡块 6 也用于控制斜顶机构延时运动，它和斜顶座 1 相辅相成共同实现整个斜顶机构的延时动作。斜顶 8 是一个圆杆，和斜顶镶件 7 分开设计，目的一是为节省材料，二是便于维修。斜顶导套 10 是精确导向斜顶用的。压板 9 对导套有压紧作用，防止导套松动。弹簧 2 是斜顶运动动力的主要来源。弹簧导柱 3 是给弹簧导向用的。整套机构的运动原理是：开模后，当主分型面 PL3 开始分型时，滑块 5 在斜导柱 4 作用下向后运动，此时，斜顶机构在延时挡块 6 的阻挡下，暂时无法运动，同时，在自身倾斜角度的作用下，向滑块的上方运动，开始抽出斜顶部位的倒扣；当主分型面 PL3 行至 L 距离时，延时挡块 6 开始脱离斜顶座 1，斜顶 8 也已完全脱出了产品的倒扣部位；继续开模，大滑块 5 开始带动整个斜顶机构一起向后运动，从而完成全部抽芯。

关于另外一侧的滑块中抽滑块机构，在本章前面十几个范例中均有类似的结构，因此，本例不再详述，其部分亮点，望读者慢慢领悟。

范例 21　冰箱抽屉二次抽芯机构

此副模具的产品是一个冰箱抽屉，如图 5-119 所示。图中 A、B 两处指引线所指区域为此例的重点。这两处形状比较特殊，在模具结构上，整个侧面都必须使用滑块抽芯，但是，

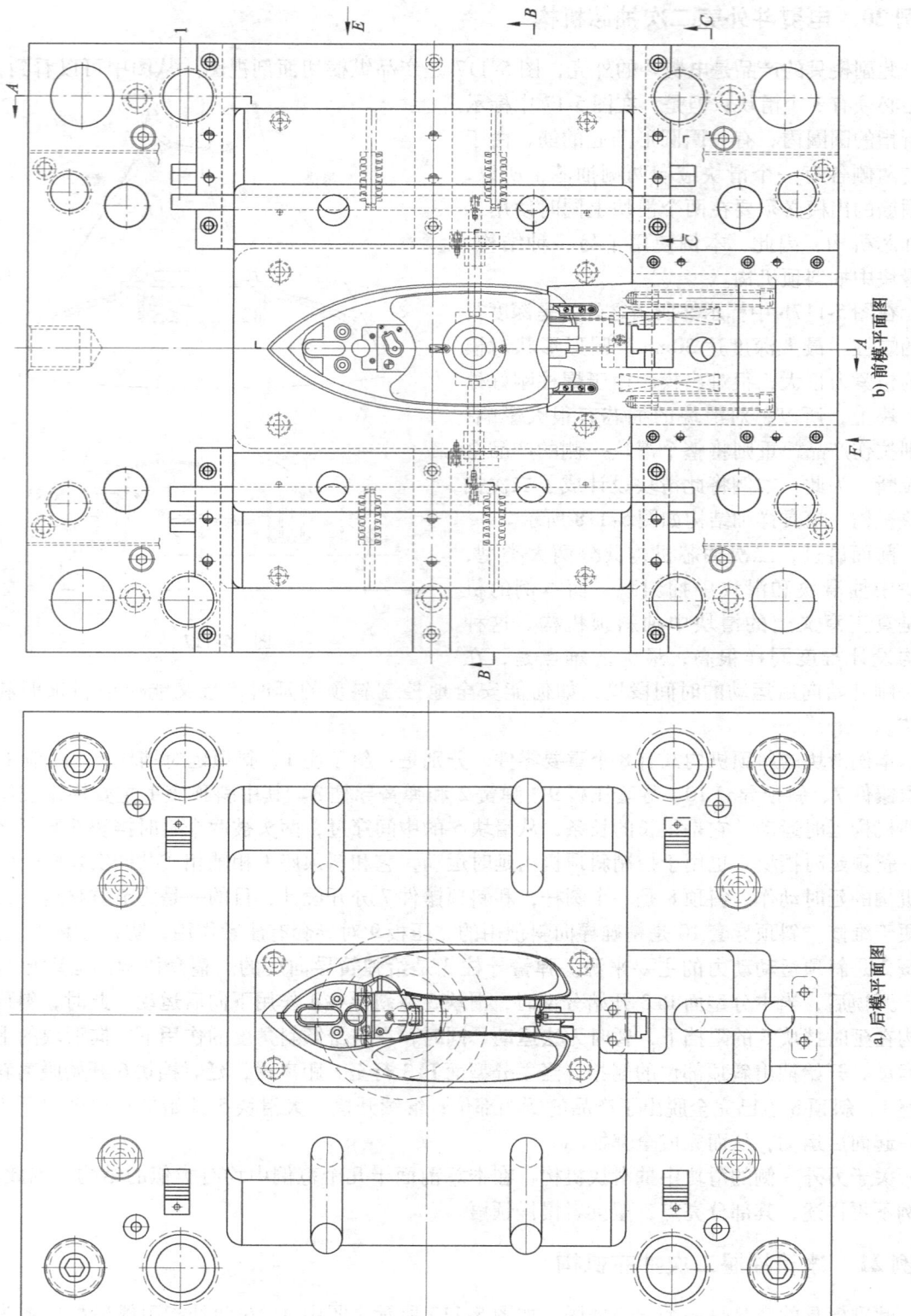

a) 后模平面图　b) 前模平面图

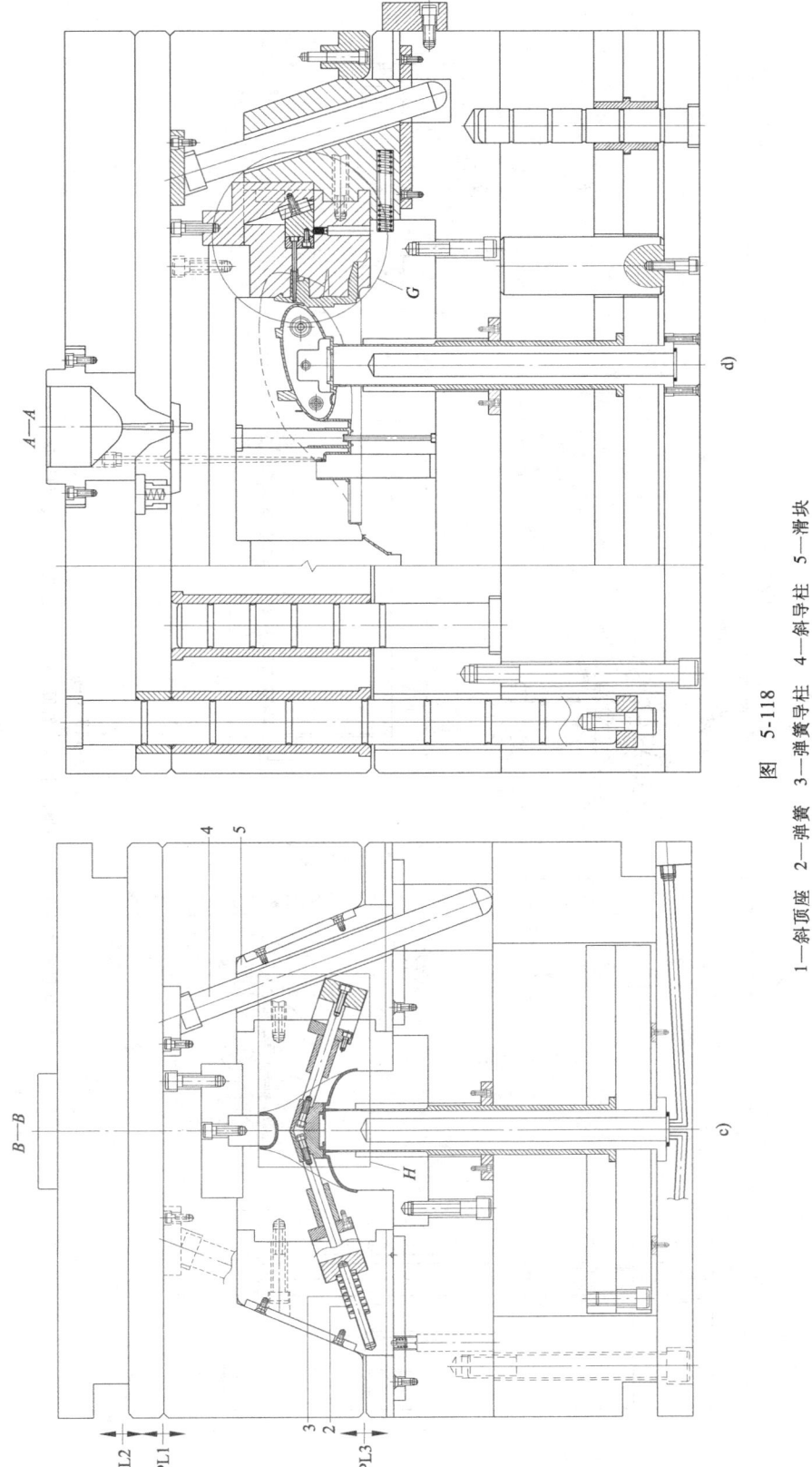

图 5-118

1—斜顶座 2—弹簧 3—弹簧导柱 4—斜导柱 5—滑块

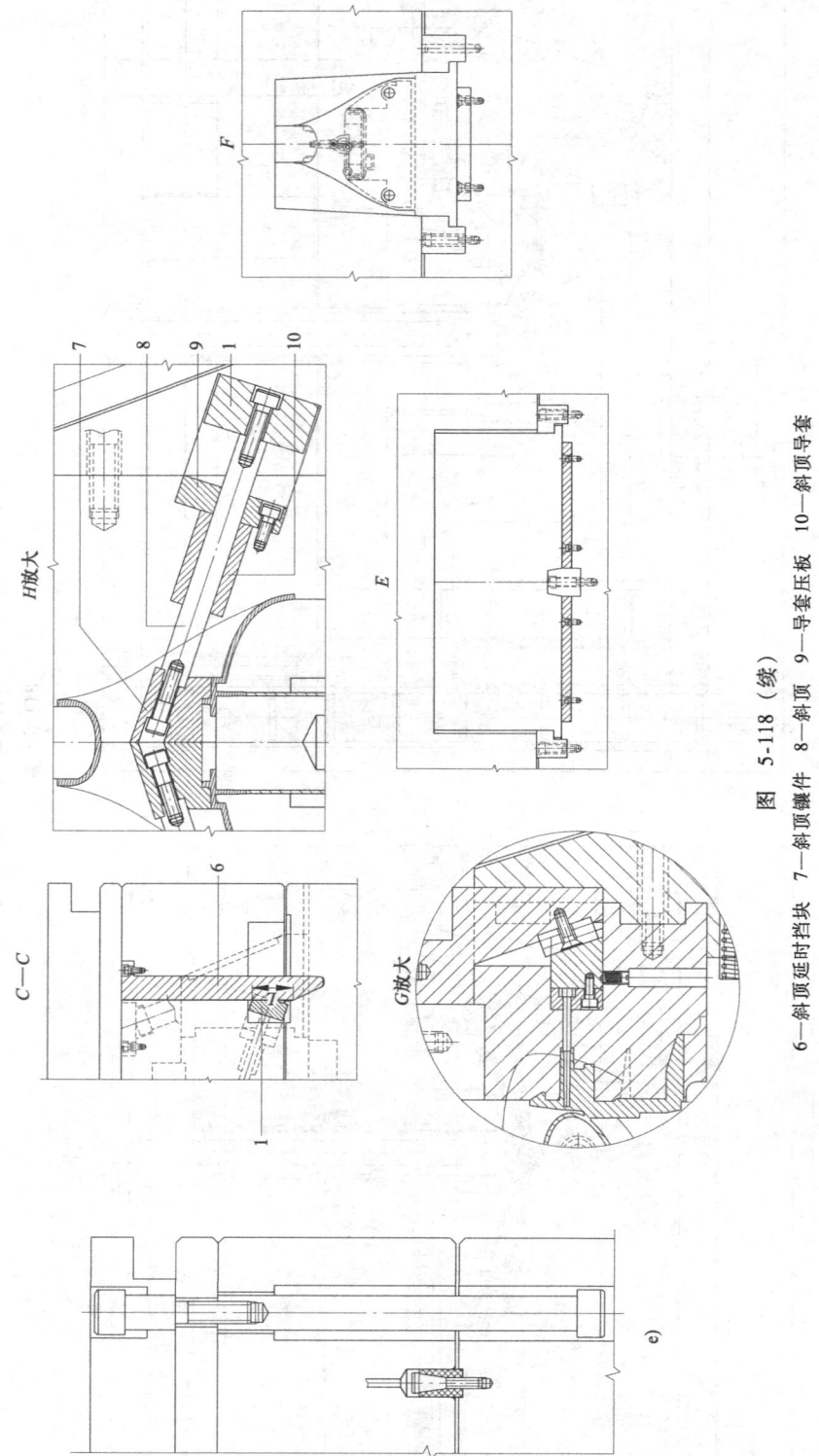

图 5-118（续）

6—斜顶延时挡块 7—斜顶镶件 8—斜顶 9—导套压板 10—斜顶导套

在图中圆圈内，有一个向内倾斜的深凹槽，是冰箱抽屉的拉手，详细形状如图 5-119c 局部切图所示。从模具结构上讲，此凹槽必须使用向上抽芯的滑块才能脱模，但是，由于此侧面已有向外抽芯的大滑块，所以只能使用二次抽芯滑块中抽斜顶机构。

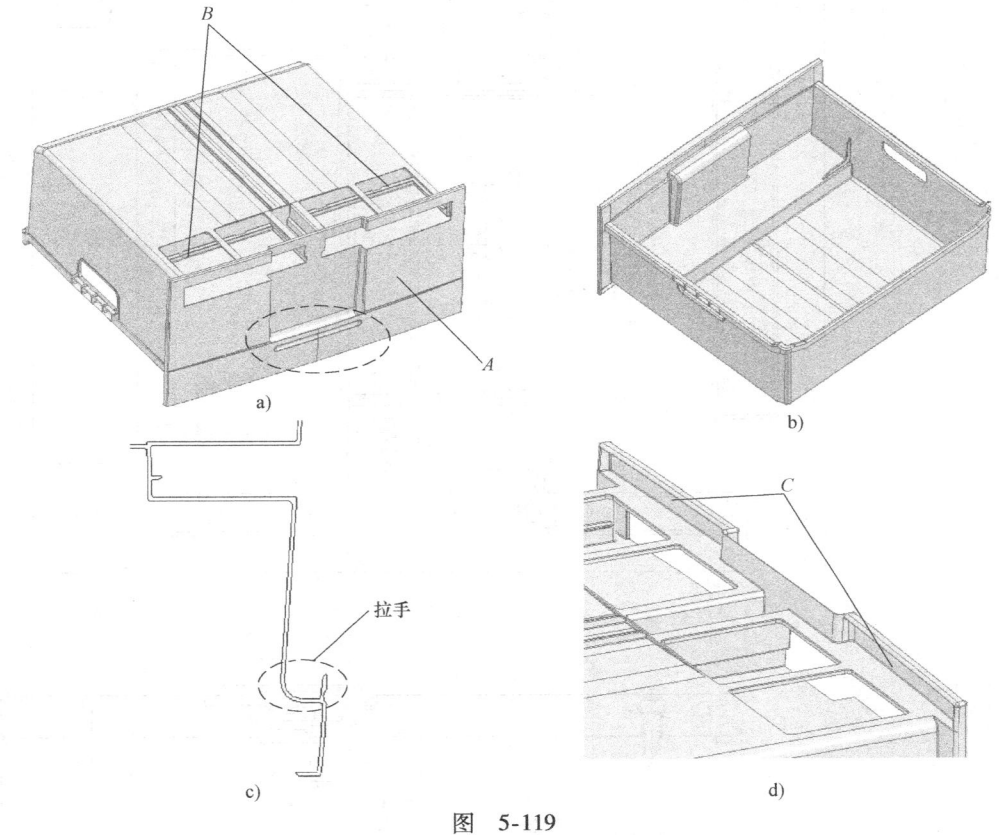

图　5-119

图 5-119d 两个箭头所指之处是两个向内的卡槽，卡槽无法正常脱模，必须使用滑块抽芯。由于卡槽在产品的外表面，只能使用前模滑块。由于产品形状较大，为了简化模具结构，本例设计了简化式的前模滑块。虽然前模滑块机构在第 3 章已讲过，但本例结构同样会让你有新的收获。模具详细结构如图 5-120 所示。

从模具结构图可以看出，此例二次抽芯机构的斜顶机构共有 8 个重要零件，分别是弹簧 1、弹簧导柱 2、延时挡块 10、斜顶 11、斜顶限位块 12、斜顶座 13、压板 15、导套 16。斜顶限位块 12 不仅对斜顶起行程限位作用，同时对斜顶起止转作用。延时挡块 10 主要控制斜顶的延时运动。弹簧 1 是斜顶运动力的主要来源。整个机构的动作原理：开模后，滑块 14 在液压缸 3 的带动下开始向后运动，斜顶 11 在延时挡块 10 和弹簧 1 的作用下向滑块上方运动，开始抽出拉手部位的倒扣；当滑块 14 向后行至 L 距离时，限位块 12 开始对斜顶限位，此时，斜顶也已向上行进一个 L_1 距离，完全脱出了产品部位的倒扣；滑块继续运动，从而带动整个斜顶机构完成全部抽芯。当滑块复位时，延时挡块 10 后的直面紧紧挡住斜顶的卡槽，从而将斜顶强制复位。

下面简要介绍本例的前模滑块 7。此例的前模滑块设计比较简洁，但非常实用。滑块 7 是斜弹式滑块，弹出动力主要是靠弹簧 6 和拉钩 8，导向机构是导柱 4 和导套 5，行程限位机构是限位拉杆 9，滑块的复位是靠分型面直接压回。简单的几个零件即可完成滑块的可靠动作，确实值得借鉴。

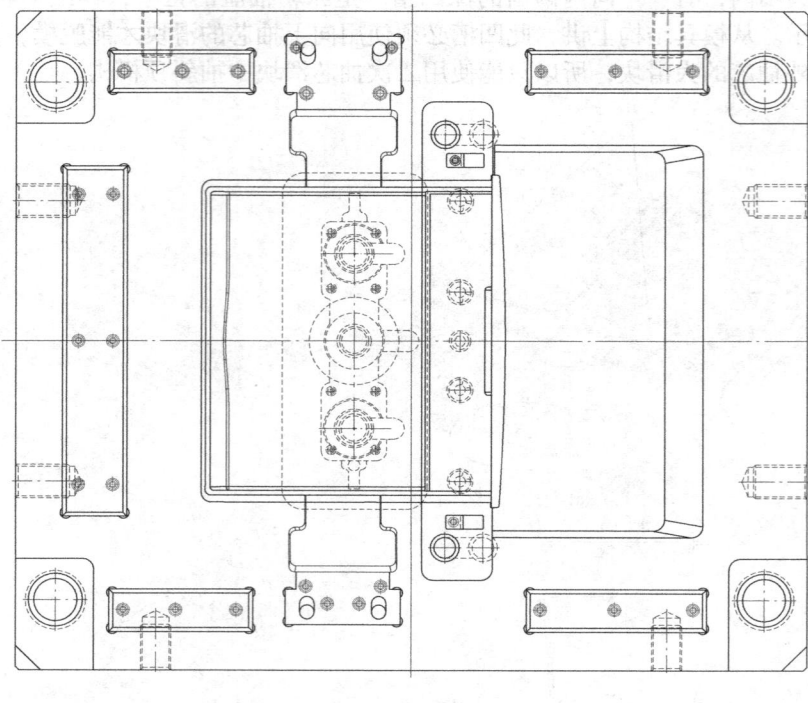

a)

b)

图 5-120
1—弹簧 2—弹簧导柱 3—液压缸

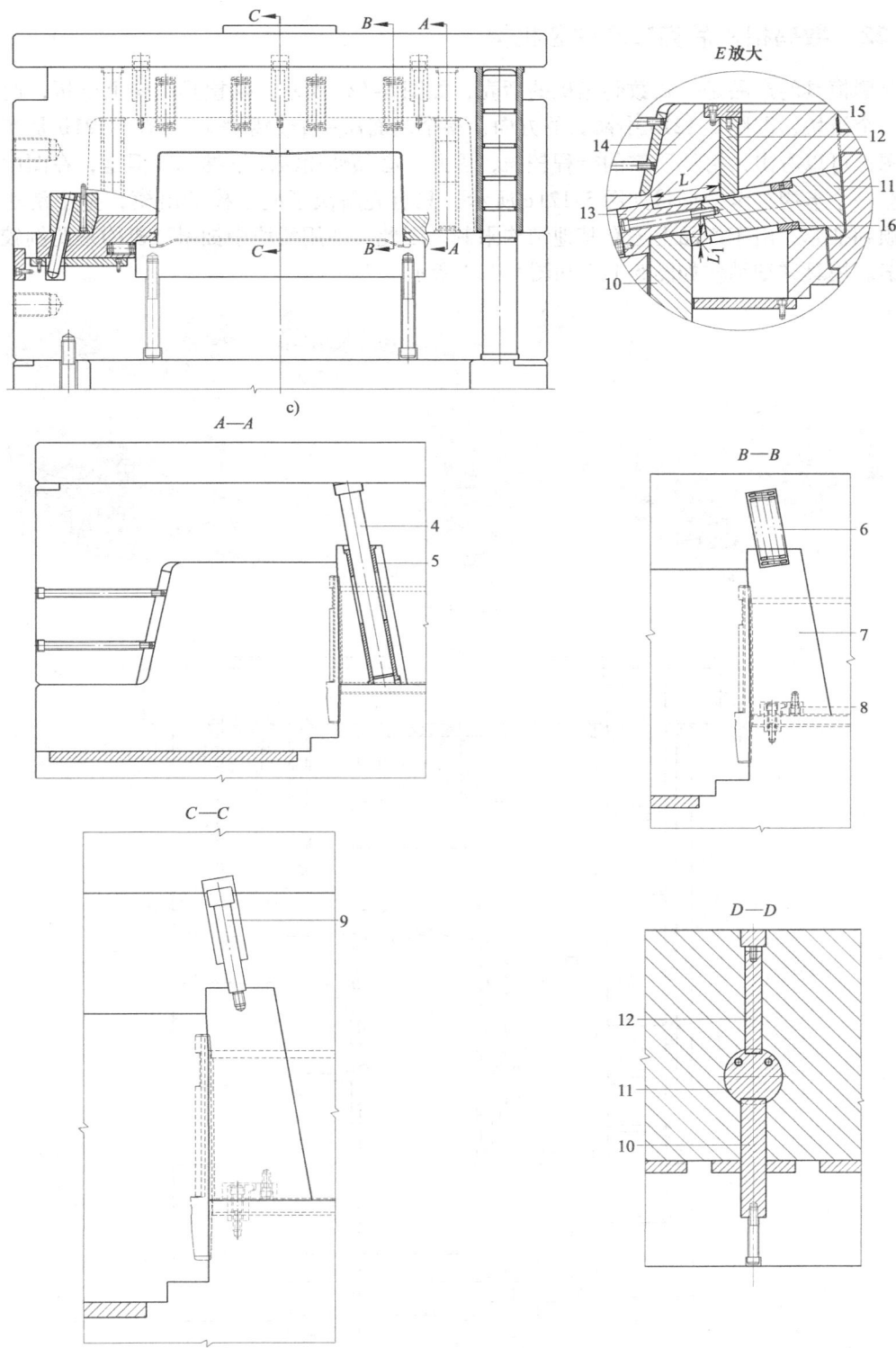

图 5-120（续）

4—导柱 5、16—导套 6—弹簧 7—前模滑块 8—拉钩 9—限位拉杆 10—延时挡块 11—斜顶 12—斜顶限位块 13—斜顶座 14—滑块 15—压板

范例22　数码相机后壳二次抽芯机构

此副模具的产品是一款数码相机的后壳，如图5-121所示。从模具结构上分析，此产品只需一个滑块，即图5-121a中箭头的方向，整个侧面需一个大型滑块。图5-121b是产品的剖视图，可以看出，滑块所需的行程较长，因此，必须使用液压缸抽芯。但是，在图中圆圈内部有一个卡槽，卡槽形状如图5-121c所示，只有先解决了此卡槽的出模，整个滑块机构才能顺利抽芯。由于产品上还有其他结构限制，因此，使用滑块中抽斜顶机构是此例较理想的方案。模具详细结构如图5-122和图5-123所示。

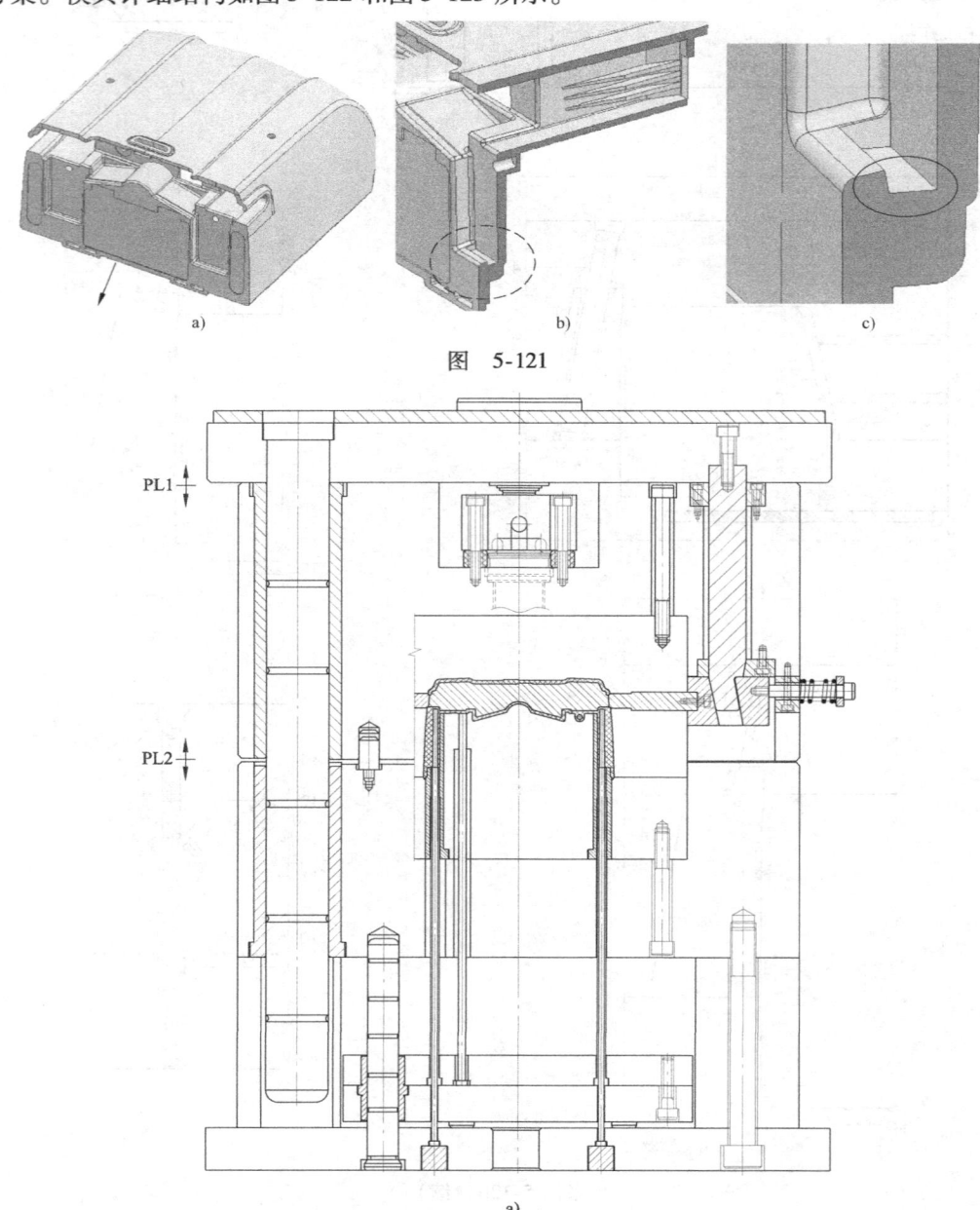

图 5-121

a)

图 5-122

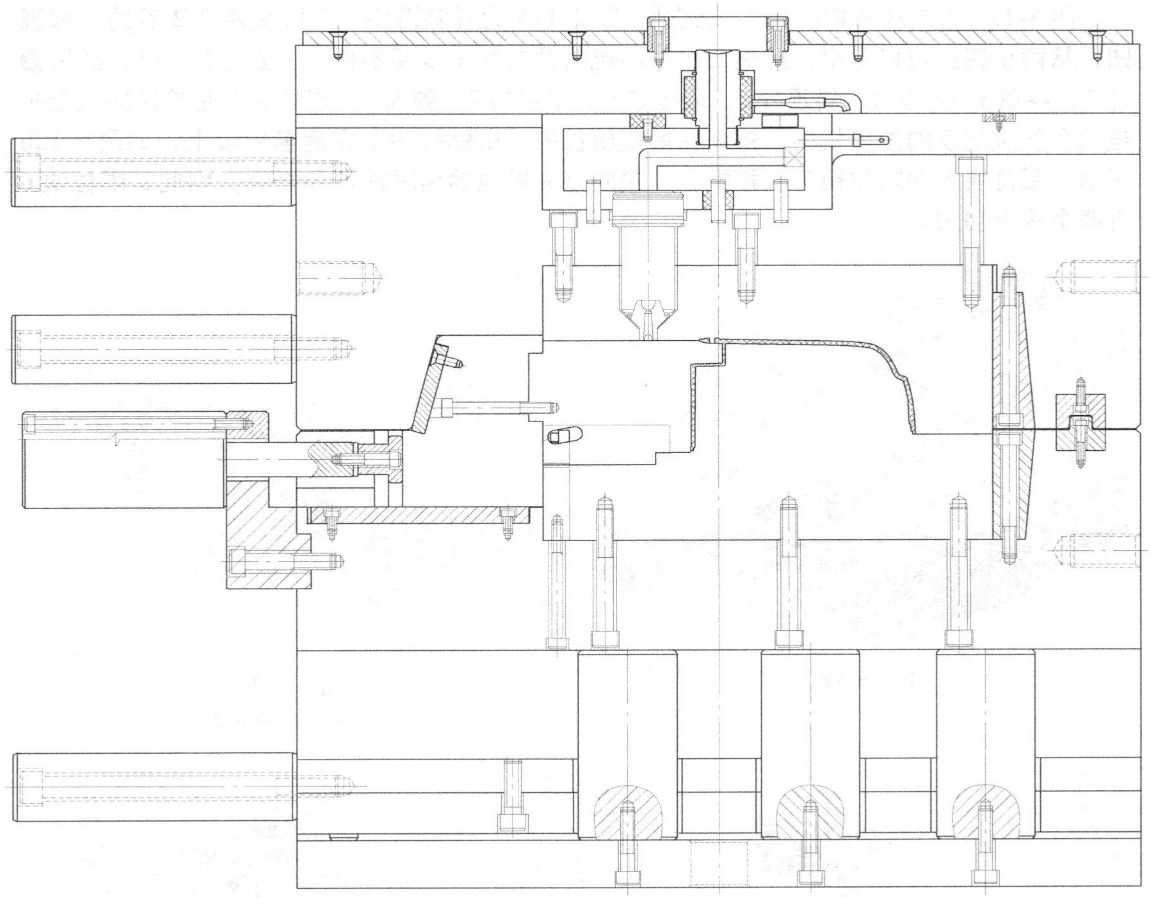

第 5 章 二次抽芯与滑块顶出机构 30 例

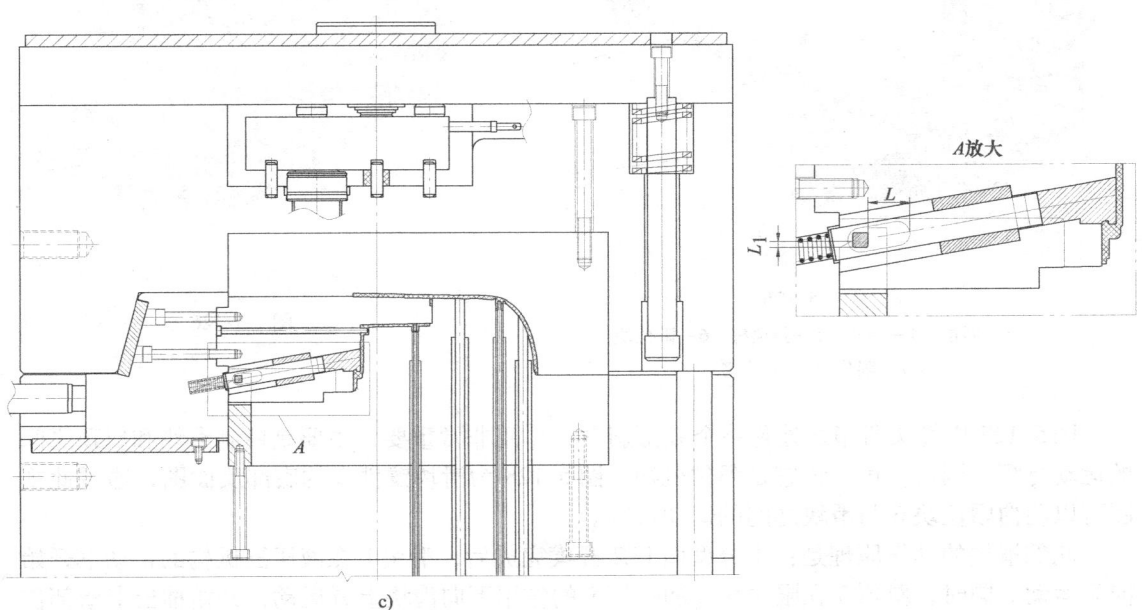

b)

c)

图 5-122（续）

图5-124为滑块机构的完整装配图，图5-125为拆除滑块1和滑块镶件2后的内部视图。从两个视图可以看出，此例二次抽芯机构共有8个重要零件，分别是滑块1、滑块镶件2、斜顶3、导套4、斜顶杆5、限位块6、限位销7、弹簧8。限位块6是控制斜顶延时运动和复位运动的主要机构，镶嵌在后模模仁内，由螺钉固定在后模模板上，如图5-126所示。限位块6和限位销7互相配合，共同完成斜顶的延时抽芯和复位，因此，限位块6有两个重要功用。

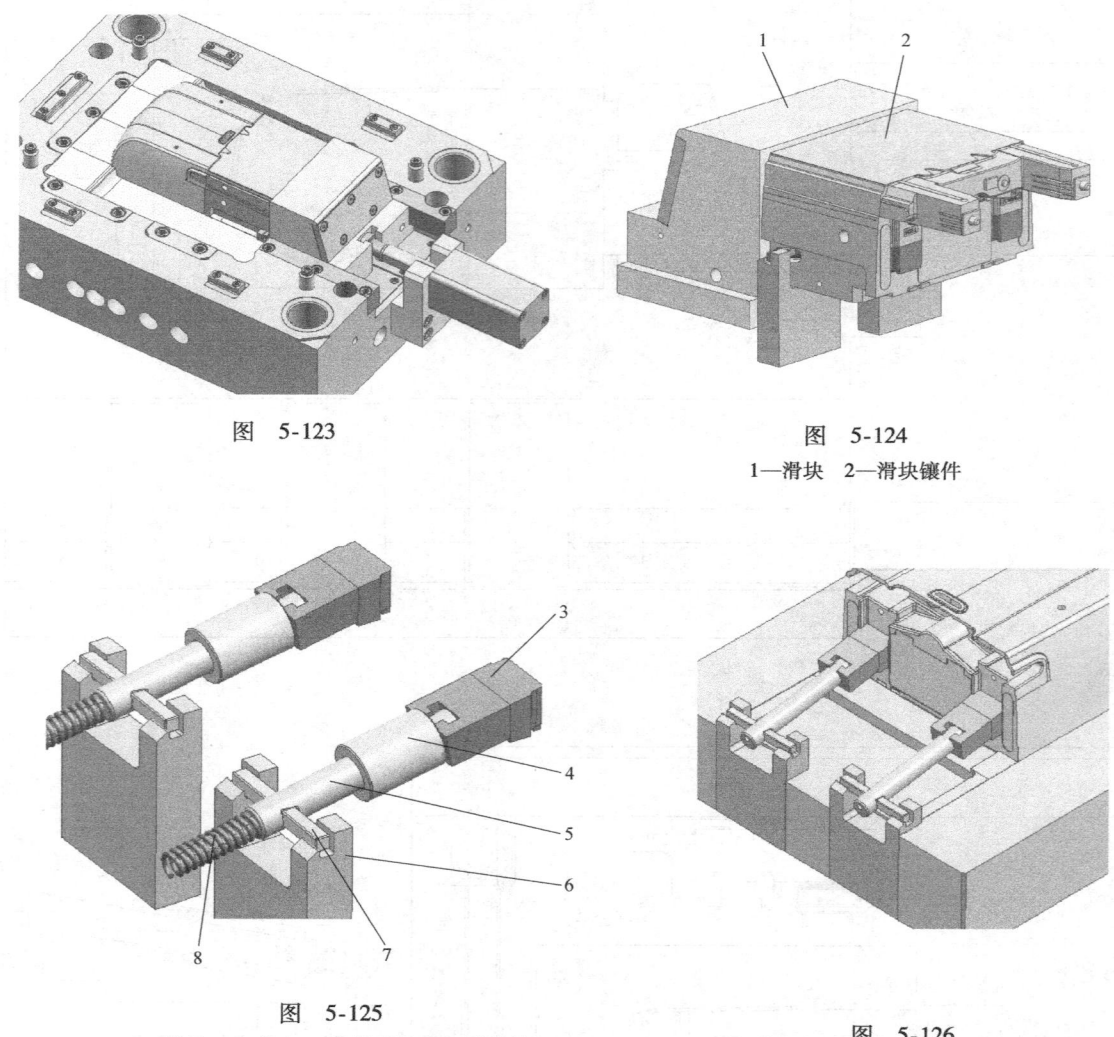

图 5-123

图 5-124
1—滑块 2—滑块镶件

图 5-125
3—斜顶 4—导套 5—斜顶杆 6—限位块
7—限位销 8—弹簧

图 5-126

图5-127中箭头所指之处是一个U形斜孔，作用非常重要，主要是控制滑块和斜顶之间的运动行程，因此，可以说它是限位机构。图5-128为滑块镶件2的底部反面图，通过此视图可以明白限位块6与滑块之间的运动过程。

此例滑块的动作原理是：主分型面PL2开模完成后，滑块1在液压缸机构的带动下开始向后运动，同时，斜顶3在限位块6和弹簧8的作用下向滑块上方运动，开始抽出卡槽部位的倒扣；当滑块1向后行进L距离时，滑块镶件2的U形斜孔开始对斜顶限位，此时，斜顶

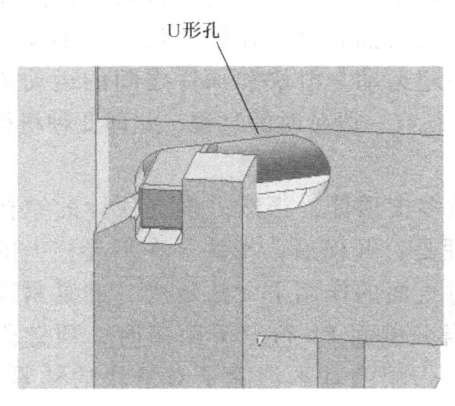

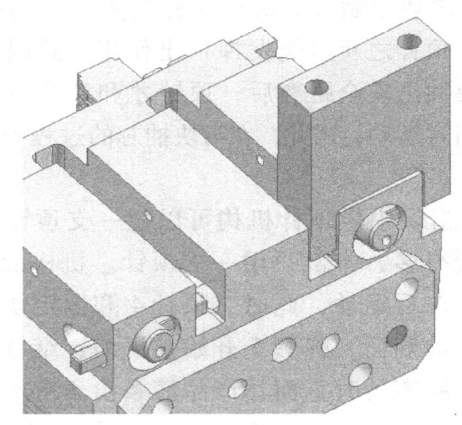

图 5-127　　　　　　　　　　　　　　　图 5-128

已经向上行进 L_1 距离，完全脱出了产品的倒扣和限位块 6 上的卡槽；滑块继续运动，从而带动整个斜顶机构向后运动，最终完成全部抽芯。当滑块复位时，限位块 6 的卡槽紧紧挡住限位销 7，从而将斜顶强制复位。

范例 23　电子按钮滑块中做顶出机构

此副模具是一副非常简单的滑块中做顶出的机构，产品形状如图 5-129 所示。图中 A 所指的形状是一个按钮，B 所指的部位是一个带有弹性功能的薄筋片，按钮和产品之间的连接只有此薄片。根据模具结构要求，此按钮必须成型在滑块上，但是，如果成型在滑块上，按钮的出模则会有问题，因为这个薄筋片太薄，非常柔软，当滑块向后抽芯时，必然会将薄片拉断或拉变形，为此，本例在滑块上设计了一种非常简单的顶出机构。顶针 2 从滑块 4 的中间穿过，后面固定在顶针固定块 1

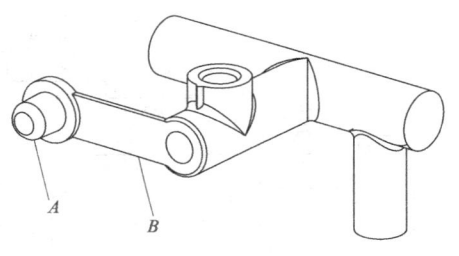

图 5-129

上，使用无头螺钉 3 将顶针紧固，顶针固定块固定在后模模板上不动，当滑块向后抽芯时，顶针就紧紧顶住按钮不动，从而保证按钮安全脱出滑块，更避免了薄片会拉断的危险。模具详细结构如图 5-130 所示。

滑块中做顶出机构通常用在产品侧凹太深，难以脱模，易将产品拉坏的情况下。这种机构有多种形式，本例仅为其中较简单的一种。虽然简单，但结构构思较巧妙，让结构变得简单，因此，值得借鉴。

范例 24　开关框架滑块中做顶出机构

此副模具是一副很常用的滑块中做顶出机构，如图 5-131 所示。此产品侧面有一条很深的筋条成型在滑块上，对滑块有很大粘紧力，当滑块向后抽芯时，整个产品侧壁均会随滑块一起运动，必然会将产品从根部拉断或拉变形；但是，如果滑块上有顶针顶住产品侧壁，则可避免发生这种情况，为此，本例使用了这种滑块中顶出机构。

滑块中做顶针机构顶针其实是不动的，它是绝对不可向前顶的，否则会将产品顶坏。顶针之所以能发挥顶出作用，是因为滑块在向后抽芯时，顶针顶住产品不动，当滑块抽出安全距离后，顶针才和整个滑块机构一起运动。滑块和顶针之间的运动关系是相对运动，因此，在滑块抽芯的过程中，顶针必须有一段延时的过程，此即此种机构的特点。

滑块中做顶针机构可以做一支顶针，也可做多支顶针，当然，多支顶针的结构要复杂得多，本例只用一支顶针。机构的动作原理是：开模后，滑块3在斜导柱1的作用下向后运动，此时，顶针4和固定块2在延时直面的作用下无法运动，并紧紧顶住产品的侧面，弹簧5开始被压缩；继续开模，当分型面PL行至L距离时，顶针固定块2脱离延时直面，产品筋条由于有脱模斜度的作用已基本消除了对滑块的粘紧力；滑块继续运动，从而带动整个顶针机构同时向后，最终完成全部抽芯，弹簧5最后使顶针复位。

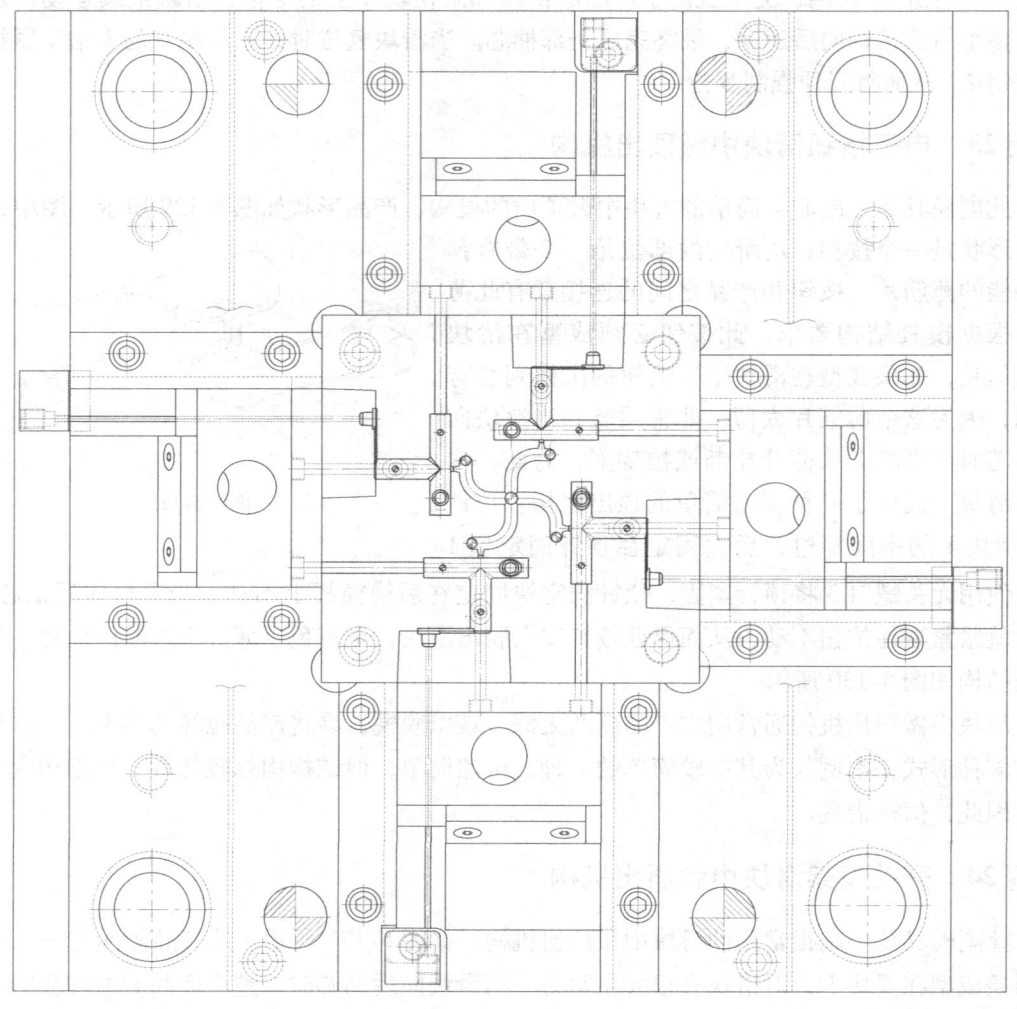

a)

图 5-130

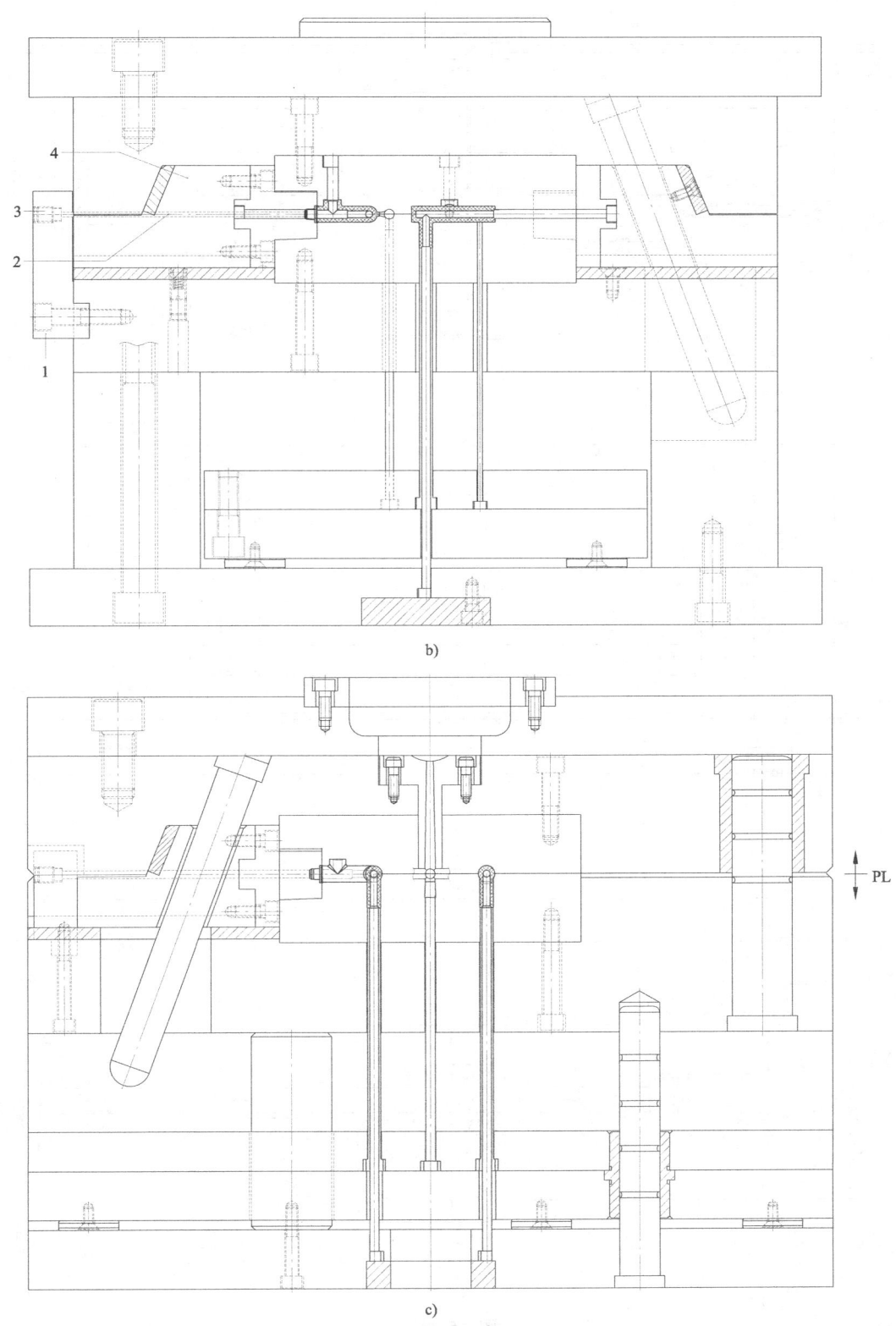

b)

c)

图 5-130（续）

1—顶针固定块　2—顶针　3—无头螺钉　4—滑块

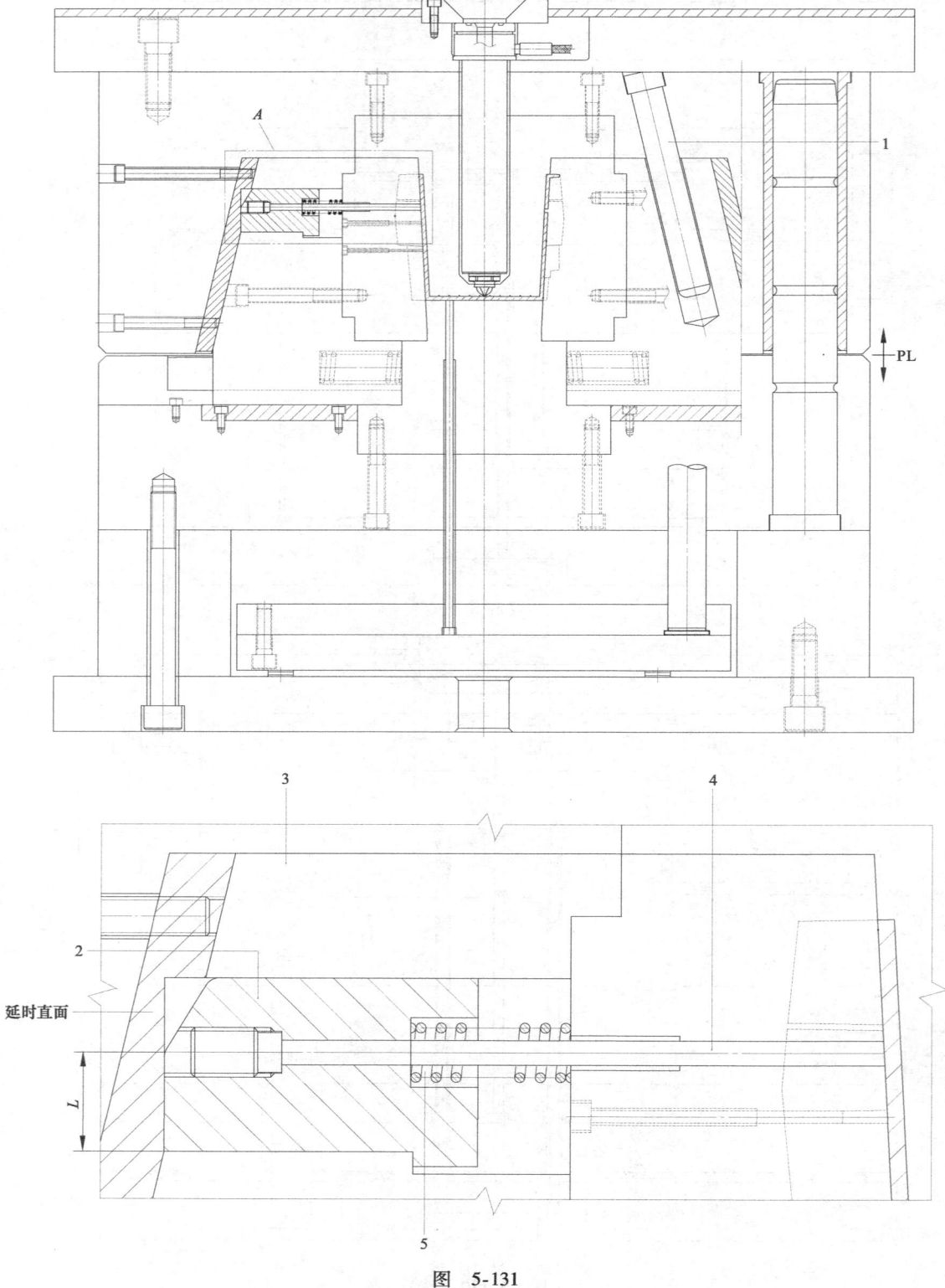

图 5-131

1—斜导柱 2—顶针固定块 3—滑块 4—顶针 5—弹簧

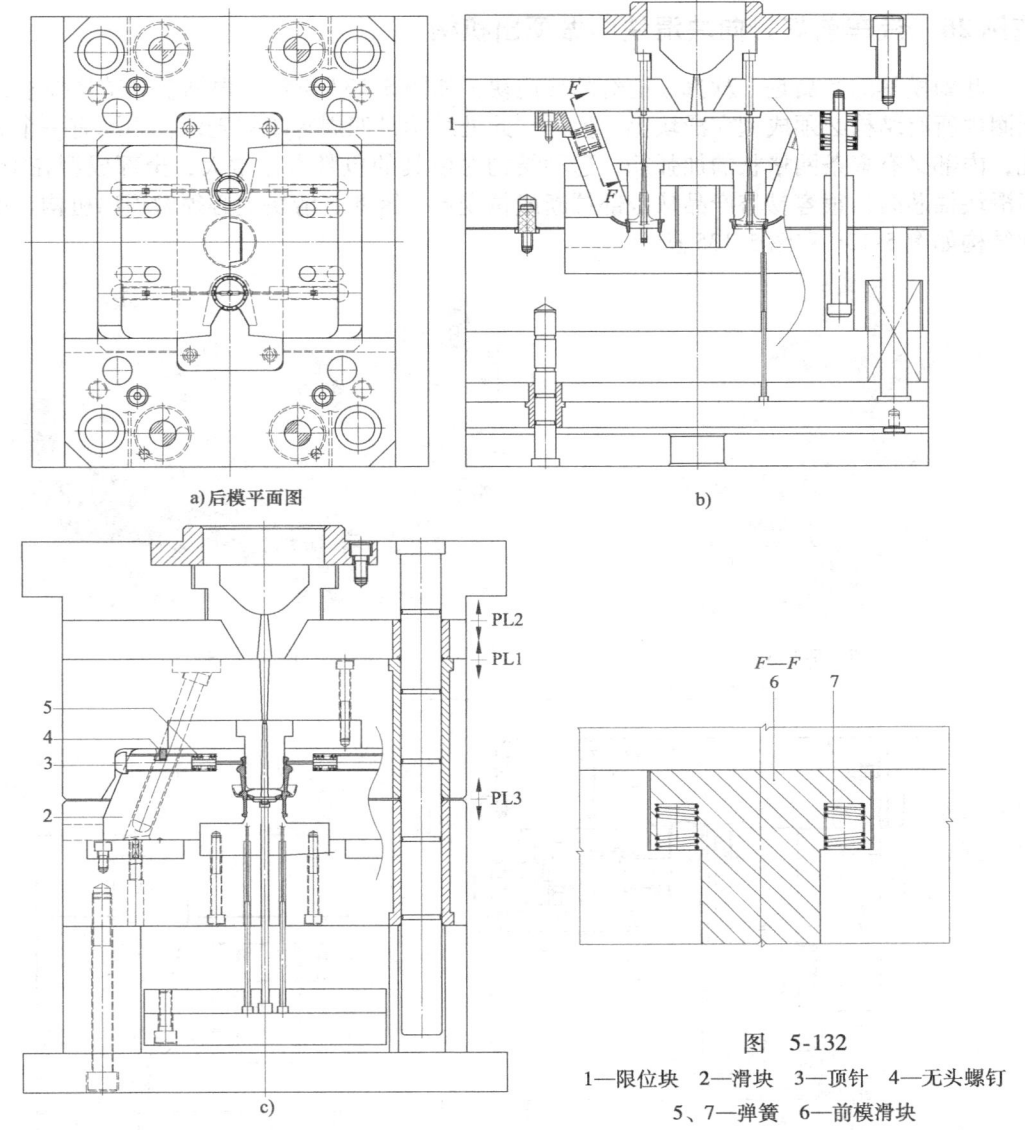

a) 后模平面图 b)

c)

图 5-132
1—限位块 2—滑块 3—顶针 4—无头螺钉
5、7—弹簧 6—前模滑块

范例 25　喷嘴固定盖滑块中做顶出机构

此副模具是一个比较简单的滑块中做顶针机构。顶针所顶的位置是成型在滑块上的两个弹性卡扣。两个卡扣又长又窄，成型在滑块中的深度较深，在滑块抽芯时很容易将它连根拉断，因此使用了这种非常简洁的顶出机构。在结构和动作原理上本例和本章范例 24 几乎相同，但更简洁，整个顶出机构仅为一支顶针。顶针的行程限位是一个无头螺钉，顶针的复位是一个弹簧，因此，对于这种只需一支顶针的滑块来说，做成这种结构还是较简便的。模具详细结构如图 5-132 所示。

此副模具除了滑块中顶出机构以外，还有另外一个亮点，即前模滑块 6。这是一个非常简洁的前模滑块机构，共有 3 个零件，即滑块 6、限位块 1 和弹簧 7。滑块的抽芯动力主要依靠两个弹簧，滑块的复位靠模板自动压回。对于小型、抽芯力不大的滑块来说，此种机构非常实用。

范例 26　汽车前灯导向块滑块中做顶出机构

此副模具的产品是一款汽车前灯的导向块，如图 5-133 所示。根据模具结构要求，图中圆圈内所有结构必须成型在滑块上，但是，此处结构是四周封闭的壳体，中间有一个圆形通孔，内部又有多条网格状的加强筋，这种结构对模具的包紧力非常大，全部成型在滑块上，当滑块抽芯时，很容易将产品从根部拉断或拉变形，因此，滑块上必须做顶出机构。模具详细结构如图 5-134 和图 5-135 所示。

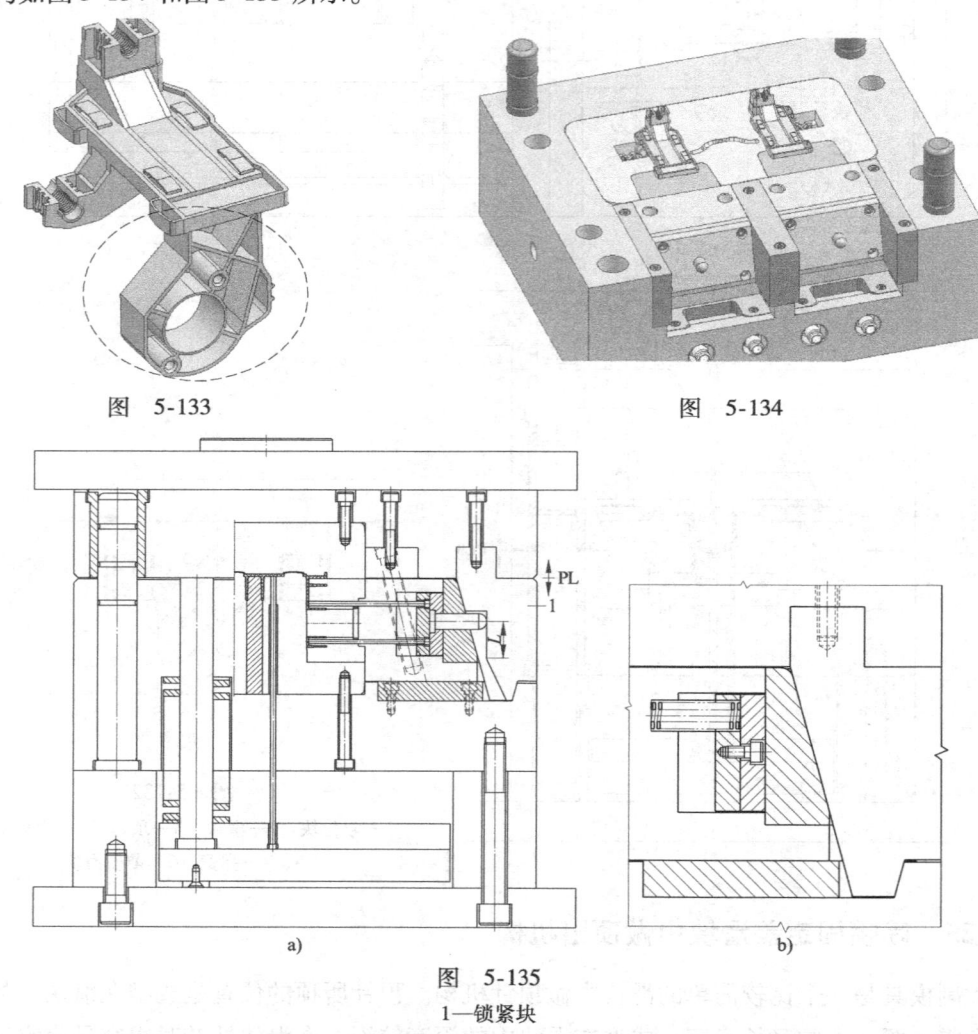

图　5-133　　　　　　　　　　　　图　5-134

图　5-135
1—锁紧块

此例滑块机构是多支顶针的顶出结构，和一支顶针相比，结构复杂得多。比如，顶针需顶针固定板和顶针托板，弹簧的布置应对称且力量应平衡，顶针板和顶针的运动应有导向机构等，这些均为必须的基本结构，因此，必须掌握。

图 5-136 为滑块机构完整的装配图，图 5-137 为拆除滑块 3 和两件滑块镶件后的内部结构图。从这两幅图中可以看出，此例滑块机构共有 8 个重要零件，分别是滑块镶件 2 和 4、滑块 3、顶针 5、弹簧 6、顶针固定板 7、顶针托板 8、导向杆 9。其中导向杆 9 有两种功能，一是导向，二是对整个顶针机构起延时作用，顶针对产品的顶出动作即靠它来完成的。滑块镶件 4 在滑块中采用镶拼的结构主要是为了加工和装配的方便。从图 5-138 可以看出它们的装配关系。

图 5-139 为锁紧块 1 的零件图。图中箭头所指处有一段很深的凹槽，对顶针机构起延时的作用，它是设计滑块中顶出机构最重要的结构特征。无论何种形式的顶出机构，都必须有一个共同特征：它和导向杆 9 互相配合，相辅相成，共同完成顶出动作。整个机构的动作如下：开模后，分型面 PL 开始打开，滑块 3 在斜导柱的作用下开始向后运动，此时，整个顶出机构在锁紧块 1 上延时凹槽的作用下保持不动，并紧紧顶住产品；当分型面行至 L 距离时，锁紧块 1 上的延时凹槽脱离导向杆 9，此时，滑块镶件 2 已从产品中脱离了一段距离，由于产品上有脱模斜度，产品几乎对滑块已没有了包紧力；滑块继续向后抽芯，从而带动整个顶出机构同时向后运动，最终完成全部抽芯。

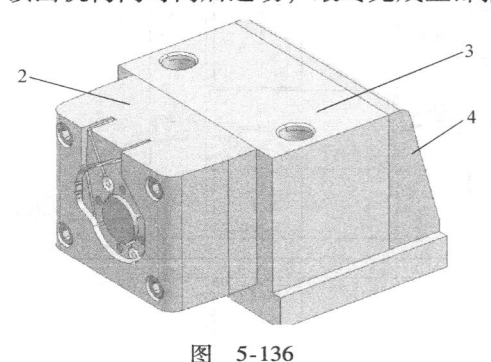

图 5-136

2、4—滑块镶件 3—滑块

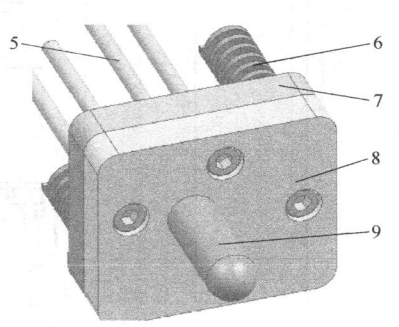

图 5-137

5—顶针 6—弹簧 7—顶针固定板 8—顶针托板 9—导向杆

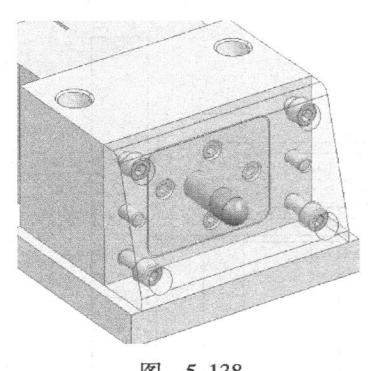

图 5-138

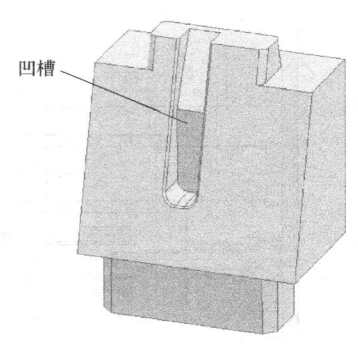

图 5-139

范例 27　手机面壳滑块中做顶出机构（一）

此副模具的产品是一款手机的面壳，如图 5-140 所示。此产品在模具结构上有两大难点，一是产品的外侧面。根据产品结构特征，产品两侧都必须使用滑块抽芯，且所有结构都

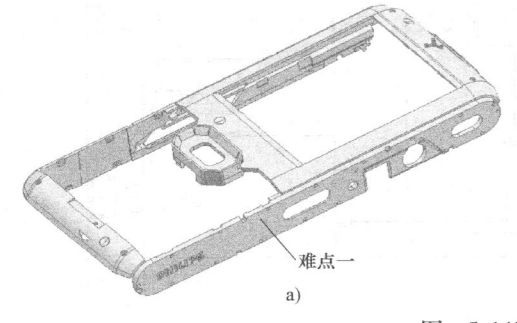

a)

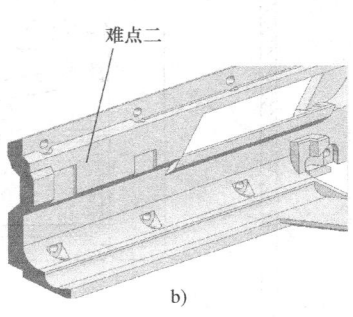

b)

图 5-140

· 216 ·　塑料注塑模具经典结构180例

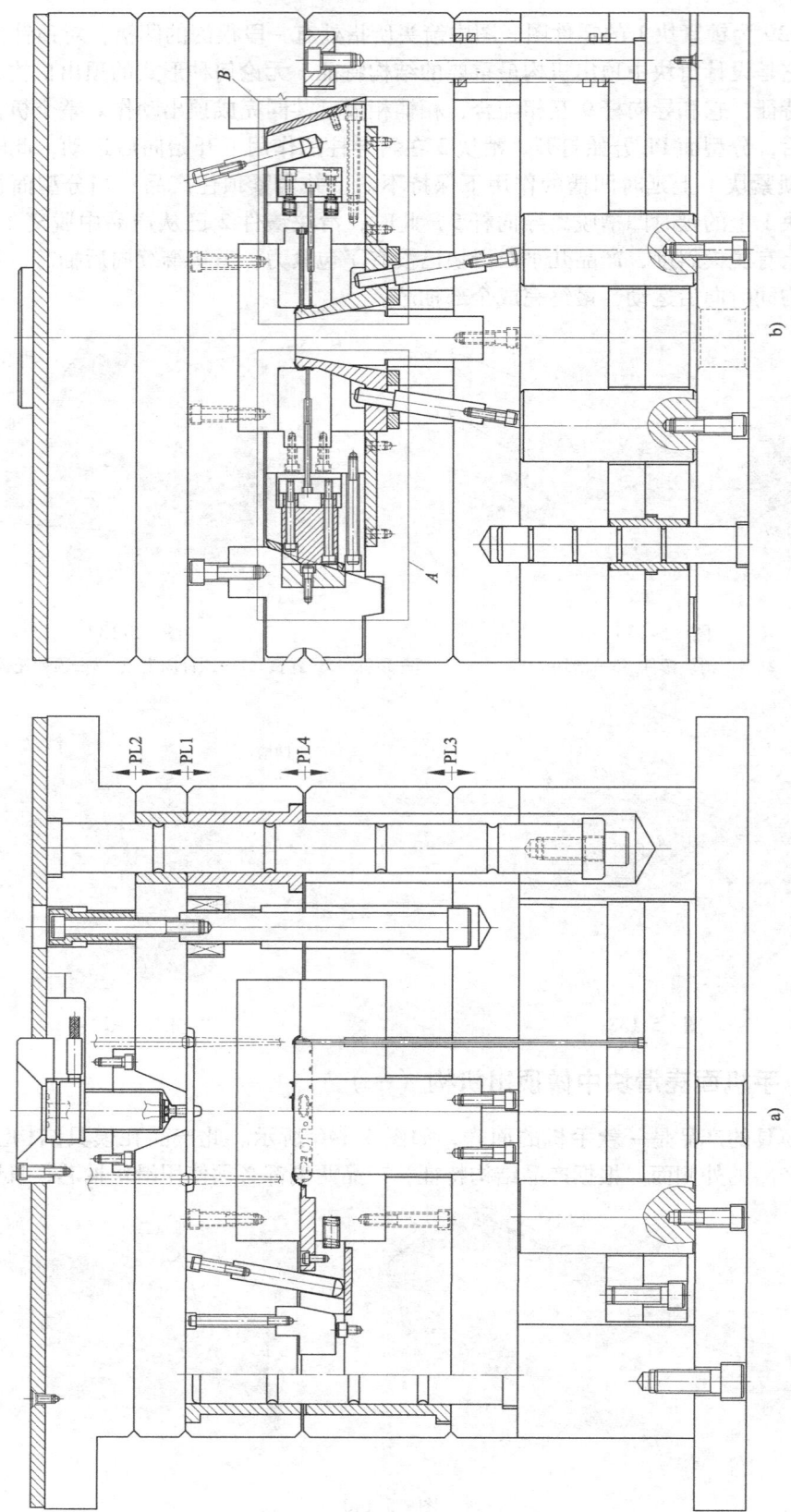

第 5 章 二次抽芯与滑块顶出机构 30 例

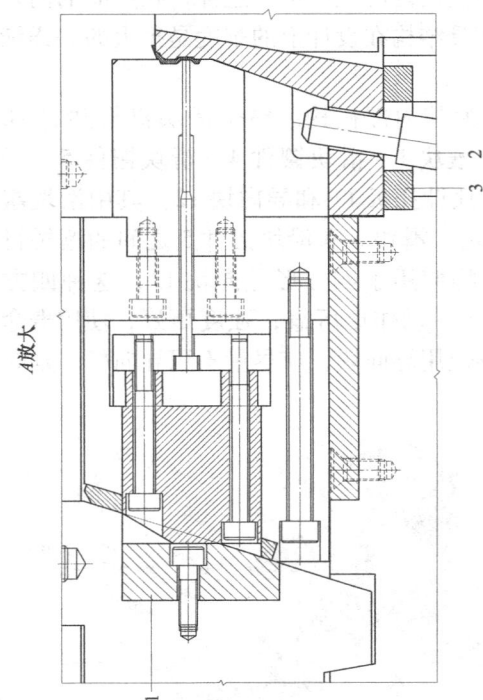
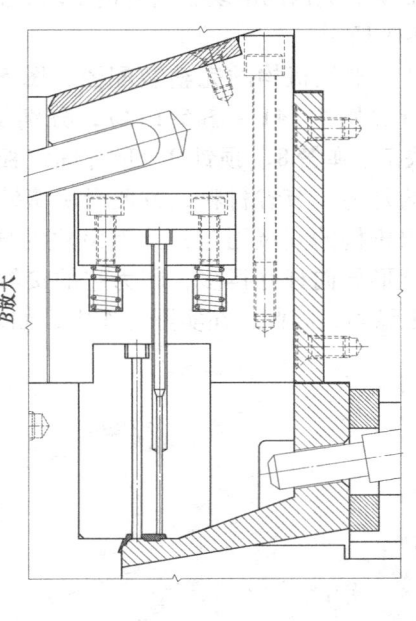
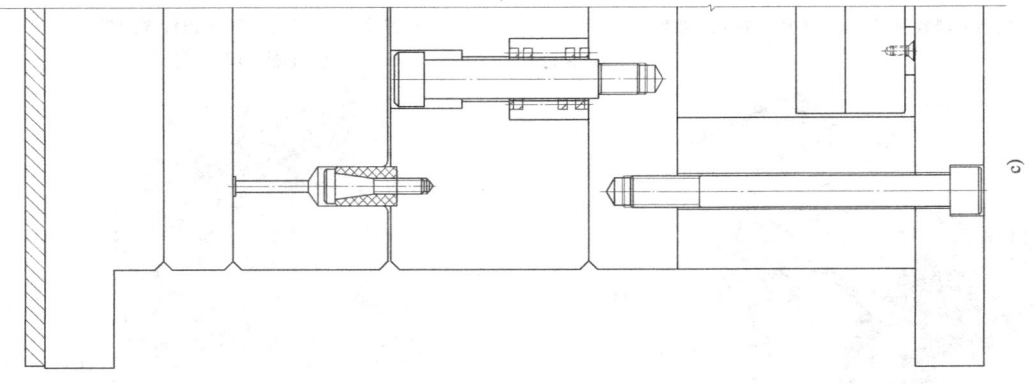

图 5-141
1—延时镶块　2—斜导柱　3—耐磨块

必须成型在滑块上。但是，由于整个侧面上有很多通孔，对滑块形成很大的包紧力，滑块在进行抽芯时，必然会将产品拉变形，而手机外观要求极高，任何缺点均不允许，因此，滑块机构中必须使用顶针顶出机构。

二是产品的内侧面。从图 5-140 中可以看出，整个产品内侧面都是倒扣的。由于内部结构复杂，空间较小，斜顶机构难以实现，因此，必须使用内滑块机构，这样，在产品的内外两侧，外有带顶出机构的滑块，内有内滑块，这种模具结构在设计上的难度是很大的。详细结构如图 5-141 所示。

图 5-142 为滑块机构的完整装配图，图 5-143 为其内部机构。整个滑块机构共有 10 个重要零件（见图 5-141～图 5-143），分别是延时镶块 1、滑块镶件 4、滑块镶件 5、滑块 6、耐磨块 7、弹簧 8、顶针 9、顶针固定板 10、顶针托板 11 和导向块 12。其中滑块镶件 4 镶拼目的是为了节省材料，方便滑块镶针的固定；滑块 6 和滑块镶件 5 之间的镶拼目的是为了顶出机构的安装固定；此例滑块的导向机构使用了四方形导向块 12，这种四方形导向块比圆形导向杆好得多，因为它的接触面较大，动作更可靠，强度更好，使用寿命更长，导向更稳固，因此，在实际工作中，如果能够使用导向块，应尽量不用导向杆。延时

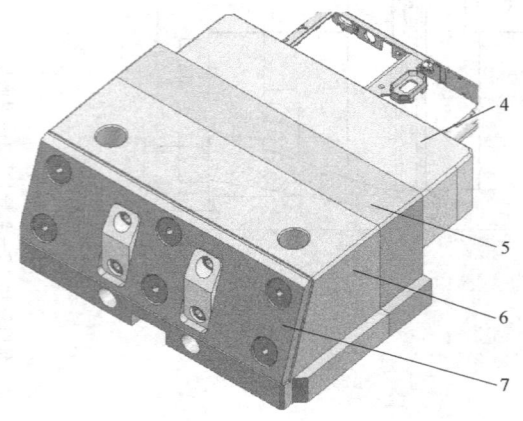

图 5-142

4、5—滑块镶件 6—滑块 7—耐磨块

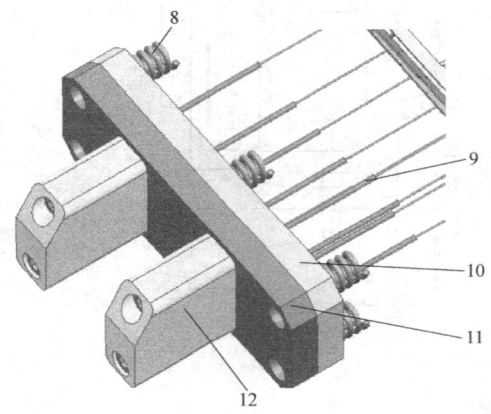

图 5-143

8—弹簧 9—顶针 10—顶针固定板
11—顶针托板 12—导向块

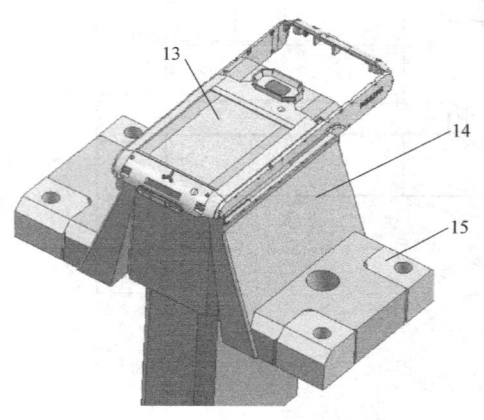

图 5-144

13—锁紧块 14—内滑块 15—压板

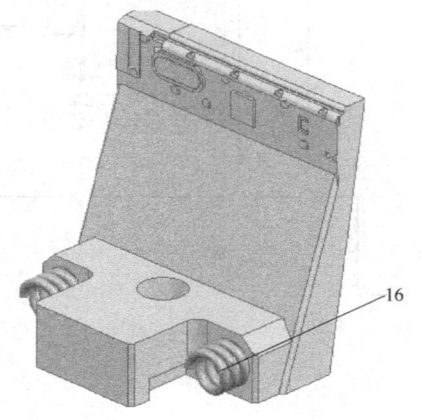

图 5-145

16—弹簧

镶块 1 的镶拼目的一是为了钳工师傅配合时的调整工作灵活方便，二是镶块可使用一些耐磨的加硬材料，以增加使用寿命。

图 5-144 为内滑块机构的装配图，图 5-145 为内滑块 14 的零件图。从以上结构可以看出，此内滑块机构共有 6 个重要零件，其中锁紧块 13 既是锁紧块也是后模型芯，这是此例滑块设计的巧妙之处。弹簧 16 主要是辅助斜导柱的抽芯动作。压板 15 不仅负责滑块的固定，同时也是滑块的行程限位块，从图 5-146 的装配图便可看出，因此，在此例内部空间较紧张的情况下，使用这种方式限位是非常巧妙的。

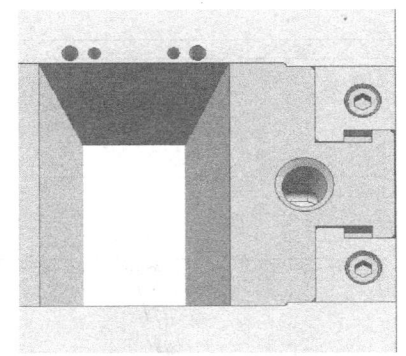

图　5-146

范例 28　手机面壳滑块中做顶出机构（二）

此副模具的产品是一款手机的面壳，如图 5-147 所示。此产品和本章范例 27 有很多

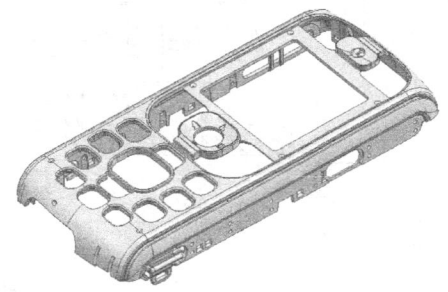

图　5-147

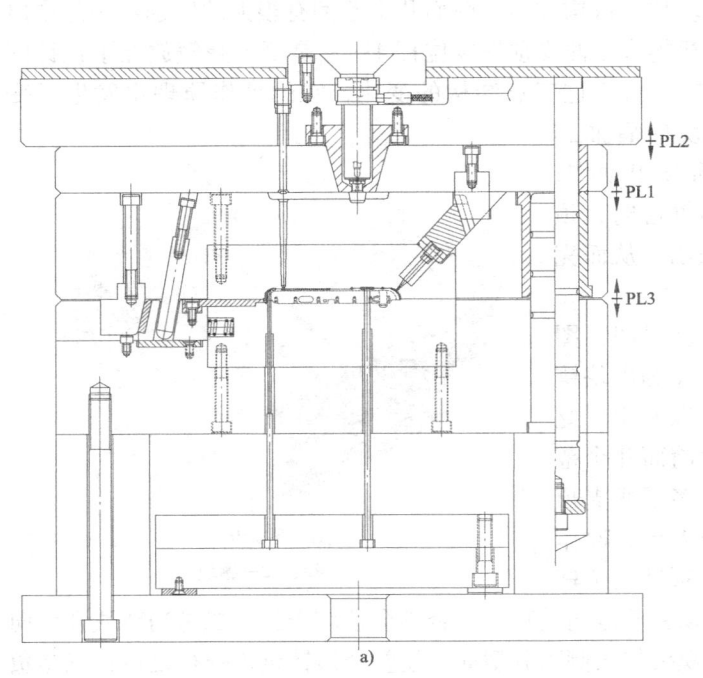

a)

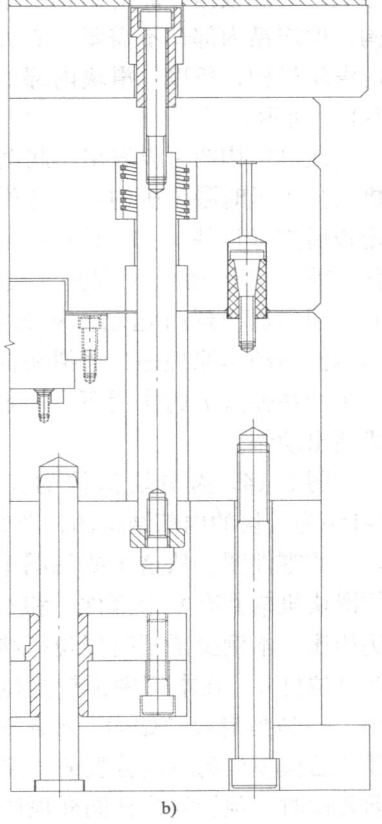

b)

图　5-148

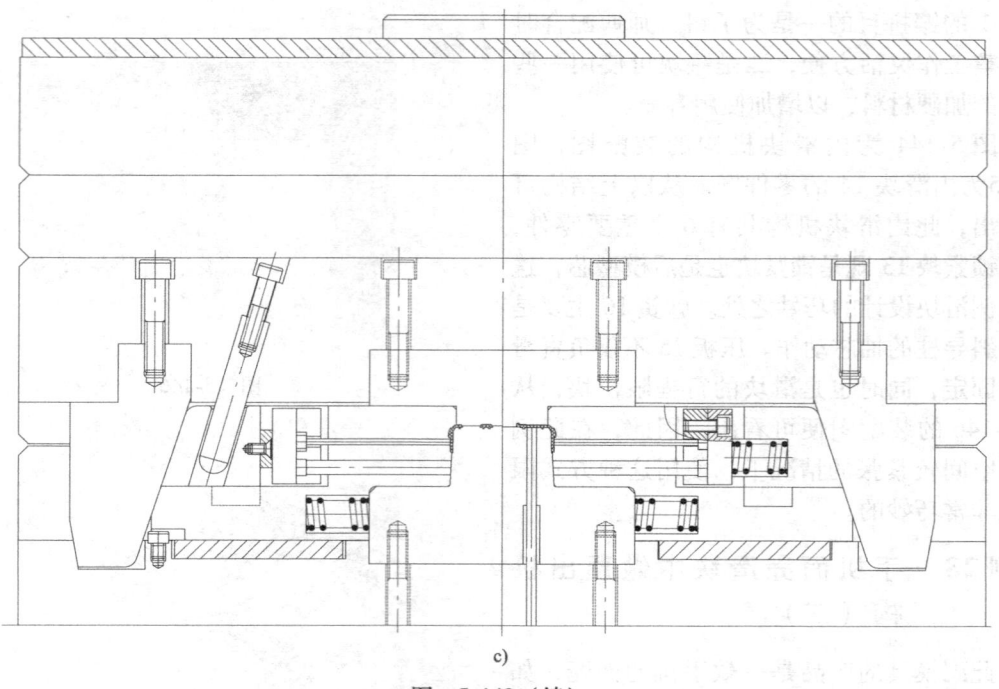

c)

图 5-148（续）

相似之处。根据产品的结构要求，产品两侧必须使用滑块抽芯，且滑块中必须使用顶出机构，但产品内部却不需要内滑块，因此，在整体结构上，此例要简单很多。由于此例没有了内滑块机构，所以，滑块内部的顶出机构在结构上也发生了很大变化。模具详细结构如图 5-148 所示。

通过结构图可以看出，此例滑块顶出机构和本章前面几个范例有很大的区别：一是顶出机构少了延时限位机构；二是顶出机构多了两支顶针复位杆 4；三是复位弹簧放在了顶针固定板后方（以往均放在顶针板前方）。由于这三点结构的变化，它的动作原理也发生了变化。前几例的动作原理是，当滑块向后抽芯时，顶出机构延时运动，从而实现顶出动作；而本例的动作原理是，当滑块向后抽芯时，顶出机构在弹簧 7 的作用下，向前顶出，从而完成顶出动作。

图 5-149 为滑块机构的完整装配图，图 5-150 为滑块的内部结构图，图 5-151 为滑块镶块 2 的零件图。从这 3 幅视图中可以看出，此例滑块机构共有 8 个部件。和本章前面几个范例相比，本例少了延时限位机构，多了两支顶针复位杆 4。在本例中顶针复位杆 4 有 3 种作用：一是当滑块开始向后抽芯时，顶针复位杆顶住后模模仁的侧面分型面，控制顶针不能向前顶出，否则会顶坏产品；二是当滑块开始向前复位时，顶针复位杆同样顶住后模模仁的侧面分型面，使整个顶针机构强行复位；三是负责整个顶出机构的导向功能。和本章前面几个范例相比，在动作原理上虽然均是利用它们的

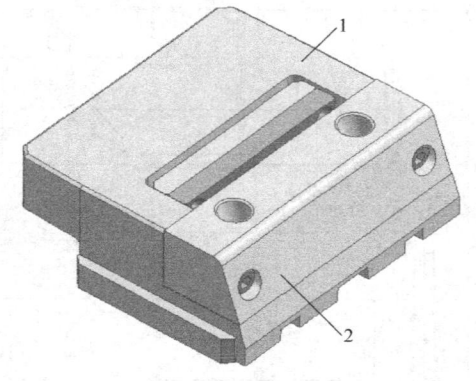

图 5-149
1—滑块 2—镶块

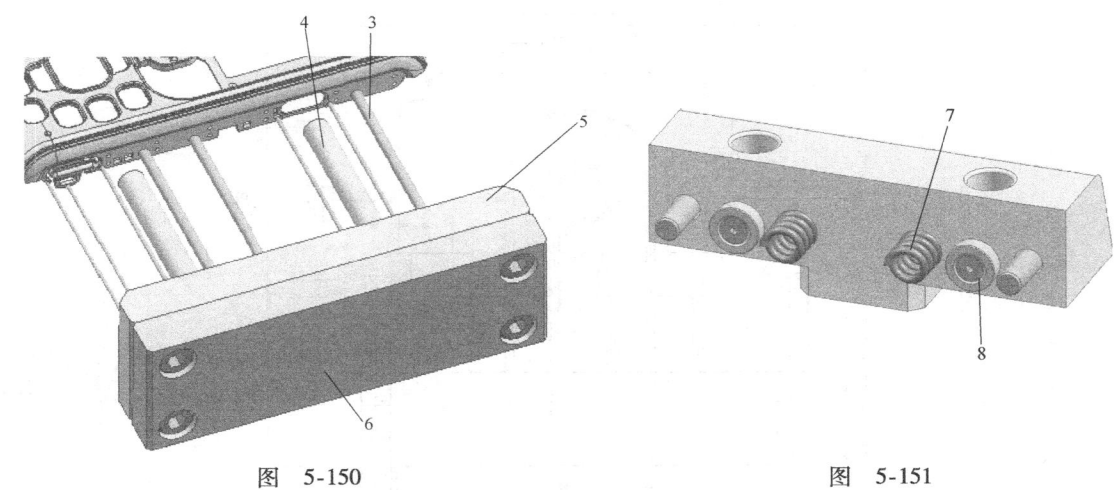

图 5-150　　　　　　　　　　　　　　　　　图 5-151

3—顶针　4—复位杆　5—顶针固定板　6—托板　　　　　7—弹簧　8—垃圾钉

相对运动完成顶出的，但本例在结构上要简单很多，动作也更加可靠，使用寿命也会更长。因此，对于需多支顶针顶出的滑块来说，尽量优先使用本例的结构。范例 27 的产品虽然和本例相似，但由于其内部有内滑块机构，以致无法使用此种结构。

此例除了滑块机构以外，还有另外一个亮点，就是三板模中使用热流道机构。范例 27 和本例模具均为三板模结构，浇注系统均使用热流道机构。在正常情况下，三板模很少使用热流道机构，给人多此一举的感觉，但是，对于要求较高的产品来说，使用热流道系统更能保证产品质量。三板模使用热流道时需注意一点，就是为了防止热嘴和模板因长期摩擦而发生损坏，热嘴的前端必须增加一个保护套（见图5-148a）。保护套固定在码模板上，避免了热嘴和模板的直接摩擦，增加了热嘴的使用寿命。

范例 29　防护罩滑块中做顶出机构

此副模具的产品是一个餐用手锯的防护罩，如图 5-152 所示。根据模具结构要求，此产品必须从中间分型，两侧两个大滑块。但是，图 5-152a 中圆圈所示处，有一个伸出去的"8"字形手柄。此手柄必须成型在滑块上，且由于它比较细小单薄，在滑块中的成型深度较深，在脱模方面可能存在一定困难，为防止滑块在抽芯时会将其拉断，因此，此处必须使用顶出机构。图 5-152b 中指引线所指之处有一个圆圈，这个圆圈也必须成型在滑块上，由于它深度较深，所以对滑块的包紧力也是很大的，为防止在脱模过程中出现拉伤或变形现象，因此，在圆圈周围也必须使用顶出机构。模具详细结构如图 5-153 和图5-154所示。

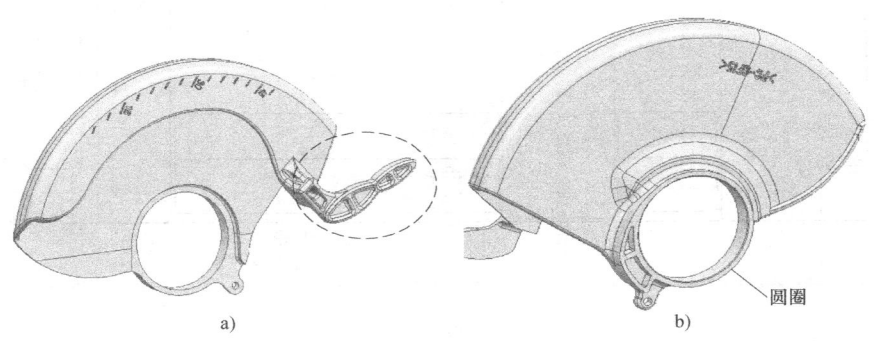

a)　　　　　　　　　　　　　　b)　圆圈

图　5-152

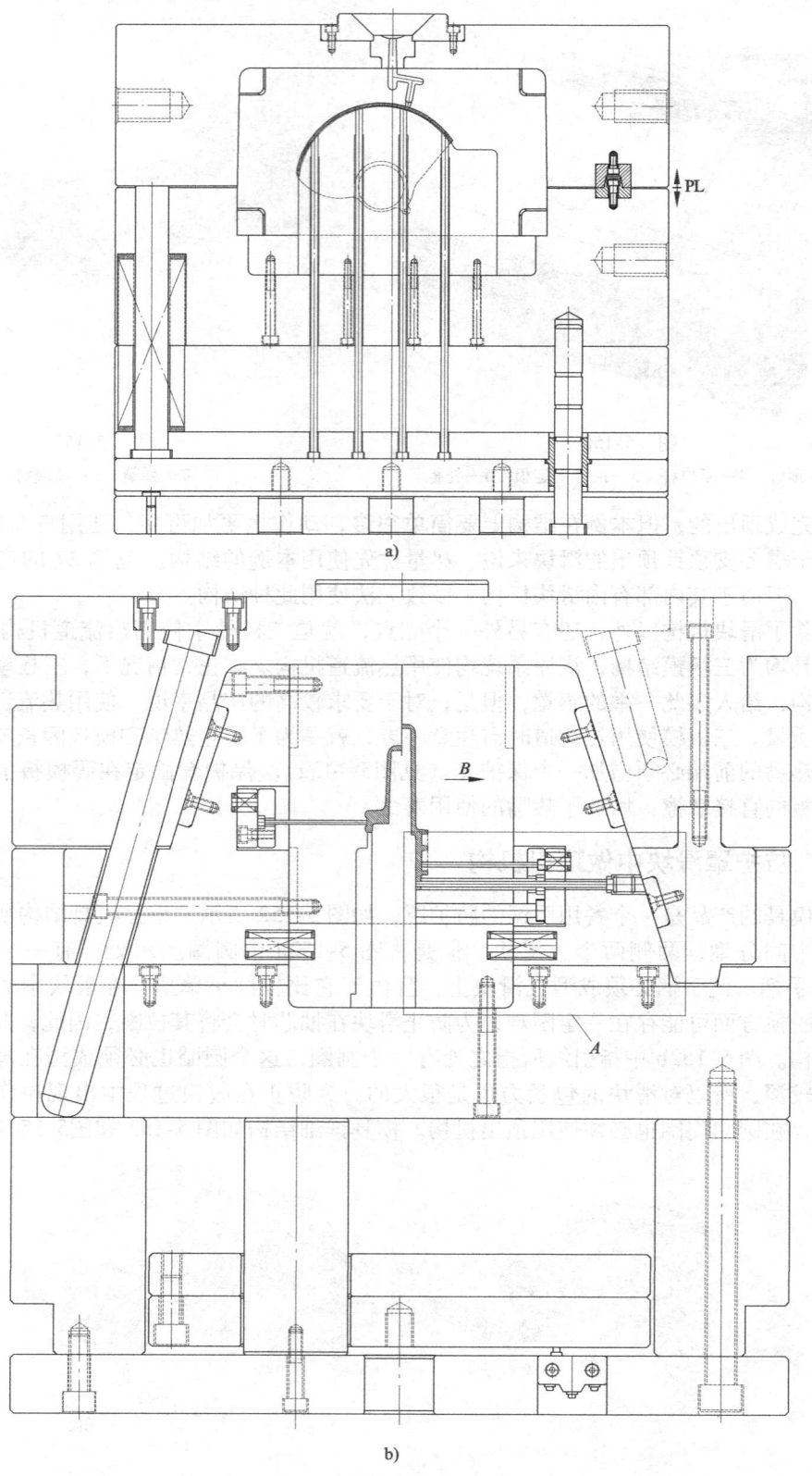

图 5-153

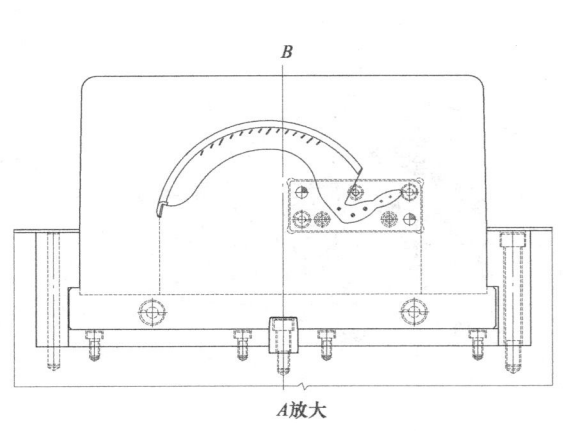 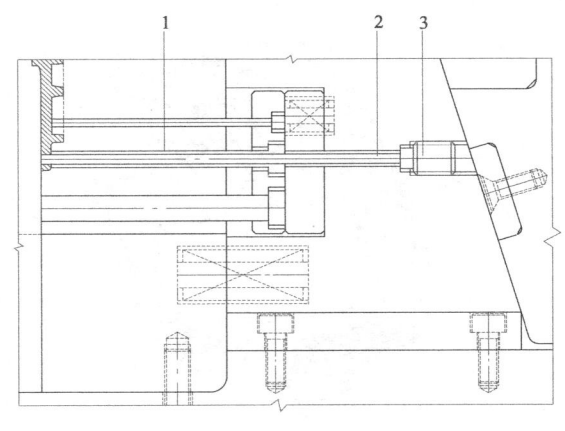

图 5-153（续）
1—司筒 2—司筒针 3—无头螺钉

从模具结构图可以看出，此副模具的滑块顶出机构和本章范例 28 属同一类型，唯一不同之处就是本例在滑块上使用了司筒顶出。司筒机构通常用在后模顶出机构中，现将其用在滑块顶出机构上同样是可行的。本例司筒顶出位置为一圆孔，此圆孔位于角落里，空间狭小，无法布置顶针，因此使用了司筒顶出。在滑块顶出机构中，使用司筒顶出也是较常用的顶出方式，对于较深的螺纹柱，出模较困难的均可使用司筒顶出。

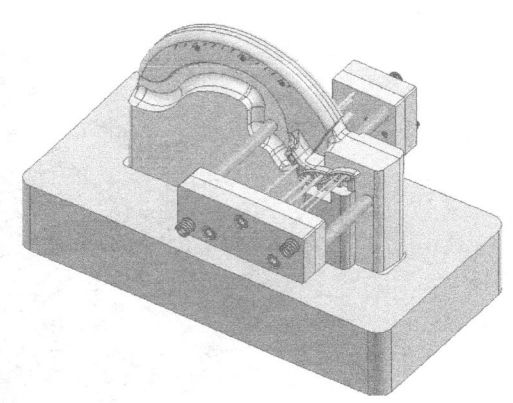

图 5-154

范例 30 计时器外壳滑块中做顶出机构

此副模具的产品是一个计时器外壳，如图 5-155 所示。从图中可以看出，产品外表面有两个通孔，矩形的为显示屏的孔，圆形的为按键孔。两个通孔有一共同特征，就是它们的轴心方向和模具开模方向是倾斜的，包括孔的内壁和孔内一些结构也均为倾斜的。从模具设计的角度来讲它们均无法正常脱模，因此，必须使用前模滑块机构。

图 5-155b 中箭头所指之处，是两个对称的弹性按键。按键和产品之间仅由一个薄薄的筋片连接着，筋片的厚度仅为 0.5mm，宽度仅为 1.2mm，所以，强度非常差。由于此按键必须全部成型在前模滑块上，当滑块抽芯时，整个按键必然会粘在滑块上，最终导致连接筋片被强行拉断，所以，要使此按键能安全脱模，必须在前模滑块上设计顶出机构。模具详细结构如图 5-156 和图 5-157 所示。

从模具结构图可以看出，此例产品虽然简单，模具结构却较复杂，前模部分需一个前模滑块，后模部分需两个滑块，两个后模滑块的设计需要一定的设计经验。由于产品形状所致，此例的分型面是倾斜的，倾斜角度几乎达 45°，所以导致分型面两侧的高度产生了很大落差。在这种情况下，设计如此小的滑块是很困难的，很难将两侧滑块的高度和位置搭配到

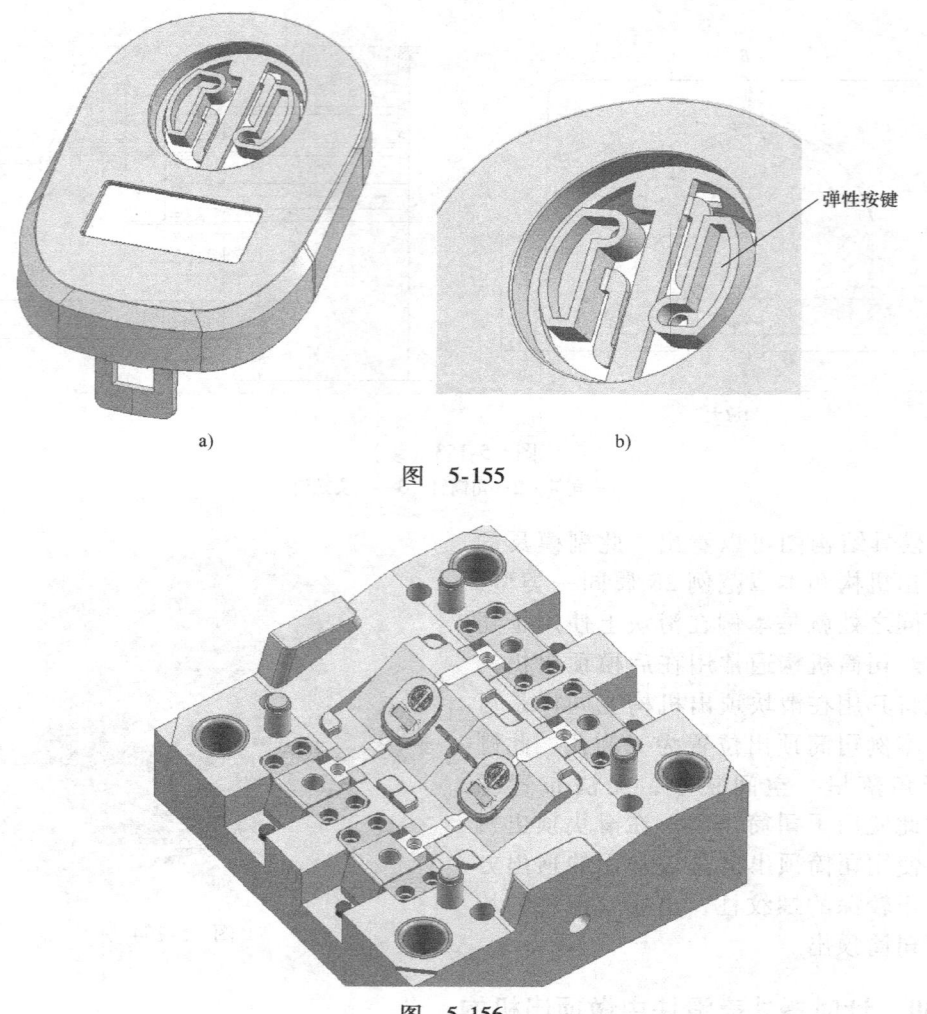

图 5-155

图 5-156

很协调的状态,如果处理不好,整副模具设计的会非常难看;为此,本例巧妙地将前后模模板的分型面做成倾斜的,两侧的高度分别和两侧的滑块平齐,中间使用斜度过渡,如图5-156 所示。这样,不仅使整副模具看起来比较协调、漂亮,滑块机构也变得很容易设计,因此,这种设计上的技巧,值得借鉴。

图 5-158 和图 5-159 为前模滑块机构,此机构共有 6 个重要零件,分别是滑块 2、拨块 1、顶针 6、弹簧 5、定位销 3 和压板 4。在此机构中,顶针始终保持不动,既不向前顶,也不向后退,一直顶住按键,保证按键安全脱离前模滑块;顶针后面有定位销 3 紧紧压住,控制顶针不能后退,而定位销的两端有两个压板 4 压住并紧紧固定在前模模板上,如图5-160 所示。这样,滑块在拨块 1 的作用下往复运动实现抽芯。

图 5-161 为前模滑块机构摆正方向后的局部放大图。图中箭头所指之处,是一个 U 形槽,此 U 形槽非常重要,滑块与顶针之间的相对运动就是靠它来实现,滑块的行程也是靠它和定位销控制的。弹簧 5 在本例中的作用主要是限制顶针不能向前顶出,否则,顶针会和后模相撞。

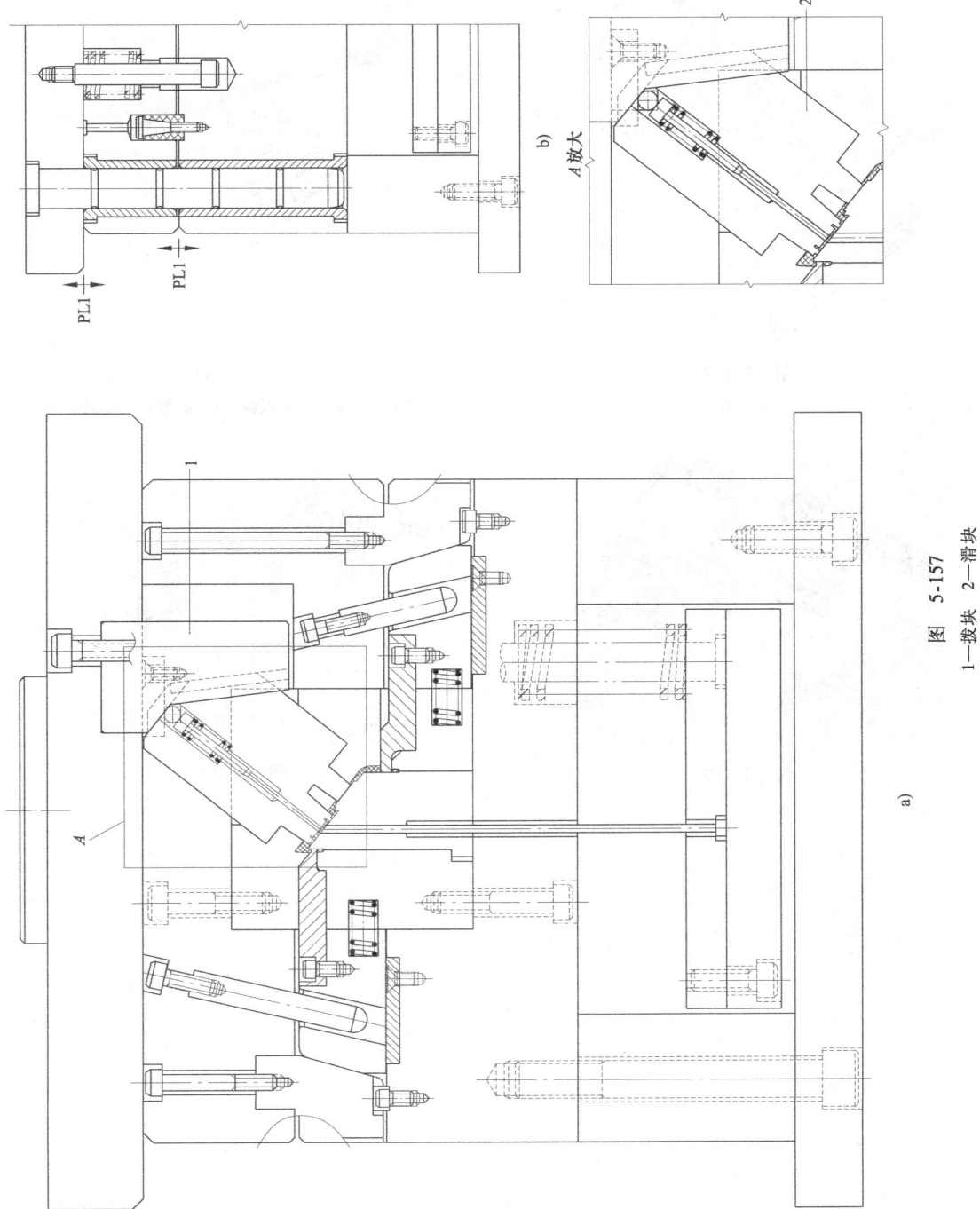

图 5-157
1—拨块　2—滑块

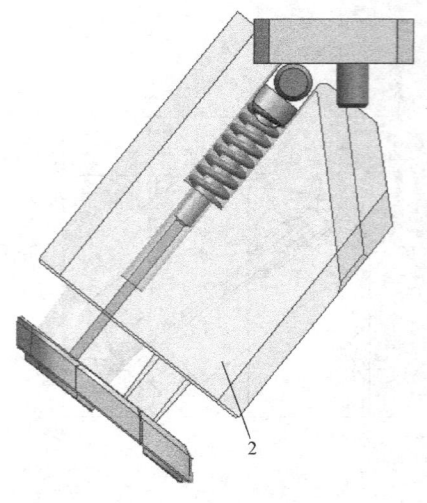

图 5-158
2—滑块

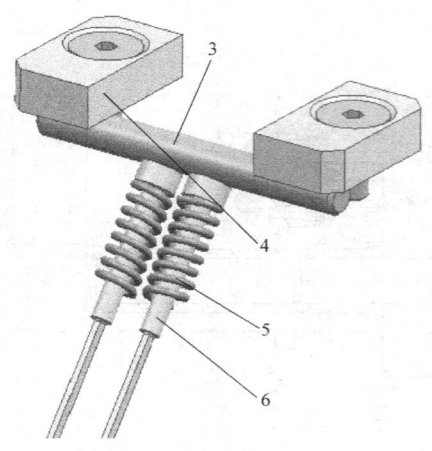

图 5-159
3—定位销 4—压板 5—弹簧 6—顶针

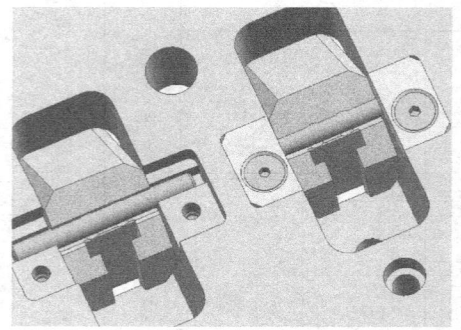

图 5-160

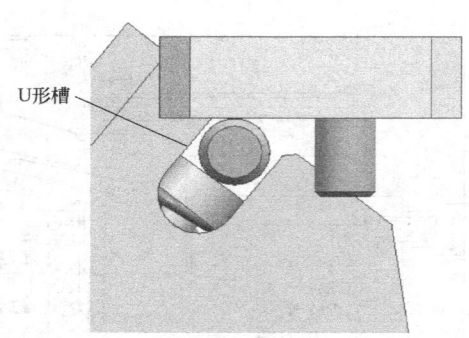

图 5-161

第 6 章　前模顶出与斜顶机构 20 例

范例 1　游戏机外壳前模顶出机构

此副模具的产品是一个游戏机外壳，产品质量要求较高，因此，对模具的要求也很高。此产品的特点，是产品表面有很多通孔。前端大的为按钮孔，后端小的为组合式按键孔和喇叭孔。这些小孔孔距较近，数量较多，孔的直径仅为 2mm。根据产品的外观要求，这些孔必须成型在前模一侧，但是，当成型在前模时，将对前模形成很大的包紧力，如果孔的脱模斜度不够大，开模时，必然将产品拉伤或拉变形。在塑料模具中，经常出现这种问题，均是因为模具设计者设计经验不足造成的。当碰到前模多孔的产品时，通常有两种解决方法。一是加大孔的脱模斜度，正常情况下单边斜度需做到 10°左右；二是如果加大脱模斜度，孔的直径则应加大，对于尺寸要求较高的产品可能是不允许的，这种情况下只能使用前模滑块机构或前模顶出机构。而本例使用的即为前模滑块机构。在归类上，将本例归到本章前模顶出机构显然不够恰当，但两者设计原理是相通的，所以这点并不重要，重要的是这类产品如何能设计得更好。模具详细结构如图 6-1 所示。

通过模具结构图可以看出，此副模具的前模顶出机构为介于前模顶出和前模滑块之间的一种结构。对于成型在前模侧的按键孔，本例全部设计成了可以活动的镶针 5。镶针共有 66 支，全部固定在镶针固定板 4 上，然后由托板 3 压住，限位拉杆 1 负责导向和行程限位，当

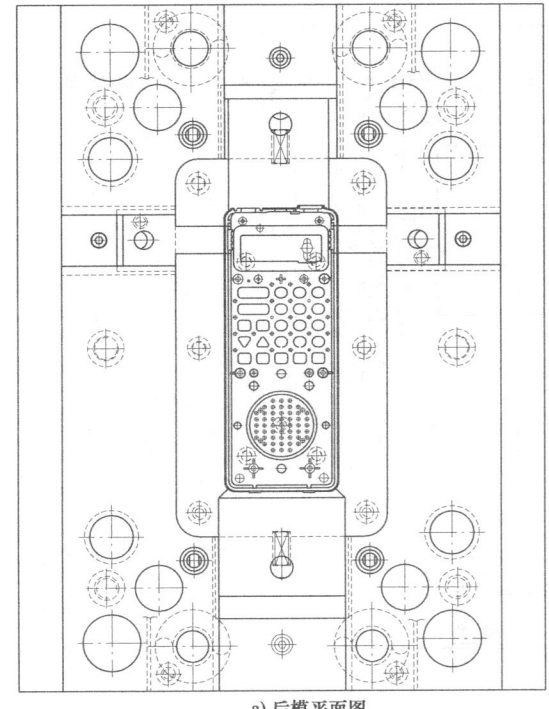 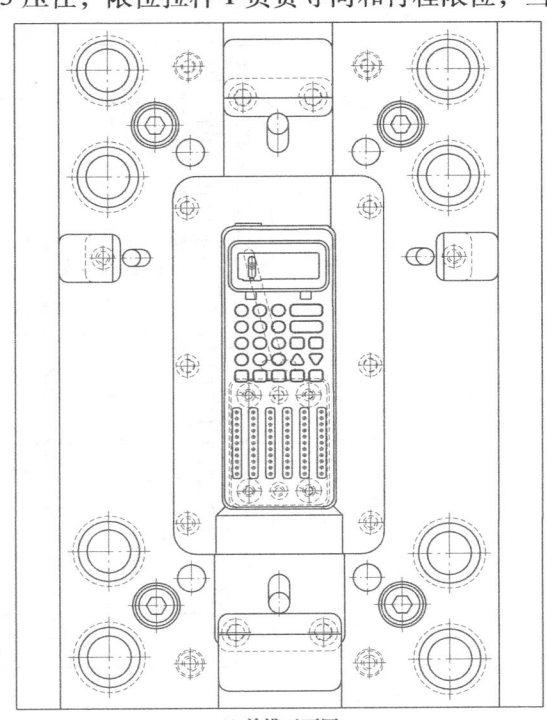

a) 后模平面图　　　　　　　　　　　　　　b) 前模平面图

图　6-1

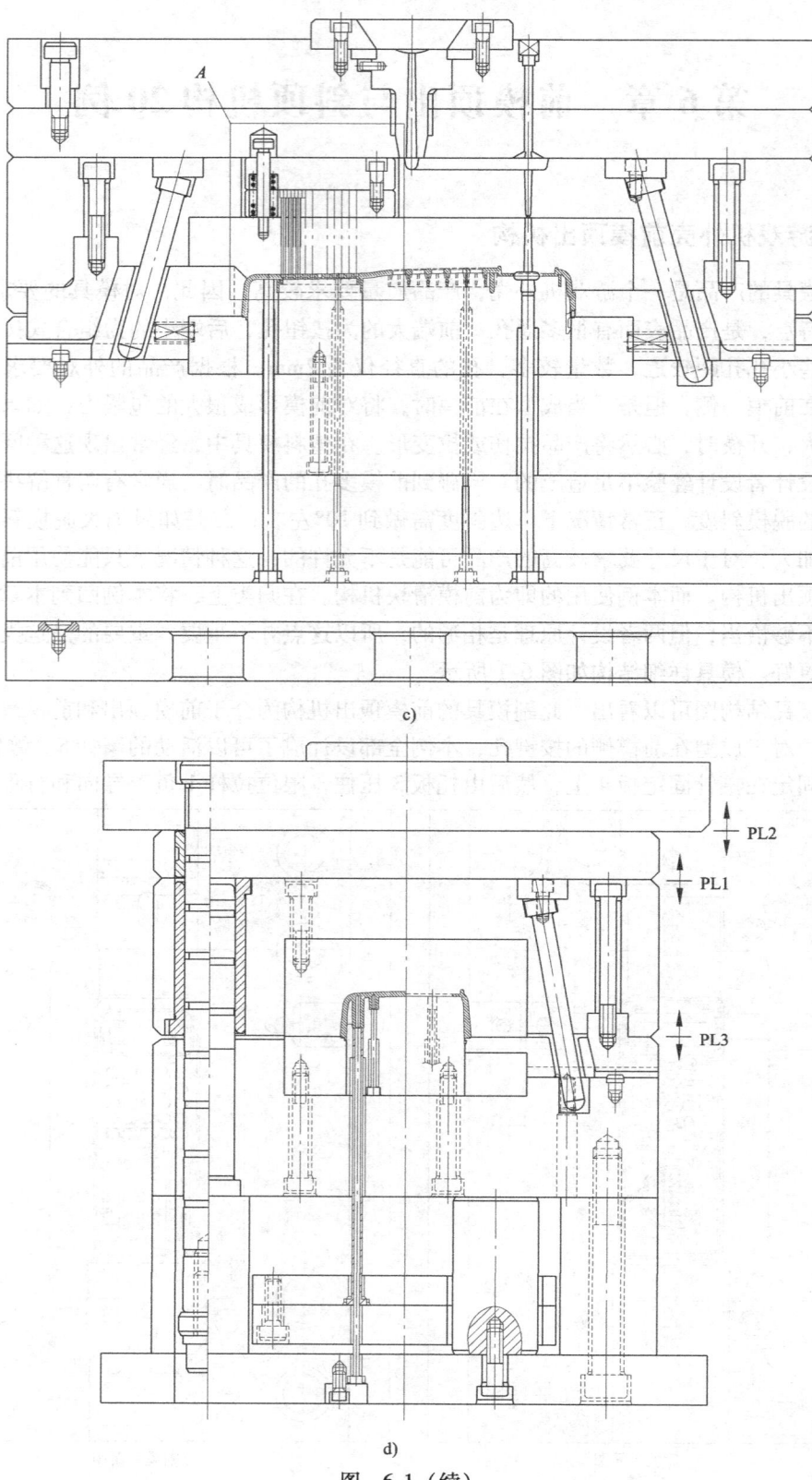

图 6-1（续）

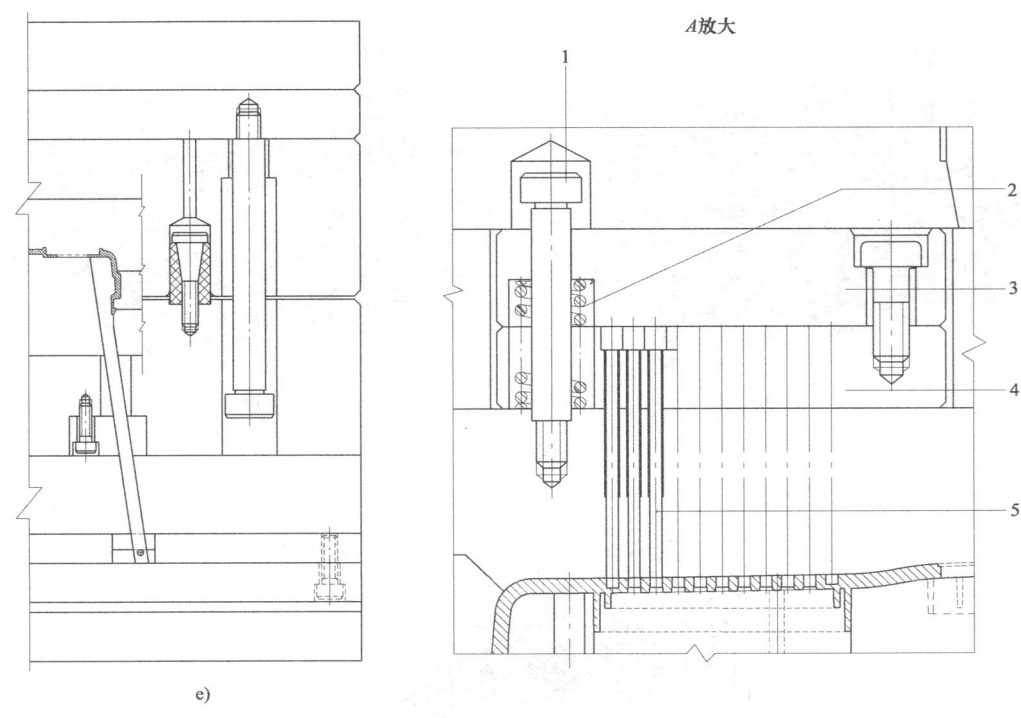

图 6-1（续）

1—限位拉杆 2—弹簧 3—托板 4—固定板 5—镶针

模具开模时，整个镶针机构可在弹簧2的作用下首先向上弹起，在产品还未开始脱离前模时提前抽出镶针，消除了产品对前模的包紧力，从而保证产品可以安全地脱离前模型腔。

此种机构看似普通，但比较实用，一些家用固定电话、收音机、音响等产品的喇叭孔经常使用这种结构。此种机构结构简单，动作可靠，加工方便，因此，可以多多借鉴。

范例2 汽车连接器前模顶出机构

此副模具的产品是一款汽车上的连接器，如图6-2所示。图6-2a为产品正面视图，图6-2b为产品的反面视图。从这两个视图可以看出，产品内部正反两面均有很多网格状插孔。根据模具结构要求，这些插孔在模具结构上必须采用镶拼结构，中间的每个方格每个有死角的地方，均必须使用镶件分别镶拼，这是所有插件模具的一个共同特点。这样设计的好处一是便于日后的维修。当模具损坏时，可以很方便地拆掉其中任意一个镶件进行维修或更换，而又不影响其他镶件；二是从工艺的角度考虑，插件模具对尺寸的要求较高，当分开镶拼时，成型部位可直接使用精密磨床磨出，精度可得到准确控制。图6-3即为前后模镶件的镶拼形式。对于这种结构的产品，在设计模具时需重视一个问题，就是产品对模具的前后模均有很大的包紧力，无论将产品哪一侧放在前模，均有可能会粘前模。由于模具的顶出机构均在后模，一旦粘在前模，产品将很难取出，为此，本例在前模一侧设计了一套顶出机构，这是本例的重点。模具详细结构如图6-4所示。

前模顶出机构在塑料模具中是常用的重要类型之一，通常用在产品对前模有很大包紧力而不易脱模的情况下。前模顶出和后模顶出机构一样，主要由顶针、顶针固定板、顶针托

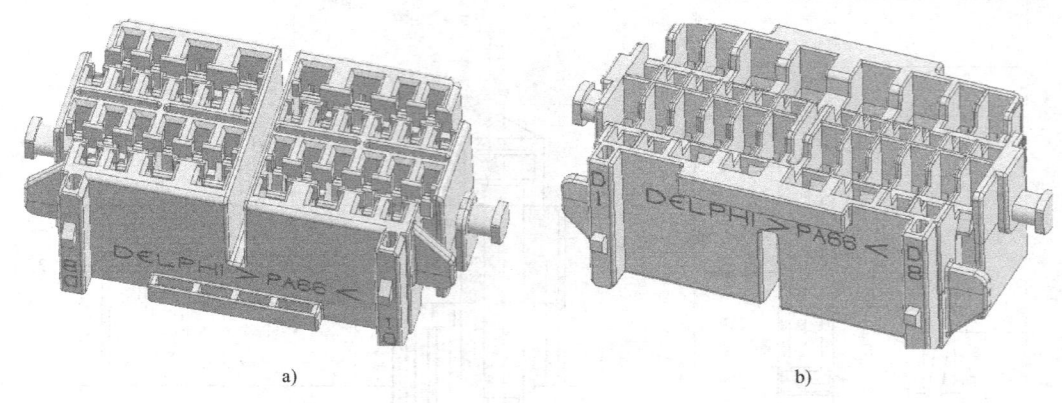

图 6-2

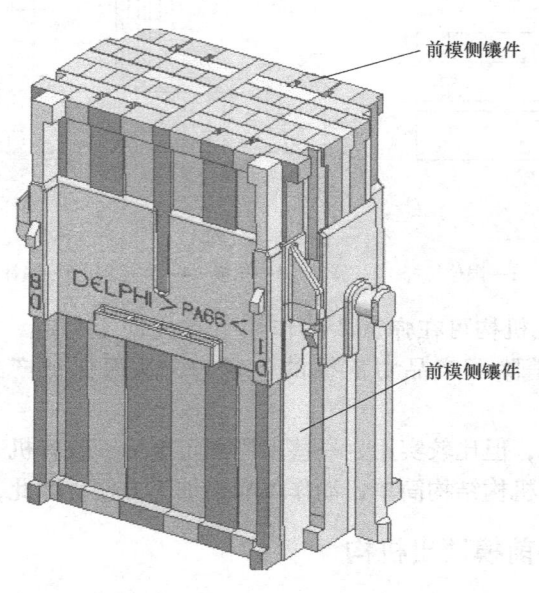

图 6-3

板、顶板导柱、复位杆、弹簧等机构组成。本例的顶针顶出主要靠顶板后面的弹簧完成,顶针的复位主要靠分型面把复位杆强制压回。如果顶针板较小可以不用顶板导柱,直接使用复位杆也可导向。对于产品批量较大和顶板较大的模具,有时应增加支撑柱等机构。设计前模顶出机构时需注意的是,应充分考虑模具的浇注系统。由于浇注系统在前模一侧,因此,必须在顶板上给浇注系统留出足够的空间,以避免顶针和浇注系统互相干涉。

图 6-5 为前后模顶出机构的装配图,对此前模顶出和后模顶出,观察二者的结构区别。

前模顶出机构可大致分为两大类型,一种是本例,另一种是倒装模机构。本例的顶出机构是小行程的前模顶出,因此,顶出动力使用弹簧即可;对于一些顶出行程较大和顶针数量较多的模具,弹簧顶出有时无法满足需要,可考虑使用机械式扣机或液压缸机构等。

第 6 章 前模顶出与斜顶机构 20 例

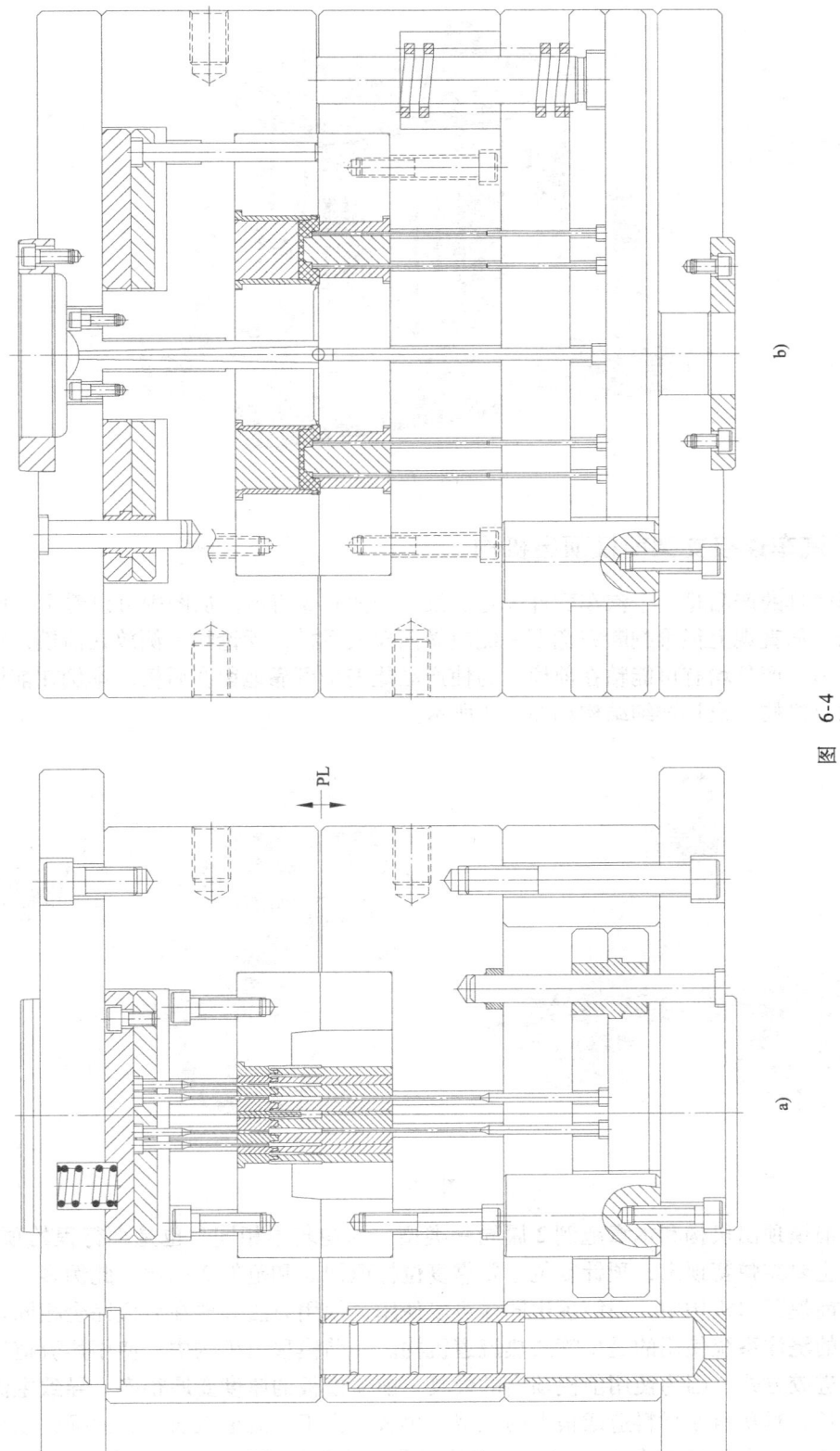

图 6-4

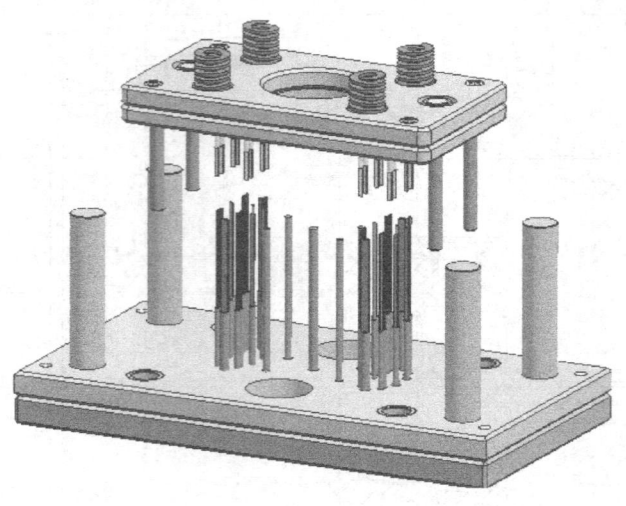

图 6-5

范例3 汽车连接支架前模顶出机构

此副模具的产品是一个汽车配件固定支架,如图6-6所示。从图中可以看出,此产品形状较特殊,从直观上很难判断究竟哪一侧应做前模或后模,无论哪一侧放在前模,均会有很大的包紧力,产品均有可能粘在前模,为使产品能安全可靠地留在后模,本例在前模侧使用了前模顶出机构。模具详细结构如图6-7所示。

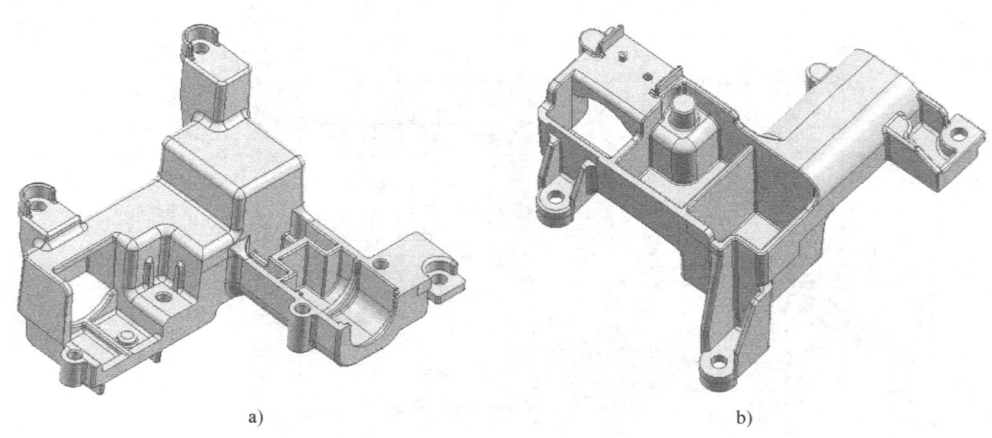

图 6-6

此例前模顶出机构和本章范例2属同一类型,结构基本相同,也是小行程的顶出机构,顶出动力主要靠弹簧顶出,顶针复位主要靠复位杆压回。和范例2相比,此例多了一种司筒顶出。在前模顶出机构中,司筒顶出同样可以使用,使用方法和放在后模完全相同。除此之外,本例的浇注系统使用的是单嘴式热流道机构。在前模顶出机构中,使用热流道机构是非常理想的进胶方式,因为使用前模顶出的模具,前模模板的厚度要厚很多,导致主流道长度也变得很长,对塑料原材料造成很大的浪费;再者,由于主流道太长,压力损失较严重,产品成型后缺陷较多,经常会造成填充不满的现象,使用热流道后,以上的各种缺陷均可避

第6章 前模顶出与斜顶机构20例

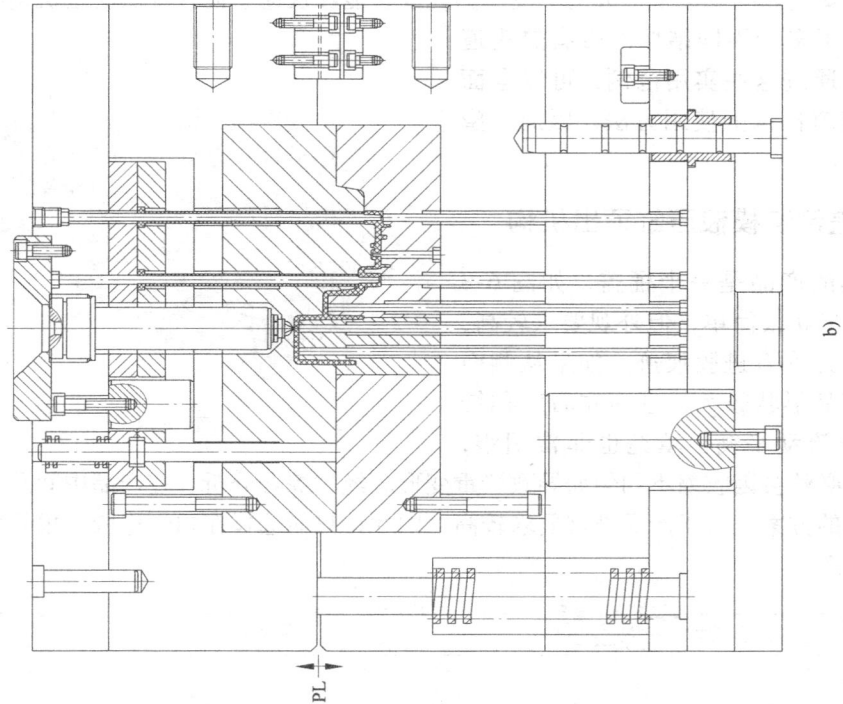

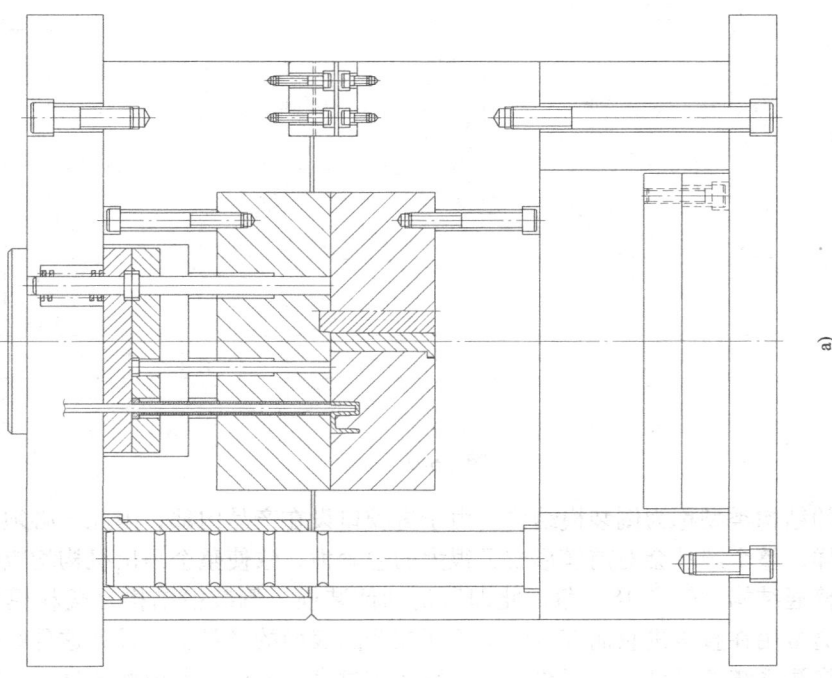

图 6-7

免。但是，由于顶出机构一直处在往复运动的状态，很容易对热流道机构造成损坏，同时给热流道机构的安装和固定带来很大的不便。为使读者能够快速掌握各种热流道机构的安装方法，本章安排了多种不同结构的带有热流道机构的范例，通过这些实用范例，可以全面掌握各种热流道机构的使用方法，因此，望读者多多注意。

范例4 桶盖倒装模液压缸顶出机构

此副模具的产品是一个桶盖，如图6-8所示。此产品形状较简单，但外观要求较高，产品外表面不允许有进胶痕迹。如果从侧面进胶，由于产品形状较大，且为左右对称结构，很难保证流动平衡，填充也非常困难，

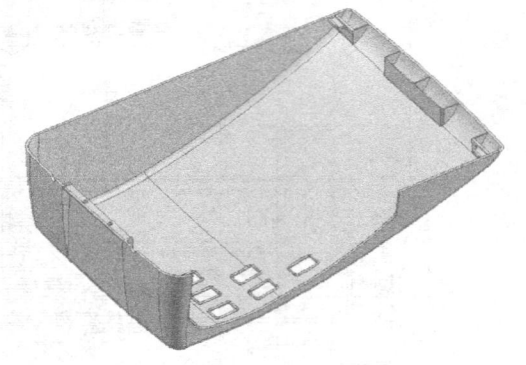

图 6-8

产品成型后，必然会因收缩不均匀而导致严重变形。经过综合分析，在产品中间采用直接进胶是最为理想的方案，由于产品外观要求较高，因此，只能选择在内侧进胶。模具详细结构如图6-9所示。

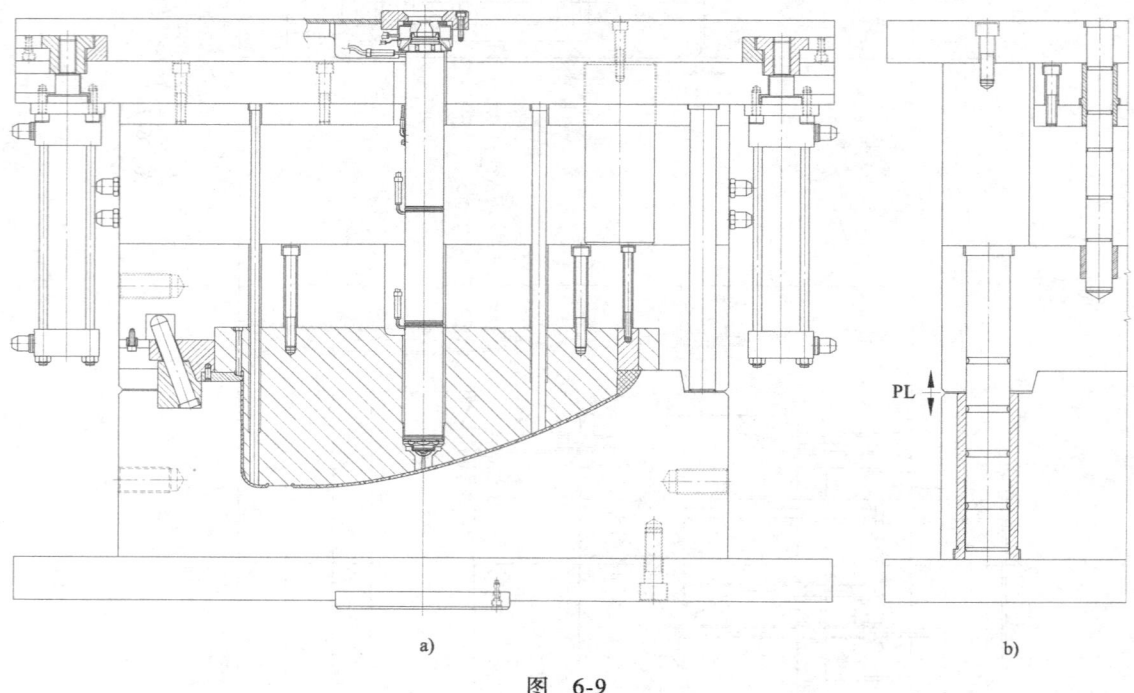

图 6-9

此副模具的结构类型称为倒装模结构。由于进胶口设在产品内部，因此，必须将产品反过来设计，这样，整个产品会对前模形成了很大的包紧力，致使整个顶出机构均应设在前模一侧，恰好与普通结构倒转了180°角，此即所谓的倒装模。倒装模结构是塑料模具中一个重要的类型，通常用在直接进胶而其位置又不能在产品表面的模具上。设计这种结构时有两大难度，一是浇注系统的设计。由于整副模具反转了过来，所以，前模侧的模具厚度变得非常厚，如果浇注系统使用普通冷流道，所需的浇口套则需很长，在正常情况下，浇口套的长

度为 100~120mm，当大于 120mm 时，应采用其他机构来尽量使其缩短，而热流道机构通常是最佳选择，也是倒装模机构最为常用的浇注系统。

二是顶出机构的顶出动力来源。由于注塑机在前模侧没有顶出机构，所以，必须在模具上另增加顶出动力源，最常用的方式是液压缸机构。

使用液压缸顶出时需注意如下。

1）为保证顶出平衡，必须使用两个液压缸，且两个液压缸的规格完全相同。

2）两个液压缸的顶出和复位必须保持绝对同步。有些使用液压缸顶出的模具，由于两个液压缸的动作出现了先后不同步，经常出现顶出机构卡死的现象。为了能够准确控制液压缸的动作，两个液压缸的出油管和进油管必须由一个接口来控制。一些大型模具由于加工不方便，通常使用三通的分油器来控制；对于小型加工方便的模具来说，直接在模脚上开设两条油孔，也是较常用的方法。这样，两个液压缸的出油管和进油管直接接在油孔两端，中间由一个接口控制即可，如图 6-10 所示。

图 6-11 为液压缸机构的安装固定方式。液压缸的安装应力求简洁，稳固可靠，装拆方便。绝大多数的液压缸机构均采用此种安装方法，因此，应熟悉并掌握。

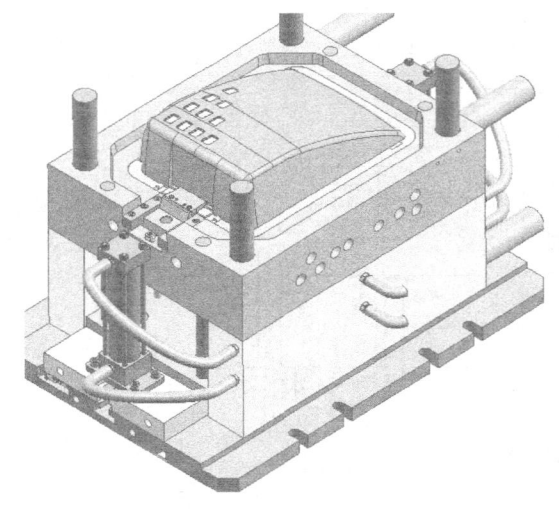

图 6-10

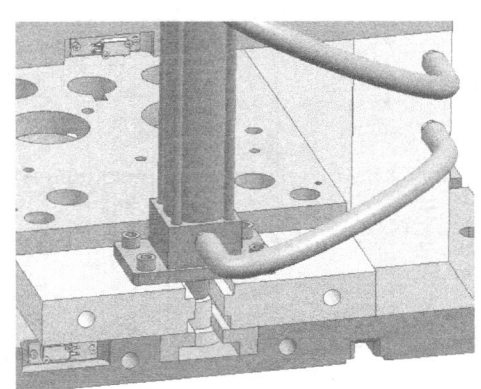

图 6-11

范例 5　冰箱顶盘倒装模机构

此副模具的产品是一个电冰箱的托盘，由于外观要求较高，受浇口位置限制，必须使用倒装模结构。前面讲过，倒装模的顶出动力来源绝大多数使用液压缸顶出，因为液压缸顶出平稳可靠，而此例使用的是拉杆机构，如图 6-12 所示。此拉杆机构共有 3 个零件，拉杆 3、拉杆套 2 和限位块 1。拉杆 3 和顶针一样固定在顶针板上，拉杆套 2 紧固在后模模板上。开模后，分型面 PL 首先行进一个 L 距离（即产品脱离后模型腔的距离和取出产品的安全距离），继续开模，拉杆 3 开始限位，从而带动整个顶出机构同时向前顶出；当行至 L_1 距离时，产品已被安全顶出并可自由取下，此时，整个开模动作全部结束。最后，顶出机构由复位弹簧复位。

此种拉杆机构非常简单，动作也较可靠，完全利用模具本身开合模的动作来完成顶出机

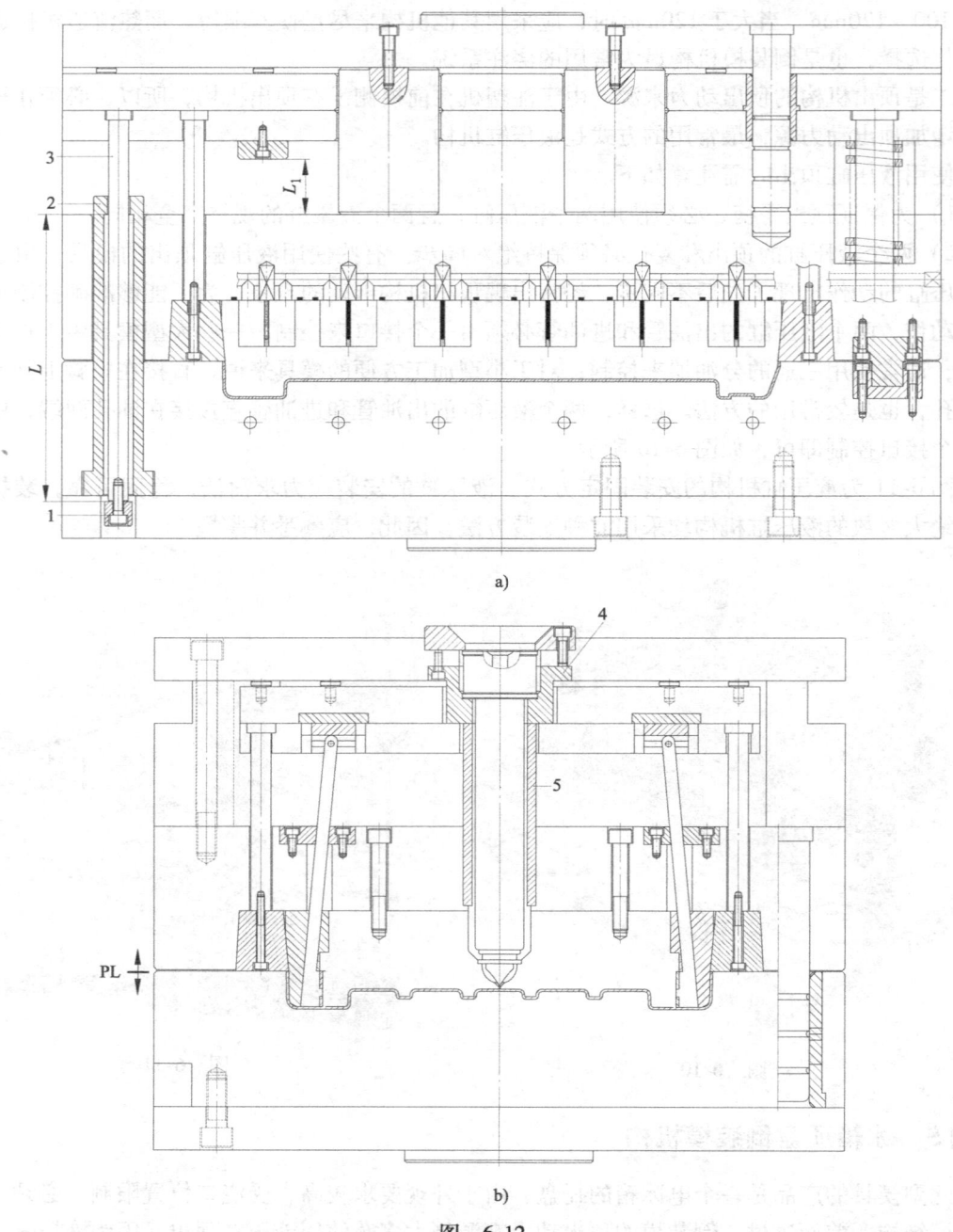

图 6-12
1—限位块 2—拉杆套 3—拉杆 4—热嘴固定套 5—热嘴保护套

构的顶出动作，是最节约时间资源的一种结构。液压缸机构在工作时有顶出和复位的循环过程，而此例的拉杆机构却节省了这个过程，大大提高了生产效率，小型模具可广泛使用。

使用此种拉杆结构时需注意两个问题，一是拉杆的布置必须对称平衡，可根据模具的大小使用两个或四个不等；二是每一组拉杆的长度必须相等，否则，易造成顶针板倾斜而被卡死。当产品深度太深或模具厚度太厚时应慎用此种机构，因为当模具太厚时，拉杆套长度也需很长，使用强度则会下降，中间内孔的深度则很难加工准确，使用寿命和可靠性将受到影响。

除此之外，本例还有两点需简单点评一下。一是热流道机构的安装方式。由于前模的码模板较薄，导致热嘴无法固定，因此，本例另增加了热嘴固定套 4 锁在前模码模板上。由于顶板机构一直处于往复运动的状态，为防止对热流道机构造成损坏，本例在热嘴外面设计了热嘴保护套 5，用来保护热嘴机构。这些结构虽然普通，但其巧妙和严谨还是值得学习的。

二是前模侧多了一种斜顶机构。本章内容在归类上为前模斜顶机构，但本例并不属于前模斜顶机构。纯粹的前模斜顶是后模顶出机构不变的情况下，另外在前模增加斜顶，望读者知悉。

范例 6 保护盖倒装模机构

此副模具的产品是一个家用电器的保护盖，如图 6-13 所示。由于产品外观要求和浇口位置所限，此副模具必须使用倒装模结构，详细结构如图 6-14 所示。从图中可以看出，此例和本章范例 4 的结构类型几乎相同，因此，相关细节和设计要点不再进行说明，本例所要点评的内容是此例的热流道机构。

此例产品形状较大，产品壁厚较薄，在注射填充时可能会产生填充困难，因此，浇注系统使用了双嘴式热流道系统。在倒装模上使用双嘴式热流道要比使用单嘴热流道复杂得多，因为双嘴式热流道多了一块分流板，占用很大的安装空间，

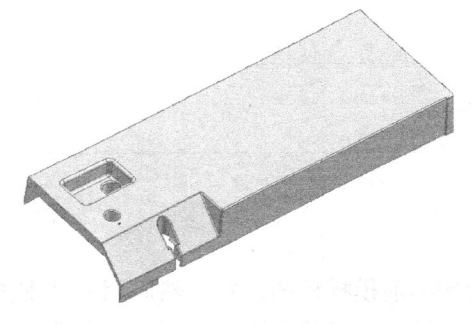

图 6-13

所以，安装比较困难；再者，由于顶出机构一直处于往复运动的状态，如果设计不当，很容易和热流道的分流板及发热线、电源线等机构发生干涉。因此，设计这种结构要求设计者有较丰富的设计经验。而本例的热流道机构设计得非常巧妙，加长的主喷嘴使分流板机构一直

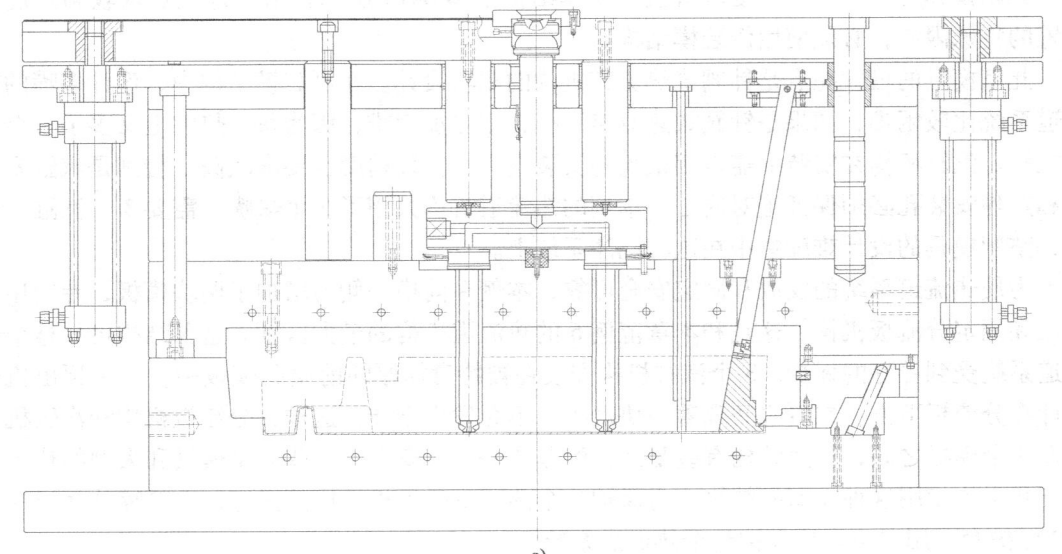

a)

图 6-14

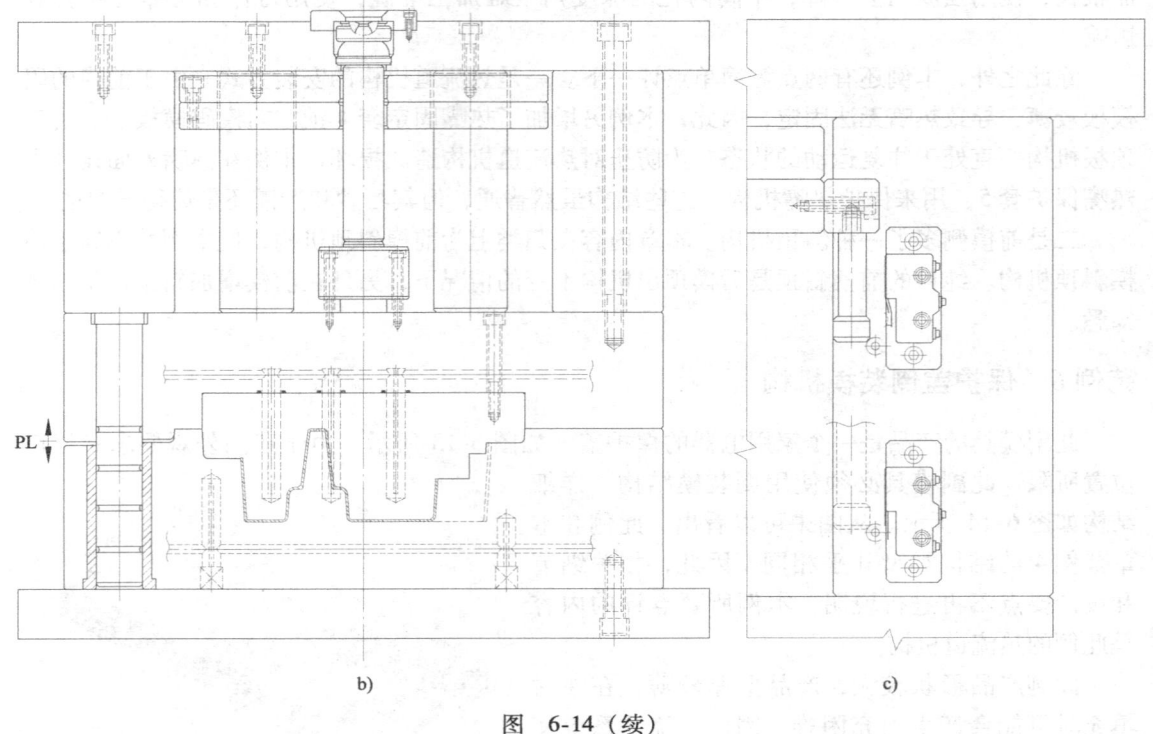

图 6-14（续）

延伸至前模模板的位置，然后用两个支撑柱紧紧压住分流板将其固定在前模模板上，分流板和顶针板之间使用限位柱限位，并留出足够的安全空间使它们不得发生干涉。此结构简单安全，模具的内部空间没有产生浪费，很值得学习和借鉴。

范例 7　复印机盖倒装模机构

此副模具的产品是一个复印机盖，模具结构如图 6-15 所示，由于外观要求较高及浇口位置的特殊限制，必须使用倒装模结构。

此例模具的最大亮点是针阀式热流道机构的成功设计。在倒装模结构中，设计多嘴的热流道系统比较困难，如果是针阀式热流道系统，则更加困难，因为每个热嘴上又多了一个汽缸机构。汽缸机构在安装上需占用很大的安装空间，安装精度也要求较高，特别是汽缸安装孔和热嘴安装孔必须保证绝对同心。本例的热流道机构共用了 3 个热嘴，需要 3 个汽缸，因此，整副模具的设计难度集中在这套浇注系统上。

为使热流道系统的安放和固定安全可靠，本例在前模一侧另增加了两块模板，专门用来安放和固定分流板机构，这是和本章范例 6 的热流道机构的最大区别。这种结构可使整个热流道系统受到更好的保护。3 个汽缸机构安装在被特意加厚的前模码模板中，整个顶出机构设计在分流板下方，二者之间隔着一块模板，不会发生干涉，这样，分流板机构和汽缸机构藏在 3 个模板之间，虽然结构有些复杂，但非常坚固、安全，一些大型模具和大型的热流道系统几乎均使用这种类型的结构。为保护 3 个热嘴不受顶板机构的损坏，在热嘴外面设计了 3 个保护套，用以更好地保护整个热流道系统。

此副模具在整体结构上可视为质量较高、结构严谨的经典案例，读者可以细细品读。

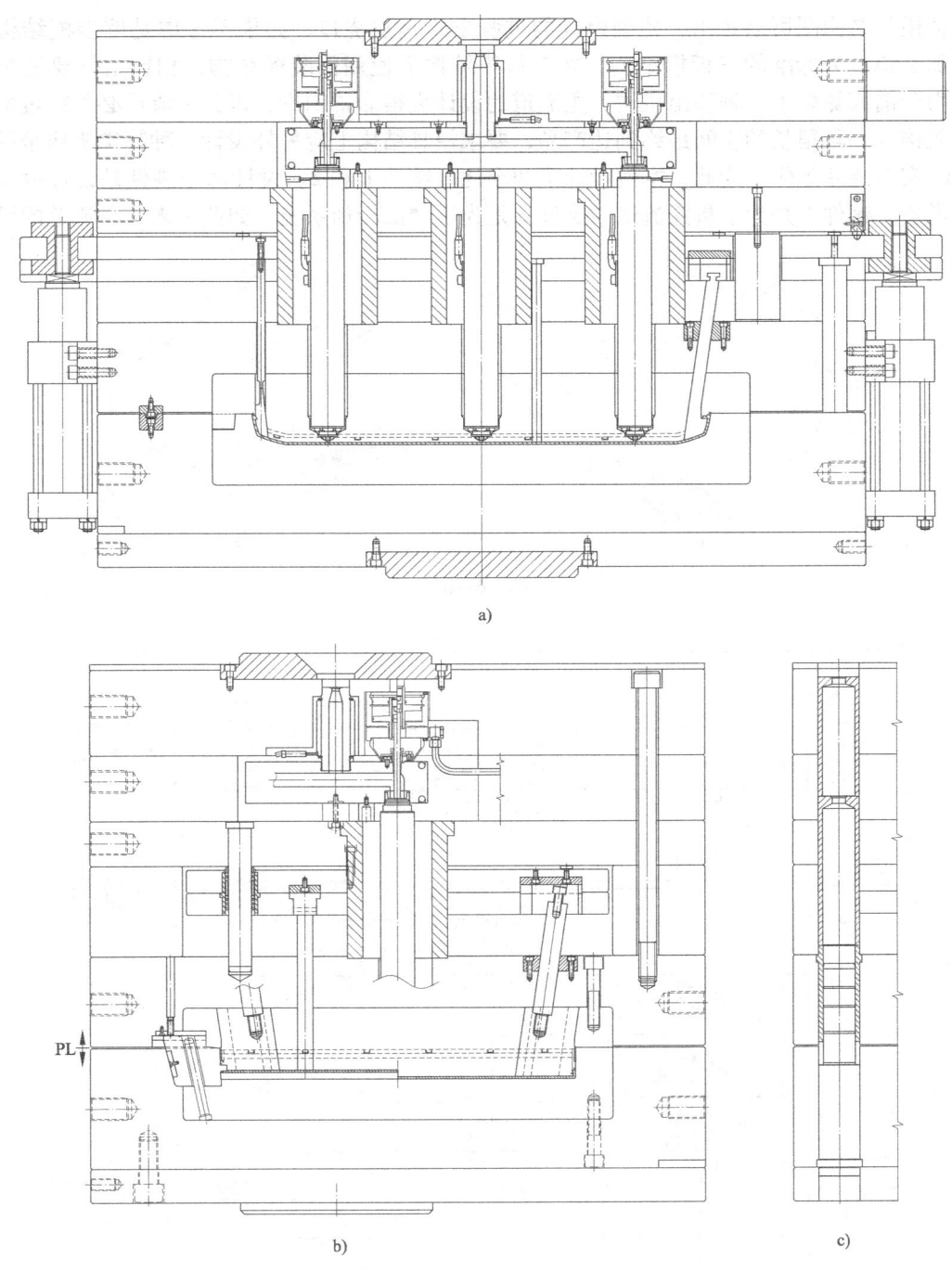

图 6-15

范例 8 化妆盒盖倒装模机构

此副模具的产品是一个化妆盒盒盖，如图 6-16 所示。产品外观要求极高，产品表面和四周绝不允许有任何不良痕迹，浇口位置必须隐蔽，只能选择在产品内侧进胶。由于产品内部的四个方向有 4 个斜顶机构，所以，此副模具必须使用倒装模结构。详细结构如图 6-17 所示。

从模具结构图可以看出，此副模具的进胶方式是点浇口，如果不考虑是倒装模结构的话，那么模具为标准的三板模结构，在三板模结构上使用倒装模结构，相比之下要复杂很多。由于前模侧多了一种顶出机构，主流道的设计变得非常困难，因为主流道必须穿过两层顶板机构和一段很长的空间最终到达产品，要求模具结构上应另外设计一种特殊机构帮助浇注系统实现浇注工作，为此，本例设计了两个浇口镶件1和2。设计两个镶件是设计冷却系统的需要，镶件1是为了贯穿流道，镶件2是为了增加冷却系统。如此一来，主流道的设计

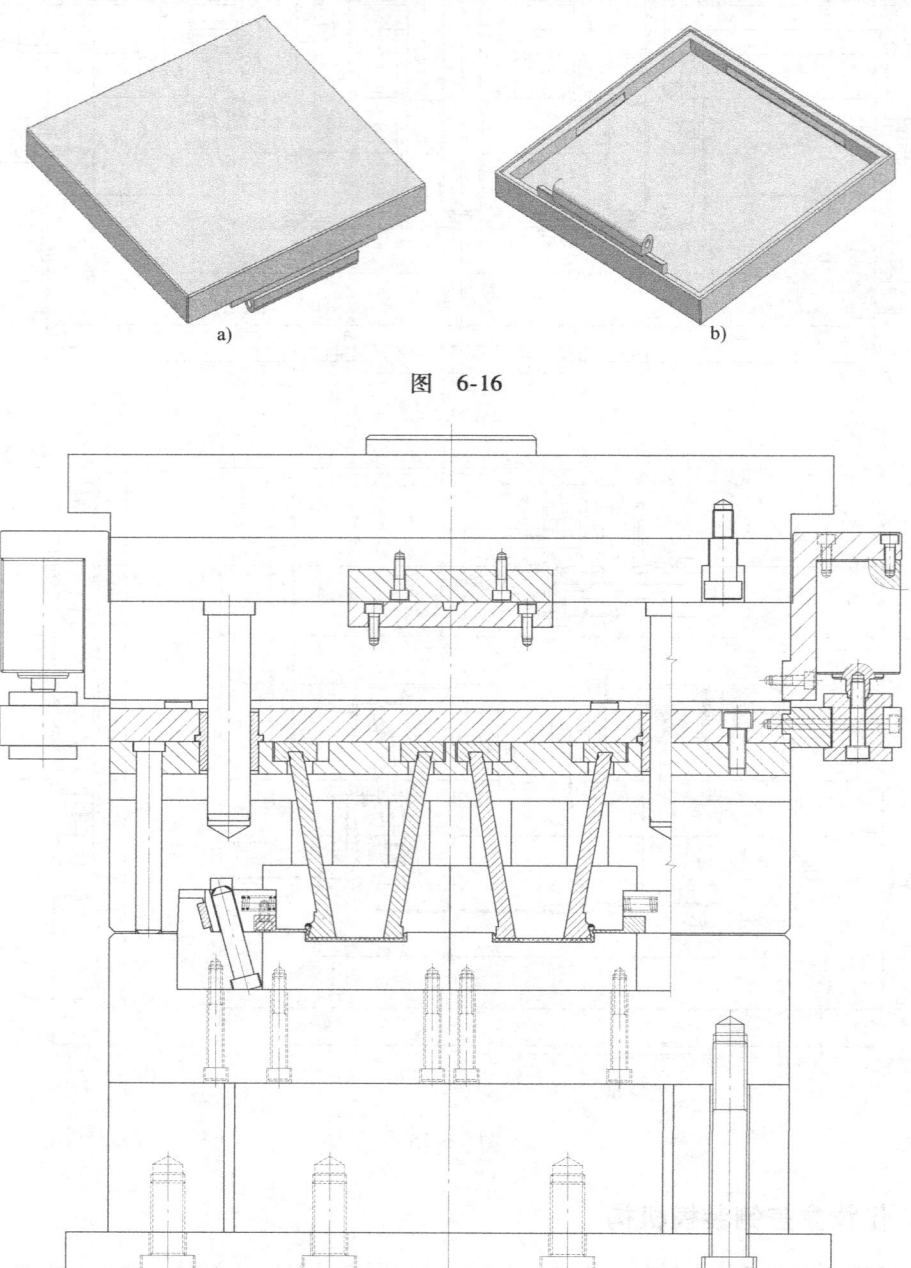

图 6-16

图 6-17

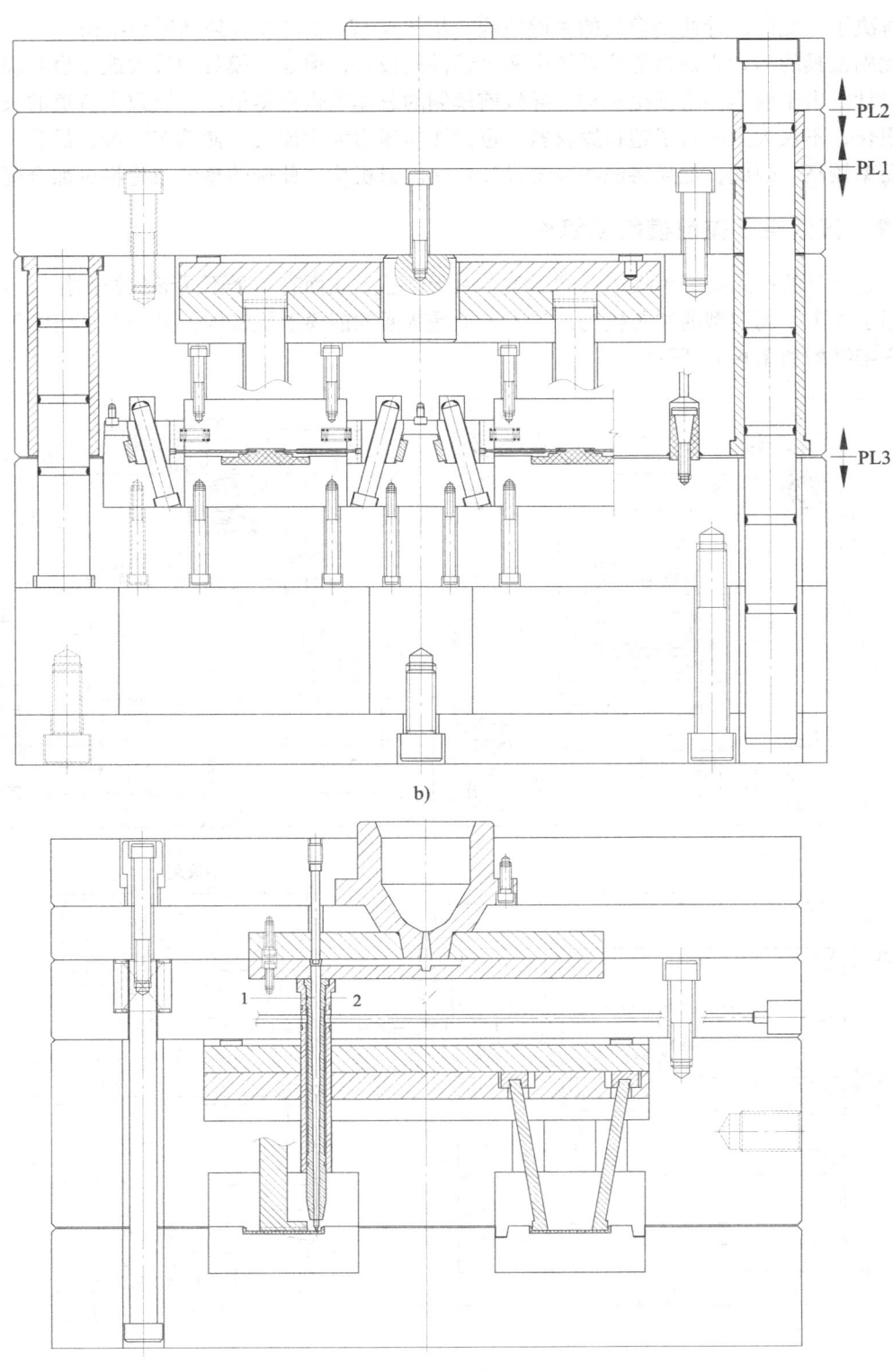

图 6-17（续）

1、2—镶件

难度解决了,此即设计此副模具的关键问题,从图 6-17c 中可以看到其详细结构。

此副模具的巧妙之处是浇注系统中两个镶件的设计,但是,模具的最大缺点也是浇注系统的设计。由于前模多了顶出机构,导致前模侧的总厚度也变得很厚,以致主流道的长度也变得很长,不仅大大浪费了塑料原材料,也使注塑压力大大流失,使填充困难,最后导致产品废品率较高。因此,如果将浇注系统设计成热流道机构,此例的整体结构将更加合理。

范例 9　报话机下盖前模斜顶机构

此副模具的产品是一个报话机的下盖。由于产品上表面有 4 个不同形状的倒扣,前模侧共使用了 4 个不同类型的抽芯机构,其中 3 个是普通的前模滑块机构,另一个是前模斜顶机构。详细结构如图 6-18 所示。

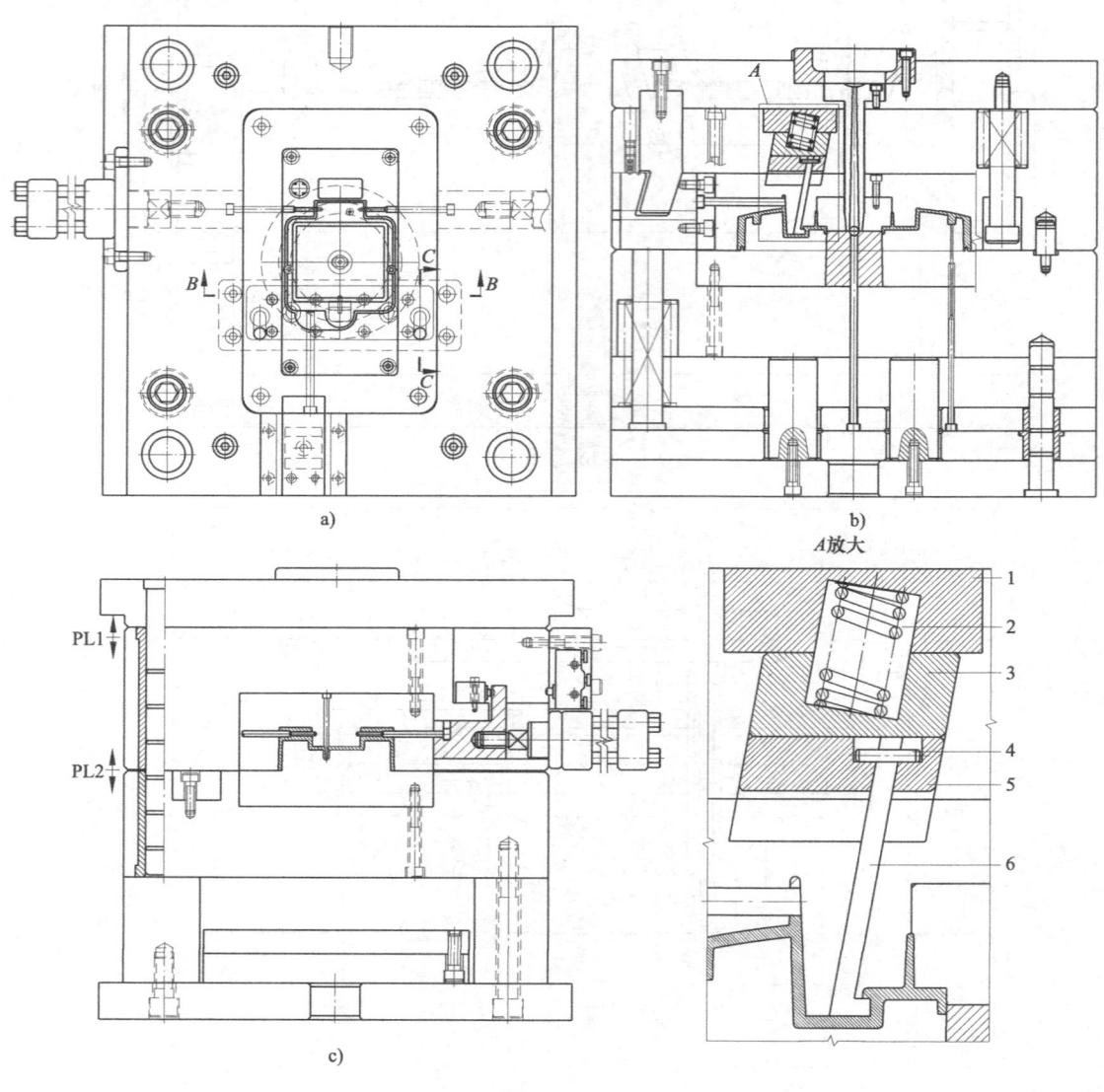

图　6-18
1—压板　2—弹簧　3—斜顶托板　4—定位销　5—斜顶固定板
6—斜顶

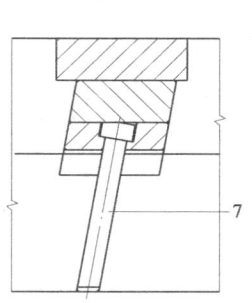

图 6-18（续）
7—复位杆

本例前模斜顶所成型的位置是一个卡扣，由于前模一侧已有滑块机构，在正常情况下，此处卡扣完全可以利用现成的弹 A 板结构设计成滑块机构，但是，此处内部空间较狭小，且旁边有一个前模滑块在干涉，做滑块机构显然无法实现，因此，只能做斜顶机构。

前模斜顶和前模滑块一样，也是一种抽芯机构，通常用在内部空间较狭小使得前模滑块机构无法使用的情况下。和前模滑块相比，斜顶机构的动作可靠性差一些，使用寿命也不如滑块机构，因此，能够使用滑块机构的，应尽量优先考虑。

设计前模斜顶时需掌握 3 个要点：第一是斜顶的导向机构；第二是斜顶的顶出动力来源；第三是斜顶的复位机构。只要掌握了这 3 个要点，设计斜顶机构就比较简单了。

本例的斜顶机构共有 7 个重要零件，分别是压板 1、弹簧 2、斜顶托板 3、定位销 4、斜顶固定板 5、斜顶 6 和复位杆 7，其中弹簧 2 主要负责斜顶机构的顶出，复位杆 7 主要负责斜顶机构的导向和复位。开模后，当主分型面开始打开时，整个斜顶机构在弹簧 2 的作用下向上弹起，沿着斜顶的倾斜方向向前运动抽出卡扣；合模时，分型面压住复位杆 7 将整个斜顶机构强制复位。

范例 10　对讲机充电座前模斜顶机构

此副模具的产品是一个充电座，在模具结构上有两个前模滑块，一个前模斜顶。前模斜顶所成型的结构是一个卡扣，此卡扣原本可直接利用现成的弹 A 板结构设计成滑块机构，但是，由于内部空间太小，滑块机构无法实现，因此，只能使用斜顶机构。模具详细结构如图 6-19 所示。

本例的前模斜顶机构共有 6 个零件，分别是压板 1、弹簧 2、斜顶 3、斜顶座 4、限位块 5 和尼龙开闭器 6。其中弹簧 2 和尼龙开闭器 6 是斜顶机构的主要顶出动力来源。斜顶座 4 在本例有 3 个重要作用，一是斜顶的固定，二是斜顶机构的导向，三是斜顶机构的顶出和复位。开模后，斜顶 3 和斜顶座 4 在弹簧 2 和尼龙开闭器 6 的作用下向上弹起，脱出产品的卡扣；合模时，分型面压住斜顶座 4 将整个斜顶机构强制复位。

本例的前模斜顶是前模斜顶机构中典型的代表，结构简洁而巧妙，动作稳固而可靠，特别是顶出动力的设计，将弹簧和尼龙开闭器组合使用，让斜顶机构的顶出动作更加安全可靠。

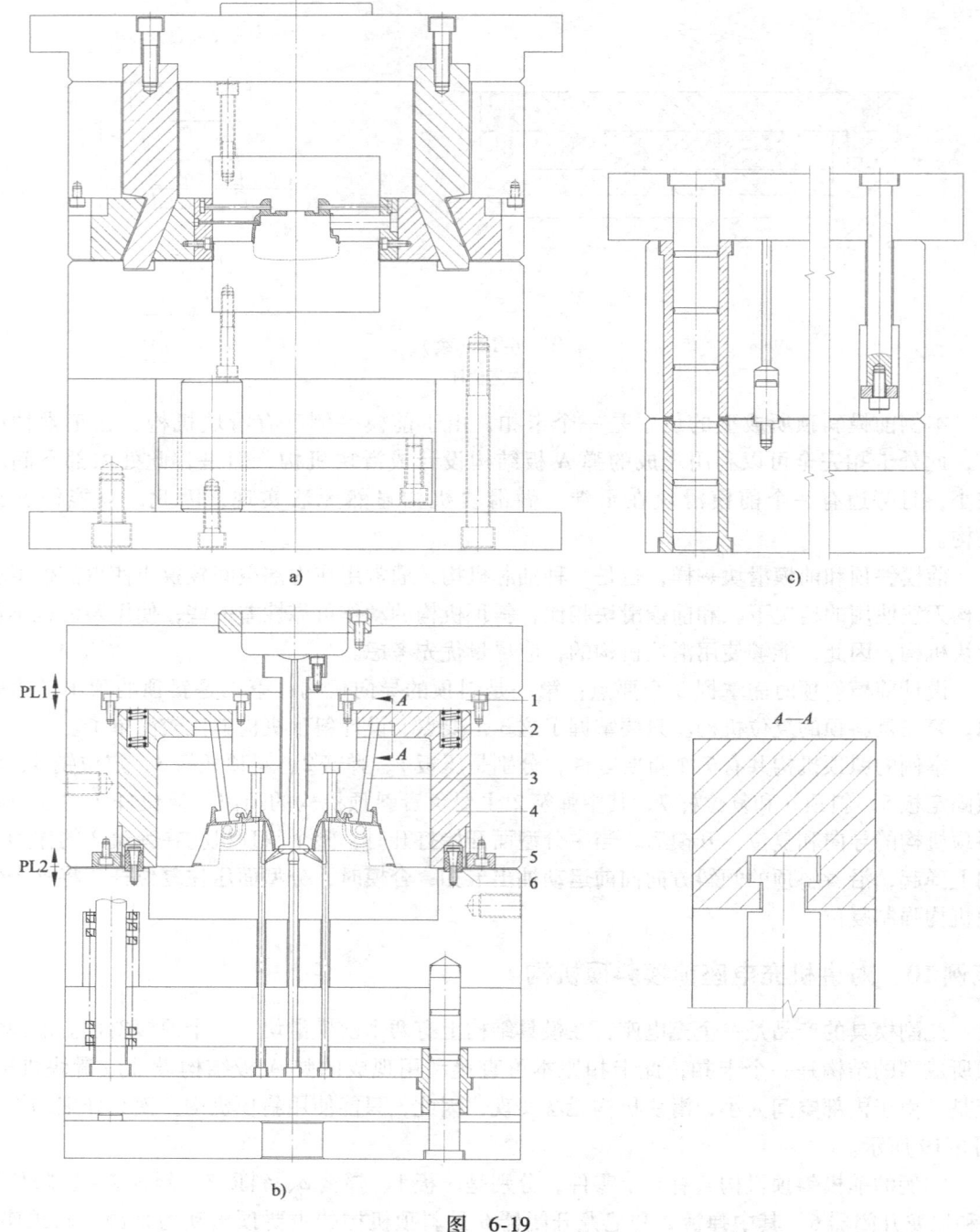

图 6-19
1—压板 2—弹簧 3—斜顶 4—斜顶座 5—限位块 6—尼龙开闭器

范例11 翻盖手机主机身前模斜顶机构

此副模具的产品是一个翻盖手机的主机身。在手机翻盖的转轴处,有两个转轴的卡槽,卡槽可做前模滑块机构,也可做前模斜顶机构,而本例使用的是前模斜顶机构。模具详细结构如图6-20所示。

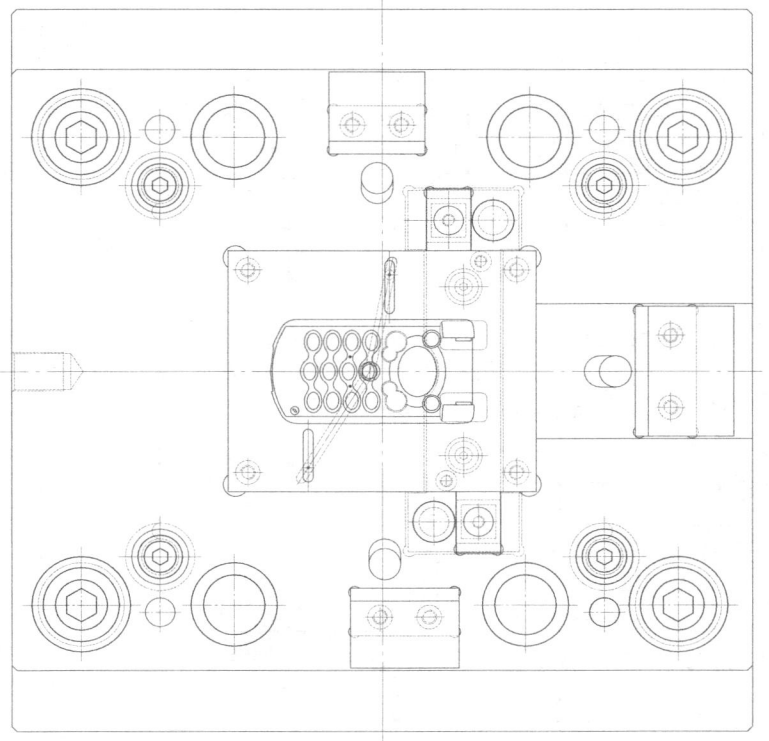

b) 前模平面图

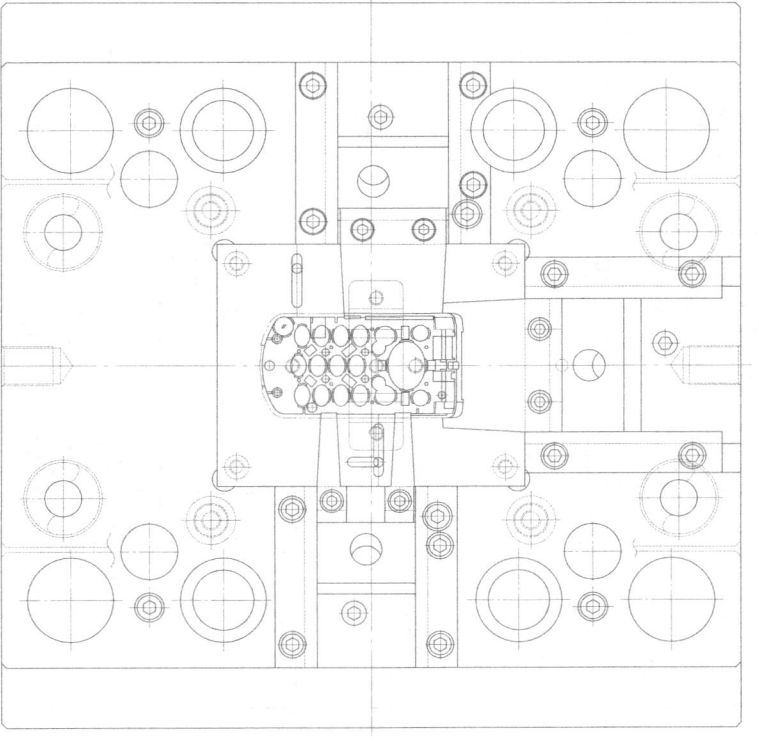

a) 后模平面图

图 6-20

· 246 ·　塑料注塑模具经典结构180例

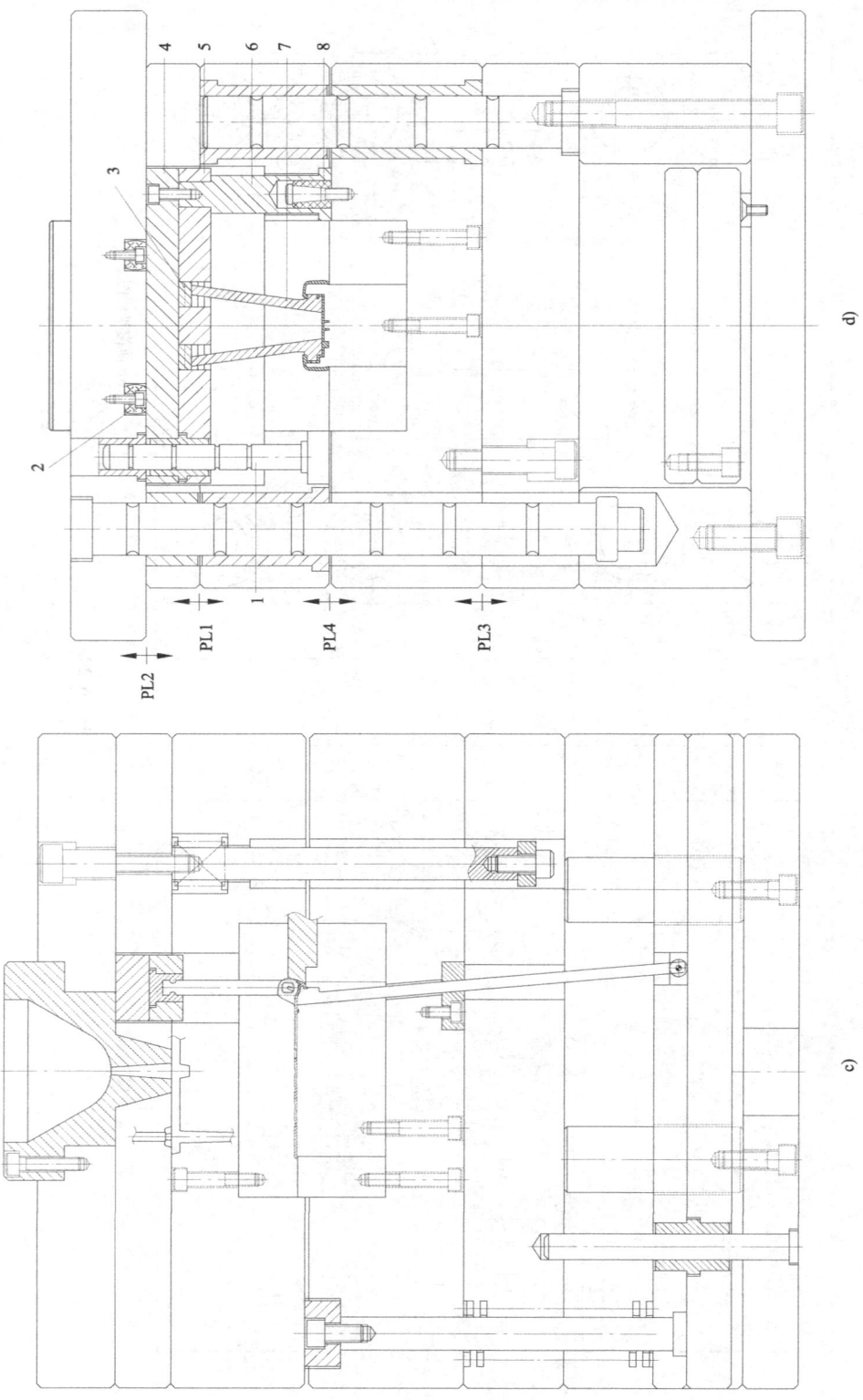

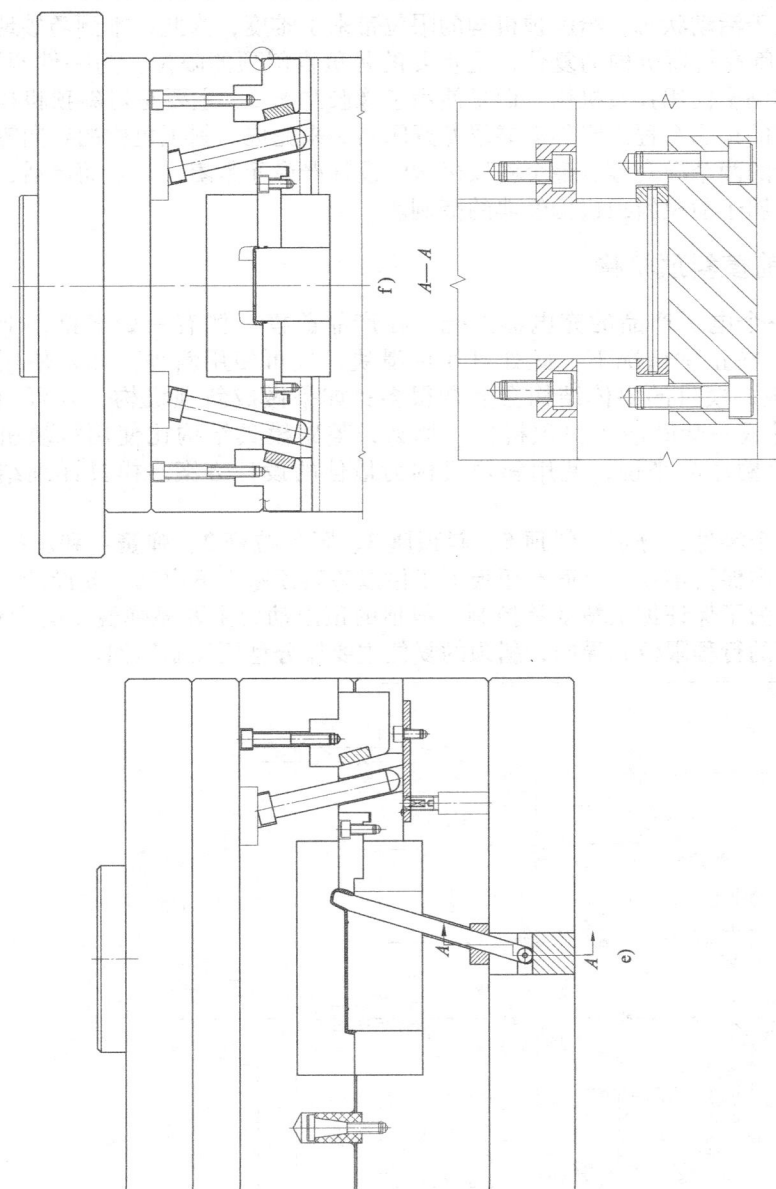

图 6-20（续）

1—导柱 2—橡胶弹簧 3—斜顶座 4—斜顶托板 5—斜顶固定板 6—限位块 7—斜顶 8—尼龙开闭器

对于此例模具，不需追究为何使用斜顶机构，而需进一步了解此例前模斜顶机构在设计上的经典之处。此例产品虽小，但模具结构非常复杂，后模侧共有3个后模滑块（一个后模内滑块和两个后模斜顶），前模侧共有两个前模斜顶，进胶方式为三板模点浇口。本例重点是前模斜顶机构。前模斜顶机构共有8个重要零件，分别是导柱1、橡胶弹簧2、斜顶座3、斜顶托板4、斜顶固定板5、限位块6、斜顶7和尼龙开闭器8。由于前模侧为三板模结构，上面两块模板一直处于活动状态，给斜顶机构的限位带来了难度，为此，本例巧妙地设计了T形限位块6，不仅负责斜顶机构的复位，更重要的是负责斜顶的限位，为一件两用。由于斜顶的行程较大，本例未使用弹簧机构，而是使用了橡胶弹簧2，主要是对斜顶机构起到助推辅助的作用，斜顶的顶出行程最终仍需靠尼龙开闭器8来完成。斜顶机构的导向零件主要是导柱1和与之配套的两个导套等。整个斜顶机构的设计严谨而紧凑，巧妙而灵活，在动作上也比较安全可靠，属于前模斜顶机构经典的范例。

范例12　充电器内壳前模斜顶机构

此副模具的产品是一个电子产品的充电器内壳。在产品前模一侧有一处卡槽，卡槽必须使用前模抽芯机构。在正常情况下，此处可使用滑块，也可使用斜顶。如果使用滑块，前模必须弹一次A板，模具的整体结构会复杂很多；如果做成斜顶机构，则可利用产品中间的碰穿圆孔设计成一套简洁的斜顶机构，那么，整副模具结构比使用滑块机构简单很多，因此，对于此例产品来说，使用斜顶机构为最佳的设计方案。模具详细结构如图6-21所示。

此例斜顶机构共有5个零件，分别是斜顶5、斜顶座3、限位拉杆2、弹簧4和压板1。其中斜顶座3固定在模板中保持不动，上面有压板1压住以防斜顶座上下串动，此设计目的一是为了安装方便，二是为了保证加工精度易控制。斜顶的顶出动力主要靠弹簧4的力量。限位拉杆2同时负责斜顶的行程限位和导向，斜顶的复位主要靠分型面强制压回。

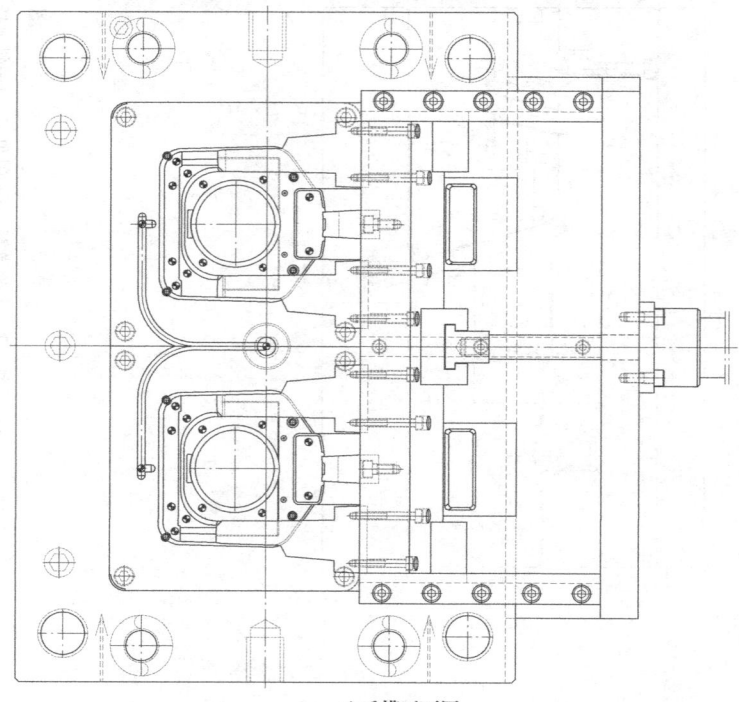

a) 后模平面图

图　6-21

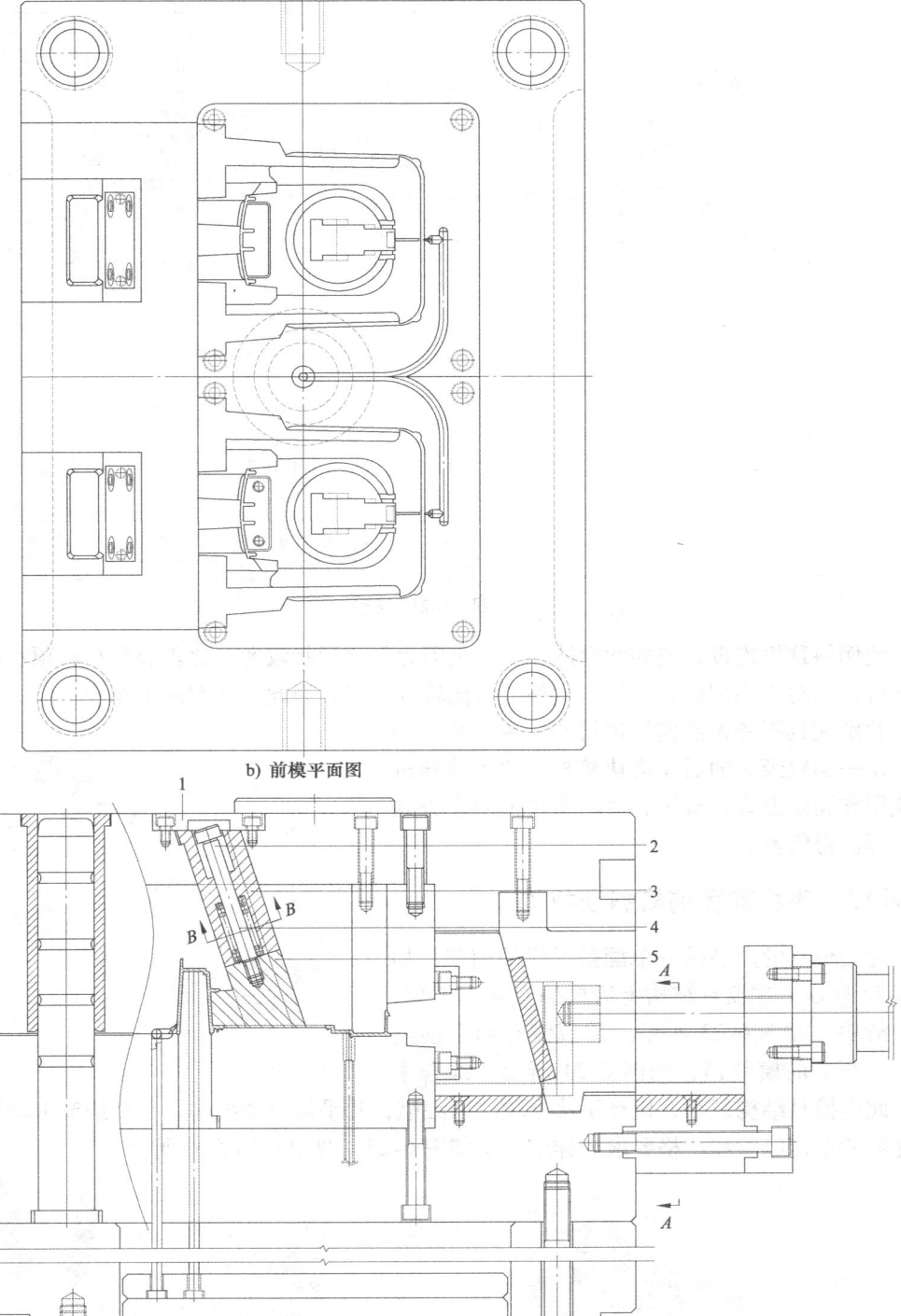

b) 前模平面图

c)

图 6-21（续）

1—压板　2—限位拉杆　3—斜顶座　4—弹簧　5—斜顶

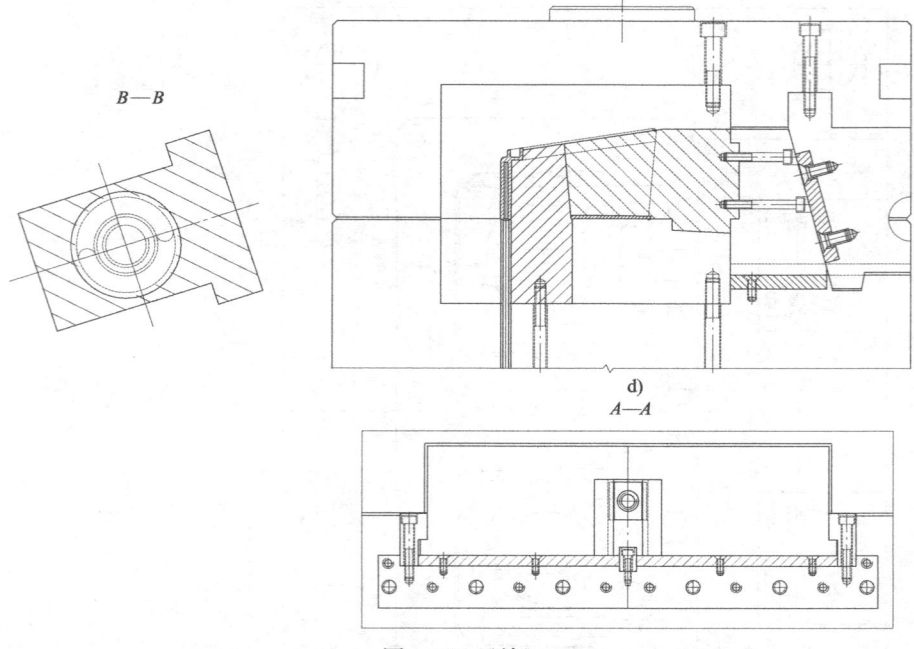

图 6-21（续）

　　此例斜顶机构设计得如此简洁，主要是因为斜顶形状较大，比较容易在斜顶本体上使用其他机构。对于小型斜顶来说，此种结构比较难实现，因此，在实际工作中，应灵活运用。

　　此副模具不考虑前模斜顶机构，单看后模的话，是一副较经典的后模滑块机构，比如液压缸的使用和固定方式，滑块和滑块镶件的组合方式等，都值得借鉴。

范例 13　手机前盖前模斜顶机构

　　此副模具的产品是一个翻盖手机的前盖，如图 6-22 所示。在模具结构上后模侧有 4 个斜顶，两个滑块，如图 6-23 所示。前模侧有两个前模滑块，两个前模斜顶，如图 6-24 所示。综合来看，此副模具结构复杂，设计手法上较严谨细腻，几乎从每个结构、每个细节上均能感受到设计者的丰富经验和严格要求。详细结构如图 6-25（见书后插页）所示。

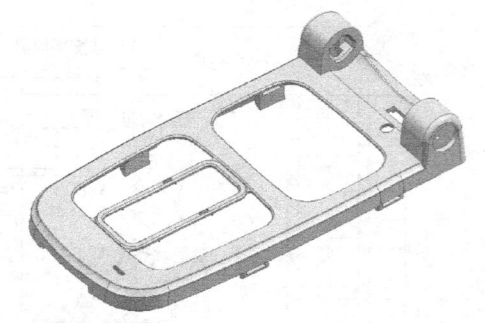

图 6-22

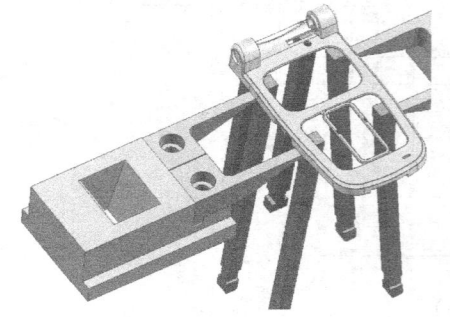

图 6-23

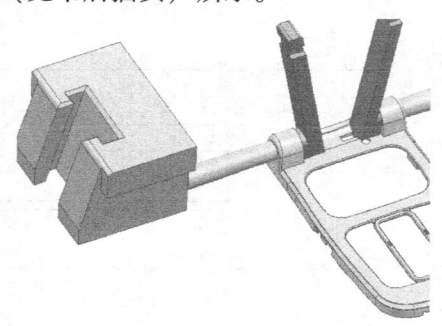

图 6-24

从模具结构图可以看出，此副模具和本章范例11几乎相同，前模部分也是三板模结构，也有一个前模斜顶机构。虽然斜顶机构在细节上有很大差别，但各具特色，同样经典，为提高我们的设计经验提供了更丰富的内容。

此例前模斜顶机构共有8个零件，分别是复位杆1、斜顶座2、托板3、压板4、弹簧导柱5、弹簧6、固定板7和斜顶8。整个斜顶机构藏在前模模板内，由压板4固定和限位，这是和范例11的第一个区别。斜顶机构的顶出动力主要靠弹簧6，这是和范例11的第二个区别。斜顶机构的导向和复位主要靠复位杆1，这是和范例11的第三个区别。因此，应学会将不同的结构进行观察和对比，找出优缺点，然后进行优化，以便在设计工作中能够灵活运用。

范例14 传输机驱动器前模斜顶机构

此副模具的产品是一个传输机的驱动控制器，如图6-26所示。这副模具非常复杂，后模侧共有5个外滑块，3个斜顶，1个内滑块；前模侧共有两个斜顶。如图6-27所示。由于模具太复杂，篇幅有限，本例只对前模斜顶机构和后模内滑块机构作简要点评。

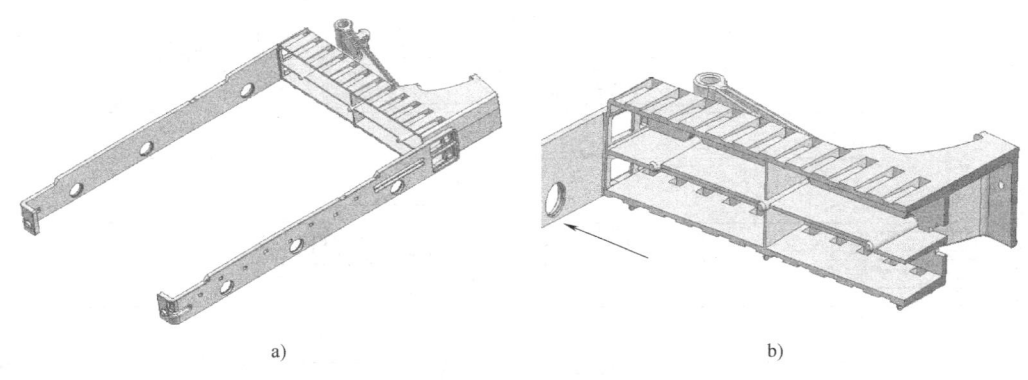

图 6-26

从图6-26b可以看出，此图放大的部位是产品内侧的一个深腔。此深腔必须使用抽芯机构，因为腔的深度太大，所需行程太大，不能使用斜顶机构，只能使用内滑块；但是，在箭头所指的两侧侧壁上，各有一个圆形通孔，通孔内大外小，必须使用内部抽芯机构。在正常情况下，如此简单的通孔使用普通后模斜顶即可成型，但两个斜顶会和内滑块发生严重干涉，最终导致斜顶和内滑块均无法运动，为此，本例将两个斜顶设计在了前模一侧，避开了后模的内滑块机构。这是此副模具在设计上的最大难点。模具详细结构如图6-28所示。

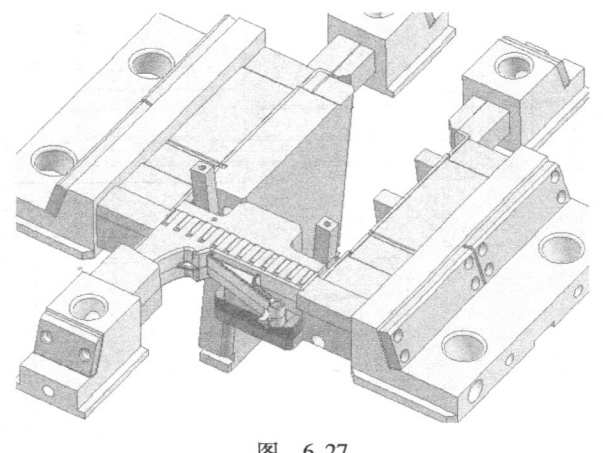

图 6-27

此例的前模斜顶机构在设计上非常简洁，只有4个零件，分别是斜顶4、拉钩5、弹簧2

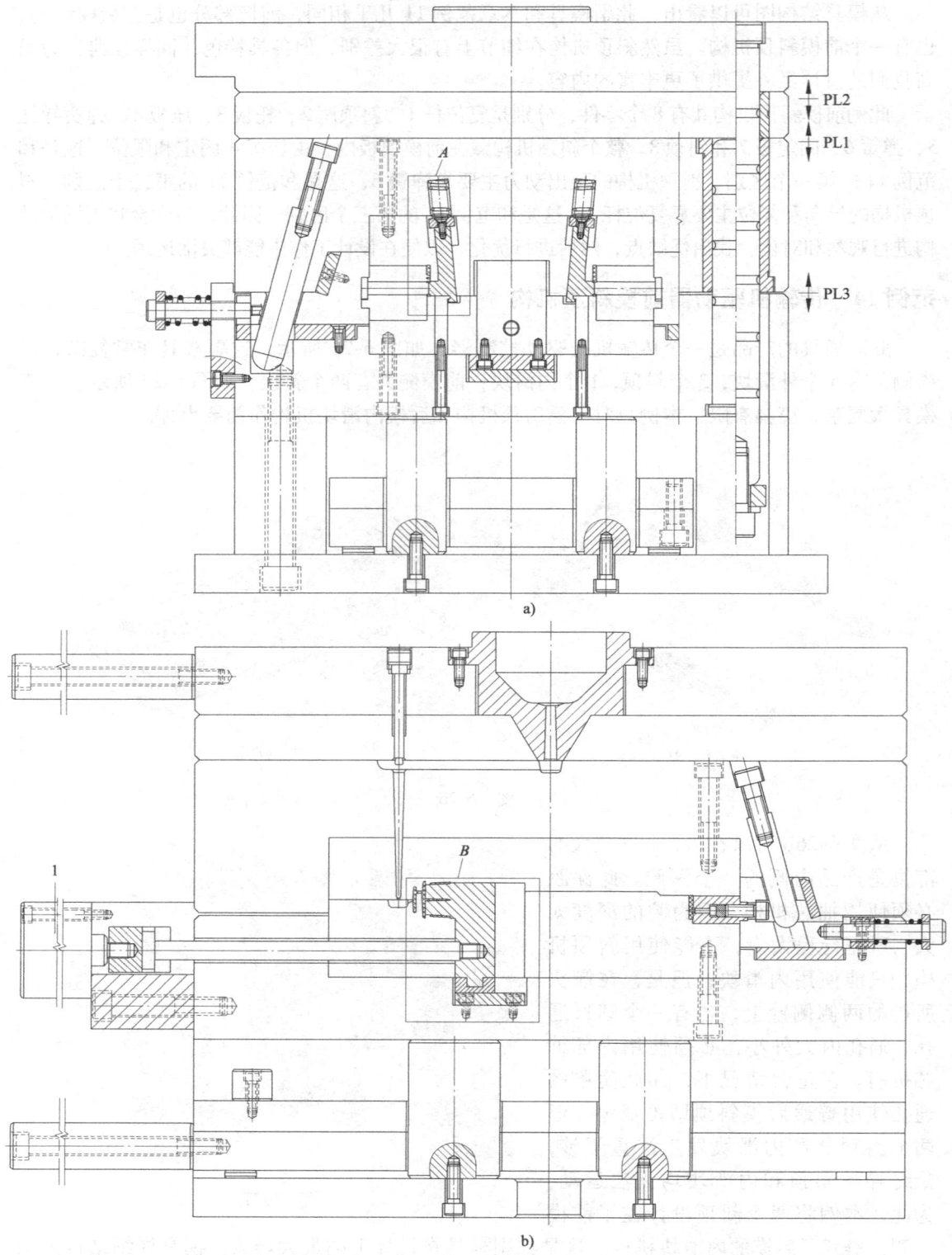

图 6-28

1—液压缸

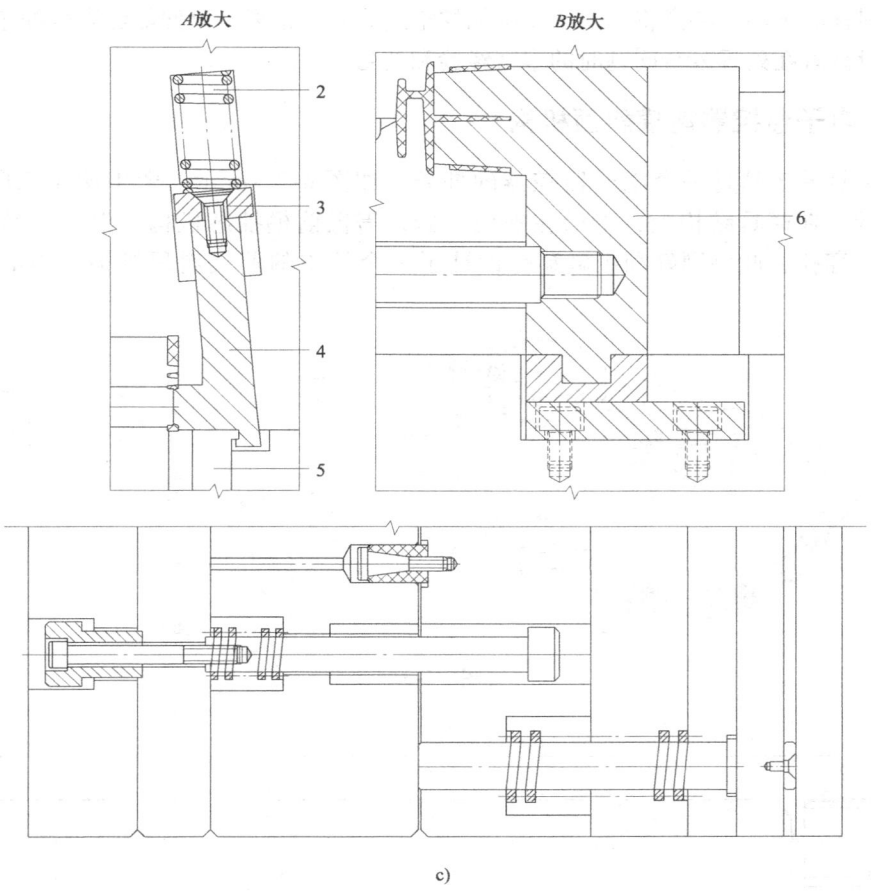

图 6-28（续）

2—弹簧　3—限位垫圈　4—斜顶　5—拉钩　6—内滑块

和限位垫圈 3。斜顶的顶出主要靠拉钩 5 来拉开，弹簧 2 辅助弹出，这是此例斜顶机构设计的巧妙之处，结构简单紧凑，动作安全可靠。限位垫圈 3 用来控制斜顶的顶出行程。斜顶复位时，靠分型面强制压回。

图 6-29 为前模斜顶机构的详细视图，图 6-30 为前模斜顶和后模内滑块的装配状态。为

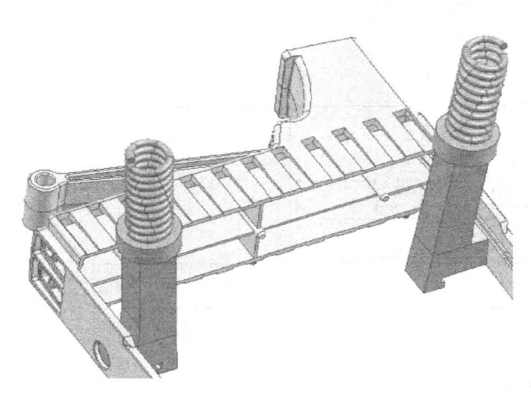

图 6-29

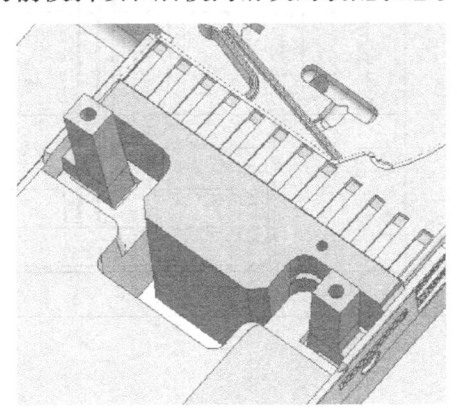

图 6-30

避开前模斜顶的干涉,特意将内滑块 6 两侧挖空避让一段距离,以便能够安全抽芯。可以看出,此例设计者在处理复杂问题时的丰富经验和技巧。

范例 15　电子监控器前模斜顶机构

此副模具的产品是一个电子监控器的外壳,如图 6-31 所示。图中两个圆圈所示处,是 4 个卡槽。在模具结构上,卡槽在前模一侧,需做前模抽芯机构,由于产品中间有一个很大的碰穿孔,此例刚好利用碰穿孔设计了一个简单的前模斜顶机构。详细结构如图 6-32 所示。

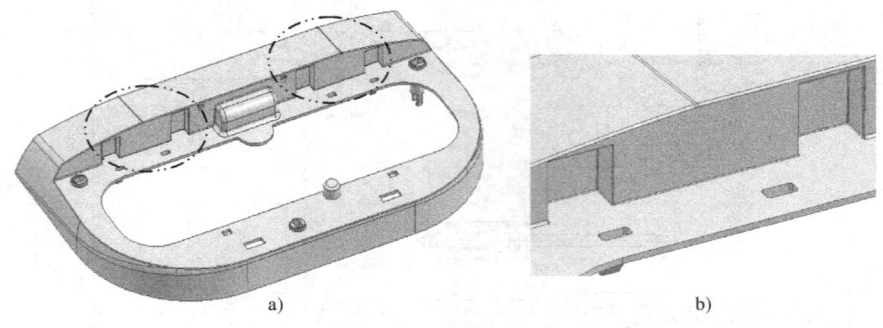

图　6-31

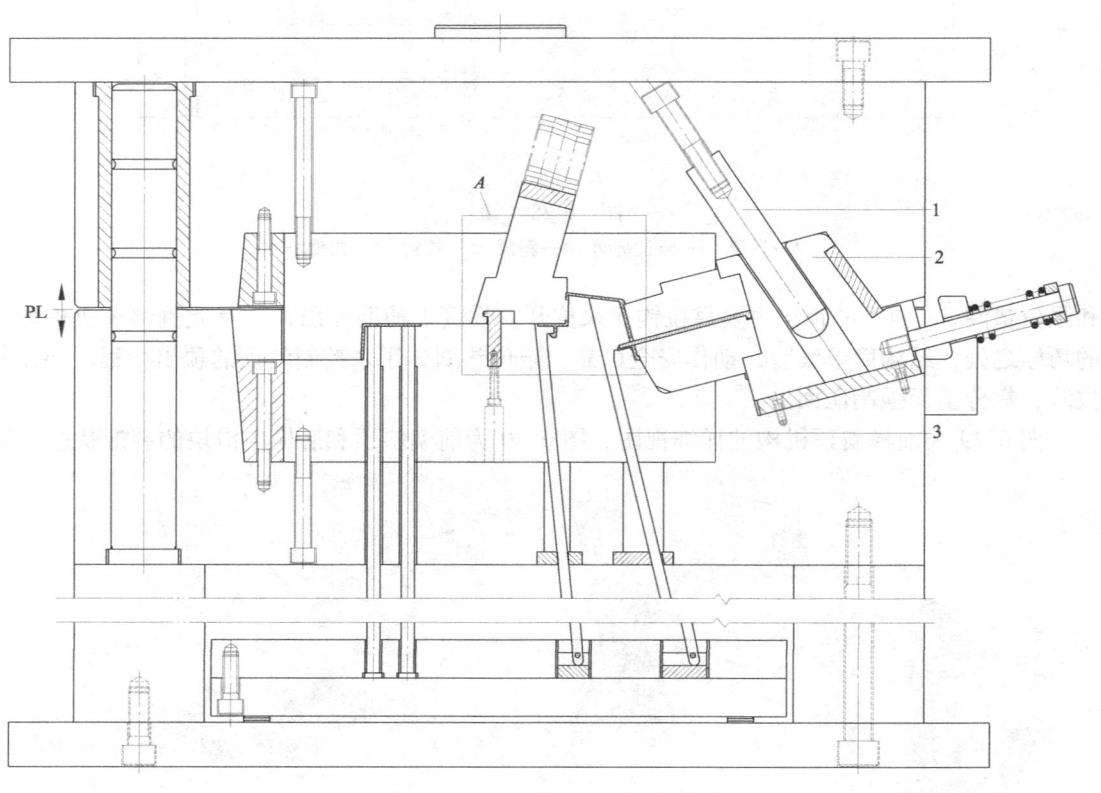

图　6-32
1—斜导柱　2—斜滑块　3—斜顶

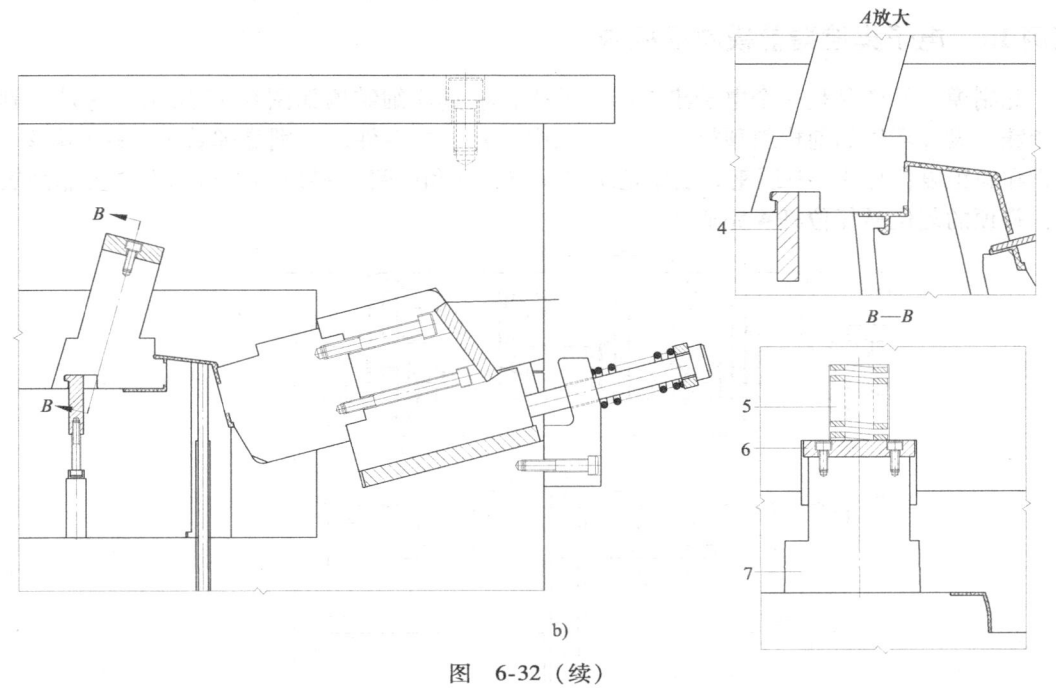

图 6-32（续）
4—拉钩　5—弹簧　6—限位块　7—斜顶

从模具结构图可以看出，前模侧共有两个斜顶机构，如图 6-32 所示。此斜顶机构和本章范例 14 一样，巧妙地利用了碰穿分型面，使整个斜顶机构变得简洁而可靠。整个机构共有 4 个零件，分别是斜顶 7、限位块 6、弹簧 5 和拉钩 4。限位块 6 主要控制斜顶的顶出行程，弹簧 5 和拉钩 4 是斜顶的主要顶出动力，斜顶的复位由分型面强制压回。

此副模具后模侧共有 4 个斜顶一个斜滑块，如图 6-34 所示。为了成型倾斜的卡扣，产品内侧使用了斜顶 3，外侧使用了斜滑块 2，滑块上的一个镶件和斜顶形成了一个对插的结构。结构虽然普通，但处理方式有些巧妙。

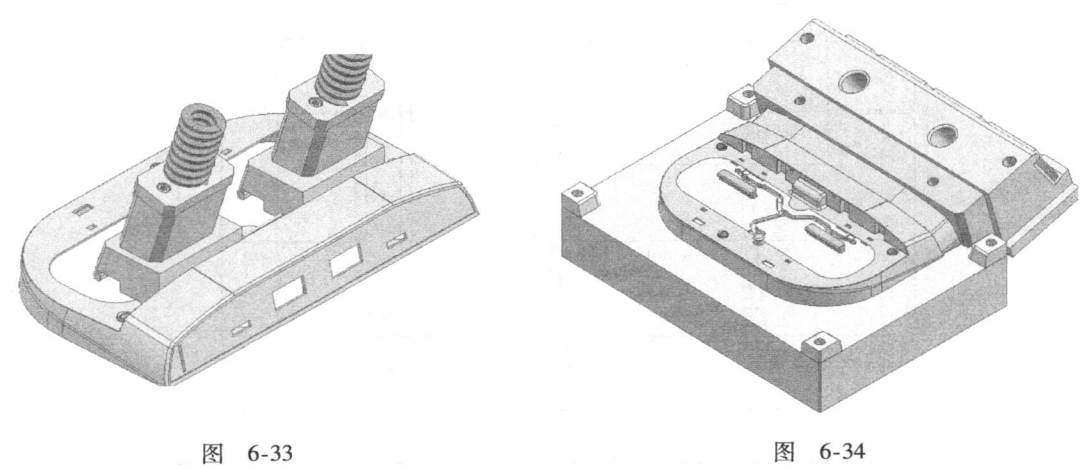

图　6-33　　　　　　　　　　　图　6-34

此例滑块机构在设计上最大的缺陷，是斜导柱 7 的角度太大，已超过了 33°，这在长期生产中很不安全。根据分析，斜导柱完全可控制在 20°以下，因此，这是设计的最大疏忽。

范例 16　电子集控器前模斜顶机构

此副模具的产品是一个电子集控器的外壳，模具详细结构如图 6-35 所示。这是一副结构特殊、设计巧妙的前模斜顶机构。整个机构共有 4 个零件，分别是弹簧 1、斜顶座 2、斜顶 3 和斜顶复位杆 4。斜顶座 2 主要是用来固定斜顶和弹簧，斜顶的顶出动力主要靠弹簧弹出，斜顶的复位靠复位杆 4 完成。

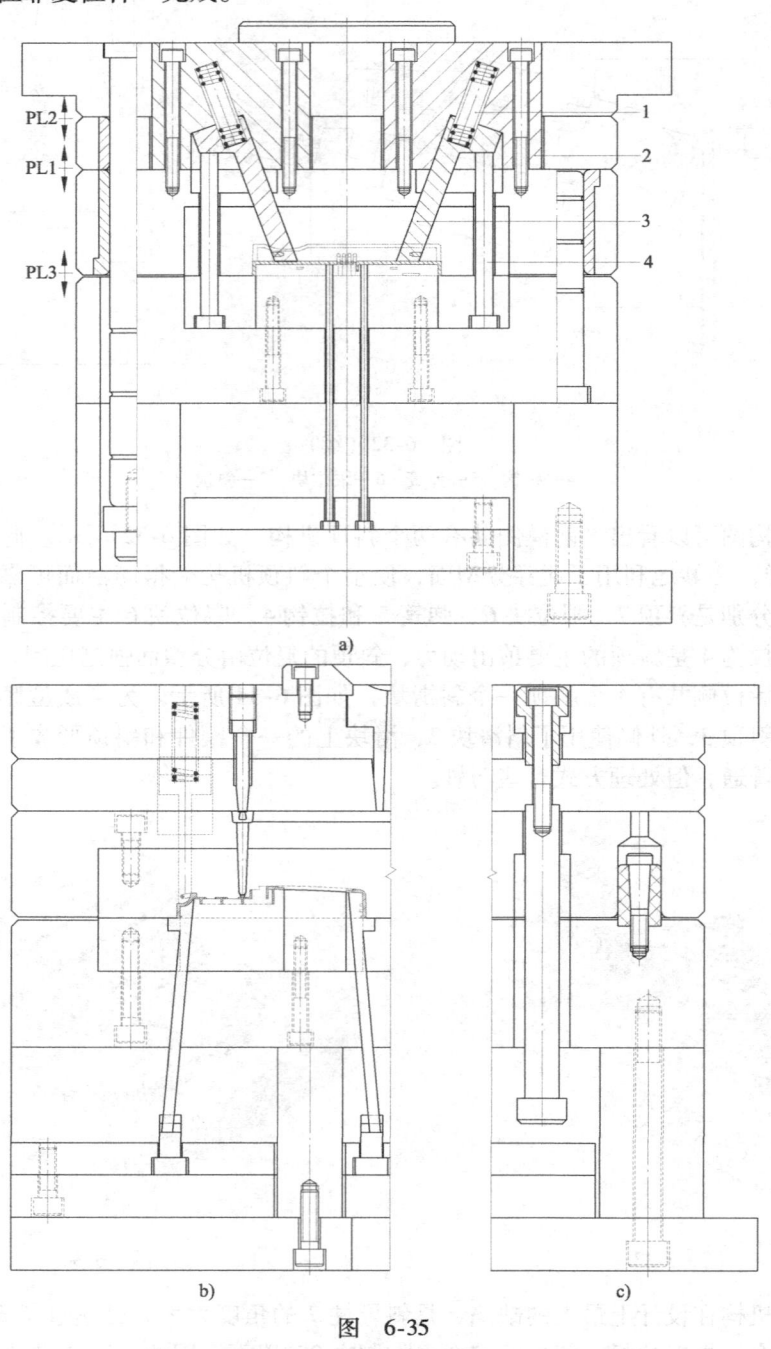

图　6-35
1—弹簧　2—斜顶座　3—斜顶　4—复位杆

此例斜顶机构之所以说设计巧妙,主要有三个理由。

1)由于前模侧是三板模结构,两块模板始终处于往复运动的状态,给斜顶的固定带来了很大难度。如果将斜顶固定在 A 板中,A 板的厚度则需增加一半,主流道长度则需长很多,使整个模具的制造成本和使用成本增大,为此,本例另设计了一个斜顶座 2。

2)斜顶 3 设计成了 7 字形,不需另外设计用来复位的辅助机构,直接靠复位杆 4 即可将斜顶复位。

3)复位杆 4 在前模无法固定,固定在后模侧。设计思路比较灵活,说明设计者设计经验较丰富。

除此之外,还有一点需点评,即斜顶的顶出仅靠一个弹簧的力量是否足够。答案是肯定的,因为斜顶在顶出时不仅有弹簧的弹力,还有产品倒扣本身的拉力。有很多形状较小的前模斜顶,故意不设计顶出机构和复位机构,斜顶的顶出仅靠产品带出,斜顶的复位仅靠注塑机的注塑压力将斜顶压回。经实际生产验证,这些结构是安全的,因此,当碰到这种结构时可放心使用。

范例 17 手机面壳前模斜顶机构

此副模具的产品是一个翻盖手机的面壳,如图 6-36 所示。在手机模具中,翻盖手机的主机身是设计难度最大的零件,而翻盖转轴处的卡槽设计难度最大,因为此处不是使用前模斜顶就是使用前模滑块。如果掌握了两种结构的设计方法和设计要点,那么,设计这类模具则不再有难度。模具详细结构如图 6-37 所示。

图 6-36

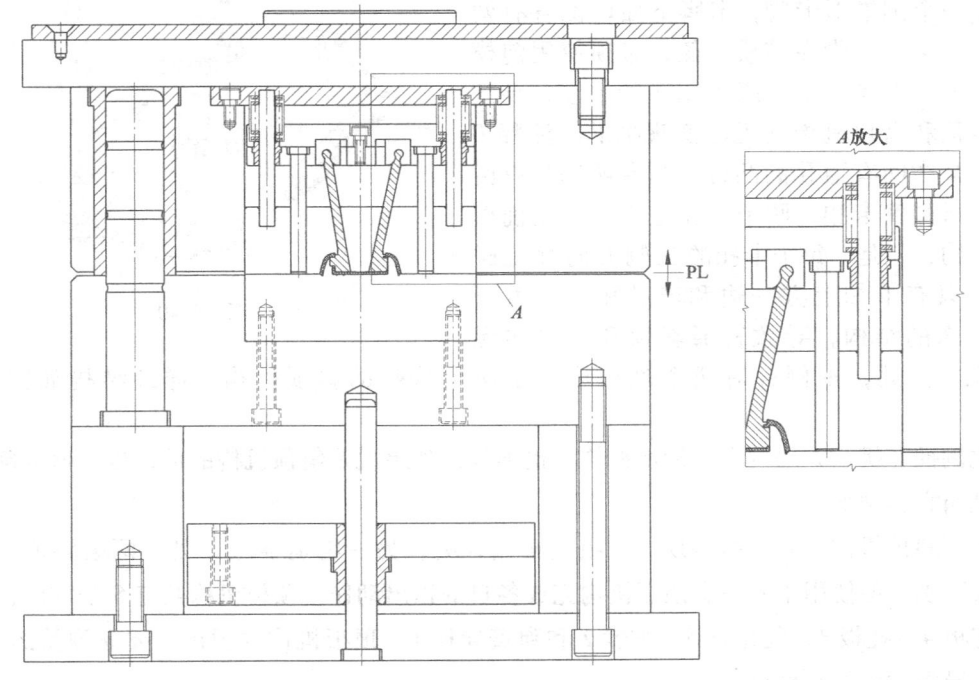

图 6-37

对于此类手机产品，本章共列举了3个范例，分别使用了3种不同类型的前模斜顶机构，其中范例13和本例在细节上有很多相同之处，因此，相关内容本例不再介绍。本例旨在进一步帮助读者增长见识，开阔视野。

图6-38为后模滑块机构，图6-39为前模斜顶机构，图6-40为斜顶的独立视图。

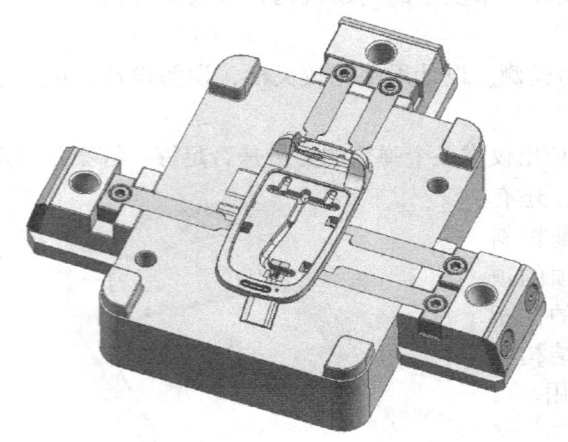
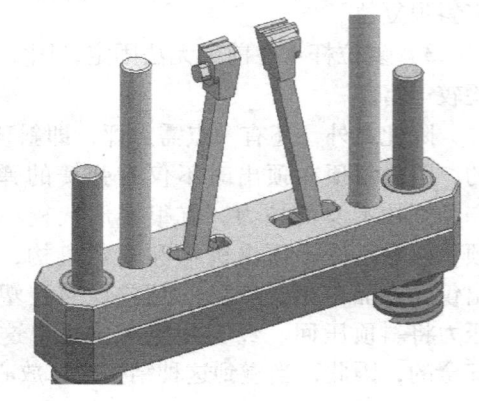

图 6-38　　　　　　　　　　　　　　图 6-39

范例18　汽车灯箱底座前模斜顶机构

此副模具的产品是一个汽车灯箱的底座，如图6-41所示。此产品在模具结构上有两个设计难点，一是注释A处，二是注释B处。注释A处是一个倒锥形卡脚，卡脚下面两侧各有两个凹槽。由于卡脚在前模一侧，必须使用前模抽芯机构，但是，由于两个凹槽的干涉，导致普通斜顶和滑块机构均无法实现抽芯。注释B处是一个中间有通孔的凸台，凸台两侧各有两个倒锥形弹簧卡扣，两个卡扣也必须使用前模抽芯机构，但是，每个卡扣的三侧方向都是碰穿的，只有卡扣上方一边和产品相连，由于产品特殊的结构，导致普通斜顶和滑块均无法实现，因此，本例针对两个难点设计了两个特殊的斜顶机构。详细结构如图6-42所示。

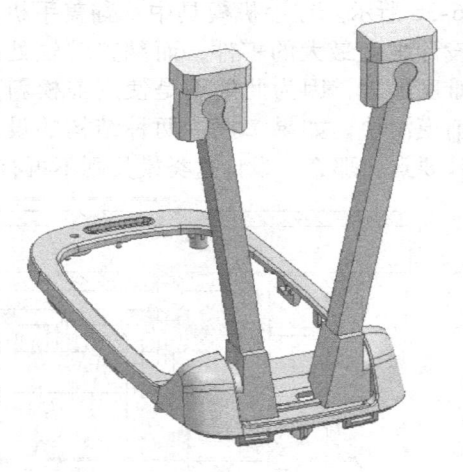

图 6-40

此例抽芯机构如果说它是滑块机构，也不是，如果说是斜顶机构的话，也不够准确，我们权且叫它斜顶吧。

此例斜顶机构共有两组斜顶，一组是难点A处，另一组是难点B处。两组斜顶本质上有很大区别，但使用了同一套顶板机构完成各自的顶出动作。顶板机构共有5个零件，分别是固定板4、托板3、复位杆5、弹簧2和弹簧导柱1。顶板机构的顶出主要靠弹簧的力量，复位和导向主要靠复位杆。

第6章 前模顶出与斜顶机构20例

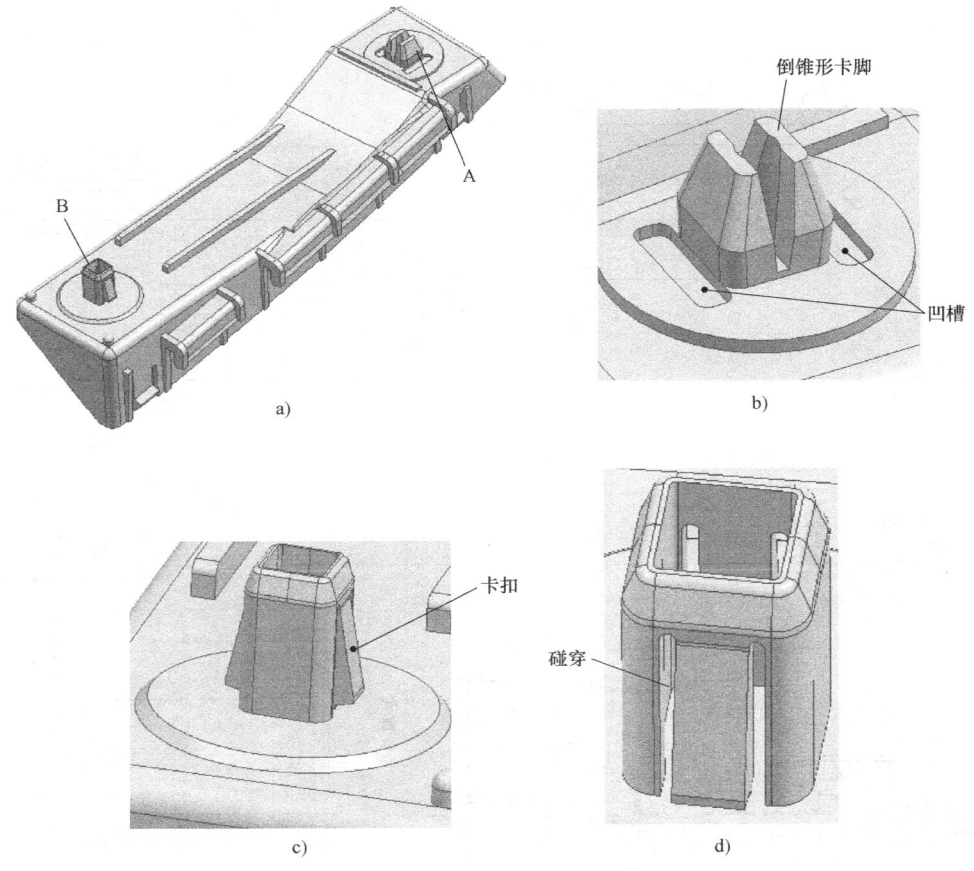

图 6-41

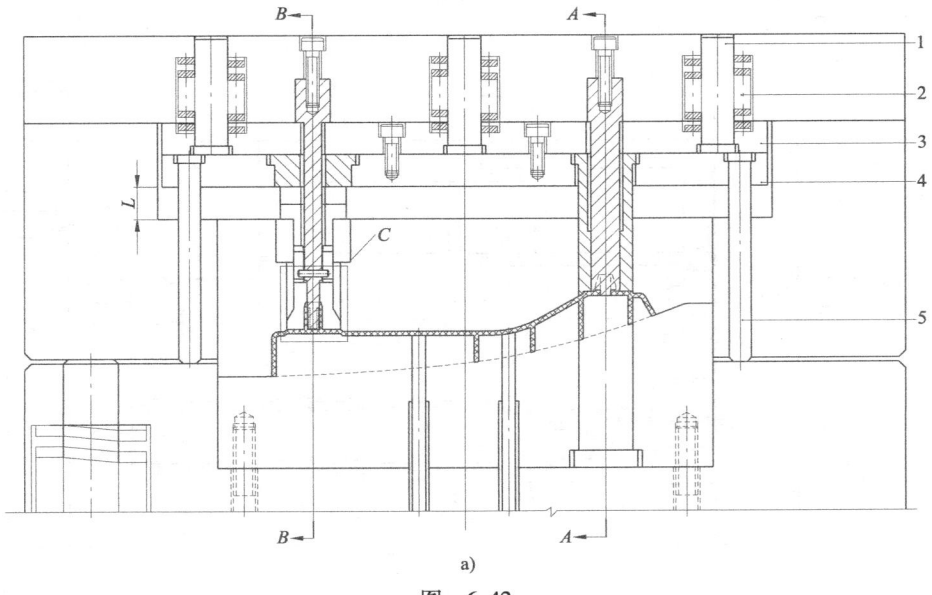

图 6-42

1—弹簧导柱 2—弹簧 3—托板 4—固定板 5—复位杆

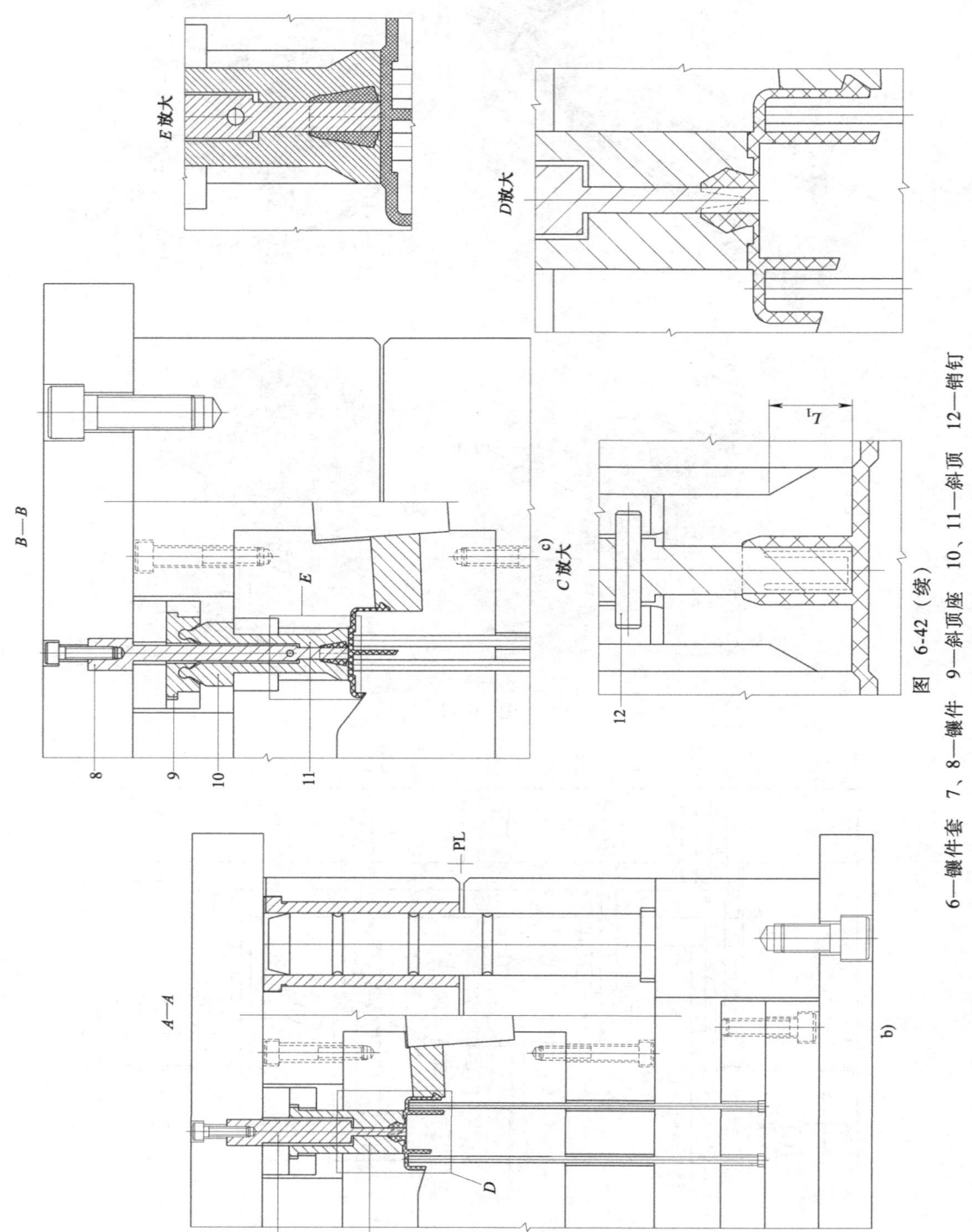

图 6-42（续） 6—镶件套 7、8—镶件 9—斜顶座 10、11—斜顶 12—销钉

难点 A 处的斜顶共有两个零件，镶件 7 和镶件套 6，如图 6-42b 所示。镶件 7 通过螺钉固定在前模码模板上，始终处于静止状态。当模具开模时，整个顶出机构在弹簧的作用下连同产品一起向前运动，仅镶件 7 不动，当行至 L 距离时，顶出机构停止运动，镶件 7 脱出了卡脚内的通孔；继续开模，卡脚在后模的拉力下向内收缩，强制脱出镶件套 6。从严格意义上来讲，此机构属于强制脱模结构，不过结构比较特殊罢了。

难点 B 的斜顶共有 5 个零件，分别是镶件 8、斜顶座 9、斜顶 10、斜顶 11 和销钉 12。镶件 8 通过螺钉固定在前模码模板上，始终处于静止状态。两个斜顶 10、11 使用了 8 字形卡脚卡在斜顶座 9 上，并且保证能够左右自由摆动。销钉 12 固定在镶件 8 上，其作用是拉开两个斜顶，使斜顶向两侧摆动。

整套机构的动作原理是：开模后，整个顶板机构和斜顶机构在弹簧 2 的作用下前顶出，当行至 L_1 距离时，两个斜顶的大端脱离了前模型腔，为斜顶的张开提供了足够空间，此时，销钉 12 开始发挥作用，两个斜顶在销钉的挤压下向两侧张开，开始脱出两侧的弹簧卡扣；继续开模，当行至 L 距离时，整个前模的顶出机构停止运动，此时，两个斜顶在销钉 12 的挤压下已完全张开并安全脱出了产品的两个弹簧卡扣，镶件 8 也已完全抽出了产品部位；继续开模，产品最终安全地脱出前模一侧。

图 6-43 为斜顶机构在型腔中的静止状态，图 6-44 为斜顶机构拆掉一组斜顶后的内部结构，图 6-45 为两个斜顶完全张开还未开始合拢时的模拟状态。将 3 副视图进行详细对比，观察斜顶的运动变化，并从中领悟此结构的设计原理和运动原理。

图 6-46 为前模所有斜顶机构的装配视图，希望此图能帮助读者加深对此例的综合理解。

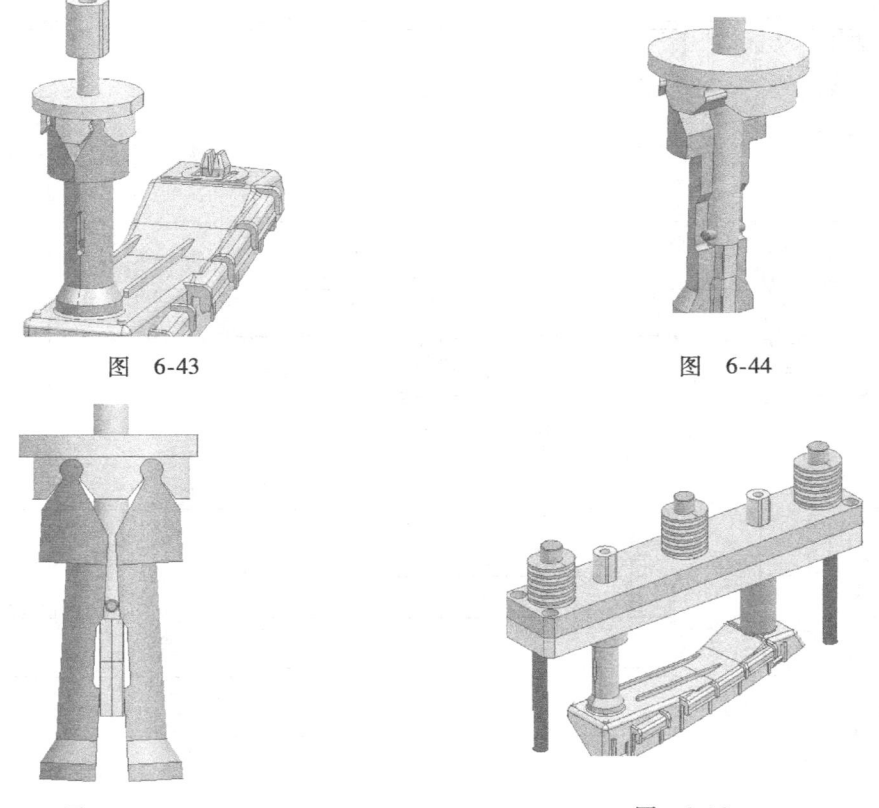

图 6-43

图 6-44

图 6-45

图 6-46

范例19　手机后盖前模斜顶机构

此副模具的产品是一款手机的底壳，如图6-47所示。图中4个圆圈所示处是4个卡槽。从图6-47b的局部切图可以看出，4个卡槽处在前模一侧，因此，必须使用前模斜顶机构。模具详细结构如图6-48所示。

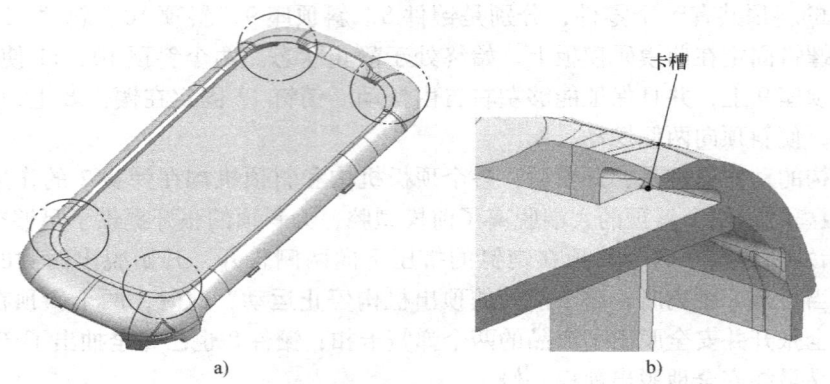

图　6-47

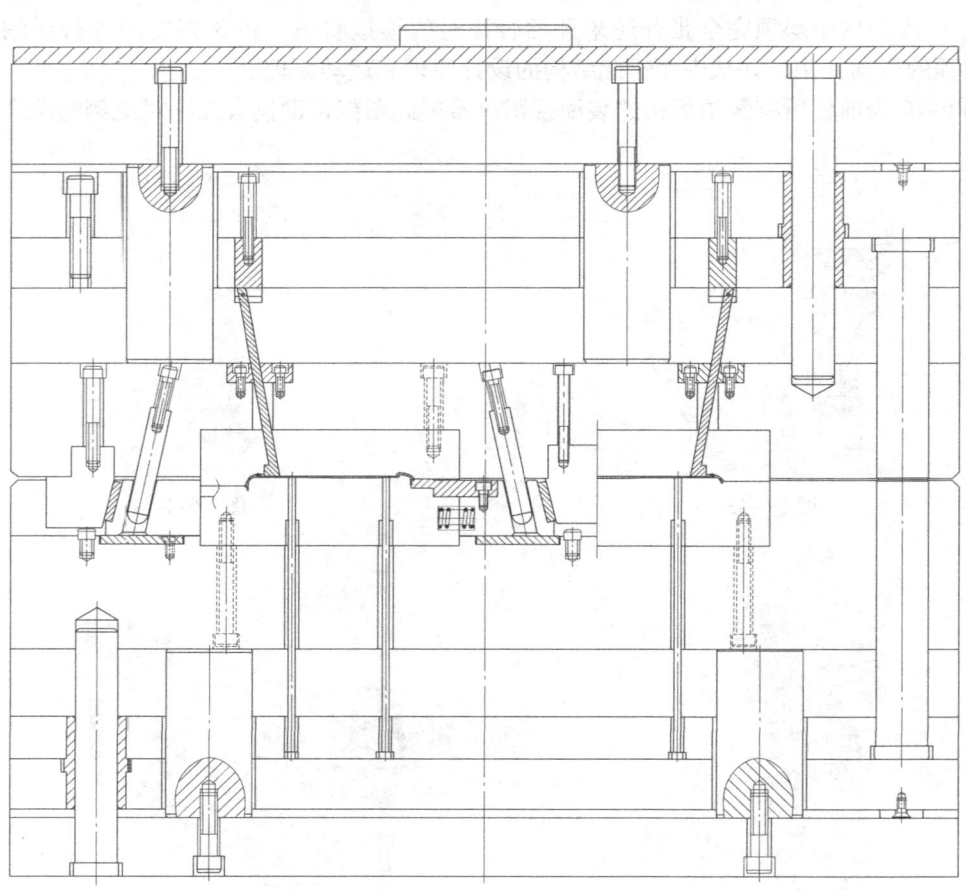

a)

图　6-48

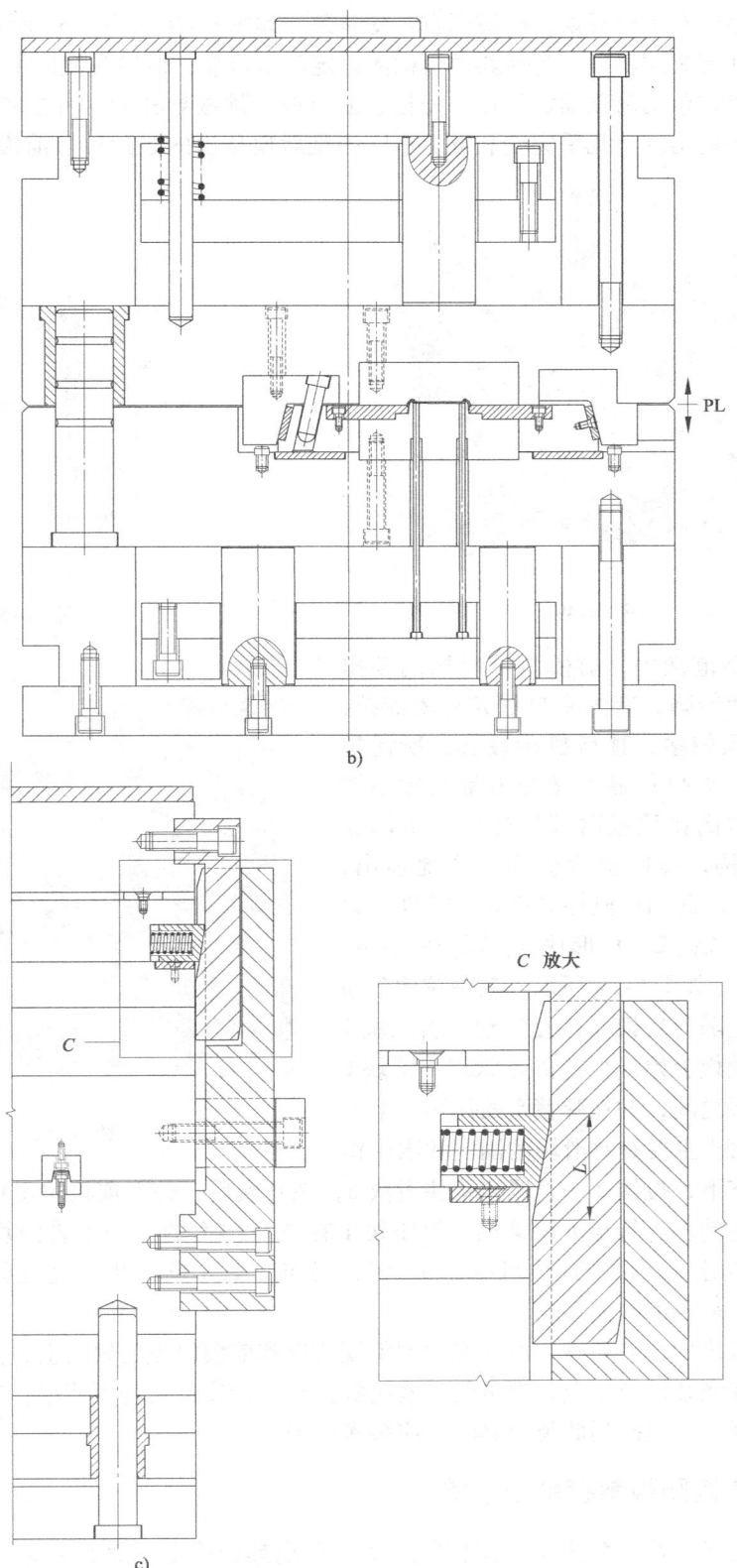

图 6-48（续）

此产品后模侧有4个滑块，前模侧有4支斜顶，如图6-49和图6-50所示。由于是一模两穴，前模侧共有8支斜顶。为使斜顶机构的固定简单可靠，前模侧使用了和后模相同的顶出机构。顶出机构包括斜顶固定面板、托板、复位杆、顶板导柱和两件模脚等。从外形看，前模侧和后模侧在结构上几乎完全相同，不同的是后模顶出的是顶针，前模顶出的是斜顶，如图6-51所示。

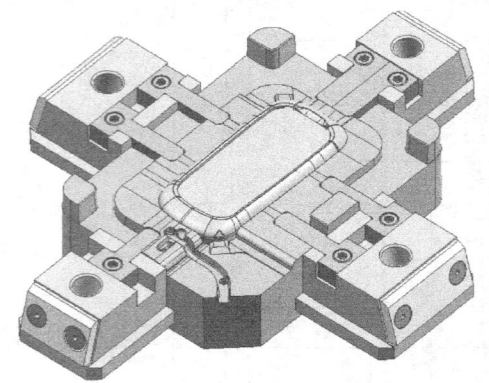

图 6-49

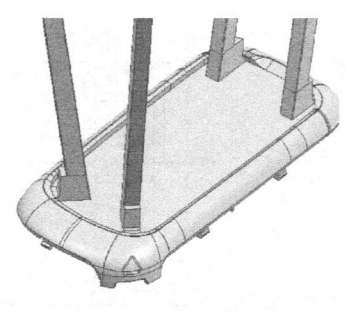

图 6-50

在前面几个范例中，前模斜顶机构的顶出动力有的来自弹簧弹，有的来自尼龙开闭器拉，而本例由于斜顶较多，顶板机构较大，所需顶出动力也很大，如果仅靠弹簧的力量显然不够安全，为此，本例在顶板两端另外设计了两套机械式扣机机构，辅助斜顶机构安全地顶出，如图6-48c所示。此扣机机构共有6个零件，分别是斜压块1、拉钩2、U形块3、限位螺钉4、弹簧5和滑块6。如图6-52所示。其中拉钩2固定在后模模板上随着后模作往复运动。斜压块1固定在前模码模板上始终保持静止状态。滑块6固定在两块顶板之间，并在弹簧5的作用下上下浮动。限位螺钉4主要是对滑块的固定和限位作

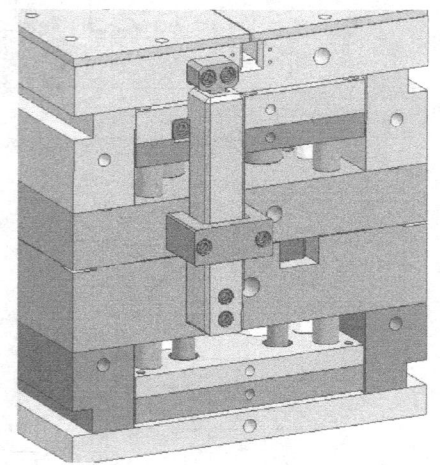

图 6-51

用。在合模状态下，拉钩2一直紧紧钩住滑块6，在开模后，整个前模顶出机构在拉钩的强大拉力下向前运动，当行至 L 距离时，斜压块1在自身斜面的作用下将滑块完全压缩进顶板，拉钩2脱离滑块，整个顶出机构停止运动，此时，8个斜顶也已完全脱离了产品的卡槽，使产品安全地脱离前模型腔。

此例的扣机机构比较巧妙，可用在大型前模顶出和前模斜顶的模具上，倒装模结构也可使用。如果用在倒装模结构上，它可代替液压缸机构，让模具结构更简单，动作更灵活，生产效率更高，因此，当碰到此类模具时，应多多使用。

范例20　汽车遮阳板前模斜顶机构

此副模具的产品是一个汽车遮阳板的上盖。在模具结构上，此例共有3组前模顶出机构，其中两组为产品两端两个相同的斜顶机构，如图6-53b所示；另一组为前模顶针机构，

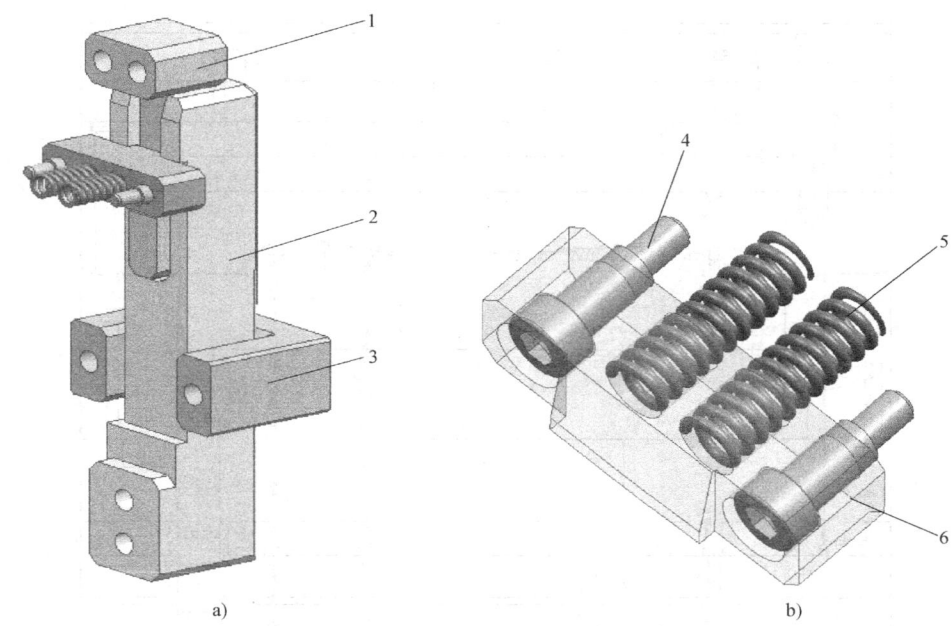

图 6-52

1—斜压块 2—拉钩 3—U形块 4—限位螺钉 5—弹簧 6—滑块

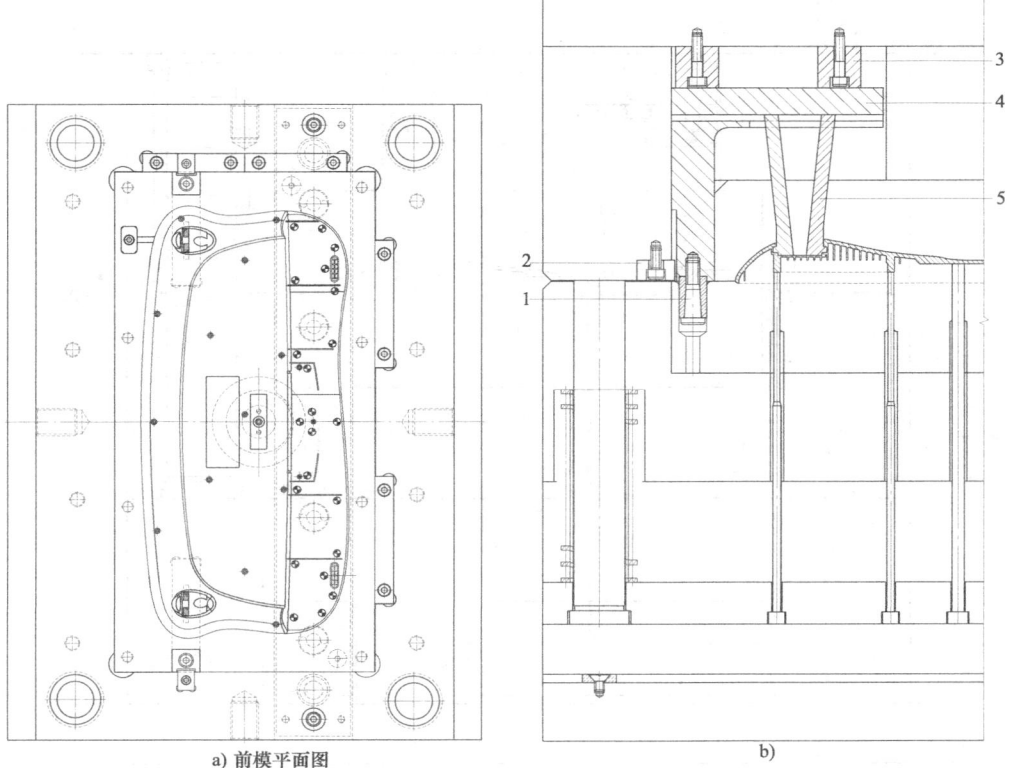

图 6-53

1—尼龙开闭器 2—行程限位块 3—垫块 4—斜顶座 5—斜顶

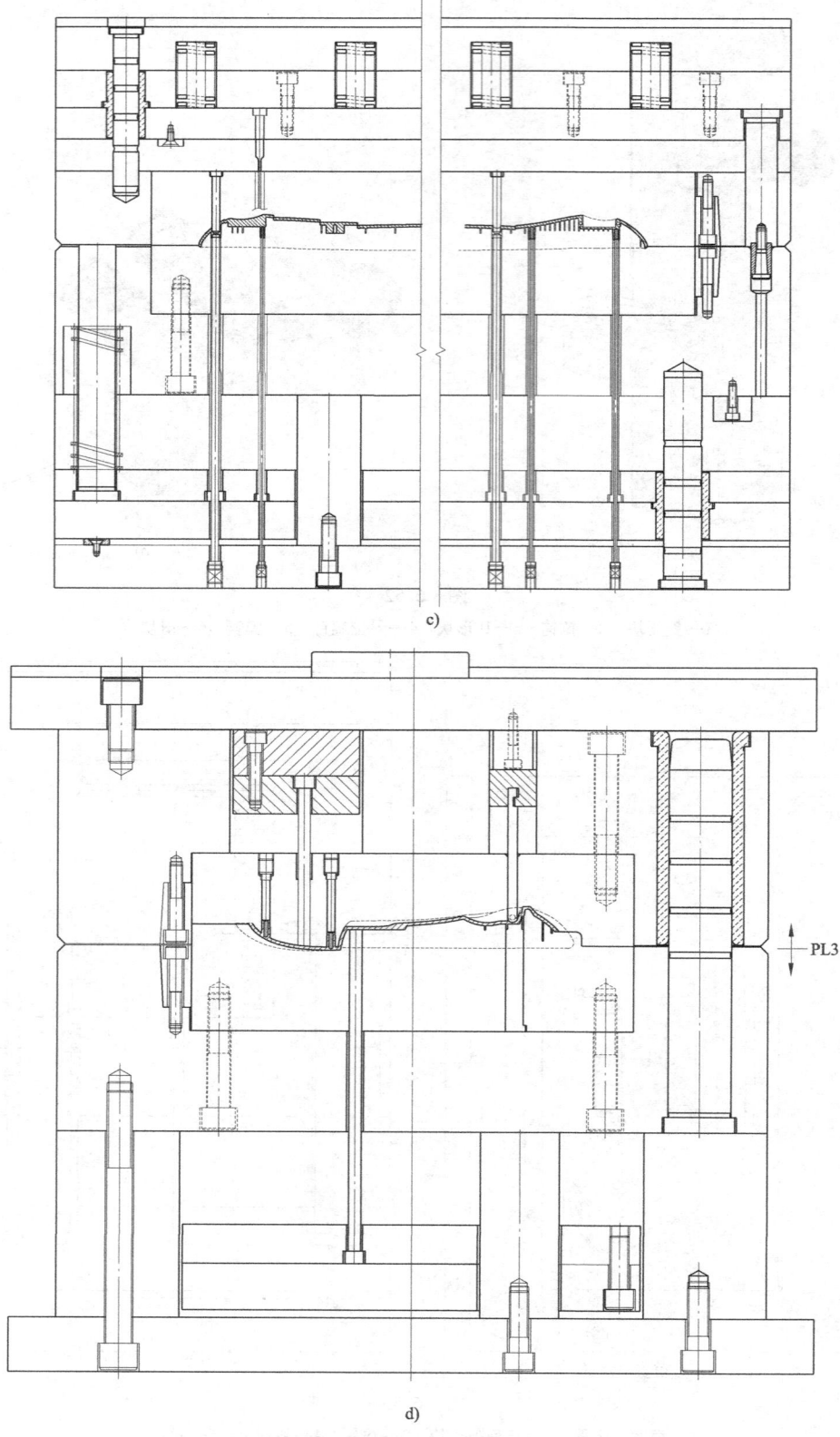

c)

d)

图 6-53（续）

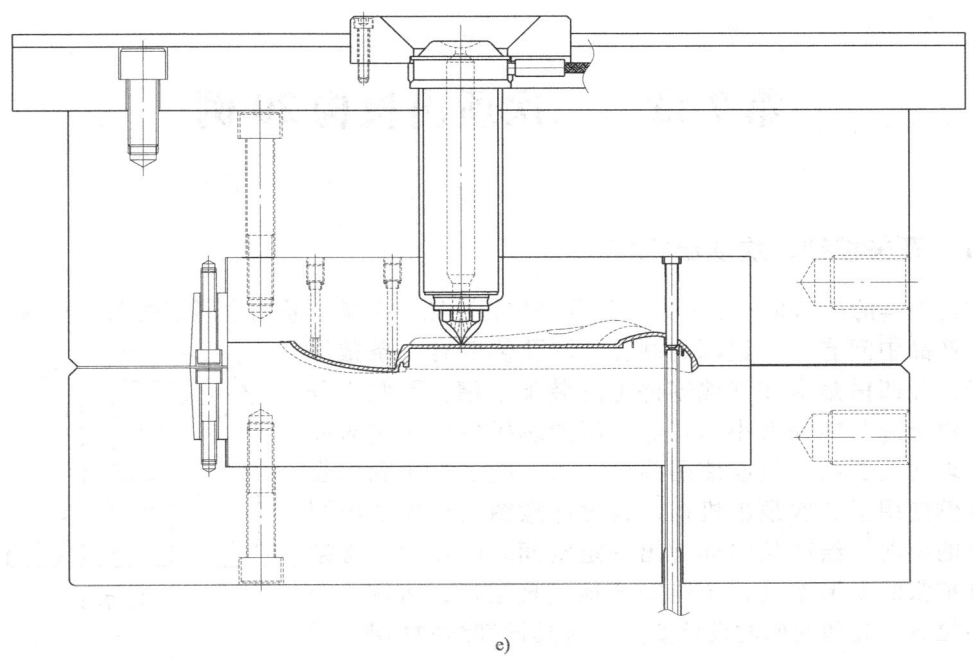

e)

图 6-53（续）

如图6-53c和6-53d所示。斜顶机构共有5个重要零件，分别是斜顶5、斜顶座4、尼龙开闭器1、行程限位块2和垫块3。斜顶的顶出主要靠尼龙开闭器1的拉力，斜顶的复位靠分型面强制压回。此类斜顶机构在本章范例10中已介绍，不同的是此例的一个斜顶座安装了两支斜顶。

前模顶针机构和普通后模顶出机构一样，有顶针、扁顶针、顶针面板、顶针托板、顶出弹簧、顶板导柱、复位杆和尼龙开闭器等。在前面几个范例中，前模顶出机构的顶出动力多是依靠弹簧顶出，而本例为安全起见，在两支复位杆上又使用了两个尼龙开闭器来帮助弹簧顶出。虽然在结构上显得多余，但是，这种严谨的设计理念和使用技巧值得借鉴。模具详细结构如图6-53所示。

第 7 章　二次顶出机构 20 例

范例 1　开关按钮二次顶出机构

此副模具的产品是一个四方形的开关按钮,图 7-1 是产品的中间剖视图。从图中可以看出,产品中间有一个很深的圆孔,圆孔侧壁有一条很深的凹槽。此凹槽是卡在其他零件上的装配卡槽,因此十分重要。由于圆孔内径太小,其他任何抽芯机构均无法对此凹槽实现自动脱模,只能使用强脱。为了能安全顺利地强脱,本例使用了二次顶出机构,其设计意图是首先抽出圆孔外围的型芯,给产品内部腾出一定空间。圆孔内壁必须有向外扩张的变形空间,才能安全地实现强脱,否则,会将产品拉坏,此即此例的设计要点。模具详细结构如图 7-2 所示。

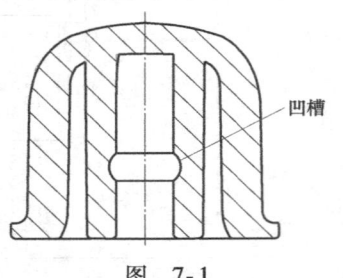

图 7-1

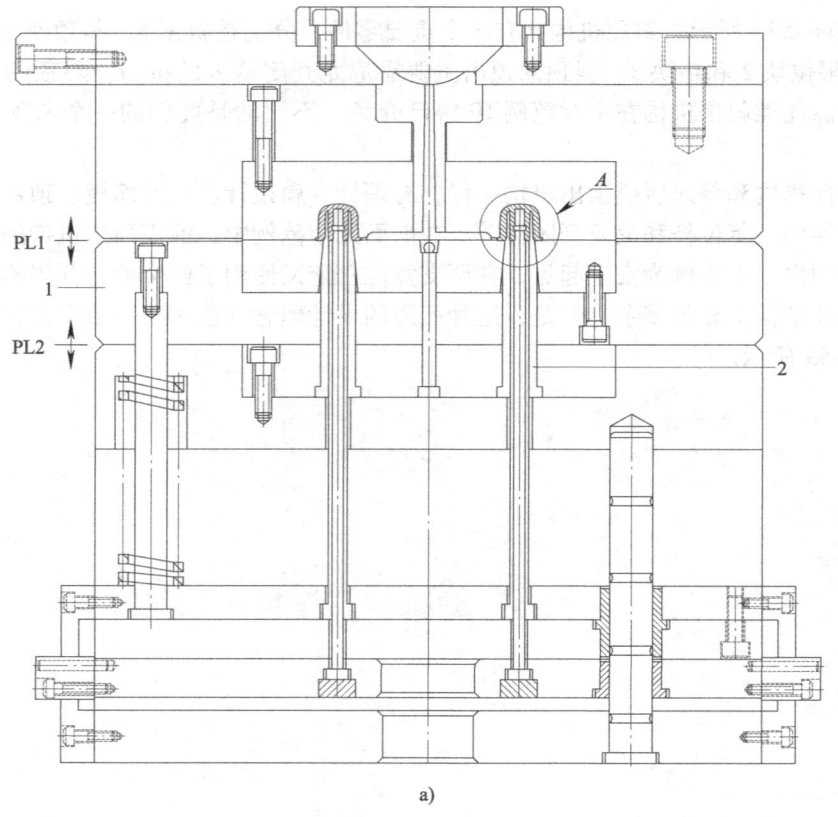

a)

图　7-2
1—推板　2—型芯

第 7 章　二次顶出机构 20 例

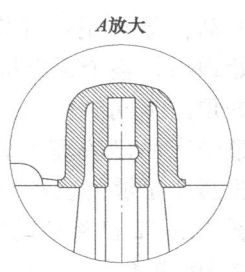

A 放大

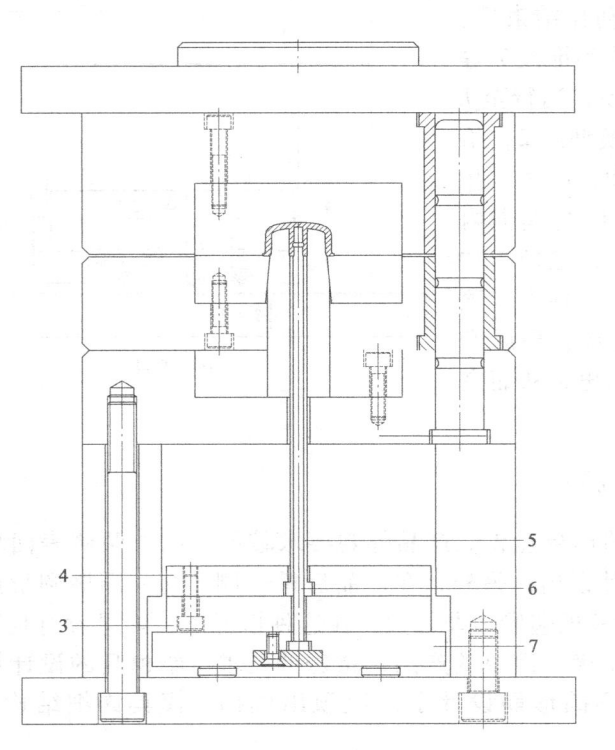

b)

图 7-2（续）

3、4、7—推板　5—司筒　6—司筒针

设计二次顶出模具时，必须有控制顶出顺序的扣机机构。常用的扣机有多种形式，可根据不同的顶出结构来设计扣机，本例使用的是最常用的扣机机构之一，如图 7-3 所示。此种扣机共有 6 个重要零件，分别为底座 8、上盖 9、拉钩 10、斜压块 12、活动块 11 和弹簧 13，其安装方式和安装位置如图 7-4 所示。此种机构不仅可用在二次顶出机构上，还可用在前模滑块、后模内滑块和三板模结构上，因此，必须学会灵活使用。

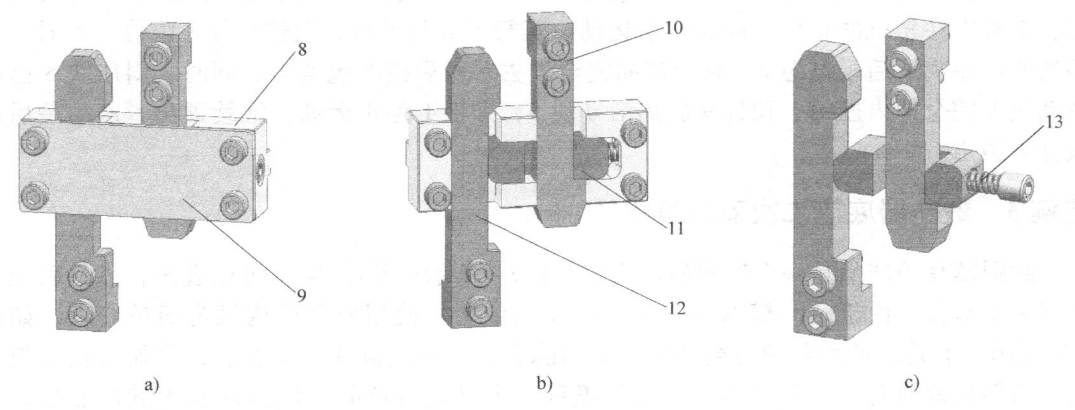

图 7-3

8—底座　9—上盖　10—拉钩　11—活动块　12—斜压块　13—弹簧

此例的动作原理是：开模动作结束后，后模侧开始顶出，整个顶出机构和推板7等在注塑机的顶出下同时向前运动，当行至L距离时，整个产品已脱离了后模型芯2，给产品的强脱腾出足够的变形空间，同时，扣机机构的斜压块12已将活动块11完全向内压缩，拉钩10脱离了活动块11，推板7和司筒针6等被迫停止了运动；继续顶出，顶板3、4和推板1等继续向前运动，最后产品被司筒5从司筒针6上强制顶出，从而完成全部脱模动作。

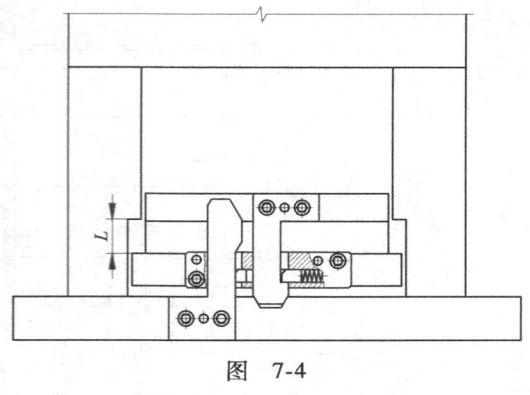

图 7-4

范例2　水果盘盖二次顶出机构

此副模具的产品是一个椭圆形果盘盖。产品外观要求较严，内外两侧表面均不允许有顶针痕迹，不能随便使用顶针顶出；另外，在产品后模一侧，有一圈椭圆形筋，深度较深，几乎达到了40mm，对后模的包紧力非常大，在这种情况下，如果没有足够的顶出力，此副模具的产品很难顺利出模。简单的产品，特殊的要求，给模具的设计带来了很大难度，为此，本例利用这圈椭圆形筋设计了二次顶出机构。模具详细结构如图7-5所示。

此例的主要顶出部件是推板和顶针，由二次顶出机构来控制顶针和推板的顶出顺序。由于产品表面不能使用顶针，本例在椭圆形筋底部设计了4较小的顶针，位置较隐蔽，不会影响产品的外观。此例的设计思路是首先使用推板将产品向前推出一段距离，让整圈筋完全脱离后模型芯，当产品完全失去对后模的包紧力时，再由4支小顶针将产品轻轻顶出。

为控制推板和顶针的顶出顺序，顺利实现两次顶出，本例使用了机械式控制机构，如图7-6所示。此机构共有5个零件，分别是活动块5、顶杆9、斜压块8、弹簧7和限位螺钉6，其安装方式和安装位置如图7-5c所示。

整副模具的运动原理是：开模动作结束后，后模侧开始顶出动作，整个顶出机构和推板1等在注塑机的顶出下同时向前运动，当行至L距离时，限位拉杆3限位，此时，产品的筋已脱离了后模型芯2，整个产品完全失去了对后模的包紧力，同时，斜压块8已将活动块5完全向内压缩，顶杆9脱离活动块5，推板1停止运动；继续顶出，产品最后由顶针4顶出。

范例3　散热器底座二次顶出机构

此副模具的产品是一个散热器底座，如图7-7所示。从图7-7b可以看出，产品后模一侧有4个卡脚，由于是一模八穴，卡脚在模具结构上使用斜顶机构最为简单合理，如图7-8所示。但是，使用斜顶将会产生另外的隐患，当产品被顶出型腔后，可能会粘在斜顶上，当斜顶复位时，会重新将产品带回型腔，最终造成产品不能自动脱落进而受损。为确保模具能够安全有效地实现自动生产，本例专门设计了二次顶出机构。模具详细结构如图7-9所示。

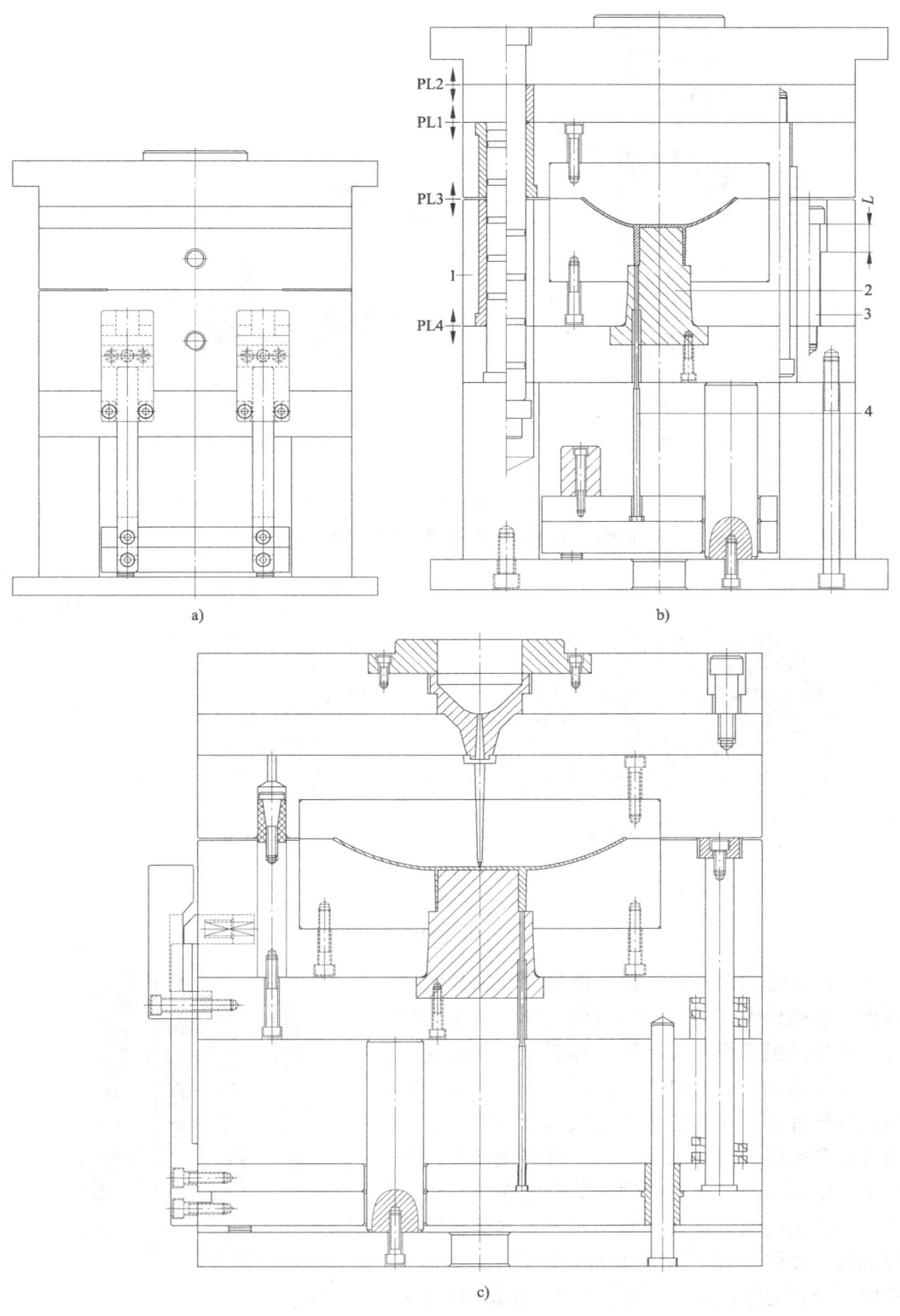

图 7-5
1—推板 2—型芯 3—限位拉杆 4—顶针

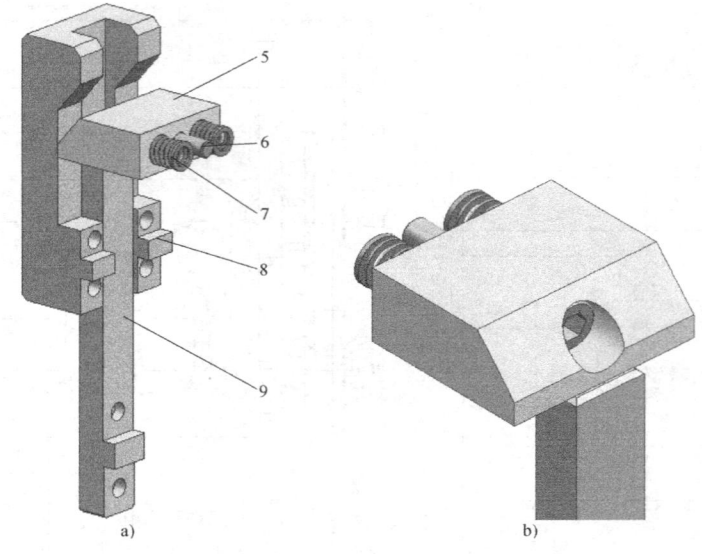

图 7-6

5—活动块 6—螺钉 7—弹簧 8—斜压块 9—顶杆

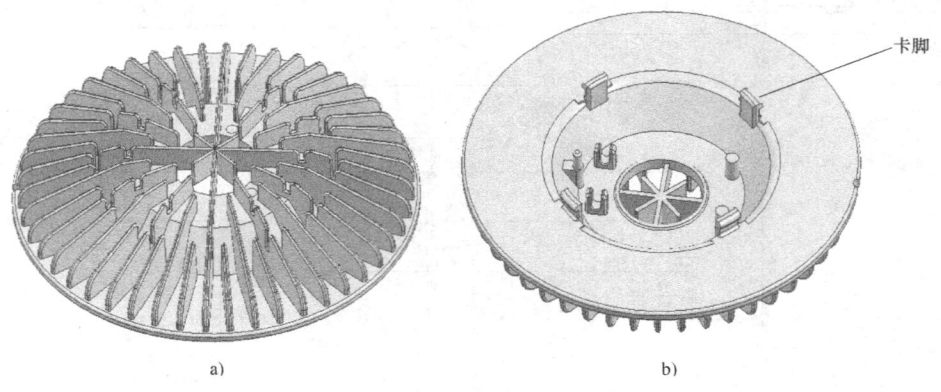

图 7-7

通过模具结构图可以看出，此例并非纯粹的二次顶出，准确地说，是为顶出机构设计的二次复位机构，通过两组顶板来控制顶针和斜顶的先后复位顺序，最终达到产品的自动脱模目的。这两组顶板分别是由顶针面板 4 和底板 5 组成的第一组，由顶针面板 6 和底板 7 组成的第二组。所有顶针全部固定在第一组顶板上，所有斜顶全部固定在第二组顶板上。为控制这两组顶板的复位顺序，本例设计了限位机构，如图 7-10 所示。此机构较简单，共有 4 个零件，分别为限位块 8、限位钉 9、弹簧 10 和无头螺钉 11。其运动原理是：当模具开始顶出时，所有顶出机构同时向前运动，当行至 L 距离时，限位

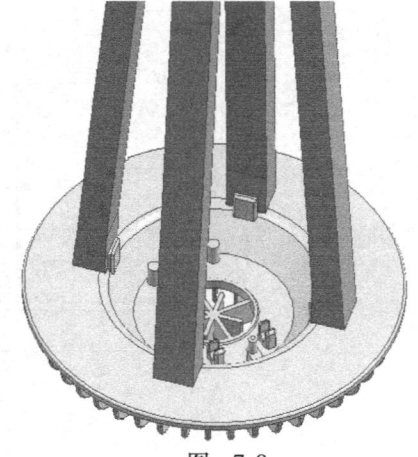

图 7-8

第7章 二次顶出机构20例

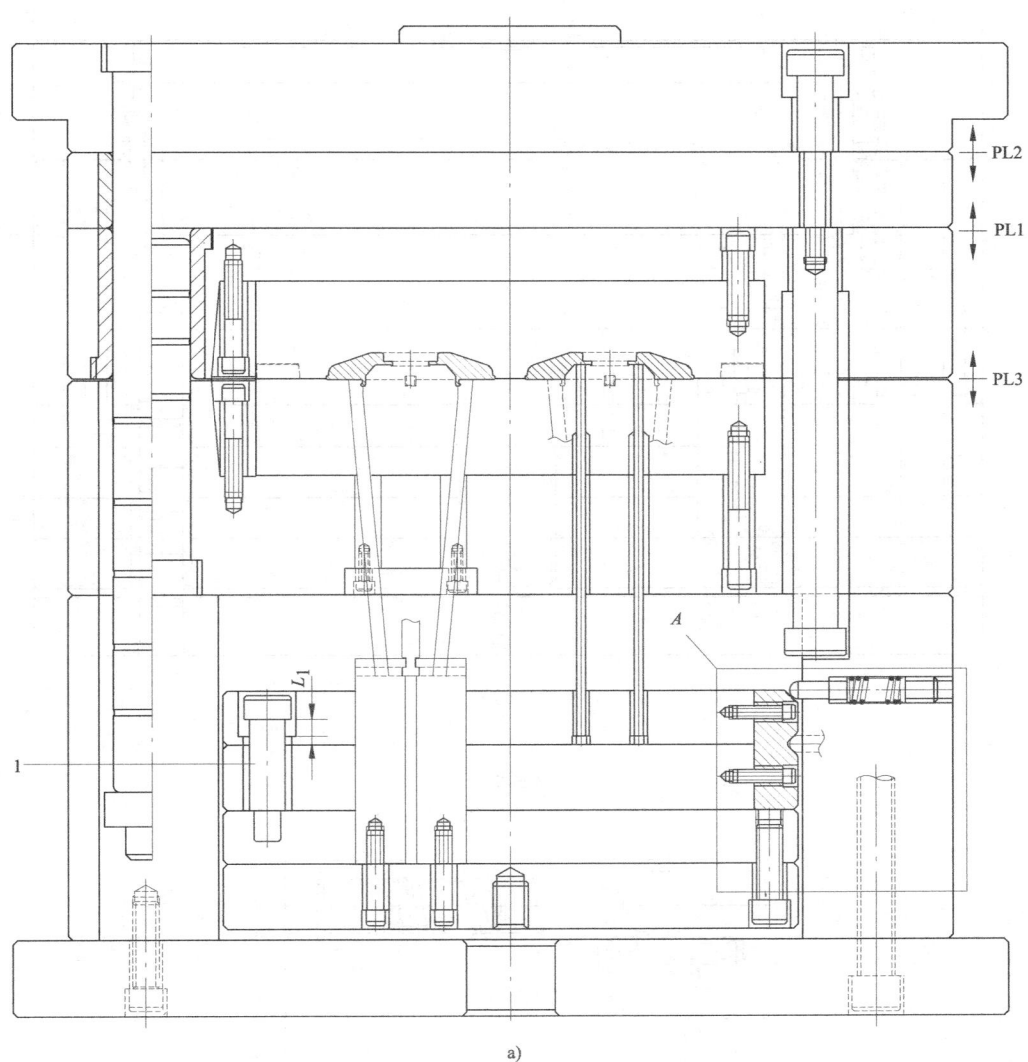

图 7-9
1—限位螺杆

b)

A放大

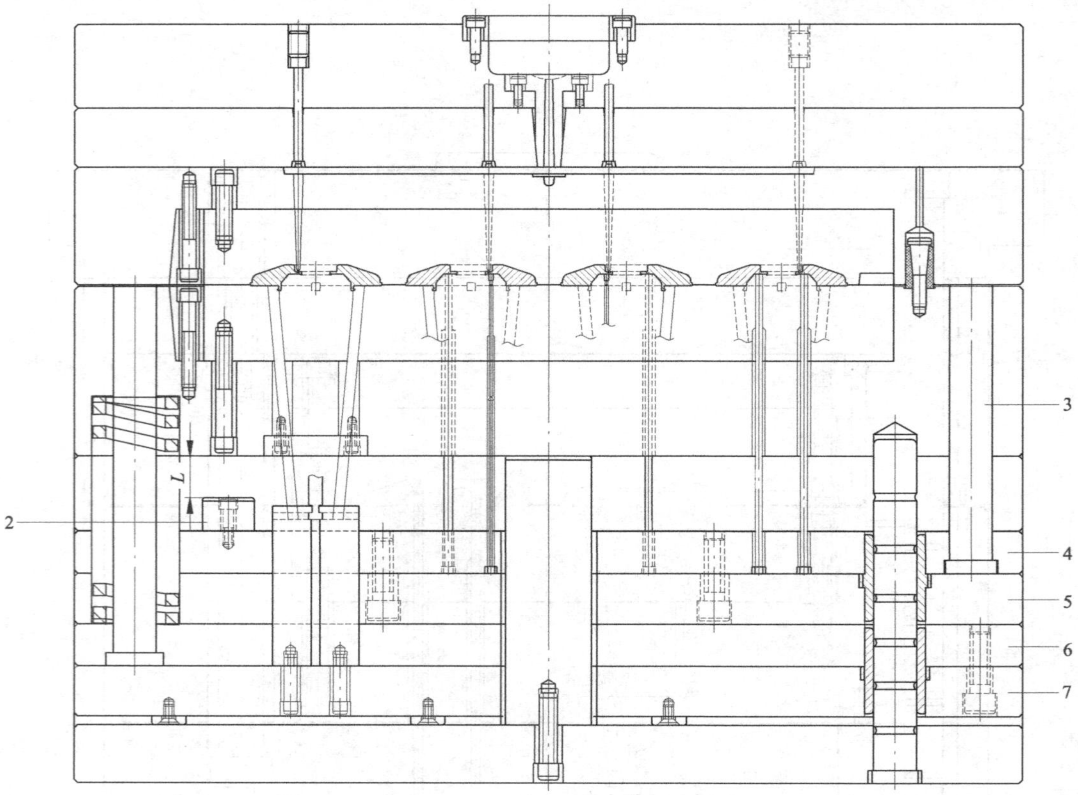

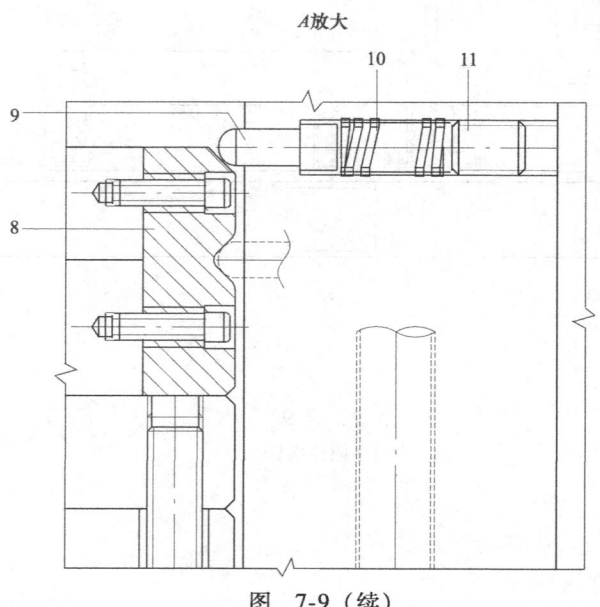

图　7-9（续）

2、8—限位块　3—复位杆　4、6—顶针面板　5、7—顶针底板
9—限位钉　10—弹簧　11—无头螺钉

块 2 限位，所有顶出机构停止顶出，此时，产品已被顶出了型腔，所有斜顶均完全脱离了产品，同时，限位块 8 的 V 形卡槽刚好卡住限位钉 9，使第一组顶板不能上下活动；当顶出机构开始复位时，第二组顶板机构带动所有斜顶首先开始复位，此时，第一组顶板在限位块 8 和限位钉 9 的作用下保持静止，使顶针顶住产品，使得斜顶机构首先复位；当第二组顶板和斜顶向下运动 L_1 距离时，即斜顶机构已先于顶针复位了一个 L_1 距离，而顶针还未开始复位时，产品已安全跌落，避免了被斜顶重新拉回型腔的危险；第二组顶板继续复位，在限位螺钉 1 的作用下带动第一组顶板复位，当第二组顶板完全复位时，第一组顶板还有 L_1 的距离未复位，最后由复位杆 3 强制压回。

此副模具的动作较难理解，但经过仔细研究，其实很简单，很有实用价值。

图 7-11 为斜顶座和斜顶的连接方式，4 个斜顶分别使用了 4 个斜顶座。4 个斜顶距离较近，若设计成 4 个斜顶共用一个斜顶座，那么结构会更简单，但是，那样 4 个斜顶只能装进两个，其他两个则无法装模，因此，当碰到这类斜顶时必须注意。

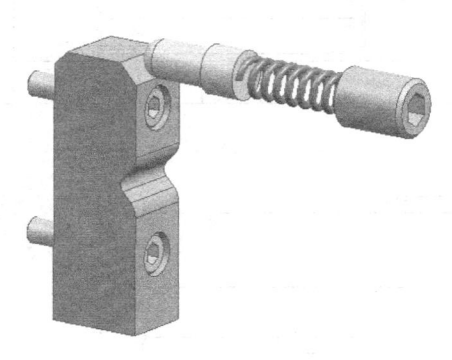

图 7-10

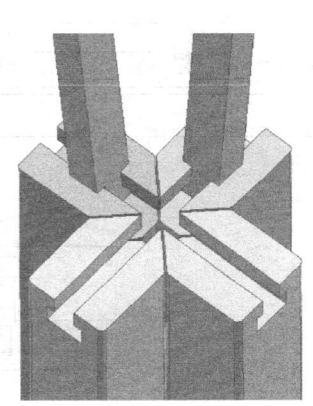

图 7-11

范例 4　水壶盖子二次顶出机构

此副模具的产品是一个圆形水壶盖子，图 7-12 是产品侧面的局部放大图。由于产品侧面脱模斜度是反斜度，导致整个产品外表面必须成型在后模模仁中。由于产品是四周封闭的圆形零件，对后模的包紧力非常大，如果没有足够的顶出力量，产品很难被顶出；由于产品结构特殊，没有足够的空间放置大的顶针，虽然在产品底部可勉强放置几支小的顶针，但是，由于产品的包紧力较大，不能保证产品可以安全顶出，为此，本例使用了推板顶出结构加二次顶出机构完成产品的顺利脱模。模具详细结构如图 7-13 所示。

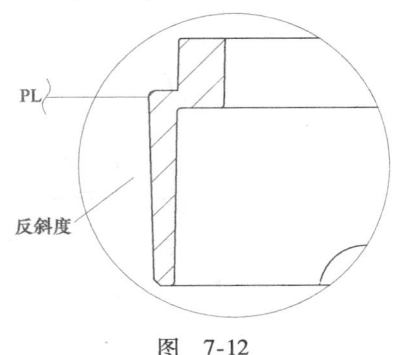

图 7-12

通过模具结构图可以看出，此副模具的结构类型和本章范例 2 几乎相同，同样是三板模结构，也同样是推板顶出，二次顶出机构和整副模具的设计原理完全一样，因此，相关结构和详细动作原理本例不再点评，可直接参考本章范例 2。

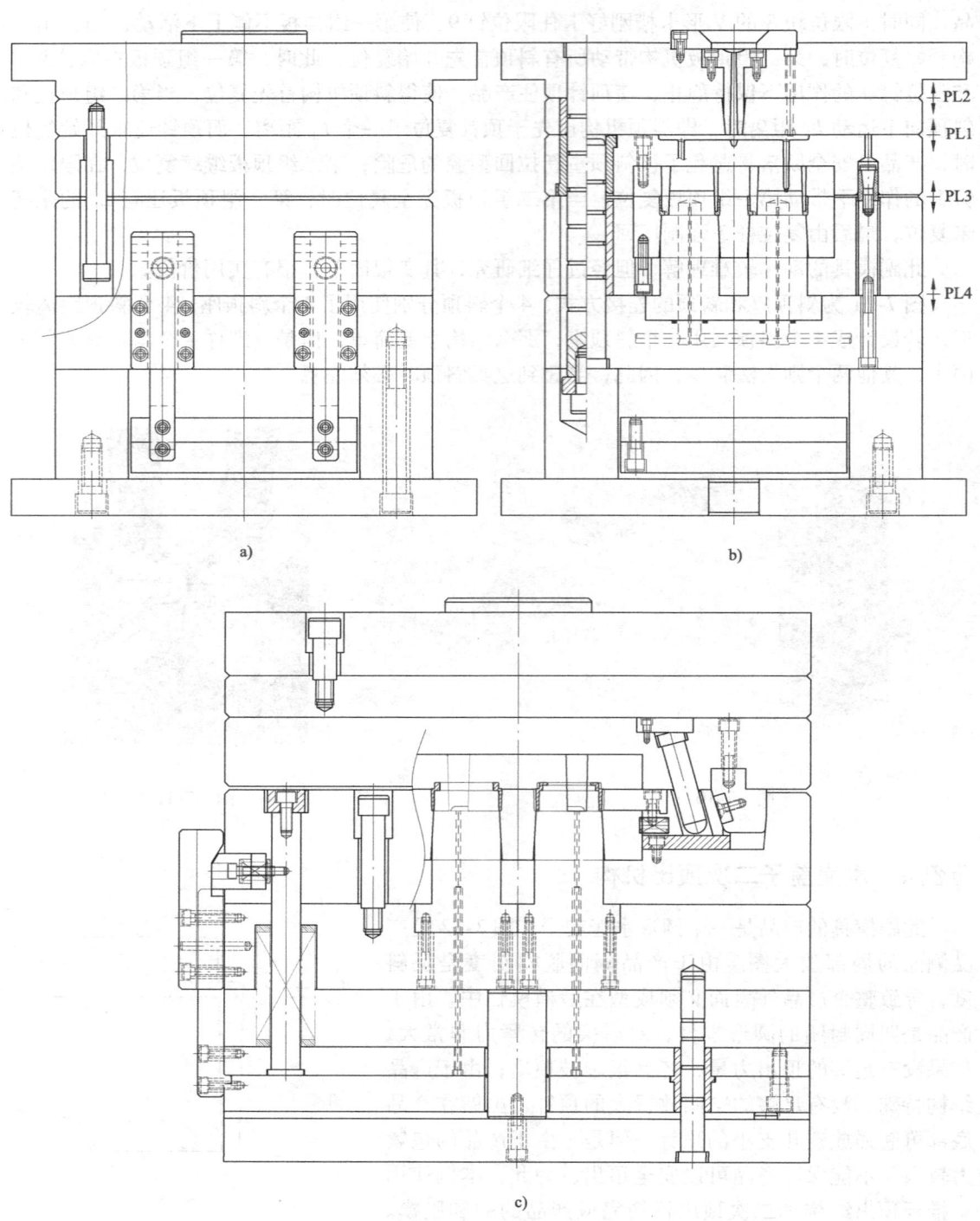

图 7-13

范例 5　计算器按钮超速二次顶出机构

此副模具的产品是一个电子计算器的按钮，如图 7-14 所示。此产品在模具设计上有一个难点，就是产品的顶出问题。由于按钮形状较小，几乎没有位置可放置顶针，因此，按钮的顶出必须使用推板，这样，产品上其他筋条都必须成型在推板上面，当按钮被推板顶出后，筋条仍然留在推板上，为了再次顶出推板上的筋条，本例使用了超速二次顶出机构。模具结构如图 7-15 所示。

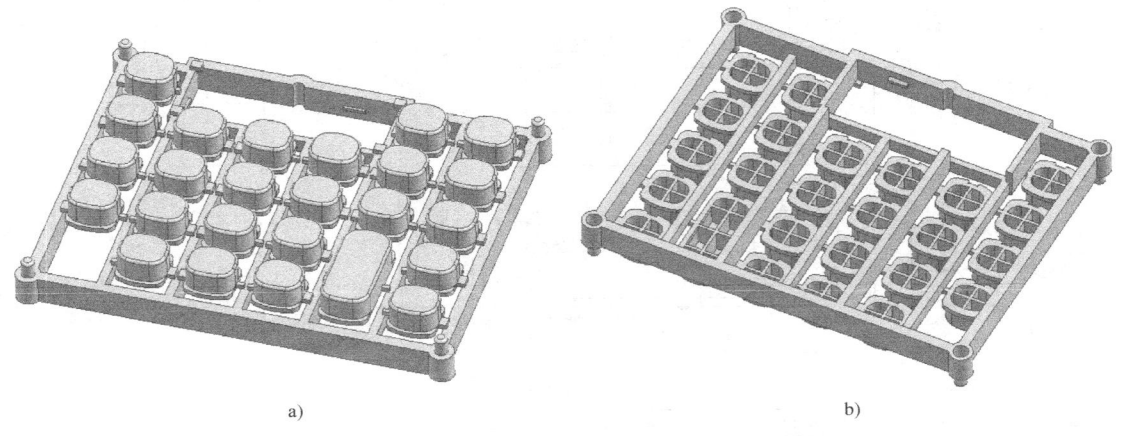

a)　　　　　　　　　　　　　　　b)

图　7-14

通过模具结构图可以看出，此例的顶出机构比普通模具多了推板 1 和八字形摆块 2，产品的超速顶出动作即靠八字形摆块完成。整副模具的运动原理是：开模后开始顶出动作，注塑机的顶杆推动推板 1 向前运动，推板 1 又推动推杆 4、推件板 5，以及整个顶针板机构和顶针同时向前运动，当行至 L 距离时，推板 1 开始推动摆块 2 一起向前运动，同时，摆块 2 围绕 O 点同步旋转，旋转出的夹角的直线距离，就是比注塑机的顶出速度快出来的距离，通常称为超速顶出；当行至 L_1 距离时，注塑机停止顶出，所有顶出机构停止运动，在此过程中，顶针板机构和顶针在摆块 2 的超速顶出下，行程了一个 L_2 距离，产品首先被推件板 5 从型芯 3 中推出，接着又被顶针从推件板 5 中顶出，最后完全顶出后模芯，从而完成全部脱模。

设计此种结构时，要把握好 3 个顶出距离，即 L、L_1 和 L_2，这 3 个距离均不需很精确，只要能保证产品安全地顶出即可。L 距离主要是为了在顶出前，首先使产品、型芯、推板三者之间松动一些，提前消除它们之间的包紧力，方便产品的顺利顶出，此距离可根据产品的实际脱模斜度来定，只要能有效地松动即可，一般取 $3\sim5\text{mm}$；L_1 距离是推板 1 的顶出总距离，它决定着 L_2，而 L_2 必须大于整个产品在后模中的深度，(L_2+L) 即顶针板机构顶出的总距离，为产品顶出的安全距离，(L_2-L_1) 即八字形摆块摆动过程中形成的超速距离，必须大于产品在推件板 5 中的成型深度，其值可利用三角函数得出。但是，实际工作中，这些数据不需计算，只要首先定下产品的安全顶出距离 L_2，然后直接利用 2D 或 3D 软件将摆块旋转到所需的 L_2 位置，即可测量出所需的准确数据，简单又直观，且不易出错。八字形摆块的弯曲角度通常为 45°。

八字形摆块的超速顶出机构，通常用于产品顶出行程较小、所需顶出力较小的情况下。因为这种机构顶出动力在经过两级传导后，已被大大削弱，若所需顶出力较大，经常出现顶不动的现象，因此，在使用时应酌情考虑。

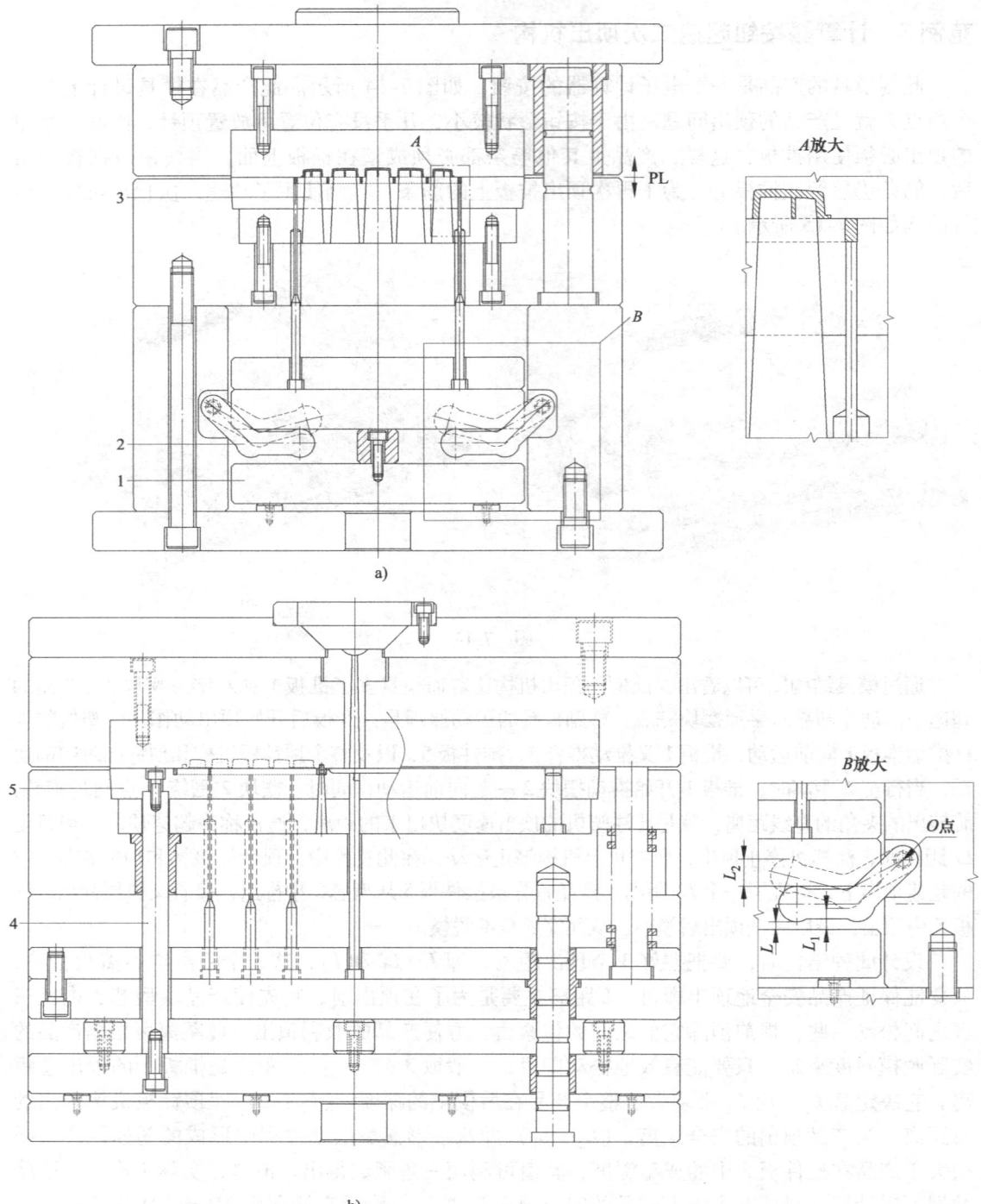

图 7-15
1—推板 2—八字形摆块 3—型芯
4—推杆 5—推件板

使用此种机构时还应注意一个问题，就是摆块的设置应平衡对称，可根据模具的大小选用 6 个或 4 个，正常情况下使用 4 个即可。

范例 6 离合器调整盖二次顶出机构

此副模具的产品是一部电器离合器的控制旋钮，如图 7-16 所示。产品为圆形，在产品周围有一圈凸起的数字和凸点，数字以 30°的角向四周呈放射状分布。由于数字较深，必须使用抽芯机构才能顺利脱模，因此，本例使用了 12 个斜弹式滑块分别向 12 个方向同时抽芯。当滑块完成抽芯后，虽然每个滑块均已脱离了产品，但滑块行程很小，产品仍然处在 12 个滑块包围之中，很难顺利地自动掉落，必须由人工取出，严重影响生产效率。为此，本例使用了二次顶出机构将产品再次向前顶出安全的距离，保证产品安全跌落。模具详细结构如图 7-17 所示。

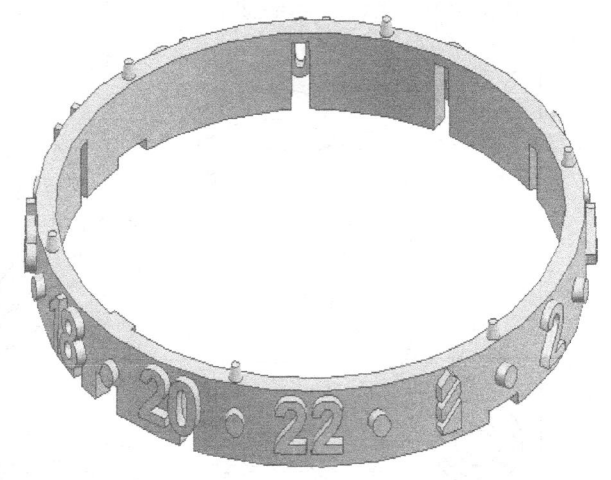

图　7-16

此副模具的运动原理是：当模具完成开模后，开始顶出动作，注塑机的顶杆推动顶板 11、12 向前运动，在拉钩 15 的作用下，带动顶板 13、14 一起向前运动，同时，这两组顶板又带动顶块 2 和顶杆 1 一起向前运动，顶杆 1 推动顶块 9，顶块 9 最后推动 12 个斜弹滑块，12 个滑块在滑块座 8 T 形槽的导向下，沿着自身的倾斜方向向前运动，开始抽芯动作；当行至 L 距离时，斜压块 17 在自身斜面的作用下将活动块 16 完全压缩，拉钩 15 脱离活动块 16，顶板 13、14 停止运动，随后顶杆 1 和所有滑块均停止了运动，此时，12 个滑块已完成了抽芯并在限位螺钉 16 的作用下停止了运动；继续顶出，顶板 11、12 和顶块 2 继续向前运动，当行至 L_1 距离时，所有顶出机构停止运动，产品在顶块 2 的顶出下超出滑块距离，从而安全的跌落。

除此之外，还需要解释一下，弹压块 3 镶在前模的镶块上，在 3 个弹簧 4 的作用下可上下浮动，其作用主要是在开模的初始阶段压住滑块，防止产品包在前模芯 6 上。

此副模具是一模两穴，共有 24 个小滑块分别固定在两个圆形滑块座内。图 7-18 和图 7-19 为后模排位图，也是此副模具在设计上最值得骄傲之处，巧妙的布局，使本应很复杂的滑块机构变得简单而紧凑，大大节省了模具的内部空间。

图 7-20 为滑块机构拆除滑块后的视图，图 7-21 为拆除滑块座后的滑块组立图。通过两视图可以看出，滑块和滑块座之间通过 T 形槽连接导向，无论是滑块还是滑块座加工都非常方便，精度易控制，动作安全可靠。

图 7-22 为滑块机构的顶出机构。由于滑块形状较小，在滑块本体上无法设计弹出机构，为此，本例在滑块底部设计了一个圆形顶块。顶出时，一个顶块顶住 12 个小滑块向 12 个不同方向同时抽芯，结构简单巧妙，动作安全可靠。

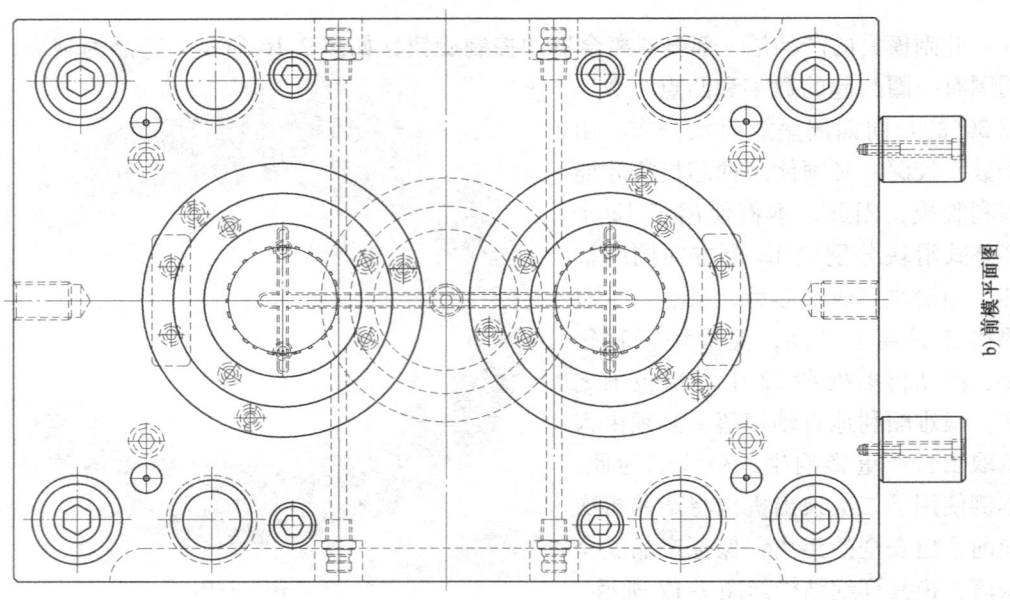

b) 前模平面图

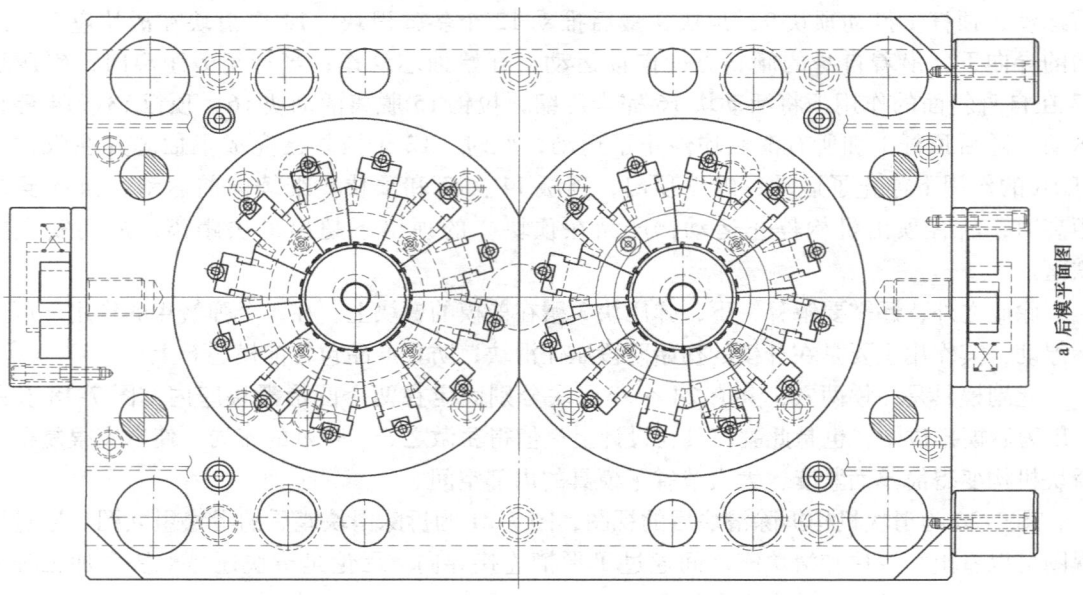

a) 后模平面图

第7章 二次顶出机构20例

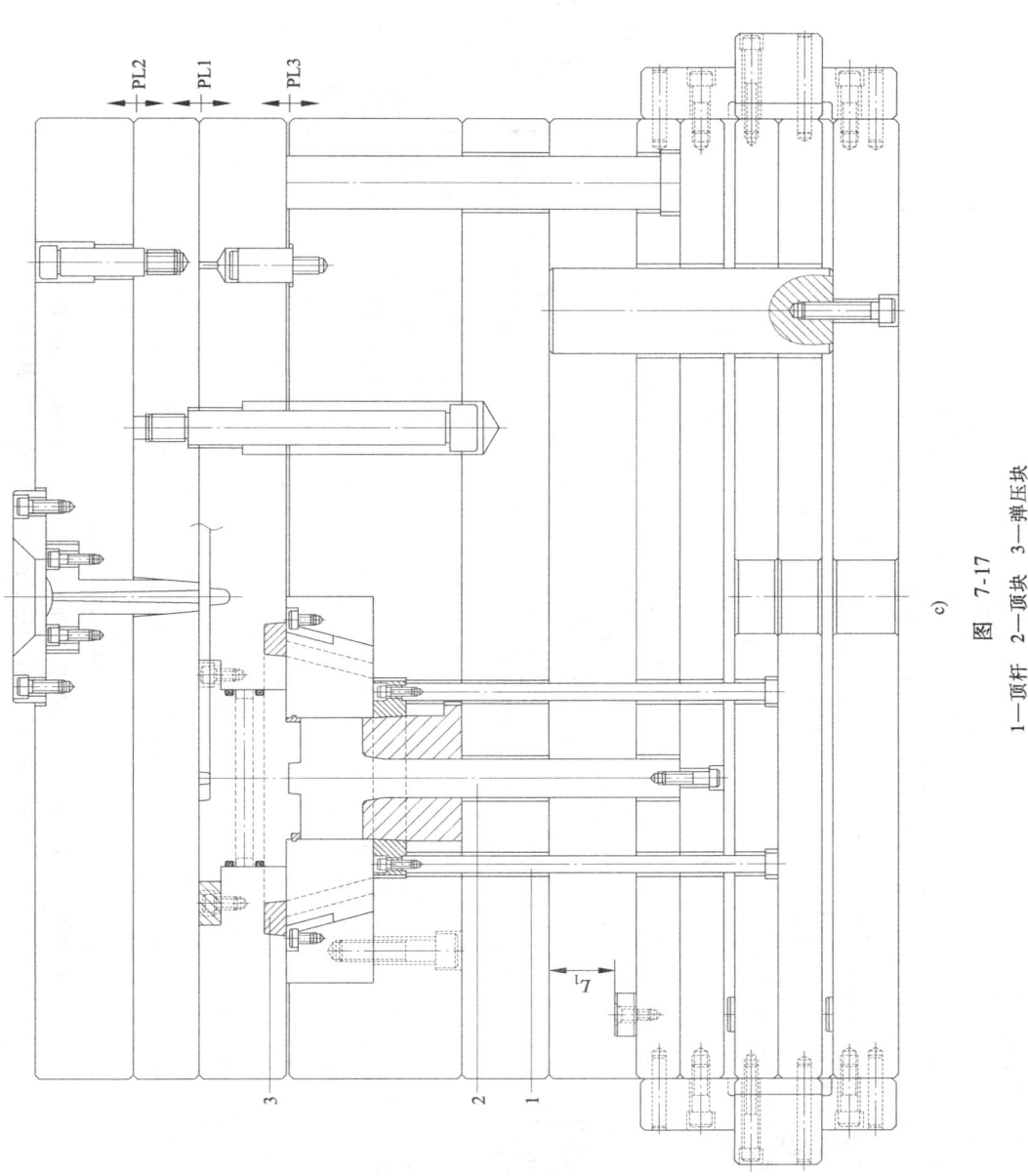

图 7-17
1—顶杆　2—顶块　3—弹压块

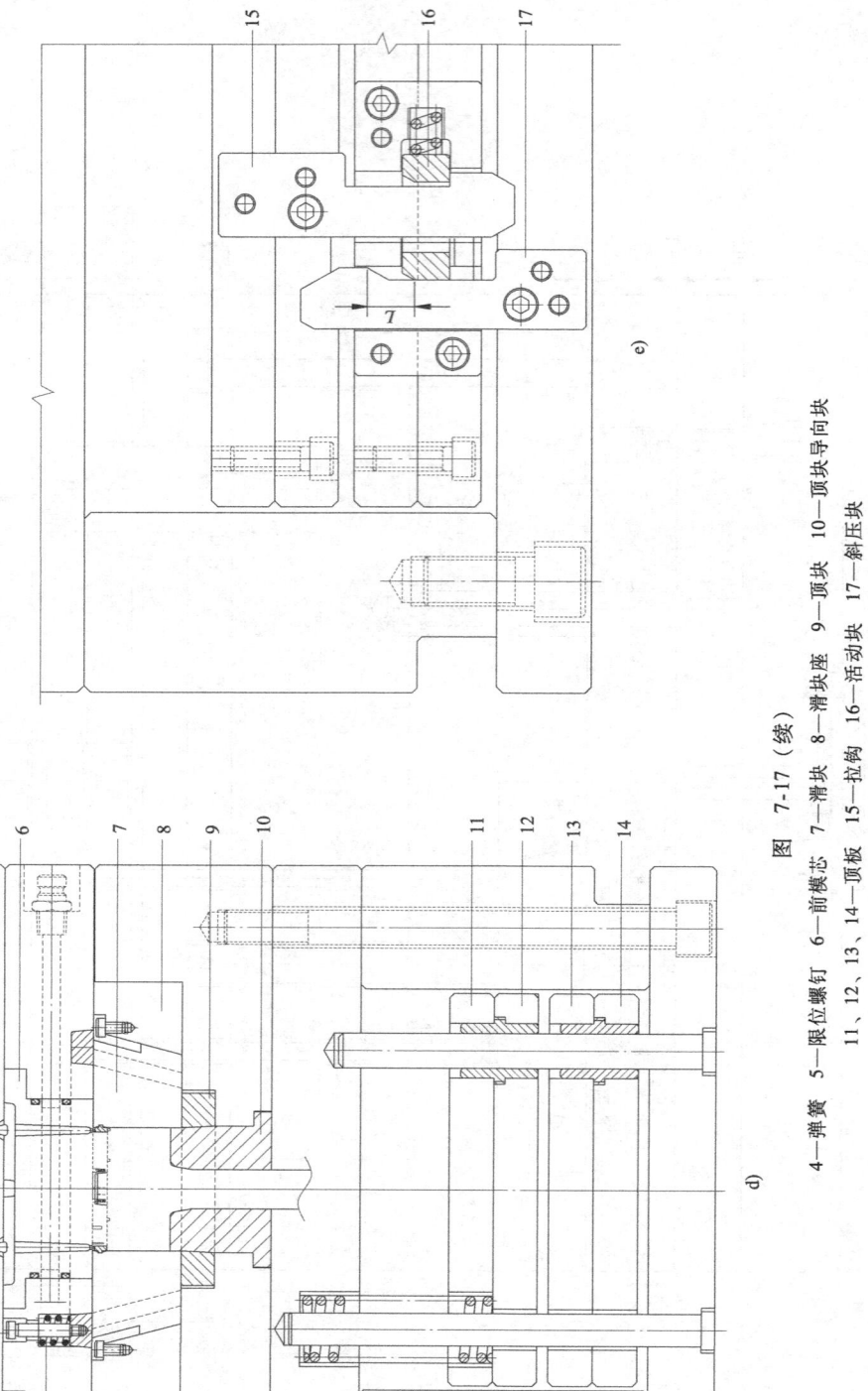

图 7-17（续）

4—弹簧 5—限位螺钉 6—前模芯 7—滑块 8—滑块座 9—顶块 10—顶块导向块
11、12、13、14—顶板 15—拉钩 16—活动块 17—斜压块

第 7 章 二次顶出机构 20 例 · 283 ·

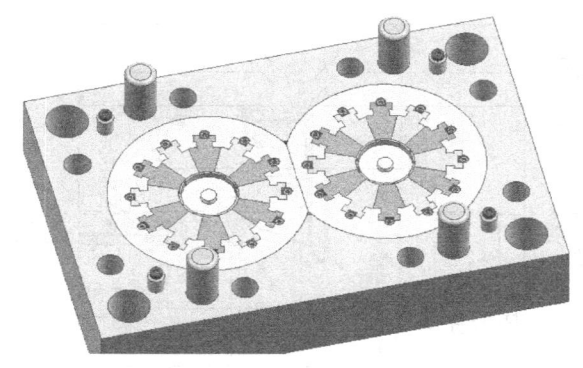

图 7-18

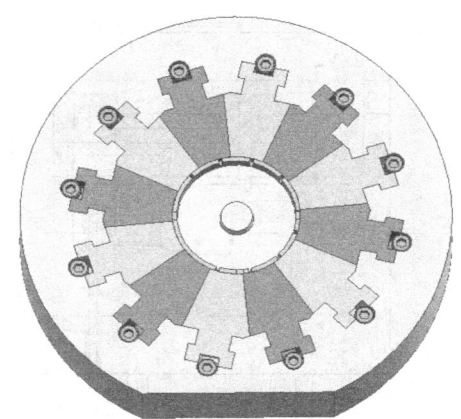

图 7-19

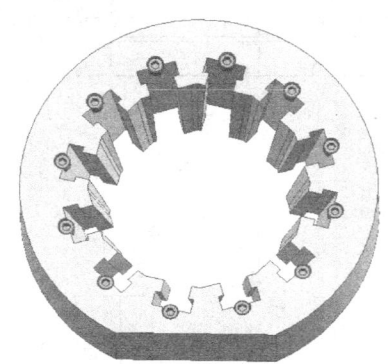

图 7-20

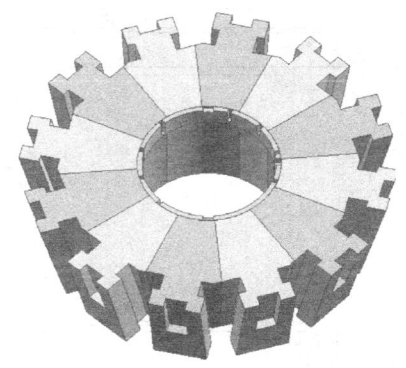

图 7-21

范例 7　电话机底盖二次顶出机构

此副模具是一个集前模滑块、前模斜顶和二次顶出为一体的模具。前模滑块和前模斜顶在前面章节中已涉及，本例不再介绍，要重点介绍的是和本章相关的二次顶出机构。此产品需二次顶出的位置为产品内部一个很深的卡扣（见详细放大图 A）。由于卡扣内侧有一条筋条的干涉，加上此处空间较狭小，导致斜顶机构无法使用，只能借助二次顶出机构实现强制脱模。模具详细结构如图 7-23 所示。

此例是较简单易理解的二次顶出机构，共使用了两组顶板机构，上面第一组为普通的顶针板机构，下面第二组是专门为顶块 2 设计的顶杆 1 固定板。两组顶板的顶出顺序由一套机械式扣机机构控制，此机构共有 4 个重要零件，分别是拉钩 3、活动块 4、斜压块 5 和弹簧 6。当开模动作完成后，注塑机顶杆推动第一组顶针板

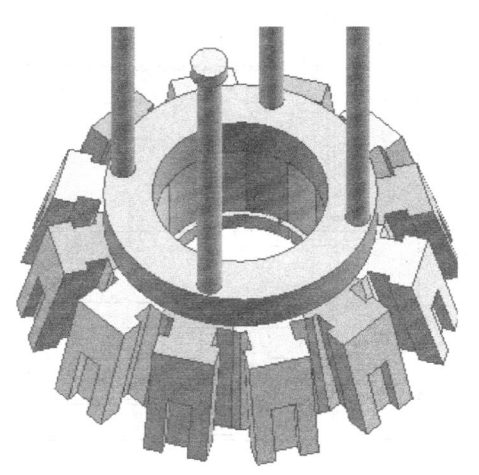

图 7-22

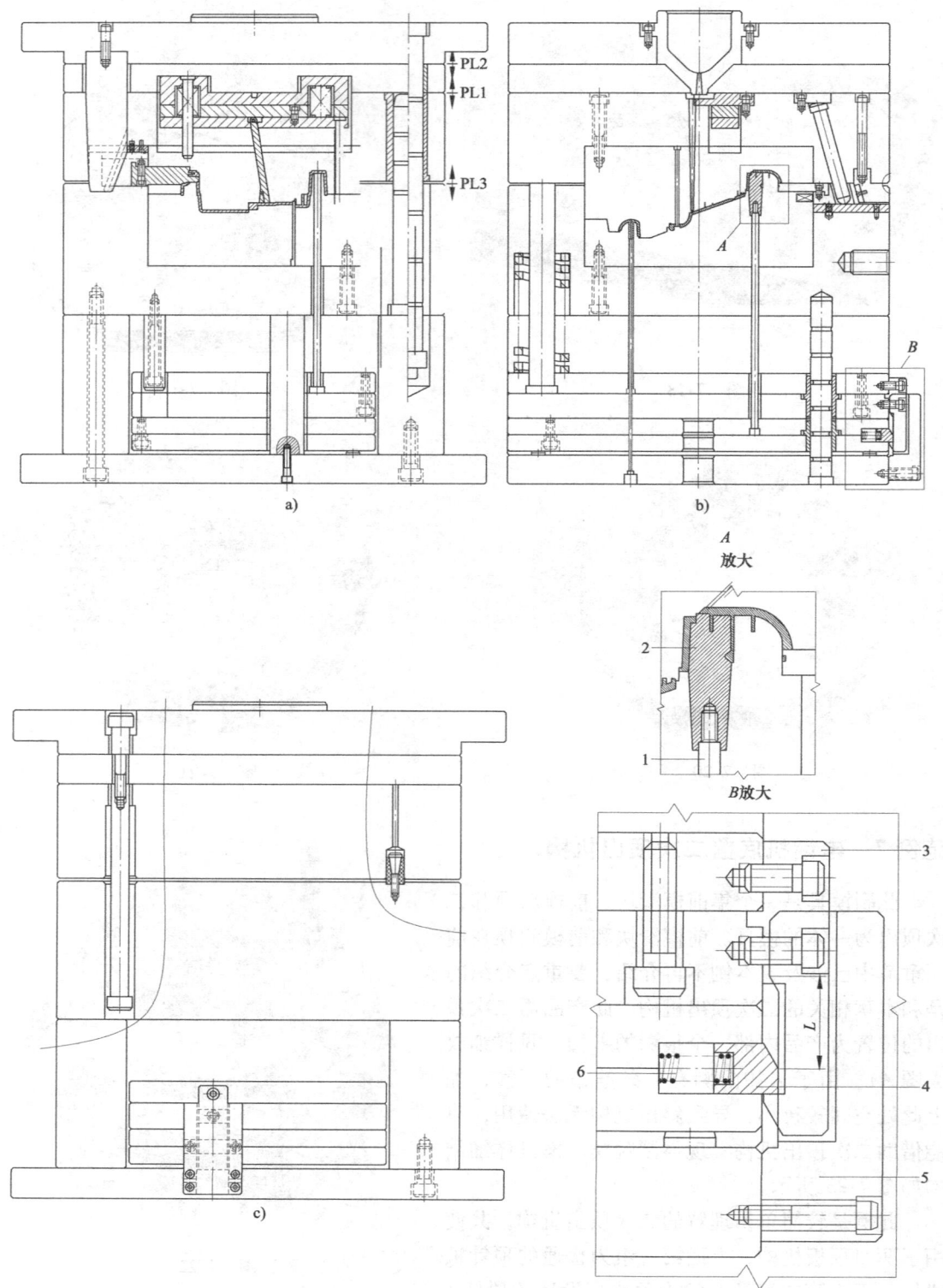

图 7-23

1—顶杆 2—顶块 3—拉钩 4—活动块 5—斜压块 6—弹簧

向前运动，同时，在拉钩 3 的作用下，第二组顶板和顶块 2、顶杆 1 等一起向前运动，当行至 L 距离时，在斜压块 5 斜面的压迫下，活动块 4 被完全压缩，拉钩 3 脱离活动块 4，第二组顶板和顶块 2 等停止向前运动，此时，顶块 2 连同产品一起被顶出后模型腔一个 L 距离，这个 L 距离必须大于产品卡扣的深度；继续顶出，整个产品在顶针的作用下被全部顶出型腔，产品卡扣在顶出过程中慢慢向外变形，最终强制脱出顶块 2，至此，顶出动作全部完成，产品实现了自动脱模。图 7-24 为扣机机构的三维视图。

范例 8　变极适配器二次顶出机构

此副模具的产品是一个电子适配器的上下盖，这两个产品的共同特点，就是在产品内侧均有一个倾斜的螺纹柱。螺纹柱必须使用后模内滑块机构。内滑块机构最大的特点是，必须弹一次 B 板。弹 B 板的动力来源有的是弹簧，有的是扣机机构，而此例使用了一种简单的二次顶出动作，完成了弹 B 板机构，模具结构如图 7-25 所示。

从模具结构图可以看出，此副模具也可说是一个后模内滑块机构，在理论上它是通过一次弹 B 板来完成内滑块抽芯动作的，而本例的 B 板并不是真正弹开的，而是用顶出机构顶开的。此顶出机构和本章范例 2 的机构相同，后模侧的运动原理也完全相同，可以参考范例 2；关于内滑块机构的设计，在第 4 章已详细介绍过，不再进行讲述。

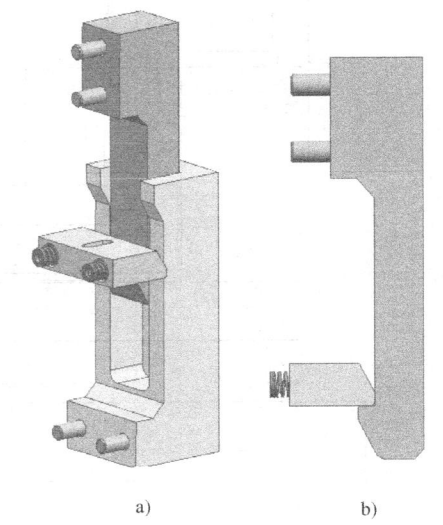

图　7-24

范例 9　无绳电话主机内支架二次顶出机构

此副模具的产品是一个室内无绳电话的主机内支架。在模具结构上此例集前模滑块和后模内滑块于一体，详细结构如图 7-26 所示。由于前模两个滑块刚好处于模具正中心位置，和浇口套产生了干涉，为此，前模在三板模基础上增加了一块模板，造成了 4 块模板 3 次分型，这是此例的特殊之处。当碰到这类结构时，只需重点掌握几个限位拉杆的安放位置和分型距离即可。

此例二次顶出的第一次顶出是为了顶开 B 板，抽出内滑块，第二次顶出是为了使顶针顶出产品。若此例没有内滑块，根本不需二次顶出机构，所以，只要明白了设计意图，很容易理解整副模具的动作原理。

首先简要介绍一下前模 4 块板的开模顺序：开模后，在尼龙开闭器 9 的作用下，PL1 首先分型，同时，前模滑块 10 在滑块座 11 T 形槽的拉动下向后抽芯，当行至 L 距离时，滑块 10 完成抽芯，限位拉杆 3 限位；紧接着 PL2 开始分型，当行至 L_1 距离时，主流道已完全脱出前模腔和模板，此时在限位拉杆 1 的作用下 PL3 开始分型，当 PL3 打开 L_2 距离时，主流道脱离水口钩针和浇口套，完成自动跌落，此时限位拉杆 2 限位，主分型面 PL4 打开。

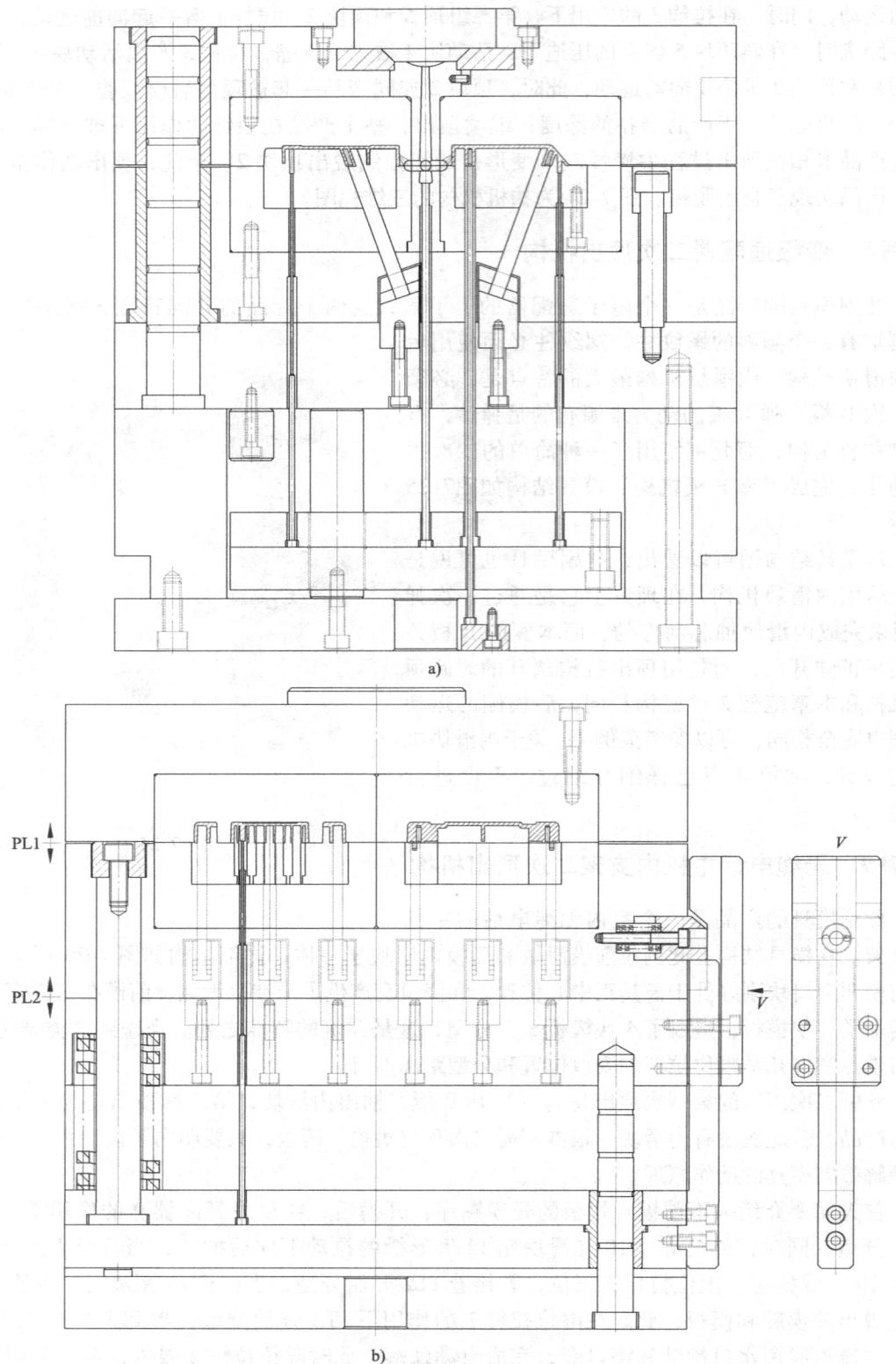

图 7-25

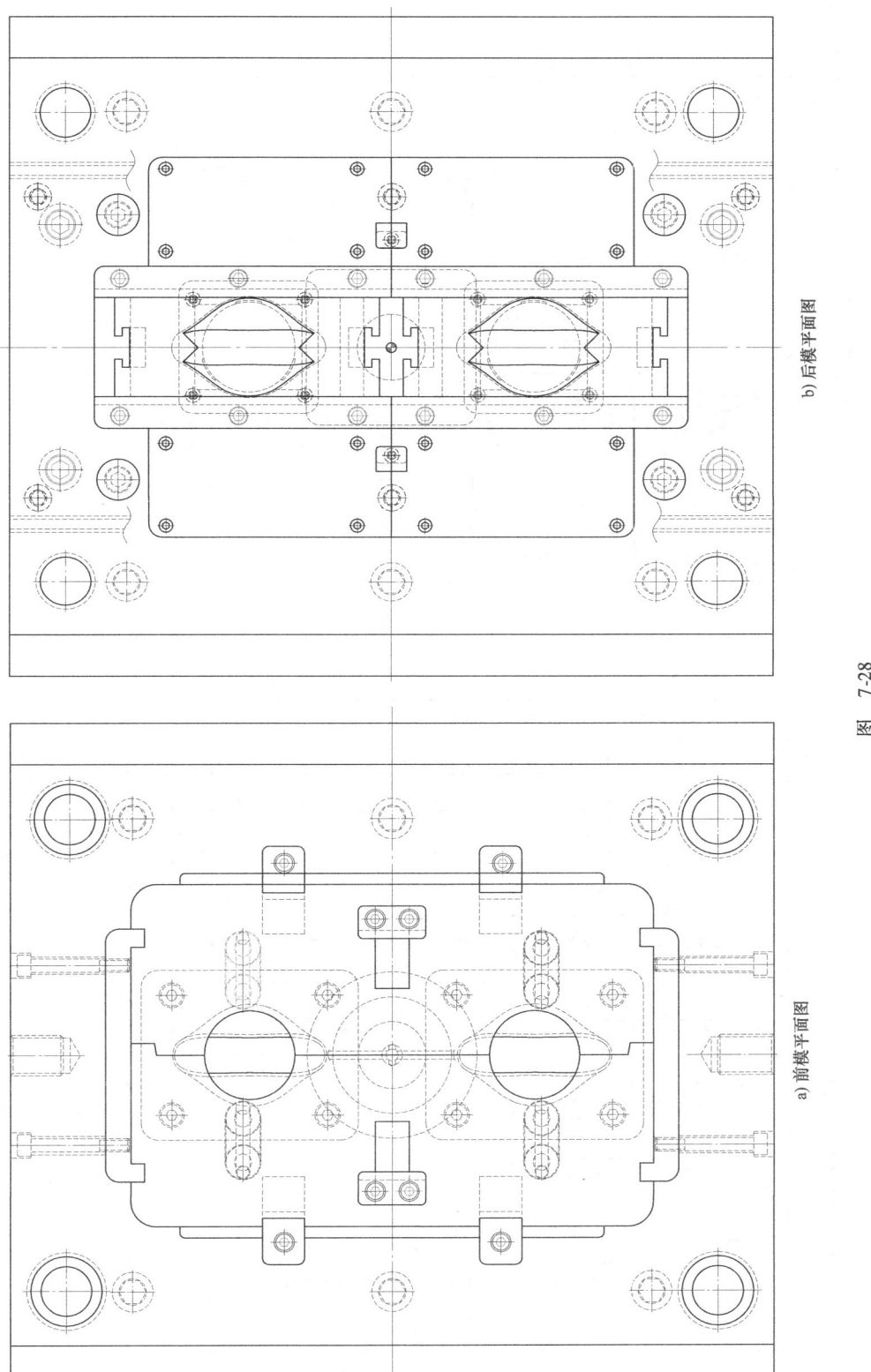

图 7-28

b) 后模平面图

a) 前模平面图

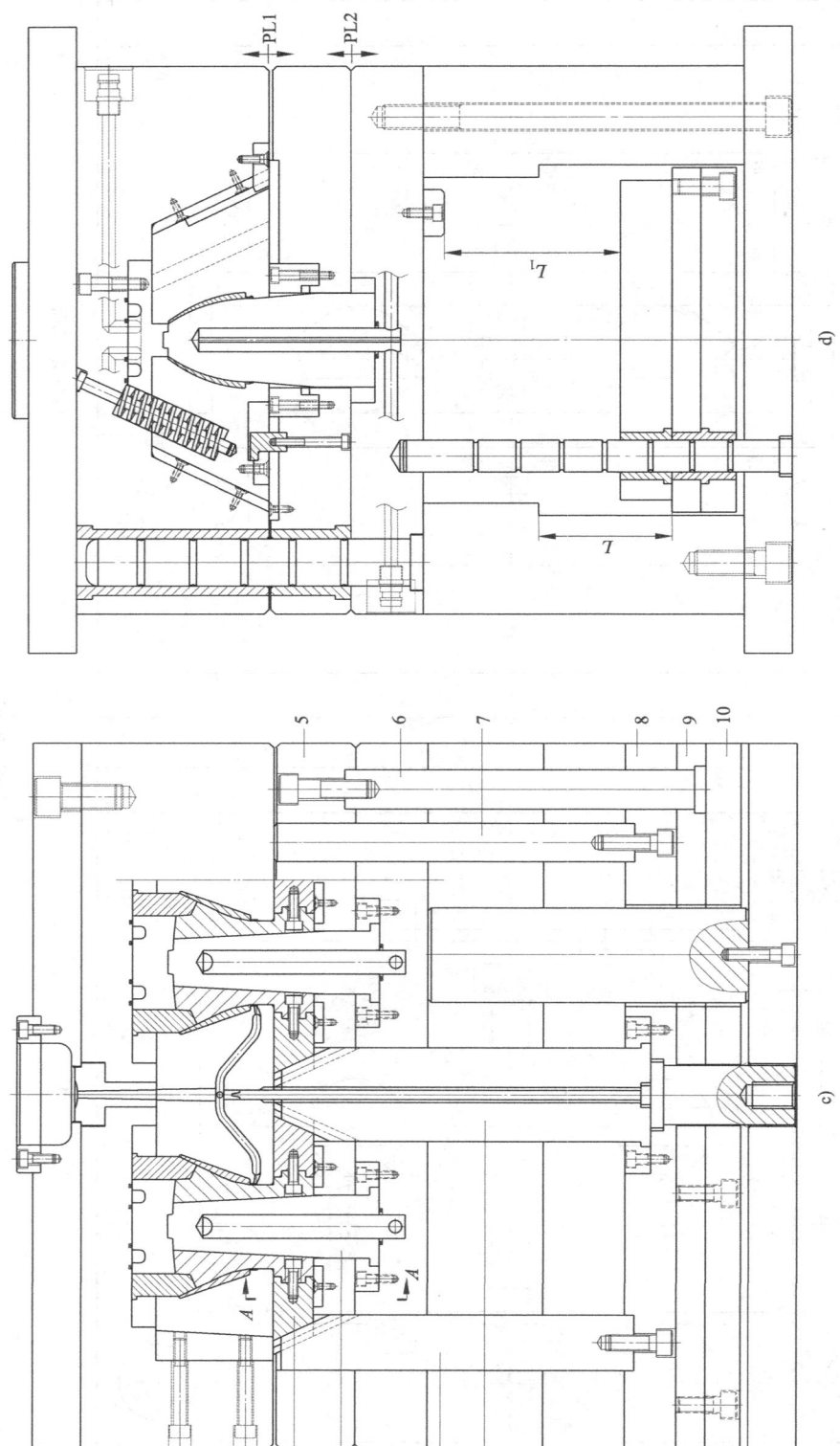

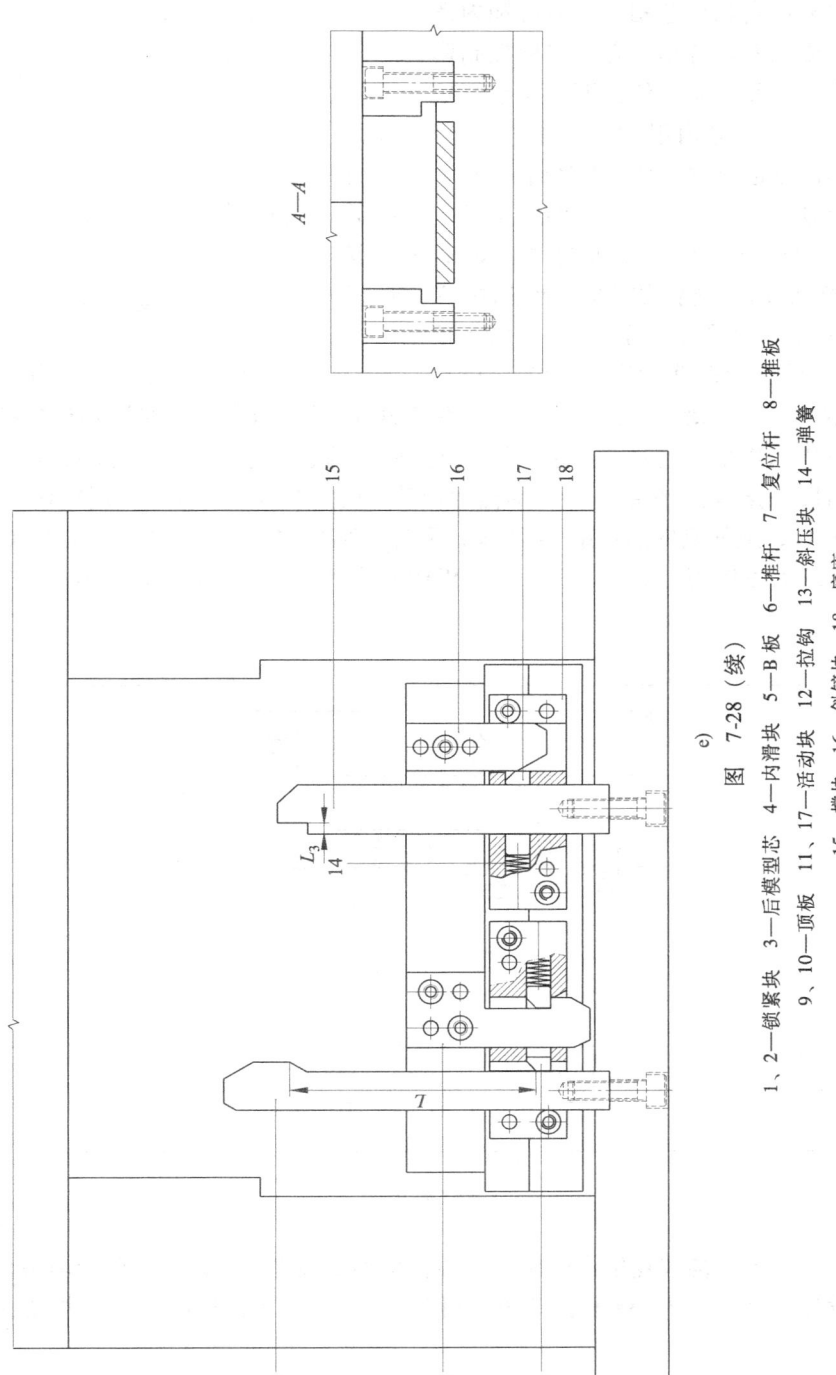

图 7-28（续）

1、2—锁紧块 3—后模型芯 4—内滑块 5—B板 6—推杆 7—复位杆 8—推板
9、10—顶板 11、17—活动块 12—拉钩 13—斜压块 14—弹簧
15—撑块 16—斜铲块 18—底座

从模拟图 7-28 上可以看出，当内滑块完成抽芯后，型芯 3 刚好处于两个内滑块正下方。若此时开始合模，两个内滑块会和型芯相撞，型芯和内滑块均会报废，因此，要想安全合模，必须严格控制模具的合模顺序：内滑块必须首先复位，即两个锁紧块和推板 8 需首先复位。只有等内滑块完全复位了，分型面 PL2 才可合模，型芯 3 才能安全地插入两个内滑块中。为安全控制合模顺序，本例在两组顶板上设计了一套机械式延迟合模机构，此机构共有 6 个重要零件，分别是撑块 15、斜铲块 16、活动块 17、底座 18、弹簧 14 和上盖（图中未示出）。当所有顶出机构

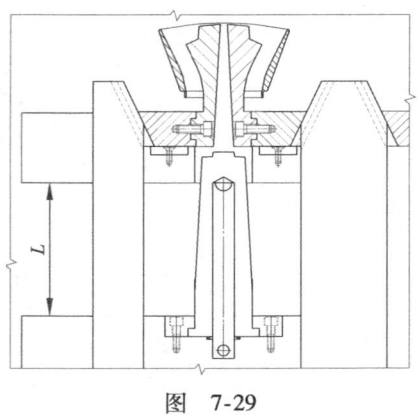

图 7-29

完成顶出时，斜铲块 16 脱离活动块 17，此时，在弹簧 14 作用下，活动块 17 被向后弹出一个 L_3 距离，刚好卡在撑块 15 的台阶上，如图 7-30 所示，当推板 8 在注塑机的拉动下开始复位时，顶板 9、10 在撑块 15 的支撑下不能运动，导致 B 板 5 也不能运动，当推板 8 向后复位 L_2 距离时，内滑块 4 在锁紧块 T 形槽的带动下已完全复位，此时，斜铲块 16 的斜面刚好铲到活动块 17，迫使其向后退缩 L_3 距离，刚好脱离撑块 15 的台阶，撑块 15 此时已失去对顶板 9、10 的支撑作用，从而使整个顶出机构和 B 板 5 一起向后复位，型芯 3 安全插入两个内滑块中。

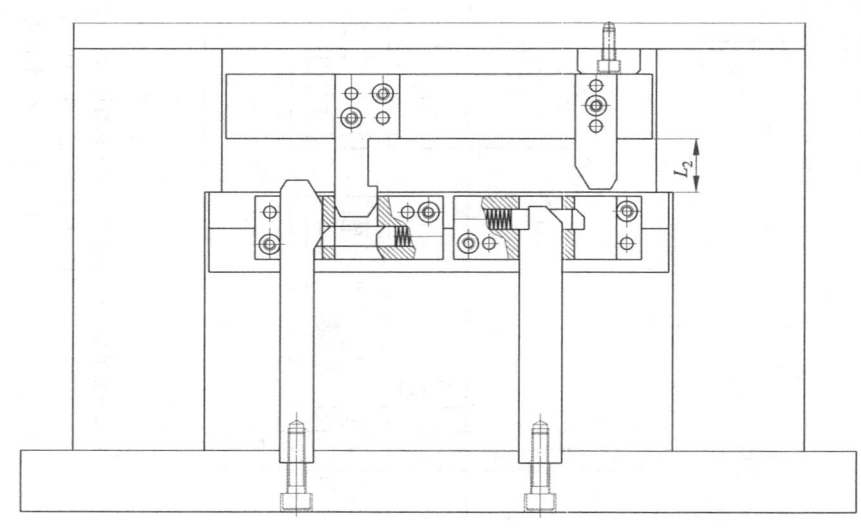

图 7-30

此副模具的顶出机构和复位机构比较复杂，是难度很高、设计巧妙的经典案例，特别是延迟机构的设计。可将图 7-28e 和图 7-30 作仔细分析和对比，从中找出动作变化之处，最终完全领悟。

范例 11 轿车前顶灯灯体二次顶出机构

此副模具的产品是一款轿车前顶灯的灯体，如图 7-31 所示。由于产品较复杂，本例将突出重点部分，至于其他结构，值得吸取的地方则简要点评一下，普通内容将全部忽略。

图 7-31b 为产品内部的两个电线卡钩。卡钩深度较深,宽度较宽,斜顶、滑块均无法使用,因此,只能利用二次顶出辅助强制脱模。详细结构如图 7-32 所示。

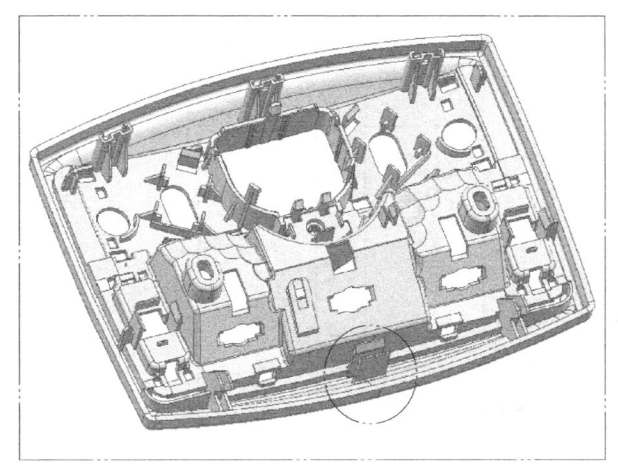
a)

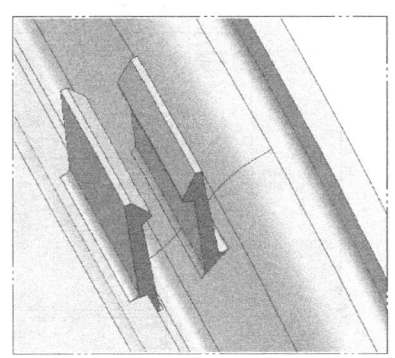
b)

图　7-31

此例是比较简单的二次顶出机构,两个卡钩共同使用了一个浮动镶件 3,如图 7-33 所示。在推杆 1 的作用下镶件有 L 距离的向上浮动空间。L 距离大于两个卡钩在后模仁中的成型深度。模具进行顶出时,注塑机的顶杆推动顶针板向前顶出,顶针板在弹簧扣机 5 的作用下带动推板 2 同时向前顶出,推板 2 又带动推杆 1 和浮动镶件 3;当行程 L 距离时,在限位杆 4 作用下,弹簧扣机脱钩,推板 2 推杆 1 和浮动镶件 3 等全部停止了向前顶出,此时,产品上两个卡钩和浮动镶件 3 脱离了卡钩在后模仁中的成型深度;继续顶出,在顶针的推动下,两个卡钩向外变形张开,强制脱离浮动镶件,最后产品由顶针顶出。

除此之外,本例还有两个滑块机构值得留意,第一是图 7-32a 中的隧道式滑块,第二是图 7-32b 中的倾斜式滑块。这种滑块类型在第 2 章曾有过介绍,但本例的细节之处,仍然值得借鉴。

范例 12　轿车后顶灯灯体二次顶出机构

此副模具的产品是一款轿车后顶灯的灯体,如图 7-34 所示。此产品和本章范例 11 是同一系列的两个灯体,形状和结构有很多相同之处。图 7-34b 为两个电线卡钩,这两个卡钩在模具结构上只能使用强制脱模。在范例 11 中,两个卡钩在二次顶出的辅助下完成强制脱模,而本例使用了另一种弹簧浮动式镶件代替了常规的二次顶出机构,使模具结构变得更加简单可靠。详细结构如图 7-35 所示。

此例和范例 11 一样,两个卡钩共同使用了一个浮动式镶件 2,如图 7-36 所示。在推杆 1 的推动下,镶件 2 可向上浮动 L 距离,L 大于两个卡钩在后模仁中的成型深度。在推杆底部,装有一个弹簧和一个弹簧导柱,弹簧的作用是专门用来弹起浮动镶件的,弹簧导柱主要是给弹簧支撑导向的。当模具进行顶出时,浮动镶件在弹簧 4 的作用下和其他顶出机构一起向前顶出,当行至 L 距离时,浮动镶件停止运动,其他顶出机构继续向前顶出,在顶针的推动下,两个卡钩向外变形张开,强制脱离浮动镶件,最后产品由顶针顶出。

· 294 ·　塑料注塑模具经典结构180例

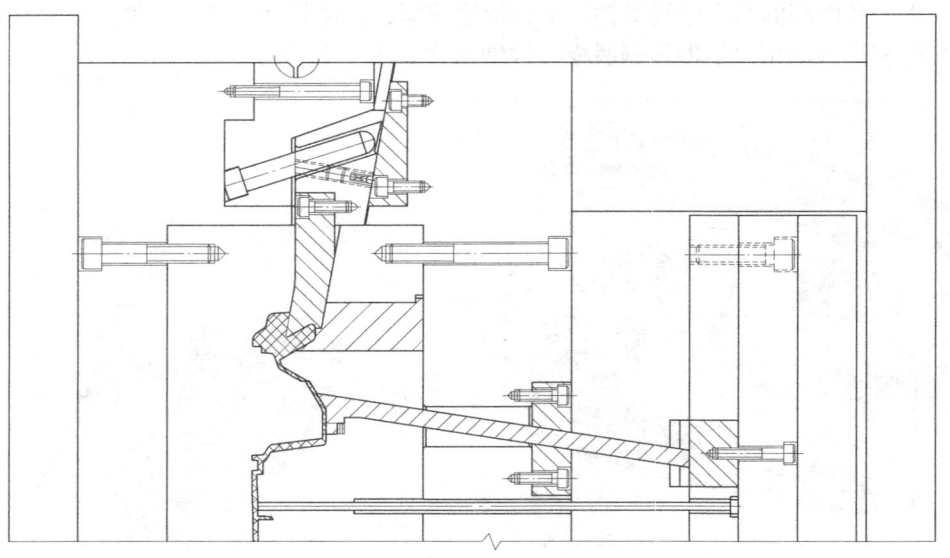

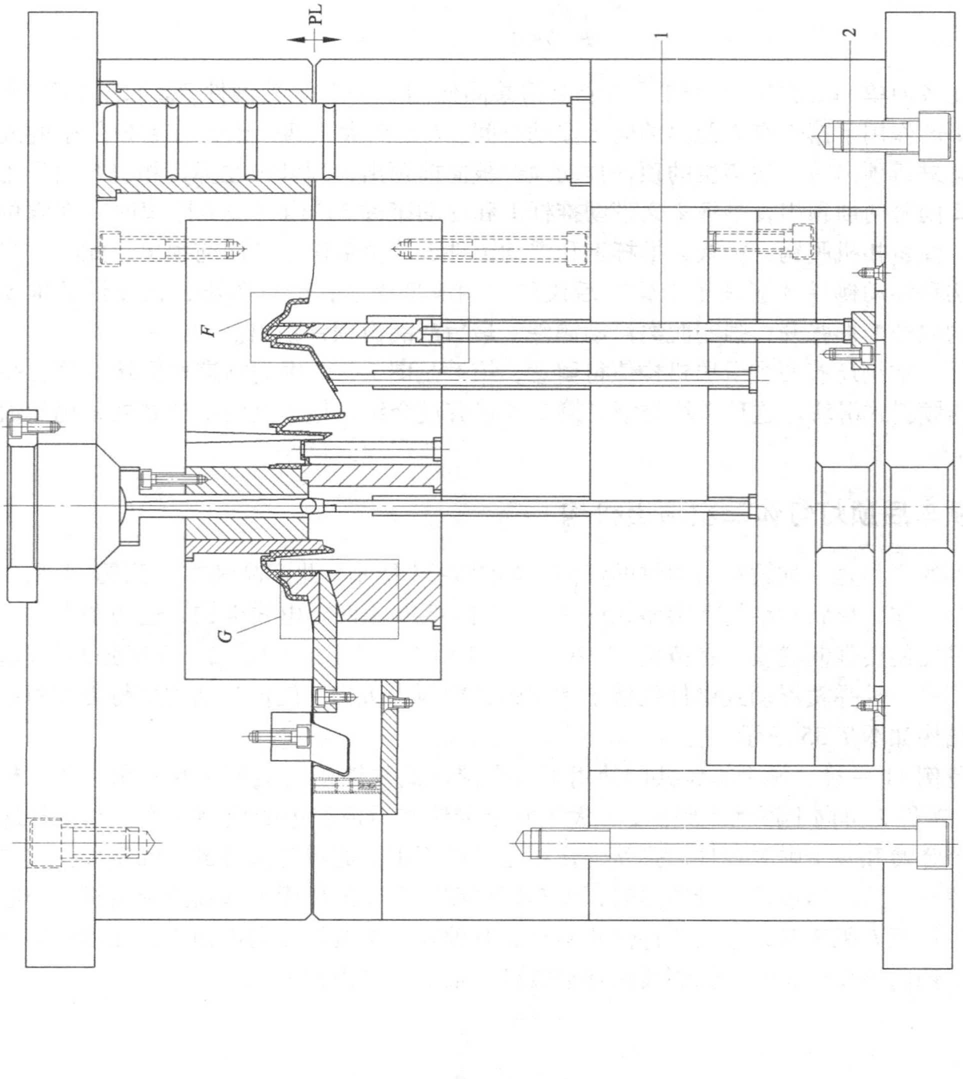

第 7 章 二次顶出机构 20 例

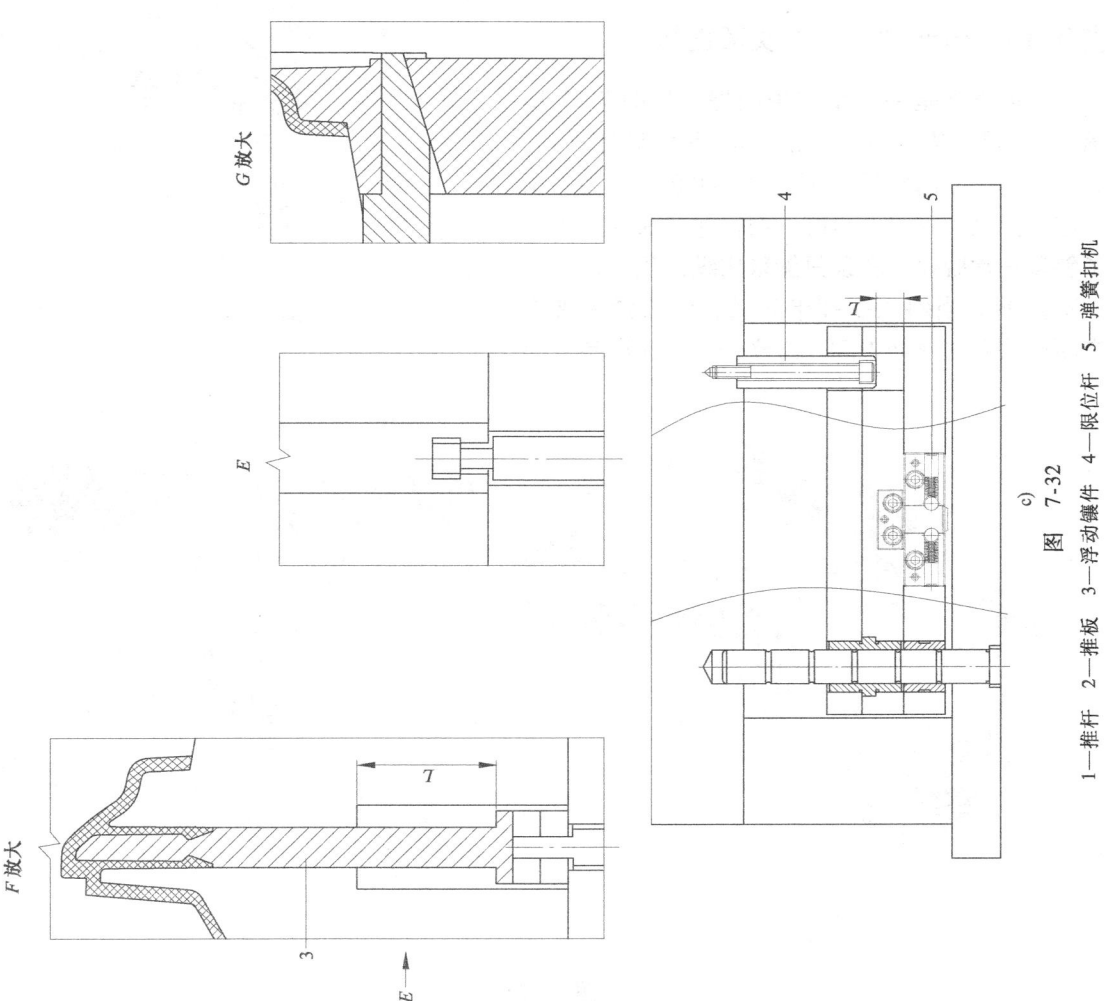

图 7-32 c)
1—推杆 2—推板 3—浮动镶件 4—限位杆 5—弹簧扣机

此例和范例 11 虽是同一系列的两个产品，但模具设计却出自两个设计师之手，因此，模具结构有很大的区别。通过对比可知，本例的设计要高明很多，它结构简单，动作可靠，应优先选择。本章之所以介绍这两个几乎相同的范例，主要是为帮助大家开阔视野，丰富经验，而这两个范例在结构上并无对错之分。

范例 13　微波炉门框二次顶出机构

此例产品是一个微波炉门框，如图 7-37 所示。在模具结构方面，此产品有两大设计难点。难点一是产品内侧的卡扣。此卡扣必须使用斜顶抽芯，但是，由于旁边有一圈很深的加强筋挡住了斜顶正常脱模，斜顶只能采用纵向顶出，如图 7-38 所示。当斜顶脱掉卡扣后，仍然紧紧夹在产品侧壁和加强筋中间，最终仍无法让产品自动

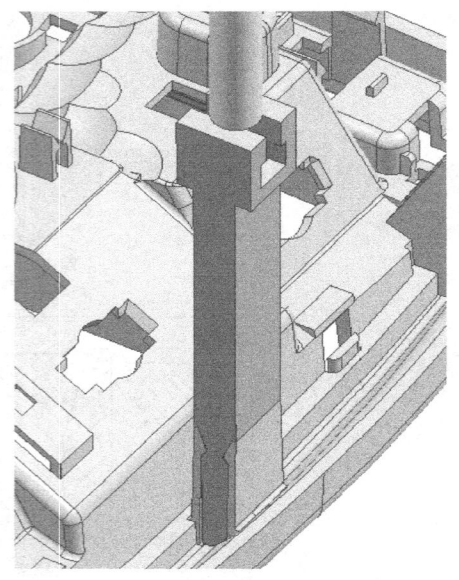

图　7-33

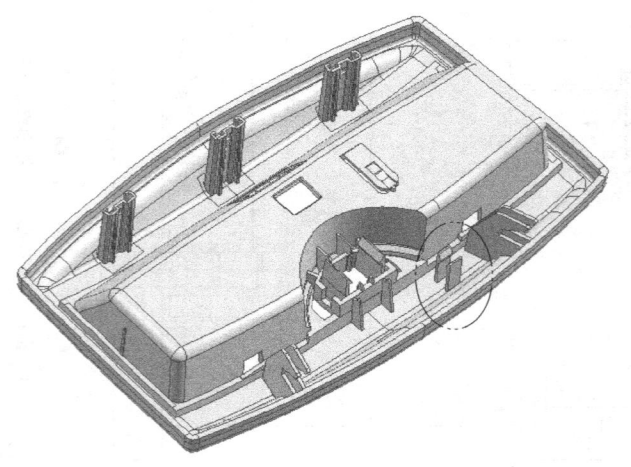

a)

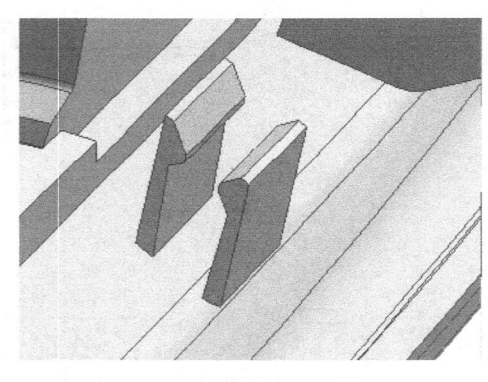

b)

图　7-34

脱落。从图 7-39 可以看出，这种斜顶在产品四周共有 17 支之多，产品对斜顶的包紧力是非常巨大的，在这种情况下，若要产品顺利脱模，必须使用二次顶出机构，第一次顶出是使卡扣脱离斜顶，第二次顶出是使产品脱离斜顶，否则，此副模具将无法脱模。

难点二是产品正面的一圈卡槽。4 个方向中有 3 个方向有这种卡槽。在模具结构上，卡槽必须使用斜顶抽芯，而由于它处在前模一侧，因此，必须使用前模斜顶。由于产品形状较大，在前模设计如此大的斜顶难度非常高，而本例巧妙地利用了中间的碰穿面，将整个斜顶机构设计得既简单又可靠，如图 7-40 所示。

第 7 章　二次顶出机构 20 例

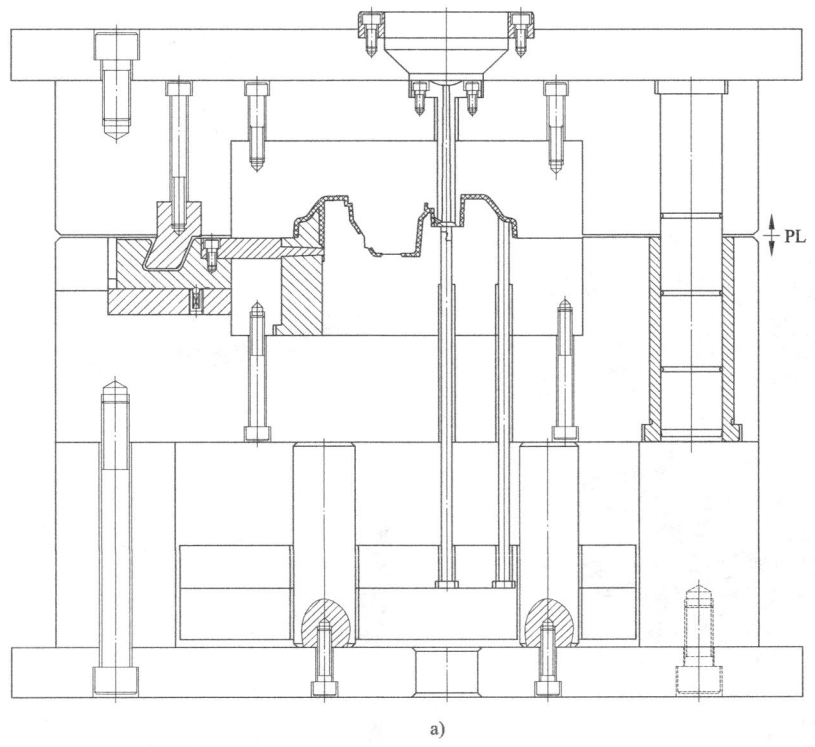

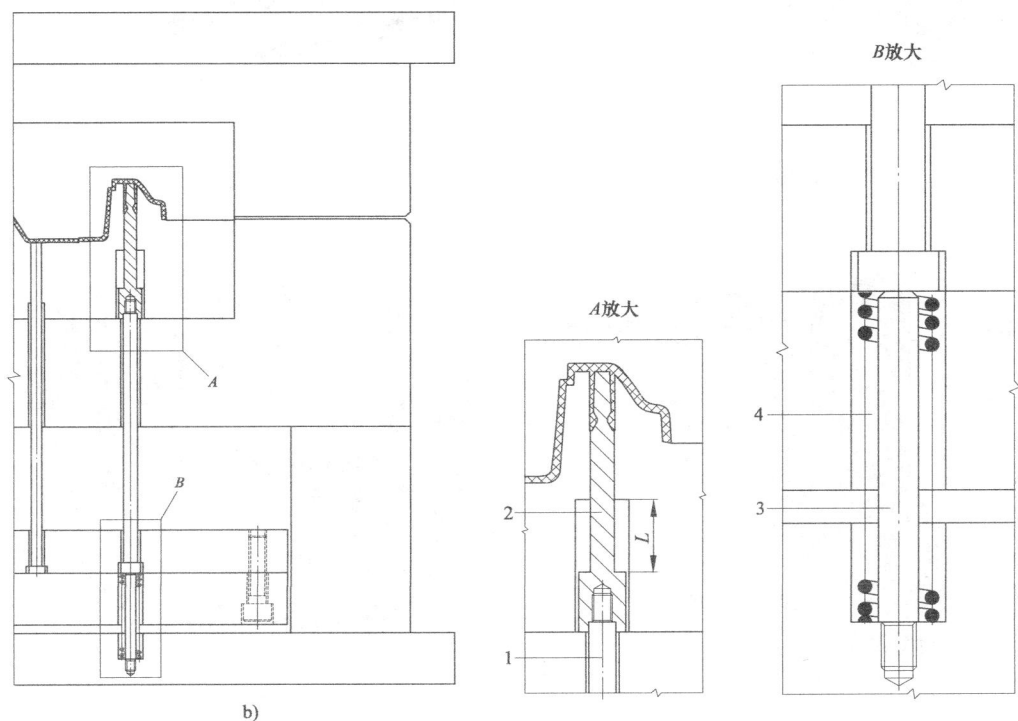

图 7-35
1—推杆　2—浮动镶件　3—弹簧导柱　4—弹簧

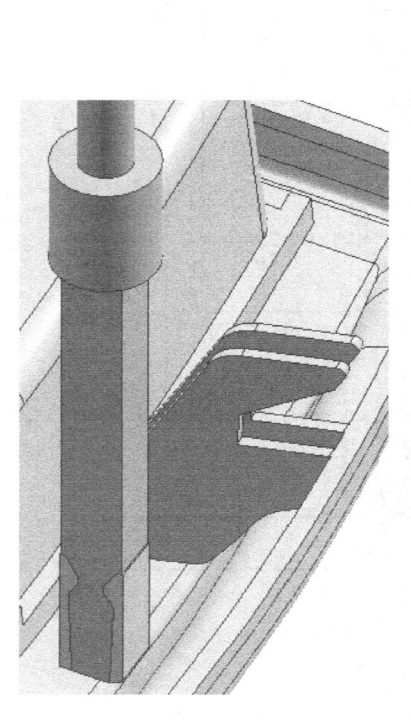
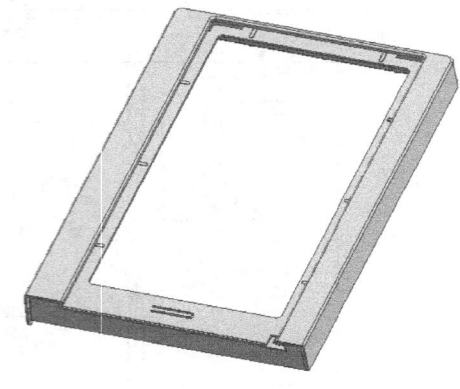

a)

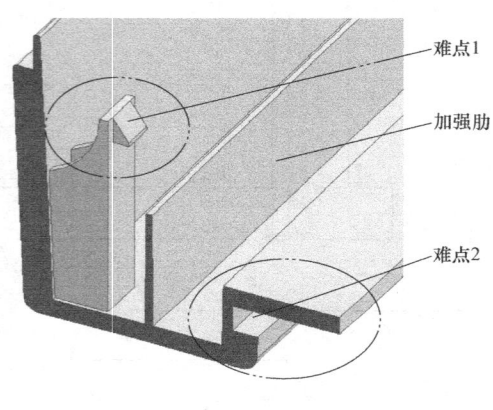

b)

图 7-36   图 7-37

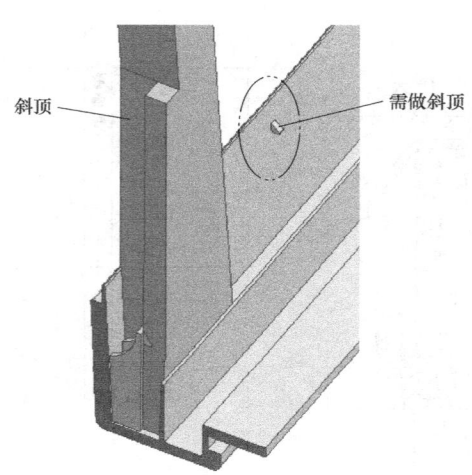

图 7-38   图 7-39

图 7-41 为单个斜顶的正面视图。3 个斜顶在结构上完全相同，每个斜顶共有 5 个重要零件，分别是斜顶 1、斜顶镶件 2、弹簧 3、限位螺钉 4 和拉钩 5（图内部未显示）。斜顶的顶出动力主要依靠弹簧 3 和拉钩 5，斜顶的行程定位主要靠限位螺钉 4。由于斜顶的厚度不宽裕，难以使用拉钩机构，因此，在斜顶中间另外镶起了一个斜顶镶件 2，这个镶件主要是为了辅助斜顶实现使用拉钩机构，使斜顶的弹出动作更加安全、可靠。这种巧妙的方法，足见设计者丰富的设计经验和灵活的应变能力。模具详细结构如图 7-42 所示。

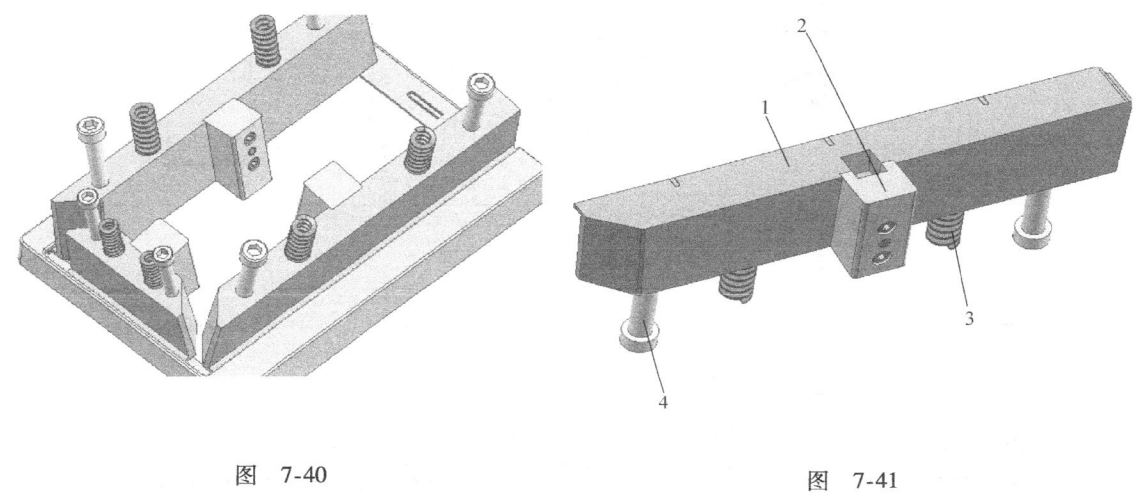

图　7-40

图　7-41

1—斜顶　2—斜顶镶件　3—弹簧　4—限位螺钉

图 7-43 为此例使用的顶出顺序控制机构，共有 5 个重要零件，分别是固定座 11、摆钩 13、撑块 14、弹簧 12 和销钉 15。其中摆钩 13 通过销钉 15 固定在固定座 11 上，撑块 14 固定在后模码模板上。当撑块 14 从固定座 11 中抽离后，摆钩 13 在弹簧 12 的作用下可以左右摆动，模具的二次顶出动作即靠摆钩摆动动作来控制。

模具的顶出动作原理是（见图 7-42 和图 7-43）：顶出时，注塑机的顶杆推动顶板 7、8 向前运动，在摆钩 13 的作用下，顶板 8 同时带动斜顶固定板板 9、斜顶托板 10 向前运动，这样，顶板 7、8 带动所有斜顶同步向前顶出；当行至 L 距离时，撑块 14 抽出固定块 11，消除了对摆钩 13 的撑压作用，铲块 6 的斜面铲到摆钩 13 的斜面，迫使摆钩 13 脱离顶板 7，斜顶固定板 9、斜顶托板 10 和所有斜顶停止运动，此时，产品已脱离后模型芯，所有斜顶均已完全脱出了卡扣，但仍然紧紧卡在产品侧壁和加强肋之中；继续顶出，顶板 7、8 带动顶针继续向前，最后由顶针从斜顶上将产品顶出，使产品自动脱落。

范例 14　电热水煲上盖二次顶出机构

此例产品是一个电热水煲上盖，为深腔类零件。由于产品对后模芯的包紧力较大，仅靠顶针顶出易将产品顶穿或变形，因此另外增加了推板顶出。但是，由于产品周边有一圈凹槽，当推板从型芯上将产品推出后，仍然牢牢卡在推板上，无法自动脱落，必须使用二次顶出机构，第一次是将产品顶出型芯，第二次是将产品顶出推板。详细结构如图 7-44 所示。

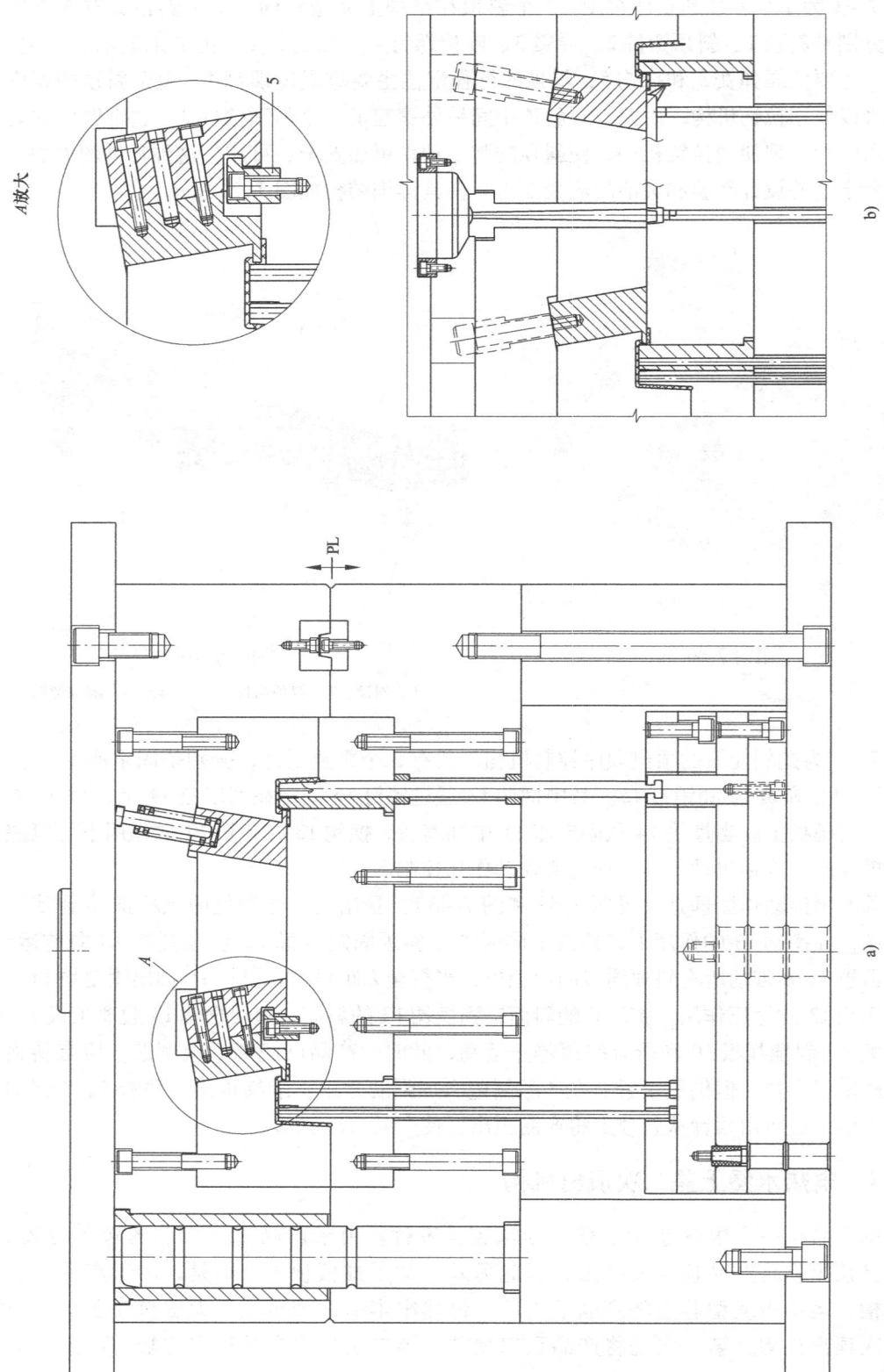

第 7 章 二次顶出机构 20 例

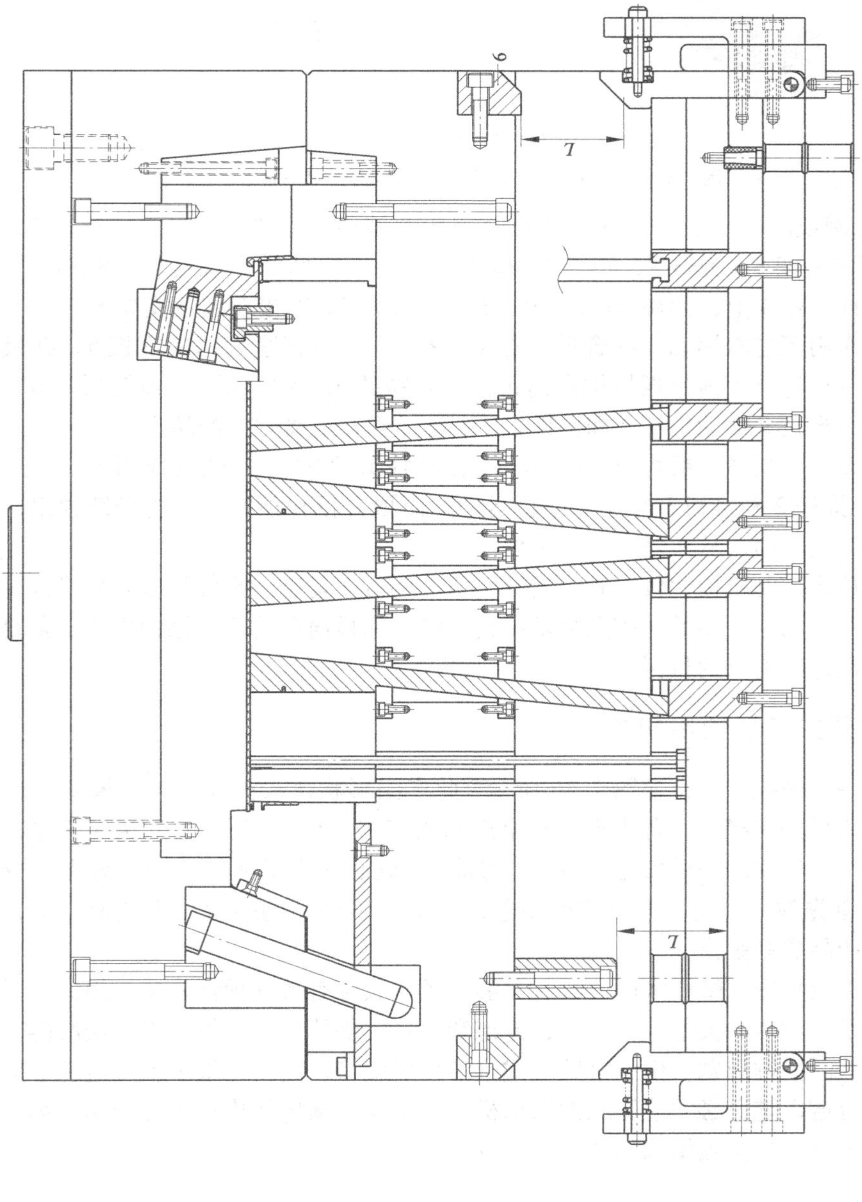

· 301 ·

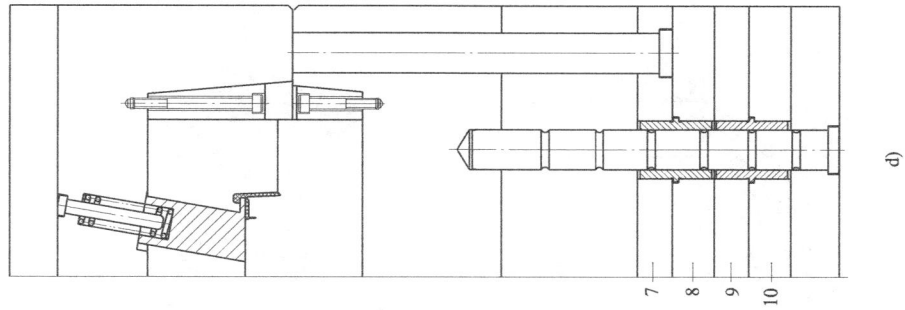

图 7-42

5—拉钩 6—铲块 7、8—顶板 9—斜顶固定板 10—斜顶托板

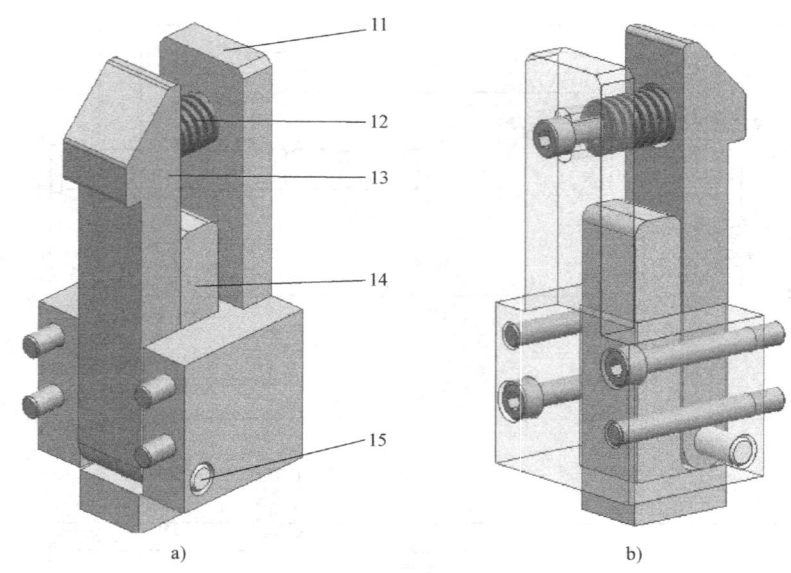

图 7-43

11—固定座 12—弹簧 13—摆钩 14—撑块 15—销钉

图 7-45 为此例顶出顺序控制机构，共有 8 个重要零件，分别是导轨 6、导轨 7、摆块 10、拉钩 13、固定支架 8、弹簧 9、转轴 12 和转轴 11，其中两件导轨紧固在模脚上，固定支架 8 固定在顶杆托板 4 上，摆块 10 和拉钩 13 通过转轴 11 连接在固定支架 8 上，且可以在弹簧 9 的弹力作用下左右摆动。在合模状态下，拉钩 13 一直紧紧钩住推板 5；在模具进行顶出时，注塑机顶杆推动顶针板机构向前顶出，在拉钩 13 的作用下，顶针板带动推板 5 同步向前顶出，而推板又推动推杆 2 和推件板 1；当行至 L 距离时，产品已被顶出型芯，但仍然卡在推件板 1 上，同时，摆块 10 和拉钩 13 在转轴 12 和两个导轨的作用下，脱离了推板 5，推件板 1、推杆 2 和推板 5 等全部停止运动，而顶针板和顶针等机构继续顶出，最后将产品从推件板 1 上顶出，从而完成自动脱模。

此例的二次顶出控制机构比较巧妙、新颖，但结构过于复杂，部件较多。模具设计的第一宗旨是在绝对保证动作可靠的基础上力求结构简洁，用最简单的模具结构生产出最复杂的产品，才是优秀设计所追求的目标。

范例 15　微控开关二次顶出机构

此例产品是一个微控开关，如图 7-46 所示。此产品形状比较简单，但前模侧出模有一定困难，原因是 A 处的卡槽。这种卡槽在整个产品共有 18 个，由于卡槽的深度不深，因而使用了强制脱模。为使强制脱模安全可靠，本例将 A 板设计成了弹板结构，意在主分型面未分型之前 A 板首先弹开，提前抽出前模型芯，为下一步产品的强脱腾出变形空间，从而更加安全地保障产品顺利脱模。

此产品由于形状特殊，壁厚太薄，没有足够位置可放置有效的顶针机构，因此，只能使用推板顶出。但是，当产品被推板推出后，流道和冷料穴仍然留在推板之中无法脱落，此即此副模具在设计上的关键问题。由于进胶方式是潜伏式浇口，此问题根本不可避免，为了再次顶出推板中的流道系统，必须使用二次顶出机构，第一次顶出使推板推出产品，第二次顶出使顶针顶出流道。模具详细结构如图 7-47 所示。

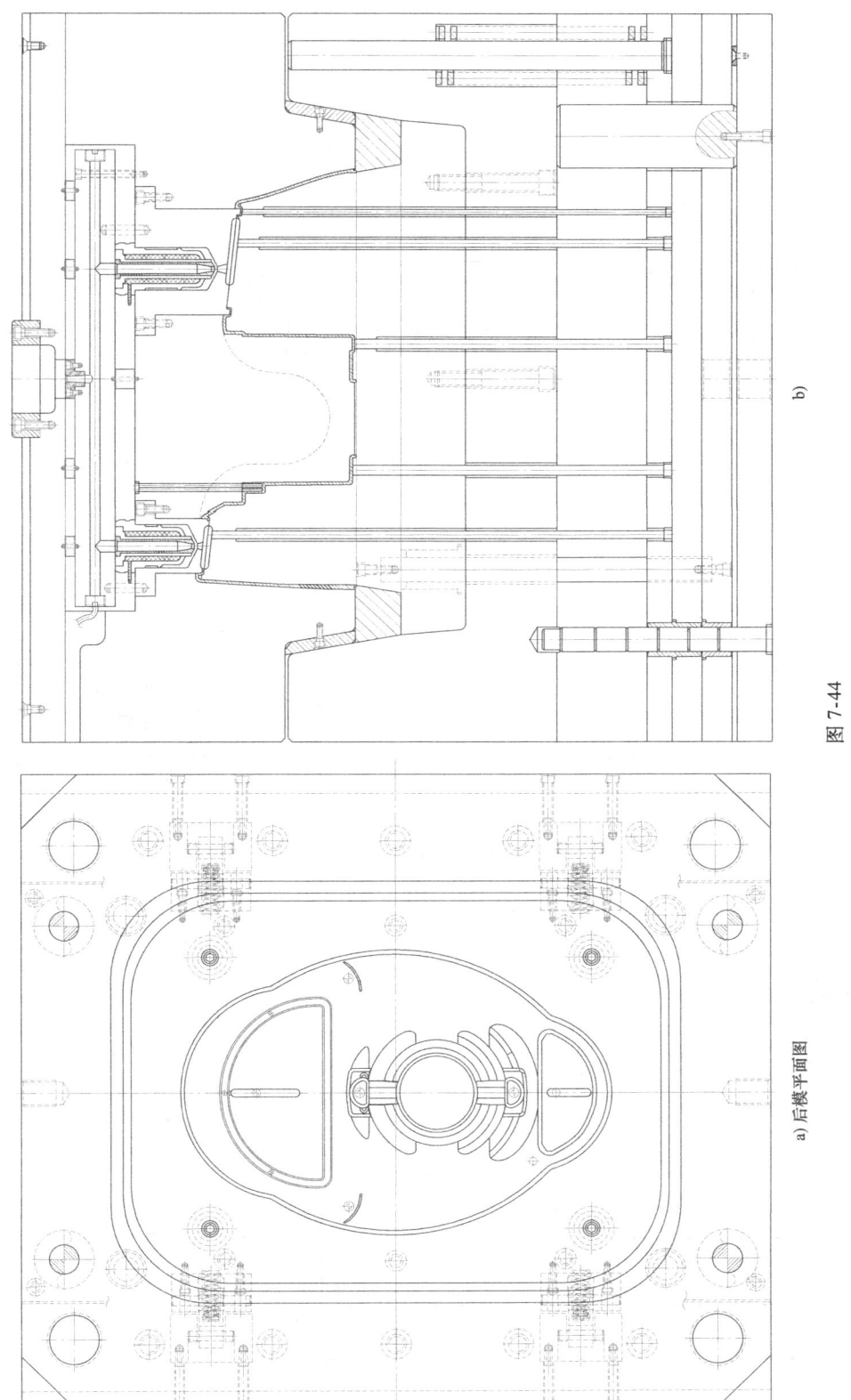

图 7-44

a) 后模平面图

b)

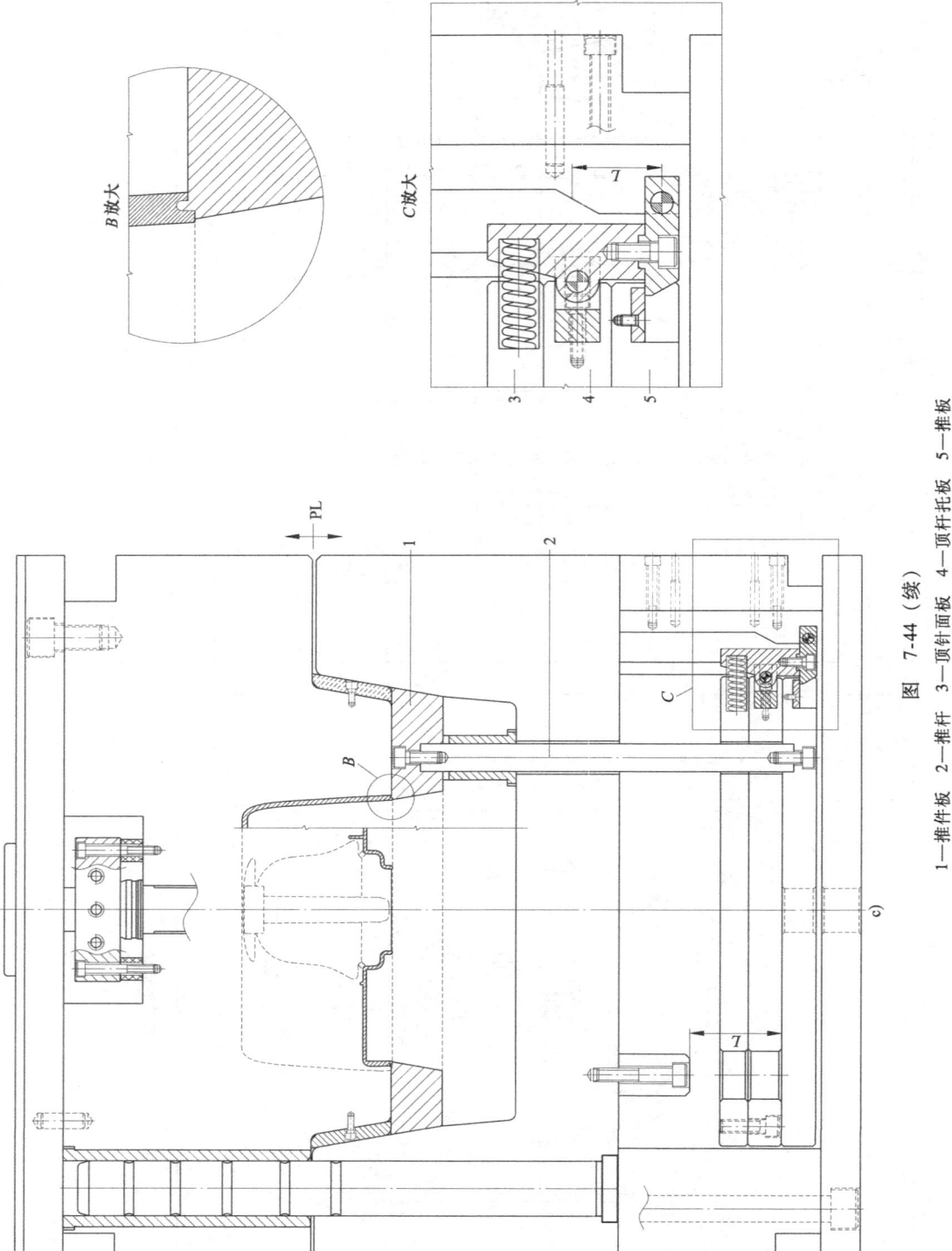

图 7-44（续） 1—推件板 2—推杆 3—顶针面板 4—顶杆托板 5—推板

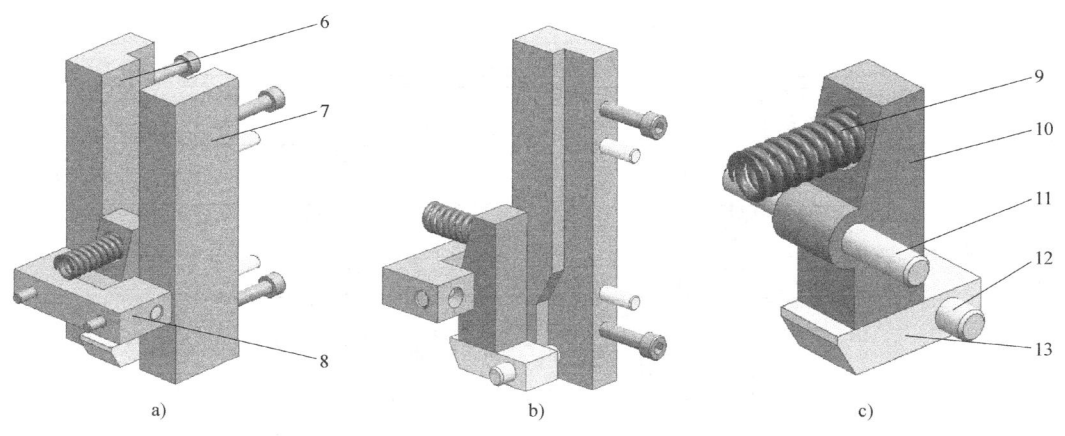

图 7-45

6、7—导轨 8—固定支架 9—弹簧 10—摆块 11、12—转轴 13—拉钩

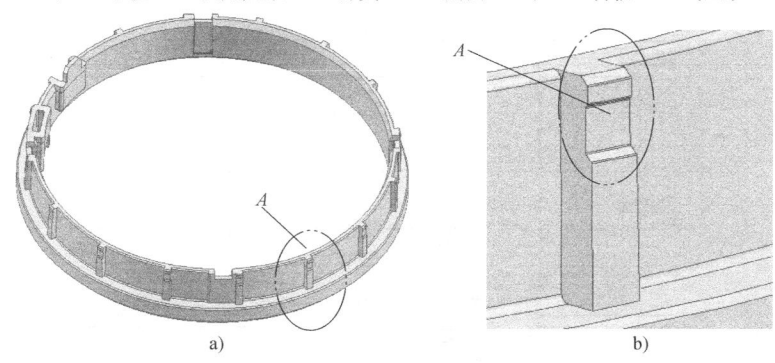

图 7-46

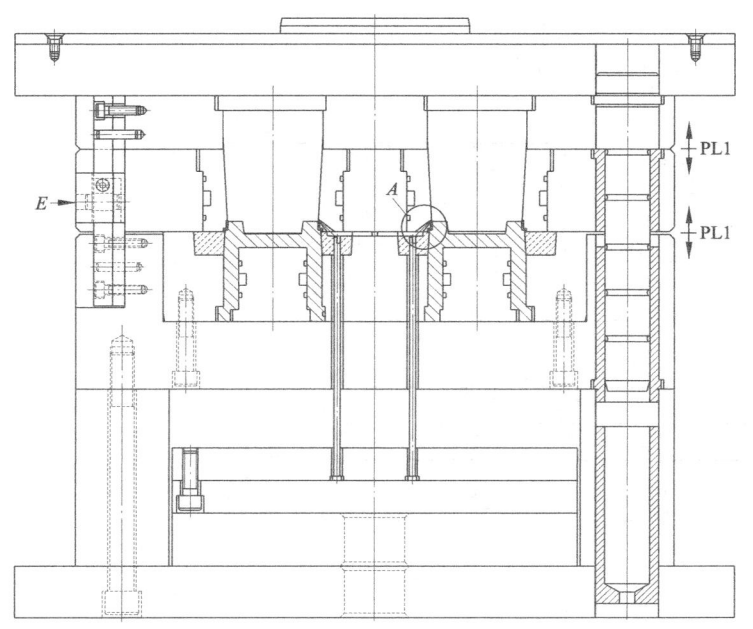
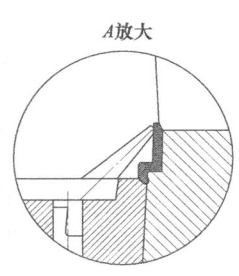

a)

图 7-47

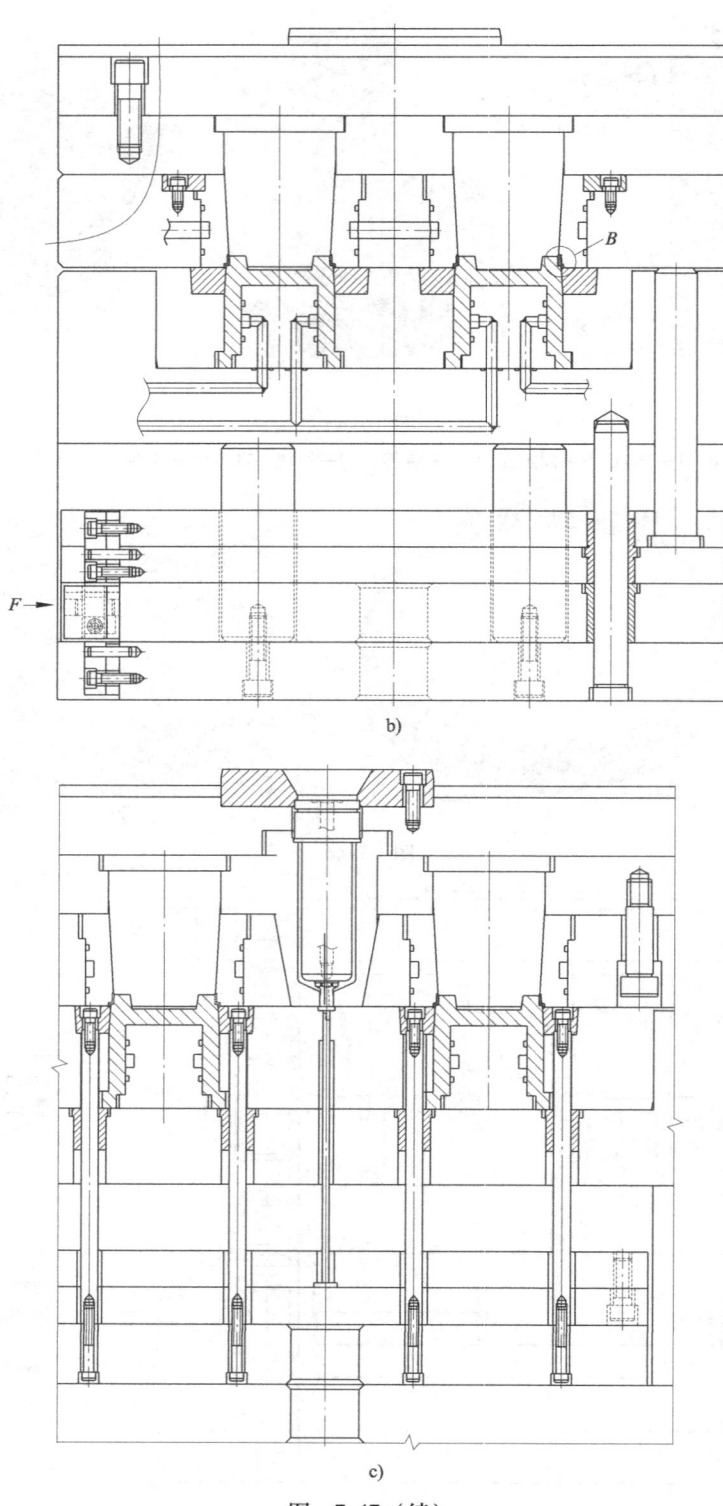

图 7-47（续）

通过模具结构图可以看出，此例属于简单的二次顶出机构，二次顶出的主要目的即顶出流道，所以，模具的动作原理较简单，因此，本例不再一一解释。

图 7-48 为此例使用的扣机机构。此种扣机和本章范例 1 的扣机在原理上是完全相同的，不过结构上有些不同，它可用在前模弹板上，也可用在后模弹板上，二次顶出结构也同样可以使用。图 7-49 为扣机机构开模前的静止状态，图 7-50 为扣机机构完成动作后还未复位的状态，可以将两幅视图作详细对比，观察其动作上的变化，以便领悟其妙用。

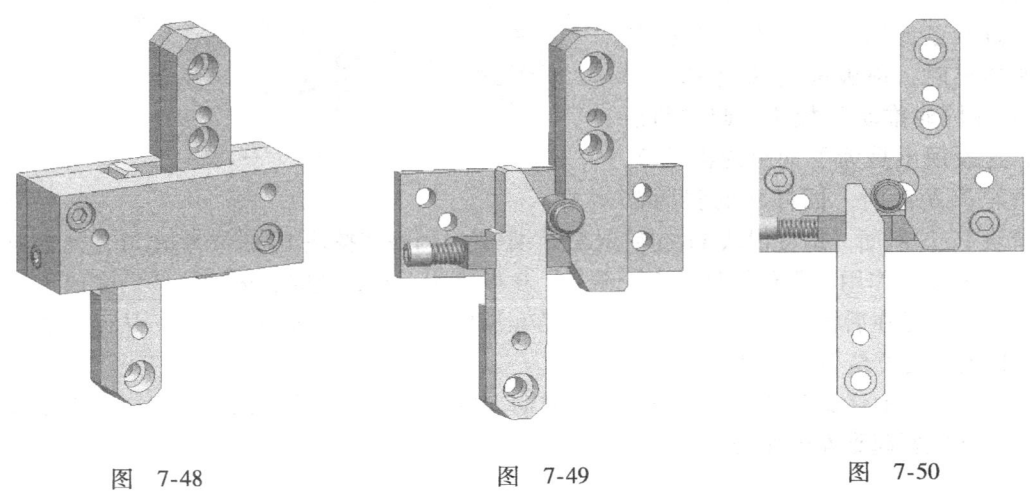

图　7-48　　　　　　　　图　7-49　　　　　　　　图　7-50

范例 16　汽车仪表盖二次顶出机构

此例产品是一种汽车仪表盖，如图 7-51 所示。产品结构看似简单，但由于特殊的造型，使模具设计变得非常困难，特别是内外两侧的脱模方式，难度特别大。经过对产品布局的巧妙处理后，模具结构最终确定了两个滑块，一个是普通的外滑块，一个是内滑块，详细结构如图 7-52 和图 7-53 所示。

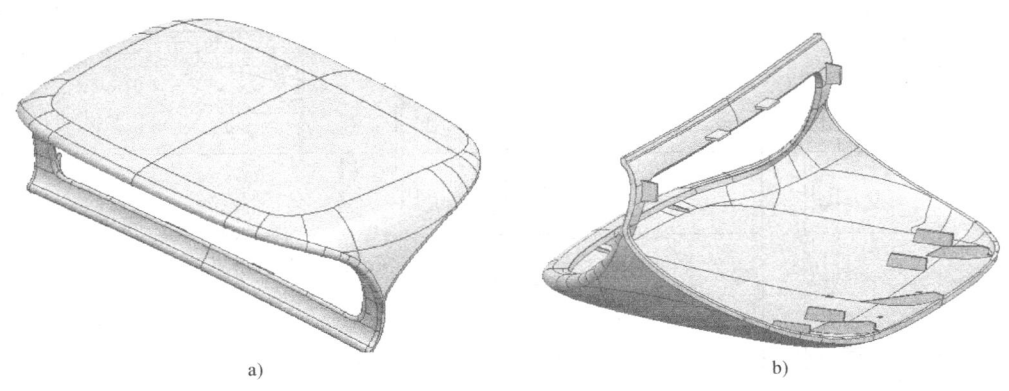

a)　　　　　　　　　　　　　　b)

图　7-51

此副模具之所以使用了二次顶出，主要是为了使内滑块抽芯和产品顶出能同步完成，使模具的整体动作更加紧凑。第一次顶出是为了推开 B 板，抽出内滑块；第二次顶出是为了让顶针顶出产品和潜伏式流道。只要明白了这两个设计思路，理解此例的二次顶出就变得简单了。

此例顶出顺序的控制机构使用的是顶板滑块式控制机构，如图7-54所示。此机构共有6个重要零件，分别是撑块10、滑块11、插杆9、弹簧8、耐磨块7和限位销钉6等。在合模的静止状态下，撑块10的端面一直紧紧地顶住滑块11。当模具开始顶出时，顶板推动撑块10，撑块10又同时推动B板4一起向前顶出，这段顶出是为了抽出内滑块2，当行至L距离时，插杆9的斜面铲

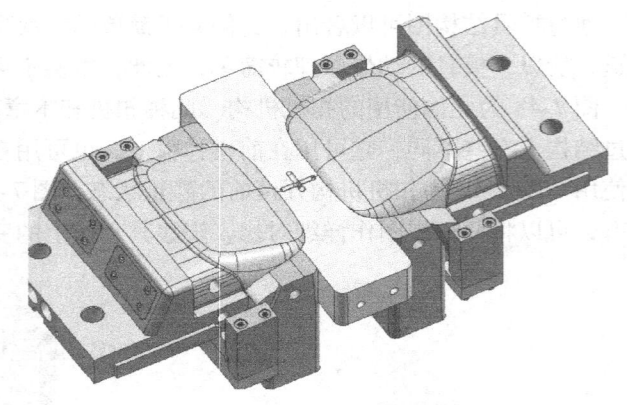

图 7-52

到滑块11的斜面，迫使滑块11向后退缩L_1距离，刚好使撑块10脱离滑块11，完全失去了对B板的支撑作用，限位拉杆3安全限位，B板停止运动，此时，内滑块2已完成了抽芯动作，产品仍留在后模仁中；继续顶出，产品和潜伏式流道最后被顶针顶出，从而完成全部脱模。B板的复位最后由分型面压回。

图7-53b中弹簧5是用来防止在开模初期，后模B板由于滑块的自锁力量而无法首先打开，弹簧主要起到安全作用。

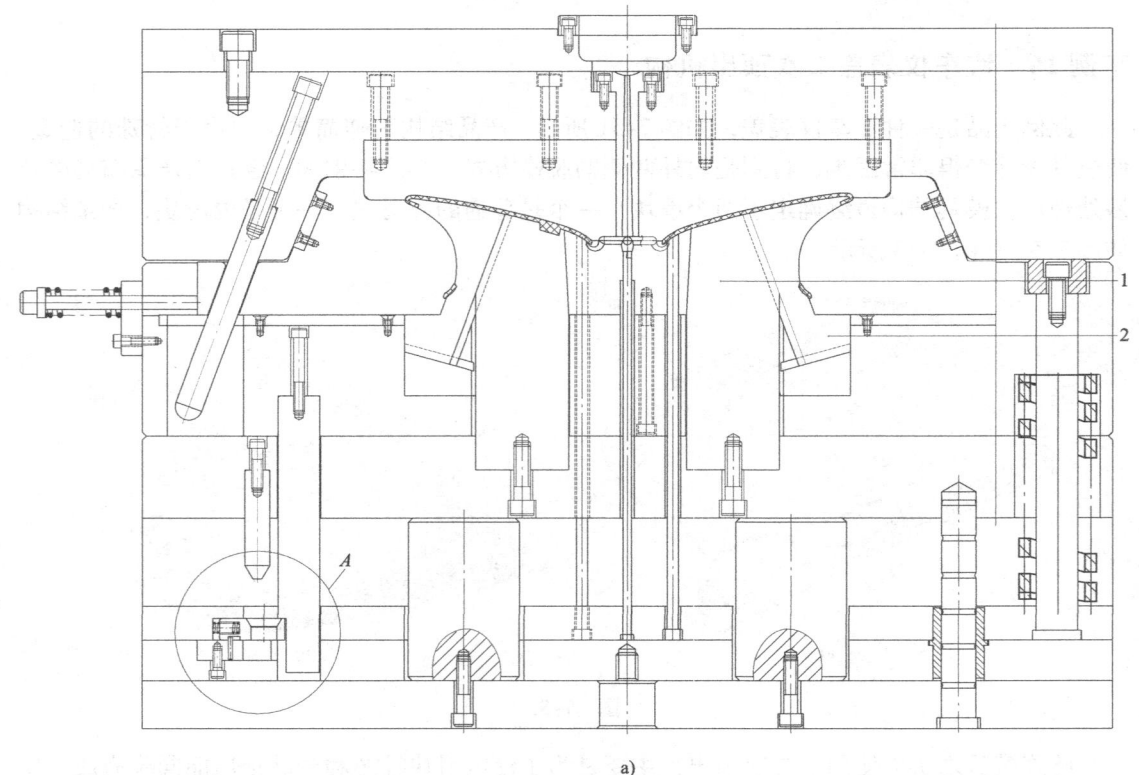

a)

图 7-53
1—锁紧块　2—内滑块

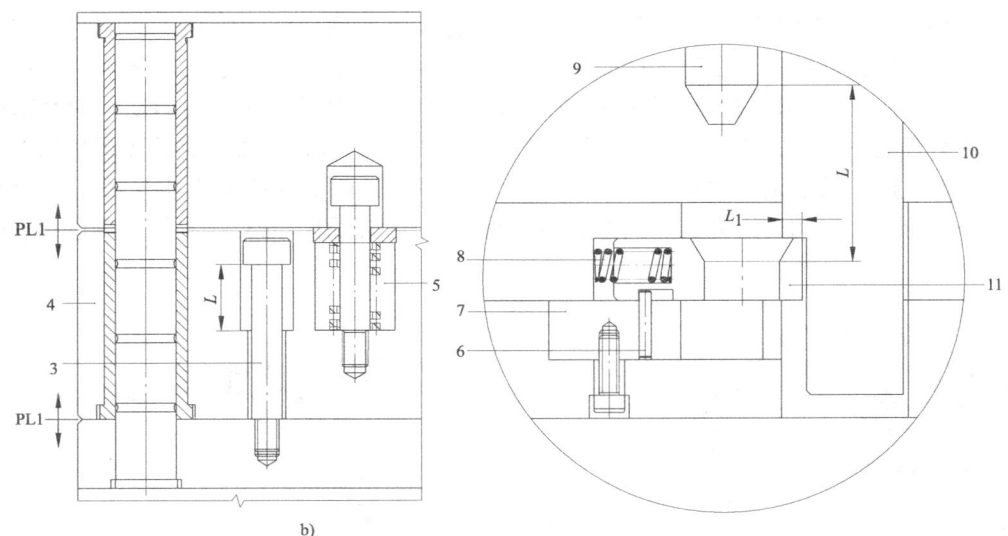

b)

图 7-53（续）

3—限位拉杆　4—B板　5、8—弹簧　6—限位销钉
7—耐磨块　9—插杆　10—撑块　11—滑块

另外，设计此副模具时，顶出控制机构的布置应对称平衡，以防 B 板在顶出过程中发生倾斜，可以根据模具的大小使用 4~6 个不等，一般情况下使用 4 个已足够。

图 7-55 和图 7-56 为内滑块机构的内部结构。此例如果不考虑二次顶出仅考虑内滑块机构的话，也是一副难得一见的经典范例，有关细节之处，本例不再介绍，望读者多多领悟。

范例 17　汽车遮阳板装饰盖二次顶出机构

此例产品是一款汽车遮阳板的装饰盖。由于产品过大，模具结构过于复杂，本例只突出和本章内容相关的重点部分，其他内容将酌情忽略。

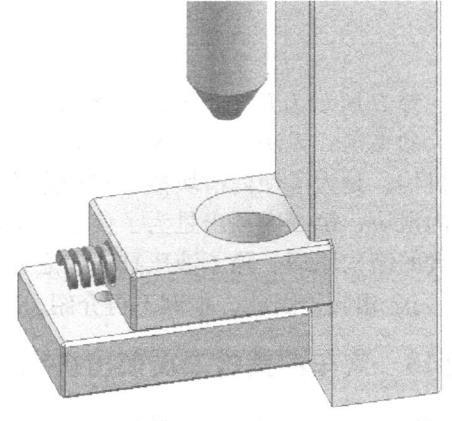

图 7-54

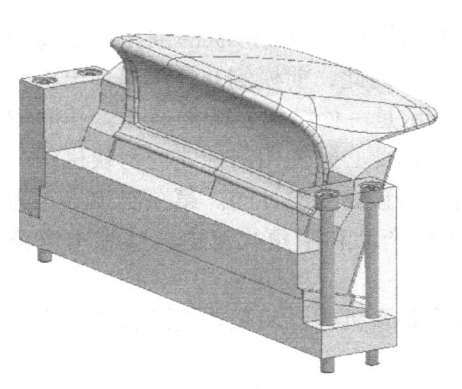

图 7-55

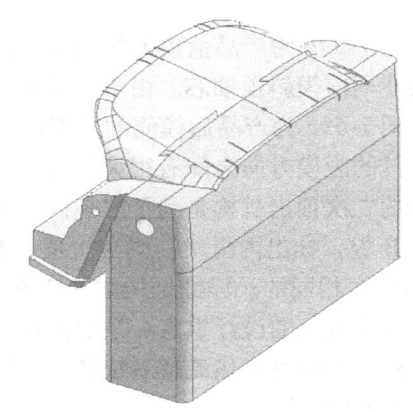

图 7-56

图 7-57 为产品内侧的局部视图，注释 A 所示为几种不同形状的倒扣。这些倒扣在模具结构上必须使用斜顶抽芯。在整个产品上，此类倒扣共有 40 多个，这也意味着整副模具共需 40 多个斜顶，给顶出机构的复位带来了很大困难。如果仅靠 4 支普通的复位弹簧来进行复位，力量肯定不足够；再者，无论是顶出过程还是复位过程，均难以保持顶板机构的受力平衡，长期生产，必然造成顶板变形，为此，本例使用了两个液压缸机构来进行顶出和复位。有关液压缸顶出的使用方法和注意事项在前面章节已介绍，因此，本例不再进行说明。

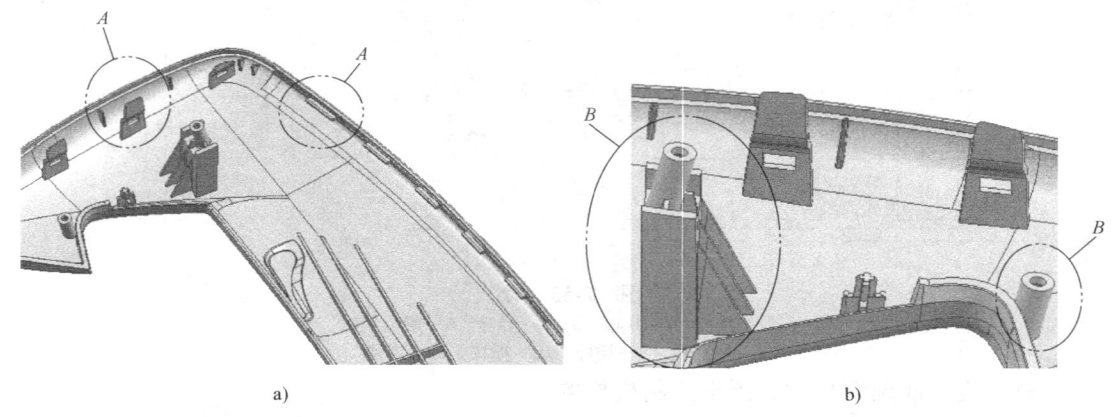

图 7-57

注释 B 所示为几个不同结构形状的螺纹柱。螺纹柱的轴心方向和模具的开模方向之间有很大的夹角，无法正常脱模，因此，必须使用斜抽式内滑块机构。而本例之所以使用二次顶出机构，是为了使内滑块抽芯和产品的顶出能够同步完成。第一次顶出是为了推开 B 板，抽出内滑块；第二次顶出是为了使顶针顶出产品。只要理解了这两个设计思路，就能理解此副模具的结构原理。除了液压缸顶出之外，此例的二次顶出机构和模具的动作原理与本章范例 16 完全相同，因此，本例不再介绍。详细结构如图 7-58 所示。

范例 18　汽车覆盖板二次顶出机构

此例产品是一款汽车内部覆盖件的覆盖板，如图 7-59 所示。由于产品较大，模具结构过于复杂，本例将突出部分具有参考价值及与本章内容相关的重点机构，至于其他普通结构将酌情忽略。

图 7-59b 为产品前模侧的局部视图。图中注释 A 所示为几个相同形状的倒扣，这些倒扣必须使用前模斜顶抽芯。由于产品形状为左右对称结构，因此，前模侧共有两组顶出机构。

图 7-59c 为产品后模侧的局部视图。图中注释 B 所示是一处结构复杂的通孔，孔的侧壁和模具的脱模方向之间有很大的夹角，无法正常脱模，因此必须使用斜抽式内滑块机构。而本例的二次顶出机构是为了实现内滑块抽芯和产品的同步顶出而设计的。第一次顶出是为了推开 B 板，抽出内滑块；第二次顶出是为了让顶针顶出产品和牛角式流道，这和本章范例 17 是完全相同的。详细结构如图 7-60 所示。

此副模具的设计重点一是二次顶出机构，二是前模斜顶机构，三是热流道转冷流道。对于同时具有多嘴式热流道系统和前模斜顶机构的模具来说，在设计上有一定难度，因为既要考虑它们的安装结构又要考虑它们之间不可发生干涉，要求设计者需具有一定的设计经验，本例的结构给大家提供了很好的参考。

第7章 二次顶出机构20例

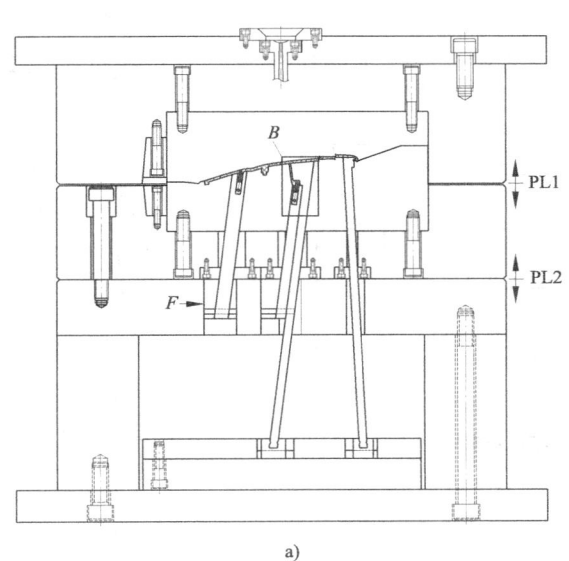
a)

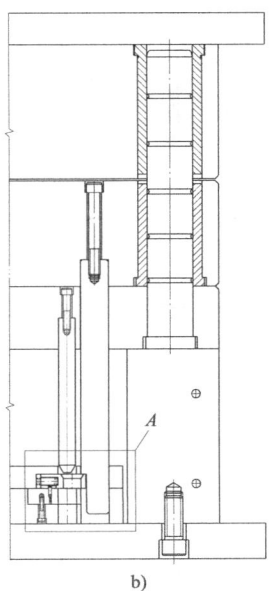
b)

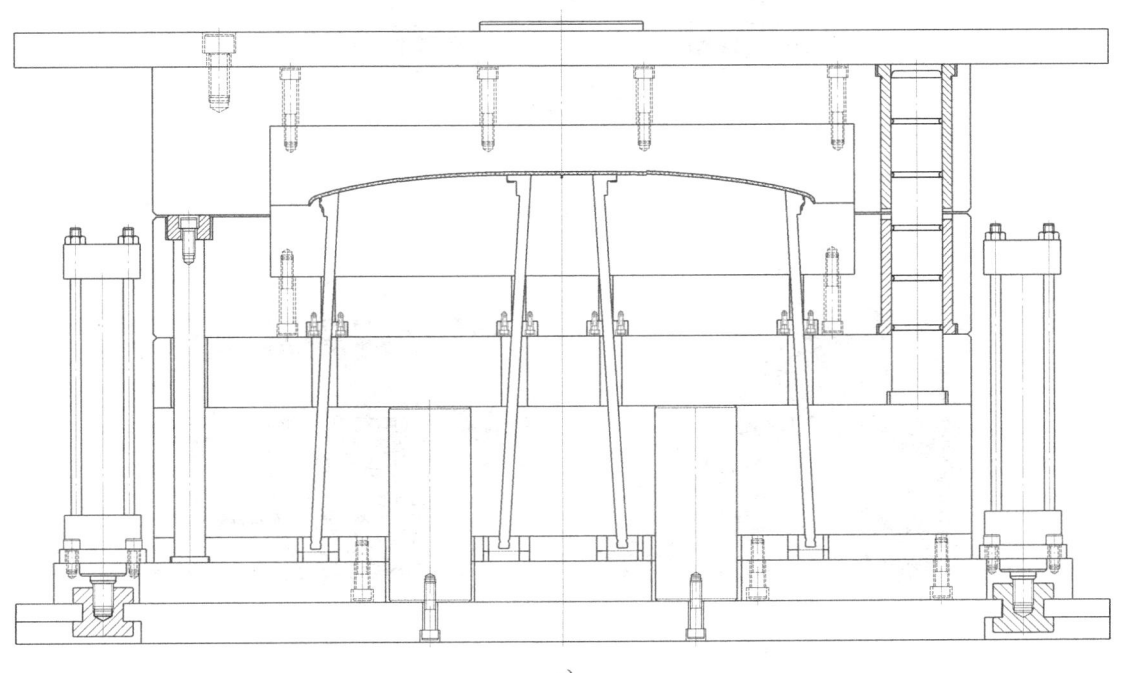
c)

图 7-58

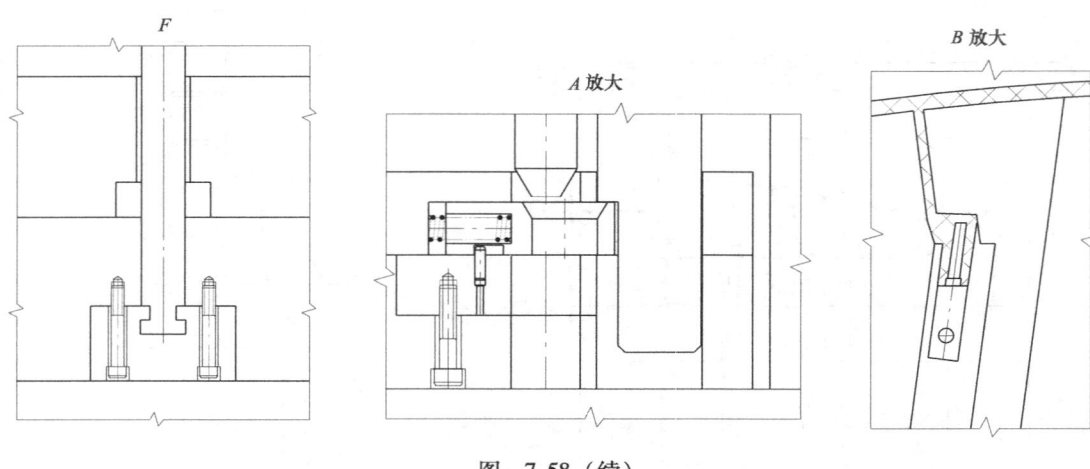

图 7-58（续）

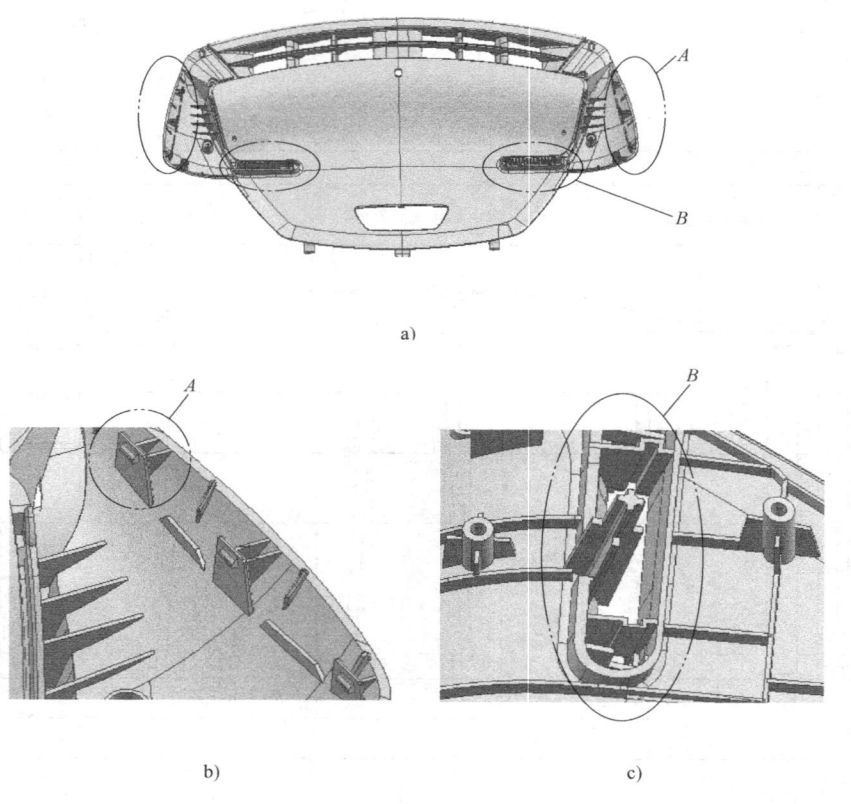

图 7-59

第 7 章 二次顶出机构 20 例

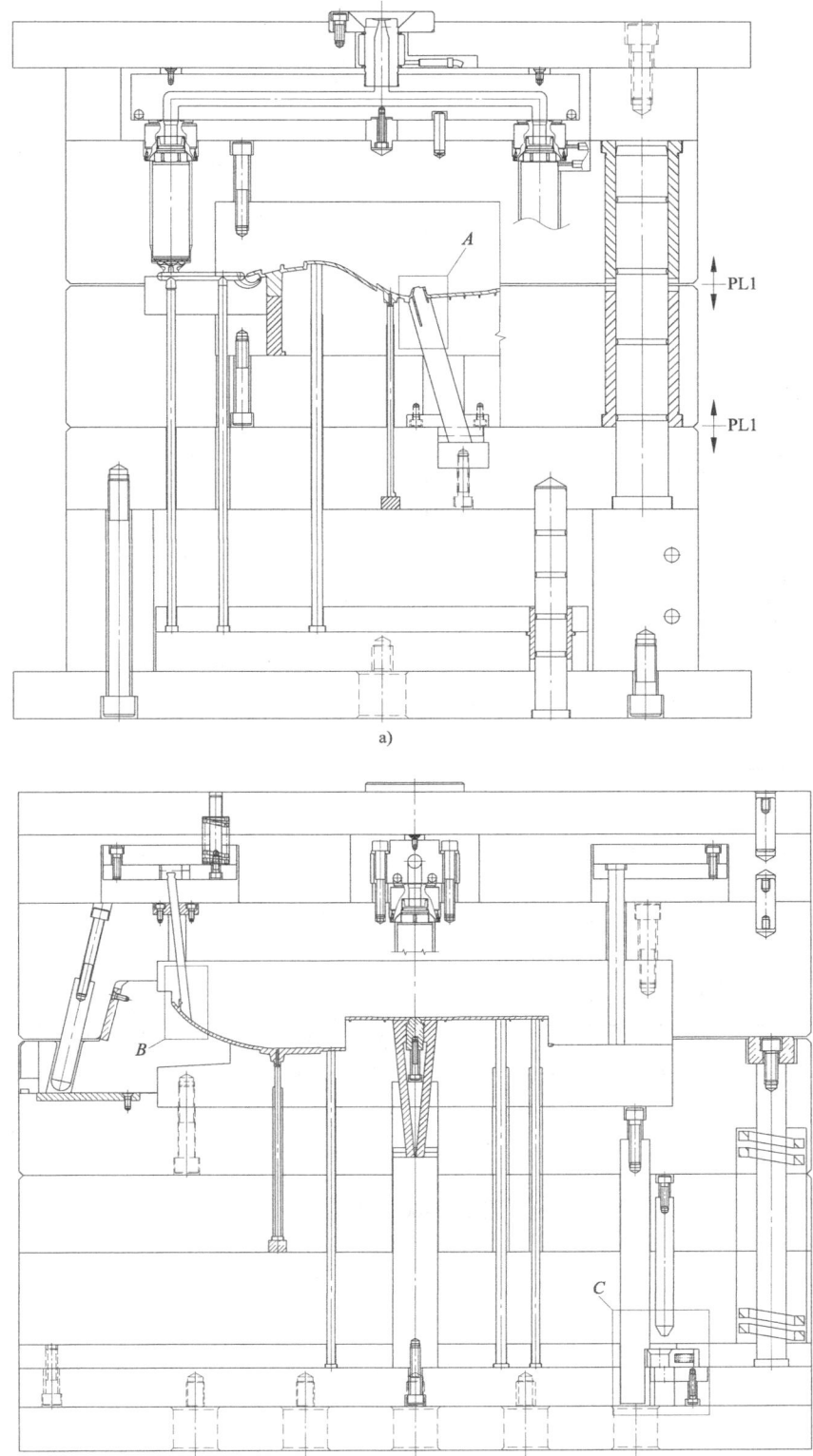

图 7-60

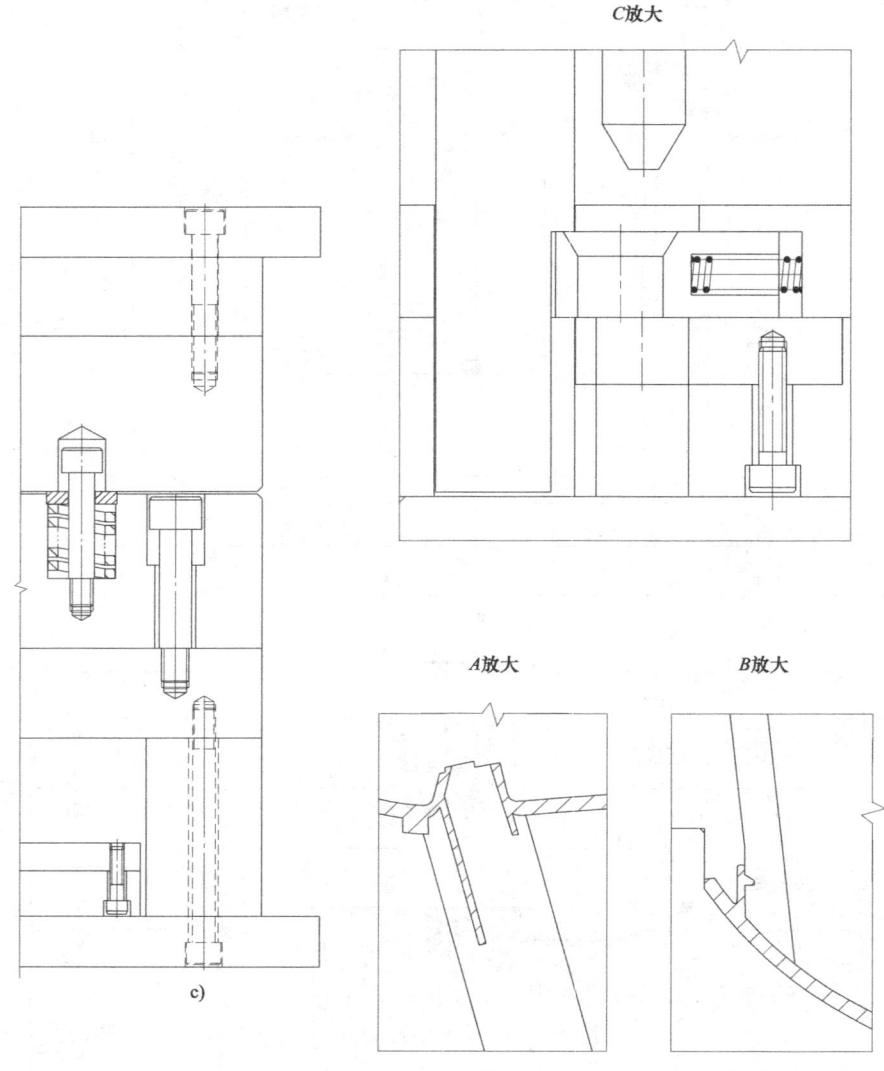

图 7-60（续）

范例 19　遮阳板反视镜翻盖二次顶出机构

此例产品是一款汽车遮阳板反视镜翻盖，如图 7-61 所示。产品两端圆圈内所示为转轴支架，此支架由两条筋组成，在两条筋的中间有一个转轴孔。转轴孔看似简单，使用普通的斜顶机构即可成型，但是，经仔细分析后会发现，斜顶机构根本无法使用。原因有二：一是由于两条筋的距离较近，如果使用两个斜顶分别向两个方向抽芯，两个斜顶可能会互相干涉，若不干涉，向外的斜顶由于距离产品侧壁太近，根本没有空间做斜顶，所以，两个孔只能由一个抽芯机构向产品内侧抽芯；二是两个斜顶既然无法使用，那么如果使用一个斜顶向产品内部抽芯，由于两条筋的中间有一段空档，在模具上此空档为实心钢铁，使用斜顶根本无法顶出，因此，唯一的方法是使用内滑块机构。为了实现内滑块抽芯和产品的同步顶出，本例使用了二次顶出机构，第一次顶出是为了推开 B 板，抽出内滑块，第二次顶出是为了让顶针顶出产品和流道。详细结构如图 7-62 所示。

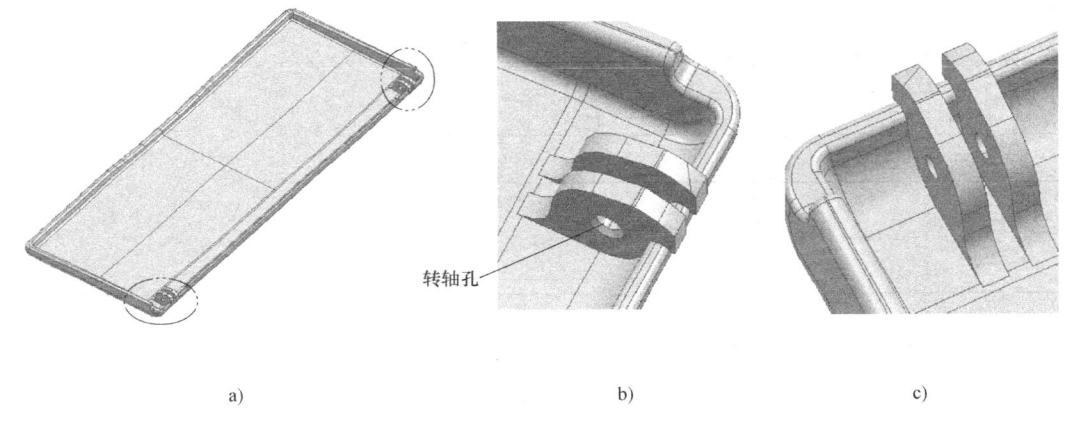

图　7-61

图 7-63 为此例的内滑块机构。锁紧块和滑块之间使用 T 形槽连接导滑，一个锁紧块同时控制两个滑块的动作，不仅负责滑块的抽芯和复位，还直接参与产品的成型。这种巧妙的设计理念值得借鉴。

通过本章范例 16 至范例 19 这 4 副模具的对比可以看出，在结构类型和设计原理上，这几副模具几乎相同，均是因为内滑块机构而使用二次顶出。从客观上来看，使用二次顶出看似势在必行，顺理成章，但是，经过仔细分析和研究后发现，可不用二次顶出同样能够实现正常出模。比如在 A、B 板之间增加几个尼龙开闭器，然后在 B 板和托板之间再增加几个弹簧，则完全可以不需二次顶出，结构要简单很多，动作也更加可靠，第四章的范例 11 即为很好的例证。当然，这几副模具并非结构上有问题，几条路均可到达终点，不过有些路稍远些而已。只有具备了丰富的经验和见识才能更好地去应对不同的设计要求。

范例 20　微波炉支撑脚二次顶出机构

此例产品是一个微波炉支撑脚，如图 7-64 所示。图中圆圈内所示为四瓣形卡脚，卡脚中间有一个倒锥形圆孔。在模具结构上此锥孔无法正常脱模，唯一的方案是使用强脱。但由于其锥度较大，即使强脱也很困难，因此，必须有二次顶出的辅助才能较安全地实现脱

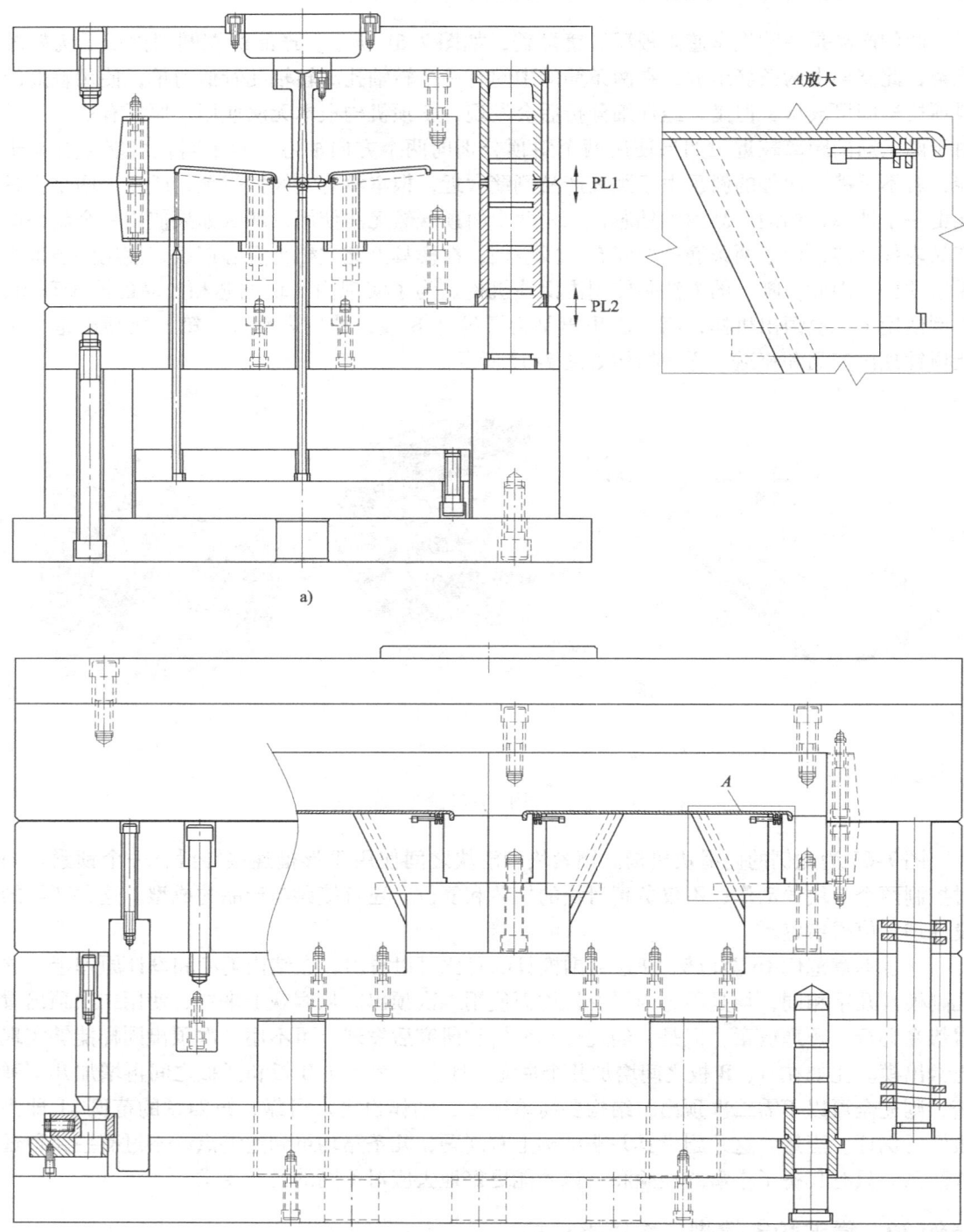

图 7-62

模。第一次顶出是首先将产品顶出型腔，让四瓣卡脚有足够向外变形的空间；第二次顶出则是让顶针顶出产品，强制脱离型芯。详细结构如图 7-65 和图 7-66 所示。

图 7-67 为此例二次顶出的控制机构，共有 5 个重要零件，分别是铲块 6、滑块 7、撑块 9、弹簧 8 和限位块 10（见图 7-68）。在合模状态下，撑块 9 紧紧撑住滑块 7；当模具开始顶出时（见图 7-66 和图 7-67），注塑机的顶杆推动顶针板 4、5 向前顶出，在撑块 9 的作用下，又同步推动顶针板 2、3 和型芯 1 一起顶出；当行至 L 距离时，铲块 6 的斜面铲到滑块 7 的斜

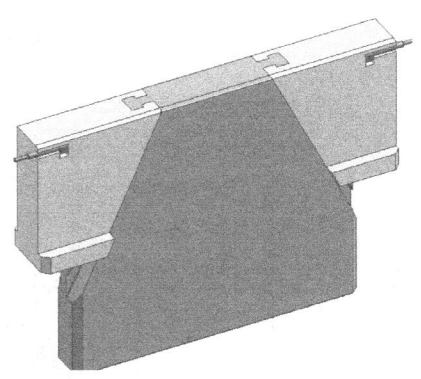

图　7-63

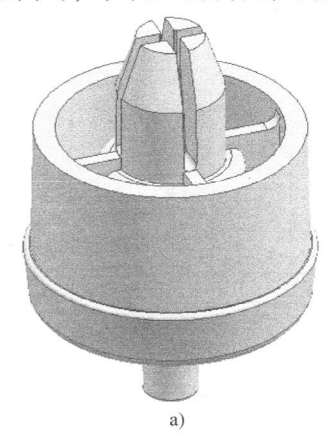

a)

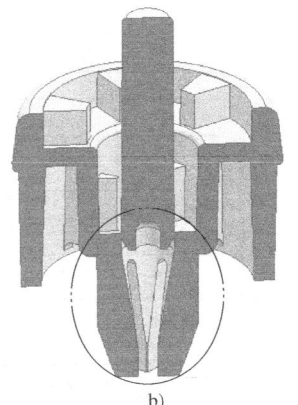

b)

图　7-64

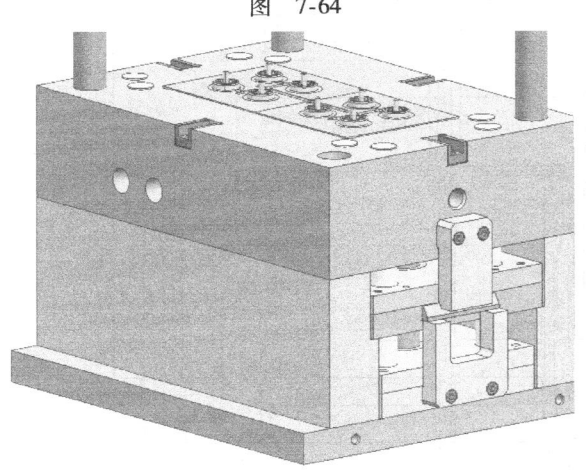

图　7-65

面，迫使滑块 7 向后退缩 L_1 距离，刚好脱离撑块 9 的支撑，顶针板 2、3 和型芯 1 等停止向前顶出，而此时产品已被顶出后模型腔，但仍然包在型芯 1；继续顶出，四瓣卡脚在顶针的推动下向外变形张开，强制脱离型芯 1，最后自动跌落，从而完成全部脱模动作。

通过模具结构图可以看出，此例二次顶出机构和前面的范例有很大区别，特别是两组顶板的设计方法，感觉要复杂很多，如果将此例的二次顶出机构设计成本章范例 12 的浮动式型芯结构，此副模具则简单了。

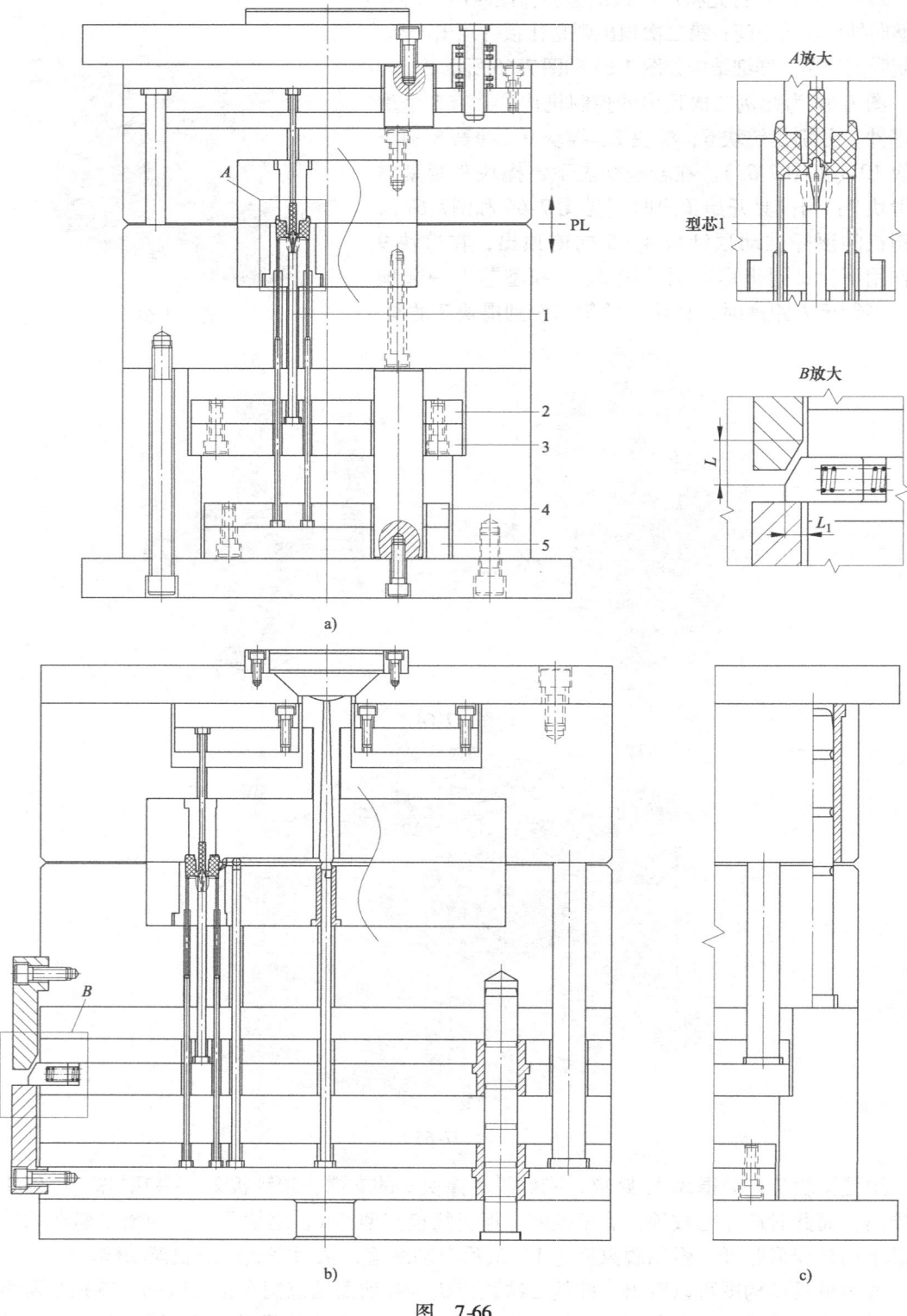

图 7-66
1—型芯　2、3、4、5—顶针板

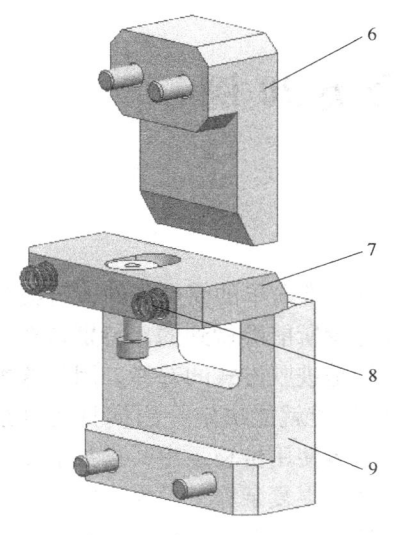

图 7-67
6—铲块 7—滑块 8—弹簧 9—撑块

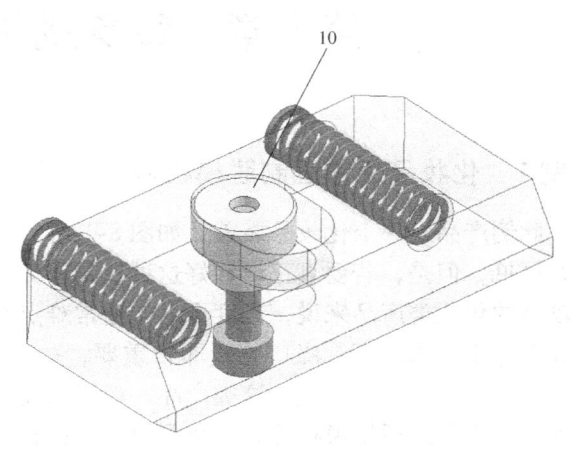

图 7-68
10—限位块

第 8 章　特殊机构综合类 20 例

范例 1　化妆品瓶盖强制脱模机构

此例产品是一个化妆品瓶盖，如图 8-1 所示。此产品是非常简单的筒类零件，这类产品随处可见，但是，若要真正设计好这种模具，并非一般设计者所能够做到的，特别是对于要求较高的化妆类产品来说，难度更大，通常难点有 3 个：一是进胶方式的选择。因为这类产品大多外观要求较高，浇口位置非常重要，往往一个浇口位置就能决定一副模具的复杂程度；二是产品的顶出方式，这类产品一般无法使用顶针，大多使用推板顶出，再加上型芯固定板、托板和三板模模板等，使整副模具的模板看起来很多，很复杂；三是模具的冷却，这类产品一般模穴数很多，且每个型芯均是独立的，再加上推板、型芯固定板和托板等，要想将冷却系统设计好，必须具备很好的设计经验。因此，当碰到这类产品时，只要能抓住这 3 个设计重点就比较简单了。

图 8-1b 中圆圈内所示为一圈卡扣，这圈卡扣只能使用强制脱模。按照常规的设计思路此例必须使用二次顶出来辅助强脱，但本例并未使用二次顶出，也同样实现了安全脱模，使模具的整体结构在很大程度上得到了简化。详细结构如图 8-2 所示。

通过模具结构图可以看出，此副模具共有 5 次分型。整副模具较复杂，由于模板较多，让人很难理清开模次序，但是，当理顺其设计

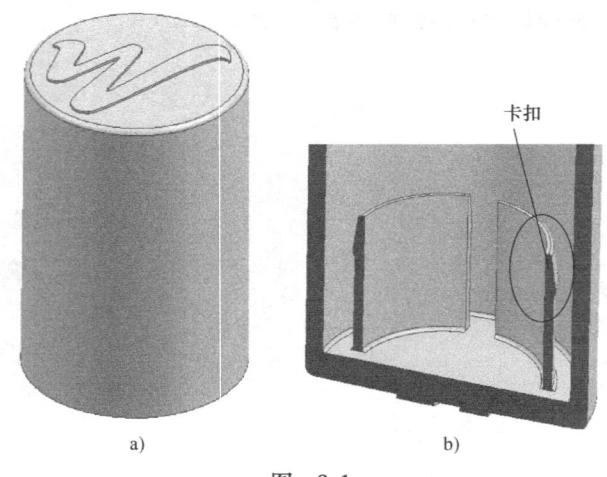

图　8-1

思路后，就感觉简单了。首先看前模，由于是点浇口进胶，前模是标准的三板模结构；再看后模，后模是推板顶出，由于有两个型芯，则需两件型芯固定板和一件托板。开模后，在尼龙开闭器 12 的作用下，PL1、PL2 相继打开，在弹簧 9 的作用下，PL3 打开，这次打开是为了首先抽出型芯 3，给产品内部腾出足够的变形空间，供卡扣强脱变形；当行至 L 距离时，限位拉杆 6 限位，PL3 停止开模，此时，型芯 3 已安全脱离了卡扣的成型深度，产品仍然紧紧包在型芯 2 上；继续开模，主分型面 PL4 完全打开，推板 4 在顶出机构的推动下开始向前运动，PL5 开始分型，最后产品在推板的作用下被强制从型芯 2 上推出，从而完成自动脱模。其中尼龙开闭器 10 的作用主要是防止产品由于本身对前模型腔的粘紧力较大而将推板提前带开，限位拉杆 11 主要控制推板的顶出行程。

设计此副模具时需重点关注以下几个方面：一是推板的使用方法和推板镶件的用法；二是型芯的固定方法；三是尼龙开闭器 12 的固定方法和固定位置；四是冷却系统的设计。只要领悟了这几个重点，设计此类结构就基本没有问题了。

第 8 章 特殊机构综合类 20 例

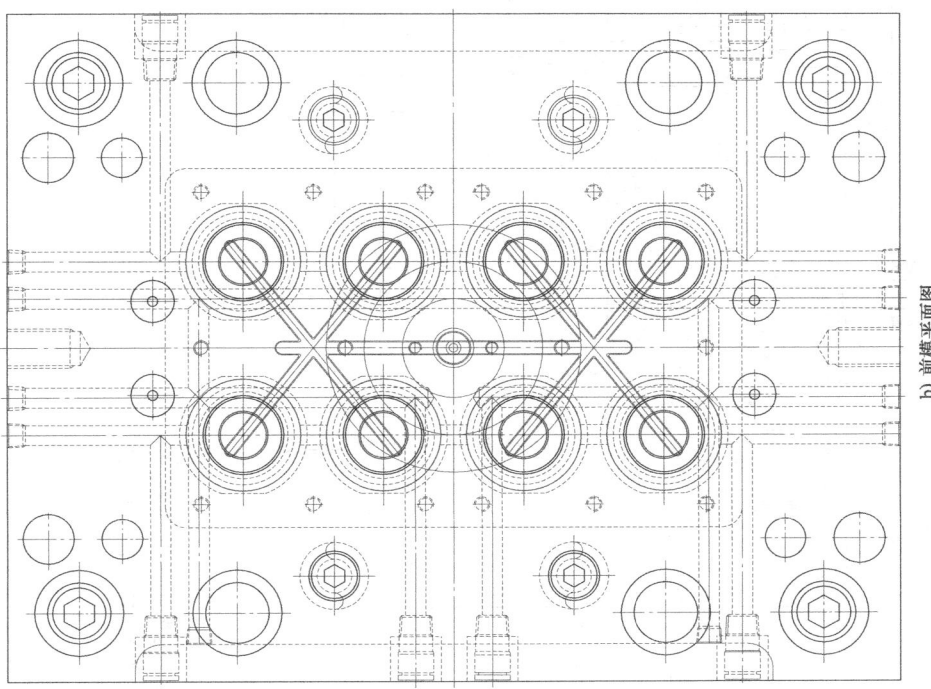

b) 前模平面图

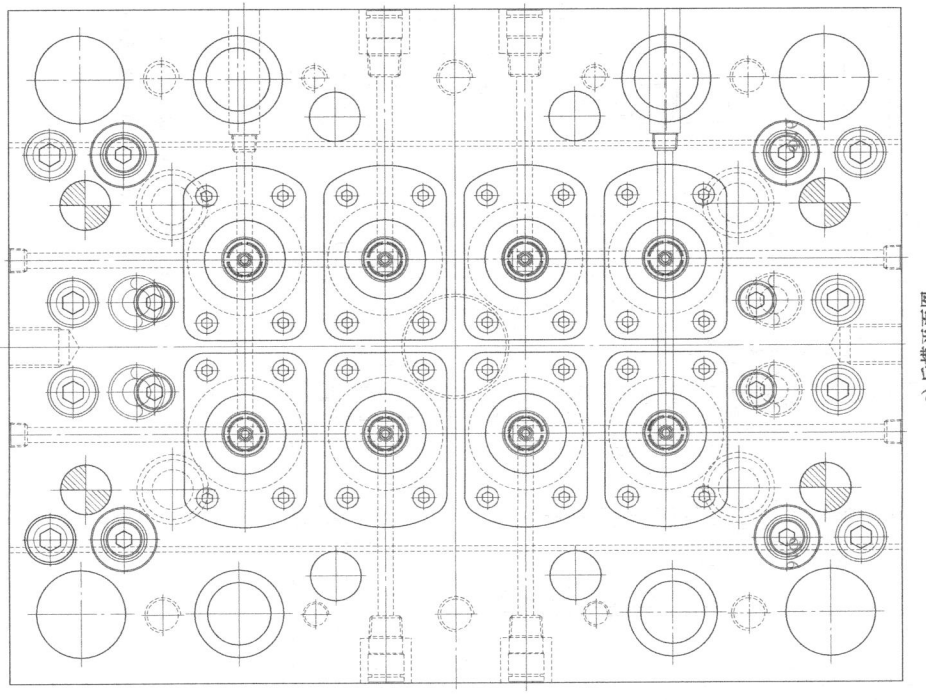

a) 后模平面图

图 8-2

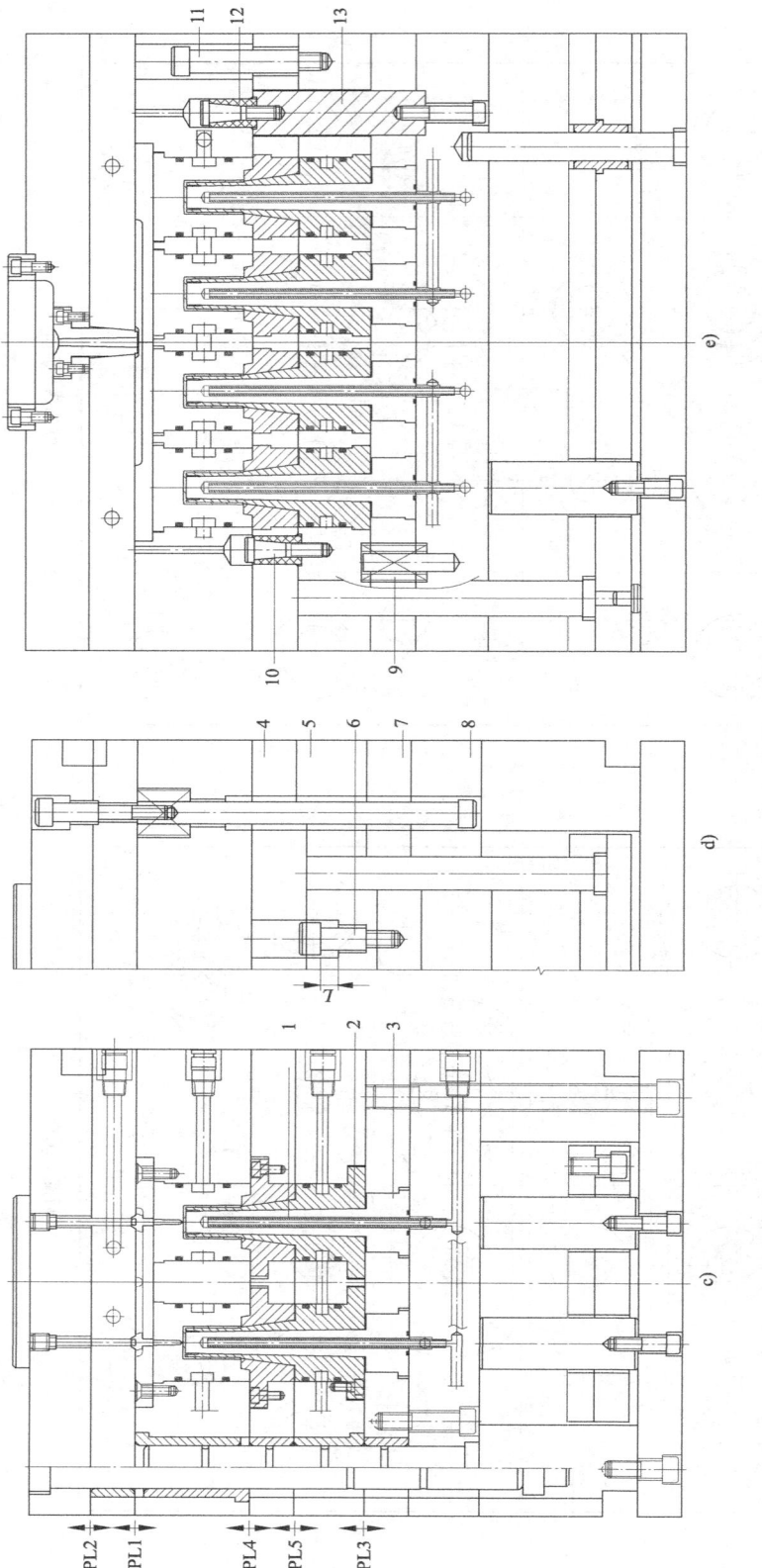

图 8-2（续）

1—推板镶件 2、3—型芯 4—推板 5、7—型芯固定板 6—限位拉杆 8—托板 9—弹簧 10、12—尼龙开闭器 11—限位拉杆 13—开闭器固定杆

范例 2　手电筒外壳抽型腔机构

此例产品是一个警用手电筒外壳。在模具结构上此产品有两个设计重点：一是由于滑块所需要的抽芯距较大，滑块机构必须使用液压缸抽芯；二是产品外观要求较严，表面不允许有顶针痕迹，即不可使用顶针顶出。为此，本例利用液压缸抽芯机构巧妙地设计了一种特殊的抽型腔机构，使模具结构不仅得到了大大简化，同时脱模动作比顶针顶出更安全可靠。模具详细结构如图 8-3 所示。

此例的设计思路非常简单，就是在开模后先将后模型腔首先抽开，让产品和滑块机构悬空，然后滑块抽出，产品自动脱落。详细动作如下：开模后，在尼龙开闭器 6 和弹簧 9 的作

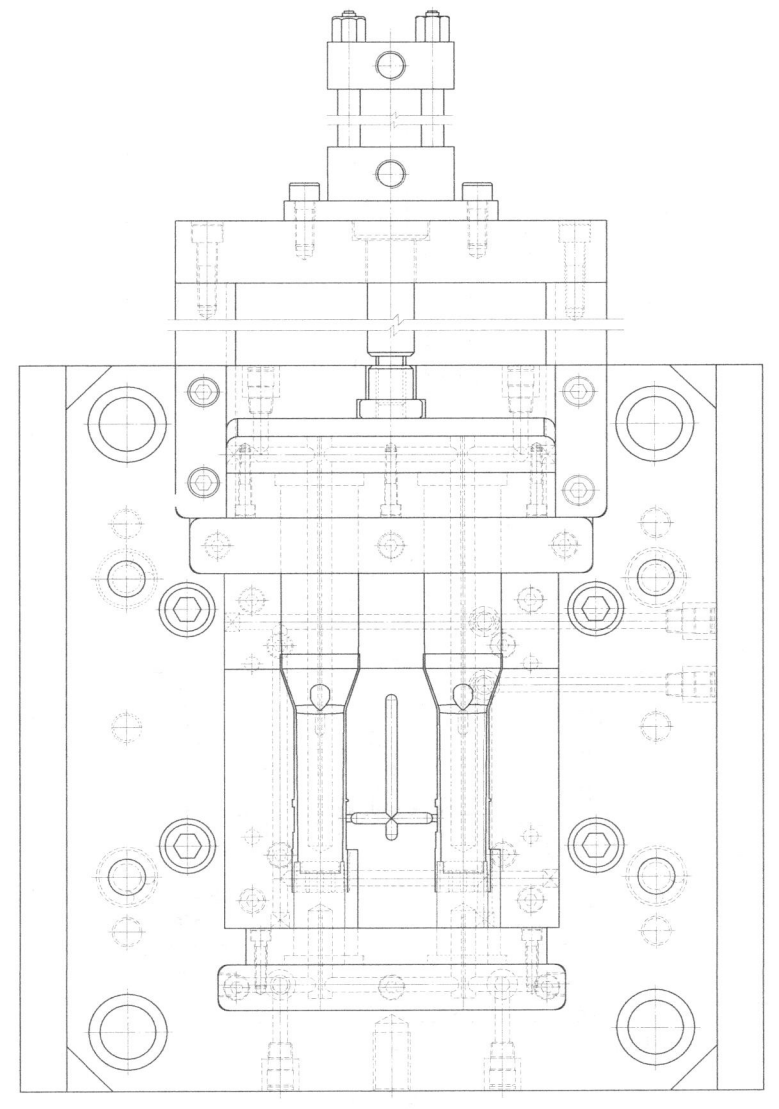

a) 后模平面图

图　8-3

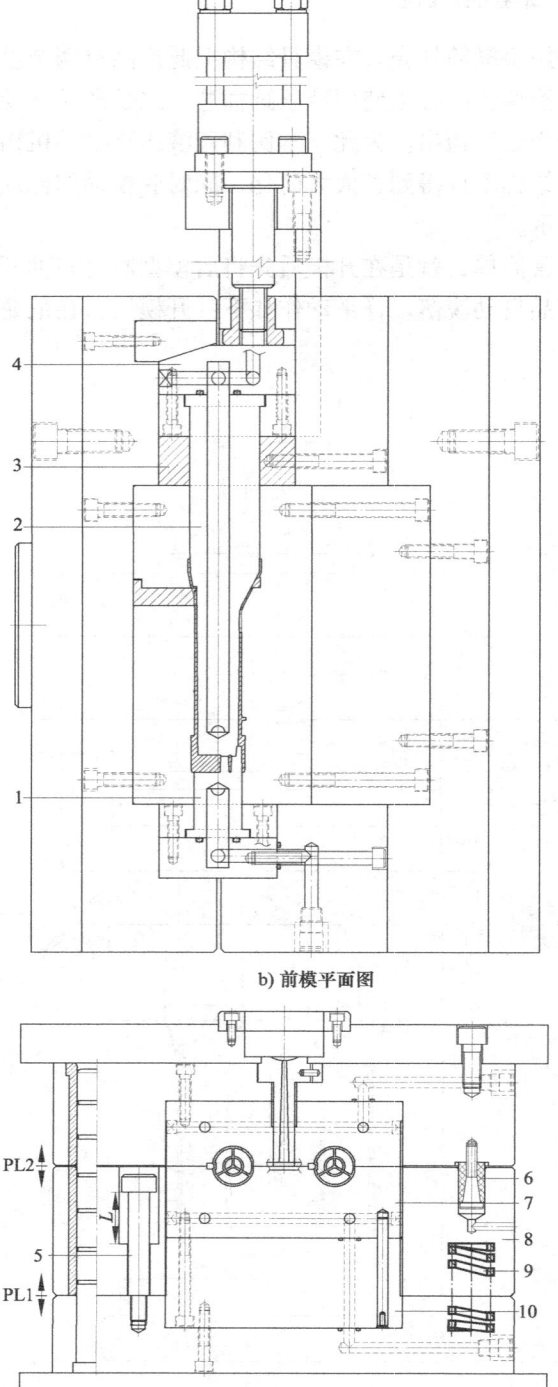

b) 前模平面图

c)

图 8-3（续）

1—小型芯 2—滑块型芯 3—挡块 4—滑块 5—限位拉杆 6—尼龙开闭器
7—后模型腔 8—B板 9—弹簧 10—型腔垫块

用下，PL1 首先分型，B 板 8 弹开，这次分型主要是为了首先抽出后模型腔 7，让型腔 7 和产品完全脱离；当行至 L 距离时，限位拉杆 5 限位，PL1 停止运动，此时，型腔 7 已完全脱离了产品和滑块机构；继续开模，主分型面 PL2 完全打开，产品最后留在滑块型芯 2 和小型芯 1 上，当液压缸机构开始抽芯时，滑块型芯 2 首先带动产品从小型芯 1 上抽出，然后在挡块 3 的作用下，产品停止运动；滑块型芯 2 继续抽出，直至完全抽出产品，产品自动跌落，从而完成了全部脱模动作。图 8-4 就是产品脱模后还未合模的状态。

除此之外，此例还有另外一处结构值得借鉴，即小型芯 1 的设计。根据产品结构，在正常的设计理念下，小型芯 1 肯定应使用滑块抽芯，但本例却利用了产品对滑块型芯 2 强大包紧力的作用，简化了本应使用滑块抽芯的模具结构。可以看出设计者善于思考、灵活多变的设计经验，这种巧妙的设计手法，很值得学习和研究。

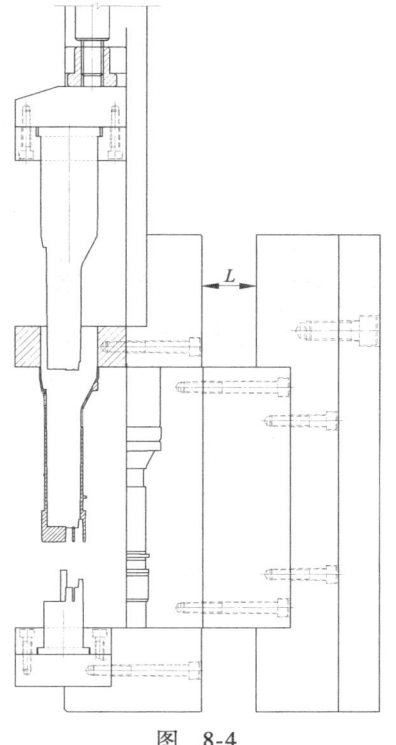

图 8-4

范例 3　汽车接插件二次顶出机构

此例产品是一个汽车接插件，如图 8-5 所示。从图中可以看出，产品有一个喇叭形的盖子，此副模具的设计重点则在此盖子上。按照正常的设计思路，此处必须使用滑块抽芯，但是，由于其他形状的限制，滑块机构根本无法使用，唯一的方法是使用强制脱模。为了保证强制脱模能够安全可靠，本例使用了二次顶出机构来进行辅助。模具详细结构如图 8-6 所示。

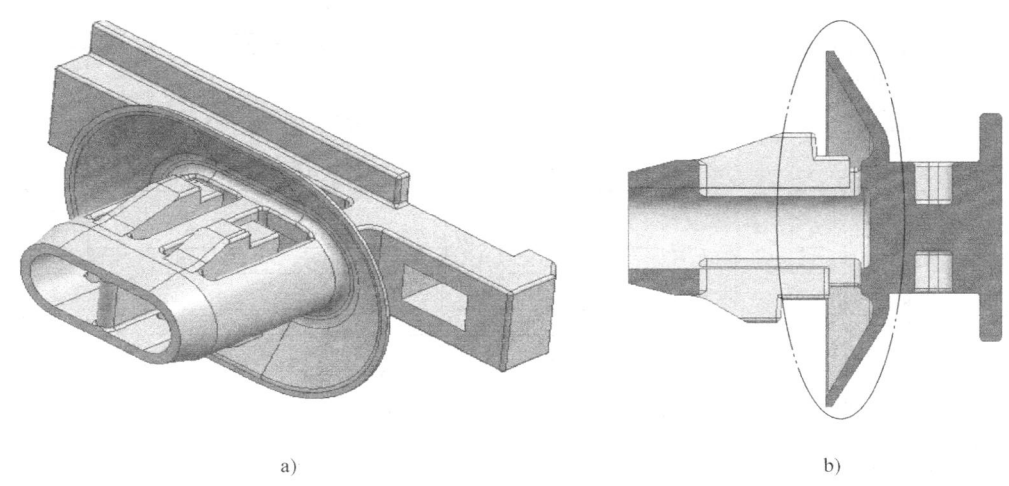

a)　　　　　　　　　　　　b)

图　8-5

此例的设计思路是将喇叭形盖子的成型区域前后模两侧同时设计成浮动式镶件。当模具开模时，前模镶件 10 在弹簧 4 的作用下，连同产品一起向后模方向运动，当行至 L 距

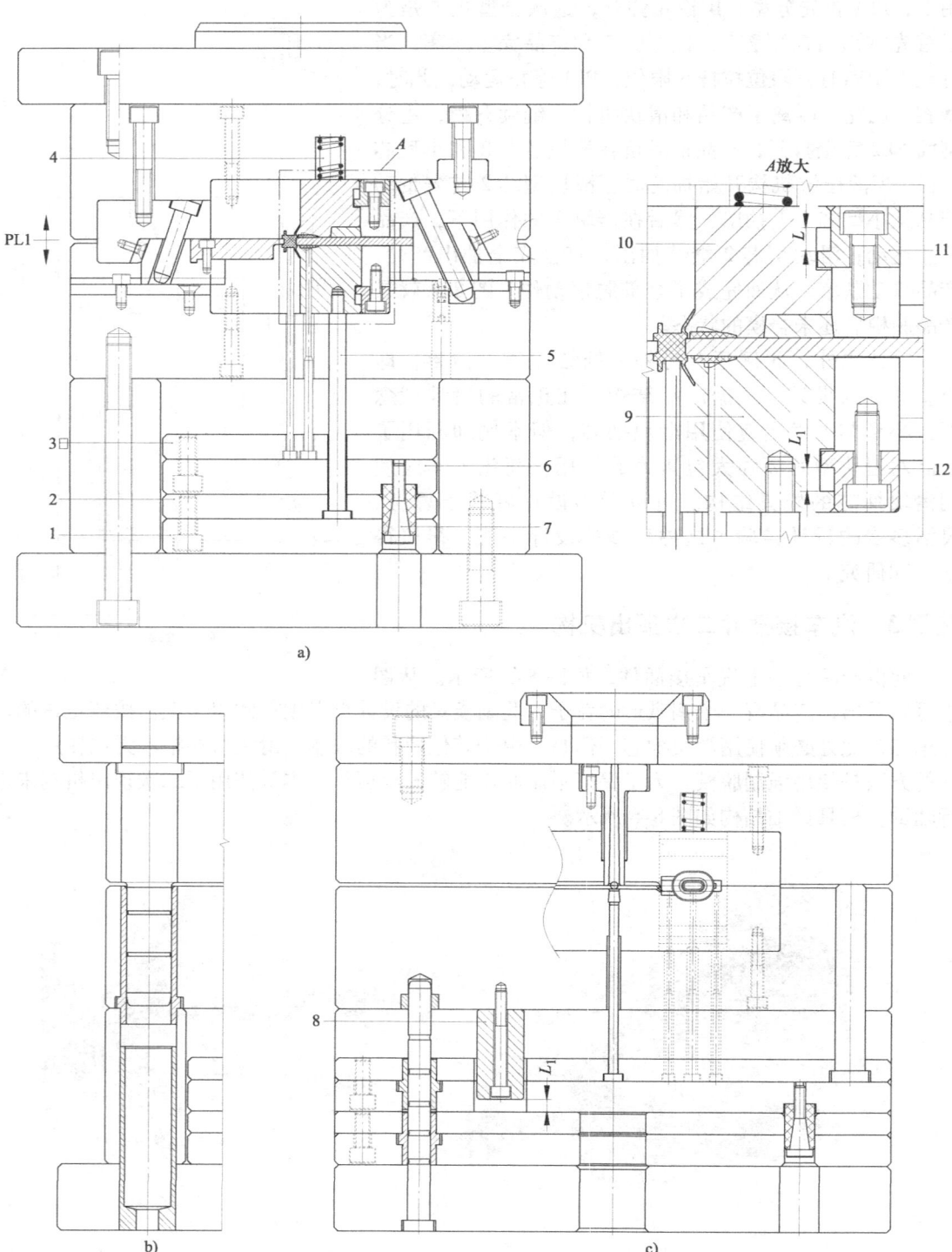

图 8-6

1、2—推板　3、6—顶针板　4—弹簧　5—推杆　7—尼龙开闭器　8—限位柱
9—后模镶件　10—前模镶件　11、12—限位块

离时，限位块11限位，镶件10停止运动，目的是为了使镶件10脱离前模型腔一段距离，给产品留出足够的变形空间用来脱模；继续开模，产品在后模的拉力下强制脱出镶件10，前模一侧的脱模顺利完成；当模具开始顶出时，注塑机的顶杆推动顶针板3、6和所用顶针一起向前顶出，在尼龙开闭器7的作用下，顶针板同时带动推板1、2、推杆5和后模镶件9等一起运动；当行至 L_1 距离时，限位柱8限位，推板1、2、推杆5和后模镶件9等全部停止运动；继续顶出，产品最后在顶针的推动下从后模镶件9中强制脱出，从而完成全部脱模动作。

从模具结构图可以看出，此例的二次顶出机构用尼龙开闭器代替了常用的机械式机构。这种方法在二次顶出中常用，因为尼龙开闭器比较简单、方便，可以大大简化模具结构。但是，尼龙开闭器的拉力有限，通常用在所需顶出力较小的情况下，如果所需顶出力较大，尼龙开闭器容易滑脱，动作不太可靠，因此，在使用此种机构时应斟酌而行。

范例4 微波炉控制面板倾斜式顶出机构

此例产品是一个微波炉控制面板，图8-7为产品的内侧视图。从图中可以看出，产品内部有很多小的结构，其中有凸台、卡扣、螺纹柱、加强筋、圆形腔体、方形腔体等，这些结构都有一个共同特点，就是轴心方向都是倾斜的，和模具的脱模方向之间有5°的夹角，因此均无法正常脱模。产品有一侧的侧壁也是如此。如果按照这些小结构的角度将产品摆正成脱模方向，产品的整个外表面则无法脱模，内侧也有一个方向不能脱模。如果要顺利脱模且力求整副模具结构简单，只能使用倾斜式顶出。模具详细结构如图8-8所示。

通过模具结构图可以看出，倾斜式顶出和二次顶出机构有些相似，同样使用了两组顶板机构，上面的一组是倾斜的，所有的顶出机构如顶针、斜顶等则固定在它上面；下面一组是水平的，主要负责斜顶板的斜向导滑和固定，同时也负责整个顶出机构的复位。

设计此类倾斜式顶出时需掌握以下几个重点。

1）斜顶板和平顶板之间应有安全顺畅的斜向导滑连接机构，最常用的是T形槽和T形块。

2）由于在顶出的过程中斜顶板具有很大的扭曲力，因此，斜顶板的顶出垂直方向应有安全可靠的顶板导向机构，常用的是顶板导柱和导套。

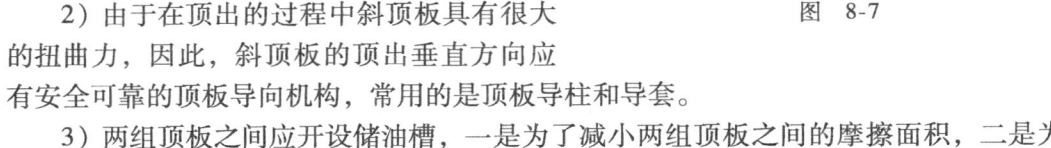

图 8-7

3）两组顶板之间应开设储油槽，一是为了减小两组顶板之间的摩擦面积，二是为了储油润滑，防止擦伤。

只要掌握了以上几个设计重点，设计倾斜式顶出其实是比较简单的。

范例5 汽车仪表框倾斜式顶出机构

此例产品是一个汽车仪表盘的表框，如图8-9所示。虽然此副模具在结构较复杂，但均为普通的滑块机构，没有多少特殊的亮点，因此，部分结构本例将不再进行描述。

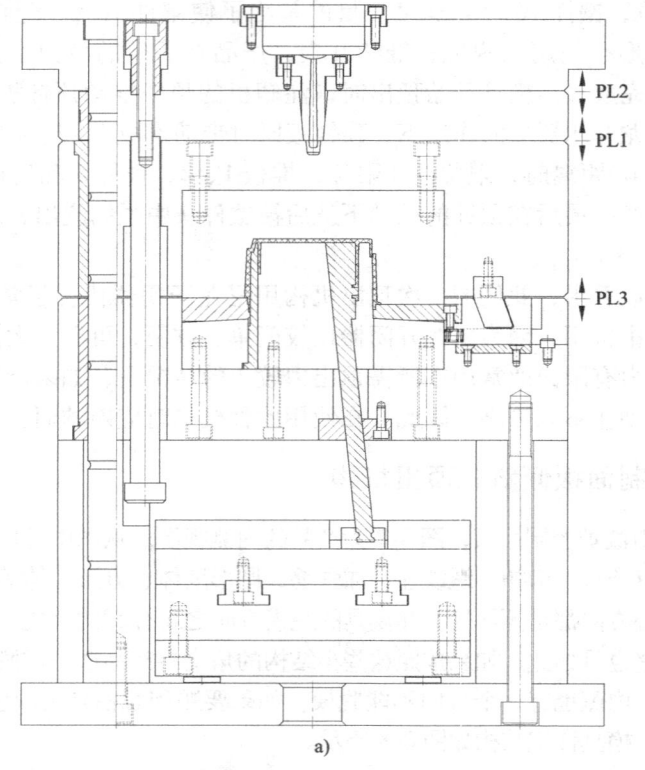

a)

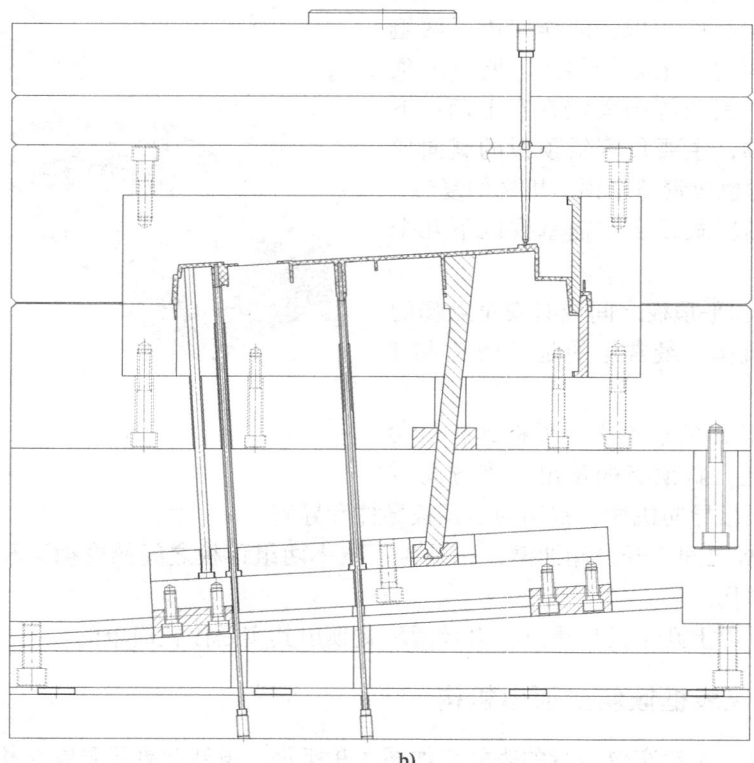

b)

图 8-8

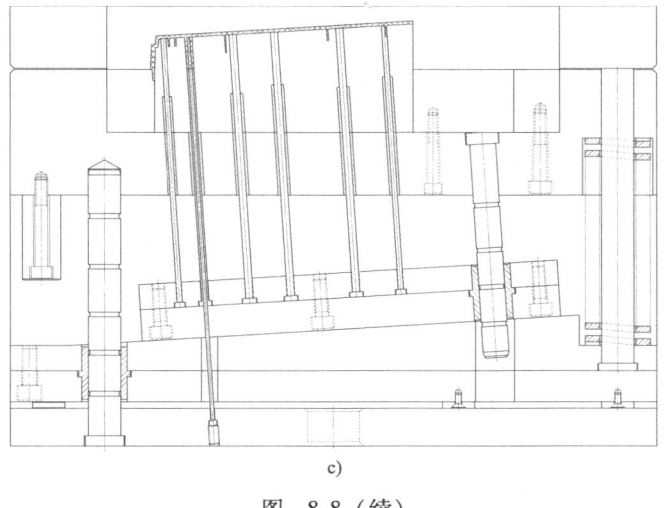

图 8-8（续）

图 8-9b 为产品的剖切视图，此视角也是产品正确脱模的垂直方向。从视图上可以很明显地看出，产品的中间侧面有大面积的内凹区域，属于前模一侧，如果按照现在这个正确出模方向来设计模具，整个前模一侧均为倒扣的，根本无法出模。虽然使用前模滑块机构可解决此问题，但是，由于产品形状较大，造型很不规则，使用前模滑块非常困难，加工难度非常高，精度无法得到有效保障，另外还要考虑进胶方式等，所以，使用前模滑块也不是最佳方案。经过再三分析，如果将产品沿着脱模方向旋转10°，前模侧即可顺利出模，不必再使用前模滑块，但是，其他滑块机构和整个顶出机构均应倾斜10°角，即必须使用倾斜方式来顶出。经过利弊权衡得知，倾斜式顶出的设计方案是此例的最佳选择，虽然顶出机构变复杂了，但与前模滑块相比，成型结构却简单了很多，成型后的产品质量也能得到很好的保证，模具详细结构如图8-10所示。

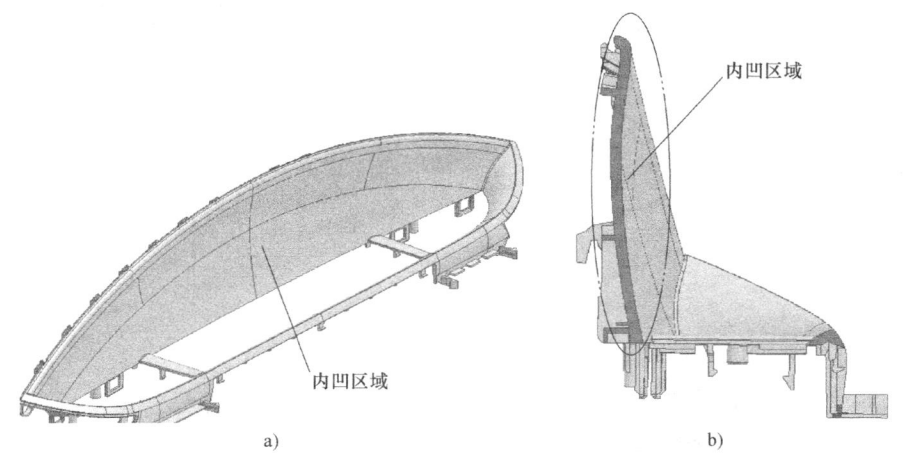

图 8-9

图 8-11 为顶出机构的三维结构图。从图中可以看出，此例顶出机构和本章范例 4 的顶出机构几乎相同，唯一区别是范例 4 是纵向倾斜，本例是横向倾斜。有关设计要点曾在范例 4 中有过详细介绍，因此，本例不再进行描述。

· 330 ·　塑料注塑模具经典结构180例

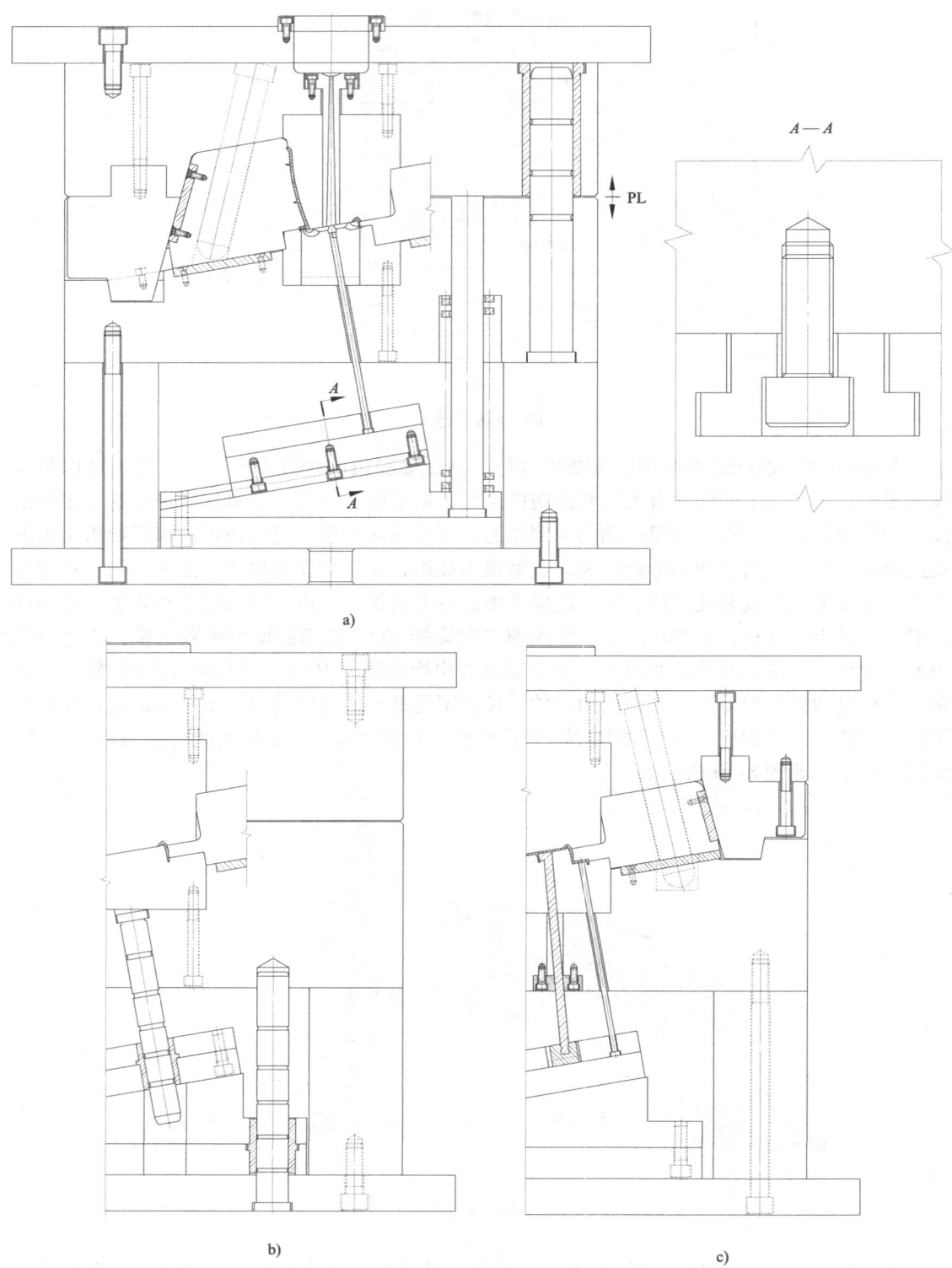

图 8-10

范例 6 电器装饰盖液压缸倾斜式顶出机构

此例产品是电器的电源装饰盖,如图 8-12 所示。此产品形状虽然简单,但外观要求较严,产品表面不得出现分型线痕迹,给模具设计带来了很大难度。

图 8-12b 的视角方向是产品原始的出模方向。图中圆圈内所示是产品的边缘,这条边缘也属于产品的外观部分,如果按照现在此方向设计模具,分型线必须在这条

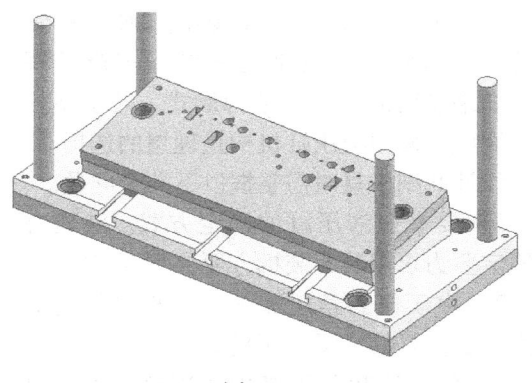

图 8-11

边缘的圆角上方,如图中箭头所指位置,那么,产品外观必然有分型线,客户显然不能接受。经分析,如果在现在视角的基础上将产品旋转45°角,分型线即可在产品内侧,产品外观则不会受到影响,如图 8-12c 所示。但是,整个顶出机构就要旋转45°,无疑使模具结构复杂化。考虑到产品质量的重要性,只能采用该方案。模具详细结构如图 8-13 和图 8-14 所示。

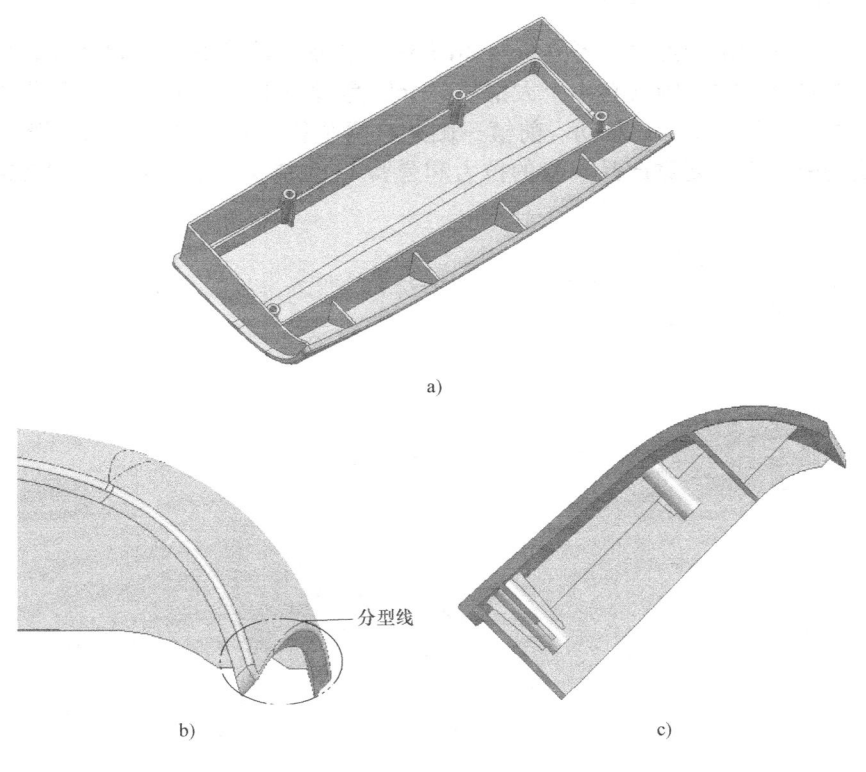

图 8-12

通过模具结构图可以看出,此例的顶出机构使用了液压缸驱动。由于顶出机构的倾斜角度太大,如果使用本章范例 4 的两组顶板结构,所需的模脚高度至少要超过 300mm,加上其他模板的厚度,大大超出了此副模具所配备的注塑机的最大容模厚度。再者,由于倾斜角

度太大，顶出机构有一半已超出了模具的最大范围，这对于模具结构来讲是很难处理的，如果使用范例 4 的结构形式，几乎不可能，因此，使用液压缸机构是理想的选择。

设计此副模具时需掌握以下几个问题。

1）要掌握液压缸的固定方式。液压缸的固定要力求简洁，装拆方便，牢固可靠。

2）由于倾斜角度太大，顶板机构的导向必须稳固可靠，滑动顺畅。

3）斜推块和顶板机构的连接应安全可靠，滑动顺畅，因为液压缸不仅要向前推动顶出，还要向后拉动复位。

图 8-15 为顶板机构及其导向机构，图 8-16为液压缸和斜推块机构。通过两个视图可以清楚地看出液压缸机构和顶板机构的连接导向方式。

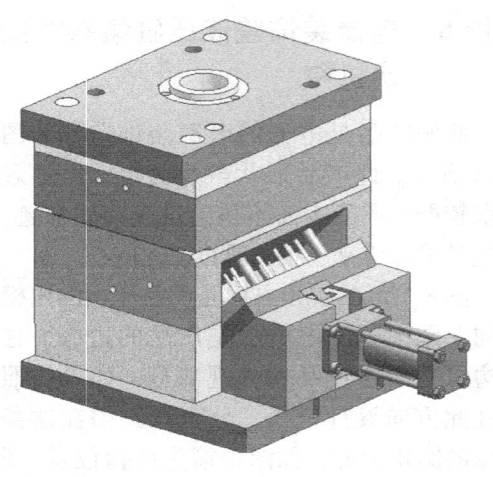

图 8-13

范例 7　水壶把手特殊抽芯机构

此例产品是一个水壶把手，模具结构如图 8-17 所示。此产品造型较特殊，模具结构非常复杂，向模具外面抽芯的共有 4 个大滑块，分别是滑块 1、2、4、7。由于所需抽芯距较大，4 个滑块均使用了液压缸驱动。前模一侧共有两个斜弹式滑块，分别是滑块 10 和 12，这两个滑块的驱动力主要靠产品本身的拉力和弹簧 11 的弹力，行程限位主要靠限位块 9。

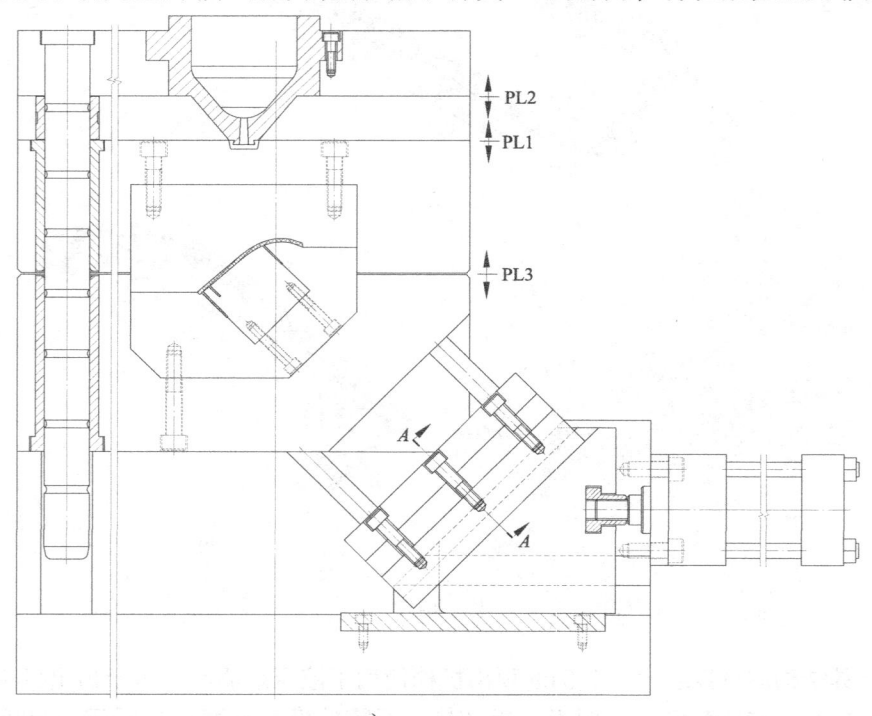

a)

图 8-14

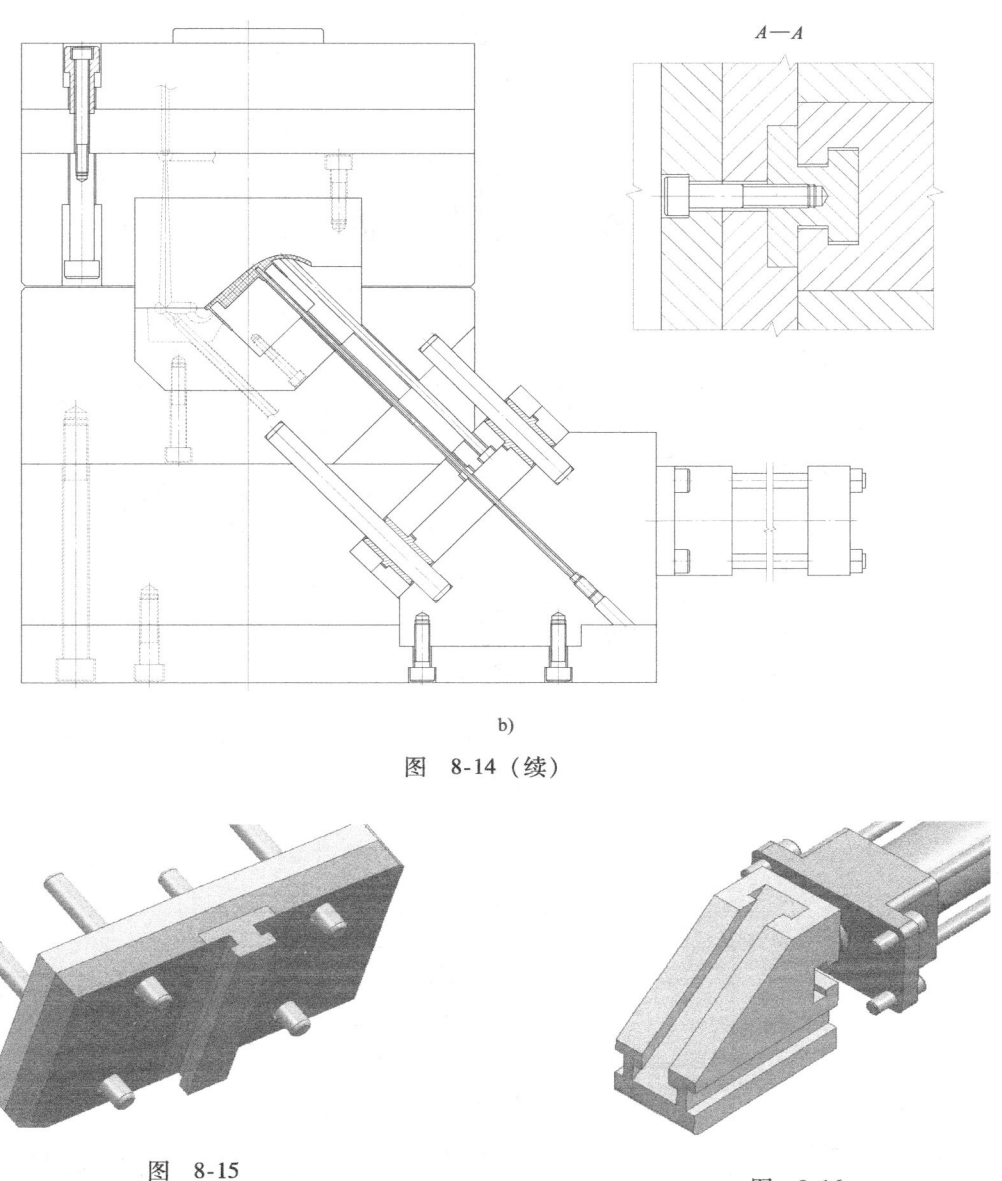

图 8-14（续）

图 8-15

图 8-16

除此之外，在后模型芯 6 内部还有 6 个小型内滑块机构 8。此例最大的设计难点在这 6 个内滑块上。按照常规的设计思路，此类内滑块必须使用弹 B 板机构，但本例并未如此设计，而是使用了一种特殊的浮动式锁紧块 5 来实现 6 个小型内滑块的抽芯和复位。锁紧块 5 的浮动动力一是来自弹簧 3，二是来自滑块 4。由于受产品形状限制，滑块 4 必须穿过型芯 6 来成型手柄端面的形状，同时也穿过锁紧块 5，这种结构虽然难度很大，但锁紧块 5 刚好利用滑块 4 的运动动力完成对 6 个内滑块的抽芯和复位。当滑块 4 开始抽芯时，在 T 形槽的作用下又带动锁紧块 5 向后运动，锁紧块 5 又带动 6 个内滑块向内抽芯；当锁紧块向下运动 L 距离时，6 个内滑块均已完成了抽芯，滑块 4 也停止了运动；当滑块 4 开始复位时，它又在自身斜面的作用下推动锁紧块 5 向前复位，锁紧块又推动 6 个内滑块完成复位。这种巧妙的构思，灵活的设计思路，避免了使用弹 B 板结构，使模具的整体结构得到了大大简化，动作更加安全可靠。

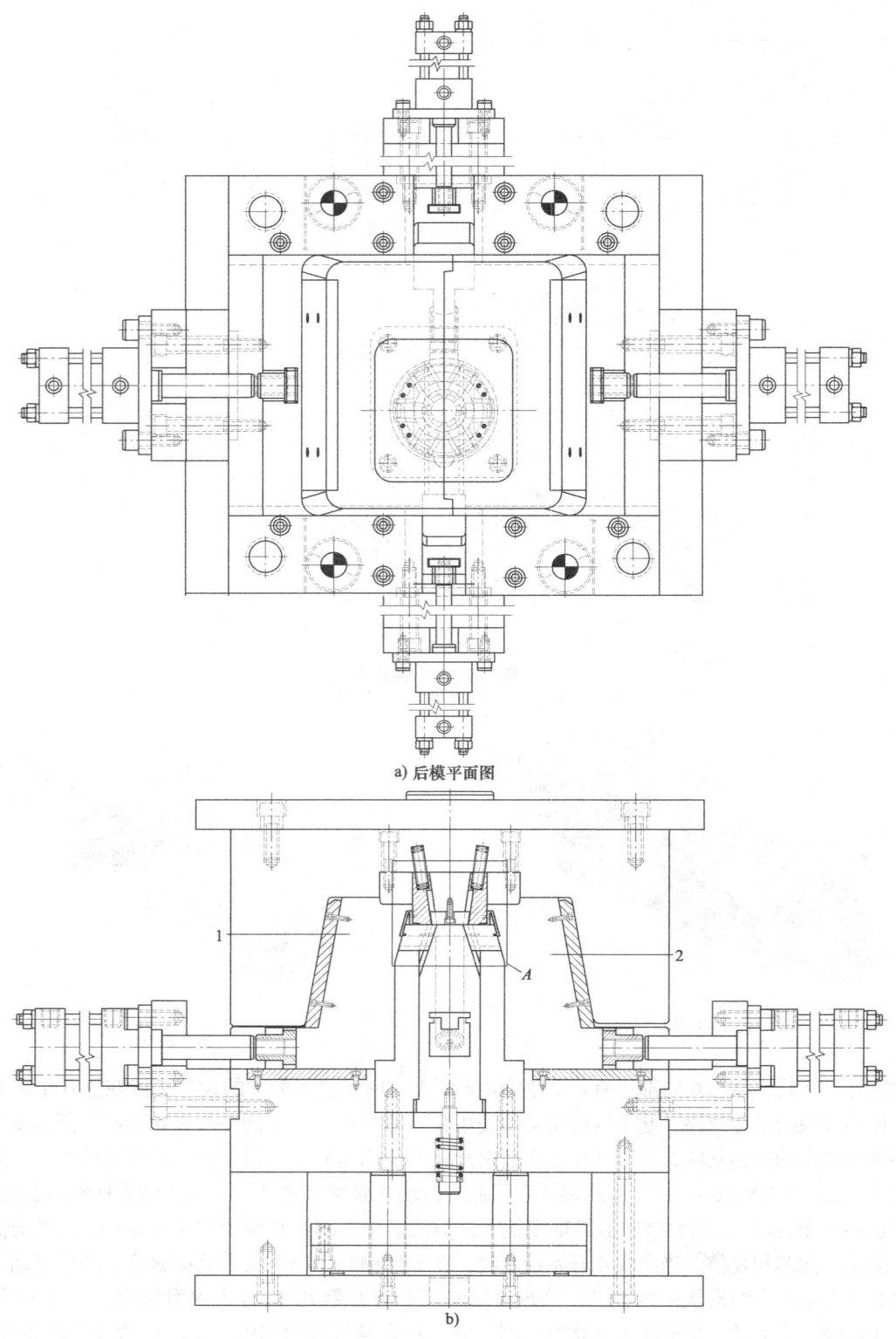

a) 后模平面图

b)

图 8-17

1、2—滑块

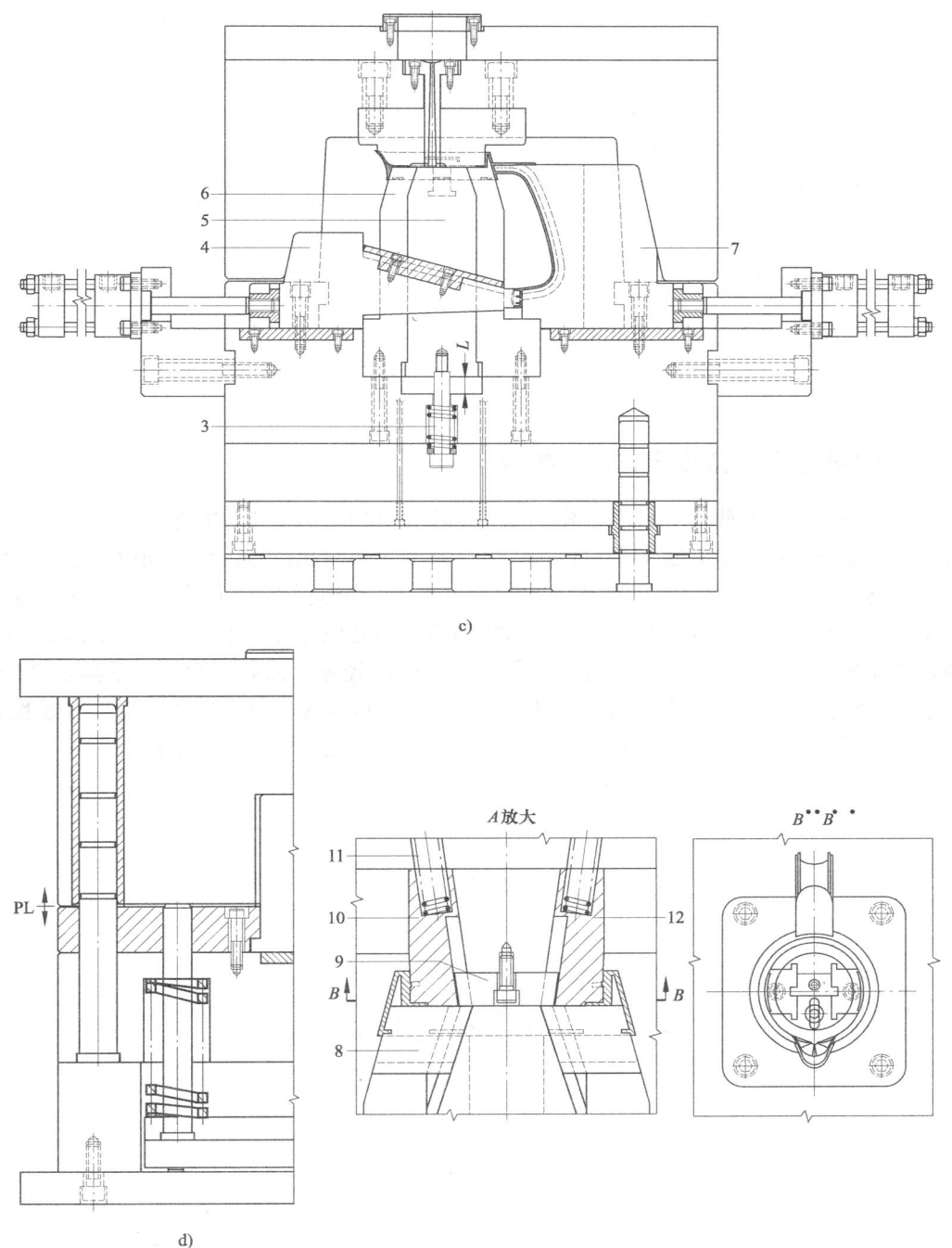

图 8-17（续）

3、11—弹簧 4、7、10、12—滑块 5—锁紧块
6—后模型芯 8—内滑块机构 9—限位块

图 8-18 为后模型芯 6 的三维零件图，图 8-19 为锁紧块 5 的三维零件视图。此二图可帮助读者加深对内滑块机构的进一步理解。至于此例的其他滑块机构，虽然均较复杂，但均属于普通结构，限于篇幅，本例不再一一讲述。

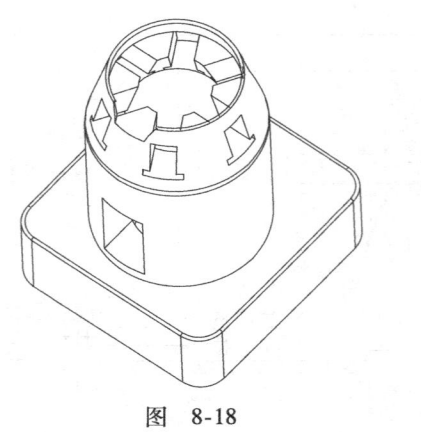

图 8-18

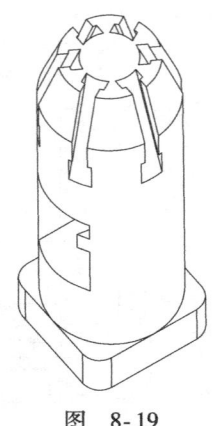

图 8-19

范例 8 咖啡壶手柄盖液压缸抽芯机构

此例产品是一个咖啡壶手柄盖，模具结构如图 8-20 所示。此产品造型较特殊，整体结构虽然有些复杂，但均属普通的滑块机构，并不难理解，因此，相关细节和设计原理本例不再描述，读者可以将本章范例 7 和范例 8 综合起来进行全面分析和研究，从中找出共同之处。比如，产品如何分型才更加合理，如何将前后模型芯设计得简单流畅、易于加工，滑块和型芯之间如何分型会更漂亮等，这些都是可以吸取的经验。因此，看一副模具是否经典，不一定要看结构多么复杂，更应看其设计理念和对细节的处理，这往往才是设计者经验的体现。本章安排了范例 7 和范例 8 这两个类型几乎相同的产品，目的也在于此。

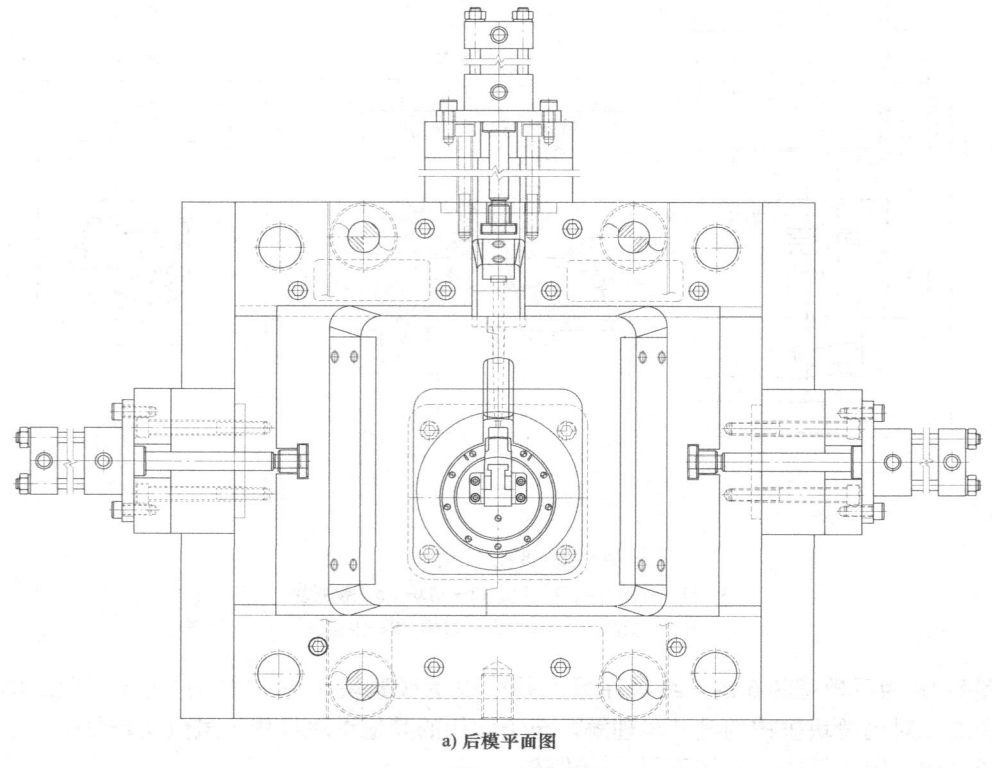

a) 后模平面图

图 8-20

第 8 章 特殊机构综合类 20 例

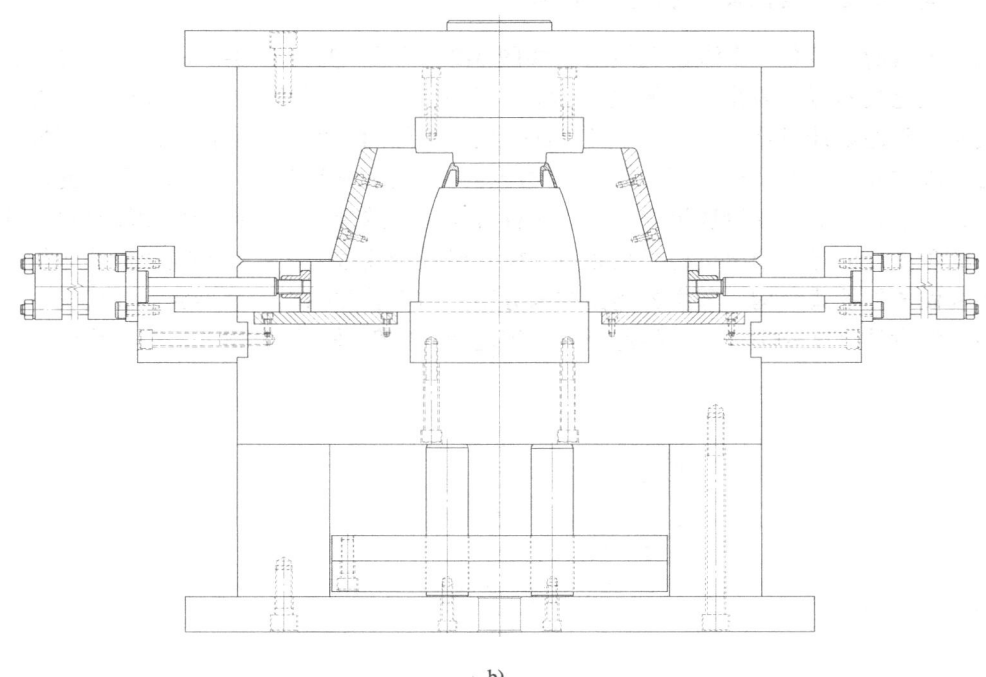

b)

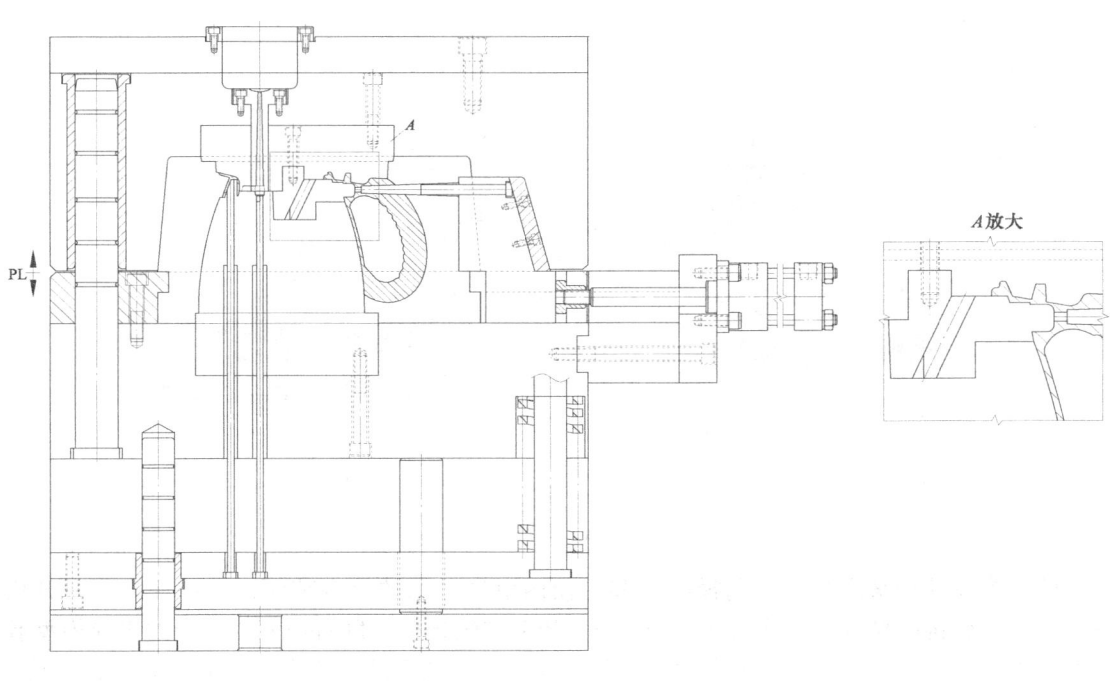

c)

图 8-20（续）

范例9　轿车天线盖倾斜式抽型腔机构

此副模具的产品是一个汽车天线盖,如图 8-21 所示。其中图 8-21c 为产品摆正后的脱模方向,从此视图可以看出,圆圈内所示是一个倒扣区域,此区域内外两侧均无法正常脱模。按照正常的设计思路,产品整个外表面使用对称的两个滑块,内侧使用一个斜抽式内滑块即可解决内外两侧的出模问题。但是,此产品外观要求非常严格,产品表面不允许有分型线印迹,所以,不能使用滑块机构,只有两种方案可供选择:一是将产品旋转到可以使其顺利脱模的角度,但是,顶出机构必须倾斜,模具设计难度很大;二是同前模滑块机构那样将前模型腔做成斜抽式结构,即主分型面在未分型之前就首先抽出前模型腔,此机构虽然也比较复杂,但设计难度要小一些。经过利弊权衡之后,本例采用了方案二。模具详细结构如图 8-22 所示。

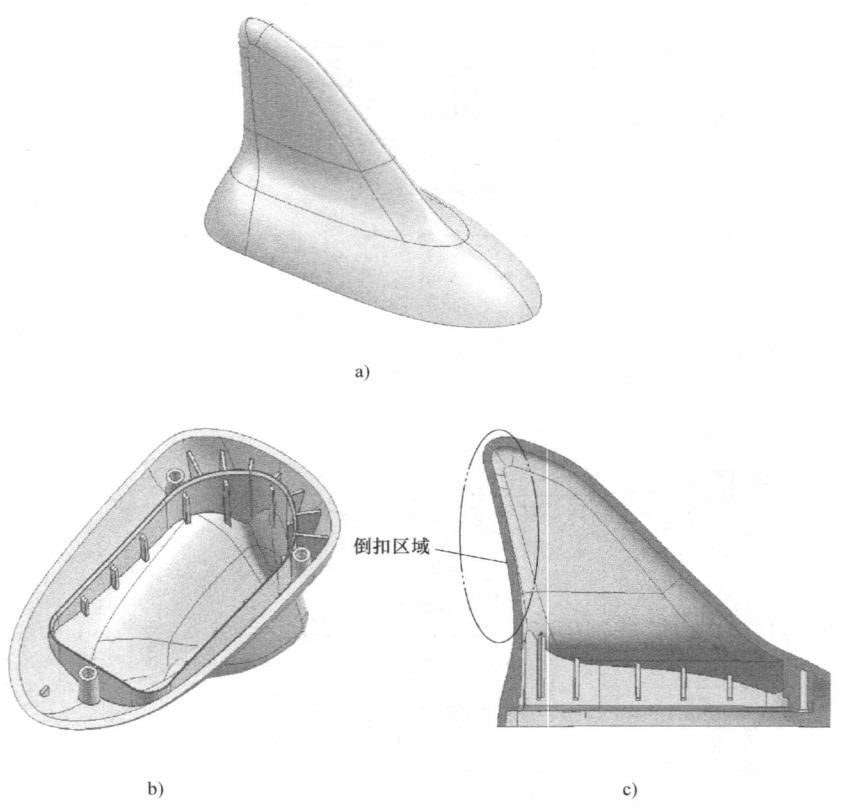

图　8-21

此副模具综合来讲是一个前模滑块和后模内滑块机构的综合范例,动作原理是:开模后,在扣机机构的拉钩 9 和弹簧 2 的作用下,PL1 首先分型,目的是为了首先抽出前模型腔在产品中的倒扣距离;当行至 L 距离时,弹块 8 在斜压块 7 的压缩下完全向内收缩,拉钩 9 脱离弹块 8,PL1 停止分型,此时,前模型腔 13 已脱离了产品一段距离,此时产品已能够垂直脱模;继续开模;在尼龙开闭器 1 的作用下,PL2 开始分型;当行至 L_1 距离时,限位拉杆 4 限位,PL2 停止分型,此时,内滑块 5 已脱离产品一段距离,此时产品已经能够垂直脱模;继续开模,主分型面 PL3 完全打开,最后产品被顶针顶出,从而完成全部脱模。

第 8 章 特殊机构综合类 20 例

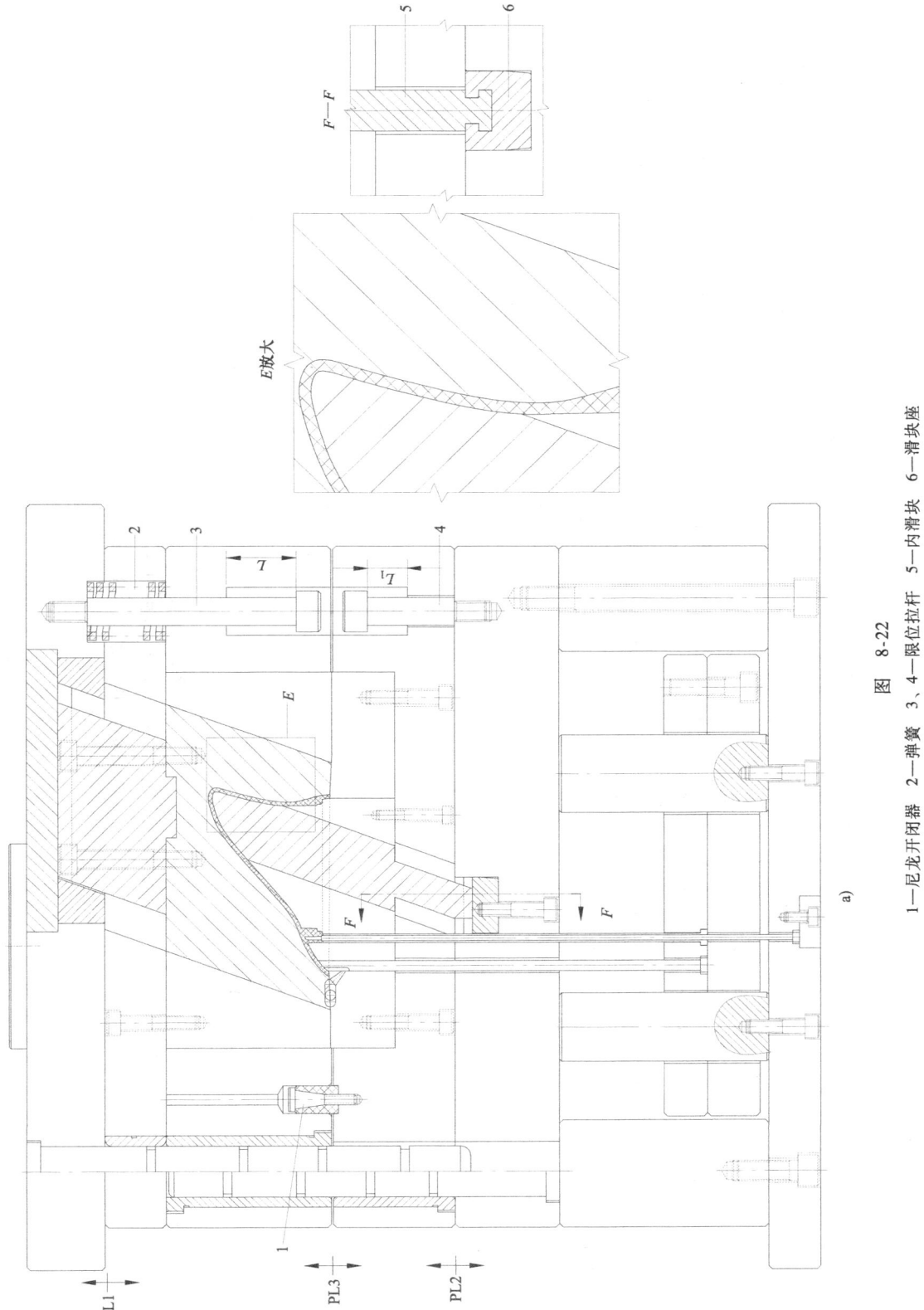

图 8-22

1—尼龙开闭器　2—弹簧　3、4—限位拉杆　5—内滑块　6—滑块座

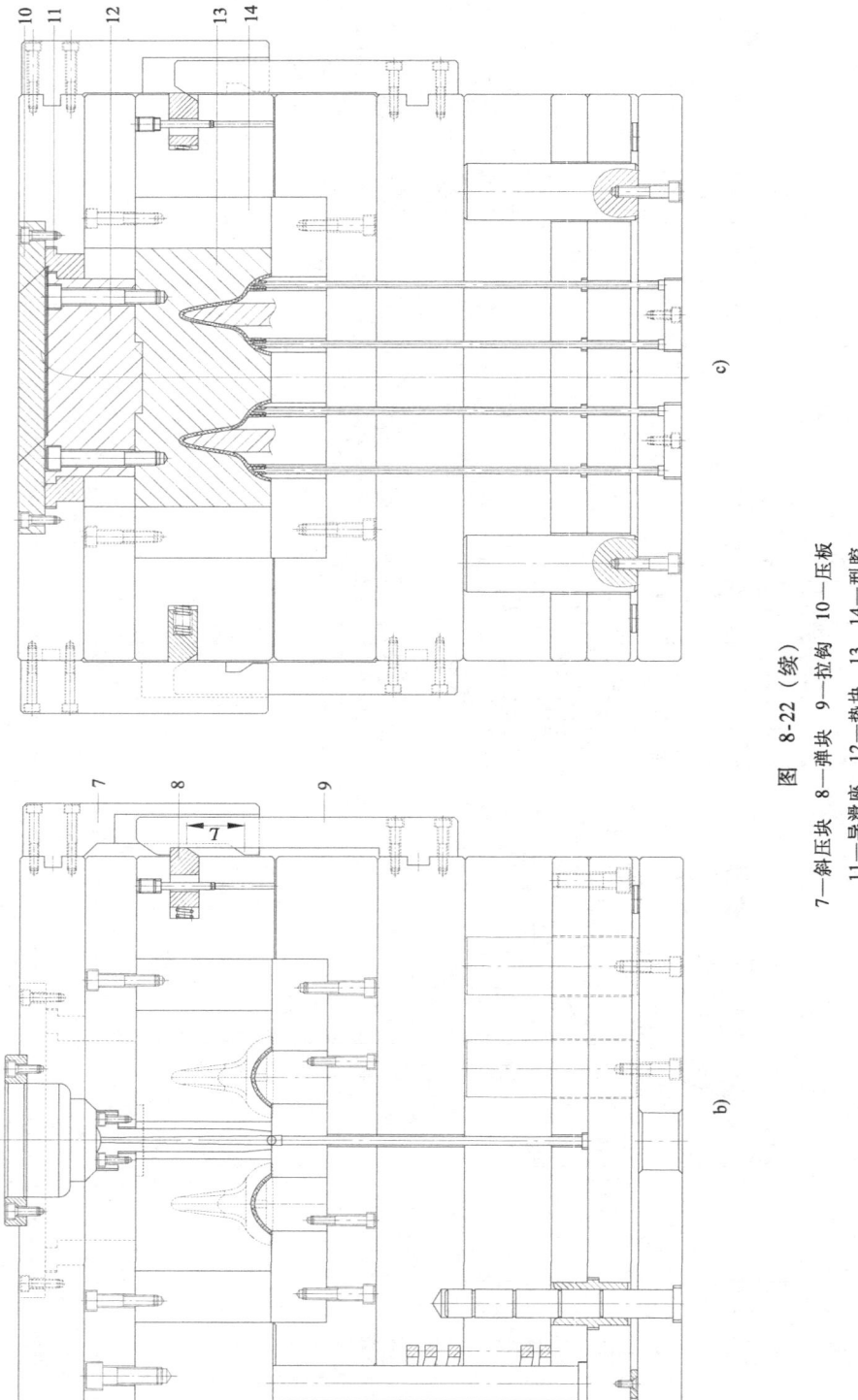

图 8-22（续）

7—斜压块 8—弹块 9—拉钩 10—压板 11—导滑座 12—垫块 13、14—型腔

设计此副模具时需注意一个非常重要的安全问题，就是分型面 PL1 必须等到其他两个分型面完全合模后才最后一个合模，否则，内滑块 5 有和前模型腔 13 撞击的危险，为此，本例使用了一种合模顺序控制扣机，如图 8-23 所示。此机构共有 5 个重要零件，分别是撑块 15、弹块 16、铲块 17、弹簧 18 和限位螺钉 19。在合模状态下，弹块 16 一直处于撑块 15 的压缩下。当 PL1 开模后行至 L 距离时，弹块 16 弹起，刚好卡在撑块 15 的卡槽中，如图 8-24 所示，这样，合模时，撑块 15 紧紧撑住 A 板，致使分型面 PL1 无法合模，直至另外两个分型面完全合拢后，铲块 17 的斜面刚好铲到弹块 16 的斜面，迫使弹块向内退缩，脱离撑块 15 的卡槽，分型面 PL1 才能够顺利合模。图 8-25 为 PL1 完全合模后弹块 16 和铲块 17 的静止状态。

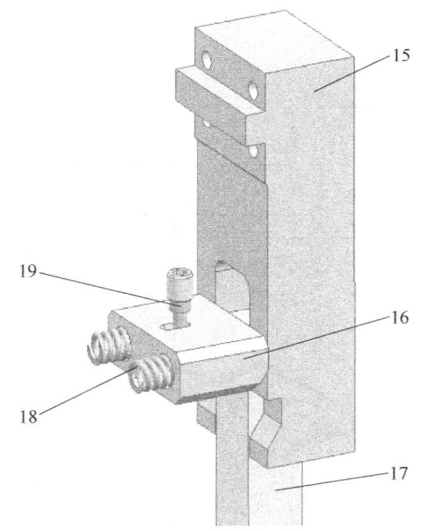

图 8-23
15—撑块　16—弹块　17—铲块
18—弹簧　19—限位螺钉

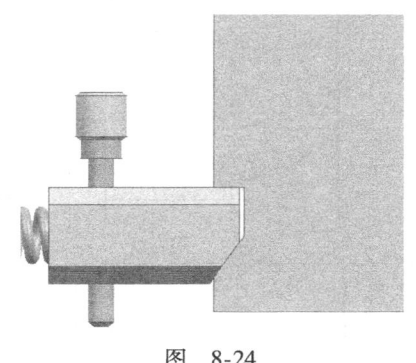

图 8-24

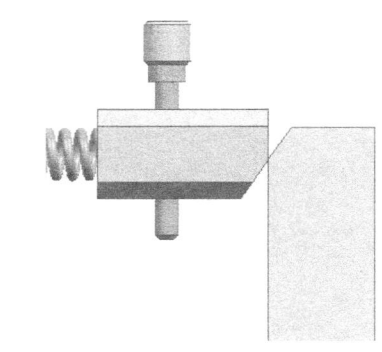

图 8-25

范例 10　轿车天线盖倾斜式顶出机构

此例产品和本章范例 9 的为同一产品。在范例 9 中曾经讲过，本产品模具有两个设计方案。一是将产品旋转到可以使其顺利脱模的角度，使用倾斜顶出；二是范例 9 使用的倾斜式抽型腔结构。为帮助读者开阔视野，累积经验，此例将第一种方案的模具结构介绍给大家，希望对大家水平的提高能有所帮助。这两副模具虽是同一产品，但模具结构却来自两个不同公司的设计师之手，因此，结构也完全不同，各有优缺点。经过实际生产验证，这两副模具的结构均安全可行，因此，望大家不要有疑惑。模具结构如图 8-26 和图 8-27 所示。

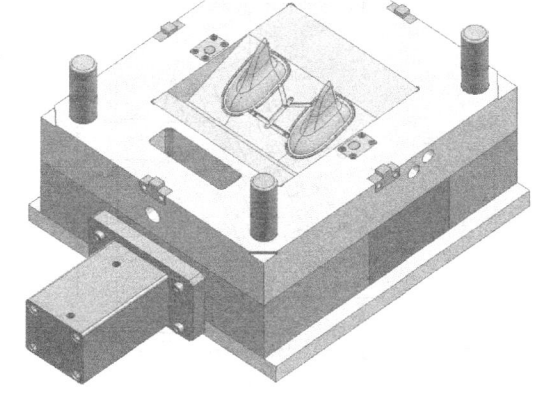

图 8-26

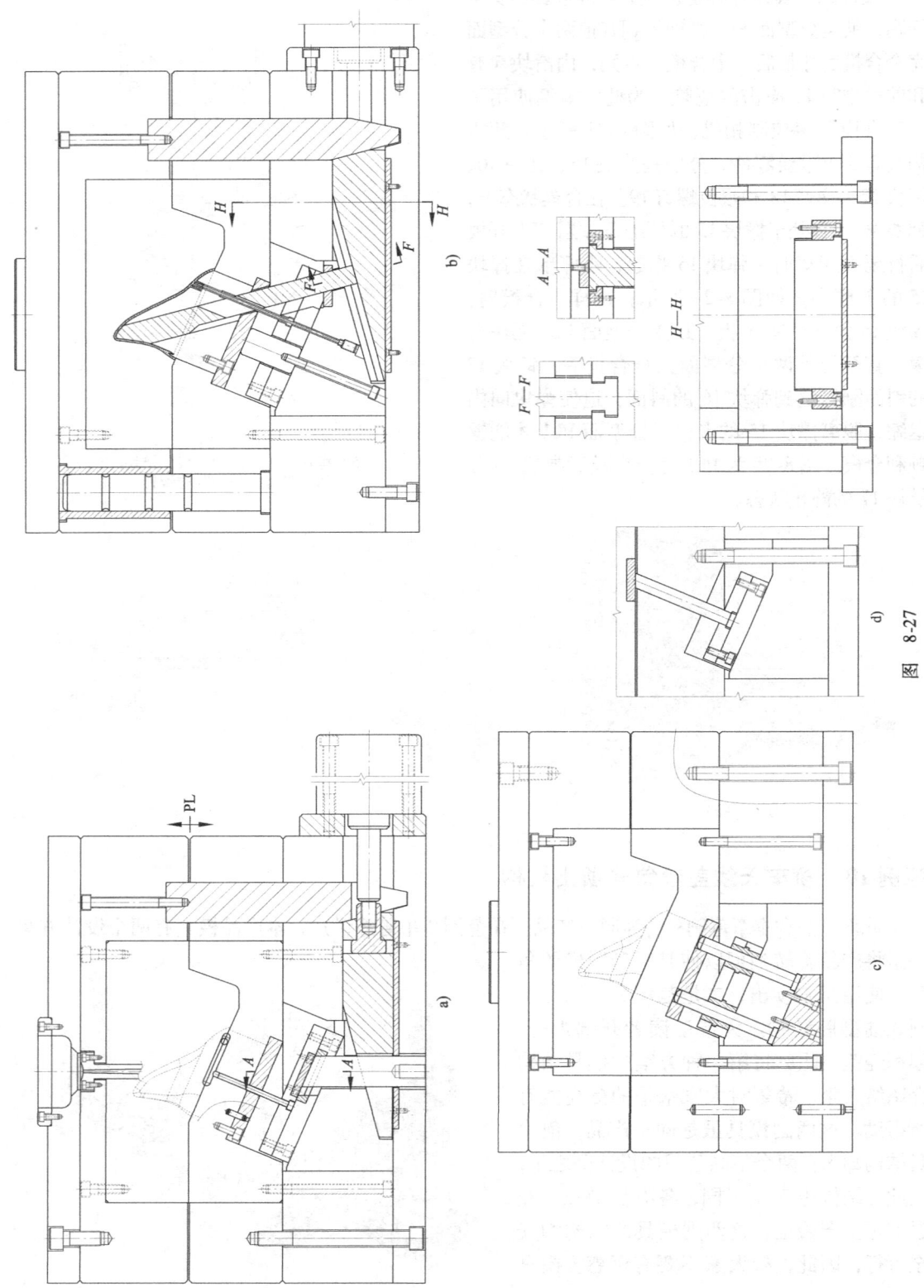

图 8-27

从模具结构图可以看出，此副模具虽然是倾斜顶出，但整体结构比范例9简单得多。一是前模侧不用斜抽型腔，避免了弹A板结构；二是省略了两种不同的扣机机构；三是省略了弹B板结构。虽然倾斜顶出在模具设计上难度很大，但是，顶出机构所必需的零件还是同样多的，只是斜着顶出而已。只是后模内滑块机构变得比范例9复杂很多，由于顶出机构是倾斜的，很难实现弹B板结构，因此使用了液压缸驱动内滑块。

对于此副模具需注意几个问题，如顶出机构的导向和复位方式，倾斜顶出的顶出方式，液压缸抽内滑块的使用方法等均有值得吸取的经验。因此，对于这两副模具不用太在意哪个最合理，而是要吸取百家之长来提高自己的经验水平。

范例11 斜齿轮旋钮旋转顶出机构

此例产品是一个带有斜齿轮的电器旋钮，如图8-28所示。对于这种带有斜齿轮的产品，肯定无法正常脱模，无论是强制脱模还是任何滑块机构均不可能实现，因此，只有一种设计方案，即旋转顶出。详细结构如图8-29所示。

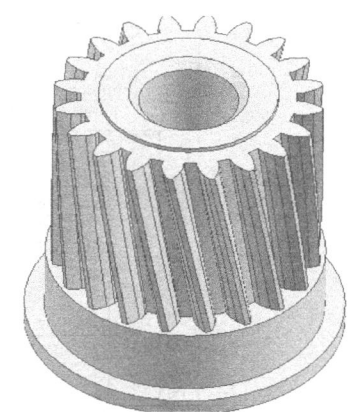

图 8-28

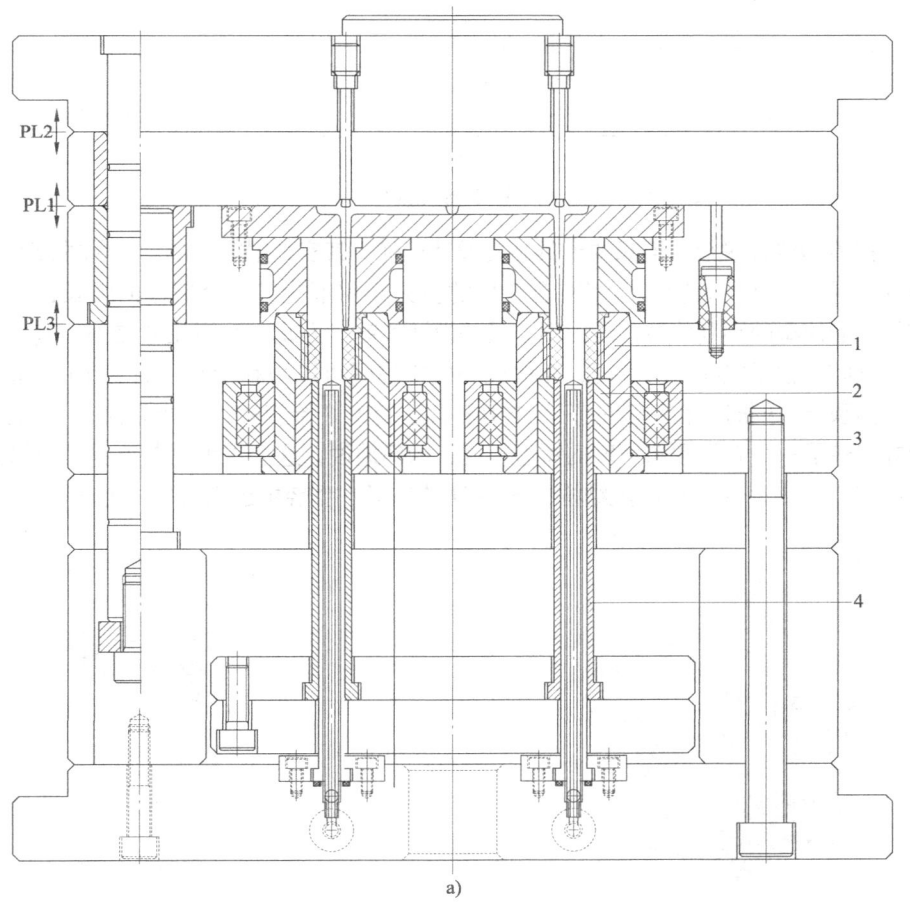

a)

图 8-29

1—型腔 2—镶件 3—轴承 4—司筒

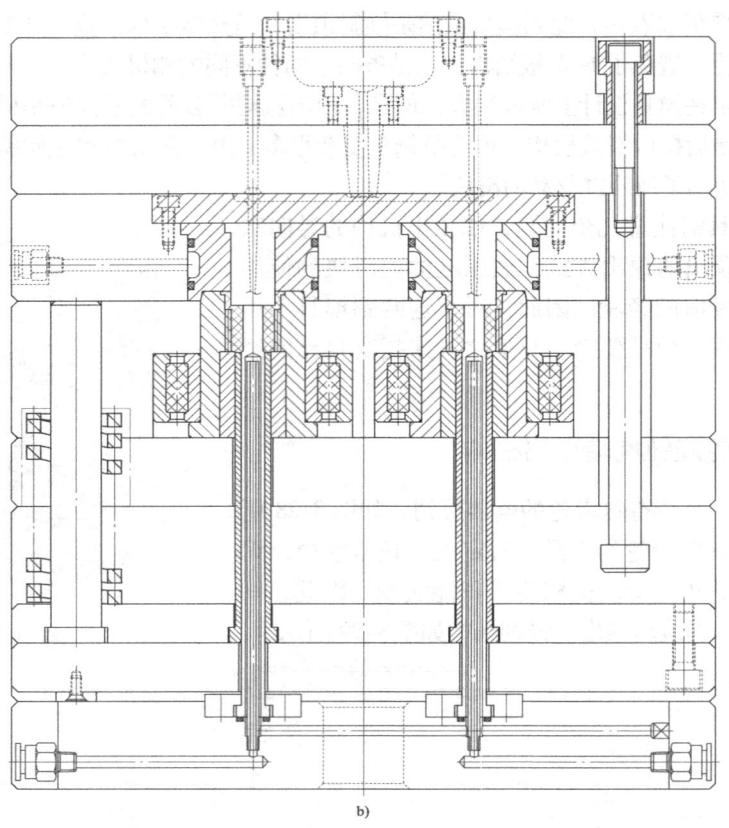

图 8-29（续）

此例产品看似难以脱模，但只要模具结构设计正确，其实是很简单的。此例的旋转顶出，是在顶出过程中保持产品不旋转，让型腔在斜齿的扭力作用下旋转一个斜齿的弧长，达到脱模目的。但如何才能使型腔顺利旋转，是此副模具的设计关键，为此，本例在型腔外面套用了一个轴承机构，让型腔和轴承之间保持紧固，而保证和模板之间可以顺利转动，那么在顶出时，司筒 4 推动产品向前顶出，同时，在斜齿的扭力作用下，型腔 1 开始旋转，当产品被完全顶出型腔时，型腔 1 刚好旋转了一个斜齿倾斜角度的短边长度，精确地说，这个长度就是产品的外圆弧长，约 3mm。图 8-30 为型腔和轴承的装配结构，图 8-31 为产品在型腔中还未被顶出的状态。

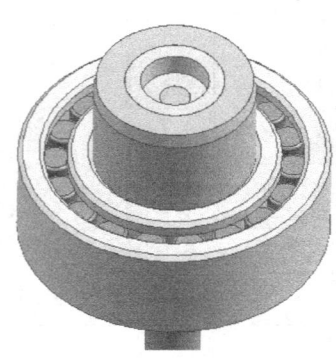

图 8-30

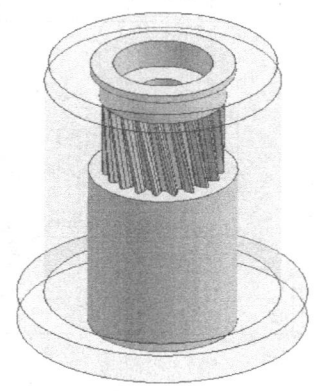

图 8-31

此例的脱模方式可谓简单巧妙，独具匠心，是一些斜齿轮产品最常用的模具结构之一。设计此种结构时需注意以下几个问题。

1) 对产品的顶出力要够大。如果使用司筒顶出，应保证司筒有足够的强度，应尽量避免使用多个小顶针顶出。

2) 型腔镶件和侧面模板、底部托板的装配关系应保持一定间隙，一般在0.02mm即可，根据经验，当模具装好后，通常以用手能够轻轻地、顺畅地转动即可。

3) 齿轮的精度要求一般都很高。为了保证齿轮的加工精度，型腔底部的齿轮轮廓区域必须用镶件镶穿，如本例的镶件2，型腔内的轮齿则可以使用慢走丝线切割机械直接割出。

4) 选用轴承时尽量不用深沟球轴承，可优先使用圆柱滚子轴承。因为深沟球轴承轴向可以承受的压力有限，易损坏；而圆柱滚子轴承可以承受很大的轴向压力，使用寿命较长。

此例的缺点是，轴承套在型腔镶件外面的这种结构，只能适用于较小的齿轮产品和模穴数较少的模具，因为轴承本身要占用很大空间，当产品较大时，所需轴承也较大，如果模穴数较多，比较浪费模具的空间。

范例12 注射器针管前模推板机构

此例产品是一个透明的注射器针管，是非常简单的圆形筒类零件，模具结构上不需斜顶，也不需滑块，是前后模结构，但是，由于产品有着较高的标注要求，如果想设计好模具，并非一般的设计者所能够设计的。产品的要求有：内孔和外圆的同心度，内孔和外圆的圆度，内孔和外圆的尺寸公差，产品所允许的最大变形度等，均有很严格的标准。在模具结构上能够对这些要求产生很大影响的主要有3个方面。

1) 加工精度的控制。模具结构的设计应便于加工、修改和测量。

2) 进胶方式。浇口位置应尽量选在产品的正中间进胶。如果产品结构不允许在中间进胶，只能侧进胶，一般不宜使用一个浇口，应尽量使用3个浇口且平衡排列，还应保持3个浇口同步射胶，即使很小的产品也应如此。因为对于圆形产品来说，进胶不平衡会导致产品收缩不均匀，收缩不均匀易导致产品变形、尺寸不准、尺寸不稳定等后果。当然，要求不高的产品除外。

3) 冷却系统的设计。设计圆形产品的模具时，应尽量一个产品使用一个独立的圆形镶件，目的一是为了加工精度容易控制，二是为了冷却系统的设计。通常情况下，圆形产品的冷却水路也应尽量设计成圆形，因为只有圆形水路才能使圆形产品冷却均匀，尺寸稳定，产品不易变形，而只有圆形镶件才能够设计圆形水路。

上述3个方面也就是设计圆形产品的3个最关键的重点，只要遵循了这3个重点，产品精度才能得到更好的保障，希望读者谨记。

此例的模具结构如图8-32所示。

此副模具虽然模板较多，但动作原理非常简单。开模后，主分型面PL1首先分型，产品紧紧包在型芯1上留在了前模一侧，当行至L距离时，在拉板4的作用下，拉动推板2向前运动，开始推出产品，分型面PL2分型，当行至L_1距离时，拉板5限位，所有开模动作全部停止，产品被推板完全推出，从而自动脱落。其中尼龙开闭器3主要是防止产品由于自身对后模型腔的粘紧力较大而将推板提前拉开，主要起安全作用。

对于此副模具应关注以下几个重点。

1) 流道和浇口位置的布局。

2) 产品脱模结构的设计特点。

3) 型芯镶件和型腔镶件的结构特点及其固定方式。

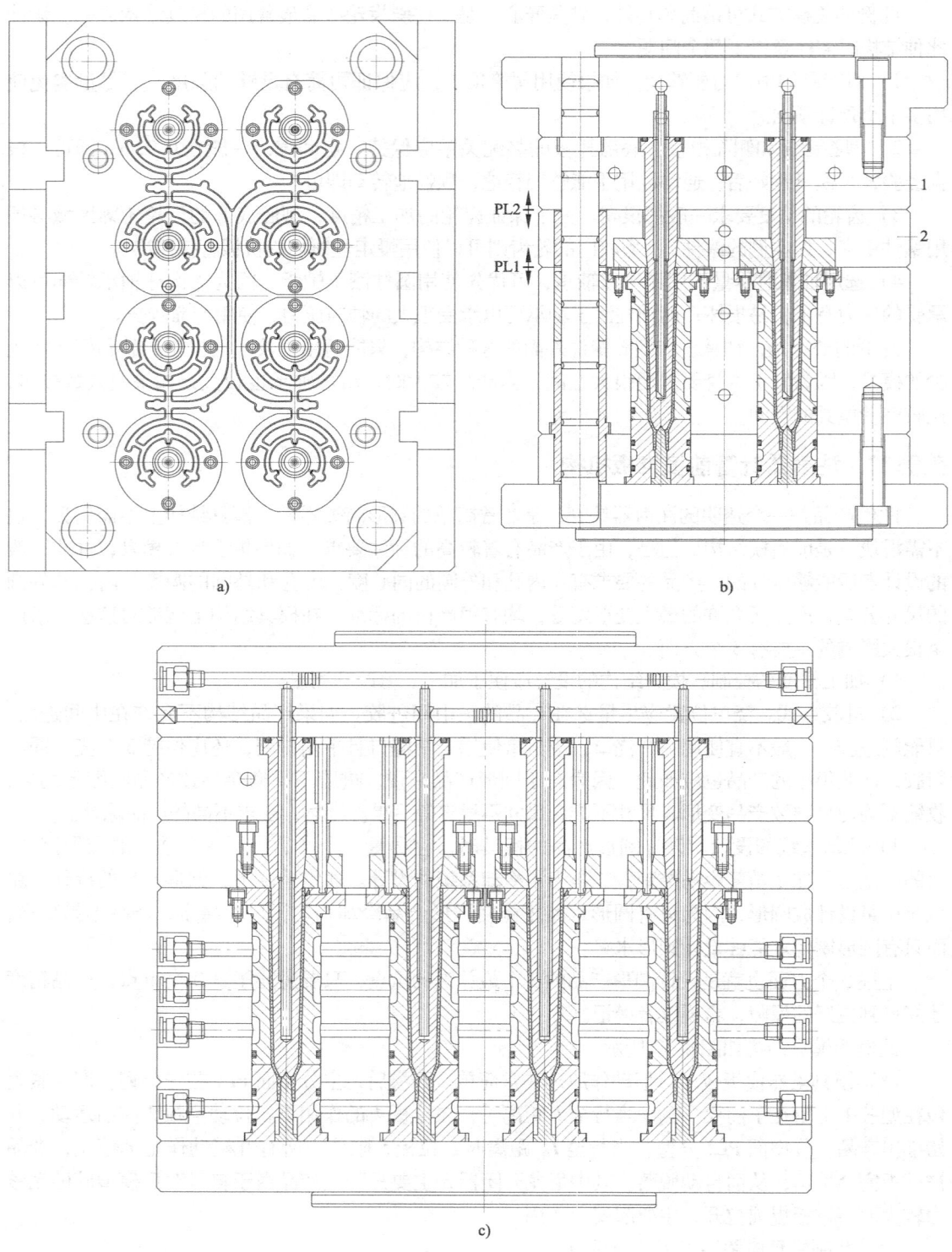

图 8-32
1—型芯　2—推板

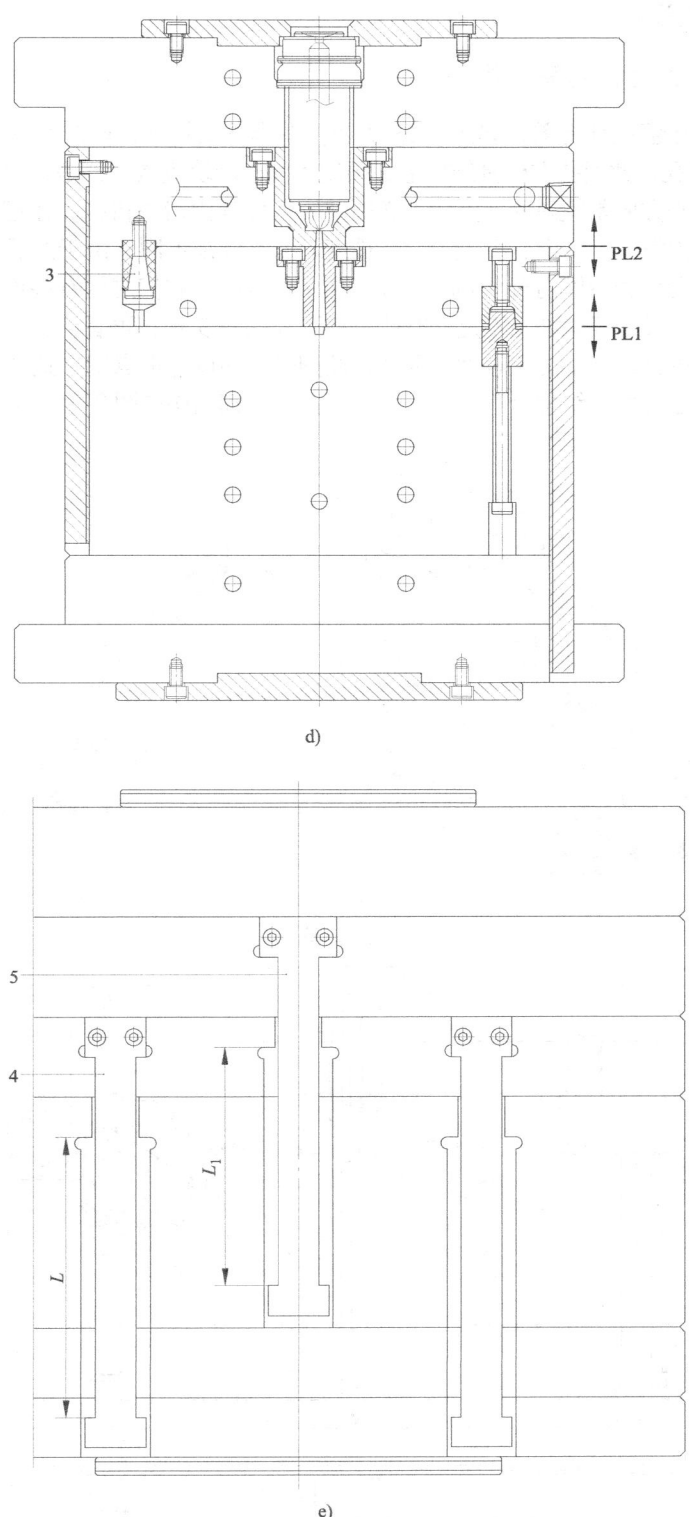

图 8-32（续）
3—尼龙开闭器 4、5—拉板

4) 冷却系统的设计。

范例 13　温度计上盖斜内滑块机构

此例产品是一个温度计上盖，如图 8-33 所示。在模具结构上，此产品有两个设计难点，一是斜面上的 U 型通孔，此通孔在模具结构上必须使用前模滑块机构；二是圆圈内的螺纹柱和定位柱，由于它们的轴心方向是倾斜的，因此，必须使用后模斜内滑块机构。在正常情况下，无论是前模滑块还是后模内滑块，均没有多大的设计难度。而本例则不同，由于产品形状较小，模具上空间有限，当前模滑块和后模内滑块同时出现在同一位置时，它们之间有些零件会发生了严重干涉。在这种情况下，设计经验如果不足，有些机构可能很难实现；再者，由于内滑块倾斜角度较大，给模具结构的设计带来了更大难度，因此，此副模具的设计重点则在这两个滑块上，不但需解除二者的干涉，还应力求结构合理、动作可靠。模具详细结构如图 8-34 所示。

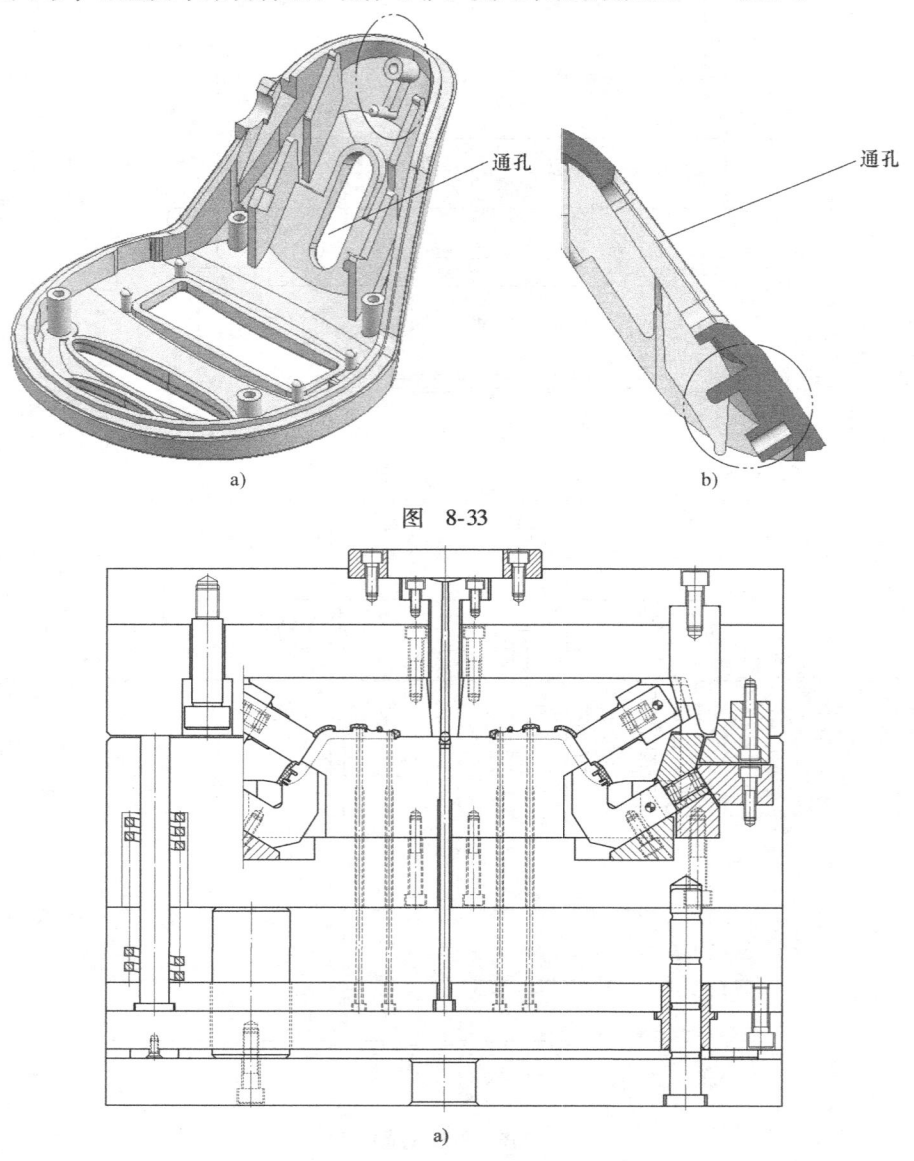

图　8-33

a)

图　8-34

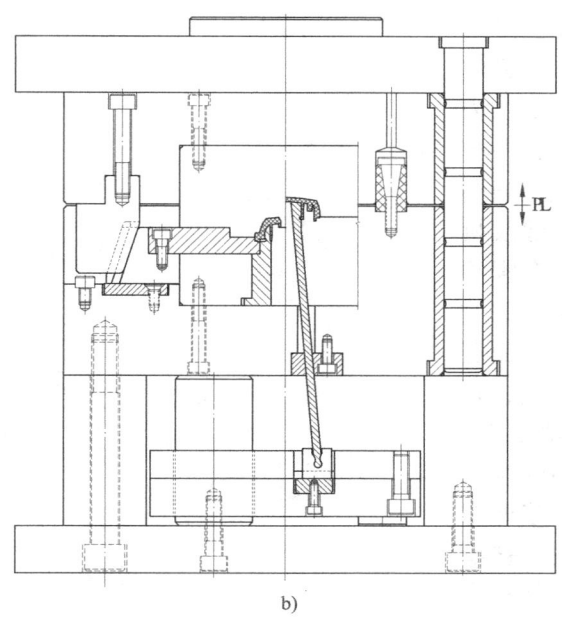

b)

图 8-34（续）

通过模具结构图可以看出，此副模具是一个普通的前模滑块和后模内滑块机构，只是由于这两个结构有互相干涉的问题，在结构上处理得比较巧妙罢了，至于动作原理则非常简单，本例不再一一重复。对于此例，主要是应吸取一些斜内滑块的设计经验和处理技巧，如内滑块的镶拼形式，斜内滑块的结构特点，滑块的抽芯和复位方式，滑块的定位和导向方式等。图 8-35 和图 8-36 为整个前后模滑块的三维结构，希望此图能帮助读者加深对此例的认识和理解。

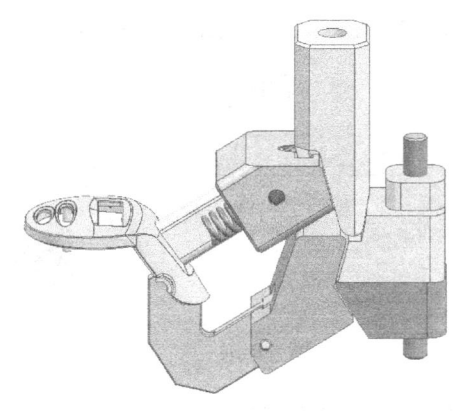

图 8-35

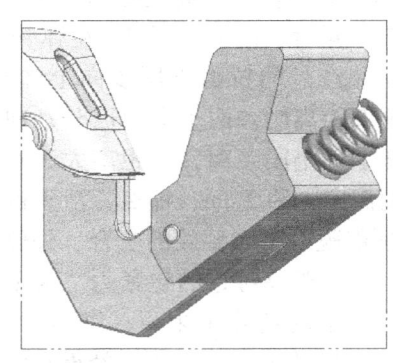

图 8-36

范例 14　光纤杯杯胆前模滑块机构

此例产品是一个光纤杯杯胆，产品材料为 PP 料，如图 8-37 所示。此产品在模具结构上有两个设计难点，一是注释 A 处，此处有两圈凸台，必须使用滑块成型，为简化模具结构，本例使用的是前模斜弹式滑块；二是注释 B 处，此处是产品的一圈翻边，在翻边内侧有两圈内螺纹，此例最大的设计难点即在两圈内螺纹上。按照正常的设计思路，内螺纹的脱模方式有两种，一是在螺牙不深的情况下使用强制脱模，二是使用自动脱螺纹机构。而对于本例来说，有螺纹的一段刚好属于型腔部分，它内有型芯，外需滑块，上面还有一段很深的型腔，因此，自动脱螺纹机构根本无法实现，唯一的方法只能是使用强制脱模。但是，由于内有型芯外有滑块，有螺纹的一段刚好被滑块和型芯紧紧包住，产品根本

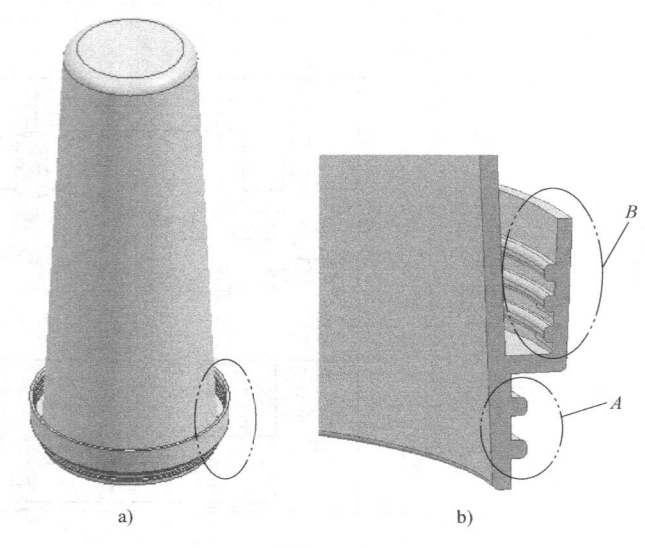

图 8-37

没有强制脱模的变形空间，所以，强制脱模方案也很难保证成功。为给产品创造足够的强制脱模的变形空间，本例将带螺纹的一段型腔设计成了一个独立的可旋转的浮动式螺纹镶件，以便开模后该螺纹镶件可向上浮动一段距离，在浮动过程中又逆向旋转一段距离，使螺纹镶件和产品的螺纹之间首先自动脱出一定的间隙，待产生一定的松动后，再开始强脱动作，只有如此才能保证强制脱模的顺利成功。模具详细结构如图 8-38 和图 8-39 所示。

此例的动作原理是：开模后，主分型面 PL1 首先打开，两个滑块 8 在拉钩 4 和弹簧 10 的作用下向上弹起，开始抽芯动作，同时，活动镶件 13 在弹簧 15 的弹力和产品的拉力下同步向上弹起，当行至 L 距离时，两个滑块已分别向两侧抽开了一小段距离，此距离大于产品的成型深度，约 3mm，那么，活动镶件 13 的顶部脱离了与型腔的咬合，外侧也消除了两个滑块对它的包紧力，为下一步的旋转运动消除了阻碍；继续开模，活动镶件 13 在本身的倾斜导滑槽和销钉

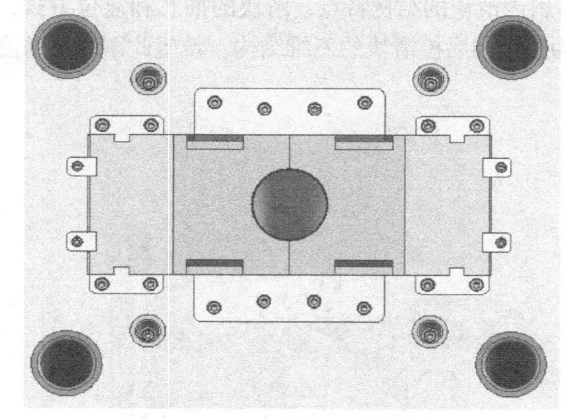

图 8-38

9 的拨动下，开始相对产品上的螺纹作逆向旋转；当 PL1 行至 L_1 距离时，活动镶件 13 的外圆刚好旋转了一个 L_2 的弧长距离，虽然远未转出螺纹，但由于产品的脱模斜度较大，活动镶件 13 已和产品之间产生了一定的间隙，它们之间的包紧力已得到了很大程度的消除，并为下一步的强制脱模减轻了很大的包紧力；继续开模，在限位拉杆 12 的作用下，活动镶件 13 停止了所有运动，由于产品对后模型芯 5 有着巨大的包紧力，产品的螺纹翻边开始向外变形胀开，产品的内螺纹开始从活动镶件 13 上强制脱出，直至完全脱离；最后产品被推板和气动顶出，从而完成全部脱模动作。

第 8 章 特殊机构综合类 20 例

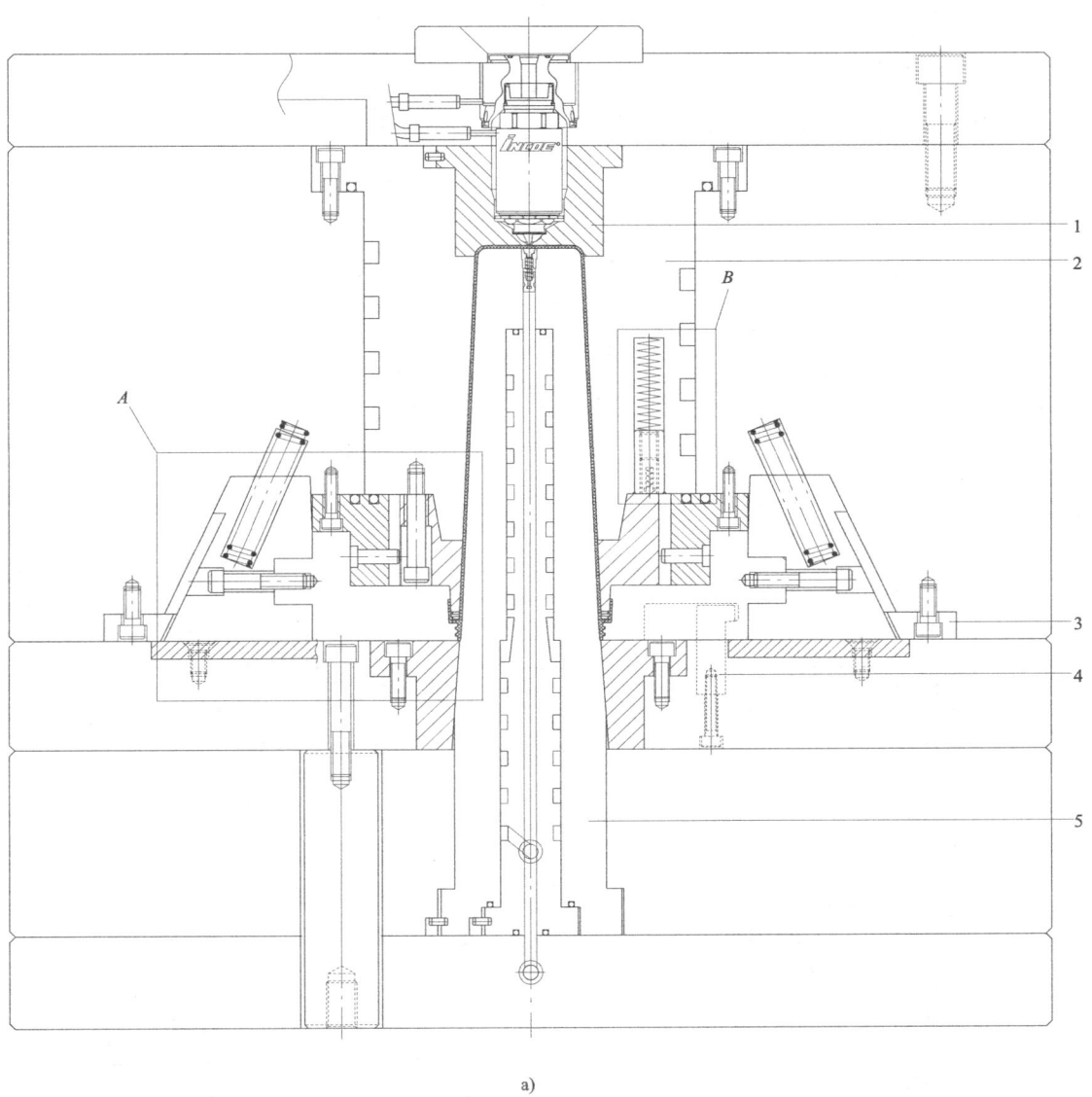

a)

图 8-39
1—型腔镶件 2—型腔 3—限位块 4—拉钩 5—型芯

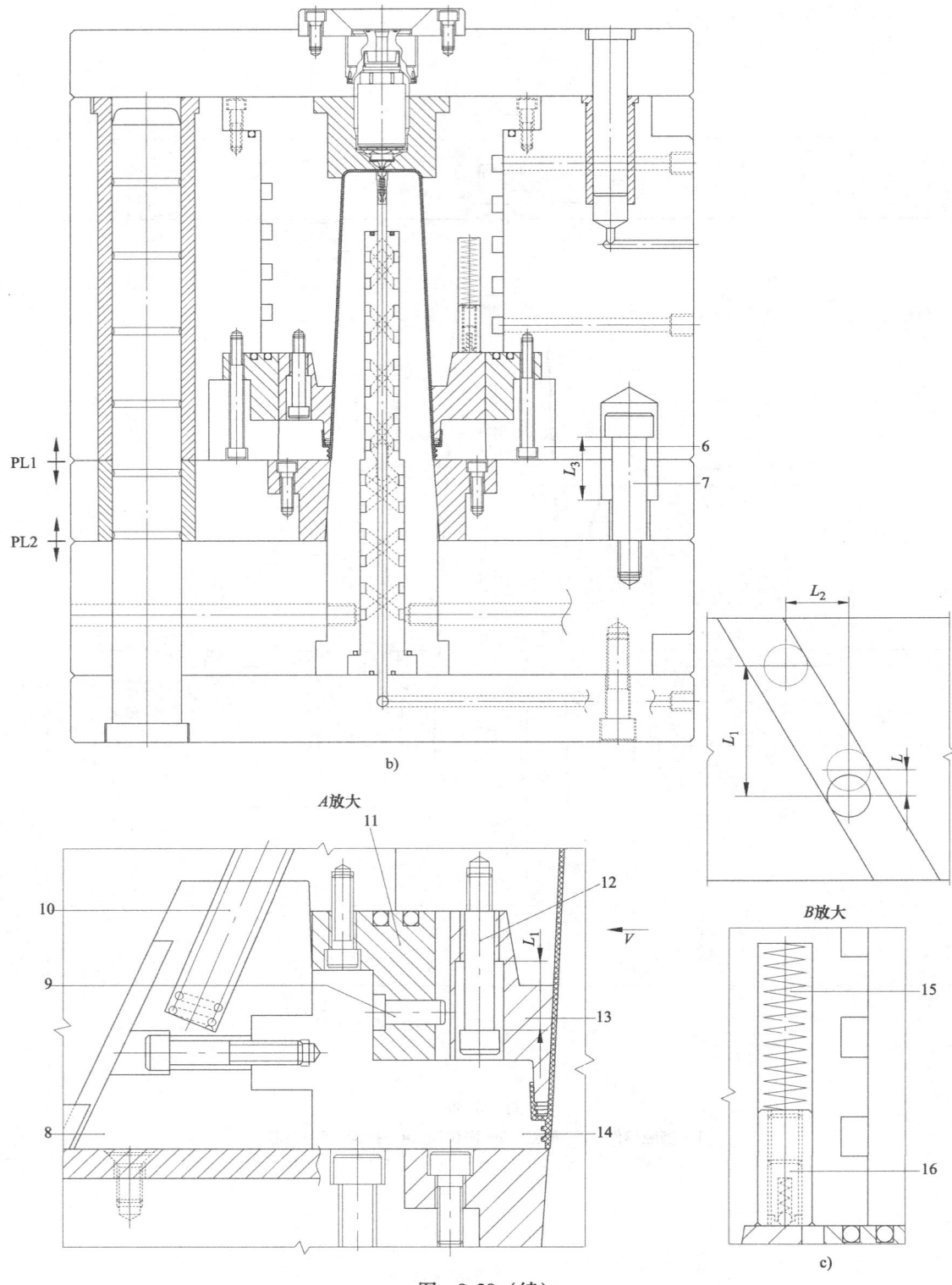

图 8-39（续）

6—压板　7、12—限位拉杆　8—滑块　9—销钉　10、15—弹簧
11—圆形镶件　13—活动镶件　14—滑块镶件　16—定位珠镶件

图 8-40 为滑块机构的详细结构,图 8-41 为前模侧拆除滑块后的内部结构,此二图用来帮助读者加深对这种斜弹式滑块机构的理解。

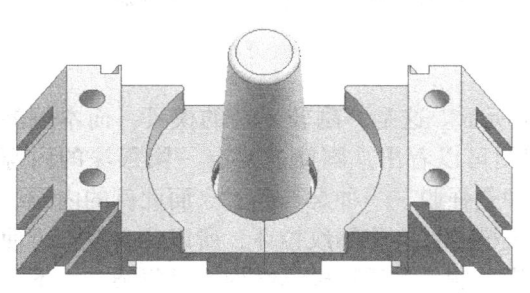

图　8-40

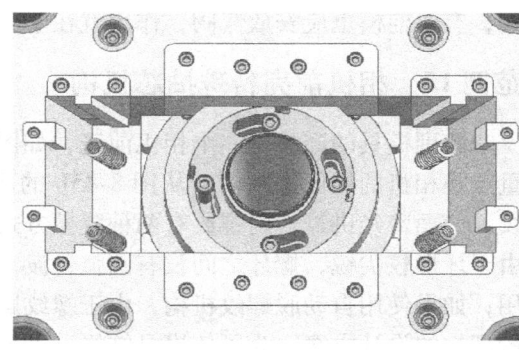

图　8-41

图 8-42 为活动镶件 13 的正面视图。从此视图可以看出,镶件四面有 4 个倾斜 30°角的导向槽,镶件本身的旋转动作则是靠 4 个销钉 9 来拨动这 4 个导向槽实现的,4 个限位拉杆 12 负责镶件的垂直限位。

图 8-43 为活动镶件 13 的反面视图。从此视图可以看出,镶件底部有 4 个弹簧 15 和 4 个定位珠镶件 16。弹簧 15 的作用主要是用来弹起活动镶件 13,定位珠镶件 16 的作用主要是用来对活动镶件 13 旋转行程的限位,其作用和滑块机构上的弹簧定位珠的作用相同。

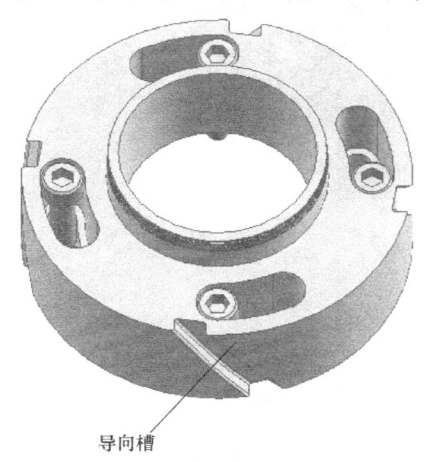

图　8-42

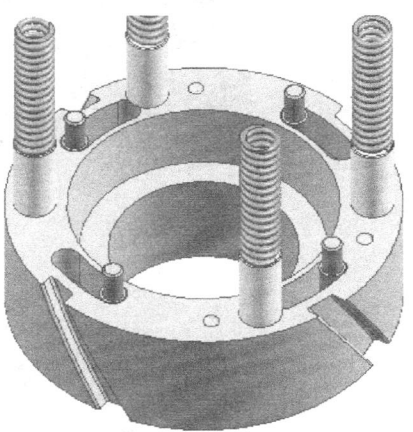

图　8-43

图 8-44 为活动镶件 13 装在圆形镶件 11 中的详细结构。从此图可以看出,4 个销钉 9 固定在圆形镶件 11 中保持不动,活动镶件 13 在这 4 个销钉的导向下始终处于上下浮动、左右旋转的运动状态。

此例产品属于一个深腔类封闭产品,在设计这类模具时需注意的是,型腔内部必须有空气疏通,不论是产品和型腔之间还是产品和型芯之间,均应保证有与外界通气的地方,否则,型腔内部易形成真空,重则导致前后模无法打开。本例中,前模型腔设计了镶件 1,可以起到排气通气的作用;而后模型芯中的气

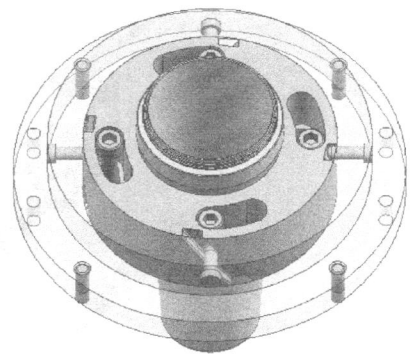

图　8-44

动阀,在此例的作用不仅是辅助顶出产品,同时也帮助疏通空气,防止产品和型芯之间形成真空使推板无法推出产品或者将产品推爆。对于一些大型封闭类产品,不仅后模需安放气阀,有时前模也应安放气阀,作用就在于此。当然,使用顶针顶出时可以另外考虑。

范例15　相机前壳特殊抽芯机构

此副模具的产品是一个相机前壳,如图 8-45 所示。这是一副较复杂的模具,而本例的重点是相机的摄像头圆筒。从图 8-45b 的局部切图可以看出,圆筒内侧有一圈很深的内螺纹。前面曾经讲过,内螺纹有两种脱模方式,一种是强脱,一种是自动脱。而此例的内螺纹由于牙形较尖锐,螺牙之间没有圆弧过渡,强制脱模必然会将螺纹拉坏,所以此方案不可使用;如果使用自动脱螺纹机构,由于螺纹属于前模一侧,将导致模具结构太过复杂,也不是最理想的设计方案。为了使模具结构达到最简单化,此例设计了一种特殊而又巧妙的前模内滑块机构,同样实现了自动脱螺纹。模具详细结构如图 8-46 和图 8-47 所示。

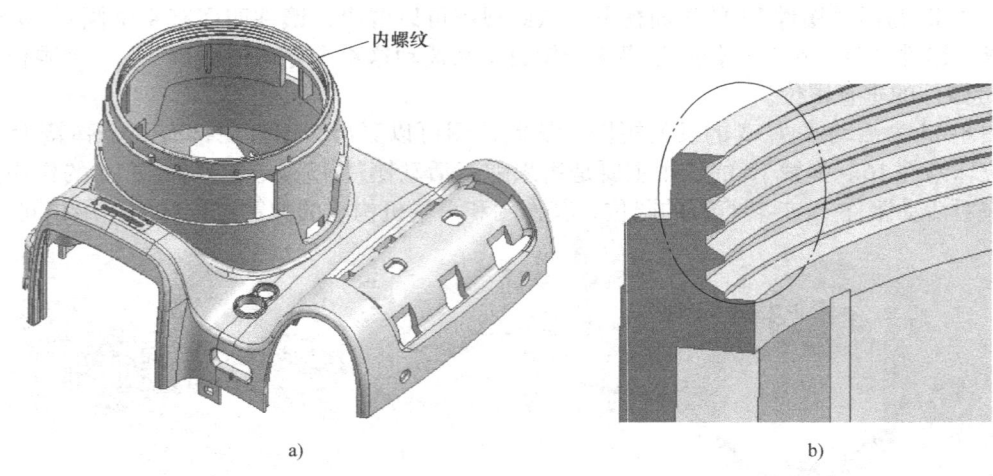

图　8-45

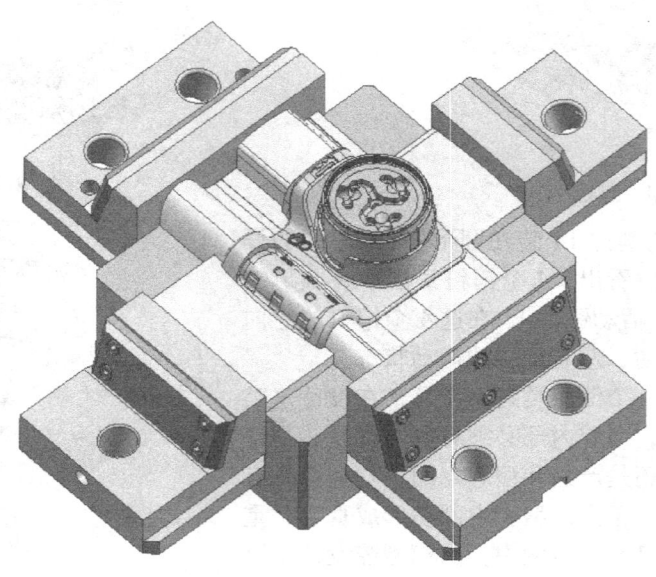

图　8-46

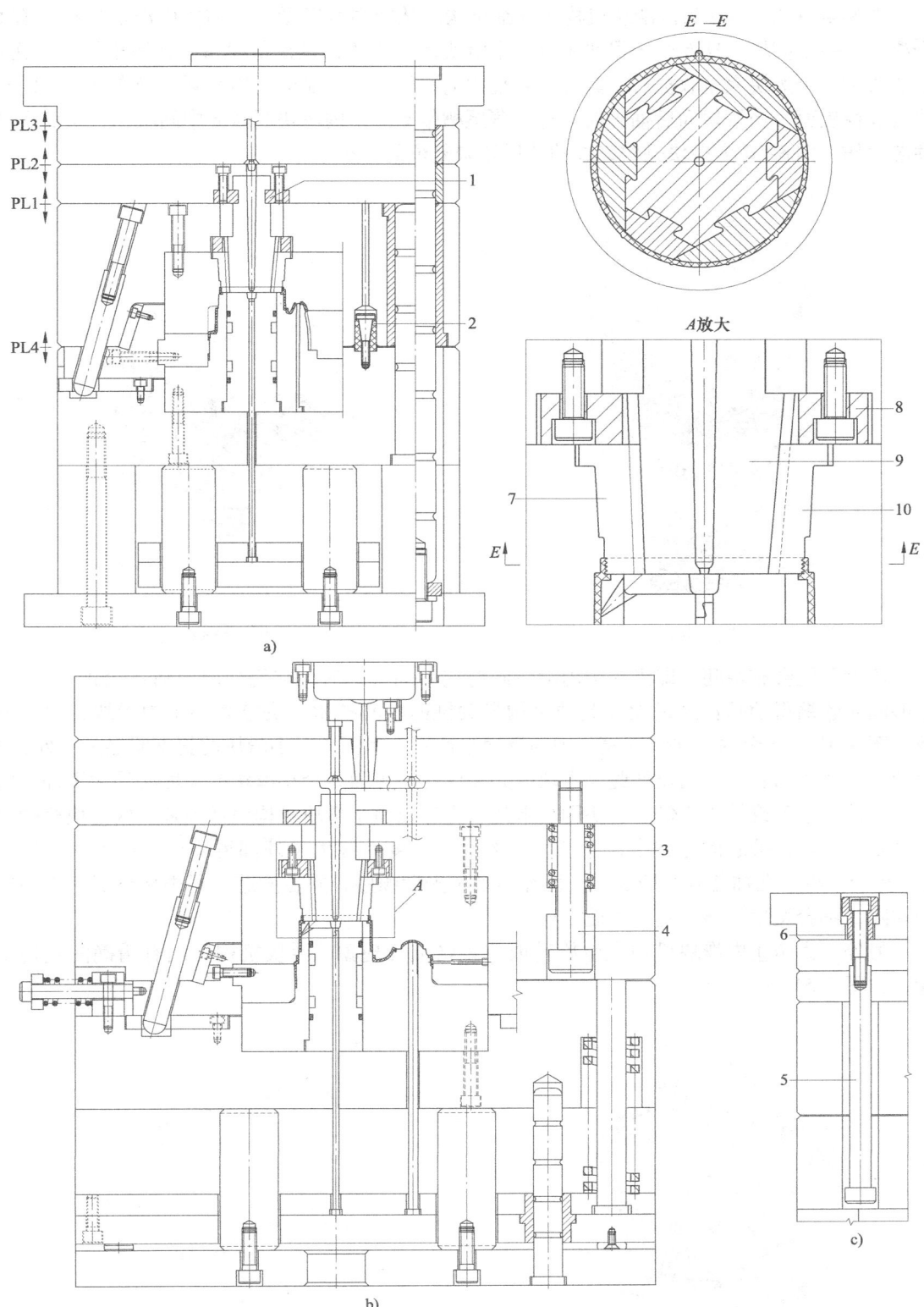

图 8-47

1—U形压板 2—尼龙开闭器 3—弹簧 4、5—限位拉杆 6—限位圈 7、10—内滑块 8—耐磨块 9—拨块

图 8-48 和图 8-49 为内滑块机构的详细结构。从图中可以看出，前模内滑块机构共有 6 个滑块，一个拨块。这 6 个内滑块中每 3 个滑块是一样的，包括角度和形状均相同。当这 6 个滑块和一个拨块完全收拢后，其外形是规则的圆柱体，产品的内螺纹则成型在这 6 个内滑块的圆柱表面。当拨块向后抽出时，通过燕尾槽带动 6 个内滑块同时向中间收缩，从而实现抽芯动作。图 8-50 为滑块机构完成抽芯后还未复位的状态。

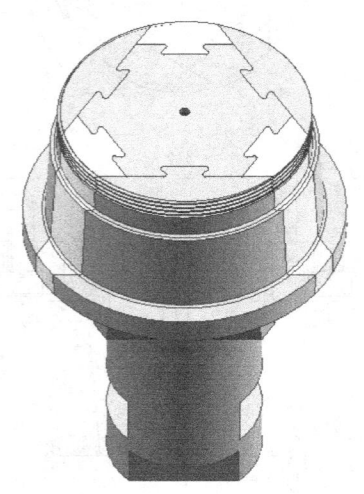
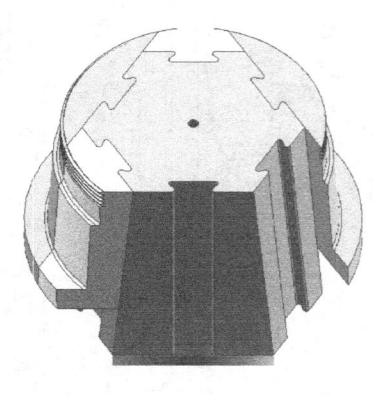

图 8-48　　　　　　　　　　　图 8-49

读者可能会有疑问，即当 6 个内滑块同时向中间收缩时，它们之间为何不会顶住卡死，能够同时收缩得动吗？这是设计此种机构最关键的核心技术，决定着整个内滑块机构的成败。图 8-51 为 6 个内滑块装在模仁中的反面平面图。里面 3 个小滑块的斜度明显大于外面 3 个半圆形滑块的斜度。当设计此类滑块时必须注意，里面 3 个小滑块的斜度必须大于外面滑块的 2 倍，小于或等于 2 倍，滑块则会卡死，会导致整个滑块机构设计失败。内滑块机构的原理是：滑块在抽芯的过程中，内部滑块的抽芯速度始终大于外部滑块抽芯速度的 2 倍以上，6 个内滑块在抽芯开始的瞬间，已经出现了先后顺序，并在抽芯过程中始终保持着一定的间隙，不会发生干涉，更不可能卡死。

另外，为防止内滑块机构发生旋转或位置错乱等现象，滑块机构必须有精确的止转功能，如图 8-51 所示。

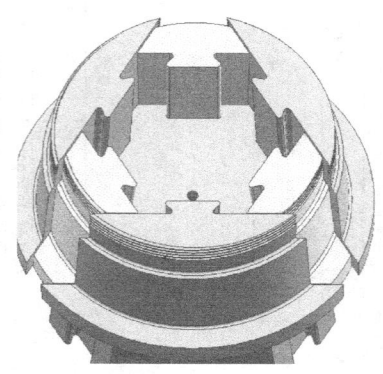
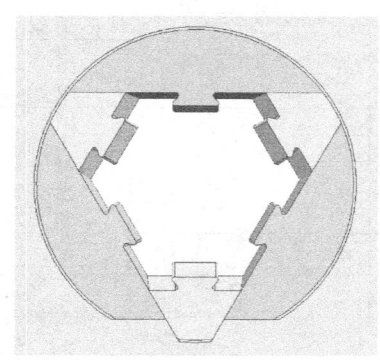

图 8-50　　　　　　　　　　　图 8-51

此例内滑块机构结构简单，动作紧凑，构思巧妙。缺点是，对加工精度要求较高。因此，在加工 6 个滑块的外圆和螺纹时，必须将它们与中间的拨块组合起来一起加工，必须做到一次装夹，一次加工成型，否则，每个滑块上的螺纹将会产生高低错位的危险。

范例 16　探头固定座特殊斜顶机构

此副模具的产品是一个监控器探头固定座，如图 8-52 所示。此产品在模具结构上有 3 个设计难点。一是圆筒外侧壁上的 4 个凸点。在正常情况下，凸点可以使用斜顶抽芯，也可使用滑块抽芯，而此产品由于四周有一圈很深的筋挡着，滑块机构根本无法实现。如果使用普通斜顶，由于四周筋的严重干涉，斜顶只能做到筋的里面，另外再除去斜顶的抽芯距离，斜顶的本体厚度就变得非常薄，且因为圆筒的深度较深，当斜顶长度延伸到底部时，会和圆筒形成了交叉，最终导致斜顶根本无法成型，为此，必须使用特殊的斜顶机构。

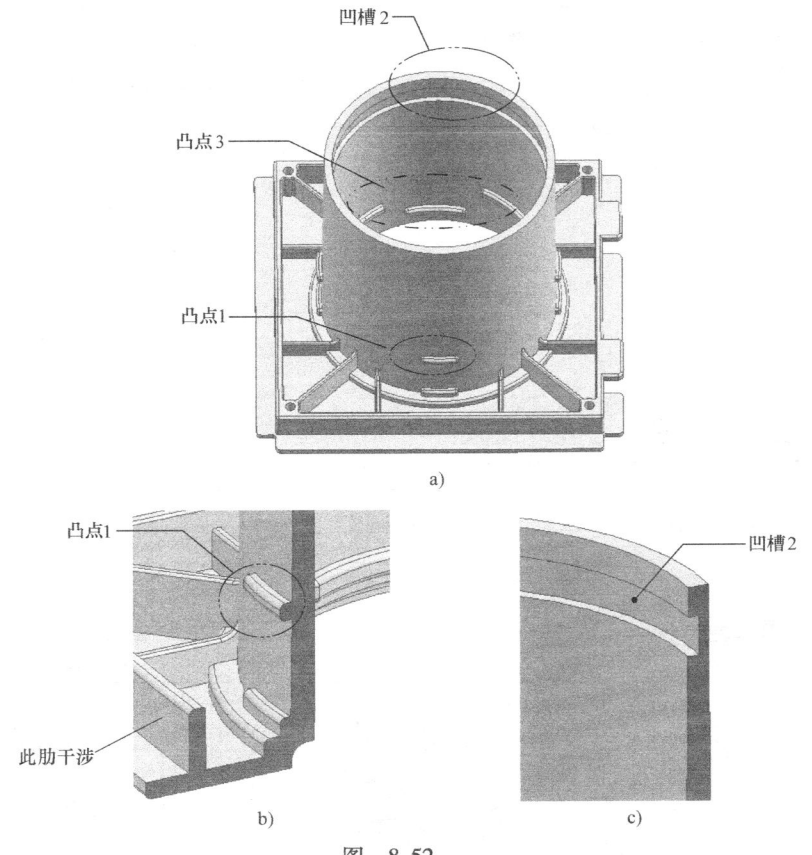

图　8-52

难点二是圆筒内侧的一圈凹槽。整圈凹槽看似简单，但出模方式却非常困难，普通的斜顶滑块根本无法实现，唯一的方法是使用本章范例 15 的特殊内滑块机构。

难点三是圆筒内侧的 8 个凸点。这些凸点分为上下两层高低错开，要想实现凸点的脱模，圆筒内侧的分型位置必须从凸点的中间分型。但是，由于难点二处有一圈特殊的内滑块机构，圆筒型芯被其从中隔断，并悬浮在空中，所以，要想解决这个难题，难度非常高。

上述 3 个问题是此副模具的设计重点，应该重点关注这 3 个问题的解决方法及相关技巧。模具详细结构如图 8-53 所示。

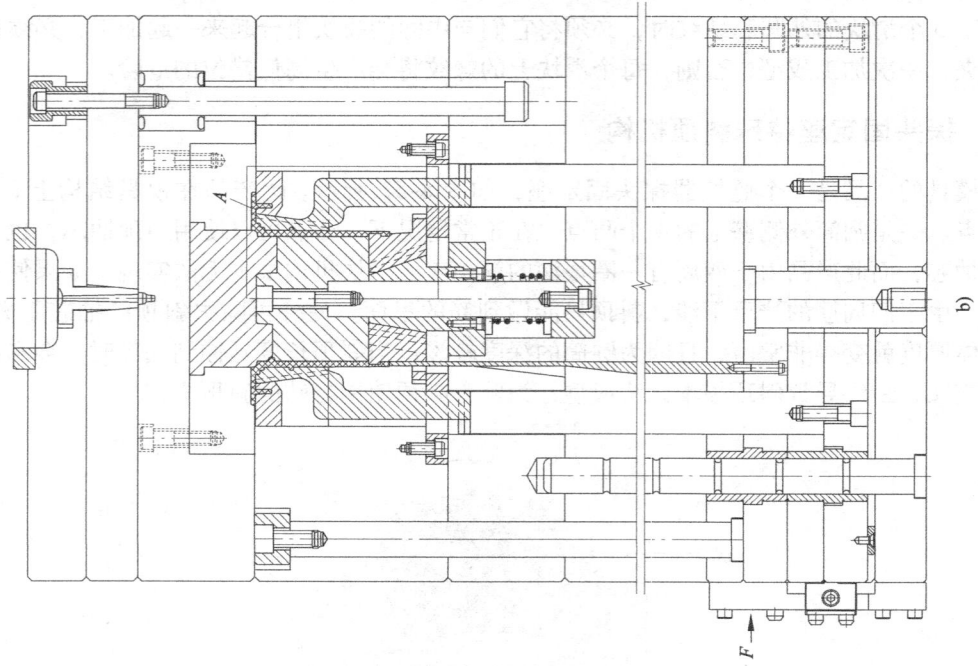

b)

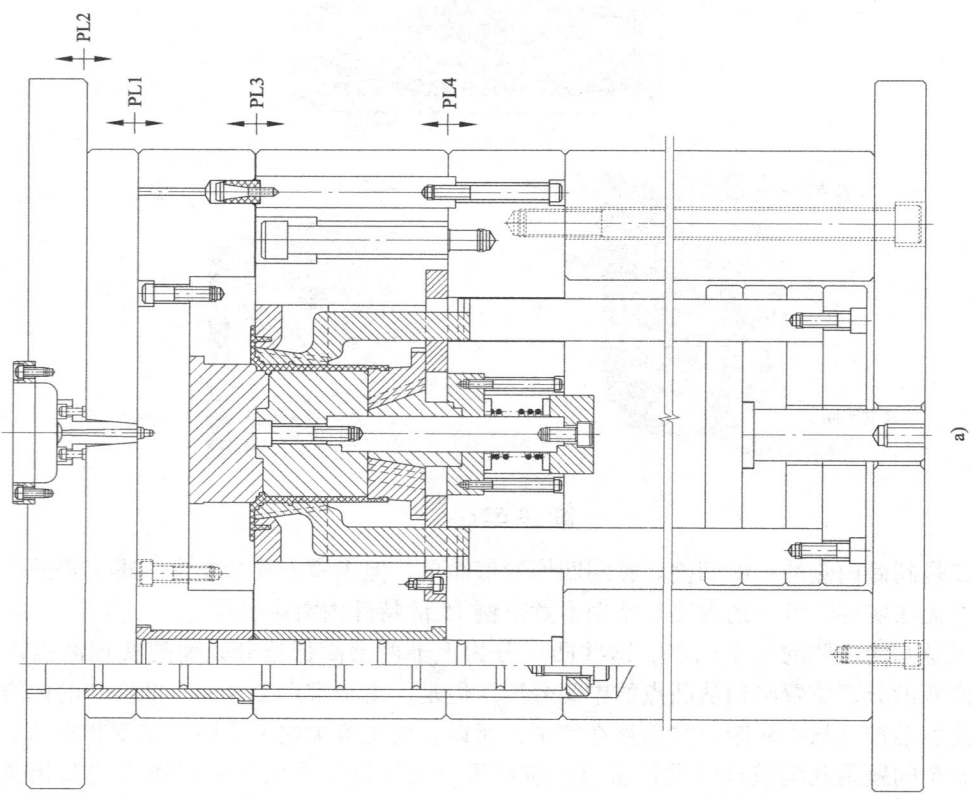

a)

第8章 特殊机构综合类20例

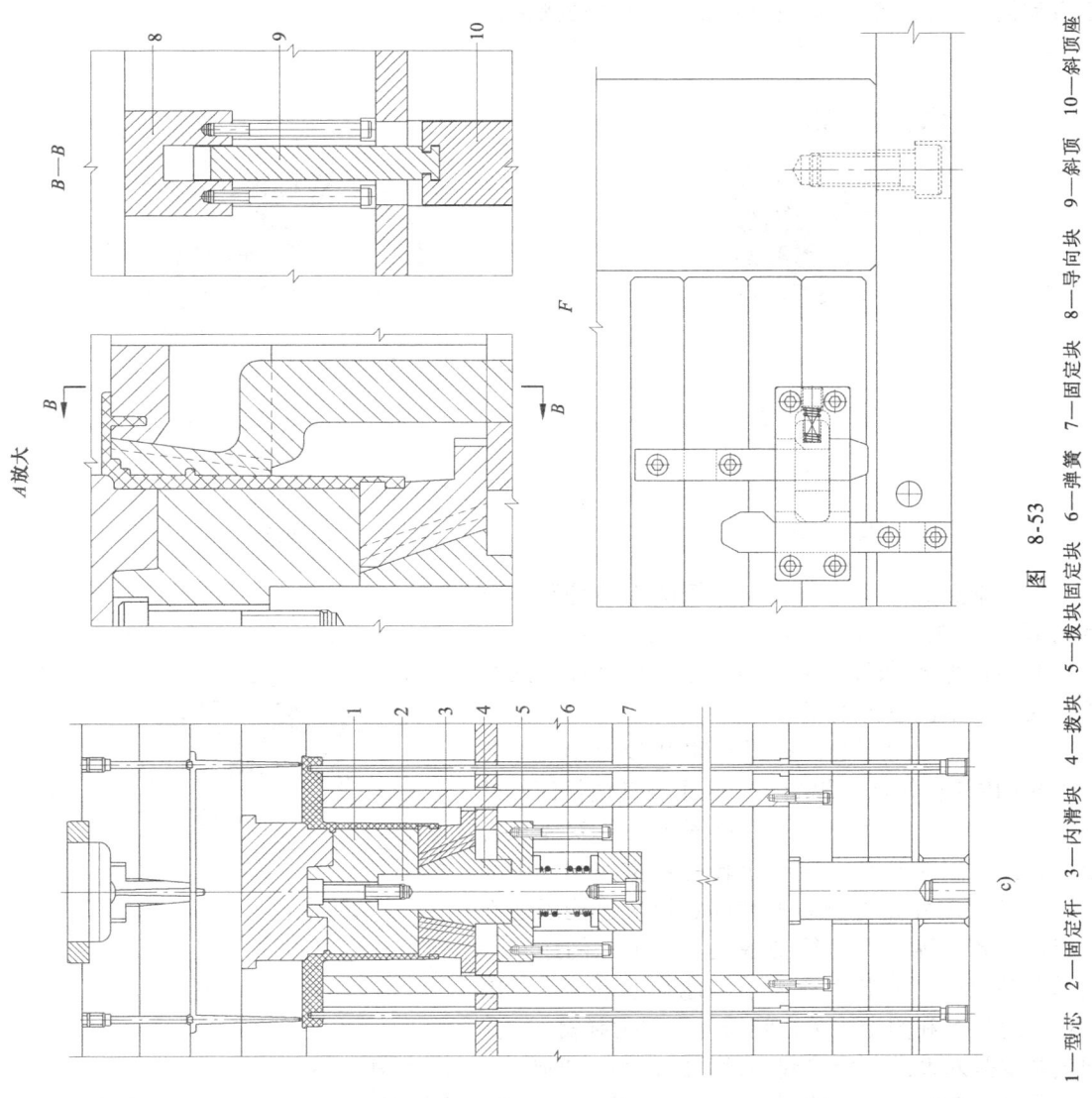

图 8-53

1—型芯 2—固定杆 3—内滑块 4—拨块 5—拨块固定块 6—弹簧 7—固定块 8—导向块 9—斜顶 10—斜顶座

通过模具结构图可以看出，此副模具结构复杂，却处处显示出设计者丰富的经验和处理技巧。关于上述的第一个难点，此例使用了特殊的斜顶机构，如图 8-54 和图 8-55 的局部切图所示。此机构共有 3 个零件，分别是斜顶 9、导向块 8 和斜顶座 10。导向块 8 由两个螺钉从底部紧紧固定在后模板上始终保持不动，并在燕尾槽的作用下给斜顶 9 作倾斜导向，斜顶的台肩和导向块 8 之间的空挡距离，即斜顶的顶出行程。斜顶本身之所以设计成垂直顶出、倾斜运动，以及其倒 L 形状，是为了避开与其他机构交叉干涉，这种巧妙的处理技巧值得学习和借鉴。图 8-56 为斜顶机构装在后模中的状态。

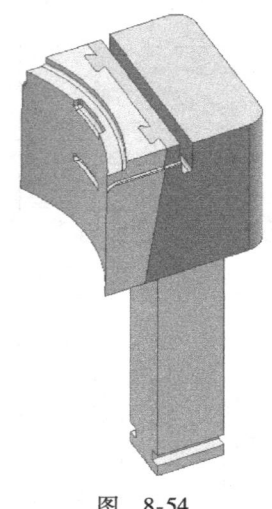

图　8-54

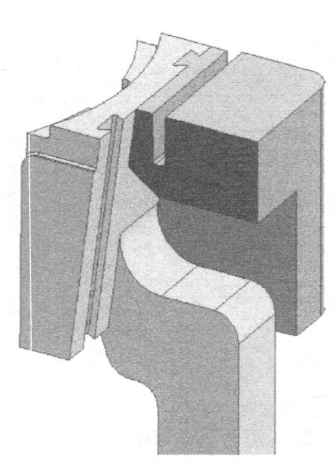

图　8-55

关于难点二的解决方案，本例使用的是和本章范例 15 相同的内滑块机构，如图 8-57 所示。此种机构的动作原理和设计要点在范例 15 中有详细介绍，因此，本例不再重复。

关于难点三的问题，从图 8-58 可以看出，型芯 1 被整个内滑机构从中隔断，失去了与其他任何部件的依附，为此，本例设计了方形固定块 7 安放在托板中，让其同时起到固定和止转的双重作用，中间使用圆形固定杆 2 将型芯 1 和固定块 7 连接固定在一起，型芯的固定问题得到解决。由于此例还有一个弹 B 板动作，型芯 1 还需不停地在上下浮动，因此在固定块 5 和固定块 7 之间设计了强力弹簧 6，此

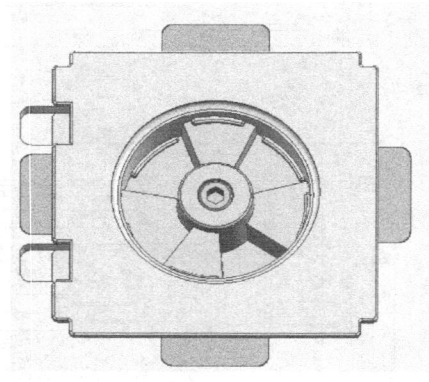

图　8-56

弹簧主要是对型芯 1 始终起到绷紧的作用，否则，型芯 1 无法实现上下浮动。

另外，此例之所以使用二次顶出机构，共有两个重要原因，一是为了弹起 B 板抽出 6 个内滑块；二是为了缩短斜顶机构的顶出行程。由于产品的深度较深，所需顶出行程较大，如果将 4 个斜顶和顶针机构同时固定在一起，当斜顶顶至顶出行程时，顶针所需顶出行程还远未到位。如果全部按照顶针的顶出行程的话，当顶针还未顶到位时，斜顶的台肩早已撞到了导向块 8，所以，必须使用二次顶出机构将斜顶和顶针的顶出行程错开。

此副模具结构较复杂，简单的几句话不能表达清楚的，要想真正理解和领会，还需读者仔细研究和琢磨，相关机构的动作原理本例不再讲述。

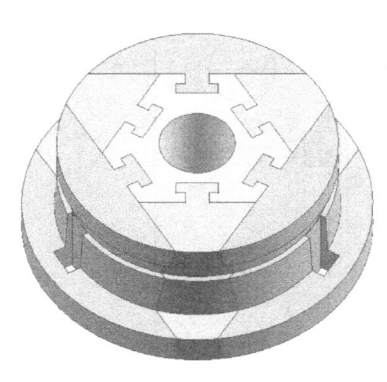

图 8-57

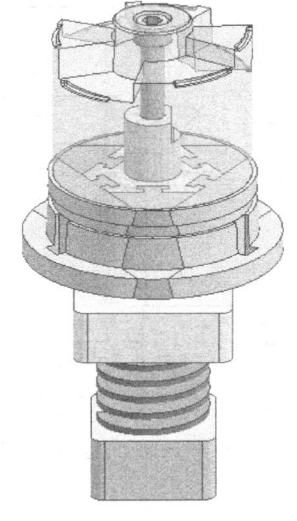

图 8-58

范例17　咖啡壶外壳特殊内滑块机构

此例产品是一个咖啡壶外壳，是非常复杂的产品，模具设计难度极高。虽然在设计者高超的技术下模具结构得到很大简化，但最终结构仍十分复杂，为帮助读者快速理解整体结构，现将各个机构的重要部件简要提示一下。详细结构如图8-59所示。

首先来看前模结构，前模侧有一块模板。虽然使用的是热流道机构，但设计者仍然进行了很大的简化，最终简化到一块模板。关于成型部分，前模侧共有3个滑块，两个大型哈夫式滑块1、2和一个小型斜弹式滑块13。特别是滑块13的设计，结构较简洁，安装加工等均很方便。至于其他细节的设计特点，望读者好好领悟，由于篇幅有限，难以一一尽言。

再看后模一侧，后模侧向外行驶的共有两个滑块，一个是滑块10，另一个是斜滑块8。斜滑块8由于处在产品的中间，距离后模模板位置较高，导致滑块本身无处固定，为此，另外设计了滑块座9。滑块座9紧固在后模模板上，专门用来安装固定斜滑块8和滑块10。这是此副模具在结构上的巧妙之处，充分显示了设计者丰富的设计经验和灵活的应变技巧。

除此之外，后模型芯内部还有7个内滑块机构。7个内滑块中有6个是倾斜的（如滑块14），一个是直的（如滑块3），此例最大的设计难度即在这7个内滑块上。按照常规的设计思路，此类内滑块必须使用弹B板机构，但本例为简化模具结构，减少模具的整体厚度，设计了倒锥形锁紧块6。在液压缸的驱动下，锁紧块6上下浮动，从而实现对7个内滑块的抽芯和复位，虽然使用液压缸机构感觉有些繁琐，却避免了使用弹B板结构，使模具的整体结构得到很大简化。

此副模具除上述重要结构之外，还有很多值得学习的地方，比如产品的顶出方式、前模两个大滑块的弹出方式、7个内滑块的安装、两个型芯5、7为何要分开及如何镶拼等都是此例的重点内容。但是，由于模具结构十分复杂，内容较多，每个细节及其动作原理很难一一描述，因此，此例只能对重点机构进行简单提示。

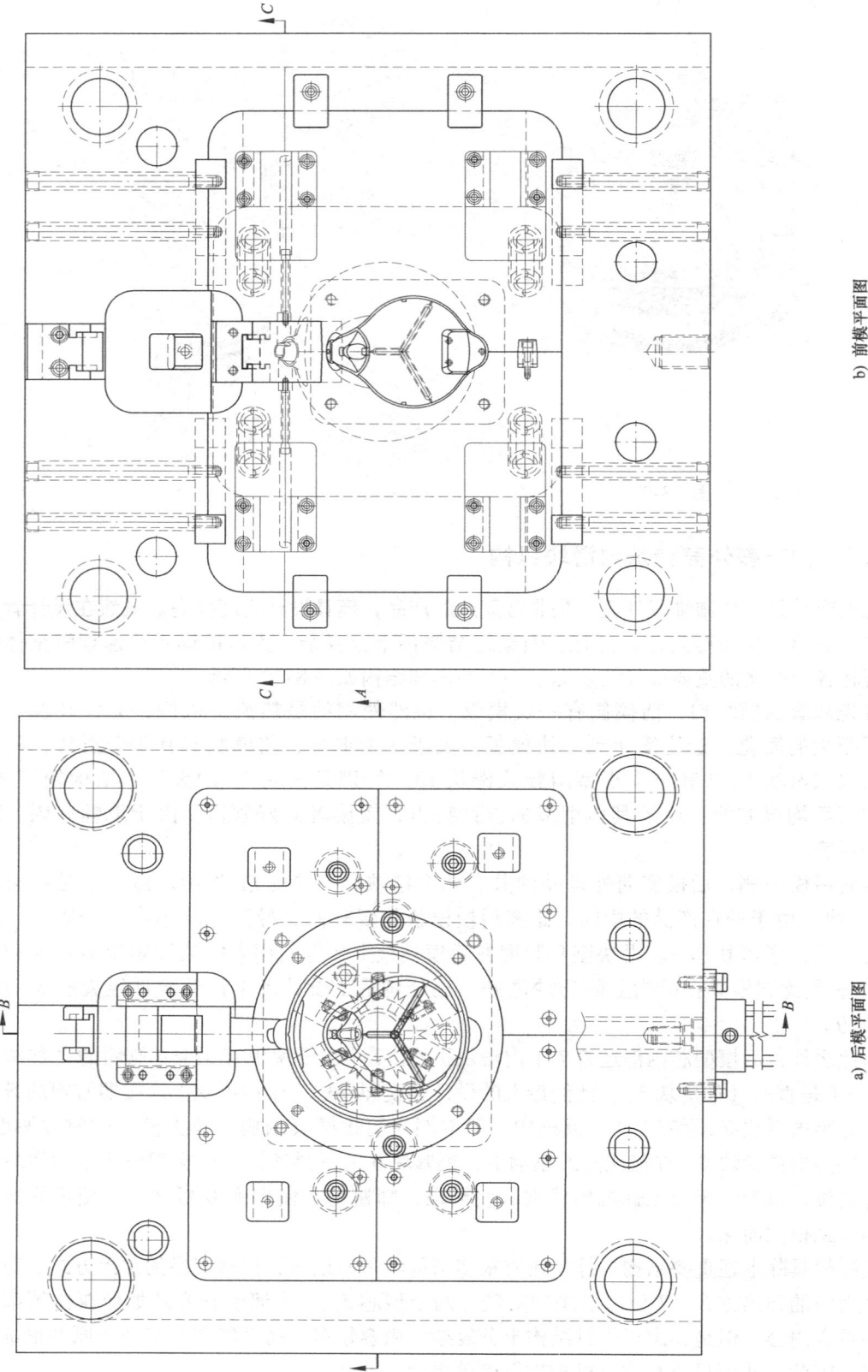

b) 前模平面图

a) 后模平面图

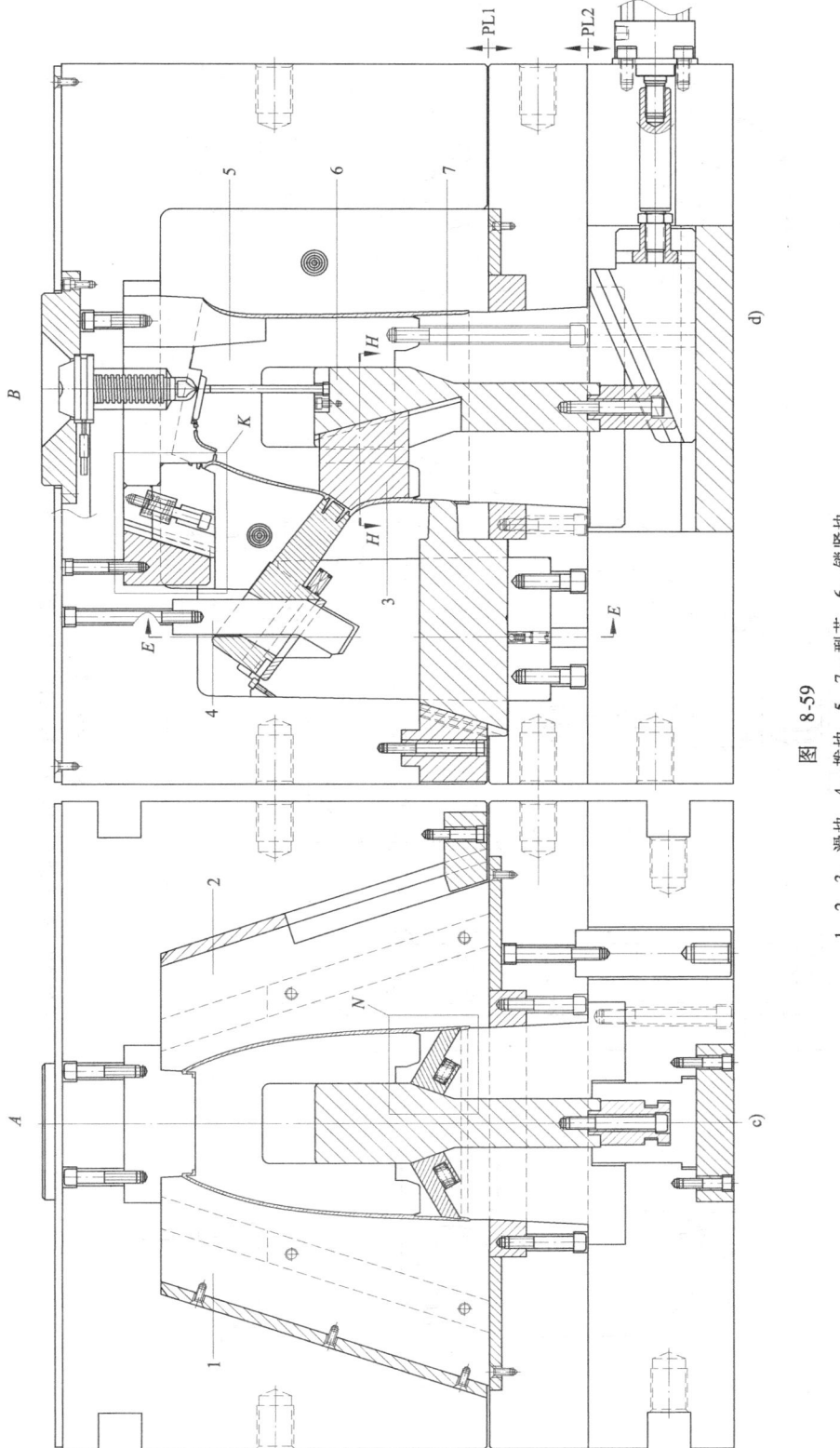

图 8-59

1、2、3—滑块　4—拨块　5、7—型芯　6—锁紧块

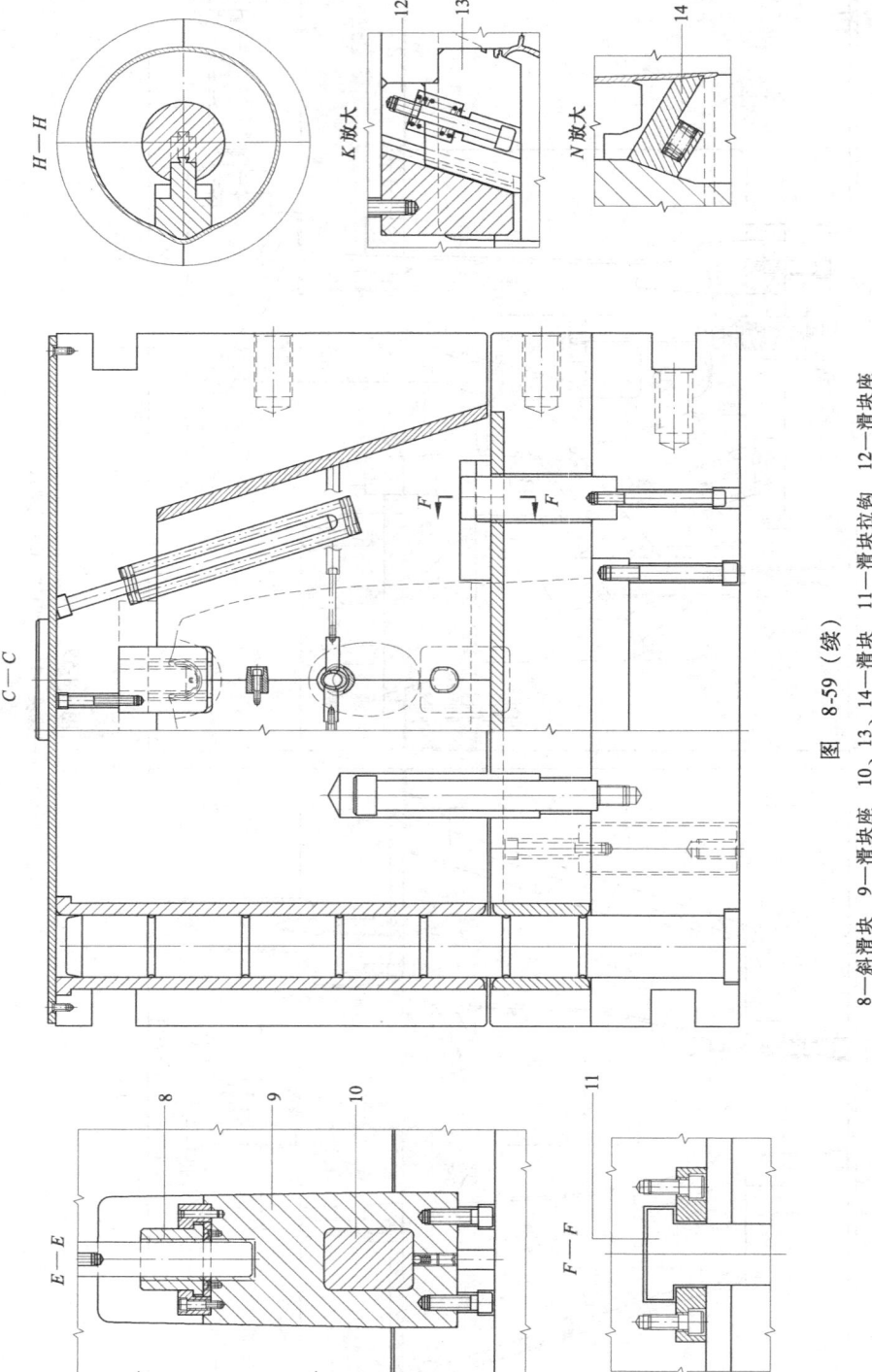

图 8-59（续）

8—斜滑块 9—滑块座 10、13、14—滑块 11—滑块拉钩 12—滑块座

范例18　汽车座椅扶手倒装模机构

此例产品是一个汽车座椅的扶手,如图8-60所示。从图中可以看出,产品的截面形状近似于椭圆形,而产品内部两侧从前至后有一圈很深的翻边,因此,在模具结构上产品内外均无法脱模,必须使用滑块抽芯。另外,由于产品要求较严,外表面不允许有顶针印迹和浇口印迹,必须从产品内侧进胶,因此,受浇口位置和顶出方式两个条件限制,此副模具必须使用倒装模结构。模具详细结构如图8-61所示。

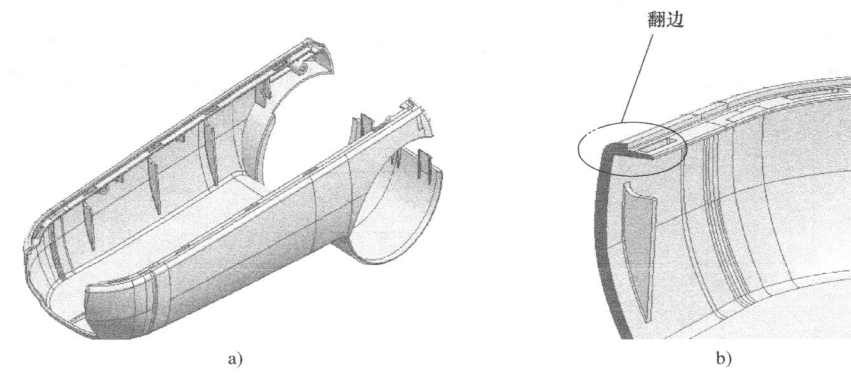

图　8-60

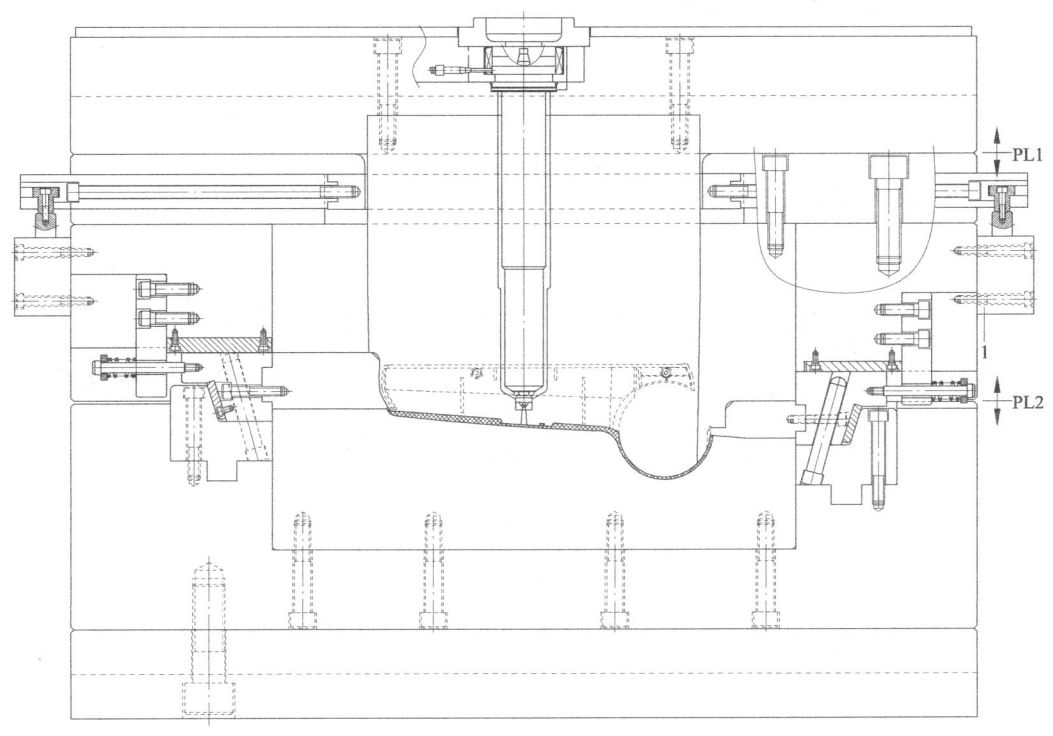

a)

图　8-61

1—液压缸

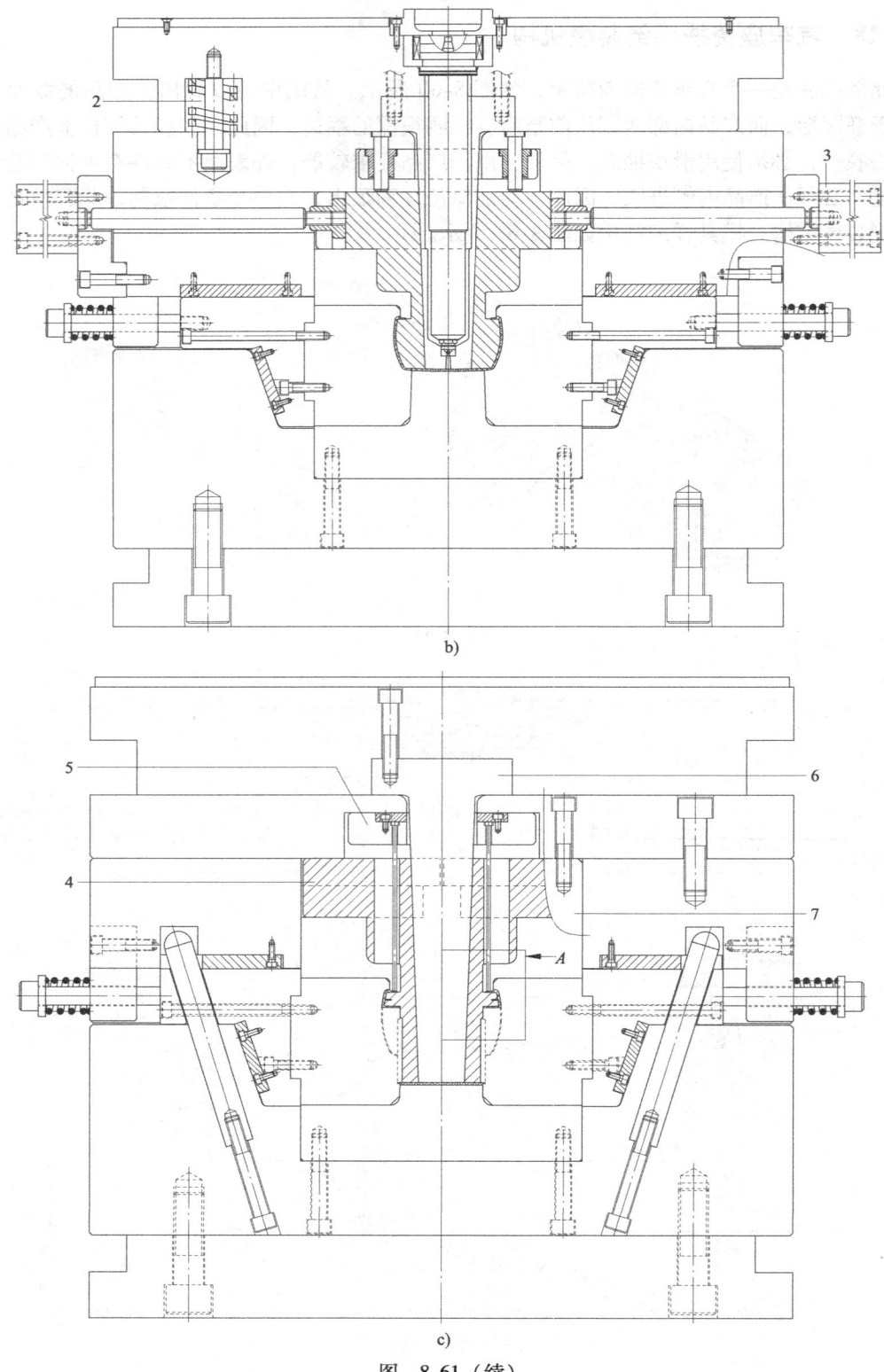

图 8-61（续）

2—弹簧 3—液压缸 4—内滑块 5—顶针板 6—型芯 7—前模仁

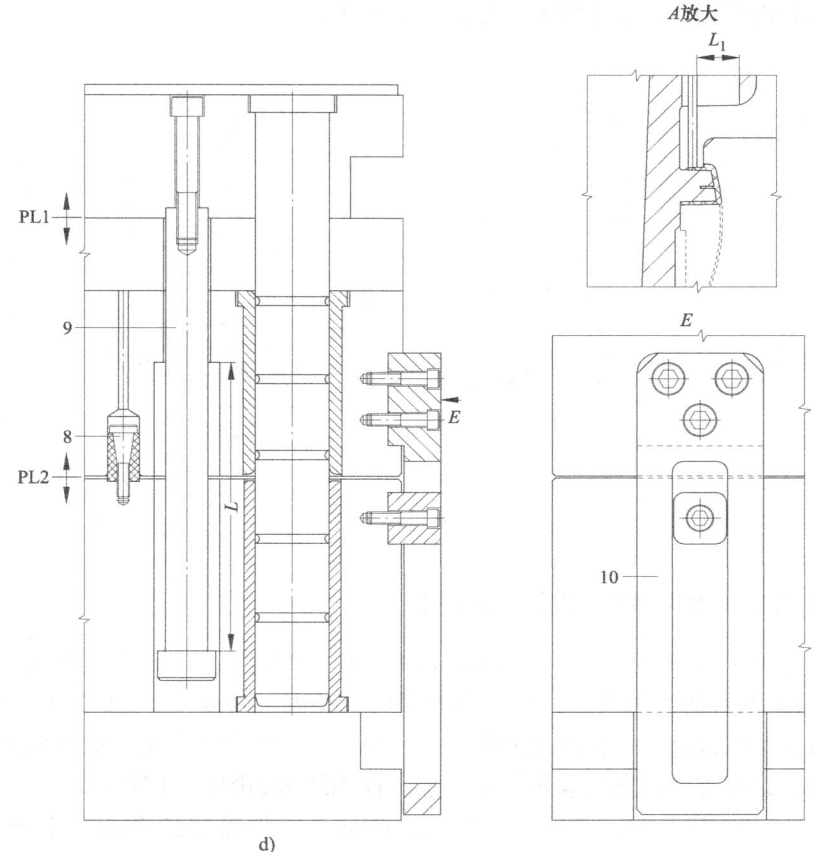

图 8-61（续）
8—尼龙开闭器 9—拉杆 10—拉板

此副模具的结构整体概括为后模四面滑块、前模液压缸抽内滑块、前模液压缸顶出，进胶方式为热流道直接进胶。整副模具的动作原理是：开模后，在尼龙开闭器 8 和弹簧 2 的作用下，PL1 首先分型，目的是为了首先抽出型芯 6，以便腾出空间让两个内滑块 4 向内抽芯；当行至 L 距离时，在限位拉杆 9 的作用下，PL1 停止分型，此时，型芯 6 所抽出的距离已超出内滑块 4 的高度；继续开模，主分型面 PL2 开始分型，四面滑块在各自斜导柱的作用下完全打开，产品留在了前模一侧；当开模动作完全结束后，两个液压缸 3 分别推动两个内滑块 4 向内抽芯；当行至大约 L_1 距离后，两个内滑块已完成抽芯，液压缸 3 停止运动，此时，另外两个液压缸 3 开始推动顶针板 5 和其他顶针向前顶出，从而顶出产品，完成全部脱模动作。合模时，必须等到 4 个液压缸机构将顶针和内滑块完全复位后方可合模，否则会相撞。另外，拉板 10 的作用也是为了拉开分型面 PL1，当尼龙开闭器和弹簧 2 失效时，拉板 10 才会发挥作用，平时它主要起安全预防作用。

图 8-62 为内滑块的详细结构，图 8-63 为内滑块机构在前模仁中的装配状态。

此副模具整体来说设计难度很高，结构上有很多好的设计理念值得总结和学习。第一，总结液压缸机构在此例内滑块机构上的使用方法，思考为何要使用液压缸抽芯；第二，总结前模顶出机构的结构特点和优点，懂得如何通过简化顶出结构来降低模具的整体厚度等。这些细节还需读者慢慢领悟，由于篇幅有限，本例不再介绍。

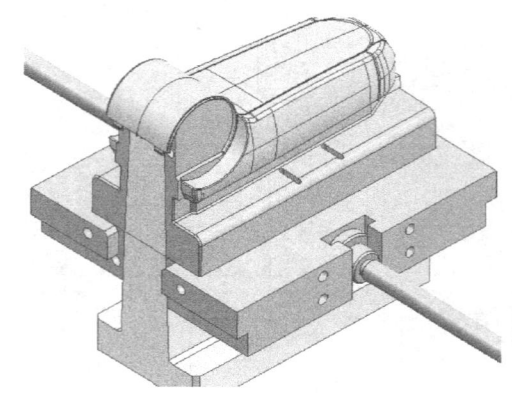

图 8-62

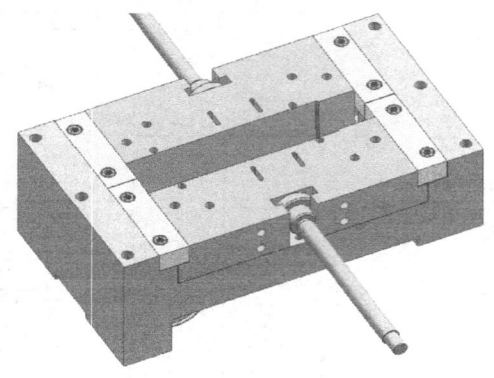

图 8-63

范例19 电热杯外壳特殊二次顶出机构

此例产品是一个电热杯外壳。在模具结构上，前模侧共有3个斜弹式滑块，分别是滑块1、3、5。后模侧共有两个内滑块，分别是内滑块4和内滑块6。产品的出模方式为推板顶出，进胶方式为潜伏式浇口。为简化模具结构，降低模具的整体高度，此例取消了常规的顶板机构和模脚，这是此副模具的整体结构特点。详细结构如图8-64所示。

此副模具由于结构复杂，难以一一描述，因此，本例简单地介绍一下较有特色的部分。从模具结构图可以看出，此例潜伏式浇口深潜在型芯之中，必须有顶针机构才能顶出，而本例经过简化后取消了常规的顶出机构。当产品被推板推出后，主流道和潜伏式浇口仍停留在后模型芯之中无法自动脱出。为能够自动顶出主流道和浇口，本例在后模码模板和型芯固定板之中另外设计了一套较小的顶针板机构。顶针板上共有两支顶针，专门用来顶出流道和浇口。但是，由于产品所需的顶出距离较大，而流道所需的顶出距离较小，如果将两支顶针的顶出距离也按照产品的顶出距离来设计，后模码模板和型芯固定板的厚度将加厚一倍，那么，模具的整体厚度将变厚，制造成本将大幅度增加。为能够最大限度的减少模具厚度，本例将顶针机构设计成了一种特殊的二次顶出机构，将产品的顶出动作和流道的顶出动作分别错开，从而减少了顶针的顶出高度。其动作原理如下。

开模动作结束后开始顶出动作，注塑机的顶杆推动推杆9和推板7向前顶出，在拉钩10和弹块12的拉动下，推板7又带动顶针板13、14和顶针2同时向前顶出，同时，两个内滑块4、6在型芯8燕尾槽的作用下也开始向内收缩，脱离产品内侧的倒扣，在此过程中，型芯8也开始脱离产品；当行至L距离时，流道和浇口被顶针2完全顶出自动跌落，此时，弹块12被铲块11完全压缩到顶针板中，拉钩10脱离弹块12，整个顶针机构停止运动；继续顶出，当行至L_1距离时，型芯8完全脱离了产品，两个内滑块4、6也完全脱出了产品内侧的倒扣，这时产品已处在自由松动的状态，最后由人工取出，至此，所有顶出动作完全结束。

第 8 章 特殊机构综合类 20 例

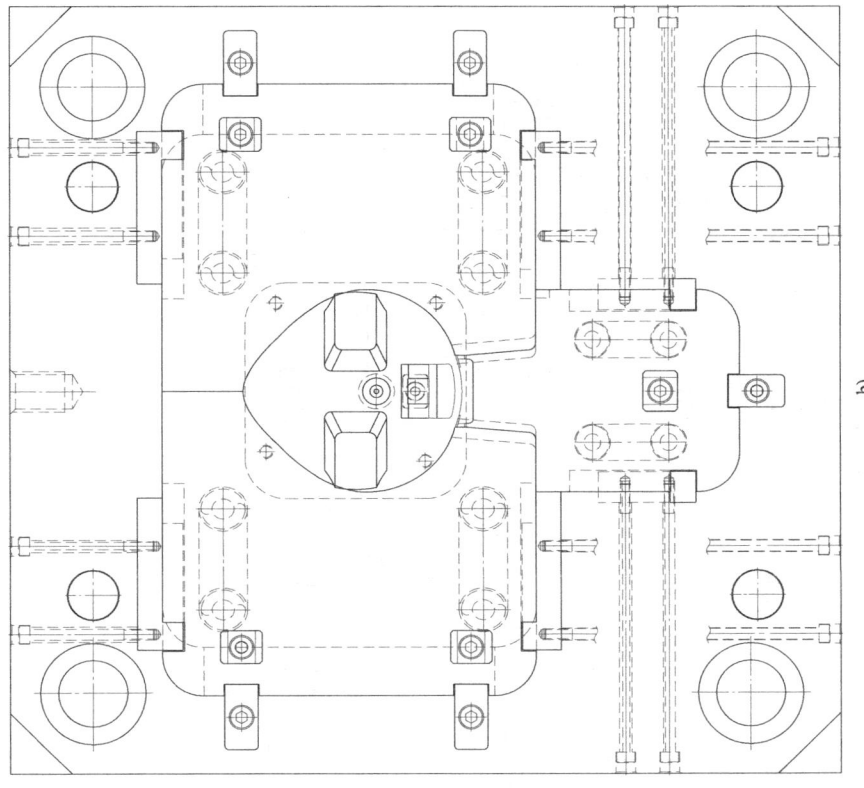

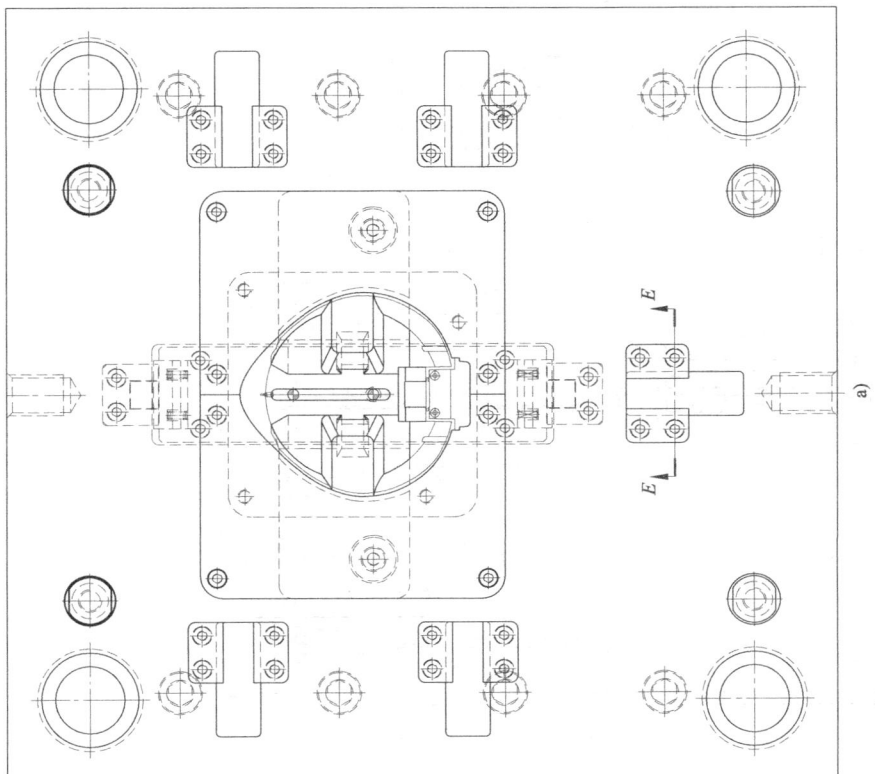

图 8-64

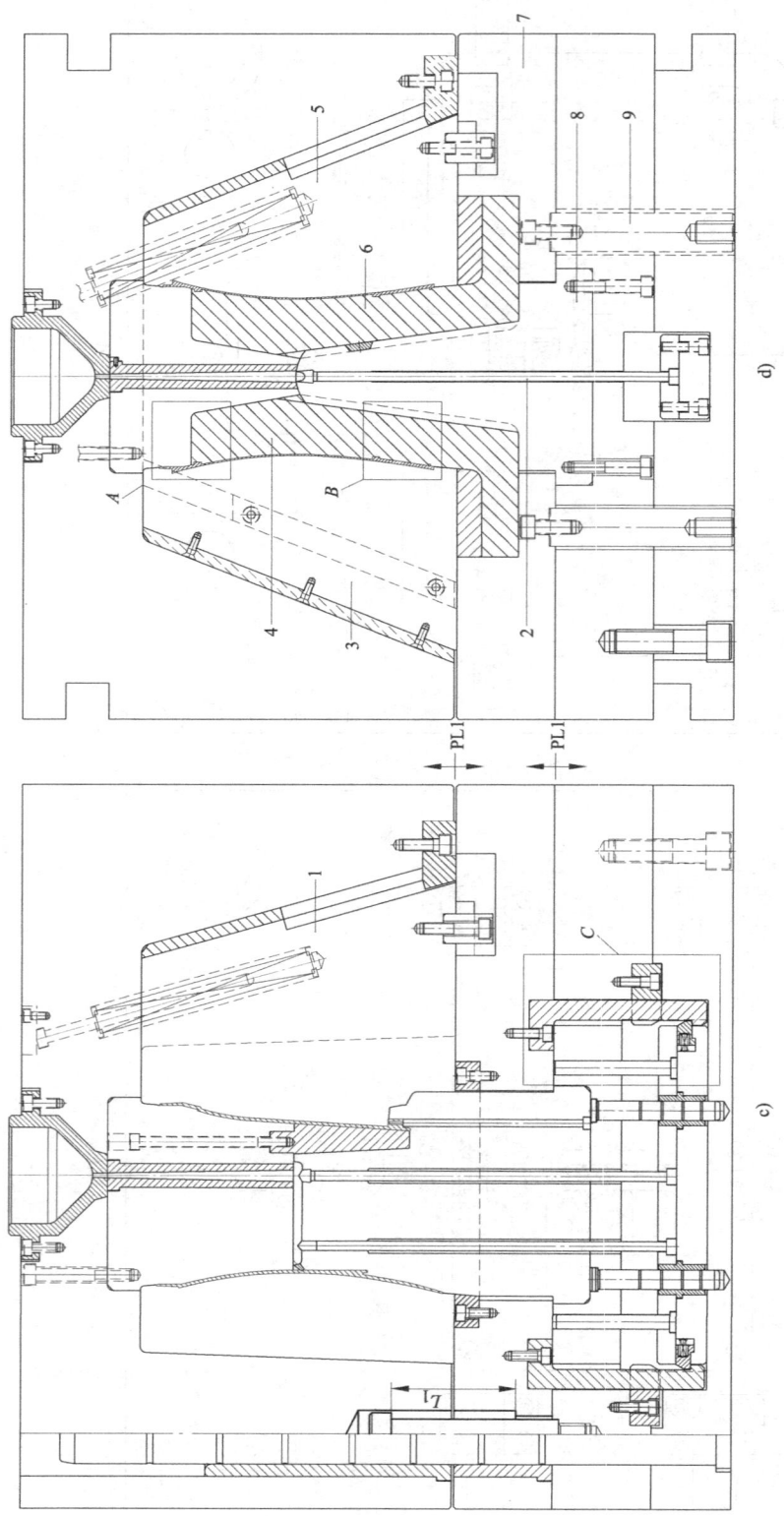

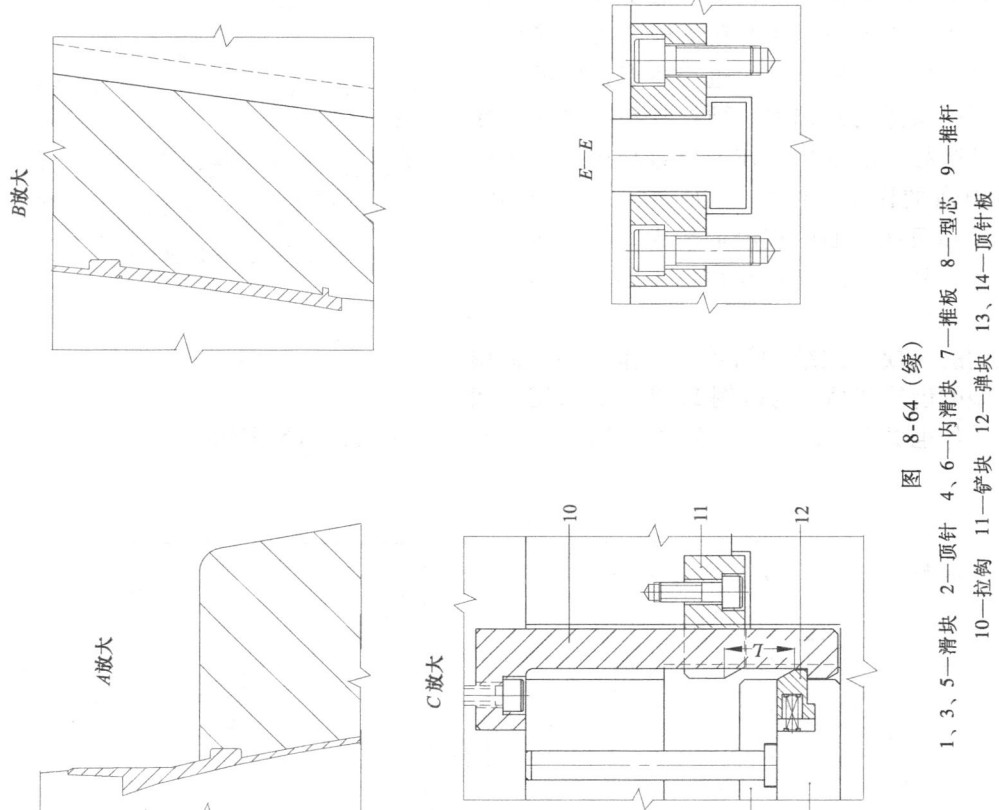

图 8-64（续）

1、3、5—滑块 2—顶针 4、6—内滑块 7—推板 8—型芯 9—推杆
10—拉钩 11—铲块 12—弹块 13、14—顶针板

范例20　斜齿轮旋转顶出机构

此例产品是一个标准的斜齿轮，如图8-65所示。对于斜齿轮产品来说，在模具结构上通常只有一种理想的设计方案，即旋转顶出。旋转顶出按旋转方式来分通常有两种类型，一种是产品不转、型腔旋转，另一种是产品旋转、型腔不转。本章范例11是产品不转、型腔旋转的案例，而本例则是型腔不转、产品旋转，但是，它们的结构原理仍然是相通的，均有一个非常重要的旋转辅助部件，那就是轴承。模具详细结构如图8-66所示。

从模具结构图可以看出，此例的设计原理是在产品底部设计了大型的倒锥形顶杆4，产品的出模动力则靠此顶杆顶出，在顶杆底部即顶针托板中安装了推力轴承5，轴承和顶杆的底部紧密贴合，辅助顶杆在顶出产品的过程中保证能够顺畅旋转。当模具进行顶出时，顶杆4在导套3的导向下推动产品向前顶出。在顶出过程中，由于产品本身斜齿的作用，产品一边出模，一边自转。由于产品和顶杆端面的接触面较大，具有很强的摩擦力，产品反过来又带动顶杆4同步旋转，最后产品被顺利顶出。

此例的脱模方式结构简单，动作可靠，适用于较大型的齿轮产品。与范例11相比，占用空间较小，动作也更可靠，对于模穴数较多的模具来说，此种结构为最理想的方案之一。

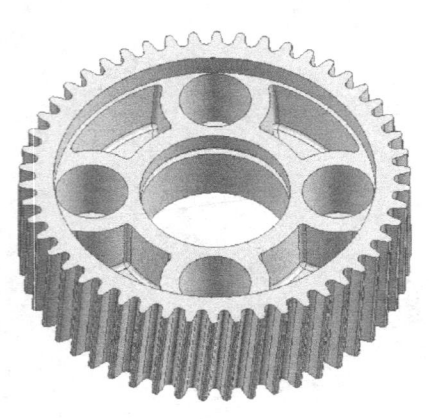

图　8-65

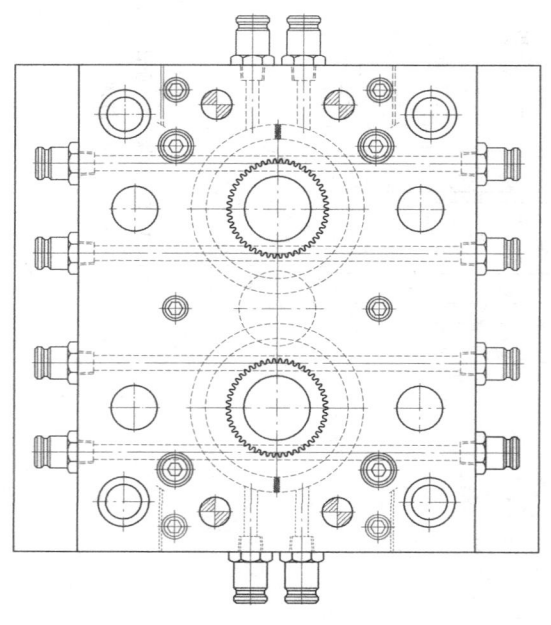

a) 后模平面图

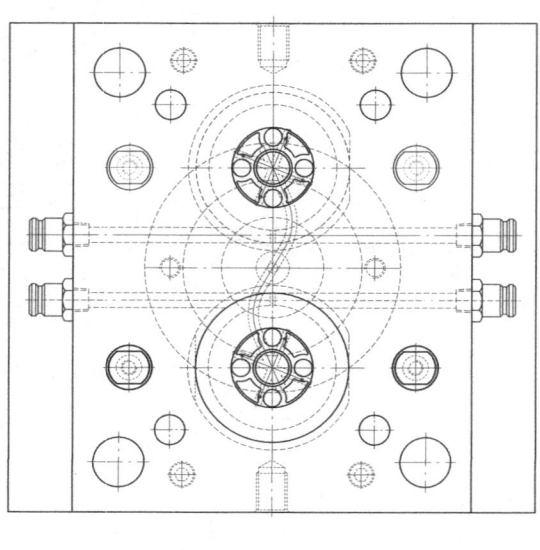

b) 前模平面图

图　8-66

第8章 特殊机构综合类20例

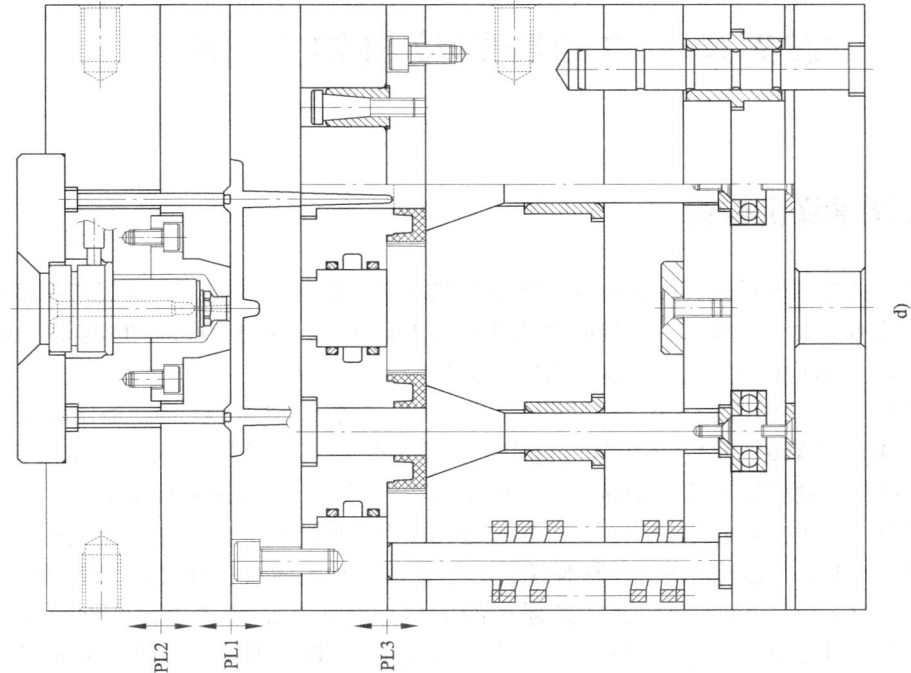

图 8-66（续）

1、2—B板　3—导套　4—顶杆　5—轴承

第 9 章　自动脱螺纹机构 20 例

9.1　自动脱螺纹机构简介

自动脱螺纹机构在塑料模具中是一种很常见而又非常重要的结构类型。这类产品多为圆形，且产品形状不会太大，所以，模具的整体外形也不会太大，超过 500mm 的模具较少见，因此，这类模具均属于中小型模具，这是脱螺纹模具的共同特点。

带有螺纹的产品一般均为盖类产品，而需自动脱螺纹的产品的材料通常是比较硬的塑料，如 ABS、PBT、PA66、PEI、电木等。这类材料质地较硬，变形量较小，不易采用强制脱模，因此，使用自动脱螺纹机构是最安全的脱模方案。不过，有时还应根据螺纹牙型、螺距和深度来决定，如果螺纹螺距较小，两个螺牙之间没有空间距离，且牙型细而尖锐，这种产品即使使用 PP 材料，也不能使用强制脱模，必须采用自动脱螺纹；反之，如果螺纹螺距较大，两个螺牙之间有一段空间距离，且牙型的尖角处有较大的圆弧过渡，即使牙深达 1.5mm，即使使用质地较硬的电木材料，也同样可以使用强制脱模，不需自动脱螺纹。当然，不能千篇一律，究竟如何取舍，还应看客户的要求和产品质量的要求。

自动脱螺纹机构按照动力传动方式来分，共有如下三种类型。

1) 马达传动。马达有电动机和液压马达。电动机由于转速过快，动作不平稳，故较少使用；液压马达由于转速相对较慢，动作平稳，安全可靠，因此被广泛使用。使用马达传动的模具几乎 95% 使用液压马达。使用马达传动时，必须有另外两个与之互相组合的附件，即链轮和链条。马达、链轮、链条 3 个最重要的组合部件缺一不可，方可实现马达传动。

2) 螺纹传动。螺纹传动使用的是多头螺旋杆和与之相匹配的螺旋套这两个重要的组合部件来驱动齿轮传动。在所有自动脱螺纹机构中，螺纹传动的模具结构是最简单的，螺纹传动使模具结构得到大大简化。国内还没有专业的多头螺旋杆制造商，此种机构的模具，其螺旋杆和螺旋套均进口德国 HASCO 公司制造的标准件。如果领悟了此种机构的设计重点和熟悉了 HASCO 公司的标准螺旋杆结构，设计此种结构其实并不难，本章将通过不同的范例类型向读者详细讲解各种螺纹传动的模具结构。

3) 液压缸齿条传动。此种机构主要是使用液压缸驱动齿条，齿条再驱动齿轮实现工作。此种机构美中不足之处是液压缸和齿条在模具上会占用很大空间，使模具整体外形看起来有些庞大，给模具的吊装和运输带来很大不便。但此种结构有较好的稳定性和可靠性，故也同样被广泛使用，而且是使用最多的一种结构。

上述 3 种类型是按照传动方式来划分的，任何自动脱螺纹机构均离不开这 3 种结构之一。如果从产品的螺纹脱出方式来分类，上述每种类型又可分为两种形式：一种是螺纹型芯垂直方向静止，当螺纹型芯开始旋转时，由弹簧弹起推板同步推出产品；另一种是螺纹型芯垂直方向始终保持往复运动状态，当螺纹型芯开始旋转时，沿着螺纹的反方向向后退出，当螺纹型芯完全退出产品的有效螺牙时，再由推板推出产品。这两种形式在动作上有着明显区别，第一种通常用在螺纹长度不长的情况下。当螺纹长度较长时，推板所需弹出距离较大，第一种形式有时无法满足要求,此时可以考虑使用第二种形式,以实现较大长度的螺纹抽芯。

上述 3 种类型的自动脱螺纹机构结构上没有好坏之分,均为常用的结构。碰到这类塑料产品时,究竟使用哪种结构合适,应视设计者擅长设计哪种结构,有时还应根据客户的要求来设计。本章列举的 20 个范例,各具特点,几乎涵盖了自动脱螺纹机构的各种类型,可以满足不同要求的结构设计,因此,学好本章内容,将会全面掌握各种结构形式的自动脱螺纹机构。

9.2 实用范例

范例 1 香水瓶盖外壳液压马达脱螺纹机构

此例产品是一个香水瓶盖的外套壳,产品材料为 ABS,产品形状如图 9-1 所示。从图 9-1b 反面视图可以看出,产品内侧有 3 圈很深的内螺纹,螺纹方向为右旋。由于螺牙较深,螺牙角度较小,牙型较尖锐,强制脱模无法保证产品质量,因此,必须采用自动脱螺纹机构。另外,从图 9-1b 的圆圈内可以看出,产品边缘有一圈均匀排布的倾斜卡槽。这些卡槽必须成型在后模型芯上,但由于型芯是旋转的,卡槽在模具结构上必须经过巧妙设计才能实现顺利脱模。这也是此副模具的设计难点和特点之一。模具详细结构如图 9-2 所示。

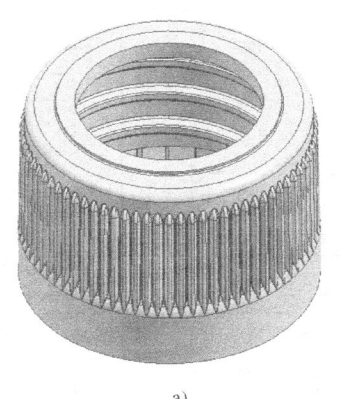
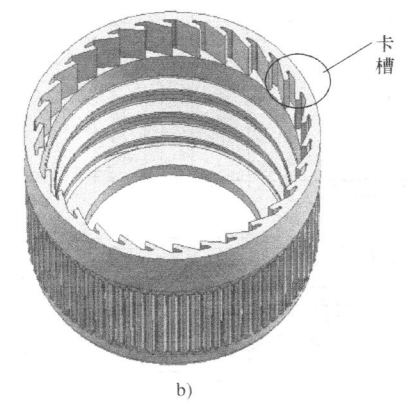

a) b)

图 9-1

从模具结构图可以看出,此副模具一模两穴,共有 11 层模板,给人眼花缭乱的感觉,很难分清层次。但是,经过仔细分析会感觉这是一副设计非常严谨、质量很高的模具,结构上的每个细节都设计得非常到位。首先来看前模一侧,前模侧共有两件模板,分别是码模板 11 和 A 板 10。后模侧共有 8 层 9 件模板及两件垫板。推板 9 用来推出产品和固定推板镶件 13。托板 8 用来固定和托住推板镶件 13,这两块板通过多个螺钉紧固在一起形成一体。型芯固定板 7 用来固定型芯 14,型芯托板 6 用来固定和托住型芯 14。此副模具的 3 个齿轮藏在齿轮储藏板 5 中。螺纹套 31 专门用来控制螺纹型芯 16 上下往复运动,此副模具的两个螺纹套 31 固定在螺纹套固定板 4 中。定位套是专门用于螺纹型芯 16 的底部精确导向和精确定位,固定在定位套固定板 3 上。两件 A 板 10 专门用来安放链轮 20 和链条 28,并保证有足

A放大
B放大
C放大
31
32
33
34
T
PL1
PL2
A
B
1
2
3
4
5
6
7
8
9
10
11
12
13
14
15
16
17
18
19
a)

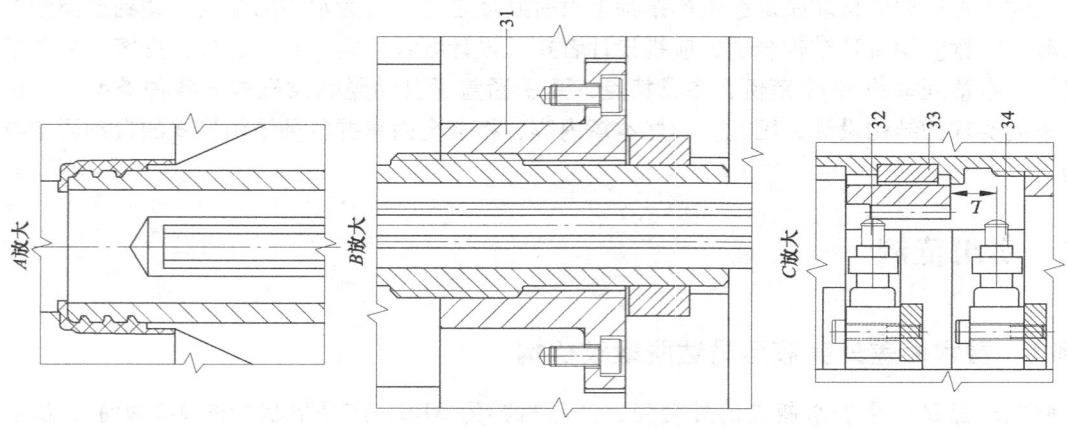

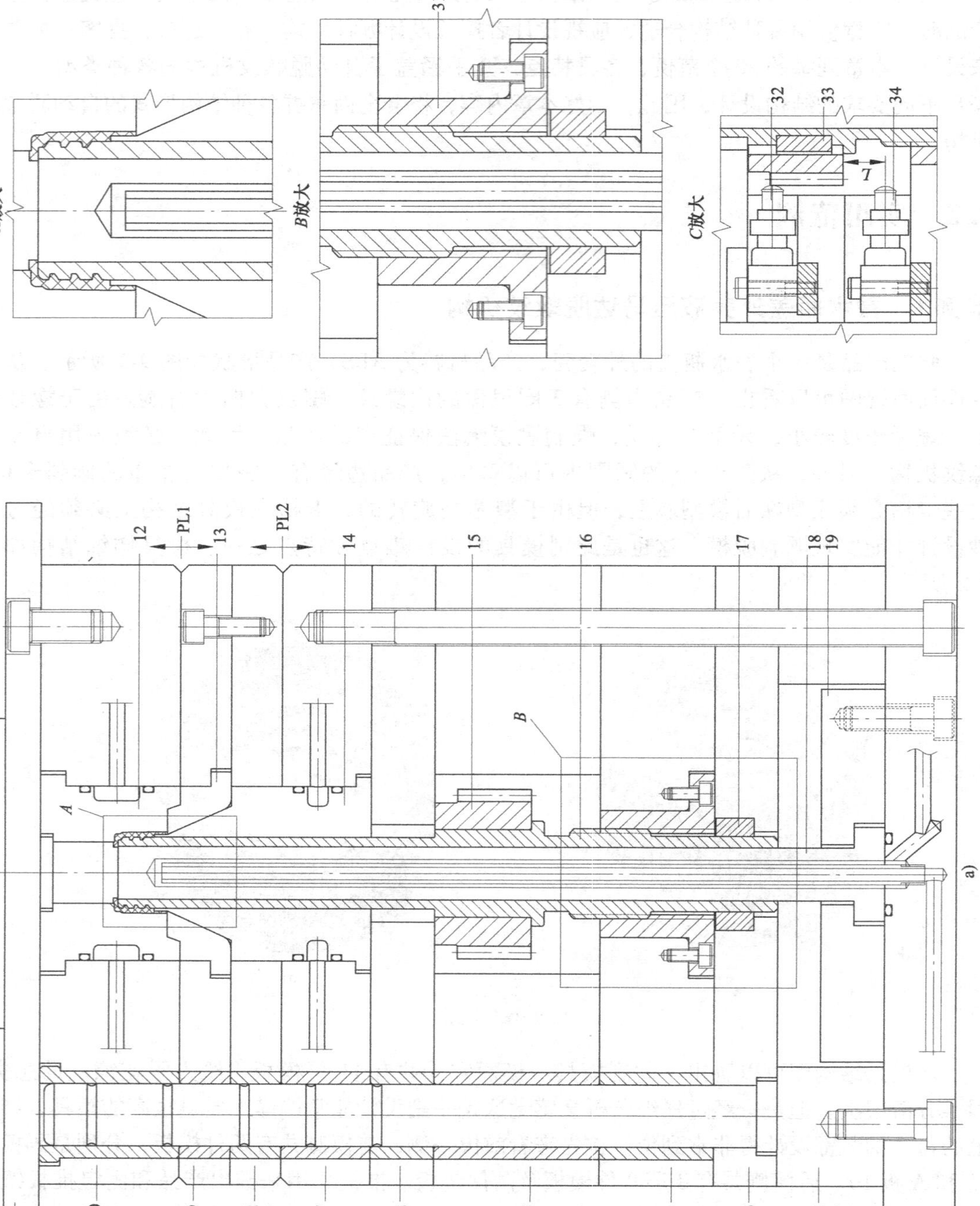

第 9 章 自动脱螺纹机构 20 例

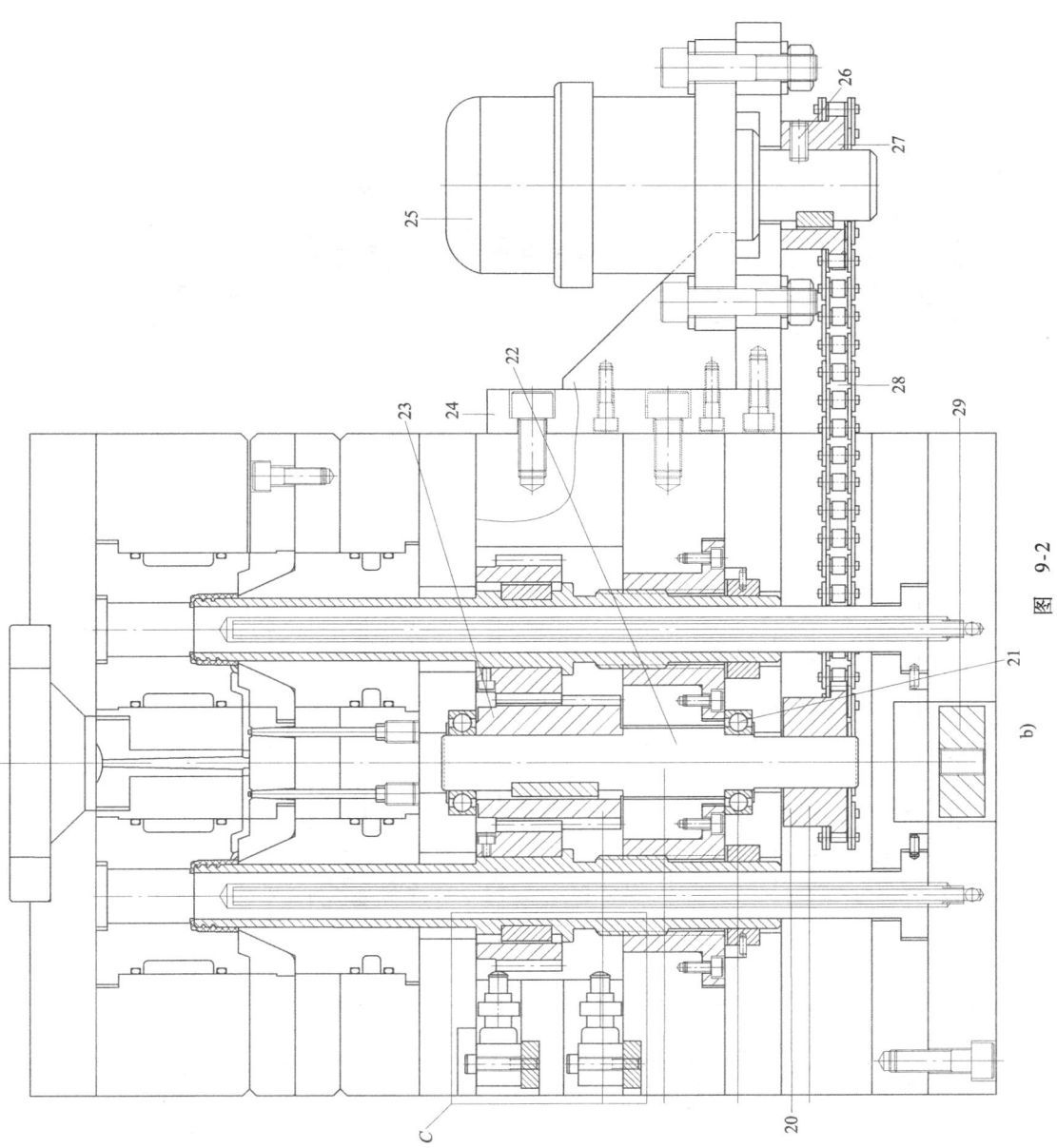

图 9-2

1—下码模板 2—垫板 3—定位套固定板 4—螺纹套固定板 5—齿轮储藏板 6—型芯托板 7—型芯固定板 8—托板 9—推板 10—A板 11—码模板 12—型腔 13—推板镶件 14—型芯 15、23—齿轮 16—螺纹型芯 17—定位套 18—冷却镶件 19—冷却镶件固定板 20、27—链轮 21—轴承 22—转轴 24—马达固定支架 25—液压马达 26—无头螺钉 28—链条 29—推杆固定板 30—推杆 31—螺纹套 32、34—行程开关 33—平键

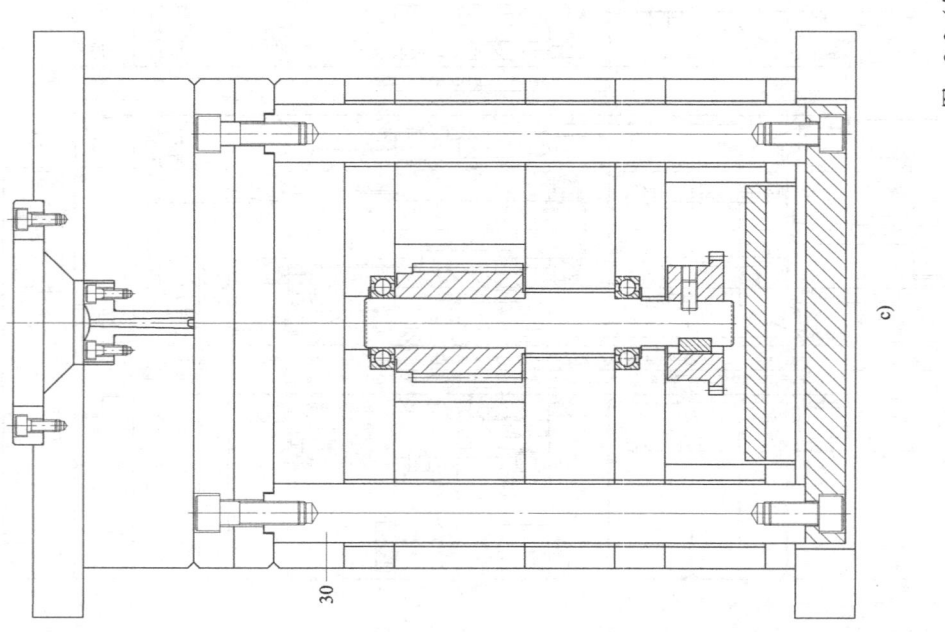

图 9-2（续）

够的安全空间供链条和链轮运动。冷却镶件固定板19是用来固定冷却镶件18用的,由多个螺钉固定在后码模板1上,始终保持静止状态。

此副模具是一副液压传动的自动脱螺纹机构,螺纹的脱出方式是螺纹型芯在旋转中同步后退,当螺纹型芯完全推出并停止后,由推板推出产品,产品最后自由跌落。详细动作原理是:开模后,主分型面PL1首先分型,产品留在后模一侧,待后模侧开模停止后,液压马达开始起动,此时,链轮27带动链条28,链条28带动链轮20从而带动转轴22和齿轮23同时旋转,在齿轮23的驱动下,两个齿轮15带动两个螺纹型芯16朝着产品螺牙的反方向开始旋转,同时,在螺纹套31的作用下,两个螺纹型芯16在旋转的同时向下退缩,开始脱出产品的螺纹部分;当行至L距离时,齿轮15触动行程开关34的触点,液压马达25停止转动,链条、链轮、齿轮等所有旋转部件全部停止转动,此时,螺纹型芯16已脱离了产品的螺纹长度,但由于产品周边的卡槽全部成型在型芯14上,产品仍紧紧扣在型芯14上,此时,注塑机的顶杆推动推板固定板29和两件推杆30向前顶出,推杆30又同时推动两件推板8、9同步向前顶出,最终将产品从型芯14上推出,产品自动跌落,从而完成全部的自动脱模动作。

图9-3为从液压马达到螺纹型芯的详细传动结构图,从此图可更清楚地看到此类结构的零件组成。结合2D和3D可以看出,液压传动离不开以下几个共同的部件:一个液压马达,一个链条,两个链轮,至少两个滚珠式轴承或滚针式轴承;每个螺纹型芯上各有一个齿轮,在有些结构中,每个螺纹型芯上还需1~2个滚针式轴承。这种结构在后面的范例中会有介绍,这是各种液压传动的共同特点。

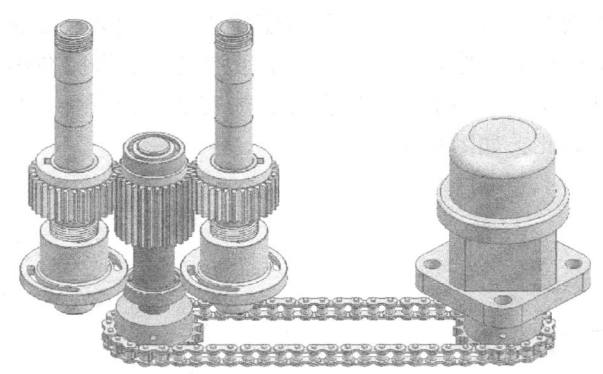

图 9-3

设计此副模具或设计此类液压传动的模具时需掌握以下设计要点。

1)为防止在传动过程中螺纹型芯因发生摆动而损伤,螺纹型芯两端应有精确的导向和定位零件。本例螺纹型芯的定位零件,上端靠型芯14,下端靠螺纹套31和定位套17,如果产品要求不高的话,定位套17可省略,但有了它会更安全。

2)为防止在传动过程中螺纹型芯因受力与定位零件发生咬死、烧伤等现象,零件间接触摩擦的部位,表面硬度不得相同,比如,为了加强螺纹型芯的强度和耐磨性,螺纹型芯应经过热处理加强硬度,表面通常应做氮化处理,表面硬度应达到58~60HRC。为了更加安全可靠,其他定位零件的钢材材料需错开使用,如螺纹套31和定位套17的材料通常均使用青铜制造,因为铜和铁是很难咬伤的;型芯14的材料通常应使用热处理材料,硬度可控制在 48～52HRC。

3）为使螺纹型芯在旋转后退过程中更加轻松、顺畅，螺纹型芯和螺纹套相配合的一端螺牙通常应使用双头螺纹（见图 9-4）。因为单头螺纹比较重，需要很大的驱动力，如果模穴较多的话，可能很难驱动，而使用双头螺纹则所需驱动力会减少几倍，使得整个传动系统轻松、顺畅。使用双头螺纹时需注意一个问题，就是螺距必须与产品螺牙的螺距保持绝对相同，至于牙型或规格等均不重要，重要的是牙距。为保证螺牙加工得光滑精确，双头螺纹通常应使用成型磨床研磨加工，车床直接车出的无法达到要求，这一点非常重要。

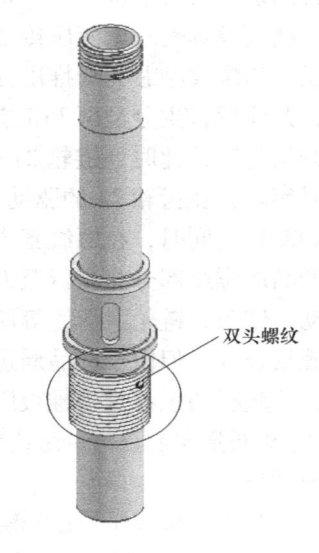

图 9-4

4）为了安装的需要，螺纹套固定螺钉的沉头孔应做成腰形孔，如图 9-5 所示。因为模具在装配时是按照从上到下的顺序安装的，只有在螺纹型芯完全安装到位后才可安装螺纹套，在螺纹套安装之前，无法准确计算出螺纹套固定螺钉的孔位中心位置。如果按照通常做法钻沉头孔的话，在螺纹套旋转到位时，此孔很难与模板上的螺纹孔中心吻合，即使相差仅 1mm，也会导致螺钉无法旋进，所以，做成腰形孔便于调节螺纹套的松紧程度。

5）齿轮的安装与固定。在结构设计初期，应充分考虑到齿轮的安装和固定方式应简单方便，稳固可靠。最常用的固定方式是使用平键定位止转，用无头螺钉或杯头螺钉紧固，如图 9-6 所示。为防止齿轮在旋转受力过程中产生上下滑动，通常应在螺纹型芯上开一个 U 形槽，专门用来卡住螺钉，使其不易滑动，以保证更加安全，如图 9-7 所示。其他如液压马达和链轮的固定方式也是如此，如图 9-8 所示。

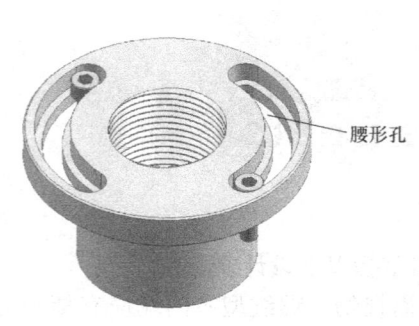

图 9-5

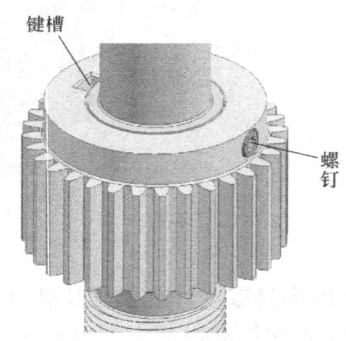

图 9-6

6）液压马达的安装固定方式。液压马达的安装和固定必须稳固安全，装拆方便，图 9-9 即为最常用的固定方式。另外，固定液压马达的固定板上的固定螺纹孔和液压马达的定位法兰孔必须做成 U 形孔，如图 9-10 所示，目的是为了使液压马达和链条的安装方便，以及便于链条松紧程度的调节。如果做成圆孔，液压马达和链条则无法安装，切记。

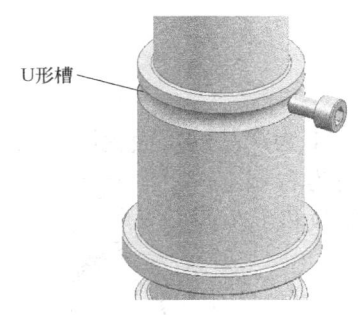

图 9-7

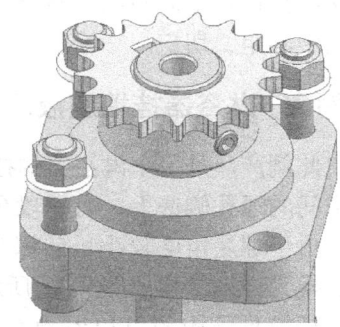

图 9-8

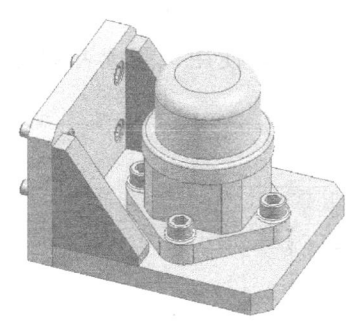

图 9-9

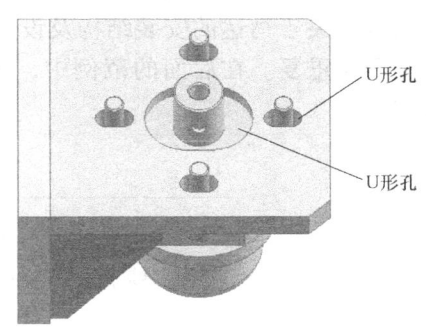

图 9-10

7) 链轮和链条标准件的选择。链轮和链条的选择也是一个重要的环节。链轮可以自己设计加工，而链条却不能，只能使用国标链条，液压传动的模具 99% 均使用型号为 08B 的标准链条。在使用时，直接按照型号根据所需的长度结好即可。链条的选择需注意两个重要参数：一是滚子外径为 8.51mm，二是链条节距为 12.7mm。因为所需的链轮规格也为 08B 的规格，对应的滚子外径也是 8.51mm，节距也是 12.7mm。只要两个参数吻合了，就是配套的。如果自己加工链轮，必须按照此标准来设计加工。链轮的齿数与链轮的大小相关。链轮的大小应根据模具的空间大小而定，只要放在模具中合适即可。

8) 螺纹型芯的行程控制。设计此种结构时，螺纹型芯的行程控制是关键。螺纹型芯的行程是由马达的转数决定的。当螺纹型芯完成旋转抽芯后，必须在规定的行程内使液压马达停止转动，所以必须使用行程开关来控制，且必须使用两个开关，其中一个负责螺纹型芯的后退控制，另一个负责螺纹型芯的复位控制。本例中当螺纹型芯完全复位或者完全退出后，齿轮 15 会触动上下两个行程开关的触点，液压马达则停止转动。当然，行程开关有多种形状，安装方式也有所不同，不必按照本例的位置安装，不论放在哪里，只要能够让液压马达停止即可。因此，本例只是示意作用，为的是加强读者的理解。

9) 为保证齿轮之间能够正常、顺畅地传动，两个齿轮之间必须留有一定间隙，通常在 0.1mm~0.15mm 之间。例如，齿轮 15 的分度圆直径为 60mm，齿轮 20 的分度圆直径为 80mm，那么，两个齿轮之间的实际距离必须在 70.1~70.15mm（60/2 + 80/2 + 0.1~0.15）之间。只有这样，两个齿轮才能够正常啮合，否则，齿轮甚至无法安装。特别是模板上孔的加工，如果不按照上面公式标准设计加工，不是齿轮报废就是模板报废。除此之外，第二个方法则是在加工齿轮时,将单个齿轮的外形单边缩小0.05~0.075mm,这样则不需增加齿轮的中心距,切记。

范例2　淋浴器挂墙座液压马达脱螺纹机构

此例产品是一个淋浴器的挂墙座,产品材料为ABS,图9-11为产品的反面视图。在产品中间的通孔侧壁上,有一段牙形为梯形的螺牙,螺牙的方向为右旋。由于螺牙角度较小,牙深较深,因此,必须采用自动脱螺纹机构。模具详细结构如图9-12所示。

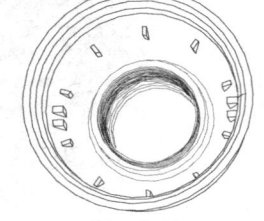

图 9-11

从模具结构图可以看出,此副模具是一副液压马达传动的自动脱螺纹机构。由于图形较大,纸张的大小有限,为使图面保持线条清晰、简洁,本例特意删除了液压马达机构在本例结构图中的显示。关于马达的安装结构及设计重点在本章范例1中已介绍,本例不再重复。在后面的范例中,这种简略的图形表达方式会经常使用,望读者知悉并理解。

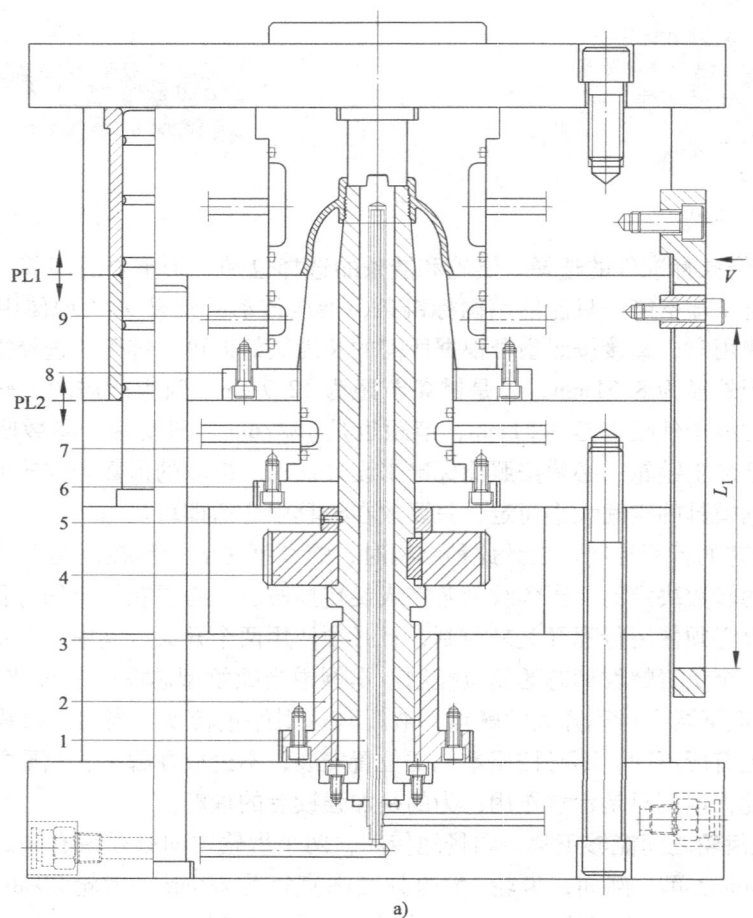

a)

图 9-12

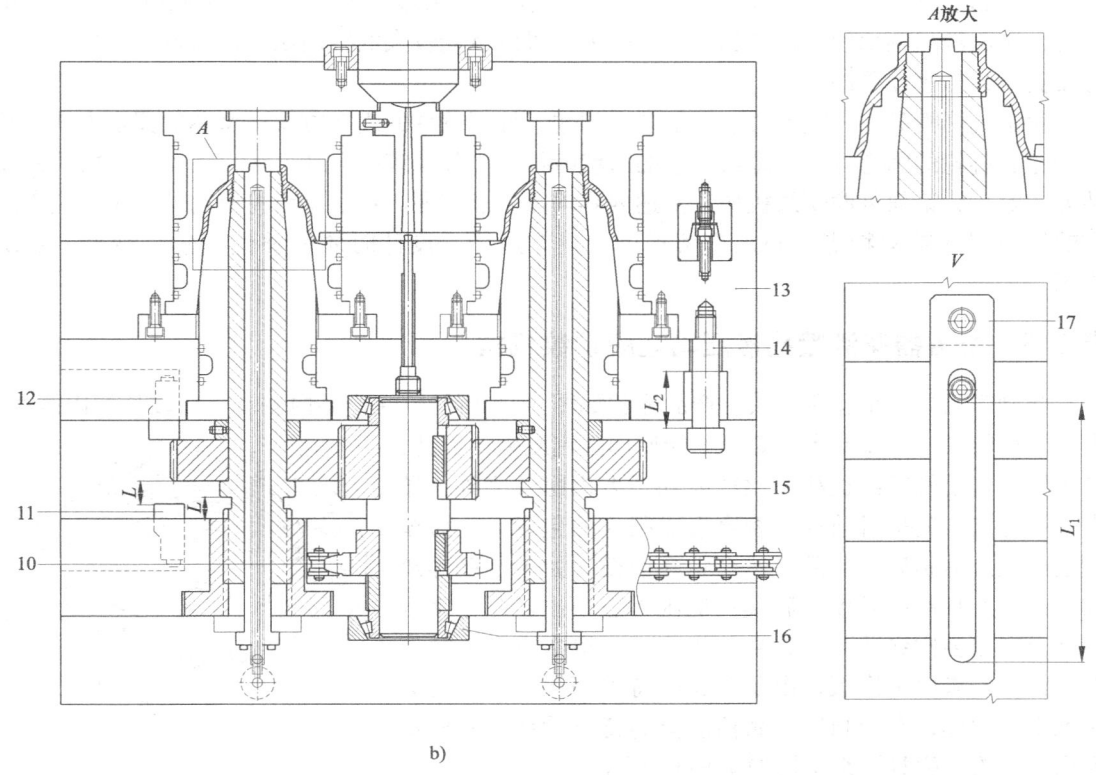

b)

图 9-12（续）

1—冷却镶件 2—螺纹套 3—螺纹型芯 4、15—齿轮 5—定位套 6、8—小压板 7—型芯 9—推板镶件
10—链轮 11、12—感应开关 13—推板 14—限位拉杆 16—轴承 17—拉板

和范例1相比，两副模具虽然结构类型相同，但此例的设计更加简洁，推板的推出方式也发生了很大变化，使模具整体结构变得更加简单。从图中看出，推板镶件9底部镶拼了一件小压板8，专门用来固定推板镶件，省去了一块模板，但达到了同样的效果。型芯7底部也同样镶拼了一件小压板6，专门用来固定型芯，又省去了一块模板。冷却镶件1直接固定在下码模上，也省略了一块模板。此例的螺纹型芯3下端，没有使用定位套导向，虽节省了一块模板，和范例1相比却不太安全，这是其缺点，因为增加一个定位套会使整体结构显得更加严谨。关于推板顶出方式，在范例1中，另外增加了一套顶出机构，而本例的推板是直接利用开模动作让前模将推板拉开的，为了拉开推板，本例使用了4件拉板17。整副模具的动作原理如下。

注塑完成后，不是首先开模，而是首先起动液压马达（图中未示出）。液压马达带动链条，链条通过链轮10带动齿轮15，从而带动齿轮4和两件螺纹型芯3同时作旋转运动，在螺纹套2的作用下，螺纹型芯3边旋转边向后退；当行至L距离时，齿轮4端面触动电池感应开关11，液压马达停止转动，所有旋转机构全部停止，此时螺纹型芯3已完全脱出了产品的螺纹部分；紧接着开始开模动作，主分型面PL1分型，产品留在后模一侧紧紧地包在型芯7上，当行至L_1距离时，拉板17拉动推板13向前运动；当行至L_2距离时，在限位拉杆14的作用下，推板13停止运动，产品也已被完全推出，自动跌落，至此，所有自动脱模动作全部完成。

在此副模具中，使用了圆锥滚子轴承16。在自动脱螺纹机构中，这种圆锥滚子轴承很常用，比深沟球轴承使用得更加广泛，因为它可以承受较大的轴向压力，稳定性更好，使用寿命更长，精密度更高。

对于此副模具，需重点关注以下几个问题：推板镶件的固定方式，型芯的固定方式，几个齿轮和链轮的固定方式，螺纹型芯的形状特征，冷却系统的设计方法，以及整副模具的安装方式等。无论何种脱螺纹机构，上述内容均需重点掌握，特别是齿轮机构的安装固定方式和螺纹型芯的结构特点，必须理解透彻，只有这样，设计时才能够做到熟练变通，熟练应用。

范例3 淋浴器花洒喷头液压马达脱螺纹机构

此例产品是一个花洒喷头，产品形状如图9-13所示。在产品内侧有一段较长的内螺纹，由于牙型较细，螺纹要求较高，不能使用强制脱模，因此，必须使用自动脱螺纹机构。此产品除了有内螺纹之外，还有另一特点，就是对前模型腔会形成很大的包紧力，后模侧抽出螺纹型芯后，产品必然会粘在前模。如果借助螺纹的力量将产品留在后模，后模一侧则无法顶出产品，因为产品上有很多碰穿通孔。如果使用顶针，根本没有位置布置顶针；如果使用推板，由于产品的特殊情况，推板也无法推出。因此，本例利用产品粘前模的特点设计了一种前模顶出机构。模具详细结构如图9-14所示。

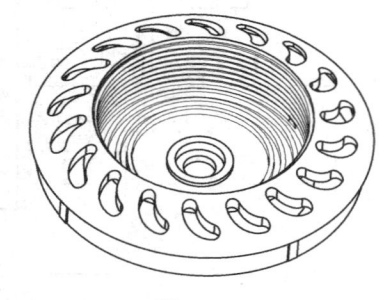

图 9-13

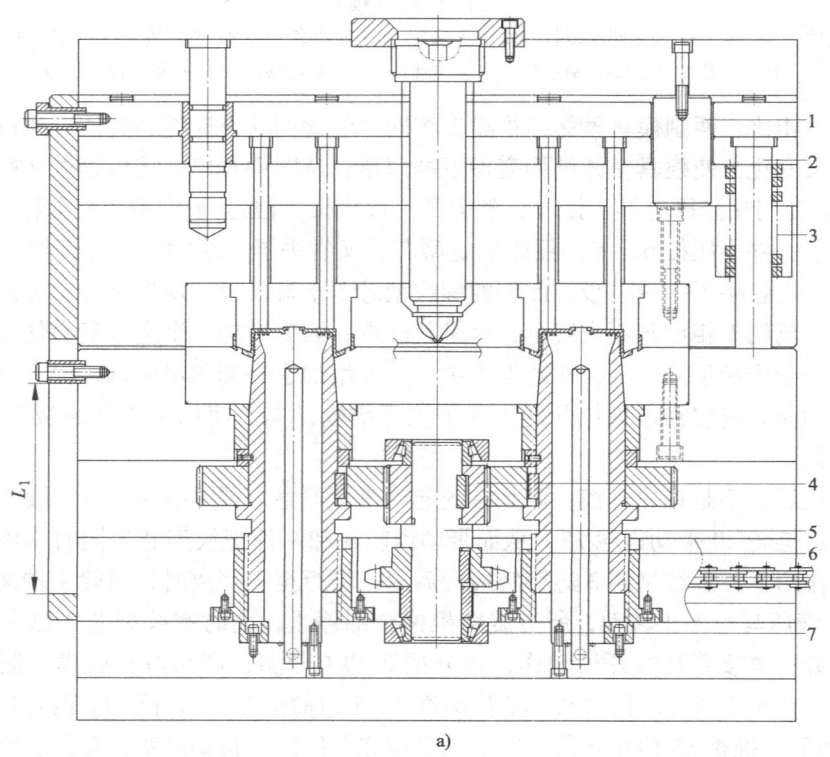

a)

图 9-14

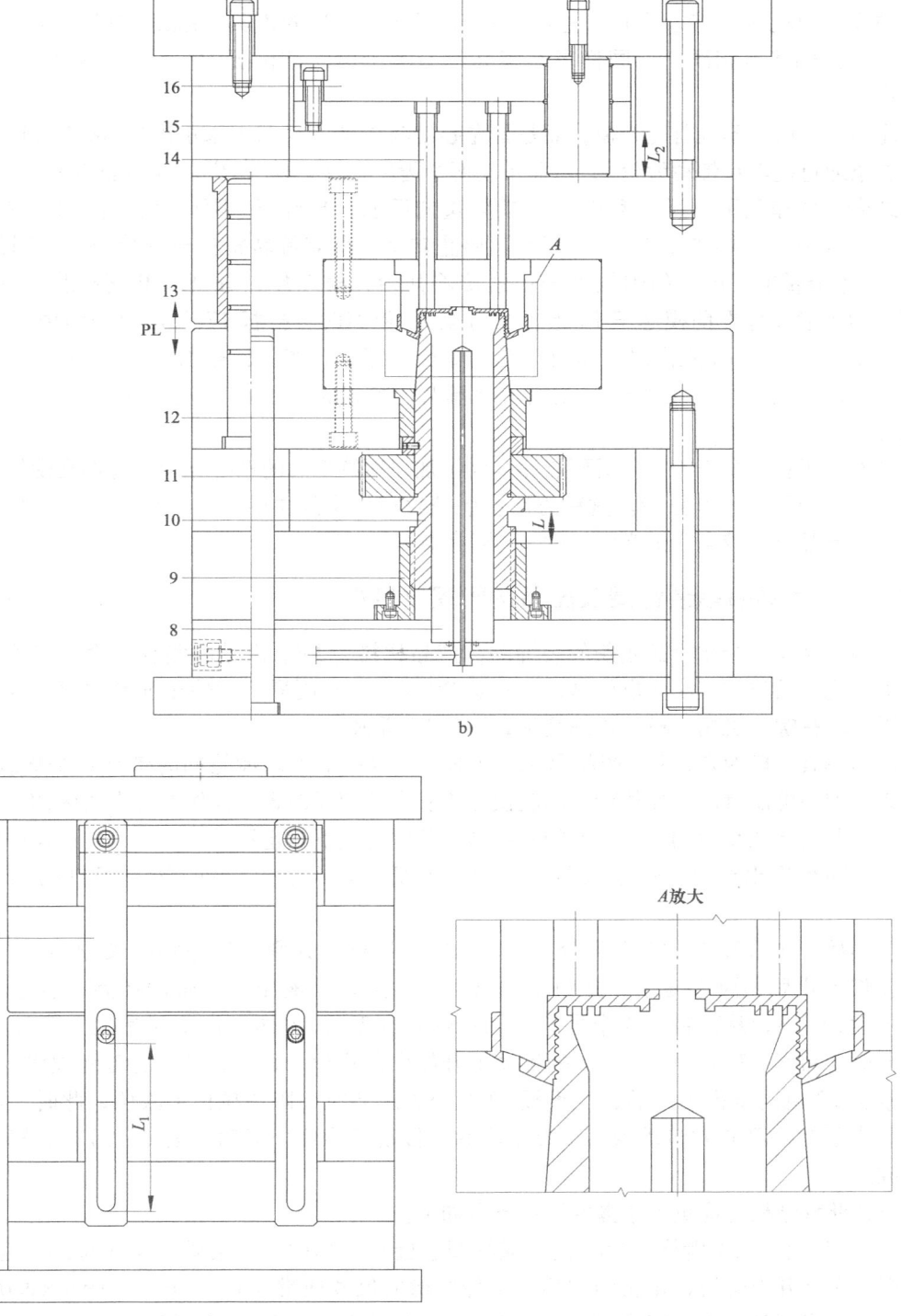

图 9-14（续）

1—支撑柱 2—复位杆 3—复位弹簧 4、11—齿轮 5—转轴 6—链轮 7—轴承 8—型芯 9—螺纹套
10—螺纹型芯 12—镶套 13—前模芯子 14—顶针 15—顶针面板 16—顶针托板 17—拉板

从模具结构图可以看出，此副模具是一模两穴，后模是液压马达脱螺纹机构，前模侧是前模顶出机构。综合来讲，这是一副设计难度很高的模具，脱螺纹机构虽然和本章前面两个范例基本相同，但同样具有很高的参考价值，结构更加简洁。整副模具的动作原理如下。

注塑完成后，不是首先开模，而是首先起动液压马达（图中未示出）。液压马达带动链条，链条通过链轮 6 带动齿轮 4，从而带动两个齿轮 11 和两件螺纹型芯 10 同时作旋转运动，在螺纹套 9 的作用下，螺纹型芯 10 边旋转边向后退，当行至 L 距离时，齿轮 11 端面触动电池感应开关（图中未示出），液压马达停止转动，所有旋转机构全部停止，此时螺纹型芯 10 已完全脱出了产品的螺纹部分；紧接着开始开模动作，分型面 PL 分型，产品留在前模一侧紧紧地包在前模芯子 13 上，当行至 L_1 距离时，拉板 17 开始拉动前模顶出机构向前顶出；当行至 L_2 距离时，所有开模动作全部停止，产品已被顶针 14 完全顶出并自动跌落，至此，所有脱模动作全部完成。合模时，前模顶出机构在复位弹簧 3 的作用下提前复位。

另外，还有一个新的零件需要点评。为了加强螺纹型芯的精确导向，此例在螺纹型芯上端又重新设计了一个镶套 12。这种方法在脱螺纹机构中经常使用，需注意的是，此零件的材料使用上要求比较高，最常使用的是青铜或标准导套。

范例 4　化妆品瓶盖装饰圈液压马达脱螺纹机构

此例产品是一个化妆品瓶盖的装饰圈，产品材料为 PP。产品内侧有一段牙型较细的螺纹，由于化妆品类的产品要求较高，虽然是 PP 材料，也同样不能使用强制脱模，因此，必须使用自动脱螺纹机构。模具详细结构如图 9-15 所示。

此副模具一模四穴，4 个产品呈 45°角排列，由一个主动齿轮同时带动 4 个螺纹型芯。从模具结构图可以看出，此例产品的脱模方式和本章前面的 3 个范例均有很大区别。前 3 例是螺纹型芯上下往复运动，而本例的螺纹型芯却保持上下静止不动，并在旋转过程中由弹簧推动推板同步推出产品，这是以前讲过的两种脱模方式中的一种。整副模具的动作原理如下。

开模后，主分型面 PL1 首先分型，产品留在后模，并紧紧地包在螺纹型芯 11 上；待开模动作停止后，液压马达（图中未示出）开始起动，液压马达带动链条，链条通过链轮 4 带动齿轮 3，从而带动 4 个齿轮 8 和 4 件螺纹型芯 11 同时作旋转运动，开始旋出螺纹，同时，推板 12 在 4 个弹簧 2 的推动下开始向前推出，PL2 分型，随着螺纹型芯 11 旋转，推板 12 也同步推出产品，当推板 12 行至 L 距离时，限位拉杆 1 限位，此时，产品已完全脱出了螺纹型芯并自动跌落，液压马达等传动机构停止运动，至此，所有脱模动作全部完成。

设计此种结构时应重点掌握的设计要点如下。

1）产品应增加防滑槽。为防止在螺纹型芯旋转过程中产品会随着螺纹型芯一起旋转，产品端面必须开设防滑、止转的凹槽。这种凹槽的尺寸通常在 0.5mm × 1.0mm × 3.0mm 左右即可，如果产品较大，壁厚较厚，尺寸也可适当放大，如图 9-16 所示。

2）用来弹推板的弹簧硬度不能太大，质量也不能太轻。如果硬度太大，液压马达还未起动时，弹簧已经弹起，会将产品的螺牙拉坏；如果太轻，在液压马达起动时，弹簧则无法弹起推板，导致螺纹无法脱出。据经验通常使用 4 个弹簧即可，且弹簧直径在 25～30mm 之

第 9 章 自动脱螺纹机构 20 例

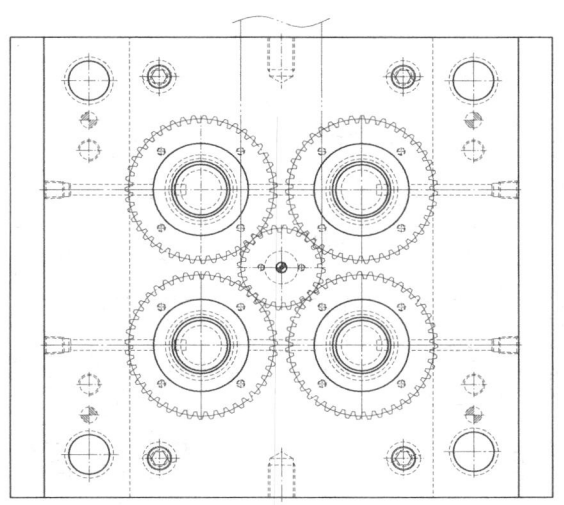

a) 后模平面图

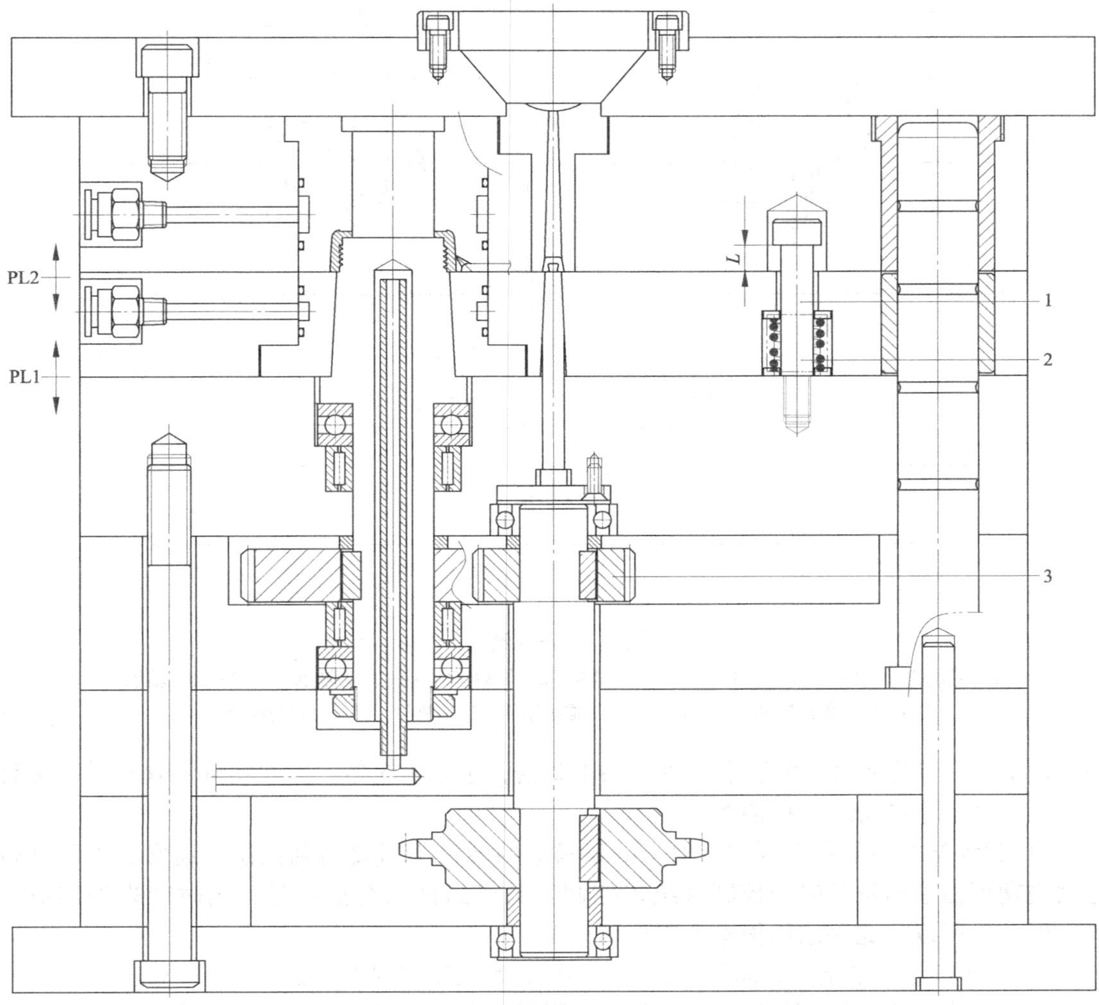

b)

图 9-15

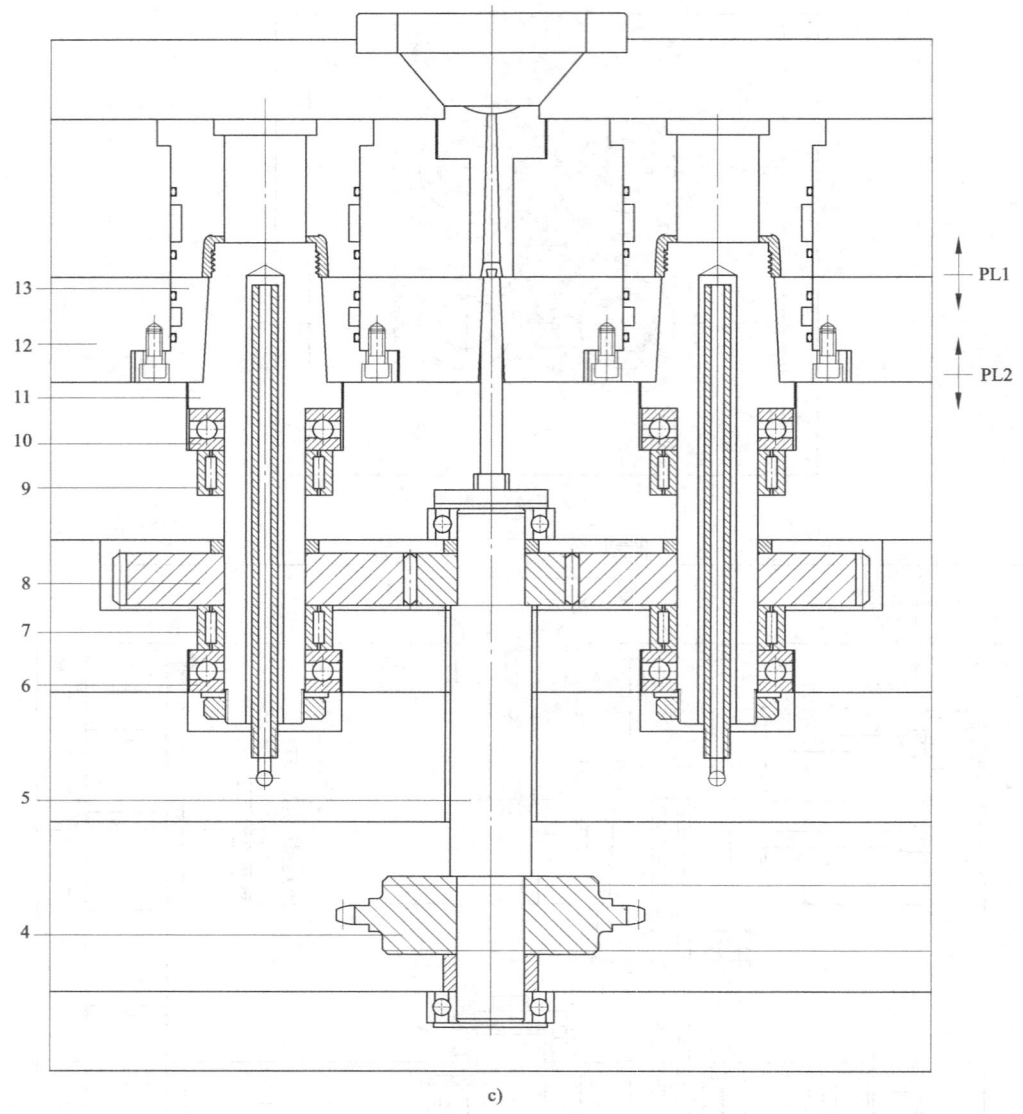

图 9-15（续）
1—限位拉杆 2—弹簧 3、8—齿轮 4—链轮 5—转轴 6、10—推力轴承 7、9—滚针轴承
11—螺纹型芯 12—推板 13—推板镶件 14—垫片 15—内六角螺母

间。理论上，弹簧弹力应大于推板重力的 1.2 倍，小于 1.5 倍，但在实际工作中，不需计算，通常是通过实践经验来定的。

3）此种结构不需行程开关。对于液压马达的转数不需要精确控制，通常，液压马达运动周期可由注塑机的时间控制系统来控制。当产品被完全推出后，用时间来控制液压马达停止，所以，此种结构根本不需行程开关。

4）由于螺纹型芯上下方向不可活动，因此，螺纹型芯的固定必须安全可靠。

除此之外，对于本例结构，还应重点关注螺纹型芯 11 的固定方式。在本章前 3 个范例中，由于螺纹型芯的运动方式不同，所以其固定方式也不同。本例螺纹型芯由于是固定的，

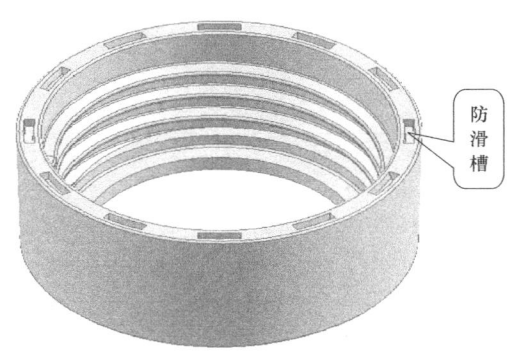

图 9-16

在设计时既要考虑型芯的轴向稳定,也要考虑径向稳定,为此,本例在一个螺纹型芯上使用了两种类型的轴承:推力轴承 6、10,不能用于径向定位,只能用于轴向旋转件的定位,可以承受较大的轴向压力,且可以保证螺纹型芯的流畅旋转;滚针式轴承 7、9,可进行精确地径向定位及保证型芯流畅地旋转,但不能进行轴向定位。为同时保证螺纹型芯的轴向定位、径向定位同样精确和旋转绝对流畅,本例将这两种不同功能的轴承组合起来,使用内六角螺母 15 和垫片 14 拧紧固定。结构看似复杂,但绝对安全可靠,使用寿命更长,是其一大优点。

范例 5　茶杯盖液压马达脱螺纹机构

此例产品是一个茶杯盖,产品材料为 ABS。在产品内侧有一段内螺纹,由于牙型较细,必须使用自动脱螺纹机构。模具详细结构如图 9-17 所示。

从模具结构图可以看出,此副模具前模侧是三板模点浇口,后模侧是液压马达脱螺纹机构,产品的脱模方式为弹出式推板推出,详细动作原理如下。

开模后,在尼龙开闭器 5 和弹簧 17 的作用下,PL1 首先分型,当行至 L 距离时,限位拉杆 16 限位,PL2 分型;当行至 L_1 距离时,限位拉杆 6 限位,此时,整个流道系统已能自动脱落;继续开模,主分型面 PL3 分型,产品留在后模一侧并紧紧包在型芯 14 和螺纹型芯 13 上,待开模动作停止后,液压马达起动(图中未示出),从而通过链条和链轮 1 带动齿轮 3 和螺纹型芯 13 同步旋转,同时,推板 15 在弹簧 4 的弹动下向上弹起,从而推动产品一起向前运动;当推板行至 L_2 距离时,限位拉杆 7 限位,推板停止运动,产品被完全推出并自动跌落,液压马达等所有传动机构停止运动,从而完成全部脱模动作。

对于此例模具,需重点关注的是螺纹型芯 13 的固定方式。螺纹型芯使用了两个圆锥滚子轴承 9、12 作径向定位,上下方向借用型芯 14 的内孔来固定。圆锥滚子轴承的定位方式在弹板式脱螺纹结构中使用最为广泛,因为圆锥滚子轴承不仅具有精确的径向定位功能,同时也具有一定的轴向定位作用,具有结构简洁、传动平稳、使用寿命长等优点。

除此之外,还有一个问题,就是只要前模是三板模,后模是推板的模具,其尼龙开闭器不可固定在推板上,必须固定在推板下面不能活动的模板上,此例的固定方式就是最常用的方法。

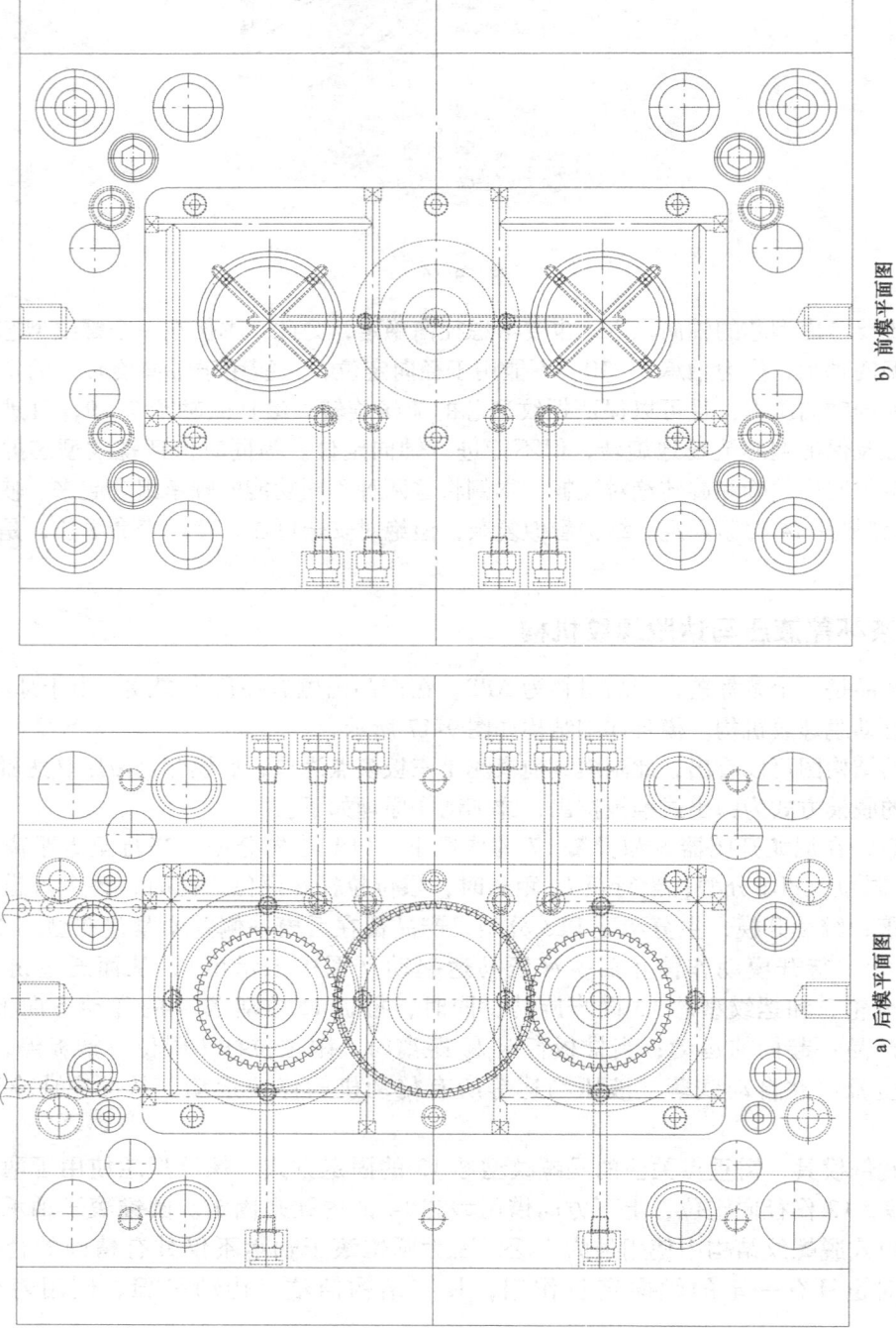

a) 后模平面图
b) 前模平面图

第 9 章 自动脱螺纹机构 20 例

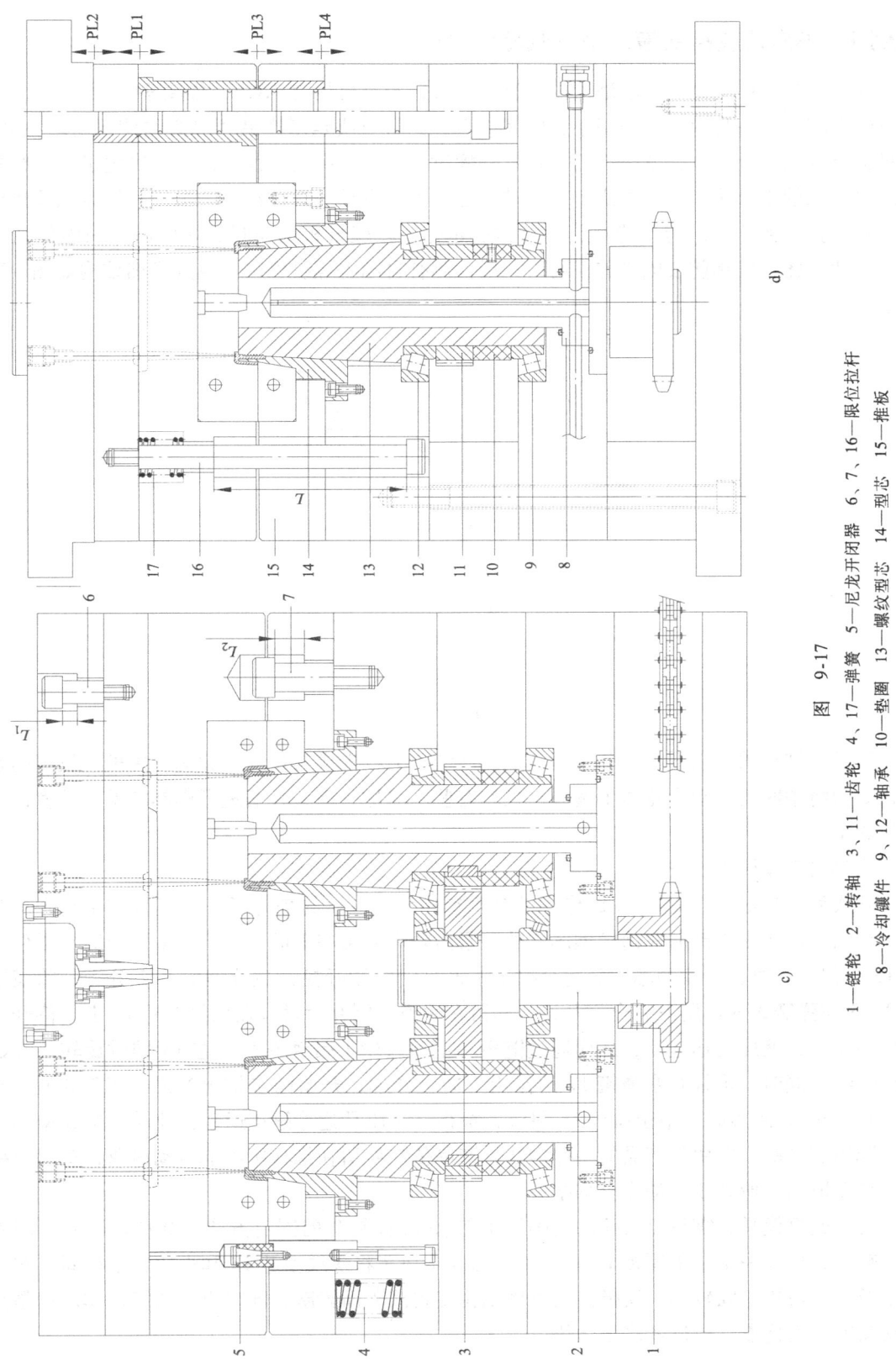

图 9-17

1—链轮 2—转轴 3、11—齿轮 4、17—弹簧 5—尼龙开闭器 6、7、16—限位拉杆
8—冷却镶件 9、12—轴承 10—垫圈 13—螺纹型芯 14—型芯 15—推板

范例 6　淋浴器转接头液压马达脱螺纹机构

此副模具的产品是一个淋浴器的螺纹转接头，产品材料为 PA66，如图 9-18 所示。此产品有两个特点，一是两头大中间小，中间空心，此特点决定了产品两侧必须使用滑块抽芯；二是最重要的一个特点，就是产品一端有外螺纹，另一端有内螺纹，外螺纹决定了模具结构必须要两侧使用滑块，内螺纹决定了后模侧必须使用自动脱螺纹机构。由于后模脱螺纹机构使用的是弹推板结构，为保持模具的整体稳定性，减轻推板的质量，两侧滑块只能做在前模。因此，此副模具前模侧有前模滑块，后模侧有自动脱螺纹机构。模具详细结构如图9-19所示。

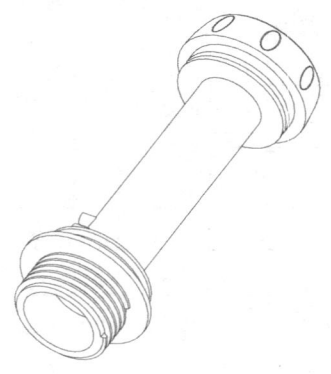

图　9-18

从模具结构图可以看出，此副模具一模两穴，为减少模具长度，此例利用模具较宽的条件，专门将中间的主动齿轮做了偏心，虽然有些不对称，却大大缩短了模具的整体长度，节约了成本。

模具的动作原理如下。

开模后，在尼龙开闭器 14 的作用下 PL1 首先分型，目的是为了将前模型芯 4 首先从产品中抽出，以防由于产品对前模型芯 4 的包紧力较大而粘在上面；当行至 L 距离时，限位拉杆 15 限位，此时，前模型芯 4 已完全抽出了产品；继续开模，主分型面 PL2 分型，前模滑块 2、5 在弹簧 3 的作用下完全打开，产品留在后模一侧并紧紧包在螺纹型芯 13 上，待开模动作停止后，液压马达起动，从而通过链条和主动齿轮 1 带动螺纹型芯 13 同时旋转，开始旋出螺纹，同时，推板 6 在弹簧 17 的作用下向上弹起，开始同步推出产品，PL3 分型；当推板 6 行至 L_1 距离时，限位拉杆 16 限位，推板、液压马达等停止运动，此时，螺纹型芯已完全脱出了产品，但由于产品的特殊形状，产品依然停留在推板中不能自动跌落，最后由机械手自动取出，所有脱模动作全部结束。

对于此例模具，需重点关注的是螺纹型芯 13 和齿轮 9 的固定方式。共使用了两个圆锥滚子轴承，外加一个轴承压板 12 和一个圆形固定块 8 将螺纹型芯 13 和齿轮 9 牢牢固定在一件模板上，占用空间较小，使模具的整体结构变得简单而紧凑，同时也节约了成本。这是此副模具的最大优点，望读者多多领悟。

第9章 自动脱螺纹机构20例

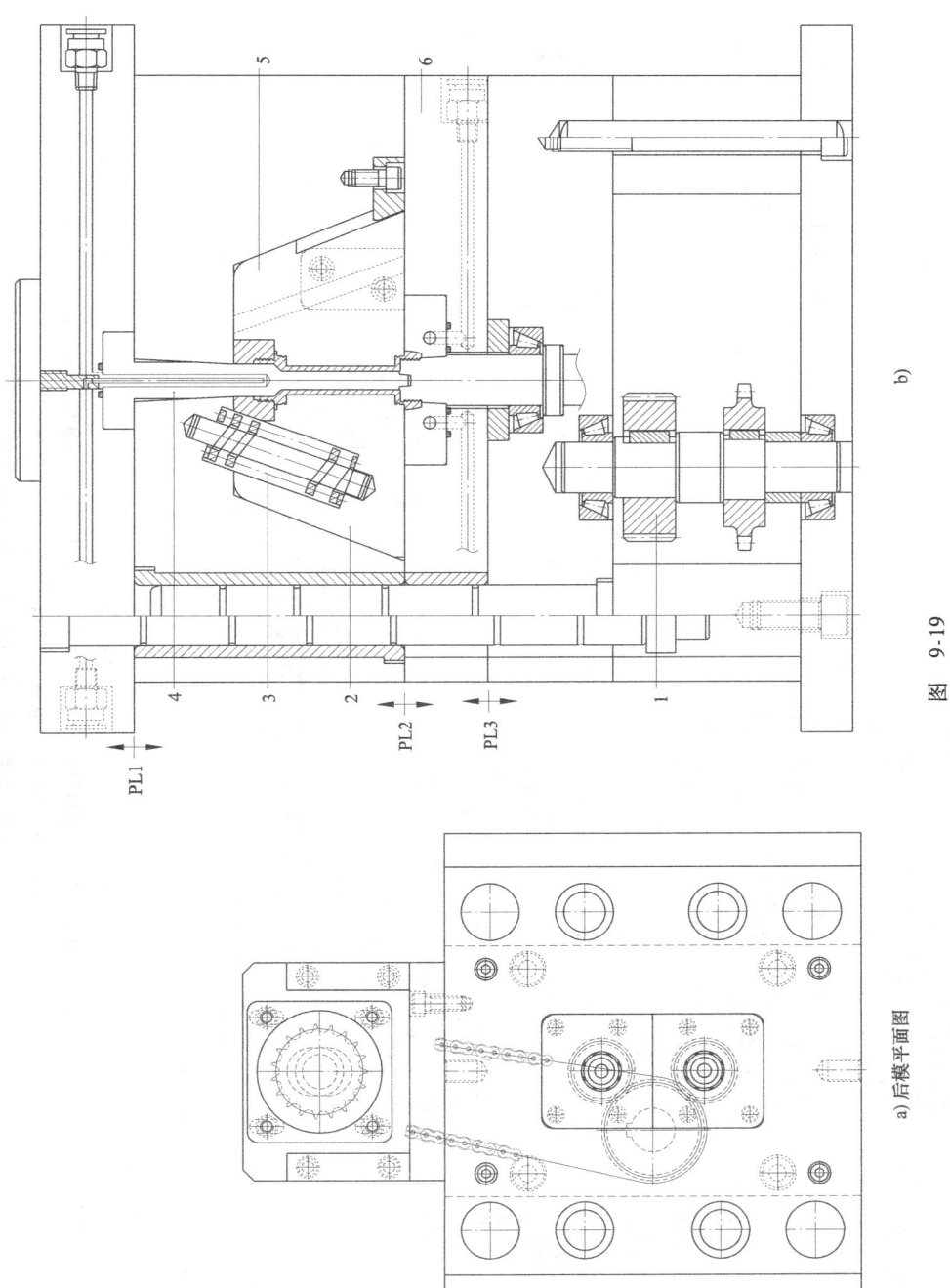

图 9-19

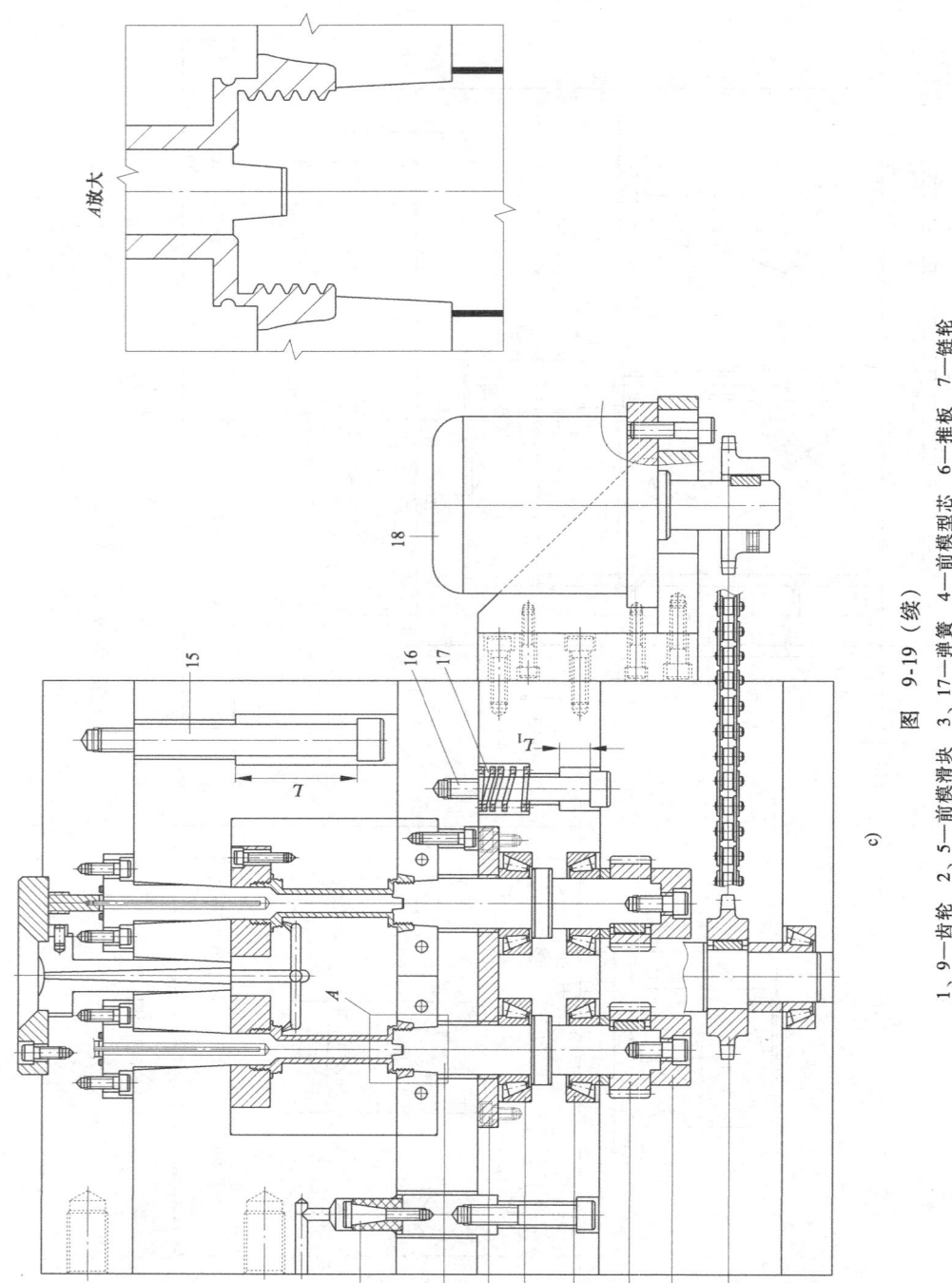

图 9-19（续）

1、9—齿轮　2、5—前模滑块　3、17—弹簧　4—前模型芯　6—推板　7—链轮
8—固定块　10、11—轴承　12—轴承压板　13—螺纹型芯
14—尼龙开闭器　15、16—限位拉杆　18—液压马达

范例 7　化妆品瓶盖液压马达脱螺纹机构

此例产品是一个化妆品瓶盖，在产品内侧有一段内螺纹，如图 9-20 所示。由于牙型较深，且产品材料为 ABS，因此，必须使用自动脱螺纹机构。但是，由于产品外观要求非常严格，绝不允许有进浇口痕迹，因此，浇口位置只能选择在产品内侧进胶，采用三板模点浇口的进胶方式。因此，产品必须倒过来设计，采用倒装模结构，然而，由于产品内侧已经有了脱螺纹机构，流道和浇口必须从螺纹型芯中间穿过，这为模具结构的设计带来了很大难度。模具详细结构如图 9-21 和图 9-22 所示。

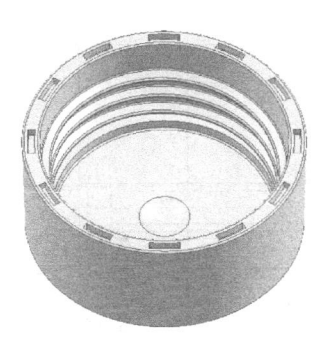

图 9-20

图 9-21

从模具结构图可以看出，此副模具为倒装模结构，一模八穴，成 45°角均匀排列，进胶方式为三板模点浇口，从产品正中间进胶，液压马达脱螺纹机构也同在前模，详细动作原理如下。

开模后，在尼龙开闭器 9 的拉力下 PL1 首先分型，目的是为了将冷却镶件 8 和流道镶件 7 拉开一段距离，首先脱离螺纹型芯 20 对它们的锁紧力，为后面螺纹型芯 20 的旋转提供间隙；当行至 L 距离（约 2mm）时，限位拉杆 6 限位，PL2 分型，目的是为了脱出细水口流道；当行至 L_1 距离时，限位拉杆 4 限位，PL3 分型，当行程 L_2 距离时，限位拉杆 5 限位，此时，整个流道系统已可以自动脱落；继续开模，主分型面 PL4 分型，产品留在前模一侧，待开模动作停止后，液压马达起动，从而通过链条和主动齿轮 2 带动 8 个螺纹型芯 20 同时旋转，开始旋出螺纹，同时，推板 1 在弹簧 11 的作用下向上弹起，开始同步推出产品，PL5 分型；当推板 1 行至 L_3 距离时，限位拉杆 10 限位，推板停止推动，产品被完全推出并自动跌落，液压马达等所有传动机构停止运动，此时，所有脱模动作全部结束。

对于本例结构，应重点关注的是螺纹型芯 20 的固定方式。为保证螺纹型芯的轴向稳定和径向稳定，本例在螺纹型芯上使用了两个不同类型的轴承，一个是推力球轴承，另一个是滚针式轴承。这种固定方式和本章范例 4 完全相同，此例不再重复。此例将滚针式轴承的详细结构用 3D 的视角来表达，用以加深读者的理解。图 9-23 为此类轴承的全部结构，图 9-24 为轴承拆除钢套后的内部结构。

除此之外，还应重点掌握冷却镶件 8、流道镶件 7 的固定方式和结构形式。设计这种结构时，既应考虑其稳固性，更应考虑其冷却结构及流道结构，所以设计难度较大。

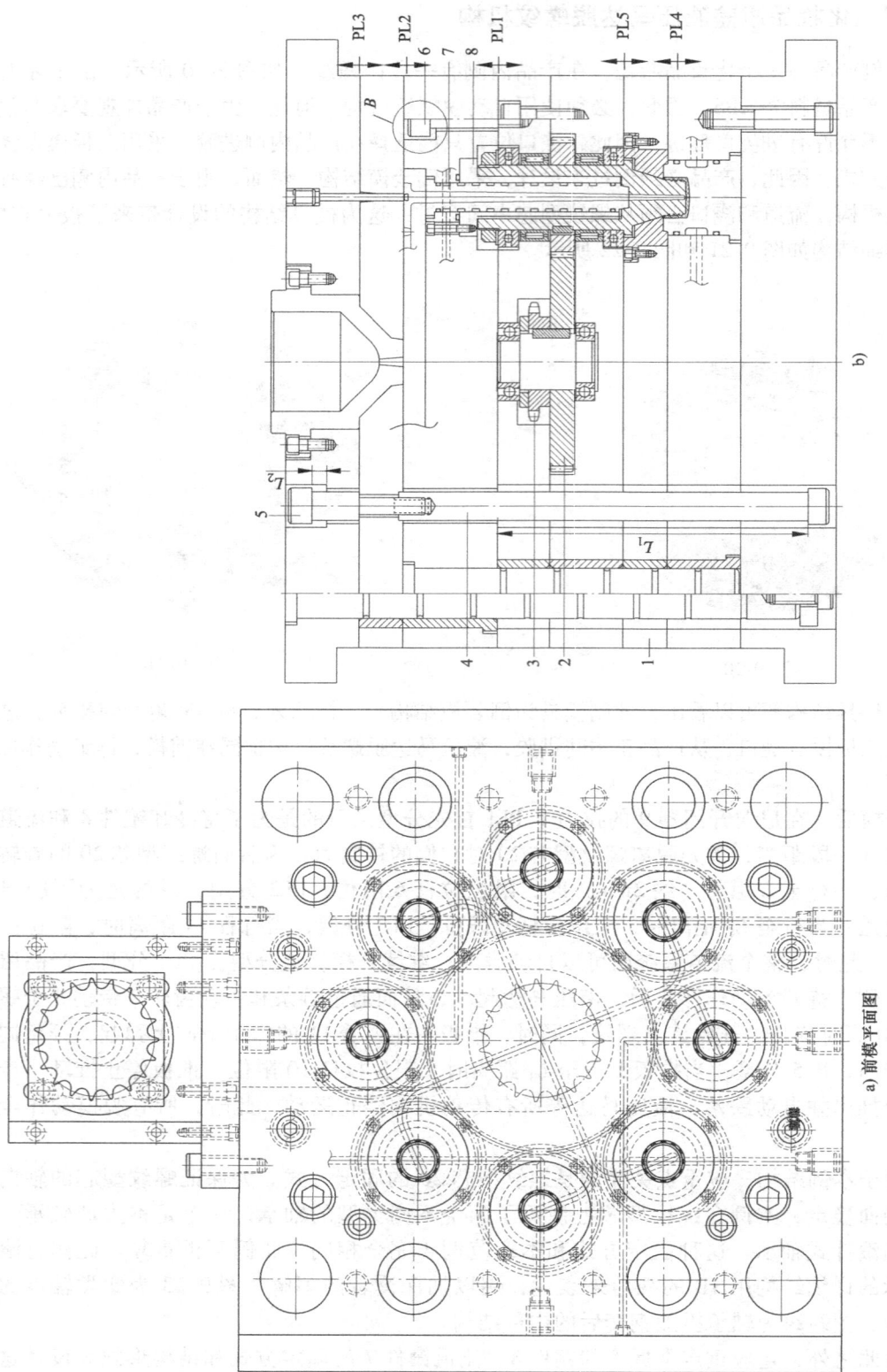

a) 前模平面图

第9章 自动脱螺纹机构20例

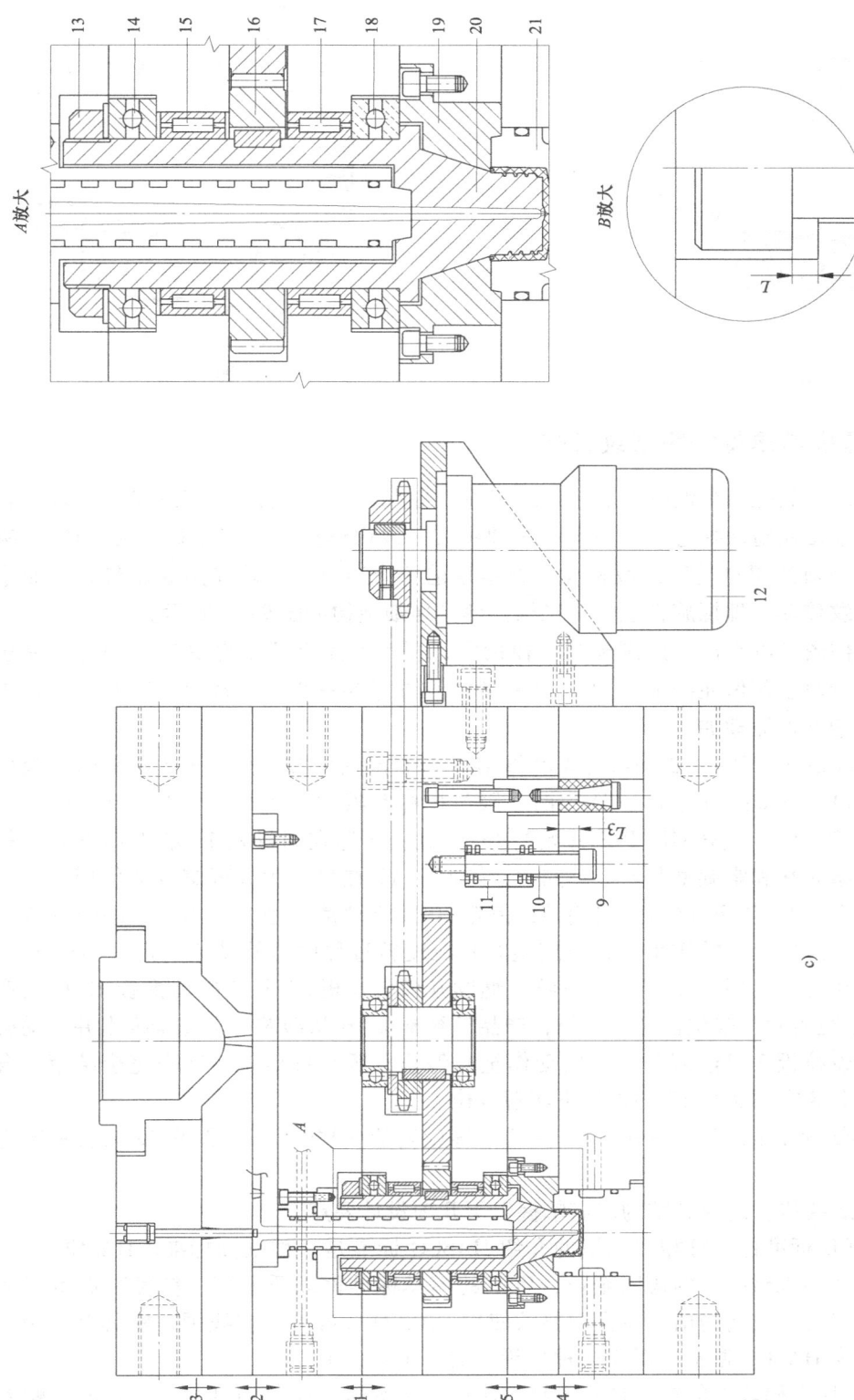

图 9-22

1—推板 2、16—齿轮 3—链轮 4、5、6、10—限位拉杆 7—流道镶件
8—冷却镶件 9—尼龙开闭器 11—弹簧 12—液压马达 13—螺母 14、15、17、18—轴承
19—推板镶件 20—螺纹型芯 21—型腔

图 9-23

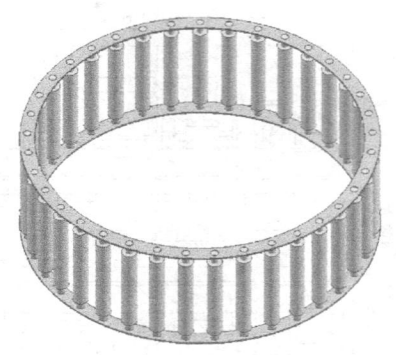

图 9-24

范例 8　油隔底盖螺旋杆脱螺纹机构

此副模具的产品是一个油隔底盖。产品有两个特点，一是产品外围有一圈 U 形凹槽，决定了产品必须使用滑块抽芯；二是产品内圆中有一段内螺纹，且产品材料为 PA66，决定了模具结构必须使用自动脱螺纹机构。在本章前 7 个范例中，均使用液压传动，而本例使用的是螺纹传动，即螺旋杆脱螺纹机构。模具详细结构如图 9-25 所示。

从模具结构图可以看出，此副模具一模两穴，每个产品有两个滑块从两侧将产品包围，共有 4 个滑块全部做在推板 10 上。产品的进胶方式为三板模点浇口。脱螺纹机构为螺旋传动。详细动作原理如下。

开模后，在尼龙开闭器 12 和弹簧 4 的作用下 PL1 首先分型，当行至 L 距离时，限位拉杆 3 限位，PL2 分型；当行至 L_1 距离时，限位拉杆 5 限位，此时，细水口流道已能够自动脱落；继续开模，主分型面 PL3 开始打开，滑块 15 等在斜导柱 11 的作用下向后打开，产品留在型芯 9 和螺旋型芯 8 上，同时，螺旋杆 17 在自身大导程螺纹的作用下，开始驱动螺旋套 19 和齿轮 20 同步逆向旋转，齿轮 20 又驱动螺旋型芯 8 向着产品螺旋旋出的方向旋转，在螺旋套 7 的作用下，螺旋型芯 8 在旋转过程中边旋转边后退，当行至 L_2 距离时，螺纹型芯 8 已脱出了产品的螺纹；继续开模，拉板 23 开始拉动推板 10 推出产品，当行至 L_3 距离时，限位拉杆 6 限位，产品已被推板 10 从型芯 9 上完全推出并自动脱落，此时，限位拉板 2 已经限位，开模动作至此停止，所有自动脱模动作完全结束。合模时，螺旋型芯 8 在螺旋杆 17 的作用下实现复位。

图 9-26 为螺旋杆的 3D 零件图，图 9-27 为螺旋套的 3D 零件图，图 9-28 为相关零件的组合装配图。

设计此类螺纹传动的模具结构时需掌握以下几项设计要点。

（1）HASCO 标准螺旋杆相关知识的介绍　HASCO 标准是一种欧洲标准。HASCO 是专门生产模具配件和机械配件的德国企业，生产的模具标准件以质量好、精度高而世界著名。如今，一些要求较高的出口模具均要求使用 HASCO 标准件。在我国，模具上使用的螺旋杆几乎均为 HASCO 制造。对于此种螺旋杆需要了解以下知识。

1）头数。用在模具上的螺旋杆头数越多越好，头数越多驱动力越大，开模时，螺旋套旋转得才更轻松顺畅。HASCO 的标准螺旋杆头数从 5 到 11，随着直径的增大而增多。

a) 后模平面图

图 9-25

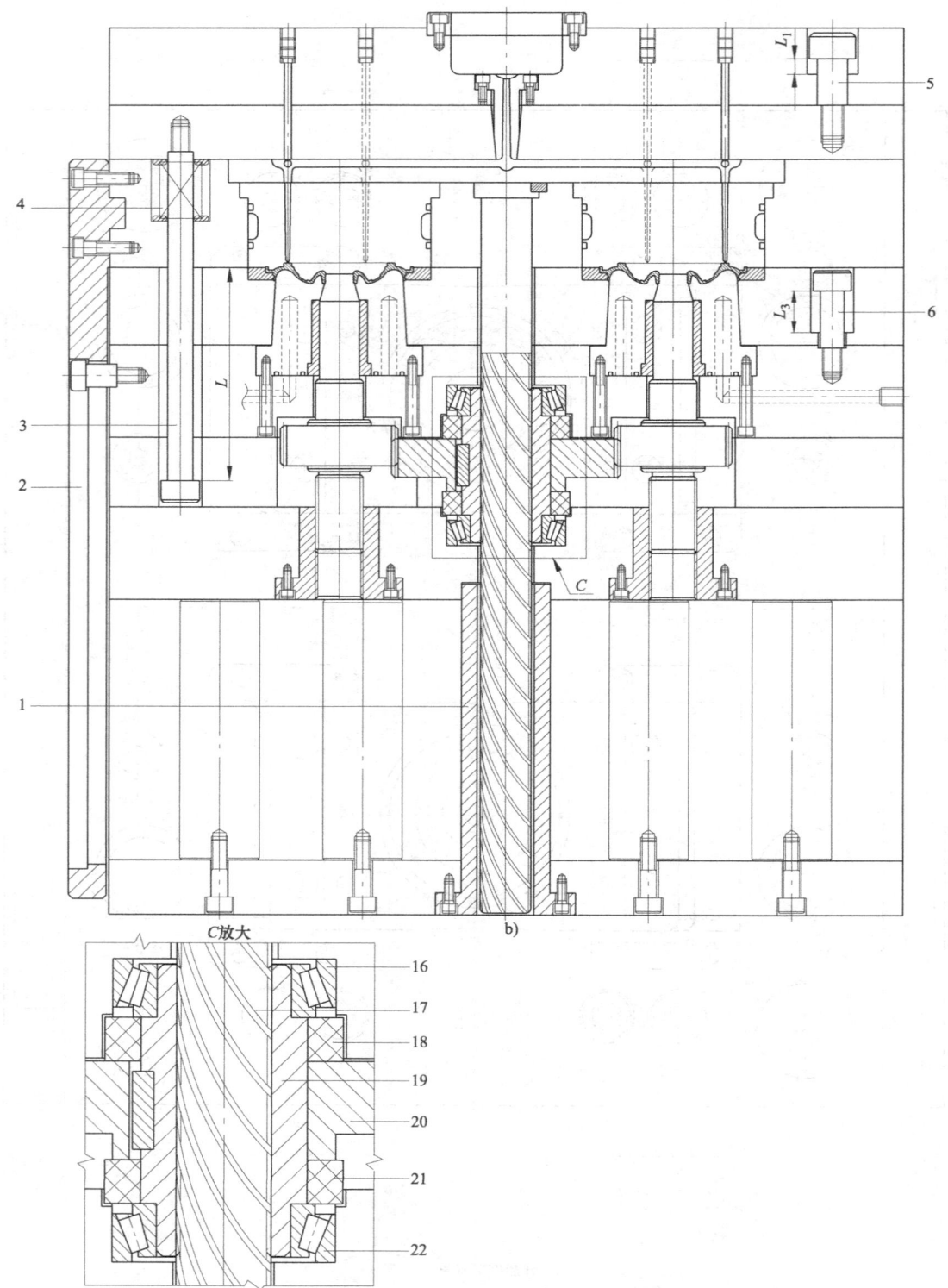

图 9-25

1—保护套 2—限位拉板 3、5、6—限位拉杆 4—弹簧 7、19—螺旋套
12—尼龙开闭器 13—镶套 14—锁紧块 15—滑块 16、22—轴承

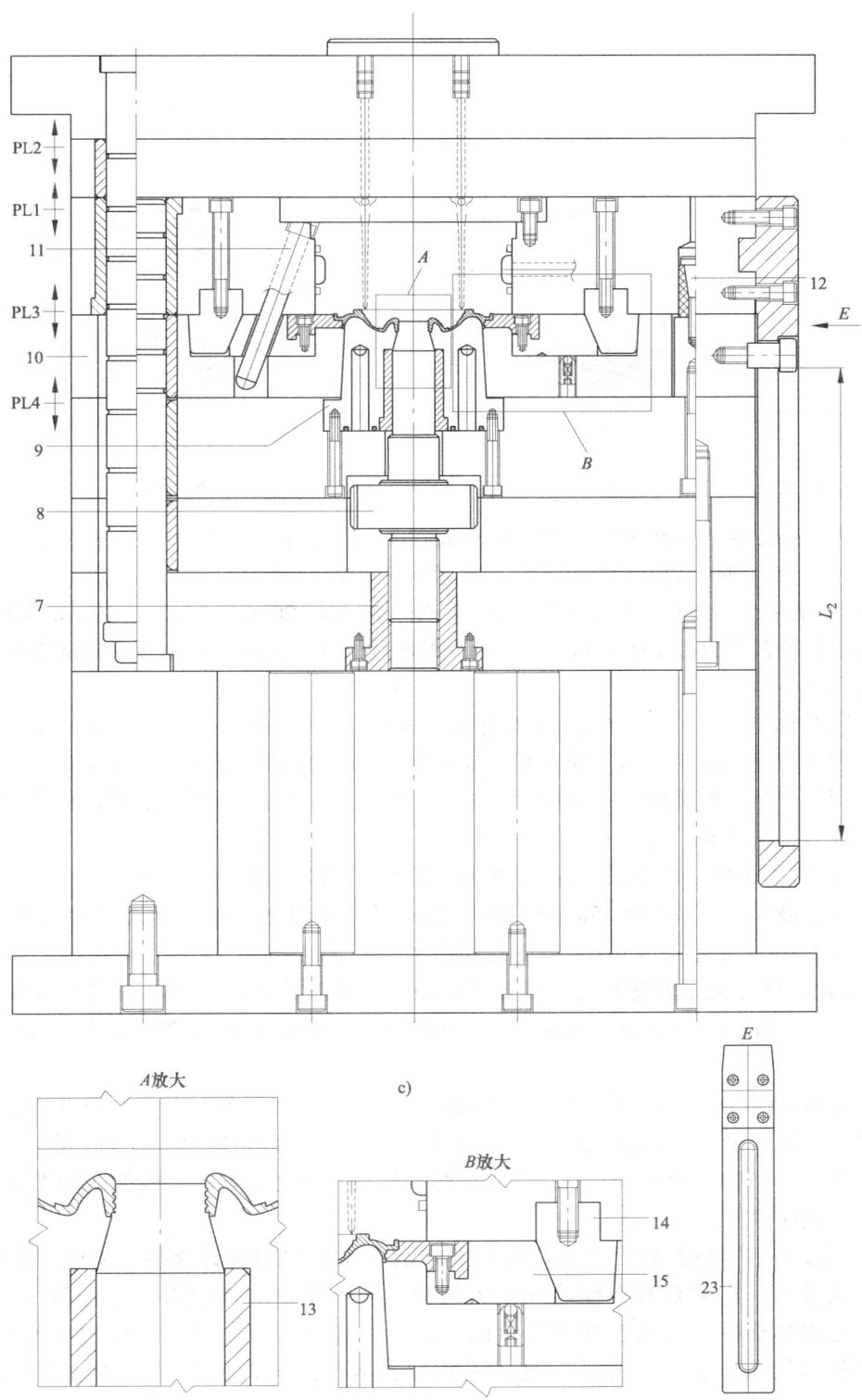

（续）
8—螺旋型芯　9—型芯　10—推板　11—斜导柱
17—螺旋杆　18、21—垫圈　20—齿轮　23—拉板

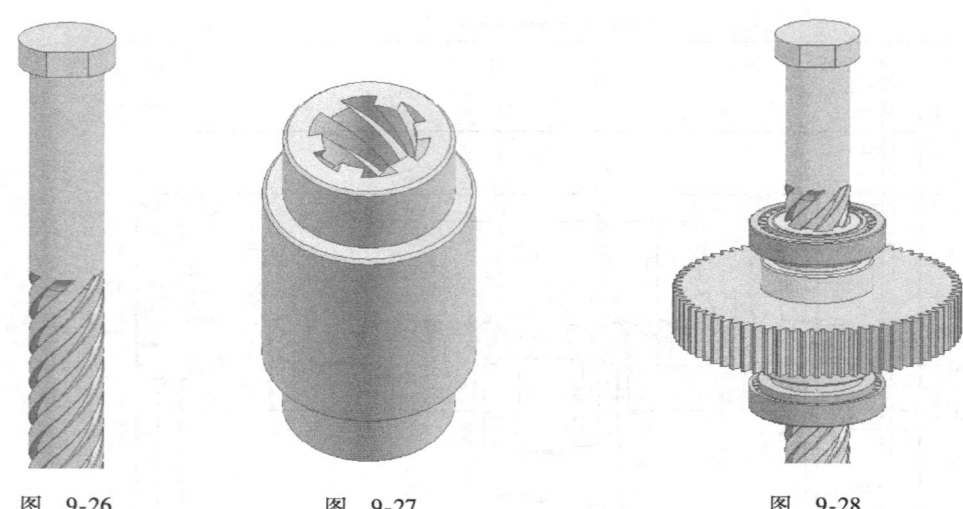

图 9-26　　　　　图 9-27　　　　　图 9-28

比如直径为 16mm 的，头数为 5；直径为 20mm 的，头数有 6 和 7 两种；直径为 25mm 的，头数有 8、9、10 三种；直径为 32mm 的，头数有 9、10、11 三种。

2）螺杆直径。HASCO 的标准螺旋杆直径有 16mm、20mm、25mm、32mm 四种规格，用在模具上的通常为直径 25mm 和直径 32mm 的两种规格。这两种规格所对应的螺纹最常用的为 8 头和 9 头螺纹。

3）旋转方向。旋转方向有左旋和右旋两种规格，产品的螺纹旋向通常是右旋。如果齿轮的传动方式如此例只有一级，应选用左旋螺纹；如果为两级传动，则选择右旋。而实际上，使用两级传动的模具较少，左旋螺纹的产品也较少，所以，模具上最常用的为左旋螺旋杆。如果没有特殊情况，均使用左旋。

4）螺旋杆的长度。HASCO 的标准螺旋杆长度有 160、250、315、355、400、450 几个规格，模具上最常用的是直径 25mm 和直径 32mm 的两种规格，直径 25mm 所对应的长度是 315mm 和 400mm；直径 32mm 所对应的长度是 355mm 和 450mm。

5）螺距。螺距关系着螺旋杆的有效行程距离，关系着齿轮和螺纹型芯的转数，在规定的范围内，螺距越小越好。螺距越小，所需的螺旋杆长度就越短，最常用的螺距为 100mm。

以上是 HASCO 标准螺旋杆的几个重要技术参数，在设计模具时最关注的也是这几个数据。总之，模具上最常用的是 25（直径）×8（头数）×100（螺距）/L（左旋），32（直径）×9（头数）×100（螺距）/L（左旋）这两种规格。长度、方向是根据实际需要来选择的，没有一定规律。

（2）螺旋杆、主动齿轮、从动齿轮相关转数的设计定制设计此种结构时，齿轮转数的计算是关键点，它关系着在螺旋杆最大行程内，产品上的螺纹能否完全脱出，所以，齿轮转数是由螺旋杆的有效长度来决定的。设计此种结构时，可按齿轮的分度圆周长，也可按齿轮的转数来计算，方法原理几乎相同。本例按照转数的方式通过实例来说明如下。

比如一个产品，共有 4 个螺牙，螺纹型芯必须旋转 4 圈才能脱出产品。根据螺纹型芯的直径，螺纹型芯的齿数最小为 30；根据模具的最大空间，主动齿轮的齿数为 60。那么，主动齿轮转动一圈，螺纹型芯则转两圈，若想螺纹型芯转 4 圈，主动齿轮必须转两圈。若想主动齿轮转两圈，螺旋杆必须要行程两个螺距，假如选择的螺旋杆螺距为 100mm，那么，螺旋杆抽出的有效距离必须为 200mm。不过，产品虽然是四圈螺纹，安全起见，螺纹型芯至少要转 4.5 圈或 5 圈。螺纹型芯多转一圈，意味着主动齿轮应多转半圈，那么，螺旋杆的抽出距离则应再多半个螺距，即 250mm，再加上其他附加长度，则为螺旋杆的总长。

通过上述实例，相信大家已明白了相关机构的算法，总之，要掌握以下几个重点。

1）在不影响强度的情况下，螺纹型芯上的齿轮应尽量做小，齿数应尽量少。

2）主动齿轮在模具空间允许的情况下尽量做大，齿数尽量做多。

3）齿轮的齿数尽量做成整数，以方便计算。

4）齿轮模数尽量取整数。常用模数为 2，压力角为 20°。

5）无论是主动齿轮还是从动齿轮，尽量使用标准渐开线齿轮，便于齿轮的更换和加工。

（3）由于在开模过程中，螺旋杆要承受巨大扭力，为防止螺旋杆转动，螺旋杆的头部应开设牢固的定位止转机构，最常用的是平键定位。

（4）螺旋杆的行程限位在开模至一定距离后，螺旋杆应尽量不要脱离螺旋套，否则，螺旋杆的螺牙有可能与螺旋套的螺牙发生错位，当第二次合模时，两者之间有可能会撞坏或咬坏。因此，分型面必须有安全限位机构，如本例的拉板 2。

（5）每个齿轮间的装配间隙也同样重要，可按照本章范例 1 的要点 9）来设计。

以上是设计此种结构的重点和经验之谈，只要掌握了这些设计要点，螺纹传动的模具结构设计就不再困难。

范例 9　淋浴器挂墙盖螺旋杆脱螺纹机构

此例产品是一个淋浴器的挂墙盖，产品材料为 ABS。此产品有两个特点，一是产品较大，内腔较深，会对后模型芯形成很大的包紧力；二是在产品中间的通孔侧壁上，有一段牙形为梯形的螺牙，螺牙为右旋，由于螺牙的角度较小，牙深较深，因此，必须采用自动脱螺纹机构。模具详细结构如图 9-29 所示。

从模具结构图可以看出，此副模具集热流道系统、顶针顶出机构、自动脱螺纹机构于一体，进胶方式为热流道转潜伏式浇口，自动脱螺纹机构使用的是螺纹传动，产品的顶出方式为顶针加司筒。在本章前几个范例中，均使用推板顶出，而本例产品由于垂直投影面积较大，内腔较深，若使用推板推出，产品中间部位有可能会因为粘模而变形，从而影响产品质量；若使用顶针顶出，中间再加一个司筒，顶出力量比较平衡，一些弊端就可以避免，因此，本例使用了顶针顶出，在螺纹型芯脱出后，再用顶针和司筒顶出产品。

在其他类型的模具结构中，顶针顶出是模具的基本结构，并无特别之处，但顶针机构出现在自动脱螺纹的模具结构中，并不多见。由于自动脱螺纹机构多了一套传动机构，很多部件极易和顶针机构发生干涉和冲突，若想两种结构并存，设计难度极大，模具结构较复杂，但是，只要理解了结构原理和运动原理，设计此种结构并不困难，详细动作原理如下。

· 404 ·　塑料注塑模具经典结构180例

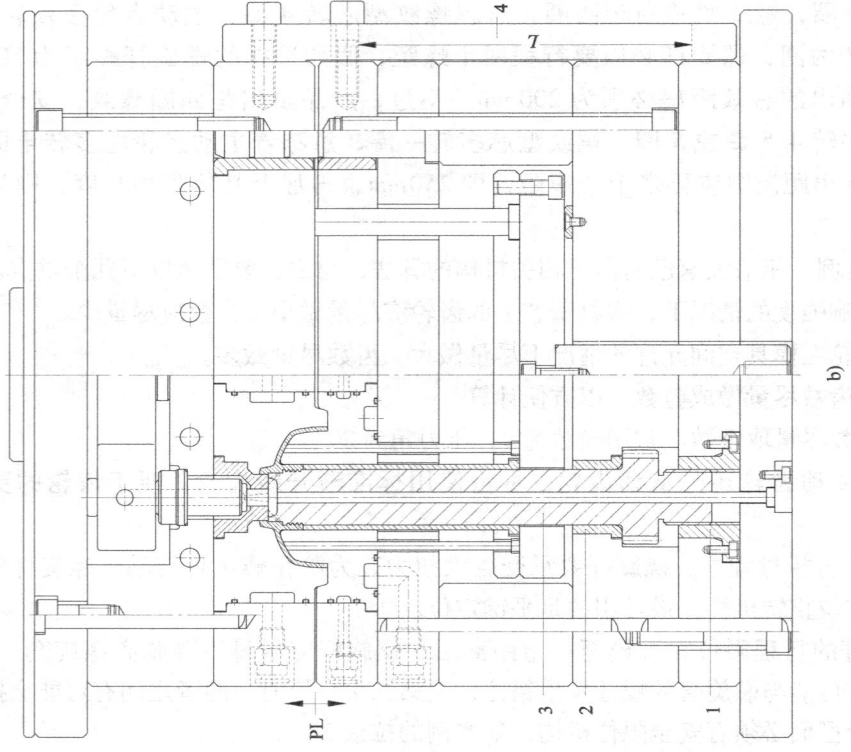

b)

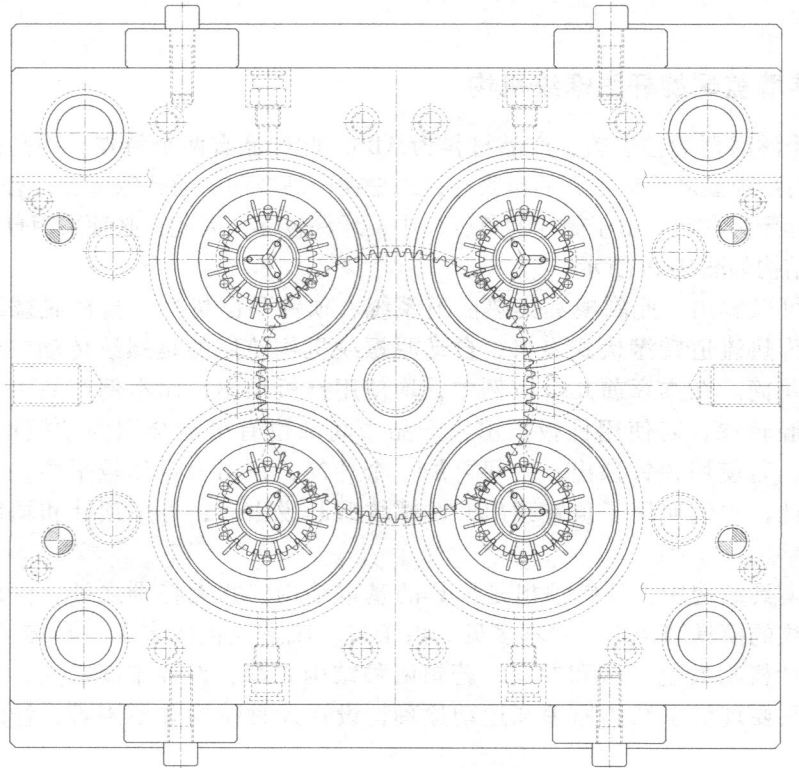

a) 后模平面图

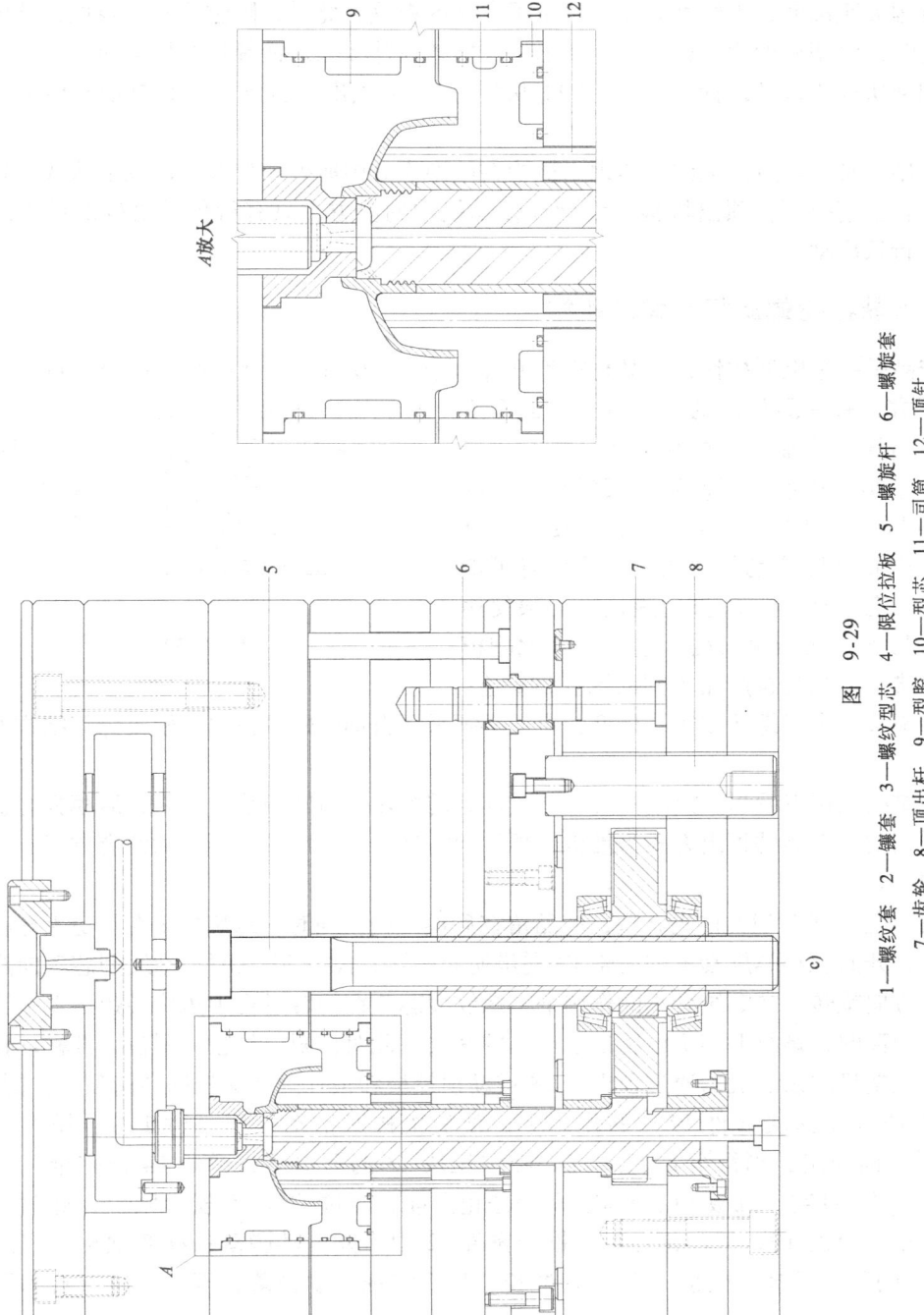

图 9-29

1—螺纹套 2—镶套 3—螺纹型芯 4—限位拉板 5—螺旋杆 6—螺旋套 7—齿轮 8—顶出杆 9—型腔 10—型芯 11—司筒 12—顶针

开模后，分型面 PL 分型，产品留在型芯 10 和螺纹型芯 3 上，同时，螺旋杆 5 在自身大导程螺纹的作用下，开始驱动螺旋套 6 和齿轮 7 同步逆向旋转，齿轮 7 又驱动螺纹型芯 3 向产品螺纹旋出的方向旋转，在螺纹套 1 的作用下，螺纹型芯 3 在旋转过程中边旋转边后退；当分型面行程 L 距离时，螺纹型芯 3 已脱出了产品的螺纹，此时，限位拉板 4 限位，开模动作停止，此时，注塑机的顶出机构通过顶出杆 8 推动顶针板和顶针等相关机构向前顶出；最后，产品和潜伏式浇口被顶针 12 和司筒 11 从型芯 10 上顶出，至此，所有自动脱模动作完全结束。

对于此副模具，应重点关注的是顶出机构在整副模具中所处的位置，以及潜伏式浇口的顶出方式。正常情况下，顶出机构均设计在传动机构的上方，只有待传动机构的动作结束后，才可进行顶出动作。

范例 10 电器按钮螺旋杆脱螺纹机构

此例产品是一个电器按钮，产品材料为 PC，如图 9-30 所示。此产品有两个特点，一是在分型面下方，有一圈很深的肋，由于肋的深度较深，会对后模侧形成很大的包紧力，因此，产品的顶出存在很大难度。若使用推板推出，产品可以脱出型芯，但却无法脱出推板；若使用顶针顶出，由于产品对型芯包紧力较大，顶针有可能会顶穿产品。若想顺利实现自动脱模，必须使用顶针加推板另加二次顶出机构，这是设计此副模具的第一个难点。二是在产品中间的圆孔侧壁上，

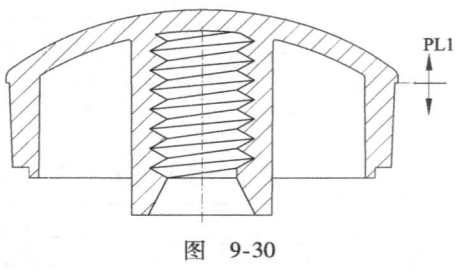

图 9-30

有一段细牙螺纹，由于螺牙较密，牙型较尖，必须采用自动脱螺纹机构。模具详细结构如图 9-31 所示。

从模具结构图可以看出，此副模具结构整体为前模热流道转潜伏式浇口，后模为螺旋杆自动脱螺纹机构，产品的顶出方式为推板、顶针同时顶出，采用二次顶出的组合方式。详细动作原理如下。

开模后，主分型面 PL1 首先分型，产品留在后模一侧，同时，螺旋杆 2 在自身大导程螺纹的作用下，开始驱动螺旋套 8 和齿轮 17 同步逆向旋转，齿轮 17 又驱动螺纹型芯 7 向产品螺纹旋出的方向旋转，在螺纹套 4 的作用下，螺纹型芯 7 在旋转过程中边旋转边后退；当分型面行至 L 距离时，螺纹型芯 7 已脱出了产品的螺纹，此时，限位拉板 1 限位，开模动作停止；此时，注塑机的顶出机构通过顶出杆 18 推动顶针板和顶针等相关机构向前顶出，同时，在推块（件 16）和弹块（件 14）的作用下，顶板机构又推动推板（件 11）、托板（件 10）等同时向前顶出；当行至 L_1 距离时，在斜压块 13 的压迫下，弹块 14 被完全压缩到模板中，推块 16 悬空，推板 11、托板 10 等停止向前，限位拉杆 15 安全限位，此时，产品已被完全推出型芯 19，但却仍停留在推板镶件 22 中不能自动脱落；继续顶出，产品最后在顶针 21 的顶出下被完全顶出推板镶件 22，从而实现自动脱落，至此，所有自动脱模动作完全结束。

螺纹型芯 7 由于直径较细，为防止在受力后产生弯曲变形，导致旋转不顺畅，本例在一个螺纹型芯上使用了 3 个镶套定位，分别是镶套 3、6 和 20。有镶套的保护和定位，螺纹型芯将更加安全。这种镶套的材料通常使用青铜或标准导套。

第 9 章 自动脱螺纹机构 20 例

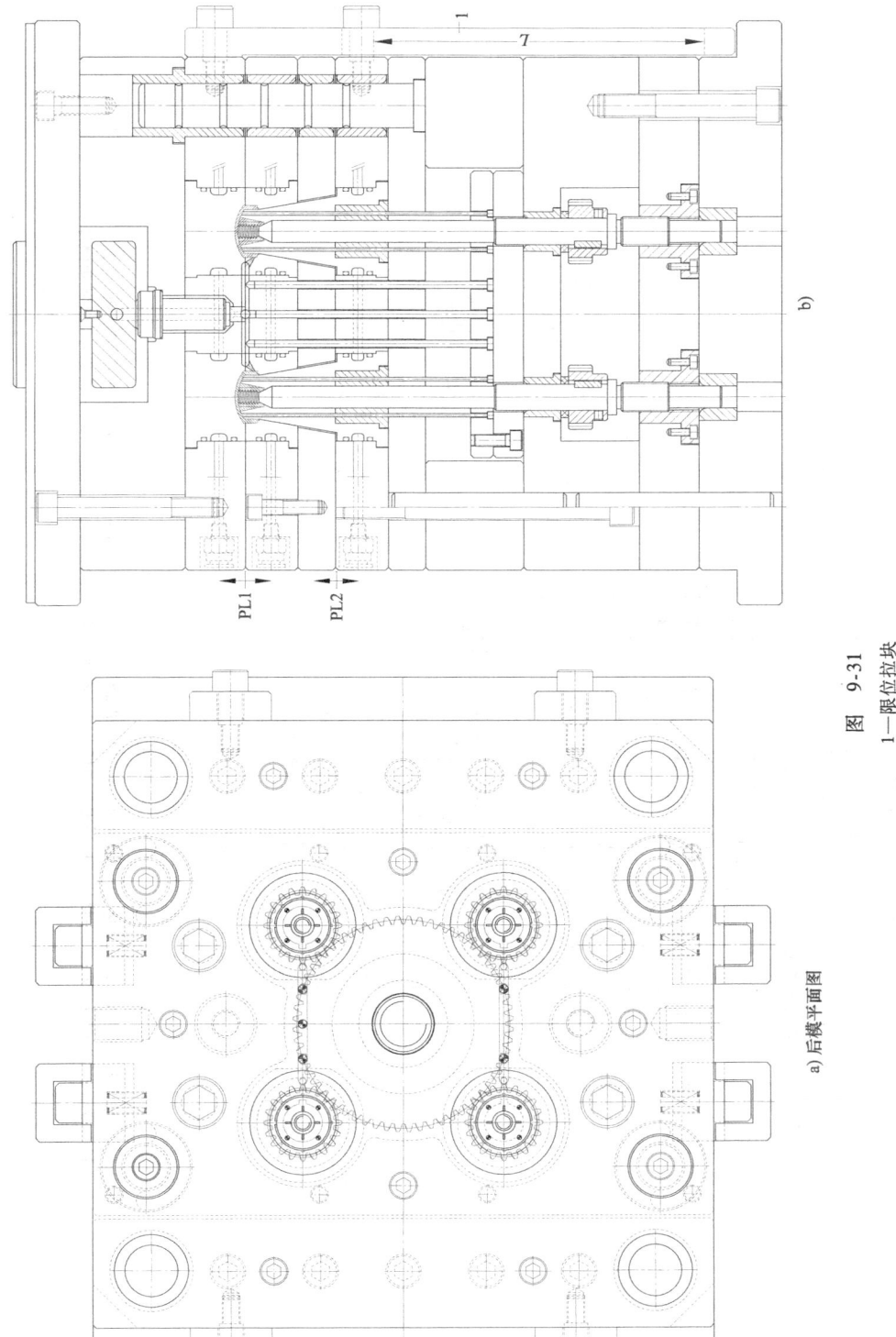

图 9-31
1—限位拉块
a) 后模平面图
b)

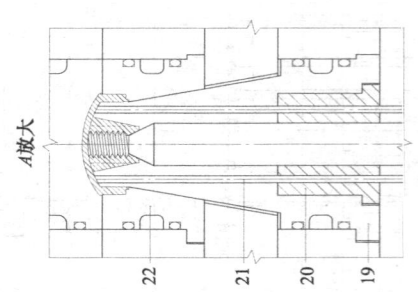
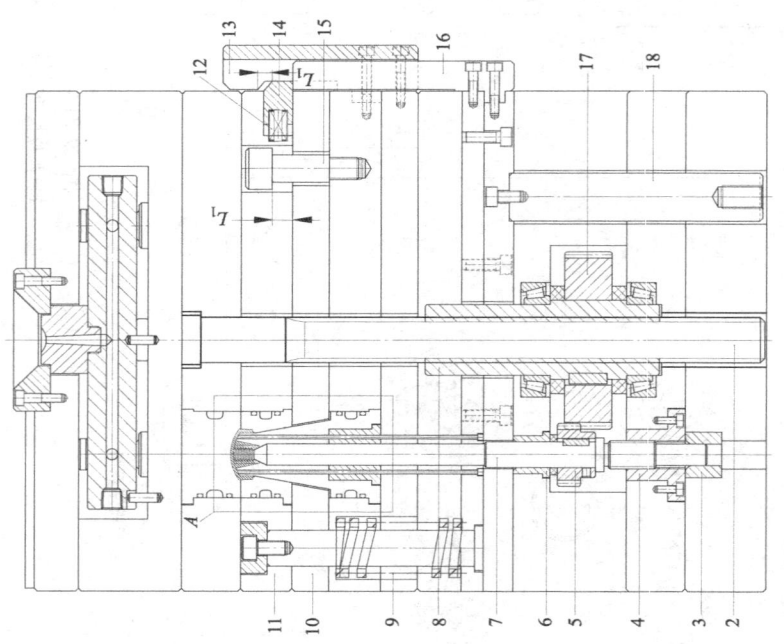

图 9-31（续）

2—螺旋杆 3、6、20—镶套 4—螺纹套 5、17—齿轮 7—螺纹型芯 8—螺旋套 9、12—弹簧 10—托板
11—推板 13—斜压块 14—弹块 15—限位拉杆 16—推块 18—顶出杆 19—型芯 21—顶针 22—推板镶件

范例 11　螺纹垫圈螺旋杆脱螺纹机构

图　9-32

此例产品是一个螺纹垫圈，螺纹旋向为右旋，产品材料为 PA66，如图 9-32 所示。虽然螺纹圈数仅 3 圈，但由于产品材料较坚硬，必须使用自动脱螺纹机构。模具详细结构如图9-33所示。

从模具结构图可以看出，此副模具的进胶方式为大水口转潜伏式浇口，从前模侧潜在产品表面，产品的顶

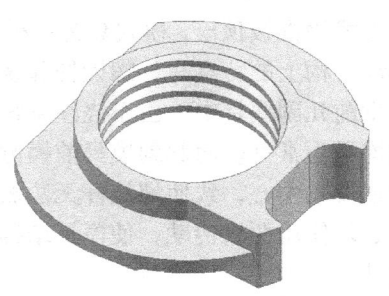

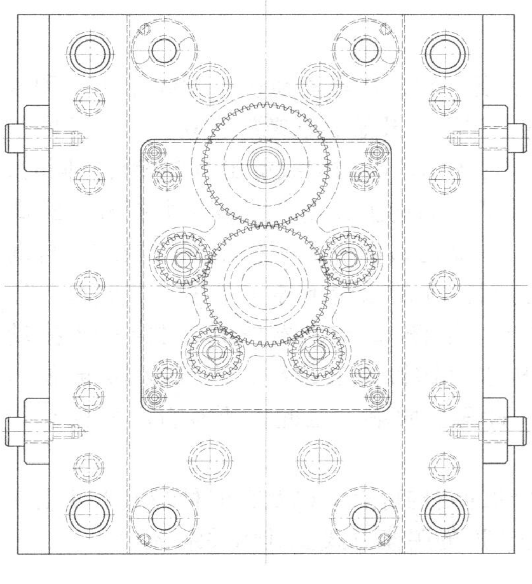

a) 后模平面图

b)

c)

A放大

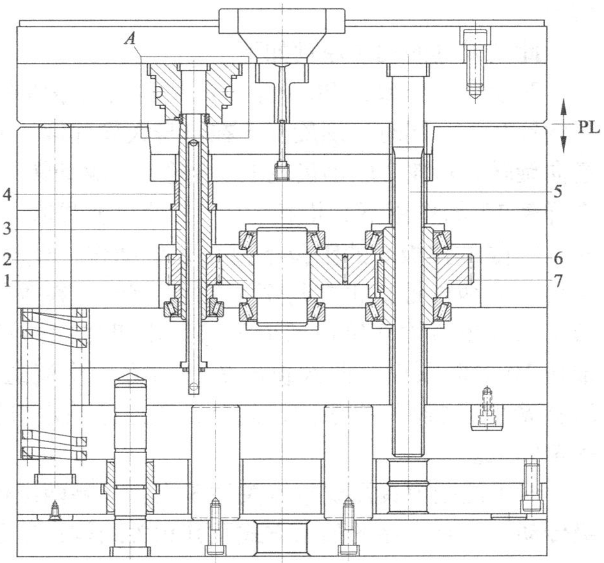

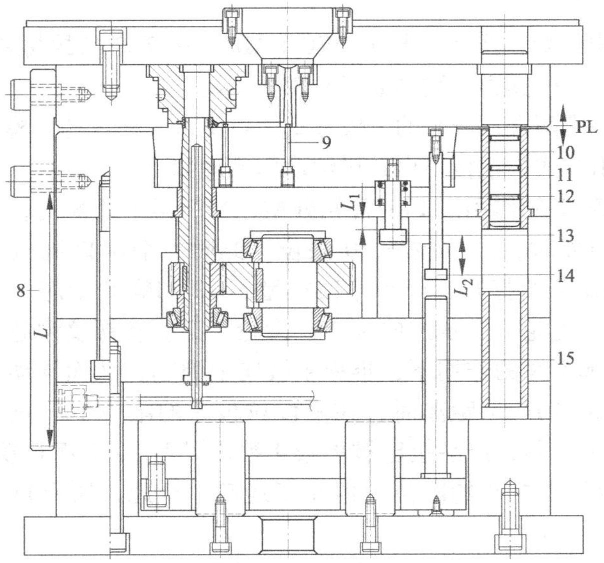

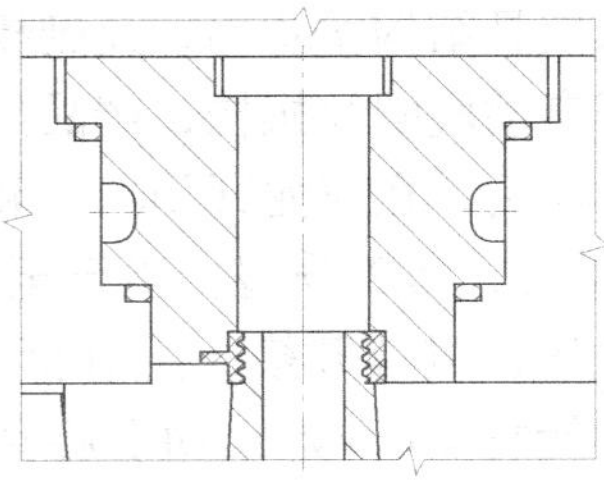

图　9-33

1、2、7—齿轮　3—螺纹型芯　4—镶套　5—螺旋杆　6—螺旋套　8—限位拉板
9—水口钩针　10、11—推板　12—弹簧　13—限位拉杆　14、15—推杆

出方式为推板顶出，模穴数为一模四穴，脱螺纹机构为螺旋杆自动脱螺纹机构。此副模具在传动机构上的特点是，螺旋杆和螺旋套不在模具中心，使得齿轮机构必须使用两级传动。在本章前几副模具中，由于浇注系统使用的是细水口或热流道，螺旋杆可放在模具中间，这种结构最为常见。而此副模具前模侧是两板模结构，为保证4个产品的进胶平衡，浇口套必须放在模具中心，致使螺旋杆无法放在模具中心，必须偏心放置。螺旋杆如果偏心，传动机构则必须使用两级传动，使模具结构更加复杂化。但是，考虑到产品进胶的重要性，必须如此设计。

前面讲过，螺纹方向为右旋的产品，若使用如此例的两级传动，必须选择右旋螺旋杆，切记。

此副模具的动作原理如下。

开模后，分型面PL分型，产品和流道停留在后模一侧，并紧紧地包在螺纹型芯3和水口钩针9上，同时，螺旋杆5在自身大导程螺纹的作用下，开始驱动螺旋套6和齿轮7同步逆向旋转，齿轮7驱动齿轮1，齿轮1又驱动螺纹型芯3向产品的螺纹旋出方向旋转，同时，在弹簧12的作用下，推板10、11被向上弹起，推动产品向上顶出；当分型面打开L距离时，在限位拉板8的限位下停止开模动作，此时，产品已被两件推板推出螺纹型芯3自动脱落；而两件推板也在行至了L_1距离时，在限位拉杆13的限位下停止了顶出，此时，注塑机的顶出机构开始推动顶板等顶出机构向前顶出，推杆15推动推杆14，推杆14推动推板10同时顶出，此次顶出是专门为了将流道从水口钩针9上顶出；当推板10被顶出L_2距离时，推杆14限位，此时，流道已从水口钩针9上脱落，至此，所有自动脱模动作完全结束。

对于此副模具需要重点关注3点：一是两级传动的结构特点，以及在何种情况下使用两级传动；二是产品的顶出方式及其相关结构；三是流道的脱模方式及其相关结构。

范例12　离合器定位盖螺旋杆脱螺纹机构

此例产品是一个电器的离合器定位盖，产品材料为PVC+ABS。由于产品的材料较硬，螺纹较深，必须使用自动脱螺纹机构。模具详细结构如图9-34所示。

从模具结构图看出，此副模具一模两穴，产品的进胶方式为点浇口，螺纹的脱模方式为螺旋杆自动脱螺纹机构，产品的顶出方式为推板顶出，详细动作原理如下。

开模后，在尼龙开闭器6和弹簧11的作用下PL1首先分型，当行至L距离时，限位拉杆13限位，PL2分型，当行至L_1距离时，限位拉杆10限位，此时，细水口流道已能够自动脱落；继续开模，主分型面PL3开始打开，产品停留在型芯12和螺纹型芯1上，同时，螺旋杆15开始驱动螺旋套16和齿轮7同步逆向旋转，齿轮7又驱动螺纹型芯1向产品螺纹旋出的方向旋转，同时，在弹簧8的作用下，推板4被向上弹起，从而推动产品向上顶出，PL4分型；当主分型面PL3打开L_2距离时，在限位拉板5的限位下停止开模动作，此时，螺纹型芯1已完全脱离了产品，产品也已被推板4推出了型芯12而自动脱落，而推板4也在行至L_3距离时，在限位拉杆9的限位下停止了运动，至此，所有自动脱模动作完全结束。

对于此副模具，需关注三个重点：一是推板镶件、型芯、螺纹型芯3个部件的组合方式及其结构形式；二是螺纹型芯的固定方式和结构特点；三是螺旋套的固定方式。在本例中，使用了组合式轴承3和14，这种轴承就是把滚针轴承和推力球轴承两种轴承组合在一起，

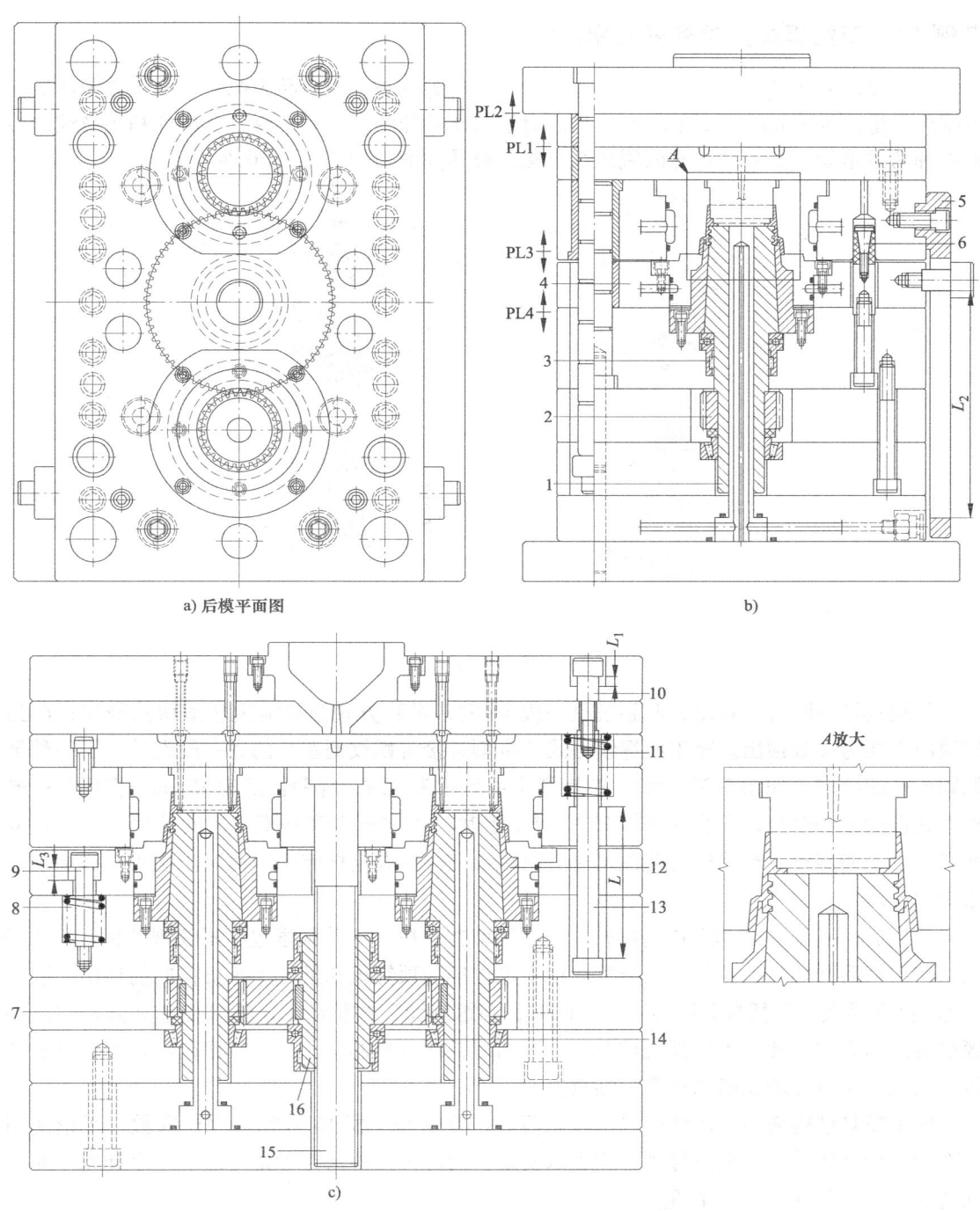

图 9-34

1—螺纹型芯 2、7—齿轮 3、14—轴承 4—推板 5—拉板 6—尼龙开闭器
8、11—弹簧 9、10、13—限位拉杆 12—型芯 15—螺旋杆 16—螺旋套

成为一个整体,既可承受较大的轴向压力,又可承受较大的径向压力,比分开使用的轴承更加稳固可靠。

范例13 口红螺旋盖螺旋杆脱螺纹机构

此副模具的产品是一个口红螺旋盖，产品材料为 ABS。在产品内侧有一段头数为两头的内螺纹，螺距为 35mm，如图 9-35 所示。对于如此特殊的产品和螺纹，本例中利用螺纹的传动原理巧妙地设计了一种特殊的脱螺纹机构。模具详细结构如图 9-36 所示。

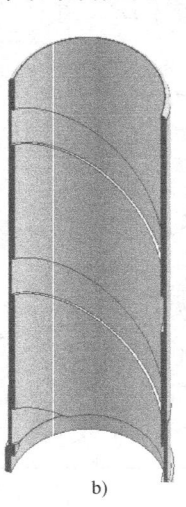

a)   b)

图 9-35

从模具结构图可以看出，此副模具一模 16 穴，进胶方式为热流道转潜伏式浇口，产品的顶出方式为推板顶出。至于脱螺纹方式，本例直接将螺纹型芯 9 的另一段设计成了一种类似螺旋杆的结构，如图 9-37 所示。螺旋杆头数为四头螺纹，螺距依然为 35mm，在螺旋杆的外面又设计了一个与之配套的螺旋套 7。螺旋套固定在推板 3 和托板 2 之间始终保持静止的状态，且不能旋转，当推板向前顶出时，由螺纹套驱动螺旋杆转动从而脱出螺纹。详细动作原理如下。

开模后，主分型面 PL1 首先打开，产品停留在后模一侧并紧紧包在螺纹型芯 9 上，待开模动作结束后开始顶出动作，注塑机的顶出机构推动顶针板和推杆 1 等机构向前顶出，推杆 1 同时推动推板 3 和托板 2 同步向前，同时，在螺旋套 7 的驱动下，螺纹型芯 9 开始向产品螺纹旋出的方向旋转，当推板机构行至 L 距离时，螺纹型芯 9 已完全脱出产品，产品自动跌落，至此，所有自动脱模动作完全结束。

此副模具结构简洁，动作简单，构思巧妙，特别是一模 16 穴如此大模穴数，无论使用标准的螺旋杆传动还是液压传动，均难以实现，而此种结构却巧妙地解决了这个问题。对于此副模具，需关注以下几个重点。

1）螺纹型芯 9 的固定方式和相关结构。由于推板在推出产品的过程中螺纹型芯需承受较大的轴向压力，因此，螺纹型芯必须有非常精确可靠的轴向定位和径向定位。为此，本例使用了两个推力球轴承 8 和 10 将螺纹型芯固定在中间，解决了轴向定位；为保证径向定位的精确，本例在螺纹型芯的底部使用了一个圆柱滚子轴承 12，可确保螺纹型芯定位精确、旋转流畅。相关结构如图 9-38 所示。

第 9 章 自动脱螺纹机构 20 例

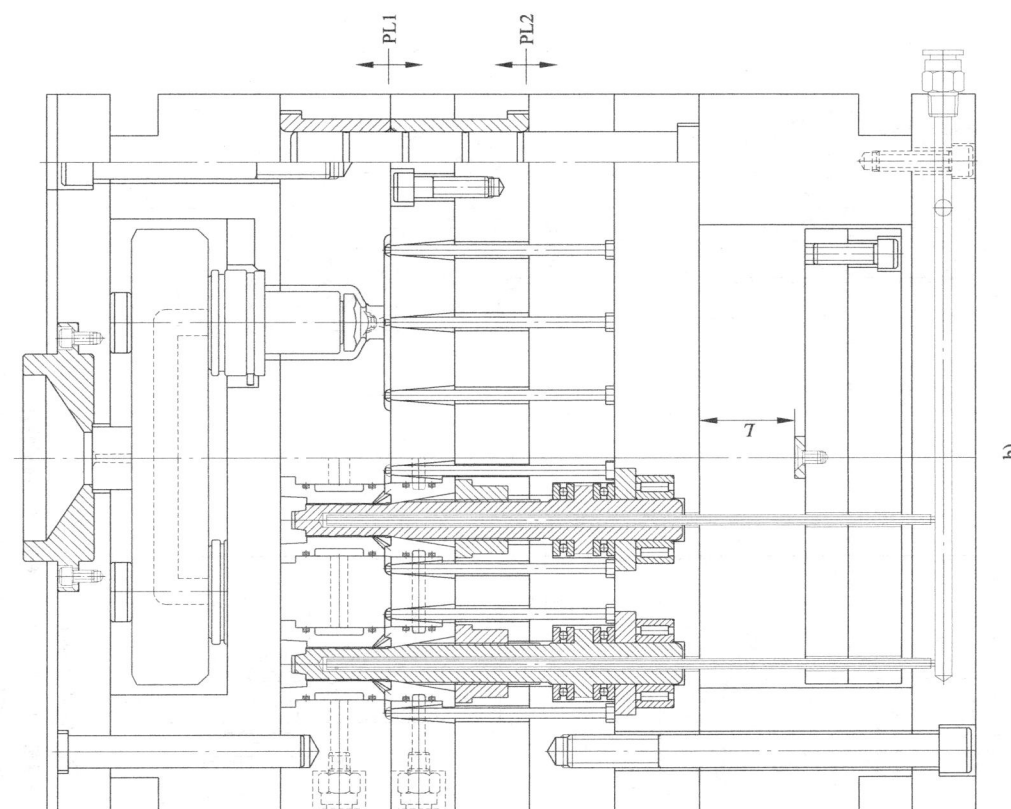

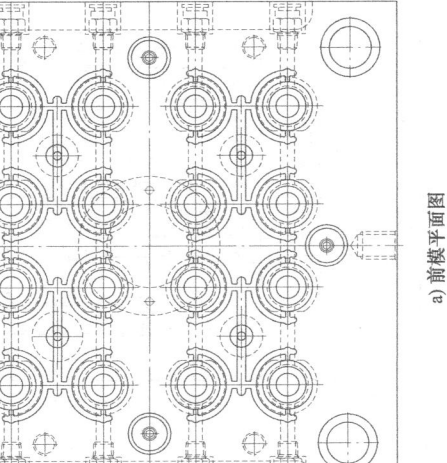

图 9-36

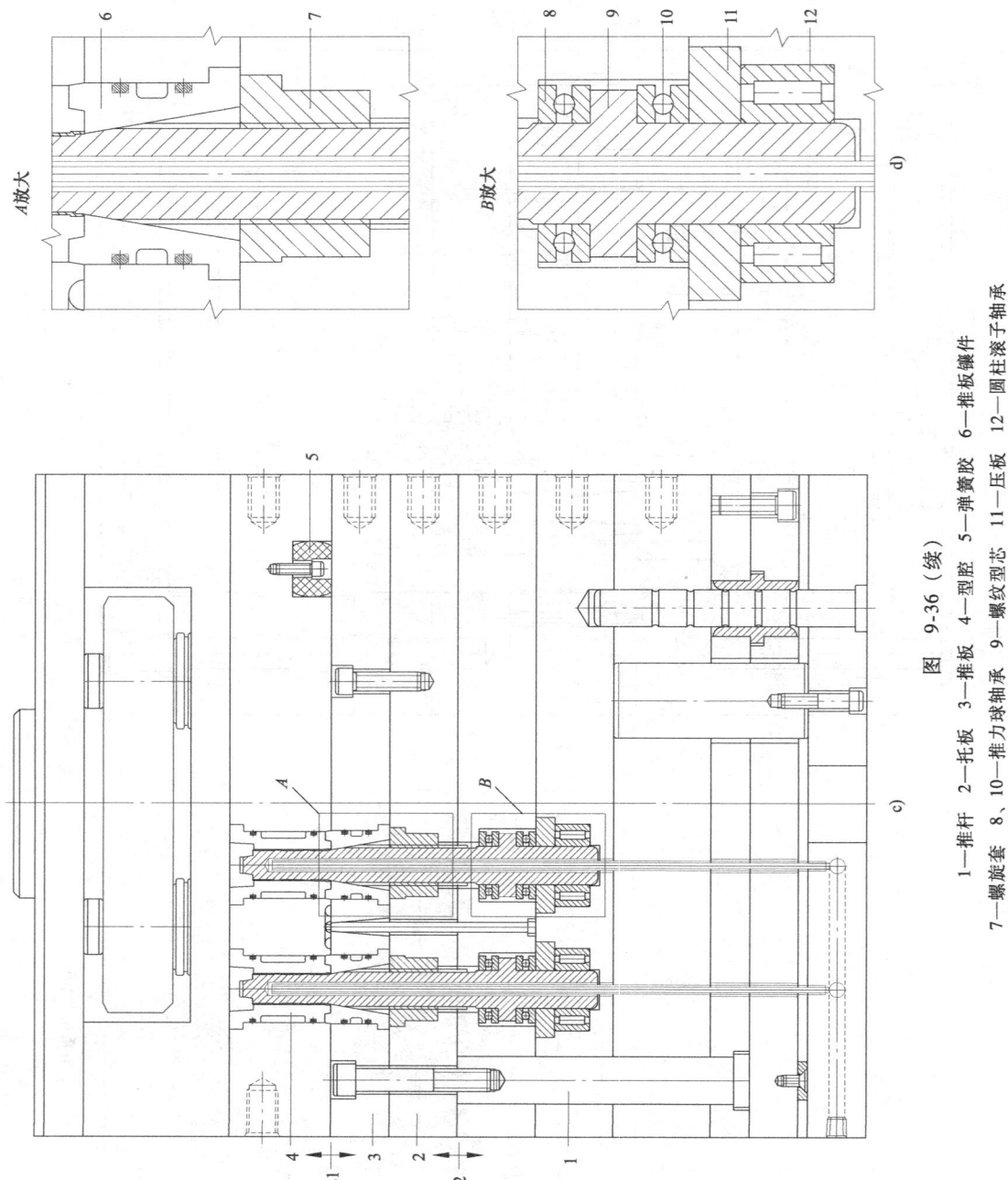

图 9-36（续）

1—推杆 2—托板 3—推板 4—型腔 5—弹簧胶 6—推板镶件
7—螺旋套 8、10—推力球轴承 9—螺纹型芯 11—压板 12—圆柱滚子轴承

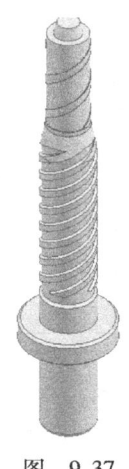
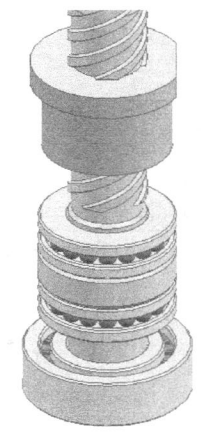

图 9-37　　　　　　　　　图 9-38

2）为保证推板在推出过程中轻松顺畅，螺旋杆的螺纹头数应尽量多些。本例使用的是四头螺纹。

3）螺纹型芯的冷却。由于螺纹型芯直径较小，且一直是旋转的，给螺纹型芯的冷却带来了很大难度，因此，本例螺纹型芯的冷却方式使用了压缩空气冷却，空气用的是冷冻空气，比较适合细长型芯的冷却。

4）螺旋杆的螺距必须和产品上螺纹的螺距相等。

5）为保证螺旋杆和螺旋套的加工精度，相关螺纹必须使用数控磨床自动磨出，否则，螺纹无法达到精度要求。

范例14　水壶盖液压缸齿条脱螺纹机构

此副模具的产品是一个水壶盖，产品材料为 ABS，如图 9-39 所示。此产品有两个特点，一是在产品内侧有一段内螺纹，由于螺纹线较粗，螺牙较深，必须使用自动脱螺纹机构；二是在产品内侧均匀分布着一圈细小的凸台。由于产品内侧已经有自动脱螺纹机构，小凸台将对螺纹型芯的旋转产生较大干涉，为实现顺利脱模，螺纹型芯必须采用特殊结构。模具详细结构如图 9-40 所示。

从模具结构图可以看出，此例的脱螺纹机构是液压缸齿条传动的自动脱螺纹机构，产品的顶出方式为推板顶出。为了解决产品内侧凸台的干涉，螺纹型芯 4 和冷却镶件 19 的顶端镶拼了一个伞形的活动镶件 21，所有小凸台全部成型在活动镶件上，这个镶件可随着产品的顶出上下浮动。详细动作原理如下。

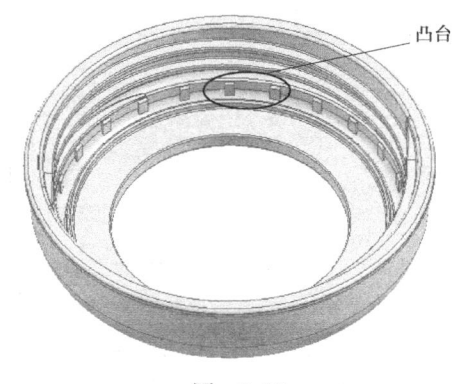

图 9-39

开模后，主分型面 PL1 首先打开，产品留在后模一侧并紧紧地包在螺纹型芯 4 上，待开模动作停止后，液压缸 17 推动齿条 11 向前运动，同时，齿条 11 推动齿轮 1 和齿轮 10 开始旋转，而齿轮 10 又驱动齿轮 2 和螺纹型芯 4 向着产品螺纹的反方向旋转，开始旋出螺纹，

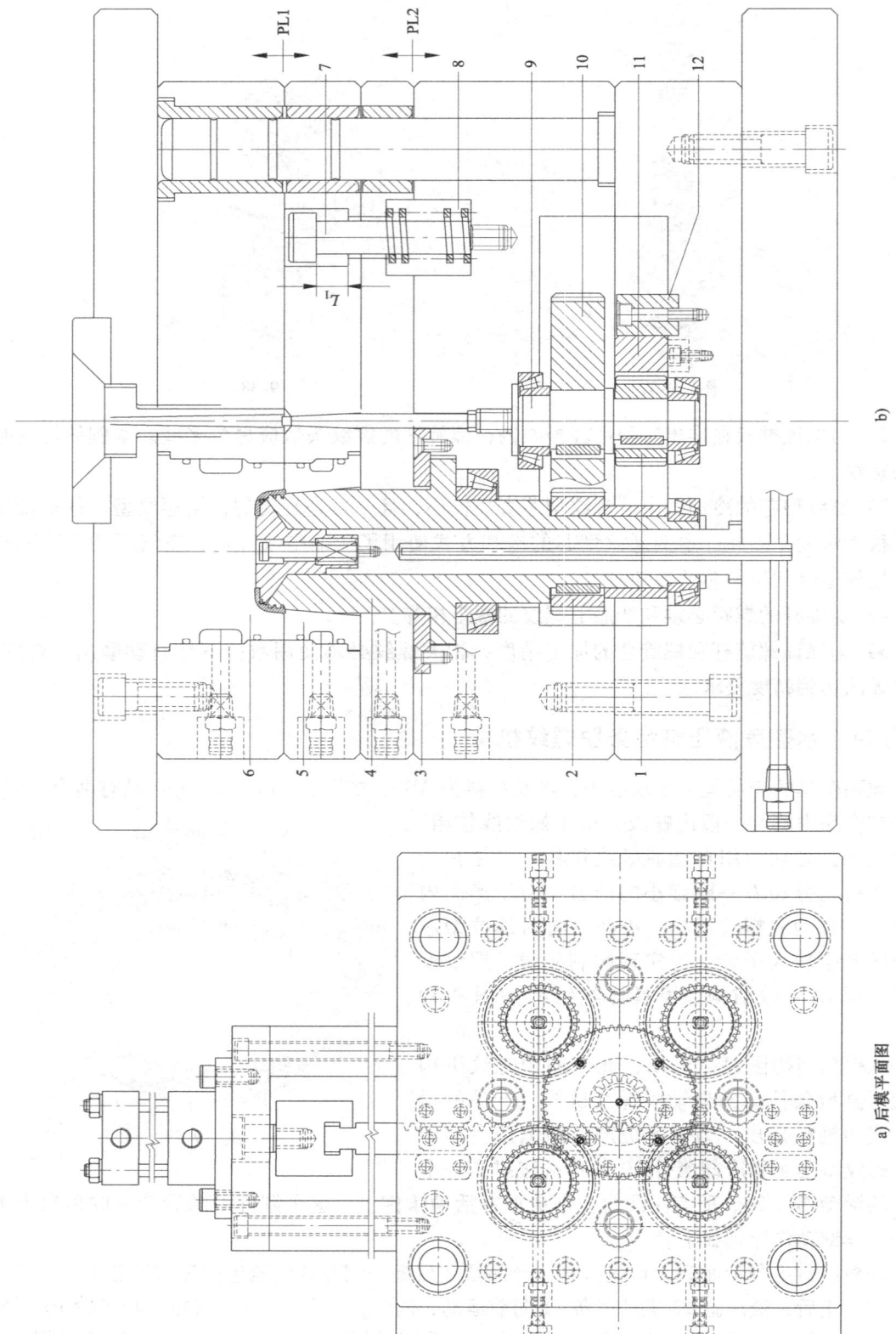

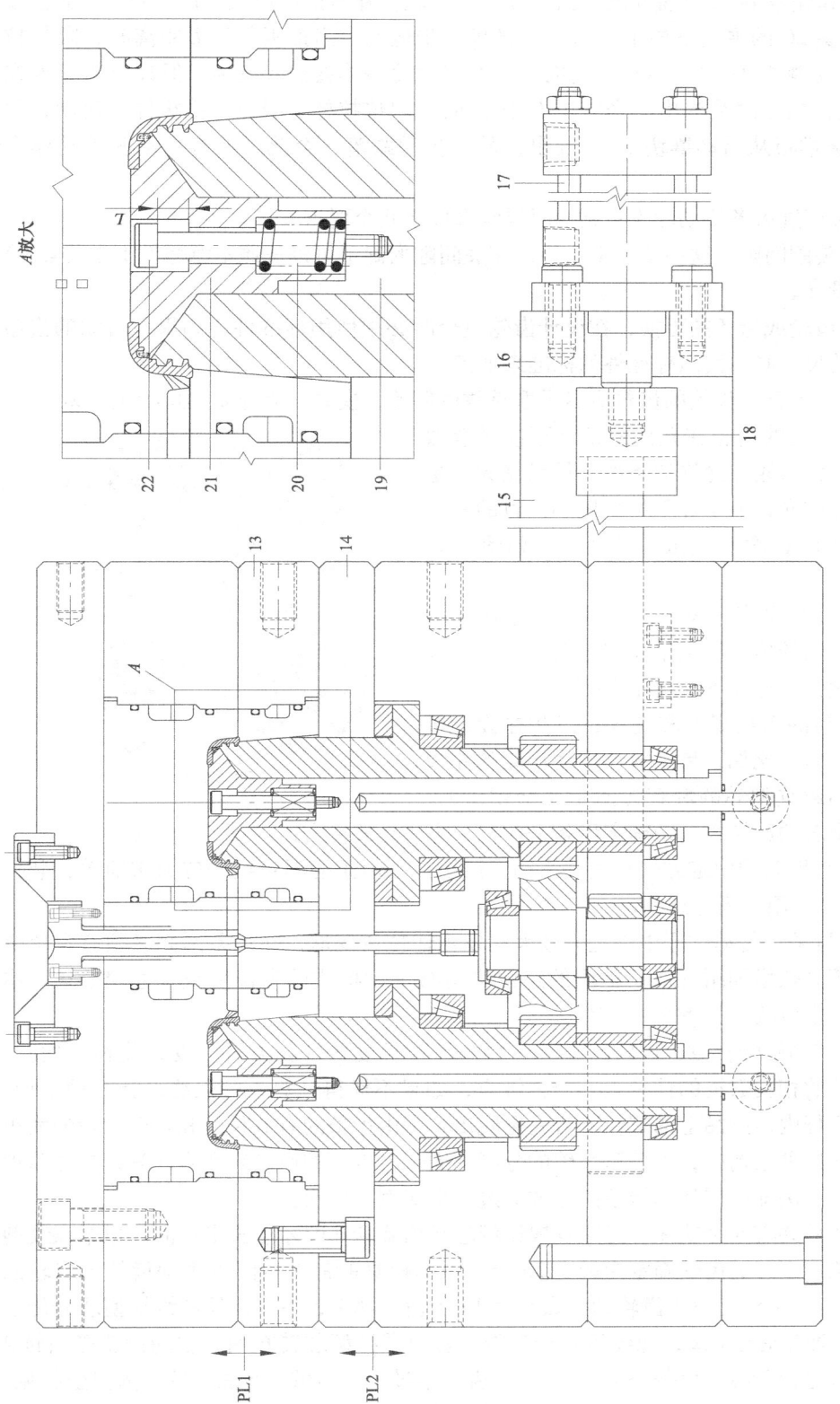

图 9-40

1、2、10—齿轮 3—压板 4—螺纹型芯 5—推板镶件 6—型腔 7、22—限位拉杆 8、20—弹簧 9—转轴 11—齿条 12—定位块 13—齿条固定块 14—托板 15—固定支架 16—液压缸固定板 17—液压缸 18—齿条固定块 19—冷却镶件 21—活动镶块

同时，推板13和托板14在弹簧8的弹出下被向上弹起，开始推出产品，PL2分型，而活动镶块21也在弹簧20的弹出下向上弹起，和推板同步运动；当推板行至 L 距离时，限位拉杆22限位，活动镶块21停止运动，此时，产品已完全脱出螺纹型芯4，但却仍紧紧卡在活动镶块21上；推板继续弹出，当行至 L_1 距离时，限位拉杆7限位，推板停止运动，而此时，产品已被推板从活动镶块21上推出，从而自动跌落，至此，所有自动脱模动作全部结束。

设计此种液压缸齿条传动的模具结构时需掌握以下几个要点。

1）齿轮的装配间隙。这一项非常重要，相关间隙的确定可以按照本章范例1中要点9）的设计标准来设计。

2）为方便齿轮或齿条的更换，在设计齿轮组合时必须使用标准件。如果是自制的齿条或齿轮，其相关尺寸必须按照标准件的标准来加工。

3）为了方便计算，齿轮的齿数应尽量取整数或偶数，模数一般为2，压力角为20°。

4）螺纹型芯上的齿轮在允许的条件下应尽量做小，主动齿轮的大齿轮在允许的条件下尽量做大，主动齿轮的小齿轮在允许的条件下尽量做小，目的是为了尽量缩短齿条的长度和液压缸的行程，如图9-41所示。

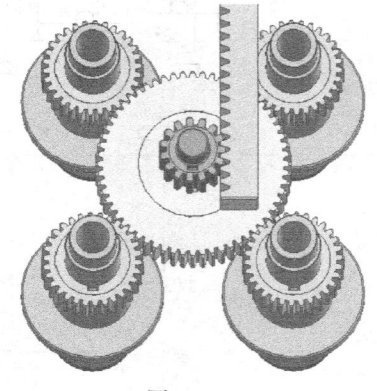

图 9-41

5）齿条长度尽量短，齿条的抽动范围也应尽量短，齿条和齿轮间的传动级别不要超过两级，每一级的传动比尽量做大，至少不应少于2~3。

6）查清产品的螺纹规格和旋向，以防在设计传动机构时搞错方向。比如，齿条放在主动齿轮的左边和右边，齿轮和螺纹型芯的旋转方向是完全相反的，必须根据螺纹型芯的旋转方向来确定齿条是放在左边还是放在右边。

7）液压缸和齿条的固定方式和相关结构。液压缸和齿条的固定结构应力求简单，装拆方便。图9-42为常用的固定结构之一。

8）为防止齿条在传动过程中因受力较大而发生让位或变形，在齿条两侧必须有定位机构，在齿条底部必须增加耐磨块。常用的定位机构有T型槽式的定位块或普通定位块，本例使用的是普通定位块，如图9-43所示。

9）螺纹型芯的旋转转数、齿轮的旋转转数和齿条长度的计算方式。设计此种结构时，这3个重要零件的相关数据的计算是一个关键点，如果不懂得计算，则无法设计此种结构。在齿条的规定行程内，产品上的螺纹能否完全脱出，是由齿条的有效长度和每个齿轮的大小来决定的。设计这种结构时，可计算齿轮的分度圆周长，也可按齿轮转数来计算，方法原理几乎是一样的。本例即按照计算转数的方式通过一个实例来说明。

比如一个产品共有6个螺牙，意味着螺纹型芯必须旋转6圈才能脱出产品，根据螺纹型芯的直径，将螺纹型芯的齿数确定为最少20个，根据模具的最大空间将主动齿轮大齿轮的齿数定为60个齿，主动齿轮小齿轮的齿数定为15个齿。那么，主动齿轮和螺纹型芯的传动比为3，亦即主动齿轮转1圈，螺纹型芯转3圈。若想螺纹型芯转6圈，主动齿轮必须转2圈；若想主动齿轮转2圈，齿条必须行程30个齿。不过，产品虽为6圈螺纹，为安全起见，螺纹型芯至少应转6圈半或7圈，螺纹型芯多转一圈，则意味着主动齿轮的大齿轮应多转

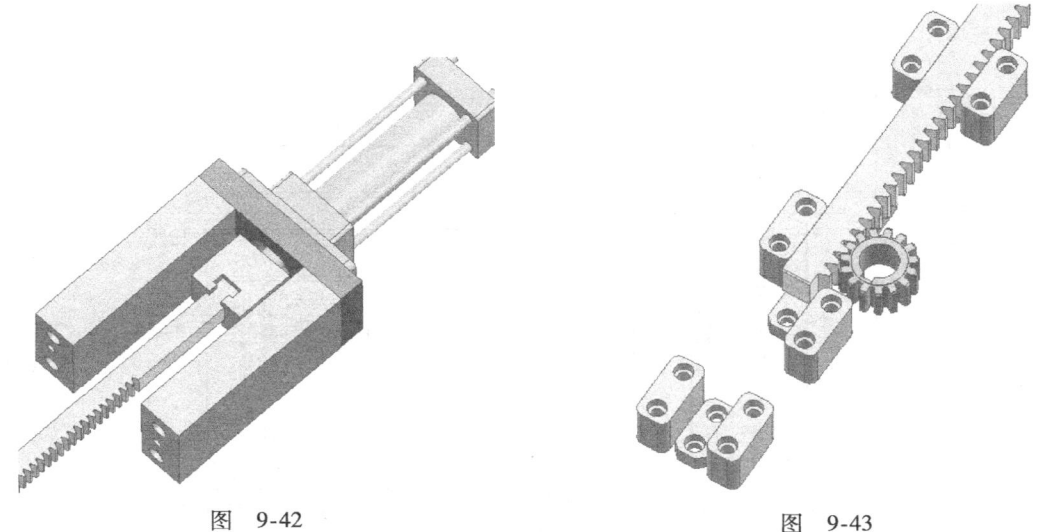

图 9-42　　　　　　　　　　　　　　图 9-43

20 个齿，主动齿轮的大齿轮应多转 20 个齿。若主动齿轮的小齿轮要多转 5 个齿，则齿条也应多行程 5 个齿，那么齿条的有效行程为 35(5 + 30) 个齿的齿距之和，再加上齿条其他部位的长度，即需要的总长。

以上是齿条液压缸传动的几个设计要点，只要掌握了这些重点，设计此种结构则不再困难。

范例 15　六角螺母液压缸齿条脱螺纹机构

此副模具的产品是一个淋浴器水管的紧固螺母，产品材料为 PVC，如图 9-44 所示。在产品内侧有一段标准的管牙螺纹，螺纹螺牙较细，要求较高，另外由于材料较硬，因此，必须使用自动脱螺纹机构。模具详细结构如图 9-45 所示。

从模具结构图看出，此例的脱螺纹机构是一个液压缸齿条传动的自动脱螺纹机构。关于产品的顶出方面，由于受限于用户对分型线的指定要求，若将带螺纹的一侧放在后模，使用推板顶出无法实现脱模，必须使用司筒顶出，但是，后模一侧若同时存在顶板顶出机构和脱螺纹机构，设计

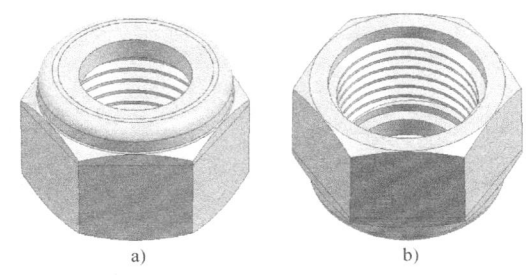

图 9-44

难度大大增加，模具结构更加复杂，动作的可靠性相对要差一些。因此，此例将产品反过来设计，脱螺纹机构设计在前模，顶板等顶出机构仍放在后模，产品使用一个大司筒顶出，减小了设计难度，动作相对更可靠。详细动作原理如下。

注塑填充结束后，不是首先开模，而是首先起动液压缸等传动机构。液压缸 9 推动齿条 8 向前运动，同时，齿条 8 推动齿轮轴 11 和齿轮 10 开始旋转，而齿轮 10 又驱动齿轮 4 和螺纹型芯 5 向着产品螺纹的反方向旋转，开始旋出螺纹，在螺纹套 6 的作用下，螺纹型芯 5 在旋转过程中边旋转边后退；当齿条向前行至 L 距离时，触点镶块 2 触动行程开关 3 的触点，液压缸停止运动，此时，螺纹型芯 5 已向后行至了 L_1 距离，完全脱出了产品；紧接着前后

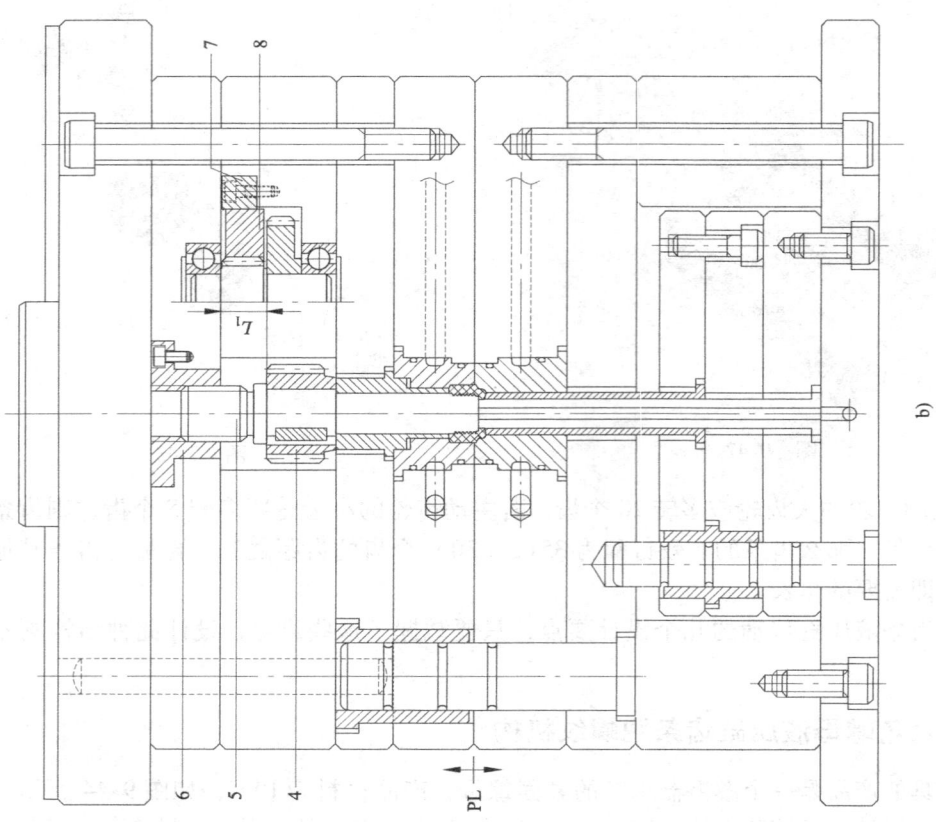

b)

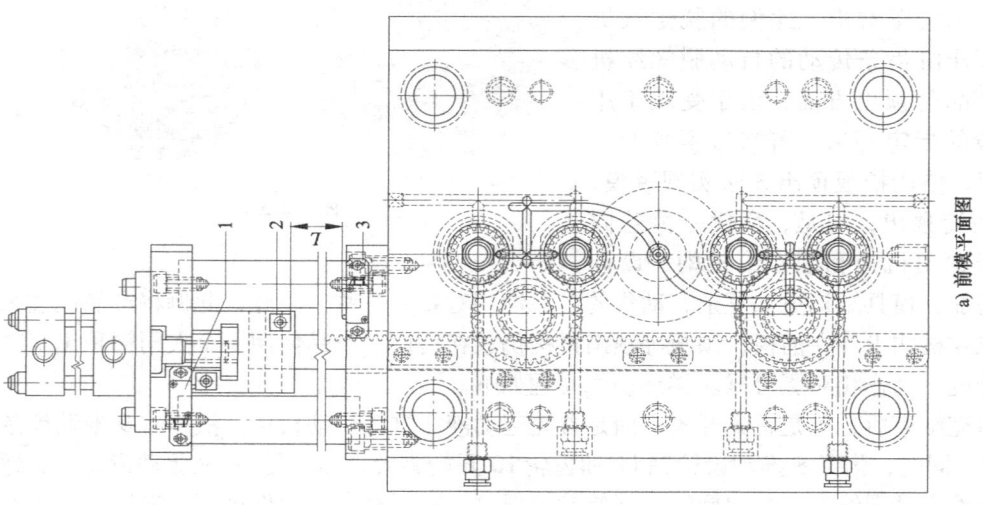

a) 前模平面图

第9章 自动脱螺纹机构20例

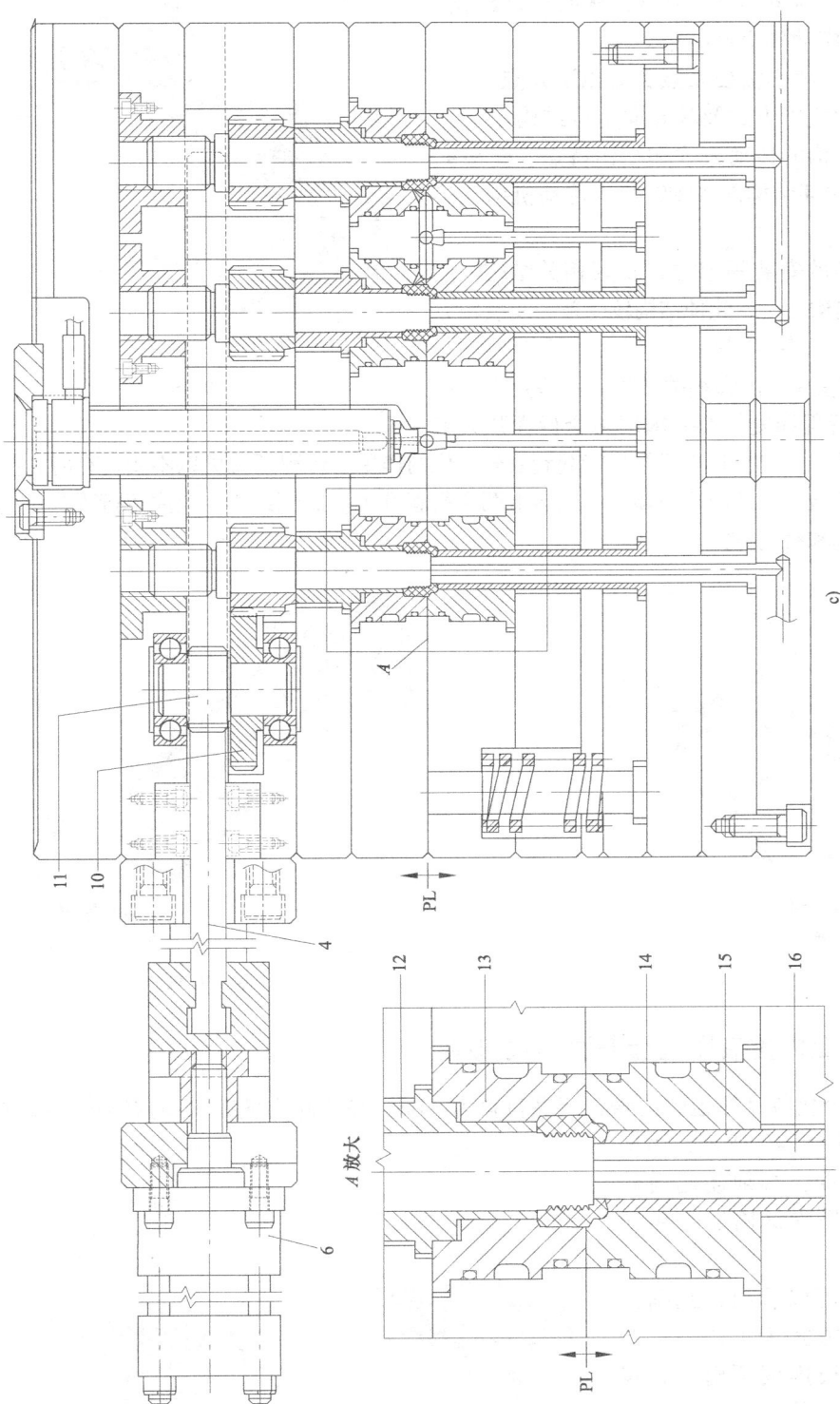

图 9-45

1、3—行程开关 2—触点镶块 4、10—齿轮 5—螺纹型芯 6—螺纹套 7—定位块 8—齿条 9—液压缸 11—齿轮轴 12—青铜镶套 13、14—型腔 15—司筒 16—司筒针

模打开，产品留在后模一侧并紧紧包在司筒针 16 上，当开模停止后，产品被司筒 15 顶出，从而自动跌落，至此，所有自动脱模动作全部结束。

对于此副模具，我们需要重点关注以下几点。

1）螺纹型芯的脱出方式及其导向定位结构。

2）整个传动机构的传动方式和结构特点。图 9-46 为整个传动机构的内部结构图，图 9-47 为传动机构在模板中的装配状态。

3）液压缸齿条的安装固定方式及其相关结构。图 9-48 为常用的固定结构之一，此种结构较简单，安装较方便，成本也较小，可以将 2D 图和 3D 图结合起来理解。

4）行程开关的使用方法和相关结构。有些要求较严的模具，液压缸的行程和复位都要求用两个行程开关来

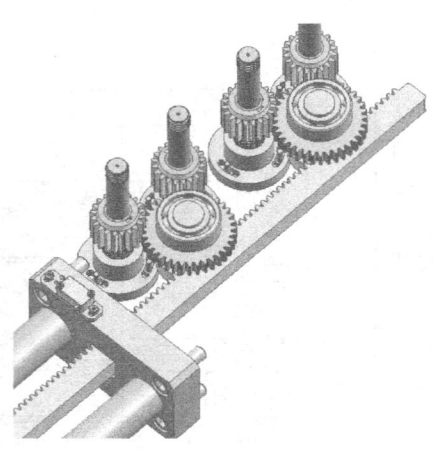

图 9-46

控制。在正常情况下，只要模具本身结构能起到安全限位的作用，行程开关可以不用。有时为防止液压缸或注塑机的液压系统出现故障，都应装上两个行程开关。此例结构，应注意行程开关的放置位置、固定结构和触动方式。

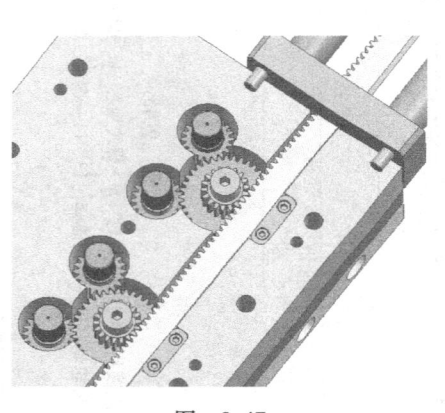

图 9-47

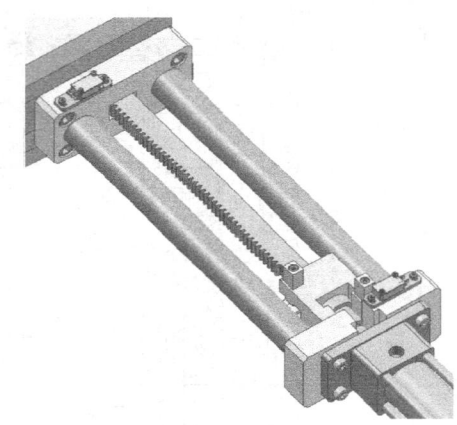

图 9-48

范例 16 化妆品瓶内盖液压缸齿条脱螺纹机构

此例产品是一个化妆品瓶盖的内盖，产品材料为 ABS。在产品内侧有 3 圈内螺纹，螺纹深度达 1.5mm，如图 9-49 所示，由于材料较硬，螺纹较深，必须使用自动脱螺纹机构。模具详细结构如图 9-50 所示。

从模具结构图可以看出，此副模具一模八穴，进胶方式为点浇口，产品的顶出方式为后模推板顶出，脱螺纹机构为液压缸齿条传动。和本章其他范例相比，本例最大的特点是，传

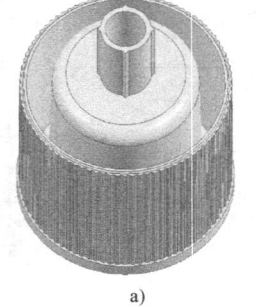

a)

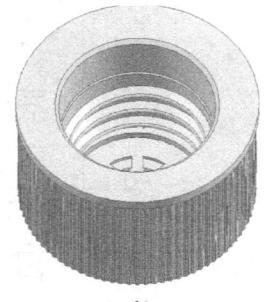

b)

图 9-49

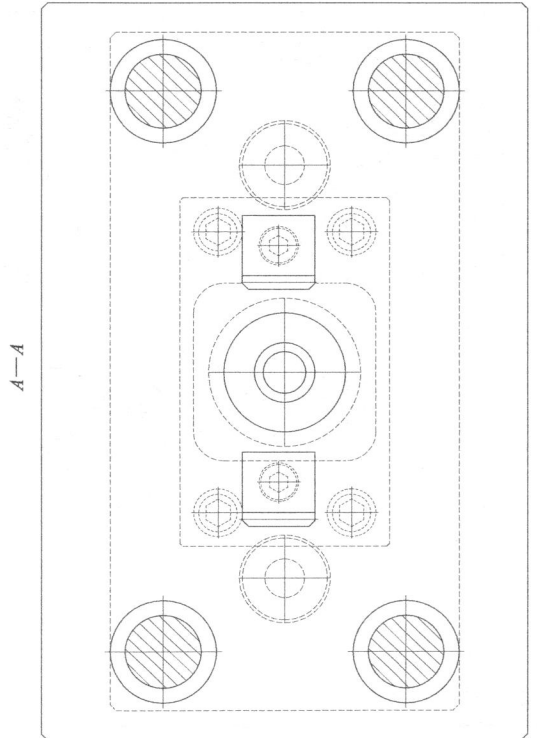

$A-A$

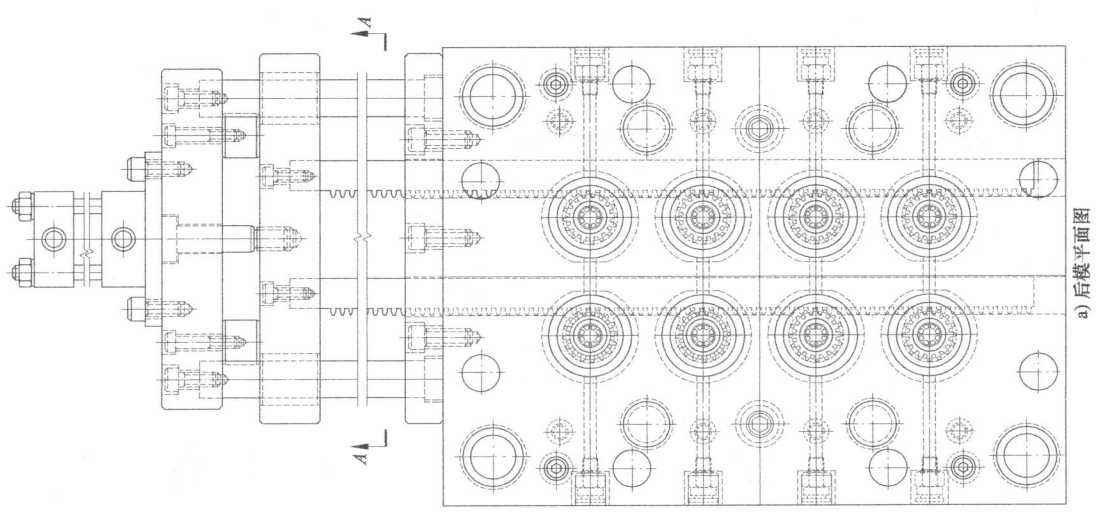

a) 后模平面图

图 9-50

·424·　塑料注塑模具经典结构180例

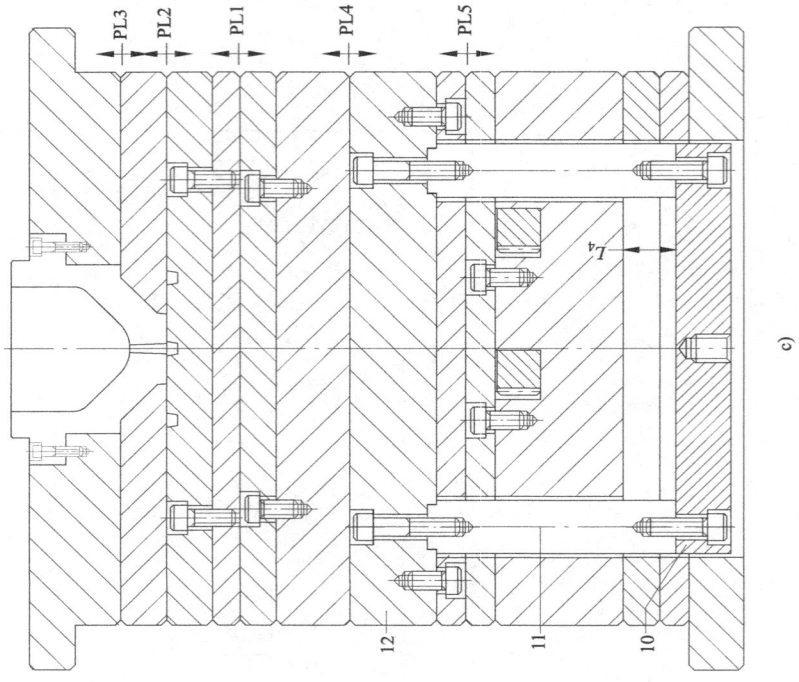

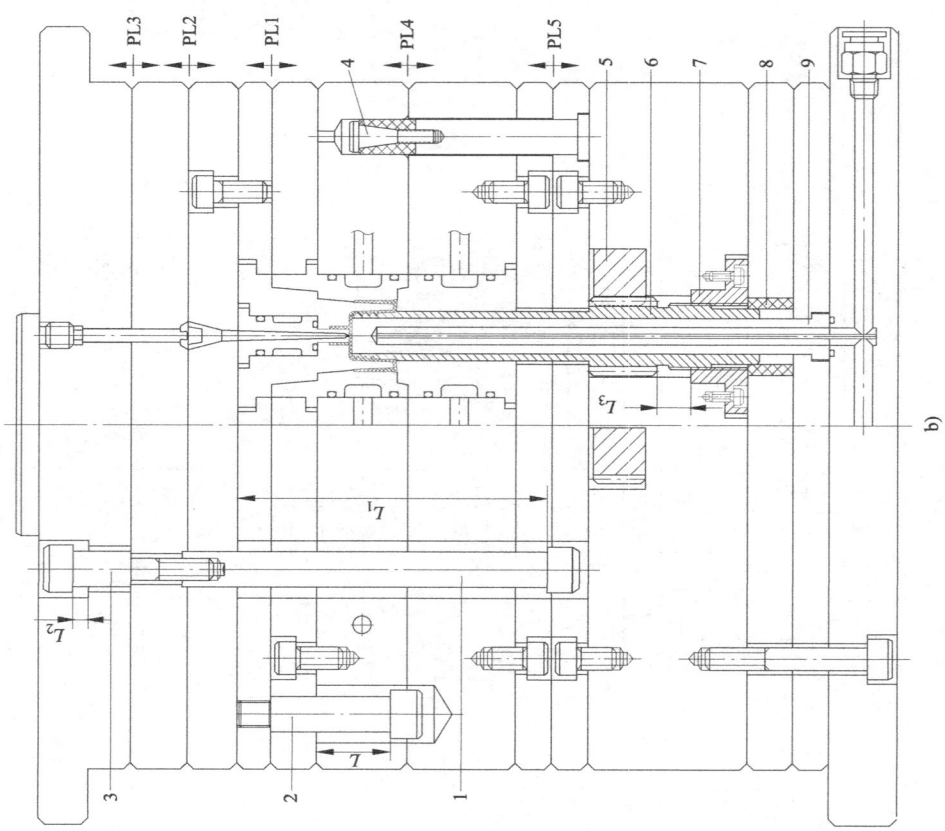

第9章 自动脱螺纹机构20例

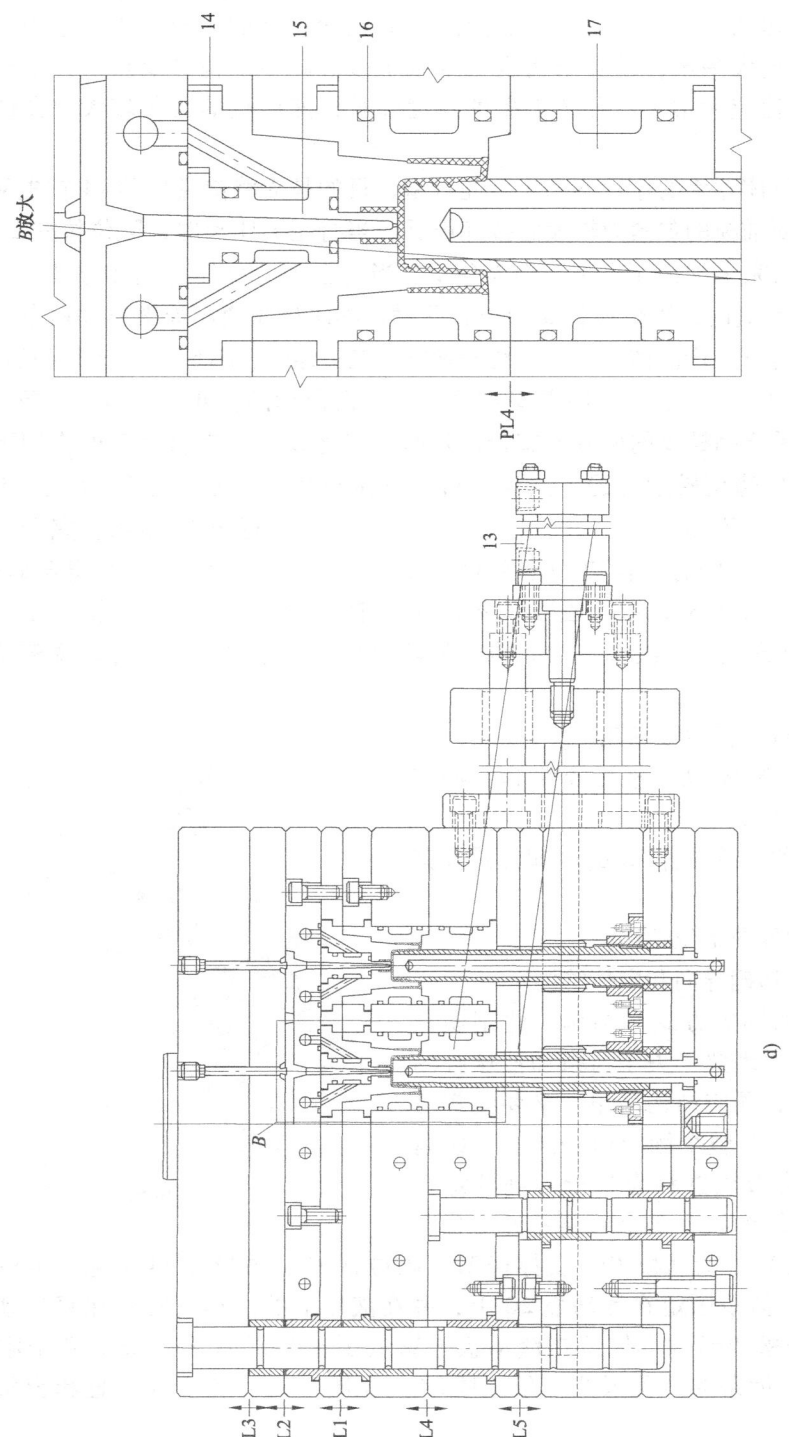

图 9-50（续）

1、2、3—限位拉杆 4—尼龙开闭器 5—齿条 6—螺纹型芯 7—螺纹套 8—青铜镶套 9—冷却镶件
10—推块 11—推杆 12—推板 13—液压缸 14—前模型芯 15—流道镶件 16—型腔 17—推板镶件

动机构没有经过齿轮变速,使用两个齿条直接驱动到每个螺纹型芯,如图9-51所示。这种结构有3个优点,一是结构简单,因为少了一级齿轮传动;二是模架外形可以大大缩小;三是能够实现较多的模穴数。后两点是此副模具如此设计的主要原因。否则,一模八穴,模架外形至少会大一半,模具结构也会复杂很多。此种结构的缺点是,由于没有齿轮变速,齿条的行程应大很多,导致齿条的长度较长,液压缸的行程较大。详细动作原理如下。

开模后,在尼龙开闭器4的作用下PL1首先分型,目的是为将前模型芯14首先从产品中抽出,以防产品因对前模的包紧力较大而拉坏产品,当行至L距离时,限位拉杆2限位,此时,前模型芯14已完全抽出了产品,PL2分型;当行至L_1距离时,限位拉杆1限位,PL3分型,当行至L_2距离时,限位拉杆3限位,此时,细水口流道已能够自动脱落;继续开模,主分型面PL4打开,产品留在后模一侧并紧紧地包在螺纹型芯6上,待开模动作停止后,起动液压缸等传动机构,液压缸13推动两个齿条5向前运动,同时,两个齿条5又推动8个螺纹型芯6向着产品螺纹的反方向旋转,开始旋出螺纹,在螺纹套7的作用下,螺纹型芯6在旋转过程中边旋转边后退,当齿条行至预定行程后,限位柱22(见图9-52)限位,液压缸齿条等全部停止运动,此时,螺纹型芯6已向后行至L_3距离,完全脱离了产品的螺纹部分,但产品仍有一段直身部分包在螺纹型芯6上,使产品不能自动脱落,此时,注塑机的顶出系统起动,从而通过推块10和推杆11推动推板12向前顶出,当行至L_4距离后,产品被推板从螺纹型芯6上推出并自动跌落,至此,所有自动脱模动作全部结束。

对于此副模具需重点关注以下几点。

1)前模型芯14、型腔16、推板镶件17、冷却镶件9的固定方法和结构。

2)前模型芯14和流道镶件15的冷却方式及其结构。

3)螺纹型芯6的导向定位结构。

4)每件模板间的精确导向和定位结构。

5)液压缸齿条的固定方式和结构。此副模具由于使用了两个齿条,因此,关于齿条和液压缸的固定结构则非常重要,既应结构简单,又要结实可靠。图9-52和图9-53为整个固定机构还未开始运动的状态,图9-54为液压缸和齿条行程到预定行程后的静止状态。此结构共有7个重要零件,分别

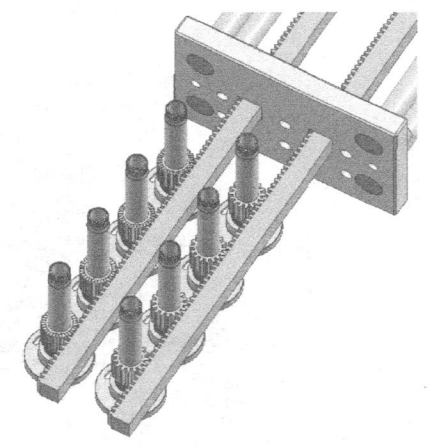

图 9-51

是固定板18、固定板19、活动板20、支撑杆21、限位柱22、限位柱24(见图9-54)和导套23,其中,两个齿条固定在活动板20上,并在液压缸的推动下实现往复运动。为保证活动板的滑动轻松顺畅,本例特在活动板上镶嵌了4个青铜导套23。两个限位柱22主要负责液压缸和齿条的行程限位。限位柱24(见图9-54)负责液压缸和齿条的复位限位。

6)产品的防滑止转。在前面的范例中,防滑槽均开设在推板或推板镶件上,而本例的防滑槽却开设在冷却镶件9上(见图9-55),这种方法很好,因为它更加隐蔽。

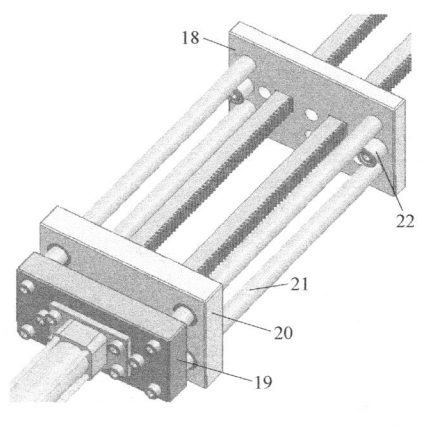

图 9-52

18、19—固定板 20—活动板
21—支撑杆 22—限位柱

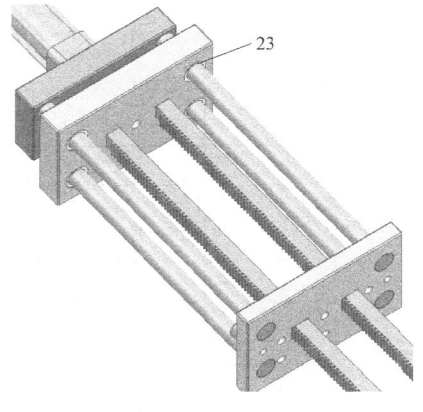

图 9-53

23—导套

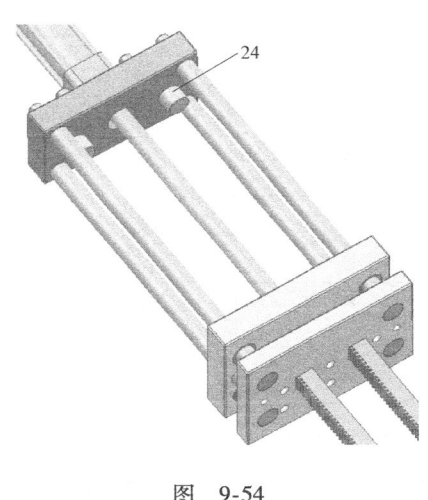

图 9-54

24—限位柱

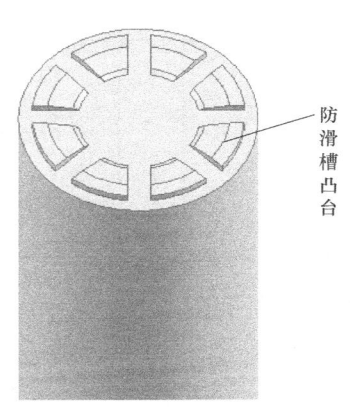

图 9-55

范例 17 钢笔内套液压缸齿条脱螺纹机构

此例产品是一个钢笔的内套，产品材料为 ABS。在产品内侧有一段细牙螺纹，由于产品材料较硬，螺牙较细，这段螺纹必须使用自动脱螺纹机构。模具详细结构如图 9-56 所示。

从模具结构图可以看出，此副模具一模四穴，产品进胶方式为点浇口，脱螺纹机构为液压缸齿条传动，产品的顶出方式为推板顶出，和本章其他范例相比，此例推板在顶出方式有很大不同，以前的推板均由弹簧弹出或推杆顶出，而此例的推板却是利用齿条推动螺纹转轴从而驱动螺纹套旋转脱出的。详细动作原理如下。

开模后，在尼龙开闭器 18 和弹簧 11 的作用下 PL1 首先分型，当行至 L 距离时，限位拉杆 10 限位，PL2 分型，当行至 L_1 距离时，限位拉杆 12 限位，此时，细水口流道已能够自动脱落；继续开模，主分型面 PL3 打开，产品留在后模一侧并紧紧包在螺纹型芯 4 上，待开

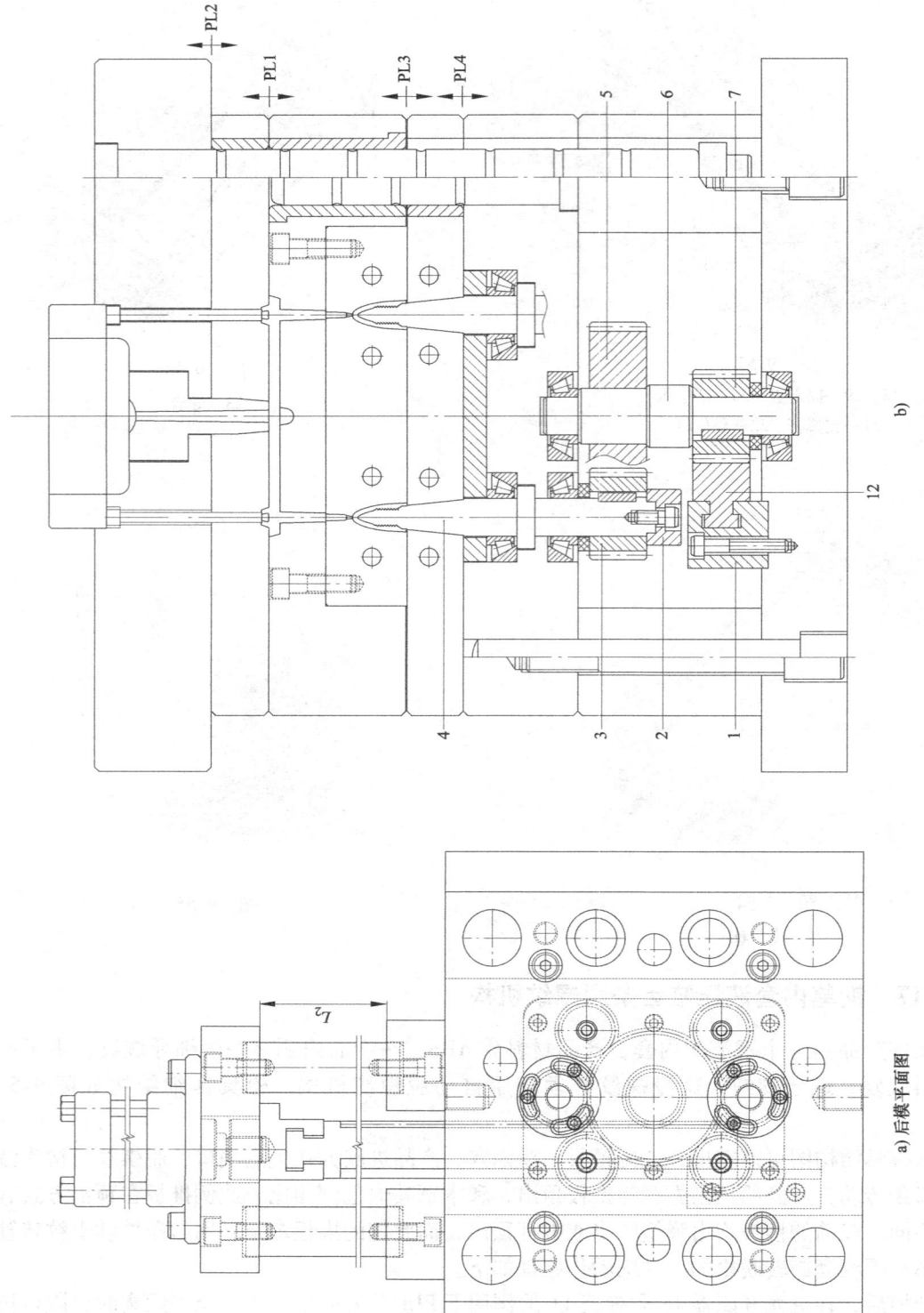

第9章 自动脱螺纹机构20例

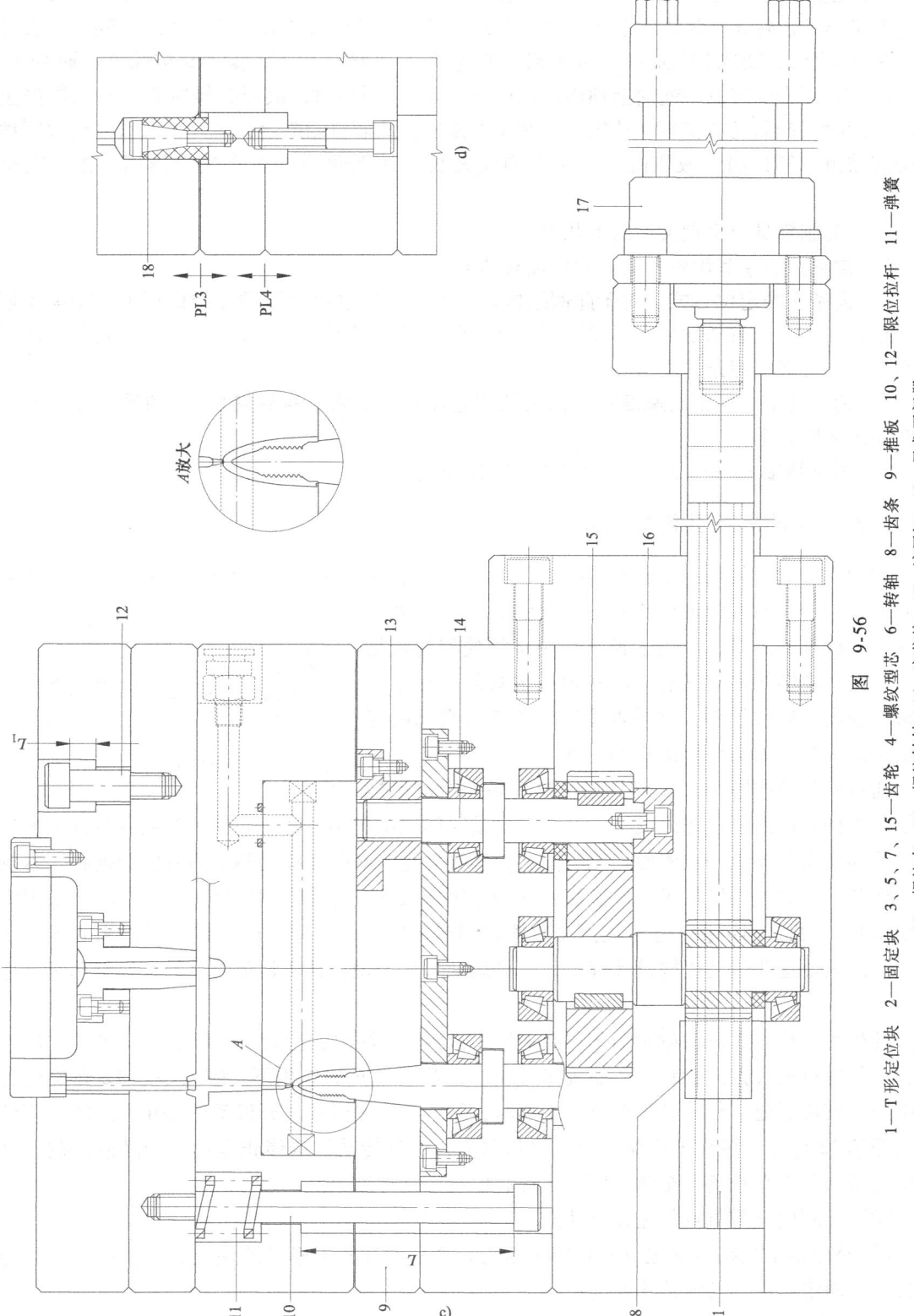

图 9-56

1—T形定位块 2—固定块 3、5、7、15—齿轮 4—螺纹型芯 6—转轴 8—齿条 9—推板 10、12—限位拉杆 11—弹簧
13—螺纹套 14—螺纹转轴 16—定位块 17—液压缸 18—尼龙开闭器

模动作停止后，液压缸 17 推动齿条 8 向前运动，齿条 8 推动齿轮 7 和齿轮 5 开始旋转，而齿轮 5 又驱动齿轮 3 和螺纹型芯 4 向着产品螺纹的反方向旋转，开始旋出螺纹，同时，齿轮 5 又驱动齿轮 15 和螺纹转轴 14 同步旋转，在螺纹套 13 的作用下，推板 9 被螺纹转轴 14 向上推起，从而推动产品一起向上顶出；当齿条行至 L_2 距离时，液压缸等所有传动机构停止运动，此时，产品已被推板 9 从螺纹型芯 4 上推出，从而自动跌落，至此，所有自动脱模动作全部结束。复位时，液压缸带动齿条自动复位，从而驱动推板 9 慢慢退回，直到完全复位。

对于此副模具应重点关注以下几点。

1）螺纹型芯 4 和齿轮 3 固定方式及其结构。

2）齿条 8 的定位方式。对于此例结构，齿条在传动过程中需推动推板顶出，将承受较大的推力，为防止齿条发生变形或脱牙，齿条使用了 T 形定位块 1 来导向定位，定位块使用青铜加工，确保了齿条的安全。

3）为保持推板的推出速度和产品的旋出速度绝对相等，螺纹转轴 14 的螺牙牙距必须和产品的牙距相等。

4）螺纹转轴 14 和螺纹套 13 固定方式和相关结构。

范例 18　电器转接头滑块脱螺纹机构

此副模具的产品是一个电器转接盖，产品材料为 PC + ABS，如图 9-57 所示。若将产品横向切开，产品的截面形状为标准的半圆，在产品的一端有一段标准的圆筒，决定了模具结构必须使用滑块抽芯。但是，在圆筒内侧又有一段很深的内螺纹，由于产品材料较硬，螺纹较深，这段内螺纹必须使用自动脱螺纹机构。模具详细结构如图 9-58 所示。

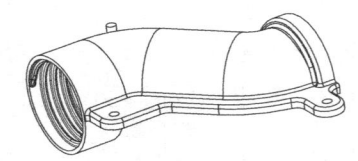

图　9-57

通过模具结构图可以看出，此副模具是一个侧面螺纹抽芯机构，即滑块脱螺纹机构。在所有自动脱螺纹结构中，滑块脱螺纹机构的设计难度最大，因为所有传动机构在侧面均无法固定，若想固定，必须在模具侧面另外安装模板。本例正是如此，它另外共增加了 3 件模板，分别是固定板 5、7、11。固定板 11 是专门用来固定螺纹型芯 12 的；固定板 7 是专门用来放置和固定齿轮 8 的；固定板 5 是专门用来固定螺纹套 6 的。只要这些传动机构设计好了，模具运动的整个过程其实是很简单的，详细动作原理如下。

开模后，齿条 3 驱动齿轮轴 9 和齿轮 8 开始旋转，同时，齿轮 8 又驱动两件螺纹型芯 12 向着产品螺纹的反方向旋转，开始旋出螺纹，在螺纹套 6 的作用下，螺纹型芯 12 在旋转过程中边旋转边后退；当分型面打开 L 距离时，限位拉板 4 限位，开模动作停止，此时，两件螺纹型芯 12 已完全脱出了产品的内螺纹和圆筒，所有传动机构停止运动，产品最后被顶针和司筒顶出并自动跌落，至此，所有自动脱模动作全部结束。

对于此副模具需重点关注以下几点。

1）整个传动机构的固定方式和相关结构。这是设计此类模具的关键，只要设计好了传动机构的固定结构，其他结构就简单了。

2）齿条的固定方式和结构。

第9章 自动脱螺纹机构20例

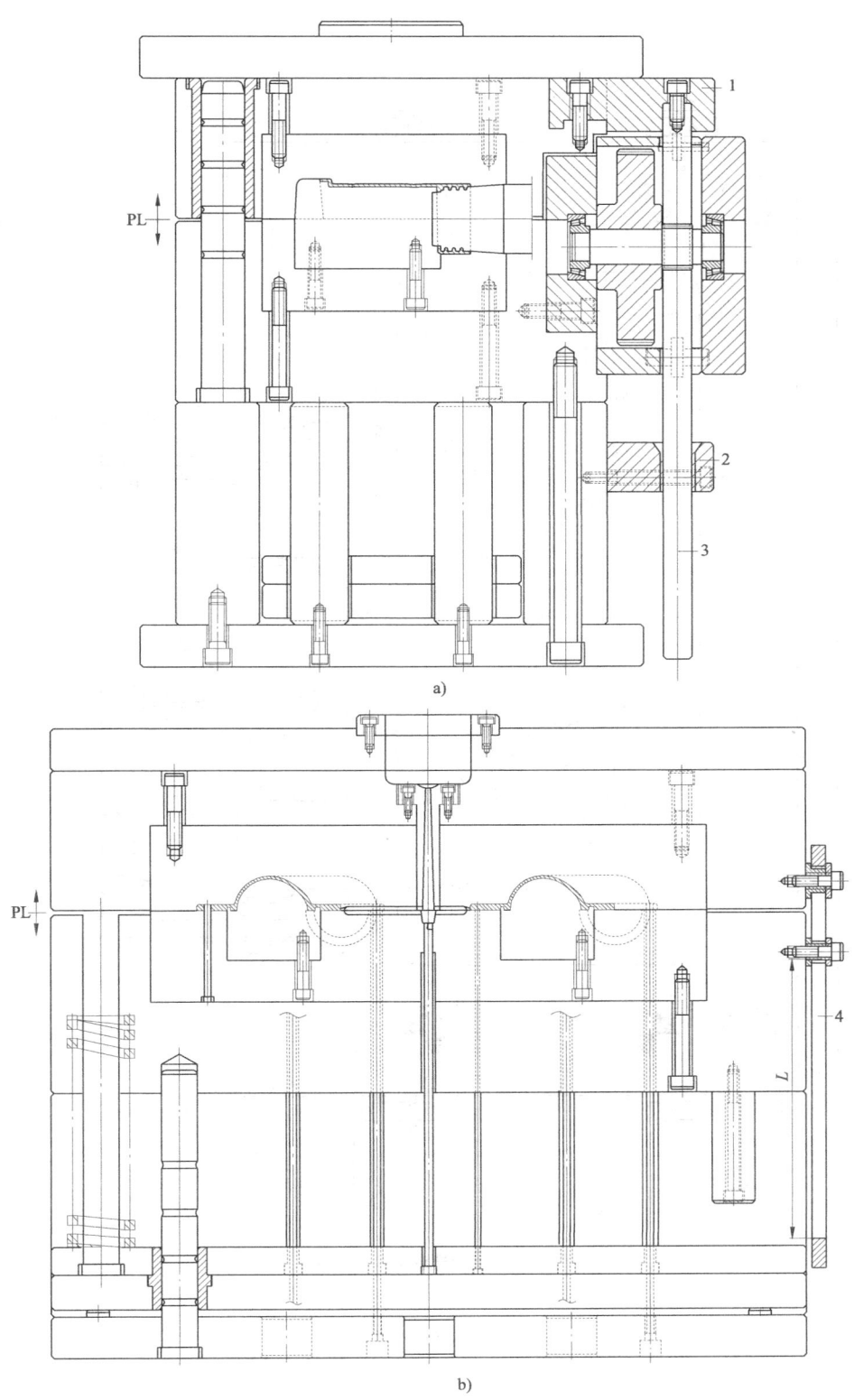

图 9-58

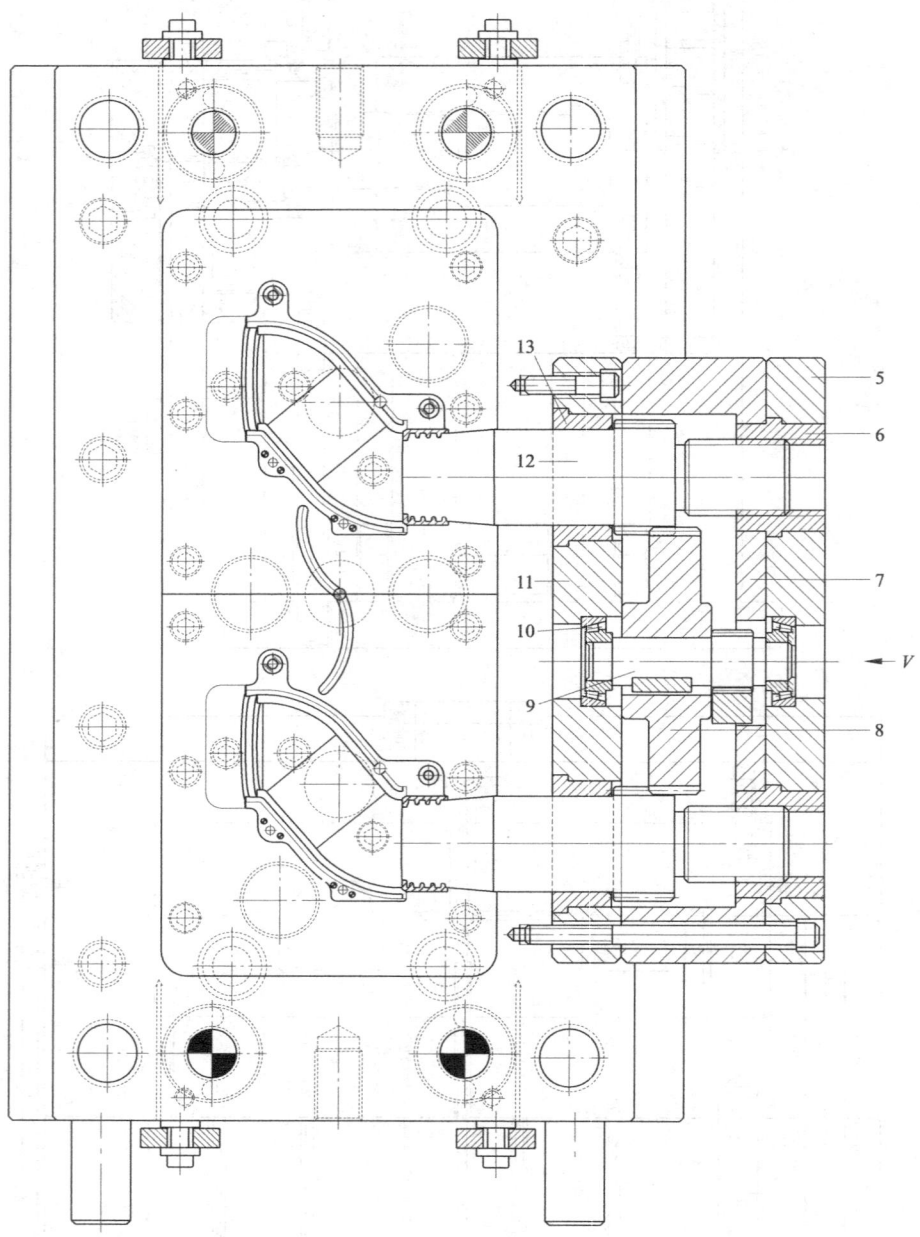

c) 后模平面图

图 9-58（续）

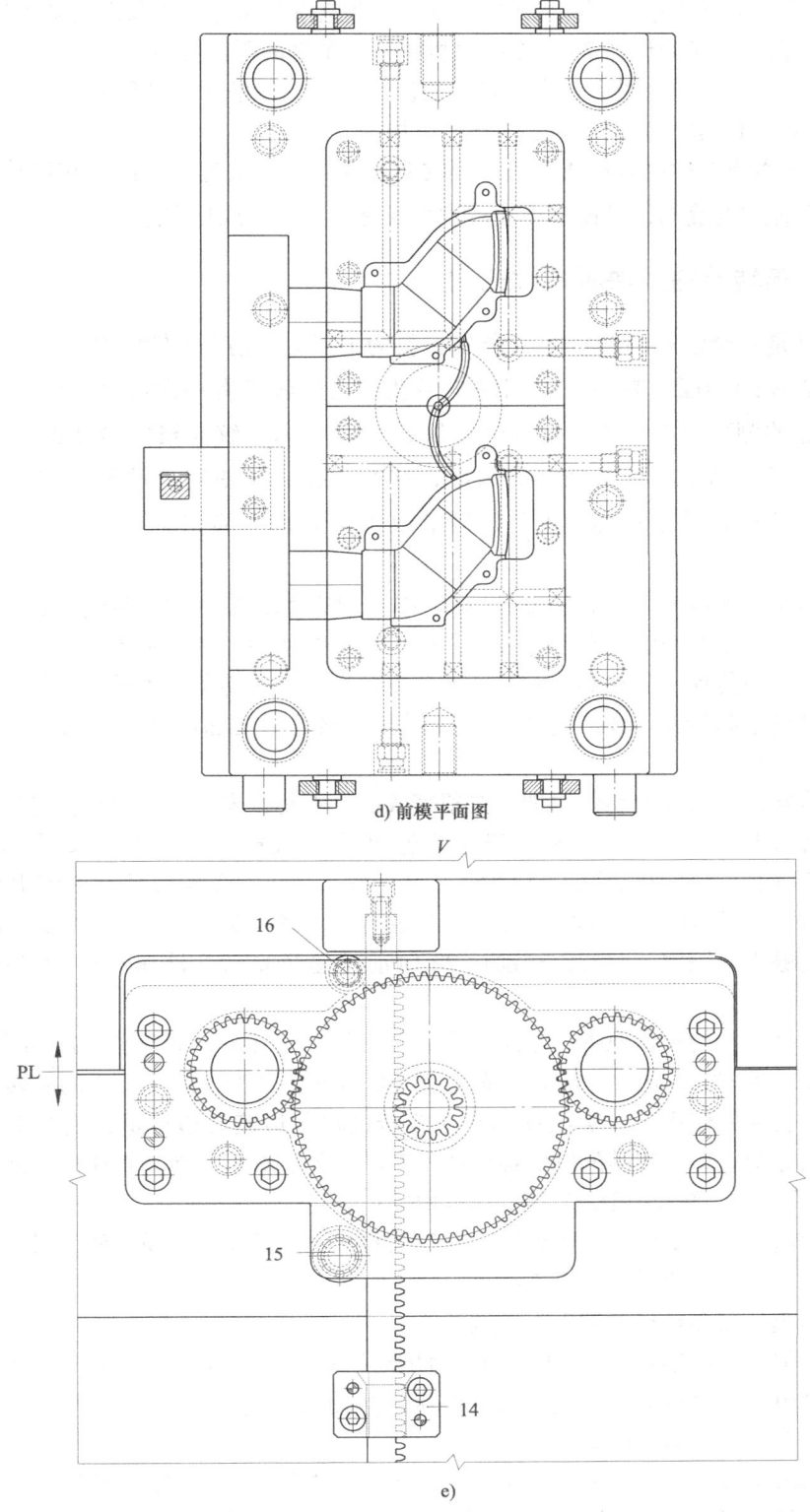

d) 前模平面图

e)

图 9-58（续）

1—固定块 2、14—定位块 3—齿条 4—限位拉板 5、7、11—固定板 6—螺纹套
8—齿轮 9—齿轮轴 10、15、16—轴承 12—螺纹型芯 13—青铜镶套

3) 开模后,齿条 3 绝不可脱离齿轮轴 9,以避免在合模时齿条和齿轮轴无法准确啮合,为此,通常应在前后模间设计 2~4 个限位机构,如本例的限位拉板 4。

4) 为防止齿条在传动受力过程中发生让位或变形,齿条两侧必须有定位机构,如定位块 14 和轴承 15、16 等均为很好的定位导滑机构。

5) 齿条放在齿轮轴的右边或左边,螺纹型芯的旋转方向是不同的,在设计前,必须慎重检查产品上螺纹的旋向,以便准确地辨别齿条是放在右边或是左边。

范例 19　油箱转接盖滑块脱螺纹机构

此例产品是一个油箱的转接盖,产品材料为 PA66。此产品在结构上有两个特点,一是在产品外表面的端面,有一个内凹的半通孔,孔的侧壁有一段细牙内螺纹;二是这种螺纹孔在产品的侧面也有一个,且两个螺纹孔的形状和螺纹规格完全相同。由于这种孔是细牙螺纹,且产品的材料又较硬,因此,这两个孔必须使用自动脱螺纹机构。由于这两个孔的位置全部在前模一侧,所以,脱螺纹机构必须全部在前模完成。模具详细结构如图 9-59 所示。

从模具结构图可以看出,此副模具一模一穴,产品的进胶方式为热流道点浇口,顶出方式为顶针顶出。由于两个螺纹孔的缘故,前模一侧同时使用了两组脱螺纹机构,处在端面的使用的是马达链条传动,处在侧面的是马达齿轮传动。马达链条传动适合远距离传动,马达齿轮传动适合近距离传动。详细动作原理如下(为描述得更加详细,本例将对这两套脱螺纹机构逐一表述)。

首先来看端面螺纹孔的动作原理:注塑完成后,不是首先开模,而是首先起动液压马达 11,它通过链条 10 带动链轮 9、转轴 23 和齿轮 26 同时旋转,而齿轮 26 又同时驱动齿轮 19 和螺纹型芯 20 向着产品螺纹的反方向旋转,开始旋出螺纹,在螺纹套 18 的作用下,螺纹型芯 20 在旋转过程中边旋转边后退;当行至 L 距离时,螺纹型芯 20 已脱离了产品的螺纹部分,产品已能够正常脱模,此时,触动块 22 触动行程开关 32,液压马达 11 等传动机构停止转动。

再看侧面螺纹孔的动作原理:注塑完成后,不是首先开模,而是首先起动液压马达 13,它带动齿轮 12,齿轮 12 驱动齿轮 7 和螺纹型芯 6 向着产品螺纹的相反方向旋转,开始旋出螺纹,在螺纹套 4 的作用下,螺纹型芯 6 在旋转过程中边旋转边后退;当行至 L_1 距离时,螺纹型芯 6 已完全脱离了产品的侧面螺纹孔,产品已经能够正常地垂直脱模,此时,触动块 29 触动行程开关 31,液压马达 13 等传动机构停止转动。

当以上两组脱螺纹机构完成动作后,分型面打开,产品留在后模一侧,最后由顶针顶出产品。至此,所有自动脱模动作全部结束。

对于此副模具需要重点关注以下几点。

1) 液压马达的固定方式。对于这种两组传动机构同在一侧的模具来说,液压马达的固定必须结构简单、牢固可靠。本例的两个液压马达使用了同一类型的两个固定支架 14,这种结构比较简单,可以多多借鉴。

2) 螺纹型芯 20 的固定方式及相关结构。此例的螺纹型芯 20 使用了非常安全可靠的固定方式,前端使用了一个青铜镶套 28,后端使用了一个青铜镶套 21,不仅固定可靠,而且不易咬死。

第9章 自动脱螺纹机构20例

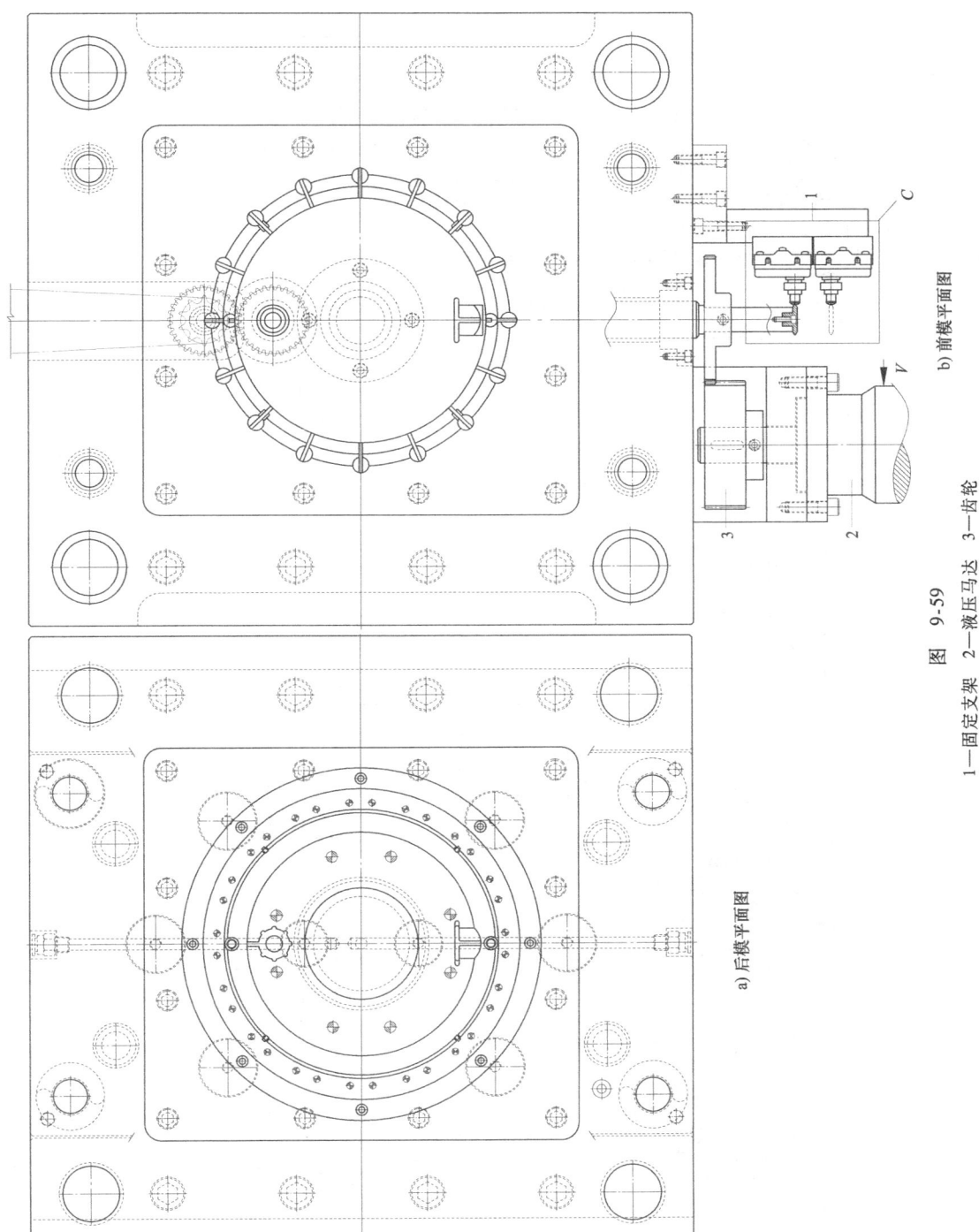

图 9-59
1—固定支架 2—液压马达 3—齿轮
a) 后模平面图　b) 前模平面图

· 436 ·　塑料注塑模具经典结构180例

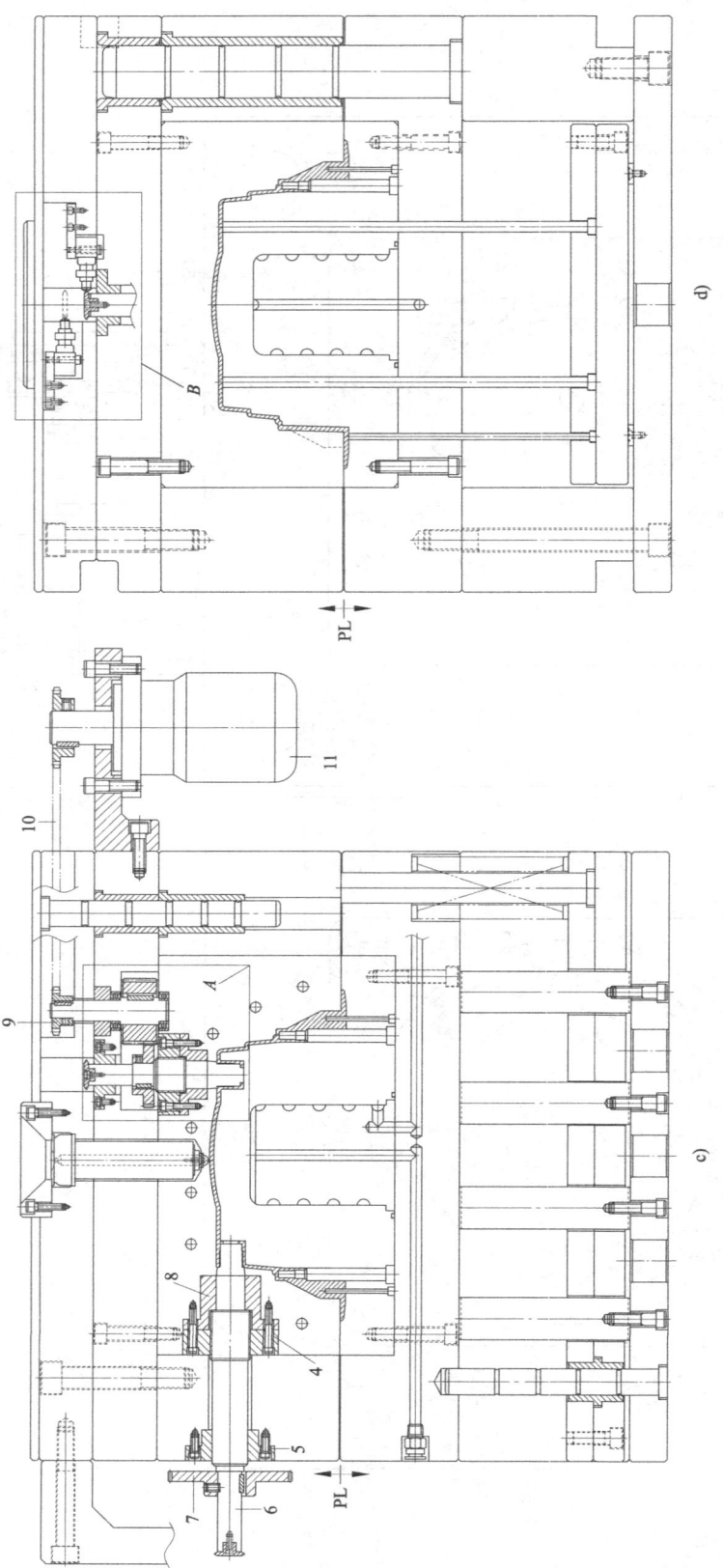

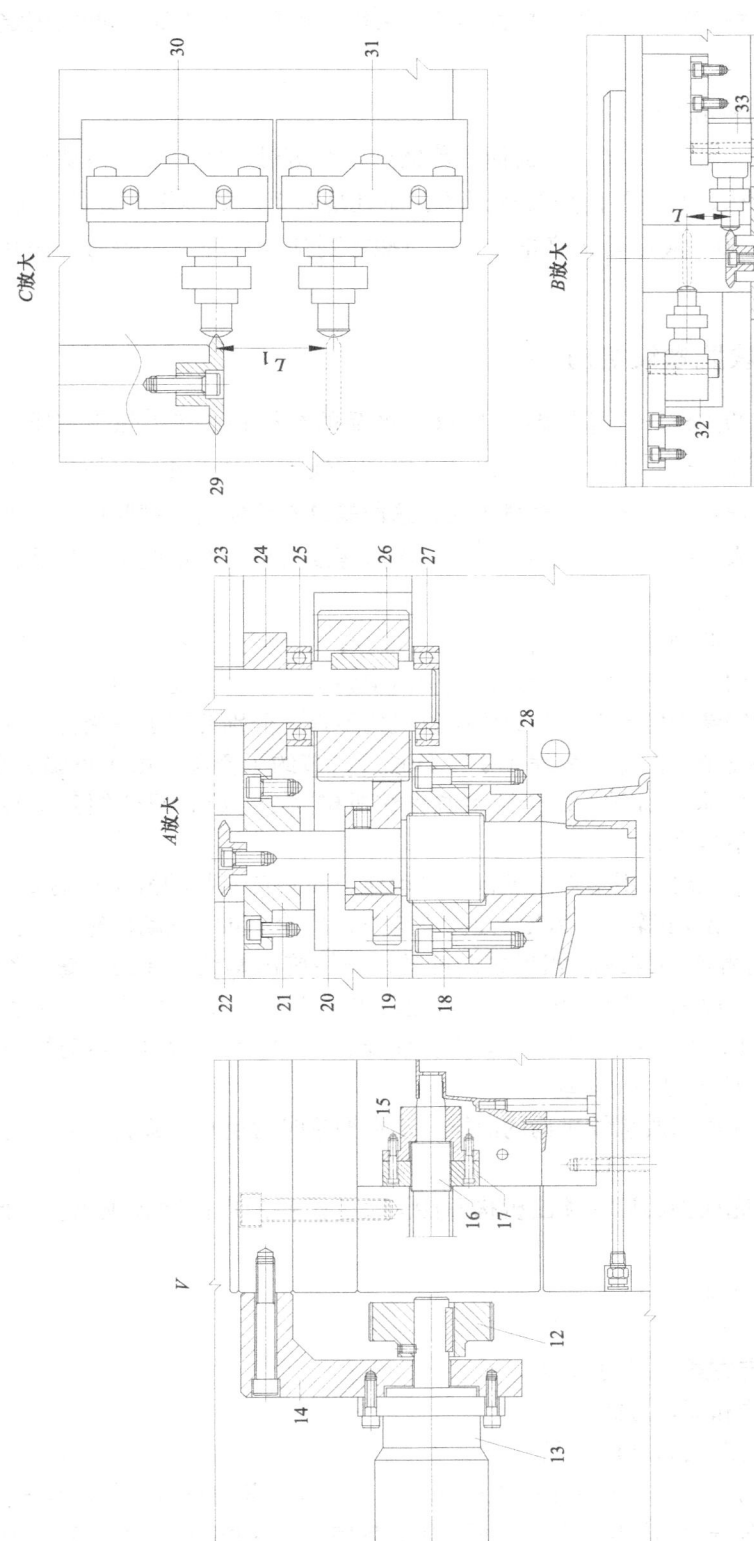

图 9-59（续）

14—固定支架 11、13—液压马达 7、12、19、26—齿轮 4、17、18—螺纹套 5、8、15、21、28—青铜镶套 6、16、20—螺纹型芯 9—链轮 10—链条 22、29—触动块 23—转轴 25、27—轴承 24—压块 30、31、32、33—行程开关

3）螺纹型芯 6 的固定方式及相关结构。螺纹型芯 6 采用了和螺纹型芯 20 相同的固定方式和结构，在此不再重复。

4）转轴 23 的固定方式和相关结构。

5）行程开关的使用方法和固定方式。在前面的范例中曾经讲过，使用马达传动且是螺纹型芯后退抽芯的脱螺纹机构，必须要使用行程开关，而且是两个。如本例的螺纹型芯 6，当完全复位时触动行程开关 30，液压马达停止旋转；当抽芯到预定行程时，触动行程开关 31，液压马达停止旋转。

范例 20 排气阀主体滑块脱螺纹机构

此例产品是一个排气阀的主体，产品材料为 PA66。产品的结构和形状类似于三通，产品内部 3 个方向分别有 3 个孔，这 3 个孔决定了模具结构必须使用三面滑块。但是，其中两个孔还有一段较长的细牙内螺纹，由于产品材料较硬，这段螺纹不能使用强制脱模，必须使用自动脱螺纹机构，这样一来，一个产品就必须使用两组脱螺纹机构，对如此小的产品，设计难度相当大。模具详细结构如图 9-60 所示。

从模具结构图可以看出，此副模具一模两穴，4 个方向有一个方向是滑块抽芯，其他 3 个方向分别有 3 组脱螺纹机构，由于是一模两穴，其中两组脱螺纹机构共同使用了同一组传动机构。为解决液压马达的安装固定问题，三组脱螺纹机构不得不分别使用了三级传动和两级传动，虽然传动机构有些复杂，但却大大缩小了模具长度，节约了资源。由于篇幅有限，详细理由不再一一解释。动作原理如下（由于三组脱螺纹机构完全一样，只介绍其中共用传动机构的一组，其他两组不再介绍）。

开模后，产品留在后模，此时，不是首先进行顶出动作，而是首先起动液压马达 8，液压马达 8 带动齿轮 9，齿轮 9 驱动齿轮 5，齿轮 5 驱动齿轮 2，齿轮 2 同时驱动齿轮 1 和齿轮 12 及两个螺纹型芯 4、13 向着产品螺纹的相反方向旋转，开始旋出螺纹，在两个螺纹套 3 的作用下，两个螺纹型芯 4、13 在旋转过程中边旋转边后退；当行至 L 距离时，螺纹型芯 4、13 已完全脱离了产品螺孔，产品已能够正常地垂直脱模，此时，触动块 18 触动行程开关 19，液压马达 8 等所有传动机构停止转动。

需要说明的是，模具两端两组脱螺纹机构的液压马达在抽芯时为逆时针旋转，复位时为顺时针旋转。

当 3 组脱螺纹机构全部完成抽芯后，顶出机构开始运动，产品最后由顶针顶出。至此，所有自动脱模动作全部结束。

对于此副模具需重点关注如下。

1）液压马达的安装固定方式。
2）两个螺纹型芯的固定方式及相关结构。
3）行程开关的使用方法和固定方式。
4）整个传动机构的结构形式和结构搭配。

以上是在设计此副模具时应重点掌握的结构上的知识。对于设计脱螺纹机构的模具来说，最重要的是对结构的理解，对每个部件均应懂得如何固定、导向、组合和优化，而且还应理解其中原因，做到能够灵活变通和应用。如果能够掌握这些，设计自动脱螺纹机构则容易了。

第 9 章 自动脱螺纹机构 20 例

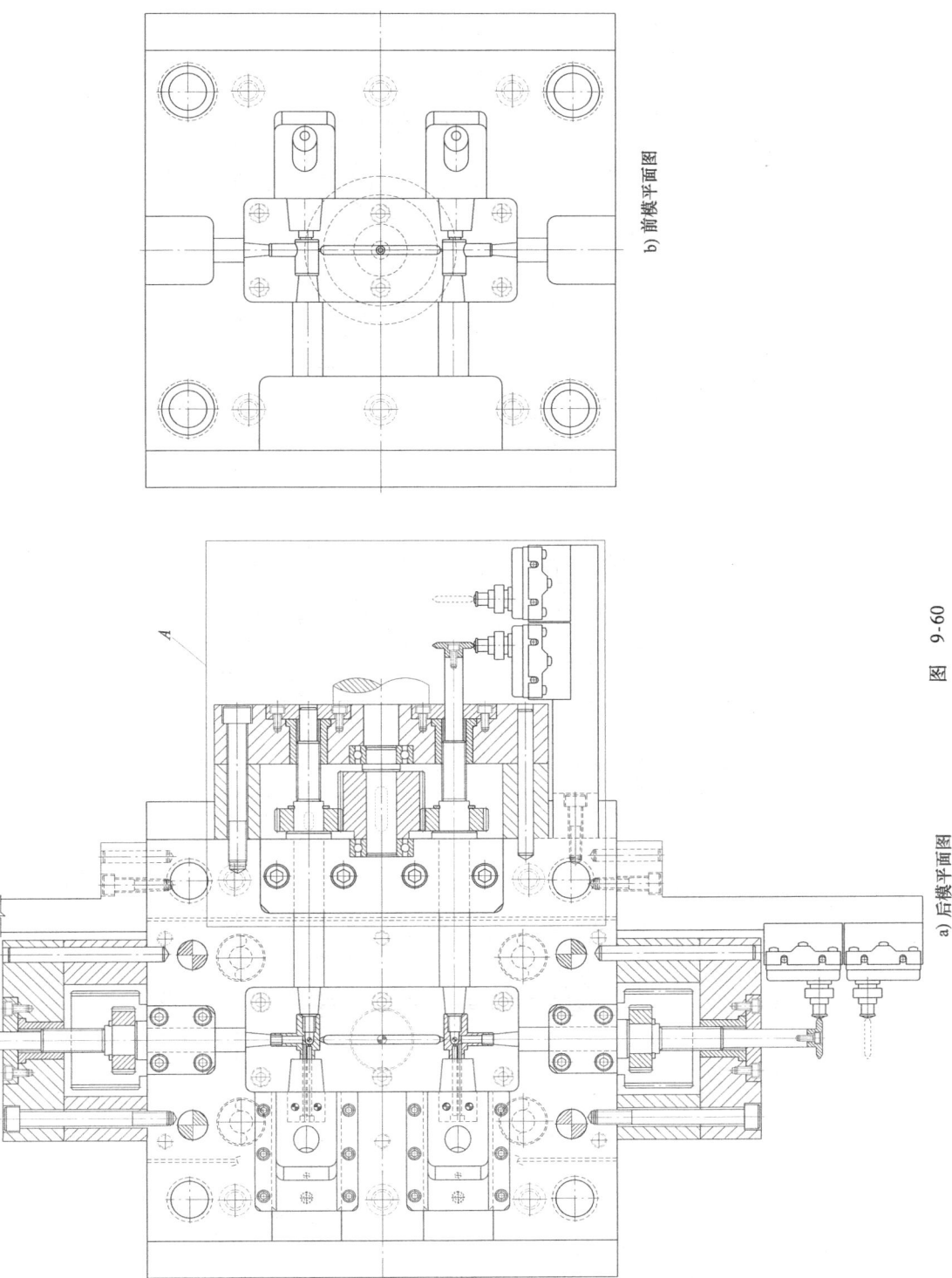

图 9-60

a) 后模平面图　b) 前模平面图

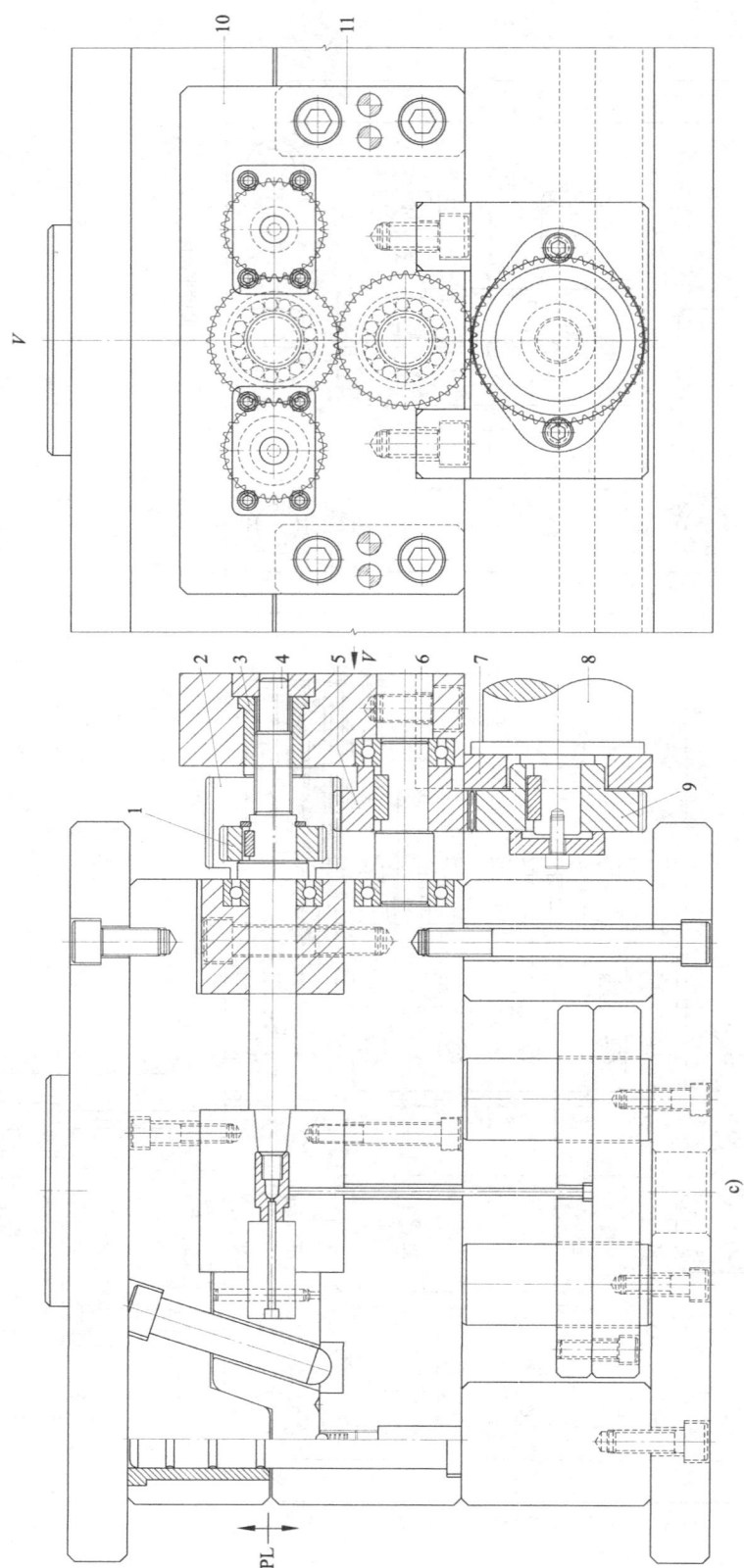

第9章 自动脱螺纹机构20例

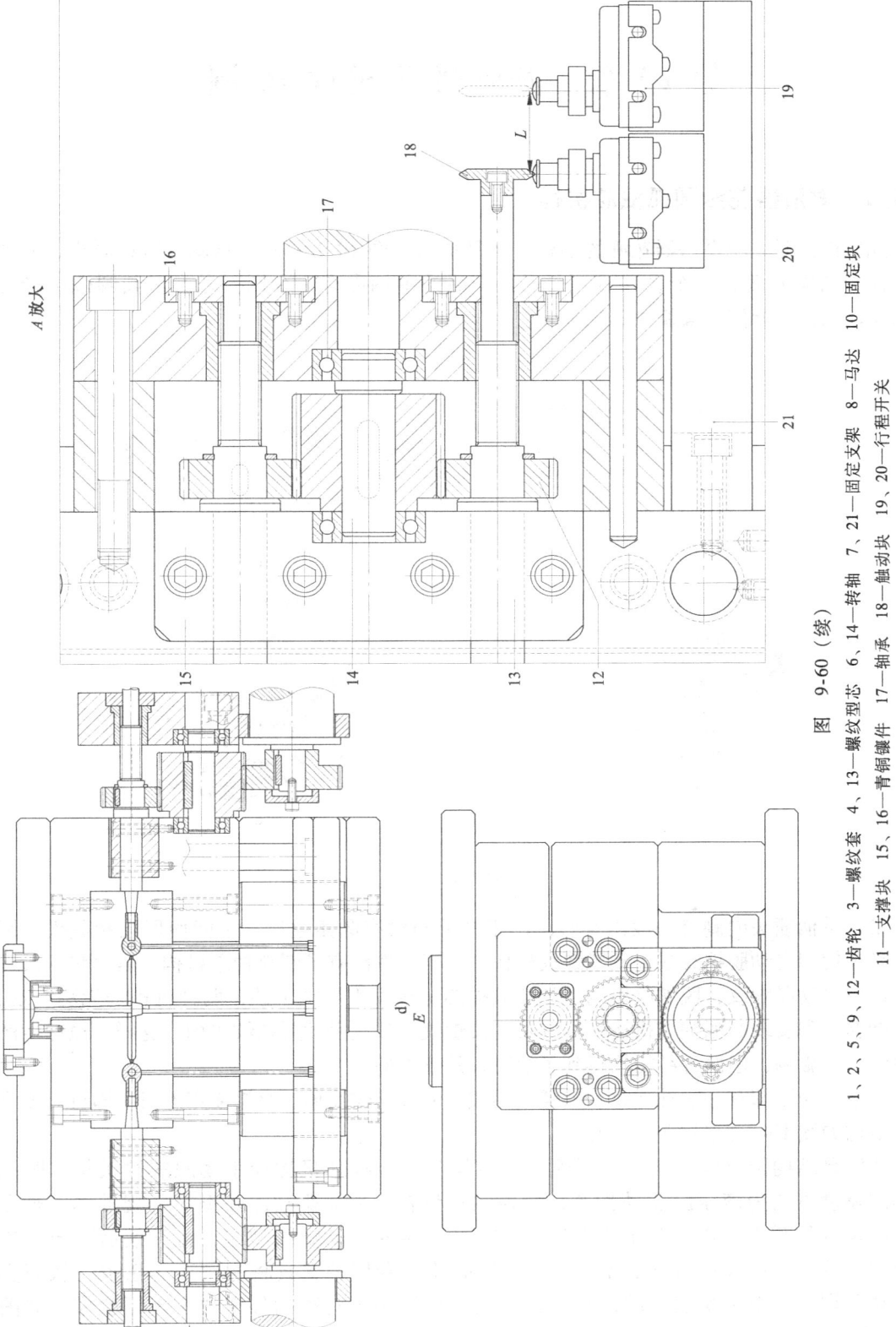

图 9-60（续）

1、2、5、9、12—齿轮 3—螺纹套 4、13—螺纹型芯 6、14—转轴 7、21—固定支架 8—马达 10—固定块 11—支撑块 15、16—青铜镶件 17—轴承 18—触动块 19、20—行程开关

第 10 章　圆弧抽芯机构 10 例

范例 1　淋浴器花洒圆弧抽芯机构

此例产品是一个淋浴器花洒的手柄，产品形状如图 10-1 所示。从图中可以看出，此产品在模具结构方面有 3 个设计难点，一是产品的手柄内有一个圆弧通孔，其圆弧半径为 160mm，此孔只能使用圆弧抽芯机构。

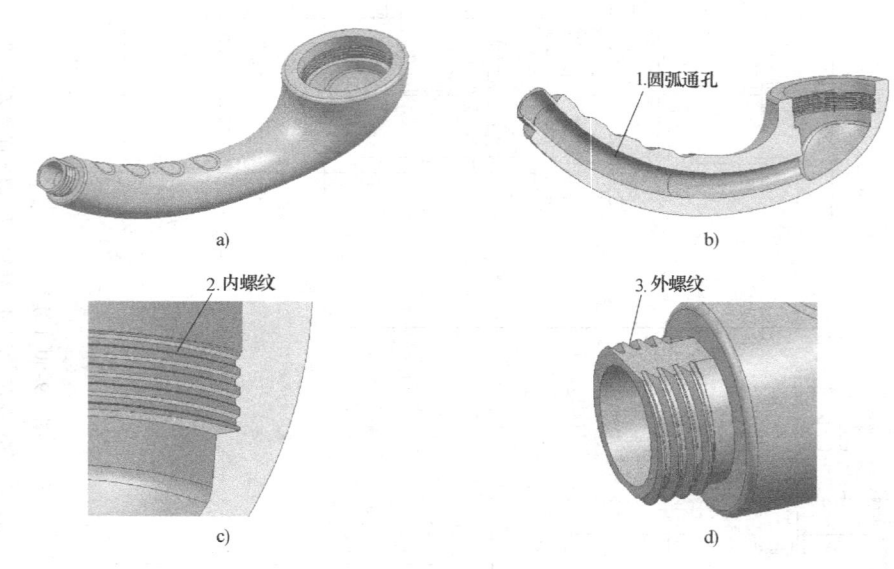

图　10-1

二是手柄喷头内侧有一段内螺纹。由于螺牙间没有圆角过渡，不能使用强制脱模，因此，必须使用自动脱螺纹或手动脱螺纹机构。由于本例已有了圆弧抽芯机构，若再将这段螺纹设计成自动脱螺纹，脱螺纹机构将和圆弧抽芯机构发生严重干涉，两种机构均无法实现，为了能够顺利实现圆弧抽芯机构，本例将这段螺纹设计成手动脱螺纹机构，这样，虽然生产效率受到了影响，但两种结构均得到了解决，是值得的。

三是手柄尾部有一段外螺纹。外螺纹的成型方式比较简单，直接使用外滑块即可。模具详细结构如图 10-2 和图 10-3 所示。

从模具结构图可以看出，此副模具的结构为圆弧抽芯机构和手动脱螺纹机构。圆弧抽芯的驱动方式为液压缸驱动齿条，齿条驱动齿轮，从而驱动圆弧型芯实现抽芯。难点二的内螺纹的脱模方式是设计了几个相同的可互换的活动螺纹型芯，待开模后，产品连同活动螺纹型芯一起被顶出型腔，在模具外面使用专用的夹具将螺纹型芯扭掉，从而实现手动脱螺纹。至于难点三的外螺纹，本例使用了两个对称的外滑块实现了脱模，如图 10-3 所示。

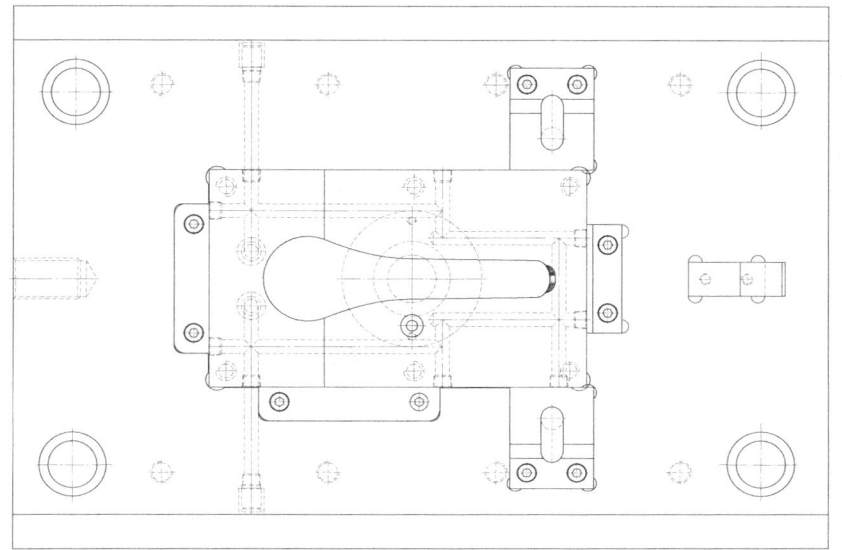

b) 前模平面图

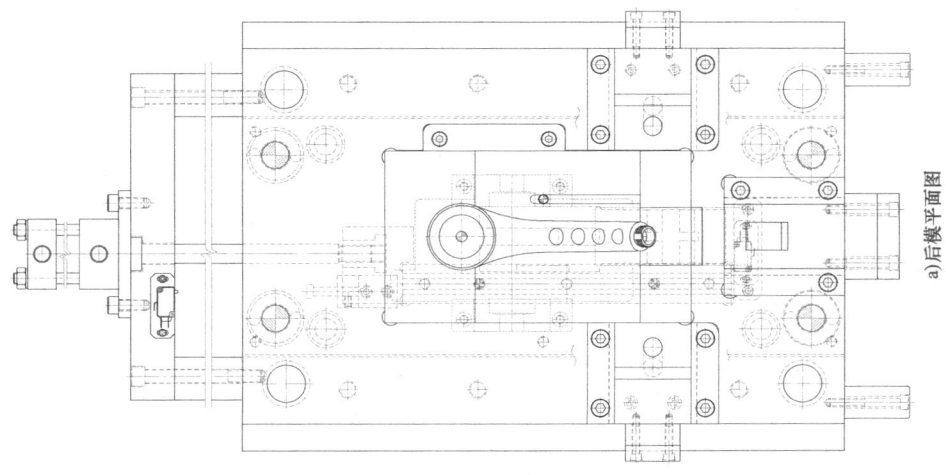

a) 后模平面图

图 10-2

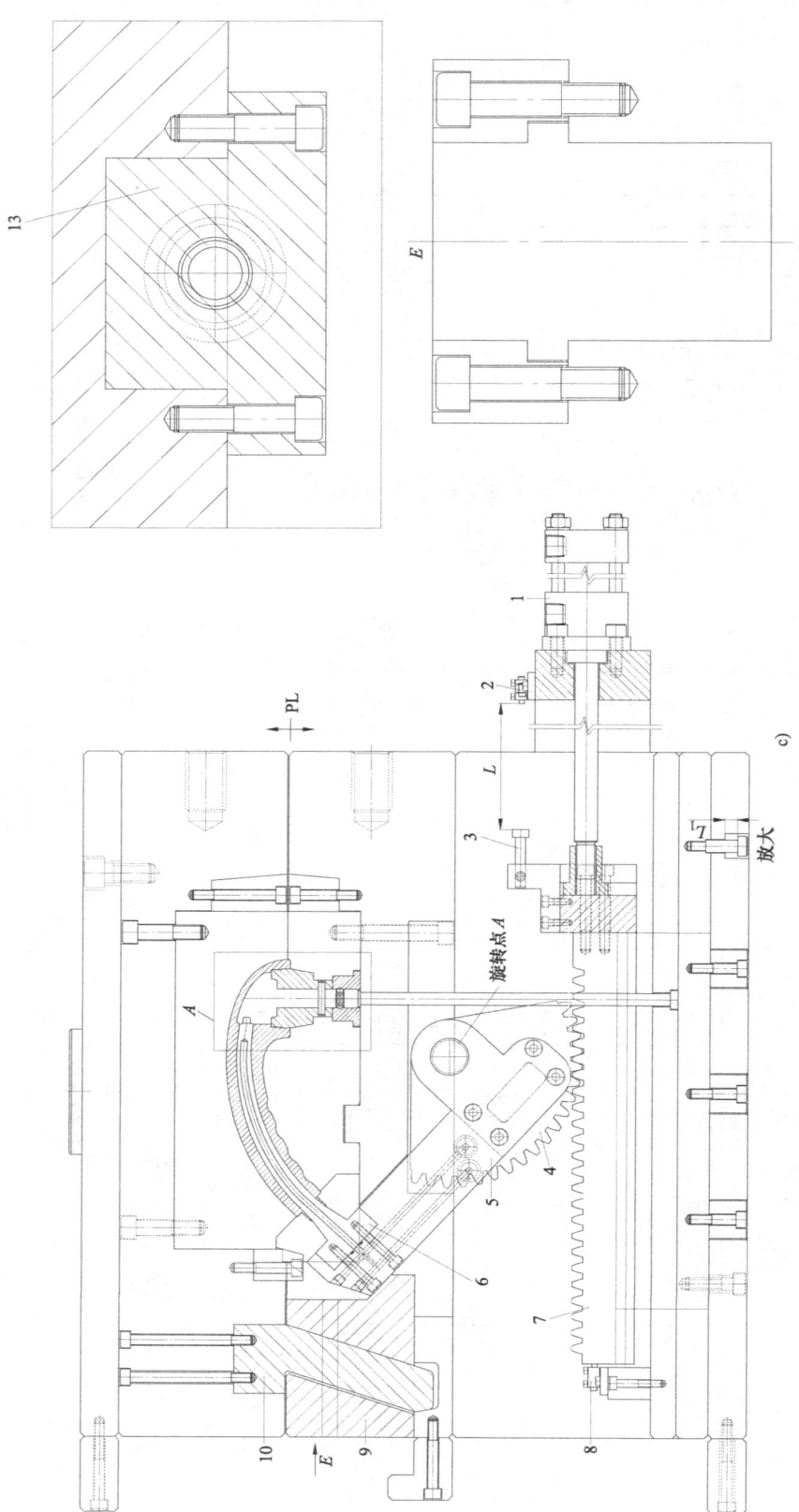

第 10 章 圆弧抽芯机构 10 例

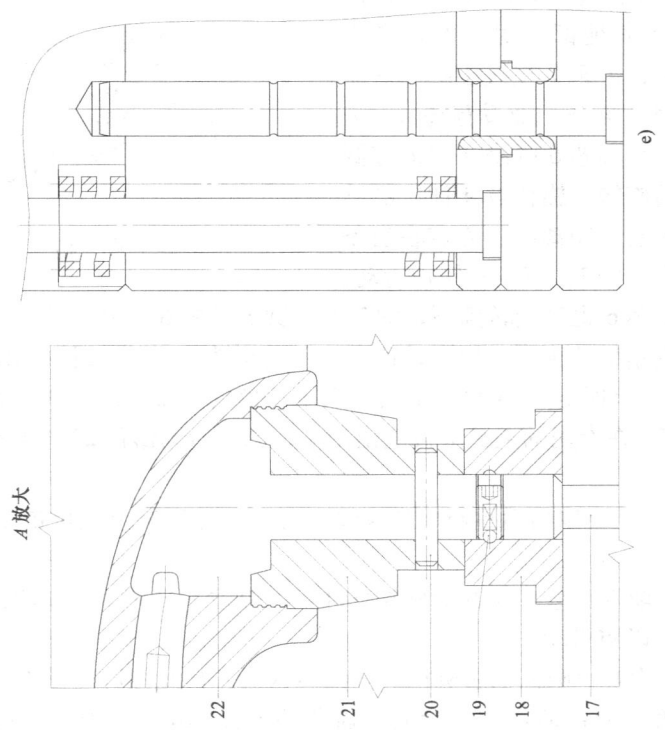

图 10-2（续）

1—液压缸 2、8—行程开关 3—触动杆 4—齿轮 5—摆块 6—圆弧型芯 7—齿条 9—滑块 10—锁紧块 11—T形导向块 12、15—平键 13—固定块 14—转轴 16—轴承 17—顶针 18—定位键件 19—弹簧定位珠 20—定位销 21—定位珠 22—螺纹镶件 22—活动镶件

整副模具的详细动作原理如下：

开模时，滑块9在锁紧块10的作用下被向后拨开，摆块5失去了其他部件对它的锁紧作用，待开模动作停止后，齿条7在液压缸1的驱动下被向后抽出，同时，齿条7驱动齿轮4，齿轮4又带动摆块5和圆弧型芯6围绕A点向着圆弧型芯旋出的方向开始旋转，旋转点A即产品圆弧的中心点；当齿条行至L距离时，固定在齿条上的触动杆3触动行程开关2，液压缸停止运动，

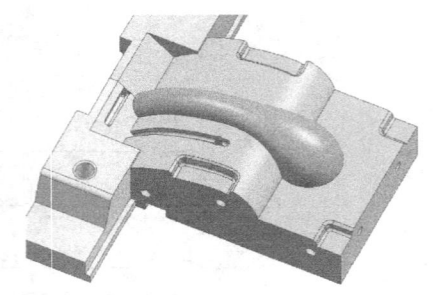

图 10-3

此时，摆块5和圆弧型芯6也已旋转到预定的角度，圆弧型芯6已完全抽出了产品，此时产品已能够垂直顶出，注塑机的顶出机构开始顶出，活动镶件22和螺纹镶件21连同产品一起在顶针17的作用下被向上顶出L_1距离，最后由人工从模具上取下；当产品被取下后，拆除定位销20，螺纹镶件21在专用的夹具上被旋出产品，取出活动镶件22，至此，所有脱模动作全部完成。

当活动镶件22从产品中取出后重新装进螺纹型芯中，然后装上定位销20，等待下一次使用。

合模前，液压缸1驱动齿条7及其他旋转部件首先复位，当完全合模后，滑块9完全复位，并紧紧锁住摆块5以防松动。

图10-4和图10-5为整个圆弧抽芯机构的详细结构图。从此图可以看出，齿条的下面是T形导向块11，主要负责齿条的定位和导向；齿条的上面驱动着齿轮4，齿轮4、摆块5、圆弧型芯6三个部件固定在一起，通过旋转轴16固定在固定块13上，并在轴承14的作用下可顺畅地旋转摆动，实现抽芯。

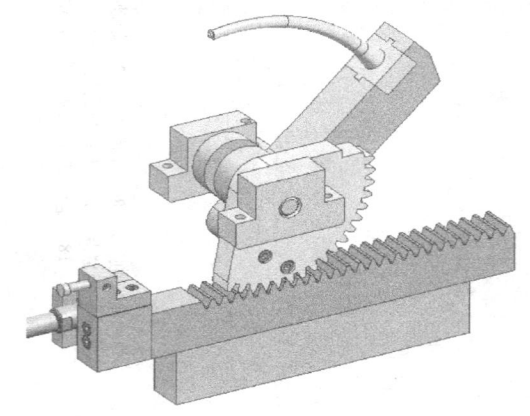

图 10-4

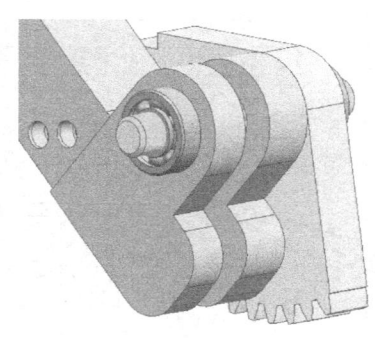

图 10-5

图10-6和图10-7为齿轮4和摆块5间的内部结构。从两幅图可以看出，摆块和齿轮间由平键12定位，用4个螺钉连接紧固；转轴、摆块和齿轮间使用平键15定位止转。

图10-8为内螺纹机构，共有6个重要零件组成，其中定位镶件18主要负责活动螺纹镶件的精确定位；弹簧定位珠19同样有定位的作用，主要是防止整个活动组件在装到型腔后会由于有间隙而产生松动或掉落，这也是设计此机构的一个重点；螺纹镶件21上的六角形状主要起防转作用，以防整个活动组件在装到型腔后会旋转或放错方向，这一点也十分重要。

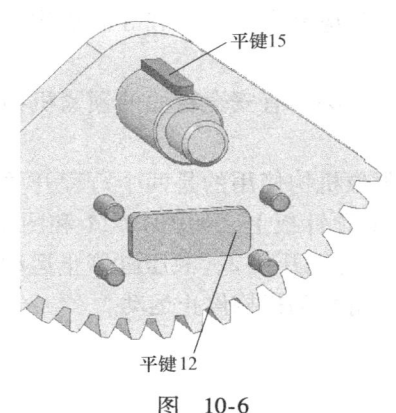

图 10-6

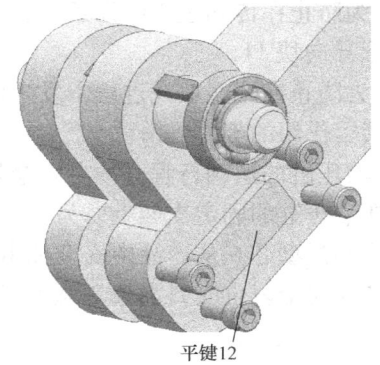

图 10-7

对于此副模具的圆弧抽芯机构，需掌握以下几个设计重点。

1) 圆弧型芯 6 抽芯距的计算和齿条行程的计算方式。在设计这类模具时，这两个距离的计算方式非常关键，圆弧型芯的行程即抽出产品的安全距离，由齿条的行程来决定，所以，二者之间有着密切的关系。本例的实际计算方式详细说明如下。

从图 10-9 可以看出，本例产品圆弧半径为 160mm，以产品为基准，从圆弧型芯的顶端到产品圆弧的根部形成 60°的夹角，弧长为 3.14 × 160 × 2 × (60/360)mm = 167.46mm，再加上抽芯的安全距离（本例定为 5°，5°的弧长为 3.14 × 160 × 2 × (5/360)mm = 13.95mm），(167.46 + 13.95)mm = 181.40mm，60° + 5° = 65°，若想抽出 181.40mm 的弧长，圆弧型芯 6 必须围绕圆心旋转 65°角，若想圆弧型芯 6 旋转 65°，即意味着齿轮 4 必须旋转 65°，如图 10-10 所示。从图中可以看出，齿轮的分度圆半径为 100mm，根据以上公

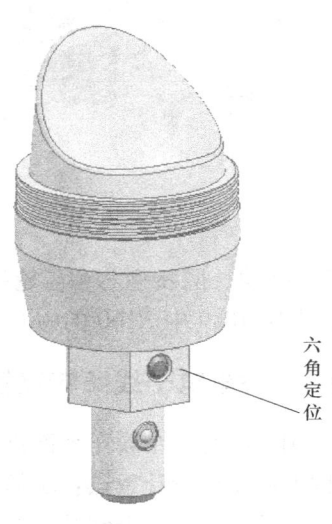

图 10-8

式计算，65°的齿轮弧长为 112.66mm，若想齿轮转出一个 112.66mm 的弧长，则齿条 7 的行程距离为 112.66mm。至此，几个关键数据为：圆弧型芯 6 的旋转弧长为 181.40mm，旋转角为 65°；齿轮 4 的旋转角同为 65°；齿条 7 的行程距离为 112.66mm。在实际设计中，齿条的行程尽量取整数，若模具的内部空间足够大，可取 120mm。图 10-10 中虚线部分为齿轮旋转 65°后的状态。

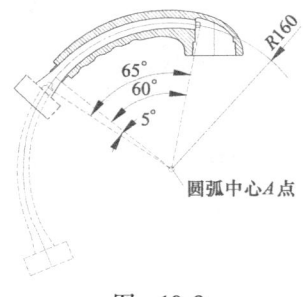

图 10-9

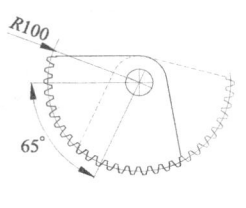

图 10-10

2) 为防止在传动过程中齿条 7 发生摆动和错位，齿条应有安全定位和导向机构，如本例的 T 形导向块 11。

3) 为防止在注塑填充过程中发生松动或让位，摆块 5 必须有安全稳固的锁紧机构，本例负责锁紧作用的部件是滑块 9。

4) 液压缸的运动行程必须有安全限位机构，本例限位机构使用的是两个行程开关，一个固定在液压缸的固定支架上，另一个固定在齿条尾部的顶针板上，如图 10-11 和图 10-12 所示。当圆弧型芯 6 从产品中安全抽出后，触动杆 3 触动行程开关 2，液压缸停止运动。当圆弧型芯 6 完全复位时，齿条 7 触动行程开关 8，液压缸等传动机构停止运动。

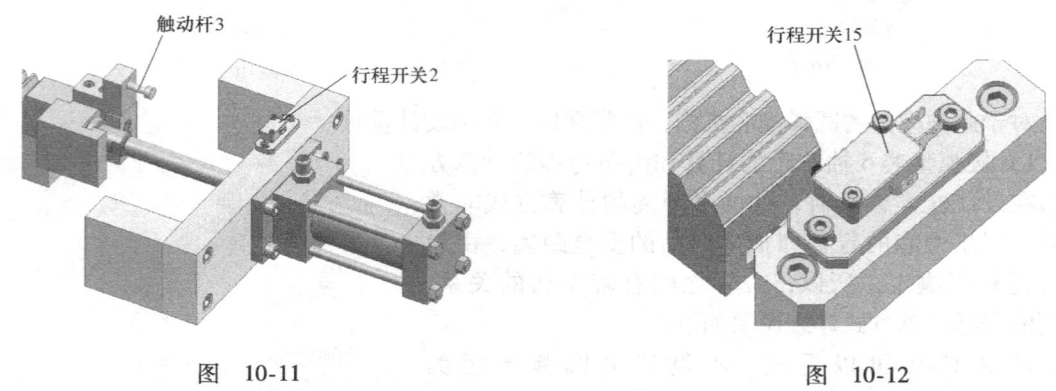

图 10-11　　　　　　　　　　　　　　图 10-12

5) 摆块、圆弧型芯和齿轮的旋转中心必须是产品的圆弧中心，本例的圆弧中心即旋转点 A，即图 10-9 中 $R160$ 的中心点。

范例 2　轿车电子线路转接管圆弧抽芯机构

此例产品是一个轿车零部件，产品形状如图 10-13 所示。从图中可以看出，此产品在模具结构上有 3 个设计重点：①是一大一小两个并排的直孔。孔内还有其他形状，此处必须使用滑块抽芯；②是一个斜孔，此处也必须使用滑块抽芯机构；③的难度最大，此处是一个规则的圆弧孔，根据模具结构的要求，此圆弧孔必须使用圆弧抽芯机构。模具详细结构如图 10-14 和图 10-15、图 10-16 所示。

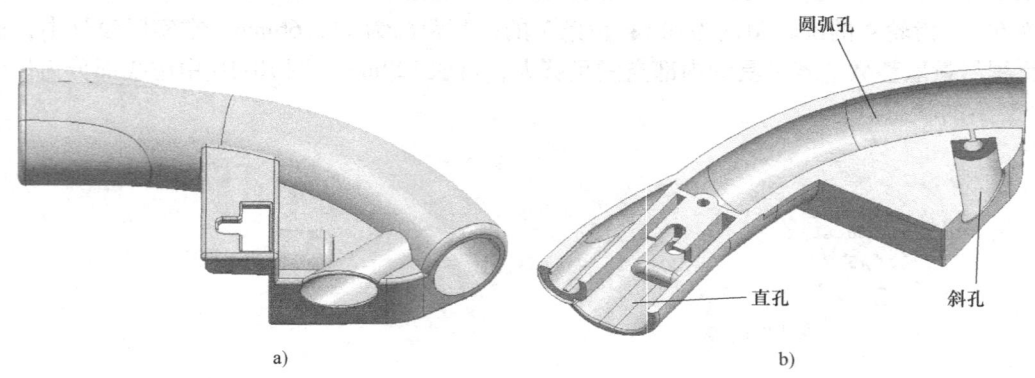

图 10-13

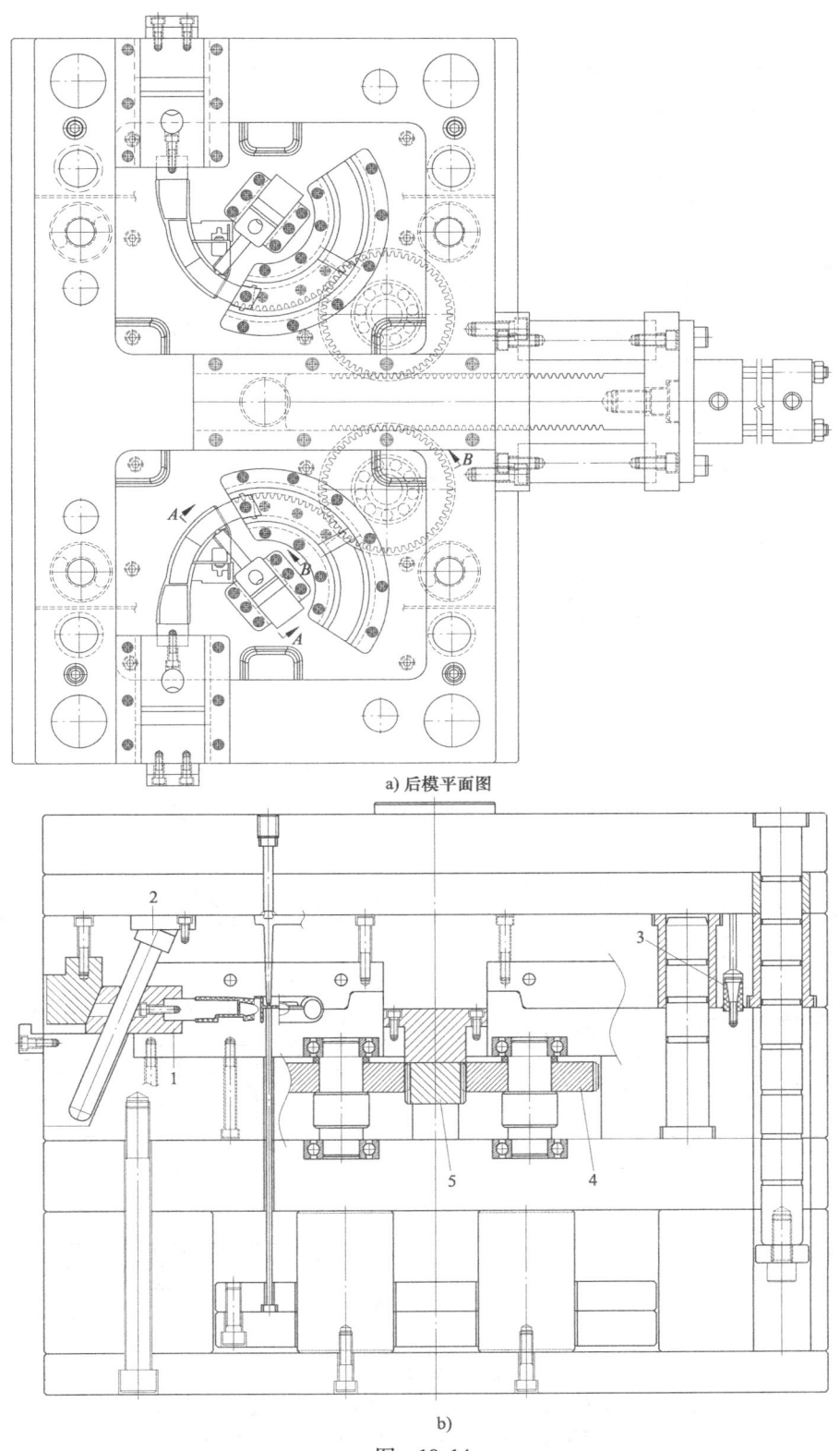

a) 后模平面图

b)

图 10-14

1—滑块 2—斜导柱 3—开闭器 4—齿轮 5—齿条

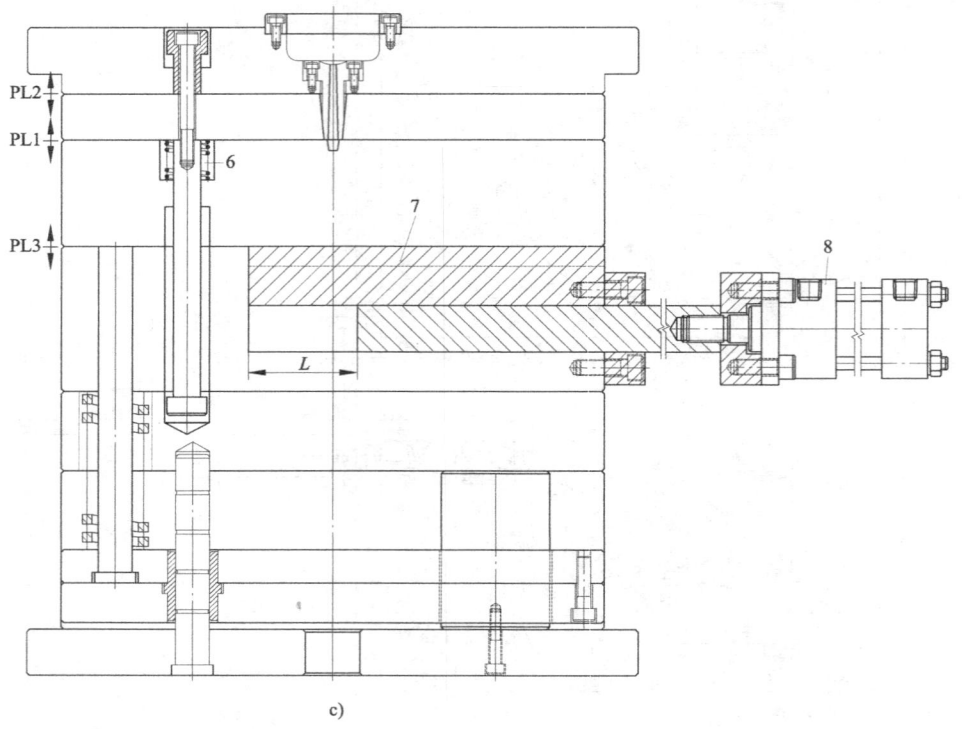

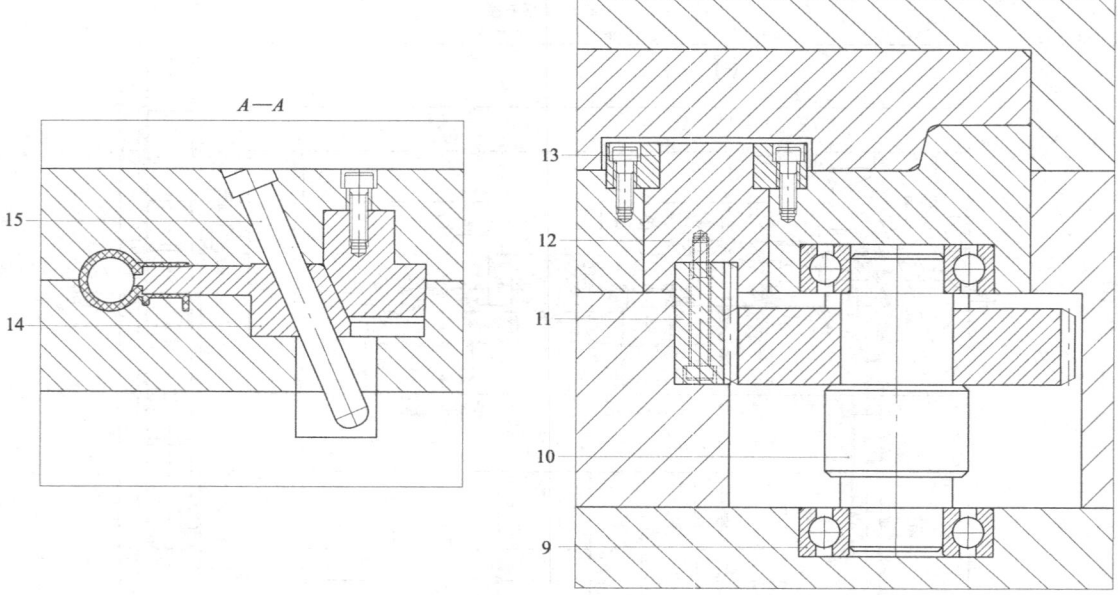

图 10-14（续）

6—弹簧　7—齿条压板　8—液压缸　9—轴承　10—转轴　11—圆弧出轮
12—圆弧滑块　13—圆弧压板　14—滑块　15—斜导柱

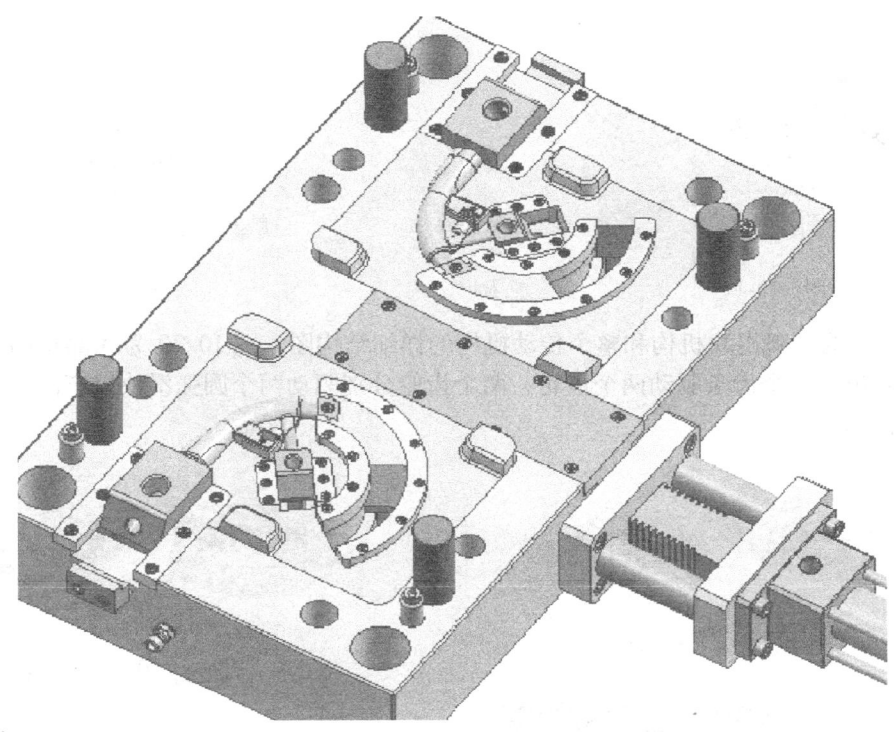

图 10-15

从模具结构图可以看出,此副模具一模两穴,产品的进胶方式为三板模点浇口,产品的顶出方式为顶针顶出。单个产品上共有 3 个滑块,滑块 1 和滑块 14 为普通外滑块,直接使用斜导柱即可实现抽芯;滑块 12 是圆弧形滑块,两侧由两个圆弧形压板导向固定,并形成了一个圆弧形轨道,滑块 12 在此轨道中可顺畅旋转滑动。在滑块底部,镶嵌着一个圆弧形齿轮,此齿轮由 3 个螺钉固定(见图 10-17 和图 10-18),在齿轮 4 和齿条 5 的驱动下,圆弧滑块 12 可以在圆弧轨道中实现圆弧抽芯动作。详细动作原理如下。

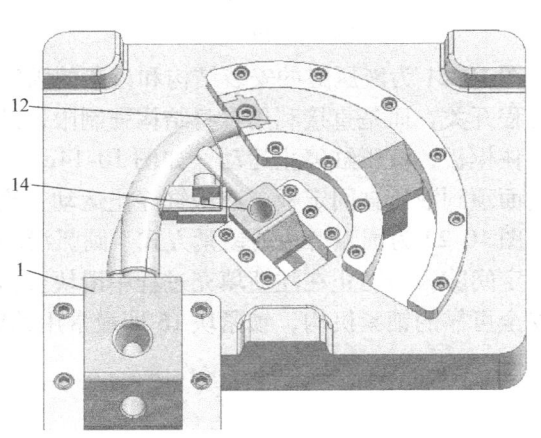

图 10-16

开模后,在尼龙开闭器 3 和弹簧 6 的作用下 PL1 和 PL2 被相继打开,当主分型面 PL3 被打开时,滑块 1、14 在斜导柱 2、15 的作用下被分别拨开完成抽芯,产品留在后模型腔中并紧紧包在圆弧滑块 12 上;开模动作停止后,液压缸 8 开始起动,齿条 5 在液压缸的推动下被向前推出,同时,齿条 5 又驱动两个齿轮 4 旋转,两个齿轮 4 又至驱动两个圆弧滑块 12 向着圆弧的脱模方向旋转,开始进行圆弧抽芯;当齿条 5 行至 L 距离时,液压缸和齿条被强迫限位,停止运动,圆弧滑块 12 也已完全抽出了产品,此时产品已能够垂直脱模,最后在顶针的顶出下被顶出型腔,自动跌落,从而完成全部的脱模过程。

合模前,圆弧滑块在液压缸和齿条的驱动下提前复位,然后才可进行合模。

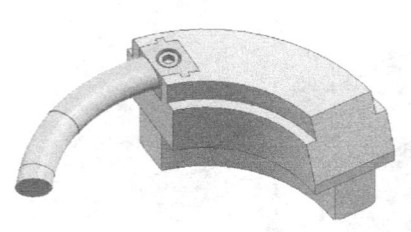

图　10-17

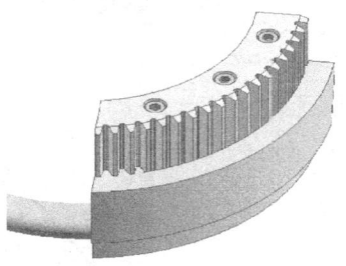

图　10-18

图10-19为圆弧滑块机构和整个传动机构的详细结构图，图10-20为底部视图。从这两个视图可看出，一个齿条驱动两个齿轮，两个齿轮分别驱动两个圆弧滑块以产品圆心为中心进行旋转抽芯。

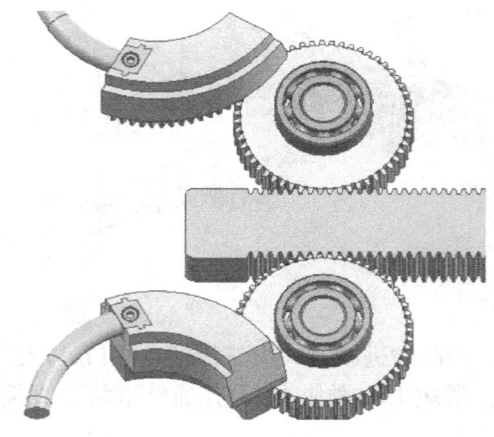

图　10-19

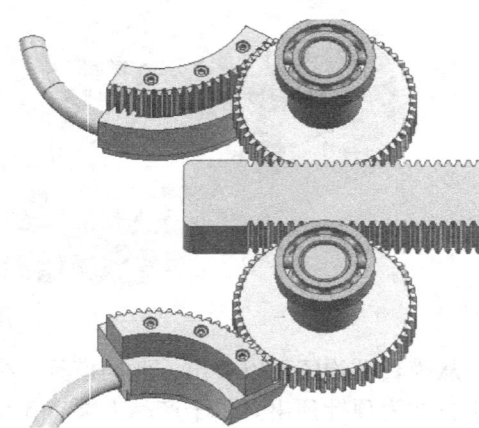

图　10-20

图10-21为液压缸的安装结构和齿条的固定方式。本例齿条和液压缸的行程限位没有使用行程开关，而是直接利用自身结构强制限位的。当液压缸向前推出到预定行程后，齿条前端顶住模板，液压缸停止运动，如图10-14c所示。当液压缸复位到预定行程时，齿条根部的端面顶到液压缸固定板，液压缸停止运动，当然，此过程是在时间的控制配合下实现的。

图10-22为圆弧滑块的锁紧方式，圆弧滑块虽然有齿轮和齿条在锁紧，但它们之间仍然有一定间隙，为防止在注塑填充过程中滑块会由于受到压力而后退，所以，圆弧滑块同样需要安全可靠的锁紧机构，锁紧块16即最常用的结构之一。

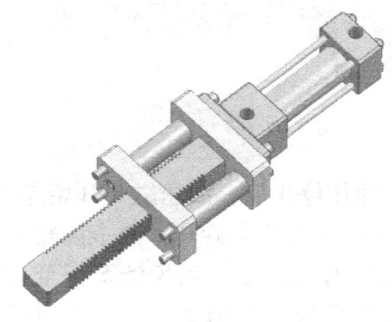

图　10-21

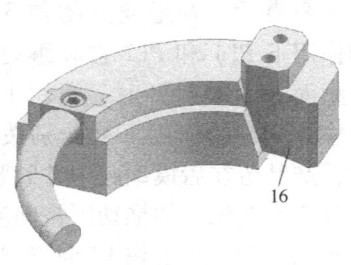

图　10-22

16—锁紧块

设计此副模具时,圆弧滑块的行程设计和齿条的行程设计也是很关键的,详细的计算方式和本章范例1几乎相似,本例就不再重复。除此之外,圆弧滑块的结构、传动机构的结构也是此例的设计重点,望读者多加研究。

范例3 弯管接头连杆式圆弧抽芯机构

此例产品是一个非常简单的弯管接头,产品形状如图10-23所示。从图中可以看出,产品是一段规则的圆弧弯管,在弯管一端,有一段直的台阶。规则的圆弧段在模具结构上必须使用圆弧抽芯方可出模,但是,由于有一段直的台阶,直接利用圆弧抽芯无法实现,直的台阶必须使用滑块来抽芯。此产品需要两个滑块,一个是圆弧滑块,另一个是普通滑块。模具详细结构如图10-24、图10-25和图10-26所示。

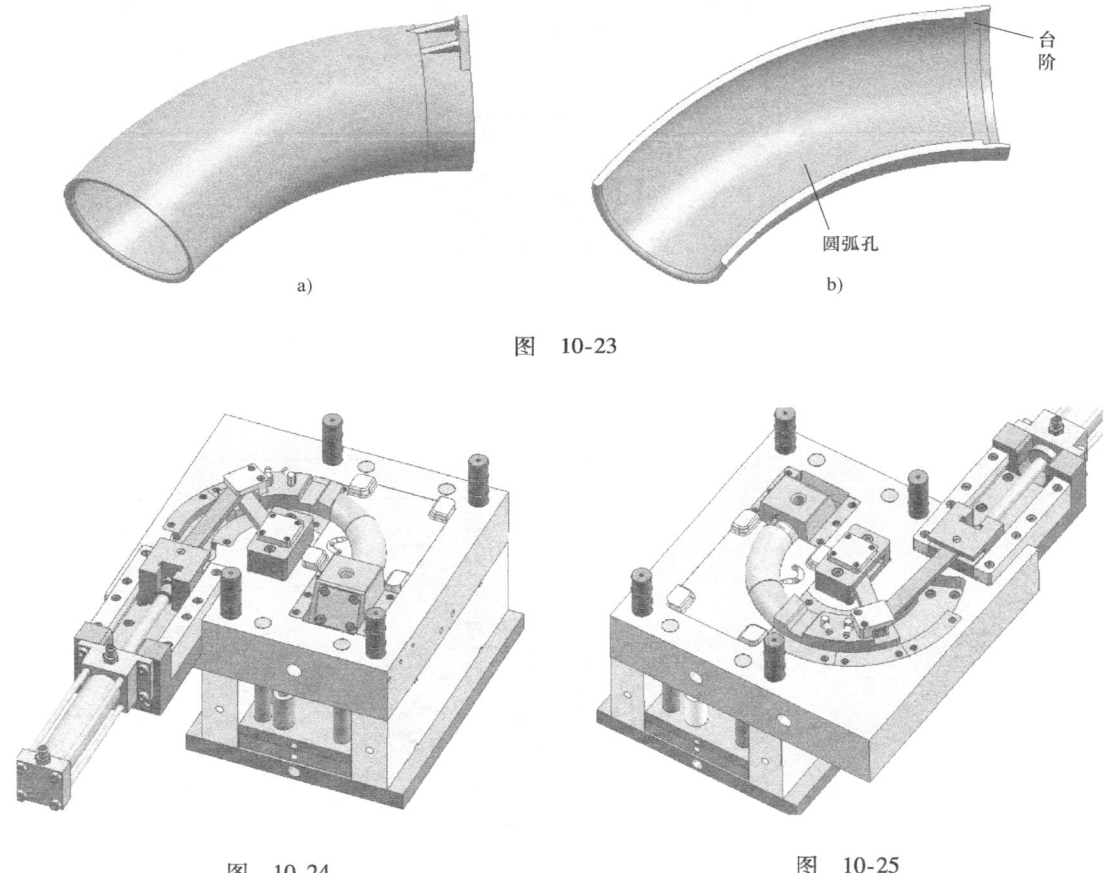

图 10-23

图 10-24　　　　　　　　　　　　图 10-25

从模具结构图可以看出,此例的圆弧抽芯是近似于连杆传动的抽芯机构,圆弧滑块14上共使用了两个连杆,分别为连杆2和连杆3。连杆2一端紧固在圆弧滑块上,另一端连接在固定座5上,并在轴承11和转轴10的作用下可顺畅地旋转摆动,它主要是对圆弧滑块起到导向、支撑、辅助定位和强度加强的作用。连杆3一端连接在圆弧滑块上,另一端连接在滑块4上,并在两个转轴销钉的作用下两端均可自由摆动,它主要是通过液压缸的动力对圆弧滑块进行拉开和复位,并与连杆2互相辅助。如果没有连杆2,在对圆弧滑块进行复位时,连杆3的强度、稳定性和可靠性均不够。详细动作原理如下。

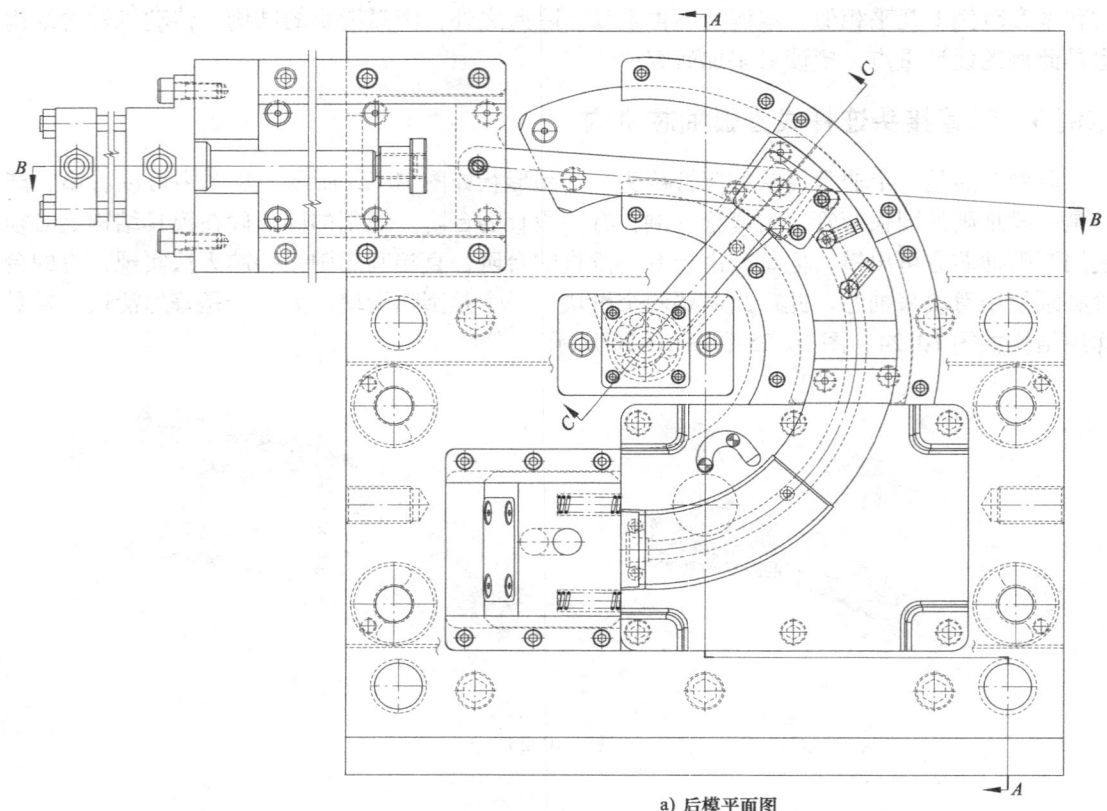

a) 后模平面图

b) 前模平面图

图 10-26

第10章 圆弧抽芯机构10例

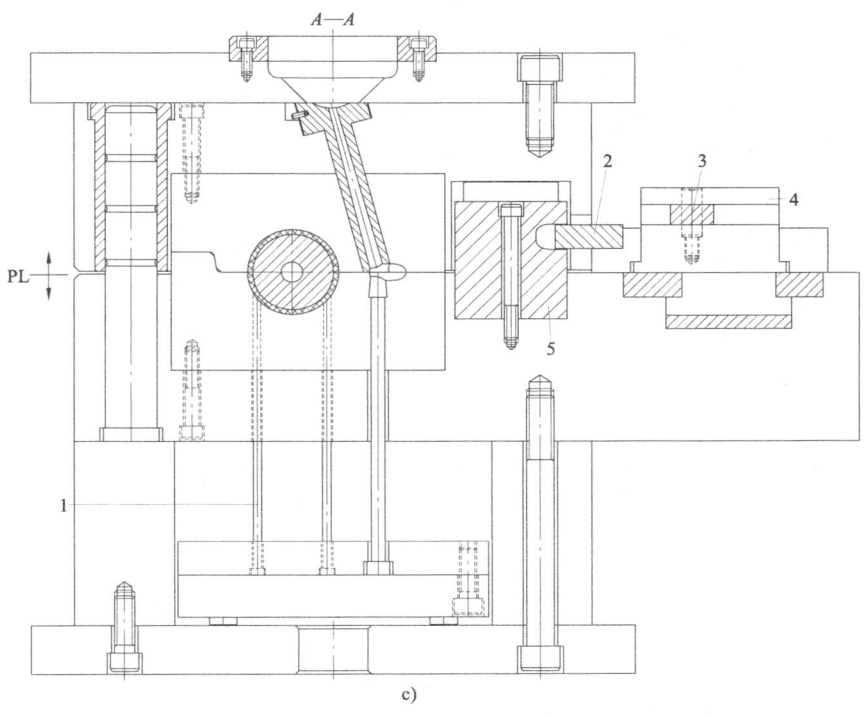

c)

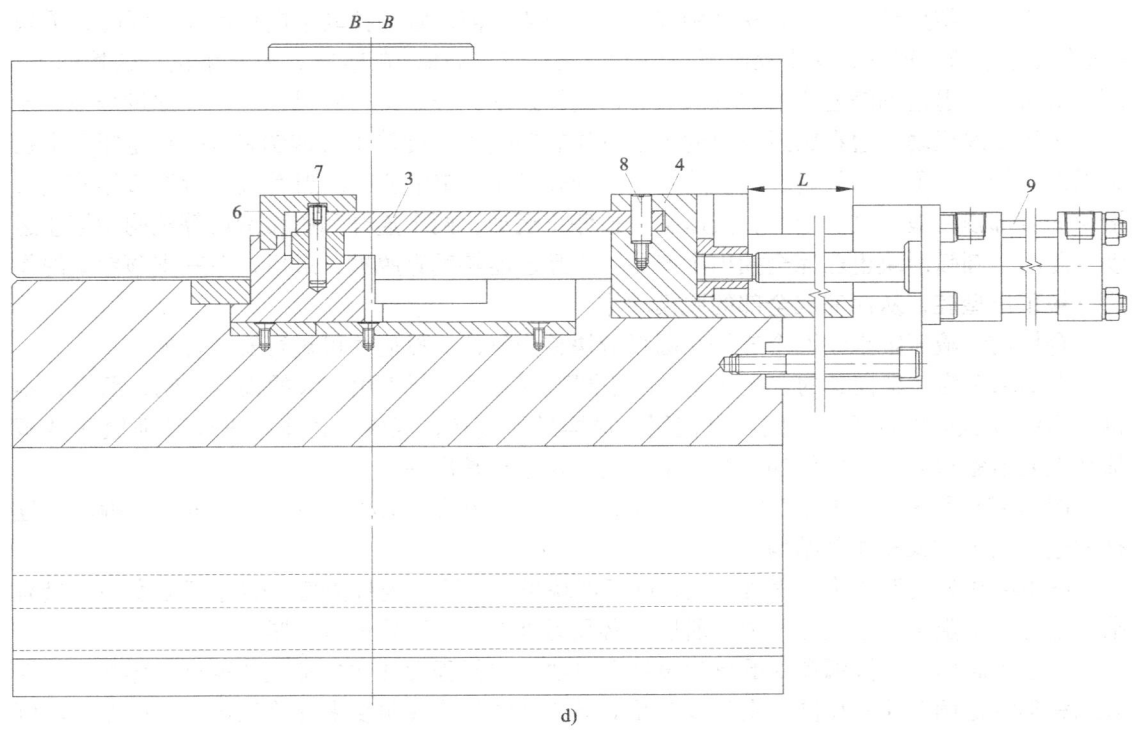

d)

图 10-26（续）

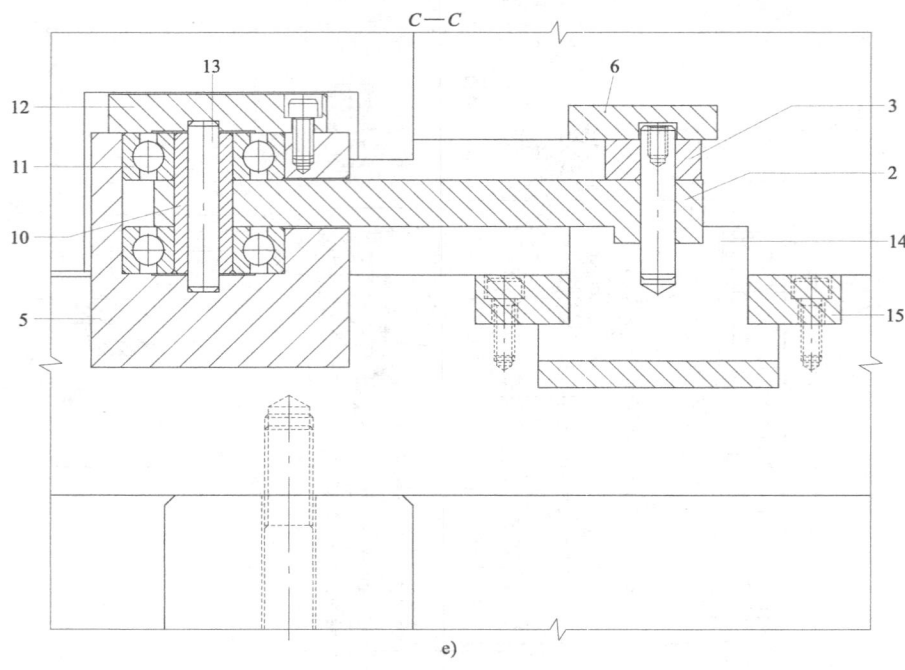

图 10-26（续）
1—顶针 2、3—连杆 4—滑块 5—固定座 6—固定块 7、8、13—销钉
9—液压缸 10—转轴 11—轴承 12—压块 14—圆弧滑块 15—圆弧压板

开模动作结束后，液压缸9开始起动，滑块4在液压缸的拉动下向后运动，同时，滑块4又带动连杆3，连杆3又带动圆弧滑块14一起向后运动，在连杆2和圆弧轨道的控制下，圆弧滑块边后退边围绕着产品的圆弧中心作旋转运动，开始进行圆弧抽芯；在此过程中，连杆3边作直线运动，边在圆弧滑块的控制下作旋转摆动，旋转中心即销钉8；而连杆2也在圆弧滑块的作用下同步旋转，它的旋转中心即转轴10和销钉13；当滑块4行至L距离时，滑块的背部顶住液压缸固定板，液压缸被迫停止运动，两个连杆和圆弧滑块等机构均停止运动，此时，圆弧滑块也已完全抽出了产品，产品已能够垂直脱模，最后，在三支顶针1的作用下被顶出型腔，从而完成全部的脱模动作。

合模前，液压缸推动两个连杆和圆弧滑块首先复位，然后才可进行安全合模。

图10-27为整副模具的合模状态。由于圆弧抽芯机构要占用很大的模具空间，所以，本例专门将B板向外延长了一段以供使用，这样虽不美观，但成本比将整副模具都做到B板那么大要节省得多。在圆弧抽芯模具中，类似现象经常出现。

图10-28和图10-29为连杆和圆弧滑块的详细结构图，从两幅图上，应重点掌握两个连杆的连接固定方式和相关结构。

图10-30为圆弧滑块的锁紧方式，圆弧滑块虽然有两个连杆撑着，但连杆强度和力量有限，远远无法阻挡注塑填充压力，所以，必须另外增加锁紧块进行锁紧。

对于此副模具，圆弧滑块的行程设计和滑块4的行程设计同样是设计重点，详细的计算方式和本章范例1几乎相同，也是以产品的圆弧半径和旋转角度来计算弧长，可以参照范例1，本例就不再重复。

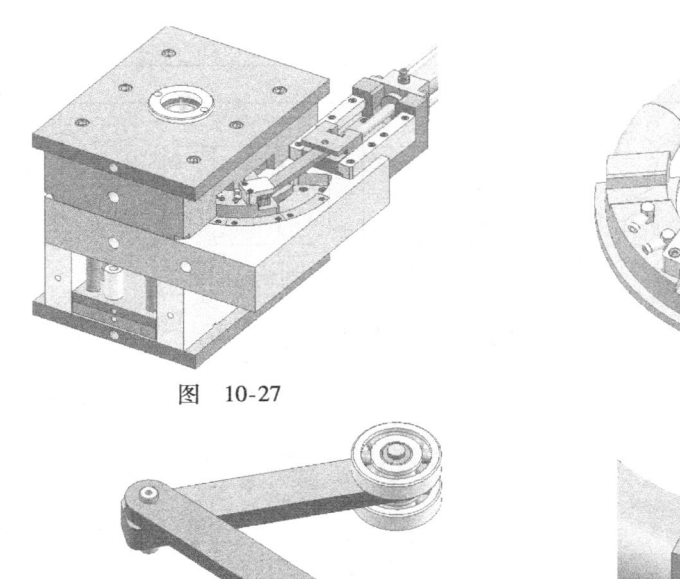

图 10-27

图 10-28

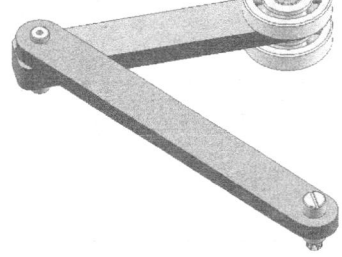

图 10-29

锁紧块16

图 10-30

范例 4 淋浴露升降瓶盖圆弧抽芯机构

　　此例产品是一个淋浴露的升降瓶盖，产品形状如图 10-31 所示。从图中可以看出，此产品在模具结构上有两大设计难点，一是圆柱外面的一段外螺纹。在正常情况下，外螺纹直接使用普通滑块即可成型，但是，此螺纹由于处在瓶盖内部，滑块机构无法实现，因此，必须使用自动脱螺纹机构。

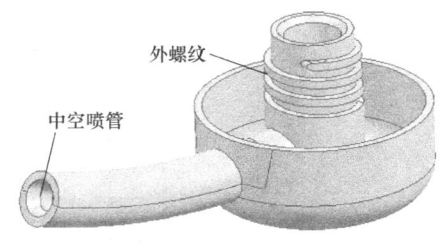

外螺纹

中空喷管

图 10-31

　　二是产品的中空喷管。喷管的内孔是规则的圆弧，在模具结构上，此内孔必须使用圆弧抽芯机构，如此小的产品，同时使用自动脱螺纹机构和圆弧抽芯机构，这在模具设计方面具有很高的难度。模具详细结构如图 10-32、图 10-33 和图 10-34 所示。

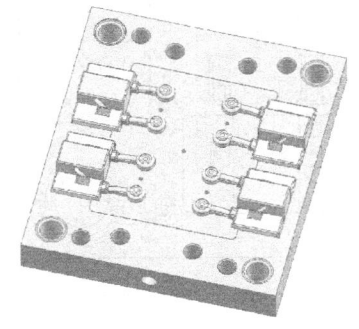

图 10-32

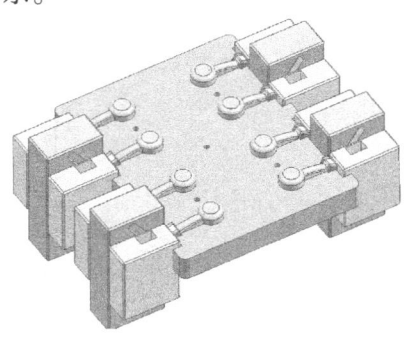

图 10-33

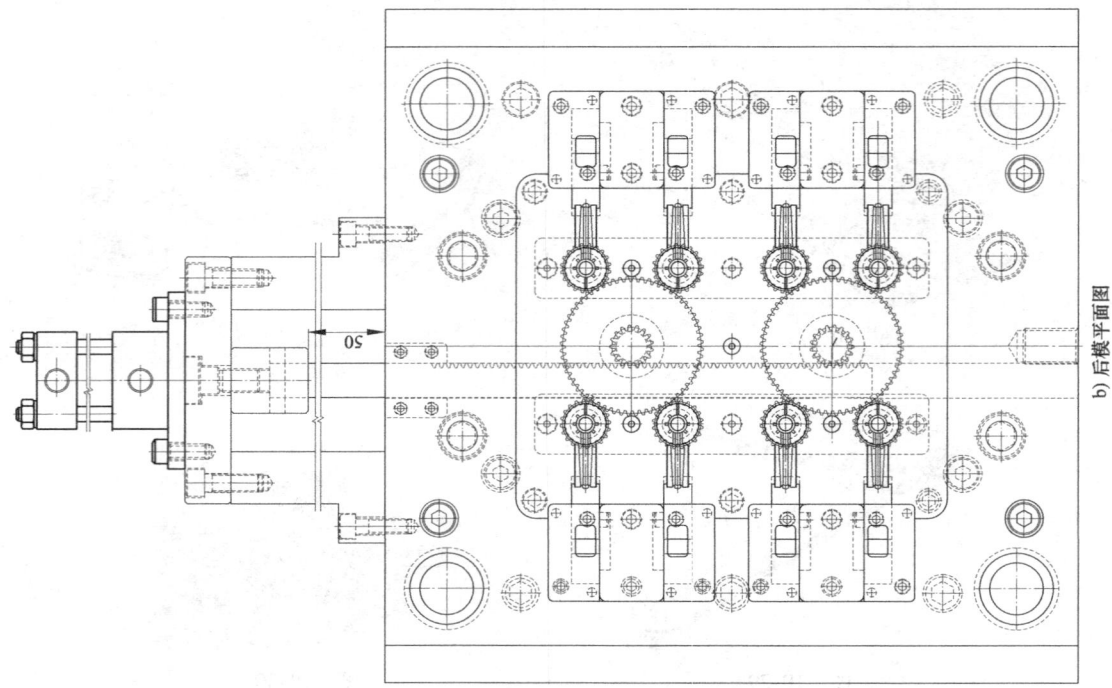

b) 后模平面图

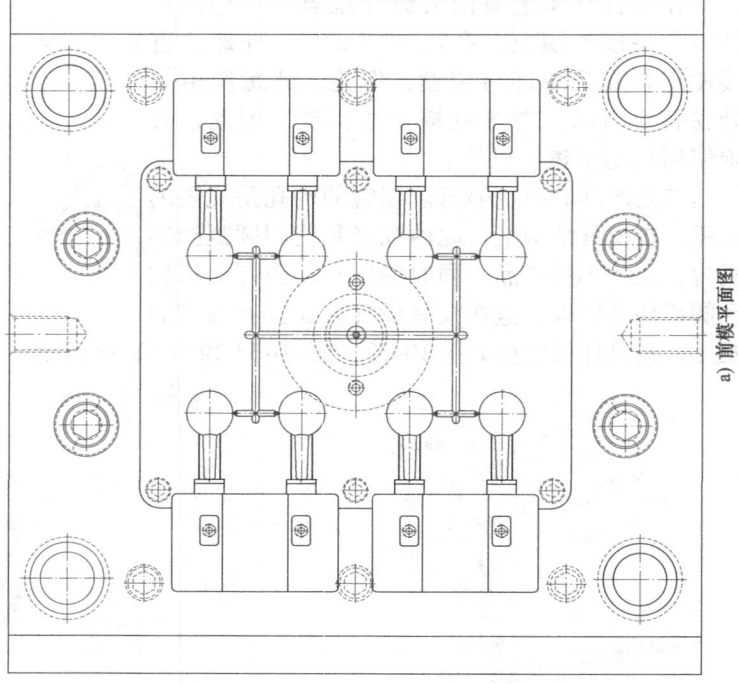

a) 前模平面图

第 10 章 圆弧抽芯机构 10 例

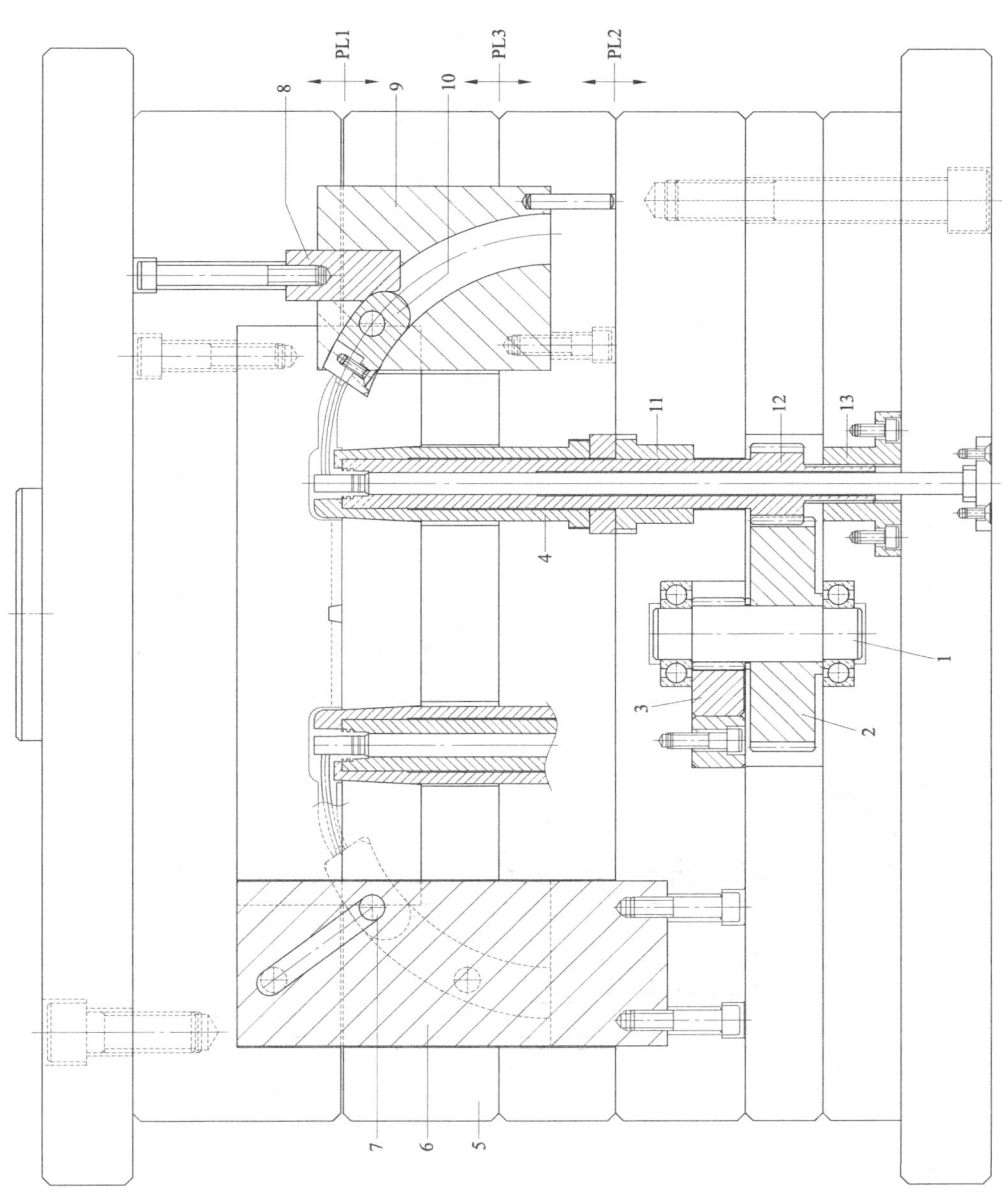

图 10-34 c)

1—齿轮轴 2—齿轮 3—齿条 4—型芯 5—推板 6—拨块 7—销钉轴 8—锁紧块 9—圆弧轨道镶块
10—圆弧滑块 11—青铜镶套 12—螺纹套 13—螺纹型芯

· 460 ·　塑料注塑模具经典结构180例

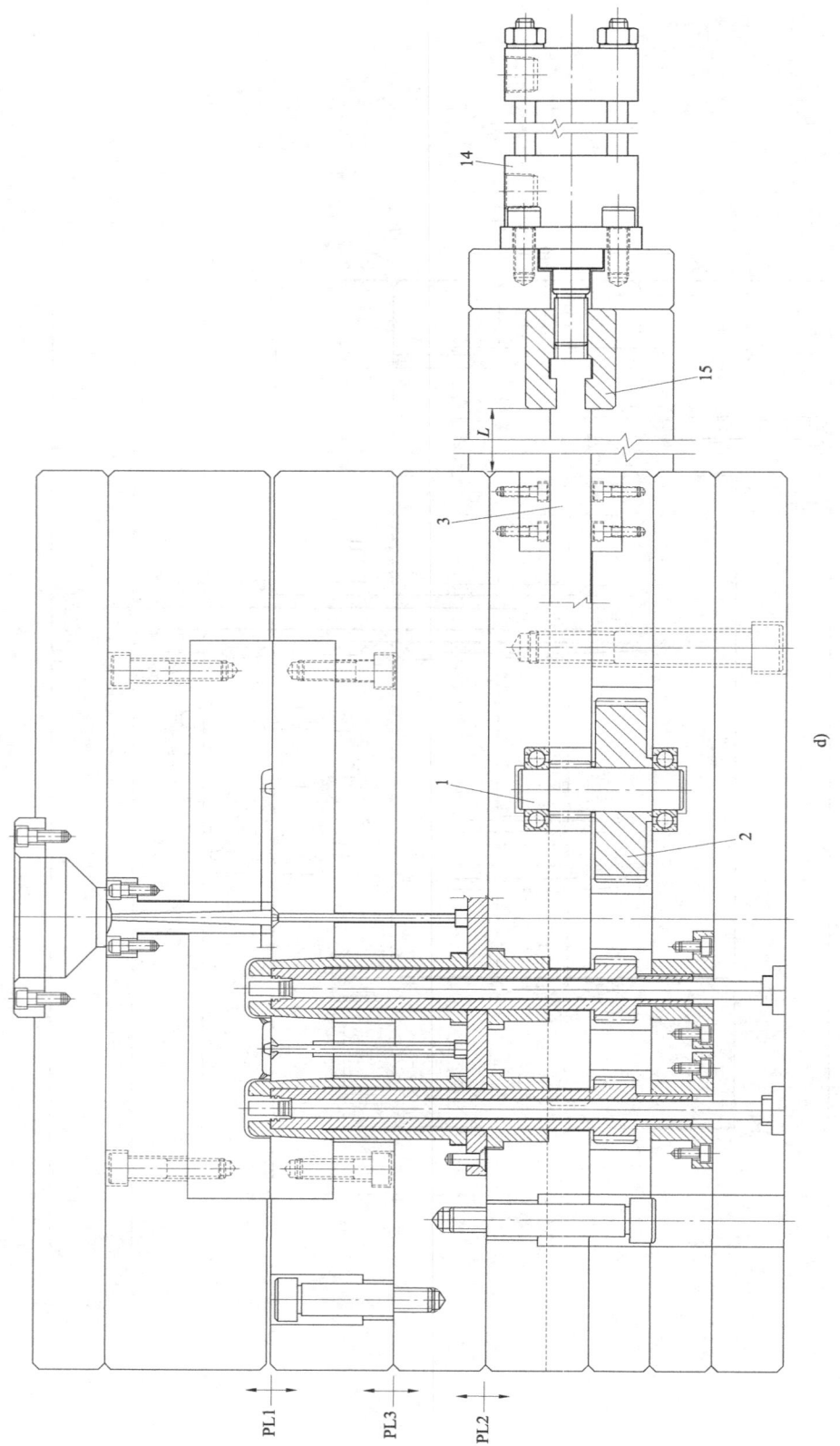

第10章 圆弧抽芯机构10例

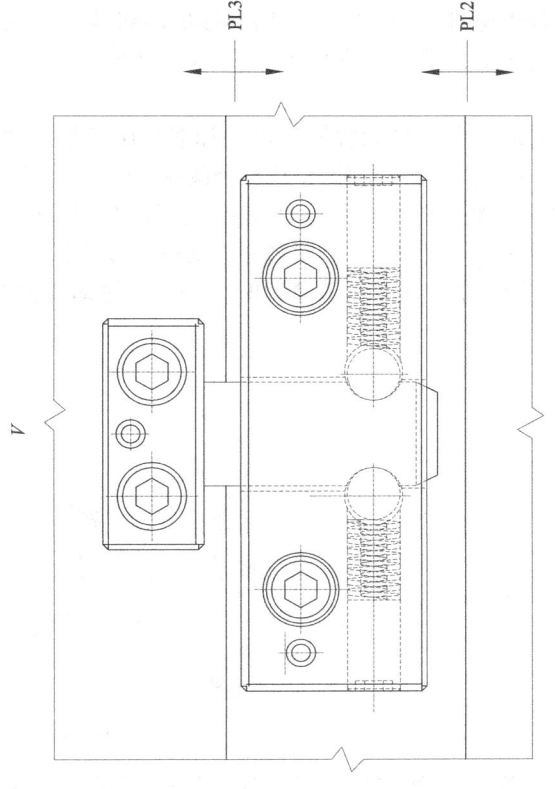

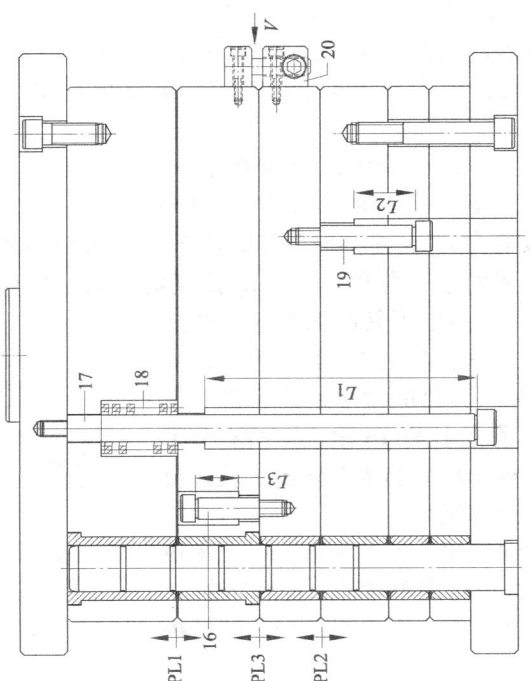

图 10-34（续）

14—液压缸 15—齿条固定块 16、17、19—限位拉杆 18—弹簧 20—弹簧扣机

图 10-32 为后模的局部结构图，从此图可看出产品的位置布局和圆弧抽芯机构的表面结构。图 10-33 为拆除推板后的内部结构图，从此图可看出圆弧抽芯机构的大致结构。关于自动脱螺纹机构在第 9 章已做过详细介绍，所以，本例不再介绍 3D 结构，相关的设计细节不再进行描述。

从模具结构图可以看出，此例是一副集自动脱螺纹机构和多组圆弧抽芯机构于一体的模具，模具结构复杂，设计难度高。一模八穴分别使用了 8 个圆弧滑块 10，每个圆弧滑块各使用了一个整体的圆弧轨道镶块 9，圆弧滑块在圆弧轨道中进行旋转运动实现抽芯，如图 10-35 所示，其旋转动力主要来源于一个带有 U 形斜槽的拨块 6，如图 10-36 所示，此拨块 6 一直处于上下运动状态，正是利用自身 U 形斜槽和上下运动的动作来实现对圆弧滑块的驱动。详细动作原理如下。

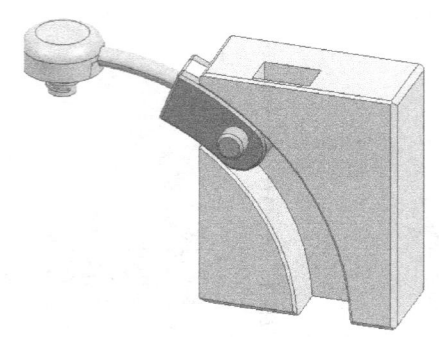

图 10-35

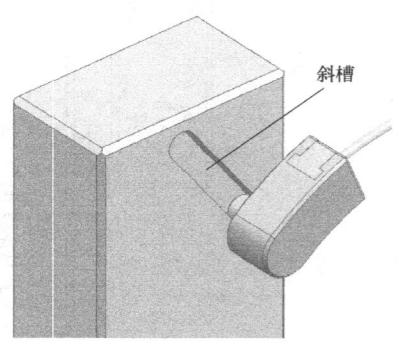

斜槽

图 10-36

注塑填充结束后，不能首先开模，而是首先起动液压缸 14，齿条 3 在液压缸 14 的推动下向前推出，同时，齿条驱动齿轮轴 1，齿轮轴 1 带动齿轮 2，两个齿轮 2 又驱动 8 个螺纹型芯 12 同步旋转，向着螺纹转出的方向进行旋转抽芯，在螺纹套 13 的作用下，螺纹型芯 12 在旋转过程中边旋转边后退；当齿条 3 行至 L 距离时，齿条固定块 15 挡住模板，液压缸 14 被迫停止运动，所有传动机构均全部停止，此时，螺纹型芯 12 已完全脱出了产品的螺纹部分，脱螺纹动作结束。

当脱螺纹结束后，再进行开模动作，在弹簧 18 和弹簧扣机 20 的作用下，主分型面 PL1 分型，产品留在后模一侧；当 PL1 行至 L_1 距离时，在限位拉杆 17 的作用下 PL2 分型，目的是为了抽出圆弧滑块，同时，圆弧滑块 10 在销钉轴 7 和拨块 6 的 U 形斜槽的带动下围绕产品圆弧中心开始逆向旋转，进行圆弧抽芯；当 PL2 行至 L_2 距离时，限位拉杆 19 限位，PL2 停止分型，此时，圆弧滑块 10 已完全抽出了其圆弧型芯，产品此时已能够垂直脱模；继续开模，在限位拉杆 17 的作用下，弹簧扣机 20 被迫拉开，分型面 PL3 分型，目的主要是为了最后推出产品；当推板 5 行至 L_3 距离时，限位拉杆 16 限位，所有分型动作全部停止，此时，产品已被推板 5 从型芯 4 上推出，从而自动跌落，至此，所有自动脱模动作全部结束。

图 10-37 为整个圆弧抽芯的详细结构，可以看出，一个拨块 6 同时驱动两个圆弧滑块进行抽芯，结构简单紧凑，构思巧妙。

图 10-38 为圆弧滑块的独立视图，可以看出圆弧型芯的镶拼固定方式和销钉轴的镶拼方式。

图 10-39 为圆弧滑块的锁紧结构，拨块 6 的斜槽终点虽然可

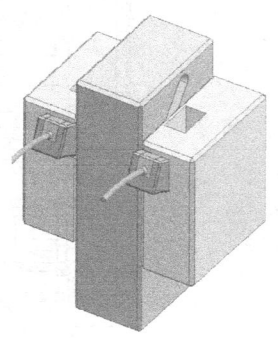

图 10-37

以对圆弧滑块起到一定的锁紧作用，但其强度不够，必须另外增加锁紧机构，锁紧块 8 是最常用的一种结构。

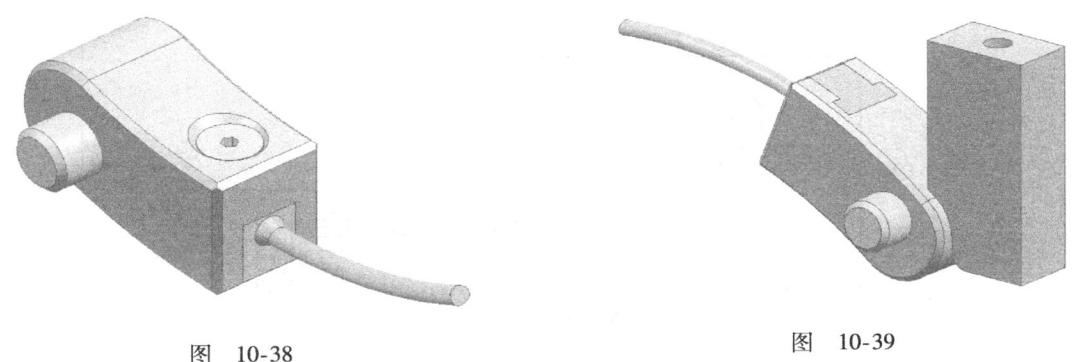

图　10-38　　　　　　　　　　　　　　　　图　10-39

图 10-40 和图 10-41 为圆弧滑块完成圆弧抽芯后还未复位的状态。可将两副图与图 10-35、图 10-37 作仔细对比，从中观察在动作和位置上的变化，以便更加快速地领悟此种机构的设计原理。

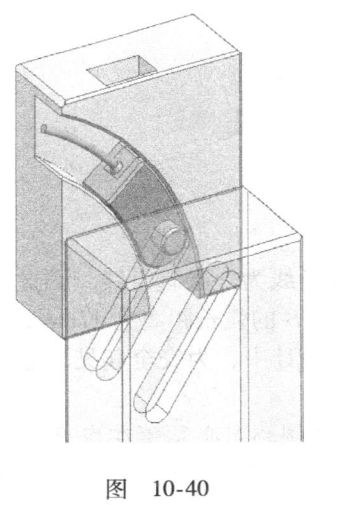
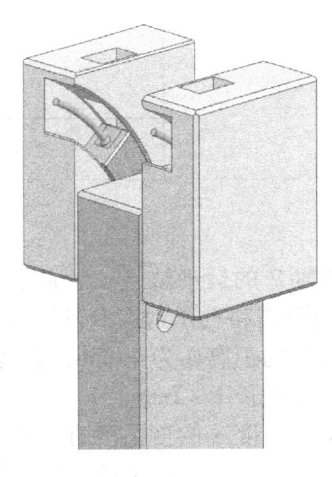

图　10-40　　　　　　　　　　　　　　　　图　10-41

设计此种圆弧抽芯机构时，必须掌握以下设计重点，为了帮助理解，可通过图 10-42 来说明。

1）圆弧滑块旋转抽芯距的计算方式。从图 10-42 中可以看出，喷管孔的圆弧半径 R 为 90mm，从孔的起点到终点角度为 25°，加 5°的安全距离，即为 30°。经计算得出 30°角度、90mm 半径的弧长为 47mm，圆弧滑块若要安全地抽出产品，必须旋转 47mm 的弧长，即旋转 30°。若以销钉轴 20 为中心，当旋转 30°后，点 A 则落到了点 B 上，圆弧滑块即完成了抽芯。

2）分型面 PL2 行程距离的定制。分型面 PL2 的行程距离决定着圆弧滑块的行程距离。以图 10-42 为例，从点 A 向左画一条水平线，然后再从点 B 向上画一条垂直线，这两条线相交于点 C，点 B 和点 C 之间的距离 36.66mm 即 PL2 的准确行程。

3）点 A 到点 D 的距离和角度 α 的定制。这个距离也决定着圆弧滑块的抽芯行程，从上图中可以看出，点 A 到点 D 的距离为销钉轴 7 的运动轨迹，点 A 到点 B 的弧长距离也同样

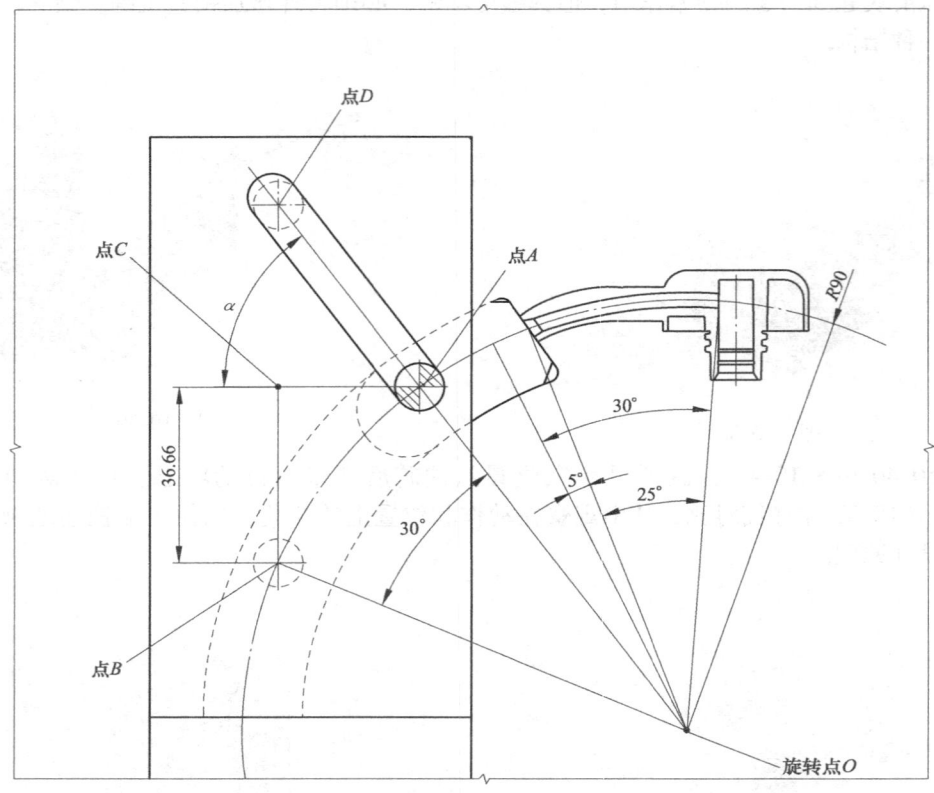

图 10-42

为销钉轴 7 的运动轨迹，若从点 B 到点 D 画一条线，这条线为一条垂直线，因此，点 A 到点 D 的距离和点 A 到点 B 的弧长距离相同。已知点 A 到点 B 的弧长距离为 47mm，那么，点 A 到点 D 的距离亦为 47mm，为理论精确数据，但在实际设计中，为安全起见，通常将 U 形斜槽向上做长 1～2mm。

至于角度 α 的度数没有精确要求，但 U 形斜槽尾部的圆心点必须落在点 B 和点 D 垂直线的左边。所以，此角度是随机的，但不能小于 30°，如果太小，拨块在对圆弧滑块进行复位时容易卡住。

范例 5　塑料水龙头圆弧抽芯机构

此例产品是一个塑料水龙头，产品形状如图 10-43 所示。从图中可以看出，此产品在模具结构上有三大设计难点，一是一个内孔。在正常情况下，这种内孔直接使用普通滑块即可抽芯，但是，此孔深度较深，使用斜导柱无法满足抽芯长度的需要，因此，必须使用液压缸抽芯机构。

二是一段较长的细牙螺纹内孔。由于牙型较细，产品材料较硬，不能使用强脱，必须使用自动脱螺纹机构。由于产品布局方式是平放排位，此内孔必须使用滑块抽芯，这样，此滑块必须使用滑块脱螺纹机构，所以，设计难度是很大的。

三是出水口的这段圆弧内孔。在模具结构上，此圆弧孔只能使用圆弧抽芯机构，所以，如此小的产品，在模具结构上必须使用三面滑块，第一个是液压缸抽芯机构，第二个是自动脱螺纹机构，第三个是圆弧抽芯机构。模具详细结构如图 10-44 和图 10-45 所示。

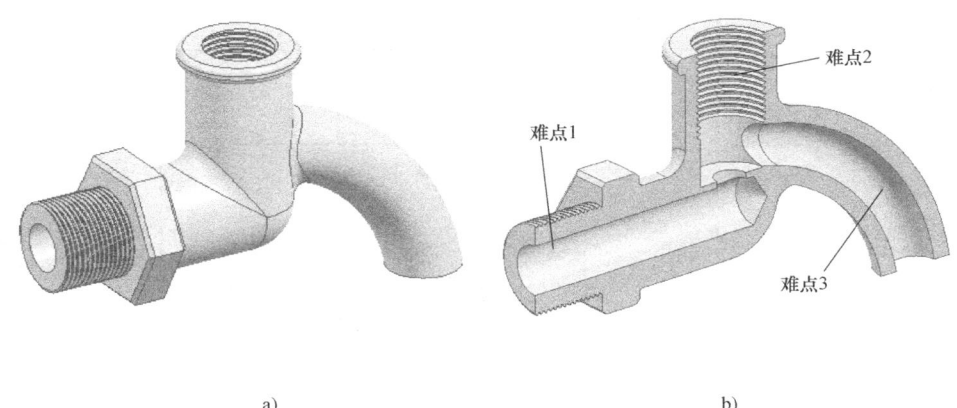

图 10-43

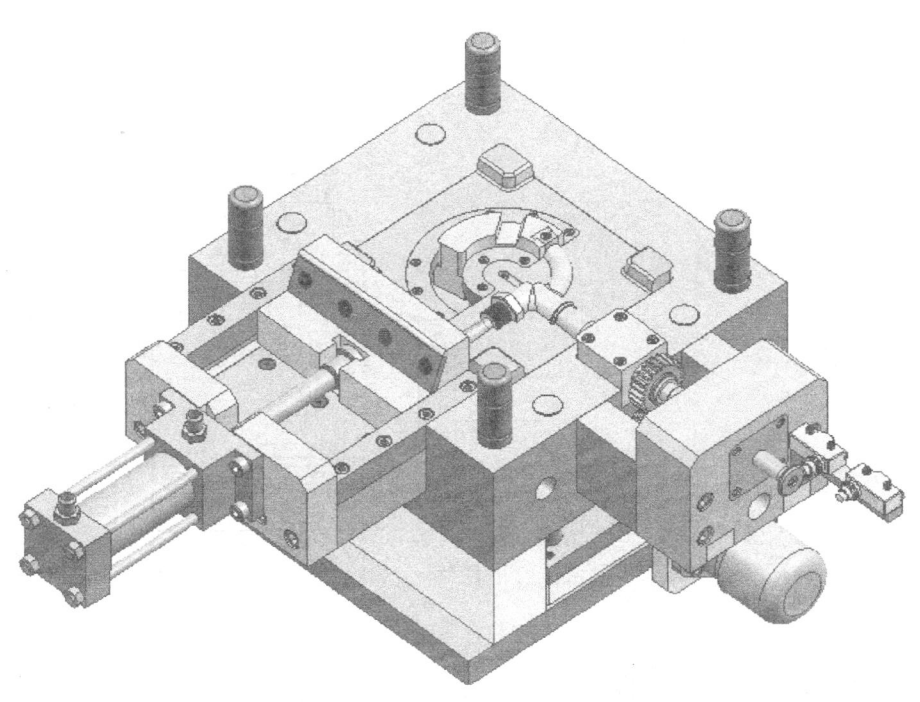

图 10-44

从模具结构图可以看出，此副模具一模一穴，4个方向有3个方向是滑块抽芯，自动脱螺纹机构使用的是马达传动，由马达驱动齿轮，齿轮驱动螺纹型芯完成抽芯。圆弧抽芯的结构形式是将圆弧滑块一边的 T 形脚设计成齿轮形状，由齿条直接驱动圆弧滑块实现抽芯，齿条固定在大滑块 11 上，由液压缸 12 直接驱动大滑块实现往复运动。为简化结构，难点一的滑块型芯 10 也固定在大滑块 11 上，共由一个液压缸驱动，使模具的整体结构变得简洁而又紧凑，如图 10-46 所示。

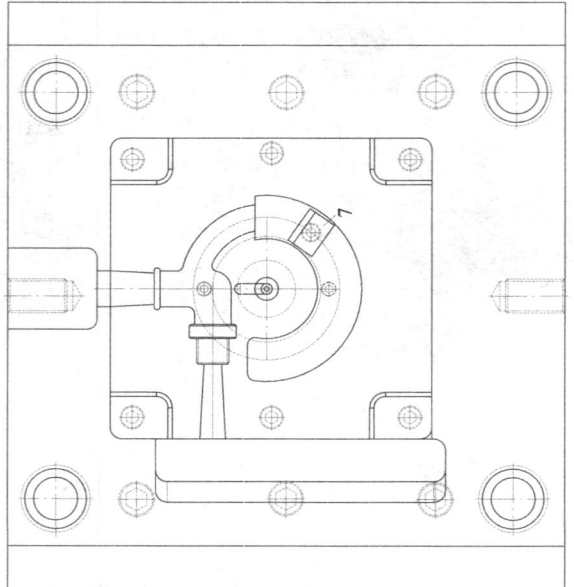

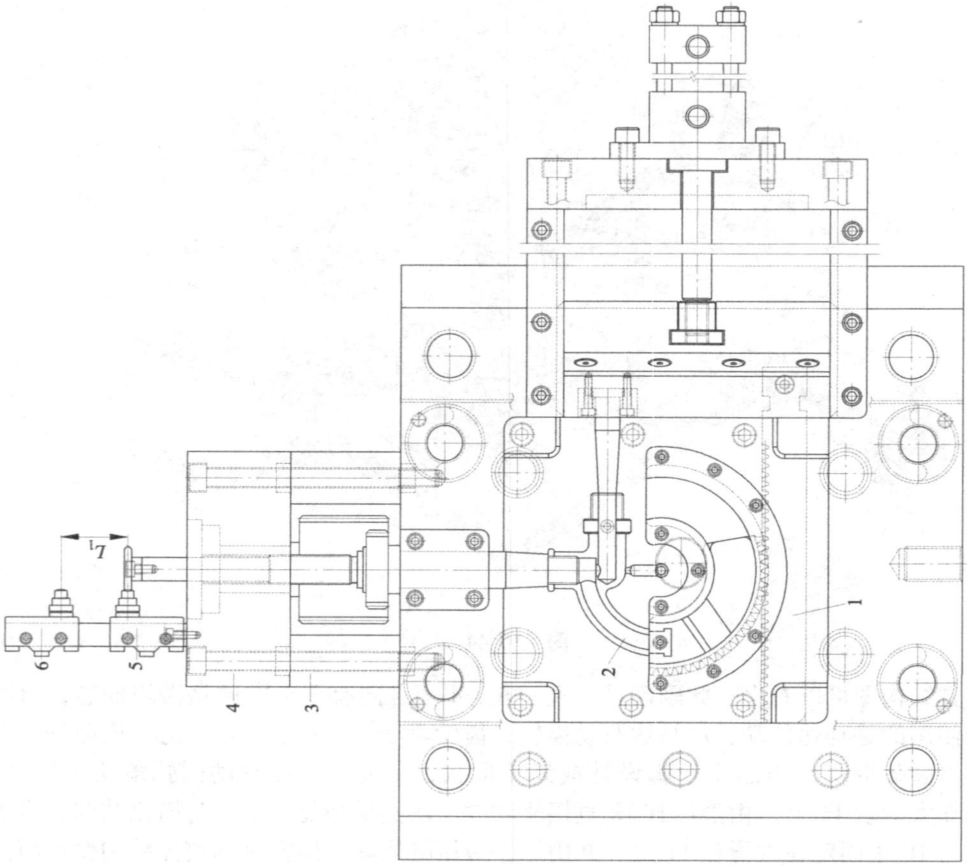

第 10 章 圆弧抽芯机构 10 例

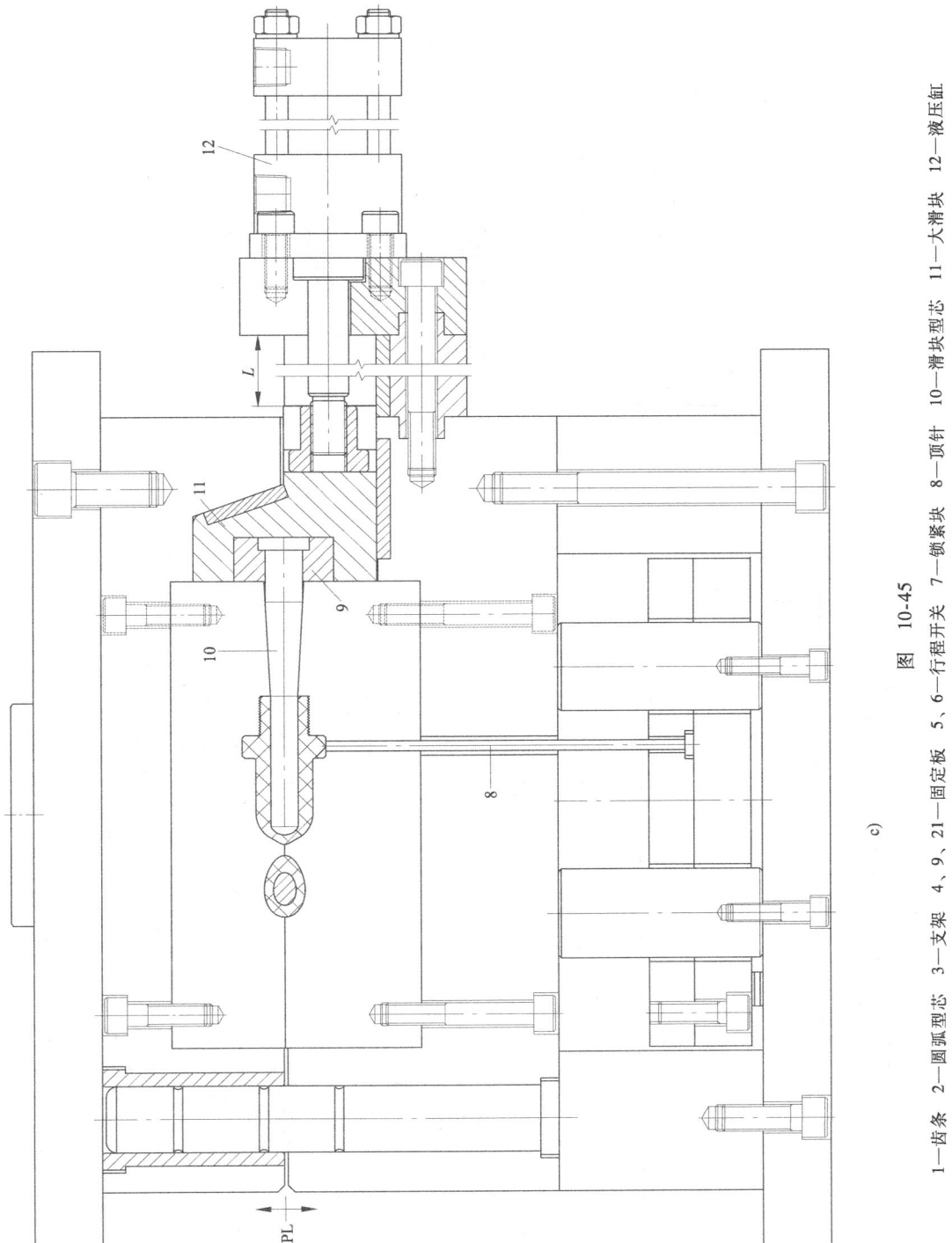

图 10-45

1—齿条 2—圆弧型芯 3—支架 4、9、21—固定板 5、6—行程开关 7—锁紧块 8—顶针 10—滑块型芯 11—大滑块 12—液压缸

·468· 塑料注塑模具经典结构180例

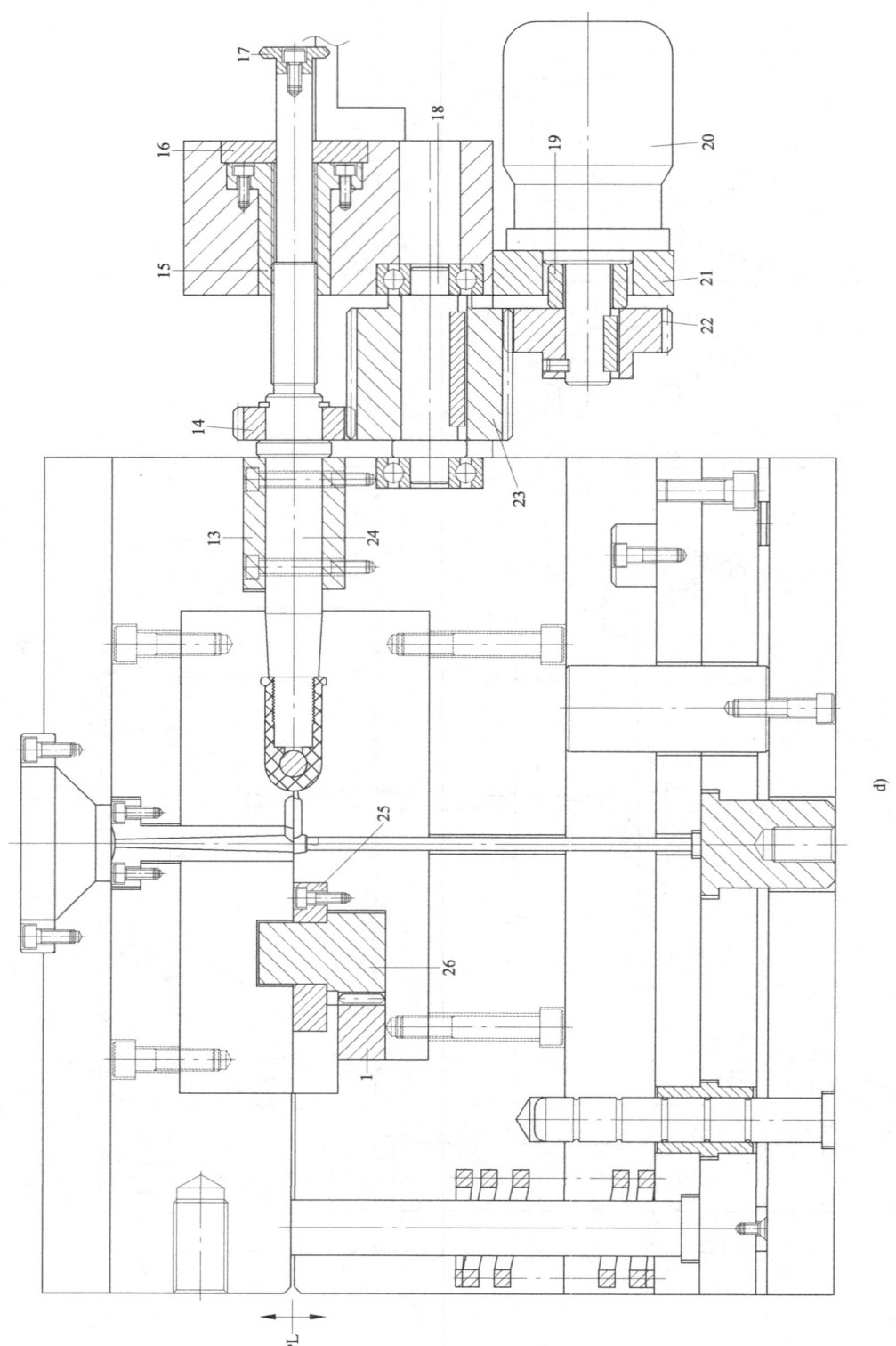

第10章 圆弧抽芯机构10例

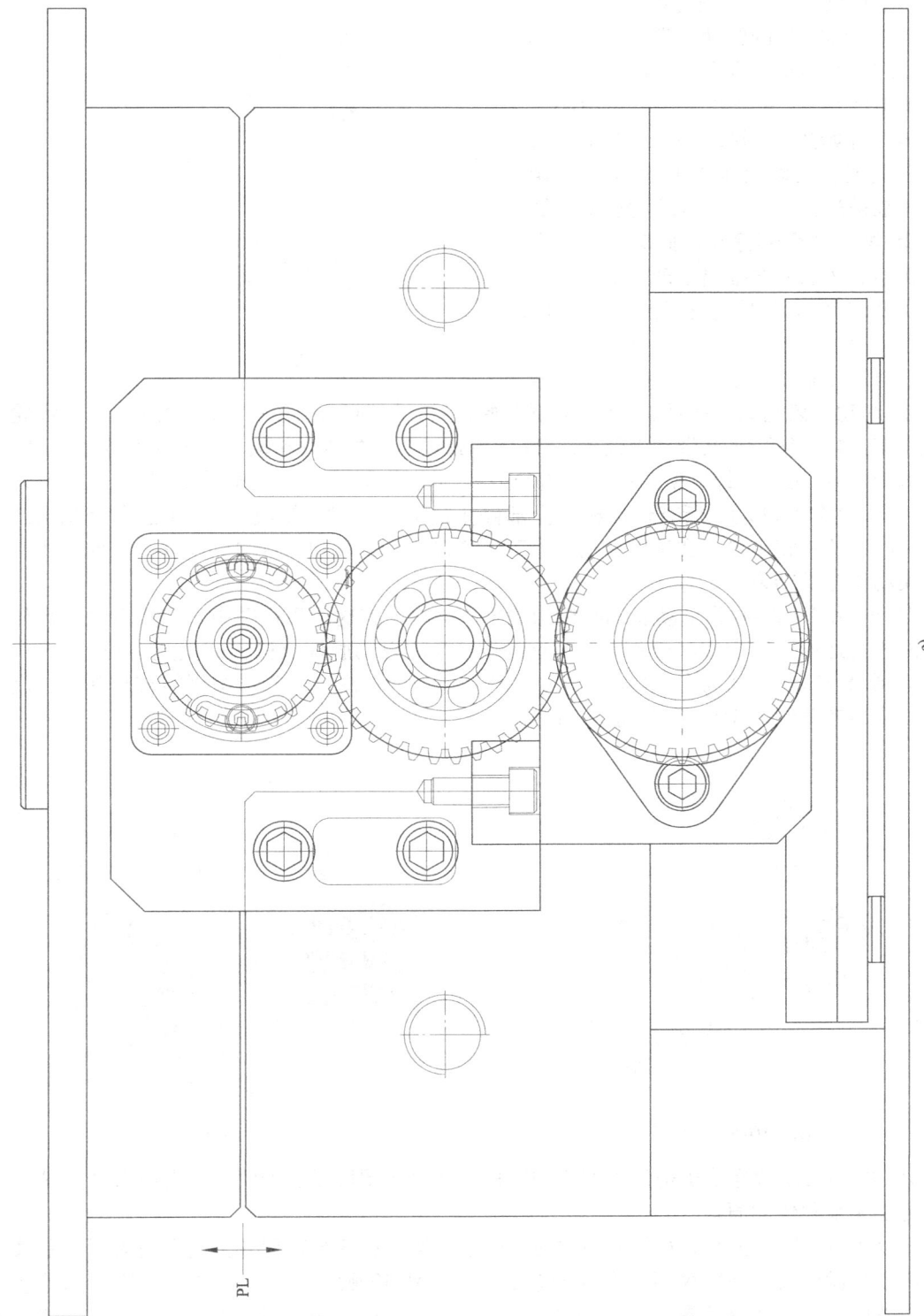

图 10-45（续）

13、16—定位块　14、22、23—齿轮　15—螺纹套　17—触动块　18—转轴　19—垫圈　20—液压马达　24—螺纹型芯　25—圆弧压板　26—圆弧滑块详细动作原理如下。

开模动作结束后，首先起动液压缸12，滑块11在液压缸12的驱动下带动滑块型芯10和齿条1同时向后抽出，同时，齿条1又驱动圆弧滑块26围绕产品的圆弧中心作逆向旋转，开始进行圆弧抽芯；当滑块11行至L距离时，滑块背面挡住液压缸固定板，液压缸被迫停止运动，大滑块11和圆弧滑块26等也都全部停止，此时，圆弧滑块和圆弧型芯2已完全抽出了产品的圆弧部分，滑块型芯10也同时完成了抽芯，至此，圆弧抽芯结束。

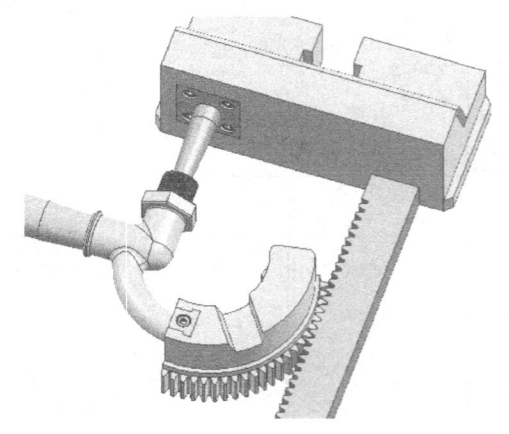

图 10-46

几乎与液压缸12的起动一前一后，液压马达20起动，齿轮22在液压马达带动下开始旋转，同时，齿轮22驱动动齿轮23，齿轮23驱动齿轮14，齿轮14又带动螺纹型芯24向着螺纹旋出的方向旋转，开始进行螺纹抽芯，在螺纹套15的作用下，螺纹型芯边旋转边后退；当行至L_1距离时，触动块17触动行程开关6，液压马达停止转动，所有传动机构全部停止运动，此时，螺纹型芯24已完全脱出产品，产品已能够垂直脱模，在顶针8的顶出下，产品最后被顶出型腔自动跌落，至此，所有自动脱模动作全部结束。

图10-47和图10-48为自动脱螺纹机构的全部结构，在这两幅视图中，应重点关注齿轮机构和液压马达的固定方式和相关结构，这是设计滑块自动脱螺纹机构的重点结构。在第9章中，范例18到范例20均有相似的结构，由于没有3D视图，有些结构可能较难理解，因此，可以来参考此例的3D，以帮助更好地理解。

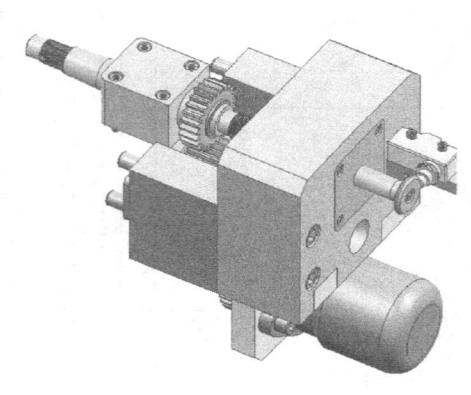

图 10-47

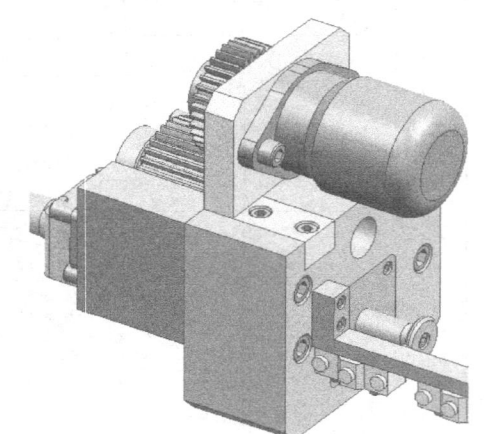

图 10-48

图10-49为自动脱螺纹机构的内部详细结构，通过此图可以更加清晰地看出自动脱螺纹机构的传动关系和传动原理。

图10-50为行程开关5和6的使用方法和固定结构。这两个行程开关是专门为了控制液压马达转数而设计的。当螺纹型芯完成抽芯后，触动块17触动行程开关6，液压马达停止转动；当液压马达反转驱动螺纹型芯完全复位后，触动块17触动另一个行程开关5，液压马达停止转动。

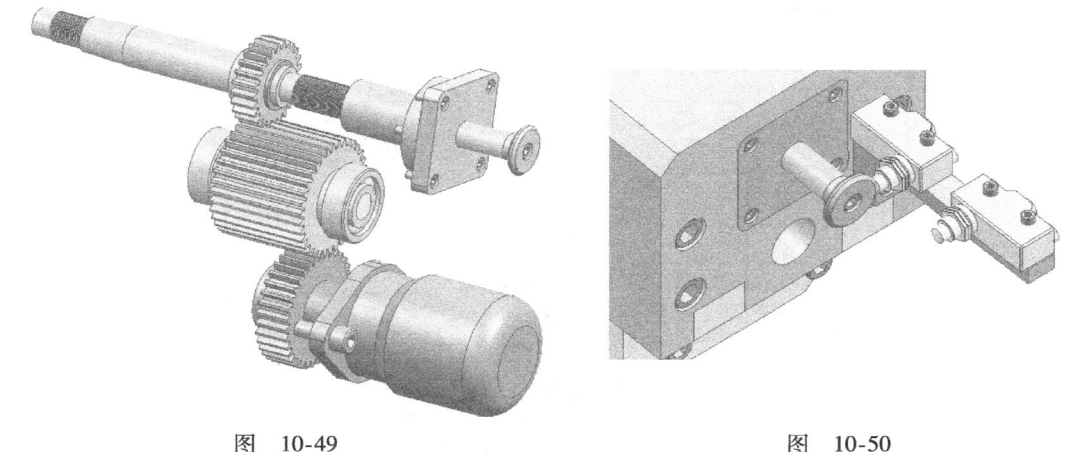

图 10-49　　　　　　　　　　　　　　　图 10-50

图10-51为圆弧滑块完成圆弧抽芯后还未复位的状态，对于此图应重点关注圆弧滑块的导滑结构和固定结构。

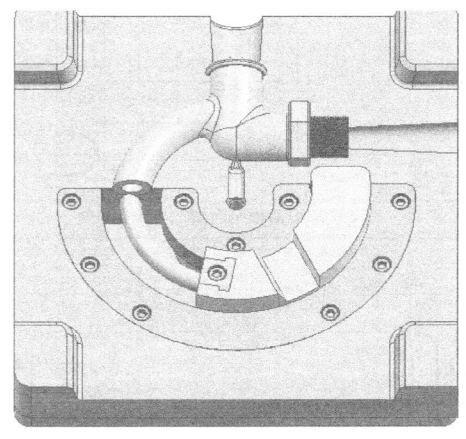

图　10-51

此例圆弧抽芯机构圆弧滑块的旋转行程和齿条行程是设计关键，详细的计算方法和本章范例1、范例4几乎相同，可以结合这两个范例仔细分析研究，本例不再进行讲述。

范例6　水枪喷管圆弧抽芯机构

此例产品是一个水枪的内喷管，产品形状如图10-52所示。从图中可以看出，此产品为圆弧形，内侧有一个圆弧通孔，在模具结构上，圆弧通孔必须使用圆弧抽芯机构，详细结构如图10-53所示。

从模具结构图可以看出，此副模具一模一穴，产品的进胶方式为侧浇口，由于主流道离模具中心太远，为解决模具在注塑机上的平衡问题，本例将浇注系统设计成了细水口转大水口，从而解决了模具的严重偏心问题。

此例的圆弧抽芯机构属于半自动的脱模机构，其设计原理是使用作直线运动的滑块通过连杆带动可作旋转运动的圆弧滑块。

图　10-52

· 472 ·　　　塑料注塑模具经典结构180例

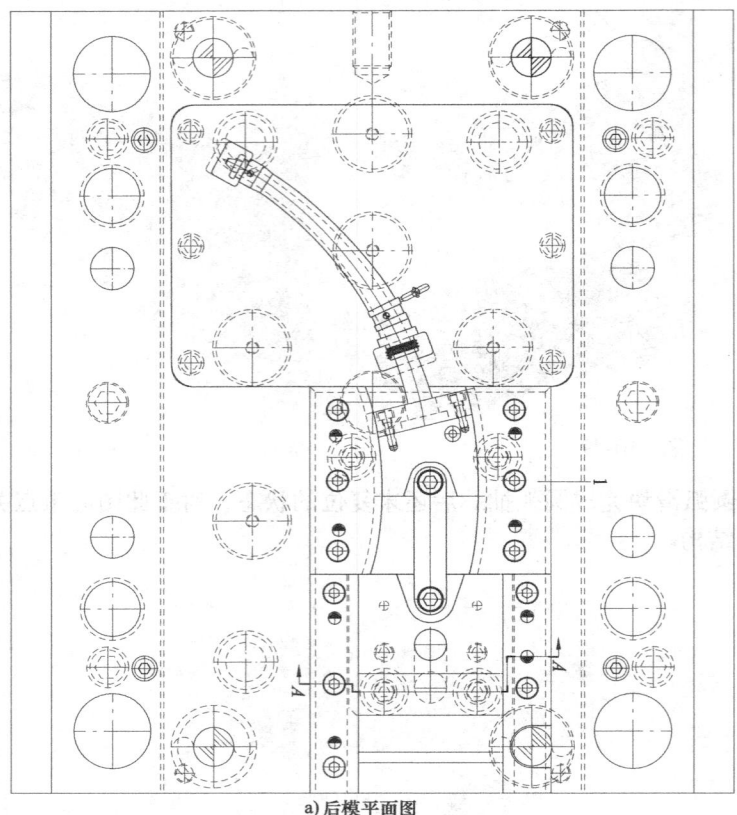

a) 后模平面图

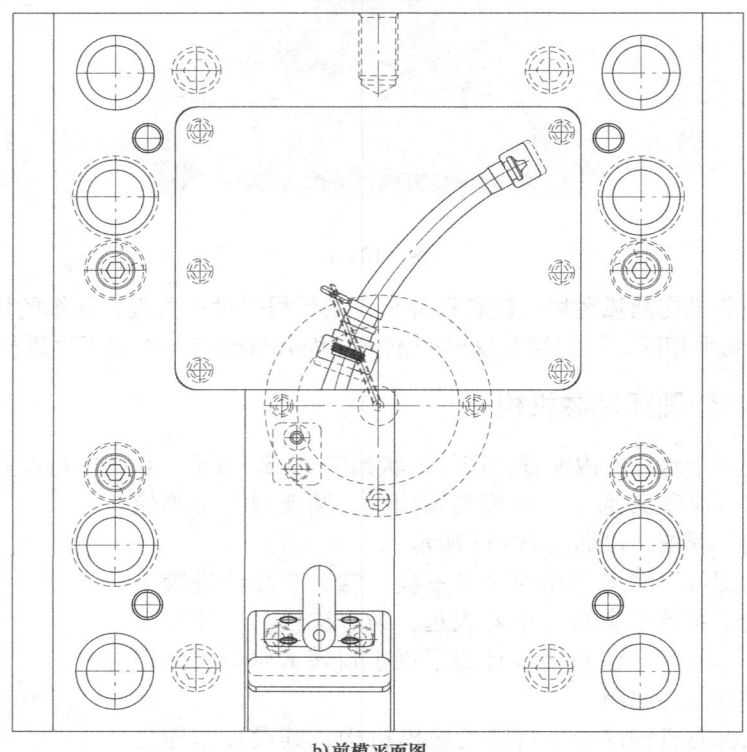

b) 前模平面图

图

第10章 圆弧抽芯机构10例

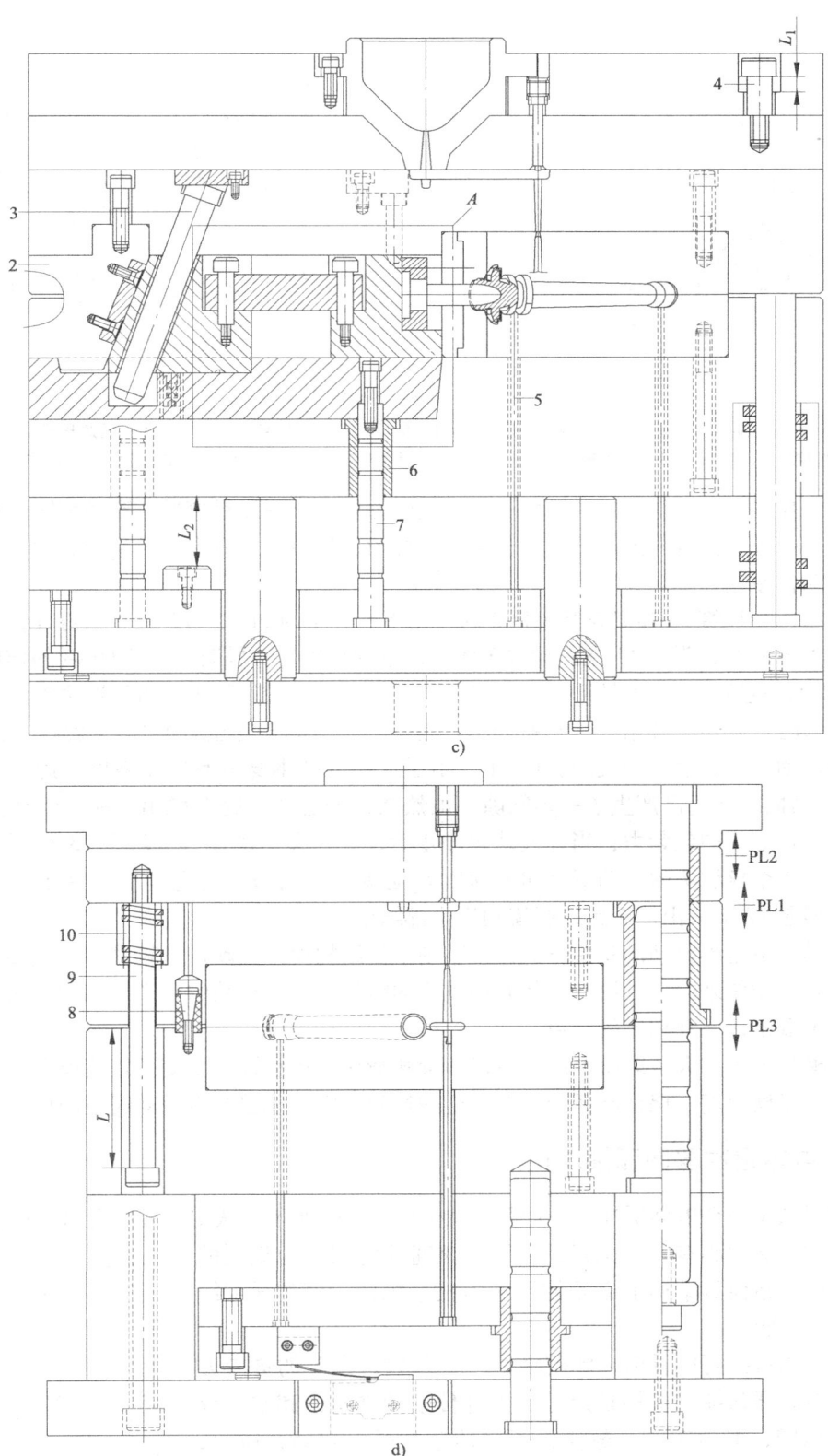

10-53

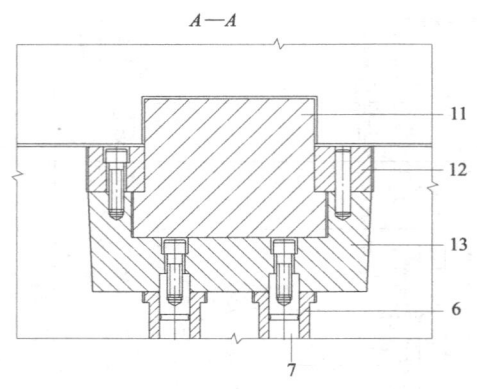
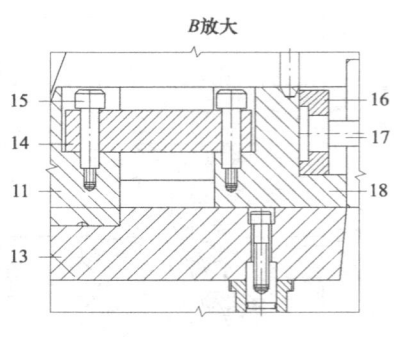

图 10-53（续）

1—圆弧压板 2—锁紧块 3—斜导柱 4、9—行程拉杆 5—顶针 6—导套 7—导柱 8—尼龙开闭器 10—弹簧
11—滑块 12—压板 13—滑块座 14—连杆 15—定位螺钉 16—固定块 17—圆弧型芯 18—圆弧滑块

由于产品内孔本身具有很大的脱模斜度，当圆弧滑块抽出一段距离后，产品和圆弧型芯间产生松动，整个滑块机构连同产品一起被4个导柱顶出型腔，最后由人工从圆弧型芯上取出产品，详细动作原理如下。

开模后，在弹簧10和尼龙开闭器8的作用下，分型面PL1、PL2被相继打开，当主分型面PL3开始打开时，滑块11在斜导柱3的拨动下向后抽出，同时，在连杆14的作用下，圆弧滑块18也一起被滑块11带动向后抽出，并在向后抽出的过程中，边后退边围绕产品的圆弧中心作顺时针旋转，开始进行圆弧抽芯；当主分型面PL3完全打开后，滑块11到达预定行程停止运动，圆弧滑块18也同时停止，由于产品内孔本身具有脱模斜度，此时，圆弧型芯17和产品内孔之间已产生了一定间隙，虽然圆弧型芯还未完全脱出产品，但产品已完全失去了对圆弧型芯的包紧力；当开模动作停止后，开始顶出动作，滑块座13和所有滑块机构及产品在4个导柱7的推动下被向上顶出 L_2 距离，产品此时已悬空，最后由人工抓住产品从圆弧型芯17上取出，至此，脱模动作全部结束。

此副模具虽是半自动的脱模方式，但整副模具结构简单，动作比较紧凑，直接利用模具本身的开合模动作来完成，没有其他附加机构的附加动作，产品的生产周期大大缩短，虽然最终是人工取出，但动作比较简单。

此副模具由于是人工取出产品，所以，圆弧滑块的行程计算就变得较简单了，只要知道产品内孔的脱模斜度，保证圆弧型芯在一定的行程范围内能够产生松动间隙即可。

范例7 电器缓冲器圆弧抽芯机构

此例产品是一个电器缓冲器，产品形状如图10-54所示。从图中可以看出，产品类似于牛角形，在产品中心有一个圆弧形通孔，该通孔的圆弧为规则的圆弧，因此，在模具结构上必须使用圆弧抽芯机构。模具详细结构如图10-55所示。

从模具结构图可以看出，此副模具一模两穴，产品的进胶方式为侧浇口。圆弧抽芯机构是近似于连杆传动的结构，和本章范例6基本相同，但由于产品较小，所需抽芯的圆弧较短，所以，本例利用开模动作直接完成了自动抽芯。设计原理是利用作直线

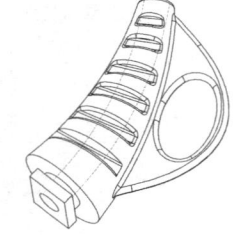

图 10-54

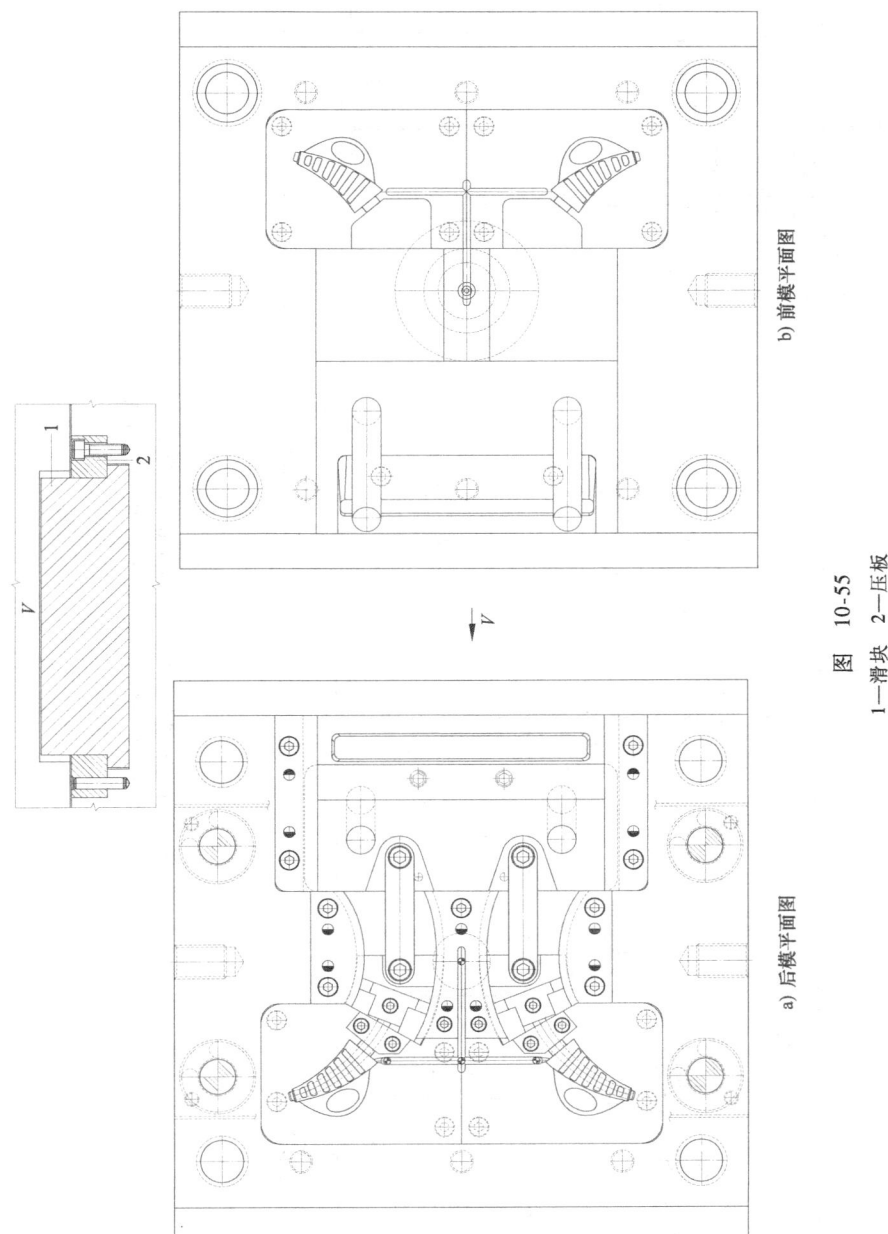

图 10-55
1—滑块 2—压板

b) 前模平面图

a) 后模平面图

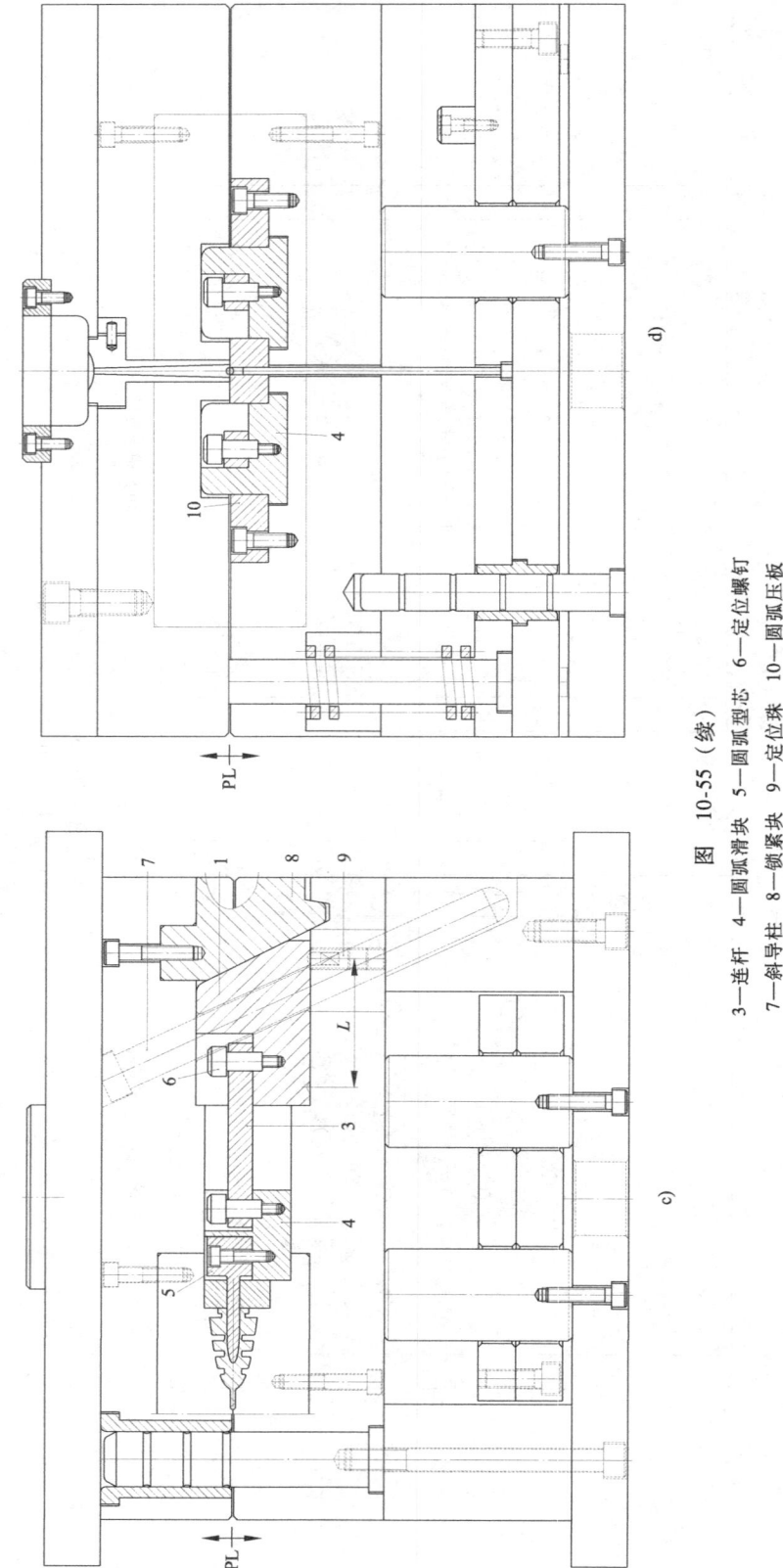

图 10-55（续）

3—连杆 4—圆弧滑块 5—圆弧型芯 6—定位螺钉
7—斜导柱 8—锁紧块 9—定位珠 10—圆弧压板

运动的大滑块,通过可以摆动的连杆带动两个圆弧滑块实现抽芯,结构简单紧凑,动作一气呵成。详细动作原理如下。

开模后,大滑块 1 在两个斜导柱 7 的拨动下开始向后抽出,同时,在连杆 3 的作用下,大滑块 1 带动圆弧滑块 4 和圆弧型芯 5 同步向后抽出,在向后抽出的过程中,圆弧滑块边后退边围绕产品的圆弧中心作逆时针旋转,开始进行圆弧抽芯;当分型面 PL 完全打开后,滑块 1 行至 L 距离,并在定位珠 9 的作用下全部停止运动,此时,圆弧滑块 4 也已行至 L 距离的弧长,并完全离开了产品,此时产品已能够垂直脱模,当顶针机构在顶出流道时,产品最后被流道带出。

此种圆弧抽芯机构适用于圆弧半径较大、圆弧弧长较短的情况下。其优点是结构简单,直接利用模具本身开合模的动作来完成圆弧滑块的抽芯和复位。在生产过程中,没有因为模具结构的不良而影响生产效率。因此,对于此种结构,应多多领悟并使用。

有关圆弧抽芯距的计算方式是本例的设计重点,详细的计算方法在本章前几个范例中已有过讲解,本例不再讲解。

范例 8 花洒过滤芯子连杆圆弧抽芯机构

此例产品是一个花洒的过滤芯子,产品形状如图 10-56 所示。从图中可以看出,产品为规则圆弧形、空心,因此,在模具结构上必须使用圆弧抽芯机构。详细结构如图 10-57 和图 10-58 所示。

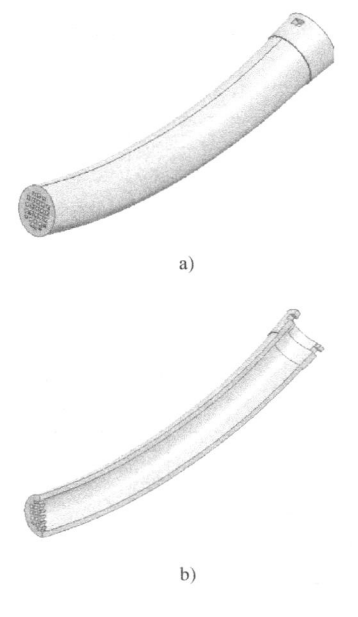

图 10-56

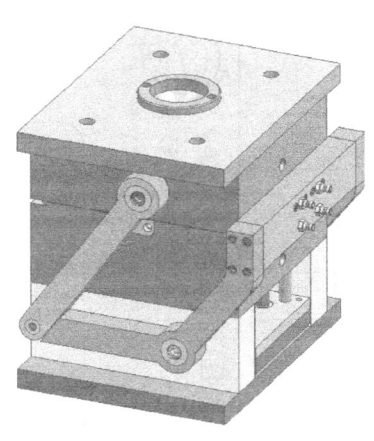

图 10-57

从模具结构图可以看出,此例的滑块机构是连杆传动的圆弧抽芯机构。整个机构非常简单,共有 6 个重要零件,分别是滑块 2、圆弧型芯 1、摆块 5、连杆 3、固定轴套 7 和垫圈 8。其中圆弧型芯 1 固定在滑块 2 上,滑块 2 和摆块 5 通过多个螺钉紧紧固定在一起;连杆 3 通过固定轴套 7 固定在前模 A 板 4 上,可以顺畅地旋转摆动,连杆 3 另一端通过轴套 7 和摆块 5 的另一端连接在一起,可以灵活地摆动;而摆块 5 通过轴套 7 在 O 点固定在模脚 6 上,并

· 478 ·　　塑料注塑模具经典结构 180 例

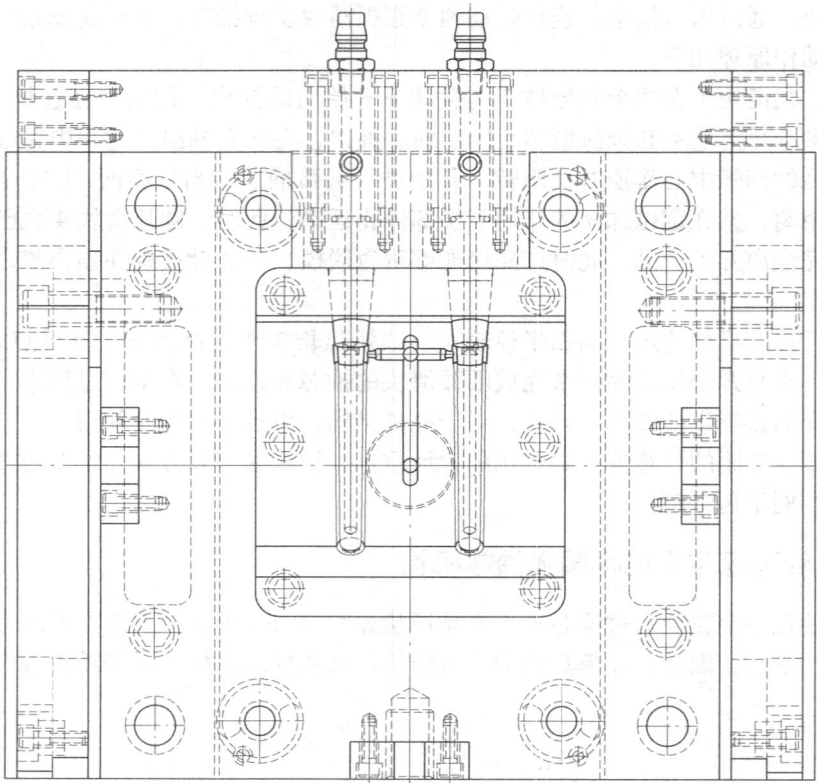

a) 后模平面图

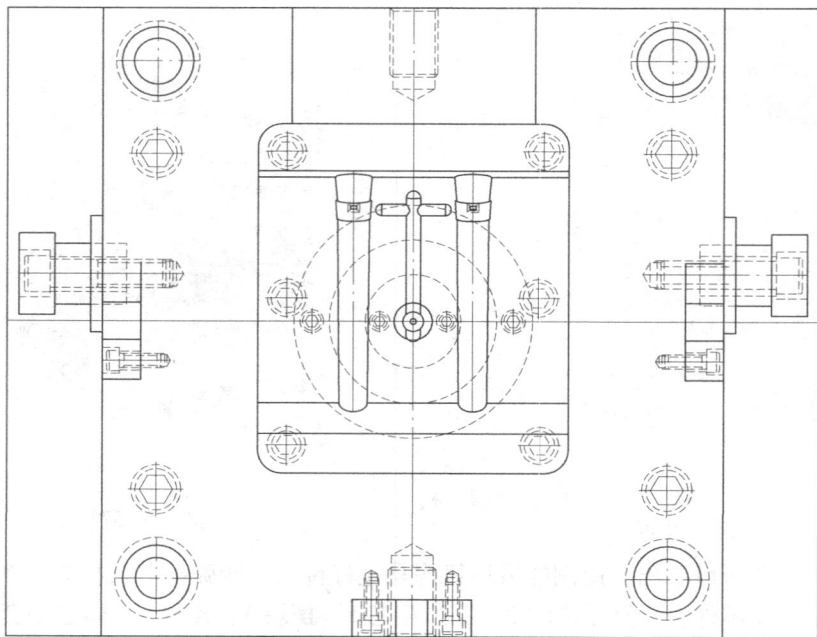

b) 前模平面图

图 10-58

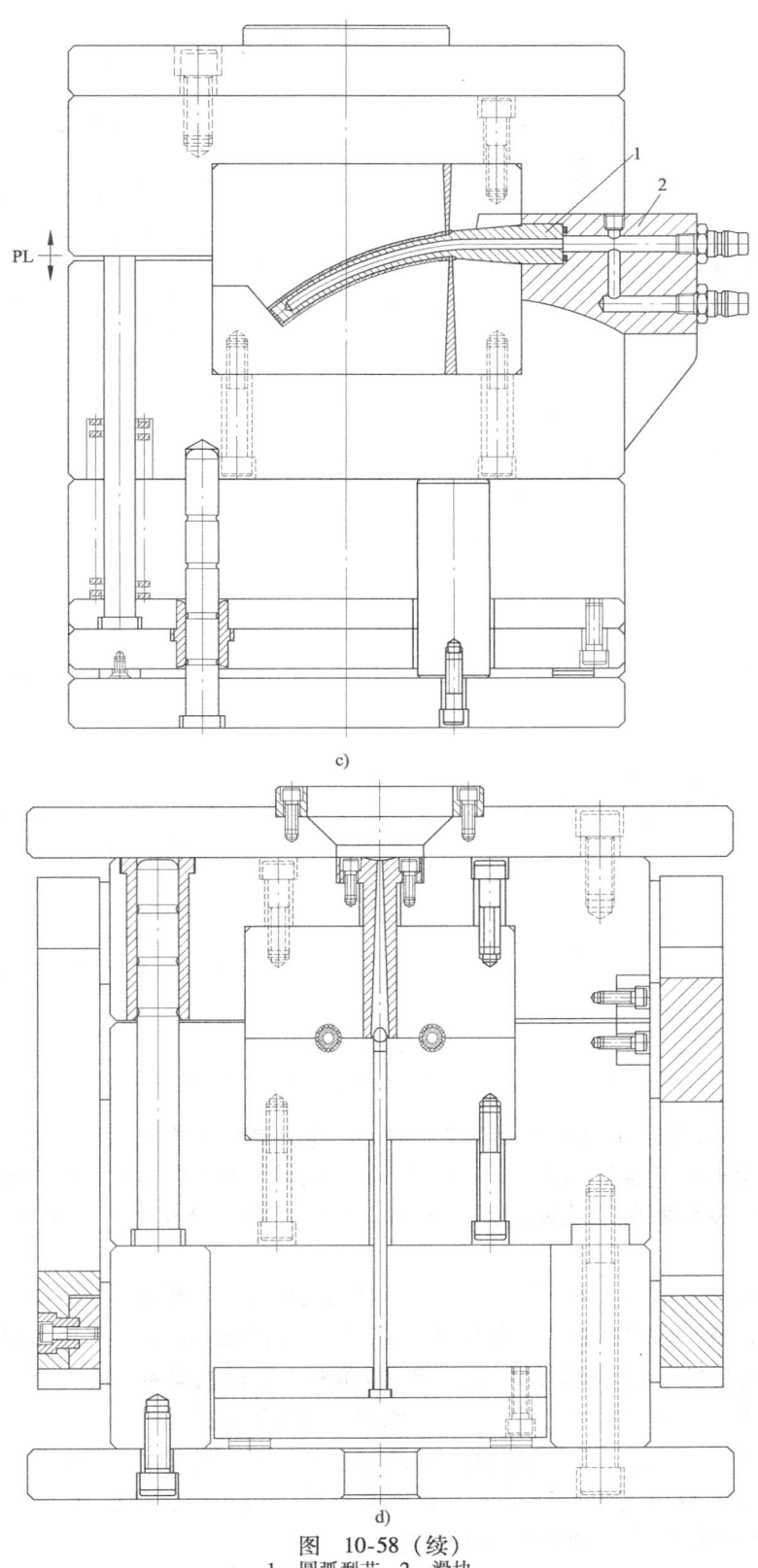

图 10-58（续）
1—圆弧型芯 2—滑块

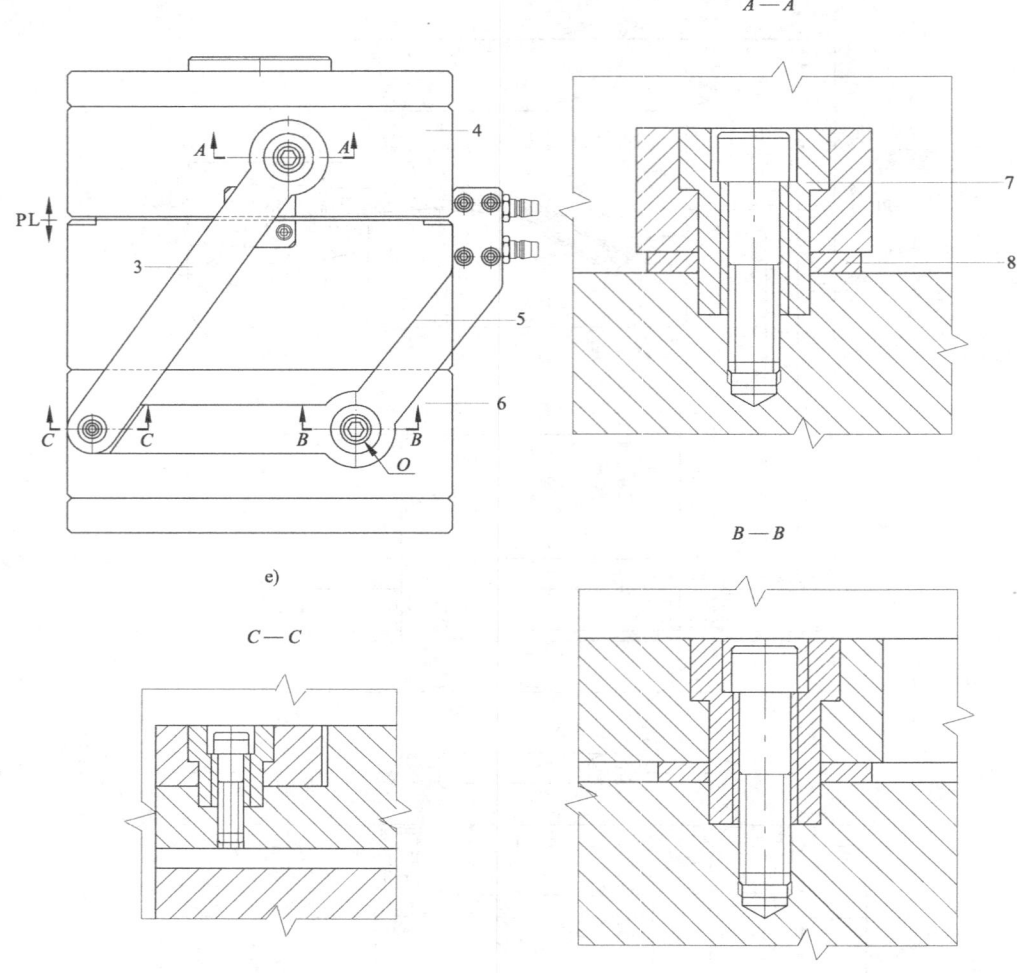

图 10-58（续）

3—连杆 4—A板 5—摆块 6—模脚 7—固定轴套 8—垫圈

且保证能够灵活地旋转；O 点即产品的圆弧中心，也是摆块 5 的旋转点。这样，整个连杆机构和滑块被多个轴套串连在一起，当模具打开后，前模 A 板 4 将通过连杆 3 带动摆块 5 围绕 O 点旋转，从而带动圆弧滑块实现圆弧抽芯。当模具进行合模时，又带动整个机构实现复位。

此机构的优点是结构简单，动作简单，直接利用模具本身开合模的动作来实现圆弧滑块的抽芯和复位，整个动作连贯，没有其他附加动作，生产效率较高，可以实现一模多穴。

图 10-59 为后模一侧的整体结构，图 10-60 为整个连杆机构和滑块机构的详细结构。对于此二图应重点关注每个零件之间的连接、固定、导向等方式。

图 10-61 为整副模具开模并完成抽芯后的正、侧视图，图 10-62 为后模一侧完成抽芯后的三维状态。从这两幅图中可以更加直观地看出整个机构的运动原理，将这两幅图和图 10-57、图 10-59 对比，从中观察结构上的变化。

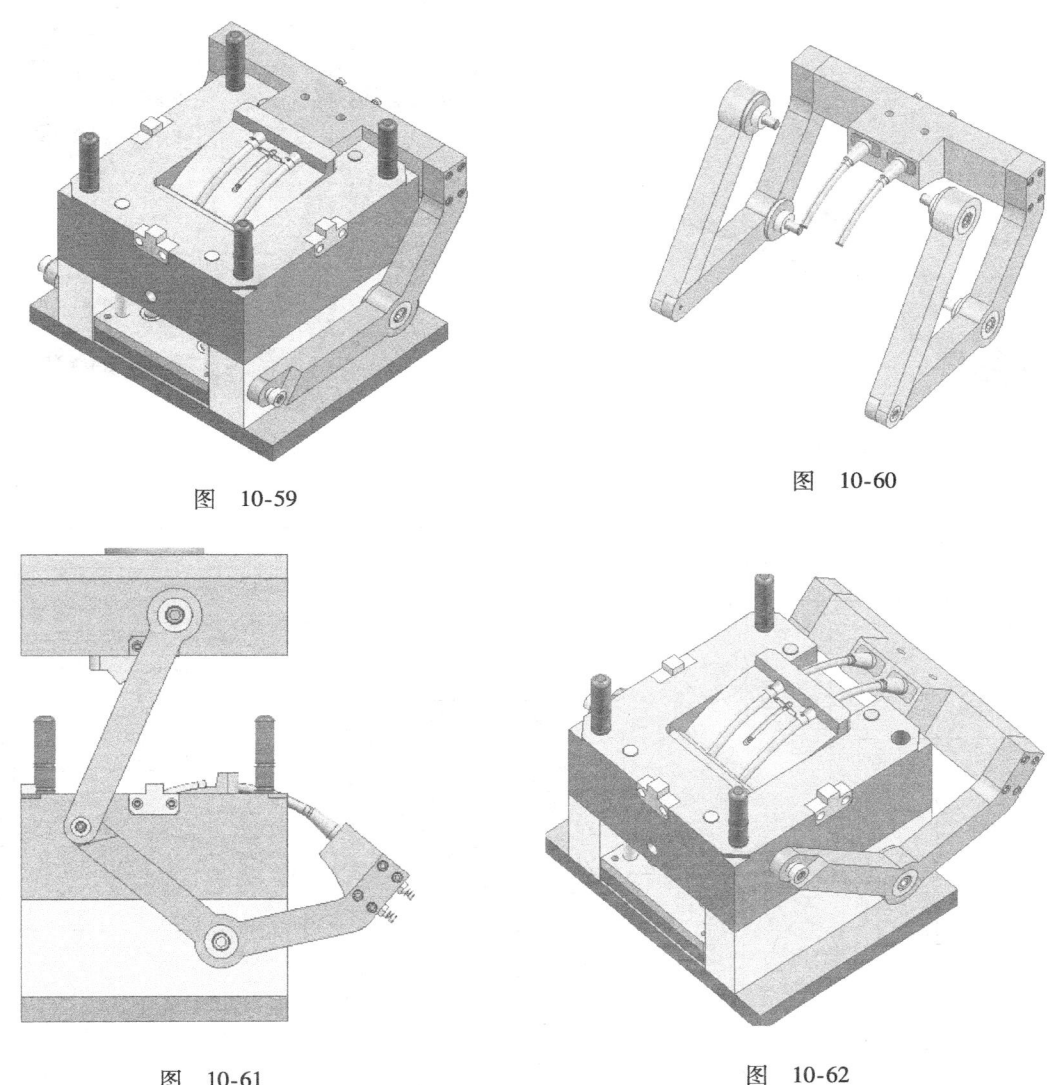

图 10-59

图 10-60

图 10-61

图 10-62

范例 9　花洒过滤芯子摆动式液压缸圆弧抽芯机构

此例产品是一个花洒的过滤芯子，产品如图 10-63 所示。从图中可以看出，此产品和本章范例 8 的产品几乎完全相同，但在模具结构上却有很大区别。本例产品是一模一穴，受到模具结构的限制，也只能一模一穴。至于圆弧的抽芯方式，本例使用了另外一种摆动式液压缸抽芯机构。详细结构如图 10-64 和图 10-65 所示。

从模具结构可以看出（另参见图 10-66 ~ 图 10-69），此例的圆弧抽芯机构使用了可以摆动的液压缸 1 直接推动圆弧滑块 2 完成抽芯。此液压缸与前面的液压缸在结构上有些区别，称为中间铰轴式液压缸。在液压缸前端，上下两侧各有一个可以转动的旋转轴。当安装液压缸时，直接固定上下两侧的转轴，液压缸虽然固定了，但仍然能够围绕自身的转轴进行旋转摆动。而液压缸的活动杆通过螺纹套 6 和螺纹轴销 7 固定在圆弧滑块上，圆弧滑块和液压缸之间也同样可以旋转摆动。当液压缸推动圆弧滑块开始抽芯时，滑块在圆弧轨道的作用下旋

图 10-63

图 10-64

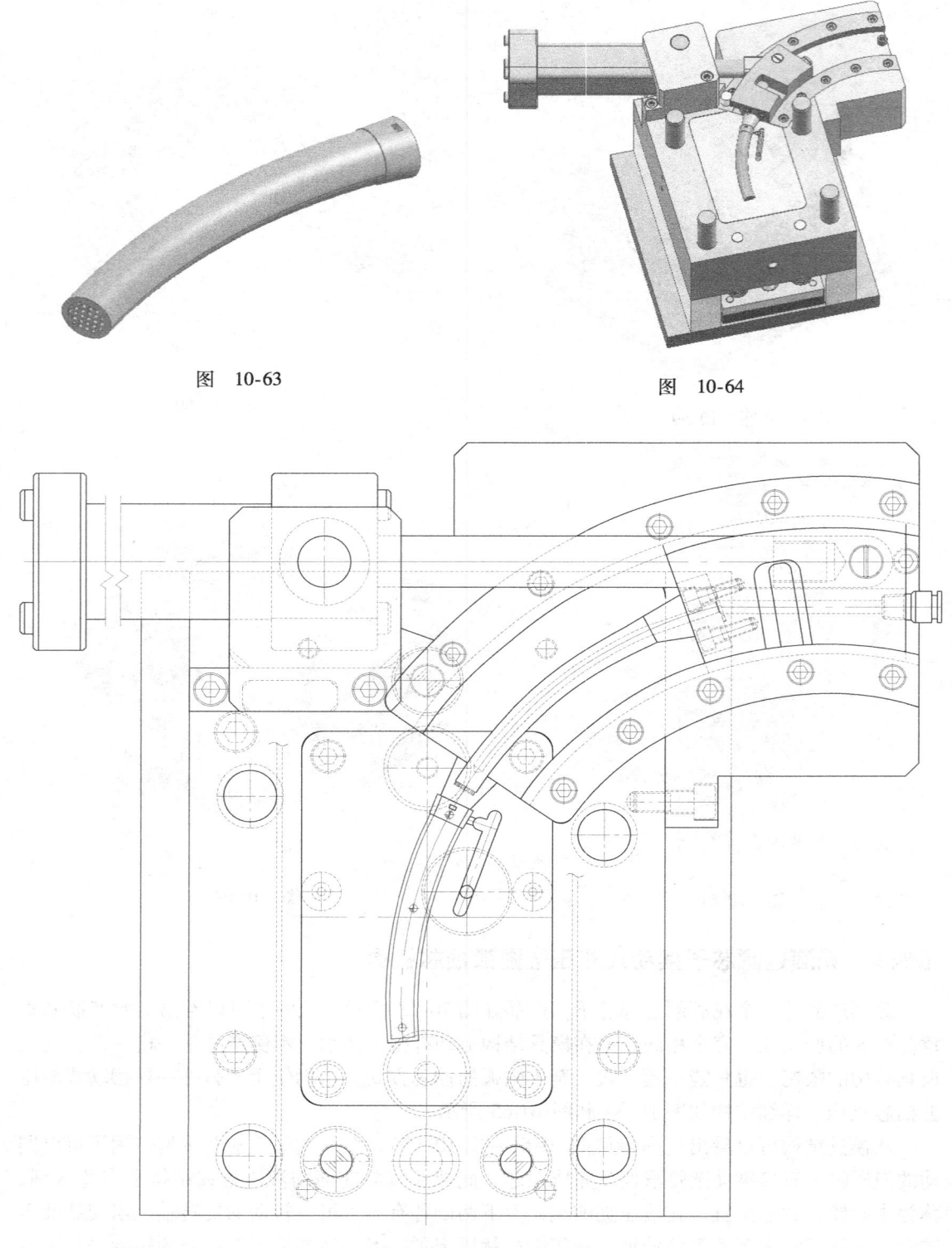

a) 后模平面图

图 10-65

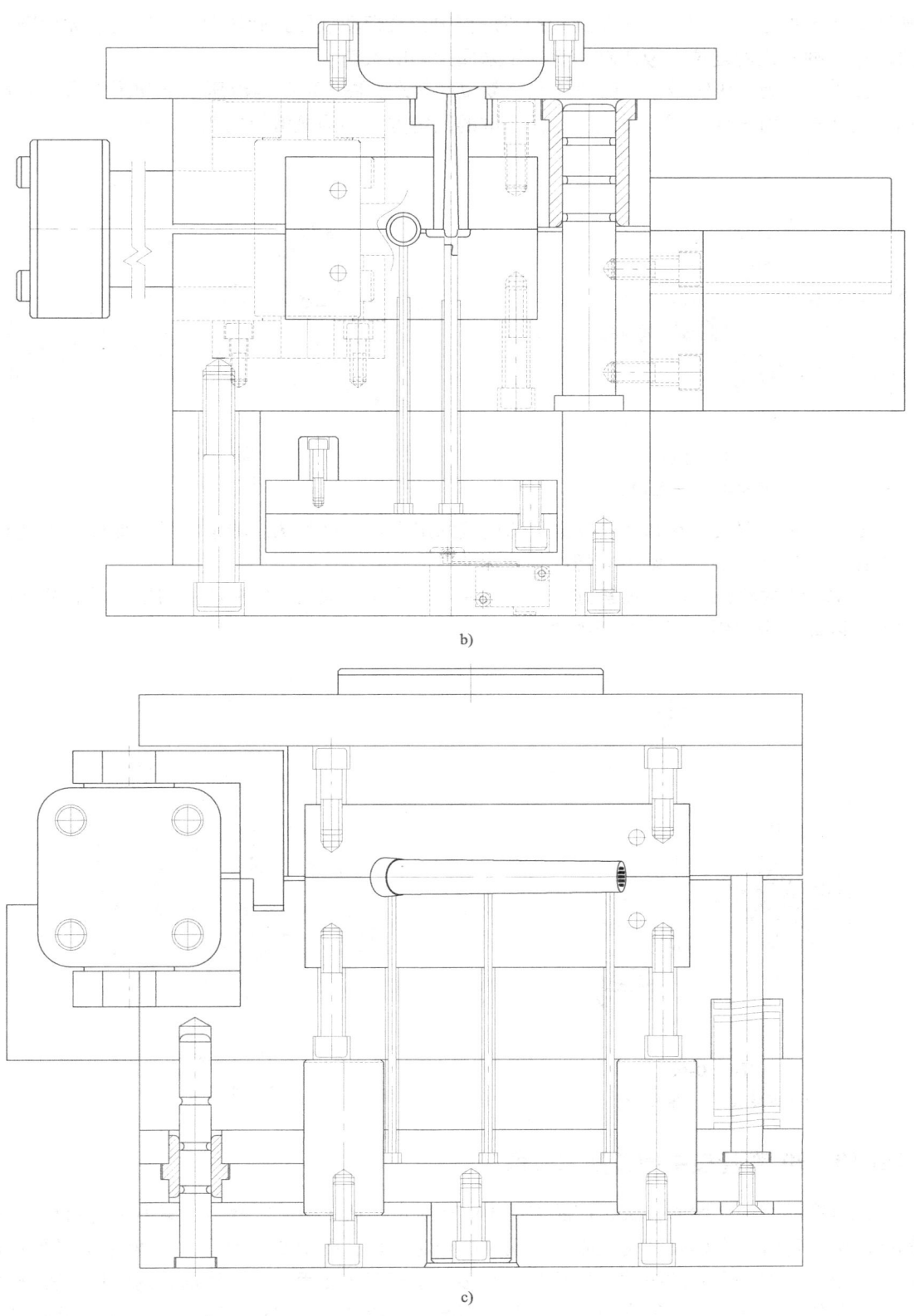

b)

c)

图 10-65（续）

转运动实现抽芯，而圆弧滑块在旋转抽芯过程中，又带动液压缸旋转摆动，因此，无论圆弧滑块进行抽芯或者复位，液压缸一直处于来回摆动的状态。

图10-66为液压缸带动圆弧滑块完全复位的状态，图10-67为液压缸推动圆弧滑块实现抽芯的状态。对于此二图应重点关注液压缸的固定方式和圆弧滑块的相关结构。

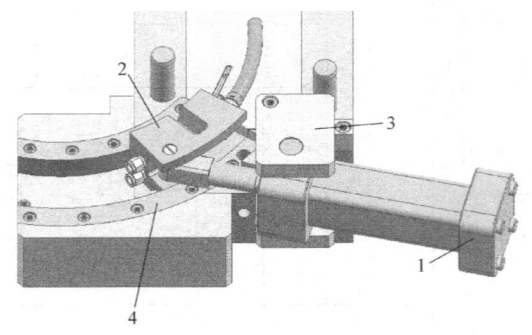

图 10-66

1—液压缸 2—圆弧滑块 3—液压缸固定块 4—压板

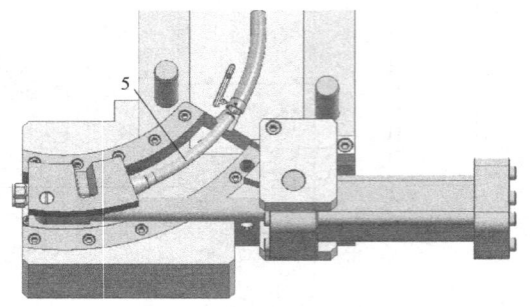

图 10-67

5—圆弧芯子

图10-68为螺纹套6和螺纹轴销7的连接固定方式。这种螺纹轴销属于标准件，精度和强度比自制的好很多，一端带有螺纹，使用非常方便。

图10-69为圆弧滑块的锁紧方式。虽有液压缸机构在锁紧，但液压缸的压力没有注塑压力大，因此，必须用锁紧块8来锁紧。

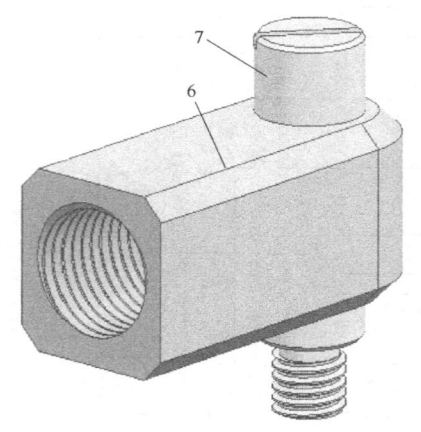

图 10-68

6—螺纹套 7—螺纹轴销

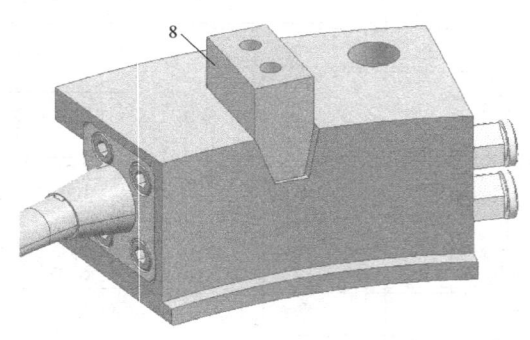

图 10-69

8—锁紧块

范例10　90°弯管接头圆弧抽芯机构

此例产品是一个弯管接头，产品如图10-70所示。从图中可以看出，图中①所示是一段标准的圆弧弯管，在模具结构上必须使用圆弧抽芯机构；图中②所示是弯管两端的一段直身台阶，由于这两个台阶的缘故，导致此产品必须在两端各使用一个直线抽芯的滑块，直身台阶只能使用直线抽芯，不能参与圆弧抽芯，而圆弧一段则必须进行圆弧抽芯。由于圆弧一段

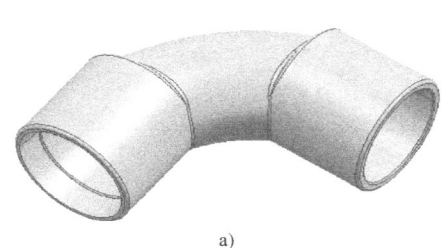
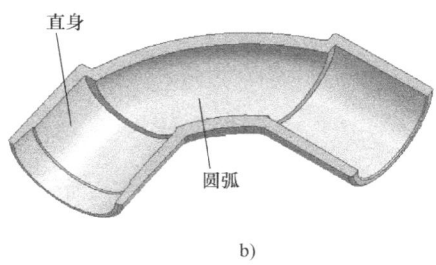

图 10-70

处在两个直身台阶的中间，若进行圆弧抽芯，则无法进行直线抽芯，若进行直线抽芯，则无法实现圆弧抽芯。因此，结构上产生了严重冲突，为此，此例使用了同一滑块先进行直线抽芯，然后进行圆弧抽芯的特殊滑块机构。模具详细结构如图 10-71、图 10-72 和图 10-73 所示。

通过模具结构图可以看出，此副模具一模四穴，每个产品使用了两个滑块，一个为直线抽芯，另一个为先直线抽芯再旋转抽芯。以滑块 16 为首的这组滑块为直线抽芯，共有 5 个重要零件，分别为滑块 16、滑块座 18、锁紧块 15、斜导柱 14 和定位珠 17。以滑块 3 为首的这组滑块是先直线抽芯再旋转抽芯，共有 9 个重要零件，分别为滑块 3、滑块座 12、圆弧型芯 9、锁紧块 10、斜导柱 11、齿轮轴 6、轴承 7、垫圈 4 和螺母 2。滑块 3 固定在滑块座 12 中，在斜导柱 11 的作用下进行直线抽芯，主要负责抽出直身台阶这段型芯。圆弧型芯 9 从滑块 3 中穿过，并通过一个定位销紧紧固定在滑块座 12 上，主要是负责圆弧抽芯。滑块座 12 不仅是用来固定滑块 3 的，同时它能够进行 90°旋转，通过螺母 2 紧紧地固定在齿轮轴 6 上，当滑块 3 完成直线抽芯后，由液压缸 8 和齿条 1 驱动旋转，实现圆弧抽芯，详细动作原理如下。

开模后，滑块 16 在斜导柱 14 的作用下向后运动，当行至 L 距离时，斜导柱脱离滑块，而滑块 16 也已完全抽出了产品一端的

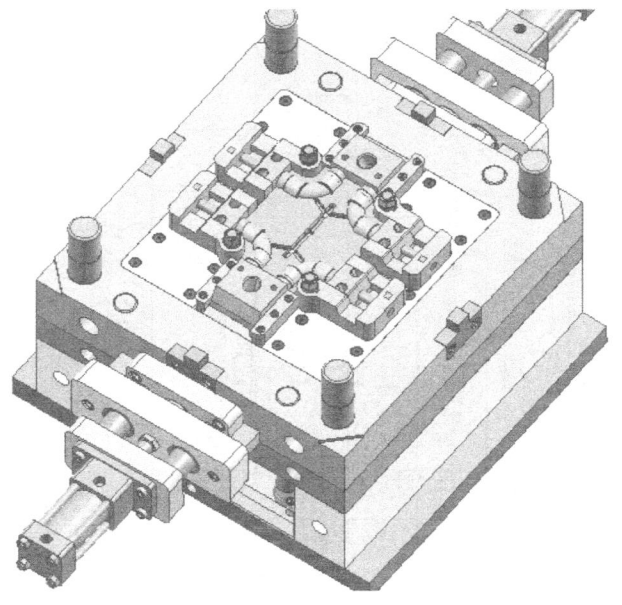

图 10-71

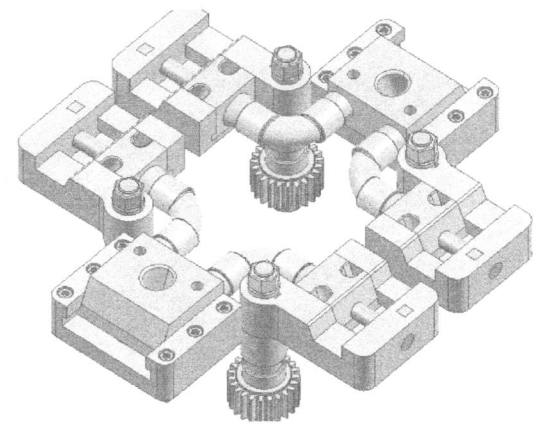

图 10-72

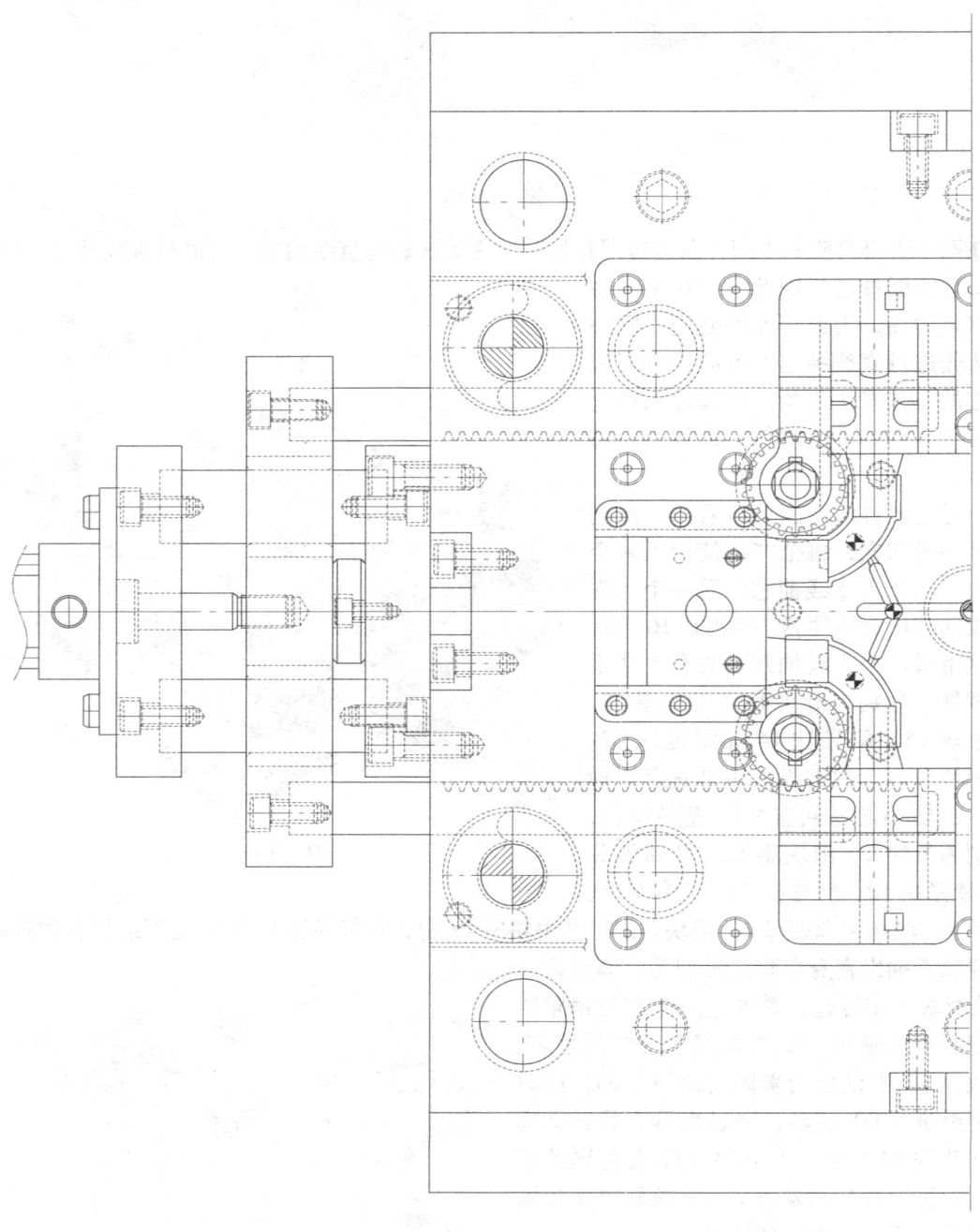

第10章 圆弧抽芯机构10例

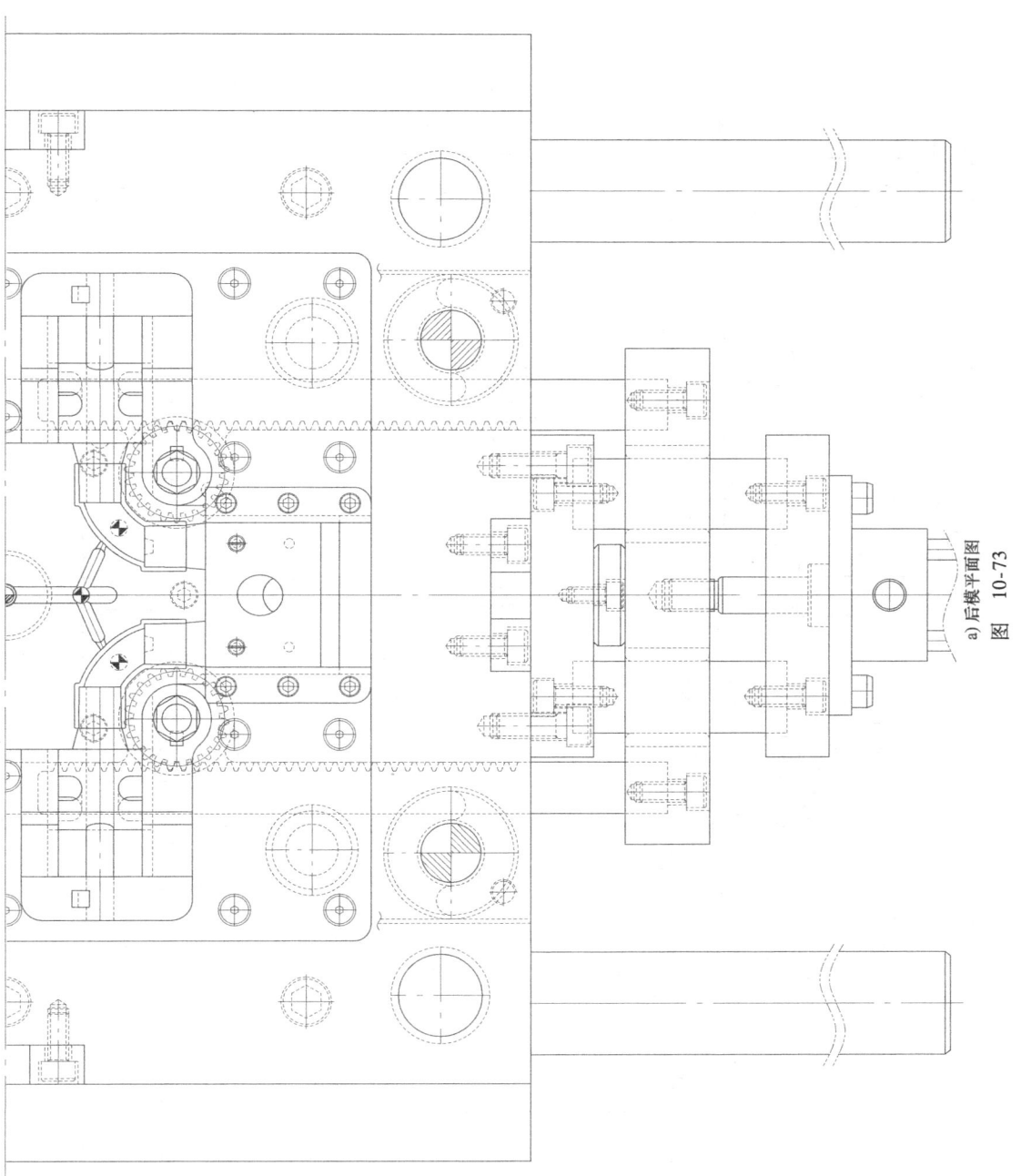

图 10-73 a) 后模平面图

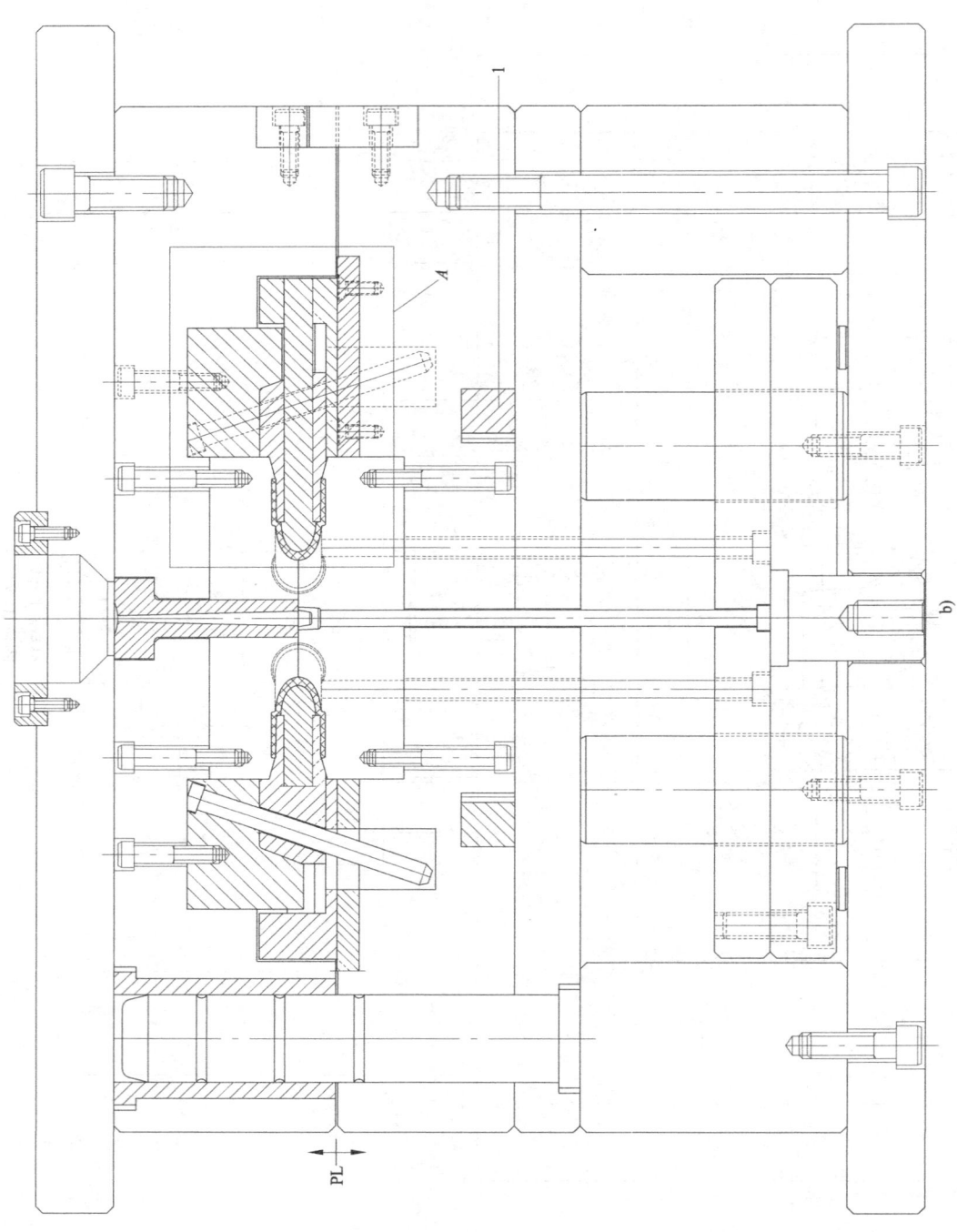

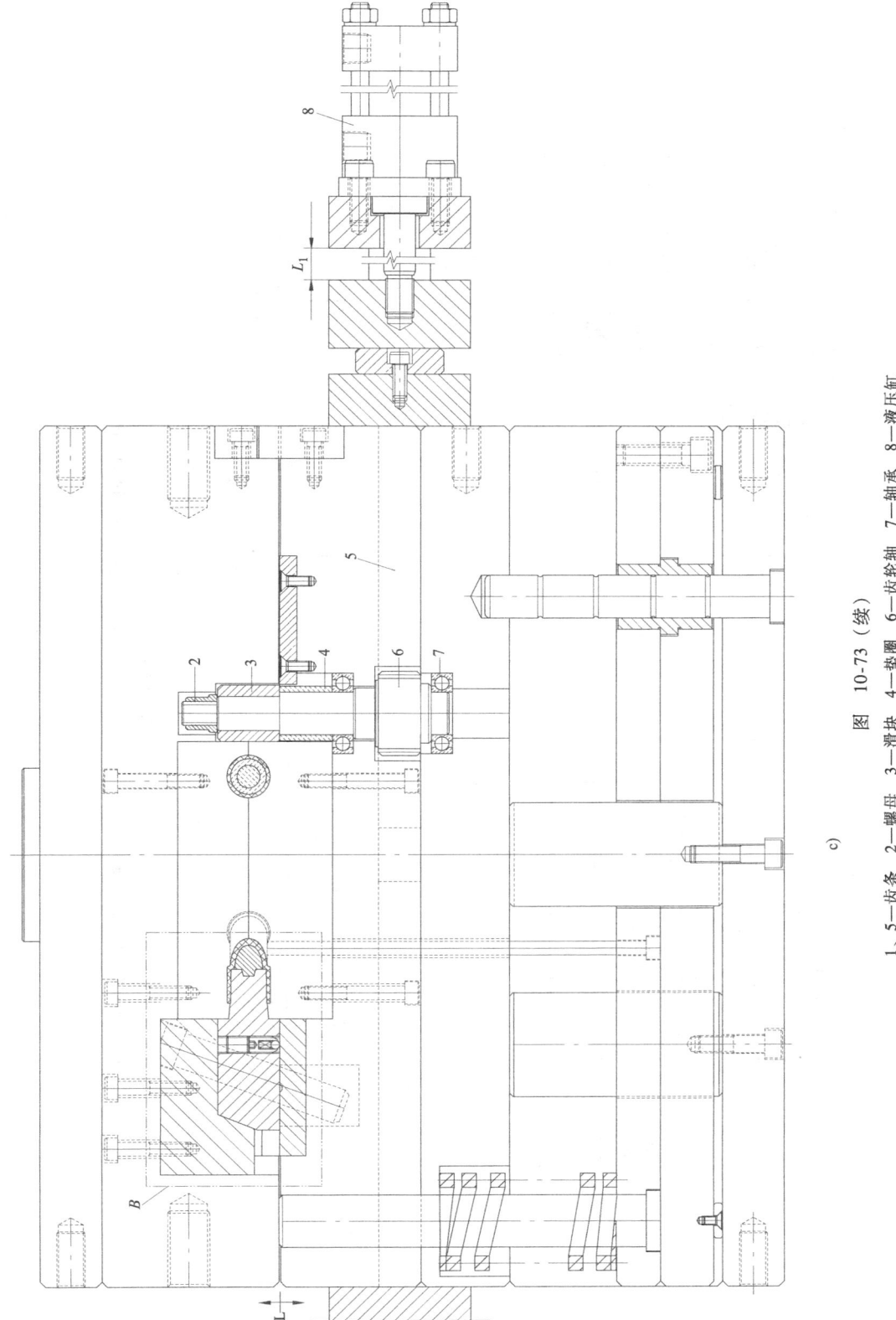

图 10-73（续）

1、5—齿条 2—螺母 3—滑块 4—垫圈 6—齿轮轴 7—轴承 8—液压缸

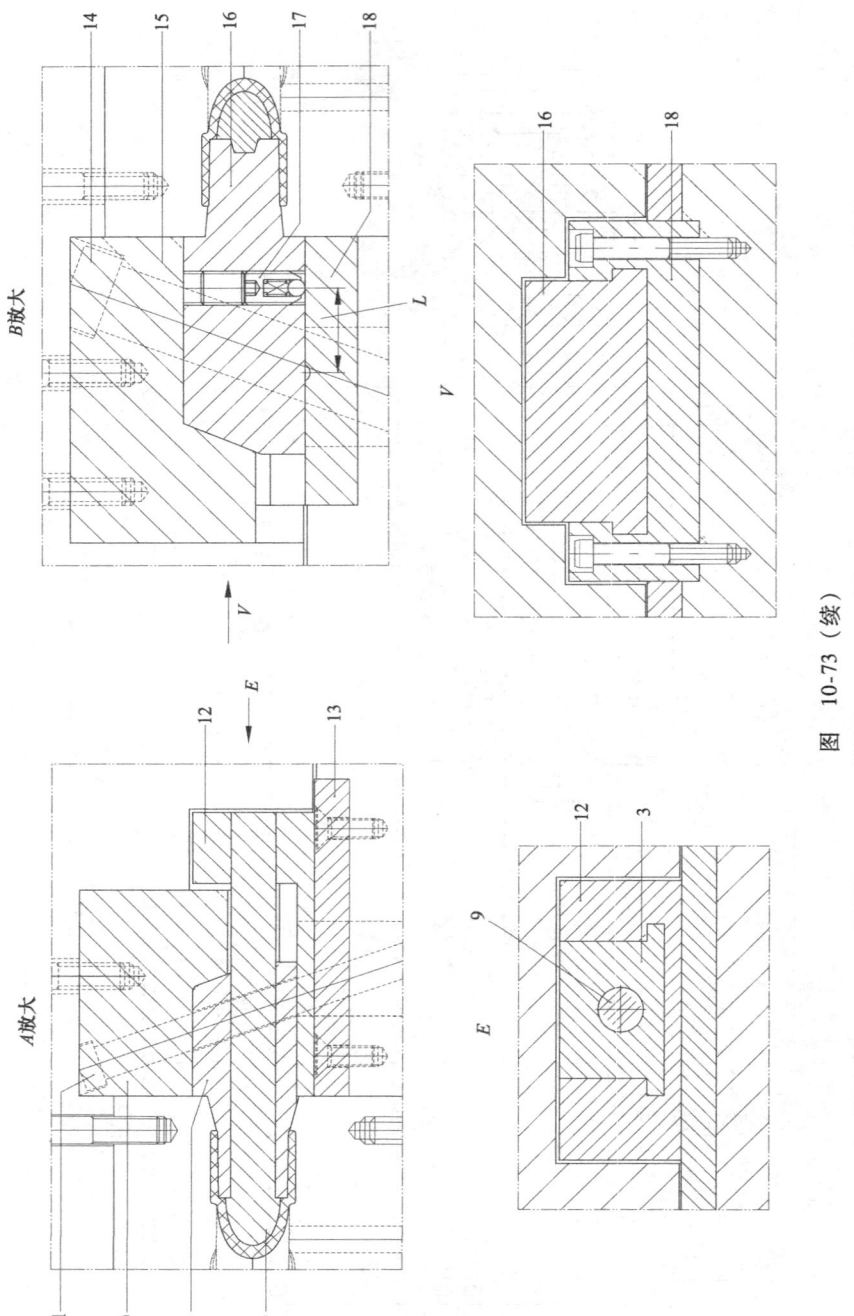

图 10-73（续）

9—圆弧型芯 10、15—锁紧块 11、14—斜导柱 12、18—滑块座 13—耐磨块 16—滑块 17—定位珠

直身台阶，完成了抽芯；同时，另一滑块 3 也在斜导柱 11 的作用下完成了产品另一端的台阶抽芯，此时，产品两端的直身台阶已全部完成抽芯，只有圆弧型芯 9 仍然还未抽出，当开模动作停止后，液压缸 8 起动，液压缸驱动齿条 1，齿条驱动齿轮轴 6，齿轮轴 6 又带动滑块座 12 和整个滑块机构向着圆弧抽出的方向旋转，旋转中心即齿轮轴 6 的中心，亦即产品的圆弧中心；当齿条向后行至 L_1 距离时，液压缸停止运动，此时齿轮轴 6 和整个活动滑块机构刚好旋转了 90°，顺利完成了圆弧抽芯，最后，产品被顶针顶出从而自动跌落，自动脱模动作全部完成。

合模前，液压缸推动齿条使整个活动滑块机构首先旋转复位，然后才可进行安全合模。

图 10-74 为整个旋转滑块机构的详细结构。对于此图应重点掌握此种滑块的相关结构特点，以及和齿轮轴 6 的连接固定方式。

图 10-75 为液压缸和传动机构的详细结构，对于此图应重点掌握液压缸的固定结构和两个齿条的固定结构。

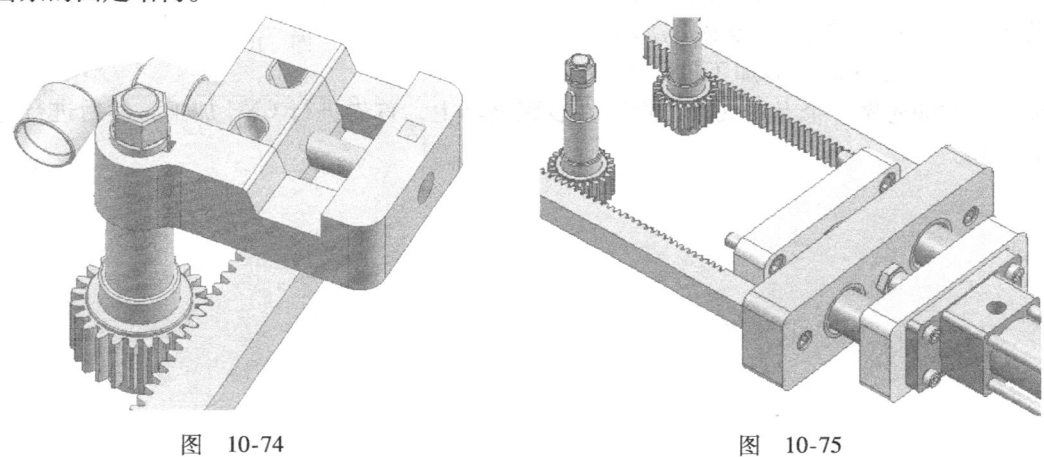

图　10-74　　　　　　　　　　　　　　图　10-75

图 10-76 为滑块座 12 的内部形状和圆弧型芯 9 的形状。从此图可以看出，圆弧型芯和滑块 3 是分开的，圆弧型芯通过一个方形定位销紧紧嵌在滑块座 12 中。当滑块座开始旋转时，带动滑块 3 和圆弧型芯 9 一起旋转，从而实现抽芯。

图 10-77 为圆弧抽芯滑块的锁紧结构。对于此种结构，无论是滑块还是滑块座都必须进

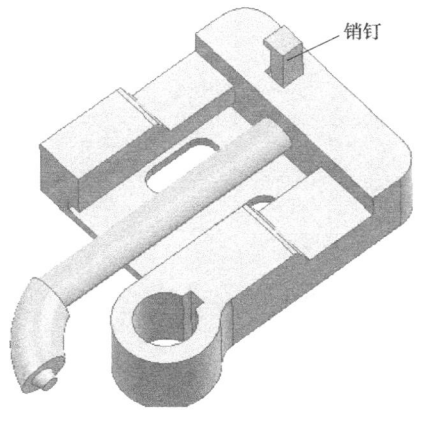
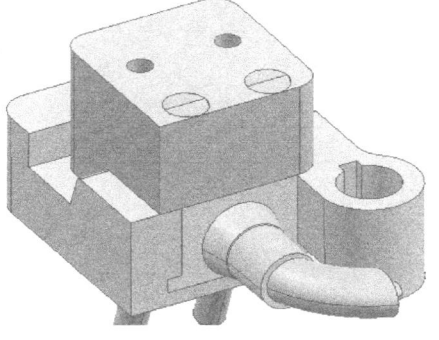

图　10-76　　　　　　　　　　　　　　图　10-77

行同时锁紧，因为齿条和液压缸的力量是不能保证安全锁紧的。从此图可以看出，锁紧块10同时锁住了滑块3和滑块座12。

图10-78为整个滑块机构完成抽芯后的状态，将此图与图10-72对比，从中观察结构和动作上的变化。

最后关于圆弧抽芯机构再补充一点。圆弧滑块和圆弧型芯的加工，通常有两种方法，一种是铸造，一种是使用电火花加工。对于较大型的滑块或型芯，且中间又有冷却水孔的，通常可以铸造。如果本厂没有铸造设备，可外发到其他机械厂加工，加工后，再根据实际情况进行其他精加工，如磨床加工、CNC加工或电火花加工等；如果利用本厂的设备能够加工的，可以自己加工，比如先做一个专用夹具，把工件装到夹具上，首先进行CNC加工，然后进行电火花加工等。

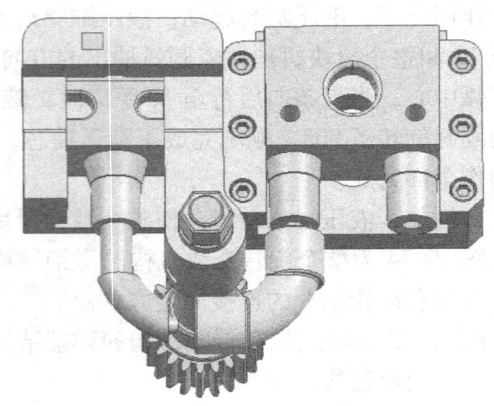

图 10-78